施工过程水流控制与围堰安全

杨文俊　郭熙灵　周良景　胡志根　著

科学出版社
北京

内 容 简 介

本书系统阐述了水利水电工程施工水流过程控制及围堰结构安全的理论技术成果与工程实践，是作者所在单位多年研究成果的凝炼与实践经验的总结。本书针对梯级水电开发背景，介绍了工程导流、截流标准及其影响因素，分析了导截流系统安全风险；阐述了截流水动力学过程及能量耗散规律，研究了截流料抗冲稳定机理，提出了降低截流难度的技术措施及方案。针对工程所处河床深厚覆盖层特点，围绕水流控制的围堰安全，分析研究了堰体粗粒料力学特性与渗流特性的尺寸效应；阐述了围堰结构渗流控制及边坡稳定安全技术，提出了相应的安全监控方法以及新技术、新材料在围堰施工中的应用；研究提出了施工导流系统考虑决策者行为特征的方案优选、标准决策及基于效用理论的系统风险配置等的综合风险多目标决策理论与方法。

本书可作为水利水电工程科研、设计、建设管理等方面技术人员的参考书和工具书，也可供高等院校水利水电工程类专业教师、研究生及本科生参考。

图书在版编目(CIP)数据

施工过程水流控制与围堰安全/杨文俊等著. —北京：科学出版社，2017. 3
ISBN 978-7-03-050080-9

Ⅰ. ①施…　Ⅱ. ①杨…　Ⅲ. ①水利水电工程-导流-安全技术②水利水电工程-围堰-安全技术　Ⅳ. ①TV551

中国版本图书馆 CIP 数据核字(2016)第 233785 号

责任编辑：周　炜 / 责任校对：桂伟利
责任印制：吴兆东 / 封面设计：陈　敬

科学出版社出版
北京东黄城根北街 16 号
邮政编码：100717
http://www.sciencep.com
北京中科印刷有限公司 印刷
科学出版社发行　各地新华书店经销
*
2017 年 3 月第　一　版　开本：720×1000　1/16
2022 年 1 月第二次印刷　印张：41 3/4　彩插：12
字数：822 000
定价：298.00 元
(如有印装质量问题，我社负责调换)

序 一

为保持天然河道水流过程连续的特性，在江河上修建水利水电工程，其施工导截流及围堰工程设计是一项复杂的系统工程，围堰的目的是为主体建筑物（大坝、电站、厂房、通航建筑物等）创造干地施工条件，疏导天然河道水流（即导流），以及截断原河床水流（即截流），均是修筑围堰的前提，导流及截流是围堰形成的关键节点，每一过程及环节紧密衔接，形成一个整体。

在长达几年乃至十几年的主体建筑物施工导流期，天然河流水文条件的不确定性、工程建设及运行因素的复杂性及动态性，都会影响导流系统的安全，众多不确定性因素导致工程风险分析涉及跨学科领域，导截流标准的选择，实施过程中方案的决策，无不体现风险、效率与技术的和谐统一，施工导流风险分析是水利水电工程施工系统可行性评估及实施的重要技术支撑。

目前我国水能资源开发的重点集中在西南的大渡河、雅砻江、金沙江、澜沧江、雅鲁藏布江等干支流及西北的黄河上游，其均处于峡谷峻岭，河床覆盖层深厚，对水电站建筑物的布置及导流系统设计和施工是极大的技术挑战。同时，随着河流水能资源的梯级规划及逐步实施，工程导流及围堰设计标准、围堰运行安全等必须考虑梯级电站建设运行的环境条件。

近几十年来，长江水利委员会长江科学院、长江勘测规划设计研究院及武汉大学等通过葛洲坝水利枢纽工程、三峡水利枢纽工程、构皮滩水电站、亭子口水电站、乌东德电站等大型水利水电工程的导截流及围堰工程实践，取得了大量创新成果，举世瞩目的长江三峡工程施工导截流及围堰技术创新了多项世界记录，彰显了我国施工导截流及围堰技术水平。

该书是作者及其所在单位团队通过长期的应用基础研究与工程实践积累而成的，系统全面地介绍了深厚覆盖层条件下导截流及围堰安全控制的最新理论技术成果。研究围绕深厚覆盖层、梯级水电站建设运行安全等特殊施工环境条件，在关键技术及导流系统风险研究方面有许多技术上的突破和理论上的创新，并在大型水利水电工程中得到应用，充分体现了学科的交叉性，学术的前沿性、创新性以及工程综合性和应用性。

考虑河流梯级水库群建设存在的导流系统风险分析等问题，以往我国在西南地区建坝相对较少，对于该地区普遍遇到的覆盖层厚、水头落差大、水位涨落快等情况，理论和经验不足，针对山区河流的特殊水文条件，工程施工导截流及围堰的安全标准等都有一些关键问题需要研究。该书分析研究了梯级电站水库调蓄对施工导截流标准的影响、大坝度汛标准及导流泄水建筑物导流标准、导流时段划分及深厚覆盖层围堰挡水标准等；系统研究了截流口门水力特性、抛投强度与流失量关系，块体稳定性理论、不同截流抛投料抗冲稳定性能，以及减轻截流难度的技术方案。

针对深厚覆盖层的围堰设计存在的渗流控制和变形安全等技术难题，该书分别就粗粒料的力学特性及渗透特性尺寸效应、围堰渗流控制、围堰结构与边坡稳定安全、变形监控及防渗墙新材料、新技术研发等方面开展了大量的创新研究。

大江大河上的水利水电工程梯级建设，尚未形成一套流域梯级开发建设条件下施工导流系统可靠性的系统评价体系、方法及应用规程规范，故迫切需要研究水利水电工程施工过程中导流系统的风险估计与调控方法，该书对此也进行了全面的介绍。

该书集科学性、技术性和实用性于一体，其出版展示了我国在水利水电工程施工水力学及土石围堰技术领域取得的重大研究进展，有助于施工导流、截流及围堰的设计和安全运行水平的提高。是为序。

水利部长江水利委员会总工程师

中国工程院院士

郑守仁

2017 年 3 月

序　二

我国水能资源丰富，但主要集中在西部地区，其中川滇水能资源富集区梯级开发已经进入中后期，水利水电工程建设已逐步向流域上游和藏区转移，这些区域的河床普遍存在地质状况复杂的深厚覆盖层，这就更加突显了水利水电工程建设的先导工程——导截流和围堰工程的重要地位。

作者长期从事导截流及围堰工程的科研及设计工作，具有丰富的工程经验和理论水平，针对我国西部地区水利水电建设中导截流和围堰工程遇到的新问题开展了大量科学试验和研究，并进行了系统总结，为推进我国水利水电开发和导截流工程技术进步作出了积极的贡献。

西部地区在建和规划的水利水电工程多处于地质条件复杂、施工环境恶劣的地区，其河床覆盖层深厚，可达100余米甚至数百米，勘探作业十分困难，覆盖层密度和级配难以深入了解，其力学参数和渗流特性往往是未知数。在这些问题尚未了解的情况下，如果仅靠过去的经验延伸，很难保证工程的安全性和经济性。此外，在梯级水库群开发中，由于多种因素，上游水库运行给下游水利水电工程建设带来更多的不确定性，构成梯级开发条件下施工洪水的独有特性与施工导截流及围堰安全的关系，是大江大河梯级开发面临的新问题。因此，深厚覆盖层条件下梯级水电开发导截流及围堰安全控制是确保工程安全的新问题，亟待研究解决。

该书以此为背景，依托国家"十一五"科技支撑计划项目"特大型梯级水利水电工程安全及高效运行若干关键技术研究"中的"深厚覆盖层条件导截流及围堰安全控制技术"课题，通过科研院所、设计单位和高等院校三年的协同科技攻关，结合乌东德、白鹤滩等大型水利水电工程设计、施工实践，运用理论分析、原型监测、实体模型试验及数学模型计算等多种技术手段，对深厚覆盖层条件下梯级水利水电开发导截流及围堰安全控制进行了深入研究，取得了大量创新性成果。其内容包括施工导截流设计标准、减轻截流难度关键技术、围堰结构及渗流控制安全技术，以及导截流系统施工风险分析与系统决策等。

该书全面系统地提出了深厚覆盖层条件下梯级水利水电开发导截流及围堰安全控制的新理论和新方法，有效地指导了依托工程的建设实践，可为我国梯级河流水电开发建设提供有益的借鉴和参考。

中国长江三峡集团公司原总工程师
中国工程院院士
[signature]
2016 年 11 月

前　言

我国是世界水电大国，在江河水系上设计修建水利水电工程，必然涉及工程的施工导流、截流及围堰安全。

修建位于河床上的水工建筑物，在施工过程中，一般要使天然径流部分或全部改道，在围堰或永久水工建筑物的已成部分保护下形成基坑并经排水后进行干地施工；随着永久建筑物施工位置的变化，天然径流通过的部位也在发生变化。

导流建筑物可以专设，如明渠、隧洞、渡槽，也可与永久建筑物相结合，如大坝底孔、涵洞、闸孔、预留大坝缺口等。截流是改流的前提，是施工从局部转向全面的转折，要考虑拦洪渡汛施工安全，以及闸孔封堵及蓄水、给水问题。总之，导流、截流、挡水、排水、渡汛、蓄水和给水的过程，就是施工过程对水流控制的过程，是能动地协调工程施工和江河水流矛盾时空变化的过程。

施工过程的水流控制是一个全局性、根本性、战略性的问题，影响坝址、坝型的选择和水工建筑物及其枢纽布置合理性。水流控制的好坏直接影响工程的安危。围堰为确保工程顺利实施提供安全屏障，深厚覆盖层条件下围堰的设计施工面临许多技术挑战。填料的性质、应力-应变本构关系及其参数研究是分析围堰应力变形性状必不可少的基本资料；堰体的密度与围堰的工作状态关系极大，特别是深水抛填体的密度和稳定坡脚是设计首先要解决的重要参数；粗粒料物理特性的研究是围堰应力变形控制的关键；围堰的结构形式是整个围堰技术的中心环节，其渗流状态分析和防渗体系的合理布置关系到堰基的防渗问题；防渗墙体材料的研究必须兼顾防渗和变形的双重要求，同时，也需考虑施工环境对围堰动力稳定性的影响等。水利水电工程施工是自然客观存在和人类主观改造相互交织的复杂系统，众多不确定性因素使工程风险分析涉及主观、客观的跨学科研究领域；施工导流风险分析是水利水电工程施工系统可行性评估、施工规划、设计、计划实施与工程保险的重要科学技术支撑和保证。

水利水电工程施工导流、截流及高土石围堰技术是长江水利委员会长江科学院、长江勘测规划设计研究院的传统优势领域，特别是长江水利委员会主持设计和研究的三峡工程二次成功截流分别入选当年中国十大科技进展，推进导截流及围堰工程技术理论与实践的发展，为河道截流及流水中筑坝技术做出了应有的贡献。

武汉大学水利水电学院自 20 世纪 80 年代以来，开始对复杂水利水电工程施工导流系统风险开展研究，通过系统总结和科学凝练初步形成了施工风险分析的理论体系与方法。

本书主要总结作者及其所在团队20余年来在施工过程水流控制及围堰安全方面所取得的理论及技术创新成果，全书共12章，分四个部分。第1章～第3章结合大量工程实践分析，重点阐述了水利水电工程施工导截流体系、标准，以及梯级电站开发环境下导截流标准影响因素。第4章～第6章研究分析了截流水动力学过程与能量耗散规律，揭示了截流块体稳定机理，提出了降低截流难度的施工设计方案及工程技术措施。第7章～第10章介绍了围堰粗粒料力学特性与渗透特性及其尺寸效应；深厚覆盖层上围堰渗流控制体系及其围堰结构边坡稳定安全变形，监控，以及新技术、新材料在围堰施工与安全中的应用。第11章和第12章介绍了梯级水电站建设条件下导截流系统风险分析以及综合风险多目标决策风险配置。

全书由杨文俊统稿，部分成果来自于国家“十一五”科技支撑计划课题“深厚覆盖层条件导截流及围堰安全控制技术”(2008BAB29B02)。为本书付出辛勤劳动的有长江勘测规划设计研究院鄢双红、叶三元、徐唐锦及李勤军等，华东勘测设计研究院任金明、葛益恒、周垂一等，武汉大学水利水电学院贺昌海、刘全、陈志鼎、张超等，三峡大学的田斌、周宜红、孙开畅，长江科学院程展林、黄国兵、饶锡保、张家发、李学海、段文刚、王才欢、胡胜刚、潘家军、李少龙、程永辉等。长江水利委员会郑守仁院士及中国长江三峡集团公司张超然院士结合课题研究对有关内容进行了指导并为本书作序，长江水利委员会副总工程师夏仲平及长江科学院刘力中审阅了书稿；张超、朱帅和沈洋等研究生参与了文字校核和图表绘制工作，在此一并表示衷心的感谢。

限于作者水平，书中难免存在疏漏和不妥之处，敬请读者批评指正。

目　录

第1章 绪　　论

本章阐述了深厚覆盖层条件下梯级水电开发导截流及围堰安全控制技术的研究背景，介绍了施工导截流设计标准、减轻截流难度关键技术、围堰结构安全、渗流控制安全等方面的成果及需求，分析了导截流关键技术及导流系统风险分析与系统决策等方面的研究应用现状及存在的问题。

1.1 工程背景

修建位于河床上的水工建筑物，在施工过程中，一般需使天然径流部分或全部改道。利用围堰或永久水工建筑物的已成部分，在其保护下形成基坑，排水后进行干地施工。为方便施工，随施工时间和空间的变化，必须使河道的天然来水按人们预先设计的部位泄向下游，在这一过程中，导流和截流是两个密切相关的重要环节，截流是改流的前提，是施工从局部转向全面的转折；利用导流和截流对水流过程进行控制的目的是为了形成较好的施工环境，而围堰是工程施工的屏障。导截流、围堰挡水、排水等就是施工过程对水流的控制，是解决施工和水流矛盾的时空变化过程，是一个全局性、根本性、战略性的问题，它不仅影响坝址、坝型的选择、水工建筑物及其枢纽布置的合理性，而且直接影响到人民的生命财产安全和工程工期。

我国的水能资源非常丰富，已规划的十三个水电基地中位于东部、中部地区的已基本完成，位于西部地区的已进入全面梯级开发建设阶段，如金沙江下游梯级水利水电工程向家坝、溪洛渡、白鹤滩以及乌东德等相继开发兴建。该地区在建和规划的水电工程中，河床上普遍存在深厚覆盖层。新构造运动、切蚀崩塌、地震山崩、滑坡、第四纪冰川作用、泥石流、区域断裂破碎带等地质活动都是深厚覆盖层的形成因素。这些不同的地质作用，使得覆盖层的材料性质及分布变化多端。覆盖层颗粒组成一般偏粗、颗粒形状变化大、结构不紧密、厚度分布不均匀。这些水利水电工程多处高山峡谷和高烈度地震区，地质条件十分复杂，施工环境恶劣，施工水流过程控制复杂，在此条件下，相应的导截流和围堰建筑物的安全性都存在新的尚未认识的问题急需研究，以保证工程设计和建设安全的需要。

1）梯级库群开发施工洪水与工程建设安全

目前，河流梯级开发时上游在建高坝大库工程具有一定的调节库容，可以部分削减下游各梯级水库的施工洪水，而在某些情况下，若发生超标洪水时上游在建的高坝大库工程出现溃坝或者溃堰，天然施工洪水与上游临时溃坝或溃堰洪水叠加，将会改变下游河道的天然水文条件，对下游大坝安全建设带来更多不确定性因素，并会对下游城镇的社会、环境、经济等造成重大影响。因此，考虑河流梯级开发条件下施工洪水的独有特性，研究施工洪水与高坝大库工程建设的安全、施工导截流与围堰系统安全之间的关系是大江大河梯级开发面临的新课题。

2）科学合理的设计需要

水利枢纽建设的先导工程——导截流和围堰工程，无疑是枢纽的关键工程，这方面国内外有很多成功的经验和可靠的设计理论。但是，对于一些新出现的情况，仅依靠现有的设计理论和经验是不够的。以往我国在西南地区建坝相对较少，对于该地区普遍遇到的覆盖层厚、水头落差大、水位涨落快等情况，理论和经验积累不足。围堰虽是临时建筑物，但非常重要，针对山区河流的特殊水文条件，导流和围堰应有怎样的安全标准，如何合理安排度汛和围堰施工工期，都存在一些关键问题需要研究。

近十几年来，我国相继建成了一批进度快、质量好、施工洪水设计标准选择合理的工程，但在工程实践中发现，执行规范中的设计洪水标准规定还存在以下一些问题：①导流建筑物的设计洪水标准在选择过程中，未考虑风险度因素，安全性和经济性没有统一；②建筑物级别为 3 级的高土石围堰，没有抵御超标洪水的具体规定；③下闸前，坝体临时挡水度汛的设计洪水标准偏高，且只用库容一个指标选择过于笼统；④规范中导流泄水建筑物封堵期选用 5～20 年一遇的设计标准，近年来，出现了不少跨汛封堵的工程，特别是对于大型导流明渠封堵，当封堵使用的土石围堰需要跨汛挡水发电时，原规范规定的标准就显得略低；⑤未考虑梯级开发河流的来水特点，截流设计标准偏高等。针对存在的问题，应从国内外实际工程资料出发，结合设计实践，对大型水利水电工程施工导流标准问题进行归纳总结，进一步处理好安全、经济和风险之间的关系，以达到三者有机的统一。

3）科学、高效、安全截流的需要

影响截流难度的因素很多，主要有龙口水力指标、龙口河床地形地质条件、截流抛投料性状、进占方法及施工强度等，根据工程具体条件及主要影响因素，研究采取合适的对策措施，降低截流难度。与河道立堵截流有关的水力因素，一般为截流流量 Q、截流落差 Z_{max}、龙口最大流速 V_{max}、龙口单宽功率 N_{bmax} 及河道总功率 N_0 等，用哪个作为衡量截流难度的指标至今还没有一个统一的认识，其根本原因在于对截流难度机理的认识有待深入。葛洲坝大江截流的成功，使我国在立堵截流理论和实践上又有了进一步的丰富和提高，达到了世界先进水平，但从葛洲坝截流实践来看，进占几乎未遇到预期的困难，是在异乎寻常的顺利条件下合龙成功的；当时人们普遍认为截流流量越大，则进占难度也越大，而实际情况却与此相反，表明立堵规律还有待进一步深入研究。三峡工程主河道大江截流的特点是大流量、深水、小流速，却出现了堤头坍塌影响施工安全的新问题；三峡明渠截流的特点是大流量、高水深、大落差、高流速、床底光滑等特点，通过特大块石备料和双戗截流措施，化解了截流难度而成功截流；而金沙江下游乌东德、白鹤滩工程的截流特点也是大流量、高水深、大落差、高流速，但河床覆盖层深厚，体现出不同的截流难度，因此，必须进一步研究截流难度机理及减轻截流难度的工程措施，实现科学高效安全截流。

4) 深厚覆盖层条件围堰安全的需要

在深厚覆盖层和高水头差条件下，围堰的变形大、防渗体(心墙和土工膜结构等)承受更大的应力和变形，其安全性与以往的围堰也有较大差别。由于覆盖层厚度可达100余米甚至数百米，钻孔取样困难，在其密度和级配都难以通过勘探了解的情况下，其力学性质和渗透性质更是未知数。这使得地下防渗墙该打多深和地基的压缩变形有多大都难以确定。在这些问题未知的情况下，围堰的设计和施工都缺乏充足的理论依据。如果仅仅依靠过去的经验延伸，则建筑物的安全性和经济性都无法保证。

1.2 研究现状及存在的问题

1.2.1 施工导流风险分析与决策研究

施工导流设计是水利水电工程总体设计的重要组成部分，是水利水电工程施工组织设计的中心环节，各国学者对施工导流及相关领域均有一定的研究。下面分别就施工导流风险估计、导流方案决策、导流风险调配等内容阐述研究进展及存在的问题。

1. 施工导流风险及估计

施工导流系统的风险因素多而错综复杂。施工导流风险估计是综合运用相关理论与方法，系统考虑施工导流系统中的不确定性因素，真实、客观地反映施工导流系统发生风险事件的可能性。随着我国水电工程建设的深入，上、下游已建工程对流域建设环境中的水文、水力因素产生了显著影响，对于水电工程的导截流标准选择也带来了新的问题。

风险分析及估计是为了准确量化研究对象发生风险事件的可能性，从而为方案决策提供理论基础。施工导流风险分析是导流规划设计的关键内容，为施工导流标准的制定和方案决策提供了重要依据。目前，水利水电研究工作者多是从水文、水力、围堰堰前水位的角度来对施工导流风险展开研究的。

近来，水电站梯级建设条件下的施工导截流问题越来越受到水利水电工程界学者的重视。吉超盈(2005)提出通过汛期临时改变上游梯级水库运行方式来减小下游工程施工导流流量的优化设计方法,并进行了经济效益分析。任金明等(2011)探讨了下游梯级水库对上游梯级电站施工导截流的影响,并给出了应对策略。当考虑上游水库控泄情况时,上述研究主要探讨了方案标准的经济性和可行性,但风险分析缺乏系统的理论和技术支撑。刘招等(2008)探讨了利用上游安康水电站控泄来减小下游蜀河水电工程施工导流流量,并利用概率统计基本原理,综合考虑上游控泄洪水与区间洪水影响,推导了下游水电站施工导流风险计算模型。

2. 导流方案决策与导流标准选定

施工导流方案决策是水利水电工程规划设计中的关键环节,对水电工程导流建筑物的选择、工程的投资费用安排、主体工程施工过程中的安全,以及施工进度的计划等都有重大影响。因此,施工导流方案的优选,是贯穿水电工程整个建设期的关键问题,关系到工程的投资、安全、效益,国内外不少学者相继开展了这方面的研究探讨,取得了丰富的研究成果。

目前,针对梯级水电站施工导流方案决策的研究相对较少,主要成果集中于已建梯级水库群的防洪标准研究。黄强等(2005)建立了梯级水库防洪标准评价指标体系,应用可能度-满意度理论优选梯级水库防洪标准。王正发等(2011)深入比较了国内外水库防洪标准的异同,并指出存在的不足,进而提出了三种方法体系,为该问题的深入研究提供了基础。盛继亮等(2003)结合一般的保险模型,针对导流工程中的保险问题进行了一定的探索。陈志鼎等(2011)在施工导流风险研究的基础上,推导了导流工程保险费用厘定的数学表达,为水电工程保险费用的厘定提供了理论方法。

另外,大型土建工程中,国内外工程界都将工程施工风险引入工程设计、建设中,利用风险确定工程标准,并在规范中明确要求。

1991 年加拿大标准协会发布《风险分析必要条件和指南》(CAN/CSA-Q634-91);1999 年澳大利亚大坝委员会发布《大坝可接受防洪能力选择指南》,2000 年发布《大坝溃决后果评估指南》,2003 年 10 月正式发布《风险评价指南》,同年国际大坝委员会发布了《大坝安全管理中的风险评价》。

我国 2004 年发布《水利水电工程施工组织设计规范》(SL 303—2004)首次将施工导流标准确定的风险度方法列入。

我国正在有序开发水电资源,一批流域梯级开发的骨干水电工程相继开工建设。这些工程多集中在高山峡谷区域,河床窄、洪枯水位及流量变幅大,施工导流难度大,施工期度汛与电站建设特征密切关联,风险高且具有时空动态特性。另外,水电站的梯级建设,改变了下游河道的天然洪水特性,影响下游城镇及相关设施安全、社会环境与经济建设。但是以往仅局限于对子系统分别进行研究，没有一套保证大江大河梯级开发建设条件下水电站导流系统可靠性的全面、系统的评价体系。

因此，迫切需要研究在河流梯级开发建设条件下，水利水电工程施工过程中的洪水特性以及导流系统风险估计与调控方法，针对基于不确定性因素及决策者风险态度的导流系统综合风险多目标决策方法、导截流及围堰系统风险决策方法、导流系统设计风险配置及其均衡方法、导流建筑物设计洪水标准和截流标准的比选方法并对其工程应用等施工导截流及围堰系统风险问题展开研究，为水利水电工程建设的风险决策提供理论基础和技术支撑。

施工导流方案决策对水利水电工程费用投资、导流建筑物选型、主体建筑物施工进度及安全等都有关键影响，是水利水电工程建设安全、投资和效益的决定性因素之一，也是水利水电工程规划设计中的重要环节。作为贯穿水利水电工程建设的关键性问题，国内外许多学者对水利水电工程导流方案的优选决策开展了较为深入的研究，取得了丰富的研究成果。

水电工程施工导流是一个复杂的系统工程，其最主要的目标是保证水利水电工程主体建筑物能够顺利施工完建，最终发挥经济效益。早期的施工导流方案决策研究均以导流风险或风险的经济性指标，即风险费用，作为评估导流方案优劣的标准，进行导流方案的单目标决策研究。但由于导流系统的风险目标常与成本、进度等其他目标存在矛盾，因此需要将其进行适当的变换后再作为决策指标。1989年王卓甫和姜树海等在对施工导流系统风险率分析的基础上，提出了风险损失费用概念，之后以导流工程的投资费用和风险损失费用总和为决策指标，建立了施工导流方案单目标决策模型。

在水利水电工程实际建设中，影响施工导流系统优劣的因素有很多，同时人们对导流工程的要求除了最基本的保证主体工程顺利施工外，还要求费用低、进度快等，因此施工导流方案的优选具有多目标性。胡志根等(2001)在施工导流风险分析的基础上，系统全面地分析水利水电工程施工初期导流标准选择涉及的关键性决策指标因素，并给出各因素定量化方法，基于多目标决策理论，建立水利水电工程初期导流标准多目标风险决策模型，有效解决施工导流工期、投资与风险之间的关系。范锡峨等(2006)将决策者的风险态度考虑进来，利用效用理论得到效用损失函数模型，建立基于决策者风险态度的导流方案多目标决策模型。陈志鼎等(2011)在施工导流风险研究的基础上，推导了导流工程保险费用厘定的数学表达，为水利水电工程保险费用的厘定提供了理论方法。薛进平等(2012)在利用协商对策机制平衡决策双方利益冲突的基础上，根据熵权理论和模糊评价理论，建立施工导流方案的优选模型。

1.2.2 导流标准体系及存在的问题

1. 我国现行导流标准体系

近十几年来，我国相继开工建设了一大批大中型水利水电工程，施工技术和施工管理水平得到很大提高，取得了显著的经济效益和社会效益。通过不断积累经验，对水利水电行业施工组织设计规范进行了修订，分别发布施行了《水电工程施工组织设计规范》(DL/T 5397—2007)和《水利水电工程施工组织设计规范》(SL 303—2004)。上述规范考虑了由于我国幅员辽阔而造成的水文、气象特点与地形、地质条件差异，以及影响导流标准的因素多而复杂，并引用了风险度和经济分析概念，提出了保护对象、失事后果、使用年限和围堰工程规模等四项指标，使选择施工导流标准时，有较多的依据可循，使施工导流标准规范渐趋合理。同时，施工导流标准规范又补充了常用的导流标准，使之完整、系统化，也可避免由于标准空白，引起设计不当或漏项。

2. 国外施工导流标准选用情况

世界各国规范或实际工程采用的导流建筑物标准各有差别。根据工程统计，其洪水重现期为5～100年，影响洪水重现期的原因主要与坝址所处的水文气象条件、地形地质、河流开发方式、枢纽布置、导流方式及承建施工技术特长等多因素相关。现列出的部分大坝工程的导流标准所采用的洪水重现期为5～100年，常用的为20年，少数工程规模巨大的采用30年。表1.1为部分国家高坝(大库)导流标准与方式。

表 1.1 部分国家导流建筑物标准(规范或工程经验)

国名	洪水重现期/年	计算方法	国名	洪水重现期/年	计算方法
美国	25(高坝) 5～10(低坝)	频率法或 实测流量法	哥伦比亚	20	—
加拿大	15～100	实测流量法	奥地利	100	—
苏联	20～100	—	法国	—	—
日本	20	—	巴西	10～100	实测流量法
巴基斯坦	实测最大洪水	实测流量法	印度	30～100	实测流量法

世界各国大坝的导流工程都有其各自的特点，苏联按规范规定施工导流标准根据建筑物等级以及通航和排冰条件决定，通常采用频率10%～1%；而美国、加拿大、澳大利亚、巴西、印度等国的施工导流标准按实际记录最大洪水资料来确定。

关于导流方式，国外在峡谷地区多采用旁侧泄水(隧洞、明渠)导流方案；在宽河床地区，特别是在有通航要求的大江大河上，则采用分期导流方案。旁侧泄水导流方案的发展趋势是：一方面导流建筑物尺寸越来越大；另一方面逐渐使用过水围堰，汛期允许基坑过水，因为在大流量河流上导走全部汛期水流显然比较困难且不经济。

加拿大在峡谷地区的水电站大都采用坝址断流方案，并多用隧洞导流，在宽河床则采用河床分期导流方案。导流设计标准大多采用实测最大洪水，一般相当于20～100年一遇标准。有些国家部分工程的导流标准是通过风险率确定的。

3. *存在的问题*

随着我国水能资源的开发，积累了丰富的工程设计及建设经验，出版发行了新的规程规范，新规范能更好地适应当前的施工技术发展和国家法律、法规及建设体制需要。但在规范使用和工程实践中发现，上述规范中的导流标准规定还存在需要继续探索研究的问题，如以下规范规定的内容。

(1) 当枢纽工程所在河段上游建有水库时，导流建筑物采用的洪水设计标准及设计流量应考虑上游梯级水库的调蓄及调度的影响。导流设计流量应经过技术经济比较后，由同频率下的上游水库下泄流量和区间流量分析组合确定。此外还规定，若梯级水库的调蓄作用改变了河道的水文特性，截流设计流量应经专门论证确定。目前我国有不少流域的水利水电开发已初具规模，规范中的有关规定过于宽泛，在可操作性方面还不能完全适应大型梯级水电站建设的需要。

(2) 当坝体筑高到超过围堰顶部高程时，应根据坝型和坝前拦洪库容确定坝体施工期临时度汛洪水设计标准。对于特大型梯级枢纽，临时度汛洪水设计标准相较围堰挡水标准提高较多，且在某个时间点突然提高，不利于坝体施工进度安排和均衡施工。

(3) 导流泄水建筑物封堵工程施工期，其进出口的临时挡水标准应根据工程重要性、失事后果等因素，在该时段5～20年重现期范围内选定，封堵施工期临近或跨入汛期时应适当提高标准。在导流洞衬砌结构设计时，封堵体前段是按坝体度汛洪水设计标准对应水位确定的，从而造成上述标准与导流泄水建筑物封堵后坝体度汛洪水设计标准不匹配。

对于西部高山峡谷深厚覆盖层条件下特大型梯级水利水电工程，施工导流程序复杂，导流时段的划分及界定、导流标准的过渡衔接对施工导流安全都非常重要，但现行规范规定不够明确。

1.2.3　减轻截流难度关键技术研究及存在的问题

减轻截流难度的关键技术问题主要包括：截流块体稳定理论、抛投强度与流失量关系、截流难度及其衡量指标、抛投料抗滑止动技术、群体抛投混合料稳定性、双戗截流落差分配有效控制技术、宽戗堤截流的宽度效应及水流特性等。减轻截流难度关键技术的研究现状及存在的问题概述如下。

1）截流块体稳定理论

苏联伊兹巴什 1930 年依据平堵截流试验，将平堵截流堆石戗堤从开始到截流戗堤全部出水分成三角形断面、梯形断面、梯形断面下游坡逐渐抬高、梯形断面首部抛出水面四个阶段，提出经典的截流抛石粒径计算公式。

肖焕雄分析了群体抛投料之间可能存在的四种相互作用，探讨了混合石渣料截流中需解决的代表粒径如何确定问题，分析了护底或预平抛垫底对截流抛石稳定性的影响，以及截流抛投块体的经济性等问题；首次分析了混凝土四面体的绕流系数对稳定的影响；对四面体串体从串联个数和抛投方式角度进行了研究。长江科学院汪定扬等结合葛洲坝及三峡截流模型试验分有无覆盖层两种情况对四面体、六面体、扭工字体、多角体和空心六面体从形状、容重、重量以及是否串联角度进行比较试验研究。通过试验提出考虑块体抛投稳定时流速分布以及床面糙度的实用计算公式，较好地解释了平堵截流三个阶段的抛投块体运动、止动的物理意义，使立堵截流连续抛投进占和换料时大块体的抗冲流速计算更符合实际。

目前国内外尚无综合考虑水深 H、垂线流速系数 α 及相对糙度 Δ/D、绕流系数 ξ 等影响因素的截流块体稳定计算公式，需深入研究。在深厚覆盖层河床截流，护底是减小截流难度的有效措施，最为常用且经济实用的护底材料为钢筋笼，目前尚无钢筋笼的稳定计算方法，因此，研究钢筋笼的稳定特性，是覆盖层河床截流的关键技术问题。

2）抛投强度与流失量的关系

增大抛投强度，可有效抑制龙口抛投材料的流失。为了科学、安全、经济地截流，人们在运用其他降低截流难度的措施的同时，也常运用此措施进一步减小截流难度。具体方法有疏通道路、扩大戗堤顶宽、增加抛投设备数量以提高抛投能力和效率等。以往的研究是对抛投强度与流失量关系的定性认识，对加大抛投强度可减少抛投材料流失量机理的认识还较肤浅，对抛投强度与流失量关系的定量分析尚需深入研究。

3）截流难度及其衡量指标

对于一般基岩河床或较浅覆盖层河床截流，目前已有不少关于对截流难度认识以及降低截流难度措施的研究。研究人员多从截流水力指标、截流规模和截流安全度三个方面对截流难度进行分析，认为由抛投体所受冲击力的大小决定所要求抛投块体大小的问题称为截流难度；由河流宽、深及分流建筑物尺寸决定的工程量及施工强度问题称为截流规模；与截流进占过程堤头坍塌程度有关的问题称为截流安全度。以上分析基本揭示了截流困难程度所包含的几个方面，但定义上显得较为模糊。目前针对降低覆盖层河床截流难度的相应措施及其具体实施方案的研究极少,对覆盖层河床护底措施的有效性问题以及预防淤积型覆盖层河床截流的戗堤坍塌问题研究更少。因此,上述问题仍有待深入研究。

4) 抛投料抗滑止动技术

截流块体抗滑止动的影响因素主要涉及龙口水流条件、抛投材料的物理力学特性、接触边界条件及其相互作用,涉及面较广。以往对块体大小和比重研究较多,对形状方面的影响研究较少,对固体边界研究较多,对覆盖层可动边界研究较少。尤其是对具有可利用当地石材、透水性好等特性的钢筋笼的稳定性的研究就更少了。因此,有必要从单体形状、重量、容重、串联效果等抛投料特性方面以及接触边界方面深入研究抛投料的抗滑止动特性,提出更为有效的抗滑止动技术。

5) 群体抛投混合料的稳定性

群体抛投不同于单体,存在群体颗粒间相互干扰水流结构影响、块体相互碰撞影响、群体相互位置分布不同的影响和群体之间隐蔽或屏蔽影响。

1980年,为配合葛洲坝大江截流设计,长江科学院汪定扬、唐碧秀等通过水槽试验研究了截流抛投均匀料和混合料起动流速之间的关系。实际截流中采用较多的石渣混合料,粒径分布范围较广,最大粒径在70cm以上,最小粒径在1cm以下,分为自然连续级配和间断级配两种。采用混合石渣料截流有两个关键问题很难解决:一个是设计中代表粒径如何确定;另一个是理论研究中如何体现、表达群体抛投中的颗粒间相互干扰及与流水的相互作用。后一个问题由于其复杂性,除进行理论探讨、分析外,主要通过模型试验确定计算式中的稳定系数。混合粒径中代表粒径的选取是很复杂的,特别是对于连续级配组成,无法随意割裂分组统计,不同的分组数会得到不同的代表粒径,代表粒径表达中除含有表达级配的特征值外,还应包括反映级配分散度的指标。因此,有必要深入研究群体抛投混合料的稳定性问题。

6) 双戗截流落差分配有效控制技术

在截流落差及龙口流速均较大的情况下,采用双戗立堵截流是降低截流难度的有效措施。但在实际运用时存在很多困难,如双戗堤之间的适宜间距;上、下戗堤进占的协调配合;下戗堤壅水到上戗堤的历时计算和控制等。

我国对双戗截流的研究已有几十年的历史,在20世纪80年代即已开展双戗立堵截流水力计算研究,此后,在戗堤间距计算、戗堤平面布置、落差综合计算、水位变化规律、短戗堤间距截流、双戗协调进占等多方面都进行了一定研究。三峡工程导流明渠截流是大江大河双戗截流的成功范例,其成功的关键是应用物理模型的系列研究和跟踪试验以及数学模型计算的辅助决策,有效解决了双戗堤截流上、下游戗堤的进占配合问题,确保了双戗堤降低截流难度的功能。尽管如此,更一般的有关大河宽、长戗堤、有限戗堤间距的双戗截流流动机理和水动力规律的认识仍然有待丰富和加强,仍需要采用物理模型和数学模型相结合的方式,进一步深入探讨和研究双戗堤截流过程流态对落差分配的影响，以及泥沙冲刷过程所带来的变化，为有关工程实践提供科学参考。

7）宽戗堤截流的宽度效应及水流特性

戗堤顶宽度超过30m时称为宽戗堤，美国的Oahe工程和Dalles工程等采用宽戗堤截流取得成功。宽戗堤截流研究的核心问题是戗堤的宽度效应以及降低截流难度的效果。

我国的瀑布沟、深溪沟、糯扎渡、金安桥等工程都曾进行过宽戗堤截流方案的研究，但因种种原因，并未实施。鉴于在我国西部山区河道较陡的大江大河中实施截流，截流落差、流速均较大，不适宜采取双戗堤截流，而采取宽戗堤截流则较为可行，需进一步研究不同截流龙口宽度阶段时的宽戗堤水力特性及降低截流难度的效果，为工程截流设计提供参考。

1.2.4 深厚覆盖层上围堰安全研究现状及存在的问题

1. 围堰结构安全研究及存在的问题

1）围堰结构安全研究与实践

近年来，我国在金沙江、雅砻江、雅鲁藏布江、大渡河、乌江等河流上修建水利水电工程，经常遇到深厚覆盖层问题，深厚覆盖层厚度多达几十米到几百米。如乌东德坝址处覆盖层厚达60m、白鹤滩覆盖层厚达59m、向家坝覆盖层厚达30～60m，冶勒水电站覆盖层最深达420m，双江口水电站覆盖层深50～60m。

国内外在深厚覆盖层上建坝已有一些成功的先例。例如，加拿大在深122m的河床冲积层上采用混凝土防渗墙，修建了高107m的马尼克3号坝，河床冲积层由粗细砂、卵石和大块石构成。埃及在厚225m的河床冲积层上采用水泥黏土灌浆帷幕处理地基，修建了高111m的阿斯旺坝。我国在深厚覆盖层上的建坝技术也进入国际先进行列，如冶勒、小浪底坝、瀑布沟等。尽管如此，深厚覆盖层的力学及渗透特性的确定仍是深厚覆盖层上建坝及修筑高土石围堰工程的关键技术问题之一。

水利水电工程中的围堰一般属临时性建筑物，大部分堰体由水下抛填形成。在一般的薄层覆盖层河床地基上修建围堰，已有较丰富的经验。但深厚覆盖层的存在给围堰工程的设计带来了新的问题，主要的技术问题有两个方面：一是渗流控制问题；二是变形安全问题。

由于河床覆盖层砂砾石颗粒粗大且深层取样困难，其密度和级配尚没有一套直接的确定方法。河滩浅层砂砾石可采用挖坑确定级配和密度，进而可采用一般方法确定砂砾石力学和渗透特性。水下深层砂砾石目前只能采用钻孔取样方法粗略确定级配，难以确定密度，所以其力学和渗透特性目前没有可行的确定方法，这使得围堰工程深厚覆盖层设计参数的确定已成为设计的关键技术问题之一。基于当前原位勘探手段的发展水平，采用重型动力触探试验和旁压试验等方法间接反映土层的物理状态是一个相对可行的方法，但如何建立触探和旁压试验指标与土层密度、级配之间的关系，是需要研究的问题。此外，在深厚覆盖层中进行重型动力触探试验往往会因遇到较大的砾石致使试验结果离散性大，旁压试验时也可能因钻孔孔壁的完整性难以保证而使试验结果不理想，因此，这些原位试验技术也需要改进。由于深厚覆盖层的密度和级配难以确定，其强度、变形等力学性质也难以确定。如果能够通过动探和旁压等试验间接确定密度和级配，则可以通过室内备样试验测试其力学特性。长江科学院已经在一些水电站工程中开展了深厚覆盖层原位检测试验方法研究，尤其在原位试验指标与室内相关试验指标的关系、旁压模量与设计所必需的变形模量的相关关系方面，通过室内模型试验开展了研究，已经取得一些规律性的研究成果。

由于围堰的大部分堰体由水下抛填形成，其密度指标的确定也是制约围堰工程设计的关键技术问题之一。土石料抛填至形成堰体的过程全部位于水下，类似自然的堆积过程，很难进行人工控制，如何确定抛填形成堰体的密度成为控制设计和施工的关键指标。由于水下抛填多采用砂、砂砾石、石渣料等散体材料，不能取样直接测定其密度；而现场原型试验非常困难，代价很高，基本不可能进行；同时，目前也没有理论方法或经验公式来计算围堰抛填形成的密度；堰体密度的确定方法成为困扰围堰设计和施工的难题。

为测试覆盖层土体与围堰抛填体的力学特性和渗透特性，必须进行室内模型试验。室内试验的主要问题是缩尺效应问题，需要研究将现场大粒径颗粒缩小后带来的误差。堰体抛石颗粒大，而室内离心模型试验只能做小粒径的颗粒抛投试验，也需要研究缩尺问题。粗粒料的尺寸效应问题，是影响试验结果离散性和可重复性的一个重要影响因素，在土工试验研究同行中得到认可。目前粗粒料级配缩尺模拟的方法，大都采用剔除法、一级替代法、等量替代法、相似级配法和混合法。不论采取何种缩尺方法，其模型级配与原型级配相比都有明显的差异。对这些方法的具体使用条件，现有规范没有明确的规定。近些年，不少学者在粗粒料缩尺效应方面投入了研究精力，由于模型级配与原型级配相似理论的研究困难较大，使得该方面研究很难取得突破，取得的研究成果定性的多、定量的少，对粗粒料的渗透特性影响程度的研究更少。粗粒料的力学与渗透试验的尺寸效应问题仍是粗粒料试验研究的重要任务。

总之，深厚覆盖层变形大、抛填堰体密度低，围堰的安全对工程建设关系重大，要确保围堰安全，需要对河床深厚覆盖层工程特性测试技术、抛填堰体密度变化规律、防渗控制体系等关键技术问题，开展有针对性的研究。

2) 围堰结构安全研究存在的问题

结合依托工程围堰的施工、运行条件和功能要求，对深厚覆盖层及堰体材料工程特性试验技术进行研究，包括河床深厚覆盖层物理状态及力学特性测试技术研究、堰体抛填施工物理模拟技术研究和粗粒料力学特性与渗透特性的尺寸效应研究。

(1) 通过不同级配、密度砂砾石料的大尺寸模型试验，建立旁压模量、重型(超重型)动力触探击数与砂砾石层密度、颗粒级配、上覆压力的相关关系；再通过现场覆盖层砂砾石的旁压或动探测试结果确定对应模型级配与相应埋深条件下砂砾石的密度；再根据模型级配和砂砾石密度开展砂砾石层的物理力学参数试验，建立整套确定深厚覆盖层砂砾石物理力学参数的新方法。

(2) 通过开展抛填料的物理性试验和室内模型试验，并结合理论分析，对抛填堰体密度的影响因素进行系统总结分析和研究，进一步揭示影响机理和规律。

(3) 在调研国内外文献资料的基础上，用离散元法模拟颗粒堆积过程，研究各种因素对颗粒堆积密度的影响。

(4) 对粗粒料采用相似级配法或等量替代法进行缩尺，制作室内试样；进行不同缩尺度三轴试验、压缩试验，建立力学性质增量与缩尺度的关系等。

2. 围堰渗流控制安全研究及存在的问题

1) 围堰渗流控制安全研究现状及存在的主要问题

深厚覆盖层的防渗一般采用悬挂式混凝土防渗墙，防渗墙的深度不易确定，在堰体重力下适应松散地基变形的能力不明确。围堰堰体由水下抛填和水上填筑部分组成，目前一般用塑性混凝土防渗墙(上接土工膜)防渗。水下抛填部分施工期短，抛填水深，水流急，抛填体本身密度不易控制。当堰体高度较大时，堰体内的防渗墙本就难以适应疏松堰体的变形。如果再加上深厚覆盖层的变形，则堰体内防渗墙有可能因变形过大而开裂，其上部土工膜结构与防渗墙的连接部位有可能拉裂而使止水失效。如果围堰体系的防渗系统出现严重漏水，则堰体的稳定性难以保障。

围堰堰体水下部分，由于是在水中抛投形成，所能形成的密度很低；水上部分可以通过碾压施工达到设计的密度要求。根据围堰断面及其分区材料的力学和变形特性，用有限元方法进行围堰的应力变形分析，为防渗墙的结构设计提供依据。对防渗墙的参数选取考虑多种可能情况，得出不同情况下防渗墙体可能受到的最大拉压应力和变形，然后，对墙体的安全裕度、取材、施工和造价等各方面因素进行综合比选，提出防渗墙的设计参数。

围堰防渗是土工膜应用的合适场所。土工膜防渗性好，适应变形能力强，施工简便，拆除容易。且围堰是一个临时性建筑，不存在老化问题。“八五”攻关期间的研究表明，复合土工膜(二布一膜)的性能并不是土工膜和无纺布的简单叠加，而是更优一些。研究中对其设计方法也提出了新的建议。通过三峡二期围堰复合土工膜研究，了解复合土工膜整体的力学、防渗特性与各种组合材料之间的关系，以及复合程度对整体特性的影响。从本质上分析了复合土工膜的作用机理和破坏机理。在此基础上，提出了复合土工膜的变形率与防渗性能的关系，对复合土工膜的设计准则提出了新的见解。进行了复合土工膜现场施工电测法无损检测技术的理论分析研究和模拟试验验证，解决了可行性问题，这一方法在国内外均未见报道。通过一系列的试验，得到了土工织物淤堵判断准则、土工膜透水性指标的选取、土工膜穿刺压力范围、被保护土或垫层土级配影响等许多有意义的成果。

西部水利水电开发中，在深厚覆盖层地基上建设围堰工程，对于防渗墙和土工膜形成的防渗控制体系，尚存在以下关键问题需要研究：①堰基和堰体内的防渗墙如何适应高水头和周围松散介质的变形？塑性混凝土的配方该如何改进？墙的受力条件比较复杂，目前关于墙-地基-土体材料及接触面的计算假定和参数取值与实际情况不完全相符，计算和观测结果出入较大；②为限制防渗墙的变形，其高度不宜太大，防渗墙顶应接土工膜防渗结构。但是，三峡二期围堰的经验显示，土工膜与墙及周围土体的接触与布置型式有待改进，以免土工膜拉裂；③围堰体系的渗流与变形监测技术需要改进。主要是防渗墙与土工膜的受力与变形观测存在很大难度，墙体受到的土压力目前还难以找到可靠的观测方法。

混凝土防渗墙土石坝在国内已有许多实例，在施工方法上已有丰富经验，但在设计理论和计算方法上并不成熟，有些问题的认识不很清楚，尤其对坝体防渗墙更是如此。在设计阶段，围堰的结构型式是设计的中心环节之一，而堰体和墙体的应力-应变分析是判断其安全性的重要内容。通过数值计算一方面可得到堰体和墙体的应力-应变分布规律，为设计提供依据；另一方面根据计算结果可以进一步完善设计。

总之，深厚覆盖层变形大、抛填堰体密度低，围堰的安全与工程建设关系重大，要确保围堰安全，需要对围堰防渗体系及结构安全问题，开展有针对性的研究。

2) 关于围堰渗流控制安全需进一步开展的研究

利用深厚覆盖层及堰体材料的工程特性研究成果，结合依托工程围堰的施工、运行条件和功能要求，对围堰整体结构的防渗安全和变形安全的关键问题进行研究。

(1) 深厚覆盖层上围堰渗流控制体系研究。

提出深厚覆盖层上围堰防渗体系的渗流场规律、控制因素和失效模型，提出围堰渗流控制体系的设计方法。

(2) 防渗体与堰体和地基相互作用模拟技术研究。

① 防渗墙墙壁与周围介质接触面剪切特性研究。分析研究防渗墙墙壁与周围介质考虑与不考虑泥皮存在条件下的应力及变形特性。

② 防渗墙顶部刺入堰体的机理及模拟方法研究。揭示在不同上覆初始压力下防渗墙墙端阻力及刺入变形发展过程，建立描述墙端阻力-刺入变形非线性接触面模型数学表达式，通过试验结果求取非线性模型的计算参数，开发模型有限元计算程序。

③ 复合土工膜与围堰填料接触特性研究。分析砂砾料与复合土工膜界面合理的摩擦系数及其影响因素。

④ 防渗体与堰体和地基相互作用数值模拟。研究设置接触面后的堰体及防渗墙应力变形性状，并分析覆盖层的参数，泥皮参数、墙顶与堰体接触模拟方法对防渗墙应力变形计算结果的影响，提出防渗墙变形控制标准。

(3) 围堰结构安全监控方法及综合评价研究。包括围堰结构安全监测布置原则、界面土压力盒埋设技术及围堰结构安全评价等。

(4) 围堰施工中新技术新材料应用研究。包括塑性混凝土墙体材料和土工膜与防渗墙的联结形式两部分内容。

(5) 围堰边坡稳定性及其变形与应力协调性研究。包括复杂工作条件下超深基坑围堰边坡稳定研究及堰体、防渗体与覆盖层地基的变形与应力协调性研究。

水利水电工程施工过程水流控制及围堰安全是一个复杂的系统工程，存在许多技术难题。本书将围绕梯级水电开发环境条件，针对存在的问题，基于水利水电工程导截流标准及其影响因素分析，辨析导截流系统风险，研究施工水流过程及围堰结构渗流控制安全等关键技术，实现施工导流系统综合风险多目标决策，为工程施工组织设计提供科技支撑。

第2章 水利水电工程导流标准

本章围绕水利水电工程导流标准，在分析水利水电工程施工导流特点的基础上，明确了导流阶段与导流时段、导流分期的区别与联系，提出了导流阶段合理划分的影响因素、原则及具体方案；论述了不同坝型导流阶段的划分；提出了导流泄水建筑物导流标准的合理选取原则及不同运行期导流标准的选用；分析了不同坝型的度汛方案，论证了坝体度汛标准选取原则。

目前我国在一条江、河上修建两级或多级水利水电工程的情况越来越多，今后还会更多。对于梯级水利水电工程施工导流标准及流量的选用，所考虑的因素、涉及的问题会更加复杂。

对于某个确定工程，对应于不同的施工导流标准，会有不同的导流设计流量。因此，导流设计流量并非一个定量，而是一个变量，它与施工期实际发生的最大流量是完全不同的两个概念。如果导流标准定得太低，就不能保证工程施工安全，反之，导流标准定得太高，会使导流工程规模过大，不仅导流费用增加，而且可能会因其规模太大而无法按期完成，造成工程施工的被动局面。因此，导流设计洪水标准的确定，实际上就是在经济性与所冒风险大小之间加以抉择。国内外时有论及确定施工导流标准的经济流量分析法，是以总费用最小作为确定导流设计流量的原则。上述总费用主要包括导流建筑物费用及淹没损失费用两部分。显然，导流建筑物的费用随着导流设计流量的增大而增大。至于淹没损失费用，则是以概率概念为依据的。导流设计流量大，导流建筑物失事的可能性就小，淹没损失也就小(但并非一次具体淹没的损失小)。对于具体工程来说，导流建筑物的破坏(如围堰失事)所造成的损失通常比施工导流临时建筑物的施工费用大得多，因而在确定施工导流标准时，应能保证导流建筑物在一般水文年份不致破坏。国外统计资料表明，采用重现期为25年左右的洪水作为经济导流流量最为普遍。而施工导流临时建筑物的使用期通常只有一年或数年，可见在大多数情况下，实际发生的施工期流量远较导流设计流量小。因而在论及施工导流标准时，不应要求设计流量与将来实际发生的流量符合，弄清楚这一点是十分必要的。过去有人在汛期过后发现施工导流建筑物的规模未得到充分利用，便认为导流设计过于保守，也有的工程施工中导流建筑物未按设计标准做，安全度汛后被作为成功的经验加以肯定。他们没有认识到，一时一地的成功并不能说明普遍性的问题。当然，我们并不否认在科学分析的基础上，合理降低导流设计流量的可能性。由于梯级水利水电工程的施工条件、导流方式各异，情况千差万别，施工导流设计洪水标准很难用一种标准模式。所以各梯级水利水电工程施工导流所采用的设计洪水标准、流量组合也不尽相同。截流标准也是如此。

我国正在有序开发水利水电资源，一批流域梯级开发的骨干水利水电工程相继开工建设。这些工程多集中在高山峡谷区域，河床窄、洪枯水位及流量变幅大，施工导流难度大，施工期度汛与电站建设特征密切关联，风险高且具有时空动态特性。因此，迫切需要分析梯级电站水库调蓄对施工导截流标准的影响，研究在河流梯级开发建设条件下，水利水电工程施工过程中的洪水特性以及导流系统风险估计与调控方法，为水利水电工程建设的风险决策提供理论基础和技术支撑。

梯级电站在空间上相邻，在流域上相连通，上游已建或在建工程对施工导流的影响反映在施工洪水特性的变化上。同时，水电站梯级建设使得施工洪水改变了河流原有的泄水通道，洪水控制和施工导流的动态特性与单一电站建设的情况不同，使施工洪水具有时空上的多属性和不确定性。针对存在的问题，收集国内外实际工程资料，结合设计实践，对大型水利水电工程施工导流标准问题进行归纳总结，进一步协调好安全、经济和风险相互之间的关系，以达到三者有机统一。同时，依托乌东德、白鹤滩特大型水利水电开发工程的施工导截流标准的研究及应用，使我国大型梯级水电枢纽导截流工程的研究与设计具有示范作用，进一步完善我国现行规范施工导截流标准体系。

2.1 导流阶段的合理划分

水利水电工程的施工导流包括导流、截流、挡水、坝体度汛、封堵泄水建筑物和水库蓄水等一系列对水流控制的过程，即采取“导、截、拦、蓄、泄”等工程措施来解决施工和水流蓄泄之间的矛盾，避免水流对水工建筑物施工产生不利影响，把河水流量全部或部分地导向下游或拦蓄起来，以保证永久建筑物基坑干地施工和施工期不影响或尽可能少影响水资源的综合利用。1984 年国际大坝委员会所出会刊《坝体施工期的河流控制》的全部内容均讨论的是施工导流问题；1983 年成都科技大学王民寿编著的教材即定名为《水利水电工程施工过程中的水流控制》。河流或水流控制这个提法很准确，可作为施工导流的定义。该定义包含两层含意：一层是坝体施工期，可以明确理解为从大坝开工到坝体建成这一完整施工阶段，这是一种时间上的纵向含义。另一层是水流控制，它必然涉及导流挡水和泄水建筑物的相互关系，以及导流建筑物和永久水工建筑物的相互关系，这是一种空间上的横向含义。只有把两者统一起来，进行全面规划，统筹安排，才能设计出一个经济合理、安全可靠的施工导流方案。

2.1.1　高坝大库水利水电工程施工导流的特点

施工导流是水利水电枢纽工程总体设计的重要组成部分，是选择枢纽布置、永久建筑物型式、施工程序和施工总进度的重要因素。施工导流设计的核心内容是确定导流方式、导流标准和导流方案。电力行业可行性研究阶段及水利行业初步设计阶段施工导流设计的工作深度要求见表 2.1。

表 2.1　施工导流设计的工作深度要求

规范名称	项目	工作深度要求
《水电工程可行性研究报告编制规程》(DL/T 5020—2007)	12.2.1 导流方式	比较、选定导流方式，提出导流时段的划分，说明导流分期及防洪度汛、施工期通航、下游供水、排冰等安排
	12.2.2 导流标准	1. 确定导流建筑物级别，选定各期施工导流的洪水标准和流量； 2. 选定坝体拦洪度汛的洪水标准和流量
	12.2.3 导流方案及导流程序	1. 论述导流方案比选设计原则，说明各导流方案布置特点及导流程序，经技术经济综合比较选定导流方案； 2. 提出选定方案的施工导流程序，以及各期导流建筑物布置及截流、防洪度汛、施工期通航、下闸蓄水、下游供水、排冰等措施； 3. 提出水力计算的主要成果，必要时应附选定方案导流水力学模型试验成果
	12.2.4 导流建筑物设计	1. 对导流挡水、泄水建筑物型式和布置进行方案比较，提出选定方案的建筑物型式、结构布置、稳定分析及应力分析、工程量的主要成果； 2. 研究导流建筑物与永久工程结合的可能性，并提出结合方式及具体措施
	12.2.5 导流工程施工	1. 论述挡水建筑物的施工程序、施工方法、施工进度及混凝土骨料、填筑料的料源，论述围堰拆除技术措施； 2. 论述泄水建筑物的开挖、衬砌或锚喷等项目的施工程序、施工方法、施工布置、施工进度及所需主要机械设备
	12.2.6 截流	1. 选定截流时段、标准和流量； 2. 经方案比较，选定截流方案，提出选定方案的施工布置、施工程序、施工方法、备料计划和所需主要机械设备，必要时应附截流水力学模型试验成果
	12.2.7 基坑排水	提出基坑抽水量(包括初期排水、经常排水)，选择排水方式和所需设备

续表

规范名称	项目	工作深度要求
《水电工程可行性研究报告编制规程》(DL/T 5020—2007)	12.2.8 下闸蓄水	1. 选择封堵时段、下闸流量和封堵方案，论述导流泄水建筑物封堵设计(包括结构布置、工程量)；分析施工条件，提出封堵施工措施，拟定施工进度； 2. 说明下闸封堵与初期蓄水期间向下游供水措施； 3. 说明蓄水进度计划，包括初期蓄水的水位上升速度和水位要求； 4. 提出抽水蓄能电站的初期蓄水方案及相应措施
	12.2.9 施工期通航与排冰	1. 说明有关部门对施工期(包括蓄水期)通航要求，调查核实施工期通航过坝(闸)船只的数量、吨位、尺寸及年运量，确定设计运量； 2. 分析可通航的天数和运输能力，分析可能碍航、断航的时间及其影响，研究解决措施； 3. 经方案比较，提出施工期各导流阶段通航的工程措施，包括各项设施、结构布置和工程量； 4. 论证施工期和永久通航过坝设施结合的可能性和二者衔接关系； 5. 说明河段流冰时段、流冰量等，制定排冰和防凌措施
《水利水电工程初步设计报告编制规程》(SL 619—1993)	9.2.1 导流标准	1. 提出不同施工时段划分的选择意见及其成果； 2. 选定各期施工导流的流量和频率，确定导流建筑物级别； 3. 选定坝体拦洪度汛的洪水流量和频率
	9.2.2 导流方式	1. 选定导流方式，提出选定方案的各期导流工程布置及防洪度汛、通航、排冰等措施； 2. 提出水力计算的主要成果，必要时应进行选定方案导流模型试验
	9.2.3 导流建筑物设计	1. 提出导流挡水、泄水建筑物型式布置的方案比较及选定方案的建筑物型式、布置、工程量、稳定分析和应力分析的主要成果； 2. 研究导流建筑物与永久工程结合的可能性，并提出结合方式及具体措施
	9.2.4 导流工程施工	1. 论述导流隧洞、明渠、涵管的开挖、衬砌或锚喷、施工程序、施工方法、施工布置、施工进度及所需主要机械设备； 2. 选定围堰施工程序、施工方法、施工进度及料场；论述围堰拆除技术措施；估算基坑抽水量，选择排水方式和所需设备
	9.2.5 截流	1. 选定截流时段和流量； 2. 提出选定方案施工布置、施工程序、施工方法、备料计划和所需主要机械设备，必要时进行截流试验

续表

规范名称	项目	工作深度要求
《水利水电工程初步设计报告编制规程》(SL 619—1993)	9.2.6 下闸蓄水	1.说明蓄水进度计划,包括蓄水的速度和水位要求以及向下游供水的措施; 2.选择封堵时段、下闸流量和封堵方案;分析施工条件,拟定施工进度;提出工程量和所需主要机械设备
	9.2.7 施工期通航	1.说明有关部门对施工期(包括蓄水期)通航的要求,调查核实施工期通航过坝(闸)船只、木竹筏的数量、吨位、尺寸及年运量,确定设计运量; 2.经方案比较,提出施工期各导流阶段通航的工程措施和设施、结构布置和工程量; 3.分析其可通航的天数和运输能力,分析可能碍航、断航的时间及其影响,研究解决措施; 4.论证施工期和永久通航过坝设施结合的可能性和二者衔接关系

目前我国在建及拟建的高坝大库水利水电工程施工导流具有以下突出的特点:

(1) 工程大多规模巨大,发电经济效益和社会效益显著,控制第一台机组发电的施工关键线路往往为导流工程施工和大坝施工。导流建筑物规模大,运行期长,初期导流广泛采用大型隧洞导流或大型明渠导流,甚至采用左右岸多条大直径导流隧洞导流,上游围堰高度可达50~100m。较多的高拱坝和高重力坝工程还在坝身设置多层承受高水头的临时导流底孔,以满足中、后期导流需要。

(2) 坝址地形地质条件复杂,河谷窄、岸坡陡,枯水期水面宽度十分狭窄,仅在几十米至百米左右;施工导流的洪水流量多在1万~3万m^3/s。

(3) 导流标准高,导流程序复杂,导流过程中施工风险大,临建费用高。导流建筑物的运行时间,短则一两年,长则三五年,其风险主要表现在:①遭受常遇洪水($P=50\%$)的概率较大,工程度汛压力大;②高围堰形成的库容大,一旦失事,除增加临建投资,推后发电工期外,还将对下游泛洪区的人民财产造成重大损失;③大型断面的导流隧洞在遇到不良地质条件的围岩时,施工风险大,下闸后,在高外水位作用下,洞内改建的风险也大。在西南地区的大流量河流上,临建费用中,导流建筑物和基坑排水的费用要占到工程总投资的10%~20%,甚至更多。

2.1.2 导流阶段划分的概念及意义

1. 导流阶段划分概念的提出

《水利水电工程技术术语标准》(SL 26—1992)和《中国水利百科全书》(水利工程施工分册)有关施工导流的几个术语和定义,见表 2.2。

从表 2.2 中可以看出,按《水利水电工程技术术语标准》(SL 26－1992)和《中国水利百科全书》(水利工程施工分册)的定义,导流时段又称为挡水时段,是指水利工程施工整个过程中,依靠围堰挡水进行导流的延续时间,不同于导流阶段。但近年来导流时段划分往往被混用于导流阶段划分,即为初期导流、中期导流和后期导流的界定。因此,本章提出导流阶段及导流阶段划分的概念,认为以此进行施工导流全过程的特征阶段划分更为恰当。

表 2.2 有关施工导流的几个术语和定义

序号	术语	出处	定义	说明
1	导流方式	《水利水电工程技术术语标准》(SL 26—1992)	施工导流中所采用的挡水和泄水的方式	—
2	导流方案	《水利水电工程技术术语标准》(SL 26—1992)	在工程施工过程中,各阶段所采用的导流方式的组合	一个完整的施工导流方案,常由几种导流方式组成,以适应围堰挡水的初期导流、坝体挡水的中期导流和施工期拦洪蓄水的后期导流等 3 个不同导流阶段的需要
3	导流时段	《水利水电工程技术术语标准》(SL 26—1992)	导流方式中依靠临时挡水建筑物工作的延续时间	河流按水文特性分为枯水期、中水期及洪水期。有些小型水利工程的围堰,只需挡一个枯水期流量,所以围堰低,工程量较小;大中型水利枢纽工程通常难以在一个枯水期修筑到拦洪高程,特别是土石坝不允许坝面溢流,导流时段就要按全年考虑。围堰要挡洪水期流量,所以围堰较高,工程量也较大。混凝土坝可以坝体溢流,洪水时允许淹没基坑,可以采用过水围堰。选定导流时段要仔细研究河道的水文特性,根据主体工程的特点和施工进度的要求,进行技术经济比较。一般不宜把导流阶段划分过细,分月设计频率的流量,只作为安排施工进度计划时的参考,不宜作为导流设计的依据
		《中国水利百科全书》(水利工程施工分册)	又称为挡水时段,是指水利工程施工整个过程中,依靠围堰挡水进行导流的延续时间	

续表

序号	术语	出处	定义	说明
4	导流标准	《水利水电工程技术术语标准》(SL 26—1992)	即导流流量标准，根据导流时段、水文资料特性、主体建筑物等级、相应临时建筑物等级以及其失事后果等选用导流设计流量频率的规定	导流设计标准是对导流设计中所采用的设计流量频率的规定。导流设计标准是导流建筑物规模的设计依据，它的选择影响施工导流的经济性和安全性，实际上是风险决策的问题。 确定导流设计洪水标准的方法主要有 3 种：①实测资料分析法；②常规频率法；③经济流量分析法
		《中国水利百科全书》(水利工程施工分册)	导流建筑物级别及其设计洪水的标准	
5	施工设计洪水	《中国水利百科全书》(水利工程施工分册)	符合工程施工期间临时度汛标准的洪水特征值。施工设计洪水包括年最大洪水及年内各分期的洪水。前者多用于围堰、导流建筑物或坝体挡水的防洪设计；后者多用于施工截流、施工进度计划以及下闸蓄水时机的选择等	在推求分期施工设计洪水时，分期的划分，除满足施工设计的具体要求外，还应考虑洪水的成因及季节变化规律。分期洪水的选样方法和分期设计洪水的使用，有不跨期与跨期两种
6	导流设计	《中国水利百科全书》(水利工程施工分册)	在分析与施工导流相联系的主客观条件的基础上，划分导流时段，选定导流标准和导流设计流量，设计导流、截流方案，确定导流建筑物型式、构造、尺寸及布置，拟定导流建筑物修建、拆除、封堵的顺序及施工方法，制定拦洪度汛和基坑排水方案、施工期河道综合利用措施，以及拟定施工控制性进度计划等	—

导流阶段系将施工导流按围堰挡水及坝体拦洪度汛的性质不同而划分的典型特征阶段，其最大的特征为不同导流阶段的导流或度汛标准不同。对于高坝大库水利水电工程，基本存在三个典型的特征阶段：①围堰挡水阶段；②坝体施工期临时度汛挡水阶段；③蓄水完建阶段（即导流泄水建筑物封堵后施工期蓄水到永久泄水建筑物达到设计能力）。导流阶段划分系针对主体工程施工期的导流过程，对围堰挡水阶段、坝体施工期临时度汛挡水阶段、蓄水完建阶段进行时间节点的划分。

2. 导流阶段与导流时段、导流分期的区别与联系

1) 导流阶段划分与导流时段选择的区别

导流阶段划分的目的是根据施工进程中导流和挡水情况的不同，将施工导流全过程划分为初期、中期和后期三个阶段，以利于导流时段和导流标准的选择，并为导流程序安排打下基础。

高坝大库水利水电工程导流阶段划分为大的阶段概念，每一阶段可包含一个或几个不同的导流时段，即导流时段应为同一导流工况下的围堰（或坝体）挡水施工的延续时间。

导流时段的选择是为了确定主体工程施工顺序和施工期间不同时期宣泄不同导流流量的方式。影响导流时段选择的主要因素有河道水文特性、主体建筑物型式、导流方式、施工进度及工期等。选择导流时段，应研究降低导流设计流量的可能性和合理性，使导流方案达到安全与经济的统一。

(1) 基坑内施工工程量（包括基础处理等）较小、主体建筑物能在河道截流后的一个枯水期内抢修到拦洪高程以上时，即可选择仅在枯水期运用的围堰，导流设计流量则选择该枯水时段某一频率的洪水流量。此时，围堰高度可降低，泄水建筑物的规模也相对可以减小，从而使导流系统的规模减小，费用降低，可产生显著的经济效益。

(2) 基坑内施工工程量（包括基础处理等）较大、主体建筑物不能在河道截流后的一个枯水期内抢修到拦洪高程以上时，如果未完建的坝体不允许溢流，基坑不允许过水，导流时段应以全年为标准，其导流设计流量就应以一定重现期的全年最大洪水来设计。

(3) 若基坑允许过水，当河道洪水期与枯水期水位变幅较大时，可通过技术经济比较选择一定枯水期时段为围堰挡水时段，相应时段的一定重现期的流量为导流设计流量。洪水期洪峰来时可由坝体溢流，基坑内停止施工；洪水过后围堰挡水，基坑内主体工程正常施工。此时，围堰高度和泄水建筑物的尺寸均可以显著减小。但因基坑过水，需要采用过水围堰或其他附加措施，且会损失一定的工期，应全面分析、比较后决策。

(4) 由于河道来水的随机变化，选择不同的导流时段，对于同一设计频率标准，对应的设计施工流量的大小也不同；导流设计不仅要确定设计频率，而且也要确定导流时段，才能确定导流设计施工流量。以我国早期建设的大伙房水库为例，其所在浑河的水文特性时段与流量见表 2.3。

表 2.3 浑河的水文特性时段与流量

时段编号	水文特性时段	水文特征时段的起止时间	频率 $P=5\%$的流量/(m^3/s)
A	春汛期	3 月 1 日～5 月 31 日	398
B	中水期	6 月 1 日～7 月 10 日	568
C	洪水期	7 月 11 日～9 月 10 日	4700
D	枯水期	9 月 11 日～10 月 31 日	294
E	最枯期	11 月 1 日～2 月 28 日	66

根据表 2.3 提供的浑河的水文特征时段与流量资料来选择导流时段，不同导流时段(即水文特性时段的组合)对应的导流设计施工流量迥然不同，见表 2.4。

表 2.4 不同导流时段的导流设计施工流量

围堰挡水特征	导流时段的起止日期	水文特征时段的组合	导流设计施工流量/(m^3/s)
挡洪水	全年	A+B+C+D+E	4700
挡中水	9 月 11 日～次年 7 月 10 日	A+B+D+E	568
挡春汛	9 月 11 日～次年 5 月 31 日	A+D+E	398
挡枯水	9 月 11 日～次年 2 月 28 日	D+E	294
挡最枯水	11 月 1 日～次年 2 月 28 日	E	66

可见，导流时段的划分与导流阶段的划分是完全不同的，但划定的导流阶段，其起止时间可以是一个或几个导流时段。

2) 导流阶段与导流分期的区别

现行规范还使用导流分期的概念。建议将导流分期的概念专用于分期导流中的分期，用于分期数的划分。

3. 涉及导流阶段划分的考证

1) 现行施工组织设计规范的规定

《水电工程施工组织设计规范》(DL/T 5397—2007)及《水利水电工程施工组织设计规范》(SL 303—2004)涉及导流阶段及导流时段相关的条款规定见表 2.5。

表 2.5　现行施工组织设计规范的规定

规范名称	条款	规范内容	考证意见
《水电工程施工组织设计规范》(DL/T 5397—2007)	4.1.2	施工导流设计应妥善解决从初期导流到后期导流施工全过程中的挡水、泄水、蓄水问题。对各期导流特点和相互关系，应进行分析，全面规划，统筹安排	对整个施工导流设计，从初期导流到后期导流施工全过程中的挡水、泄水、蓄水问题提出了总体要求
	4.2.8	对于高坝工程，应综合分析度汛、封堵、蓄水、发电、下游供水与通航等因素，论证初期导流后的导流泄水建筑物布置形式，并提出坝身和岸边永久泄水建筑物的设置要求	根据高坝工程施工导流特点，对初期导流后的导流泄水建筑物布置方面提出了原则性要求
	4.4.7	当坝体筑高到超过围堰顶部高程时，应根据坝型、坝前拦蓄库容，按规范中表 4.4.7 的规定，确定坝体施工期临时度汛洪水设计标准	明确了导流建筑物洪水设计标准与坝体施工期临时度汛洪水设计标准选用的分界点
	4.4.8	导流泄水建筑物封堵后，若永久泄水建筑物尚未具备设计泄洪能力，应分析坝体施工和运行要求，按规范中表 4.4.8 规定确定坝体度汛洪水设计标准。汛前坝体上升高度应满足拦洪要求，帷幕及接缝灌浆高程应能满足蓄水要求	明确了后期导流的结束点是永久泄水建筑物具备设计的泄洪能力
《水利水电工程施工组织设计规范》(SL 303－2004)	3.1.2	施工导流设计应妥善解决从初期导流到后期导流施工全过程中的挡、泄、蓄水问题。对各期导流特点和相互关系，应进行分析，全面规划，统筹安排，处理洪水与施工的矛盾	对整个施工导流设计，从初期导流到后期导流施工全过程中的挡水、泄水、蓄水问题提出了总体的要求
	3.2.16	当坝体填筑高程超过围堰顶部高程时，坝体临时度汛洪水标准应根据坝型及坝前拦洪库容按表 3.2.16 规定执行	明确了导流建筑物洪水标准与坝体施工期临时度汛洪水标准选用的分界点
	3.2.17	导流泄水建筑物封堵后，如永久泄洪建筑物尚未具备设计泄洪能力，坝体度汛洪水标准应分析坝体施工和运行要求后，按规范中表 3.2.17 规定执行	明确后期导流的结束点是永久泄水建筑物具备设计泄洪能力

2)《水利水电工程技术术语标准》(SL 26—1992)对导流阶段划分的定义

《水利水电工程技术术语标准》(SL 26—1992)对时段划分的定义和考证意见见表 2.6。

表 2.6 《水利水电工程技术术语标准》(SL 26—1992)对导流阶段划分的定义

导流阶段划分	定义	考证意见
初期导流	工程施工初期依靠围堰挡水的导流阶段	指主河床截流后,导流泄水建筑物正式开始过水至永久挡水建筑物超过上游围堰高程且具备挡水条件这一建设时段
后期导流	导流泄水建筑物尚未封堵可依靠坝体挡水的导流阶段	从坝体开始临时挡水到水库正式下闸蓄水前的施工阶段。该阶段的特点是围堰失去了作用,坝体开始挡水
施工期蓄水	坝体尚未完建,从导流泄水建筑物开始封堵到永久泄水建筑物达到设计能力以前水库蓄水的阶段	指水库正式下闸蓄水开始,到工程竣工结束的施工阶段,按其定义坝体尚未完建,导流泄水建筑物尚在运行,应该仍属于后期导流阶段。在该阶段,如果挡水、泄水建筑物尚未达到设计要求,则汛期仍属临时度汛

3) 两部大百科全书对导流阶段划分的定义

《中国电力百科全书》(水力发电卷第 2 版)和《中国水利百科全书》(水利工程施工分册)对导流阶段划分的定义,见表 2.7。

表 2.7 《中国电力百科全书》和《中国水利百科全书》对导流阶段划分的定义

百科全书名称	导流阶段划分	阶段定义	考证意见
《中国电力百科全书》(水力发电卷第 2 版)	初期导流阶段	主要指围堰挡水阶段。即从河道截流到主体建筑物具备一定的挡水和泄水能力之前的阶段	主要适合于只有一个基坑的工程。对于分期形成基坑的工程,水库蓄水后,围堰仍在挡水阶段。如三峡工程的三期围堰,黄河大峡水电站的钢叠梁围堰等
	中期导流阶段	为主体建筑物临时挡水阶段。从全部或部分主体建筑物达到一定的临时挡水高程时起,直到导流泄水建筑物下闸封堵和水库开始蓄水为止	—
	后期导流阶段	为施工蓄水阶段。即由主体建筑物挡水的阶段。在该段时间,各导流泄水建筑物相继下闸或封堵。对利用围堰提前蓄水发电的工程,发电初期仍为围堰挡水	对于分期形成基坑的工程,岸边导流泄水建筑物下闸后,水库并未蓄水。如三峡、水口、宝株寺等工程的明渠截流后,先转入底孔导流阶段,待明渠具备一定的蓄水条件后,才进行水库蓄水

续表

百科全书名称	导流阶段划分	阶段定义	考证意见
《中国水利百科全书》（水利工程施工分册）	初期导流阶段	即围堰挡水阶段。在围堰保护下，进行基坑内抽水、开挖和坝体施工等工作	不适合于分期形成基坑的工程
	中期导流阶段	即坝体挡水阶段。导流建筑物尚未封堵，但坝体已经达到围堰高程或具备挡水条件	—
	后期导流阶段	即从导流泄水建筑物封堵到大坝全面修筑到设计高程的时段	对于高混凝土坝工程，坝身下部留有一定数量的临时底孔（如三峡、小湾等工程），受很多因素的制约，这些临时底孔的封堵时间常常在发电后1年甚至更晚。对于导流隧洞条数较多的工程（如溪落渡和乌东德等工程），受改建程序的影响，部分导流隧洞常在蓄水前1年下闸

4. 导流阶段划分的意义

鉴于上述分析归纳以下几点：

(1)《水电工程施工组织设计规范》(DL/T 5397—2007)以及《水利水电工程施工组织设计规范》(SL 303—2004)对从初期导流到后期导流施工全过程中的挡水、泄水、蓄水问题提出了总体的要求，明确了导流建筑物洪水设计标准与坝体施工期临时度汛洪水设计标准选用的分界点，明确了后期导流的结束点是永久泄水建筑物具备设计的泄洪能力。但两部规范实质上只将施工导流阶段划分为初期和后期两个阶段。

(2)《水利水电工程技术术语标准》(SL 26—1992)对导流阶段的划分是将后期导流和施工期蓄水区分为2个不同的导流阶段，与较新的施工组织设计规范将施工期蓄水归入后期导流阶段的划分方法不同，年代较早并仅适用于较低坝高的工程。目前该规范正在修订之中。

(3)《中国电力百科全书》(水力发电卷第2版)和《中国水利百科全书》(水利工程施工分册)两部百科全书中明确将施工导流阶段划分为初期、中期和后期三个导流阶段的相关内容比较符合我国目前水利水电事业发展的现状；特别是对于高坝大库水利水电工程的导流阶段划分，可作为研究讨论施工导流阶段划分的主要参考资料。

近年来，在高坝大库水利水电工程施工导流设计中对坝体施工期临时度汛洪水设计标准和导流泄水建筑物封堵后坝体度汛洪水设计标准的选用存在很多问题。由于高坝大库水利水电工程建设周期长、导流程序复杂，理顺施工期水流控制全过程的特点，针对不同导流阶段确定相应的导流标准，显得尤为重要。

2.1.3　导流阶段的合理划分

1. 导流阶段划分的主要影响因素

导流阶段划分的目的是合理选择各期施工导流标准，同时导流阶段划分也是导流程序安排的基础。导流阶段划分的主要影响因素包括导流方式、水工枢纽布置及坝型、施工总进度安排等。

1) 导流方式及其对导流阶段划分的影响

(1) 导流方式分类与命名。

① 导流方式分类。

导流方式为主体工程施工期水流控制的方法，包括挡水和疏导下泄两方面内容。导流方式大体可分为两类：河床外导流和河床内导流。两类导流方式的对比见表 2.8。

表 2.8　两类导流方式对比

导流方式	河床外导流	河床内导流
基本概念	又称为一次拦断河床围堰导流(可简称断流围堰导流)或全段围堰法导流。《水电工程施工组织设计规范》(DL/T 5397—2007)称围堰一次拦断河床导流方式，《水利施工设计规范》称一次拦断河床围堰导流方式	又称为分期围堰导流(可简称分期导流)或分段围堰法导流。 《水电工程施工组织设计规范》(DL/T 5397—2007)称围堰分期拦断河床导流方式。 《水利水电工程施工组织设计规范》(SL 303—2004)称分期围堰导流方式
基本方法	主河道被全段围堰一次拦断，水流被导向旁侧的泄水建筑物	用围堰将水工建筑物分段分期围护起来，使河水通过被束窄的河床或坝体底孔、坝下涵管、厂房等导向下游的方法。所谓分段，就是从空间上用围堰将建筑物分成若干施工段进行施工。所谓分期，就是从时间上将导流分成若干时期。 又称为分期围堰法或河床内导流，分期就是将河床围成若干个干地施工基坑，分段进行施工。分期就是从时间上将导流过程划分成阶段
适用条件	多用于河床狭窄，基坑工作面不大，水深流急、覆盖层较厚难于修建纵向围堰，难于实现分期导流的工程	河床较宽，流量大，易满足施工期通航、排冰等要求

与两类施工导流方式配合使用的包括明渠导流、隧洞导流、涵管导流，以及施工过程中的坝体底孔导流、缺口导流和不同泄水建筑物的组合导流。

② 导流方式命名。

从表 2.8 可以看出，对同一类施工导流方式均有多种称谓，现行规范对施工导流方式的命名也不完全一致。本章认为对全段围堰法导流宜称为一次拦断河床围堰导流(简称断流围堰导流)，分段围堰法导流宜称为分期围堰导流(简称分期导流)。这样的命名既与目前两部施工组织设计规范的称谓基本协调，也符合我国水利水电工程几十年来对施工导流方式的习惯称谓。

涉及具体工程，长期以来导流方式的提法更是不太统一。有些工程按基坑的数量命名，如围堰一次断流的导流方式、围堰分期断流的导流方式；有些工程则按临时泄水建筑物型式进行命名，如隧洞导流方式、明渠导流方式、底孔导流方式等；有些河床式水电站则按基坑的形成时间次序划分，如一期导流、二期导流、三期导流等。这些命名方式未考虑设计阶段不同导流方案的比较，也没有反映基坑的施工特点，更未反映中后期导流阶段水流的不同控制特点。对于不同的设计阶段，更是难于给一个工程的导流方式取一个比较确切的名字。例如，华东勘测设计研究院设计的怒江上的赛格工程可研选坝推荐的导流方案“下坝线(勘 3 线)左岸坝后厂房右岸隧洞导流方案”，后在 2006 年 2 月专家审查会上称之为“3 线左岸坝后厂房分期导流方案”。这个工程表面上看，河床是分了两期基坑，可称为分期导流，但一期厂房围堰基坑内又没有为二期导流留下任何导流泄水建筑物，河床截流用的是右岸的两条导流隧洞，称它为“隧洞导流方案”亦可，难于得出较为科学和合理的导流方式的命名。

只按导流的分期与否来描述导流方式，不能清楚地反映导流过程。在导流过程中选择的主要泄水建筑物应在导流方式的描述中反映出来，像三峡工程采用“明渠通航、三期导流”的导流方式命名，就十分清楚。对于大多数水利水电工程初期导流阶段导流方式的命名，依据施工期水流控制的特点可概化为“围堰分期与否＋导流泄水建筑物泄流”。这样，对于一次拦断河床围堰导流方式的命名应是“断流围堰＋导流泄水建筑物泄流”模式；对于分期围堰导流方式的命名应是“主导泄水建筑物＋几期导流”模式。对于一次拦断河床围堰导流中、后期导流命名应是“坝体挡水＋导流泄水建筑物泄流”模式。具体见表 2.9。这种表达方式所反映的导流过程是明确的，概念是清楚的。

表 2.9　导流方式命名模式建议

<table>
<tr><th colspan="2">两类导流方式</th><th>基本模式</th><th>示例</th></tr>
<tr><td rowspan="4">一次拦断河床围堰导流</td><td>总体命名</td><td>断流围堰＋导流泄水建筑物泄流</td><td>白鹤滩和乌东德工程的导流方式可称为“全年断流围堰、隧洞泄流”的导流方式</td></tr>
<tr><td>初期导流</td><td>断流围堰＋导流泄水建筑物泄流</td><td>同总体命名。白鹤滩和乌东德工程的初期导流可称为“全年断流围堰、隧洞泄流”的导流方式</td></tr>
<tr><td>中期导流</td><td rowspan="2">坝体挡水＋导流泄水建筑物泄流</td><td>1. 乌东德工程的中期导流可称为“坝体挡水、导流隧洞泄流”的导流方式；
2. 白鹤滩工程的中期导流可称为“坝体挡水、导流隧洞泄流与导流底孔联合泄流”的导流方式</td></tr>
<tr><td>后期导流</td><td>1. 乌东德工程的后期导流可称为“坝体挡水、导流隧洞泄流”的导流方式；
2. 白鹤滩工程的后期导流可称为“坝体挡水、导流底孔与泄洪洞、坝身永久孔口联合泄流”的导流方式</td></tr>
<tr><td rowspan="4">分期围堰导流方式</td><td>总体命名</td><td>主导泄水建筑物＋几期导流</td><td>1. 三峡工程采用“明渠通航、三期导流”的导流方式；
2. 龙开口工程的导流方式可采用“左岸明渠、三期导流”命名</td></tr>
<tr><td>一期导流</td><td rowspan="3">挡水建筑物＋导流泄水建筑物泄流</td><td>龙开口工程一期导流可称为“一期围堰挡水、束窄的河床泄流”的导流方式</td></tr>
<tr><td>二期导流</td><td>龙开口工程二期导流可称为“二期围堰挡水、明渠导流底孔和明渠缺口联合泄流”的导流方式</td></tr>
<tr><td>三期导流</td><td>龙开口工程三期导流可称为“坝体挡水、导流底孔与坝身永久孔口联合泄流”的导流方式</td></tr>
</table>

③ 关于初期导流阶段明渠导流方式的归属问题。

初期导流阶段明渠导流方式究竟应属于一次拦断河床围堰的导流方式，还是属于分期围堰导流方式一直存在争议。例如，20 世纪 70 年代施工的白山工程、80 年代施工的安康工程，有称为明渠导流方式的，也有称为底孔导流方式的，还有称为明渠底孔导流方式的；现在在建的龙开口工程的导流方式和白山、安康工程的导流方式相同，在可行性设计方案比较阶段，其导流方式称为“左岸明渠导流、全年挡水围堰方案”。

在一般情况下，初期导流阶段导流明渠均是沿河边设置，并在岸边山坡上开挖而成。为满足截流以及度汛的需要，明渠渠底高程一般设计低于河流枯水期的常水位；为保证明渠施工，同时为了减少明渠开挖工程量，避免形成开挖高边坡，往往需要沿河边修建一期围堰和形成明渠施工基坑。只要在导流明渠的施工过程中，需要修建束窄河床的围堰，不论其束窄河床的程度多少，都应属于分期导流范畴。

(2) 导流方式选择的主要原则。

导流方式的选择需遵循《水电工程施工组织设计规范》(DL/T 5397—2007)或《水利水电工程施工组织设计规范》(SL 303—2004)等的要求，见表 2.10。

表 2.10 导流方式选择的主要原则

规范名称	条款	主要原则
《水电工程施工组织设计规范》(DL/T 5397—2007)	4.2.2	1. 适应河流水文特性和地形、地质条件； 2. 施工安全、方便、灵活、工期短、投资省、发挥工程效益快； 3. 合理利用永久建筑物，减少导流工程量和投资； 4. 适应施工期通航、排冰、供水等要求； 5. 截流、度汛、封堵、蓄水和发电等关键施工环节衔接合理
《水利水电工程施工组织设计规范》(SL 303—2004)	3.3.2	1. 适应河流水文特性和地形、地质条件； 2. 工程施工期短，发挥工程效益快； 3. 工程施工安全、灵活、方便； 4. 结合、利用永久建筑物，减少导流工程量和投资； 5. 适应通航、排冰、供水等要求； 6. 河道截流、围堰挡水、坝体度汛、封堵导流孔洞、蓄水和供水等初、后期导流在施工期各个环节能合理衔接

除了遵循规范的要求以外，根据以往工程的建设经验，对于给定的坝址和坝型，在导流方式选择时，尚应掌握以下几点：

① 临时与永久水工建筑物结合。

② 较紧密，挡水、泄水、发电和导流四大建筑物的总体布置比较协调。

③ 投入产出比合理。

导流方式选择的核心在初期导流阶段，当导流建筑物的型式确定之后，主要对基坑是否过水问题，从临建投资、工期、度汛安全等方面进行深入比较。如果一个工程年发电量为G，每千瓦时电的利润为K，采用围堰全年挡水方案对应的总投资和工期分别C_1和T_1，而采用汛期基坑过水方案对应的总投资和工期分别为C_2和T_2，则选用前者的条件应满足规定：$C_1-C_2+GK(T_1-T_2)>0$。

④ 施工期通航、排冰、水库的提前淹没、下游供水等外部环境问题能够妥善解决。

(3) 导流方式对导流阶段划分的影响。

由于导流方式的不同，施工导流程序安排会有很大的不同。对于分期导流而言，分期就是从时间上、平面上将导流过程划分成若干阶段，以水口工程分期导流和明渠导流予以说明。

水口工程位于福建省闽江干流中段，混凝土重力坝，坝高 101m，坝址河谷形状呈 U 形，平水期河宽约 380m；坝址岩石为坚硬、新鲜花岗岩，两岸山坡大部分基岩裸露，河床基岩面存在两个深槽，覆盖层厚约 5～10m，最深达 29m，由大孤石和沙砾石组成。坝址多年平均流量 1728m^3/s，最大实测流量 30200m^3/s。工程于 1987 年开工，1993 年第一台机组投产发电，施工历时约 6 年半。20 世纪 80 年代初，华东勘测设计研究院曾对分期导流和明渠导流两种导流方式进行了长期的比较工作。

① 分期导流方案。施工导流分为 4 个阶段：

第 2 施工年 10 月～第 4 施工年 9 月进行右岸分期围堰的施工，束窄河床约 54%，在一期基坑内施工溢流坝段和船闸工程；上、下游围堰采用堆石混凝土面板过水结构，纵向围堰采用圆筒形钢板桩格型结构，其基础覆盖层采用水下开挖方法施工，格体采用沙砾石填充。

第 4 施工年 9 月～第 6 施工年 10 月河床截流，左岸分期围堰施工，在二期围堰基坑内进行剩余的溢流坝段和厂房施工。汛期由右岸坝体内预留的 6 个 8m×15m(宽×高)的导流底孔和总长度为 164.5m 的坝体缺口泄洪。

第 6 施工年 11 月～第 7 施工年 12 月，继续进行坝体施工，并加高缺口，汛期由 6 个导流底孔和高程提高，总长度为 164.5m 的坝体缺口泄洪。

第 8 施工年 1 月～12 月，汛期由 6 个导流底孔和 12 个溢流坝坝面泄洪；10 月开始封堵底孔，水库开始蓄水，年底发电，初期发电工期 8 年。

② 明渠导流方案。施工导流亦分为 4 个阶段：

第 1 施工年 10 月～第 4 施工年 9 月进行宽度为 75m 的明渠开挖和混凝土导墙施工，原河床基本不束窄。

第 4 施工年 9 月～第 6 施工年 7 月河床截流，明渠导流。在河床基坑内，浇筑坝体时预留 6 个 8m×15m(宽×高)的导流底孔和 3 个 9m×15m 导流兼施工期通航底孔以及总宽度为 100m 的坝体缺口。

第 6 施工年 8 月～第 7 施工年 8 月明渠断流，由预留的 9 个导流底孔和坝体缺口导流，进行明渠坝段及船闸工程施工。

第 7 施工年 9 月～第 8 施工年 12 月，汛期由 9 个导流底孔和溢流坝坝面泄洪；10 月开始封堵底孔，水库开始蓄水，年底发电，初期发电工期也是 8 年。

上述分期导流和明渠导流方案虽均规划为 4 个阶段，但导流程序安排有很大的不同。

分期围堰导流一般分两期、三期，我国最多到五期(如盐锅峡、八盘峡)；国外如日本阿武隈川大坝五期，个别达八期(如肯门司枢纽)，取决于河床允许流速或其他特殊要求。黄河上游传统惯用草土围堰，它易建易拆，但允许抗冲流速不大(3m/s)，故分期较多。莱茵河肯门司因河床特宽，通航又不允许中断，故分多区多期施工。但一般要求是尽量减少分期数，特别是对于导流流量大的河流，以节省围堰工程量。因此本章认为分期围堰导流分期数以不超过三期为宜。

高坝大库水利水电工程初期导流采用围堰挡水，中期、后期导流采用坝体挡水，由于不同导流阶段导流泄水方式的差异，实质上初期围堰挡水，中期、后期的导流方式也是有差异的。显而易见，导流阶段划分应考虑导流方式的影响。

2) 高坝大库水利水电工程坝型对导流阶段划分的影响

坝型是影响施工导流设计非常重要的因素。大江大河上的施工期水流控制与坝型关系极为密切。高坝大库水利水电工程施工期库水位一般变幅显著，初期、后期导流水位衔接与大坝结构型式有着十分复杂的关系。例如，混凝土高坝工程后期导流中，为满足在不同时间和不同目的，不同泄水、蓄水调节流量要求，在考虑下闸封堵闸门的设计和制造水平的制约因素条件下，需要分层设置临时导流泄水建筑物。断面较薄的双曲拱坝，坝体挡水和稳定受横缝灌浆高程控制，又制约着中期、后期导流水位。

此外，高坝大库水利水电工程投资大、工期长，国内外很多工程往往采用边施工边蓄水的办法，使枢纽能提前受益，如我国的三峡和葛洲坝等工程均在施工期蓄水。在坝体未完建之前进行水库低水位运行，涉及施工导流中许多复杂问题，如导流泄水建筑物的封堵未完建时大坝防洪度汛和坝体稳定等。

3) 导流阶段划分和施工总进度安排的关系

(1) 大中型水利水电工程种类较多，工程规模相差较大，所在的自然条件也不尽相同，其建设周期长达8～10年，施工总进度的安排也十分冗长和复杂，且每个建设阶段控制水流的方法也各不相同，故导流阶段划分应和施工总进度的安排相适应。

(2) 大坝坝体施工高度超过围堰高度，度汛由围堰挡水转为未完建坝体挡水时，初期导流阶段结束，并转入中后期导流。

(3) 水库蓄水计划。水库下闸蓄水前，永久挡、泄水建筑物的施工面貌对导流阶段划分和施工导流规划设计至关重要。对于调节库容比较小的低坝工程，在水库蓄水前，永久泄水建筑物已经全部竣工，且达到了设计泄洪的能力，这类工程在下闸后的第一个汛期可不再划分临时度汛阶段。高坝大库水利水电工程则恰恰相反，需要提前蓄水发电或使工程受益；但在水库蓄水前，永久挡水和泄水建筑物并没有全部竣工，且永久泄水建筑物可能是没有达到设计泄洪的能力，这类工程在下闸后的第一个汛期仍然需要划分为后期导流的临时度汛阶段。

(4) 最后一批导流泄水建筑物的下闸封堵，中期导流阶段结束，并转入后期导流。

2. 导流阶段划分依据

导流阶段合理划分应有以下的依据和原则：

(1) 导流阶段合理划分和施工导流程序安排应以现行规范为依据。《水电工程施工组织设计规范》(DL/T 5397—2007)以及《水利水电工程施工组织设计规范》(SL 303—2004)均有相同规定：施工导流设计应妥善解决从初期导流到后期导流施工全过程中的挡水、泄水、蓄水问题。对各期导流特点和相互关系，应进行系统分析，全面规划，统筹安排。两部规范虽然没有明确初期和后期的定义，但纵观全文，可明确按照施工导流过程中的挡水、泄水的不同情况，将施工导流规划划分为两个阶段：一是初期导流阶段，即围堰挡水阶段，在此阶段导流泄水建筑物已经建成过水，河床截流，围堰挡水，拦河主体工程施工；二是后期导流阶段，即坝体临时挡水，主体工程施工，封堵导流泄水建筑物和水库蓄水。

由两部规范相应条款可见，初期导流阶段的起始点是主河床截流；由围堰挡水转向坝体挡水是初期、后期导流之间的分界点；最后一批导流泄水建筑物下闸是中期导流阶段的结束点；后期导流阶段是在最后一批导流泄水建筑物下闸以后，利用未完建坝体挡水，部分完建或已完建永久泄水建筑物泄水度汛直至工程竣工的导流阶段。

从两部规范对导流阶段划分的规定可见，对于高坝大库水利水电工程，在大坝高度超过围堰高度直至工程竣工的漫长过程中产生的坝体临时挡水、泄水、度汛、水库蓄水及临时导流泄水建筑物的分层设置、下闸和封堵等十分复杂的问题集中在一个后期导流阶段解决，过于集中和难于管理。

(2) 导流阶段合理划分和导流程序安排的编制还应考虑坝的高度以及导流泄水建筑物调节闸门的设计和制造水平。一般而言，只有高坝才有中后期导流程序复杂问题。除了坝高因素以外，还要考虑承受高水头的导流泄水建筑物调节闸门的设计和制造水平问题，设想如果只使用一层初期导流使用的导流泄水建筑物的闸门能够同时满足承受动水下闸和闸门封堵期间上游水位百米以上高水头压力的要求，能够和永久泄水建筑物顺利衔接，也同时能够满足水库蓄水和首台机组投产以及通航、排冰和下游供水等要求，则高坝工程采用的导流方式也无需划分多期导流时段。所以导流时段选择应当和坝高以及导流泄水建筑物闸门设计和制造水平相适应。

(3) 导流阶段合理划分、导流程序安排应和现行施工组织设计规范规定的施工总进度的工期划分相协调。

《水电工程施工组织设计规范》(DL/T 5397—2007)及《水利水电工程施工组

织设计规范》(SL 303—2004)均对工程施工总进度的阶段划分有基本相同的规定。水利水电工程建设全过程可划分为四个阶段,见表 2.11。

表 2.11 水利水电工程建设全过程划分

建设工期	准备工作	备注
工程筹建期	工程正式开工前为承包单位进场施工创造条件所需的时间。工程筹建期工作主要包括对外交通、施工供电、施工通信、施工区征地移民、招投标等	—
工程准备期	准备工程开工起至关键线路上的主体工程开工前的工期。一般包括场地平整、场内交通、导流工程、施工工厂及生产、生活设施等准备工程项目	工程建设总工期为三项工期之和
主体工程施工期	从关键线路上的主体工程项目施工开始,至第一台(批)机组发电或工程开始受益为止的工期。主要完成永久挡水建筑物、泄水建筑物和引水发电建筑物等土建工程及其金属结构和机电设备安装调试等主体工程施工	
工程完建期	自第一台(批)机组投入运行或工程开始受益为起点,至工程竣工为止的工期。主要完成后续机组的安装和调试,挡水建筑物、泄水建筑物和引水发电建筑物的剩余工作以及导流泄水建筑物的封堵等	

根据施工总进度的不同安排,采用施工导流控制水流的方法也不同;因而导流阶段合理划分和施工导流程序安排应和施工总进度的工期划分相协调。本书在乌东德工程导流阶段划分中进行了部分尝试。

(4) 导流阶段合理划分中还应仔细考虑的问题。

对于中、低坝工程施工导流,可采取初期和后期两个导流阶段划分方法。

对于高坝大库水利水电工程,为了水库及早蓄水,第一批机组及早投产发电取得工程效益,在水库蓄水前,坝体尚未全部建成,永久泄水建筑物没有全部竣工,也没有达到设计泄洪的能力,在导流泄水建筑物下闸后还需要再划分临时度汛阶段。根据我国的工程实践,采取初期、中期和后期三个导流阶段是合理的划分方法。

如何区分高坝、中坝、低坝,如何界定高坝大库水利水电工程,对不同工程采取初期、后期 2 个导流阶段还是初期、中期、后期 3 个导流阶段,针对不同的工程,不同的施工条件,还应仔细考虑。

3. 高坝大库水利水电工程导流阶段的划分

综上所述,本章将高坝大库水利水电工程的导流阶段分为初期、中期和后期。

1) 初期、中期和后期导流的含义

(1) 初期导流阶段。

初期导流阶段指坝体正式具备挡水条件前的导流泄水建筑物施工期以及导

流挡水建筑物运行期。基坑数量为一个的工程，指导流泄水建筑物施工期以及主河床截流到坝体正式具备挡水条件前的围堰和岸边导流泄水建筑物运行期；基坑数量为两个或两个以上的工程，指一期基坑的围堰施工及其形成到二期或三期基坑的围堰开始拆除的导流建筑物运行期（指围堰挡水建筑物以及岸边或预留在坝体内的导流泄水建筑物），它包括截流前后两个或两个以上围堰挡水时段。

（2）中期导流阶段。

中期导流阶段指坝体正式具备挡水条件到最后一批岸边或预留在坝体内的导流泄水建筑物下闸前的坝体挡水运行期。该阶段的特点是围堰失去了作用，坝体开始挡水，同时最后一批岸边或预留在坝体内的导流泄水建筑物下闸即为中期导流阶段的结束。

对于河床式水电站或低坝、水闸等工程，当坝体具备挡水条件时，相关的金属结构安装已经结束，工程即将见效，这类工程划分中期导流阶段已无实际意义。

（3）后期导流阶段。

后期导流阶段指从最后一批岸边或预留在坝体内的导流泄水建筑物下闸到工程竣工前的坝体挡水运行期。在该阶段，将由部分已建或已经完建的永久泄水建筑物完成度汛泄水的任务。在该阶段如果永久挡水、泄水建筑物尚未达到设计要求，则大坝度汛泄水仍属后期导流阶段的施工期度汛。

在坝体和永久泄水建筑物建成以后，工程进入正常运行，将由永久泄水建筑物完成度汛泄水的任务。

2）导流阶段划分原则和方案

（1）一次拦断河床导流方式的导流阶段划分。围堰挡水阶段划入初期导流阶段；坝体临时挡水至最后一批导流泄水建筑物下闸前划入中期导流阶段；最后一批导流泄水建筑物下闸后至坝体具备永久挡水条件且永久泄洪设施具备运用条件划入后期导流阶段。

特殊情况下，高坝大库水利水电工程为控制施工期蓄水上升水位或封堵闸门水头，个别导流泄水建筑物（如坝身导流底孔）在后期导流阶段过程中下闸。

（2）分期围堰导流方式的导流阶段划分。分期围堰导流方式也存在初期、中期、后期三个阶段。在一次拦断河床导流方式中，三个阶段比较明显；对于分期导流，各阶段不甚明确，常出现几个阶段交叉的情况。考虑分期、分段本身将导流过程划分成若干阶段（时间上、平面上），因此无需再按初期、中期、后期三个阶段划分。

分期围堰导流程序复杂，一般适用于混凝土重力坝。河床内枢纽建筑物施工不仅从时间上分期，还应从空间上分期，导流程序设计时，大多分二期导流或三期导流。导流分期越多，导流工程量相对较大，主体工程（如大坝）施工连续性较差，对主体工程施工特别是施工进度产生不利影响。二期导流一般先修建混凝土纵向围堰和永久泄水建筑物，同时兼顾提前发电，一期修建的永久泄水建筑物规模应满足二期过流及度汛要求；三期导流一般先修建导流明渠和混凝土纵向围堰，第二期修建永久泄水建筑物和发电厂房，永久泄水建筑物规模满足三期过流和度汛要求，第三期在导流明渠里修建非溢流坝段或少量的溢流坝段。采用二期导流的工程有五强溪、凌津滩、丹江口等，采用三期导流的工程有富春江、三峡、银盘、亭子口、水口、高坝洲、景洪和龙开口等。

以下是三峡工程分期围堰导流程序。

一期导流：1993 年 10 月～1997 年 11 月。首先采用一期土石围堰围护中堡岛及后河，形成一期基坑，在一期土石围堰保护下挖除中堡岛，开挖后河修建导流明渠、混凝土纵向围堰，并预建三期碾压混凝土围堰基础部分。同时在左岸修建临时船闸，进行升船机、双线五级船闸及左岸 1 号～6 号机组厂房坝段和厂房等开挖项目施工。江水仍由长江主河床下泄，主河床正常通航。

二期导流：1997 年 11 月～2002 年 11 月。1997 年 11 月实现大江截流后，立即修建二期上、下游土石向围堰，与混凝土纵向围堰共同形成二期基坑。在基坑内修建泄洪坝段、左岸厂房坝段及电站厂房等主体建筑物，继续修建双线五级船闸及左岸 1 号～6 号机组厂房坝段和厂房等建筑物。二期导流期间，江水由导流明渠宣泄，船舶从导流明渠和左岸已建成的临时船闸通行。

三期导流：2002 年 11 月～2009 年。2002 年汛末完成二期上、下游土石围堰拆除，在导流明渠内进行封堵截流，建造三期上、下游土石围堰，在其保护下修建三期上游碾压混凝土围堰并形成三期基坑。在三期基坑内修建右岸厂房坝段和右岸电站厂房，左岸各主体建筑物上部结构同时施工。明渠截流后到水库蓄水前，船只从临时船闸通行。三期上游碾压混凝土围堰建成后，导流底孔与泄洪深孔下闸蓄水。2003 年 6 月，水位蓄至 135m，由三期上游碾压混凝土围堰与左岸大坝共同挡水，第一批机组发电，双线五级船闸通航。长江洪水由泄洪坝段内的 22 个导流底孔和 23 个泄洪深孔宣泄。2006 年，工程进入后期导流阶段，封堵导流底孔，拆除三期碾压混凝土围堰至高程 110m（混凝土纵向围堰上纵段拆除至高程 125m），大坝全线挡水，右岸电站陆续投产发电，长江洪水由大坝泄洪深孔、表孔及发电机组下泄，直至工程全部完建。

从中不难看出，三峡工程后期导流阶段在三期导流之中。

3）初期、中期、后期导流阶段划分的起始点和终结点的确定

（1）现行施工组织设计规范对初期、后期导流分界的有关规定说明。

① 由两部规范的施工总进度中的相同规定，导流工程的施工包括在工程准备期内。施工准备期内施工导流的核心任务应是形成河床断流前的导流泄水建筑物。

《水电工程施工组织设计规范》(DL/T 5397—2007)的表 10.1.2 规定说明，主体工程拦河坝的施工期起点为主河床截流。据此，初期施工导流阶段的起始点也

应确定为主河床截流。

② 根据《水电工程施工组织设计规范》(DL/T 5397—2007)4.4.7 条款和《水利水电工程施工组织设计规范》(SL 303—2004)3.2.16 条款规定，当坝体填筑高程超过围堰堰顶高程时，坝体临时度汛标准应不同于初期导流标准并有所提高的规定，坝体填筑高程超过围堰堰顶高程应作为初期导流和中期导流的分界点。

③ 主体工程施工期和工程完建期之间的分界点是第一台(批)机组投入运行或工程开始受益。

(2) 导流阶段划分的起始点和终结点的确定。

① 主河床截流是初期导流阶段的起始点。

② 初期导流阶段、中期导流阶段应以由围堰挡水转向坝体挡水为分界点。

③ 最后一批导流泄水建筑物的下闸应是中期与后期导流阶段的分界点。最后一批临时导流泄水建筑物的下闸(不包括它们的封堵)是中期导流阶段的终点，也是后期导流阶段的起始点。

④ 最后一批导流泄水建筑物下闸到永久泄水建筑物具备设计泄洪能力应是后期导流结束点的必备条件，前提是施工期蓄水也应完成。如果在第一批机组已经发电，工程已经受益，最后一批临时导流泄水建筑物的下闸也已经完成；但坝体工程尚未完建，永久泄水建筑物也没有全部建成，则即使这种情况不多见，理应认为后期导流任务尚未结束。

最后一批临时导流泄水建筑物的下闸时间应以下闸为准，并不包括它们的封堵，其理由是临时导流泄水建筑物的封堵只是一个具体的施工措施，其时间安排并不处于施工总进度的关键线路上。在坝体完建、施工期蓄水完成且永久泄水建筑物具备设计泄洪能力后，工程进入正常运行阶段。

4) 导流阶段划分的外延

(1) 在工程实践中对于初期导流采用分期导流方式加以细分，还存在一个属于施工准备期的原河床导流。即从岸边土石围堰的形成开始，到主河床截流结束。对于分两个或两个以上基坑施工的水利水电工程，由于一期基坑存在束窄问题(如三峡、葛洲坝、水口等河床式水电站)，且一期围堰工程的规模也较大，因此，这类工程在主河床截流前应是初期导流采用分期导流方式的原河床导流阶段。对于峡谷地区，采用隧洞导流的工程，由于隧洞导流的进出口围堰(如预留岩坎、混凝土围堰等)对原河床基本没有束窄影响，因此，这类工程在主河床截流前还未进入导流阶段，即是在施工准备阶段。

(2) 按本章提出的导流阶段划分原则，后期导流结束后，可能仍存在导流泄水建筑物封堵未完成的情况，但此时永久性水工建筑物已采用永久运行洪水标准。因此，这些基本属于工程完建期(不排除还在主体工程施工期)的局部孔、洞的施工导流。

(3) 对于岸边厂房工程、改扩建工程、抽水蓄能电站等，可根据其施工特点，不必划分导流阶段。

5) 不同导流阶段的施工洪水特性

根据两部施工组织设计规范，按本章提出的导流阶段的划分方案，不同导流阶段的施工洪水特性见表 2.12 和图 2.1。

表 2.12　不同导流阶段的施工洪水特性

规范	导流阶段	导流工况	标准范围 重现期/年	洪水属性	备注
《水电工程施工组织设计规范》（DL/T 5397—2007）	初期	围堰挡水	3～50	小洪水～大洪水	—
		过水围堰	3～20	小洪水～较大洪水	挡水标准
	中期	坝体临时断面挡水（含过水）	10～200	中洪水～特大洪水	中期和后期导流阶段的标准应逐步提高
	后期	施工期拦洪蓄水	20～500(正常) 50～1000(非常)	大洪水～特大洪水	
《水利水电工程施工组织设计规范》（SL 303—2004）	初期	围堰挡水	3～50	小洪水～大洪水	—
		过水围堰	3～20	小洪水～较大洪水	挡水标准
	中期	坝体临时断面挡水（含过水）	10～100 及以上	中洪水～特大洪水	中期和后期导流阶段的标准应逐步提高
	后期	施工期	20～500(正常)	大洪水～特大洪水	
		拦洪蓄水	50～1000(非常)		

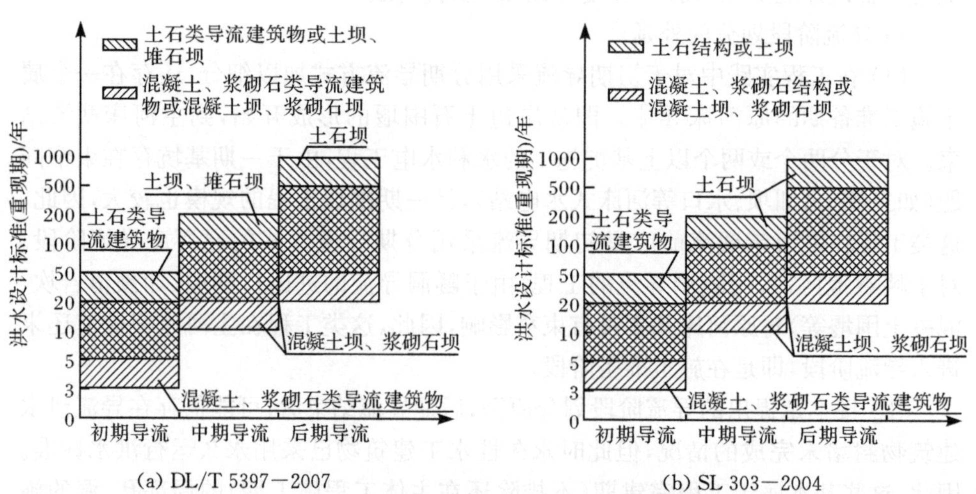

(a) DL/T 5397－2007　　(b) SL 303－2004

图 2.1　对应各施工导流阶段的施工导流洪水设计标准范围

从图 2.1 可以看出,高坝大库水利水电工程的初期、中期、后期三个时段的施工洪水设计标准应根据库容等指标逐步提高。

2.2　导流阶段划分及其工程应用

2.2.1　不同坝型导流阶段的划分

1. 高拱坝施工导流阶段的划分

1) 高拱坝施工导流的特点

高拱坝施工导流和拱坝枢纽布置关系十分密切,不仅关系到工程的施工风险、发电工期及工程造价,还涉及坝址下游地区的防洪安全。同时,高拱坝导流临建工程量往往较大,例如,小湾导流临建工程造价占整个枢纽土建造价的 8.5%,占直线工期 3 年。施工导流是高拱坝建设过程中必须妥善解决的关键技术问题之一,做好高拱坝的施工导流规划是非常必要的。

高拱坝施工导流广泛采用大直径导流隧洞导流,上游围堰高度可达 50～100m。不同工程导流隧洞布置各具特色,但较广泛的是导流隧洞延伸较长,尽可能扩大下游基坑,将下游泄洪消能区的防护工程、水垫塘及其二道坝等均围在下游基坑内;如溪洛渡等拱坝枢纽,导流隧洞向基坑下游延伸长达 1km 以上,将二道坝、水垫塘工程,甚至电站尾水工程也包在基坑内。较多工程还在坝身设置临时导流底孔以满足中期、后期导流需要。

2) 导流标准和导流程序

国内 100m 级拱坝初期导流标准常用 10～20 年重现期,200～300m 级拱坝采用 30～50 年重现期;中期、后期度汛标准常用 50～200 年重现期。

高拱坝中期、后期导流方案与大坝施工进度关系密切,导流程序尤其是后期导流阶段导流隧洞的下闸、封堵程序比较复杂。以二滩工程为例,工程的施工分四个阶段,每个阶段相应的施工导流措施和工程施工任务是:第一阶段,从准备工程开始到河床截流(准备期),完成右岸导流隧洞开挖、衬砌,同时进行坝肩开挖及泄洪隧洞、地下厂房进水口开挖,这一阶段,由原河道过流;第二阶段,从河床截流到导流隧洞下闸(初期导流,1993 年 11 月 26 日～1997 年 11 月 4 日,共 4 个汛期),河床截流后,修筑上、下游围堰,基坑抽水,大坝及水垫塘基础开挖,大坝混凝土浇筑至 1180m 高程以上(形成临时导流底孔和永久泄洪深孔),同时还进行厂房进水口、泄洪隧洞进水口的混凝土浇筑和金属结构的安装,这一阶段,由导流隧洞过流;第三阶段,导流隧洞下闸水库开始蓄水到首台机组发电(后期导流,1997 年 11 月 1 日～1998 年 8 月 18 日,共一个汛期),大坝混凝土浇筑完成,接缝灌浆达到

1180m高程，利用枯水期完成导流隧洞封堵，首台机组及其附属设备具备发电条件。这一阶段，由导流底孔和永久泄洪深孔过流；第四阶段，从首台机组发电到工程竣工(完建期)，完成全部工程，利用枯水期完成临时导流底孔封堵，在临时导流底孔封堵后，由永久泄洪建筑物(表孔、深孔、泄洪隧洞)过流。

3) 工程实例

工程实例1 构皮滩拱坝施工导流。

(1) 导流阶段划分。

根据构皮滩水电站工程施工总进度安排，施工导流分为3个阶段。

① 初期导流阶段。截流至坝体临时挡水度汛前的时段，即2004年11月～2007年5月。

② 中期导流阶段。坝体临时挡水度汛至导流隧洞下闸封堵，即2007年6月～2008年11月。

③ 后期导流阶段。导流隧洞下闸封堵至第1台机组发电，至工程永久泄洪建筑物具备设计泄洪能力前的时段，即2008年12月～2010年6月。

(2) 导流标准。

① 初期导流标准。导流期间，上、下游碾压混凝土围堰和导流隧洞按4级临时建筑物设计，其设计洪水标准频率为10%、洪峰流量为13500m^3/s。考虑构皮滩上游乌江渡等水电站在2005年和2006年的6～7月预留5.5亿m^{3}防洪库容，调蓄后能将频率为10%的洪峰流量降低到10930m^3/s。

② 构皮滩工程中期、后期的导流标准见表2.13。

表2.13 构皮滩工程导流建筑物及未完建坝体度汛设计洪水标准

项目	导流标准		
	重现期/年		流量/(m^3/s)
上、下游碾压混凝土围堰	设计	10	13500
导流隧洞	设计	10	13500
	校核	100	21000
2007年、2008年底完建坝体(高程620m)挡水(导流隧洞封堵)	设计	100	21000
	校核	200	23200
未完建坝体(底孔下闸后)	设计	200	23200
	校核	500	27900

(3) 施工导流程序。

根据施工总进度对截流和第1台机组发电工期安排、坝体拦洪度汛、水库分期蓄水及向下游供水等要求，经不同方案综合比较，考虑提前发电要求，最终审定的施工导流程序如下：

① 2002年7月～2004年10月，导流隧洞施工，原河道泄流。

② 2004年10月底，高程430m两条导流隧洞具备通水条件（高程450m导流隧洞在2005年4月底具备通水条件），11月初截流，12月上、中旬完成上、下游土石围堰，12月中基坑抽水，随后进行基础开挖。截流后，洪水由导流隧洞宣泄。

③ 2004年12月中完成碾压混凝土围堰基础开挖，继续进行大坝基坑开挖。2005年5月底完成碾压混凝土围堰混凝土浇筑，由上、下游碾压混凝土围堰挡水度汛，洪水由导流隧洞宣泄。度汛洪水为频率10%、全年洪水13500m^3/s，考虑上游梯级水库调蓄后相应上游水位为483.06m。9月下旬大坝基础开始浇筑混凝土。

④ 2006年5月底大坝混凝土上升至高程462m，碾压混凝土围堰挡水，洪水由导流隧洞宣泄。

⑤ 2007年5月底大坝溢流坝段上升至高程518m，非溢流坝段混凝土上升至高程455m，4孔高程490m的导流底孔、2孔高程490m的放空底孔形成。汛期洪水由导流隧洞、导流底孔和放空底孔联合宣泄。

⑥ 2008年5月底大坝溢流坝段上升至高程577m，非溢流坝段上升至高程579m；高程543m、550m大坝中孔形成。汛期洪水由导流隧洞、导流底孔和放空孔联合宣泄，1%频率全年洪水21000m^3/s时，上游水位为516.10m。10月进行隧洞闸门调试，11月初下闸。下闸后，洪水由导流底孔、放空孔和大坝中孔宣泄。

⑦ 2009年4月底完成导流隧洞堵头施工，6月底大坝全线上升至坝顶高程640.5m，大坝接缝灌浆至高程610m。9月下旬导流底孔下闸，大坝开始蓄水，12月初第1台机组发电。汛期洪水由大坝中孔和大坝表孔联合宣泄。设计标准全年0.5%洪水23200m^3/s，度汛时上游水位为619.41m；校核标准全年0.2%洪水27900m^3/s，度汛时上游水位为629.51m。

⑧ 2010年4月大坝表孔闸门安装完成，大坝工程完建。

工程实例2　小湾拱坝施工导流。

(1) 工程概况。

小湾水电站位于澜沧江中游河段上，枢纽由混凝土双曲拱坝、坝后水垫塘及二道坝、左岸泄洪洞和右岸地下引水发电系统组成。最大坝高292m，总库容149.14亿m^3，电站总装机容量4200MW。施工导流采用全年断流围堰、隧洞过流的导流方式。导流建筑物主要有上、下游围堰、左岸两条导流隧洞和坝身导流底、中孔。

(2) 施工导流规划。

小湾工程施工导流标准见表2.14。

表 2.14　小湾工程施工导流标准及流量

项目		导流时段	设计标准 $P/\%$	设计流量 /(m³/s)
初期	一汛～二汛土石围堰挡水	第 3 年 6 月～第 5 年 5 月	3.33(全年)	10600
中后期	三汛坝体临时度汛断面挡水	第 5 年 6 月～第 6 年 5 月	2(全年)	11400
	四汛坝体临时度汛断面挡水	第 6 年 6～10 月	1(全年)	12400
	大坝挡水	第 7 年 6 月以后	0.2(全年)	14600
截流		第 2 年 11 月中旬	10(11 月中旬平均)	1320
导流隧洞下闸		第 6 年 11 月中旬	10(11 月中旬平均)	1320
导流隧洞堵头混凝土施工		第 6 年 11 月～第 7 年 5 月	5(时段)	2240

(3) 导流阶段。

根据工程施工总进度安排，结合小湾导流工程具体情况，划分为三个导流阶段：初期导流阶段为截流至坝体临时挡水度汛前(2004 年 11 月～2007 年 5 月)；中期导流阶段为坝体临时挡水度汛至第 1 台机组发电(2007 年 6 月～2009 年 12 月)；后期导流阶段为第 1 台机组发电后至工程永久泄洪建筑物全部投运(2010 年 1 月 1 日～2011 年 12 月 31 日)。小湾工程施工导流程序见表 2.15。

表 2.15　小湾工程施工导流程序

设计洪水标准 $P/\%$	设计洪峰流量 /(m³/s)	调洪后下泄最大流量 /(m³/s)	堰(坝)度汛时段	挡水建筑物堰(坝)顶高程/m	坝体接缝灌浆高程/m	堰(坝)前水位 /m	导流泄水建筑物	备注
10	1320	1320	2004 年 10 月 31 日	围堰 1005	—	1003.88	1#、2# 导流隧洞	大江截流
3.33	10300	9797	2005 年 6 月 1 日～2007 年 5 月 31 日	围堰 1040 坝 990(2005 年～2006 年 5 月 31 日)	—	1037.35	1#、2# 导流隧洞	2006 年 12 月 12 日拱坝从 950.5m 高程开始浇筑混凝土
2	11500	10770	2007 年 6 月 1 日～2008 年 5 月 31 日	坝 1046 (2007 年 5 月 31 日)	1025.5	1043.51	1#、2# 导流隧洞	—

续表

设计洪水标准 $P/\%$	设计洪峰流量 $/(m^3/s)$	调洪后下泄最大流量 $/(m^3/s)$	堰(坝)度汛时段	挡水建筑物堰(坝)顶高程/m	坝体接缝灌浆高程/m	堰(坝)前水位/m	导流泄水建筑物	备注
1.33	12500	11623	2008年6月1日～2009年5月31日	坝1118(2008年5月31日)	1094	1049.39	1#、2#导流隧洞	2008年11月下闸封堵导流隧洞，由导流底孔向下游供水 $470m^3/s$
1(主汛期) 2(后汛期)	13100 9440	9710 7837	2009年6月1日～2009年9月20日～2010年5月31日	坝1175(2009年5月31日) 坝1190(2009年8月31日) 坝1200(2009年10月31日)	1155 1170 1175	1140.26 1161.51 1166	①主汛期：2孔导流底孔＋3孔导流中孔＋2孔放空底孔；②后汛期：3孔导流中孔＋2孔放空底孔＋泄流中孔	2009年9月下旬下闸封堵导流底孔，由导流中孔向下游供水 $470m^3/s$；2009年10月31日、12月31日第一批(2台)机组发电
0.5(主汛期)	14600	11576	2010年6月1日～2011年5月1日	坝1235(2010年5月31日) 坝1245(2010年10月31日)	1205 1220	1181.65	3孔导流中孔＋2孔放空底孔＋6孔泄流中孔＋3台机组过流($730m^3/s$)	2010年10月下闸封堵导流中孔，2010年4月、8月、12月第二批(3台)机组发电
0.2	16700	—	2011年6月1日以后	坝1245(2011年5月31日)	1245	—	永久泄水建筑物泄流	—

工程实例 3　溪洛渡拱坝施工导流。

(1) 工程概况。

溪洛渡水电站位于四川省雷波县和云南省永善县接壤的金沙江溪洛渡峡谷，是金沙江下游河段梯级开发的第三个梯级，电站装机容量 12600MW，正常蓄水位 600.00m，双曲拱坝最大坝高 278.00m，相应库容 115.7 亿 m^3，调节库容 64.6 亿 m^3，可进行不完全年调节。溪洛渡水电站采用断流围堰、隧洞导流、大坝全年施工的导流方式。

(2) 施工导流规划。

溪洛渡围堰围护施工的双曲拱坝最大坝高达 284m，坝体混凝土量超过 700 万 m^3，是控制发电工期的施工关键项目之一，所以导流设计标准比较高，其选择难度也较大，其导流标准见表 2.16。

表 2.16　溪洛渡工程施工导流标准及流量

项目	时间	设计标准(重现期)	设计流量/(m^3/s)
初期导流标准	一汛～三汛	50 年一遇	32000
中期、后期导流标准	四汛～五汛	100 年一遇	34800
	六汛	200 年一遇	37600
截流	11 月上旬	10 年一遇旬平均流量	5160
导流隧洞下闸	11 月中旬	10 年一遇	4090
导流隧洞封堵标准	封堵时段	20 年一遇	7350
导流底孔下闸标准	12 月上旬 5 月上旬 11 月中旬	10 年一遇旬平均流量	2910 2340 4090
导流底孔封堵标准	封堵时段	20 年一遇	3520 7350
水库蓄水标准	—	保证率 85%	—

溪洛渡工程施工导流程序见表 2.17。

工程实例 4　锦屏一级拱坝施工导流。

(1) 工程概况。

锦屏一级水电站位于凉山彝族自治州盐源县和木里县境内，是雅砻江干流上的重要梯级电站，其下游梯级为锦屏二级、官地、二滩和桐子林水电站，二滩水电站已于 1998 年建成发电。工程枢纽由混凝土双曲拱坝、右岸地下厂房、泄洪隧洞等建筑物组成，电站装机容量 3600MW，正常蓄水位 1880.00m，坝顶高程 1885.00m，混凝土双曲拱坝坝高 305.00m，电站总库容 77.60 亿 m^3，调节库容 49.10 亿 m^3，属不完全年调节水库。枢纽工程为一等大(1)型工程，主要建筑物级别为 1 级。

(2) 施工导流规划。

根据地质条件、枢纽布置特点、控制性施工总进度及导流工程量等因素，锦屏一级推荐采用全年断流围堰、隧洞导流的方式。

根据导流建筑物布置及施工总进度计划安排，施工导流程序划分为三个阶段，即初期、中期和后期导流，具体的施工导流程序如下：

① 初期导流阶段从第 3 年 11 月下旬河床截流到第 7 年 11 月上旬导流隧洞

下闸断流之前，先后由围堰和坝体临时断面挡水，左右岸导流隧洞过流、度汛，共历时约 48 个月。按施工进度安排，第 3 年 11 月下旬河床截流，截流设计流量为频率 10%，814m^3/s(旬平均流量)，上、下游水位分别为 1642.24m 和 1637.01m，采用上游围堰堰内上、下双戗进行河道截流，每条戗堤分担的落差为 2.28m。第 4 年 5 月底，上、下游围堰分别堆筑至设计高程 1684.50m 和 1656.00m，在设计洪水频率 $P=3.3\%$，流量为 9370m^3/s 时，由左右岸导流隧洞过流，调蓄后的上游水位为 1681.91m，堰体具备拦挡全年设计洪水流量的能力。第 6 年 9 月底，坝体混凝土浇筑到 1700.00m 高程、坝体接缝灌浆达 1686.00m 高程，坝体施工不再需要围堰的保护。第 6 年 10 月初～第 7 年 10 月底，坝体浇筑达到 1703.00～1790.00m 高程，由坝体临时断面形成的库容为 3.58 亿～24.47 亿 m^3。在坝体临时挡水度汛洪水频率 $P=1\%$，流量为 10900m^3/s 时，由左右岸导流隧洞过流，调蓄后的上游水位为 1695.82m。

② 中期导流阶段从第 7 年 11 月上旬导流隧洞下闸断流至第 8 年 11 月上旬导流底孔下闸断流之前，由坝体临时断面挡水，导流底孔、泄洪深孔和提前发电机组单独或联合泄流、度汛，并调节发电水位，共历时 12 个月。第 7 年 11 月上旬，左、右岸 1#、2# 导流隧洞下闸断流后，至第 8 年 5 月底封堵堵头施工期间，由导流隧洞封堵闸门和坝体挡水，1#～6# 导流底孔泄流。初期导流隧洞下闸和封堵期的导流设计标准 $P=10\%$，流量为 1230m^3/s(旬平均流量)和 $P=5\%$，流量为 1840m^3/s(11 月～次年 5 月)，下闸断流时设计水头为 8.88m，封堵期闸门挡水的最高水位为 1710.90m。第 8 年 5 月底，坝体浇筑到 1825.00m 高程左右，接缝灌浆到 1800.00m 高程，第 8 年 8 月底，坝体浇筑到 1849.00m 高程左右，接缝灌浆到 1815.00m 高程，坝体具备蓄水发电条件。当库水位蓄至 1800.00m 后，第一台机组即可投入运行。第 8 年 6～7 月坝体初期蓄水期间，具备拦挡重现期为 200 年洪水的能力，其设计流量频率 $P=0.5\%$，流量为 11700m^3/s，调蓄后的上游水位为 1806.04m，坝体悬臂挡水高度约 6m。第 8 年 8 月提前发电后，在坝体临时挡水度汛设计流量频率 $P=0.5\%$，流量为 11700m^3/s 时，计入提前发电机组的过流能力，调蓄后的上游水位为 1806.00m，坝体可安全度汛。

③ 第 8 年 11 月上旬导流底孔下闸断流后为后期导流阶段，由泄洪深孔、泄洪隧洞、溢流表孔和提前发电机组单独或联合泄流、度汛，共历时 10 个月。第 8 年 11 月上旬导流底孔下闸断流，至第 9 年 5 月底堵头施工完毕，导流底孔下闸和封堵时的设计流量分别为频率 10%，1230m^3/s(旬平均流量)和频率 5%，1840m^3/s(11 月～次年 5 月)，根据发电水位要求，库水位不低于 1800.00m。第 9 年汛期，当坝体临时挡水度汛流量频率 0.5%，11700m^3/s 时，调蓄后的最高上游水位为 1872.10m，坝体可安全度汛。

表 2.17　溪洛渡工程施工导流程序

导流阶段划分及导流时段		导流标准		导流建筑物		上游水位/m	坝体高程/m		备注
		频率/%	流量/(m^3/s)	挡水建筑物	泄水建筑物		灌浆高程	浇筑高程	
截流	第 4 年 11 月	10(旬平均)	5160	—	1#～5#导流隧洞	379.39	—	—	截流落差 1.40m
初期导流	第 4 年 11 月～第 8 年 6 月	2	32000	围堰	1#～6#导流隧洞	434.10	439.00	472.00	—
中期导流	第 8 年 7～10 月	1	34800	大坝	1#～6#导流隧洞	440.93	451.00	481.00	410.00m 高程底孔平板闸门挡水
	第 8 年 11 月中旬	10(旬平均)	4090	大坝	2#～5#导流隧洞	376.59	475.00	491.50	1#、6#导流隧洞下闸
	第 8 年 11 月～第 9 年 6 月	5	7350	大坝	2#～5#导流隧洞	384.63	—	—	1#、6#导流隧洞封堵
	第 9 年 7～10 月	1	34800	大坝	2#～5#导流隧洞 1#～6#导流底孔 +1#～6#导流底孔	452.91	490.00	520.00	—
	第 9 年 11 月中旬	10(旬平均)	4090	大坝	1#～6#导流底孔	379.25	520.00	553.00	2#～5#导流隧洞下闸
	第 9 年 11 月～第 10 年 4 月	5	7350	大坝	1#～10#导流底孔	454.21	—	—	2#～5#导流隧洞封堵
	第 9 年 12 月	10(旬平均)	2910	大坝	3#、4#导流底孔	425.54	520.00	562.00	1#、2#、5#、6#底孔下闸

续表

导流阶段划分及导流时段		导流标准		导流建筑物		上游水位/m	坝体高程/m		备注
		频率/%	流量/(m^3/s)	挡水建筑物	泄水建筑物		灌浆高程	浇筑高程	
后期导流	第 9 年 12 月～第 10 年 4 月	5	3520	大坝	3#、4#、7#～10#	461.89	—	—	1#、2#、5#、6#底孔封堵
	第 10 年 5 月初	10(旬平均)	2340	大坝	7#～10#导流底孔	465.00	—	—	3#、4#导流底孔下闸
	第 10 年 5～6 月	85	—	大坝	7#～10#导流底孔	540.00	—	—	蓄水至 6 月底发电
	第 10 年 7～10 月	0.5	37600	大坝	7#～10#导流底孔＋8 个深孔＋4 条泄洪隧洞＋发电引水	584.47	580.00	601.00	—
	第 10 年 11 月～第 11 年 4 月	5	7350	大坝	8 个深孔＋发电引水	540.00～600.00	—	—	3#、4#、7#～10#导流底孔封堵

锦屏一级工程施工导流程序见表 2.18。

表 2.18　锦屏一级工程施工导流程序

导流分期		导流时段	导流标准		泄水建筑物		河床水位/m		备注
			频率/%	流量/(m³/s)	枯水期	洪水期	上游水位	下游水位	
河道截流		第 3 年 11 月下旬	10	814	1#、2#导流隧洞	—	1642.24	1637.01	—
初期导流	围堰挡水	第 3 年 11 月底～第 6 年 9 月底	3.3	9370	1#、2#导流隧洞	—	1681.91	1652.83	调蓄后下泄流量为 8884m³/s
初期导流	坝体挡水度汛	第 6 年 10 月初～第 7 年 10 月底	1	10900	1#、2#导流隧洞	1#、2#导流隧洞	1695.82	1654.67	调蓄后下泄流量为 10221m³/s，坝体的拦洪库容大于 3.58 亿 m³
中期导流	1#、2#导流隧洞下闸与封堵	第 7 年 11 月上旬～第 8 年 5 月底	10(11 月上旬)/5(11～5 月)	1230/1840	1#～6#导流底孔	—	1708.33/1710.9	1638.34/1640.05	下闸/挡水
中期导流	坝体挡水度汛	第 8 年 6 月初～第 8 年 7 月底	0.5	11700	—	1#～6#导流底孔永久泄洪深孔	1806.04	1654.35	调蓄后下泄流量为 9981m³/s
中期导流	坝体挡水度汛	第 8 年 8 月初～第 8 年 10 月底	0.5	11700	—	1#～6#导流底孔永久泄洪深孔提前发电机组	1806.00	1653.85	调蓄后下泄流量为 9896m³/s
后期导流	导流底孔下闸与封堵	第 8 年 11 月上旬～第 9 年 5 月底	10(11 月上旬)/5(11～5 月)	1230/1840	永久泄洪深孔，提前发电机组	—	1800.00/1800.00	1638.34/1640.05	下闸/挡水
后期导流	坝体挡水度汛永久建筑物完建	第 9 年 6 月初～8 月底	0.5	11700	—	永久泄洪深孔泄洪洞溢流表孔提前发电机组	1872.10～1871.48	1652.72～1652.90	调蓄后下泄流量为 8816(3 台机组发电)～8936m³/s～(4 台机组发电)

4) 高拱坝导流阶段划分意见

(1) 高拱坝导流阶段划分方面的问题。

从以上列举的几个高拱坝施工导流实例看，明显可见各工程导流阶段划分中的差异：

① 小湾工程将“导流隧洞施工，原河床过水”列为施工导流的一个阶段，而溪洛渡和二滩工程等则不列入。

② 溪洛渡工程将截流列为施工导流规划的一个阶段，而二滩工程则将截流列入前期导流期。

③ 溪洛渡、小湾工程明确初期导流阶段为截流后至坝体临时挡水前的阶段，而锦屏一级工程将坝体挡水度汛的前期列入了初期导流阶段。

④ 溪洛渡和二滩工程以围堰和坝体挡水为分界点区分初期和后期两个导流阶段，而小湾工程则在初期和后期之间增加了一个中期导流阶段。

⑤ 后期导流阶段的结束标准各工程也不相同，溪洛渡工程以所有导流泄水建筑物封堵为标准；二滩工程以导流隧洞下闸为标准；小湾工程以第一台机组发电至永久泄洪建筑物具备设计泄洪能力前为标准。

⑥ 小湾工程的中期、后期导流以首台机组发电为分界点。

⑦ 二滩工程在前期、后期导流的后面增加了一个施工期蓄水阶段，在此阶段内进行主体工程施工以及所有导流建筑物下闸、封堵。

溪洛渡、二滩和小湾工程施工导流规划阶段时段划分统计见表 2.19。

(2) 高拱坝导流阶段划分建议。

对全年隧洞导流的高拱坝，建议做如下划分：

① 初期导流。自截流开始，由围堰挡水，导流隧洞泄流。初期、中期导流以围堰转向坝体挡水为分界点。

② 中期导流。大坝混凝土浇筑高度超过围堰高度，封拱灌浆至相应高程，在设计洪水情况下，由坝体挡水至全部导流孔、洞下闸之前，来水由导流隧洞和导流底孔联合泄流。中期、后期导流以最后一批导流孔、洞下闸开始为分界点。

③ 后期导流。最后一批导流孔、洞下闸开始(不包括封堵施工)，来水由坝身永久泄水孔口泄流；后期导流的结束点是坝体具备永久挡水条件且永久泄洪设施具备运用条件，施工期蓄水完成，转入度汛正常运行。

对于中小河流上的 100m 级高拱坝工程可只划分为初期导流、中后期导流两个阶段。

2. 高混凝土重力坝施工导流阶段的划分

1) 高混凝土重力坝施工导流的特点

我国已建的 100m 高以上的重力坝坝址位于较宽阔的河床上时，施工导流多

表 2.19　几个工程施工导流规划阶段时段划分统计

工程名称	初期导流阶段				中期导流阶段		后期导流阶段		
	截流	分期标准	初期导流	初期、中期分界	中期导流	中期、后期分界	后期导流	后期终点	完成时间
溪洛渡	第 4 年 11 月	以截流结束为分界点	第 4 年 11 月～第 8 年 6 月围堰挡水，主体工程施工	以围堰和坝体挡水为分界点	—	—	第 8 年 7～10 月至第 11 年 4 月坝体挡水，主体工程施工	以所有导流泄水建筑物封堵为分界点	第 13 年 8 月完成主体工程施工
二滩	—	—	1993 年 12 月至以后的连续 2～3 个汛期。包括河床截流、围堰挡水和主体工程施工	以围堰和坝体挡水为分界点	—	—	1993 年 12 月后第 3 或第 4 个汛期起至 1997 年 11 月坝体挡水，主体工程施工	以导流隧洞下闸为分界点	1997 年 11 月～1998 年 5 月底主体工程施工及所有导流建筑物下闸封堵
小湾	导流隧洞施工	以截流为分界点	2005 年 11 月～2009 年 5 月围堰挡水，主体工程施工	以围堰和坝体挡水为分界点	2009 年 6 月～2011 年 5 月坝体挡水，主体工程施工	以首台机组发电为分界点	坝体挡水，主体工程施工	2011 年 6 月～2012 年 10 月第 1 台机组发电后至永久泄洪建筑物具备设计泄洪能力前	2012 年底完成主体工程施工

采用分期导流或明渠导流，如陕西省汉江安康工程、红水河岩滩工程、福建省闽江水口工程、长江三峡工程等；坝址位于狭窄河床上时多采用河床一次拦断施工导流方式，河道水流由导流隧洞宣泄，如云南省澜沧江漫湾工程、大朝山工程、红水河龙滩工程等。我国在福建省闽江上修建的水口水电站，施工导流采用三期导流，第三期采用在混凝土重力坝溢流坝段设置的 10 个导流底孔和溢流坝段预留缺口导流。如前所述，三峡工程采用“明渠通航、三期导流”的导流方式，施工导流分为三期。

我国混凝土重力坝施工采用隧洞导流的工程，其隧洞断面尺寸较大，如云南省澜沧江漫湾工程混凝土重力坝施工采用隧洞导流，左、右岸各布置 1 条导流隧洞，城门洞形，宽 15m、高 18m，设计导流流量 9500m^3/s。红水河龙滩工程碾压混凝土施工采用隧洞导流，2 条隧洞布置在左、右岸，城门洞形，宽 17m、高 22m，设计导流流量 14700m^3/s。

2) 工程实例

工程实例 1　景洪碾压混凝土重力坝施工导流。

景洪水电站施工导流特点：导流流量大、导流建筑物规模大、运行时间长，导流建筑物布置与水工枢纽布置关系较为密切，其导流方式恰当与否，对工期和造价影响甚大。施工导流设计结合坝址处地形、地质、水工枢纽布置及施工总进度等，对主体工程施工期间的水流进行了全过程控制，并重点研究了分期导流和明渠导流方式。经方案综合比较后选定分期导流方式。

(1) 工程概况。

景洪水电站工程枢纽建筑物，由挡泄水建筑物、引水发电系统及通航建筑物三部分组成。拦河坝由两岸为堆石坝接头的碾压混凝土重力坝组成，坝顶长 619m(含两岸堆石坝顶长 186m)，坝高 110m，水库总库容 11.39 亿 m^3，总装机容量 1500MW。

(2) 施工导流规划。

因坝址处河谷较宽，河谷形状系数为 5.63；从地形地质条件分析，右岸边的基岩滩地适宜采用分期导流或明渠导流方式；曾经研究过采用隧洞导流方式，但由于两岸坝肩风化深、围岩地质条件差，成洞困难，故予以放弃。可行性研究阶段结合景洪导流工程实际，对分期导流和明渠导流所选用的导流标准进行综合分析论证。

① 分期导流方案。

景洪工程分期导流方案导流标准见表 2.20。

表 2.20 景洪工程分期导流方案导流标准

施工时段			设计标准 $P/\%$	流量 /(m^3/s)	备注
一期	枯水期围堰	第1年10月1日～第2年5月31日	10	5010	—
	下游引航道末端枯水期围堰	第2年12月1日～第3年5月31日	20	2450	原河床过流
	全年围堰	第3年6月1日～11月30日	10	12700	—
二期	截流	第3年12月1～10日	10	1056	—
	高喷防渗墙	第3年12月11日～第4年2月28日	10	1580	—
	上、下游围堰全年挡水	第4年3月1日～第5年10月31日	5	15100	第4年3月1日～5月31日已填堰体挡水
后期	坝体临时挡水	第6年6月1日～10月31日	2	18300	第5年11月1日～第6年6月31日拆除二期上、下游纵横向全年围堰
升船机坝段缺口封堵		第5年11月1日～第6年5月31日	20	3790	—
导流底孔下闸		第6年11月11～20日	10	1428	—
封堵导流底孔		第6年12月1日～第7年5月31日	10	3080	—

根据坝址右岸有一平缓滩地及施工导流特点，分期导流和明渠导流从布置上尽可能采用与水工建筑物结合方案，即在升船机坝段 550.00m 高程，设置 30m 的缺口，又在溢流坝段 534.00m 高程，对应 3# ～7# 溢流表孔中心线位置设置了 5 个 8m×14m(宽×高)导流底孔。经导流模型试验，导流底孔和升船机坝段缺口联合泄流运行均能满足设计要求。

根据施工总进度要求，安排如下的分期导流程序。

一期导流。第 1 年 10 月主体工程开工。先填筑一期枯水围堰，再修建挡全年洪水的上、下游纵、横向围堰，至第 3 年 11 月下旬，右岸堆石坝体、右岸冲砂底孔、溢流坝段、导流底孔及升船机坝段缺口等建筑物具备挡水、泄水条件。一期导流由束窄后的河床过流和通航。

二期导流。第 3 年 12 月上旬主河床截流，转入二期厂房坝段，左冲砂底孔，左岸非溢流坝段及左岸堆石坝体施工。第 4 年～第 5 年汛期，由上、下游纵、横向全年围堰挡水，导流底孔和升船机坝段缺口联合泄流。二期导流期间，自第 3 年 12

月～第7年12月,由于泄水建筑物不能满足通航条件,故工程区内断航,过坝运输改为陆运。第7年12月以后.建成的永久通航设施通航运行。

后期导流。第5年11月1日～第6年5月31日,封堵升船机坝段缺口,拆除二期上、下游纵、横向围堰及影响永久建筑物正常运行的临建工程。第6年汛期坝体临时挡水,由导流底孔、左右岸冲砂底孔和溢流表孔联合泄流,第6年11月中旬导流底孔下闸,水库开始蓄水,第6年底第一台机组发电。第7年1～5月,导流底孔封堵回填混凝土,同年汛期,坝体度汛,施工导流结束。

② 明渠导流方案。

景洪工程明渠导流方案导流标准见表2.21。

表2.21　景洪工程明渠导流方案导流标准

施工时段			设计标准 P/%	流量 /(m^3/s)	备注
初期	全年围堰	第1年10月1日～第3年11月30日	10	12700	原河床过流
中期	截流	第3年12月1～10日	10	1056	—
	高喷防渗墙	第3年12月11日～第4年2月28日	10	1580	—
	上、下游围堰全年挡水	第4年3月1日～第5年10月31日	5	15100	第4年3月1日～5月31日已填堰体挡水
后期	坝体临时挡水	第6年6月1日～10月31日	2	18300	第5年11月1日～第6年6月31日拆除二期上、下游全年围堰
升船机坝段缺口封堵		第5年11月1日～第6年5月31日	20	3790	—
导流底孔下闸		第6年11月11～20日	10	1428	—
封堵导流底孔		第6年12月1日～第7年5月31日	10	3080	—

明渠导流平面布置与分期导流相比,除所围基坑范围大小有区别外,其挡水、泄水建筑物规模几乎相同。明渠导流布置采用与升船机坝段引航道完全结合方案。即在升船机坝段534.00m,高程设置3个10m×14m(宽×高)导流底孔。在导流底孔顶部552.50m高程设置宽51m导流明渠泄水缺口。为满足后期导流向下游供水的需要,又在溢流坝5号表孔位置534.00m高程设置1个10m×14m导流底孔。经导流模型试验,导流底孔和上部明渠缺口联合泄流时,虽然双层泄流水力条件较复杂,但亦能满足设计的要求。

根据施工总进度要求，安排如下的明渠导流程序。

初期导流。第 1 年 10 月主体工程开工，在初期全年围堰的保护下修建明渠、右岸非溢流坝段及右岸堆石坝体等。第 3 年 11 月下旬导流底孔和明渠具备截流条件，初期导流阶段由原河床过流和通航。

中期导流。第 3 年 12 月上旬主河床截流，第 4 年～第 5 年汛期，上、下游围堰全年挡水，由导流底孔和明渠联合泄流。中期导流阶段进行溢流坝段、非溢流坝段、厂房坝段，左岸堆石坝段等工程项目的施工。该期坝体混凝土浇筑施工强度较高，施工断航期间仍需采用陆运解决。第 7 年 12 月以后，由永久通航建筑物通航。

后期导流。第 5 年 11 月 1 日～第 6 年 5 月 31 日，封堵明渠缺口，拆除上、下游全年围堰及影响永久建筑物运行的临时工程。第 6 年汛期坝体临时挡水，由导流底孔、左右岸冲砂泄洪底孔、溢流表孔联合泄流。第 6 年 11 月中旬导流底孔下闸，水库开始蓄水。年底首台机组发电。第 7 年 1～5 月混凝土封堵回填导流底孔，同年汛期坝体挡水、泄水建筑物正常运行。

根据分期、明渠导流方案的技术、经济指标综合比较分析，分期导流方案具有水力条件较清楚，坝体混凝土施工强度较均衡、施工干扰较小、导流工程造价低及第一台机组发电工期保证率高等优点；与明渠方案相比，虽有前期工程量大、施工强度较高等缺点，但从后期导流升船机坝段缺口封堵，导流底孔下闸，水库蓄水及第一台机组发电工期保证率等方面仍具有较明显的优势。因此，可行性研究阶段设计推荐分期导流方式。

工程实例 2 金安桥碾压混凝土重力坝施工导流。

(1) 工程概况。

金安桥水电站为金沙江中游河段一库八级中的第五级电站，也是金沙江中游河段最先开工的梯级电站。电站初拟装机 2500MW。枢纽布置为碾压混凝土重力坝、坝后厂房布置格局。根据坝址地形、地质、水文基本条件及枢纽布置特点，进行了隧洞导流、明渠(底孔)导流方式的比选，经综合比较，采用断流围堰、右岸隧洞导流方式。

(2) 导流阶段及导流程序。

根据本工程施工总进度计划及各阶段施工特点，从河道截流到大坝永久泄洪建筑物完建、导流隧洞下闸封堵的整个施工导流过程划分为以下两个阶段。

① 初期施工导流阶段。

从河道截流到大坝混凝土浇筑高程高出上游围堰堰顶高程止，为初期施工导流阶段。此阶段主要在上、下游围堰保护下进行厂、坝基开挖及混凝土浇筑等。

② 中后期施工导流阶段。

从大坝混凝土浇筑高程高出上游围堰堰顶高程并具备临时挡水条件开始，至永久泄洪建筑物完建、导流隧洞下闸封堵止为中后期导流阶段。本阶段由导流隧洞泄洪，坝体临时断面挡水。

金安桥工程施工导流标准及流量见表 2.22。

表 2.22　金安桥工程施工导流标准及流量

项目		时间	设计标准 $P/\%$	设计流量 /(m^3/s)
初期	一枯土石围堰挡水	第 2 年 11 月～第 3 年 5 月	5(时段)	2240
	一汛～二汛混凝土围堰挡水	第 3 年 6 月～第 5 年 5 月	5(全年)	99402
中后期	三汛坝体临时度汛断面挡水	第 5 年 6 月～第 6 年 5 月	2(全年)	11300
	四汛坝体临时度汛断面挡水	第 6 年 6～10 月	1(全年)	123003
	截流	第 2 年 11 月中旬	10(11 月中旬平均)	1320
	导流隧洞下闸	第 6 年 11 月下旬	10(11 月下旬平均)	1130
	导流隧洞堵头混凝土施工	第 6 年 11 月～第 7 年 5 月	5(时段)	2240

金安桥工程施工导流程序见表 2.23。

表 2.23　金安桥工程施工导流程序

施工时段	设计标准 $P/\%$	设计流量 /(m^3/s)	堰(坝)顶高程/m	堰(坝)前水位/m	泄水建筑物流量/(m^3/s)			备注
					1# 导流隧洞	2# 导流隧洞	冲沙底孔	
第 2 年 11 月 11 日以前	—	—	—	—	原河床过流	—	—	—
第 2 年 11 月 11～20 日	10(11 月中旬平均)	1320	戗堤 1306.0	戗堤 1304.4	1320	—	—	11 月中旬截流
第 2 年 11 月 21 日～第 3 年 5 月 31 日	5(11 月～次年 5 月)	2240	子堰 1312.0	子堰 1310.49	2240	—	—	修建上游混凝土围堰
第 3 年 6 月 1 日～第 5 年 5 月 31 日	5(全年)	9940	主堰 1338.0	主堰 1336.77	5207	4733	—	上游混凝土围堰挡水，坝体混凝土浇筑施工
第 5 年 6 月 1 日～第 6 年 5 月 31 日	2(全年)	11300	坝 1345.0	坝 1342.97	5670	5211	419	坝体临时断面挡水，坝体混凝土浇筑施工
第 6 年 6 月 1 日～10 月 31 日	1(全年)	12300	坝 1400.0	坝 1348.52	6053	5604	643	坝体临时断面挡水，坝体混凝土浇筑施工

续表

<table>
<tr><th rowspan="2">施工时段</th><th rowspan="2">设计标准 P/%</th><th rowspan="2">设计流量/(m^3/s)</th><th rowspan="2">堰(坝)顶高程/m</th><th rowspan="2">堰(坝)前水位/m</th><th colspan="3">泄水建筑物流量/(m^3/s)</th><th rowspan="2">备注</th></tr>
<tr><th>1# 导流隧洞</th><th>2# 导流隧洞</th><th>冲沙底孔</th></tr>
<tr><td rowspan="4">第 6 年 11 月</td><td rowspan="4">10(11 月下旬平均)</td><td rowspan="4">1130</td><td rowspan="4">坝 1405.0</td><td>坝 1300.42</td><td>812</td><td>318</td><td>—</td><td rowspan="2">1# 导流隧洞下闸、2# 导流隧洞供水</td></tr>
<tr><td>坝 1307.99</td><td>—</td><td>1130</td><td>—</td></tr>
<tr><td>坝 1346.18</td><td>—</td><td>566</td><td>564</td><td>2# 导流隧洞下闸、供水及冲沙底孔供水</td></tr>
<tr><td>坝 1353.41</td><td>—</td><td>—</td><td>1130</td><td>供水洞下闸、冲沙底孔供水</td></tr>
<tr><td>第 6 年 11 月 1 日～第 7 年 5 月 31 日</td><td>5(11 月～次年 5 月)</td><td>2240</td><td>1405</td><td>—</td><td colspan="3">永久泄洪建筑物泄流</td><td>施工导流隧洞堵头混凝土</td></tr>
<tr><td>第 7 年 6 月以后</td><td>0.2</td><td>14600</td><td>1422.0</td><td>—</td><td colspan="4">大坝挡水，永久建筑物泄流</td></tr>
</table>

工程实例 3 向家坝混凝土重力坝施工导流。

(1) 工程概况。

向家坝水电站坝址位于金沙江下游河段，左岸为四川省宜宾县，下距宜宾县的安边镇 4km；右岸为云南省水富县，下距水富县城 1.5km，是金沙江下游河段规划的最末一个梯级电站。向家坝水电站规模巨大，混凝土重力坝最大坝高 162m，电站总装机容量 6000MW。其开发任务以发电为主，同时改善航运条件，兼顾防洪、灌溉，并具有拦沙和对溪洛渡水电站进行反调节等综合作用。

电站枢纽布置由大坝、厂房和升船机等建筑物组成。大坝挡水建筑物从左至右由左岸非溢流坝段、冲沙孔坝段、升船机坝段、左岸厂房坝段、泄水坝段及右岸非溢流坝段组成。升船机坝段位于河床左侧；发电厂房分设于右岸地下和左岸坝后，右岸地下厂房、左岸坝后厂房各装机 4 台，单机容量均为 750MW，左岸坝后厂房安装间与通航建筑物呈立体交叉布置。

坝址河床径流量大。坝址以上控制流域面积 45.88 万 km^2，设计洪水峰高量大、历时长，要求导流泄水建筑物规模大。坝址多年平均流量为 4570m^3/s，相应年径流量 1440 亿 m^3，坝址实测最大流量 29000m^3/s。

(2) 施工导流规划。

本工程规模巨大，其发电经济效益和社会效益十分显著。整个工程控制第一批机组发电工期的关键线路为大坝施工，而最有利于缩短大坝施工历时的莫过于一次拦断河床的隧洞导流方式。经初步分析计算，若采用隧洞导流，则需要 6 条 17m×21m 的导流隧洞。根据工程地形、地质、水文条件、枢纽总布置和河道通航要求，拟定了第一期围左岸、第一期围右岸、第一期围左右两岸等三大类型多个分期导流布置方案进行研究。从施工布置、后期度汛、施工期通航、发电工期等方面考虑，选择了第一期围左岸、第二期围右岸不设临时船闸的分期导流方案。

向家坝工程施工导流各阶段设计洪水标准见表 2.24。

表 2.24　向家坝工程施工导流各阶段设计洪水标准

导流分期		导流时段	频率/%	流量/(m^3/s)	备注
一期土石围堰挡水		第 1 年 12 月～第 3 年 11 月	5	28200	全年洪水
二期围堰挡水		第 3 年 12 月～第 7 年 6 月	2	32000	全年洪水
后期	坝体挡水度汛	第 7 年 6～10 月	1	34800	全年洪水
	导流底孔封堵	第 7 年 11 月～第 8 年 5 月	10	6650	时段洪水

工程实例 4　龙开口碾压混凝土重力坝施工导流。

(1) 工程概况。

龙开口水电站位于金沙江中游、云南大理州与丽江市交界的鹤庆县朵美乡龙开口村河段上，电站距鹤庆县城现有公路里程约 100km，是金沙江中游河段规划的 8 个梯级电站中的第 6 级，上距金安桥水电站 41.4km，下距鲁地拉水电站 99.5km，工程规模为大(1)型，电站正常蓄水位 1298.00m，死水位 1290.00m，总装机容量 1800MW(5×360MW)，正常蓄水位对应的库容 5.07 亿 m^3。

(2) 施工导流规划。

根据水工枢纽布置，厂房布置在右岸台地上，主河道截流前在河床右侧台地上布置厂房围堰，可以保证厂房在工程一开工就具备施工条件和全年施工，争取到最快的发电工期；与此同时，布置在主河床部位的碾压混凝土重力坝则具有结构相对简单，施工速度快，又允许坝体汛期过水的特点。经对左岸明渠导流全年围堰方案和枯水期围堰导流方案、分期导流方案和隧洞导流方案综合比较，选定全年挡水围堰、左岸明渠导流方案为施工导流推荐方案。

施工导流阶段分为一期、二期和三期。各阶段导流情况如下。

① 一期导流。在导流明渠施工围堰的围护下，进行岸边导流明渠的开挖和混凝土浇筑(全年)施工；在厂房临时围堰的维护下进行右岸挡水坝段和厂房坝段的施工。来水由束窄的河床泄流。

② 二期导流。以河床截流为标志，形成以上、下游围堰保护下的河床大基坑，进行主体工程的坝基开挖和混凝土浇筑施工，河水由明渠导流底孔和明渠缺口宣泄。

③ 三期导流。以坝体临时挡水度汛为标志，河水由明渠导流底孔、部分溢流表孔、泄洪中孔和冲沙底孔宣泄。

龙开口工程施工导流程序见表 2.25。

表 2.25 龙开口工程施工导流程序

<table>
<tr><th rowspan="2">导流阶段</th><th rowspan="2">导流时段</th><th colspan="2">导流标准</th><th colspan="2">导流建筑物</th><th rowspan="2">上游水位
/m</th><th rowspan="2">下游水位
/m</th><th rowspan="2">备注</th></tr>
<tr><th>P/%</th><th>流量/(m³/s)</th><th>挡水建筑物</th><th>泄水建筑物</th></tr>
<tr><td>一期导流</td><td>第 1 年 7 月～第 2 年 11 月</td><td>10(全年)</td><td>9640</td><td>厂房临时围堰</td><td>束窄的原河床</td><td>1236.49</td><td>1233.67</td><td>—</td></tr>
<tr><td>截流</td><td>第 2 年 12 月上旬</td><td>10(旬平均)</td><td>1020</td><td>戗堤</td><td>导流底孔</td><td>1225.37</td><td>1219.41</td><td>12 月上旬河床截流</td></tr>
<tr><td>二期导流</td><td>第 2 年 12 月～第 4 年 10 月</td><td>5(全年)</td><td>10800</td><td>围堰</td><td>导流底孔、明渠缺口</td><td>1258.50</td><td>1234.89</td><td>—</td></tr>
<tr><td rowspan="3">三期导流</td><td>第 4 年 11 月～第 5 年 5 月</td><td>1(枯水期)</td><td>2640</td><td>大坝</td><td>导流底孔</td><td>1234.32</td><td>1224.64</td><td>明渠缺口混凝土浇筑</td></tr>
<tr><td>第 5 年 6 月～第 6 年 4 月</td><td>1(全年)</td><td>13400</td><td>大坝</td><td>导流底孔、溢流表孔、泄洪中孔、冲沙底孔</td><td>1289.73</td><td>1238.94</td><td>汛前坝体浇筑至 1292.00m 高程以上</td></tr>
<tr><td>第 6 年 5～6 月</td><td>1(全年)</td><td>13400</td><td>大坝</td><td>永久泄洪建筑物</td><td>1298.00</td><td>1238.94</td><td>—</td></tr>
<tr><td rowspan="3">导流底孔下闸、封堵</td><td rowspan="2">第 6 年 4 月下旬</td><td rowspan="2">10(旬平均)</td><td rowspan="2">2430</td><td rowspan="2">大坝</td><td>导流底孔、冲沙底孔、泄洪中孔</td><td>1232.31</td><td rowspan="2">1224.07</td><td>左导流底孔下闸</td></tr>
<tr><td>右导流底孔、冲沙底孔、泄洪中孔</td><td>1241.86</td><td>右导流底孔下闸，水库开始蓄水</td></tr>
<tr><td>第 6 年 5 月、第 6 年 11 月～第 7 年 2 月</td><td>10(枯水期)(11 月～5 月)</td><td>2510</td><td>大坝</td><td>永久泄洪建筑物</td><td>1298.00</td><td>1224.29</td><td>导流底孔封堵</td></tr>
</table>

(3) 高混凝土重力坝导流阶段划分意见。

对采用全年断流围堰导流的高混凝土重力坝，导流阶段划分与高混凝土拱坝基本相同。

初期导流。自截流开始，由围堰挡水，导流隧洞或导流明渠泄流。初期、中期导流以围堰转向坝体挡水为分界点。

中期导流。大坝混凝土浇筑高度超过围堰高度，在设计洪水情况下，由坝体挡水至全部导流孔、洞下闸之前，来水由导流隧洞和导流底孔联合泄流。中期、后期导流以最后一批导流孔、洞下闸开始为分界点。

部分大流量河流上的混凝土坝工程汛期由坝体挡水、坝面缺口或临时底孔等建筑物过水，汛后重新恢复围堰挡水。该种情况应属中期导流阶段。

后期导流。最后一批导流孔、洞下闸开始(不包括封堵施工)，来水由坝身永久孔口泄流；后期导流的结束点是坝体具备永久挡水条件且永久泄洪设施具备运用条件，施工期蓄水完成，转入度汛正常运行。

对采用分期导流的高混凝土重力坝，分期分段的表述已相当明确，截流前的分段围堰施工均属于初期导流阶段。

3. 高土石坝施工导流阶段的划分

1) 高土石坝施工导流的特点

高土石坝导流方式的选择涉及因素多，据高土石坝工程实践统计，地形条件几乎成为选用导流方式的控制因素，对高土石坝除有宽阔滩地外，一般不推荐采用分期围堰导流方式。由于高土石坝常建于地处偏僻、交通不便的山区深谷中，场地窄狭，枢纽布置和施工都比较困难，而采用导流隧洞，可与泄洪隧洞结合，能简化枢纽布置；并且同时可提前施工而避免与坝体施工干扰，加之近年岩石施工机械掘进技术的飞速发展，地下工程施工进度加快，故常用断流围堰隧洞导流方式。

迄今为止，国外对高土石坝施工导流标准拟定没有统一规定，实际采用的导流洪水重现期为5～100年，差别悬殊。

高土石坝施工导流挡水建筑物基本上为土石围堰型式，其主要原因在于用料属性与坝体一致，具有坝堰结合与后期加高条件好，施工简便、就地取材、价廉等优点。

采用临时坝体断面度汛是高土石坝施工导流最为突出的特点。

2) 工程实例

工程实例1 糯扎渡土石坝施工导流。

(1) 工程概况。

糯扎渡水电站位于澜沧江下游干流上，是澜沧江中下游河段8个梯级规划的第 5 级。上距大朝山水电站河道 215km，下距景洪水电站河道 102km。枢纽由心墙堆石坝、左岸溢洪道、左岸泄洪隧洞、右岸泄洪隧洞、左岸地下式引水发电系统及导流隧洞等建筑物组成。

(2) 施工导流规划。

坝址处河段两岸地形陡峻，河道较顺直，为不对称的“V”形河谷；坝基为细粒花岗岩，河床覆盖层厚 6～31m，枯水期河面宽 80～100m。根据坝址的地形、地质、水文条件和水工枢纽布置特点，初期导流拟定采用河床一次断流、土石围堰挡水、隧洞导流、主体工程全年施工的导流方式。

中期、后期导流均采用坝体临时断面挡水，中期的泄水建筑物为初期所设的 5 条导流隧洞；导流隧洞下闸封堵后，利用右岸泄洪隧洞和溢洪道临时断面泄流。

导流阶段划分及导流程序安排如下。

① 初期导流。

第 3 年 11 月工程截流，截流后的第一个枯水期由截流戗堤加高的枯水围堰挡水，1#、2# 导流隧洞过流；截流后的第一个汛期(第 4 年)开始至第 5 年汛期坝体临时断面挡水之前，由上、下游围堰挡水，1#、2#、3#、4# 导流隧洞联合泄流。

② 中后期导流。

第 6 年～第 8 年汛期坝体临时断面挡水，由 1#、2#、3#、4# 导流隧洞泄流；第 8 年～第 9 年枯水期下闸封堵 1#、2#、3#、4# 导流隧洞，由 5# 导流隧洞向下游供水，右岸泄洪隧洞泄流。第 9 年 4 月 5# 导流隧洞下闸；第 9 年汛期由右岸泄洪隧洞和未完建溢洪道(进口底板高程 785m)联合泄流。

第 10 年汛前永久泄洪建筑物完建，汛期坝体正常泄洪。

导流程序安排详见表 2.26。

表 2.26 糯扎渡工程施工导流程序

导流时段	设计洪水标准 P/%	设计流量 /(m^3/s)	下泄流量 /(m^3/s)	堰(坝)顶高程/m	水库水位 /m	泄水建筑物
第 3 年 11 月中旬	10(旬平均控泄流量)	1092	—	612(戗堤)	611.40	1#＋2# 导流隧洞
第 3 年 11 月～第 4 年 5 月	10(11 月中旬～次年 5 月)	4280	—	624(围堰)	623.15	1#＋2# 导流隧洞
第 4 年 6 月～第 6 年 5 月	2	17400	16828.37	656(围堰)	653.36	1#＋2#＋3#＋4# 导流隧洞
第 6 年 6 月～第 8 年 10 月	0.5	22000	21114.74	675(坝)	669.24	1#＋2#＋3#＋4#＋5# 导流隧洞

续表

导流时段	设计洪水标准 $P/\%$	设计流量 /(m^3/s)	下泄流量 /(m^3/s)	堰(坝)顶高程/m	水库水位 /m	泄水建筑物
第 9 年 6～10 月	0.2	25100	23877	800.00(坝)	796.35	右泄＋未完建溢洪道(775m)
	0.1(校核)	27500	26219	800.00(坝)	797.89	右泄＋未完建溢洪道(775m)
第 9 年 11 月以后	—	—	—	821.50(坝)	—	永久泄洪建筑物正常运行
第 8 年 11 月中旬	10(旬平均)	2610	1#、2#、3#导流隧洞下闸(最高下闸水位 622.00m)			4#导流隧洞
第 8 年 12 月上旬	10(旬平均)	1580	4#导流隧洞下闸(下闸水位670.00m)			5#导流隧洞
第 8 年 11 月～第 9 年 4 月	5(12 月～次年 4 月)	2960	1#、2#、3#、4#导流隧洞堵头施工(闸门挡水水位 714.04m)			5#导流隧洞＋右泄
第 9 年 4 月下旬	10(旬平均)	961	5#导流隧洞下闸(下闸水位 705.6m)			右泄
第 9 年 5～9 月	0.2	25100	5#导流隧洞堵头施工(闸门挡水水位 796.35m)			右泄＋未完建溢洪道

工程实例 2　苗尾土石坝施工导流。

(1) 工程概况。

苗尾水电站上接大华桥水电站,下邻功果桥水电站。坝址右岸沿江现有公路(三级公路,沥青混凝土路面,路面宽 6.5m)通过,对外交通较方便,坝址沿 320 国道至大理、昆明公路里程分别为 207km 和 544km,距祥云转运站的公路里程为 272km。

本工程所处澜沧江流域属西南季风气候,干湿两季分明,洪水主要由暴雨形成,洪枯流量相差悬殊,6～10 月为汛期,11 月～次年 5 月为枯水期,实测最大洪峰流量为 $7100m^3/s$(1991 年),调查历史最大流量为 $9130m^3/s$(1905 年)。

(2) 施工导流规划。

苗尾工程主要导流建筑物为 3 级临时建筑物,次要导流建筑物为 5 级临时建筑物。施工导流标准及流量见表 2.27。

表 2.27 苗尾工程施工导流标准及流量

项目			设计标准 $P/\%$	设计流量/(m^3/s)
截流		第 3 年 11 月上旬	10(旬平均)	901
初期导流	围堰挡水	第 3 年 11 月～第 5 年 12 月	5(全年)	7180
中后期导流	坝体挡水	第 6 年 1 月～第 7 年 11 月	0.5(全年)	10700
导流隧洞下闸		第 7 年 11 月上旬	10(旬平均)	901
导流隧洞封堵		第 7 年 11 月～第 8 年 2 月	5(11 月～次年 2 月)	1590
水库蓄水		第 7 年 11 月	时段保证率 85%	482

根据地形地质条件及枢纽布置特点，本工程施工导流采用断流围堰、隧洞导流方式。施工导流程序安排如下。

① 初期导流。

从第 3 年 11 月初河床截流开始，至第 5 年 12 月底大坝填筑高程超出上游围堰堰顶高程并具备临时挡水条件时止，为初期施工导流阶段。本阶段由上、下游围堰挡水，两条导流隧洞泄流，主要进行坝基开挖及坝体填筑，厂房基础开挖及混凝土浇筑。导流设计标准为全年 20 年重现期洪水，流量 7180m^3/s，相应上游水位 1354.99m。

② 中后期导流。

从第 6 年 1 月初大坝填筑高程超出上游围堰堰顶高程并具备临时挡水条件开始，至水库水位蓄至正常蓄水位止，为中后期导流阶段。本阶段第 6 年 1 月～第 7 年 10 月由坝体临时度汛断面挡水，导流隧洞结合冲沙兼放空洞泄流，坝体临时度汛标准为全年 200 年一遇洪水，流量 10700m^3/s，相应上游水位为 1383.97m，为满足坝体临时度汛要求，第 6 年汛前大坝需填筑至 1386.00m 高程以上；第 7 年 11 月由坝体挡水，溢洪道泄流，坝体度汛标准为枯水期(11 月～次年 5 月)200 年一遇洪水，流量 3090m^3/s，相应上游水位为 1396.54m。

第 7 年 11 月初导流隧洞下闸封堵，水库开始蓄水，第 7 年 11 月底，首台机组投产发电，第 8 年 6 月底工程竣工。苗尾工程施工导流程序见表 2.28。

3) 高土石坝导流阶段划分意见

对采用全年断流围堰、隧洞导流的高土石坝，导流阶段划分与高混凝土拱坝基本相同。

初期导流。自截流开始，由围堰挡水，导流隧洞泄流。初期、中期导流以围堰转向坝体挡水为分界点。

表 2.28 苗尾工程施工导流程序

导流阶段	导流时段	导流标准		导流建筑物		上游水位/m	下游水位/m	备注
		频率 P/%	流量/(m^3/s)	挡水建筑物	泄水建筑物			
截流	第 3 年 11 月上旬	10(旬平均)	901	戗堤	两条导流隧洞	1310.29	1304.19	—
初期导流	第 3 年 11 月～第 5 年 12 月	5(全年)	7180	围堰	两条导流隧洞	1354.99	1314.55	—
中后期导流	第 6 年 1～5 月	0.5(11 月～次年 5 月)	3090	大坝	两条导流隧洞	1320.69	1312.22	—
	第 6 年 6 月～第 7 年 11 月	0.5(全年)	10700	大坝	两条导流隧洞结合冲沙兼放空洞	1383.97	1320.36	汛前坝体填筑至1386.00m 高程以上
导流隧洞下闸、封堵	第 7 年 11 月上旬	10(旬平均)	901	大坝	两条导流隧洞	1310.29	1308.07	导流隧洞下闸
	第 7 年 11 月～第 8 年 2 月	5(11 月～次年 2 月)	1590	大坝	永久泄洪建筑物	1408.00	1309.40	导流隧洞封堵

中期导流。大坝混凝土填筑高程超过围堰堰顶高程，在设计洪水情况下，由坝体挡水至全部导流隧洞下闸之前，来水由导流隧洞泄流或导流隧洞和永久泄洪设施联合泄流。中期、后期导流以最后一批导流隧洞下闸开始为分界点。

后期导流。最后一批导流隧洞下闸开始（不包括封堵施工），来水由永久泄洪设施泄流；后期导流的结束点坝体具备永久挡水条件且永久泄洪设施具备运用条件划入后期导流阶段，施工期蓄水完成，转入度汛正常运行。

4. 高面板堆石坝施工导流阶段的划分

1）高面板堆石坝施工导流的特点

高面板堆石坝施工导流的特点和高土石坝有相似之处，但高面板堆石坝和高土石坝施工导流又有不同之处，一般情况下在施工导流期间高土石坝土料坝面部位不允许汛期过水，但高面板堆石坝的堆石坝体坝面在采取一定的保护措施以后可以允许汛期过水，由此可以采用较低的围堰挡枯水期流量的导流标准，从而降低上、下游围堰的高度和规模，缩小导流隧洞的直径，降低和均衡坝体填筑强度，加快工程施工进度和降低工程造价。

2）导流标准和导流程序

（1）采用围堰一次断流、基坑全年施工，采用较高导流标准的隧洞导流方式时，有的工程从安全考虑，并考虑采用高标准洪水以及附加保安措施。

巴西的辛戈坝，采用30年一遇全年导流标准，相应流量10500m^3/s，上游围堰高52m，4条直径16m的马蹄形无衬砌导流隧洞，截流后第一个汛期围堰挡水，大坝基坑在围堰防护下施工。为保堆石体下游坡过水安全，采取了加筋堆石，设置碾压混凝土台阶等防冲保护措施，坝体全年顺利施工。

墨西哥的阿瓜密尔巴坝，采用47年实测最大流量6700m^3/s作为导流标准，相应上游围堰高55m，两条直径16m的不衬砌隧洞导流；为保堆石体下游坡过水安全，采取了设置带有自溃堤的明渠保护措施，实际上截流后即遇到两次超标准洪水，流量分别为10800m^3/s和7700m^3/s。第一次洪峰时最高水位达123.6m，比堰顶高程118.0m高出5.6m，但未高出施工中的坝体高程，造成基坑进水和上游坡面的局部破坏。

国内的面板坝工程中，仅黑泉坝结合施工道路布置，使上游高围堰达到100年一遇洪水标准，其他尚无先例。

（2）枯水期围堰挡水、汛期坝体临时断面挡水度汛的隧洞导流方式，如上游围堰仅拦挡枯水期流量，在截流后第一个汛期即以坝体临时挡水度汛，则初期导流的洪水标准，可以枯水期相应重现期的流量为准，这是比较经济的做法，且有利于争取延长抢筑拦洪度汛断面的有效工期。这也是混凝土面板堆石坝施工中的通常做法。

我国近 30 年来的施工经验表明，正常施工条件下，均可在截流后一个枯水期内把大坝堆石体填筑到标准限定的安全度汛高程，即频率为 50～100 年的设计洪水高程。国内的乌鲁瓦提、东津等工程都是成功实例，白溪工程截流后第一个汛期挡水断面高度达 72m，也是在一个枯水期内完成的。

(3) 采用枯水期围堰挡水、汛期坝面过水的隧洞导流方式时，根据面板坝堆石体经适当保护后可以允许过流的特点，规定在一个枯水期不能达到挡水度汛高程时，可以采用低过水围堰及隧洞和堆石体共同过水的度汛方案，其中又包括留缺口过流以及全断面挡水和过水相结合的两种方案。前者如天生桥一级、莲花水电站等工程。天生桥一级水电站截流后第一个汛期利用原河床过水，第二个汛期堆石体留缺口过水，与导流隧洞共同泄水，度汛标准为 30 年一遇洪峰流量 $10800m^3/s$，汛期曾多次过水，最大过水流量达 $4400m^3/s$。汛期岸边堆石体可继续施工，不影响填筑进度。后者如澳大利亚的一些面板堆石坝，下游护坡方案多为钢筋石笼或加筋堆石，在挡水时坝体可继续填筑，过水时保护堆石体不受破坏或少量损坏，洪水过后即恢复填筑，不致对进度有较大影响。

3) 工程实例

工程实例 1　天生桥一级混凝土面板堆石坝施工导流。

(1) 工程概况。

天生桥一级水电站为红水河梯级的第一级水电站，混凝土面板堆石坝最大坝高 178m，坝顶长 1168m，电站装机容量 1200MW(4×300MW)。

(2) 施工导流规划。

经分期导流和围堰断流方案比较，以及全年导流方案、枯水期导流坝体拦洪度汛方案和过水围堰隧洞导流方案比较，天生桥一级工程施工导流采用的是枯水期施工围堰(过水围堰)挡水、隧洞导流。第一个汛期由导流隧洞与填筑的堆石坝体过水度汛；第二个汛期则为填筑坝体挡水，导流隧洞与放空洞泄流联合度汛。

根据工程特点和河段地形、地质、水文气象条件，工程施工导流分为初建阶段、主要施工阶段和施工运用阶段。

① 初建阶段指进入基坑施工至截流后第一个汛期末，历时接近一年，该阶段又分枯水期和汛期两个时期。初建阶段采用：枯水期围堰一次断流、导流隧洞泄流，汛期坝面和隧洞联合泄流的导流方式。

② 大坝主要施工阶段指截流后第一个汛期末至导流隧洞下闸封堵的时段，按规划进度，历时约 24 个月。主要施工阶段采用坝体挡水，导流隧洞和放空隧洞联合泄流的导流方式。大坝主要施工阶段河道水流控制的核心问题是确保大坝的

安全度汛。

③ 施工运用阶段指导流隧洞封堵，至大坝全面建成及永久泄洪建筑物具备设计泄洪能力的时段。据施工进度规划，历时约 18 个月。施工运用阶段采用坝体挡水、溢洪道和放空洞泄流的导流方式。导流隧洞是初建阶段和主要施工阶段的泄流建筑物。施工运用阶段河道水流控制的核心问题是妥善解决大坝安全度汛和初期蓄水发电的矛盾，并保证二级电站的发电供水。

天生桥一级工程站各阶段的导流、度汛标准及水流控制程序见表 2.29。

表 2.29　天生桥一级工程招标设计方案导流标准及程序

施工时段		设计标准 P/%	设计流量 /(m^3/s)	调洪后下泄流量 /(m^3/s)	坝(堰)前水位 /m	坝(堰)顶高程 /m	泄水建筑物下泄流量/(m^3/s) 1#、2#导流洞	放空隧洞	围堰坝面
初建阶段	1993 年 11 月 11 日～1994 年 5 月 20 日	5	1670	—	650.50	651.00	1670	—	—
	1994 年 5 月 21 日～11 月 10 日	3.33	10800	—	658.30	648.30	880	—	9920
大坝施工阶段	1994 年 11 月 11 日～1995 年 5 月 20 日	5	1670	—	650.50	651.0	1670	—	—
	1995 年 5 月 21 日～1996 年 5 月 20 日	0.33	17400	9837	722.57	725.00	8617	1220	—
	1996 年 5 月 21 日～11 月 10 日	0.2	18800	10138	726.89	735.00	8868	1270	—
施工期运行	1996 年 11 月 11 日～1997 年 5 月 20 日	放空隧洞向下游供水							
正常运行	1997 年 5 月 20 日以后	0.1	20900	永久溢洪道运行			—	—	—

工程实例 2　水布垭混凝土面板堆石坝施工导流。

(1) 工程概况。

水布垭水电站主要建筑物由大坝、溢洪道、电站厂房、放空洞所组成，混凝土面板堆石坝高 233m。根据施工总进度安排，工程总工期为 9 年半，从施工准备期到第 1 台机组发电工期 7 年半(其中准备工程及导流隧洞施工期为 3 年)，其施工导流的全过程分为初期、中期与后期 3 个阶段。

(2) 施工导流规划。

初期导流从河床截流开始，至坝体临时断面上升到拦洪度汛高程(第 3 年 11 月～第 5 年 5 月)，其中第 3 年 11 月～第 4 年 5 月由 1#、2# 导流隧洞泄流，上、下游土石过水围堰挡水，基坑内进行河床趾板基础开挖，混凝土浇筑等施工，并将大坝填筑至高程 209m，汛期坝面过水。第 4 年汛后～第 5 年汛前，由 1#、2# 导流隧洞及放空洞联合泄流，基坑内大坝临时断面抢筑至高程 288m，以安全防御汛期洪水。

中期导流从坝体拦洪度汛高程开始，至 1#、2# 导流隧洞下闸封堵止(第 5 年 5 月～第 7 年 11 月)，第 5、6、7 年汛期由坝体临时断面挡水，1#、2# 导流隧洞及永久放空洞泄流度汛。第 7 年 11 月，1#、2# 导流隧洞下闸封堵。

后期导流从导流隧洞下闸封堵至工程完建止(第 7 年 10 月下旬～第 10 年 7 月)，其中第 7 年 10 月下旬～第 8 年 5 月底由永久放空洞泄流，下游基坑内完成厂房尾水渠等水下工程施工，并进行 1#、2# 导流隧洞永久堵头施工。根据坝体临时挡水发电要求，第 8 年 6 月放空洞下闸，水库开始蓄水。汛期由大坝挡水，底板 350m 高程的溢洪道泄洪，第 1 台机组发电。第 8 年 11 月～第 9 年 4 月，由永久放空洞调节水位，以保证溢洪道溢流堰混凝土等施工并尽可能维持机组发电，第 9 年汛前溢流堰达设计高程 380m，汛期溢流堰泄洪，大坝挡水发电，第 9 年 11 月～第 10 年 4 月，由永久深孔及 4 台机组发电泄流，要求控制库水位不高于 380m，以完成溢流堰金结安装工程，第 10 年汛期由完建的溢洪道泄洪，坝体正常挡水发电。

4) 高面板堆石坝导流阶段划分意见

(1) 对采用全年断流围堰隧洞导流的高混凝土面板堆石坝，导流阶段划分与高土石坝相同。

(2) 对于采用枯水期围堰挡水、汛期坝体临时断面挡水度汛隧洞导流的高混凝土面板堆石坝，导流阶段划分情况与采用全年断流围堰隧洞导流的不同点在于初期导流阶段和中期导流阶段，一是围堰采用枯水期的导流标准，二是截流后第一个汛期采用坝体临时断面挡水度汛。

(3) 对于采用枯水期围堰挡水、汛期坝面过水隧洞导流的高混凝土面板堆石坝，导流阶段划分情况与采用全年断流围堰隧洞导流的不同点同样在于初期导流阶段和中期导流阶段，一是采用枯水期导流标准的过水围堰，二是截流后第一个汛期甚至第二个汛期采用坝面度汛。

(4) 不少面板堆石坝工程汛期采用坝体临时断面挡水度汛，汛后重新进行基坑抽水，恢复围堰挡水，面板堆石坝工程的临时断面挡水度汛属中期导流阶段。

汛期坝面度汛的情况应区分坝体填筑高程是否超过围堰堰顶高程，以判定属于初期导流还是中期导流。

2.2.2 导流阶段与导流设计工况对应关系分析

1. 导流阶段与导流设计工况关系

1) 导流阶段与导流设计工况对应关系分析

水利水电工程的建设过程实际上就是对水流进行控制和疏导的过程。因此，施工导流的含义就是在控制好截流、围堰挡水、基坑度汛、坝体挡水、下闸封堵、水库蓄水等关键环节的基础上，正确划分初期、中期和后期导流阶段，为确定施工洪水设计标准和总进度计划提供依据。

(1) 初期导流阶段。

初期导流阶段的最大特点是围堰、导流明渠(隧洞)等临时性建筑物处于正常运行阶段。该阶段的度汛工况主要分三种：

围堰挡水度汛。这是最常见的情况。围堰按全年挡水设计，汛期由导流隧洞(明渠)等下泄洪水。

基坑过水度汛。主要适用于过水围堰情况。

坝体临时断面挡水度汛。主要适用于覆盖层较薄的面板堆石坝等情况。其最大特点是围堰规模小，汛期由未完建的坝体临时挡水度汛，汛后重新恢复围堰挡水进行后续施工。

(2) 中期导流阶段。

中期导流阶段的最大特点是围堰已失去了挡水作用，但岸边临时导流泄水建筑物没有全部封堵，水库尚未蓄水，汛期由坝体挡水度汛，汛后不再进行基坑抽水。以下列举 3 个有代表性的工程实例：

① 因围堰规模大，需要提前一个汛期拆除围堰而引起的坝体挡水。三峡工程二期围堰规模大，拆除时间长。2001 年 11 月开始拆除。2002 年汛期由坝体挡水，导流明渠泄洪。2002 年 11 月初完成了导流明渠截流。若二期围堰安排在 2002 年汛后拆除，则三期碾压混凝土围堰将无法在 2003 年汛前投入运行。

② 因部分导流隧洞提前封堵改建而引起的坝体挡水。金沙江溪洛渡和乌东德水电站有五六条导流隧洞，其中 4 条和尾水洞结合布置。为满足首批机组发电前洞内改建的进度要求，2 条导流隧洞必须在水库蓄水前一年下闸。两条导流隧洞封堵后，水库蓄水前的最后一次度汛必须由坝体挡水、4 条导流隧洞和部分永久中孔泄洪。

③ 因工程形象而引起的坝体挡水。龙滩水电站于 2003 年 10 月截流。2004 年和 2005 年汛期，上游由 87m 高的碾压混凝土围堰挡水度汛($P=10\%$)。2006 年汛前，碾压混凝土坝体高度已远远超过上游围堰，该年度由坝体挡水度汛，2 条

导流隧洞泄洪($P=1\%$)。2006 年汛后开始封堵 2 条导流隧洞。2007 年 7 月第一台机组开始发电。

对于低水头河床式水电站或坝体较低的工程,当坝体具备挡水条件时,水库已具备蓄水条件,因此,这类工程可不划分中期导流阶段。

(3) 后期导流阶段。

后期导流阶段的最大特点是岸边导流泄水建筑物已全部下闸封堵,水流已经改道,坝体进入初期运行期。对于围堰一次断流的高坝工程,后期导流阶段的顺序是先在枯水期完成导流隧洞封堵,然后水库正式蓄水。在永久泄水建筑物具备设计泄流能力后对临时底孔进行封堵。对于分期导流情况,导流明渠封堵后,由明渠进出口围堰挡水,坝身底孔泄流。待三期工程具备一定的形象后再封堵导流底孔。

表 2.30 给出了导流阶段与导流设计工况对应关系,表 2.30、表 2.31 分别给出了导流阶段与导流方式及坝型对应关系。

表 2.30　导流阶段与导流设计工况对应关系

导流设计工况	初期导流	中期导流	后期导流
导流建筑物开始修建	∧	∧	×
截流	∧	∧	×
闭气	○	∧	×
基坑排水	○	∧	×
坝体拦洪度汛	×	○	∧
导流泄水建筑物开始封堵	×	∧	∧
最后一批导流泄水建筑物开始封堵	×	×	○
导流泄水建筑物封堵完成	×	×	∧
施工期蓄水	×	×	○
施工期蓄水完成	×	×	○

注:○表示属于;×表示不属于;∧表示或。

表 2.31　导流阶段与导流方式对应关系

基本分类	导流阶段	各导流阶段的导流方式
一次拦断河床围堰导流方式	初期导流阶段	围堰一次断流,基坑全年施工、隧洞(明渠)导流方式。如二滩、小湾、溪洛渡、白鹤滩、乌东德、拉西瓦、龙滩等工程; 枯水期围堰断流、汛期基坑过水的隧洞导流方式。如大朝山、东风、隔河岩等工程; 枯水期围堰断流、汛期坝体临时断面挡水的隧洞导流方式。如三板溪,洪家渡、引子渡面板堆石坝等工程; 此外,还有不常使用的涵洞、渡槽等导流方式

续表

基本分类	导流阶段	各导流阶段的导流方式
一次拦断河床围堰导流方式	中期导流阶段	未完建的坝体挡水，导流隧洞与坝身底孔（或泄洪隧洞）过水的导流方式。如溪洛渡、小湾、白鹤滩、乌东德等工程
	后期导流阶段	未完建的坝体挡水，部分永久泄水建筑物或已经建成的永久泄水建筑物过水的导流方式。如溪洛渡、小湾、白鹤滩等工程
分期围堰导流方式	初期导流阶段	在截流前，围堰挡水，束窄的原河床过水的导流方式； 在截流后，围堰断流，明渠过水的导流方式，如三峡、水口、白山、宝珠寺、向家坝等工程； 在河床较窄、水位变幅大的河流上，也有称为枯水期围堰断流，汛期基坑过水的明渠导流方式，如天生桥二级、安康、喜河等工程
	中期导流阶段	未完建的坝体挡水，明渠过水的导流方式，如三峡工程等
	后期导流阶段	坝体和二、三期围堰联合挡水，临时底孔和部分永久泄水建筑物过水的导流方式。如三峡工程第一批机组发电后仍利用三期混凝土高围堰施工发电厂房等

2) 与施工洪水标准有关的设计工况分析

从上述分析可以看出，在整个施工导流期，与施工洪水标准有关的设计工况有：围堰挡水期、过水围堰的基坑过流期、蓄水前坝体临时挡水度汛期（汛后坝前基坑抽水，恢复围堰挡水）、蓄水前坝体正式挡水度汛期（围堰已失去作用，汛后坝前基坑不再抽水）、导流泄水建筑物封堵期、水库蓄水后坝体挡水度汛期共六种。其中，前两者简称围堰正常运行期，中间两者简称蓄水前坝体挡水度汛期，后两者简称导流泄水建筑物封堵和水库蓄水期。这三种工况就是确定施工导流设计标准需要研究的工况。表 2.32 列出了导流阶段与 3 种设计工况的关系。

从表 2.32 可以看出，将高坝大库水利水电工程的施工导流过程划分为初期、中期、后期三个阶段在时间安排上比较连贯。对于从时间上比较连续的 3 个导流阶段，围堰正常运行期多出现在初期导流阶段。但对于分期导流情况，后期导流阶段也有围堰挡水情况（如三峡工程等）。蓄水前的坝体挡水度汛期多出现在中期导流阶段，但临时挡水度汛出现在初期导流阶段。导流泄水建筑物封堵期一般出现在后期导流阶段，但对于条数较多的导流隧洞，个别封堵也有出现在中期导流阶段的情况。总之，三种设计标准工况只要对号入座就可以找到相应的标准。

表 2.32　导流阶段与设计标准工况的关系

导流方式分类	导流阶段	阶段定义	确定导流设计标准的工况汇总
一次拦断河床围堰的导流方式	初期导流阶段	坝体正式具备挡水条件前的导流建筑物运行期	1. 围堰全年挡水期：按全年围堰的级别和型式确定标准； 2. 基坑过水度汛期：按过水围堰的级别和型式确定标准
	中期导流阶段	坝体正式具备挡水条件至岸边临时泄水建筑物全部下闸封堵前的坝体挡水运行期	1. 坝体施工期挡水度汛期：按坝型和拦蓄库容等确定度汛标准； 2. 坝体预留缺口等过流度汛期：按坝型和拦蓄库容等确定度汛标准
	后期导流阶段	岸边临时泄水建筑物全部下闸封堵至工程竣工前的坝体挡水运行期	1. 导流泄水建筑物封堵期：按挡水水头和库容确定导流标准。个别工程的导流隧洞条数较多时，也有部分导流隧洞安排在中期导流阶段封堵； 2. 水库蓄水且导流泄水建筑物封堵后、永久泄洪建筑物未具备泄洪能力前的大坝度汛期：按坝型和级别确定标准
分期围堰导流方式	初期导流阶段	坝体正式具备挡水条件前的导流建筑物运行期	1. 主河床截流前的围堰挡水运行期：按围堰级别和型式确定标准； 2. 主河床截流后的围堰挡水运行期：按围堰级别和型式确定标准； 有过水基坑情况时按过水围堰的级别和型式确定标准
	中期导流阶段	坝体正式具备挡水条件至岸边导流泄水建筑物封堵前的坝体挡水运行期	坝体挡水度汛期：按坝型和拦蓄库容等确定度汛标准
	后期导流阶段	岸边导流泄水建筑物封堵至工程竣工前的坝体和围堰挡水运行期	1. 导流明渠封堵后的围堰挡水运行期：按围堰的级别和型式确定标准； 2. 导流泄水建筑物封堵期：按挡水水头和库容确定导流标准； 3. 水库蓄水且导流泄水建筑物封堵后、永久泄洪建筑物未具备泄洪能力前的大坝度汛期：按坝型和级别确定标准

尽管如此，本章认为对于分期围堰导流方式，分期本身就是从时间上将导流过程划分成若干阶段，因此没必要再按初期、中期、后期三个阶段划分其导流

阶段。

2. 对应初期、中期、后期施工导流阶段导流标准的选取

1) 现行组织设计规范对应初期、中期、后期施工导流标准的规定

(1) 电力行业标准。

根据《水电工程施工组织设计规范》(DL/T 5397—2007)中4.3.1条的规定进行导流建筑物级别的划分,并根据4.3.2条～4.3.10条的相应规定进行复核调整,见表2.33。

表2.33 导流建筑物级别划分

建筑物级别	保护对象	失事后果	使用年限/年	围堰工程规模	
				高度/m	库容/亿 m^3
3	有特殊要求的1级永久建筑物	淹没重要城镇、工矿企业、交通干线,或推迟总工期及第一台(批)机组发电工期,造成重大灾害和损失	>3	>50	>1.0
4	1级、2级永久建筑物	淹没一般城镇、工矿企业,或影响总工期及第一台(批)机组发电工期,造成较大损失	2～3	15～50	0.1～1.0
5	3级、4级永久建筑物	淹没基坑,但对总工期及第一台(批)机组发电工期影响不大,经济损失较小	<2	<15	<0.1

1. 导流建筑物中的挡水建筑物和泄水建筑物,两者级别相同;
2. 表列4项指标均按导流分期划分,保护对象一栏中所列永久建筑物级别系按DL5180划分;
3. 有特殊要求的1级永久建筑物系指施工期不允许过水的土石坝及其他有特殊要求的永久建筑物;
4. 使用年限系指导流建筑物每一施工阶段的工作年限。两个或两个以上施工阶段共用的导流建筑物,如一期、二期共用的纵向围堰,其使用年限不能叠加计算;
5. 围堰工程规模一栏中,高度指挡水围堰的最大高度,库容指堰前设计水位拦蓄在河槽内的水量,二者必须同时满足

对应初期、中期、后期施工导流阶段导流标准的选取见表2.34。

表 2.34　对应初期、中期、后期施工导流阶段导流标准的选取

<table>
<tr><th>导流阶段</th><th colspan="5">导截流标准和度汛标准</th><th>备注</th></tr>
<tr><td rowspan="5">初期导流</td><td colspan="5">导流建筑物洪水设计标准</td><td rowspan="5">—</td></tr>
<tr><td colspan="2" rowspan="2">导流建筑物结构类型</td><td colspan="3">导流建筑物级别</td></tr>
<tr><td>3</td><td>4</td><td>5</td></tr>
<tr><td colspan="2">土石</td><td>50～20</td><td>20～10</td><td>10～5</td></tr>
<tr><td colspan="2">混凝土、浆砌石</td><td>20～10</td><td>10～5</td><td>5～3</td></tr>
<tr><td rowspan="5">中期导流</td><td colspan="5">坝体施工期临时度汛洪水设计标准</td><td rowspan="5">—</td></tr>
<tr><td rowspan="2">坝型</td><td colspan="4">拦蓄库容/亿 m³</td></tr>
<tr><td>>10.0</td><td>10.0～1.0</td><td>1.0～0.1</td><td><0.1</td></tr>
<tr><td>土坝、堆石坝</td><td>≥200</td><td>200～100</td><td>100～50</td><td>50～20</td></tr>
<tr><td>混凝土坝、浆砌石坝</td><td>≥100</td><td>100～50</td><td>50～20</td><td>20～10</td></tr>
<tr><td rowspan="7">后期导流</td><td colspan="5">导流泄水建筑物封堵后坝体度汛洪水设计标准</td><td rowspan="7">在机组具备发电条件前，导流泄水建筑物尚未全部封堵时，坝体度汛可不考虑非常运用洪水工况</td></tr>
<tr><td colspan="2" rowspan="2">坝型</td><td colspan="3">大坝级别</td></tr>
<tr><td>1</td><td>2</td><td>3</td></tr>
<tr><td rowspan="2">土石坝</td><td>正常运用洪水</td><td>500～200</td><td>200～100</td><td>100～50</td></tr>
<tr><td>非常运用洪水</td><td>1000～500</td><td>500～200</td><td>200～100</td></tr>
<tr><td rowspan="2">混凝土坝
浆砌石坝</td><td>正常运用洪水</td><td>200～100</td><td>100～50</td><td>50～20</td></tr>
<tr><td>非常运用洪水</td><td>500～200</td><td>200～100</td><td>100～50</td></tr>
</table>

1. 截流设计标准可结合工程规模和水文特征，选用截流时段内 5～10 年重现期的月或旬平均流量，也可用实测系列分析方法或预报方法分析确定。若梯级水库的调蓄作用改变了河道的水文特性，截流设计流量应经专门论证确定；
2. 导流泄水建筑物下闸设计流量标准。对于天然来流量情况下的水库蓄水，导流泄水建筑物下闸的设计流量标准可取时段内 5～10 年重现期的月或旬平均流量，或按上游的实测流量确定；对于上游有水库控制的工程，下闸设计流量标准可取上游水库控泄流量与区间 5～10 年重现期的月或旬平均流量之和；
3. 导流泄水建筑物封堵施工期临时挡水标准。导流泄水建筑物封堵工程施工期，其进出口的临时挡水标准应根据工程重要性、失事后果等因素，在该时段 5～20 年重现期内选定，封堵施工期临近或跨入汛期时应适当提高标准；
4. 水库初期蓄水标准。水库蓄水期的来水保证率可按 75%～85%计算。

注：本表为《水电工程施工组织设计规范》(DL/T 5397—2007)表 4.4.1、表 4.4.7、表 4.4.8 及 4.4.9 条、4.7.3 条、4.9.3 条、4.9.5 条的有关规定。

(2) 水利行业标准。

根据《水利水电工程施工组织设计规范》(SL 303—2004)中 3.2.1 条的规定进行导流建筑物级别的划分,并根据 3.2.2 条～3.2.8 条的相应规定进行复核调整,见表 2.35。

表 2.35　导流建筑物级别划分

<table>
<tr><th rowspan="2">级别</th><th rowspan="2">保护对象</th><th rowspan="2">失事后果</th><th rowspan="2">使用年限/年</th><th colspan="2">导流建筑物规模</th></tr>
<tr><th>围堰高度/m</th><th>库容/亿 m³</th></tr>
<tr><td>3</td><td>有特殊要求的1级永久性水工建筑物</td><td>淹没重要城镇、工矿企业、交通干线或推迟工程总工期及第一台(批)机组发电,造成重大灾害和损失</td><td>>3</td><td>>50</td><td>>1.0</td></tr>
<tr><td>4</td><td>1级、2级永久性水工建筑物</td><td>淹没一般城镇、工矿企业或影响工程总工期及第一台(批)机组发电而造成较大经济损失</td><td>1.5～3</td><td>15～50</td><td>0.1～1.0</td></tr>
<tr><td>5</td><td>3级、4级永久性水工建筑物</td><td>淹没基坑,但对总工期及第一台(批)机组发电影响不大,经济损失较小</td><td><1.5</td><td><15</td><td><0.1</td></tr>
<tr><td colspan="6">1. 导流建筑物包括挡水和泄水建筑物,两者级别相同;
2. 表列四项指标均按导流分期划分,保护对象一栏中所列永久性水工建筑物级别系按《水利水电工程等级划分及洪水标准》(SL 252—2000)划分;
3. 有、无特殊要求的永久性水工建筑物均系针对施工期而言,有特殊要求的1级永久性水工建筑物系指施工期不应过水的土石坝及其他有特殊要求的永久性水工建筑物;
4. 使用年限系指导流建筑物每一导流分期的工作年限,两个或两个以上导流分期共用的导流建筑物,如分期导流一期、二期共用的纵向围堰,其使用年限不能叠加计算;
5. 导流建筑物规模一栏中,围堰高度指挡水围堰最大高度,库容指堰前设计水位所拦蓄的水量,两者应同时满足</td></tr>
</table>

对应初期、中期、后期施工导流阶段导流标准的选取见表 2.36。

表 2.36　对应初期、中期、后期施工导流阶段导流标准的选取

<table>
<tr><th>导流阶段</th><th colspan="4">导截流标准和度汛标准</th><th>备注</th></tr>
<tr><td rowspan="6">初期导流</td><td colspan="4">导流建筑物洪水标准划分</td><td rowspan="6">—</td></tr>
<tr><td rowspan="3">导流建筑物类型</td><td colspan="3">导流建筑物级别</td></tr>
<tr><td>3</td><td>4</td><td>5</td></tr>
<tr><td colspan="3">洪水重现期/年</td></tr>
<tr><td>土石结构</td><td>50～20</td><td>20～10</td><td>10～5</td></tr>
<tr><td>混凝土、浆砌石结构</td><td>20～10</td><td>10～5</td><td>5～3</td></tr>
</table>

续表

<table>
<tr><th>导流阶段</th><th colspan="5">导截流标准和度汛标准</th><th>备注</th></tr>
<tr><td rowspan="6">中期导流</td><td colspan="5">坝体施工期临时度汛洪水标准</td><td rowspan="6">—</td></tr>
<tr><td colspan="2" rowspan="3">坝型</td><td colspan="3">拦蓄库容/亿 m^3</td></tr>
<tr><td>≥1.0</td><td>1.0～0.1</td><td><0.1</td></tr>
<tr><td colspan="3">洪水重现期/年</td></tr>
<tr><td colspan="2">土石坝</td><td>≥100</td><td>100～50</td><td>50～20</td></tr>
<tr><td colspan="2">混凝土坝、浆砌石坝</td><td>≥50</td><td>50～20</td><td>20～10</td></tr>
<tr><td rowspan="8">后期导流</td><td colspan="5">导流泄水建筑物封堵后坝体度汛洪水标准</td><td rowspan="8">在机组具备发电条件前、导流泄水建筑物尚未全部封堵时，坝体度汛可不考虑非常运用洪水工况</td></tr>
<tr><td colspan="2" rowspan="2">坝型</td><td colspan="3">大坝级别</td></tr>
<tr><td>1</td><td>2</td><td>3</td></tr>
<tr><td colspan="2"></td><td colspan="3">洪水重现期/年</td></tr>
<tr><td rowspan="2">混凝土坝、浆砌石坝</td><td>设计</td><td>200～100</td><td>100～50</td><td>50～20</td></tr>
<tr><td>校核</td><td>500～200</td><td>200～100</td><td>100～50</td></tr>
<tr><td rowspan="2">土石坝</td><td>设计</td><td>500～200</td><td>200～100</td><td>100～50</td></tr>
<tr><td>校核</td><td>1000～500</td><td>500～200</td><td>200～100</td></tr>
</table>

1. 截流标准。截流标准可采用截流时段重现期 5～10 年的月或旬平均流量，下列情况截流标准及截流设计流量亦可按下列方法选取：①在有 20 年以上的水文实测资料的河道，截流设计流量可采用实测资料分析确定；②若由于上、下游梯级水库的调蓄作用而改变了河道的水文特性，则截流设计流量宜经专门论证确定；
2. 围堰修筑期间设计标准。围堰修筑期间各月的填筑最低高程应以安全拦挡下月可能发生的最大设计流量为准。计算各月最大设计流量的重现期标准可用围堰正常运用时的标准，经过论证也可适当降低；
3. 过水围堰的挡水标准。过水围堰的挡水标准宜结合水文特点、施工工期、挡水时段，经技术经济比较后在重现期 3～20 年内选定。当水文系列不小于 30 年时，可根据实测流量资料分析选用；
4. 导流泄水建筑物下闸设计流量标准。封堵下闸的设计流量可用封堵时段 5～10 年重现期的月或旬平均流量，或按实测水文统计资料分析确定；
5. 导流泄水建筑物封堵施工期临时挡水标准。封堵工程在施工期间的导流设计标准，可根据工程重要性、失事后果等因素在该时段 5～20 年重现期范围内选定；
6. 水库初期蓄水标准。水库施工期蓄水标准应根据发电、灌溉、通航、供水等要求和大坝安全加高值等因素分析确定，保证率宜为 75%～85%

注：本表为《水利水电工程施工组织设计规范》(SL 303—2004)表 3.2.6、表 3.2.16、表 3.2.17 及 3.2.10 条、3.2.11 条、3.2.15 条、3.2.18 条和 3.2.19 条的有关规定。

2) 对现行组织设计规范施工导流标准规定的讨论

(1) 初期导流施工期。

现行的两部规范,《水电工程施工组织设计规范》(DT/L 5397—2007)中的表 4.3.1和表 4.4.1 以及《水利水电工程施工组织设计规范》(SL 303—2004)中的表 3.2.1和表 3.2.6,均对初期导流的导流建筑物级别划分及其设计洪水标准有明确的规定。

(2) 中期导流施工期。

初期和中期导流施工阶段的划分条件是坝体填筑高程超过围堰堰顶高程,《水电工程施工组织设计规范》(DL/T 5397—2007)中的表 4.4.7 以及《水利水电工程施工组织设计规范》(SL 303—2004)中的表 3.2.16,对于坝体施工期临时度汛洪水标准要求按照坝型及坝前拦洪库容确定。由于规范确定初期和中期导流的洪水标准规定并不相同,在执行中往往导致导流中期临时度汛洪水设计标准较围堰挡水标准提高较多,且在某个时间点突然提高,不利于坝体施工进度安排和均衡施工。其原因是规范对于连贯的导流阶段采取了不连贯的选用条件和标准,造成洪水标准的前后脱节。例如,在一般常遇情况下,保护 1 级、2 级永久水工建筑物,采用临时导流建筑物级别为 4 级的围堰;在确定初期导流围堰建筑物的标准和确定转入中期导流坝体临时挡水标准中,同为围堰前或坝体前拦水库容小于 0.1 亿～1.0 亿 m^3,围堰采用标准为 5～20 年的重现期,而坝体施工期临时度汛洪水标准则要求 20～100 年的重现期,显然对于刚超过围堰高度的坝体高度的设计标准会要求过高。

由于截流和围堰施工是施工总进度中的关键节点,有其特殊性和重要性,人们对初期导流设计标准研究得比较多,也符合工程施工实际情况。对于当坝体超过围堰堰顶后坝体度汛洪水设计标准提高过多的情况,需要适当细化和降低坝体临时挡水洪水标准,也符合实际情况,除了有利于坝体施工进度安排和均衡施工外,考虑到尽管坝体的施工为施工总进度关键节点,但仍具有较大的变动余地,即使大坝度汛过流,也具有更大的稳定性和安全性。因此,把现行的《水电工程施工组织设计规范》(DL/T 5397—2007)中的表 4.4.7 坝体施工期临时度汛洪水设计标准以及相应《水利水电工程施工组织设计规范》(SL 303—2004)中的表 3.2.16 坝体施工期临时度汛洪水标准进行适当的细化和调整,以使该标准能和两部规范中相应"导流建筑物级别划分"、"导流建筑物洪水设计标准"有一个平稳的衔接和过渡。

(3)后期导流施工期。

现行的《水电工程施工组织设计规范》(DL/T 5397—2007)中的表 4.4.8 以及《水利水电工程施工组织设计规范》(SL303—2004)中的表 3.2.17,两部规范均对后期导流的设计洪水标准有明确的规定。

2.2.3 导流阶段划分的工程应用

1. 金沙江乌东德工程导流阶段划分

1) 导流方式

乌东德水电站是金沙江下游河段(攀枝花市至宜宾市)四个水电梯级——乌东德、白鹤滩、溪洛渡和向家坝中的最上游梯级,枢纽建筑物由挡水建筑物、泄水建筑物、引水发电系统等组成。挡水建筑物为混凝土双曲拱坝,坝顶高程988.0m,最大坝高265m;泄水建筑物主要由5个表孔、6个中孔及3条泄洪隧洞组成,坝下水垫塘消能;引水发电系统采用地下厂房,左、右两岸各布置6台单机容量800MW的水轮机组,均靠河岸侧布置;左岸靠山里侧布置3条导流隧洞,2条导流隧洞尾段与厂房尾水隧洞结合,右岸靠山里侧布置2条导流隧洞,尾段与尾水隧洞结合;3条泄洪隧洞均布置在左岸,进口位于左岸导流隧洞上方,出口位于尾水和导流隧洞出口下游侧。

乌东德水电站总工期114个月,第一批机组发电工期94个月。采用河床一次断流、围堰全年挡水、两岸导流隧洞泄流的施工导流方案;后期导流采用导流底孔和陆续投入运行的永久泄水建筑物泄水。施工场地布置以坝址上游右岸的新村为主。

2) 导流阶段划分

根据选定的施工导流方式,以大坝挡水前缘高程超过上游围堰高程和导流泄水建筑物封堵为标志,将施工导流过程分为初期导流、中期导流和后期导流三个阶段。

初期导流阶段。自2014年11月上旬河床截流至2018年10月底大坝最低坝段上升至高程873m、坝体挡水前缘高程超过上游围堰顶止,历时48个月。围堰设计挡水标准为50年一遇洪水。施工期洪水由5条导流隧洞下泄,围堰全年挡水。

中期导流阶段。自2018年10月底坝体超过上游围堰顶至2019年11月上旬导流隧洞下闸蓄水止,历时12个月。坝体施工期度汛标准为全年100年一遇洪水(洪峰流量28800m^3/s)。

后期导流阶段。自2019年11月上旬导流隧洞下闸蓄水至2021年8月底工程竣工,历时22个月。坝体施工期度汛设计标准为枯水期11月~次年5月200年一遇洪水(洪峰流量8630m^3/s)和全年200年一遇洪水(洪峰流量30900m^3/s),施工期度汛校核标准为全年500年一遇洪水(洪峰流量33700m^3/s)。

3) 导流程序

(1) 2012 年 3 月开始导流隧洞施工，原河道泄流。

(2) 2014 年 9 月底 4 条导流隧洞具备通水条件，11 月上旬截流。

(3) 2015 年 5 月上旬完成围堰防渗墙施工，左岸 1# 导流隧洞具备通水条件。5 月中旬开始基坑抽水，5 月底基坑积水排干。2016 年 1 月初开始基坑开挖，2016 年 8 月底完成大坝基础开挖及基础处理，9 月初开始坝体混凝土浇筑。施工期洪水由导流隧洞下泄。

(4) 2018 年 7 月底大坝最低坝段上升至高程 873m；2019 年 5 月底大坝最低坝段上升至高程 940m，坝体封拱灌浆至高程 915m，6 个底板高程 878～885m 的泄洪中孔具备泄水条件。大坝最低坝段挡水前缘超过围堰顶高程，坝体施工期度汛标准为全年 100 年一遇洪水（洪峰流量 28800m^3/s），泄水建筑物为导流隧洞，上游水位为 880.76m。10 月底坝体接缝灌浆至高程 945m，左岸高程 910m 泄洪隧洞具备过水条件。

(5) 2019 年 11 月上旬下闸封堵导流隧洞，坝体施工期度汛标准为 11 月～次年 5 月 200 年一遇洪水（洪峰流量 8630m^3/s），泄水建筑物为导流底孔、泄洪中孔和泄洪隧洞，上游水位为 925.69m。11 月中旬导流底孔下闸封堵。

(6) 2019 年 11 月下旬关闭泄洪中孔，利用导流隧洞和导流底孔闸门挡水，水库开始蓄水，初期发电水位 945m；2020 年 1 月初第一批 2 台机组发电。

(7) 2020 年 2 月底大坝最低坝段上升至坝顶高程 988m，大坝溢流面已形成。4 月导流隧洞堵头施工基本结束，4 月底大坝接缝灌浆至高程 970m。坝体施工期度汛设计标准为全年 200 年一遇洪水（洪峰流量 30900m^3/s），泄水建筑物为 6 个泄洪中孔、5 个表孔和 3 条泄洪隧洞，经调蓄后上游水位为 975.81m；施工期度汛校核标准为全年 500 年一遇洪水（洪峰流量 33700m^3/s），经调蓄后上游水位为 978.62m。7 月底大坝接缝灌浆至高程 988m。

(8) 2021 年 7 月底枢纽工程完工。

乌东德工程施工导流程序见表 2.37。

表 2.37 乌东德工程推荐方案施工导流程序

导流阶段	时段	主要施工项目	挡水、泄水建筑物	设计洪水标准
施工准备期（开工至截流）	2012 年 3 月～2014 年 10 月	导流隧洞和厂房	导流隧洞进出口全年围堰	$Q(P=10\%)$ 21100m^3/s

续表

导流阶段		时段	主要施工项目	挡水、泄水建筑物	设计洪水标准
初期导流阶段	截流至坝体超过上游围堰顶高程	2014 年 11 月～2018 年 10 月	围堰、大坝下部、厂房及泄水建筑物	上、下游土石围堰挡水 5 条导流隧洞泄流	$Q(P=2\%)$ 26600m^3/s
中期导流阶段	坝体具备挡水条件至导流隧洞下闸	2018 年 11 月～2019 年 11 月	坝体中上部、厂房、泄洪隧洞	坝体挡水 5 条导流隧洞泄流	$Q(P=1\%)$ 28800m^3/s
后期导流阶段	导流隧洞下闸至堵头施工	2019 年 11 月～2020 年 4 月	大坝混凝土、金结安装及 5 条导流隧洞封堵等	坝体挡水 2019 年汛后 枯水期 6 中 1 底 3 洞泄流	11～5 月 $Q(P=0.5\%)$ 8630m^3/s
	堵头完工至坝体竣工	2020 年 4 月～2021 年 8 月	大坝混凝土、金结安装等	坝体挡水 汛期 5 表 6 中 3 洞泄流	设计标准 $Q(P=0.5\%)$ $=30900m^3/s$ 校核标准 $Q(P=0.2\%)$ $=33700m^3/s$

目前乌东德工程后期导流阶段的划分与本书的意见不完全吻合，建议其后期导流阶段结束点为坝体具备永久挡水条件且永久泄洪设施具备运用条件，施工期蓄水完成。

2. 金沙江白鹤滩工程导流阶段划分

1) 导流方式

白鹤滩水电站是金沙江下游规划四个梯级中的第二级，电站正常蓄水位825m，正常蓄水位以下库容 190.06 亿 m^3，大坝为混凝土双曲拱坝，坝高 289m，电站装机容量 14004MW。2010 年 5 月，白鹤滩水电站可行性研究坝线选择及枢纽布置深化专题研究报告通过了中国水利水电建设工程咨询公司组织的咨询，白鹤滩水电站枢纽布置格局基本确立。本工程推荐方案施工导流采用断流围堰、5 条隧洞导流的方案。

2) 导流阶段划分

施工导流阶段划分为初期导流、中期导流和后期导流三个阶段。具体划分原则如下：

初期导流阶段。围堰挡水，导流隧洞导流。

中期导流阶段。大坝超过围堰高度，封拱灌浆至相应高程，转由坝体挡水，直至全部导流隧洞下闸之前。

后期导流阶段。仍由坝体挡水，从全部导流隧洞下闸封堵至全部导流泄水建筑物完成封堵。

3) 导流程序

(1) 初期导流。

第4年11月上旬河床截流至第8年6月为初期导流阶段。该阶段由围堰挡水，来水由 1# ～5# 导流隧洞下泄；导流设计标准为全年 30 年一遇洪水，$Q=26800m^3/s$，相应上游水位 650.78m。

(2) 中期导流。

自第8年7月初至第9年11月中旬导流隧洞全部下闸封堵前为中期导流阶段。

第8年6月底坝体已浇筑至高程 686.0m 以上，接缝灌浆已灌至 656.0m，均已超过围堰堰顶高程，此时大坝已具备挡水度汛条件。坝体施工期临时挡水度汛标准采用全年 100 年一遇洪水，汛期来水仍由 1# ～5# 导流隧洞下泄(高程630.0m导流底孔闸门挡水)，相应上游水位为 662.36m。

第8年11月中旬开始下闸封堵 1# 、5# 导流隧洞，至第9年5月完成永久堵头施工，该时段由大坝挡水导流，来水由 2# ～4# 导流隧洞下泄。封堵期设计流量采用 11 月～次年 5 月时段 5%设计洪水流量，$Q=8728m^3/s$(考虑上游电站发电影响)，相应上游水位为 614.30m。

第9年6月至第9年11月中旬，该时段由大坝挡水度汛，来水由 2# ～4# 导流隧洞和 1# ～7# 导流底孔联合下泄。坝体度汛标准采用全年 100 年一遇洪水，相应上游水位为 681.03m；第 9 年 6 月底，大坝已浇至 758.0m，接缝灌浆已灌至 728.0m，大坝施工面貌满足度汛要求，可安全度汛。第 9 年 11 月中旬下闸封堵 2# ～4# 导流隧洞，至此中期导流结束。

(3) 后期导流。

第9年11月中旬～第 11 年 5 月为后期导流阶段。此阶段仍由大坝挡水度汛。

第9年11月中旬开始下闸封堵 2# ～4# 导流隧洞，至第 10 年 4 月底完成 2# ～4# 导流隧洞永久堵头施工，该时段由大坝挡水，来水由 1# ～7# 导流底孔下泄。封堵期设计流量采用 11 月～次年 4 月时段 5%设计洪水流量，$Q=8694m^3/s$(考虑上游电站发电影响)，相应上游水位为 702.09m。

第10年5月初 1# ～3# 导流底孔下闸，5 月上旬关闭 4# ～7# 导流底孔及深孔弧门，水库开始蓄水；按85%蓄水保证率，6月底可蓄至初期发电水位765.0m以上，具备第一批机组发电条件。该时段由大坝挡水，4# ～7# 导流底孔弧门关闭前，来水由4# ～7# 导流底孔下泄，5月上旬4# ～7# 导流底孔弧门关闭后(水库开始蓄水)，由4# ～7# 导流底孔和永久泄洪深孔控制蓄水位在765.0～775.0m。

第10年汛期前坝体已浇筑至坝顶高程834.0m，接缝灌浆已灌至810.0m高程，来水由4# ～7# 导流底孔以及已建好的永久泄洪深孔、泄洪洞联合宣泄度汛，坝体施工期度汛标准采用全年200年一遇洪水，相应上游水位为807.88m(按初期发电水位775m起调)，大坝可安全度汛。同年11月中旬开始进行4# ～7# 导流底孔的进口下闸及1# ～3# 、4# ～7# 导流底孔永久封堵混凝土的施工，至第11年5月中旬完成导流底孔永久封堵，所有施工导流任务即告完成。

虽然大坝在第10年6月已浇筑至设计顶高程，坝体接缝灌浆亦将于第10年12月全部完成，下闸后的蓄水位可根据发电要求及接缝灌浆高程继续上升，但考虑到1# ～3# 、4# ～7# 导流底孔永久堵头尚未完成，为控制封堵闸门挡水水头，故在1# ～3# 、4# ～7# 导流底孔封堵期，最高蓄水位允许蓄至800.0m，封堵完成后方可根据发电要求蓄至正常蓄水位825.0m。

施工导流程序及主要导流水力计算结果见表2.38。

白鹤滩导流隧洞下闸方案分两批下闸，分别安排在第8年、第9年汛后进行。第10年5月初完成低层3个导流底孔下闸后，水库水位已超高层导流底孔底板665.0m高程，随后下闸高层4个导流底孔及7个深孔弧门，水库开始蓄水，蓄水期间可由4个高层导流底孔或深孔通过弧门控制向下游泄放生态环保流量。

对于像白鹤滩这样的高拱坝工程，若在汛前下闸蓄水，虽然施工期蓄水已完成，工程已进入初期运行，但汛期还要利用导流底孔控制水位，导流底孔在汛后下闸，则后期导流的结束点可选择全部导流泄水建筑物完成封堵。

2.2.4　高拱坝中后期导流底孔的设置

1. 中后期导流泄水建筑物的分层设置

中后期导流的各项任务要求十分复杂，高度范围可达百米以上，导流泄水建筑物必须分层设置。国内几个高拱坝工程施工导流泄水建筑物设置情况见表2.39。

表 2.38　白鹤滩工程施工导流程序及主要水力计算结果

导流阶段	导流时段	设计标准 P	流量 /(m^3/s)	挡水建筑物	泄流建筑物	水位/m		6月底前大坝控制高程/m		备注
						上游	下游	浇筑	灌浆	
初期	第4年11月上旬河床截流～第8年6月	全年3.3%	26800	围堰	1#～5#导流隧洞	650.78	624.30	—	—	—
中期	第8年7月～11月中旬	全年1%	31100	大坝	1#～5#导流隧洞	662.36	627.66	686.0	656.0	630m高程导流底孔闸门临时挡水，大坝挡水度汛
	第8年11月中旬	11月中旬10%平均流量	3720	大坝	1#～4#导流隧洞	602.85	601.57	—	—	1#导流隧洞下闸，5#洞进口采用围堰挡水，10月下旬开始修建，11月中旬完建
	第8年11月中旬～第9年5月	11月～次年5月5%	8728	大坝	2#～4#导流隧洞	614.30	606.29	—	—	1#、5#导流隧洞封堵施工期
	第9年6月～11月中旬	全年1%	31100	大坝	2#～4#导流隧洞+1#～7#导流底孔	681.03	626.67	758.0	728.0	—
后期	第9年11月中旬（2#导流隧洞下闸）	11月中旬10%平均流量	3720	大坝	2#～4#导流隧洞	603.06	601.57	—	—	—
	第9年11月中旬（3#～4#导流隧洞下闸）				3#、4#导流隧洞	604.95	601.57	—	—	—
	第9年11月中旬～第10年4月底	11月～次年4月5%	8694	大坝	1#～7#导流底孔	702.09	606.25	—	—	2#～4#导流隧洞封堵施工期

续表

导流阶段	导流时段	设计标准 P	流量 /(m^3/s)	挡水建筑物	泄流建筑物	水位/m		6月底前大坝控制高程/m		备注
						上游	下游	浇筑	灌浆	
后期	第10年5月初（1#、2#导流底孔下闸）	5月上旬10%平均流量	2250	大坝	1#～3#导流底孔	649.74	600.63	—	—	—
	第10年5月初（3#导流底孔下闸）				3#导流底孔＋4#～7#导流底孔	674.38	600.63	—	—	—
	第10年5月中旬～6月底（水库蓄水）	85%保证率	—	大坝	第11年5月上旬关闭4#～7#导流底孔及深孔弧门，水库开始蓄水	765.00	—	—	—	6月底蓄至初期发电水位765m以上，首批机组发电
	第10年7月～11月中旬	全年0.5%	33400	大坝	4#～7#导流底孔＋深孔＋泄洪洞＋2台机发电流量	807.88	624.30	834.0	810.0	蓄水位控制在765.0～775.0m，度汛起调水位775.0m
	第10年11月中旬（4#～7#导流底孔下闸）	11月中旬10%平均流量	3720	大坝	深孔	770.00	601.57	—	—	—
	第10年11月中旬～第11年5月中旬（1#～7#导流底孔封堵）	11月～次年5月时段5%	8728	大坝	深孔控制水位	770.0～800.0	606.29	—	—	5月下旬开始蓄水位根据发电要求可逐步蓄至正常蓄水位825.0m

表 2.39　国内几个高拱坝工程施工导流泄水建筑物设置情况

工程名称	序号	泄水建筑物名称	个数	断面尺寸（宽×高）/(m×m)	高程/m	各层泄水建筑物间距离/m	上游围堰顶高程/m	上游围堰离导流隧洞底高度/m
二滩	1	表孔	7	11.0×11.5	1188.50	—	1062.00	—
	2	泄洪洞	2	13.0×13.5	1163.00	25.5	—	—
	3	中孔	6	6.0×5.0	1120～1122	41.0～43.0	—	—
	4	放空底孔	4	—	1080.00	40.0～42.0	—	—
	5	导流底孔	4	4.0×8.0	1014.00	66.0	—	48.0
	6	导流隧洞	2	17.5×23.0	1010.00	4.0	—	52.0
小湾	1	表孔	5	—	1225.00	—	1040.00	—
	2	第一层泄洪中孔	2	6.0×5.0	1165.00	60.0	—	—
		第二层泄洪中孔	2	6.0×5.0	1152.50	12.5	—	—
		第三层泄洪中孔	2	6.0×5.0	1140.00	12.5	—	—
	3	放空底孔	2	5.0×7.0	1080.00	60.0	—	—
	4	导流中孔	3	6.0×7.0	1060.00	20.0	—	—
	5	导流底孔	2	6.0×7.0	1020.00	40.0	—	20.0
	6	导流隧洞	2	16.0×19.0	988.00	32.0	—	52.0
溪洛渡	1	表孔	7	12.5×13.5	586.50	—	436.00	—
	2	左岸非常泄洪洞	1	14.0×12.0	570.00	16.5	—	—
	3	泄洪洞	4	14.0×12.0	545.00	25.0	—	—
	4	电站进水口	18	—	518.00	27.0	—	—
	5	中孔	8	6.0×6.7	499.50	18.5	—	—
	6	7#～10#导流底孔	4	4.5×8.0	450.00	49.5	—	—
	7	1#～6#导流底孔	6	5.0×10.0	410.00	40.0	—	26.0
	8	导流隧洞	6	18.0×20.0	368.00	42.0	—	68.0
白鹤滩	1	表孔	6	12.5×18.0	802.00	—	653.00	—
	2	泄洪洞	4	14.0×16.5	755.00	47.0	—	—
	3	电站进水口		—	728.00	27.0	—	—
	4	深孔	7	5.0×8.0	711.70～719	9.0～16.3	—	—
	5	第一层导流底孔	2	5.0×8.0	660.00	51.7～59.0	—	—
	6	第二层导流底孔	5	5.0×10.0	630.00	30.0	—	23.0
	7	第一层导流隧洞	2	16.0×21.0	602.00	28.0	—	51.0
	8	第二层导流隧洞	4	18.0×20.0	584.00	18.0	—	69.0

小湾工程中后期导流坝体导流底孔、导流中孔、放空底孔、泄洪中孔布置如图 2.2所示。

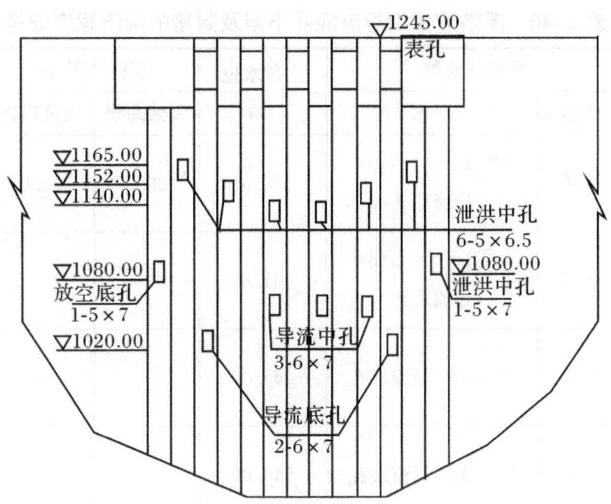

图 2.2　小湾工程中后期导流坝身孔口布置(单位:m)

从表 2.39 可见,各工程设置中后期导流泄水建筑物的基本思路如下:

(1) 充分利用永久泄水建筑物为中后期导流所用。一般不宜在岸边设置中期、后期导流隧洞,而是在拱坝坝身上直接开设导流底孔。

(2) 在初期导流泄水建筑物到可供中后期导流使用的最低一层永久泄水建筑物之间的高度为 70.0～135.0m,其间必须增设临时导流建筑物;中后期临时导流可用泄水建筑物的层数均为 6 层以上;利用永久泄水建筑物和临时导流建筑物的层数各为 3～4 层以上,而临时导流泄水建筑物的层数为 2～4 层。

(3) 上游围堰顶高程均高于最低一层临时导流底孔,因此,各工程上游围堰的拆除高度均在 20m 以上,二滩工程的上游围堰顶基本上全部拆除。

(4) 第一层导流底孔的设置高程一般高出导流隧洞 30.0～40.0m,而二滩工程只有 4.0m。其原因:一是降低导流隧洞闸门下闸封堵时的水头;二是导流底孔及早投入,可以减少河道下游断流时间,有利于保证下游供水。

2. 导流底孔运用和封堵

二滩拱坝导流隧洞在堵头施工期将坝前水位控制在闸门门顶高程以下,导流隧洞堵头完成后即予封堵,不参加其他各施工阶段导流。待导流洞封堵结束后,临时底孔才正式下闸蓄水。小湾大坝为满足后期导流需要,坝身中下部设置了临时导流底孔和中孔。为缩短断流时间,同时考虑到闸门设计水头等因素,两层底孔的后期封堵采用了分期封堵、分期抬高水位的施工方案。

高300m级的溪洛渡高拱坝，导流底孔运用和封堵则更加复杂，表2.40为其导流底孔下闸及封堵的导流程序安排。

表2.40　溪洛渡拱坝导流底孔下闸及封堵的导流程序安排

导流时段	导流建筑物		上游水位/m	坝体高程/m		备注
	挡水	泄水		灌浆高程	浇筑高程	
第9年12月	大坝	3#、4#、7#～10#导流底孔	425.54	520.00	562.00	1#、2#、5#、6#导流底孔下闸
第9年12月～第10年4月	大坝	3#、4#、7#～10#导流底孔	461.89	—	—	1#、2#、5#、6#底孔封堵
第10年5月初	大坝	7#～10#导流底孔	465.00	—	—	3#、4#导流底孔下闸
第10年5～6月	大坝	7#～10#导流底孔	540.00	—	—	蓄水至6月底发电
第10年7～10月	大坝	7#～10#导流底孔＋深孔＋泄洪洞＋发电引水	587.47	580.00	601.00	—
第10年11月～第11年4月	大坝	8个深孔＋发电引水	600.00	—	—	余下的导流底孔封堵

3. 导流泄水建筑物闸门下闸、封堵水头的制约

导流泄水建筑物完成导流任务后需进行下闸封堵，但因受金属材料的性能、闸门设计、制造水平的限制，闸门的下闸封堵水头也受到限制。国内若干工程使用于初期、中后期的导流隧洞、导流底孔高水头闸门统计见表2.41。

表2.41　国内若干工程导流隧洞、导流底孔高水头闸门统计

工程名称	闸门名称	孔口尺寸（宽×高）/(m×m)	到闸门底坎设计水头/m	操作方式	总水压力/t	自重/t
刘家峡	右岸导流隧洞封堵闸门	6.0×13.5	119.00	动水	10800	207.0
龙羊峡	导流隧洞封堵闸门	7.0×13.1	113.00	动水＜24.0m	10320	160.0
白山	导流底孔封堵闸门	9.0×21.0	76.00	动水	13000	198.5
东江	导流隧洞封堵闸门	11.0×13.0	80.00	动水	10750	207.4

续表

工程名称	闸门名称	孔口尺寸（宽×高）/(m×m)	到闸门底坎设计水头/m	操作方式	总水压力/t	自重/t
二滩	左、右岸导流隧洞封堵闸门	17.5×23.0	20.50	下闸	—	—
	1#、4#临时导流底孔封堵闸门	17.5×23.0	20.50	挡水	—	—
		4.0×8.0	186.00	下闸及封堵	—	—
溪洛渡	1#、6#导流隧洞封堵闸门	18.0×17.0	16.63	下闸	5176	—
	2#、5#导流隧洞封堵闸门	9.0×20.0	93.89	挡水	17362	—
			11.25	下闸	2080	—
	3#、4#导流隧洞封堵闸门	9.0×20.0	93.89	挡水	17362	—
			21.65	下闸	4004	—
	3#、4#导流隧洞出口检修闸门	18.0×20.0	32.00	挡水	12349	—
	1#、2#、5#、6#导流底孔封堵闸门	5.0×14.74	51.89	挡水	4004	—
			15.54	下闸	1199	—
	3#、4#导流底孔封堵闸门	5.0×14.74	190.00	挡水	14662	—
			55.00	下闸	4244	—
	3#、4#导流底孔出口工作闸门	5.0×10.0	55.00	挡水	2889	—
	7#、10#导流底孔封堵闸门	4.5×12.166	150.00	挡水	8648	—
			100.00	下闸	5765	—
	7#、10#导流底孔出口工作闸门	4.5×8.0	100.00	挡水	3807	—

由表 2.41 可以看出以下几点：

(1) 导流隧洞的动水下闸水头一般约为 20.0m；而其承压工作水头则较高，国内刘家峡、龙羊峡工程的导流隧洞达 119.0～113.0m，在建的溪洛渡工程 2 个 9.0m×20.0m 大洞径导流隧洞的封堵闸门承压工作水头达 93.89m。

(2) 导流底孔的下闸水头一般超过 50.0m，溪洛渡工程达 100.0m；承压工作水头已建二滩工程为 186.0m，溪洛渡工程为 190.0m。

(3) 闸门孔口面积最大者为二滩的导流隧洞闸门，其孔口面积 365.4m^2，闸门尺寸 17.5m×23.0m。

(4) 最大总水压力，国内龙羊峡，刘家峡工程导流隧洞封堵闸门分别达 10320t 及 10800t，施工中的溪洛渡工程导流隧洞封堵闸门达 17362t。

(5) 溪洛渡工程导流隧洞挡水闸门的每一单项指标均已接近或超过世界水平。

2.3 导流泄水建筑物洪水标准研究

水利水电工程施工导流建筑物主要分为挡水建筑物和泄水建筑物两大类。导流泄水建筑物主要有:导流隧洞、导流明渠、导流涵洞、渡槽、坝体孔洞(导流底孔)及预留缺口、束窄河床等,主要承担工程施工期泄水任务。根据工程条件与枢纽布置情况,选择合理的施工导流方式,相应也确定了泄水建筑物的型式。对于分期导流方式,通过分期围护基坑,一期由束窄河床泄流,在一期基坑内建设包括发电、通航及用于后期导流的永久建筑物;二、三期导流期,水流主要通过已建成的坝身孔洞或预留缺口等过流,如三峡、葛洲坝、新安江、丹江口、富春江、沙溪口、万家寨、凤滩、万安等工程。采用坝身预留缺口过流时,需重点研究坝身过流安全,合理安排各坝块上升速度,控制度汛期间缺口高程,以保证坝身泄洪与度汛安全。对于隧洞导流方式,初期泄水建筑物主要为导流隧洞,后期泄洪主要依靠坝身孔洞或预留缺口、导流隧洞(封堵前)等,如隔河岩、水布垭、皂市、构皮滩、东江等。对于明渠导流方式,初期为导流明渠泄洪(对于有通航要求的河床,导流明渠还常用于施工期通航),后期为坝身孔洞或留缺口泄洪,如三峡、新丰江、安康、宝珠寺、龚嘴等工程。对于土石坝工程,由于不便在河床内分期施工,且一般不允许坝体过水,因而多采用隧洞导流方式,初期为隧洞泄洪,后期为溢洪道、泄洪洞等泄洪,如水布垭、碧口、升钟等工程;对于河床十分宽阔,导流流量不大的土石坝工程,初期导流也可采用涵洞泄流,如密云、白莲河、柘林等工程。

工程施工导流全过程中,泄洪由导流泄水建筑物逐渐过渡到永久泄水建筑物。初期导流阶段,主要由导流泄水建筑物泄洪;后期导流阶段,导流泄水建筑物逐步封堵,枢纽永久泄水建筑物承担泄洪任务。对于需与永久建筑物结合的导流泄水建筑物,在封堵后可改建成永久泄洪洞、厂房尾水洞等。

2.3.1 主要导流泄水建筑物特征及其应用

1. 导流明渠特征及其应用

明渠导流是水利水电工程常用的导流方式之一,但明渠一般只能用于初期导流,后期导流还需有其他方式配合。明渠导流有如下特征:

(1) 泄流能力强。由于导流明渠一般过水面积大,泄流条件好,可有效地控制上游水位的壅高,相应使主河床上游围堰高度得到控制。

(2) 对于有通航要求的河道,采用明渠导流可通过明渠布置与断面优选,调整明渠内水流流速、流态,满足明渠内通航水流条件,用于施工期通航。

(3) 导流明渠一般开挖量大,保护范围广,明渠体型设计宜结合枢纽建筑物型式。

(4) 导流明渠存在冲刷与淤积问题,需在布置与断面形式上周密考虑。

(5) 明渠坝段一般有封堵后快速施工的要求。

国内外若干水利水电工程导流明渠情况见表2.42。

表2.42 国内外若干水利水电工程导流明渠特征

工程名称	坝型	设计流量/(m^3/s)	断面形式	明渠尺寸/m		底坡 i/‰	综合利用
				长	宽		
龚嘴	重力坝	9650	梯形	600	35~45	5.4	漂木
映秀湾	泄水闸	620	矩形	308	14	7.84	漂木
陆水	装配式重力坝	3000	复式断面	850	12,23	3.0,0.42	—
柘溪	大头坝	1300	梯形	560	16	2.5	放木
白山	重力拱坝	3490	梯形	567	20	7.0,0	排冰
黄龙滩	重力坝	800	梯形	328	8	2.5,1.15	—
新丰江	大头坝	1000	梯形	400	8	1.0	—
池潭	拱坝	1020	梯形	370	8	1.0	放木
铜街子	重力坝	10300	矩形	590	54	10	漂木
岩滩	重力坝	15100	矩形	1110	65	—	—
宝珠寺	重力坝	9570	矩形	527	35	—	—
水口	重力坝	32200	矩形	1170	75	3.0	通航,放木
三峡	重力坝	79000	复式断面	3410	350	—	通航
大峡	重力坝	5000	矩形	628	40	—	—
安康	重力坝	4700	梯形	412	40	—	通航
万安	重力坝	15500	梯形	1530	50	—	通航
飞来峡	重力坝	15500	复式断面	1697	300	—	通航
伊泰普(巴西)	支墩坝堆石坝	30000	梯形	2000	100	2.5	—
乌凯(印度)	堆石坝	45000	复式断面	1372	235	2.5	—
塔贝拉(巴基斯坦)	支墩坝堆石坝	21200	—	4800	198	—	—

2. 导流隧洞特征及其应用

导流隧洞是用于水利水电工程施工导流的水工隧洞,除其有与永久水工隧洞相类似的特征外,还有如下显著特点:

(1) 系临时建筑物，运行期较短，一般 2～5 年，隧洞结构耐久性要求较低。

(2) 导流隧洞运行条件特殊，一般均存在明、满流交替出现的运行工况，且导流洞后期需封堵，存在高外水压力(洞内无水)的运行条件。

(3) 导流隧洞施工工期紧。为保证主体工程尽快动工，导流隧洞必须率先建成通水，以实现河床截流目标，保证主体工程干地施工条件。

(4) 导流隧洞布置条件一般较差，主要因永久建筑物布置的需要，对地形地质条件较好的一岸或部位，一般优先由永久建筑物布置(如厂房引水系统、泄洪洞等)。

目前，水利水电工程施工越来越多地采用隧洞导流方式，特别是在高山狭谷地带，导流隧洞具有布置难度小、运行可靠等优点。20 世纪 80 年代以后，随着我国水电开发逐步向西部转移以及狭谷高坝的建设，大型导流隧洞日益增多。隧洞导流的优点是不但适用于初期导流，也适用于后期导流，但同时也存在隧洞导流运行期的高速水流、抗冲耐磨、围岩稳定以及下闸截流和隧洞封堵等问题。导流隧洞与永久泄水建筑物的结合也是需要继续深入研究的问题，我国在这方面已积累了较丰富的经验。国内外若干水利水电工程的导流隧洞参数见表 2.43 和表 2.44。

3. 导流底孔的设置及其运用

导流底孔是在坝体内设置的临时泄水孔口，主要用于中后期导流工程。采用隧洞导流的工程在施工后期，往往可利用坝身泄洪孔口导流，因此只有在特定条件下才设置导流底孔，如二滩、乌江渡、东风等工程。一些闸坝式工程虽采用河床内导流的方式，但由于泄洪闸堰顶高程很低，可用闸孔导流，不必另设导流底孔，如葛洲坝、大峡、凌津滩以及映秀湾等工程。有些工程的导流底孔还用于施工期通航和放木，如水口安康等工程，我国部分设有导流底孔的工程见表 2.45。

导流底孔一般设置于泄洪坝段，也有个别工程在引水坝段内设导流底孔。导流底孔常置于坝段内，也有一些工程跨缝或在坝的空腔内设置，以简化结构。绝大多数工程的导流底孔运用正常，但也有个别工程产生了空蚀。导流底孔在完成任务后用混凝土封堵，个别工程的导流底孔在水库蓄水后又重新打开，改建为排沙孔。

4. 涵管(洞)特征及其应用

涵管(洞)导流适于在修筑土坝、堆石坝工程中采用，涵管(洞)埋入坝下，由于涵管(洞)的泄水能力较低，所以一般仅用于导流流量较小的河流上或只用来担负枯水期的导流任务。涵管(洞)与隧洞相比，具有施工简单、速度快、造价低等优点。因此,只要地形、地质具有布置涵管(洞)的条件,均可考虑涵管(洞)导流。如柘林、岳城、白莲河等电站。

涵管(洞)导流一般在修筑土坝、堆石坝工程中采用,在公路和堤防工程中也有广泛应用。涵管(洞)通常布置在河岸岩滩上,其位置常在枯水位以上,这样可在枯水期不修围堰或只修小围堰而先将涵管(洞)筑好,然后再修上、下游断流围堰,将河水经涵管(洞)下泄。

导流涵管(洞)埋于土石坝下,构成坝体的一部分,如发生沿洞渗漏、洞壁开裂或气蚀等任何局部破坏,将危及大坝的安全。因此,必须十分慎重。涵洞结构除进出口暴露部分外,其结构强度和稳定要求,应与大坝同等对待。

涵管(洞)还能用于初期导流,但后期导流还需有其他方式配合。例如,松涛水库采用分期导流,初期由涵管(洞)导流,后期由导流隧洞承担导流与泄洪。

国内几个工程的导流涵管(洞)情况见表 2.46。

2.3.2 导流泄水建筑物导流标准的合理选取

1. 导流泄水建筑物导流标准的合理选取依据与原则

导流泄水建筑物的洪水设计标准应与主要导流挡水建筑物(或坝体度汛)洪水设计标准相配套,为合理选取导流泄水建筑物的洪水设计标准,主要应把握以下依据与原则。

1) 导流泄水建筑物导流标准的选取应以我国现行规范为依据

我国现行规范《水电工程施工组织设计规范》(DL/T 5397—2007)以及《水利水电工程施工设计规范》(SL 303—2004)中对导流挡水建筑物(或施工期坝体度汛)导流标准有具体规定,导流泄水建筑物应与导流挡水建筑物配套选取洪水设计标准,一般采用与上游主要挡水建筑物相同的标准,在确定导流泄水建筑物洪水设计标准时,必须满足上述规定的要求。

2) 对应不同导流阶段分别确定导流泄水建筑物洪水设计标准

按施工导流的挡水、泄水和封堵蓄水等特点划分,洪水设计标准主要分导流建筑物洪水设计标准、坝体施工期临时度汛洪水设计标准、导流泄水建筑物封堵后坝体度汛洪水设计标准等情况。在整个施工导流期,与施工洪水设计标准有关的设计工况有:围堰挡水期,过水围堰的基坑过流期,蓄水前坝体临时挡水度汛期(汛后坝前基坑抽水,恢复围堰挡水),蓄水前坝体正式挡水度汛期(围堰已失去作用,汛后坝前基坑不再抽水),导流泄水建筑物封堵期,水库蓄水后坝体挡水度汛期等。

表 2.43　国内若干水利水电工程导流隧洞参数

工程名称	隧洞长度/m	设计底坡/‰	断面形式	断面尺寸		设计泄流量/(m³/s)	地质状况	衬砌情况	建成时间
				尺寸 $B\times H$/(m×m)	面积/m²				
官厅	502.1	—	马蹄形	8×8	50.3	350	灰岩	双层钢筋混凝土衬砌，厚 0.7m	1953 年
梅山	295	—	圆形	D=6	31.9	670	微晶花岗岩	衬砌长 40m，厚 0.6m	—
上犹江	209.56	5.78	圆形	D=7	38.5	300	板岩、石英砂岩	双层钢筋混凝土衬砌，厚 1.0m	1955 年
流溪河	193	—	圆形	D=6.5	33.2	196	花岗岩	不衬砌，实际最大流速 9.8m/s	1956 年
柘溪	436	3.0	城门洞形	12.8×13.6	164	850	坚硬细砂岩及中等坚硬砂质板岩	进出口段衬砌长度小于 8m，其余不衬砌，与明渠联合导流	1959 年
刘家峡	683	—	城门洞形(左洞)	13.5×13.5	174	1610	云母石英片岩	不衬砌 243m，顶拱衬砌 110m，全断面衬砌 330m	1960 年
乌江渡	501	1.0	城门洞形	10×10	86	1320	灰岩、页岩	全断面衬砌 287m，其余不衬砌或部分衬砌	1971 年
碧口	658	—	城门洞形	11.5×13	145	2840	千枚岩、凝灰岩	381m 顶拱不衬砌，114m 边墙和底板不衬砌	1971 年
升钟	532.5	1.0	城门洞形	5.5×10.5	55	199	砂页岩互层	钢筋混凝土衬砌，厚 0.6m	1978 年
龙羊峡	661	6.226	城门洞形	15×18	152	3340	花岗岩、闪长岩	全断面衬砌段长占隧洞总长的 22.7%，其余作边墙底板的护面衬砌	1979 年
紧水滩	421	0.236	城门洞形	10×15.6	421	2040(枯 P=5%)	花岗岩	顶拱边墙全衬砌，底板局部衬砌	1985 年
鲁布革	786	0.7	方圆形	12×(15.3～16.8)	178	3523	灰岩、白云岩	钢筋混凝土衬砌，部分顶拱喷锚支护	1987 年
隔河岩	695	1.6	城门洞形	13×16	194	3000	灰岩、页岩	0.4～2.0m 厚钢筋混凝土衬砌，部分洞顶为 0.15m 厚喷锚	1987 年
漫湾	L1 458 L2 423	10.2	城门洞形	15×18	511	9500	流纹岩	2 号洞 220m 长未衬砌	1989 年
二滩	L1 1090 L2 1168	—	城门洞形	17.5×23	725	13500	—	全断面衬砌	1993 年

续表

工程名称	隧洞长度/m	设计底坡/‰	断面型式	断面尺寸		设计泄流量/(m^3/s)	地质状况	衬砌情况	建成时间
				尺寸 $B\times H$/(m×m)	面积/m^2				
莲花	L1 913.75 L2 746.83	—	上游段圆形下游段城门洞形	D=13.7 12×14	295	3839	坚硬花岗岩	上游半段采用 0.6m 厚钢筋混凝土衬砌，下游半段除锁口段采用钢筋混凝土衬砌外，其余为 0.15m 厚喷锚	1994 年
江垭	527.21	2.0	城门洞形	10×12	109.3	2100(枯 P=10%)	中厚层石英砂岩和页岩交互成层	—	1994 年
天生桥一级	L1 982 L2 1054	—	修正马蹄形	13.5×13.5	328	—	厚层、中厚层泥岩、砂岩互层	喷锚与钢筋混凝土复合衬砌	1994 年
大朝山	644	0.326	城门洞形	15×18	255.5	3940(枯 P=10%)	玄武岩	钢筋混凝土衬砌	1996 年
小浪底	L1 1220 L2 1183 L3 1149	6.2 — 6.3	圆形	D=14.5	495	入库 17340	砂岩、粉砂岩和夹薄层黏土岩	钢筋混凝土衬砌	1997 年
小山	596	6.7	城门洞形	10×10	—	812	微弱风化安山岩	除出口段及洞身破碎带采用钢筋混凝土衬砌外，其余均采用喷锚支护	1997 年
珊溪	L1 555 L2 308	—	城门洞形	9×11 7×11.5	92.23	1100(枯 P=10%)	流纹斑岩和凝灰岩	钢筋混凝土全衬，其中 2 号洞全部与永久泄洪洞结合	1997 年
白溪	566.53	—	城门洞形	10×13	—	—	凝灰岩	进口段 55m 和出口段 60m 采用钢筋混凝土衬砌，其余为喷锚支护	1998 年
水布垭	L1 1180 L2 1082	1.801 1.977	斜墙马蹄形	14.58×15.72	194	约 10000	灰岩、炭泥质生物碎屑灰岩	Ⅲ～Ⅳ类围岩全断面钢筋混凝土衬砌，Ⅱ类围岩顶拱喷锚、侧墙和底板钢筋混凝土衬砌	2002 年
构皮滩	左 1888 左 2673 右 1931	1.126 2.971 1.089	平底马蹄形	15.6×17.7	235.76	13500	灰岩、砂岩、黏土岩、泥质粉砂岩	Ⅰ、Ⅱ类围岩顶拱厚 15cm 钢纤维混凝土喷锚，底板及侧墙混凝土衬砌 0.30m，其他钢筋混凝土衬砌 0.5～2m	2006 年

表 2.44　国外若干水利水电工程导流隧洞工程特性

工程名称	国家	坝高/m	最大泄量/(m^3/s)	导流隧洞				与永久泄水建筑物相结合情况
				条数	横断面/(m 或 m×m)	长度/m	衬砌	
曼格拉	巴基斯坦	115.8	8500	5	ϕ9.15	580	混凝土及钢板	结合发电、灌溉
塔贝拉	巴基斯坦	143	4960	4	ϕ13.7	660 770	混凝土衬砌	两条结合发电，两条结合灌溉
德沃歇克	美国	219	1930	1	ϕ12.2	525	混凝土衬砌	—
鲍尔德	美国	225	2500	4	ϕ15.2	4 条总长 4940	钢筋混凝土衬砌	结合发电引水
格兰峡	美国	216	7815	2	ϕ13.2 ϕ14.6	838 918	钢筋混凝土衬砌	结合泄洪
罗贡	苏联	325	3730	2	12×12	—	混凝土衬砌	结合地下厂房尾水洞
菲尔泽	阿尔巴尼亚	165.6	3240	2	ϕ9	740 842	混凝土衬砌	结合一条放空底孔
波太基山	加拿大	183	8840	3	ϕ14.6	780	混凝土衬砌	两条结合泄水底孔
阿利亚河口	巴西	160	7700	2	ϕ12	568 586	部分锚喷混凝土	—
比阿斯	印度	134	6370	5	ϕ9.15	总长 4770	混凝土衬砌	两条结合发电，三条结合灌溉
买加	加拿大	242	4250	2	ϕ13.9	893 1093	混凝土衬砌	与中、底孔泄洪洞结合
奇科森	墨西哥	264	4000	2	13×13	1380	—	—
努列克	苏联	300	3600	3	10×11.1 11.5×10	1352 1600	混凝土衬砌	一条结合泄洪
涯洛维尔	美国	235	3200	2	ϕ10.7	—	—	—
布烈依	苏联	142	12000	2	17×22	860 990	混凝土衬砌	结合泄洪洞

表 2.45 国内若干水利水电工程导流底孔特性

工程名称	坝型	坝高/坝段宽/m	孔数-尺寸宽×高/(m×m)	断面形式	布置方式	使用说明
新安江	重力坝	105/20	3-10×13	拱门形	跨中布置	通航、过筏，实际最大水头 32.8m，流速 21.3m/s，情况良好
三门峡	重力坝	106/16	12-3×8	矩形	每跨 2 孔，跨中布置	改建为冲沙孔
丹江口	重力坝	97/24	12-4×8	贴角矩形	每跨 2 孔，跨中布置	实际最大水头 34.7m，流速 19.9m/s，17 号坝段进出口门槽未封盖，气蚀严重
风滩	空腹重力拱坝	112.5/18	3-6×10	拱门形	跨中布置	空腹段为明槽，流态气蚀严重
柘溪	大头坝	104/16	1-8×10	拱门形	支墩间，跨缝布置	过筏，同隧洞配合使用，运行时间较短
白山	重力拱坝	149.5/16	2-9×21	拱门形	跨中布置	排冰，运行情况良好
龚嘴	重力坝	85.5/16.22	1-5×6 1-5×8	矩形	—	冲沙孔兼导流、漂木
湖南镇	梯形坝	129/20	2-8×10	矩形	跨中布置	运行情况良好
池潭	重力坝	78.5/20	1-8×13	拱门形	—	过筏，收缩出口，消除负压，运行情况良好
枫树坝	空腹坝宽缝重力坝	95.0/17	1-7×9	—	跨缝布置在宽缝内	作三期导流和后期度汛
黄龙滩	重力坝	107/20	1-8×11	拱门形	跨中布置	运行良好
乌江渡	拱形重力坝	165/21	1-7×10	拱门形	跨中斜交布置	度汛底孔，运行良好
磨子潭	双支墩坝	82/18	2-2.5×5	—	支墩间	曲线不理想，有负压，实际泄流量减少 20%
东风	双曲拱坝	162/25	3-6×9	—	—	运行正常
水口	重力坝	101/20	10-8×15	贴角矩形	跨中布置	度汛底孔，上层缺口同时过水，运行良好

续表

工程名称	坝型	坝高/坝段宽/m	孔数-尺寸 宽×高/(m×m)	断面形式	布置方式	使用说明
五强溪	重力坝	87.5/24.5	2-8.5×10 3-7.5×10	贴角矩形	跨中、跨缝间隔布置	运行3年，第3年高水位运行后5个孔出现不同程度气蚀
二滩	双曲拱坝	240/20	4-4×6	—	—	控制枯水期隧洞封堵时水位
铜街子	重力坝	82/21	2-6×8	—	跨中布置	—
岩滩	重力坝	110/20	8-4×10	—	—	虽遇超标准洪水，运行正常
万家寨	重力坝	90/19	5-9.5×10	贴角矩形	跨中布置	—
三峡	重力坝	181/21	22-6.0×8.5	矩形	跨缝布置	—

表 2.46　国内若干水利水电工程的导流涵洞特性

工程名称	坝型 坝高/m	导流流量/(m^3/s)	断面形式	条数-尺寸/(m×m)	长度/m	底坡/‰	设计流态	进口曲线	出口形式	与永久建筑物结合情况
柘林	心墙土坝 63.6	1650	拱门形	1-9×12.2	234	5.0	压力流	$\frac{x^2}{12^2}+\frac{y^2}{6.5^2}=1$	扩散连接	不结合
白莲河	心墙土坝 69	407	拱门形	1-5×10.5	230	4.5	压力流	$\frac{x^2}{11^2}+\frac{y^2}{6^2}=1$	扩散连接	不结合
岳城	均质土坝 51	每孔 570	拱门形	9-6×6.7	190	4.0	明流	—	消力池	8 条结合泄洪,1 条结合发电灌溉
密云	斜墙土坝 65	247	蛋形	1-4.5×5.1	410	12.0	压力流	$\frac{x^2}{6^2}+\frac{y^2}{3^2}=1$	扩散连接	不结合
百花	堆石坝 49	680	—	3-3.5×5	106	24.0	压力流	—	—	—
狮子滩	堆石坝 52	—	双孔矩形	2-4×4	120	0	压力流	—	扩散连接	结合放空水库

对于大型水利水电工程，一般均存在三个典型的特征导流阶段：围堰挡水阶段，即初期导流阶段；坝体施工期临时度汛挡水阶段，即中期导流阶段；导流泄水建筑物全部下闸蓄水直至工程完建阶段，即后期导流阶段。导流泄水建筑物在不同导流阶段相应选取不同的导流标准。

3）不同型式导流泄水建筑物洪水设计标准选取原则

导流泄水建筑物为隧洞、涵管等封闭式结构时，其超泄能力比开敞式结构（如分期束窄河床、导流明渠等）要小，失事后修复也较难，其洪水标准应高一些，而开敞式导流泄水建筑物导流设计洪水标准可适当降低。例如，三峡工程二期上游土石围堰按1%频率洪水流量83700m^3/s设计，而相应泄水建筑物导流明渠采用2%频率洪水流量79000m^3/s设计。

4）导流泄水建筑物参与后期导流时，应按后期导流的洪水标准

一般情况下，导流泄水建筑物全部下闸后进入后期导流阶段，因此导流泄水建筑物不参与后期导流。特殊情况下，高坝大库水利水电工程为控制施工期蓄水上升水位或封堵闸门水头，个别导流泄水建筑物（如坝身导流底孔）在后期导流阶段过程中下闸，导流泄水建筑物参与后期导流时，应按后期导流的洪水标准。

5）导流泄水建筑物与永久水工建筑物结合时，结合部分应按满足导流与永久运用要求对应的控制工况相应的标准进行设计。

2. 导流泄水建筑物运行期导流标准选用

导流泄水建筑物运行期一般包括两个导流阶段：初期导流和中期导流，相应的导流泄水建筑物导流标准分阶段分别选用。

1）初期导流阶段导流泄水建筑物导流标准

初期导流阶段为围堰挡水阶段，导流泄水建筑物的导流标准和规模实际上受围堰的导流标准和规模控制。该阶段的度汛工况主要分三种：

(1) 围堰挡水度汛。这是最常见的情况。围堰按全年挡水设计，汛期由导流隧洞（明渠）等下泄洪水。

(2) 基坑过水度汛。主要适用于过水围堰情况。

(3) 坝体临时断面挡水度汛。主要适用于覆盖层较薄的面板堆石坝等情况。其最大特点是围堰规模小，汛期由未完建的坝体临时挡水度汛，汛后重新恢复围堰挡水进行后续施工。

先根据导流建筑物保护对象、失事后果、使用年限和围堰工程规模按表2.47确定围堰的级别，再根据围堰类型和导流建筑物级别按表2.48确定围堰的设计洪水标准。根据围堰使用时间较短的特点，为方便使用，同一导流时段采用一个设计标准，即以上游围堰的设计标准为准。只有当上、下游围堰的规模相差悬殊，

承受安全的风险相差很大时，上、下游围堰才取不同的设计标准，如三峡、二滩、水口等工程的上游围堰标准均高于下游围堰。围堰导流标准确定以后，配套的导流泄水建筑物导流标准采用上游围堰相同的导流标准。

对于超泄能力大的开敞式结构导流泄水建筑物，如导流明渠等，其导流设计洪水标准可适当降低。例如，三峡工程二期上游土石围堰按 1%频率洪水流量 83700m^3/s 设计，而相应泄水建筑物导流明渠采用 2%频率洪水流量 79000m^3/s 设计。

表 2.47　导流建筑物级别划分

级别	保护对象	失事后果	使用年限/年	围堰工程规模	
				堰高/m	库容/$10^8 m^3$
3	有特殊要求的 1 级永久性水工建筑物	淹没重要城镇、工矿企业、交通干线或推迟工程总工期及第一台(批)机组发电，造成重大灾害和损失	>3	>50	>1.0
4	1 级、2 级永久性水工建筑物	淹没一般城镇、工矿企业或影响工程总工期和第一台(批)机组发电，造成较大经济损失	1.5～3	15～50	0.1～1.0
5	3 级、4 级永久性水工建筑物	淹没基坑，但对总工期及第一台(批)机组发电影响不大，经济损失较小	<1.5	<15	<0.1

1. 导流建筑物包括挡水和泄水建筑物，两者级别相同；
2. 表列四项指标均按导流分期划分，保护对象一栏中所列永久性水工建筑物级别按《水利水电工程等级划分及洪水标准》(SL 252—2000)划分；
3. 有、无特殊要求的永久性水工建筑物均针对施工期而言，有特殊要求的 1 级永久性水工建筑物指施工期不应过水的土石坝及其他有特殊要求的永久性水工建筑物；
4. 使用年限指导流建筑物每一导流分期的工作年限，两个或两个以上导流分期共用的导流建筑物，如分期导流一期、二期共用的纵向围堰，其使用年限不能叠加计算；
5. 导流建筑物规模一栏中，围堰高度指挡水围堰最大高度，库容指堰前设计水位所拦蓄的水量，两者应同时满足

表 2.48　导流建筑物洪水标准(重现期/年)

导流建筑物类型	导流建筑物级别		
	3	4	5
土石结构	50～20	20～10	10～5
混凝土、浆砌石结构	20～10	10～5	5～3

2) 中期导流阶段导流泄水建筑物导流标准

中期导流阶段的最大特点是围堰已失去了挡水作用，但岸边临时导流泄水建筑物没有全部封堵，水库尚未蓄水，汛期由坝体挡水度汛，汛后不再进行基坑抽水。主要有以下三种情况导致围堰失效需由坝体临时挡水度汛：

(1) 因围堰规模大，需要提前一个汛期拆除围堰而引起的坝体挡水。三峡工程二期围堰规模大，拆除时间长。2001 年 11 月开始拆除。2002 年汛期由坝体挡水，导流明渠泄洪。2002 年 11 月初完成了导流明渠截流。若二期围堰安排在 2002 年汛后拆除，则三期碾压混凝土围堰将无法在 2003 年汛前投入运行。

(2) 因部分导流隧洞提前封堵改建而引起的坝体挡水。金沙江溪落渡和乌东德水电站有五六条导流隧洞，其中 4 条和尾水洞结合布置。为满足首批机组发电前洞内改建的进度要求，2 条导流隧洞必须在水库蓄水前一年下闸。两条导流隧洞封堵后，水库蓄水前的最后一次度汛必须由坝体挡水、4 条导流隧洞和部分永久中孔泄洪。

(3) 因工程形象而引起的坝体挡水。龙滩水电站于 2003 年 10 月截流。2004 年和 2005 年汛期，上游由 87m 高的碾压混凝土围堰挡水度汛($P=10\%$)。2006 年汛前，碾压混凝土坝体高度已远远超过上游围堰，该年度由坝体挡水度汛，2 条导流隧洞泄洪($P=1\%$)。2006 年汛后开始封堵 2 条导流隧洞。2007 年 7 月第一台机组开始发电。

进入中期导流阶段后，先根据坝型及坝前拦洪库容按表 2.49 规定分析确定坝体施工期临时度汛洪水标准，导流泄水建筑物应采用坝体施工期临时度汛相同的洪水标准。对于河床外布置的超泄能力大的开敞式结构导流泄水建筑物，如导流明渠等，其中期导流设计洪水标准可适当降低。

表 2.49　坝体施工期临时度汛洪水标准(重现期/年)

坝型	拦洪库容/(10^8m^3)			
	>10.0	10.0～1.0	1.0～0.1	<0.1
土石坝	≥200	200～100	100～50	50～20
混凝土坝、浆砌石坝	≥100	100～50	50～20	20～10

3. 导流泄水建筑物封堵期导流标准

后期导流阶段的最大特点是岸边导流泄水建筑物已全部下闸封堵，水流已经改道，坝体进入初期运行期。对于围堰一次断流的高坝工程，后期导流阶段的顺序是先在枯水期完成导流隧洞封堵，然后水库正式蓄水。在永久泄水建筑物具备设计泄流能力后对临时底孔进行封堵。对于分期导流情况，导流明渠封堵后，由明渠进出口围堰挡水，坝身底孔泄流。待三期工程具备一定的形象后再封堵导流底孔。

1) 下闸流量标准

封孔蓄水是水利水电工程施工导流的最后一个环节，难度较大，能否顺利进行封孔蓄水，关系到能否按期受益。封孔时段的选择既要使工程尽快发挥效益，又要使封孔在有利的水文条件下进行，降低封孔难度并保证主体工程安全施工，一般需选择几个不同封孔时间和流量进行蓄水计算和技术经济比较，确定封孔日期。

封孔下闸设计流量一般采用 5～10 年一遇的月或旬平均流量，也有采用实测水文系列的月或旬最大流量平均值的，必要时可选择几组流量进行统计，通过分析其可用于封孔的时间来确定。一般每月需 15～25d，最少不少于 10d。

2) 封堵期导流标准

在导流泄水建筑物全部下闸后，确定导流泄水建筑物封堵期导流标准的目的：一是确定坝前水位，对坝体的收尾进度计划提出要求；二是确定导流泄水建筑物进出口封堵闸门或围堰的规模。导流隧洞的进口闸门为特殊型式的围堰，根据规范规定，其最高级别为 3 级，出口围堰的最高级别为 4 级，因此，5～20 年一遇的导流设计标准能满足要求。当封堵需要跨汛或者导流明渠的进出口土石围堰使用时间超过一年时，需要适当提高设计标准。

上游挡水闸门的设计水位可考虑在 75％～85％保证率的蓄水过程中，按遭遇 5～20 年一遇洪水的相应水位确定。

4. 关于导流泄水建筑物导流标准问题的探讨

1) 导流泄水建筑物与导流挡水建筑物设计洪水标准匹配问题

导流泄水建筑物设计洪水标准通常应与同一施工期上游导流挡水建筑物围堰设计洪水标准一致，如构皮滩水电站上游碾压混凝土围堰挡水标准为 10 年一遇全年洪水流量 13500m^3/s，导流隧洞设计洪水标准也与其相同。但由于导流隧洞运行期较围堰长，需参与中期导流(大坝临时挡水度汛阶段)，而此时大坝度汛洪水标准一般远高于围堰设计洪水标准(如构皮滩水电站大坝度汛设计洪水标准为 100 年一遇洪水 21000m^3/s)，因此，在导流隧洞设计过程中，尚应满足大坝挡水度汛设计洪水标准，并有校核洪水标准。三峡工程二期上游土石围堰为Ⅱ级建筑物，其设计洪水标准为 100 年一遇洪水流量 83700m^3/s；而导流泄水建筑物明渠为Ⅲ级建筑物，其设计洪水标准为 50 年一遇，洪水流量 79000m^3/s，说明导流泄水建筑物设计洪水标准与导流挡水建筑物设计洪水标准主要依据其重要性而确定其建筑物等级，依据建筑物等级确定设计洪水标准。

2) 封堵体前段导流洞衬砌结构设计外水水位问题

我国现行规范《水利水电工程施工组织设计规范》(SL 303－2004)和《水电工

程施工组织设计规范》(DL/T 5397—2007)均规定,导流泄水建筑物封堵工程施工期,其进出口的临时挡水标准应根据工程重要性、失事后果等因素,在该时段5～20年重现期范围内选定,封堵施工期临近或跨入汛期时应适当提高标准。在导流洞衬砌结构设计时,封堵体前段的外水压力是按坝体度汛洪水设计标准对应水位确定的,洪水标准比封堵工程施工期导流标准高出幅度较大,从而造成封堵体施工期闸门挡水标准与封堵体前段导流洞衬砌结构设计外水标准不协调。由于导流泄水建筑物为临时建筑物,导流泄水建筑物下闸封堵后,由封堵体与大坝共同承担挡水任务,封堵体前段衬砌结构不再承受外水压力,因此,导流洞封堵体前段衬砌结构设计外水压力应依据封堵期导流标准确定,即按闸门挡水标准确定。

2.4　坝体度汛标准研究

水利水电工程施工工期长,一般要经历施工准备期、主体工程施工期、工程完建期等阶段,时间长达数年甚至十多年,施工期间每年汛期会遭遇洪水,甚至会遭遇设计标准洪水或超标准洪水的袭击,度汛贯穿施工全过程。主体工程施工初期由围堰挡水,保护大坝等建筑物施工;随着大坝等挡水建筑物不断升高,一方面其自身抵御洪水的能力在不断提高,另一方面其相应的拦洪库容也在增大,一旦失事,将对工程安全和下游人民生命财产安全带来巨大灾害。因此,在整个施工期内,无论从保护工程建筑物自身安全和施工进度考虑,还是从由此而带来的对下游的危害性考虑,都必须保证工程安全度汛。

水利水电工程施工安全度汛,一方面是指在工程施工导流规划设计阶段和工程施工过程中,对施工各期的导流和度汛做出周密妥善的安排;另一方面是指工程施工过程中,由于施工进度拖后或遭遇超标准洪水时采取的度汛措施。

施工期内,工程度汛项目包括建筑物度汛和辅助设施度汛。

建筑物度汛包括挡水建筑物度汛和泄水建筑物度汛。挡水建筑物主要包括围堰、大坝(包括溢洪坝、河床式或坝后式电站厂房、升船机坝段等);泄水建筑物主要包括导流隧洞、导流明渠、放空洞、导流底孔、溢洪道、泄洪洞、坝体预留缺口等。

辅助设施主要包括施工营地、场内道路、砂石混凝土系统、存料场、弃渣场、采石场等。

度汛失事是令人担心的,原因是:①由于洪水变化等因素难以精确预测,国内外大坝施工度汛失事的例子时有发生;②一旦发生失事,不仅因部分已建工程被冲毁而前功尽弃,而且将推迟发电,同时还会给下游的工农业生产和居民的安全带来灾难。

根据国内外有关资料可知,大坝度汛失事的原因有如下几个方面:①超标准洪水的袭击；②库区大滑坡产生较大涌浪的冲击；③污物或大塌方堵塞泄水建筑物；④施工进度拖后，挡水建筑物未按时达到预定的高程；⑤设计和计算失误；⑥施工质量差，产生裂缝、不均匀沉陷、管涌、流土而导致事故；⑦认识不足，或明知有问题而不去解决；⑧地震或其他因素。

水利水电工程施工过程中，必须充分重视施工安全度汛。施工各阶段和每一个年度都应制定度汛计划，提出安全度汛措施，确保安全度汛。

2.4.1　坝体度汛方式

坝体度汛方式包括坝体过水度汛和坝体挡水度汛。

1）坝体过水度汛

采用过水围堰施工的坝体，在坝体不具备挡水条件前，汛期采用坝体和围堰过水的方式度汛。坝体过水方式有全坝体过水和预留缺口过水方式。全坝体过水时坝体汛期停工；预留缺口过水时，缺口两侧坝体可在汛期继续施工。

2）坝体挡水度汛

当坝体具备挡水条件后，开始由坝体挡水度汛。坝体挡水分临时断面挡水和全断面挡水两种方式。导流泄水建筑物全部封堵后，如永久泄洪建筑物尚不具备设计泄洪能力，汛前坝体上升高度应满足拦洪要求，帷幕灌浆及接缝灌浆高程应满足蓄水要求。

2.4.2　影响度汛方案的因素

影响度汛方案的因素较多，主要有如下几个方面：

1）水文特性

径流量的大小、洪枯流量的变幅、洪枯时段的长短、洪水峰量及出现的规律等均直接影响度汛方案。

对于大流量的河流，特别是洪枯水位变幅较大的河流，当不具备分期导流条件时，如采用隧洞泄流、全年挡水围堰的导流方式，则围堰和导流隧洞的规模和工程量均较大，不经济，甚至可能由于导流工程施工工期长、围堰在一个枯水期内难以修筑完成等，影响工程总工期并加大工程施工难度，而且大坝又难以在截流后的一个枯水期内施工至具备挡水条件，此时，宜采用过水围堰，枯水期由围堰挡水，截流后至大坝具备挡水条件前，汛期围堰和坝体过水度汛。

对于流量较小，洪枯水位变幅不大的河道，当截流后一个枯水期坝体不能施工至具备挡水条件时，宜采用全年挡水的不过水围堰，以争取更多的有效工期；当截流后一个枯水期坝体能施工至具备挡水条件时，可采用挡枯水时段的围堰，汛期由坝体挡水度汛。

2）主体工程的型式与布置

水工建筑物的结构型式、总体布置、主体工程量等，是影响工程度汛方案选择的主要因素之一。

对于均质土坝、心墙土石坝、斜墙土石坝、面板堆石坝及面板砂砾石坝等土石坝，坝面过水对坝体施工影响较大，坝面保护难度大，一般不采用坝面过水度汛方式。通常采用的主要度汛方式如下：

（1）坝体在截流后一个枯水期内可以填筑至具备挡水条件时，采用枯水期围堰，汛期由坝体挡水度汛。

（2）坝体在截流后一个枯水期内不能填筑至具备挡水条件时，采用全年挡水围堰，在坝体不具备挡水条件前，由围堰挡水度汛，坝体具备挡水条件后，由坝体挡水度汛。但如果经过经济技术论证，必须采取坝体过水度汛时，在采取可靠保护措施后，也可采用坝体过水度汛方式。

对于混凝土面板堆石坝，可利用垫层料挡水，有利于在截流后抢填挡水经济断面。同时，面板堆石坝坝体为堆石体，抵抗水流冲刷能力较强，坝体过水度汛时，坝面保护工作量相对较小。因此，面板堆石坝一般采用枯水期围堰挡水，坝体主要度汛方式为：

（1）对于中、小型面板堆石坝，在截流后一个枯水期坝体一般可填筑临时断面至具备挡水条件，宜采用枯水期围堰，汛期由坝体挡水度汛，如江西东津面板堆石坝、湖北西北口面板堆石坝等。

（2）对于大型面板堆石坝，一般在截流后一个枯水期内难以填筑至具备挡水条件，在坝体不具备挡水条件前，宜采用坝体过水度汛方式。面板堆石坝采用坝面过水度汛时，对位于较窄河道上的坝体，宜采用全坝过水方式，如水布垭水电站面板堆石坝河床宽度仅约100m，2003年采用全坝体过水度汛，汛期坝体填筑全面停工；对位于较宽广河道上的坝体，宜采用留缺口过水方式，如天生桥一级电站面板堆石坝1996年采用预留120m缺口过水度汛，缺口两侧可继续施工。在采用经济断面挡水和预留缺口过水时，应注意坝体上、下游和左、右侧坝体的填筑高差不能过大，以免造成坝体的不均匀沉陷，对坝体、周边缝的变形和坝体、面板应力造成不利影响。

对于混凝土坝（重力坝、拱坝、支墩坝、空腹坝、大头坝等）一般是允许坝体过水的，在坝体不具备挡水条件前，一般采用预留缺口过水度汛方式。混凝土高拱坝一般不宜过水，通常采用全年挡水围堰，且围堰使用期较长，必须采用较高的导流标准，导流工程规模较大。例如，二滩工程，双曲拱坝高240m，以30年重现期洪水流量作为围堰挡水标准，围堰高达59m，用2条17.5m×23m（宽×高）的特大型隧洞导流。但如采用导流建筑物规模过大，以致在工期和经济上得不偿失，有时甚至在技术上、施工布置上不可行时，也可采用枯水期围堰，在坝体不具备挡水条件时，由围堰和坝体过水度汛。由于拱坝结构（厚度）不同，对坝体过水的要求有所区别，应研究基坑或坝体在汛期的过流情况，特别是对薄拱坝，一般不通过坝身泄水，因此在坝体过水时，要求坝体断面尺寸、应力分布及抗冲性能等必须与过水流态相适应。

河床式电站厂房在尾水管以上部分未修建时，一般不容许过水。

3) 施工进度

度汛方案与工程施工进度和导流程序密切相关，对施工进度影响较大，反过来施工进度又影响施工度汛方案的制订。

采用全年挡水围堰度汛，坝体等不间断施工，可缩短施工总工期或使坝体施工进度更有保证，但相应加大了导流工程的规模、工程量、投资及施工难度。

采用枯水期围堰，如坝体不能在截流后一个枯水期填筑至具备挡水条件，则汛期坝体需过水，影响坝体施工和工程总工期，特别是土石坝，例如，天生桥一级电站于1994年12月截流，1995年基坑过水坝体全面停工，1996年汛期坝体又预留缺口过水。

4) 施工方法

随着大型土石方和混凝土机械设备的应用，机械化施工不断完善，以及施工技术的提高和新工艺、新材料的利用使工程施工强度不断加大，施工速度更快，大规模的围堰、导流隧洞、导流明渠等得到更广泛的应用，也使大坝可在较短时间内抢填至具备挡水条件。

2.4.3　坝体度汛方案

度汛方案是导流方案的组成部分，度汛方案的选择，必须结合导流方案，根据工程的具体条件，从地形、地质、水文条件及主体建筑物型式、布置、施工总进度要求等方面，进行全面的技术、经济比较，选择满足工程施工安全和施工总进度要求、工程投资省、导流工程等前期工程量小、施工强度均衡的导流和度汛方案。

1. 土石坝度汛方案

1) 土石坝度汛特点

施工中的土石坝一般不宜过流，必须过流时，需通过水力计算及水工模型试验专门论证，确定其水力学条件及相应的防护措施。

土石坝施工高峰期一般发生在截流后的第一个枯水期，截流后需抓紧完成基础开挖、坝基及岸坡处理、坝体填筑，以期能在汛前将坝体全断面或临时断面填筑至拦洪度汛高程。当坝体不能在汛前填筑至挡水高程时，宜填筑至较低高程，在对坝面采取保护措施后，汛期坝面过水度汛。采取坝面过水度汛方式，常常成为降低导流工程规模、减少导流工程造价的有效措施，但如果措施不当，将带来较大危害，必须慎重对待。

根据《水电水利工程碾压式土石坝施工组织设计导则》(DL/T 5116—2000)规定，施工导流与度汛贯穿碾压式土石坝施工全过程，应进行系统分析、全面规划、统筹安排，妥善处理施工与洪水的关系。碾压式土石坝施工期间，在无可靠保护措施的情况下，不允许漫顶过水。以堆石为主体的坝体，经论证比较，在采取可靠过水防护措施的情况下，允许施工期坝面过水。由坝体拦洪度汛时，应根据当年坝体设计填筑高程所形成的拦洪库容大小确定拦洪度汛标准。导流泄水建筑物封堵时间安排也应满足水库初期蓄水过程中土石坝安全度汛要求。

土石坝施工过程中，抢筑坝体至拦洪度汛是最紧张、最关键的，同时也是风险最大的施工阶段。具有如下特点。

(1) 施工工期短，坝体填筑时间有限。

我国北方乃至南方大部分地区，河水呈季节性变化，一般在6月进入主汛期，南方一些地区受梅雨季节影响，会更早(4月中下旬或5月初)地进入汛期；9月以后，河水流量逐渐变小，河道截流时间一般选择在汛期末、枯水期初的10月或11月，北方地区也可提前至9月。所以，截流后的第一个枯水期很短，北方地区汛期一般为6～8个月，南方地区汛期一般为5～7个月，除去围堰闭气、基坑排水、坝基开挖和处理的时间外，留给坝体填筑的施工时间非常有限。

(2) 施工期内的自然条件恶劣。

北方地区12月～次年2月平均气温在0℃以下，有些地区河流结冰、土层冻结，对开挖、混凝土浇筑、灌浆以及填筑施工均不利。

(3) 施工项目繁杂、工序多、干扰大。

土石坝工程截流后，要进行基础开挖、坝基处理和坝体填筑施工，面板坝还要进行趾板混凝土浇筑，坝体填筑原则上应在坝基、两岸岸坡处理验收以及相应部位的趾板混凝土浇筑完成后进行。

(4) 坝体填筑量大，施工强度高。

土石坝断面大，如采用坝体临时小断面拦洪度汛，由于临时小断面坝顶有行车、回车的要求，其宽度一般不小于20m，断面后坡一般比坝体的下游坡缓，加之临时小断面后坡还要布置临时施工道路，因而临时小断面的底宽与工程量较大，施工强度高。

2) 一般土石坝度汛

一般土石坝指除面板堆石坝以外的土石坝。土石坝在填筑施工过程中，度汛方式一般为抢筑经济断面作为临时断面挡水，对于初期不能抢填到挡水高程的，则允许坝体过水。

(1) 临时断面挡水度汛。

土石坝的上游围堰尽可能与坝体结合，并采取以坝体临时断面拦挡第一个汛期洪水的度汛方式。20 世纪 80 年代以来，随着大型施工机械的发展，土石坝建设速度明显加快，在截流以后的第一个汛期到来之前可将坝体抢筑至拦洪度汛水位。国内若干土石坝工程第一个汛前坝体抢筑至拦洪高程的实例见表 2.50。

表 2.50　国内若干土石坝第一个汛前坝体度汛施工特性

工程名称	总工程量/万 m^3	最大坝高/m	设计拦洪标准		开工至拦洪日期	拦洪坝高/m
			重现期/年	流量/(m^3/s)		
密云	1105.0	66.0	100	8910	1958 年 9 月～1959 年 8 月	49.0
清河	773.5	39.4	100	5944	1958 年 5 月～1959 年 7 月	28.5
岗南	1447.0	63.0	100	6260	1958 年 3 月～1959 年 7 月	51.0
松涛	447.1	80.1	100	7100	1958 年 7 月～1959 年 8 月	55.0
王快	861.4	52.0	100	7860	1958 年 6 月～1959 年 6 月	35.0
西大洋	1198.3	54.8	100	6490	1958 年 7 月～1959 年 7 月	35.8
山美	154.0	74.5	—	—	1971 年 10 月～1972 年 7 月	74.0
察尔森	621.6	40.0	100	2280	1988 年 9 月～1989 年 6 月	28.0

为了使汛前坝体填筑强度不致过高，又能使坝体发挥临时拦洪度汛作用，有时将坝体部分抢筑到拦洪高程以上，形成坝体临时度汛断面不仅是必需的，也是可能的。

由于采用临时断面度汛可使汛前完成坝体工程量大为减少，表 2.51 为几个土坝工程采用临时度汛断面缩减工程量的效果。

表 2.51　国内若干土坝工程采用临时断面缩减工程量的效果

工程名称	坝型	坝体总方量/万 m^3	临时断面工程量/万 m^3	缩减工程量/万 m^3	缩减工程量占比/%
大伙房	黏土心墙	778.0	606.3	171.7	22
岗南	黏土心墙	1033.0	857.3	175.7	17
密云	黏土心墙	2056.2	1560.0	496.2	24
王快	黏土心墙	861.4	676.0	185.4	22
岳城	均质土坝	2402.0	1999.0	403.0	17
白莲河	黏土心墙	151.3	127.2	24.1	16

采用临时断面挡水时，应注意以下几点：①土石坝拦洪高程以上，顶部应有足够的宽度，以便在紧急情况下，仍有余地抢筑子堰，确保安全。②临时断面的边坡应保证稳定，其安全系数一般应不低于正常设计标准。为防止施工期间由于暴雨和其他原因而坍坡，必要时应采取简单的防护措施和排水措施。③斜墙坝或心墙坝的防渗体一般不允许采用临时断面。④上游垫层和块石护坡应按设计要求填筑到拦洪高程，如果不能达到要求，则应考虑临时的防护措施。⑤下游坝体部位，为了满足临时断面的安全要求，在基础清理完毕后，应按全断面填筑一定高度后再收坡，必要时结合设计的反滤排水设施统一安排。

(2) 坝体过水度汛。

一般情况下，土石坝不宜采取过水的度汛方式。但在洪水流量过大、历时又短，且对导流泄水建筑物和围堰规模要求很大时，可采取围堰和土石坝体经过保护过水度汛的导流方式。即当土石坝工程量较大，即使采用临时断面挡水，也难达到拦洪高程，在坝体较低时，允许采用坝面过水。有时，围堰工程量较大，在一个枯水期内难以完成，也需要临时过水。实践证明，只要防护措施得当，土石坝过水是完全可能的。国内外采用土石坝过水的工程已有一些成功的经验，表 2.52 是国内外若干土石坝度汛措施及过水后的影响。目前国内仅用于中、小型工程，临时过水坝体高度不大，库容较小。

表 2.52　国内外若干水利水电工程土石坝过水情况

工程名称	国家	坝型	过水时坝高/m	坝面防冲措施	坝面过流量/(m^3/s)	坝面水深/m	坝面过水影响
龙凤山	中国	土坝	7	砌石护面	140	1.3	安全度汛
官昌	中国	土石坝	12.5	条石护面、混凝土护脚	117	—	堆石下沉 3cm，运行良好

续表

工程名称	国家	坝型	过水时坝高/m	坝面防冲措施	坝面过流量/(m^3/s)	坝面水深/m	坝面过水影响
百花	中国	堆石坝	28	未护面	1300	6	超标洪水冲失剥离堆石十余万 m^3
升钟	中国	土坝	9	干砌条块石护面	620	3	安全度汛
双里	中国	土石坝	12	250kg 块石护面	57	—	坝面稍有冲刷，其余完好
努列克	塔吉克斯坦	土石坝	20	大块混凝土护面	1860	5	坝面降低 1m，混凝土板下局部冲深 2m
奥德河	澳大利亚	堆石坝	28	钢筋网加固	5600	10.5	钢筋有破坏，堆石体沉陷 3cm
勃雷特尔屈夫特	南非	堆石坝	18.5	ϕ21mm 钢筋网加固	1134	3.7	未加固的右端冲出 30m×10m 缺口
波罗那	澳大利亚	堆石坝	10	钢筋网加固	850	3.9	安全度汛
根米湖	芬兰	堆石坝	17	沿坝轴线设一排钢筋桩其后用 1.5～3.0t 块石护面	—	3.25	安全度汛

土石坝的过水方式有全坝体过水、预留缺口过水或坝面设置溢流槽泄水等。防护措施一般有以下形式：

① 坝面保护。

根据流速大小和抗冲要求，常用的保护措施有：大块石护面、砌石护面、混凝土块面板、石笼（竹笼、铅丝笼）及钢筋网保护等。澳大利亚奥德河坝，坝体填筑至高程 28.8m 时过水。坝面用大块石护面，推土机铺筑并压实，大块石空隙间填以小块石，心墙部位块石下铺 1.0m 厚的反滤层。下游坡用双层钢筋网保护，下层网格 15.2cm×15.2cm 的细钢筋，其上再铺一层（ϕ25.4mm 的粗钢筋，网格尺寸为 1.3m×0.45m）。1971 年 3 月通过了 5600m^3/s 的洪水，实测堰顶水深 10.5m，单宽流量 46m^3/(s·m)，平均流速 4.5m/s。汛后检查，钢筋网未损坏，堆石体的沉陷甚微。

类似奥德河坝施工由未完建的堆石体上过洪的工程，有的采用砌石护面，有的采用钢筋混凝土护面，有的则采用钢筋网加固保护措施。实践表明，钢筋网保护虽然在有的工程采用时也产生过一些问题，但只要措施得当，过流对堆石体的影响是微不足道的。只要在设计施工中不断总结提高，必将使它省料、省工、施工简便、迅速的优点更加突出。部分工程钢筋网保护实例见表 2.53。

表 2.53　土石坝过水钢筋网保护实例

工程名称	建造时间	钢筋网尺寸				下游坡率	溢流水深/m	过水情况
		斜坡向		水平向				
		直径/mm	间距/cm	直径/mm	间距/cm			
型依罗蒂芬苏	1939 年	19.05	121.9	19.05	30.5	1.40	3.0	轻微位移
七号坑尾水坝	1965 年	22.23	30.50	22.23	102.9	2.25	1.2	轻微损坏
勃来多杜列费特	1967 年	4.88	22.23	4.88	15.2	1.30	3.7	顶部松动，块石冲损 3.6 万 m^3
勒萨皮	1970 年	4.88	15.20	4.88	15.2	1.30	1.2	无损坏
松萨	1972 年	6.40	15.20	10.16	38.1	1.40	1.20	因坝址冲刷而毁坏
顾公	1976 年	8.00	10.00	8.00	10.0	1.70	3.0	轻微损坏

注：钢筋直径经过换算。

黑龙江龙凤山水库为土坝过水度汛，在坝身采用 70m 宽的临时溢流口，通过 $140m^3/s$ 的春汛洪水，单宽流量 $2m^3/(s \cdot m)$，最大流速为 5m/s，缺口表面采用 40cm 以上的大块石铺砌。

② 在坝体下游侧设置壅水溢流堰。

溢流堰的高度不宜太高，一般在 7～25m，堰顶高出坝面 0.4～2.0m。堰体型式，当单宽流量较大时，宜用混凝土或浆砌石，重力式或拱形布置；单宽流量较小时，可采用混凝土板、条石或干砌石护面。壅水堰的基础最好落在基岩上，以防冲刷基础。如果堰体设在覆盖层上，在下游需设置消力池或其他防冲保护。溢流堰鼻坎高程以满足水流能形成面流衔接为宜。国内外几个已建工程应用情况如下：

① 20 世纪 70 年代广东省在高坪水库、合河水库及风溪水库等采用的壅水溢流堰，后两座都是施工进度赶不上，临时加强反滤体作成壅水堰，运行良好。以后几座水库在设计时即将反滤体设计成壅水溢流堰。

② 四川升钟水库为心墙坝，围堰与坝体结合。溢流堰高 9m，堰体为浆砌块石，表面为浆砌条石，利用心墙混凝土底座作消力池，以防基础冲刷。坝面用块径 0.4m 的干砌石保护，厚 0.8m，干砌石缝隙用砂卵石填充。1978 年经历 9 次过水，历时 23 天，其中最大一次过水流量 $614m^3/s$。堰顶水深 3.10m，坝面平均流速 1.67m/s。汛后检查，坝面无冲无淤，坝体各部位完整无损，下游情况良好。

③ 苏联汉塔依加坝，上、下游围堰均作为坝体一部分。用木笼加混凝土盖板作临时溢流堰，坝面用重 10t 的大块石保护，木笼修建在覆盖层上，基脚浇有 4m 宽的钢筋混凝土支撑梁，木笼下游用重 8～10t 的大块石护面。1968 年 6 月 17 日开

始过水,延续了 106 天,最大流量达 6700m^3/s,木笼上的单宽流量 66.7m^3/(s·m),同时产生流冰。过水后,上游围堰损坏,木笼沉陷 67cm,混凝土盖板开裂,坝面的块石保护长 10～15m 范围被冲走,木笼下游形成深 15m、长约 70m 的冲刷坑,坑底自然形成一层大块石。1969 年汛前对木笼基础进行了水泥灌浆固结,冲刷坑回填冰碛土,第二年度汛流量达 42000m^3/s,由于叶尼塞河顶托影响,形成面流,工作状况大为改善。

3) 混凝土面板堆石坝度汛及工程实例

混凝土面板堆石坝施工期度汛方式主要有以下几种:临时断面挡水度汛;坝体先期过流,后期挡水度汛;河床留缺口过流,坝体分段填筑、分期度汛;围堰挡水,基坑及坝体全年施工。

(1) 临时断面挡水度汛。

临时断面挡水度汛的关键在于施工程序的安排上,应抓住坝体填筑工期和填筑强度这一环节。为争取填筑工期,宜先进行临时断面填筑部位局部开挖、清理,力争早开工填筑。

临时断面设计主要应考虑下列因素:①由水文资料演算,确定相应设防标准对应的坝体设防高程。②坝顶宽度的确定,一般在确定坝顶宽度时主要考虑:便于机械化施工;便于大汛来临时的防汛抢险;便于施工道路的布置。③度汛断面的边坡,一般度汛断面的位置均处在大坝上游挡水前沿,上游坡面即为大坝的设计坡比,下游的坡比可等于或略缓于设计坡比。④度汛临时断面的布置必须以便于组织高强度生产为目标,要考虑施工道路布置、大坝坝体填筑供排水布置、坝体观测仪器埋设施工等。

工程实例　东津水电站。

东津水电站主体建筑物包括面板堆石坝、左岸溢洪道、右岸导流、放空洞及发电隧道、厂房等,装机容量 60MW。面板堆石坝坝高 85.5m,坝顶长 327m,坝体工程量 167 万 m^3,堆石料为砂岩。导流方式为河床一次拦断,导流隧洞泄流。围堰挡水标准为枯水期 10 年重现期洪水,截流后第一个汛期即采用临时断面挡水度汛,度汛标准为 100 年重现期洪水,拟定临时断面的尺寸为:高 56.7m,顶宽 10m,上游坡度为 1∶1.4,下游坡在高程 145m 处设 13m 宽的马道,马道以上坡度为 1∶1.3,以下坡度为 1∶1.4,填筑量为 68.5 万 m^3。

工程于 1992 年 11 月 22 日截流,12 月 30 日开始大坝填筑,1993 年 4 月底完成临时断面填筑,1～4 月填筑量分别为 6.5 万 m^3、18.8 万 m^3、18 万 m^3、23.2 万 m^3、月平均填筑强度 17.4 万 m^3,日平均填筑强度 6800m^3,高峰日填筑强度 1.27 万 m^3。日平均填筑升高 0.56m,日最大填筑升高为 1.0m。

东津水电站面板坝在一个枯水期抢筑拦洪断面,主要经验有以下几条:①截流前准备工作较充分，为截流后高强度填筑创造有利条件。②准备了满足高强度填筑所需要的料源。填筑前已准备了垫层料 1.5 万 m^3（相当于需要量的 60%），过渡料和堆石料 32 万 m^3，并打开了溢洪道开挖等可提供料源的工作面。③形成了通畅的上坝道路，车辆可循环通行，保证运送所需料物。④在趾板开挖与浇筑之前，自趾板下游 17m 以后先填筑主堆石，争取了填筑的有效工作日。

在临时断面完成后，1993 年 7 月上旬最大一次洪水（约相当于 15 年一遇），入库洪峰流量 1800m^3/s 左右，坝前水位达 152.68m，经导流洞下泄的流量仅为 387m^3/s，削峰 1400m^3/s 左右，汛期调节了近 3 亿 m^3 的洪水量，减轻了下游广大地区的洪水灾害，发挥了拦洪度汛效益，实现了安全度汛。

(2) 坝体先期过流，后期挡水度汛。

此种方式适宜于峡谷建坝，基本程序包括：①采用较低洪水标准的过水围堰，容许汛期淹没基坑。②初期坝体全断面填筑，汛前坝体填筑高程一般低于上、下游围堰堰顶高程。在对坝体上、下游边坡和坝面进行保护后，由坝面过水度汛。③坝体过水度汛后，及时清理坝面和拆除保护设施，恢复坝体填筑，在下一个汛期前，填筑坝体至拦洪度汛高程以上，实现坝体挡水度汛。

工程实例 1 西北口水电站。

西北口水电站位于长江支流黄柏河上，全流域多属山区，为典型的山溪河流。面板坝坝高 95m，坝体填筑量 165 万 m^3，坝顶高程 330.5m。大坝右岸布置岸边式溢洪道（2 个 12m×14m 的泄水孔），最大泄量为 4466m^3/s；左岸布置 1 条泄洪兼导流隧洞，宽 8.8m，高 13.2m，最大泄量为 1594m^3/s；大坝与泄洪洞之间布置了内径为 5m 的发电输水隧洞（兼顾导流、泄洪、冲沙），100 年一遇洪峰流量 3520m^3/s，经两条导流洞调节后，相应坝前水位为 295.43m。

大坝导流度汛比较了以下 3 种方案：

方案 1。坝体过流方案。用加筋堆石保护下游坡，允许坝体过流，100 年一遇洪水的单宽流量达 45$m^3/(s·m)$，因过水保护技术难度大而放弃。

方案 2。坝前设置高围堰，全年挡水方案。坝前围堰高达 50m，填筑工程量 64 万 m^3，将延长工期一年并增加投资，也被放弃。

方案 3。利用坝体拦洪方案。1986 年 6 月开工，1987 年汛前坝体填筑到高程 300m，拦挡 100 年一遇洪水。另外，上游建一座土石围堰，挡水标准为 20 年一遇的洪水。

经比较选择方案 3。

施工计划：1986 年 10 月初截流，1986 年 12 月～1987 年 4 月，将大坝填筑到 300m 高程，堆石体高度为 64.5m，填筑工程量为 120 万 m^3，平均月强度为 25 万 m^3。同时，完成溢洪道两岸削坡、泄洪洞以及辅助工程等 95 万 m^3 的石方开挖。

实际上，这一方案未能按计划进行。主要原因是大坝填筑拖了工期。开工之始至次年汛前，大坝仅升高15～20m，至高程265m，填筑量为54万m^3，约完成计划量的45%，当时尽管考虑采取延长汛期施工时段和降低度汛标准等措施，把填筑高程由300m降至292m，减小填筑工程量，但仍无法完成，最后被迫采取应急措施，准备坝顶过流。

应急措施：坝体填筑至高程264～268m后停止填筑；下游坝坡放缓到1∶8.5，坝顶及坝坡用抛石防护，并以钢筋和钢丝绳串联块石护坡；在坡脚下游30m范围内铺筑1.0m厚的大块石，形成柔性海漫，防止坡脚被冲刷。

1987年8月中旬，流域出现较大的降水过程，水流漫坝，最高水位达267.11m，坝顶前缘水深2.7m，历时17h。洪水过程中，坝的上、下游均为浑浊水流，但距下游坡脚5m的区域水流清澈。洪水过后，坝顶仅低洼处稍有淤积，上游坡垫层和喷射混凝土保护层无明显破坏，此情况表明上游坡的临时保护措施有效，垫层料工作正常，渗流稳定可靠。

工程实例2　珊溪水库工程。

珊溪水库位于浙江省文成县境内飞云江干流中游河段，电站装机容量为200MW。主要建筑物由混凝土面板堆石坝、溢洪道、泄洪洞、引水发电隧洞、发电厂房、开关站等组成。面板堆石坝坝高130.8m、坝体填筑量571万m^3，施工导流与度汛采用土石过水围堰断流、隧洞导流的方式。导流隧洞设2条，断面为9m×11m，城门洞型，施工导流分为5个阶段：①截流后的第一个枯水期（1997年11月～1998年4月），由围堰挡水，1#导流隧洞导流；②1998年汛期围堰和大坝过水，1#导流隧洞联合泄流度汛；③1998年11月～1999年4月，由围堰挡水，1#导流隧洞泄导流；④1999年5月～2000年4月，由大坝挡水，1#、2#导流洞（与永久泄洪洞结合）联合泄流度汛；⑤2000年4月导流隧洞下闸，封堵1#导流隧洞，水库蓄水。施工导流各期设计标准见表2.54。

表2.54　施工导流与度汛设计标准

项目	时段	频率/%	流量/(m^3/s)	水位/m	
				上游	下游
围堰挡水	1997年11月～1998年4月 1998年11月～1999年4月	10(11～次年4月)	1100	61.65	49.10
过流	1998年5～10月	5(全年)	7790	69.10	55.30
大坝挡水	1999年5～6月	1(5～6月)	4890	80.80	51.04
	1999年7月～2000年4月	1(全年)	11500	101.16	51.93
	2000年5月～2001年4月	0.1(全年)	16700	127.65	50.00

1998年汛前，大坝填到高程50.0m。模型试验和水力计算显示，在全年5%设计洪水下，坝面平均流速3.5m/s，采用粒径0.5m以上完整、坚硬新鲜的石料护面，护面层厚1m，填筑及碾压要求与坝体堆石相同；坝后采用超径石防护。考虑到坝面在汛后需要填筑升高，且经碾压后的堆石与模型中模拟的情况有所不同，另外即使出现5%频率以上的洪水，也仅会引起坝面某一部位破坏，不会危及大坝安全，实施时未用大块石保护，仅靠碾压后的坝面过流度汛。1998年6月21日坝面经历了长达28h的洪水考验，实测最大洪水流量为2295m^3/s，过坝流量1195m^3/s，坝面平均流速2.43m/s，对过流后坝面情况进行了检查，发现除残留1～2mm厚淤泥外，坝面无冲蚀现象。

(3) 河床留缺口过流、坝体分段填筑、分期度汛。

此种方式适用于较宽阔的坝址。

工程实例1 天生桥一级水电站。

天生桥一级水电站位于云贵高原红水河上游南盘江干流河段上，装机容量1200MW。枢纽由拦河坝、溢洪道、放空隧洞、引水系统和主、副厂房组成。

混凝土面板堆石坝最大坝高178m，坝体填筑量约1770万m^3。坝址处河谷开阔，枯水期水面宽40～160m，水深2～10m。左岸高程660m以下地形坡度30°～35°，以上地形坡度约25°；右岸高程660m以下地形坡度25°～30°，以上地形坡度约18°。

工程进行了多种导流度汛方案比较，由于截流后第一个枯水期难以将坝体填筑到拦洪高程，而最终选用了过水围堰，坝体初期留缺口过流、后期坝体挡水的导流度汛方案。

大坝分期填筑及度汛计划如下：

① 1994年截流后至1995年汛期，河床未开挖，1号导流洞未投入使用，1995年汛期由上、下游围堰、基坑与2#导流洞联合过水，共过水12次，最大流量4400m^3/s，其中上游围堰安全度汛；下游围堰因二级水库运行水位与设计要求的保堰运行工况不同，造成了下游围堰坡脚冲刷，出现险情，经多次抢险补救，保证了安全。

② 1996年汛期坝面过流与1#、2#导流洞联合泄流，保护标准为30年一遇洪水。汛前，大坝两岸填筑到高程660m，中部留120m宽的缺口泄流，缺口底高程642m。缺口坝面用铅丝石笼保护，两侧坝坡用插入坝体的锚筋固定钢筋网保护。汛期共过水7次，最大一次过水流量约1290m^3/s，基本上没有破坏。汛期两岸继续填筑。汛后坝面淤积物平均厚80cm，清淤工作量较大。

③ 1996年汛后至1997年汛前，大坝预留缺口采用临时断面填筑到高程725m，达到拦挡300年一遇洪水标准，相应流量17500m^3/s。2条导流洞及放空洞泄流。1997年初浇筑第一期混凝土面板，面板顶高程680m。1997年汛期继续填筑临时断面的下游坝体，并将上游部分加高到高程735m。

④ 1997年汛后到1998年汛前，坝上游面填筑到高程768m，拦挡500年一遇洪水，相应流量18800m³/s；浇筑第二期混凝土面板，面板顶高程746m。1997年底下闸蓄水，1998年由放空洞及溢洪道过水度汛。

⑤ 1998年汛期到年底坝体填筑到高程787.3m，并开始浇筑第三期面板。1998年底第1台机组投产发电。

工程实例2　莲花水电站。

莲花水电站位于黑龙江省海林市的牡丹江干流上，以发电为主，电站装机容量550MW。枢纽由主坝、副坝、溢洪道和引水发电系统组成。工程总工期67个月。

大坝为混凝土面板堆石坝，最大坝高71.8m，坝体填筑量420万m³。工程采用河床一次拦断，隧洞导流方式，围堰挡水标准为枯期20年一遇洪水，设计堰顶高程为173m，布置2条12m×14m方圆形导流洞。大坝度汛方式为：截流后第一年（1995年）采用大坝低部位留缺口过水与导流洞联合泄流的度汛方式，围堰过水保护标准为全年20年一遇洪水，缺口过水防护设计标准为全年30年一遇洪水，流量为8070m³/s，缺口高程为171～173m，前低后高，形成1.25%的反坡以减少坝面流速。缺口以下坝体下游坡放缓到1∶2，以保持过流稳定。缺口底宽经比较选用250m，两侧边坡1∶1.5。在设计洪峰流量时，库水位为178.87m，下游面水流底部流速约为15m/s，见表2.55。

表2.55　坝面过流水力学参数

测量项目	标准	
	$P=5\%$	$P=3.3\%$
Q_{max}/(m³/s)	6940	8070
坝前水位/m	178.10	178.87
过水单宽流量/[m³/(s·m)]	16.13～16.21	约20.00
坝面流速/(m/s)	1.92～7.07	2.15～7.83
下游坝坡流速/(m/s)	9.66～15.12	10.27～15.03
下游坝坡水深/m	1.22～1.73	1.45～4.13

为防洪水冲刷，采取以下防护措施：①上游坡面（垫层料）采用50号水泥砂浆固坡。②缺口坝面上游部位采用大块石保护，厚度不小于0.8m，下游部位采用100#混凝土防护。③坝体下游坡采用钢筋网加固，钢筋直径25mm，孔网尺寸25cm×25cm。钢筋网下坝体填筑的石料粒径不小于20cm，填筑厚度2.0m。水平拉筋直径32mm，长10m，水平与垂直间距均为90cm，水平筋与钢筋网焊接，并在外侧加了一层干砌石。④过水前，围堰与填筑体之间充水，以减少水流冲刷。⑤缺口两侧采用坝面的保护方式，保护高程180.4m。

实际上，1995 年汛期最大洪水流量 663m^3/s，上游水位 165.95m，未超过过水缺口高程，围堰及坝面未过水。

截流后第二年(1996 年)汛期大坝采用临时断面挡水、溢洪道泄流的度汛方式。大坝设计挡水标准为 300 年一遇洪水，流量为 14700m^3/s，相应库水位 215.32m。临时断面的顶高程 217.2m，堆石体的高度 63.2m(相当于总坝高的 88%)，下游临时坡 1∶1.3，并在高程 195m 设 3m 宽临时马道，顶面宽度 16m，以适应防汛抢险和面板施工的需求。

1996 年 8 月 22 日下闸蓄水，坝体完工。

(4) 围堰挡水、基坑及坝体全年施工。

此种方式是截流后第一年围堰全年挡水施工，第二年汛期坝体或坝体临时断面挡水度汛。

工程实例 1 辛戈坝。

辛戈坝是巴西一座大型混凝土面板堆石坝，最大坝高 151m，坝顶长 850m，坝体填筑量 1250 万 m^3，水库总库容 38 亿 m^3，装机容量 5000MW，溢洪道高 42m，长 235m，泄洪流量 33000m^3/s。

辛戈坝位于圣弗朗西斯科河上，河流的最大流量发生在 1 月、2 月、3 月，并延伸到 5 月，有时流量会超过 15000m^3/s。截流后第一年采用 30 年一遇洪水的导流标准，相应流量为 10500m^3/s。为此设置了 4 条不衬砌导流隧洞，洞径 16m，呈马蹄形，每条断面面积 228m^2，相应上游围堰最大高度 50m。

由于全断面填筑工程量较大，在导流前阶段，相继进行了两岸坡段的堆石填筑。右岸坡堆石填筑至高程 118～120m，左岸坡填筑至高程 57m，坝中预留缺口。

导流后阶段分四期施工。其中一期施工(1991 年 6 月～1991 年 12 月～1992 年 5 月 31 日)有以下内容：①河床段趾板基岩开挖和下游坡碾压混凝土保护达到高程 50m，本期在 1991 年 12 月 31 日前完成；②浇筑趾板混凝土，左岸堆石填筑达到高程 118m，坝中堆石填筑达到 47m；③浇筑面板，达到高程 47m，1992 年 5 月 31 日以前完成。采用碾压混凝土防护作为遭遇超标准洪水时坝面过水的防冲保护措施。

1992 年 3 月圣弗朗西斯科河曾出现大洪水，坝址流量 10600m^3/s，超过设计导流标准流量 10500m^3/s，采取在 50m 高的围堰上临时加高 1.5m 子堤(可拦挡 11000m^3/s 的流量洪水)的措施，最后洪水并未漫过围堰，安全度汛。工程于 1994 年全部建成。

工程实例 2 阿瓜密尔巴大坝。

阿瓜密尔巴混凝土面板堆石坝位于墨西哥西部的圣地亚哥河上，为坝高 187m 的面板砂砾石坝。泄流流量 14900m^3/s，电站装机容量 960MW。

阿瓜密尔巴大坝的导流设计流量为 6700m³/s，相当于开工前 47 年实测流量系列中的最大值。导流工程包括 2 条不衬砌隧洞，直径 16m，城门洞形断面。上游围堰高 55m。为截流后将围堰漫顶的风险减小到 1%，在上游围堰右岸基岩中开挖了一条导流明渠，渠底比堰顶低 10m，其过水能力为 800m³/s。在明渠内用天然砂砾石（最大粒径为 300mm）修建了一座高 9m 的自溃坝，以便在大洪水时自行溃决，使基坑充水以避免过水时上游围堰的冲刷破坏。

该大坝工程于 1990 年 3 月 19 日截流，8 月完成上游围堰，到 1992 年 1 月，大坝施工状况为：混凝土面板浇筑至高程 94m，由此向上到高程 120m，上游坡面用喷沥青乳剂防护，高程 120m 至坝体顶面高程 124m 之间仅用塑料布覆盖。

1992 年 1 月 16～20 日发生第一场特大洪水，最大洪峰流量达 10800m³/s。在 18 日中午河水位几乎与围堰顶齐平，将自溃坝推开一个槽子，使河水夹带着自溃坝的材料，以 800m³/s 的流量进入基坑，约 50min 后充满基坑。19 日达到最高水位 123.6m，仅比当时堆石体顶面低几厘米，超过围堰顶 5m 多。河水进入基坑时还夹带大量树干枝杈，形成环流拖曳坝面，严重破坏了坝面的沥青保护层。

此时基坑内的水通过高程 94m 以上的砂砾石垫层、趾板最低部位的排水管及面板上的排水口进入坝体，使坝内水位升高，面板后水位达到 75m。

随后水位迅速下落至上游围堰顶以下，而基坑水位下降缓慢，最大水位差 23m，形成反向渗流，有集中渗漏，使地基发生渗透破坏，基坑内水位有突降，堰体先后发生三次陷穴。在 1 月 25 日又发生第二次大洪水，最大流量和最高水位分别达到 7700m³/s 和 112.4m，河水通过明渠第二次进入基坑。暴雨和第二次洪水使坝面更严重破坏，水更易进入坝体，因而面板后水位到达 78m。在退水过程中，堰体又发生第四个陷穴。修复这两场洪水造成的破坏使工期推迟了三个月，不过并未影响开始蓄水时间。两次洪水都表明大坝有优良的变形和渗透特性，施工中的坝面虽遭到严重破坏，但从未出现结构稳定问题。设有自溃坝的导流明渠使围堰免遭漫顶破坏，也避免坝体的更严重破坏。

2. 混凝土坝度汛方案

1) 混凝土坝度汛特点

混凝土坝一般是允许过水的，若坝身在汛前不可能浇筑到拦洪高程，为了避免坝身过水时造成停工，可以在河床部位的坝面上预留缺口或梳齿度汛，待洪水过后再封填缺口，全面上升。此外，根据混凝土浇筑进度安排，虽然在汛前坝身可以浇筑到拦洪高程，但一些纵向施工缝尚未灌浆时，可以考虑用临时断面挡水。

混凝土坝过水缺口高程较低时，呈淹没堰流，对建筑物一般不会造成破坏。当缺口高程较高时，水流呈非淹没流或挑流型式，坝面可能产生负压、气蚀，还可能对下游基础或其他建筑物造成冲刷破坏。坝体过水必须进行稳定与应力验算，针对不同坝型及其存在的问题，采取相应的防护措施。高坝设置缺口时要通过水工模型试验，妥善解决缺口形态、坝面水流状态、下游防冲等问题。混凝土坝预留缺口过水时，早龄期混凝土的抗裂能力较低，内部温度较高，如表面接触低温水时，很容易产生冷击裂缝，因此，对预留的过水缺口，应进行表面温度应力计算，并根据计算结果，采取适当的表面防裂措施：①过水缺口的表面上铺保温被，上面用砂袋压紧；②东风拱坝曾在过水缺口水平面上喷 10cm 厚的 B 型喷涂剂，上面铺一层塑料薄膜，再压砂袋(50cm 厚)，以资保护；③对缺口附近的混凝土，适当降低入仓温度，减小冷却水管间距，并适当延长一期水管冷却时间，以降低内部温度，减小内外温差；④必要时，可在表层铺防裂钢筋，东风拱坝曾用 ϕ22mm×20cm 或 ϕ16mm×20cm 的双向钢筋；⑤加强洪水预报，使混凝土龄期达到 10d 以上后再过水，以便混凝土在过水时已有一定的抗裂能力；⑥上、下游表面用内贴法粘聚苯乙烯泡沫塑料板保温；⑦侧面过水的混凝土，在龄期 14d 前不拆除模板，利用模板防止冲刷，模板内侧粘贴聚苯乙烯泡沫塑料板保温。过水后，老混凝土内部温度比较低，继续浇筑上层混凝土时，为了控制上、下层温差，应严格控制新混凝土的最高温度。

2) 混凝土重力坝度汛

混凝土重力坝体过水需进行相应计算并注意坝面气蚀及坝下冲刷影响。对设有纵缝重力坝，若在纵缝进行接缝灌浆前过水或挡水，须对分仓柱状块的稳定和应力进行校核，在这种情况下，须提出充分论证，采取相应措施，以消除应力恶化影响。

工程实例 1　丹江口工程。

丹江口水利枢纽位于湖北省均县，地处丹江与汉江汇合口下游 0.5km。枢纽由混凝土坝、两岸土石坝、电站厂房、升船机和上游距坝址 30km 的两座引水灌溉渠首组成。混凝土坝坝型为宽缝重力坝，共分 57 个坝段，全长 1141m。最大坝高 97m，坝顶高程 162m。

工程分两期导流：一期先围右河床，由高围堰系统保护右岸，基坑安全度汛；二期围左河床，枯水期由右岸导流底孔泄流，汛期由导流底孔和右岸缺口联合泄流。

二期工程主要由导流底孔和坝体缺口度汛，1967 年、1968 年度汛方案见表 2.56。

表 2.56　度汛水力学参数

洪水频率/%	流量/(m^3/s)	下泄流量/(m^3/s)	坝前水位/m	下游水位/m	坝前拦洪库容/亿 m^3	上、下游水位差/m
1	9580	8860	169.0	144.3	1.67	24.7
2	8470	7973	168.1	143.2	1.60	24.9
5	7010	6125	165.9	140.6	1.40	25.3
10	5870	4800	164.0	138.4	1.23	25.6

工程实例 2　江垭大坝。

江垭大坝为 128m 高的碾压混凝土重力坝，坝顶高程 242m。工程导流采用河床一次拦断，隧洞泄流的导流方式，上游围堰堰顶高程 153m。施工期总的防洪度汛原则是导流隧洞泄洪与坝面过流或大坝泄洪孔过流相结合。1996 年底坝体浇筑至高程 130m，1997 年大坝施工采用导流隧洞与坝体预留缺口联合泄流的度汛方案，设计推荐的度汛标准为 50～100 年一遇洪水重现期，相应的度汛水力学参数见表 2.57。两岸边坝段不过流，只作简单的防护措施就能保证岸坡的安全。

表 2.57　1967 年、1968 年度汛方案

<table>
<tr><th colspan="2">项目</th><th>1967 年度汛方案</th><th>1968 年度汛方案</th></tr>
<tr><td rowspan="4">泄水条件</td><td>14～17 坝段</td><td>126m(缺口底部高程)</td><td>134m(缺口底部高程)</td></tr>
<tr><td>8～13 坝段</td><td>2×150.5、4×130(缺口底部高程)</td><td>12 个深孔</td></tr>
<tr><td>导流底孔</td><td>7.5 个</td><td>已于 1967 年封堵</td></tr>
<tr><td>深孔</td><td>12 个</td><td>12 个</td></tr>
<tr><td rowspan="4">汛期水位</td><td>0.5%频率</td><td>139.1m</td><td>—</td></tr>
<tr><td>1%频率</td><td>137.7m</td><td>—</td></tr>
<tr><td>2%频率</td><td>136.1m</td><td>—</td></tr>
<tr><td>防洪下限水位</td><td>—</td><td>来量等于泄量</td></tr>
</table>

工程实例 3　万家寨水利枢纽工程。

万家寨水利枢纽地处黄河中游上段晋蒙交界的峡谷段内，混凝土重力坝坝顶长 438m，分 21 个坝段，坝顶高程 982m，最大坝高 105m，泄水建筑物计有 8 个 4m×6m 底孔，4 个 4m×8m 中孔，1 个 14m×10m 表孔，坝后采用长护坦挑流消能。电站坝段位于河床右侧，安装 6 台单机为 180MW 混流式机组。

枢纽采用分期导流方式。第一期先围左岸 1# ～11# 坝段，河水由右岸束窄河床下泄，第一期先修建泄水建筑物坝段，在 6# ～10# 坝段预留 5 个 9.5m×9m 的临时导流底孔，临时导流底孔底板高程 899m，顶板高程 908m；在 4# 、5# 坝段预留 38m 的临时导流缺口，缺口底高程 910m。第二期围右岸厂房坝段，修建电站坝段

和发电厂房，河水改由左岸泄水坝段的临时导流缺底孔宣泄。导流与度汛标准见表 2.58。

表 2.58 万家寨工程导流与度汛标准

导流时段	挡水建筑物	标准 P/%	设计流量/(m^3/s)
1994 年 11 月～1995 年 6 月	一期低围堰	5	3600
1995 年 7～10 月	一期高围堰	5	8350
1995 年 11 月～1997 年 6 月	二期高围堰	5	8350
1997 年 7～10 月	坝体	2	10300
1998 年 7～10 月	坝体	1	11700

1994 年 11 月初开始填筑一期低围堰，1995 年 2 月底一期低围堰填筑至设计高程，具备拦挡 3～4 月凌汛的条件。在一期低围堰保护下，进行左岸基坑开挖、1# ～11# 坝段混凝土浇筑，同时施工一期高横向围堰和混凝土纵向围堰，1995 年 6 月底以前将一期高横向围堰、混凝土纵向围堰施工至设计高程，具备拦挡 20 年一遇全年洪水的条件，汛期连续施工 1# ～11# 坝段，形成导流底孔和缺口，为二期截流创造条件。1995 年 11 月进行二期截流，1996 年 5 月开始浇筑右岸坝段混凝土。1997 年 6 月底坝体升至初期度汛高程。1998 年 1 月封堵 6# ～8# 坝段 3 个临时导流底孔，同年 7～10 月坝体进入后期度汛，11 月初下闸封堵 9# ～10# 坝段临时导流底孔，水库开始蓄水，年底大坝与厂房混凝土工程全部浇筑到设计高程，第一台机组发电。

3) 混凝土拱坝度汛

拱坝体形单薄，单坝段难以承受较大的水压力，主要靠拱冠传力至两岸拱座。拱坝度汛时，应注意下列问题：①拱坝一般不宜过水。大部分高拱坝均采取在全年挡水围堰的保护下施工，如二滩水电站、小湾水电站、构皮滩水电站等。②若过水，须注意未形成拱时的坝块稳定，尽量使坝体成拱后过水。③坝体应均衡上升，不宜留较深的缺口度汛泄洪。④必须过水时，应作好过流面过水保护，以防冲坏坝面、冲断钢筋和损坏止水等。⑤防止过水时产生冷击应力。⑥当拱坝横缝或纵缝尚未完成接缝灌浆而需拦洪度汛时，必须进行专门论证。

工程实例 1 隔河岩水利枢纽工程。

隔河岩水利枢纽是清江梯级开发的第一期工程，坝址位于湖北省长阳县，枢纽由大坝、引水式电站厂房和升船机三大建筑物组成。大坝为混凝土重力拱坝，最大坝高 151m，坝顶高程 206m，全长 653.5m，溢流坝段前缘长 156m，布置了 7 个表孔、4 个深孔和 2 个底孔。表孔宽 12m，高 18.2m，为实用溢流堰，堰顶高程 181.8m；深孔进口高程 134m，底孔进口高程 95m，每孔尺寸均为宽 4.5m，高 6.5m。

工程施工采用河床一次拦断，隧洞泄流的导流方式。围堰挡水标准为 11 月～次年 4 月 20 年一遇洪水流量 3000m³/s。

导流分为初期导流和后期导流两个阶段。初期导流阶段，枯水期用围堰挡水，导流隧洞泄流；汛期围堰过水与导流隧洞联合泄洪，度汛流量标准采用全年 20 年一遇洪水。后期导流阶段，枯水期用已浇筑混凝土的坝体挡水，坝体底孔和深孔泄流；汛期用已浇筑混凝土的溢流坝预留缺口与底孔、深孔联合泄流，度汛流量标准按 100 年重现期洪水设计，200 年一遇洪水校核。

大坝施工期 4 年共过水 29 次见表 2.59，最大洪水流量 10700m³/s，接近 10 年一遇洪水，均实现安全度汛。

表 2.59　隔河岩水电站大坝施工期过水次数及时间

年份	洪水出现次数/次		最大流量/(m³/s)	围堰过水时间	
	＞3000m³/s	＞3500m³/s		第一次过水	最后一次过水
1988	5	3	7300	5 月 22 日	6 月 22 日
1989	10	9	10600	4 月 12 日	10 月 27 日
1990	7	3	10700	5 月 16 日	7 月 19 日
1991	7	6	9000	4 月 17 日	8 月 6 日

工程实例 2　乌江渡水电站。

乌江渡水电站为拱形重力坝，其施工期内历年度汛标准见表 2.60。

表 2.60　乌江渡大坝施工期历年度汛设计洪水标准

年份	坝高/m	拦洪库容/10⁸m³	设计洪水标准		实际最大流量/(m³/s)	泄洪方式
			重现期/年	流量/(m³/s)		
1976	36	0.10	20	11000	7450	导流隧洞、坝体缺口
1977	36～39	0.18	20	11000	5505	导流隧洞、底孔、缺口
1978	57～60	0.73	20	11000	6174	底孔、放空洞、缺口
1979	90	2.90	50	13000	3129	底孔、放空洞、泄洪洞、缺口
1980	126	9.20	100	14600	6470	放空洞、泄洪洞、中孔、缺口、引水钢管
1981	157	20.00	200	16100	2000	泄洪洞、滑雪溢洪道、引水钢管

1982 年乌江渡水电站已进入发电、收尾阶段，加之坝高、库大，规定度汛标准为 500 年一遇。

4) 支墩坝度汛

支墩坝包括平板坝、大头坝及连拱坝，共同特点是由挡水板和支墩组成。支墩坝的非实体结构在封腔前不宜过流，如必须过流，则应采取临时封腔或腔内充水等措施。封腔后支墩坝过水时，应充分重视支墩的侧向稳定，并注意如下问题：

① 缺口的型式与布置，应使支墩两侧水位保持平衡，避免产生过大侧压力；②当下游水深较浅时，须注意水流对支墩间基础的冲刷；③可在支墩间盖上混凝土预制板，以顺水流。

工程实例 1 柘溪水电站。

柘溪水电站位于资水中游的安化县，工程由拦河大坝、引水系统、发电厂房、开关站及过坝航运建筑物组成。大坝坝顶全长 326m，坝顶高程 174m，由溢流坝段的单支墩大头坝和非溢流坝段的宽缝重力坝组成。电站厂房位于大坝下游右岸山坡下，为地面封闭式，总装机 447.5MW。

工程施工导流分为三个阶段：1958 年 7 月～1959 年 8 月为导流工程施工期，1959 年 9 月～1961 年 1 月为大坝浇出低水面及上升期，1961 年 2 月以后为水库蓄水至工程完建期。

1960 年汛期利用梳齿缺口导流度汛，采用头部进水的布置，但缺口必须对称布置，并保持缺口底部高程相同，使支墩两侧水位基本平衡。

1961 年 2 月上旬，大坝已浇至高程 142m 以上，达到蓄水高程。由于导流底孔已于 1960 年 12 月封堵，而此时 5# ～6# 支墩挑流鼻坎尚未形成。春汛来临时，采用 6# 引水洞与坝顶梳齿导流相结合的方式度汛。

度汛后检查认为，头部气蚀也不严重，取得了良好的效果。

工程实例 2 桓仁水电站。

桓仁水电站位于鸭绿江右岸最大支流的浑江中游，坝高 78.5m，为单支墩重力撑墙坝，装机容量 222.5MW。

工程于 1958 年 8 月开工，先后进行了两次截流，第一次在 1958 年 12 月 30 日，第二次在 1959 年 12 月 5 日。

选择“梳齿底孔组合导流”方案，即利用早期在右岸修建的约 270m 长的混凝土围堰，在旧混凝土围堰内施工，先浇筑 9# ～15# 坝段混凝土(后因进度滞后，实际只用 9# ～13# 坝段，就满足了过水要求)，形成梳齿。然后在左岸截流，将江水导向梳齿段，汛后形成底孔(16# ～24# 坝段)。在梳齿段截流，再将江水导向底孔，汛期利用导流底孔泄洪。

坝体施工及导流程序共分为四期：

① 第一期(1958 年 4～12 月)。

利用右岸一期旧混凝土围堰，1958 年 5 月开始在一期围堰内进行 1# ～15# 坝段基坑开挖及 9# ～15# 坝段混凝土浇筑，形成导流梳齿，江水由左岸河床宣泄。

上游围堰顶高程 252.9m，下游围堰顶高程 248.5m。梳齿段支墩春汛前要求浇至高程 246m（春汛 $P=5\%$，$Q=856m^3/s$，水位 246m），上、下游大头浇至高程 239m，同时，在上、下游的左右两侧分别修建纵向挡水墙与 9# 及 15# 坝段相连，形成过水通路。

为尽早在左岸截流，给左岸施工创造条件，集中力量进行梳齿坝段坝基开挖和混凝土浇筑。

1958 年 10 月流量减小后，左岸上游围堰基础露出水面，进行了左岸二期围堰加高，并在下游修建部分土石围堰。

② 第二期（1958 年 12 月 30 日～1959 年 12 月 5 日）。

1958 年 12 月在左岸上游进行截流，12 月 30 日左岸截流闭气，江水由左岸导向右岸梳齿，右岸继续浇筑混凝土，同时开始开挖左岸基坑和坝体混凝土浇筑。

1959 年汛前要求坝体上游面浇至高程 270m（$P=1\%$，最高水位 267.8m），同时形成 8 个导流底孔。实际在 1959 年 7 月左岸坝体只浇筑到高程 245m，底孔也未形成，右岸 1# ～9# 坝段只上升到高程 254m，因此，决定保右岸（1# ～9# 坝段）。按 $P=1\%$标准，左岸上游围堰由原高程 249.2m 拆除至 245m，右岸上游围堰由高程 252m 加高至 254m，纵向导墙也随之加高加固。8 月初曾遇 $4760m^3/s$ 的洪水（相当于 $P=5\%$），保全了右岸，洪水漫过左岸上游混凝土围堰，围堰局部被折断，下游土石围堰局部冲毁，汛后恢复了左岸上、下游围堰，底孔继续施工，到 11 月 8 个底孔才全部形成。

③ 第三期（1959 年 12 月 5 日～1961 年 12 月）。

1959 年 12 月 5 日拆除底孔上游围堰，9# ～15# 坝段梳齿开始泄流，江水由右岸梳齿又导向左岸底孔宣泄。

大坝合龙后，利用坝体挡水，底孔导流，坝体混凝土开始全面升高。1960 年汛前迎水面最高浇到高程 276m，25# ～29# 坝段平均上升至高程 254m，8 月初经历一次特大洪水，25# 坝段以左坝体过流。到 1961 年汛前一般坝段升至高程 282m，25# ～29# 坝段平均上升至高程 265m，形成左岸缺口，准备度汛泄洪，但因 1961 年洪水不大，坝体未过流。

④ 第四期（1961 年 12 月～1967 年 7 月蓄水）

底孔导流后，1962 年汛前在左岸 26# ～30# 坝段高程 275m 预留泄洪缺口，过水宽度 80m，在汛期与底孔联合泄流。

5）空腹坝度汛

空腹坝应针对封顶前、后两个阶段分别进行度汛规划，提出相应的度汛方案和措施。应尽量避免部分空腔已封顶、部分还没有封顶的情况下过水，如必须在这种情况下过水时，应特别慎重，须有可靠的安全措施，如临时封腔或腔内充水等，保证坝体安全。

在空腔封顶前过水时，须对前、后腿的稳定和应力进行验算，并考虑对空腔基础可能引起的冲刷破坏，必要时采取适当防护措施。在空腔封顶后过水时，顶部混凝土要有一定的厚度。空腔内设有厂房时，空腔封顶前不宜过水。

凤滩水电站位于湖南沅陵县境沅水支流酉水上。空腹重力拱坝坝顶弧长488m，坝顶高程211.5m。最大坝高112.5m，坝体混凝土量108.2万m^3；空腹最大高度40.1m，使用宽度20.5m，有效空腹容积18.4万m^3。大坝左岸$1^\#$～$7^\#$坝段、右岸$21^\#$～$29^\#$坝段为非溢流坝段，$8^\#$～$20^\#$坝段为溢流坝段，其中$8^\#$～$12^\#$坝段为引水厂房坝段。空腹内左侧为主厂房及空调室，装机4台100MW的水轮发电机组。

1970年10月1日开始右岸基坑及导流底孔进出口的开挖，1971年3月开始浇筑坝体混凝土，1978年5月1日第一台机组发电。

酉水流域洪水峰高量大，陡涨陡落。实测最大流量为16900m^3/s，最小流量40m^3/s，相应水位变幅22m。11月～次年3月为枯水期，5～8月为汛期。导流方式为分期导流。

一期围右岸礁滩，采用浆砌石围堰，堰顶高程121m。在$13^\#$～$16^\#$坝段内，设置3个宽6m、高10m的城门洞型底孔，通过空腹段原采用密闭涵管导流。导流标准为11月～次年3月时段内5年一遇流量2000m^3/s；后来将导流标准降为2年一遇流量800m^3/s，空腹段涵管改为明渠，堰顶高程降为118m。1970年10月1日～1971年2月底，完成$13^\#$～$16^\#$坝段前后腿及空腹段的开挖，1971年7月底前将坝体混凝土浇至高程121m，形成3个导流底孔及其在空腹内的侧墙。

二期围左岸，上游采用混凝土拱围堰，堰顶高程124m，由右岸导流底孔泄流。1971年11月16～25日截流，但由于距汛前时间短，上游拱围堰在汛前难以完成，被迫抢修$9^\#$～$12^\#$坝段4个进水口拦砂管至高程118m，以代替上游围堰，可挡1～2月的2年一遇标准流量200m^3/s。1972年3月，一场洪水将左岸上游混凝土拱围堰基础内砂砾石严重掏空，导致拱围堰中段溃决，基坑淹没，整个汛期内左岸基坑全部停工。1972年汛后修复拱围堰后，进行左岸基坑开挖，年底开始浇筑左岸坝体混凝土。1973年汛前左岸坝体上升至高程126m(超出上游围堰顶2m)，挡水流量标准可达1000m^3/s。

从1973年汛期开始，直到1978年蓄水发电，经历了6个汛期，过水64次，总过水历时5706h。1973年汛期由高程126m、宽度96m的坝体缺口与导流底孔联合度汛，过水次数达18次，上游最高水位134.97m，水头差8.97m；1974年汛前全线完成空腹封顶并浇至高程143m以上，汛期坝面过水共计289h，最大流量8230m^3/s；1975年汛期度汛断面如1974年，坝体过水6次，导流底孔最大泄量

2610m³/s；1976 年坝体度汛缺口高程 150m；1977 年坝体度汛缺口高程 156m，坝身缺口最大泄量 6250m³/s，上游水位 169.86m，下游水位 126m（水头差 43.86m）；1978 年度汛缺口高程 170m，宽 116m，过水历时 1885h，汛期最大流量 5070m³/s。

凤滩水电站的导流与度汛有成功的经验和失败的教训。主要教训有：①随意降低导流标准，缩短了有效施工工期，造成欲速则不达的结果；②贸然提前截流，造成 3 次截流失败，导致上游围堰溃决，贻误了战机。上述原因，至少耽误工期 1.5～2.0 年，从而增加了施工度汛的难度。

2.4.4　坝体度汛标准的合理选取

1. 坝体度汛标准合理选取依据与原则

施工期坝体临时度汛标准涉及因素较多，包括水文特性、主体工程的型式与布置、施工进度要求、下游受洪水影响范围及重要性、施工方法等，为合理选取坝体度汛标准，主要应把握以下依据与原则。

1）施工期坝体度汛标准的选取应以我国现行规范为依据

我国现行规范《水电工程施工组织设计规范》（DL/T 5397—2007）以及《水利水电工程施工组织设计规范》（SL 303—2004）中对施工期坝体度汛标准有具体规定，在确定坝体施工期临时度汛洪水设计标准时，必须满足上述规定的要求。

2）对应不同导流阶段分别确定施工期坝体度汛标准

上述两部规范将大坝筑高到超过围堰高度直至工程完工统称为后期导流，对于西部陆续梯级开发的高坝大库水利水电工程，后期导流程序非常复杂，涉及坝体临时挡水度汛，临时导流泄水建筑物分批下闸封堵、水库蓄水，下游供水等，将十分复杂的问题集中在一个后期导流阶段解决，这种解决问题的方式过于集中并难于管理。

合理确定施工导流阶段和度汛标准，为导流程序设计创造有利条件。本章对高坝大库水利水电工程导流阶段划分进行了研究，对于一次拦断河床导流方式的导流阶段划分为初期导流、中期导流、后期导流。其中，围堰挡水阶段划入初期导流阶段；坝体临时挡水至最后一批导流泄水建筑物下闸前划入中期导流阶段；最后一批导流泄水建筑物下闸后至坝体具备永久挡水条件且永久泄洪设施具备运用条件划入后期导流阶段。对于分期围堰导流方式的导流阶段划分方案：分期本身就是将从时间上将导流过程划分成若干阶段，因此无必要再按初期、中期、后期三个阶段划分。

因此，施工期坝体度汛标准对应中期导流和后期导流分别选取，即按坝体临时挡水（中期导流阶段）、蓄水完建（后期导流阶段）合理选择坝体施工期临时度汛和导流泄水建筑物全部下闸后坝体度汛洪水设计标准。

3）不同坝型施工期坝体度汛标准选取原则

(1) 混凝土坝遇特大洪水漫顶时抗御能力较强，同等条件下，其施工期坝体度汛洪水标准可比土石坝低。

(2) 一般土石坝通常不允许过水，而面板堆石坝可利用坝体(堆石料和垫层)在汛期挡水度汛或在汛期短时间内过流泄洪，其度汛问题通常要比一般土石坝简单，因此，在相同拦蓄库容和级别条件下，一般土石坝施工期坝体度汛标准宜选用规范规定的上限值，面板堆石坝则可适当降低。

(3) 混凝土重力坝施工期坝体度汛问题容易解决，混凝土高拱坝工程封拱灌浆问题，坝身比较单薄，同等条件下，混凝土重力坝施工期坝体度汛标准可取低值。与其他混凝土坝型相比，碾压混凝土坝由于施工进度快，使施工期缩短，可以在施工期安排上减少度汛次数，其施工期度汛标准可以选用较低值。

4) 中期导流阶段坝体临时度汛洪水标准选取原则

(1) 与同等规模的围堰相比提高一个量级，与下闸发电后坝体的度汛标准相比可下降一个量级。

(2) 下游洪水影响区分布有重要城镇或交通设施时，坝体的度汛标准不应低于城镇或交通设施的设防标准。

(3) 当坝体筑高到超过围堰顶部高程时，按坝体临时度汛确定洪水设计标准。汛前或汛期内部分时段坝体未超过围堰顶部高程，仍按围堰挡水标准度汛，围堰应考虑其运行使用期。

5) 后期导流阶段坝体度汛洪水标准选取原则

(1) 水库下闸蓄水后的第一个汛期，坝体仍处于初级运行阶段，泄水建筑物尚未具备设计的过水能力，因此坝体度汛设计洪水标准比建成后的大坝正常运用洪水标准低，用正常运用时的下限值作施工期运用的上限值。由于混凝土坝施工期运用的标准应比土石坝低，故取土石坝的下限值作混凝土坝的上限值。

(2) 在机组具备发电条件前，导流泄水建筑物尚未全部封堵时，坝体度汛可不考虑非常运用洪水工况，即校核洪水工况。

2. 一般土石坝坝体度汛标准选用

1) 一般土石坝施工导流特点

一般土石坝(简称土石坝)指除面板堆石坝以外的土石坝。土石坝工程中，由于一般不允许过水，而又往往较难在一个枯水期将坝体填筑至度汛安全高度，因此，对于土石坝工程，在其相同级别条件下，宜选用规范规定的上限值。由于高、中土石坝工程的围堰一般都需挡水数年，有条件的工程采取堰坝结合，将围堰设计成只挡枯水期洪水，然后抢填筑坝体上游部分的临时断面，兼做拦洪围堰，既减少了施工导流工程的临时工程量，又为主体工程的施工赢得了时间。

2) 土石坝导流标准选用

土石坝的施工导流分为初期导流、中期导流和后期导流。初期导流为围堰挡水，中期、后期导流为大坝挡水，其导流标准分别拟定。

(1) 初期导流标准。

初期导流阶段为围堰挡水阶段，其导流标准包括导流建筑物的级别划分与洪水标准。先划分建筑物级别，后定设计洪水，洪水标准采用重现期法。

导流建筑物的级别按表2.61确定；设计洪水标准应结合本工程的施工导流条件、坝体施工等要求，参照表2.62在规定幅度内选择。导流设计流量选用，应同基坑施工导流时段选择同时进行。根据本工程具体情况来确定比较方案，从导流标准的高低、施工期的长短、工期保证、导流工程量及投资等方面进行综合分析比较后，确定选用的初期导流标准。

表2.61 土石坝初期导流洪水标准

导流建筑物级别	Ⅲ	Ⅳ	Ⅴ
洪水重现期/年	50～20	20～10	10～5

土石坝导流一般采用土石围堰，因此土石坝初期导流标准可按表2.61分析选用。

我国大中型土石坝工程大多选用重现期10年或20年的洪水标准。对高土石坝的导流施工设计在执行导流标准时，在相同级别条件下，宜选择规定的上限值。

导流流量的选用应按汛期导流时段和非汛期导流时段分别拟定，其中非汛期围堰挡水时段，按枯水期选定的洪水频率的洪水流量设计；汛期由度汛围堰(或高围堰)按全年洪水标准相应流量设计。表2.62为金盆工程坝址全年及时段设计洪水流量。

表2.62 金盆工程坝址全年及时段设计洪水流量 (单位：m^3/s)

时段 \ 重现期/年	300	200	100	50	30	20	10	5
全年	4650	4300	3600	3000	2530	2200	1640	1120
4～6月	1380	1270	1090	917	815	689	619	357
10月	1300	1190	990	800	700	560	390	230
11月～次年3月	389	265	224	184	161	132	95	60
10月～次年5月	1300	1210	1050	900	810	700	550	400
11月～次年6月	1360	1260	1090	920	830	700	540	380
10月～次年6月	1460	1360	1200	1030	940	810	640	470
10月～次年3月	1300	1190	990	810	710	570	400	250
11月～次年5月	940	870	760	650	580	550	390	280

(2) 中期导流阶段坝体临时度汛标准。

大坝坝体施工高程超过围堰顶高程至最后一批导流泄水建筑物下闸水库蓄水前，属中期导流阶段，也是坝体临时挡水阶段。采用坝体临时断面挡水是高、中土石坝常用的施工期度汛临时措施。靠坝体临时挡水度汛应按表 2.63 规定的坝体施工期临时度汛的洪水标准确定。靠坝体挡水度汛洪水标准除视坝体填筑高度和坝前拦洪库容而定外，还应考虑施工期长短、导流泄洪条件以及河流水文特性等因素的影响。另外，随着坝体的逐年填筑升高，水库蓄水位也逐年升高、库容增大，则应按规定采用不同的度汛洪水设计标准，以便组织施工，满足各个洪水时期对土石坝填筑高度的要求。

表 2.63　坝体施工期临时度汛的洪水标准

坝体拦洪库容/10^8m^3	>1.0	1.0～0.1	<0.1
洪水重现期/年	≥100	100～50	50～20

(3) 后期导流阶段坝体度汛标准。

最后一批导流泄水建筑物下闸后至坝体具备永久挡水条件且永久泄洪设施具备运用条件前为后期导流阶段，此时，坝体开始初期蓄水，也是土石坝施工初期运行阶段。此时段内的度汛标准应根据大坝级别、坝体施工和运行要求按表 2.64 规定的导流建筑物封堵后坝体度汛的洪水标准执行。

表 2.64　导流建筑物封堵后坝体度汛的洪水标准

坝的级别	Ⅰ	Ⅱ	Ⅲ
设计洪水重现期/年	500～200	200～100	100～50
校核洪水重现期/年	1000～500	500～200	200～100

根据我国已建成的一些大型土石坝的导流标准(表 2.65)及其有关资料来看，已建成的坝，无论是Ⅰ级还是Ⅱ级，大部分按重现期 100 年洪水设计，并以重现期

表 2.65　国内部分土石坝的施工导流标准

工程名称	建成年份	位置		坝高/m	导流标准					
					初期导流		拦洪度汛		初期运行	
		地点	河流		重现期/年	流量/(m^3/s)	重现期/年	流量/(m^3/s)	重现期/年	流量/(m^3/s)
鲁布格	1991	云南、贵州	黄泥河	103.8	20	3400	50	4260	100	4910
小浪底	2001	河南	黄河	154.0	100	18010	500	21530	1000	26640
尼尔基	2005	内蒙古	嫩江	41.5	10	4880	100	9880	200	4300(春汛)

续表

工程名称	建成年份	位置		坝高/m	导流标准					
		地点	河流		初期导流		拦洪度汛		初期运行	
					重现期/年	流量/(m^3/s)	重现期/年	流量/(m^3/s)	重现期/年	流量/(m^3/s)
瀑布沟	2010	四川	大渡河	186.0	30	7320	100	8230	200	8770
冶勒	2005	四川	南桠河	128.0	20	266	50	320	200	400
寺坪	2006	湖北	南河	101.0	20	1670	50	3460	100	4130
金盆	待建	陕西	黑河	133.0	20	2200	100	3600	200	4300
下汤	待建	河南	沙河	56.0	20	3530	50	4499	100	5790
晓奇	待建	西藏	格尼河	—	10	364	100	887	—	—
四湖沟	待建	吉林	第二松花江	60.8	10	2310	100	4530	200	5201

200 年到 500 年洪水校核。也有的高土石坝工程，如小浪底水利枢纽大坝拦洪标准达重现期 1000 年。因该坝坝高 154m，防洪库容 40.5×10^8 m^3，万一遭受破坏，损失严重。

3. 混凝土面板堆石坝坝体度汛标准选用

1) 混凝土面板堆石坝施工导流特点

从坝型分类，面板堆石坝属土石坝类，其导流设计标准在原则上与土石坝类的设计标准相同。但因其坝体对渗流甚至漫顶具有较强的承受力，因而在施工导流上有明显优点，可在堆石坝体填筑到一定高程时，利用坝体（堆石料和垫层）在汛期挡水度汛或在汛期短时间内过流泄洪。因此，其施工导流和度汛问题通常要比一般堆石坝简单，导流建筑物的挡水和泄水设计流量标准可适当降低。但在大流量的河道上，因其工程规模与坝体施工期水库蓄水量大、工期较长，按规范与已建工程经验，在施工中的度汛、蓄水拦洪等各个阶段均受洪水影响，因而要求坝体各个阶段施工设计洪水重现期较长。

2) 混凝土面板堆石坝施工导流标准选用

混凝土面板堆石坝（简称面板坝）工程施工导流，一般按初期导流阶段、中期导流阶段和后期导流阶段分别拟定标准，其中中期、后期导流属坝体挡水度汛阶段。

(1) 初期导流标准。

初期导流为围堰挡水，保护面板坝基础处理及河床段趾板及坝体施工，一般情况下，围堰采用过水围堰，应按挡水和过水两种情况，结合工程情况、安全等因素，参照表 2.48 选择。

国内已建面板坝围堰挡水标准一般为 20 年一遇枯水期洪水，而过水标准一般采用全年 20 年一遇或 30 年一遇洪水流量进行设计。

(2) 中期导流阶段坝体临时度汛标准。

中期导流阶段,围堰已失效,导流泄水建筑物尚未全部下闸封堵,施工导流标准应按坝体施工期临时度汛洪水标准,按表 2.66 的规定选用。

表 2.66　坝体临时度汛洪水标准

坝体拦洪库容/$10^8 m^3$	>10.0	10.0～1.0	1.0～0.1	<0.1
洪水重现期/年	≥200	200～100	100～50	50～20

(3) 后期导流阶段坝体度汛标准。

面板坝后期导流阶段坝体度汛标准,原则上与土石坝类度汛标准相同。根据我国现行情况,导流泄水建筑物封堵后坝体尚未达到泄洪能力而进行初期蓄水时,其拦洪度汛标准,一般根据大坝级别及其完建情况、拦洪库容大小,结合本工程以及下游的具体情况,按表 2.67 规定选用。在机组具备发电条件前、导流泄水建筑物尚未全部封堵完成时,坝体度汛可不考虑非常运用洪水工况,即校核洪水工况。

表 2.67　导流泄水建筑物封堵后坝体初期蓄水度汛标准

坝的级别	Ⅰ	Ⅱ	Ⅲ
设计洪水重现期/年	500～200	200～100	100～50
校核洪水重现期/年	1000～500	500～200	200～100

根据我国已建成的一些大型面板坝的初期蓄水时采用的拦洪度汛标准及其有关资料来看,我国大部分大型面板坝按重现期 100～300 年洪水设计,并以重现期 200～500 年洪水校核。国内部分面板堆石坝工程的施工导流标准见表 2.68。

4. 混凝土坝坝体度汛标准的选用

1) 混凝土坝施工导流特点

在混凝土重力坝施工中,常在坝体预留缺口,配合导流底孔、导流隧洞或其他永久泄水建筑物联合泄流,特大洪水漫顶时抗御能力较强,故混凝土重力坝容易解决施工导流问题,其导流设计标准要比土石坝低。

在混凝土拱坝建设中,更多的在坝身设置泄洪建筑物,采用多种泄洪方式,如二滩工程采用浅孔、中孔和泄洪洞三套联合泄洪设施。以往实践中较多工程选用挡枯水期时段的过水围堰。因坝体过水易于解决,采用枯水时段围堰挡水,较为经济合理。但对于坝体完建期导流标准,应按蓄水量大小,并考虑对其下游影响情况,相应的提高导流度汛标准。近年来对于混凝土高拱坝工程多选用全年挡水围堰,以利于封拱灌浆及有利于施工,并能缩短总工期,如二滩、构皮滩工程即采

表 2.68　国内部分面板堆石坝的施工导流标准

工程名称	建成年份	位置		坝高/m	导流标准					
					初期导流		拦洪度汛		初期运行	
		地点	河流		重现期/年	流量/(m^3/s)	重现期/年	流量/(m^3/s)	重现期/年	流量/(m^3/s)
西北口	1990	湖北	黄柏河	95.0	枯 20	2210	100	3520	100	3520
株树桥	1992	湖南	小溪河	78.0	枯 20	254	100	2980	100	2980
花山	1993	广西	古水河	80.8	50	1810	50	1810	100	2200
东津	1995	江西	东津水	88.5	10	1718	100	3630	500	2230
万安溪	1995	福建	万安溪	93.8	枯 20	617	50	1100	100	2300
天荒坪(下库)	1996	浙江	溪头溪	87.2	20	317	50	440	100	536
小山	1997	吉林	松江河	85.5	20	1070	50	1420	100	1640
白云	1998	湖南	巫水	120.0	20	—	100	2150	100	2150
莲花	1998	黑龙江	牡丹江	71.8	20	1860	30	8070	300	14700
珊溪	1998	浙江	飞云江	130.8	枯 10	1050	20	7790	—	—
天生桥一级	2000	广西	南盘江	178.0	枯 20	1670	30	17500	500	18800
古洞口	2000	湖北	古夫河	120.0	10	1550	100	3260	100	3260
大河	1999	广东	漠阳江	68.0	10	1290	20	1560	100	2160
芹山	2000	福建	穆阳溪	122.0	20	2230	50	2850	100	3310
黑泉	2001	青海	北川河	123.5	20	307	50	403	—	—
公伯峡	2006	青海	黄河	130.0	枯 20	1460	全年 20	3510	500	5440
松山	2002	吉林	漫江	78.0	20	1070	100	1640	—	—
潘口	2011	湖北	堵河	123.0	20	1600	30	10000	100	11500
盘石头	2007	河南	淇河	100.8	枯 20	3010	100	6650	1000	13500
新鄂	待建	黑龙江	站河	68.0	10	587	50	—	200	3640
双沟	2010	吉林	松江河	109.7	枯 20	1860	100	2980	—	—

用全年挡水围堰。

与其他混凝土坝型相比，碾压混凝土坝由于施工进度快，使施工期缩短，可以较其他坝型在施工期安排上减少度汛次数，特别是中小型坝可在一个枯水季完成。根据导流设计标准与施工期的关系，导流标准可以选用较低值，施工导流工程较为经济。

2）混凝土坝导流标准选用

混凝土坝工程施工导流，一般按初期导流阶段、中期导流阶段和后期导流阶段分别拟定标准，其中中期、后期导流属坝体挡水度汛阶段。

（1）初期导流标准。

导流设计流量的选用应同基坑施工导流时段选择同时进行。根据本工程具体情况来确定比较方案，从导流标准的高低、施工期的长短、工期保证、导流工程量及投资等方面进行综合分析比较后，确定选用的初期导流标准。

我国所建大坝中，除三峡、二滩等少数工程使用重现期≥30 年一遇外，通常使用重现期为 10 年、20 年。国外工程常用的重现期为 20～25 年。部分国家规范规定（或工程经验）的洪水标准见表 2.69，供参考。

表 2.69　部分国家规范规定（或工程经验）的洪水标准

规范或工程经验	国家	洪水重现期/年
中国规范	中国	3～50，常用 20
坝工手册	美国	10～100，常用 25
拱坝设计	美国	5～25
美国垦务局	美国	25
美国陆军工程兵团	美国	25
水工建设施工导流	苏联	10～100
日本工程经验	日本	20～30

（2）中期导流阶段坝体临时度汛标准。

大坝坝体施工高程超过围堰顶高程至最后一批导流泄水建筑物下闸水库蓄水前，属中期导流阶段。此阶段若需未完建坝体拦洪挡水，其度汛标准可按坝体升高拦蓄库容大小，并考虑对本工程及下游影响情况，依据表 2.70 选用坝体度汛的洪水标准。此阶段以最后一批导流泄水建筑物下闸时间为准，并不包括它们的封堵，因为导流泄水建筑物的封堵只是一个具体的施工措施，其时间安排并不处于施工总进度的关键线路上。

表 2.70　坝体施工期临时度汛的洪水标准

坝体拦洪库容/10^8m^3	>10.0	10.0～1.0	1.0～0.1	<0.1
洪水重现期/年	≥100	100～50	50～20	20～10

我国大型混凝土坝工程常用 100 年，见表 2.71，而对于在同样坝高库容条件下，薄拱坝的挡水时段度汛标准应较厚拱坝高。

表 2.71　部分工程坝体临时挡水阶段导流标准

工程名称	小湾	二滩	三峡	万家寨	棉花滩
坝型	双曲拱	双曲拱	重力	重力	碾压混凝土
坝高/m	292	240	181	90	111
导流标准/年	100	100	100	50	50
设计流量/(m^3/s)	13100	17340	83700	10300	8400

(3) 后期导流阶段坝体度汛标准。

最后一批导流泄水建筑物下闸后至坝体具备永久挡水条件且永久泄洪设施具备运用条件前为后期导流阶段，此时，坝体开始初期蓄水。后期导流阶段坝体度汛洪水标准，应根据大坝的级别、库容和失事后造成影响程度等因素，按表 2.72 选用。在机组具备发电条件前、导流泄水建筑物尚未全部封堵完成时，坝体度汛可不考虑非常运用洪水工况，即校核洪水工况。

表 2.72　导流泄水建筑物全部封堵后坝体度汛洪水标准

坝的级别	Ⅰ	Ⅱ	Ⅲ
设计洪水重现期/年	200～100	100～50	50～20
校核洪水重现期/年	500～200	200～100	100～50

坝体蓄水阶段度汛洪水标准与坝体施工期挡水度汛洪水标准，所不同的只是此时段拦洪时的坝体、泄洪建筑物等均已具备一定的规模、导流建筑物已经封堵，同时由于库容的增大，若遭意外，其后果远比施工期时严重，其度汛标准一般应比坝体施工期临时挡水度汛标准要高；另一方面，它又不同于坝体正常运用期，因为这时枢纽的其他建筑物尚不可能完全建成，故拦洪标准低于大坝的设计标准。我国已建成的坝，无论Ⅰ级还是Ⅱ级，大多数工程按重现期 100 年洪水设计，少部分工程的重现期以 200～500 年洪水设计。我国已建成的一些大型混凝土坝初期蓄水后坝体度汛洪水标准见表 2.73。

表 2.73 我国部分工程初期蓄水后坝体度汛洪水标准

工程名称	坝型	坝高/m	主体建筑物级别	蓄水库容/亿 m^3	洪水标准		泄洪方式
					重现期/年	流量/(m^3/s)	
水口	混凝土重力坝	101.0	Ⅰ	23.40	100	35000	溢洪道表孔
普定	碾压混凝土坝	75.0	Ⅰ	3.77	50	4729	泄水表孔
莲花	面板堆石坝	71.8	Ⅱ	41.80	30	14700	溢洪道
瀑布沟	心墙堆石坝	188.0	Ⅰ	9.76	200	8770	溢洪道、泄洪洞
江垭	碾压混凝土坝	131.0	Ⅰ	15.75	100	9380	泄水表孔
天生桥一级	面板堆石坝	178.0	Ⅰ	102.60	500	18800	溢洪道、泄洪洞
公伯峡	面板堆石坝	127.0	Ⅰ	6.20	500	5440	溢洪道、泄洪洞
万家寨	混凝土重力坝	90.0	Ⅰ	8.96	100	11700	泄水中孔、表孔
拉西瓦	混凝土拱坝	250.0	Ⅰ	10.50	100	4000	溢洪道
二滩	混凝土拱坝	240.0	Ⅰ	58.00	100	17340	泄水表孔、泄洪洞
龙滩	碾压混凝土坝	192.0	Ⅰ	162.10	200	29500	泄水表孔
小浪底	斜墙堆石坝	167.0	特	126.50	1000	24520	泄洪洞
古洞口	面板堆石坝	121.0	Ⅰ	1.38	100	3260	溢洪道
小湾	混凝土拱坝	292.0	Ⅰ	145.50	100	13100	泄洪洞
棉花滩	碾压混凝土坝	111.0	Ⅰ	11.22	100	9400	泄水表孔
大朝山	碾压混凝土坝	115.0	Ⅰ	8.90	500	18200	泄水表孔
三峡	混凝土重力坝	181.0	特	234.00	200	88400	泄水深孔表孔

在坝体完建、施工期蓄水完成且永久泄水建筑物具备设计泄洪能力后，工程进入正常运行阶段，坝体按永久设计洪水标准度汛。

我国部分混凝土坝施工导流标准见表 2.74，部分高拱坝导流标准见表 2.75。

5. 关于中期导流阶段坝体临时度汛标准问题的探讨

大型水利水电工程施工导流采用全年挡水围堰，从围堰挡水保护大坝施工到大坝未完建坝体挡水(大坝上升至高于围堰顶高程)，即工程施工初期导流进入中期导流阶段，其设计洪水标准相应改变。如何通过选择大坝度汛形象(浇筑高程、灌浆高程)、设置坝体泄水孔洞等解决坝体度汛安全问题是中期导流的重点。对于大型梯级枢纽，临时度汛洪水设计标准较围堰挡水设计标准提高较多。当汛前坝体刚超过围堰顶部高程时，根据规范规定，应采用坝体施工期临时度汛洪水设计标准，此时坝体度汛标准突然大幅度提高，坝体施工高程无法满足挡水度汛要求。在施工安排上，一般考虑以下两种方式：①控制坝体施工高程不超过围堰顶

表 2.74　我国部分混凝土坝的施工导流标准

工程名称	建成年份	位置		坝高/m	导流标准					
					初期导流		拦洪度汛		初期运行	
		地点	河流		重现期/年	流量/(m^3/s)	重现期/年	流量/(m^3/s)	重现期/年	流量/(m^3/s)
混凝土重力坝										
安康	1992	陕西	汉江	128.0	枯 10	4700	50	22200	200	35700
青溪	1992	广东	汀江河	51.0	枯 10	2410	全年 10	6370	100	10200
南一	1993	福建	船扬溪	90.0	枯 5	251	30	1890	100	2640
铜街子	1994	四川	大渡河	82.0	20	9200	50	10300	500	13100
岩滩	1995	广西、贵州	红水河	110.0	枯 5	15100	20	19700	1000	30500
漫湾	1995	云南	澜沧江	132.0	20	9500	50	11600	1000	18500
水口	1996	福建	闽江	101.0	20	28400	50	35000	100	46700
五强溪	1996	湖南	沅水	87.6	枯 20	16000	50	36600	500	35700
飞来峡	2000	广东	北江	48.8	20	15500	20	15500	500	21800
万家寨	2000	山西	黄河	105.0	20	8350	50	10300	100	11700
青山殿	1998	浙江	分水江	47.3	5	2970	全年 10	3080	50	5960
三峡	2008	湖北	长江	181.0	50	72300	100	83700	200	88400
闸坝										
马骝滩	1993	广西	郁江	37.8	枯 10	1834	全年 10	2390	—	—
东西关	1995	四川	嘉陵江	43.2	枯 10	3840	全年 10	22100	50	30500
高砂	1995	福建	沙溪	25.0	10	6140	10	6140	50	8400
大峡	1998	甘肃	黄河	72.0	枯 10	3840	20	5000	100	6500
大源渡	1998	湖南	湘江	32.5	10	16800	50	19000	100	23600

续表

工程名称	建成年份	位置		坝高/m	导流标准					
		地点	河流		初期导流		拦洪度汛		初期运行	
					重现期/年	流量/(m^3/s)	重现期/年	流量/(m^3/s)	重现期/年	流量/(m^3/s)
闸坝										
叶茂	1998	广西	龙江	34.7	枯5	2410	10	6370	50	9900
凌津滩	2000	湖南	沅水	49.0	枯5	15200	10	18000	—	—
铜钟	2000	四川	岷江	—	枯5	294	汛5	1360	—	—
沙坡头	2004	宁夏	黄河	37.8	10	5860	10	5860	—	—
碾压混凝土坝										
普定	1993	贵州	三岔河	75.0	枯10	423	50	4729	100	5100
万安	1994	江西	赣江	68.0	枯20	7100	全年20	15500	—	—
观音阁	1995	辽宁	太子河	82.0	20	5580	50	7840	1000	15700
石漫滩	1997	河南	滚河	40.0	10	1955	20	2644	100	4335
江垭	2000	湖南	娄水	131.0	枯10	2100	50	8470	100	9380
白石	1999	辽宁	大凌河	50.3	10	7070	50	16000	500	30600
沙牌	2001	四川	草坡河	132.0	5	99	—	—	—	—
棉花滩	2002	福建	汀江	111.0	枯5	2120	50	8400	100	9400
大朝山	2003	云南	澜沧江	115.0	枯5	3940	50	12600	100	14200
龙滩	2009	广西	红水河	192.0（一期）	10	14700	100	23200	200	29500

表 2.75　我国部分高拱坝的施工导流标准

工程名称	建成年份	位置		坝高/m	施工导流标准					
		地点	河流		初期导流		拦洪度汛		初期运行	
					重现期/年	流量/(m^3/s)	重现期/年	流量/(m^3/s)	重现期/年	流量/(m^3/s)
乌江渡	1983	贵州	乌江	165.0	枯 10	1320	50	13000	200	16100
东江	1988	湖南	耒水	157.0	枯 20	1760	20	6140	100	9640
紧水滩	1991	浙江	龙泉溪	102.0	20	2040	100	3750	200	6200
龙羊峡	1992	青海	黄河	178.0	20	3580	50	4770	200	5650
白山	1994	吉林	第二松花江	149.5	枯 10	2910	50	5800	100	11800
东风	1995	贵州	乌江	168.0	枯 10	919	50	9880	100	11000
隔河岩	1995	湖北	清江	151.0	枯 20	3000	50	12000	100	13500
李家峡	1999	青海	黄河	155.0	20	2000	50	2500	100	—
二滩	2000	四川	雅砻江	240.0	30	13500	50～100	14600～17340	100	17340
溪洛渡	2015	四川	金沙江	273.0	50	32000	100	34800	200	37600
小湾	2010	云南	澜沧江	292.0	30	10300	50～100	11600～13100	100	13100
构皮滩	2011	贵州	乌江	232.5	10	13500	100	21000	200	23200
拉西瓦	2010	青海	黄河	250.0	20	2500	100	4000	100	4000

部高程，仍按围堰挡水标准度汛，考虑围堰运行使用期。对于坝体施工处于施工进度中关键路线上的大型水利水电工程，此种安排将限制坝体汛期上升，影响施工进度和总工期。②加大汛前坝体施工强度，在汛前将坝体抢筑到坝体度汛高程以上，则需加大资源投入，不利于均衡施工。

为缓解上述矛盾，可采用下列措施：

(1) 适当抬高围堰挡水设计洪水标准。鉴于围堰全年挡水施工的水利水电工程存在不同导流阶段设计洪水标准不同的问题，在拟定围堰挡水设计洪水标准时，为便于初期导流与中期导流泄水建筑物泄流能力的衔接，可结合工程水文、施工条件与难度、工程投资等因素，研究适当抬高围堰挡水设计洪水标准的可行性。例如，提高二滩水电站上游土石围堰挡水设计洪水标准，采用 30 年一遇洪水流量。

(2) 利用上游梯级水库的调蓄作用，适当降低坝体临时度汛设计洪水流量。随着我国水利水电工程建设对河流实施梯级开发，施工导流设计中遇到上游已建有梯级水库的情况会越来越多。在流域梯级开发中，上游建有梯级水库时，有调峰、削峰作用。当水库较大时，可控制其下泄流量，并利用上游水库及水情测报，进行调峰错峰调度，适当降低坝体临时挡水度汛设计洪水流量，减少施工期坝体防洪度汛压力。

坝体临时度汛设计洪水应由两部分组成：一部分是上游梯级水库泄流包括正常发电等运行下泄流量和汛期调蓄后的泄流量；另一部分是区间来水，前者需根据水库调度和导流洪水标准确定下泄量，后者是按导流标准分别按上游梯级水库遇导流标准加区间相应组合和区间遇导流标准洪水加上游相应组合两种情况的洪水分别进行比较后确定。

按我国现行规范《水电工程施工组织设计规范》(DL/T 5397—2007)以及《水利水电工程施工组织设计规范》(SL 303—2004)规定的范围选定坝体临时挡水度汛设计洪水标准后，结合上游水库的调蓄洪水的具体情况，拟定几个坝体度汛流量方案进行比较，通过对电能损失、工程投资、工期保证性等因素的综合分析，最后确定采用的坝体度汛流量方案。方案的拟设、比较，可按以下几种情况进行。

方案一：施工期间不考虑上游水库调蓄作用。

方案二：考虑在施工期间上游水库对洪水的调蓄作用，降低汛限水位。

方案三：出库流量降至机组发电下泄流量。

方案四：充分考虑并最大限度地发挥上游水库调蓄洪水作用，减少出库流量。

(3) 优化导流时段划分，适当延长枯水期，缩短汛期，延长坝体施工时间。

导流时段的选择是为了确定主体工程施工顺序和施工期间不同时期宣泄不同导流流量的方式。影响导流时段选择的主要因素有河道水文特性、主体建筑物型式、导流方式、施工进度等。选择导流时段，应研究降低导流设计流量的可能性和合理性,使导流方案达到安全与经济的统一。

由于河道来水的随机变化,选择不同的导流时段,对于同一设计频率标准,对应的设计流量的大小也就不同;导流设计不仅要确定设计频率,而且也要确定导流时段,才能确定导流设计流量。导流设计流量应按汛期导流时段和非汛期导流时段分别拟定。

以早期建设的大伙房水库为例,其所在浑河水文特性时段与流量见表2.76。

表2.76 浑河的水文特性时段与流量

时段编号	水文特征时段名称	水文特征时段的起止时间	频率 $P=5\%$ 的流量/(m^3/s)
A	春汛期	3月1日~5月31日	398
B	汛前期	6月1日~7月10日	568
C	洪水期	7月11日~9月10日	4700
D	汛后期	9月11日~10月31日	294
E	枯水期	11月1日~2月28日	66

根据表2.76提供的浑河的水文特征时段与流量资料来选择导流时段,不同水文特征时段的组合对应的导流设计流量迥然不同,相差幅度很大,见表2.77。

表2.77 不同的导流时段的设计施工流量

挡水特征	导流时段的起止日期	水文特征时段的组合	施工导流设计流量/(m^3/s)
挡洪水	全年	A+B+C+D+E	4700
挡中水	9月11日~次年7月10日	A+B+D+E	568
挡春汛	9月11日~次年5月31日	A+D+E	398
挡枯水	9月11日~次年2月28日	D+E	294
挡最枯水	11月1日~次年2月28日	E	66

因此,通过优化导流时段划分方案,在不影响围堰挡水标准的条件下,达到适当延长枯水期,缩短汛期,延长坝体施工时间是可行的。由于坝体临时度汛标准洪水流量一般受主汛期水文条件控制,通过争取坝体施工时间,可以抢在主汛期之前将坝体筑高到施工期临时度汛高程以上,主汛期坝体仍可继续上升。

导流时段的划分是依据工程的自然因素、枢纽布置及其结构型式、工程规模和施工总进度计划安排与施工要求,从工程所在河流流域洪水季节的分布特点及全年径流量的变化规律,通过水文分析和频率计算,绘制出全年及时段洪水频率统计结果,见表2.78,或将施工洪水划为枯水期、汛期等几个时段,绘制出施工洪水时段不同频率洪水流量,见表2.79,进行导流时段方案的比较和选定。表2.80为湖南澧水江垭工程坝址处不同时段瞬时流量频率计算结果。

表 2.78 洪水重现期 (单位:m^3/s)

时段＼重现期/年		300	200	100	50	30	20	10	5
全年									
时段									

表 2.79 各施工时段不同重现期洪水流量 (单位:m^3/s)

时段＼重现期/年	200	100	50	30	20	10	5
春汛期							
汛前期							
主汛期							
汛后期							
枯水期							

表 2.80 江垭工程不同时段不同重现期瞬时流量结果 (单位:m^3/s)

时段＼重现期/年	100	50	20	10	5	2
全年	9580	8470	7010	5870	4700	3100
9～次年 3 月	—	—	3430	2690	1960	997
10～次年 4 月	—	—	2700	2100	1530	841
10～次年 3 月	—	—	2090	1630	1170	571
11～次年 3 月	—	—	1530	1120	742	323

2.5 小 结

2.5.1 主要结论

(1) 施工导流贯穿整个工程施工的全过程,其方案的选择涉及地形地质条件、工程枢纽布置及河道径流和通航条件等。对于高坝大库水利水电工程,其导流阶段划分和导流时段选择以及导流方式确定是关键的设计环节。导流阶段划分为确定设计洪水标准提供时间依据。各个导流阶段的导流方式选择为选定枢纽总布置格局奠定基础。

(2) 水利水电工程的施工导流，按施工进程中导流和挡水情况的不同，一般划分为几个阶段。对于中、高水头的工程，可以划分为围堰挡水、坝体挡水和蓄水完建三个阶段，对于低水头工程，一般只具有其中的一个或两个阶段。

在一次拦断河床导流方式中三个阶段比较明显，对于分期导流，各阶段不甚明确，常出现几个阶段交叉的情况。初期、中期、后期三个导流阶段划分的根本意义在于合理确定施工导流阶段和度汛标准，为导流程序设计创造先决条件。

围堰挡水阶段划入初期导流阶段；坝体临时挡水至最后一批导流泄水建筑物下闸前划入中期导流阶段；最后一批导流泄水建筑物下闸后至坝体具备永久挡水条件且永久泄洪设施具备运用条件划入后期导流阶段。

特殊情况下，为控制施工期蓄水上升水位或闸门水头，个别导流泄水建筑物(如坝身导流底孔)在后期导流阶段下闸。

(3) 对于分期围堰导流方式的导流阶段划分方案。分期本身就是从时间上将导流过程划分成若干阶段，因此无需再按初期、中期、后期三个阶段划分。但应注意在坝体挡水(中期导流阶段)及蓄水完建(后期导流阶段)合理选择坝体施工期临时度汛和导流泄水建筑物封堵后坝体度汛的洪水设计标准。

(4) 将高坝大库水利水电工程的施工导流过程划分为初期、中期、后期三个导流阶段，在时间安排上比较连贯，也较为合理。增加一个中期导流阶段，使得原来集中在后期导流阶段中产生的、历时很长的坝体临时挡水、泄水、度汛、水库蓄水和临时导流泄水建筑物的分层设置、下闸和封堵等十分复杂的问题得以分散处理，使得施工导流的设计和施工的内涵也得到了扩展和延伸。

(5) 当汛前坝体刚超过围堰顶部高程时，应采用坝体施工期临时度汛洪水设计标准，坝体度汛标准大幅度提高，而坝体施工高程无法满足挡水度汛要求。如何通过选择大坝度汛形象，设置坝体泄水孔洞等解决坝体度汛安全问题是摆在设计人员面前的突出问题，研究采用下列措施可缓解上述矛盾。

① 适当抬高围堰挡水设计洪水标准。

② 利用上游梯级水库的调蓄作用，适当降低坝体临时度汛设计洪水流量值。

③ 优化导流时段划分，适当延长枯水期，缩短汛期，延长坝体施工时间。

(6) 导流设计流量应按不同导流时段和非汛期导流时段分别拟定。

通过优化导流时段划分方案，在不影响围堰挡水标准的条件下，达到适当延长枯水期，缩短汛期，延长坝体施工时间是可行的。由于坝体临时度汛标准洪水流量一般受主汛期水文条件控制，通过争取坝体施工时间，可以抢在主汛期之前将坝体筑高到施工期临时度汛高程以上，主汛期坝体仍可继续上升。

2.5.2 规范制(修)订建议

(1) 一次拦断河床围堰导流方式。导流阶段可划分为初期导流、中期导流和后期导流三个阶段。导流阶段划分方案为:围堰挡水阶段划入初期导流阶段;坝体临时挡水至最后一批导流泄水建筑物下闸前划入中期导流阶段;最后一批导流泄水建筑物下闸后至坝体具备永久挡水条件且永久泄洪设施具备运用条件划入后期导流阶段。

(2) 分期围堰导流方式。导流分期不宜超过三期。应统筹安排好开工、各期截流、导流泄水建筑物封堵和蓄水发电等关键节点。

(3) 施工导流程序应与施工总进度安排相协调。应统筹安排好开工、导流泄水建筑物施工、截流、导流挡水建筑物施工,大坝临时挡水度汛、导流泄水建筑物封堵和蓄水发电等施工工序和关键节点。

(4) 土石坝挡水度汛时,上游围堰应尽可能与坝体结合,并采取以坝体拦挡第一个汛期洪水的导流度汛方式。当坝体填筑工程量大,采用临时拦洪断面时,应注意以下几点:①临时断面顶部应有足够的宽度,以便在紧急情况下,仍有余地抢筑子堰,确保安全。②临时断面的边坡应保证稳定,其安全系数宜不低于正常设计标准。为防止施工期间由于暴雨和其他原因而坍坡,必要时应采取简便易行的防护措施和排水措施。③斜墙坝和心墙坝的防渗体一般不应采用临时断面。④上游垫层和块石护坡应按设计要求填筑到拦洪高程,如果不能达到要求,则应考虑临时的防护措施。

(5) 面板堆石坝经技术经济比较论证,度汛方式可采用:①临时断面挡水度汛;②坝体先期过流,后期挡水度汛;③坝体预留缺口过流,坝体分段填筑、分期施工;④围堰挡水,大坝全年施工。

第3章　梯级电站环境下施工导截流标准影响因素

本章介绍梯级电站环境下施工导截流标准影响因素，包括导流标准问题，施工洪水特性及其水库调蓄作用，梯级电站运行对施工洪水及导截流的影响，围堰溃堰对导流标准的选取及梯级电站水库调蓄对百鹤滩、乌东德电站导截流的影响。

3.1　梯级电站的施工导截流标准问题

3.1.1　国内梯级电站施工导截流工程实践

我国的水能资源非常丰富，目前我国西部地区已进入全面梯级开发建设阶段，如金沙江下游梯级水利水电工程向家坝、溪洛渡、白鹤滩以及乌东德等相继开发兴建。在拟建工程的上游有已建梯级电站水库，无疑上游的已建水库有调蓄、削峰的控制作用。梯级开发电站枢纽所在河段上游建有水库时，导流建筑物所采用的洪水标准应考虑上游梯级电站水库的影响及调蓄作用，国内外都有工程实例。从已收集到的资料来看，我国长江流域、西南诸河及黄河流域相关资料比较齐全，此外还有第二松花江干流上的梯级开发电站施工导流设计标准及流量确定的实例。

拟建工程的导流设计流量，取决于已建工程的下泄流量和区间汇入流量。早在八盘峡电站兴建时，设计施工流量的选择就考虑了其上游已建电站刘家峡水库的调节作用。当不考虑刘家峡水库的调节作用时，八盘峡电站设计施工流量为6350m^3/s，校核施工流量为7300m^3/s。考虑到刘家峡水库作用，调节其下泄均为4540m^3/s。在选定频率5%的情况下，两电站间的区间径流为950m^3/s。故八盘峡电站的设计施工流量为频率5%时，刘家峡水库调节下泄流量4540m^3/s与两电站间的区间径流950m^3/s之和，为5490m^3/s。黄河拉西瓦电站施工期洪水主要由龙羊峡水库控制，施工期水流控制可充分利用龙羊峡水库的调蓄作用，拉西瓦主体工程施工期可根据龙羊峡水库每年蓄水情况调整调洪方式，增加泄量控制，即降低汛限水位，削减下泄洪水，降低拉西瓦工程导流投资和施工风险，加快施工进度，因而，拉西瓦的导流隧洞与上、下游土石围堰取4级临时建筑物，导流标准按20年洪水重现期考虑。又如构皮滩电站施工导流期间，上、下游RCC围堰和导流隧洞按4级临时建筑物设计，其设计洪水标准频率为10%，洪峰流量为13500m^3/s，在考虑上游乌江渡等电站在汛期预留 5.5 亿 m^3 防洪库容调蓄后将频率 10%的洪峰流量降低到 10930m^3/s。2002～2004 年，在黄河公伯峡电站主体工程施工期，通过和上游电站的联合调度，成功实施了对施工洪水的管理。

由此可见，当上游有已成梯级，考虑梯级的调节作用，对降低设计施工流量，节约导流工程投资是十分有利的。

3.1.2 国外梯级电站的施工导截流工程实践

国外也有类似的工程实例。例如，苏联库尔普塞电站是纳伦河上第二个梯级电站，它的上游是托克托古里电站。库尔普塞电站的施工导流考虑了上游托克托古里水库的调蓄作用，将频率为 1%的流量 2980m^3/s 降低为 1800m^3/s。在施工中，进一步考虑将托克托古里水库放空，从而把库尔普塞电站的设计施工流量降低到 1100m^3/s，使导流隧洞的断面尽可能减小，节约了大量导流工程投资。再如，菲律宾阿格诺河上宾加电站的施工导流采用隧洞全年导流，考虑到上游安布克劳水库可调蓄部分洪水，将导流标准定为 30 年一遇洪水。美国华盛顿州东北角的哥伦比亚河支流庞多勒(Pond Orille)河的邦德里电站在施工导流期间，经上游水库调节减小了洪峰流量，按实测最大流量确定导流标准，根据庞多勒河上每年发生较大洪水的特点，要求确定一个合适的导流标准以免导流建筑物造价过高，如采用全年 5 年或 10 年一遇的导流标准，则需要大隧洞或高围堰，相应造价大幅增加。考虑到坝址河道中夏季出现的流量对施工有重要影响，如大于 1415m^3/s 以上的洪水均发生在每年的 5～7 月，因此，设计确定导流流量为 1415m^3/s，以保证每年 12 个月中有 9 个月的工期，据此确定施工计划。根据导流设计标准确定相应合理的围堰和导流隧洞规模，并制定出每年连续施工 9 个月的枯水季节施工进度，大大减少了工程投资。

根据长江水利委员会网络与信息中心的文献检索资料看，美国、加拿大等国在河流梯级开发方面都有利用上游已建水库调蓄洪水，以降低下游兴建水库(电站)导流标准的工程实例，但这些资料并不多，难以从中明确得出梯级电站水库调蓄及调度的系统性结论。

3.1.3 国内外梯级电站的施工导截流问题研究

在我国梯级水电开发程度较高的黄河上游河段，许多专家学者对梯级电站的施工导截流问题进行了较深入的研究。熊炳煊等(1991;1987)针对黄河上游河段进行了梯级电站水库施工洪水分析。梯级电站设计洪水方法一直是梯级电站水文设计的难点，几十年来在黄河上游梯级电站设计中已总结出一套比较完整的设计洪水及施工洪水计算方法。杨百银(2004)通过对公伯峡电站施工洪水的优化设计给出了梯级电站水库设计洪水的计算方法。曹光明(2002)进行了梯级电站径流调节对下游在建电站工程导截流的影响分析。谢小平等对公伯峡电站施工期设计洪水流量的合理选择进行了详细分析。此外,一些专家学者对其他江河流域的梯级电站施工导截流问题也有一定的研究。以三峡—葛洲坝梯级电站为例,王兴奎等(2002)对三峡工程明渠提前截流进行了运用枢纽调度减轻截流难度影响的数学模型计算。

有关梯级电站水库群设计洪水及联合优化运行实质上与梯级电站的施工导截流问题是密切相关的,这些方面也是目前学术界和工程界研究的热点之一。例如,马光文等(2008)编著了《流域梯级电站群联合优化运行》;中国水电顾问集团水电水利规划设计总院2009年专业组织进行了梯级电站水库群设计洪水研究。

3.2 梯级电站施工洪水特性及其导截流标准应用

3.2.1 梯级电站水库群类型及其特点

1. 梯级电站水库群的定义和类型

梯级电站水库的调蓄影响施工导截流标准的选择,为使研究问题得到一定简化,有必要对梯级电站水库(群)的含义进行界定,并进行概化。

在一条河流(或河段)上修建多座水库,若上游水库的下泄流量是下游水库入库流量的组成部分,这种上、下游水库之间具有水力联系的水库称为梯级电站水库。多座梯级电站水库组成的水库群称为梯级电站水库群。

熊炳煊(1991)指出,水库群的类型按照各水库在流域中的相互位置和水力联系可概化为三种类型,如图3.1所示。

(1)单一水库。单一水库下游拟建工程的施工洪水应根据上游水库的天然来水和调节作用,以及已建和拟建水库区间的洪水组合规律经调洪计算确定。

(2)并联水库。在上游已建成并联水库的情况下,根据干支流与区间洪水的组合遭遇规律,通过两并联水库对区间及相互间的补偿调节计算,确定下游拟建工程的施工洪水。

(3)梯级电站水库。以两个梯级电站水库为例,由拟建水库与梯级电站水库所处位置不同,可以概化为图3.1中(c)、(d)两种形式。在梯级电站水库条件下,拟定不同的洪水地区组成,通过梯级电站水库对各区间及相互的补偿调节计算,确定拟建梯级的施工洪水。

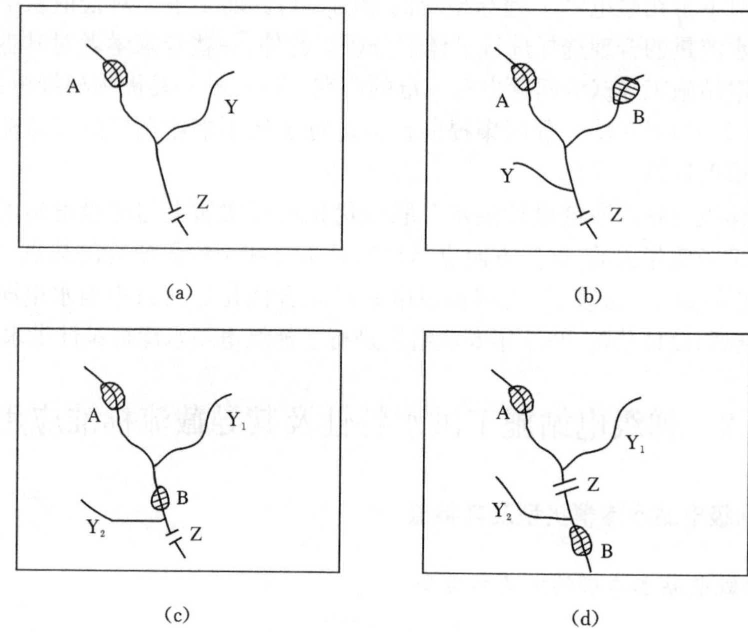

图 3.1　水库群相对位置示意图

A、B. 已建水库；Z. 在建水库；Y、Y_1、Y_2. 未建水库的支流

上述概化的几种类型是水库群组成的基本形式，水库群的组成情况复杂的一般可由上述几种形式组合而成。

按照各水库的相互位置和水力联系的有无，水库群可概化为三种类型：串联水库群、并联水库群及混联水库群。

(1) 串联水库群[图 3.1(c)、(d)]是指布置在同一条河流的水库群，即梯级电站水库群。梯级电站水库群各库的径流之间有着直接的上下联系，有时落差和水头也互相影响。按照枯水水流和正常蓄水位时各库间回水的衔接与否，又分衔接梯级、重叠梯级和间断梯级三种情况。

(2) 并联水库群[图 3.1(b)]是指位于相邻的几条干支流或不同河流上的一排水库。并联水库群有各自的集水面积，故并无水力上的联系，仅当为同一目标共同工作时，才有水力上的联系。

(3) 混联水库群是串联与并联混合的水库群形式。

按水库群主要的开发目的和服务对象，水库群的类型又分为以发电、防洪、灌溉等为目的的梯级电站水库群。

在水电水利规划设计总院等对梯级电站水库群进行的研究中，图 3.2～图 3.4为以三个水库为例的串联、并联或混联水库群示意图。

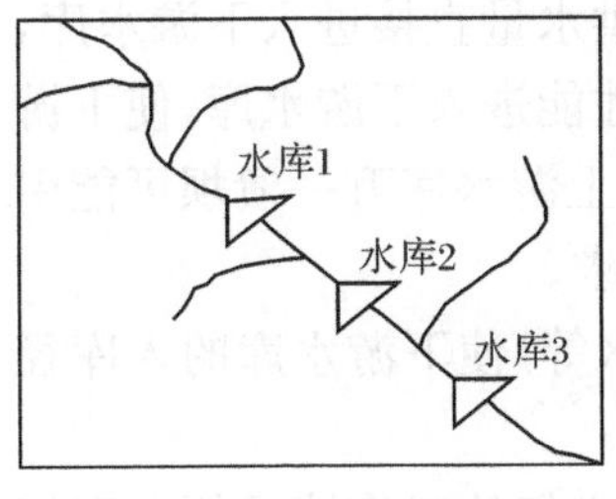

图 3.2　串联水库群

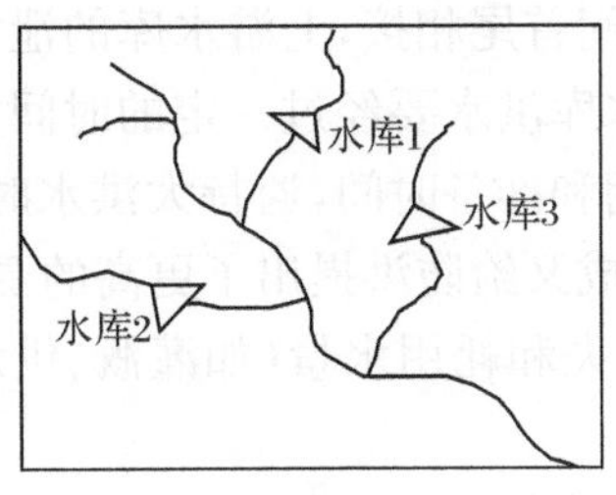

图 3.3　并联水库群

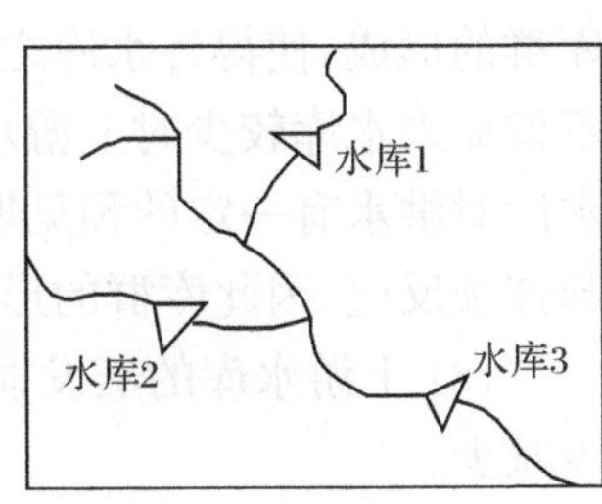

图 3.4　混联水库群

2. 梯级电站水库群的特点

1) 梯级电站水库群的工作特点

梯级电站水库群的工作特点主要表现在以下四个方面：

(1) 库容大小和调节程度上的不同。库容大、调节程度高的水库常可帮助调节性能相对较差的水库，发挥库容补偿调节的作用，提高总的开发效果或保证水量。

(2) 水文情况的差别。由于各水库所处的河流在径流年内和年际变化的特性上存在差别，在相互联合运行时，可提高总的保证供水量或保证出力，起到水文补偿的作用。

(3) 径流和水力上的联系。梯级电站水库群径流和水力上的联系将影响到下库的入库水量、上库的落差等，使各水库在参数(如正常蓄水位、死水位，装机容量，溢洪道尺寸等)选择或控制运用时，均有极为密切的相互联系，往往需要统一研究来确定。

(4) 水利和经济上的联系。一个地区的水利任务，往往不是单一水库所能完全解决的。例如，河道下游的防洪要求、大面积的灌溉需水，以及大电力网的电力供应等，往往需要由同一地区的各水库来共同解决，或共同解决能达到更好的效果，这就使组成梯级电站水库群的各水库间具有了水利和经济上的联系。

2) 梯级电站水库群的水力联系

梯级电站水库群最主要的特点是上、下水库间的水力联系，这种联系表现在以下四个方面：

(1) 位于上游的、较高调节程度的水库对天然来水起到调节作用，因而改变了下游水库的入库流量(包括洪水与枯水)在时间上的变化过程，即改变了年内分配，甚至年际分配。

(2) 梯级电站水库群各库的天然水流(包括区间径流)往往同步性较好，因而上游水库在枯水期提高的下泄流量，以及在洪水期通过水库之间削峰、错峰的方法减少的下泄流量，能有效减轻下游水库的调节任务。但另一方面，梯级电站水库群的形成，使得各水库之间首尾相接，上游水库的泄洪水量直接进入下游水库，不像原来水库较少时上游水库洪水要经过一定的时间才能进入下游水库，使下游水库对洪水有一定的预见期和准备时间，遇特大洪水时上游水库万一溃坝可能引起连锁反应，因此库群的形成又给防洪提出了更高的要求。

(3) 上游水库的蒸发损失和耗用水量(如灌溉、供水等)使下游水库的入库径流减少。

(4) 如果梯级电站水库群为同一用水部门服务，则它们的工作情况便有密切的、常常是互为补充的关系。上游水库放水增加，就可相应减少下游水库的放水。反之，如果梯级电站水库各有独立的供水部门、互无关联，则情况恰恰相反。

3) 梯级电站水库群的运行特点

与单电站运行相比，梯级电站水库群的运行具有以下特点：

(1) 发电水量的联系。下游梯级电站发电水量即为上游梯级电站的下泄水量，或主要取决于上游电站下泄水量，因此，下游电站的发电量受上游电站发电量的影响明显。此外，在汛期，在准确进行洪水预报的基础上，实行上、下游梯级电站的联合运行，做到汛前适当提前降低水位，增加调节库容拦蓄小洪水；汛末及时拦蓄洪水尾巴，增大枯水期发电水量。

(2) 发电水头的联系。梯级电站水库群间还存在水头的联系，下游水库若库水位过高，则抬高了上游电站尾水位，降低上游水库发电水头，减少发电量；下游水库若库水位过低，则自身发电水头亦可能偏低，也导致发电收益减少。

(3) 调频、调峰的联系。梯级电站水库群往往供电同一电力主网，且大多承担系统的调频、调峰任务，梯级电站群通过联合运行，合理分配旋转备用，减少弃水量，同时还可增大系统调峰容量，提高电网运行的安全稳定性。

3. 梯级电站水库群防洪特性

1) 水库群防洪系统的特点

梯级连续开发可缩短总体工期，减少总投资，加速实现梯级效益。可优化安排各梯级电站的施工进度，施工期互相搭接，施工高峰又互相错开，可加速梯级开发进程；可提高施工设备和场地的利用率；利用上游水库蓄水时机减少下游水库电站的施工导流流量；可减少施工队伍转移的费用和时间，缩短工期。

从防洪方面来讲，梯级电站水库群建成后，若上游有调蓄能力的大、中型梯级电站水库时，由于受上游水库调蓄的影响，其下游断面洪水的时空和量的分布将会发生较大的变化。上游具有调蓄能力的梯级电站水库除保证自身防洪安全外还要担负下游梯级电站水库的防洪安全任务，它可削减洪峰、蓄存洪量，可提高下游各梯级电站水库的防洪标准，减小泄洪设施规模。但若上游梯级电站水库防洪标准选择不当、运行管理不善而溃决，则有可能导致下游梯级电站水库的连溃，形成灾难性的后果，其责任重大。梯级电站水库群中的下游水库只承担上游水库的下泄流量和区间洪水，下游水库在整个流域中的防洪地位将下降。尽管如此，单就整个梯级电站水库群的防洪安全而言，梯级电站水库群中的任一梯级均具有各自的作用，在河流梯级间任一处修建一个新工程或改变一项防洪措施，势必会对全流域梯级电站水库群的防洪安全产生或大或小的影响。在新建水库工程的设计中，既要考虑上游水库对本梯级电站水库的影响，也要考虑本梯级电站水库对下游各梯级电站水库的影响，必须高度重视其与已建的和近期待建水库工程之间的相互关系，确保各梯级电站水库应有的防洪安全。

2) 水库群防洪决策的特点

流域梯级开发的合理方案应为上游具有调节能力的大中型水库，形成梯级电站水库群，通过上游梯级电站水库的年度季节调节能力改善径流的自然分配模式，在确保各梯级电站水库达到各自的防洪标准的前提下，使整个梯级实现削峰填谷、引洪兴利，经济效益和防洪效益最大。

3) 水库群防洪标准的特点

河流梯级开发中的梯级电站水库通常数目较多，各库所处地理位置不同，规模有大有小，建设时间也不同步，故与之相应的工程等级和防洪标准也有高有低，假设其中有一个水库失事，将对下游梯级产生连锁反应，造成严重的后果。梯级电站水库群的防洪安全互有影响，是一个相互关联的系统的防洪安全问题，其防洪标准的选择较单一水库情况复杂。

4) 水库防洪标准的影响因子分析

水库防洪标准是一个国家的经济、技术、政治、社会和环境等因素在水库工程上的综合反映，对水库大坝安全有重大的影响。水库防洪标准的确定涉及诸多因素，影响梯级电站水库防洪标准确定的因子主要有：①经济条件；②工程规模及筑坝材料；③失事后对下游危害的大小；④梯级电站水库群防洪调度；⑤其他因子。

3.2.2 梯级电站水库施工洪水分析

1. 施工设计洪水基本特性

1) 施工设计洪水

设计洪水是指符合一定设计标准的洪水。其包括设计洪峰流量、一定时段的设计洪水总量和设计洪水过程线三个要素。

施工设计洪水指符合工程施工期间临时度汛标准的洪水。施工设计洪水包括年最大设计洪水及年内各分期的设计洪水。前者多用于围堰、导流建筑物或坝体挡水的防洪设计；后者多用于施工截流、施工进度计划以及下闸蓄水时机的选择等。

2) 施工设计洪水的量级

洪水大小通常按照洪水要素(洪峰流量、洪峰水位或洪量)而分成一般(小于10年一遇)、较大(10～20年一遇)、大(20～50年一遇)和特大(大于50年一遇)洪水4级。施工设计洪水的量级在3～200年一遇之间,跨度较大。初期导流为3～50年一遇,为一般洪水至大洪水;中期导流为10～200年一遇,为较大洪水至特大洪水;后期导流为20～500年一遇,为大洪水至特大洪水。

2. 典型流域施工洪水过程概化

已建水库下游某断面的设计洪水不仅与上游水库的天然来水和水库的调度运用方式有关,而且还与各相应区间的洪水特性有关。根据现行有关规范的要求,需按典型年法及同频率组成法拟定设计断面的洪水地区组成,并进行水库的调洪演算,经水库调节后的下泄流量过程与区间相应洪水叠加,得到水库下游某断面设计洪水。

梯级水电工程建设环境下,天然施工洪水受到上游已建和在建的水工建筑物或导流建筑物的控制和影响,改变了原有的洪水统计特性,可采用随机水文学分析方法模拟施工洪水在相关梯级影响下的形成过程,建立已建梯级控泄影响下的梯级洪水分析模型、在建梯级导流系统影响下的梯级洪水分析模型、河网中多梯级影响的施工洪水与区间洪水叠加的时程分析模型,综合建立梯级施工洪水随机模型。典型流域施工洪水概化模型如图3.5所示。

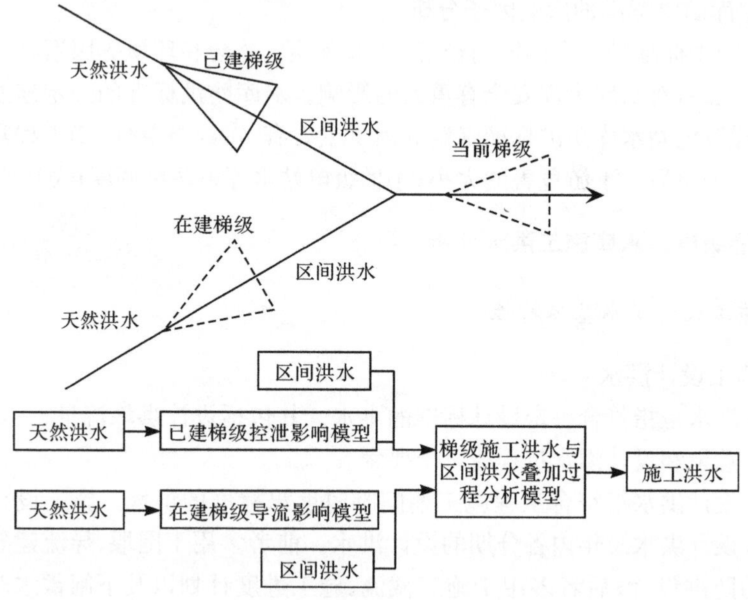

图3.5 典型流域施工洪水概化模型

3. 施工设计洪水分析计算

1) 我国现行规范对施工设计洪水选取的有关规定

(1) 计算施工分期设计洪水时，既要考虑工程施工设计的要求，又要使起止时期基本符合洪水成因变化规律和特点，分期不宜太短，不宜短于 1 个月。

(2) 施工分期洪水系列选样原则可参照汛期分期设计洪水计算时的选样原则执行。施工期洪水系列跨期选样时，跨期不宜超过 5～10 日，跨期选样计算的施工分期设计洪水不应跨期使用。

(3) 当设计依据站实测流量系列较长且施工设计标准较低时，施工分期设计洪水可根据经验频率曲线确定。

(4) 当上游有调蓄作用较大的水库工程时，应分析计算受其调蓄影响后的施工分期设计洪水。

(5) 对计算的施工分期设计洪水，应分析各施工期洪水的统计参数和同频率设计值的年内变化规律，检查其合理性，必要时可适当调整。

2) 天然情况下施工设计洪水

在工程设计中，为合理确定施工导流建筑物的尺寸和安排施工进度，需进行施工洪水计算。天然河道的施工洪水问题，一般以某种频率的年最大流量作为设计依据。施工设计洪水是根据施工设计要求而推求的。施工要求的分期如果与洪水频率计算而作的分期一样，就可直接采用分期设计洪水作为施工设计洪水；如果两者不一样，可采用如图 3.6 所示方法，根据分期设计洪水确定施工设计洪水，此处不再赘述。

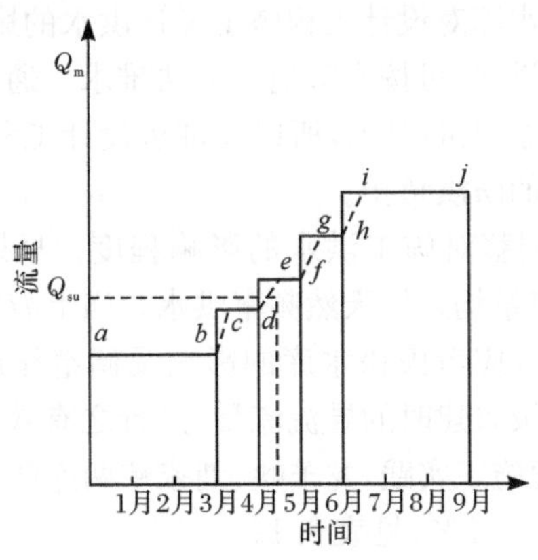

图 3.6　确定施工设计洪水示意图

3) 受上游水库调蓄影响的施工设计洪水

(1) 梯级水利水电工程施工洪水的特点。施工洪水作为设计洪水的一种形式,在进行梯级水利水电工程施工洪水计算时,若上游存在具有调蓄作用的梯级电站水库,应考虑这些水库的调洪作用。这种调蓄作用会明显改变天然洪水状况,给下游工程导流施工洪水带来巨大的影响。

上游水库的下泄流量过程与区间洪水过程组合后,形成了下游设计断面设计洪水。通常一些水库对一定标准下的洪水均采用固定某一下泄量的调洪方式(即“削平头”方式),故水库最大下泄流量持续时间很长,大大增加了与区间洪水洪峰流量的遭遇几率。对施工导流设计而言,在不考虑堰前库容调蓄作用时,对导流建筑物设计起决定性作用的是洪峰流量。

当设计工程上游有已建或即将建成的调蓄作用较大的水库及电站工程时,在水库的蓄水期(一般对应于年内流量的丰水期),由于水库的调蓄或调洪作用,使下游设计断面的流量比天然情况减小;而在水库的供水期(一般对应于年内流量的枯水期或少水期),由于水库的调蓄作用,使下游设计断面的流量比天然情况增大,施工设计洪水主要应考虑其对下游各向最大流量的影响。

当设计断面上游有库容较大的已建水库时,水库的调蓄作用改变了设计断面洪水的年内分配。水库供水期,使下游的流量增大;蓄水期,下游洪水则减小。有时,改变上游水库的调供方式,可将部分兴利库容临时转为防洪库容,以削减下游工程的施工设计洪水。所有这些,都必须采用水资源系统分析及经济分析等方法,通过方案比较,确定经济合理的施工设计洪水数值。

已建或在建的上游水库及电站,均有水库及电站设计的运行调度方案,有采用实测及插补延长径流资料系列进行水利计算所得出的长系列操作结果,包括不同平均下泄流量及相应的库水位,这些资料是分析施工设计洪水的重要依据。

为了合理确定上游水库对设计工程施工设计洪水的影响,必须先推求设计工程天然情况的施工设计洪水,可按本节前述方法推求。通常在上游水库设计时并没有考虑下游设计工程施工的要求,所以在推求设计工程的施工设计洪水时,一般也不愿增加上游水库的防洪负担。

(2) 梯级电站水库调蓄对施工洪水的影响程度。早期黄河干流兴建的盐锅峡、青铜峡工程的导流流量均采用天然频率洪水。当上游河段建成龙羊峡和刘家峡两大库容达 304 亿 m^3,应考虑该水库的影响及调蓄作用,采用联合调度,控制中、小洪水,减少下游梯级兴建时的导流流量,是行之有效和经济合理的方案。通过八盘峡、李家峡等工程施工实践,龙羊峡、刘家峡两库联合调度削减下游梯级电站导流流量 13.39%～44.52%,见表 3.1。

表 3.1　龙羊峡、刘家峡两库联合调度削减下游梯级电站导流流量

工程	天然洪水		龙羊峡、刘家峡联合调度/(m^3/s)			削减比/%	说明
	频率/%	流量/(m^3/s)	库泄	区间	导流		
尼那	5	4200	2330	—	2330	44.52	已建
李家峡	5	4220	2500	—	2500	40.76	已建
八盘峡	5	6350	4540	950	5500	13.39	已建
小峡	10	5640	2600	1550	4150	26.42	已建
大峡	5	6440	3240	1760	5000	22.36	已建

4. 梯级电站水库施工洪水的优化设计方法

1) 梯级水利水电工程设计洪水计算的一般方法

目前,国内梯级电站水库设计洪水计算的方法主要有地区洪水频率组合法和洪水随机模拟法。根据《水利水电工程设计洪水计算规范》(SL 44—2006)中 5.0.4:计算受上游水库影响的设计洪水时,可根据拟定的各分区洪水地区组成的设计洪水过程线,经上游水库调洪后与区间洪水叠加,得到设计断面不同组合的设计洪水过程线,从中选取对工程较不利的组合结果。上述规范中 5.0.5:有条件时,可采用地区洪水频率组合法或洪水随机模拟法推求受上游工程调蓄影响的设计洪水。采用地区洪水频率组合法时,可以各分区对工程调节起主要作用的时段洪量作为组合变量,分区不宜太多。采用洪水随机模拟法时,应合理选择模型,并对模拟结果进行统计特性及合理性检验。

2) 梯级水利水电工程施工洪水优化方法

对于梯级水利水电工程,由于上游存在运行的水库,坝高和总库容都已经确定,若想降低下游在建工程的施工洪水,只有以下两种途径可供选择:一种是降低上游水库的防洪标准;另一种是改变上游水库的运行方式,降低汛期限制水位,将部分兴利库容转化为防洪库容。

(1) 降低上游水库防洪标准的计算。该方法采用逆推法,首先拟定下游在建工程导流流量期望值的几种方案,据此确定上游水库在不同方案中在指定洪水标准范围内应控泄的流量。然后,对各种频率标准的洪水过程线,按水库增加一级调控规划进行调洪计算,求出各种频率洪水的最高库水位,其中最高库水位与原设计相等或相近的洪水标准就是所求的降低标准后的上游水库实际所能达到的防洪标准。

通常情况下,用降低上游水库防洪标准的办法来减少下游梯级电站的施工洪水,会使上游水库的防洪风险大大增加。按照概率论的概念,防洪风险是指在工程运行年限中,有一年或多年发生超过给定洪水的概率。工程运用 n 年中的总防洪风险可用全概率公式计算。

$$R_n=1-q^n \tag{3.1}$$

$$q=1-p \tag{3.2}$$

式中:R_n 为上游水库防洪风险;q 为上游水库防洪安全保证率;p 为上游水库防洪标准;n 为下游拟建工程施工导流年限。

若因为下游拟建工程施工导流控泄流量,某上游水库的防洪标准由千年一遇,降低为500年一遇,下游拟建工程施工导流期为3年,代入式(3.1)和式(3.2)计算可得到,上游水库按原设计防洪标准运行3年的防洪风险为0.2997%;上游水库为下游拟建工程施工导流降低防洪标准后,运行3年的防洪风险为0.5988%,防洪风险增加了一倍。而且,随着上游水库规模的增加、防洪标准的提高,防洪风险增加得越多,甚至可达10倍以上。

同时,上游水库防洪标准的降低还将严重威胁到下游防洪区的安全。鉴于上述原因,一般情况下不采用此种方法降低下游工程施工导流流量。

(2) 降低上游水库汛期限制水位的计算。施工导流通常是按照一定的导流标准进行设计,施工洪水也是在一定频率下的设计洪水。为尽量减少发电损失,选取的降低后的汛限水位一般要满足电站最小发电水头的要求,在此基础上选定几种方案,在满足上游水库原校核洪水位不变的前提下,计算各方案在导流设计标准下应控泄的下泄量,再进行经济比较来选定最优方案,也可以首先拟定下游在建工程导流流量期望值的几种方案,据此确定上游水库在不同方案中在指定洪水标准范围内应控泄的流量,对每一个控泄流量方案,再拟定几个汛期限制水位,用水库大坝原设计标准对应的设计洪水过程线进行调洪计算,求得各汛期限制水位方案的最高库水位,其中最高库水位与原设计相等或相近方案的汛期限制水位,即为该下泄流量方案对应的汛期限制水位。

由于降低了上游水库汛期限制水位,势必减少水库的兴利库容,从而减少了水库兴利效益。对于以发电为主的水库工程,这种效益损失反映在电站发电量的减少和发电收入的降低,可以计算出水库因为下游在建工程控泄流量所带来的兴利损失。

对于下游在建工程来说,上游水库的控泄流量降低了施工导流建筑物的规模、减少了临时工程的投资、缩短了主体工程的工期,由此可带来一定的效益,工期缩短带来的效益可以用提前发电带来的收入来反映。据此,根据上游水库的损失和下游在建工程的效益比较,进行施工洪水的方案优选。

3.2.3 梯级电站水库调蓄下的导截流标准实施现状

1. 梯级电站水库的调度与工况特征

1) 梯级电站水库的调度

水库的调度方式指针对不同开发任务规定的水库蓄泄规则。我国现行的《水库调度设计规范》(GB/T 50587—2010)规定：①水库调度原则应在保障安全运用的前提下，根据上、下游水文特性和开发任务的主次关系，按照统筹兼顾、综合利用的要求拟定；有多项开发任务的水库应做到一库多利、一水多用。②水库调度方式应符合调度原则并具有可操作性。尽管该规范只规定了水利水电工程建设前期工作中水库调度设计的原则、基本内容和要求，但实际上对已运行的梯级电站水库的调度也有指导作用。

水库的调度涉及防洪、灌溉与供水、发电、泥沙、航运、防凌、生态与环境用水、初期蓄水和综合利用等。

(1) 防洪调度。①防洪调度设计应根据水库的洪水标准以及是否承担下游防洪任务，分析拟定水库防洪调度原则和防洪调度方式。对于不承担下游防洪任务的水库，应拟定满足大坝等建筑物防洪安全及库区防洪要求的洪水调度方式；对于承担下游防洪任务的水库，应拟定满足大坝防洪安全、下游保护对象防洪要求及库区防洪要求的三者协调的洪水调度方式。②调度方式应简便可行、安全可靠、具有可操作性，判别条件应简单明确；防洪调度设计应充分考虑不利因素，确保防洪安全。③对于不承担下游防洪任务的水库，可采用敞泄方式，但最大下泄流量不应大于相应设计洪水的洪峰流量。④对于承担下游防洪任务的水库，应明确水库由保证下游防洪安全调度转为保证大坝防洪安全调度的判别条件，处理好两者的衔接过渡，减小泄量的大幅度突变对下游河道的不利影响。⑤对于承担下游防洪任务的水库，应在确保大坝安全运行的前提下，依据水库运用条件、上游洪水及与下游区间洪水的遭遇组合特性、防护对象的防洪标准和防御能力情况，分别选择调度方式。当坝址至防洪控制点的区间面积较小、防洪控制点洪水主要由水库下泄流量形成时，可采用固定泄量调度方式；当坝址至防洪控制点的区间面积较大、防洪控制点洪水的遭遇组合多变，宜采用补偿调度方式。

对于防洪调度，有学者提出了水库洪水资源化调度的设想，如图 3.7 所示。

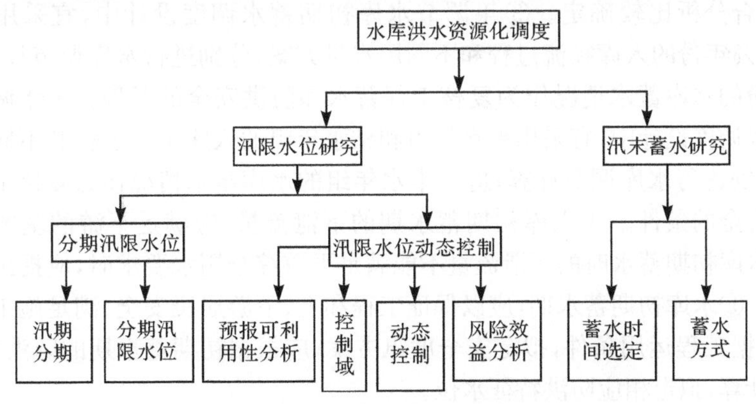

图 3.7　水库洪水资源化调度内容

(2) 发电调度及梯级电站水库联合调度。①发电调度方式应根据水库调节性能、入库径流、电站在电力系统中的地位和作用等选择拟定。水库下游有生态与环境用水、最低通航水位等要求时,应安排电站承担相应时段的基荷出力,泄放相应的流量。②发电调度设计中应计算设计水库上游干支流已建和在建的具有年调节及以上性能水库的调节作用。设计水库具有年调节及以上性能时,应分析对下游梯级的调节作用。③发电调度设计中可按上、下游水库设计的调度参数和调度方式进行梯级电站水库联合调节计算。④重要电站水库,设计时可进行水库补偿调度计算,并应分析补偿调度效益。

(3) 防洪与兴利结合的调度。①承担防洪与兴利任务水库的调度设计中,对于洪水成因、洪水发生时间和洪水量级无明显规律的水库,可选择防洪库容和兴利库容分开设置的形式;对于洪水成因、洪水发生时间和洪水量级有较明显规律的水库,应选择防洪库容和兴利库容相结合的形式。②防洪库容与兴利库容的结合形式和重叠库容规模的选择,应根据水库工程开发任务的主次关系、工程开发条件以及用水部门要求和满足程度等因素,经方案比较后确定。③防洪任务与兴利任务结合的水库应以水位和时间划分防洪区和兴利区。防洪区和兴利区之间应设置过渡段。当面临时段库水位位于防洪区应按防洪调度方式调度,当面临时段库水位位于兴利区应按兴利调度方式调度。④以防洪为主要开发任务的水库,应在满足防洪要求情况下拟定各兴利任务的调度方式。⑤以兴利为主要开发任务结合防洪的水库,应通过合理调度、采用分期蓄水等方式,使水库蓄满率较高。⑥当梯级电站水库下游有重要防洪对象、需要承担防洪任务时,各水库宜分担下游防洪任务,并研究合理的梯级电站水库充蓄次序。

(4) 初期蓄水调度。①初期蓄水时间较长、对下游用水影响大的水库,应进行初期蓄水调度设计,拟定水库初期运行方式。②水库初期蓄水方案应根据大坝运用条件和移民进度、上游不同来水情况以及下游已建工程和重要用水部门的要求,经综合分析比较确定。③年调节水库初期蓄水调度设计中,宜采用保证率75%、50%年份的入库径流过程和不同用水量方案,分别进行水库调节计算;应把丰水年份的水库蓄水情况作为复核工程蓄水和防洪安全的条件。多年调节水库初期蓄水调度设计中,宜采用平水年组和枯水年组的入库水量过程和不同用水量方案,分别进行水库调节计算;应把丰水年组的水库蓄水情况作为复核工程蓄水和防洪安全的条件。④水库初期蓄水期的下泄流量,应满足下游的基本用水要求。当水库初期蓄水时的下泄流量不能满足下游综合用水要求时,应提出临时供水措施。⑤水库初期蓄水期,应以保证工程和上、下游居民安全、满足施工要求为原则,根据工程运用条件,拟定安全度汛方案;应根据初期蓄水期的防洪标准,通过调洪计算,拟定相应防洪特征水位。

2) 梯级电站的工况特征

河流实行梯级开发,梯级电站的工作状况同非梯级开发的个别独立运行电站有很大差别,具有独立运行电站所没有的一些工况特征,主要有以下几个特征:

(1) 水能利用特征。梯级电站对河流的水能利用特征非常明显,在水头利用上是分级开发、分段利用;在水量利用上是多次开发、重复利用,因此,在上、下梯级之间表现出明显的相互影响和互相制约。

(2) 运行调度特征。由于整个梯级都受上游来水的影响,下游梯级受上游水库调节能力的制约,下一梯级受上一梯级运行工况的制约,因此,梯级电站的调度不仅有各个电站的合理运行调度问题,而且有整个梯级的优化调度问题。所以,梯级电站必须实行整个梯级的统一调度,在满足系统所给定的负荷曲线前提下,实行各个梯级的经济运行,以便合理利用水力资源,提高水能利用率。

(3) 生产管理特征。一个河流梯级往往有多个电站,电站之间都相隔一定距离,厂区比较分散,战线拉得较长,这就使生产指挥受到种种限制。如果各个电站开发方式、布置形式、机组型号和容量不一样,这又使生产技术管理复杂化。由于电站分散、生产和生活设施也相对分散,这就使后勤管理比较复杂。为了适应对梯级电站统一管理的要求,对梯级电站厂区内的道路交通、通信设施和其他管理技术手段也有很多特殊要求。因此,梯级电站的生产管理必须有效解决好电站分散与管理集中之间的矛盾。

(4) 外部联系特征。这主要指梯级电站与系统的关系问题,同时也涉及与所在地方之间的联系。如果整个梯级同属于一个电网,这种联系相对单纯一些。如果一个梯级分属于不同的电网,那么梯级管理中的利益冲突与调节将是十分重要的问题。即便是属于同一个电网,如果构成梯级的电站所有权不一致,那么,也应十分慎重地处理好电站-梯级-系统三者之间的利益关系。由于梯级电站跨越好几个市县甚至好几个省区,这又涉及不同地方之间的利益关系。这种关系不仅是电量分配问题,而且涉及利税分配、水量分配、防洪安全、环境影响等多方面问题。在梯级运行过程中,注意和妥善解决这些关系是非常重要的问题。因此,梯级电站的外部联系与单个独立运行的电站相比,更广阔、更复杂。

2. 梯级电站水库调蓄作用对施工导截流设计的主要影响

1) 梯级电站调蓄对施工导截流设计影响的外部因素

梯级电站上游已有运行的水库后,完全改变了下游河道的天然水文条件,此时的施工导截流设计标准及流量除受天然河道来水量控制外,还要受很多客观条件制约,诸如上游运行电站水库调节能力、控制泄流方式、当地电网系统电力负荷组织运行条件等。因为每一个大的电站都承担着地区发电出力及供电任务,如果让上游运行电站减少发电流量,电站的出力及电量也要下降,对电网运行负荷也会造成影响,此时电网调峰容量可能会转移给火电厂,这就需要调整其他电站的运行方式。因此,梯级电站施工导流技术方案的确定及组织实施都要承担一定的风险,难度也很大,要求外部合作的条件也很高。它需要有一个强有力的权威领导机构,协调解决好各方的经济利益及要求,才能使梯级水利水电工程施工导截流设计达到预期目的。

可见,梯级电站水库群对拟建或在建工程施工导截流的影响是多方面的,并涉及许多因素。可能还会存在各种不同的情况,如上游梯级对下游拟建或在建工程的影响,下游梯级对上游拟建或在建工程的影响,同期建设梯级的相互影响等。对于梯级水利水电工程施工导、截流标准及流量的选用,所考虑的因素、涉及的问题是非常复杂的。

2) 梯级电站调蓄对施工导截流设计的主要影响方面

(1) 对截流、导流、度汛及下闸蓄水等流量选择的影响。水电水利工程建设过程中的施工设计洪水主要有:截流设计流量、围堰防渗墙施工期戗堤挡水设计流量、围堰设计洪水、中期导流阶段坝体挡水设计洪水、下闸设计流量、下闸后导流泄水建筑物封堵施工期上游设计来水流量、发电后坝体临时度汛设计洪水等。例如,公伯峡电站主体工程施工期的设计洪水按时间顺序由 6 部分组成:截流设计流量、导流设计流量、坝体临时度汛断面设计挡水流量、坝体全断面度汛设计挡水流量、导流隧洞下闸设计流量、导流隧洞封堵施工期上游来水设计流量等。这些设计洪水流量的取值合理与否,不仅直接关系到能否确保工程建设的顺利实施,而且对合理安排施工进度、控制工程造价、实现早日发电具有重要意义。

水库的调洪作用改变了下游设计断面天然洪水的洪峰流量、时段洪量及洪水过程线形状,从而改变了设计断面洪水的概率分布。因此,梯级电站建设条件下的水流要素较天然情况发生了很大的变化。

此外,上游梯级电站对洪水期和枯水期的影响是不同的,应分别分析上游电站水库调节及调度对施工导截流的影响,并重点分析研究施工洪水设计流量的合理选取原则。列举以下实例:

① 1986 年 10 月,龙羊峡水库蓄水后,黄河上游的拉西瓦、尼那、李家峡、康扬和公伯峡等目前已建成或在建的电站,其 20 年一遇的施工洪水流量较天然状态下降了约 40%。贵州的构皮滩电站在施工期通过上游的乌江渡水库预留防洪库容,较天然降低洪峰流量约 2610m^3/s。值得一提的是,对于多年调节水库,还可充分利用汛期汛限水位以下空闲库容(汛限水位与实际库水位之间的库容)参与洪水调节,以增大水库的削峰率。公伯峡施工期间,由于 2002 年汛前龙羊峡水库水位较低,即使汛期出现 100 年一遇的洪水,龙羊峡水库不会发生弃水

且最高洪峰水位不会超过汛限水位，导流工程主要是抵御李家峡电站正常发电放水加上李家峡至公伯峡区间20年一遇洪水。由于上游已建电站的径流调节大大降低了公伯峡工程2002年度汛洪水流量，使得公伯峡原设计用大坝临时断面挡水度汛改为用围堰挡水度汛，这样，大坝可以全断面填筑上升，从而加快了工程的施工进度。

② 由于上游已建电站的调节，可人为减少截流期间河道流量，为戗堤的进占，龙口合龙，以及戗堤合龙后的闭气等工作带来方便，一来减小龙口合龙难度，缩短龙口合龙时间，二来减少戗堤和抛投物用料(如混凝土四面体、大块石及铅丝笼的用量将大大减少)。以公伯峡工程截流为例，若截流流量为700m^3/s，经估算仅戗堤所用石渣、块石料、铅丝笼及混凝土四面体约4万m^3(含水流冲走部分)；但当有龙羊峡、李家峡电站调节后，公伯峡工程截流龙口合龙时，混凝土四面体、大块石和铅丝笼的用量大大减少，戗堤用料仅需约2.7万m^3。

③ 白鹤滩可研设计导流底孔下闸问题。白鹤滩拱坝坝身设置两层底孔，导流隧洞第9年11月中旬下闸后，来水由导流底孔下泄，至第10年4月堵头施工期，受导流隧洞封堵闸门挡水水头控制，库水位须控制在705.0m左右，根据本工程河道水文条件，天然情况下12月～次年4月流量较小，但由于受上游桐子林、观音岩电站发电流量影响，使得12月～次年4月流量较天然情况流量大大增加，此期间需控制水位，导致导流底孔无分批下闸条件。

(2) 对导流建筑物布置及结构的安全影响。通过上游已建电站(尤其是调节性能好的多年调节水库)的径流调节，可大大降低下游电站施工导流设计洪水流量，从而减小导流设施尺寸。例如，黄河上游龙羊峡与公伯峡电站同为隧洞导流，导流标准均为20年一遇，龙羊峡导流设计洪水流量为4100m^3/s，而公伯峡因考虑已建成的龙羊峡水库调节，其导流设计洪水流量仅为3100m^3/s，特别是2002年，经过对龙羊峡水库2001年汛后蓄水位的分析和调洪演算，将公伯峡2002年20年一遇导流设计洪水流量减小为1500m^3/s。如果没有龙羊峡水库调节，公伯峡20年一遇导流设计洪水流量将达4280m^3/s。龙羊峡电站导流隧洞尺寸为15.0m×18.0m(断面型式为城门洞型)，而公伯峡电站导流隧洞尺寸为12.0m×15.0m(断面型式为城门洞型)。又如，黄河上游拉西瓦电站导流隧洞，对有压洞段的Ⅱ类围岩，底板采用0.5m厚的现浇混凝土，边顶拱采用0.1m厚的钢纤维喷混凝土，洞内设计流速为13.5m/s。采用这种结构的原因：其一是坝址上游有龙羊峡水库的调蓄作用，施工期的常遇流量以600～900m^3/s为主，出现2000m^3/s设计流量的时间很短；其二是洞内Ⅱ类围岩裂隙不发育，岩质很坚硬，即使出现局部冲刷破坏，也不会影响整个洞室的稳定。

在梯级电站条件下，围堰的布置、围堰断面及截流水深等都会受到不同程度的影响。以公伯峡电站截流为例。在正常截流情况下，龙口处块石料的流失率达30%左右，因此，绝大多数土石围堰的基础防渗中心线布置在截流戗堤的上游侧。但随着河流梯级开发步伐的加快，有不少工程的截流采用了上游电站关机的方法，公伯峡截流合龙时也是如此。由于合龙时，来流量仅有 10～30m³/s 的河道槽蓄流量，龙口抛投材料以施工弃渣为主，且流失率很小，其防渗中心线布置在截流戗堤的下游侧。因此结合场地条件、防渗墙的施工平台高程等因素，公伯峡电站上游围堰确定的基本布置如图 3.8 所示。

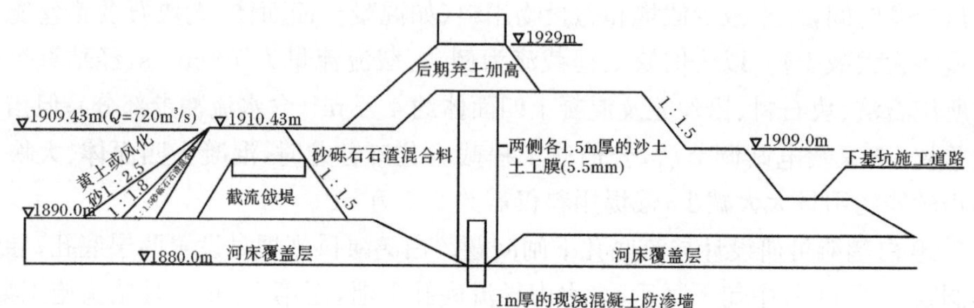

图 3.8　公伯峡电站上游围堰

受葛洲坝回水影响的三峡工程二期土石围堰，其堰体最大高度 82.5m，填筑方量 589.9 万 m³，混凝土防渗墙面积 4.49 万 m²。主河槽段的基础处理采用了两道混凝土防渗墙。堰体高度有 2/3 属水下抛填而成。其横断面布置如图 3.9 所示。

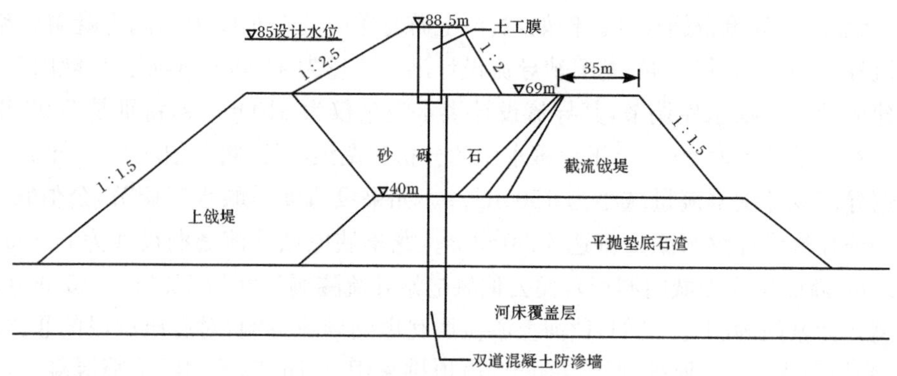

图 3.9　三峡工程二期上游围堰

受下游梯级电站回水和上游电站发电流量的影响，通常将抬高天然河道水位，受水位抬高影响需抬高围堰截流戗堤及防渗墙施工平台高程，如白鹤滩上游围堰在考虑上、下游梯级的影响下，截流戗堤顶高程约需抬高 9m。受下游梯级电站回水和上游电站发电流量的影响，导流隧洞进出口围堰的拆除可能会困难得多。

(3) 溃坝或溃堰风险。考虑上游水库对下游设计断面洪水的影响，除了上游水库的调蓄作用影响外，如果上游水库的防洪设计标准低于设计工程的标准，当设计工程发生设计洪水时，上游水库所在断面有可能发生超过本身设计标准的洪水，从而造成溃坝，给下游工程带来威胁。在这种情况下，就应估算溃坝洪水，再与区间洪水组合后作为下游设计工程的设计洪水。梯级电站加大了连锁溃坝或溃堰的风险。

(4) 梯级开发河流的施工期蓄水与下游供水。梯级电站施工期水库蓄水要解决较为复杂的供蓄矛盾，牵涉到系统负荷计划和电力电量平衡分析，存在如何发挥梯级补偿调节作用等方面问题，需做多方案经济论证；对处于梯级中的电站，来水受上游电站限制，下游电站对供水有特定要求。

(5) 梯级开发河流的施工期通航与排冰。在河流上承担日调节任务的电站，往往会造成枢纽下游一定范围内出现水流要素(流量、流速、水位等)随时间出现较大变化的非恒定流，对下游一定产生不利影响；在流冰河道上、下游已建水库的末端由于流速降低，入库冰花或冰块堆积形成冰塞或冰坝，造成壅水，给在上游的梯级电站围堰和施工带来威胁和危害。

3. 梯级电站水库调蓄下的导截流标准实施情况及存在的问题

1) 我国现行规范对梯级电站施工导流方面的有关规定

我国现行规范对梯级电站施工导流方面的有关规定见表 3.2。

表 3.2　现行规范对梯级电站施工导流方面的有关规定

规范名称	条文	备注
《水电工程施工组织设计规范》(DL/T 5397—2007)	4.4.3　当枢纽工程所在河段上游建有水库时，导流建筑物采用的洪水设计标准及设计流量应考虑上游梯级电站水库的调蓄及调度的影响。导流设计流量应经过技术经济比较后，由同频率下的上游水库下泄流量和区间流量分析组合确定	—
	4.7.3　若梯级水库的调蓄作用改变了河道的水文特性，截流设计流量应经专门论证确定	条文节选
	4.7.8　截流抛投材料的选择应遵循的原则：上游梯级电站有条件控泄的工程，备用系数可适当降低	条文节选

续表

规范名称	条文	备注
《水利水电工程施工组织设计规范》(SL 303—2004)	3.2.9 当枢纽所在河段上游建有水库时,导流建筑物采用的洪水标准及截流设计流量可考虑上游梯级电站水库的调蓄及调度的影响,并应通过技术经济比选确定	—
	3.2.15 若由于上、下游梯级电站水库的调蓄作用而改变了河道的水文特性,则截流设计流量宜经专门论证确定	条文节选
《水电水利工程施工导流设计导则》(DL/T 5114—2000)	4.0.12 当枢纽所在河段上游建有水库时,导流设计采用的洪水标准应考虑上游梯级电站水库的影响及调蓄作用	—

工程设计实践证明,上述规定是梯级水利水电工程施工导截流设计不可缺少的重要依据,多数梯级水利水电工程的施工导截流设计洪水标准、流量的确定,都是按上述规定设计的。由于梯级水利水电工程的施工条件、导流方式各异,情况千差万别,施工导截流设计洪水标准很难用一种标准模式,所以各梯级水利水电工程施工导流所采用的设计洪水标准、流量组合也不尽相同。

2) 实际操作及需进一步研究的问题

(1) 已建电站对施工导截流的影响。

在设计中经常遇到在上游有已建好电站的情况,由于上游电站的水库调节性能不同,对施工导截流的影响程度是不同的,设计中应对导截流设计流量的影响进行分析研究。

① 洪水期影响分析研究。洪水期的影响分析研究主要针对设计电站采用全年挡水围堰及度汛的情况,通过对上游电站的水库调节性能、运行方式的调查,结合水文分析,从围堰挡水及大坝度汛的安全性考虑,提出选取流量的原则(即是否考虑上游电站调蓄的影响)。

② 枯水期影响分析研究。枯水期影响分析研究主要针对设计电站采用枯水期挡水围堰及截流等情况,通过对上游电站水库调节性能和运行方式的调查,结合水文分析,提出流量选取原则;此时,经常会遇到上游电站满发发电流量远大于天然河道流量的情况,这种情况会带来枯水期来流量大于围堰挡水设计流量的情况,应引起重视,从围堰挡水的安全性出发,遇此种情况应考虑上游电站的影响。在截流设计(规范提出需经专门论证确定)遇到这类问题时确定设计流量往往比较困难,流量选取的差别很大,如考虑满发流量,截流难度很大,选小了截流的保证性差,如何确定合理的截流设计流量是值得研究的课题。

(2) 下游电站水库回水对导截流的影响。

在设计中,遇到下游电站尚在建设中,待设计的工程开工时下游电站已完建,下游电站的回水可能影响导截流设计，因此，在设计此阶段时，有必要分析水库回水对导截流的影响。

3.3　梯级电站运行的水库调蓄作用

3.3.1　上游电站水库调蓄作用下施工洪水流量的合理选取原则

上游建有梯级水库时，有调蓄、削峰作用。当水库较大时，可控制其下泄量，下游施工工程的导流设计洪水标准一般仍按规范规定的范围，用同频率的上游洪水经水库调节后的下泄量，加区间流量确定。但如上游水库建在支流上，或虽在干流上，而有较大支流汇入时。干、支流的洪峰流量不能简单地叠加。需分析干、支流洪水的成因和发生时间。根据洪峰的传播时间考虑错峰作用，必须严格控制水库调度才能达到错峰的目的。如果水库调度不当，使干、支流洪峰遭遇，可能出现比天然情况下更大的流量。

1. 上游电站水库调蓄作用下施工洪水流量的基本要求

(1) 按现行规范要求，导流建筑物采用的洪水设计标准及设计流量应考虑上游梯级电站水库的调蓄及调度的影响。导流设计流量应经过技术经济比较后，由同频率下的上游水库下泄流量和区间流量分析组合确定。若由于上、下游梯级电站水库的调蓄作用而改变了河道的水文特性，则截流设计流量宜经专门论证确定。

(2) 把握好设计洪水流量选择的灵活性，进一步提高驾驭施工洪水的能力。我国北方地区干旱少雨，大型水库的蓄水过程比较漫长。随着今后黄河用水需求量的进一步加大，预计龙羊峡水库要达到正常蓄水位还需要数年的时间。因此，拉西瓦电站要抓住有利时机，将20年一遇的导流设计流量控制在2000m^3/s以内。大型电站的建设周期较长，在招标设计阶段，由于对施工期的设计洪水流量很难作出准确的预测，一般都是按最不利的情况进行保守计算。因此，工程开工后，应从实际出发，对施工期的设计洪水流量进行必要的优化调整。

(3) 处理好工程建设中的小概率事件。结合龙头水库的蓄水情况，对施工度汛设计洪水进行风险分析。

(4) 因地制宜，从实际出发，合理考虑上游调蓄作用的施工洪水流量。考虑上游梯级电站水库调节后的施工洪水情况，并不是说在所有情况下都采用上游调蓄作用下的施工洪水流量。例如，糯扎渡电站位于澜沧江下游，上游已建的漫湾、大朝山和正在施工的小湾电站将会对糯扎渡的来水造成影响。根据长江水利委员会长江勘测规划设计研究院与四川大学对小湾水库糯扎渡坝址年和后汛期设计洪水影响的分析论证结果，糯扎渡坝址天然和受小湾调洪影响的洪水流量相差不大，设计洪水可直接采用天然设计洪水流量。这一结论与小湾水库的防洪调度运行方式较符合，即小湾水库不承担下游防洪任务，调洪主要从枢纽本身安全出发，小湾水库对糯扎渡设计洪水虽有一定的调洪削峰影响，但作用极其有限。由于糯扎渡施工导流以年洪水控制，因此，糯扎渡坝址各频率施工设计洪水采用天然情况设计洪水流量。

(5) 淡化枯水期天然设计流量的概念。黄河上游的龙羊峡、李家峡和刘家峡电站承担着西北电网调峰的任务，在区间不发生大暴雨的情况下，河道内的流量比较稳定。因此，枯水期的天然设计流量已没有意义，在建和待建电站的截流设计流量、下闸设计流量应主要结合上游电站的发电情况合理选取。

2. 上游电站水库的调蓄影响

上游电站水库的调蓄作用可以分成两类：一类为利用上游电站水库的调节性能，按水库调度规则对天然流量的调蓄，此类不涉及水库调度；另一类为根据工程需要，按水库调度规则或改变水库调度规则，减小施工洪水，涉及梯级电站水库调度。

当上游已经建成具有一定调蓄能力的水库时，在下游拟建梯级电站的工程设计中，一般应考虑削减下游施工导流流量。这时，应通过对上游已建水库的防洪风险分析，确定合理的导流流量，而不能不加分析地任意控制泄流量，如果需要临时占用上游水库的兴利库容时，除论证调度方案的可行性以外，还应对其经济合理性进行分析。不应迁就于施工中一时的困难，从而造成不应有的经济损失。

(1) 当水库不承担下游防洪任务时，调洪主要从枢纽本身安全出发，梯级电站施工洪水的选取应与上游水库的调度方式相吻合。当拟建坝址天然和上游水库调洪影响的洪水成果相差不大，设计洪水可直接采用天然设计洪水成果。

(2) 在水库工程设计中，为确保水库本身的防洪安全和承担下游的防洪任务，拟定的水库防洪调度原则一般只削减大洪水，对中小洪水不加控制。而水库下游拟建工程施工要求上游水库在原拟定的调度原则下，再临时增加中小洪水泄量控制。这样造成上游水库提前蓄水，多占用防洪库容，从而降低水库的防洪标准，使水库承担的防洪风险增加。

(3) 上游水库的调蓄影响，从以下几个方面考虑：

① 设计洪水的地区组成，应从对下游设计工程的安全是否不利考虑，一般选用以未控区间来水为主，同时考虑上游水库洪水影响的水情组合。因为这种洪水组成上游水库拦蓄的洪水较小，水库调蓄对下游设计断面的设计洪水影响小，对设计工程一般是偏于安全的。当上游有多个水库时，也可以选择以区间洪水为主的典型年洪水进行设计洪水地区组成分配，计算受上游水库影响的设计洪水。

② 上游水库按其调洪方式进行洪水调节计算。对于按年最大值选样计算的设计洪水的影响，应根据上述设计洪水的地区组成及水库调洪原则，计算受上游水库调蓄影响的设计洪水，其成果应比天然状态下的成果要小。

③ 计算施工设计洪水时，只考虑已建水库的影响，上游水库按自身的调度原则进行水库调节计算。经协调并经主管部门批准后也可根据设计工程的要求，由上游水库承担一定的蓄洪任务，以减少设计工程施工导流的工程量，但应当进行经济比较分析。以区间设计洪水与上游水库的相应下泄流量进行叠加即得设计断面的施工设计洪水。若上游有多个已建水库时，则只考虑其中调蓄能力最大的水库对施工设计洪水的影响。

④ 某种频率下的水库下泄流量是否要与区间同频率的洪水叠加，要分析两个位置是否处于同一暴雨中心，以及区间发生暴雨时，上游水库能否错峰调度等。

⑤ 在枯水期，水库一般按发电或供水需求确定下泄流量。水库下泄流量，可能是电站装机满发的泄流量或者灌溉、供水等的泄流量，也可能是满足生态用水的泄流量。计算枯水期受上游水库影响的施工洪水，一般是将上游水库坝址至设计断面区间设计洪水与同期最大下泄流量叠加。

(4) 受上游工程调蓄影响的设计洪水，常通过拟定设计洪水地区组成的途径推求。国内一些单位针对拟定洪水地区组成方法中存在的组成后洪水频率含义不清、对防洪不安全等问题，研究了地区洪水频率组合法和洪水随机模拟法。根据对黄河上游兰州断面受上游龙羊峡、刘家峡两座大型水库调蓄影响后设计洪水计算的方法研究表明，这两种新方法具有一定的精度，但由于这两种方法对资料及计算条件的要求较高，因此在有条件时可考虑采用。

(5) 当梯级水利水电工程施工导流确定的方案，对其上游运行的水库提出要求时，往往要与有关部门协调一致，方案才能得以实施。特别是在市场经济条件下，还有许多社会因素的影响，难以客观恰当地进行经济分析。尽管如此，还是要对上游水库进行多方案调度运行比较，经充分的分析论证，使确定的方案能满足各部门的基本要求，尽可能地做到使有限的水能资源得到科学、经济、合理的利用。

(6) 梯级水利水电工程导流设计，必须掌握上游运行水库控泄流量中实际到达下游施工电站的流量及时间的关系，并做精确调控测算，协调制定两电站施工流量及控泄流量的关系，利用好控泄流量的传播时间，以避免或减少失误。

综上所述，当上游已经建成具有一定调蓄能力的水库时，在下游拟建梯级电站的工程设计中，一般应考虑削减下游施工导流流量。这时，应通过对上游已建水库的防洪风险分析，确定合理的导流流量，而不能不加分析地任意控制泄流量。如果需要临时占用上游水库的兴利库容，除论证调度方案的可行性以外，还应对其经济合理性进行分析。不应迁就于施工中一时的困难，从而造成不应有的经济损失。

3.3.2 梯级电站水库运行减小施工设计洪水

1. 利用上游水库减小施工设计洪水的措施

1) 减小施工设计洪水的措施

当设计断面上游有库容较大的已建水库时,水库的调蓄作用改变了设计断面洪水的年内分配。水库供水期,下游的流量增大;蓄水期,下游的流量减小。有时,改变上游水库的调供方式,可将部分兴利库容临时转为防洪库容,以削减下游工程的施工设计洪水。

若上游水库的库容较大,调蓄能力较强,在设计下游工程时,往往会提出利用上游已建水库进一步削减施工导流流量的问题。特别是在下游工程施工设计中遇到因导流规模过大而带来许多技术难题或严重影响工期时,更需要通过上游水库减小汛期的施工设计洪水。

上游水库增加一级控泄流量,就必然要增加额外的防洪库容。由于上游水库是已建水库,坝高和总库容都已确定,只有两种途径满足下游工程增加的防洪要求:一种途径是降低大坝本身的防洪标准;另一种途径是改变水库的运行方式,降低汛期限制水位,将一部分兴利库容转化为防洪库容。对不同的下泄流量方案,都应从上述两方面估计其对上游水库的防洪安全及经济损失的影响。

2) 减小施工设计洪水分析实例

(1) 索风营工程。

索风营电站作为乌江干流梯级开发的第 5 座电站,坝址以上集水面积 21862km^2。索风营电站坝址处的天然施工设计洪水见表 3.3 及表 3.4。

表 3.3　鸭池河水文站各施工期天然洪水设计值

项目	施工时段				
	170d	175d	180d	185d	190d
起止日期	11月6日～4月25日	11月1日～4月25日	11月6日～5月5日	11月6日～5月10日	11月6日～5月15日
设计洪水/(m^3/s)	1190	1290	1410	1610	1930

表 3.4　索风营电站各施工期天然设计洪水

项目	施工时段				
	170d	175d	180d	185d	190d
起止日期	11月6日～4月25日	11月1日～4月25日	11月6日～5月5日	11月6日～5月10日	11月6日～5月15日
设计洪水/(m^3/s)	1350	1460	1600	1830	2190

当考虑上游东风电站调蓄对索风营电站施工设计洪水的影响后，索风营电站工程的施工设计洪水成果及对东风水库水位的要求见表3.5、表3.6。

表3.5 东风电站各时段限制总泄量和汛初控制库水位成果

项目	施工时段			
	11月6日～4月25日	11月6日～5月5日	11月6日～5月10日	11月6日～5月15日
限制总下泄流量/(m^3/s)	≤1190	≤1190	≤1190	≤1190
汛初控制库水位/m	无	961.30	960.00	957.70
说明	天然情况	—	—	—

表3.6 索风营电站受上游东风电站影响的施工设计洪水成果

项目	方案1	方案2	方案3	方案4
时段	11月6日～4月25日	11月6日～5月5日	11月6日～5月10日	11月6日～5月15日
洪水流量/(m^3/s)	1350	1350	1350	1350
东风汛初控制水位/m	—	961.30	960.00	957.70
说明	—	东风总泄量不得超过1190m^3/s	东风总泄量不得超过1190m^3/s	东风总泄量不得超过1190m^3/s

考虑上游东风水库的调蓄影响后，其施工设计洪水可控制为1350m^3/s，导流隧洞的过流断面尺寸相应减小，施工工期缩短；整个工程施工期的施工时间可分别延长10～20d，为大坝的防洪度汛争取宝贵时间。但上游东风水库的运行调度及汛前库水位将受到约束，会损失一定的发电效益。

(2) 水口坝下水位治理工程。

根据水口水库实际运行资料统计，2000～2008年水口水库入库流量大于5000m^3/s的洪水共有77场次，经水口水库调蓄后，洪水均得到不同程度的削减。

按水口水库目前的调洪原则，水口水库主汛期、非主汛期各分期洪水调洪成果见表3.7。

表3.7 水口水库主汛期、非主汛期各分期洪水调洪成果(按目前调洪原则)

洪水频率/%	入库洪水洪峰流量/(m^3/s)	起调水位/m	最大下泄流量/(m^3/s)
P=50	18000	65	18000
P=20	24000	65	24000
P=10	27600	65	27600
P=5	30900	65	28900

续表

洪水频率/%			入库洪水洪峰流量/(m^3/s)	起调水位/m	最大下泄流量/(m^3/s)
P=2			35000	65	32700
非汛期分期洪水	P=10	9月～次年3月	12400	65	12400
		9月～次年2月	8680	65	8680
	P=20	10月～次年2月	4770	65	4770

按可研阶段水口坝下水位治理工程的施工导流方案，施工导流主要涉及9月～次年3月、9月～次年2月、10月～次年2月等几个分期洪水，洪水频率主要为10%和20%，各分期洪水流量相对较大，根据水口电站目前的调洪原则，对各分期洪水将不起调蓄作用，而从水口坝下水位治理工程的施工特点考虑，需要水口水库拦洪削减洪水，为工程施工创造有利条件。因此对利用水口水库非主汛期（8～3月）进行预降水位拦蓄削峰作用的效果和可行性进行了研究分析。

根据拟定的各预降水位调洪原则和各分期设计洪水基本资料，水口水库非汛期各预降水位方案调洪成果和削峰能力见表3.8。

表3.8 水口水库对水口坝下工程不同分期洪水削峰能力分析

水口水库预降水位/m	预留库容/亿m^3	洪水频率/%	时段	入库洪峰/(m^3/s)	出库洪峰/(m^3/s)	削峰率/%
60	4.64	P=10	9月～次年3月	12400	7210	41.85
			9月～次年2月	8680	4220	51.38
		P=20	10月～次年2月	4770	1590	66.67
61	3.76	P=10	9月～次年3月	12400	7820	36.94
			9月～次年2月	8680	4720	45.62
		P=20	10月～次年2月	4770	1850	61.22
62	2.83	P=10	9月～次年3月	12400	8550	31.05
			9月～次年2月	8680	5340	38.48
		P=20	10月～次年2月	4770	2170	54.51

综上分析，为有利于水口坝下水位治理工程施工，从水口水库非主汛期拦洪削峰能力和近年来水口水库实际运行情况分析，通过洪水预报等措施，水口水库通过在非主汛期适当预降库水位来拦洪削峰是可能实现的。

2. 梯级电站水库联合调度减小下游梯级施工设计洪水

黄河上游龙羊峡—青铜峡河段全长1023km（其中龙羊峡—刘家峡河段全长438km），水力落差达1465m，河床平均比降0.143%，水能理论蕴藏量15922MW，该河段共规划21个梯级。

龙羊峡电站为黄河上游龙羊峡—青铜峡河段梯级电站水库开发的第一个梯级，是一个多年调节的水库，电站装机容量128万kW。坝址以上流域面积

131420km²,约占黄河流域面积的 18%,多年平均流量 650m³/s。防洪标准为千年一遇洪水设计,可能最大洪水校核;水库汛期限制水位 2594m,校核洪水位 2607m,相应防洪库容 49.63 亿 m³。下游刘家峡水库防洪标准为千年一遇洪水设计,可能最大洪水校核;水库汛期限制水位 1726m,校核洪水位 1738m,相应防洪库容 15.67 亿 m³。龙羊峡水库设计洪水洪峰流量和洪量成果、水位-库容关系见表 3.9、表 3.10。

表 3.9　龙羊峡水库设计洪水洪峰流量和洪量成果

水库	特征值	均值	C_v	C_s/C_v	频率 P/%					
					0.01	0.05	0.1	1	2	5
龙羊峡	Q_{max}/(m³/s)	2430	0.36	4	8520	7540	6940	7310	4810	4130
	W_{15}/亿 m³	26	0.34	4	85.9	75.7	70.5	54.7	49.8	43.1
	W_{45}/亿 m³	62.2	0.33	4	199	175	164	128	117	102

表 3.10　龙羊峡水库水位-库容关系

水位/m	2530	2535	2540	2545	2550	2555	2560	2565
库容/亿 m³	53.45	62.39	72.13	82.37	93.36	105.24	117.78	131.15
水位/m	2570	2575	2580	2585	2590	2595	2600	2610
库容/亿 m³	145.30	160.29	176.06	192.65	210.11	229.26	246.98	286.28

龙羊峡电站建成之后,不仅提高了下游梯级电站的保证出力,而且采用龙羊峡、刘家峡两水库联合防洪调度,较大幅度地削减下游各梯级电站水库的设计洪水和施工导流流量,发挥了很大的经济效益和防洪效益。

1）原设计防洪调度原则下的施工洪水

(1) 龙羊峡补充初设提出的龙羊峡、刘家峡两库控泄流量。1977 年龙羊峡水库补充初设时,提出了采用龙羊峡、刘家峡两库联合调洪方式,通过合理的库容分配,利用龙羊峡水库巨大的防洪库容削减刘家峡水库设计洪水,使刘家峡水库校核洪水标准达到可能最大洪水。龙羊峡水库补充初设提出的龙羊峡、刘家峡两库的各频率洪水控制泄流量见表 3.11。

表 3.11　龙羊峡补充初设提出的龙羊峡、刘家峡两库的控泄流量

频率 P	1%	0.1%	0.05%	PMF
龙羊峡水库控泄流量/(m³/s)	4000	5000	6000	8000
刘家峡水库控泄流量/(m³/s)	4290	5510	7260	敞泄
防洪目标	兰州市 100 年一遇洪水不超过 6500m³/s	八盘峡水库防洪标准由 300 年提高到千年一遇洪水	盐锅峡水库防洪标准由 1000 年提高到 2000 年一遇洪水	—

注:PMF 表示最大可能洪水。

(2) 黄河上游河段防洪初步规划报告提出的龙羊峡、刘家峡两库控泄流量。龙羊峡水库补充初设后，1983 年 8 月，西北勘测设计院在《黄河上游河段防洪初步规划报告》中，为了进一步削减龙羊峡水库以下洪水和充分利用龙羊峡水库的调蓄作用，通过充分论证，将龙羊峡水库的校核洪水位由 2605m 提高到 2607m。这样就在原设计方案的基础上增加了 8 亿 m^3 多的防洪库容，并对利用 8 亿 m^3 多的防洪库容问题进行了细致的分析论证，认为利用该库容削减下游大洪水经济效益显著，又提出了新的龙羊峡、刘家峡两水库的各频率洪水控制泄流量方案，见表 3.12。

表 3.12　新的龙羊峡、刘家峡两水库联合防洪调度控泄流量

频率 P	1%	0.1%	0.05%	PMF
龙羊峡水库控泄流量/(m^3/s)	4000	4000	6000	6000
刘家峡水库控泄流量/(m^3/s)	4290	4510	7260	7600
防护对象	兰州市	八盘峡	盐锅峡	刘家峡

由表 3.12 可知，将原设计 100 年一遇以上到 1000 年一遇以下洪水龙羊峡水库控泄流量 5000m^3/s 降为 4000m^3/s，2000 年一遇以上洪水控泄流量 8000m^3/s 降为 6000m^3/s，削减了 1000～2000m^3/s。

采用上述新方案，龙羊峡、刘家峡两水库联合调洪后，龙羊峡水库校核洪水位为 2607m，刘家峡为 1738m。承担的防洪对象为当时龙羊峡水库下游待建的拉西瓦、李家峡、公伯峡及积石峡水库，刘家峡水库下游为已建成的盐锅峡、八盘峡水库和兰州市以及待建的小峡、大峡、乌金峡、黑山峡等水库。后来这些防洪目标的防洪设计均按龙羊峡、刘家峡两水库联合调洪成果设计。也就是说，由于龙羊峡、刘家峡两水库承担着这些防洪目标的防洪任务，其防洪库容已被全部利用。如果改变两水库联合调洪原则，将导致防洪目标的防洪标准难以保证。

由此可知，龙羊峡、刘家峡两水库联合防洪调度对削减龙羊峡—刘家峡河段拟建梯级电站的施工洪水效果不大。这是因为当龙羊峡水库千年一遇控制泄流量 4000m^3/s 时，其意味着：当天然来水小于 4000m^3/s 时，龙羊峡水库采用“来多少，泄多少”的原则，不进行调洪；当天然来水大于 4000m^3/s 时，则按 4000m^3/s 下泄。

根据上述情况，要在龙羊峡、刘家峡两水库联合调度的基础上再降低下游水库的设计洪水及施工洪水，只有两种途径可供选择：一种是降低龙羊峡水库防洪标准；另一种是临时降低龙羊峡水库的汛期限制水位，以增加龙羊峡水库防洪库容。对于第一种途径，首先必须通过国家有关主管部门批准，不仅审批手续复杂，而且把握性不大。同时，由于龙羊峡水库防洪标准降低后，下游刘家峡及公伯峡水库难以达到可能最大洪水防洪标准，如果刘家峡水库出现问题，将直接威胁整个兰州市的安全。第二种途径，临时降低龙羊峡汛期限制水位，增加防洪库容，减少下泄流量，减小下游梯级电站的施工洪水，这一途径只是一个影响龙羊峡水库发电效益的经济问题，不影响龙羊峡水库及其下游梯级电站的防洪安全。因此，这一途径一直作为降低下游梯级电站施工洪水的研究重点。

2) 改变龙羊峡、刘家峡两水库联合防洪调度方式，削减施工导流流量

为进一步削减龙羊峡—刘家峡河段梯级电站的施工导流流量，必须在原拟定的龙羊峡、刘家峡两水库联合防洪调度原则中增加中小洪水泄量控制。这样，将导致龙羊峡水库提前蓄水，多占用防洪库容，并降低了龙羊峡水库的防洪标准；如果不降低龙羊峡水库的防洪标准，相反就要增加调洪库容，并减少兴利库容，则将造成梯级电站的出力和电量损失。

(1) 降低龙羊峡水库的防洪标准。

根据龙羊峡水库技术设计的龙羊峡、刘家峡两水库调洪计算成果，龙羊峡水库万年一遇洪水位为 2604.55m，可能最大洪水位为 2606.75m。若在龙羊峡—刘家峡河段梯级电站施工期，临时将龙羊峡水库的防洪标准由可能最大洪水降为万年一遇，能够腾出 9.7 亿 m^3 防洪库容，并可利用这部分库容削减中小洪水。经调洪计算，龙羊峡水库控制 50 年一遇最大泄流量 $2500m^3/s$，洪水超过 50 年一遇时按原设计的调洪原则进行泄洪，则龙羊峡万年一遇洪水位为 2605.98m，不超过校核洪水位 2606.75m。调洪成果见表 3.13。

但是，用降低龙羊峡水库防洪标准的办法来削减下游梯级电站的导流流量，将使龙羊峡水库工程所承担的防洪风险大大增加。如果龙羊峡水库为下游梯级电站施工导流控制泄流量，其防洪标准降为万年一遇，龙羊峡—刘家峡河段每一个梯级电站施工导流期按 4 年考虑，则龙羊峡水库为一个工程施工导流的防洪风险为0.04%；若龙羊峡—刘家峡河段 5 个梯级电站连续兴建，总的施工导流期按 20 年计，则龙羊峡水库的防洪风险为 0.2%。

如果龙羊峡水库不为下游梯级电站施工导流控制泄流量，其防洪标准为可能最大洪水，约相当于频率洪水的十万年一遇($P=0.001\%$)。那么龙羊峡水库运用 4 年的防洪风险为 0.004%，运用 20 年的防洪风险为 0.02%。

由以上分析可知，龙羊峡水库若为下游梯级电站施工导流控制泄流量，其防洪标准从可能最大洪水降为万年一遇，则防洪风险将扩大 10 倍。对于这样重要的工程，为下游梯级电站的施工导流承担如此大的风险是否合理，值得进一步研究。

(2) 降低龙羊峡水库汛期限制水位。

若在下游梯级电站施工期间，临时将龙羊峡水库汛期限制水位自 2594m 降至 2592m，则可增加防洪库容 7.8 亿 m^3，并可利用这部分库容控制中小洪水。经调洪计算，龙羊峡水库 50 年一遇控制泄流量为 $2500m^3/s$，仍可达到可能最大洪水标准。降低龙羊峡水库讯期限制水位，可以削减下游拟建电站施工导流流量，节省

表 3.13　龙羊峡—刘家峡河段梯级电站施工期间龙羊峡、刘家峡两水库联合调洪成果

龙羊峡使用阶段		正常运用阶段												初期运用阶段			
防洪调度方案		不控制中小洪水（龙羊峡技术设计成果）				50 年一遇控泄流量 $2500m^3/s$（龙羊峡汛限水位降低 2m）				50 年一遇控泄流量 $2500m^3/s$				20 年一遇控泄流量 $2000m^3/s$			
水库		龙羊峡		刘家峡		龙羊峡		刘家峡		龙羊峡		刘家峡		龙羊峡		刘家峡	
汛期限值水位/m		2594		1726		2592		1726		2594		1726		2570		1726	
最高水位	最大泄量	H_m	Q_m	H_m	Q_m	H_m	Q_m	H_m	Q_m	H_m	Q_m	H_m	Q_m	H_m	Q_m	H_m	Q_m
洪水频率/%	5	—	—	—	—	—	—	—	—	—	—	—	—	2578.00	2000	1726.60	4290
	2	—	—	—	—	2597.60	2500	1727.00	4290	2600.07	2500	1727.80	4290	2576.75	4000	1730.75	4290
	1	2597.75	4000	1731.10	4290	2597.60	4000	1732.80	4290	2602.33	4000	1731.73	4290	2577.90	4000	1734.25	4290
	0.1	2602.25	4000	1735.10	4510	2601.82	4000	1737.40	4510	2604.37	4000	1737.10	4510	2584.42	4000	1736.95	4510
	0.05	2603.80	6000	1737.10	7260	2601.10	6000	1737.35	7260	2604.29	6000	1732.00	7260	—	—	—	—
	0.01	2604.55	6000	1736.70	7600	2602.35	6000	1737.20	7600	2605.98	6000	1737.69	7600	—	—	—	—
可能最大洪水		2606.75	6000	1737.80	7600	2601.10	6000	1737.85	7600	2608.80	6000	1737.83	7600	—	—	—	—

注：水位单位为 m，流量单位为 m^3/s，H_m 为最高水位，Q_m 为最大泄流量。

工程投资费用，但又必然造成龙羊峡、刘家峡、盐锅峡、八盘峡、青铜峡等已建梯级电站的电能损失。为此，需要进行经济比较，以确定方案的经济合理性。

3）龙羊峡、刘家峡两水库联合防洪调度削减公伯峡导截流流量

(1) 工程概况。

公伯峡电站为龙羊峡—青铜峡河段规划的第四座大型梯级电站，距上游龙羊峡、李家峡电站及贵德水文站分别约 184.6km、76.0km 和 140.6km。按照龙羊峡、刘家峡两水库联合防洪调度原则，龙羊峡水库 100 年一遇洪水以下控泄流量为 $4000m^3/s$，相应的公伯峡电站施工期 20 年一遇施工导流流量为 $4280m^3/s$，50 年一遇坝体临时断面挡水度汛流量为 $4990m^3/s$。

(2) 2002 年施工度汛方式优化设计。

由于导流隧洞施工过程中相继发生了 2 次规模较大的塌方，导致了导流隧洞工程施工无法按合同工期完工，主河床截流推迟到 2002 年第一季度进行，即采用不常采用的汛前截流。由于截流时间发生变化后，坝体临时断面的填筑时间缩短了几个月，不可能在 34 个月内将坝体填筑到抵挡 50 年一遇洪水的设计高程。为此，2002 年施工度汛方式重新进行了优化设计。经过多个方案分析比较，只有降低施工导流标准，将 50 年一遇洪水坝体临时断面挡水降为 20 年一遇洪水围堰挡水，采用将上游枯水围堰改为全年挡水围堰，导流隧洞导流的方式。这样就需要研究龙羊峡水库在目前情况下，20 年一遇洪水控泄多大流量才能使公伯峡电站上游围堰增加幅度不大，对施工工期影响较小。因此，对龙羊峡水库控泄流量的分析研究成为该方案的关键。

20 世纪 90 年代以来，黄河上游来水偏少，龙羊峡水库一直在低水位运行。采用 1919～1995 年径流系列，按西北电力建设集团公司水量调度计划，进行长系列梯级调节计算，其不同频率来水下龙羊峡水库 2002 年汛前水位预测结果详见表 3.14。

表 3.14　龙羊峡水库 2002 年汛前水位预测结果

来水频率/%	1	10	20	50	80	95%
汛前水位/m	2588	2588	2586.1	2568.4	2540	2530

从表 3.14 可以看出，年来水频率接近 10%时，2002 年汛前水位可达到 2588m。也就是说，2002 年汛前龙羊峡水库达到汛期限制水位的可能性是存在的。因此，要削减公伯峡电站施工导流流量，必须降低龙羊峡水库汛期限制水位。为了使公伯峡电站上游围堰降到最低高程，龙羊峡水库 20 年控泄流量须降低到所允许的最小泄量。龙羊峡电站最大发电流量(4 台机满发)为 $1240m^3/s$。考虑到其他一些不可见因素，龙羊峡水库 20 年一遇洪水最大下泄流量按 $1500m^3/s$ 控制。

根据公伯峡电站坝址洪水地区组成分析,1964年洪水典型年组成区间洪水较大,对公伯峡电站最为恶劣,所以采用这一地区组成作为公伯峡电站洪水地区组成方式。同时,考虑到李家峡水库的滞洪作用和龙羊峡—李家峡区间来水与李家峡—公伯峡区间来水遭遇的概率非常小,再加上河道坦化作用,区间洪水只考虑李家峡—公伯峡的区间日平均流量。这样,李家峡—公伯峡区间20年一遇洪水相应日平均流量为495m³/s。公伯峡电站2002年汛期20年一遇洪水施工导流流量为2000m³/s,相对初设成果降低了1500m³/s。针对龙羊峡水库来水的各种可能情况,在满足梯级电站水库一系列防洪要求情况下,拟定龙羊峡、刘家峡两库的调洪方案,见表3.15。

表3.15　龙羊峡、刘家峡两库调洪方案

龙羊峡水库汛期限制水位/m		2588		2586	2580
刘家峡水库汛期限制水位/m		1726		1726	1726
水库名称		龙羊峡		刘家峡	
	频率/%	控泄流量/(m³/s)	库容比	控泄流量/(m³/s)	库容比
各种频率控泄流量	5	1500	3～4	4290	1
	1	4000	4～5	4290	1
	0.1	4000	4～5	4510	1
	0.05	6000	5～6	7260	1
	PMF	6000	5～6	敞泄	1

根据上述拟定的3种龙羊峡水库汛期限制水位方案,对龙羊峡、刘家峡两库进行各种频率洪水联合调洪计算,见表3.16。

表3.16　各方案龙羊峡、刘家峡两库各种频率联合调洪计算结果

方案		1				2				3			
龙羊峡水库汛期限制水位/m		2588				2586				2580			
水库名称		龙羊峡		刘家峡		龙羊峡		刘家峡		龙羊峡		刘家峡	
各种频率联合调洪计算结果	频率/%	Q_m/(m³/s)	H_m/m	Q_m/(m³/s)	H_m/m	Q_m/(m³/s)	H_m/m	Q_m/(m³/s)	H_m/m	Q_m/(m³/s)	H_m/m	Q_m/(m³/s)	H_m/m
	5	1500	2598.2	4290	1726.6	1500	2596.6	4290	1726.6	1500	2591.7	4290	1726.6
	1	4000	2597.0	4290	1732.6	3900	2595.1	4290	1732.5	3010	2590.6	4290	1729.0
	0.1	4000	2601.8	4510	1735.1	4000	2600.3	4510	1735.1	3940	2595.0	4510	1735.0
	0.01	6000	2604.4	7570	1736.8	6000	2603.1	7260	1737.1	4960	2598.9	7260	1734.7
	PMF	6000	2607.0	8200	1737.4	6000	2606.2	8310	1737.8	5470	2600.7	8000	1736.7

从表 3.16 调洪结果来看，只要龙羊峡水库汛期限制水位在 2580m，龙羊峡水库可能最大洪水水位为 2600.7m，刘家峡水库水位为 1736.7m，两库均能达到 PMF 防洪标准，并且龙羊峡水库能够满足为预防Ⅶ号滑坡影响而预留 8m 库容的要求。

由于公伯峡电站 20 年一遇洪水导流只有一年，龙羊峡水库Ⅶ号滑坡比较稳定，以及发生最大洪水的可能性很小，为了不使因汛期限制水位降低过多而可能导致发电量损失过大，暂不考虑Ⅶ号滑坡的影响，龙羊峡水库汛期限制水位还按 2588m 控制。这样龙羊峡水库 PMF 水位为 2607.0m，刘家峡水库水位为 1737.4m，均能达到 PMF 防洪标准。龙羊峡、刘家峡两水库调度推荐方案见表 3.17。

表 3.17　龙羊峡、刘家峡两水库调度推荐方案

龙羊峡水库汛期限制水位/m		2588				调洪结果			
刘家峡水库汛期限制水位/m		1726							
水库名称		龙羊峡		刘家峡		龙羊峡		刘家峡	
各种频率控泄流量	频率/%	控泄流量/(m^3/s)	库容比	控泄流量/(m^3/s)	库容比	最大泄流量/(m^3/s)	库水位/m	最大泄流量/(m^3/s)	库水位/m
	5	1500	3～4	4290	1	1500	2598.2	4290	1726.6
	1	4000	4～5	4290	1	4000	2597.0	4290	1732.6
	0.1	4000	4～5	4510	1	4000	2601.8	4510	1735.1
	0.05	6000	5～6	7260	1	6000	2603.0	7260	1736.2
	PMF	6000	5～6	敞泄	1	6000	2607.0	8200	1737.4

根据以上调洪结果，公伯峡电站 2002 年 20 年一遇导流流量为 2000m^3/s。这样就为大幅度减少围堰的高程提供了条件，经计算，只要在原枯水围堰上增加 7.5m，即堰顶高程 1926.5m，就可将原 20 年一遇枯水围堰，提高到 20 年一遇洪水全年挡水围堰。

(3) 实施情况。

2002 年 3 月，公伯峡电站河道顺利截流。由于 2001 年黄河上游来水偏枯，按西北网局水调计划 2002 年汛前龙羊峡水库水位 2542m，距汛期限制水位 2594m 还有约 137.6 亿 m^3 的库容。也就是说，2002 年汛期即使出现最大 45 天洪量达 139 亿 m^3 的 200 年一遇特大洪水，在机组正常运行的情况下，龙羊峡水库也达不到 2594m 的汛期限制水位。李家峡水库具有约 0.8 亿 m^3 的防洪库容，因此对于 20 年一遇洪水，龙羊峡、李家峡两水库均可以不泄洪。这样公伯峡电站 20 年一遇导流流量主要受李家峡电站发电流量及李家峡—公伯峡区间洪水控制。经过分析，最后确定在电网非异常运行情况下，李家峡水库下泄流量控制在 1000m³/s 左右，当李家峡—公伯峡区间发生洪水时，李家峡电站下泄流量控制在 1000m³/s 以下。20 年一遇洪水区间日平均流量为 495m³/s，因此，公伯峡电站 2002 年度汛按 20 年一遇洪水 1500m³/s 设防。公伯峡电站已经顺利度过 2002 年汛期，实践证明该方案是合适的。

(4) 结论。

① 公伯峡电站施工导流流量设计随着时间及龙羊峡水库蓄水位的变化，进行了多次优化。20 年一遇洪水导流流量由初设的 3510m³/s 降低到 1500m³/s，50 年一遇洪水坝体临时断面挡水流量由 4990m³/s 降低到 4090m³/s。

② 由于龙羊峡水库水位较低，与汛期限制水位相差较大，在既不影响发电，又可减少下泄流量的情况下，降低公伯峡电站施工导流流量，减少导流度汛工程量，既是公伯峡电站施工的最有利的时机，也是梯级电站水库在防洪方面存在的优势。

③ 由于龙羊峡水库当时还处于非正常运用阶段，水库一直未能蓄满。可以利用汛期限制水位以下这部分库容削减近期下游梯级电站施工洪水，如果龙羊峡水库蓄满进入正常运用，则汛期限制水位以上的防洪库容用于龙羊峡水库本身及其下游防洪目标的防洪任务，不能再承担削减下游梯级电站施工洪水的任务；如果要减少下游梯级电站的施工洪水，必须降低龙羊峡水库的汛期限制水位，增大防洪库容。并且应对汛期限制水位降低所产生的电量损失与下游电站导流流量减少所产生的导流工程投资减少进行分析比较，从技术及经济上论证其合理性。

4) 黄河上游其他工程实例

(1) 李家峡电站。李家峡电站施工期 4 年，由于上游龙羊峡水库调蓄影响，50 年一遇导流流量为 4000m³/s。为进一步降低李家峡工程的导流流量，研究了利用上游龙羊峡水库削减 50 年一遇以下的洪水，使李家峡导流流量由 4000m³/s 降为 2500m³/s 的方案，若采用降低龙羊峡防洪安全标准的方法，经计算龙羊峡水库的防洪标准将由可能最大洪水降为万年一遇的标准，这将增加龙羊峡的防洪风险。若采用将龙羊峡汛期限制水位降低 2m，增加 8 亿 m³ 调洪库容，但因兴利库容减少，将使梯级电站保证出力减少 2.1 万 kW，年发电量减少 0.945 亿 kW · h，如果损失的出力和电量以火电补偿，考虑建相同规模火电站在 4 年施工期应分摊的投资及煤耗费用和运行费，约需 1263.29 万～1445.85 万元。估计李家峡导流流量由 4000m³/s 降为 2500m³/s，将节省投资总计 2500 万元，同时可缩短施工准备期，大大减轻施工复杂程度。因此推荐该方案。

(2) 拉西瓦电站。本工程位于龙羊峡下游约 33km 处。在 2004 年 1 月 9 日截流期间，龙羊峡电站采用夜间关机的办法为截流和导流隧洞进口的岩坎爆破拆除提供了便利条件。在拉西瓦电站5年的主体工程施工期，龙羊峡水库保持2588m的汛限水位运行，将20年一遇的下泄流量控制在1800m^3/s以内。计入区间流量后，拉西瓦坝址20年一遇的洪水流量仅2000m^3/s（较天然状况减小40%）。

3.4　梯级电站运行对导截流的影响

3.4.1　上游水库调蓄对导截流影响

1. 上游水库调蓄减小下游电站导流流量实例分析

1) 白山电站调蓄对红石电站施工导截流的影响

(1) 红石电站工程概况。

红石电站是第二松花江干流上游江段上规划的第二座梯级电站，工程位于吉林省桦甸市，距上游白山电站38.0km。该工程导流建筑物设计挡水标准应为20年一遇洪水。施工导流设计考虑了上游白山电站水库初期蓄水、发电及电站正常运行两种工况。白山电站水库总库容为62.2亿m^3，调节库容为35.4亿m^3，属多年调节水库。它投入运行后红石电站的径流、洪水、冰情等水文特性均发生了重大变化，因此，在红石电站施工导流各设计阶段都强调应充分利用白山电站水库的调节作用，合理选取导流设计流量。

(2) 导流设计标准及流量。

《红石水电站初步设计阶段设计修改报告》中，施工导流设计方案确定的原则是：在白山电站水库蓄水初期，即1983年春汛、大汛期间，红石电站施工导流设计要考虑白山大坝中孔泄流，其他导流时段均不考虑白山大坝中孔泄流，只考虑白山电站机组发电流量及红石—白山区间流量。红石—白山区间各月不同洪水频率流量见表3.18，红石电站导流期间白山大坝中孔泄流流量及机组发电流量见表3.19，红石电站导流设计标准和流量见表3.20。

表3.18　红石—白山区间各月不同洪水频率流量

频率/%	月份											
	1	2	3	4	5	6	7	8	9	10	11	12
5	4.9	3.7	33.6	299.0	227.0	213.0	432.0	1220.0	221.0	79.2	19.6	16.2
10	3.5	2.7	23.9	201.0	162.0	151.0	291.0	872.0	149.0	56.4	34.6	11.5
20	2.2	1.7	14.8	115.0	100.0	94.0	167.0	540.0	85.0	35.0	21.5	7.1

表 3.19　红石电站导流期间白山大坝中孔泄流量及机组发电流量

电站水库水位/m 及泄量/(m^3/s)		遇有 $P=5\%$ 洪水起调水位	机组发电流量/(m^3/s)		
373.0(1 孔泄流量)	364.8(3 孔泄流量)	335.0m,3 孔泄流量/(m^3/s)	1 台机组	2 台机组	3 台机组
700.0	1630.0	2370.0	300.0	600.0	900.0

表 3.20　红石电站导流设计标准洪水流量

时段		区间洪水频率/%	区间、白山电站泄流量/(m^3/s)		红石电站导流设计流量/(m^3/s)
			区间	白山电站	
1983 年	春汛	5	151.0	700.0	851.0
	大汛		1220.0	2370.0	3590.0
1984 年	春汛		299.0	600.0	899.0
	大汛		1220.0	600.0	1820.0
1985 年	春汛		299.0	600.0	1199.0
	大汛		1220.0	600.0	1820.0

注:1983 年春汛泄流量 151.0m^3/s 为 6 月洪水,700.0m^3/s 为白山 1 孔泄流量;1984 年春汛白山 2 台机组发电;1985 年春汛白山 3 台机组发电。

经水电建设总局审查并确定的红石电站各期导流设计标准及流量见表 3.21。1983 年春汛、大汛期间白山水库最大入库流量、水位、泄流量及红石电站施工导流实际发生最大流量,见表 3.22。

表 3.21　水电建设总局审定的导流设计标准及流量

时段		区间洪水频率/%	区间洪水流量/(m^3/s)	白山电站泄流量/(m^3/s)	红石电站导流设计流量/(m^3/s)	红石电站导流实际发生流量/(m^3/s)	发生时间
一期	枯水	5	48.6	5.0	53.6	34.4	1982 年 11 月～1983 年 3 月
	春汛	5	399.6	5.0	304.0	348.0	1983 年 4 月
	汛前	10	151.0	700.0	851.0	787.0	1983 年 4 月～6 月
	大汛	5	1220.0	80.0	1300.0	1700.0	1983 年 7 月～9 月
				1670.0			白山实际泄流量
二期	大汛	5	1220.0	600.0	1820.0	683.0	梳齿导流、1984 年
						918.0	底孔导流、1985 年
三期	枯水	20	21.5	900.0	921.5	686.0	1985 年 11 月～1986 年 4 月

注:600.0m^3/s 为在红石电站发生洪水时白山两台机组发电流量;580.0m^3/s 为白山电站施工用水余量(估计量)。

表3.22　1983年春汛、大汛期间白山水库最大入库流量、水位、泄流流量及泄流时间

时间	最大入库流量/(m^3/s)	最高库水位/m	最大泄流量/(m^3/s)	平均泄流量/(m^3/s)	泄流时间/d	红石发生最大流量/(m^3/s)
4月	540.0	360.99	335.0	303.4	11	348.0
5月	624.0	363.57	375.5	375.5	31	523.0
6月	580.0	364.26	338.0	338.0	7	787.0
7月	1430.0	368.90	1490.0	1490.0	1	1530.0
8月	918.0	368.15	1670.0	624.8	22	1700.0
9月	539.0	375.17	—	—	0	29.3

注:4月大于设计流量时间为4d,汛期大于设计流量时间为10d。

2) 水丰电站调蓄对太平湾施工导截流的影响

(1) 太平湾电站概况。

太平湾电站是鸭绿江干流规划的第5座梯级电站,距上游已建水丰电站29.5km。

(2) 导流设计标准及流量。

导流建筑物为4级,导流建筑物设计挡水标准应为20年一遇洪水。

施工导流设计考虑了工程上游水丰电站的水库调蓄作用。水丰电站水库总库容139.0亿m^3,调节库容77.5亿m^3,属多年调节水库。利用水丰电站水库对洪水的调节作用,使太平湾坝址上游江段流量形成平水期、枯水期时段长、流量平稳的特点。另外在20世纪六七十年代,先后在水丰电站上游干流上修建了云峰电站(总库容38.96亿m^3,调节库容26.61亿m^3,属不完全多年调节水库),支流的浑江上修建了桓仁电站(总库容35.5亿m^3)及回龙山电站等,由于其上游修建了这些电站,使水丰电站水库汛期溢流次数明显减少,为太平湾电站施工导流设计创造了更有利的条件。

太平湾坝址及水丰—太平湾区间不同频率洪峰流量见表3.23,水丰—太平湾区间平、枯水期不同频率洪峰流量见表3.24。

根据工程采用的导流方式,综合分析太平湾水文资料,确定各期导流设计标准的原则是:水丰电站机组最大发电流量1000.0m^3/s,加区间(不含7月、8月、9月)相应频率的洪水。各期施工导流设计流量见表3.25。

表3.23　太平湾坝址及水丰—太平湾区间汛期不同洪水频率流量

区间	设计值		
	5%	10%	20%
太平湾坝址/(m^3/s)	31100.0	26000.0	20800.0
水丰—太平湾区间/(m^3/s)	3210.0	2700.0	2170.0

表 3.24 水丰—太平湾区间平水期、枯水期不同洪水频率流量

区间	设计值		
	5%	10%	20%
10 月～次年 5 月/(m^3/s)	372.0	262.0	152.0
6 月/(m^3/s)	966.0	517.0	242.0
9 月 16 日～10 月 15 日/(m^3/s)	214.0	93.6	—

表 3.25 各期施工导流设计特性

分期	挡水建筑物	泄水建筑物	区间洪水		设计流量 Q/(m^3/s)
			P/%	Q/(m^3/s)	
一期	右岸低水围堰	束窄中部河床	10	517.0	1517.0
	左岸围堰(汛期过水)		—	—	2200.0
二期	截流围堰(汛期过水)	6 孔梳齿、3 孔溢流坝	—	—	2200.0
三期	左岸挡大汛围堰	6 孔梳齿、3 孔溢流坝过水围堰	—	—	12600.0
四期	左岸下游围堰	1 孔溢流坝	10	93.0	1000.0

3) 乌江渡电站水库调蓄对构皮滩电站导截流的影响

(1) 工程概况。

构皮滩电站位于乌江渡电站下游约 130km 处,设计阶段安排的总工期达 10 年左右,坝址河谷狭窄、洪水峰高量大,施工导流方案的设计是一大难题。考虑到构皮滩电站上游已建的乌江渡、东风和在建洪家渡等大型水库总调节库容达 52 亿 m^3,有可能在构皮滩电站施工期间配合调蓄洪水,以减小构皮滩电站导流隧洞的规模,并对提高施工质量和缩短建设工期具有重要作用。设计阶段进行了上游水库配合构皮滩电站施工的洪水调度研究。

(2) 洪水调度方式研究结果。

根据洪水和水库特性,选用判别条件明确、可操作性强的调度方式。水库对下游的防洪调度方式一般可分成 3 类,即以水库本身的防洪特性值为判别条件来决定水库下泄流量的等泄量法、区间洪水预报补偿调度法和以防洪控制站已出现的水情特征值为判别条件来决定水库蓄水流量的等蓄量法。洪水调度方式研究结果见表 3.26。

表 3.26　乌江渡水库洪水调度方式

导流方案	初蓄段/(m^3/s)		蓄水段/(m^3/s)		蓄满后小水段/(m^3/s)	
	起调判别条件	初蓄流量	判别条件	蓄水流量	判别条件	加泄流量
4 小洞	5000≤$Q_江$<8000 且涨率>500	3000	$Q_江$<8000	0	$Q_江$≥5000	0
	$Q_江$≥8000		$Q_江$≥8000	3000	$Q_江$<5000	2000
3 大洞	5000≤$Q_江$<8000 且涨率>500	4500	$Q_江$<8000	0	$Q_江$≥8000	0
	$Q_江$≥8000		$Q_江$≥5000	4500	$Q_江$<5000	2000

注:初蓄时段为 9h。流量单位为 m^3/s,涨率单位为 m^3/(s·h)。

(3) 乌江渡水库预留防洪库容及防洪效果。

构皮滩电站上游围堰建成后,将形成约 1 亿 m^3 调蓄库容,堰前水位是构皮滩工程能否安全度汛的重要判别条件。经构皮滩水库洪水调节计算后,得出 4 小洞和 3 大洞导流方案所需乌江渡水库防洪库容的最大值分别为 3.1 亿 m^3 和 4.6 亿 m^3。从偏安全角度考虑,建议两导流方案中乌江渡水库分别预留防洪库容 3.7 亿 m^3 和 5.5 亿 m^3。用乌江渡水库预留防洪库容配合调洪,构皮滩电站采用这 2 个导流方案均能达到构皮滩上游堰前最高洪水位不高于 483m 的目标。2 个方案防洪效果见表 3.27。

表 3.27　乌江渡水库调洪成果

导流方案	典型洪水	江界河站洪峰流量/(m^3/s)	构皮滩堰前最高洪水位/m
4 小洞方案	1963 年	12046	482.48
	1964 年	11989	482.96
	1991 年	12108	482.15
	1996 年	11875	482.23
	1999 年	12036	482.37
3 大洞方案	1963 年	11030	482.71
	1964 年	10956	482.36
	1991 年	11583	482.99
	1996 年	10724	482.37
	1999 年	10730	481.48

若乌江渡等上游水库不配合调蓄洪水,构皮滩电站要达到全年隧洞导流的目标需要 4 条大洞。根据上述研究,若乌江渡水库预留防洪库容配合调洪,在构皮滩不降低围堰高度的情况下,可减小导流隧洞规模。

经计算,4 大洞、4 小洞和 3 大洞导流方案的投资分别为 79505 万元、70918 万元和 59626 万元;4 小洞和 3 大洞导流方案和 4 大洞导流方案相比,对乌江渡电站保证出力均无损失，对电网的影响甚小，乌江渡电站的年发电量损失分别为 0.62 亿 kW·h 和 0.94 亿 kW·h。

(4) 小结。

通过水库洪水调节计算、河道洪流演进计算及综合经济技术比较，推荐构皮滩电站采用 3 条断面尺寸为 15.6m×17.7m 导流隧洞，乌江渡水库预留 5.5 亿 m^3 防洪库容配合运用的施工导流方案。通过汛期降低乌江渡水库的汛限水位，将坝址处 10 年一遇的洪水流量由 13530m^3/s 减少到 10930m^3/s，削减构皮滩坝址处的施工洪水 2600m^3/s。

2. 上游电站机组控泄协助下游电站截流实例分析

1) 李家峡对公伯峡截流的影响

公伯峡电站上游有同一家公司管理的龙羊峡和李家峡水库。在 2002 年 3 月 20 日截流和 2004 年 8 月 8 日下闸蓄水时，上游的李家峡电站提前一天关机，为充分发挥黄河上游梯级电站的优越性，缩短截流时间，加速戗堤闭气，经与西北水调中心协商，在公伯峡电站截流期，上游 76km 处的李家峡电站按下列要求控制发电流量：①3 月 17～18 日，安排一台机组运行（Q=360m^3/s），以方便岩坎拆除和截流初期进占；②3 月 19 日，全天关机，以加快合龙速度；③3 月 20 日，控制一台机的发电流量不超过 150m^3/s，以方便闭气和戗堤加高；④3 月 21～27 日，控制发电流量不超过 720m^3/s。为达到上述要求，3 月 17 日以前，李家峡水库应预留 1.0 亿 m^3 的库容。3 月 19 日李家峡关机造成的系统容量短缺由龙羊峡电站补偿解决。

2004 年 9 月下旬，在公伯峡导流隧洞下闸前 12h，李家峡电站将发电流量控制在 360m^3/s 以内。在下闸后的 3 天内，除每天 3 个调峰时段外，李家峡均保持 1 台机组运行。下闸设计流量调整后，进水塔高度比原招标设计降低了 5m，下闸的安全性进一步提高。

由于在截流和下闸时，坝址处仅有 20～30m^3/s 的河道槽蓄流量，截流难度和下闸风险大大降低。

2) 漫湾电站水库控泄对大朝山电站工程截流的影响

大朝山电站截流按截流流量为漫湾电站 1 台机组下泄 321m^3/s 加区间 231m^3/s，合计为 552m^3/s 进行龙口设计。截流组织工作分为以下三阶段进行：第一阶段漫湾下泄流量按 5 台机组满发考虑，控制流量不大于 1605m^3/s，预进占准备时间为 10 天，由漫湾电厂进行消落水位的调节准备；第二阶段为龙口Ⅰ～Ⅱ区截流和合龙后戗堤加高，漫湾电站按 321～642m^3/s 下泄控制，历时 36h；第三阶段为截流后围堰工程静水填筑。按 2 台机组 642m/s 下泄控制，历时 72h。为准时执行控泄方案,对漫湾电厂下泄的不同流量进行了传播时间的测定。测定结果为漫湾下泄 800～500m³/s 时,水流到达大朝山的传播时间为 10～11h。依据截流流量分析和水流传播结果,编制了《大朝山电站截流期间漫湾电厂控泄时间表》。漫湾电厂按控泄流量方案,制定了系统电力调度的配合控泄措施。

截流及围堰加高过程中漫湾电厂实际控泄出库水量调度统计见表 3.28。

表 3.28　大朝山电站截流期间漫湾电站控泄动态水情记录

实测时间				漫湾电站				戛旧水文站	大朝山水文站
月	日	时	分	水库水位 /m	入库流量 /(m³/s)	出库流量 /(m³/s)	发电出力 /万 kW	实测流量 /(m³/s)	实测流量 /(m³/s)
11	8	8	00	987.04	770	557	—	—	853
11	8	20	00	987.48	765	592	—	—	617
11	9	8	00	988.28	755	256	—	196	594
11	9	9	00	—	—	256	—	212	510
11	9	10	00	—	—	421	—	347	442
11	9	11	00	—	—	421	—	430	403
11	9	12	00	—	—	421	—	439	374
11	9	13	00	—	—	354	—	412	308
11	9	14	00	—	—	337	—	344	284
11	9	15	00	—	—	317	—	322	276
11	9	16	00	—	—	311	—	314	266
11	9	17	00	—	—	311	—	314	267
11	9	18	00	988.94	—	311	40.0	330	273
11	9	19	00	988.94	—	508	40.0	347	293
11	9	20	00	988.94	760	557	44.0	490	357
11	9	21	00	989.01	—	531	42.0	557	404
11	9	22	00	989.09	—	530	42.0	557	414
11	9	23	00	989.12	—	530	42.0	550	412
11	10	00	00	989.12	—	530	42.0	550	395
11	10	1	00	989.13	—	531	30.0	550	370
11	10	2	00	989.17	—	508	40.0	543	353
11	10	3	00	989.28	—	496	39.0	530	370
11	10	4	00	989.29	—	496	25.0	523	408
11	10	5	00	989.37	—	363	23.0	506	474

续表

实测时间				漫湾电站				戛旧水文站	大朝山水文站
月	日	时	分	水库水位/m	入库流量/(m^3/s)	出库流量/(m^3/s)	发电出力/万 kW	实测流量/(m^3/s)	实测流量/(m^3/s)
11	10	6	00	989.45	—	335	23.0	322	580
11	10	7	00	—	—	326	23.0	317	608
11	10	8	00	989.57	750	311	23.0	307	630
11	10	9	00	—	—	309	23.0	—	625
11	10	10	00	—	—	302	23.0	304	618
11	10	11	00	—	—	294	23.0	—	615
11	10	12	00	—	—	294	23.0	—	625
11	10	20	00	990.36	750	621	—	496	410
11	11	8	00	990.81	743	403	—	—	643
11	11	20	00	991.36	735	530	—	—	519
11	12	8	00	991.98	745	403	—	—	605
11	12	20	00	992.44	755	599	—	—	592
11	13	8	00	992.91	756	487	—		713
11	13	20	00	—	—	810	—	763	655
11	14	8	00	993.50	—	648	—	613	839
11	14	20	00	—	—	1020	—	848	916

3. 上游梯级洪水期与枯水期对下游电站导截流的不同影响实例分析

1) 瀑布沟电站对沙坪二级导截流影响

(1) 沙坪二级电站概况。

沙坪二级电站是大渡河干流 22 级水电梯级开发中的第 20 个梯级的第二级，上游为沙坪一级电站，下游为已建的龚嘴电站。瀑布沟电站首台机组于 2009 年 12 月 13 日投产发电，2010 年 10 月 6 台机组全部投产。

(2) 瀑布沟电站对沙坪二级工程水文条件的影响。

沙坪二级电站开工时间为 2010 年，因此，本工程坝址分期洪水计算应考虑瀑布沟电站发电流量的影响。瀑布沟电站发电后沙坪二级电站坝址各分期洪水流量成果见表 3.29。

表3.29　瀑布沟电站发电后沙坪二级坝址各分期洪水流量成果　(单位:m^3/s)

时段	频率			
	3.33%	5%	10%	20%
10月～次年4月	3910	3730	3400	3200
10月～次年5月	3980	3810	3570	3380
11月～次年4月	2960	2920	2850	2780
11月～次年5月	3780	3660	3440	3220
12月～次年4月	2930	2880	2800	2720
12月～次年5月	3770	3640	3420	3200

(3) 上游电站调蓄对导截流流量的影响。

沙坪二级工程上游的瀑布沟电站已投产发电,深溪沟电站正在建设。由于深溪沟电站为瀑布沟电站的反调节电站,因此只考虑瀑布沟电站调蓄及调度对本工程导截流时段水文条件的影响。

① 对全年洪水流量的影响。

根据成都勘测设计研究院编制的《四川省大渡河瀑布沟水电站初步设计报告》研究成果,瀑布沟水库防洪对象主要为下游沙湾区河心洲,报告以此为基础,制定了瀑布沟水库的10年一遇洪水调度原则,即汛期(6～9月)设置汛期限制水位为841m,发电防洪共用库容为7.3亿m^3。因此,汛期经瀑布沟调蓄后,在沙坪二级坝址处,10年一遇洪峰流量可从7490m^3/s削减到6450m^3/s,比天然洪峰削减了13.8%,按照该流量设计的围堰高度可降低约2m。

为简化手续,便于实际操作,可在不动用瀑布沟水库防洪库容的前提下,利用部分发电库容调蓄汛期洪水,以达到削减洪峰的目的。经初步估算,要将沙坪二级电站坝址处10年一遇洪峰流量从7490m^3/s削减到6450m^3/s,瀑布沟水库需调蓄库容17亿m^3,在沙坪二级电站施工导流期间,汛期限制水位需降至816.5m,但瀑布沟电站将因此损失发电量约8亿kW·h/年。由于一期导流阶段上游围堰最大高度为37m,2m高差的围堰工程量较小,施工时段差别不大。因此,可行性研究阶段从易于操作调度及本工程施工偏安全角度考虑,全年洪水流量仍采用天然情况下的洪水流量。

② 对截流流量的影响。

根据目前上游梯级电站投产进度安排,沙坪二级电站筹建期内瀑布沟电站全部机组均已投产发电,因此需考虑瀑布沟电站调蓄及调度对本工程截流时段水文条件的影响。

根据施工总进度安排，本工程截流初步安排在第1年11月，考虑瀑布沟发电后坝址11月5年一遇的洪水流量和平均流量分别为2730m^3/s和2643m^3/s，经估算，截流时龙口宽55m时，龙口平均流速为3.76m/s，按照经验分析判断，戗堤堤头可能出现塌岸、堤头回退等现象，与大渡河流域其他电站相比，本工程规模相对较小，若截流指标过高，则与本工程规模不相匹配。为降低截流难度，结合上游瀑布沟电站发电工况和截流后泄洪闸施工工期较紧等因素，考虑截流原则为：枯水期截流时间尽量提前，围堰戗堤预进占时采用瀑布沟电站发电后截流月份5年一遇的洪水成果，合龙时考虑采用瀑布沟电站1台或多台机组发电流量叠加瀑布沟至沙坪二级区间的5年一遇旬平均流量。

2) 金安桥电站发电后对龙开口施工洪水的影响

(1) 工程概况。龙开口坝址上游的金安桥电站于2005年开工，第一台机组发电时间为2009年年底。金安桥电站装机规模为2400MW，装机4台，单机容量600MW，额定引用流量2420m^3/s。当金安桥电站发电流量加金安桥—龙开口坝址区间分期流量大于坝址天然分期流量时，坝址分期洪水在金安桥电站下闸蓄水发电后采用金安桥发电流量加区间分期流量频率成果。

(2) 金安桥电站发电后对施工洪水的影响。可研阶段金安桥发电后对导流设计流量影响按下列原则考虑：①汛期洪水流量。由于金安桥电站为日调节电站，因此，本工程汛期洪水流量不受金安桥电站水库调蓄和发电影响。②枯水期设计流量。枯水期的设计流量主要涉及截流、防渗墙施工平台高程、导流底孔设置、导流泄水建筑物的下闸、导流明渠缺口封堵、导流底孔封堵、水库蓄水等的设计。

龙开口电站工程一期导流及二期导流期，因金安桥电站尚未下闸蓄水发电，因此截流和上、下游围堰施工期采用天然情况设计流量；龙开口电站水库蓄水时金安桥电站已蓄水发电，但考虑金安桥电站机组发电的影响情况较为复杂，也采用天然情况设计流量；导流明渠缺口和底孔封堵施工时间较长，施工期洪水流量考虑受上游金安桥电站机组满发流量的影响。

4. 上游电站水库调蓄作用下施工导截流流量的合理选取

1) 上游电站水库调蓄下施工导流的特点

(1) 水文特点。由于上游水库的调蓄作用，改变了下游水库断面的天然洪水特性。上游水库调蓄后的下泄流量过程与其上断面的天然洪水过程相比，一般洪峰及时段洪量减小，峰现时间延后，并随天然洪水的大小和洪水过程线的形状不同而异。上游水库的下泄流量过程与区间洪水过程组合后，形成下游水库断面受上游水库调蓄作用影响后的洪水过程。

当上游有大型水库控制时，坝址处的水文特点有：①年流量分配趋于均匀，枯水期的来流量较天然状态增加，但汛期的来流量较天然减少；②受上游水库的调蓄影响，同频率下的天然设计洪水流量得到大幅度的削减，度汛压力得到减轻；③通过和下游区间洪水的错峰调度，人驾驭洪水的能力有了提高。

(2) 调蓄作用。并非每座水库都有能力和条件进行控泄，调蓄作用的考虑不能脱离拟建工程所处河流的特点和其上游水库的自身特点。主要依据为：①上游已建成水库具有的调节能力；②上游水库入库洪水规律、汛期分期以及分期设计洪水；③下游施工枢纽的进度计划、施工期划分；④上游水库是否具有水雨情测报和洪水预报系统及其可利用性等。

尽管梯级水利水电工程施工导流设计利用上一级电站水库调节洪峰流量是一个很复杂的系统工程，但通过对上游运行水库的短期控制，可以降低工程施工导截流的流量，从而实现减小导截流的难度，节省工程投资的目的。

2) 上游电站水库调蓄对下游在建电站工程导截流的有利及不利影响

(1) 有利影响。①减小施工导流设计洪水流量。通常在狭窄河段建水电工程，其导流形式基本上都采用隧洞导流。隧洞尺寸又主要与导流标准和河流水文特性有关。由于已建电站，尤其是具有多年调节水库的电站径流调节，将大大改变该电站下游河流的水文特性，其特点是增加枯水期河流流量，减小汛期流量，并且还可根据需要，人为控制各时段河道流量，为下游在建工程安全度汛(减少导流隧洞过流量)创造有利条件。②减轻截流难度。如果有已建电站的径流调节，经过对电网运行情况综合考虑后，可以较为准确地确定截流期间流量大小，为截流设计和施工准备提供较为准确的依据，减少因流量不确定性所造成的浪费。

(2) 不利影响。梯级水利水电工程施工导流的水文条件多直接受上游运行水库的控制，其水文特点是：平水期及枯水期时间比天然条件下长，流量一般情况下都大于天然条件洪水流量；汛期流量比天然条件下的流量有所减少；由于上游运行电站都承担着地区电网中部分基荷、峰荷的任务，日发电流量变幅大，会给下游施工电站的正常施工带来一些不利因素。

枯水期的设计流量主要涉及截流、防渗墙施工平台高程、导流底孔设置、导流泄水建筑物的下闸、导流明渠缺口封堵、导流底孔封堵、水库蓄水等设计。

梯级电站径流调节对下游在建电站工程也有不利影响，尤其是在枯水期，受电站水库特性及运行调度方式控制，常会出现机组满发流量大于天然流量的情况，加大了枯水期设计流量，例如，白鹤滩电站考虑上游桐子林和观音岩电站同时满发工况，坝址11月～次年5月和12月～次年4月时段10年一遇流量较天然设计流量分别增加了43.9%和140.6%。设计流量加大，将增加防渗墙施工平台高程，以及枯水期挡水围堰的高程；截流期间如不控制机组下泄流量，也将增加截流难度。

拉西瓦工程导截流时，在龙口还未来得及保护时，上游龙羊峡电厂发电放水，造成戗堤被冲，后及时采取措施投钢筋笼块石填充料，才按时截流成功。

3.4.2 下游梯级水库回水对导截流的影响

1. 下游梯级水库回水对导截流难度的影响实例分析

1) 葛洲坝对三峡导截流的影响

三峡工程和葛洲坝工程是长江干流上的两座大型水利枢纽。三峡工程坝址位于葛洲坝水库的常年回水区内，距葛洲坝坝址约 38km，系在葛洲坝工程蓄水发电后才开始修建的。葛洲坝工程坝址位于长江三峡出口处的南津关，是三峡工程的反调节工程，为低水头径流式枢纽，设计总库容为 15.8 亿 m^3，水库调节作用很小，属峡谷型水库，枢纽上、下游落差随入库流量而变化，20 年一遇洪水时落差约为 10.0m，枯水位时约为 27.0m。其库区包含于长江三峡河道之中，水库静库长度约 200km，动水回水长度约 188km，其中变动回水区长约 112km，常年回水区长约 76km。葛洲坝工程分两期建设，1981 年 1 月 4 日大江截流，1986 年第二期工程投入运行，坝前水位维持在(66.0±0.5)m。

葛洲坝工程水库蓄水后，改变了河道水流的边界条件和天然河道冲淤平衡条件，水库运用后，库区呈现出“枯季是水库，汛期是河道”的基本特性，从而引起了三峡工程坝区河段水文水力因素的变化。

此外，三峡工程坝区河段受葛洲坝水库的影响，处在常年回水区中段，由于蓄水位抬高，流速减小，挟沙能力减弱，该段从 1981 年起河床呈累积性淤积，在 1990 年后该河段淤积达到相对平衡状态；年际变化呈现出冲淤交替的过程，年内总的趋势是大水冲，小水淤，汛期冲，枯季淤的特点。

上述河道水文、泥沙特性的改变，给三峡工程施工尤其是二期导截流带来了前所未有的难题：①三峡工程二期上、下游围堰是在葛洲坝水库内修筑的围堰、最大水深达 60m，堰体 80%填料需水下施工，是当今世界上规模最大的深水围堰。围堰基础覆盖层为冲积粉细砂和砂砾石层，厚度 7.0～15.0m，最厚 22.0m，上部为葛洲坝水库蓄水后的淤砂层，厚 6.0～10.0m，最厚 16.0m，下部为砂砾石层，厚 3.0～10.0m，基岩为闪云斜长花岗岩。②截流水深大，截流戗堤下压覆盖层深厚。由于葛洲坝工程在三峡工程兴建之前完成，相应三峡坝址水位在枯水期抬高约 20.0m，枯水期水位为 66.00～66.50m，截流时河床最大水深约 60.0m，属世界罕见。截流水力学模型试验结果表明，当戗堤抛投水深超过 30.0m 以上时，戗堤头部易于发生大范围的堤头坍塌，影响戗堤进占安全。③由于葛洲坝工程库内泥沙淤积，造成三峡工程坝址河床处覆盖层堆积了大量新淤粉细砂，导致二期围堰截流戗堤下压覆盖层厚达 20.0m，其中粉细砂层厚 10.0m，截流施工时，堰基将发生冲刷。若考虑清除，不仅工程量大，而且深水清淤相当困难。

三峡工程大江截流及二期围堰设计施工历经国家“七五”及“八五”科技攻关，对深水截流创造性地采用了“预平抛垫底、上游单戗立堵、双向进占、下游尾随进占”的实施方案，解决了一系列技术难题。

2) 溪洛渡电站对白鹤滩电站导截流影响

溪洛渡电站位于白鹤滩电站下游 195km，正常蓄水位为 600.00m，汛期限制水位为 560.00m，该电站已开工建设，计划 2013 年 6 月第一批机组发电，2015 年竣工。根据白鹤滩电站目前建设里程碑计划安排，工程截流时溪洛渡电站已发电，其库区回水位将直接影响白鹤滩天然河道水位，影响白鹤滩电站的施工导截流规划。

受溪洛渡电站回水影响，将抬高白鹤滩坝址处天然河道水位，且影响较大，白鹤滩电站导截流规划时应考虑溪洛渡回水影响。可行性研究阶段按溪洛渡电站坝前水位为 600.00m、投入运行 5 年组合的工况考虑。图 3.10 为位于白鹤滩电站坝址下游约 1250m 处中水尺水位流量关系曲线。

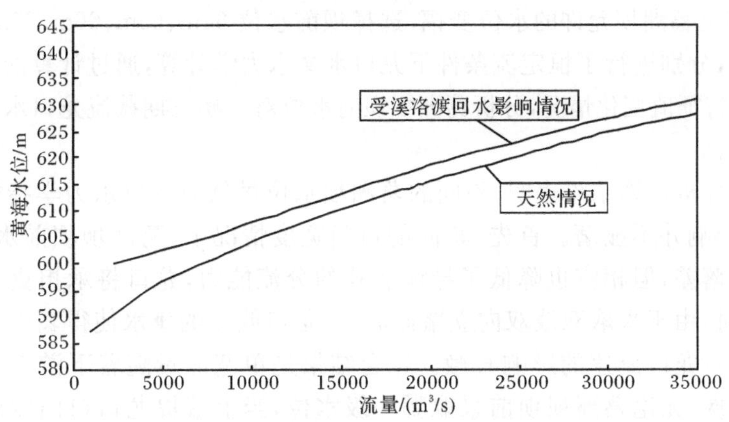

图 3.10　白鹤滩电站中水尺水位流量关系曲线

溪洛渡电站库区回水位的影响主要涉及白鹤滩电站围堰、截流(关系到导流隧洞进口高程的确定)、围堰防渗墙施工平台高程确定、导流隧洞下闸、封堵等设计项目，上述的项目设计中除截流设计应按不考虑回水影响和考虑回水影响两种工况外，其余均按考虑回水位的影响设计。

从另一个角度来看，白鹤滩电站施工期下游的溪洛渡电站已蓄水发电，其汛期防洪库容 46.5 亿 m^3；而白鹤滩电站初期导流围堰挡水的堰前库容不大于 3.5 亿 m^3，围堰失事不会对下游造成重大危害。根据 30 年一遇和 50 年一遇导流标准对应的堰高溃堰计算表明(不利工况，溪洛渡坝前为正常蓄水位 600.0m 工况)，溪洛渡电站建成后，由于溪洛渡水库河段的槽蓄作用显著加强，各种计算方案白鹤滩围堰溃堰洪水演进至大兴乡(距坝址约 96km)水位仅上升 2.5m 左右，演进至溪洛渡大坝水库水位仅上升 0.6m 左右。可见白鹤滩围堰溃堰对下游及溪洛渡大坝安全基本没有影响。另外，白鹤滩电站坝址处河道狭窄，汛期洪水流量大，按 30 年和 50 年一遇洪水考虑，初期围堰挡水高度 80.0～85.0m，围堰工程量巨大，要在一个枯水期内完成的难度很大；经施工导流多目标风险决策分析研究表明，30 年一遇方案和 50 年一遇方案动态风险均小于 2.5%，排序上 30 年一遇方案略优于 50 年一遇方案。结合溃堰等技术分析比较，可采用重现期 30 年一遇洪水的导流标准。

2. 下游梯级电站水库回水对截流落差的影响实例分析

(1) 葛洲坝对三峡明渠截流落差影响。三峡工程明渠截流论证中进行了运用枢纽调度减轻截流难度的计算研究。明渠截流设计条件为：葛洲坝坝前水位为正常蓄水位 66m，当三峡坝址出现设计截流流量 10300m^3/s 时，对应三斗坪水位 66.4m。根据葛洲坝允许的水位变幅，选择坝前水位 64m、65m、66m、67m、68m 五个水位级，分别进行了恒定流条件下龙口水文水力学计算，通过计算的各种龙口水力要素特征值变化情况，分析葛洲坝坝前水位对三峡三期截流龙口水力学指标值的影响。

有关分析计算结果表明，不同的葛洲坝水位虽然对龙口水力学指标有一定影响，但影响并不显著。首先，相同的口门宽度情况下，葛洲坝坝前水位越高，虽减小了落差，但相应也降低了导流底孔的分流能力，龙口将承担更多的分流压力；同时，由于采取双戗双向立堵截流，下龙口戗堤的壅水使得葛洲坝坝前水位的变化对龙口流速的影响甚微。综合结果是单宽能量随着下游水位升高而增大。其次，无论葛洲坝坝前采取哪一级水位，当上戗堤龙口口门宽度在 30m 左右时，影响施工难度最重要的两水力要素单宽能量和流速均达到最大，65m 和 66m 的单宽能量值几近相当且相对较小。从降低施工难度、葛洲坝蓄水发电和航运需要等各方面综合考虑，按设计条件下葛洲坝坝前水位 66m 截流比较适宜。

在分析葛洲坝枢纽蓄水位对三峡明渠截流影响甚微情况下，通过数学模型计算分析，利用非恒定蓄水的槽蓄原理，深入研究了适时抬高蓄水位的过程及方案，创新提出了在不增加截流难度的前提下，可提前 10 天截流的具体方案。如图 3.11 所示，采用短时期内抬高葛洲坝控制水位的措施，对招标方案，截流断面最大流速降低到设计值的 81%，水流的作用力降低到设计值的 65.2%，这对降低截流的难度具有重要价值。对保证三峡建设的工期，降低三期碾压混凝土围堰施工的风险具有重大意义。

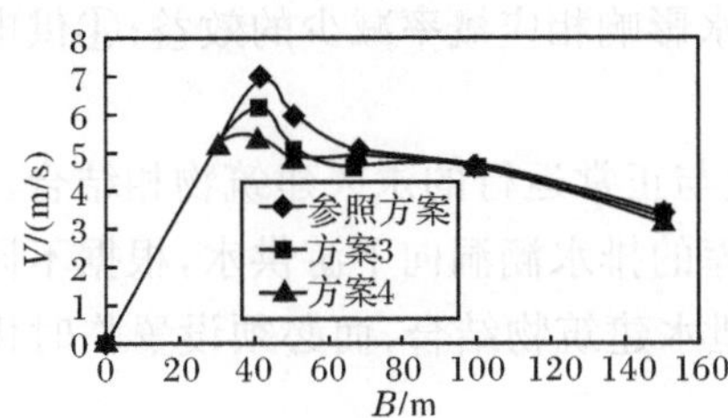

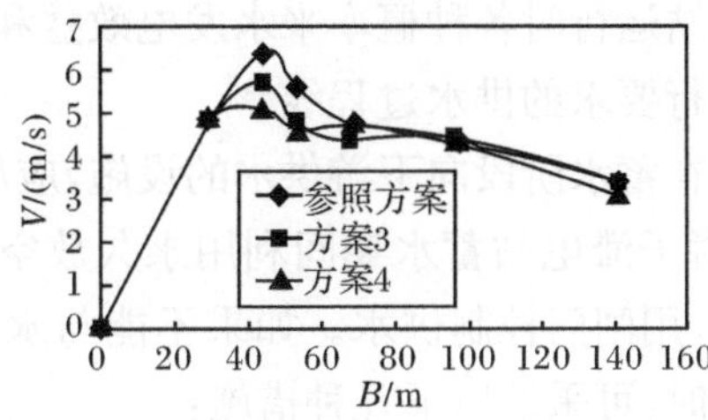

图 3.11　上、下戗堤龙口平均流速比较

(2) 溪洛渡电站运行对白鹤滩电站截流落差的影响。白鹤滩电站截流设计如果考虑受溪洛渡电站回水的影响，在截流设计流量 $Q=4660\text{m}^3/\text{s}$ 时，上水尺水位较天然河道抬高 5.3m，可适当抬高导流隧洞的进口高程，以降低导流隧洞进口施工难度(主要影响进口施工围堰高度及其拆除难度)。但考虑到白鹤滩电站截流时，溪洛渡电站实际蓄水位存在不确定性，不足以由其来确定白鹤滩电站导流隧洞进口高程，如果导流隧洞进口高程按溪洛渡电站正常蓄水位 600.00m 工况确定，实际截流时溪洛渡蓄水位偏低时，将增加截流难度。因此，在可研设计阶段按不考虑回水影响和考虑回水影响两种工况综合分析确定进口高程，实际截流时，如果受回水影响抬高了水位，对降低截流难度是有利的，但将增加截流时的水深及塌堤风险。截流戗堤顶高程的确定需考虑回水的影响。表 3.30 为有无溪洛渡库区回水影响的白鹤滩截流落差对比分析情况。

表 3.30　有无溪洛渡库区回水影响的白鹤滩截流落差对比分析

方案	上游水位/m	截流主要指标		
		最大平均流速/(m/s)	最大落差/m	最大单宽功率/($\times10^3$t·m/s·m)
不考虑溪洛渡回水	598.98	5.27	2.53	94.25
考虑溪洛渡回水	603.60	4.19	1.29	42.63

注：截流流量按天然 11 月上旬 10 年一遇流量 Q 为 $4660\text{m}^3/\text{s}$ 设计。

3. 梯级电站施工期蓄水、供水与排冰

1) 梯级开发河流的施工期蓄水与下游供水

对于大型梯级工程，施工期水库蓄水与供水措施的研究是一项极为重要的课题。尤其对于下游梯级电站，其运行设计要求包括：①下游电站水库正常运行的上、下限水位，水库运行调度规程；②蓄水期河道来水形势预计和运行计划；③下游电站运行时各种概率来水发电效益和蓄水影响相应概率减少的效益；④供电系统运行要求的供水过程线。

在蓄水阶段向下游供水的设施，应尽量与正常运行的永久建筑物相结合。例如，狮子滩电站蓄水期间利用永久放空水库的排水涵洞向下游供水，根据不同蓄水位，用闸门控制供水。如果不能与永久泄水建筑物结合，而必须设置临时供水设施时，可采取以下几种措施：

(1) 利用水泵抽水或虹吸管向下游供水。

(2) 坝下游河道有支流，可在支流取水，也可在下游建临时拦河坝蓄水，调节供水。有地下水源的，可打水井供水。

(3) 在封堵导流建筑物的闸门上留孔或设临时旁通管等。

2) 梯级电站施工期蓄水问题实例分析

(1) 瀑布沟初期蓄水下游供水方案。瀑布沟电站和深溪沟电站位于大渡河中游，瀑布沟电站大坝为当地材料坝，左岸两条导流隧洞的进口高程为673.00m，右岸放空洞的进口高程为730.00m。2009年11月初，从导流隧洞完成下闸到放空洞具备过流条件，坝址处的断流时间为9.5h。而坝址下游0.6km处的尼日河在同期的平均流量为75m^3/s。瀑布沟电站下闸蓄水时下游要求来水流量不能小于327m^3/s，而且不能中断。为此，有关方面经充分论证，下闸蓄水采用和下游的深溪沟电站联动下闸、确保下游用水的实施方案。具体程序为：①在瀑布沟电站下闸前1个月，彻底关闭深溪沟1号泄洪洞，改建出口，来水由2号泄洪洞下泄；②在瀑布沟电站下闸前约10h，深溪沟电站2号平板门开始保持局部开启控泄(下泄流量不小于327m^3/s)，待水位上升到预定高程后，完成瀑布沟电站导流隧洞下闸；③深溪沟电站2号平板门在高水位情况下保持1.5～1.7m的开度向下游供水；④当深溪沟电站的库水位下降到636.00m高程时，提升闸门开度至2.2m，继续向下游供水；⑤当库水位下降到628.00m时，瀑布沟电站放空洞的泄流能力已达327m^3/s，而且来水已进入深溪沟库区，此时彻底打开2号平板门，恢复原过水状态。

在上述方案实施过程中，深溪沟围堰的蓄水量为2047万m^3，尼日河的来水量为276万m^3(当日平均流量64m^3/s)，库尾河道的槽蓄水量为360万m^3。放空洞的过流量由 0 渐变到 327m^3/s 时的来水量为 142 万 m^3。

(2) 苗尾电站初期蓄水下游供水方案。苗尾电站大坝为当地材料坝，冲沙兼放空洞是水库最低的放空通道。根据施工总进度安排，水库从第 7 年 11 月初开始蓄水，此时导流隧洞已封堵，冲沙兼放空洞、溢洪道已完建，蓄水期的来水保证率按 P=85%考虑，流量 482m^3/s。扣除下游河段生态用水及城市供水等综合利用要求的苗尾下泄流量 144m^3/s，蓄至 1362.00m 高程需 3.4 天；蓄至正常蓄水位 1408.00m 高程需 23 天。水库蓄水规划见表 3.31。

表 3.31　苗尾电站水库初期蓄水规划

起蓄时间	保证率/%	入库流量/(m^3/s)	下泄流量/(m^3/s)	起蓄水位/m	蓄水时段	时段末水位/m
11 月 1 日	85	482	断流	1308.24	11 月 1～4 日	1362.00
			144(苗尾生态最小下泄流量)	1362.00	11 月 5～6 日	1370.00
				1370.00	11 月 7～9 日	1380.00
				1380.00	11 月 10～13 日	1390.00
				1390.00	11 月 14～18 日	1400.00
				1400.00	11 月 19～23 日	1408.00

为满足施工期下游河段生态用水、城市供水等综合利用要求，在导流隧洞下闸封堵，水库蓄水期间，要求考虑向下游供水的措施。

功果桥电站为苗尾的上游梯级，装机容量 900MW，正常蓄水位 1307m，总库容 3.16 亿 m^3，调节库容 0.49 亿 m^3，为日调节水库。

苗尾电站下闸蓄水时上游功果桥电站已建成，且功果桥电站死水位已回至坝址，考虑功果桥水库 0.49 亿 m^3 的调节库容，按功果桥电站最小下泄流量 150m^3/s 计算，确定苗尾坝址允许断流时间约为 3.8 天。

初期蓄水时水库由起蓄水位蓄至 1362.00m 高程时间段，水库不向下游供水，利用功果桥水库的调节库容；水库由 1362.00m 高程蓄至 1408.00m 高程时间段，水库利用冲沙兼放空洞或溢洪道向下游供水，供水流量 144m^3/s。

(3) 小湾电站对糯扎渡下闸蓄水的影响。糯扎渡电站下游具有航运、城市供水等综合利用要求。因此，下闸蓄水、水库初期蓄水期间最小下泄流量按不低于 500m^3/s 考虑。

糯扎渡电站下闸蓄水时下游景洪电站已建成，考虑景洪水库 3.09 亿 m^3 的调节库容，按景洪电站以保证出力发电时的流量 1357m^3/s 均匀下泄，确定糯扎渡坝址允许断流时间为 2.5 天。

水库蓄水采用 P=80%和 P=85%保证率的入库水量分别计算，扣除下泄流量 500m^3/s，第一台机组发电水位为 765m，安排于第 8 年 11 月中旬封堵 1$^\#$、2$^\#$、3$^\#$ 导流隧洞开始蓄水。初期蓄水分两阶段进行：第一阶段封堵 1$^\#$、2$^\#$、3$^\#$ 导流隧洞，至12月底蓄至670m水位；第二阶段自4月下旬封堵5[#]导流隧洞，由670m水位起蓄，蓄至第一台机组发电水位。

水库初期蓄水按天然来水，不考虑上游已建电站的影响及按有小湾电站调节的来水情况分别计算，各种来水条件下的蓄水计算见表3.32和表3.33。

表3.32　天然来水下闸蓄水过程

起蓄时间	保证率/%	各月入库流量/(m^3/s)	下泄流量/(m^3/s)	起蓄水位/m	蓄水时段	蓄水历时/h	水库蓄水水位/m
11月15日	85	1130	断流	601.46	11月15日	28.06	630.00
			0～500	630.00	11月16～18日	63.94	640.00
				640.00	11月19～27日	218.67	660.00
				660.00	11月28～30日	77.39	665.11
		752		665.11	12月1～9日	226.18	670.00
				670.00	12月10～31日	517.92	679.47
	80	1160	断流	601.50	11月15日	27.31	630.00
			0～500	630.00	11月16～18日	60.88	640.00
				640.00	11月19～27日	208.23	660.00
				660.00	11月28～30日	90.89	666.22
		764		666.22	12月1～9日	168.00	670.00
				670.00	12月10～31日	576.00	680.94
4月21日	85	671	500	670.00	4月21～30日	240.00	671.85
		985		671.85	5月1～31日	744.00	692.65
		1230		692.65	6月1～3日	62.54	695.00
				695.00	6月4～15日	296.43	705.00
				705.00	6月16～30日	361.03	715.31
		2850		715.31	7月1～2日	52.81	720.00
				720.00	7月3～31日	691.19	763.17
		2820		763.17	8月1～2日	39.10	765.00
	80	467		670.00	4月21～30日	240.00	670.00
		597		670.00	5月1～31日	744.00	670.50
		1720		670.50	6月1～20日	424.29	705.00
		2790		705.00	6月21～30日	295.71	717.04
				717.04	7月1日	34.80	720.00
		3980		720.00	7月2～31日	709.20	763.15
				763.15	8月1日	26.16	765.00

表 3.33　考虑小湾影响下闸蓄水过程

起蓄时间	保证率/%	各月入库流量/(m^3/s)	下泄流量/(m^3/s)	起蓄水位/m	蓄水时段	蓄水历时/h	水库蓄水水位/m
11 月 15 日	80	1274	断流	601.46	11 月 15 日	28.06	630.00
			0～500	630.00	11 月 16～18 日	51.53	640.00
				640.00	11 月 19～24 日	176.22	660.00
				660.00	11 月 25～30 日	129.41	670.00
	85	1313	断流	601.50	11 月 15 日	27.31	630.00
			0～500	630.00	11 月 16～18 日	48.95	640.00
				640.00	11 月 19～24 日	167.42	660.00
				660.00	11 月 25～30 日	122.95	670.00
12 月 1 日	80	1165	500	670.00	12 月 1～31 日	744.00	700.56
		1113		700.56	1 月 1～17 日	390.00	710.91
	85	1162		670.00	12 月 1～31 日	744.00	700.45
		1102		700.45	1 月 1～20 日	474.24	712.63
4 月 21 日	80	991	500.00	710.91	4 月 21～30 日	240.00	714.91
		1155		714.91	5 月 1～10 日	233.04	720.00
				720.00	5 月 11～31 日	510.96	729.95
		1452		729.95	6 月 1～30 日	720.00	747.97
		2226		747.97	7 月 1～19 日	449.52	765.00
	85	1130		712.63	4 月 21～30 日	240.00	717.83
		1195		717.83	5 月 1～4 日	94.80	720.00
				720.00	5 月 5～31 日	649.20	733.22
		1443		733.22	6 月 1～30 日	720.00	750.39
		1597		750.39	7 月 1～26 日	625.44	765.00

由表 3.33 可知，考虑小湾电站影响后，按 80%的来水保证率计算，糯扎渡水库从 4 月 20 日下闸封堵 5# 导流隧洞开始，第二阶段蓄水至死水位 765m 的时间为 7 月 19 日，蓄水历时约 90 天；按 85%保证率计算，蓄水至 765m 的时间为 7 月 26 日，历时 97 天，均满足电站第一台机组于第 9 年 7 月 31 日投产发电要求。

3）梯级开发河流的施工期排冰

在流冰河道上、下游已建水库的末端由于流速降低，入库冰花或冰块堆积形成冰塞或冰坝，造成壅水，给在上游的梯级工程围堰和施工带来威胁和危害。

下游有水库壅水的排冰，可采取以下措施：

(1) 加高围堰。在确定围堰高程时，考虑下游水库末端形成冰塞、冰坝的最高壅水值。

(2) 河道整治。河流上流速较大的不封冻的敞露水面是产生冰花的发源地。据国内外实测资料可知,当平均流速小于 0.7m/s 时,流冰可插堵形成冰盖。为消除冰花,可扩大河道过水断面,降低流速,使其形成冰盖,避免产生冰塞堆积体和冰塞壅水。

(3) 拦冰河梗。在地形不规则或呈喇叭形或有岛可作支撑的条件下,平均流速小于 0.7m/s,布置河梗拦冰,使流冰插堵形成冰盖。

(4) 在条件允许时,开河前夕,下游水库加大下泄量,将有利于上游水利枢纽顺利地渡过凌汛。

上游有水库进行水量调节的排冰:

(1) 上游水库较近,泄水温度较高,使河段在一定距离内不结成冰盖或仅有少量冰盖,从而简化了下游枢纽的施工排冰。有时正在蓄水的上游水库可完全把开河期的冰块蓄在库内,使其下游水利枢纽的施工免除冰情的危害。

(2) 上游水库较远时,则可据水文冰情预报,利用水库闸门控制凌汛期下泄流量,为下游河道"文开河"创造条件,以解决施工排冰问题。

4. 下游梯级电站水库影响下导截流设计原则

1) 下游梯级电站水库影响下施工导截流的特点

随着我国西部大江大河的梯级水电开发,一条河流上游梯级电站晚于下游梯级电站建设或上、下游两梯级电站同时建设的例子逐渐增多,如金沙江上的白鹤滩与溪洛渡电站、大渡河上的瀑布沟与深溪沟电站、澜沧江上的苗尾与功果桥电站等。

下游梯级电站水库对导截流最主要的影响是水位。对于峡谷型河道,下游水库运用后,库区呈现出枯季是水库,汛期是河道的基本特性。若下游水库蓄水早于上游梯级多年,将可能会改变拟建工程坝区河道水流的边界条件和天然河道冲淤平衡条件,从而引起坝区河段水文水力因素的变化。因此,在下游梯级电站水库影响下的导截流往往呈现深水导截流的显著特点。

2) 下游梯级电站水库对导截流的有利影响

下游已建或在建水库对上游梯级电站导截流也有一些有利的影响,例如,瀑布沟电站初期蓄水,则是利用与下游的深溪沟电站联动下闸,确保下游用水的刚性需求,为解决梯级开发河流上水库蓄水而产生的断流问题,摸索出了一套宝贵经验。此外,若梯级电站下游水库有足够的防洪库容,则上游梯级电站初期导流标准有可能比无下游水库时低一些。

3) 下游梯级电站水库对导截流的不利影响

下游已建工程对上游梯级电站导截流的不利影响则是壅高了水位，增大了施工水深和施工难度。三峡工程就是最典型的一例，葛洲坝电站兴建后，壅高长江水位 20 余米，致使其上游的三峡工程的施工水深达到 60.0m，从而带来一系列复杂的技术问题。最典型的是深水截流问题及深水围堰设计、施工问题。

理论和实践成果证明，截流龙口水深一般超过 30.0m 后即为深水截流，会带来堤头坍塌等问题。目前遇到的截流水深最大的是我国三峡工程，其龙口深槽部位最大水深近 60.0m，这是世界截流史上罕见的。

4) 下游梯级电站水库影响下施工导流设计原则

(1) 对围堰设计方面，围堰断面形式需适应下游水库回水带来的影响；对围堰施工，需考虑下游水库回水的有利与不利因素。

(2) 当水库初期蓄水时的下泄流量不能满足下游综合用水要求时，若下游水库具备调蓄作用，可研究下游水库协助上游梯级进行施工期蓄水的可能性。

5) 下游梯级电站水库对导截流的影响需进一步研究的问题

(1) 我国现行规范规定当枢纽工程所在河段上游建有水库时，导流建筑物采用的洪水设计标准及设计流量应考虑上游梯级电站水库的调蓄及调度的影响；同时规定了若梯级电站水库的调蓄作用改变了河道的水文特性，截流设计流量应经专门论证确定。对枢纽工程所在河段下游建有或在建水库时，现行规范对下游已建或在建水库工程对上游梯级电站导截流的影响尚无具体规定。

(2) 下游电站水库回水不确定性对上游电站导截流标准选取的影响也值得进一步研究。

综上所述，有必要进一步开展下游水库对上游梯级电站施工导截流影响的系统研究。

3.5　梯级电站围堰溃决对导流标准选取影响分析

3.5.1　梯级电站围堰溃决影响分析

1. 施工围堰溃决计算

水库的溃决形式一般从规模上分为全溃和局部溃决；从时间上分为瞬时溃和逐渐溃。大坝的溃决形式主要取决于坝的类型、坝的基础和溃坝的原因。相关调查表明，混凝土坝溃决一般是瞬时溃决，而土石坝溃决多半是逐步发展的，而且不同的坝型溃决过程也不尽相同。一般认为土石围堰溃堰与土石坝的溃坝具有一定的相似性。土石坝的溃决研究，多从水流冲刷作用角度分析建立溃坝过程模型。国内外的大量物理模型试验和土石坝溃坝实例研究表明，水流对散粒材料的夹带运移作用是大坝冲刷溃坝的主导因素。土石围堰的溃决过程是水流与堰体相互作用的一个复杂过程。到目前为止，溃堰的溃决机理还不是十分清楚。一般而言，土石围堰的溃口宽度及底高程与坝体的材料、施工质量及外力，如地震，等因素有关。在具体计算时，溃口尺寸一般根据试验和实测资料确定。

施工围堰溃决计算主要包括计算模型建立、溃决洪水过程计算（含溃决最大流量计算和溃决洪水流量过程线的推求等）和溃决洪水演进计算等。

2. 白鹤滩电站工程大坝上游围堰溃决洪水演进

大坝上游围堰溃决洪水过程按正常挡水位渐溃（如因地质灾害）和超标洪水条件下漫顶渐溃两种工况进行分析。

1）天然情况下溃决洪水演进

经溃决洪水演进分析计算，天然条件下，30 年一遇围堰正常挡水位渐溃洪水演进至溪洛渡坝址最高水位为 381.24m；30 年一遇围堰漫顶渐溃洪水演进至溪洛渡坝址最高水位为 381.71m。围堰漫顶渐溃有关结果如图 3.12～图 3.14 所示。

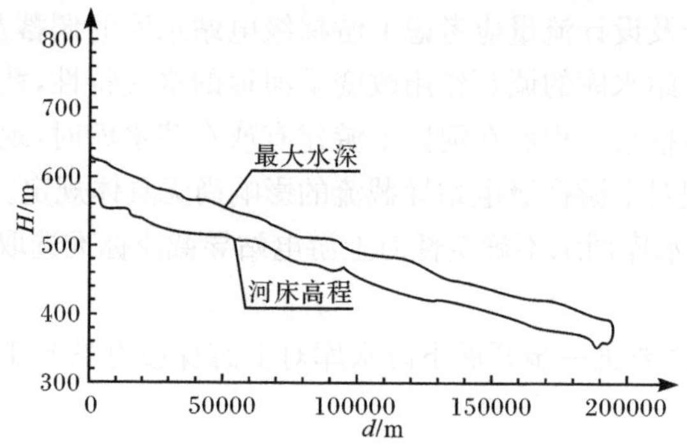

图 3.12　30 年一遇围堰漫顶渐溃洪水各断面最高水位

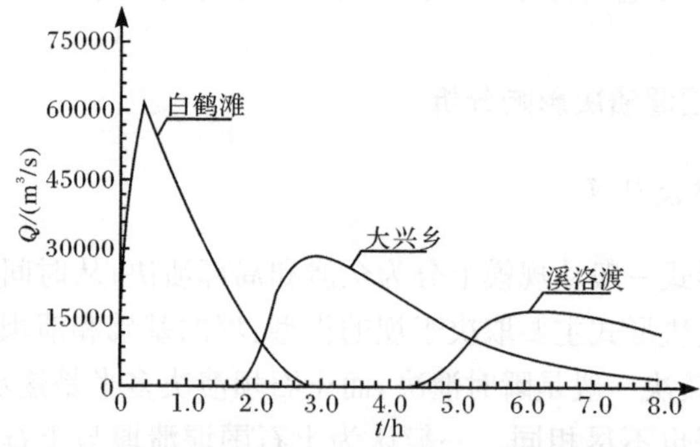

图 3.13　30 年一遇围堰漫顶渐溃洪水主要特征断面流量过程线

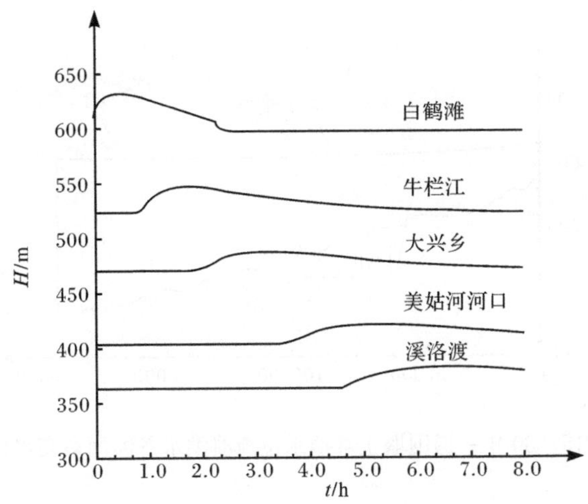

图 3.14　30 年一遇围堰漫顶渐溃洪水主要特征断面水位过程线

2) 考虑溪洛渡回水影响情况下溃堰洪水演进

考虑溪洛渡水库蓄水至 600.00m 及水库回水影响条件下，30 年一遇围堰正常挡水位渐溃洪水演进至溪洛渡大坝最高水位为 600.56m；30 年一遇围堰漫顶渐溃洪水演进至溪洛渡大坝最高水位为 600.58m。考虑溪洛渡回水影响情况下溃堰洪水演进见表 3.34 和图 3.15、图 3.16。

表 3.34　白鹤滩溃堰洪水演进参数

计算方案	最高水位/m			相应设计标准河道洪水位上升/m		
	白鹤滩	大兴乡	溪洛渡	白鹤滩	大兴乡	溪洛渡
30 年一遇围堰正常挡水位渐溃	635.32	604.37	600.56	13.91	2.16	0.56
30 年一遇围堰漫顶渐溃	635.75	604.47	600.58	14.34	2.26	0.58
计算方案	断面水位到达最高水位历时			洪水到达各断面历时		
	白鹤滩	大兴乡	溪洛渡	白鹤滩	大兴乡	溪洛渡
30 年一遇围堰正常挡水位渐溃	00:20:24	01:20:24	02:21:35	00:00:00	00:57:20	01:45:01
30 年一遇围堰漫顶渐溃	00:19:11	01:19:12	02:22:48	00:00:00	00:56:39	01:42:06

注：30 年一遇围堰堰顶高程为 650.60m；30 年一遇洪水最大流量为 26800m³/s，最大下泄流量为 26436.7m³/s，相应的下游水位为 621.41m。

经过调洪演算和溃堰洪水演进计算，得到白鹤滩电站主要标准的围堰下溃堰对于下游白鹤滩至溪洛渡区间的影响。总体而言，天然条件下，白鹤滩围堰溃堰洪水演进至溪洛渡坝址处最大水深为 22m 左右；溪洛渡电站建成后，由于溪洛渡水库河段的槽蓄作用显著加强，白鹤滩围堰溃堰洪水演进至溪洛渡大坝水库水位仅上升 0.5m 左右。

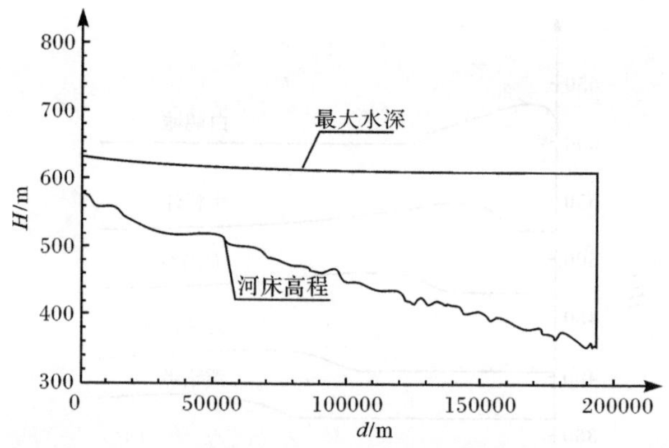

图 3.15　30 年一遇围堰正常挡水位渐溃洪水各断面最高水位图

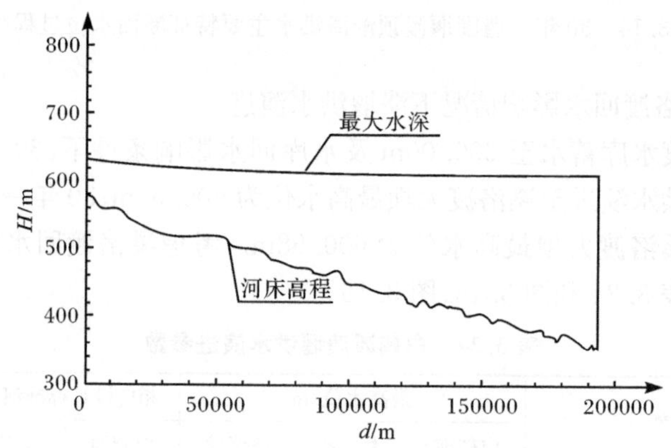

图 3.16　30 年一遇围堰漫顶渐溃洪水各断面最高水位

3. 锦屏一级工程大坝上游围堰溃决影响分析

1) 对下游在建电站的影响

经计算，围堰在 1.5h 内逐渐溃决后，锦屏一级溃口处最大洪峰流量为 38700m^3/s。由于锦屏二级闸址距锦屏一级坝址太近，锦屏一级溃决洪水发生后仅约 9 分钟洪峰流量即可到达锦屏二级闸址，锦屏二级闸址处的最大溃决洪水流量为 36900m^3/s，最高溃决洪水位大致为 1657.6m。锦屏一级电站发生溃决洪水后约 4.4h，溃决洪水到达距锦屏一级约 127km 的锦屏二级电站坝址，溃决洪水到达锦屏二级时的最大溃决洪水流量衰减为 28800m^3/s，最高溃决洪水位大致为 1359.5m。

当锦屏一级发生溃堰时，官地堰前水位为其 20 年一遇洪水的防洪水位 1247.93m，随后，官地入库洪水受上游锦屏一级溃堰洪水波的影响逐渐增大，堰前水位迅速上升，锦屏一级溃堰后约 0.9h 后，官地堰前水位达到 1250.5m，官地围堰开始溃决，受入库洪水的影响，堰前水位仍在继续上升，锦屏一级溃堰后约 1.5h 后，官地堰前水位达到最高值 1252.2m，锦屏一级溃堰后约 2.15h，官地溃堰洪水达到最大值 29400m^3/s，随后流量逐渐衰减至 15500m^3/s 左右，但随着锦屏一级溃堰洪水的到来，官地坝址处的溃堰洪水又重新增大，约 5.6h 后，锦屏一级的溃堰洪峰流量 27200m^3/s 到达官地电站坝址。锦屏一级电站发生围堰漫顶溃决后，不可避免将引起下游官地电站施工围堰的连溃。

2）对下游已建电站的影响

无论是官地的溃堰洪峰流量（受锦屏一级溃堰影响）29400m^3/s，还是随后到达官地坝址的锦屏一级溃堰洪峰流量 27200m^3/s，均已大于二滩电站的 5000 年一遇的校核洪水流量 23900m^3/s，为此，二滩水库应进行紧急防洪调度。

根据官地坝址处的溃堰洪水流量过程，锦屏一级溃堰后 6.9h，二滩水库入库流量衰减至 22500m^3/s，6.9h 内，锦屏一级及官地电站溃堰洪水的入库洪量为 4.72 亿 m^3。初步分析，锦屏一级溃堰后 6.9h 内的入库洪量 4.72 亿 m^3 小于二滩水库正常蓄水位 1200m～坝顶高程 1205m 之间的库容 5.5 亿 m^3，由于二滩水库正常蓄水位 1200m 时的所有泄洪设施的泄洪流量为 22500m^3/s，当入库洪峰流量小于 22500m^3/s 时，二滩水库的坝前水位便基本不会升高。

3.5.2　梯级电站围堰溃堰需进一步研究的问题

当上、下游两电站均在建时，上游电站施工对下游电站施工导流有一定影响。上、下游两电站同处在可研设计中，一般开工时间不明确，上、下游两电站在设计中往往各自选择施工导流标准，在实际开发建设过程中，可能会遇到两电站同时在建的情况，存在下列需进一步研究的问题。

1）上、下游电站同处在围堰挡水阶段

上、下游电站施工同处在围堰挡水阶段，当遇上游电站围堰挡水设计标准小于下游电站围堰挡水设计标准时（尤其是全年土石挡水围堰），上游电站遇超标准洪水发生溃决时，将增加下泄洪水流量，可能遇到溃决流量远大于下游电站围堰设计标准流量的情况，造成下游电站围堰也发生溃决，此时，下游电站所选的围堰挡水标准即使较高，也不安全、不合理，这种情况下如何选择合理的导流标准是值得研究的问题。

2）上游电站处在围堰挡水阶段，而下游电站处于坝体挡水度汛阶段

当上游电站围堰遇超标准洪水发生溃决时，将增加下泄洪水流量，可能遇到溃决流量远大于下游电站的坝体挡水度汛标准流量，尤其对土石坝结构，遇此种情况，坝体存在溃决的安全问题，在这种情况下如何选择合理的坝体挡水度汛标准，确保坝体度汛是值得研究的问题。

从前面列举的锦屏一级工程大坝上游围堰溃决影响分析实例看，若锦屏一级电站发生围堰漫顶溃决后，不可避免地将引起下游官地电站施工围堰的连溃。

本节考虑了溪洛渡回水情况下的白鹤滩大坝上游围堰溃决分析计算，有关乌东德大坝上游围堰溃决对白鹤滩大坝上游围堰的影响有待进一步研究。

3.6 梯级电站水库调蓄对白鹤滩、乌东德电站导截流影响研究

3.6.1 梯级电站水库调蓄对白鹤滩电站导截流影响研究

1. 白鹤滩上、下游梯级电站情况

金沙江干流石鼓至宜宾拟分虎跳峡、洪门口、样里、皮厂、观音岩、乌东德、白鹤滩、溪洛渡、向家坝 9 级开发；雅砻江河段拟按两河口、锦屏一级、锦屏二级、官地、二滩、桐子林进行开发。

根据白鹤滩施工初步安排，白鹤滩电站建设总工期约为 13 年，于 2011 年工程进入筹建，2014 年大江截流。目前，雅砻江已建有二滩电站，按照金沙江、雅砻江流域梯级电站规划及建设时序，近期在建、拟建的大型或特大型电站有雅砻江锦屏一级、锦屏二级、桐子林电站、金沙江中游金安桥、龙开口、鲁地拉、观音岩电站和金沙江下游乌东德电站。白鹤滩施工开展时，其下游溪洛渡电站已经建成。各电站位置示意如图 3.17 所示。

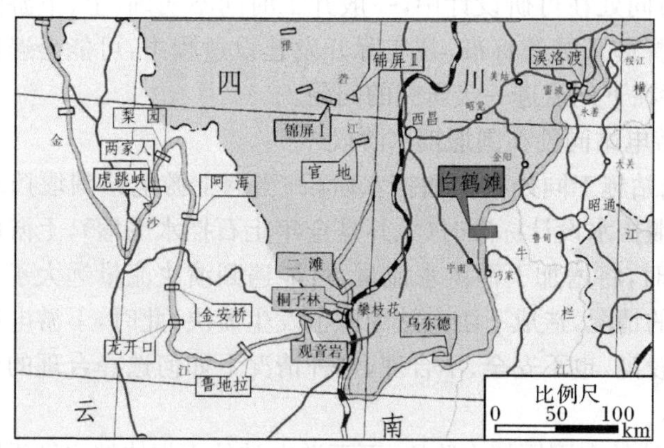

图 3.17 白鹤滩与上游梯级电站位置示意图

① 锦屏一级电站。锦屏一级电站位于雅砻江中游，坝址控制流域面积 102560km^2。锦屏一级正常蓄水位 1880m，正常蓄水位库容 77.6 亿 m^3，死水位

1800m，死库容 28.5 亿 m^3，调节库容 49.1 亿 m^3，水库具有年调节性能，电站装机 3600MW(6 台×600MW)，机组满发流量约为 $2024m^3/s$。

根据锦屏一级电站的可行性研究成果，电站的运行方式为：6～9 月为蓄水期，在 9 月底前水库蓄至正常蓄水位，11 月基本维持在正常蓄水位附近运行，12 月～次年 5 月底为供水期，5 月底水库水位降至死水位 1800m。

② 二滩电站。二滩电站位于雅砻江下游，坝址控制流域面积 $116400km^2$。电站正常蓄水位 1200m，死水位 1155m，正常蓄水位库容 57.9 亿 m^3，调节库容 33.7 亿 m^3，水库具有季调节性能，电站装机容量 3300MW(6×550MW)，机组满发流量为 $2248m^3/s$。1998 年 5 月 1 日水库开始蓄水，1999 年 12 月全部机组建成投产。

二滩电站的运行方式为：6～9 月为蓄水期，7 月蓄水至正常蓄水位并维持至 11 月底，12 月～次年 5 月为供水期，水库水位逐渐消落至死水位。

③ 桐子林电站。桐子林电站位于二滩电站下游，是雅砻江最下游梯级电站，二滩—桐子林区间有安宁河汇入，桐子林坝址控制流域面积 $127670km^2$。据《桐子林可研重编报告》，桐子林电站正常蓄水位 1015m，正常蓄水位库容 0.72 亿 m^3，调节库容 0.14 亿 m^3，水库仅有日调节性能，电站装机 600MW，机组满发流量为 $3512m^3/s$。

④ 观音岩电站。观音岩电站位于金沙江中游，为金沙江中游河段的最下游梯级，坝址控制流域面积 $256518km^2$。电站正常蓄水位 1136m，正常蓄水位库容 21.75 亿 m^3，调节库容 5.74 亿 m^3，水库仅有日调节性能，电站装机容量 6×500MW，机组满发流量为 $3307m^3/s$。

⑤ 溪洛渡电站。溪洛渡电站位于白鹤滩电站下游 195km，正常蓄水位为 600.00m，汛期限制水位为 560.00m，该电站已开工建设，2013 年 6 月第一批机组发电，2015 年竣工。白鹤滩工程于 2014 年 11 月截流时溪洛渡电站已发电，溪洛渡正常蓄水位时，库区回水将影响至白鹤滩河段，影响白鹤滩电站的施工导流设计。

天然情况下，白鹤滩河段的洪水受金沙江、雅砻江及区间来水影响，随着上游具有调蓄性能电站的建设，白鹤滩洪水受上游电站出流影响，白鹤滩水位还同时受下游溪洛渡库区回水影响。

2. 白鹤滩坝址天然设计洪水

1) 白鹤滩坝址年最大设计洪水

白鹤滩坝址设计洪水(全年洪水)成果见表 3.35。

表 3.35　白鹤滩坝址设计洪水成果(全年洪水)

项目	P=0.01%	P=0.5%	P=1%	P=2%	P=3.33%	P=5%	P=10%
Q_m/(m³/s)	46100	33400	31100	28700	26800	25300	22700
W_1/亿 m³	39.1	28.3	26.4	24.0	22.7	21.4	19.2
W_3/亿 m³	113.0	82.0	76.4	70.0	65.8	62.0	55.6
W_7/亿 m³	240	174	162	149	140	132	118
W_{15}/亿 m³	470	340	317	292	273	257	231
W_{30}/亿 m³	806	591	550	509	476	450	406

2) 白鹤滩坝址枯水期天然设计洪水

(1) 最大流量年内分布情况。根据白鹤滩坝址设计依据站(巧家站)天然流量资料,1956～2004 年历年各月最大流量分布如图 3.18 所示。由图可见,11 月～次年 5 月的枯水时段内,11 月、12 月为汛后退水时段;4 月、5 月为汛前缓慢起涨时段;1～3 月为年内流量最小、最枯时段,流量变幅相对较小;6 月洪水涨水加剧,流量量级差异极大。

(2) 白鹤滩坝址枯水期天然设计洪水。根据巧家站年内流量变化的分布特点,结合施工要求,计算白鹤滩坝址 11 月～次年 5 月各月设计洪水。

白鹤滩坝址河段 11 月～次年 5 月枯水时段的流量过程,基本上表现为单一变化过程,退水、涨水流量随时间的分布变化较为显著,若采用跨期选样方法,所选样本几乎为跨期样本所控制,据此特性,采用巧家站 1939～2004 年各月最大天然洪水系列,按不跨期原则取样,P-Ⅲ频率曲线适线,计算枯水期各月设计洪水。白鹤滩坝址施工各月天然设计洪水成果见表 3.36。

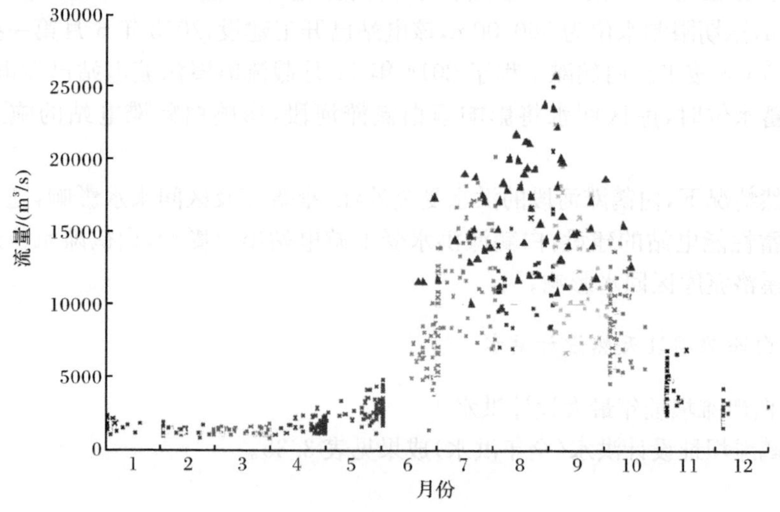

图 3.18　巧家站历年各月最大流量分布(1956～2004 年)

表 3.36　白鹤滩坝址枯水期各月天然设计洪水成果

时段	使用期	平均值	C_v	C_s/C_v	设计值 Q_p/(m^3/s)				
					P=1%	P=2%	P=5%	P=10%	P=20%
11 月	11 月 1～30 日	4180	0.28	4	7820	7360	6480	5810	5060
12 月	12 月 1～31 日	2350	0.24	6	4210	3850	3450	3150	2800
1 月	1 月 1～31 日	1580	0.20	4	2500	2350	2160	2010	1830
2 月	2 月 1～28 日	1280	0.19	4	1970	1870	1730	1600	1470
3 月	3 月 1～25 日	1200	0.19	4	1850	1750	1620	1500	1380
4 月	3 月 26 日～4 月 25 日	1650	0.27	4	3020	2810	2490	2240	1980
5 月	4 月 26 日～5 月 25 日	2800	0.32	4	5660	5180	4540	4000	3440

从白鹤滩坝址 11 月～次年 6 月各月天然设计洪水的变差系数 C_v来看，1 月、2 月、3 月最小，洪水变化相对平稳；6 月最大，洪水变幅剧烈；其他各月 C_v呈现逐渐变化的规律。由于 3 月、4 月、5 月最大流量系列样本中，分别有 34%、67%、67%发生于该月 26 日以后，且其洪峰量级比前期洪峰大，因此，建议 3 月、4 月、5 月的分期洪水使用至本月的 25 日，25 日至月底使用下个月的设计洪水。

3. 上游电站出流对白鹤滩坝址施工期洪水影响分析

1) 白鹤滩坝址施工期洪水影响情况分析

白鹤滩洪水受上游电站出流的影响，可分为上游电站发电和水库调蓄两种情况。

根据梯级电站的前期工作情况和可能的投产时序，白鹤滩电站施工期洪水应考虑锦屏一级、二滩、桐子林和观音岩电站的影响，其中桐子林和观音岩电站由于调节性能差，水库无调蓄能力，主要受两电站发电流量的影响；锦屏一级、二滩水库有一定的调节库容，主要应考虑水库调蓄洪水的影响。

(1) 上游电站发电流量影响。枯水期常遇频率洪水情况下，当桐子林、观音岩坝址天然设计洪水小于相应的机组满发流量时，按桐子林、观音岩电站机组满发流量与桐子林、观音岩—白鹤滩区间天然洪水叠加，计算上游电站发电情况下的白鹤滩坝址洪水。

(2) 上游水库(锦屏一级、二滩)调蓄影响。汛期洪水、枯水期常遇频率洪水情况下，当锦屏一级、二滩坝址天然洪水大于各自的机组满发流量时，则考虑这两级电站调蓄作用对白鹤滩电站施工期洪水的影响。

2) 桐子林、观音岩电站发电流量对白鹤滩枯水期洪水的影响分析

根据分析计算，从桐子林、观音岩坝址 11 月～次年 5 月各月设计洪水与各自的机组满发流量对比情况来看，100 年一遇以下常遇频率设计洪水远小于各自的机组满发流量。因此，桐子林、观音岩电站出流对白鹤滩施工期洪水的影响为机

组满发流量的影响。

天然情况下，小得石站、攀枝花站至三堆子站（雅砻江、金沙江汇合口）的洪水传播时间分别为2h、1h，桐子林水库建成后，其出库流量至三堆子站的洪水传播时间约为1h，如果小得石、攀枝花两站同时发生洪水，基本上同时到达三堆子站。考虑最不利情况，若桐子林、观音岩电站同时为机组满发流量、满发时间超过3h时，在此情况下，两电站机组满发流量遭遇，形成对白鹤滩坝址施工期洪水的最不利影响。据此，不考虑河道坦化演进，按桐子林、观音岩—白鹤滩区间天然设计洪水与桐子林、观音岩机组满发流量叠加，计算白鹤滩坝址施工期设计洪水，见表3.37。

表3.37 观音岩、桐子林机组满发流量影响下白鹤滩坝址枯水期设计洪水

工况	时段	频率					
		1%	2%	3.3%	5%	10%	20%
桐子林、观音岩—白鹤滩区间天然洪水流量/(m^3/s)	11月	2564	2307	2119	1957	1683	1401
	12月	1340	1136	1042	974	838	699
	1月	827	757	702	659	580	498
	2月	678	614	566	528	457	384
	3月	699	609	544	491	402	315
	4月	631	565	514	475	405	331
	5月	1239	1085	974	880	724	561
桐子林、观音岩机组同时满发情况下白鹤滩坝址流量/(m^3/s)	11月	9301	9044	8856	8694	8420	8138
	12月	8077	7873	7779	7711	7575	7436
	1月	7564	7494	7439	7396	7317	7235
	2月	7415	7351	7303	7265	7194	7121
	3月	7436	7346	7281	7228	7139	7052
	4月	7368	7302	7251	7212	7142	7068
	5月	7976	7822	7711	7617	7461	7298
白鹤滩受上游电站影响后的流量比天然洪水增加比值/%	11月	18.9	25.1	30.8	35.8	45.9	60.8
	12月	91.9	102.9	113.7	123.5	144.4	170.4
	1月	202.6	218.9	232.1	242.4	264.0	295.4
	2月	276.4	293.1	308.0	319.9	349.6	384.4
	3月	301.9	319.8	333.4	346.2	376.0	411.0
	4月	144.0	159.9	176.8	189.6	218.8	257.0
	5月	40.9	51.0	60.0	67.8	86.5	112.2

注：观音岩、桐子林电站机组同时满发流量分别为3225m^3/s和3512m^3/s。

由表可见，受上游桐子林、观音岩电站机组同时满发流量影响，白鹤滩坝址施工期流量增加显著，20 年一遇情况下，12 月～次年 4 月各月在上游两电站机组同时满发增加的流量，达白鹤滩坝址天然设计流量的 123.5%～346.2%，11 月、5 月上游两电站机组同时满发增加的流量，与白鹤滩坝址天然流量相比，分别增加 35.8%和 67.8%。因此，受上游电站机组满发流量影响情况下，白鹤滩坝址施工期洪水与天然洪水相比，情况大为不同，不同月份之间设计洪水流量的变幅减小，洪水趋于接近，越是年内最枯时段，流量增加越多。

3) 锦屏一级、二滩电站调蓄对白鹤滩影响分析

主要分析锦屏一级、二滩水库调蓄对白鹤滩电站汛期、枯水期施工洪水的影响。

(1) 锦屏一级、二滩电站泄洪能力及调度方式。根据锦屏一级电站的可行性研究成果，电站拦水建筑物为混凝土双曲拱坝，泄水建筑物由坝身 4 个表孔+5 个深孔及右岸 1 条泄洪隧洞组成。水库没有设置防洪库容，洪水调节采用敞泄方式。正常蓄水位 1880m 时相应的泄流能力约 11925m^3/s，大于锦屏一级电站坝址 200 年一遇洪水流量。

根据二滩电站资料，二滩电站拦水建筑物为混凝土双曲拱坝，泄水建筑物有表孔、泄水中孔和泄洪洞。正常蓄水位 1200m 时相应的泄流能力约为 21800m^3/s，大于二滩电站坝址 100 年一遇洪水流量。水库没有设置防洪库容。

(2) 锦屏一级、二滩水库调蓄影响分析。按照洪水计算结果和锦屏一级、二滩电站泄洪调度方式，锦屏一级、二滩水库对白鹤滩坝址洪水影响分析如下：

① 当洪水流量小于锦屏一级、二滩电站机组发电流量时。

当锦屏一级、二滩坝址 11 月～次年 5 月设计洪水流量小于机组发电流量时，洪水流量由机组发电下泄。而桐子林电站位于下游，对白鹤滩电站施工期洪水的影响则由桐子林电站发电流量计入。

② 当洪水流量大于锦屏一级、二滩电站机组发电流量时。

对于锦屏一级、二滩电站只有当洪水流量大于其机组发电流量时，水库才可能有调蓄作用。按照两电站的设计洪水成果，锦屏一级、二滩坝址 11 月～次年 5 月 100 年一遇、50 年一遇洪水略大于各自的机组满发流量。因此，当遭遇汛期洪水、枯水期 50 年一遇以上洪水时，水库才可能有调蓄作用。

但是，根据锦屏一级、二滩电站的泄洪能力及洪水调度方式，由于两电站泄洪建筑物的泄流能力相对较大，对于汛期 100 年一遇以下洪水，水库将不起削峰作用。

因此，根据锦屏一级和二滩水库库容、泄流能力、汛期及枯水期设计洪水等情况分析，只有在洪水期进行控制调度运行情况下，水库才可对白鹤滩电站施工期洪水起调蓄削峰作用。同时，由于锦屏一级、二滩水库调蓄对下泄洪峰有滞后作

用,还需进行梯级电站水库联合调度,以避免锦屏一级、二滩水库下泄洪峰与来自金沙江中游洪峰的遭遇叠加。

4) 上游电站影响分析主要结论

综上分析,对于白鹤滩电站的施工期洪水影响,主要结论如下:

(1) 根据梯级电站的前期工作情况和可能的投产时序,白鹤滩电站施工期洪水应考虑锦屏一级、二滩、桐子林和观音岩电站出流形成的不利影响。

(2) 从上游各电站的情况和施工期洪水情况分析,白鹤滩电站施工期洪水主要应考虑桐子林和观音岩电站机组满发流量的影响。

(3) 上游雅砻江锦屏一级、二滩电站具有一定的发电调节库容,客观上存在利用该库容调蓄削减来自雅砻江洪水流量的能力,对白鹤滩电站施工期洪水流量有一定的削减作用,但必须制定针对白鹤滩电站施工期洪水的调度方式,并与金沙江中游电站进行协调错峰调度。此项工作需要有关方面进行协调,开展相关的专题研究、制定梯级发电调度和洪水调度方案。

5) 可研阶段对导流设计流量影响考虑

综上分析,可研阶段上游电站对导流设计流量影响按下列原则考虑:

(1) 汛期洪水流量。根据水文、水能分析和锦屏一级、二滩电站的泄洪能力及洪水调度方式,由于两电站泄洪建筑物的泄流能力相对较大,对于汛期100年一遇以下洪水,水库将不起削峰作用。只有在洪水期进行控制调度运行情况下,水库才可对白鹤滩电站施工期洪水起调蓄削峰作用。从安全角度考虑,导流设计时不考虑上游已建电站(包括乌东德电站)对洪水调蓄的影响。

(2) 枯水期设计流量。枯水期设计流量主要涉及截流、导流底孔设置、泄水建筑物的下闸、封堵(堵头)施工期、水库蓄水、防渗墙施工平台高程等设计。考虑到截流和下闸时间均很短,截流和下闸设计时均不考虑上游桐子林、观音岩电站机组发电影响,采用天然情况设计流量;水库蓄水情况虽然时间较长,但考虑上游桐子林、观音岩电站机组发电的影响情况较为复杂,也采用天然情况设计流量。封堵(堵头)施工及防渗墙施工时间长,以及导流底孔的设置,设计流量应考虑受上游桐子林、观音岩电站机组满发流量的影响。初步分析,桐子林、观音岩电站机组存在同时满发超24h的可能,为安全计,按最不利情况桐子林、观音岩电站机组同时满发超24h考虑。

4. 溪洛渡回水位对白鹤滩坝址天然河道水位的影响

1) 白鹤滩坝址天然河道水位影响分析

根据成都勘测设计研究院提供的资料可知,溪洛渡电站回水位对白鹤滩天然河道水位影响的大小,直接与溪洛渡的坝前水位和投入运行年数有关,回水位对白鹤滩天然河道水位影响随坝前水位的升高、投入运行年数的增长而加大,因此,需确定溪洛渡的坝前水位及投入运行年数。

溪洛渡的坝前水位确定。汛期虽受汛限水位控制，但根据溪洛渡水库的防洪任务（承担川江和长江中下游防洪要求）、汛期防洪运行要求以及泄流能力分析，溪洛渡水库汛期在35000m^3/s流量以下时，其坝前最高水位仍可能达600.00m，而枯水期应在常蓄水位600.00m运行。因此，为安全计，回水位的影响均按溪洛渡坝前水位600.00m考虑。

在溪洛渡电站坝前水位为600.00m、投入运行5年组合的工况下，受溪洛渡回水影响的安吉滩及白鹤滩上水尺水位见表3.38。

表3.38　受溪洛渡回水影响的安吉滩及白鹤滩上水尺水位

流量/(m^3/s)	安吉滩水尺断面/m		白鹤滩上水尺断面/m	
	天然河道水位	受回水影响水位	天然河道水位	受回水影响水位
1000	578.30	600.03	588.38	600.13
2000	581.00	600.13	591.68	600.55
4000	585.20	600.56	596.24	602.08
6000	589.00	601.32	599.91	604.13
8000	592.30	602.39	603.06	606.34
10000	595.40	603.69	606.22	608.78
20000	607.12	611.52	619.20	620.55
30000	616.40	619.71	628.42	629.59
35000	620.05	622.96	632.07	633.15

注：安吉滩水尺断面位于白鹤滩上水尺断面下游约4.96km。

从表3.38可以看出，回水位对白鹤滩天然河道水位的影响随流量增大而呈下降趋势。流量为1000～35000m^3/s，相应白鹤滩上水尺断面受回水位影响值为11.75～1.08m。

白鹤滩围堰按全年50年一遇设计，相应设计流量为28700m^3/s，小于30000m^3/s。在Q=20000m^3/s时，受回水影响的白鹤滩上水尺断面水位与天然河道水位相差1.35m，安吉滩水尺断面水位相差4.40m；在Q=30000m^3/s时，受回水影响的白鹤滩上水尺断面水位与天然河道水位相差1.17m，安吉滩水尺断面水位相差3.31m。

2）可研阶段对回水位影响的考虑

受溪洛渡电站回水影响，将抬高白鹤滩天然河道水位，且影响较大，因此，导流设计时应考虑溪洛渡回水影响。可研阶段按溪洛渡电站坝前水位为600.00m、投入运行5年组合的工况考虑。

回水位的影响主要涉及围堰、截流（关系到导流隧洞进口高程的确定）、围堰防渗墙施工平台高程确定、导流隧洞下闸、封堵等设计项目，上述的项目设计中除截流设计按不考虑回水影响和考虑回水影响两种工况外，其余均按考虑回水位的影响设计。

截流设计如果只考虑受回水的影响，在截流设计流量 $Q=4660\mathrm{m}^3/\mathrm{s}$ 下，白鹤滩上水尺水位较天然河道抬高5.3m，可适当抬高导流隧洞的进口高程，以降低导流隧洞进口施工难度（主要影响进口施工围堰高度及其拆除难度）。但考虑到白鹤滩工程截流时，溪洛渡实际蓄水位存在不确定性，不足以由其来确定白鹤滩导流隧洞进口高程，如果导流隧洞进口高程按溪洛渡正常蓄水位600.00m工况确定，实际截流时溪洛渡蓄水位偏低时，将增加截流难度。因此，在可研设计阶段按不考虑回水影响和考虑回水影响两种工况综合分析确定进口高程，实际截流时，如果受回水影响抬高了水位，对降低截流难度是有利的，但将增加截流时的水深及塌堤风险。

3.6.2　上游水库调蓄对降低乌东德导流流量的作用分析

1. 上游梯级电站水库规划预留的防洪库容

金沙江洪水是形成长江中下游洪量基流的主要来源，金沙江梯级电站水库开发的主要防洪对象为川江河段和长江中下游。1990年国务院批准的《长江流域综合利用规划简要报告》中规划本河段分9级开发，梯级电站水库单独运行预留防洪库容合计为270.4亿 m^3，联合运行全汛期（7～9月）预留总防洪库容126亿 m^3。1998年大水后，为满足洪水频繁的7～8月川江河段及长江中下游防洪需要，研究了金沙江梯级电站水库联合运行时防洪库容进一步扩大的方案。经方案比较，金沙江干流石鼓—宜宾段梯级电站水库采取分期预留、逐步蓄水的方式预留防洪库容，以协调发电与防洪的关系，在2009年修订的长江流域综合规划报告中初定预留的最大防洪库容为223.9亿 m^3。各梯级电站水库承担的防洪库容和分期设置调度运行方式见表3.39。其中梨园、阿海、金安桥、龙开口和鲁地拉等水库由于库容较小，占金沙江干流总防洪库容份额小，防洪库容预留时间为7月初～8月初；观音岩承担攀枝花市防洪任务，预留时间为7月初～9月初；溪洛渡、向家坝承担川江防洪任务，预留时间为7月初～9月初。

表 3.39　金沙江中下游河段梯级开发防洪库容分配

梯级名称	正常蓄水位/m	死水位/m	防洪限制水位/m	防洪库容/亿 m^3
虎跳峡河段	—	—	—	58.6(7 月中旬) 30.56(8 月初)
梨园	1620	1608	1608(7～8 月初)	1.73(7～8 月初)
阿海	1504	1494	1494(7～8 月初)	2.15(7～8 月初)
金安桥	1410	1400	1400(7～8 月初)	1.58(7～8 月初)
龙开口	1297	1289	1289(7～8 月初)	1.30(7～8 月初)
鲁地拉	1221	1212	1212(7～8 月初)	5.74(7～8 月初)
观音岩	1132	1120	1120(7～9 月初)	5.42(7～9 月初)
乌东德	975	920	958.3(7～8 月初) 963.8(9 月初)	18.60(7～8 月初) 12.74(9 月初)
白鹤滩	820	760	780(7～8 月初) 810(9 月初)	73.24(7～8 月初) 19.24(9 月初)
溪洛渡	600	540	1608(7～9 月初)	46.50(7～9 月初)
向家坝	380	370	1608(7～9 月初)	9.03(7～9 月初)
合计	—	—	—	223.9(7 月中旬) 193.36(8 月初) 92.93(9 月初)

雅砻江水量丰沛，是金沙江洪水的主要来源。根据有关规划要求，雅砻江梯级水库预留防洪库容为 50 亿～60 亿 m^3，主要防洪对象是川江和长江中下游。雅砻江干流梯级中，库容相对较大且有调蓄能力的主要为两河口、锦屏一级和二滩水库，其中二滩水库为已建、锦屏一级水库为在建。

金沙江和雅砻江对川江和长江中下游防洪主要起拦蓄基流作用，减小洪水频率。

目前，乌东德上游仅有二滩水库已建，锦屏一级在建。乌东德水库将于近期开工建设，从稳妥和调洪作用考虑，可研设计阶段以不考虑上游二滩水库的调蓄影响为宜。

2. 利用上游水库调洪库容降低导流流量分析

1) 乌东德电站初期导流设计洪水标准

根据《水电工程施工组织设计规范》(DL/T 5397—2007)规定，确定乌东德上、下游土石围堰及导流隧洞、导流底孔为 3 级建筑物，导流隧洞施工围堰及封堵期出口围堰等其他导流建筑物为 5 级建筑物。上、下游土石围堰及导流隧洞为 3 级建筑物，初期导流设计洪水标准应在洪水重现期 50 年一遇至 20 年一遇选择。从表 3.40 可以看出,50 年一遇洪水流量比 30 年一遇洪水流量高 1600m³/s,约高出 6.4%。

表 3.40　乌东德电站初期导流不同导流标准对应洪水频率

项目	挡水标准(全年)		
	20 年一遇	30 年一遇	50 年一遇
挡水流量/(m³/s)	23600	25000	26600

2) 二滩水库调蓄降低乌东德电站导流流量分析

二滩水电站为乌东德水电站上游的已建电站,从稳妥考虑乌东德水电站导流流量应以不考虑上游二滩水库的调蓄影响为宜。但二滩水库具有一定的库容,客观上存在削减洪水流量的能力,也具备利用其库容针对乌东德电站施工期洪水进行洪水调度的能力。

根据金沙江与雅砻江洪水遭遇的特点、乌东德坝址发生的大洪水情况和初期导流设计需要上游梯级电站水库防洪的需要,选取了 1966 年和 1974 年 2 个实测典型洪水过程。本阶段对两个典型年实测洪水进行放大,在考虑上游梯级电站水库拦蓄作用的情况下进行了调洪计算,其成果见表 3.41 和表 3.42。

表 3.41　1966 年典型 50 年一遇洪水调洪成果

时间	二滩洪水流量/(m³/s)	乌东德洪水流量/(m³/s)	二滩下泄流量/(m³/s)	二滩蓄水流量/(m³/s)	二滩蓄水后乌东德洪水流量/(m³/s)	雅砻江梯级蓄水量/亿 m³
8 月 29 日 2 时	6540	20900	6540	0	20900	0
8 月 29 日 8 时	6610	20700	6610	0	20700	0
8 月 29 日 14 时	6860	20500	6860	0	20500	0
8 月 29 日 20 时	6920	20500	6920	0	20500	0
8 月 30 日 2 时	7010	20600	7010	0	20600	0
8 月 30 日 8 时	7390	20700	9390	−2000	20700	−0.4320
8 月 30 日 14 时	7570	21000	8770	−1200	21000	−0.6912
8 月 30 日 20 时	7570	21500	7870	−300	21500	−0.7560
8 月 31 日 2 时	7400	22100	6700	700	22100	−0.6048
8 月 31 日 8 时	7350	22900	5650	1700	24900	−0.2376
8 月 31 日 14 时	7550	23700	6550	1000	24900	−0.0216
8 月 31 日 20 时	7840	24600	7740	100	24900	0
9 月 1 日 2 时	8460	25600	8460	0	24900	0
9 月 1 日 8 时	9060	26600	9060	0	24900	0

续表

时间	二滩洪水流量/(m^3/s)	乌东德洪水流量/(m^3/s)	二滩下泄流量/(m^3/s)	二滩蓄水流量/(m^3/s)	二滩蓄水后乌东德洪水流量/(m^3/s)	雅砻江梯级蓄水量/亿 m^3
9月1日14时	8480	25900	8480	0	24900	0
9月1日20时	7980	25000	7980	0	24900	0
9月2日2时	7780	24200	7780	0	24200	0
9月2日8时	7570	23500	7570	0	23500	0
9月2日14时	7350	22900	7350	0	22900	0
9月2日20时	7170	22200	7170	0	22200	0
9月3日2时	7050	21700	7050	0	21700	0

表 3.42　1974 年典型 50 年一遇洪水调洪成果

时间	二滩洪水流量/(m^3/s)	乌东德洪水流量/(m^3/s)	二滩下泄流量/(m^3/s)	二滩蓄水流量/(m^3/s)	二滩蓄水后乌东德洪水流量/(m^3/s)	雅砻江梯级蓄水量/亿 m^3
8月28日14时	5410	19700	5410	0	19700	0
8月28日20时	5410	20100	5410	0	20100	0
8月29日2时	5410	20600	5410	0	20600	0
8月29日8时	5570	21200	5570	0	21200	0
8月29日14时	5760	21800	5760	0	21800	0
8月29日20时	5860	22600	7160	−1300	22600	−0.2808
8月30日2时	6360	23100	7560	−1200	23100	−0.5400
8月30日8时	6550	23400	7550	−1000	23400	−0.7560
8月30日14时	7050	23400	8050	−1000	23400	−0.9720
8月30日20时	9230	23600	10230	−1000	24900	−1.1880
8月31日2时	9430	23700	10130	−700	24900	−1.3392
8月31日8时	7530	23900	7630	−100	24900	−1.3608
8月31日14时	7710	23900	7110	600	24900	−1.2312
8月31日20时	7710	23900	6310	1400	24900	−0.9288
9月1日2时	7730	24200	6030	1700	24900	−0.5616
9月1日8时	7930	24800	6430	1500	24900	−0.2376
9月1日14时	7930	25500	7030	900	24900	−0.0432
9月1日20时	7900	26300	7700	200	24900	0

续表

时间	二滩洪水流量/(m^3/s)	乌东德洪水流量/(m^3/s)	二滩下泄流量/(m^3/s)	二滩蓄水流量/(m^3/s)	二滩蓄水后乌东德洪水流量/(m^3/s)	雅砻江梯级蓄水量/亿 m^3
9月2日2时	7740	26600	7740	0	24900	0
9月2日8时	7710	26400	7710	0	24900	0
9月2日14时	7430	25800	7430	0	24900	0
9月2日20时	7090	25100	7090	0	24900	0
9月3日2时	8720	24500	8720	0	24500	0
9月3日8时	8560	23900	8560	0	23900	0
9月3日14时	8500	23400	8500	0	23400	0

从调洪成果可以看出，对于两个典型50年一遇洪水，将乌东德初期导流标准从30年一遇提高到50年一遇，需上游梯级二滩水库拦蓄的最大洪量为1.3608亿m^3，即需要二滩水库动用1.3608亿m^3调节库容进行拦蓄。

从调洪效果看，在考虑上游梯级电站水库的调蓄作用和预报精度的情况下，可将乌东德坝址初期导流标准50年一遇洪水洪峰流量降到30年一遇标准以下。洪水从雅砻江二滩传播至乌东德坝址约需一天(4个时段)的传播时间，在预报乌东德坝址将发生50年一遇洪水的情况下，需将上游梯级电站水库提前预泄，腾出库容，超过乌东德初期拦蓄洪水。以较恶劣的1974年50年一遇洪水为例，坝址9月2日2时发生26600m^3/s的流量，上游二滩梯级电站水库需从8月29日20时开始预泄，在坝址洪水超过30年一遇洪水洪峰流量时开始拦蓄，使坝址洪水控制在24900m^3/s以内，约需14个时段，即只要提前3天预报乌东德坝址的洪峰流量，而且上游二滩梯级开始预泄，就可以使乌东德坝址洪水由50年一遇降为30年一遇以下，换句话说，将乌东德坝址初期导流标准由30年一遇提高到50年一遇，需要提前3天左右的时间预报，上游二滩水库配合乌东德水库调洪，可基本满足初期导流要求。

因此，如能协调有关方面，利用二滩水库库容、制定并实施针对乌东德电站施工期洪水的调度方案，则可在一定程度上削减乌东德电站施工期洪水流量。

3.7　小　　结

3.7.1　结论

1. 梯级电站水库调蓄对施工导截流的影响因素

梯级电站水库调蓄对施工导截流的影响是多方面的，涉及因素很多。梯级电站水库调蓄的影响与各级电站水库的调节性能及调度方式密切相关。

上游梯级对施工导截流的影响在汛期与非汛期有很大的不同，但都包括有利与不利影响两个方面。汛期影响的有利因素占主导，而非汛期的影响则不能一概而论。

下游梯级对施工导截流的影响主要是对水位的影响，同样包括有利与不利影响两个方面，下游水库调蓄对降低施工导截流难度有一定的辅助作用，回水位的影响主要涉及围堰、截流(关系到导流隧洞进口高程的确定)、围堰防渗墙施工平台高程的确定、导流隧洞下闸、封堵等设计项目。

如果上游梯级与下游梯级电站同时在建，两工程的导截流施工互为影响。

2. 梯级电站水库调蓄下的施工洪水分析

梯级电站水库调蓄下的施工洪水分析应在梯级水库既定的调度原则下，分析水库调蓄对施工洪水的有利与不利影响，按现行规范的规定合理选择施工洪水设计标准及设计流量。

对于需研究减小的施工洪水设计流量，其基本前提是确保梯级水库的既有功能，且不使梯级水库承担的防洪风险增加。主要措施有以下几点：

(1) 研究降低上游水库汛限水位的可能性。降低上游水库的汛限水位，加大其防洪库容，以削减中小洪水的下泄流量，是减少水库下游工程施工洪水的有效途径之一。但是，由于占用了部分兴利库容，将造成梯级电能的损失，需要通过经济比较来论证方案的合理性。

(2) 研究并采用上游水库合理的洪水调度措施，通过有针对性的调度方案减少上游水库的中小洪水泄量，加大大洪水时的敞泄流量。在保证上游水库防洪标准不变的前提下，通过减少中小洪水下泄流量，加大大洪水时的敞泄流量来满足下游工程的施工要求。采用这一方案时，应充分注意到各梯级电站水库的防洪标准、泄流能力及下游防洪要求等的相互协调关系。

(3) 对于在上游建有防洪标准较高且防洪库容较大的水库的情况，是否可在短期内降低上游水库的防洪标准，利用其一部分防洪库容削减下游设计工程的施工洪水，在作技术经济比较的同时应进行风险分析，以确定短期内所能接受的风险，为最终决策提供依据。

3. 梯级电站水库调蓄下导截流标准的选择

1) 梯级电站的导流标准选择原则

梯级电站的导流标准选择建议遵循以下原则：

(1) 遵循现行《水电工程施工组织设计规范》(DL/T 5397—2007)和《水利水电工程施工组织设计规范》(SL 303—2004)对梯级电站施工导流方面的有关规定。

(2) 选取的导截流标准应服从整体的梯级电站水库调度，与上、下游梯级工程相协调，并使整个梯级电站水库群防洪系统的综合风险最小。

(3) 梯级电站导流建筑物的布置及设计应考虑水文特性的改变、梯级电站运行等因素。

2) 对梯级开发河流施工洪水设计标准问题的讨论

(1) 汛期调蓄作用的问题。① 梯级电站水库的施工洪水问题，不仅要研究河流洪水特性及干支流洪水的组合规律，还需研究水库的调度运行方式，并通过经济比较和风险分析，合理确定水库下游拟建工程的施工洪水及上游水库的最优运用方式；②合理削减水库下游的中小洪水，不仅可以减小下游拟建工程的施工导流流量，还可以减少水库淹没损失，进一步降低工程造价，缩短工期，具有较大的经济效益；③若坝址天然和受调洪影响的洪水成果相差不大，设计洪水可直接采用天然设计洪水成果。因此应适度考虑上游水库的调蓄作用。

(2) 汛期施工洪水设计流量问题。拟建工程在汛期内某种频率下的设计流量，由上游水库同频率下的泄流量和同频率下的区间流量组成，两者的叠加要进行分析论证。

(3) 截流设计流量问题。当上游已有电站距拟建工程较近，且区间无较大的支流时，建议截流设计流量按 3 个时段控制。初期进占设计流量取时段内多年平均最大流量；合龙流量选取和上游电站协商一致的流量。合龙后，防渗墙施工期戗堤的挡水流量应取时段内最大可能的发电流量与某种标准下的区间流量之和。

(4) 洪水管理问题。在梯级开发河流上应实现从施工洪水控制到施工洪水管理的观念转移。位于梯级开发河流上的施工洪水设计流量的选择，在一定程度上属洪水管理范畴，需要针对具体情况按工程需要分析论证。

在梯级开发河流上，应针对上游大型水库的蓄水情况，适时调整施工洪水设计流量，并处理好建筑物结构设计安全与洪水风险的关系。尤其是对于截流和下闸等短暂工况，上游电站要适时创造条件，降低风险。水利水电工程建设的总过程就是分时段对水流进行控制和疏导的过程。在不同的建设时段，如何根据水文、工程规模、外部环境等特点，选择合理的施工洪水设计标准是确定导流建筑物规模的关键。

(5) 流冰河道梯级电站下游有水库壅水的排冰。

4. 梯级电站围堰溃堰对导流标准选取的影响

梯级电站围堰溃决影响分析应把对下游在建电站的影响作为重点之一，下游电站导流与度汛标准的选取应考虑上游在建电站围堰的溃决影响因素。

3.7.2　建议

1. 关于梯级电站水库导截流分析研究

施工导截流标准与大坝施工期的安全息息相关，其本质上是防洪安全与经济效益之间的权衡，施工导截流标准的选取既不能过度，也不能失度，除应与工程规模相适应外，还应妥善解决好安全与经济、社会、环境之间的矛盾。对于大型水电工程，在考虑梯级电站水库调蓄作用时，应突出安全要求，综合分析各种有利及不利因素，树立风险和风险管理的观念。

2. 关于现行施工组织设计规范导截流方面的建议

(1) 梯级电站水库调蓄下导流设计流量的选取在一定程度上属于洪水管理范畴，应考虑梯级电站的调度、系统风险、技术经济条件及梯级间相互影响等因素，针对具体情况按工程需要进行分析论证，合理选择梯级电站的导流设计标准。

(2) 梯级电站导流建筑物的布置及设计应考虑梯级电站运行对水文特性的改变等因素。

(3) 当水库初期蓄水时的下泄流量不能满足下游综合用水要求时，应提出临时供水措施(如下游水库的调蓄等)。

第4章　截流水动力学过程与能量耗散规律

本章阐述了立堵截流进占规律及龙口合龙水力参数特征，截流过程水流能量耗散机理及戗堤进占速度与抛投料流失关系，讨论研究了截流难度及其衡量指标等。

4.1　立堵截流进占规律

在截流龙口合龙过程中，动水中抛投料的稳定主要是止动问题；护底材料的稳定主要是起动问题，截流料的稳定不仅取决于水流流速和抛投材料的类型及尺寸，还取决于材料停留位置的几何边界条件，如床底不平整度、戗堤边坡及几何形状等。戗堤几何形状是材料与水流相互作用的平衡结果。早在20世纪30年代初，伊兹巴什提出过平堵截流抛石戗堤形成的四个阶段，其戗堤断面形状正是抛投材料与水流相互作用的结果。与平堵截流类似，在截流理论研究和工程实践中，可得概化的立堵截流进占戗堤形状过程图，如图4.1所示，1976年在英国CIRIA(Construction Industry Research and Information Association)的研究报告中也给出过类似的图形。但对于以扩展断面形式合龙，其口门下游床底抛投料堆石体的形成过程与口门水流条件变化的相互影响研究较少。

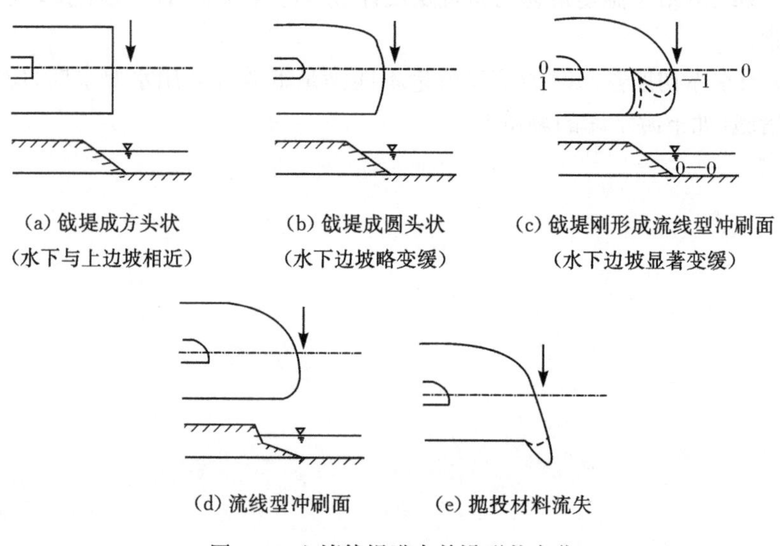

图4.1　立堵戗堤进占前沿形状变化

本章通过基础性试验分析研究了截流戗堤进占的动态形成过程；并结合龙口水力参数变化，分析了戗堤形成过程，深入研究了立堵截流龙口的水力学特性，为截流抛投材料的选择及截流施工设计提供了依据。试验在平底局部模型上进行，根据国内外原型截流实践及模型试验的经验，按重力相似设计，模型比尺 1∶60，正常水深变化范围 3～12m，模拟截流流量范围 300～1000m^3/s，考虑为定性试验，截流设计的导流方式为戗堤渗透方式，采用的抛投料粒径较大且均匀(原型为 d=0.5～0.9m)，透水性较强。

4.1.1　立堵截流戗堤进占扩展断面的形成

截流戗堤在进占过程中，呈两种断面形式，当块体抗冲流速大于或小于作用其上的水流流速时，分别以紧缩断面或扩展断面形式进占。戗堤堤头断面形状与水流条件、进占抛投料等有关，抛投石块不发生流失，戗堤成规则的梯形断面，为紧缩断面合龙；反之，抛投石块发生流失，为扩展断面合龙，流失的石块于龙口下游堆成舌形体，具体水流条件不同，舌形体的断面形式和形成过程不同，扩展断面的舌形体分为梯形断面和三角形断面两种。

1. 梯形断面舌形体描述

当正常水深较大时，开始被水流带动的石块，自戗堤堤头端逐渐带出，形成石嘴，石嘴在离戗堤不远处很快接触而闭合，脱离戗堤的石块不断增多，一部分从闭合点向龙口堆积，另一部分则越过闭合点，延长舌形体，在舌形体末端形成小于1∶1的边坡。当龙口成三角形时，舌面变平，戗堤仍很难进占，石块重新在已堆积的舌形体上堆积，并使舌延长。随后，由于舌高的增加，其末端逐渐出水，继而舌形体宽度很快增加，两侧出水，舌面由凹变平，最后其高度急剧增加而合龙。形成的舌形体其纵向形状似梯形，称为梯形断面舌形体。

2. 三角形断面舌形体描述

当正常水深较小时，戗堤两端被冲下的石块没有形成石嘴，而是逐渐地形成两条石带，亦称石埂。由于流失的增加，石埂不断延长并向中间扩展，有时在下游延伸到很大范围。随着戗堤继续进占，两条石埂向内侧靠拢，并逐渐接近而形成缺口，到闭合为止。有些情况石埂可能出现几个缺口，当一缺口闭合后，下游各缺口则逐渐被水流冲散。

在石埂闭合时，戗堤进占很困难，抛下石块几乎全部被带走。但冲下石块一般不再越过闭合点，而至闭合点向龙口逐渐堆积，当闭合点至龙口段全部河床为石块所覆盖时，龙口即形成三角形。此时舌面形成倒坡，继续抛投的石块停在已堆的舌形体上，使舌形体加高，并保持倒坡，舌形体断面形状是中间凹下、两侧凸出的“U”字形。此后，舌面产生起伏，戗堤进占，舌形体末端出水，水流在舌形体上流动，带下石块堆在舌形体上，少量分布两侧，舌形体很快加高，最后合龙。形成的舌形体纵断面为延长的三角形。

以上两种舌形体形成过程的主要区别在于：梯形舌形体形成石嘴，很快闭合以后，舌形体不断延长；三角形舌形体先形成石埂，然后闭合，舌形体长度一般不大于闭合点长度。梯形舌形体的形状比较规则，石块基本没有流失到舌形体范围以外；而三角形舌形体的形状不甚规整，流失到舌形体以外的较多，有时舌形体与流失块石界限不明显。

当流量和正常水深都较大时，舌形体末端出水后，水流仍具有较大的能量，如果抛投进占不均或其他原因，使水舌稍偏向一侧，就有可能促使舌形体向该侧发展，将大量石块带出已堆成的舌形体范围，使抛投量有很大增加。

4.1.2 口门水力参数变化规律

试验中对不同粒径、不同流量、不同水深进行了系列试验，测量其上、下游水深、落差、戗堤进占断面，龙口水深、流速、单宽功率及龙口堆石形象等，分析了龙口流速、单宽流量、单宽功率等随落差或口门宽度的变化过程，如图 4.2(a)、(b)、(c)所示，单宽流量 q 变化规律较简单，仅一个峰值，出现在形成三角形断面时，而单宽功率 N 和流速 V 的变化较复杂，因水流条件和截流抛投料不同，可能出现一个或几个峰值。

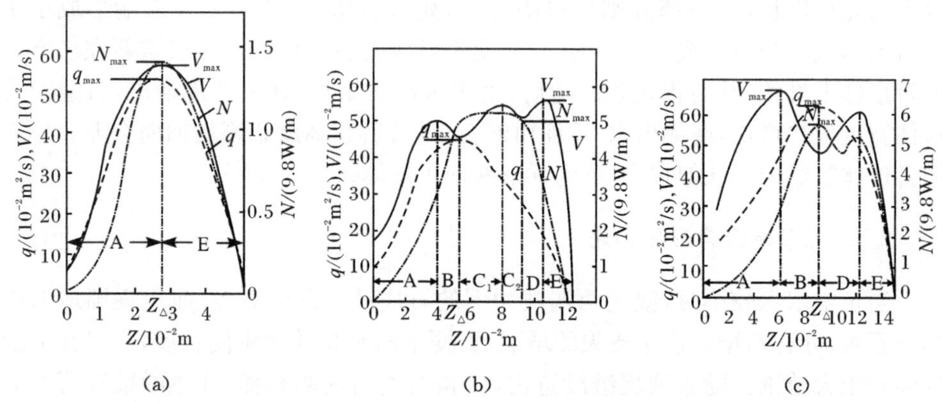

图 4.2 截流合龙过程中水力参数随落差的变化过程

1. 龙口流速的变化

合龙断面形式不同，其流速变化也不同。以紧缩断面合龙时，流速变化规律如图 4.2(a)所示，当龙口为三角形时，流速出现一个极大值 V_{max}；有舌形体合龙时，图 4.2(b)、(c)表明，龙口出现起动流速后，流速不是保持不变，而是持续增加，到石埂闭合时出现流速第一峰值，之后由于水流条件不同，还可能出现几个峰值，最后才很快下降为零。

流速是衡量水力条件的主要指标，石块的流失与流速的变化相适应，图中的流速变化，能较好地解释舌形体的形成过程，即龙口出现起动流速后，随流速增加，石块不断流失，至石嘴(埂)闭合时，龙口流速仍大于起动流速，因此最终形成舌形体。否则，到石嘴(埂)闭合时恰好出现起动流速，以后石块停止流失，不能形成完整的舌形体。

2. 单宽功率的变化

试验表明，以紧缩断面合龙时，单宽功率的变化与上述相同，如图 4.2(a)所示；而对有舌形体合龙则不同，由于水流条件及材料粒径不同，产生如图 4.2(b)、(c)所示的两种形式，最大单宽功率不是出现在石埂闭合的时刻。因为在石埂闭合后单宽功率很快下降，携带的石块很快减少，不一定能最终形成舌形体，即使形成了舌形体，其长度也不能超过石埂闭合的位置，无法说明对于舌形体长度大于闭合点长度的现象。在石埂闭合后，单宽功率并不立刻下降，石块继续流失，形成舌形体。

4.1.3　舌形体形成与水力条件的关系

舌形体的形成过程与其上水流的变化有密切联系，图 4.2(b)、(c)上的流速变化是与两种舌形体的形成过程相适应的，可分为以下五个阶段：

在石嘴或石埂闭合前，两种舌形体石块的运动虽不相同，但形成过程基本是一样的，即随戗堤进占，束缩水流在龙口下游交会成尖形水舌，当达到起动流速时，石块开始移动。龙口再束缩，流速继续增加，水舌形成菱形波动，显著的成波状水跃[图 4.3(a)A、A_1]，流失亦增多，形成石嘴或石埂，并于第一个波峰下闭合，此时龙口流速达到第一个高峰。如图 4.3(a)之 A 段所示。

此后，水流受闭合的石嘴或石埂所阻，波动加剧，摩阻增加，流速开始下降，但其值仍大于起动流速，且单宽流量及落差还在增加，水流冲刷能力很大，戗堤进占很慢，带下石块堆积的情况对两种舌形体不一样，对三角形舌形体，石块自闭合点向上游堆；梯形舌形体自闭合点向上、下游同时堆积，因此，舌形体延长，如图 4.3(b)之 B、B_1 所示，直到龙口成三角形，流速降到第一波谷，对应的单宽流量达到最大值。此时，龙口下游已连续堆积一层石块，舌面有缓慢的倒坡。从石嘴或石埂闭合以后，随水面波动水舌由收缩逐渐扩展，波动逐渐减小，到龙口成三角形时，水舌已完全扩展，舌上水面平滑，基本形成急流形式，只在舌形体末端有微微波动。

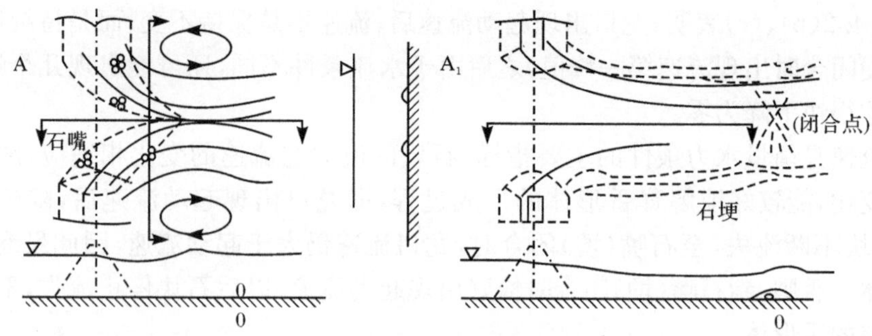

(a) 两戗堤头水流线相接阶段(A、A_1)

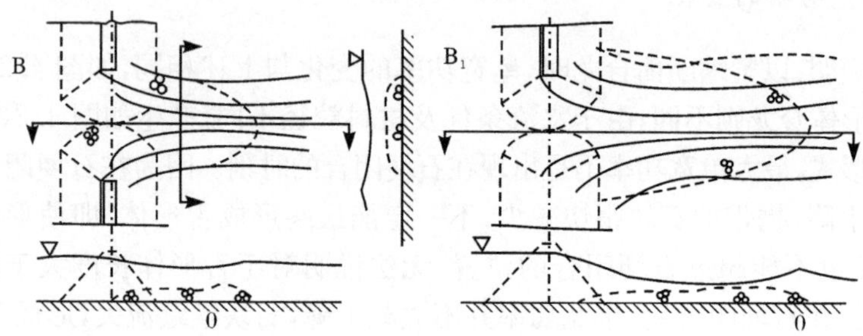

(b) 两戗堤头坡底相接阶段(B、B_1)

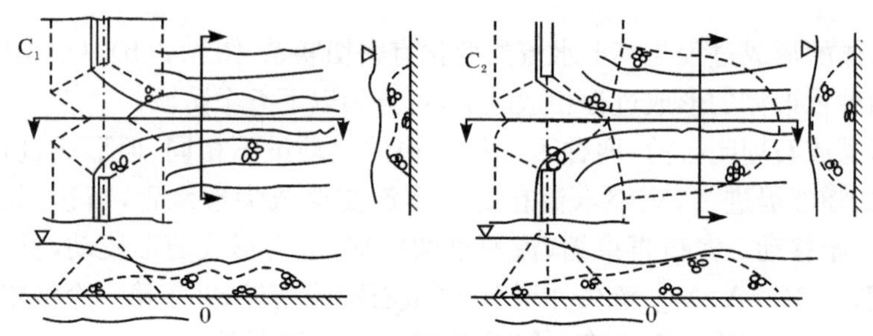

(c) 戗堤口门沿河床抬升阶段(C、C_1)

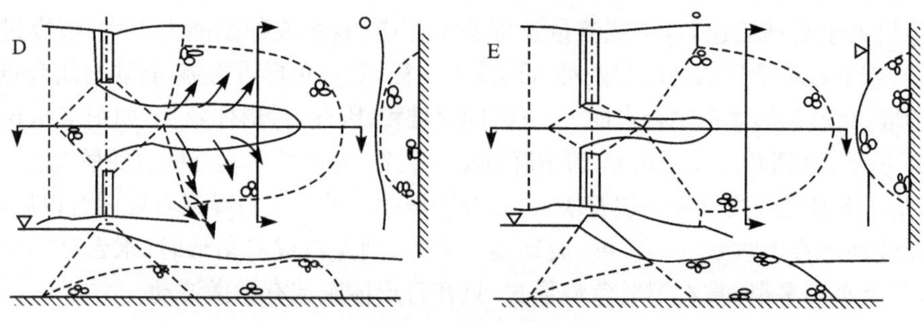

(d) 戗堤口门合拢阶段(D、E)

图 4.3　截流龙口流场变化与截流体成型过程

B 阶段结束后，不同舌形体的形成过程不同，对梯形舌形体来说，水流能量仍很大，舌形体表面平整，水面波动停止；舌上水深较大，流速重新上升，损失较小，戗堤进占更困难，与扩展的水流相应，舌形体在长和宽两个方向增加，而高度增加较小。舌上中间流速较大，两侧流速小；舌根（近龙口部位）跌落水流流速大，舌端部流速小，因此，石块在两侧及端部堆积较多，舌形体横断面呈 U 字形，如图 4.3(c)中 C_1 所示，随石块的堆积，首先舌上端部水深变浅，舌面开始有起伏，水面亦重新产生波动达到流速的第二高峰，如图 4.2(b)所示。

随着石块在舌形体末端的堆积，波动加剧，水流横向流速增加，致使舌形体的宽和高均有很大增加，长度亦略有延长。此时舌上水深很浅，相对损失增加，单宽流量下降较快，流速下降到第二波谷，此时舌形体不再延长，如图 4.3(c)中 C_2 所示。

水舌在舌形体上不断向龙口收缩，接着舌形体后半部及两侧相继露出水面，这时落差很大，龙口很窄，水流以跌水形式跌落在舌形体上，然后渗出。渗出舌形体的水流与戗堤渗流在舌形体两侧汇合成两股集中水流。舌上水位高出正常水位，损失变小，落差急剧增加，舌高略有增长，舌面由凹变凸后，又出现一个流速的高峰[图 4.3(d)中 D]。该过程中舌形体不延长，只在增加宽度和高度，以后因舌形体上水深变浅，在舌形体末端及两侧的堆积石块逐渐露出水面，阻力增加，流速减小，舌上水流成扇形漫流，水流带下的石块使舌形体急剧增高，以后很快合龙，如图 4.3(d)中 E 所示。

由于流速变化不同，两种舌形体形成方式不同，其主要区别是：当其他条件相同时，下游水深浅，消能作用小，龙口水流与下游以类似底流流态连接。开始时水流能量很大，将石块冲出很远，形成石埂，龙口形成三角形后，水流能量已开始下降，所以舌形体不再延长；反之，如下游水深较深，消能作用亦大，龙口水流与下游一般为面流流态连接，水流的冲刷力开始还不大，带下的石块离龙口不远就停下来，当龙口为三角形时，水流能量只略减少，并且由于舌上水深变浅，由原来的表层连接变成接近底层流态连接，水流冲刷力增加。因此，在龙口成三角形以后，形成流速及与其相应的舌形体的复杂变化过程，使舌形体有较大的扩展。

三峡明渠提前截流流量大、水深、流速大、落差大，认识这点对于充分理解其截流难度是非常重要的。

比较这两种舌形体相应的流速变化图可见，三角形舌形体流速的波动较大，梯形的较小，但所有流速的最小值（波谷）都大于石块的起动流速，三角形舌形体流速变化的第一高峰一般大于第二高峰，流速第二高峰与单宽功率的第二高峰相适应，单宽功率的第一高峰(N_{max})与流速最小值同时出现，如图 4.2(c)所示，此时龙口相接为三角形。

梯形舌形体流速变化的三个高峰，一般以最后一个为最大，如图 4.2(b)所示。单宽功率没有明显的高峰，其最大值变化范围，从龙口为三角形时（流速第一最小值)开始到舌形体停止延长为止(即流速第二最小值)。

由于石埂(石嘴)闭合时,流速达到第一最大值,且以后流速的波动都大于起动流速 V_{np} 才能很好地说明舌形体的整个形成过程。

4.2 立堵截流龙口合龙水力参数

水利工程中,宽顶堰溢流的现象和形式很多,不论有坎或无坎的进水闸,隧洞、涵管进水口及施工围堰过流等,只要水流在平面或垂线上受到约束,其自由水面形成降落,且在 $2.5<\delta/H<10$ 范围内,都按宽顶堰流考虑。

截流过程中,随着河床在宽度或高程上束窄,戗堤上游水位壅高,导流建筑物分流量逐渐增加,龙口流量逐渐减小,直至合龙,水流全部由导流建筑物导泄。下游水位较低时,为非淹没宽顶堰溢流;当下游水位升高到影响堰的过流能力时,即为宽顶堰淹没溢流。

对于规则的过流边界,其侧收缩的影响或流量系数影响可由相对成熟的经验公式或图表得出。宽顶堰淹没过程如图 4.4 所示,目前用理论分析确定淹没条件还有困难,多采用试验资料来判别宽顶堰是否淹没。

$$h_{下}/H_0 \geqslant 0.75\sim0.85 \quad 或 \quad h_{下}/h_c \geqslant 1.25\sim1.35$$

当流量系数较大时,可用上式中的较小值作为淹没条件;反之,则用较大值。

而对于施工水流过程控制的立堵截流口门水流边界,不但平面上水流受到约束,而且还要考虑进占戗堤形状及河床底垫底或加糙等,水流约束具有三维特性,判断水流是否处于淹没状态的标准就更应采用试验研究和资料分析手段确定。

通过葛洲坝截流,长江科学院等进行了大量的试验研究和较深入的理论分析,取得了长江上葛洲坝成功截流的经验,葛洲坝工程截流具有河床覆盖层深厚,水深浅,截流期无通航要求的特点,截流流量不大(最枯季截流),但龙口落差大,流速大,抛投材料流失严重,截流难度体现在突破截流水力学指标高而产生的抛投料稳定性问题。

三峡工程明渠提前截流具有床底光滑,抛投进占料不易稳定,提前截流流量大、水深、流速大、落差高等特点,需要解决的主要问题是戗堤进占稳定性及如何减轻截流难度。三峡与葛洲坝两截流工程相距 38km,具有相同水文条件,且均具有因落差大、流速大而产生的抛投料稳定截流困难等特点,因此,根据葛洲坝截流的试验结果及原型截流实践资料,进行立堵截流龙口合龙水力学参数分析,有助于提高对明渠提前截流难度的认识。

为分析方便,将本章引用符号的含义标明如下:B 为以戗堤顶高程为准的龙口宽;B_1 为龙口水面宽;B_k 为临界点 B_1 值;b 为梯形断面底宽;b_k 为临界点 b 值;i 为戗堤龙口水下边坡坡度;S 为三角形龙口断面以护底高程为准的上升高度;S_k 为

临界点 S 值；以龙口护底高程为准起算的上游水深 H_0；h_0 为龙轴（戗堤顶中心断面）水深；$H_下$ 为下游水深；h_c 为收缩断面水深；h_k 为龙口临界水深；h_1 为龙口计算断面水深；Q 为截流总流量；Q_b 为引渠导流量；Q_n 为龙口流量；Q_φ 为非龙口戗堤渗透流量；Z_1 为计算断面落差；Z_k 为临界点 Z_1 值；$Z_下$ 为上、下游落差；Z_n 为终落差；V_1 为龙口计算断面平均流速；V_k 为临界点 V_1 值；$\alpha=1.1$ 为流速不均匀系数；φ_1 为梯形断面流速系数；φ_s 为三角形断面 φ_1 值；φ_k 为临界点 φ_1 值。

已知总流量 Q 及相应下游水深 $h_下$，终落差 Z_n 为立堵截流合龙难度的重要影响因素。合龙抛投料稳定又与合龙期各区段龙口分流量 Q_n、流速、落差大小密切相关。故按设计分流量 Q_b 与上游水深 H_0 的关系 $Q_b=f(H_0)$、龙口护底高程、龙口糙率 n、由模型或计算得出的龙口合龙期水面宽 B_1 与 V_1、Z_1、Q_n 的关系：$Q_n=f(B_1)$、$V_1=f(B_1)$、$Z_1=f(B_1)$。依此可分析流速困难区段的位置、长度，作为备料和分区采用不同抛投料和抛投方法的依据。

4.2.1　截流龙口水力参数的确定

1. 抛石龙口纵向水面线与流态

立堵合龙过水断面前期为梯形；后期接坡点（戗堤边坡相接）以后（$S\geqslant0$），过水断面呈三角形。戗堤水下边坡坡度 i 依石料大小有所不同。原型大块石 $i=1$（平均）。模型小粒径碎石或卵石 i 略大，$i=1.5\sim1.2$。

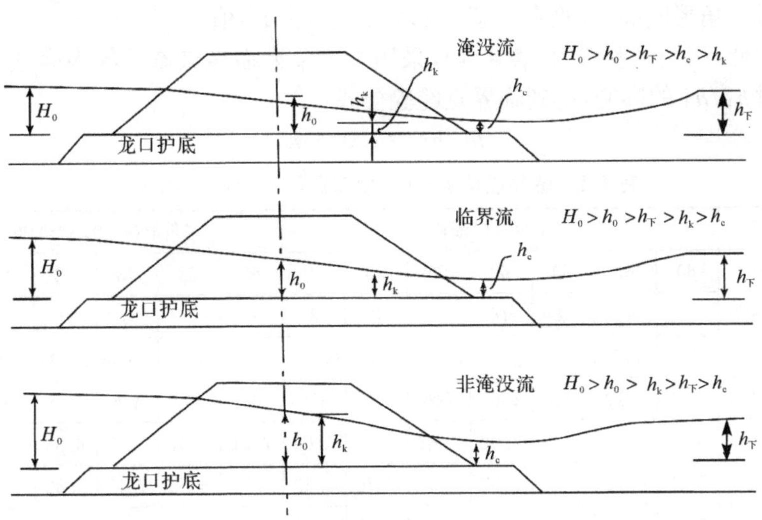

图 4.4　宽顶堰淹没过程（截流龙口水面线）示意图

立堵合龙前期为淹没流，后期为非淹没流。流态不同，龙口 h_0、$h_下$、h_k、h_c 的相互关系不同。龙口 n 不同，上述特征水深大小亦不同，试验（王瑞彭，1986）研究表明，各特征水深之间有三种关系：①$H_0>h_0>h_下>h_c>h_k$(淹没流)；②$H_0>h_0>h_k>h_下>h_c$(非淹没流)；③$H_0>h_0>h_下>h_k>h_c$(非淹没流)。依 n 大小不同，$h_k/h_下$ 比值不同，或为淹没流或为非淹没流，如图 4.4 所示，收缩水深 h_c 位置发生在龙口下口门附近。

在梯形龙口断面($b>0$)，B、b、i、Q_n、$h_下$、h_k 相同，n 越大，H_0、h_0 亦越大，说明增大 n，可减小 Q_n。有利于立堵抛投料稳定。

2. 淹没界限表达方式与龙口 h_k/h 下的确定

不同流态，计算断面 h_1 取值不同。淹没流取 $h_1=h_下$，非淹没流取 $h_1=h_k$，因此区分不同流态计算 V_1、Z_1 时，必须先确定临界非淹没流(临界点或淹没界限)的龙口底宽 b_k 或 B_k。为求解 b_k 或 B_k，需研究临界点表达式并确定 b_k。

早期，认为临界点在接坡点 $b=0$，$S=0$ 时刻。由戗堤形成过程及水力条件分析可知，临界点发生在 $b>0$ 口门位置，三门峡、葛洲坝资料也显示临界点可发生在 $b>0$ 区段。

临界点表达式，文献建议用 $h_下/H_0\approx0.6$，未考虑龙口 n 大小对 H_0 的影响，王瑞彭(1986)用三种不同 n(表 4.1)，得到 $b>0$ 区段临界点 $h_下/H_0=0.67\sim0.73$；在 $b=0$，$S\geqslant0$ 区段，得到临界点 $h_下/H_0=0.77\sim0.79$。主要是 H_0、$h_下/H_0$ 随 n 减小，H_0 减小而 $h_下/H_0$ 增大；且 $h_下/H_0$ 与 n 及 b 均有关，b 越大，$h_下/H_0$ 越小。文献建议用平均值，在 $b>0$ 区段用 $h_下/H_0=0.67$，在 $b=0$，$S\geqslant0$ 区段，用 $h_下/H_0=0.8$。

用 $h_下/H_0$ 为表达式，n 已知，b 为未知时，求解 b_k 很困难。且临界点 $b_k(B_k)$ 是在梯形或三角形断面，亦难在未解出 b_k 时确定 $h_下/H_0$ 值。

鉴于此，引用试验资料(表 4.1)，采用 $h_k/h_下$ 为临界点淹没界限表达式，可排除 b 值对 $h_k/h_下$ 的影响，得到临界点经验公式：

$$h_k/h_下=1.02-n \tag{4.1}$$

表 4.1　临界点位置试验(模型比尺 1∶60，$i=1.5$)

断面形状		梯形($b>0$)断面							三角形($b=0,S\geqslant0$)断面					
龙口条件	B/m	80	60	60	60	60	50	50	42	42	42	42	42	39
	b_k或S_k/m	38	18	18	18	18	8	8	0	0	0	0	0	$S=0$
	糙率 n	0.1	0.1	0.05	0.035	0.035	0.035	0.035	0.05	0.05	0.035	0.035	0.035	0.035
	$Q_n/(m^3/s)$	1500	1010	1120	1360	706	1000	370	490	350	476	386	244	305
临界点试验	H_k/m	5.21	5.94	6.30	7.02	4.83	7.75	4.66	7.51	6.57	7.43	6.83	5.68	6.21
	$h_下$/m	5.63	6.45	6.40	7.07	4.98	7.76	4.62	7.79	6.75	7.40	6.82	5.69	6.18
	H_0/m	8.38	9.48	9.55	10.30	7.71	10.60	6.49	9.90	9.69	9.39	8.62	7.17	8.10
	$h_下/H_0$	0.672	0.680	0.670	0.688	0.700	0.733	0.712	0.787	0.777	0.788	0.791	0.794	0.763
	$h_k/h_下$	0.925	0.921	0.984	0.993	0.970	0.999	1.010	0.999	0.964	1.000	1.000	0.998	1.010

$n=0.1$，$h_k/h_{下}=0.92$，与试验 $h_k/h_{下}=0.921\sim0.925$ 相差很小；$n=0.05$，$h_k/h_{下}=0.97$，为试验 $h_k/h_{下}=0.964\sim0.984$ 的平均值；$n=0.035$，$h_k/h_{下}=0.985$，亦为试验 $h_k/h_{下}=0.97\sim1.0$ 的平均值。从规律看，如 B、b、i、$h_{下}$ 相同，n 越大，H_0 越大，合龙期 Q_n 越小，龙口 h_k 亦越小，即 $h_k/h_{下}$ 越小，是合理的。

3. 影响抛石龙口断面流速系数 φ_1 诸因素

影响抛石龙口计算断面流速系数 φ_1 的因素有：龙口流态，糙率 n，龙口宽 b，侧收缩影响，以及龙口戗堤底部纵向长度等。

由于计算时已区分了流态，淹没流时，用 $Z_1=(H_0-h_{下})$，非淹没流时，用 $Z_1=H_0-h_k$。即排除了流态对 φ_1 的影响。龙口戗堤底部纵向长度一般相差不大，可令其综合反应在糙率 n 对 φ_1 的影响。从设计角度，一般 φ_1 根据经验确定。根据原型及模型合龙资料可以得出 φ_1 与 n、b 的关系式如下：

$$\varphi_1=\frac{0.465}{n^{1/5}}+n\left(\frac{50-bn^{1/5}}{65n^{1/5}}\right)^2 \tag{4.2}$$

式(4.2)的适用范围为 $0\leqslant b\leqslant165\text{m}$。由已知 n 与给定 b，即可事先求出计算断面 φ_1。王瑞彭(1986)建议用 $\varphi_1=0.7\sim0.92$，选用时任意性较大。由式(4.2)在 $n=0.05\sim0.1$，相应 $b=0\sim165\text{m}$ 时，可计算得出 φ_1 变化范围为 $0.74\sim0.945$，与 $\varphi_1=0.7\sim0.92$ 相差很小，但根据式(4.2)可确切选用 φ_1，无任意性。

4.2.2　立堵截流合龙期龙口水力计算

首先求出临界点(临界非淹没流)的 b_k 或 S_k，然后在给定 $b>b_k$ 区段按淹没流计算，在给定 $b<b_k$ 和 $S\geqslant0$，$b=0$ 区段按非淹没流计算。

1. 临界点 b_k 或 S_k 的计算

1) 梯形龙口($b_k>0$)区段求 b_k 或 B_k

依据宽顶堰理论，在临界点 $b=b_k$ 时，可建立 $\frac{\alpha Q_n^2}{g}=\frac{W_k^3}{B_k}$ 关系，α 为流速不均匀系数，用 $\alpha=1.1$。龙口临界断面 $W_k=h_k(b_k+ih_k)$。$B_k=b_k+2ih_k$。可得

$$\frac{\alpha Q_n^2}{g}=\frac{h_k^3\ (b_k+ih_k)^3}{(b_k+2ih_k)} \tag{4.3}$$

令 $\sigma_i=\frac{ih_k}{b_k}$，则有

$$\frac{\alpha i^3 Q_n^2}{gb_k^3}=\frac{i^3 h_k^3\ (b_k+ih_k)^3\ \frac{1}{b_k^6}}{(b_k+2ih_k)\frac{1}{b_k^3}}=\frac{\sigma_i^3(1+\sigma_i)}{\frac{1+2\sigma_i}{b_k^2}}$$

可令 $\sigma=\left(\frac{\alpha i^3 Q_n^2}{g b_k^5}\right)^{1/3}$。

当已知 Q_n、b_k，需要求解 h_k 时，将式(4.3)整理后可得

$$\sigma=\frac{\sigma_i(1+\sigma_i)}{(1+2\sigma_i)^{1/3}} \tag{4.4}$$

当 $\sigma\leqslant 1$ 时，利用 Taylor 展开，可得近似计算式 σ_i：

$$\sigma_i=\left(1-\frac{\sigma}{3}+0.105\sigma^2\right)\sigma \tag{4.5}$$

设引用龙口断面平均水深 h_p 为计算参数，定义为 $h_p=\frac{W_k}{B_k}$。以此代入式(4.3)，令 $Q_n=V_kW_k$ 得

$$\frac{\alpha V_k^2}{g h_p}=1 \tag{4.6}$$

式(4.6)左端为龙口弗氏数。在临界非淹没流时，其值为1.0，故式(4.6)为临界非淹没流水力特性方程。

取临界点计算断面 $h_1=h_k$、$Z_k=H_0-h_k$，以能量方程 $H_0=h_k+\frac{\alpha V_k^2}{2g\varphi_k^2}$ 代入式(4.6)消去 V_k，可得

$$H_0=h_k+\frac{h_p}{2\varphi_k^2} \tag{4.7}$$

运用式(4.3)、式(4.6)、式(4.7)及已知的 $Q_n=f(H_0)$ 可计算 b_k，步骤如下：先由已知 n、$h_下$，用式(4.1)算出 h_k。

① $b_k=0$ 开始依次假设数个 b_k，代入式(4.3)，可得到 Q_n(用 $\alpha=1.1$)，再依次算出 $B_k=b_k+2ih_k$、$W_k=h_k(b_k+2ih_k)$ 及 $h_p=\frac{W_k}{B_k}$ 值。

② 用式(4.7)算出 $\varphi_k=\left(\frac{h_p}{2Z_k}\right)^{1/2}$，得到 $\varphi_k=f_1(b_k)$ 曲线，φ_k 值精度取小数后第三位数。

③ 按已知 n 及假定的数个 $b_k=b$，代入式(4.2)可得另一曲线 $\varphi_k=f_2(b_k)$。

④ 求出 $\varphi_k=f_1(b_k)$ 与 $\varphi_k=f_2(b_k)$ 交点，即得需要求解的临界点(临界非淹没流)b_k 与 φ_k 值。

⑤ 用解出的 b_k 及已知 h_k、i，依次算出 B_k、W_k、h_p。用式(4.6)算出 V_k 及 $Q_n=V_kW_k$。用所解出的 φ_k 代入式(4.7)，可得 H_0 及 $Z_k=H_0-h_k$。

例如，已知 $h_下=6.52$，$i=1.0$，$\alpha=1.1$，$n=0.1$，求解临界点 b_k、B_k、V_k、Q_n、H_v、Z_k。先由已知 $n=0.1$、$h_下=6.52$m，按式(4.1)得 $h_k=6$m。

假定 $b_k=0$、8m、14m、14.2m、20m，列表计算(表4.2)。

表 4.2　梯形龙口($b_k>0$)区段求 b_k 或 B_k

假设 b_k　(单位:m)	0	8.0	14.0	14.2	20.0	备注
$B_k=b_k+2ih_k$　(单位:m)	12.0	20.0	26.0	26.2	32.0	临界点:$b_k=14.2$m $B_k=26.2$m $Q_n=779\text{m}^3/\text{s}$ $H_0=9.30$m $V_k=6.42$m $Z_k=3.3$m
$W_k=h_k(b_k+ih_k)$　(单位:m)	36.0	84.0	120.0	121.2	156.0	
$h_p=W_k/B_k$　(单位:m)	3.000	4.200	4.620	4.626	4.875	
式(4.3)Q_n　(单位:m^3/s)	187	514	770	779	1028	
由已知 $H_0=f(Q_n)$查 H_0(单位:m)	9.55	9.38	9.31	9.30	9.20	
式(4.7)$\varphi_k=[h_p/2(H_0-h_k)]^{1/2}$	0.65	0.778	0.836	0.837	0.873	$\varphi_k=f_1(b_k)$
式(4.2)$\varphi_k=f(n,b)$	0.886	0.857	0.838	0.837	0.820	$\varphi_k=f_2(b_k)$

2) 三角形龙口($b=0,S_k\geqslant0$)区段求 S_k

当梯形断面 $\varphi_k=f_1(b_k)$与 $\varphi_k=f_2(b_k)$无交点时,显示临界点出现在三角形 $S_k>0$区段。

在三角形龙口($S_k>0$)区段,$b=0$,上游水深为 H_0-S_k、下游水深为 $h_下-S_k$。$Z_k=H_0-h_k$。由已知 n、$h_下$,用式(4.1)可求出 $\beta=\dfrac{h_k}{h_下-S_k}$。但 h_k为未知量,不能直接解出 S_k值(β)在三角形($S_k\geqslant0$)区段,$b_k=b=0$,$W_k=ih_k^2$,$B_k=2ih_k$,以此代入式(4.3),整理后可得

$$h_k=\left(\frac{2\alpha Q_n^2}{gi^2}\right)^{1/5} \tag{4.8}$$

又由已知 $\beta=\dfrac{h_k}{h_下-S_k}$可得

$$S_k=h_下-\frac{1}{\beta}h_k \tag{4.9}$$

如前所述,在三角形区段,按已知 n 由式(4.2)可得 φ_1(φ_k 为临界流速系数),由三角形区段几何关系,按定义 $h_p=\dfrac{1}{2}h_k$,以此代入式(4.7),并令 $\varphi_k=0.945$,由能量方程 $H_0-S_k=h_k+\dfrac{h_k}{4\varphi_k^2}$,可得

$$S_k=H_0-1.28h_k \tag{4.10}$$

由式(4.9)和式(4.10)两式消去 S_k,并令 $h_k=\left(\dfrac{2\alpha Q_n^2}{gi^2}\right)^{1/5}$,可得

$$H_0=h_下+\left(1.28-\frac{1}{\beta}\right)\left(\frac{2\alpha Q_n^2}{gi^2}\right)^{1/5} \tag{4.11}$$

已知 $h_下$、α、i、β,由式(4.11)可建立 $H_0=f_1(Q_n)$曲线。H_0 随 Q_n增大而增大,再与已知龙口分流 $H_0=f_2(Q_n)$关系相交,$H_0=f_2(Q_n)$为 H_0 随 Q_n增大而减小,

解出交点，即可得临界点 S_k 的 H_0 值与 Q_n 值。

将解出的 Q_n 由式(4.8)算出 h_k，再代入式(4.9)，即可求出临界点 S_k 值，用解出的 h_k，可得 $B_k=2ih_k$，$W_k=ih_k^2$，$V_k=\dfrac{Q_n}{W_k}$，$Z_k=H_0-S_k$。

2. 淹没流龙口断面($b>0$)区段水力计算

1) 梯形龙口断面($b>0$)区段淹没流计算

取计算断面 $h_1=h_下$，由能量方程可得

$$H_0=h_下+\frac{\alpha Q_n^2}{2g\varphi_1^2h_下^2(b+ih_下)^2} \tag{4.12}$$

已知 $h_下$、α、i，在 $b>b_k$ 区段，给出任一 b 值，先由式(4.2)算出 φ_1，即可由式(4.12)建立 $H_0=f_1(Q_n)$ 曲线，然后与已知龙口分流 $H_0=f_2(Q_n)$ 曲线相交，解出交点，即可得给定 b 值的 H_0 与 Q_n，再代入 $V_1=Q_n/h_下(b+ih_下)$ 求出 V_1 及 $Z_1=H_0-h_下$。

2) 三角形龙口断面区段 $0<S<S_k$ 淹没流

当临界点发生在 $S_k>0$ 区段时，在 $0<S<S_k$ 区段，应按淹没流计算。$W_1=i(h_下-S)^2$，能量方程为

$$H_0=h_下+\frac{2Q_n^2}{2g\varphi_1^2i^2(h_下-S)^4} \tag{4.13}$$

由式(4.2)得 $n=0.05$ 的 $\varphi_1=0.945$。在 $0<S<S_k$ 区段，给定任一 S 值，由式(4.13)可建立 $H_0=f_1(Q_n)$ 曲线。再与已知龙口分流 $H_0=f_2(Q_n)$ 曲线相交，解出交点，即得给定 S 值的 H_0 与 Q_n，并可求出 $V_1=\dfrac{Q_n}{i(h_下-S)^2}$，$Z_1=H_0-h_下$，$B_1=2i(h_下-S)$ 各值。

3. 非淹没流龙口断面($b\geqslant0$)水力计算

1) 非淹没流梯形断面($b>0$)龙口水力计算

取 $h_1=h_k$，其含义为计算断面水深 h_1 与它的临界水深 h_k 相同，故可用式(4.3)、式(4.6)、式(4.7)进行计算。

$$\frac{\alpha Q_n^2}{g}=\frac{h_1^3(b+ih_1)^3}{(b+2ih_1)} \tag{4.14}$$

$$V_1=\left(\frac{gh_p}{\alpha}\right)^{1/2} \tag{4.15}$$

$$H_0=h_1+\frac{h_p}{2\varphi_1^2} \tag{4.16}$$

必须注意，当给定 $b<b_k$，龙口 Q_n 小于临界点 Q_n 时，所得 h_1 与临界点 h_k 不同。

故不能用式 $h_k=(1.02-n)h_下$ 直接求出 h_k 值。

在 $0<b<b_k$ 区段内给定一 b 值后，先由已知 n，用式(4.2)算出 φ_1。计算步骤如下：

① 用 $h_k=h_下(1.02-n)$ 算出临界点 h_k 后，在 $h_1>h_k$ 范围假定数个 h_1，由给定 b，用式(4.14)算出相应数个 Q_n 及相应数个 $B_1=b+2ih_1$，$W_1=h_1(b+ih_1)$，$h_p=\dfrac{W_1}{B_1}$，再用相应数个 Q_n，由已知龙口 $H_0=f_2(Q_n)$ 查出相应 H_0，并算出相应 $Z_1=H_0-h_1$ 与 $\varphi_1=\left(\dfrac{h_p}{2Z_1}\right)^{1/2}$，建立 $\varphi_1=f(h_1)$ 曲线。

② 由式(4.2)算出 φ_1，在 $\varphi_1=f(h_1)$ 曲线中解出需要求解的 h_1 值。

③ 用已知 α、i 与给定的 b 及解出的 h_1 代入式(4.14)，即可得需求解的 Q_n。并由给定的 b 与已知 h_1、i 求出 $W_1=h_1(b+ih_1)$。算出 $V_1=\dfrac{Q_n}{W_1}$。

④ 由解出的 h_1 及算出的 $h_p=\dfrac{W_1}{B_1}$ 和已知 φ_1 代入式(4.16)，即可得需要求解的 H_0 与 $Z_1=H_0-h_1$。

例如，已知 $n=0.1$，$i=1.0$，$h_下=6.46$m，求 $b=8$m 的非淹没流龙口 Q_n、H_0、V_1、Z_1 各值。先由式(4.2)算出 $b=8$m，$n=0.1$ 的 $\varphi_1=0.857$。再由式(4.1)得临界点 $h_k=5.94$m，然后设 $h_1=6.1$m、6.3m、6.35m、6.36m、6.4m。列表计算(表 4.3)。

表 4.3　非淹没流梯形断面(b>0)龙口水力计算

假设 h_1	6.10	6.30	6.35	6.40	6.36	备注
$B_1=b+2ih_1$　(单位:m)	20.20	20.60	20.70	20.80	20.72	给定 $b=8$m，算出 $Q_n=573\text{m}^3/\text{s}$ $H_0=9.36$m $h_1=h_k=6.36$m $Z_1=3$m $V_1=6.27$m/s
$W_1=h_1(b+ih_1)$　(单位:m)	86.01	90.09	91.12	92.16	91.33	
$h_p=W_1/B_1$　(单位:m)	4.258	4.373	4.402	4.431	4.408	
由式(4.14)计算 Q_n　(单位:m^3/s)	530.0	562.6	570.9	579.3	573.0	
由已知 $H_0=f(Q_n)$查 H_0(单位:m)	9.367	9.365	9.360	9.355	9.360	
$Z_1=H_0-h_1$　(单位:m)	3.237	3.065	3.010	2.955	3.000	查 H_0，计算 Z_1
$\varphi_1=(h_p/2Z_1)^{1/2}$	0.807	0.845	0.855	0.866	0.857	—

2) 非淹没流三角形断面($S\geqslant 0$)水力计算

取 $h_1=h_k$，式(4.9)为

$$h_1=\left(\frac{2\alpha Q_n^2}{gi^2}\right)^{1/5} \tag{4.17}$$

由几何关系 $h_p=\frac{1}{2}h_1$，以此代入式(4.6)，消去 h_p，整理后可得

$$V_1=\left(\frac{Q_n g^2}{4i\alpha^2}\right)^{1/5} \tag{4.18}$$

同理，能量方程可写为

$$H_0=S+\left(1+\frac{1}{4\varphi_1^2}\right)\left(\frac{2\alpha Q_n^2}{gi^2}\right)^{1/5} \tag{4.19}$$

计算采用式(4.17)～式(4.19)及已知龙口 $H_0=f_2(Q_n)$。步骤如下：已知 n 由式(4.2)算出 φ_1。已知 S、α、i，由式(4.17)、式(4.19)，可建立 $H_0=f_1(Q_n)$ 曲线。然后与已知龙口 $H_0=f_2(Q_n)$ 解出交点，即可得给定 $S(0\leqslant S)$ 的 H_0 与 Q_n。再由解出的 Q_n，用式(4.17)、式(4.18)求出 h_1、V_1 及 $B_1=2ih_1$。$Z_1=H_0-S-h_k$ 值。

以上计算可得立堵合龙期水力特性曲线：$V_1=f(B_1)$，$Z_1=f(B_1)$，$H_0=f(B_1)$，$Q_n=f(B_1)$。

4.2.3 计算结果与实测验证

选用葛洲坝大江单戗立堵合龙期原型(表 4.4)实测资料与计算所得 Q_n、V_1 相互验证(因在三峡明渠提前截流实践过程中，其龙口水流状态均为淹没流，故未引用其原型资料验证)，结果表明，Q_n、V_1 实测值与计算值的误差百分数 $\left|\frac{\Delta Q_n}{Q_n}\right|<5\%$。$\left|\frac{\Delta V_1}{V_1}\right|<5\%$，在允许误差范围内。

验证结果表明，本节方法计算精度满足工程设计要求，可作为设计与截流施工的参考依据。

表 4.4　葛洲坝大江截流水力学原型观测结果

(原型 $Q=4720\sim4120\text{m}^3/\text{s}$，钢架石笼护底高程 33m，$n=0.1$，戗堤顶高程 44m)

	观测时间(时/日)	8/3	16/3	23/3	2/4	8/4	11/4	13/4	14/4	16/4	19/4	临界点计算	按坡点计算
原型各参数实测值	总 $Q/(\text{m}^3/\text{s})$	4720	4540	4440	4420	4300	4220	4210	4120	4120	4150		
	分流 $Q_0/(\text{m}^3/\text{s})$	720	1220	1570	1800	2260	2720	3220	3330	3670	3930		
	龙口顶宽 B/m	220	150	120	100	70	50	36	30	20	断流		
	龙口边坡 i	1.0	1.0	1.0	1.0	1.0	1.0	1.0	1.0	1.0		1.0	1.0
	底宽 b 或 s/m	178	128	98	78	49	28	14	8	$s=1$	—	14.2	$s=0$
	龙口 $Q_n/(\text{m}^3/\text{s})$	4000	3265	2782	2510	1897	1325	810	603	252	0	779	313.5
	H_0 或 (H_0-s)/m	7.85	8.04	8.28	8.45	8.75	9.05	9.30	9.35	8.50	9.74	9.30	9.46
	$h_下$ 或 $(h_下-s)$/m	7.38	7.05	6.82	6.72	6.60	6.55	6.47	6.46	5.46	6.51	6.51	6.46
	$Z_下=(H_0-h_下)$/m	0.47	0.99	1.46	1.73	2.15	2.50	2.83	2.89	3.04	3.23	2.79	3.00

续表

	龙口流态	淹	淹	淹	淹	淹	淹	非	非	非		临	非
断面各参数计算值	计算 h_k/m	3.81	4.13	4.42	4.78	5.38	5.89	6.20	6.55	6.77		6.0	7.39
	$h_k/h_下$ 或 $h_k/(h_下-s)$	0.52	0.59	0.65	0.71	0.82	0.90	0.95	1.01	1.24		0.92	1.14
	h_1/m	7.38	7.05	6.82	6.72	6.6	6.55	6.20	6.55	6.77		6.0	7.39
	$B_1=(b+2ih_1)$/m	192.76	142.1	111.6	91.5	61.2	41.1	26.34	21.1	13.54		26.2	14.78
	$W_1=h_1(b+ih_1)/\mathrm{m}^2$	1368.1	952.1	714.9	569.3	360.4	226.3	125.24	95.3	45.83	—	121.2	54.61
	$V_1=(Q_n/W_1)$/(m/s)	2.92	3.43	3.89	4.41	5.26	5.86	6.47	6.33	5.5		6.43	5.74
	$Z_1=(H_0-h_1)$/m	0.47	0.99	1.46	1.73	2.15	2.50	3.1	2.8	1.73		3.3	2.07
	$\varphi_1=\sqrt{\alpha/(2gZ_1)}V_1$	0.964	0.778	0.727	0.756	0.81	0.835	0.87	0.90	0.99		0.837	0.945
	h_k/H_0 或 $h_k/(H_0-s)$	0.486	0.513	0.532	0.564	0.614	0.651	0.667	0.70	0.796		0.645	0.781
公式计算验证及误差	给定 b 或 s/m	178	128	98	78	48	28	14	8	$s=1$		14.2	0
	龙口流态	淹	淹	淹	淹	淹	淹	非	非	非		临	非
	计算 φ_1	0.968	0.793	0.745	0.737	0.76	0.80	0.838	0.857	0.945		0.837	0.945
	h_1/m	7.38	7.05	6.82	6.72	6.6	6.55	6.02	6.36	6.64		6.0	7.39
	H_0/m	7.85	8.02	8.25	8.47	8.8	9.07	9.31	9.36	8.51		9.30	9.46
	ΔH_0/m	0.0	−0.02	−0.03	+0.02	+0.05	+0.02	+0.01	+0.01	+0.01	—	—	—
	$Q_n/(\mathrm{m}^3/\mathrm{s})$	4000	3295	2820	2470	1805	1273	774	573	240		779	313.5
	$(\Delta Q_n/Q_n)$/%	0.0	+1.37	+1.37	−1.59	−4.85	−3.62	−4.44	−4.98	−4.76		—	—
	$V_1=(Q_n/W_1)$/(m/s)	2.92	3.46	3.95	4.34	5.0	5.63	6.42	6.27	5.44		6.43	5.74
	$(\Delta V_1/V_1)$/%	0.0	+0.88	+1.54	−1.59	−4.49	−3.93	−0.77	−0.95	−1.09		—	—

4.2.4　单戗立堵合龙期诸参数的变化规律

本节提出了单戗立堵龙口水力计算方法，并对临界点$\frac{h_k}{h_下}$或$\frac{h_k}{h_下-S}$值的确定和龙口流速系数 φ 的计算，提出了新的方法。

分析了立堵合龙期最大 Z_1 与最大 V_1 出现的规律。据此可以解释单戗立堵困难段的位置和产生的原因。并提出两点减少截流困难度的措施。具体如下：

(1) 龙口 Q_n 与上游 H_0 的变化规律与龙口流态无关，龙口 Q_n 随进占 b 减小或 S 增大(三角形)均为递减。断流时 $Q_n=0$；上游 H_0 则随 b 减小或 S 增大而增大(上游水位增大)。

(2) 试验与公式计算均表明，龙口 h_k 的变化只与龙口断面形状有关。在梯形龙口断面($b>0$)，h_k 随 b 减小、Q_n 减小而增大。至 $b=0$(接坡点)时，h_k 最大。在三角形断面($S>0$)由 $h_k=\left(\frac{2\alpha Q_n^2}{gi^2}\right)^{1/5}$ 可知，Q_n 随 S 增大而减小，h_k 亦随 S 增大而减小(淹没流和非淹没流均如此)。断流时，$Q_n=0$，$h_k=0$。因此，最大 h_k 也出现在接坡点($b=0$，$S=0$)。

(3) 合龙期试验与原型 Q 变化不大时均表明，$\frac{h_k}{H_0}$，$\frac{h_k}{H_0-S}$ 均随 b 减小或 S 增大而递增，说明在 $b\geqslant 0$ 时，h_k 增大比 H_0 快，在 $S>0$ 时，h_k 比 H_0-S 减小得慢，H_0-S 减小过程中，S 增大比 H_0 快。

(4) Z_1 的变化规律。淹没流 $b>0$ 时，$Z_1=H_0-h_下$。Z_1 随 b 减小、H_0 增大而增大。非淹没流时，$b>0$，$Z_1=H_0-h_k$，因随 b 减小，h_k 增大比 H_0 快，故 $Z_1=H_0-h_k$ 随 b 减小而递减，在非淹没流 $S>0$ 时，$Z_1=H_0-S-h_k$，因 h_k 减小比 H_0-S 慢。Z_1 亦随 S 增大而减小，至 $H_0=S$，$h_k=0$ 时，$Z_1=0$。故最大 Z_1 出现在临界点。

如临界点出现在 $S>0$ 区段，淹没流梯形断面 $Z_1=H_0-h_下$，Z_1 随 b 减小，H_0 增大而递增，在淹没流三角形 $0<S<S_k$ 区段，仍为 $Z_1=H_0-h_k$，Z_1 仍随 S 增大，H_0 增大而递增；在非淹没流三角形 $S>S_k$ 区段，$Z_1=H_0-S-h_k$。因 H_0-S 减小比 h_k 减小快，Z_1 随 S 增大而减小。因此最大 Z_1 出现临界点。Z_1 与 $Z_1=H_0-h_下$ 的变化规律不同。Z_1 最大值出现在临界点。$Z_下$ 最大值为终落差 Z_n。

(5) V_1 的变化规律。试验表明，合龙前期梯形断面($b>0$)区段淹没流时，V_1 总是随 b 减小而增大。下面分两种情况分析 V_1 的变化规律。

① 临界点出现在三角形 $S_k>0$ 区段。在三角形淹没流 $0\leqslant S\leqslant S_k$ 区段，φ_s 随 n 变化为常数，$\varphi_s=0.945$。而 $Z_1=H_0-h_下$ 则随 S、H_0 增大而递增。故 V_1 在 $0\leqslant S\leqslant S_k$ 区段仍然增大。在非淹没流 $S>S_k$ 区段，由 $V_1=\left(\frac{Q_n g^2}{4i\alpha^2}\right)^{1/5}$ 可知，V_1 随 S 增大、Q_n 减小而递减，因此最大 V_1 出现在临界点。这种情况因 Z_1、V_1 最大值同时出现在 $S=S_k$ 时，故在三角形 $0\leqslant S\leqslant S_k$ 区段，抛石仍感困难。

② 临界点出现在梯形 $b>0$ 区段。在非淹没流三角形 $b=0$，$S\geqslant 0$ 区段，同理 $V_1=\left(\frac{Q_n g^2}{4i\alpha^2}\right)^{1/5}$，$V_1$ 随 S 增大、Q_n 减小而递减。因此，这种情况，在 $0\leqslant b\leqslant b_k$ 区段，抛投最困难，这在立堵实践中多次得到证明。立堵实践还表明，在这种情况下，用混凝土四面体，大块体抛投，能增大糙率 n，减小 φ_1，可降低 V_1。故在 $0\leqslant b\leqslant b_k$ 困难区段，多用大块体，甚至用大块体串联抛投，不但能加快进占速度，也有利于降低 V_1，减小抛投困难程度。

原型实践表明，增大合龙期抛石强度，H_0 增大较快，可增大上游调蓄作用，减

小合龙期总 Q；当 Q、Z_n、$Q_b=f(H_0)$不变，护底越高，可增大相同龙口 B、b、i 的 H_0，减小 Q_n。使临界点提前发生，最大 V_1亦有所降低，不但使困难段 $0\leqslant b\leqslant b_k$的大块体易于出水，还可减少抛投数量。故立堵多采用先平抛护底(其高程以初落差时 V_1不影响通航为原则)，后立堵进占的施工方案。

4.3　截流过程水能耗散机理及戗堤进占速度与抛投料流失关系

4.3.1　水流与抛投料的相互作用

截流过程是水流作用与抛投体阻力间的平衡过程，戗堤的形成过程涉及抛投材料的性质及截流口门水流特性，为减少流失，以紧凑断面合龙，所选抛投料粒径应与水力条件相适应。

在平堵截流时，选择抛投料的方法有两种：一是从水力学角度，抛投料的止动流速应大于或等于相应的水流速度；二是应用动能方法选择形成紧凑断面戗堤所需粒径。两种不同方法得出的公式形式不同，但实质是一样的。

在立堵截流时，按上述方法选料是存在问题的。因为抛在平堵堆石体顶上的石块失去平衡后，被水流带到下游坡形成扩展断面。而对立堵则不同，抛入龙口之石块，虽然在水流作用下失去平衡，但因被带离戗堤轴线远近不等，最终结果有如下区别：如被带到戗堤下游坡角的最终范围之外，则形成扩展断面；如果不超出这个范围，则戗堤轴线断面的流速或单宽能量虽已达到石块起动的极限值，但最终并不形成扩展断面。因此，在立堵截流条件下，不应当只凭材料的极限流速或临界单宽能量来评价是否形成紧凑断面，必须考虑戗堤下游坡脚长短的影响。

为保证以紧凑型断面合龙，需选用大块石料，从而增加费用并造成施工上的困难；如选用较小粒径的石料，纵有流失，对工程而言可能还是经济的，应根据工地具体情况作技术经济比较。

下面从能量的角度分析龙口水流能量与截流抛投料(含流失料)抵抗水流消耗能量以及抛投强度之间的关系。

4.3.2　截流龙口的水流能量

在立堵截流过程中，龙口水力因素变化十分复杂，水流沿龙口分布不均匀。实际上，在戗堤进占过程中，真正与抛石发生作用的不是过龙口的全部水流，而只是与石块接触的戗堤端部水流；抵抗端部水流作用的仅为抛入龙口水面以下部分的石块。因此分析计算时，把进占过程中龙口水位以下的戗堤断面 ω_i 称为进占断面，它是随戗堤进占而变化的。与 ω_i 相应，抛投石块入水所需时间 t 称为进占时间。而随戗堤进占使上游水位不断升高，对已形成戗堤的加高培厚所需的时间不包括在内。

在截流过程中，具有一定质量 m_B 的水流，在戗堤轴线附近的速度为 V_i，则其具有的能量 $E=\frac{m_B V_i^2}{2}$。假如在截流的任意时段 Δt_i 内，戗堤端部水流的流速为 V'_i，当戗堤进占长度为 ΔB_i 时，作用于抛入水下进占部分石块的端部水流质量为 m'_{Bi}，则相应水流作用于石块上的能量为

$$E_i=\frac{m'_{Bi}}{2}(V_i')^2 \tag{4.20}$$

式中：m'_{Bi} 为与石块发生作用部分水流的质量。

设端部水流的单宽流量 q'_i 与龙口水流平均单宽流量 q_i 的关系为：$q'_i=\xi_q q_i$，其中 ξ_q 为水流沿龙口分布的不均匀系数，则 m'_{Bi} 为

$$m'_{Bi}=\frac{\gamma}{g}q'_i\Delta B_{qi}\Delta t_i=\frac{\gamma}{g}\xi_q q_i\Delta B_{qi}\Delta t_i \tag{4.21}$$

设 V'_i 与龙口平均流速 V_i 之比为 ξ_v，并以宽顶堰公式表示龙口平均流速，则

$$V'_i=\xi_v V_i=\xi_v\varphi\sqrt{2g\Delta Z_i} \tag{4.22}$$

将式(4.21)及式(4.22)代入式(4.20)，则

$$E_i=\frac{1}{2}\frac{\gamma}{g}\xi_q q_i\Delta B_i\Delta t_i\xi_v^2\varphi^2 2g\Delta Z_i=\xi_q\xi_v^2\varphi^2\gamma q_i\Delta Z_i\Delta B_i\Delta t_i$$

近似取 $\xi_q=\xi_v=\xi$，则

$$E_i=\xi^3\varphi^2 N_i\Delta B_i\Delta t_i \tag{4.23}$$

式中：$N_i=\gamma q_i\Delta Z_i$ 为相应于 Δt_i 时段内的龙口平均单宽能量。

对整个截流过程，局部水流作用于石块的全部能量，等于截流过程中各进占时刻水流能量之和，即

$$E_n=\sum_{i=1}^{n}E_i$$

当取的时段很小，相应戗堤进占长度亦很短，则

$$E_n=\lim_{\substack{\Delta t_i\to 0\\ \Delta B_i\to 0\\ n\to\infty}}\sum_{i=1}^{n}E_i=\lim_{\substack{\Delta t_i\to 0\\ \Delta B_i\to 0\\ n\to\infty}}\xi^3\varphi^2 N_i\Delta B_i\Delta t_i$$

从抛入水中石块开始起动到合龙的进占时间内（$T=t_K-t_H$）及相应戗堤进占长度（$B_{np}=B_K-B_H$）积分上式，则全部能量为

$$E_n=\int_{t_H}^{t_K}\int_{B_H}^{B_K}\xi^3\varphi^2 N\mathrm{d}B\mathrm{d}t \tag{4.24}$$

4.3.3 戗堤进占速度分析

如前所述，截流过程是水流对石块的作用和石块反抗水流作用相互对抗的过

程。如果水流对石块的作用力大于石块抵抗水流的能力，则抛入水中的石块必将被水流带走，戗堤无法进占；反之，戗堤将继续进占。与出现石块的止动流速 V_0 相应的龙口宽度，称为龙口起动宽度 B_{np}。按一定抛投强度截流时，对于各进占阶段，单位时间戗堤的进占长度可能不同，如图 4.5 及图 4.6 所示，有以下两种情况。

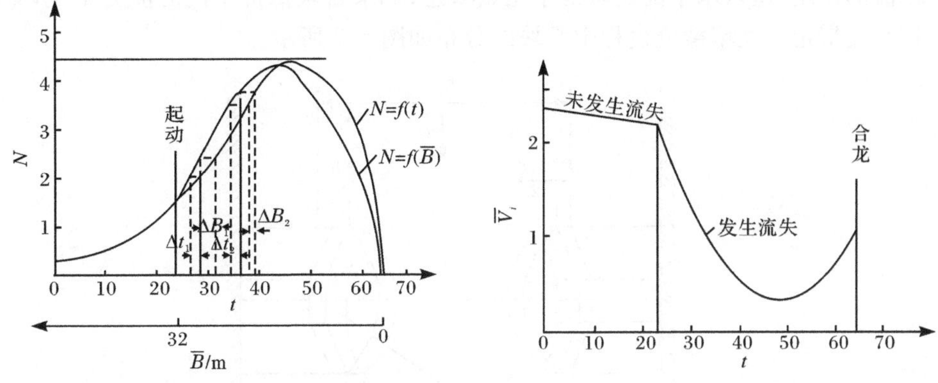

图 4.5　截流龙口 $N=f(t)$、$N=f(\overline{B})$ 变化过程

图 4.6　戗堤进占速度($\overline{V}_i$)过程

1) 抛投材料没有流失

当龙口流速小于石块的起动流速时，抛一定量石块 W_i 所需时间为 $\Delta t_i=\dfrac{W_i}{\overline{u}}$，其中，$\overline{u}$ 为平均抛投强度。在 Δt_i 时段内，戗堤断面为 ω_i 时，相应于 W_i，戗堤的进占长度 $\Delta B_i=\dfrac{W_i}{\omega_i}$，此时戗堤进占速度为

$$\overline{V}_i=\frac{\Delta B_i}{\Delta t_i}=\frac{\overline{u}}{\omega_i} \tag{4.25}$$

可见，在没有流失的情况下，进占断面不变，戗堤进占速度与抛投强度呈线性关系。

2) 抛投材料发生流失

当龙口流速大于石块起动流速时，抛石不是全用在戗堤进占上，有一部分被水流带走；水流挟带能力越大，流失越多。因此，在有流失的情况下，戗堤的进占速度随流失量而变化。当抛投一定量石块 W_i，如流失量为 W_i，则用在戗堤进占部分抛石为 $W_{qi}=W_i-W'_i$，相应的进占时间和长度各为

$$\Delta t_i=\frac{W_i}{\overline{u}}\quad 及\quad \Delta B_{qi}=\frac{W_{qi}}{\omega_i}=\frac{W_i-W'_i}{\omega_i}$$

因而戗堤进占速度为

$$\overline{V}_i=\frac{\Delta B_{qi}}{\Delta t_i}=\frac{\overline{u}}{\omega_i}\left(1-\frac{W'_i}{W_i}\right) \tag{4.26}$$

在有流失的情况下，戗堤进占速度不仅随进占断面而变化，而且与流失量

有关。

4.3.4 抛投料流失分析

在立堵截流中，水流与石块接触，将动能作用于石块上，若石块本身能够克服水流的作用，抛入水中的石块处于稳定状态；如果石块抵抗水流的能力不足，则将被水流带走。立堵截流过程中石块的分布如图 4.7 所示。

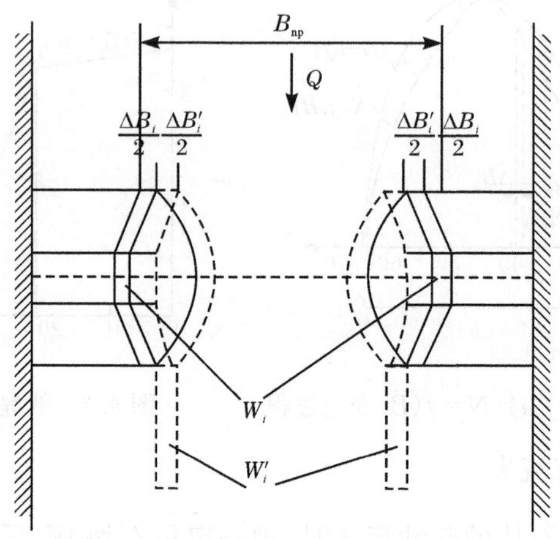

图 4.7 立堵截流过程中石块的分布

在 Δt_i 时刻内，端部水流对抛投石块的作用分为两部分，即进占部分和流失部分。对于进占部分，具有一定能量的水流，运动到进占戗堤附近，受戗堤所阻，本身动量发生变化，水流动量的变化应与进占戗堤的反作用力相匹配，戗堤堤头块石与堤头本身的作用力与反作用力的关系成为抛投料稳定或流失的根本原因。

流失部分石块在水流作用下，沿河床滚动或滑动，并将水流作用于其上的动能(即石块从水流所获得的能量)转变为运动过程中克服摩擦阻力所做的功，若石块对戗堤轴线移动的距离为 $\Delta\bar{l}_i$，则流失部分石块克服摩阻做的功为

$$E_{if}'=f(\gamma_s-\gamma)W_i'\Delta\bar{l}_i \tag{4.27}$$

式中：f 为流失部分石块的阻抗系数。

假如流失部分亦按 ω_i 进占，其应有进占长度为 $\Delta B_i'=\dfrac{W_i'}{\omega_i}$。

在同一时段内，推动流失部分石块运动所消耗水流的能量，如果采用式(4.23)形式表示，则为

$$E_i{}'=k_B'\xi^3\varphi^2N_i\Delta B_i''\Delta t_i \tag{4.28}$$

式中：k_B'为流失部分石块的绕流系数；$\Delta B_i''$为相应于推动流失部分石块运动的能量 E_i'的虚拟进占长度，认为该长度与流失部分进占长度 $\Delta B_i'$成比例，并表示为

$$\Delta B''_i = \psi \Delta B'_i \tag{4.29}$$

式中：ψ 为虚拟进占长度与流失进占长度之比，因水流条件而变化，一般大于 1。

$$E'_i = \psi k'_B \xi^3 \varphi^2 N_i \Delta B'_i \Delta t_i \tag{4.30}$$

根据能量平衡原理，在 Δt_i 时段内，端部水流作用在流失部分石块的能量E'_i与流失部分石块在水流作用下，克服摩擦阻力做的功 E'_{if} 相等，即

$$E'_i = E'_{if} \tag{4.31}$$

将式(4.27)、式(4.30)代入式(4.31)，则得到

$$\psi k'_B \xi^3 \varphi^2 N_i \Delta B'_i \Delta t_i = f(\gamma_s - \gamma) W'_i \Delta \bar{l}_i$$

或

$$\psi k'_B \xi^3 \varphi^2 N_i \frac{\Delta B'_i}{\Delta t_i} \Delta t_i = f(\gamma_s - \gamma) \frac{W'_i}{\Delta B_i} \frac{\Delta \bar{l}_i}{\Delta t_i} \Delta B_i \tag{4.32}$$

式中：$\frac{\Delta B'_i}{\Delta t_i} = \frac{\Delta B_i}{\Delta t_i} - \frac{\Delta B_{qi}}{\Delta t_i}$，将式(4.25)代入得

$$\frac{\Delta B'_i}{\Delta t_i} = \frac{\bar{u}}{\omega_i} - \frac{\Delta B_{qi}}{\Delta t_i} \tag{4.33}$$

引入 u'_i和 V_μ，u'_i为任意时段内单宽流失量，$u'_i = \frac{W'_i}{\Delta B_i}$；$V_\mu$ 为 Δt_i 时段内，流失部分石块的平均速度，$V_\mu = \frac{\Delta \bar{l}_i}{\Delta t_i}$。

根据列维对泥沙的研究（钱宁等，1983），V_μ 等于戗堤端部底层流速与起动流速之差，并表示为

$$V_\mu = \zeta \xi (V_i - V_H) \tag{4.34}$$

式中：V_i为 Δt_i时段龙口的平均流速；ζ 为戗堤端部水流垂向流速分布的不均匀系数。

以 $V = \varphi \sqrt{2g\Delta Z}$表示龙口平均流速，则

$$V_\mu = \zeta \xi \varphi \sqrt{2g} (\sqrt{\Delta Z_i} - \sqrt{\Delta Z_H}) \tag{4.35}$$

将式(4.32)及式(4.34)代入式(4.35)得

$$\psi \xi^2 \varphi^2 k'_B N_i \left(\frac{\bar{u}}{\omega_i} - \frac{\Delta B_{qi}}{\Delta t_i} \right) \Delta t_i = f \zeta \varphi (\gamma_\rho - \gamma) \sqrt{2g} u'_i (\sqrt{\Delta Z_i} - \sqrt{\Delta Z_H}) \Delta B_{qi}$$

$$\psi \xi^2 \varphi k'_B N_i \frac{\bar{u}}{\omega_i} \Delta t_i - \psi \xi^2 \varphi k'_B N_i \Delta B_{qi} = f \zeta (\gamma_\rho - \gamma) \sqrt{2g} u'_i (\sqrt{\Delta Z_i} - \sqrt{\Delta Z_H}) \Delta B_{qi} \tag{4.36}$$

设断面比$\frac{\omega_{np}}{\omega_i} = \alpha_i$，则$\frac{1}{\omega_i} = \alpha_i \frac{1}{\omega_{np}}$，其中 ω_{np}为戗堤进占标准断面，α_i 反映戗堤进占过程中戗堤断面的变化。

$$\psi\xi^2\varphi k'_B N_i\alpha_i\frac{\bar{u}}{\omega_{np}}\Delta t_i-\psi\xi^2\varphi k'_B N_i\Delta B_{qi}=f\zeta(\gamma_\rho-\gamma)\sqrt{2g}u'_i(\sqrt{\Delta Z_i}-\sqrt{\Delta Z_H})\Delta B_{qi}$$

截流过程中，当进占部分块石处于起动状态时，戗堤的进占和石块的流失是同时进行的，当 Δt_i 很小时，进占长度 ΔB_{qi} 亦很小，将上式取极限，则有

$$\psi\xi^2\varphi k'_B\frac{\bar{u}}{\omega_{np}}\lim_{\substack{n\to\infty\\ \Delta t\to 0}}\sum_{i=1}^{n}\alpha_i N_i\Delta t_i-\psi\xi^2\varphi k'_B\lim_{\substack{\Delta B\to 0\\ n\to\infty}}\sum_{i=1}^{n}N_i\Delta B_{qi}$$

$$=f\zeta(\gamma_\rho-\gamma)\sqrt{2g}\lim_{\substack{\Delta B\to 0\\ n\to\infty}}\sum_{i=1}^{n}u'_i(\sqrt{\Delta Z_i}-\sqrt{\Delta Z_H})\Delta B_{qi}\tag{4.37}$$

从石块起动到合龙的全部进占时间 T 内及相应的戗堤进占龙口宽度 B_{np} 积分式(4.37)，假设开始起动的时间为零，流速分布系数 ξ 和流速系数 φ 在进占过程中均保持其平均值不变，则

$$\psi\xi^2\varphi k'_B\left(\frac{\bar{u}}{\omega_{np}}\int_0^T\alpha N\mathrm{d}t-\int_0^{B_{np}}N\mathrm{d}B_q\right)=f\zeta(\gamma_\rho-\gamma)\sqrt{2g}\int_0^{B_{np}}u'(\sqrt{\Delta Z}-\sqrt{\Delta Z_H})\mathrm{d}B_q\tag{4.38}$$

对式(4.38)左边第一项分部积分：

$$\frac{\bar{u}}{\omega_{np}}\int_0^T\alpha N\mathrm{d}t=\frac{\bar{u}}{\omega_{np}}\left[\left(\alpha\int_0^t N\mathrm{d}t\right)_0^T-\int_{\alpha(0)}^{\alpha(T)}\int_0^t N\mathrm{d}t\mathrm{d}\alpha\right]$$

$$=\frac{\bar{u}}{\omega_{np}}\left[\alpha(T)\int_0^T N\mathrm{d}t-\int_{\alpha(0)}^{\alpha(T)}\int_0^t N\mathrm{d}t\mathrm{d}\alpha\right]\tag{4.39}$$

式中：$\alpha(0)$及 $\alpha(T)$为相应于起动及合龙时的断面比。

$\int_0^T N\mathrm{d}t$ 为单宽功率 N 按时间变化过程线与时间坐标所围面积，即

$$\int_0^T N\mathrm{d}t=T\overline{N}_t\tag{4.40}$$

式中：$\overline{N}_t$ 为单宽功率的时间平均值；$\int_{\alpha(0)}^{\alpha(T)}\int_0^t N\mathrm{d}t\mathrm{d}\alpha$ 为单宽功率对时间的积分函数随戗堤断面比 α 的变化，而 α 又与进占时间 t 有关，根据中值定理，得

$$\int_{\alpha(0)}^{\alpha(T)}\int_0^t N\mathrm{d}t\mathrm{d}\alpha=[\alpha(T)-\alpha(0)]\int_0^{mT}N\mathrm{d}t$$

其中：m 为$\int_0^t N\mathrm{d}t$ 的中值所对应的时间与截流进占时间 T 之比，与前同理，则有

$$\int_{\alpha(0)}^{\alpha(T)}\int_0^t N\mathrm{d}t\mathrm{d}\alpha=mT\overline{N}_{mT}[\alpha(T)-\alpha(0)]\tag{4.41}$$

将式(4.40)及式(4.41)代入式(4.39)：

$$\frac{\bar{u}}{\omega_{np}}\int_0^T\alpha N\mathrm{d}t=\frac{\bar{u}}{\omega_{np}}\{\alpha(T)T\overline{N}_t-[\alpha(T)-\alpha(0)]mT\overline{N}_{mT}\}$$

$$=\frac{\bar{u}}{\omega_{np}}T\overline{N}_t\left\{\alpha(T)-[\alpha(T)-\alpha(0)]m\frac{\overline{N}_{mT}}{\overline{N}_t}\right\}$$

$$= \frac{\bar{u}}{\omega_{np}} T \overline{N}_t \{\alpha(T) - [\alpha(T) - \alpha(0)]m'\} \tag{4.42}$$

其中：$m' = \frac{\overline{N}_{mT}}{\overline{N}_t} m$ 为从起动到 mT 时单宽功率的平均值与从起动到合龙时单宽功率时间平均值 $\overline{N}_t$ 之比并与 m 乘积，将随水流条件及石块性质而变化。

$$k''_B = k'_B \{\alpha(T) - [\alpha(T) - \alpha(0)]m'\}$$

对式(4.38)左边第二项积分，得

$$\int_0^{B_{np}} N \mathrm{d}B_q = B_{np} \overline{N}_B \tag{4.43}$$

对式(4.38)右边积分，同样根据分部积分法及中值定理，其中对确定的石块 Z_H 为常数：

$$\begin{aligned}
& f\zeta(\gamma_\rho - \gamma)\sqrt{2g} \int_0^{B_{np}} u'(\sqrt{\Delta Z} - \sqrt{\Delta Z_H}) \mathrm{d}B_q \\
&= f\zeta(\gamma_\rho - \gamma)\sqrt{2g} \left(\int_0^{B_{np}} u' \sqrt{\Delta Z} \mathrm{d}B_q - \sqrt{\Delta Z_H} \int_0^{B_{np}} u' \mathrm{d}B_q \right) \\
&= f\zeta(\gamma_\rho - \gamma)\sqrt{2g} \left[\left(\sqrt{\Delta Z} \int_0^{B} u' \mathrm{d}B_q \right)_0^{B_{np}} - \int_{\sqrt{\Delta Z}(0)}^{\sqrt{\Delta Z}(B_{np})} \int_0^{B} u' \mathrm{d}B_q d\sqrt{\Delta Z} - \sqrt{\Delta Z_H} \int_0^{B_{np}} u' \mathrm{d}B_q \right] \\
&= f\zeta(\gamma_\rho - \gamma)\sqrt{2g} \left[\sqrt{\Delta Z_{np}} \int_0^{B_{np}} u' \mathrm{d}B_q - (\sqrt{\Delta Z_{np}} - \sqrt{\Delta Z_0}) \int_0^{\beta B_{np}} u' \mathrm{d}B_q - \sqrt{\Delta Z_H} \int_0^{B_{np}} u' \mathrm{d}B_q \right]
\end{aligned} \tag{4.44}$$

式中：ΔZ_{np} 为合龙时的落差，即最大落差，$\Delta Z_{np} = \Delta Z_{max}$；$\Delta Z_0$ 为起动时的落差，$\Delta Z_0 = \Delta Z_H$；$\int_0^{B_{np}} u' \mathrm{d}B_1$ 为单宽流失量随进占长度变化曲线与进占长度坐标所围成的面积，即总流失量 $\overline{W}'$，所以：

$$\int_0^{B_{np}} u' \mathrm{d}B_q = B_{np} \bar{u}' = \overline{W}' \tag{4.45}$$

式中：$\bar{u}'$ 为单宽流失量的宽度平均值；β 为 $\int_0^{B} u' \mathrm{d}B_q$ 的中值对应的进占长度与龙口起动宽度 B_{np} 之比，则

$$\int_0^{\beta B_{np}} u' \mathrm{d}B_q = \beta B_{np} \bar{u}'_{\beta B_{np}} \tag{4.46}$$

式中：$\bar{u}'_{\beta B_{np}}$ 为从起动到 βB_{np} 时，单宽流失量的宽度平均值。

将式(4.42) 及式(4.43) 代入式(4.41)，则得到

$$\begin{aligned}
& f\zeta(\gamma_\rho - \gamma) \sqrt{2g} \int_0^{B_{np}} u'(\sqrt{\Delta Z} - \sqrt{\Delta Z_H}) \mathrm{d}B_q \\
&= f\zeta(\gamma_\rho - \gamma) \sqrt{2g} (\sqrt{\Delta Z_{max}} B_{np} \bar{u}' - (\sqrt{\Delta Z_{max}} - \sqrt{\Delta Z_H}) \beta B_{np} \bar{u}'_{\beta B_{np}} - \sqrt{\Delta Z_H} B_{np} \bar{u}') \\
&= f\zeta(\gamma_\rho - \gamma) \sqrt{2g}\, \overline{W}' (1 - \beta')(\sqrt{\Delta Z_{max}} - \sqrt{\Delta Z_H})
\end{aligned} \tag{4.47}$$

式中：$\beta'=\beta\frac{\bar{u}_{\beta B_{np}}}{\bar{u}'}$。

将式(4.39)、式(4.40)及式(4.44)代入式(4.34)，则

$$\psi\xi^2\varphi\left(\frac{\bar{u}k''_B}{\omega_{np}}T\overline{N}_t-k'_BB_{np}\overline{N}_B\right)=f\zeta(\gamma_\rho-\gamma)\sqrt{2g}\,\overline{W}'(1-\beta')(\sqrt{\Delta Z_{\max}}-\sqrt{\Delta Z_H})$$

考虑 $\bar{u}T=\overline{W}$ 为进占过程的总抛投量，并除以 $\psi\xi^2\varphi k''_B$ 得

$$\frac{\overline{W}}{\omega_{np}}\overline{N}_t-\frac{k'_B}{k''_B}B_{np}\overline{N}_B=\frac{f\zeta(1-\beta')}{\psi\xi^3\varphi k''_B}(\gamma_\rho-\gamma)\sqrt{2g}\,\overline{W}'(\sqrt{\Delta Z_{\max}}-\sqrt{\Delta Z_H})$$

设 $K_B=\frac{k'_B}{k''_B}$ 及 $\eta_t=\frac{f\zeta(1-\beta')}{\psi\xi^2\varphi k''_B}$，则

$$\frac{\overline{N}_t\overline{W}}{\omega_{np}}-K_BB_{np}\overline{N}_B=\eta_t\varepsilon\overline{W}'(\sqrt{\Delta Z_{\max}}-\sqrt{\Delta Z_H})$$

式中：$\varepsilon=(\gamma_\rho-\gamma)\sqrt{2g}$，对于一定容重的石块是常数，经整理得计算流失量公式为

$$\overline{W}'=\frac{B_{np}\overline{N}_B\left(\frac{\overline{N}_t\overline{W}}{\overline{N}_B\,\overline{W}_{np}}-K_B\right)}{\eta_t\varepsilon(\sqrt{\Delta Z_{\max}}-\sqrt{\Delta Z_H})}\tag{4.48}$$

式中：流失系数 K_B 及 η_t 与龙口的水流条件、材料性质及水流与石块的作用情况有关，须通过试验确定。

进占过程的总抛投量确定如下：

$$W=W_q+\overline{W}'=\bar{\omega}B_{np}+\overline{W}'\tag{4.49}$$

式中：$\bar{\omega}$ 为从石块起动到合龙的戗堤进占断面 $\omega_i(=\bar{u}/\overline{V}_t)$ 的平均值。

以上截流流失量的理论推导过程本身阐述了截流料进占及流失的机理及影响因素，涉及许多复杂的截流理论及施工技术问题，如不同水利工程施工背景、截流边界条件、不同截流流量的口门水流能量、不同截流抛投料抵抗水能作用的能力，以及截流规模和施工强度的影响等。式(4.49)为更好地探讨截流机理，体现科学化截流，为截流难度的分析及指标的提出提供理论支撑。

4.4　截流难度及其衡量指标

4.4.1　截流难度概念的探讨

对截流难度的认识，是随着截流工程的实践逐步发展的。最早人们将水流比能大小，联系到抛投体所受冲击力的大小，进而决定所要求抛投块体大小的问题称为截流难度。据此，认为截流难度可用截流落差 Z 或龙口最大流速 $V_{\max}$ 表示。但在工程实践中，人们认识到单纯用 Z 或 $V_{\max}$ 来衡量立堵截流难度是有局限性的，它不足以反映大江大河的截流困难程度。显然在相同 Z 值下，大江大河上的

截流会比小河、小溪上的截流困难得多。

葛洲坝大江截流后，人们对立堵截流难度有了进一步的认识，认为判别立堵截流难易程度应从两个方面加以考虑：一是从抛投体所受冲击力的大小，进而联系到所要求抛投块体大小的程度问题称为截流难度；二是从河流的宽、深联系到抛投工程量与分流工程量的大小及施工强度等问题，称为截流规模，显然它与河道截流期总流量 Q_0 有关。为了兼顾上面提到的两个方面，有人提出来用截流总功率 N_0 作为衡量立堵截流难易程度的一个综合指标，即 $N_0=\gamma Q_0 Z_{max}$，代表截流后枢纽河段的水力储能。要造成这样的储能，必须对河流做功，截流就是这样做功，做功大小和造成储能大小成正比。

三峡工程大江截流实践发现，无论采用 Z 或 V_{max} 还是采用 N_0，都还不足以反映三峡工程大江截流的困难程度。三峡工程大江截流的难点，主要体现在如何防止和减小堤头坍塌规模，从而保证施工人员和机械的安全。三峡工程大江截流实践使人们进一步认识到衡量立堵截流难易程度除了考虑截流难度与截流规模两个方面外，还应加上第三点，即截流安全度。截流安全度显然与截流进占过程中堤头的坍塌程度有关。研究表明，影响堤头坍塌的因素很多，其中水深是影响坍塌难度的主要因素；当水深由 41m 减小至 20m 时，其相应的坍塌面积、坍塌边离堤边平均距离最大值和最大单次坍塌面积分别减少 64%、49%和 55%。可见水深 H 是影响堤头坍塌规模的最主要因素。

综上所述，以往研究从截流水力指标、截流规模和截流安全度三个方面对截流难度进行了分析，认为由抛投体所受冲击力的大小决定所要求抛投块体大小的问题称为截流难度；由河流宽、深及分流建筑物尺寸决定的工程量及施工强度问题称为截流规模；与截流进占过程堤头坍塌程度有关的问题称为截流安全度。以上分析基本揭示了截流困难程度所包含的几个方面，但定义上显得较为模糊，如第一个方面取名为截流难度易与总截流难度混淆。

事实上，所谓的截流难度只是相对概念，取决于安全性、经济性以及截流技术水平。

由抛投体所受冲击力的大小决定的所要求抛投块体大小，主要反映了截流所需大块体材料较多与现场易于获取的材料粒径偏小之间的矛盾。如排除经济方面的考虑，人们可以提前从其他地方运输、备制足够的所需抛投料以满足截流工程需求，但这是与实际不相符合的，因为人们不可能不考虑经济要素，人们想到的是通过选择截流时机或调节水流使现场石料尽可能多的满足截流要求，或从提高现场石料稳定性角度来降低截流成本。因此，这一问题实际上是经济性问题。

由河流宽、深及分流建筑物尺寸决定的工程量和施工强度问题，即截流规模，主要反映了工程规模与截流进度、截流备料难度、截流技术水平之间的矛盾。工程规模较大，其工程成本自然提高，但其单位工程成本不一定提高，因大规模作业，还为降低单位成本提供了条件，从这个角度看，工程规模对截流的经济方面的耐受度不应成为负面因素。然而，截流工程是有进度要求的，能否在规定的时段内成功完成截流，将对后续施工产生极大影响，因此，截流规模大小成为影响截流进度的核心问题，与截流技术水平密切相关。截流技术水平是随着科学技术水平的进步而向前发展的，如 20 世纪 40 年代立堵截流的最大抛投强度为 $12000m^3/d$（苏联舍克纳斯河截流），而 20 世纪 90 年代立堵截流的最大抛投强度达到了 $194000m^3/d$（长江三峡工程的 2 次截流）。90 年代完成的一天的工程量，在 40 年代却需要 16 天完成，按 40 年代的截流技术水平，工程规模对截流进度的影响可想而知。因此，工程规模对截流难度的影响也是相对的，取决于截流技术水平的高低。

与截流进占过程堤头坍塌程度有关的问题，即截流安全度，主要反映了截流进占过程堤头坍塌对施工人员和施工设备的安全影响。在当前以人为本、追求人性化的社会里，人的生命是无价的；而施工设备如抛投用的自卸卡车又是与施工人员紧密联系的，如果仅仅是施工设备的损失，在经济上相对于整个截流工程而言是微不足道的，还可以通过提前准备足够的装卸设备确保进度，但连车带人落入水中则是难以接受的。因此，上述的截流安全度成为截流难度的一个重要判别因子是合理的，但这仅仅是狭义的截流安全度。作者认为，截流安全度还应包括截流工程自身的安全，即能否按进度成功合龙的问题，因为截流进度的拖延，会缩短基坑抽水、挡水围堰及防渗墙等后续工程的施工时间，而危及围堰的度汛安全。

4.4.2　截流难度影响因素分析

影响截流难度的因素很多。下面从截流的经济性、安全性以及截流技术水平三个方面进行分析。

截流的经济性。希望截流现场易于获得的块体粒径能够满足截流要求。而截流材料的抗冲稳定性主要与龙口水流条件（包括龙口流速 V、龙口水深 H、垂线流速分布系数 α、绕流系数 ζ 等）、抛投料的物理力学特性（容重 γ_s、重量 G、粒径 D、形状及群体材料的级配等）以及抛投边界（包括摩擦系数 f、糙度 Δ、相对糙度 Δ/D、坡度 θ 以及覆盖层特性参数）有关。龙口水流条件取决于工程坝址处的水文条件、截流方案的选择（包括截流流量 Q_0 选择、截流方式、导流建筑物分流能力等）以及进占阶段等。适应于截流进占各阶段的特定水流、特定抛投材料的边界条件，能否在现场易于获得足够相应粒径的抛投材料，成为经济性的衡量标准。通常情况，要求的抛投料粒径越小，越易于在截流现场获得，截流成本越低，相反，截流成本越高。要想能更多地采用当地材料截流，就需通过一些减轻截流难度的措施或提高材料稳定性的措施来实现，而这些是需要另增费用的。因此，需要进行经济比选，截流经济性问题的实质是在确保安全基础上的费用最小化问题。

截流的安全性。施工人员和设备的安全性涉及的戗堤坍塌问题主要与水深影响、水流作用、抛投料性质、浸水湿化作用、堤头机械荷载、地形因素、覆盖层厚度、抛投方式与强度等有关，其中水深、水流作用、抛料性质、浸水湿化是主要因素，坍塌失稳形式以推动式滑塌为主，其次是牵引式滑塌，坍塌的形成往往是多种因素共同作用的结果。而截流工程的自身安全性则与截流标准选择、工程规模、截流技术水平等密切相关。截流标准选择，$Q_{设计} > Q_{实际}$时工程自然是安全的；$Q_{设计} \approx Q_{实际}$，则工程既是安全的，也是经济的；而$Q_{设计} < Q_{实际}$时，截流工程的安全则受到严重威胁。工程规模主要涉及河道宽、深以及分流建筑物大小和来流量的大小，当河道较宽且水深大，来流量也较大时，为确保截流工程进度，按期成功合龙，就需要有较高的截流技术水平与之相适应。

截流技术水平。主要包括截流设计技术水平(截流标准的选择、截流方案的制订、降低截流难度措施的应用水平等)和截流施工技术水平(施工组织、现场调度、机械设备装卸能力等)。其主要参数有:Q_0(反映截流设计流量选择水平、水文预报水平、水库调度技术等)，抛投强度 P(反映施工技术水平)，粒径 d(反映降低截流难度、利用当地石材的技术应用水平)。截流技术水平的高低使截流难度成为了相对概念。依据现场条件(水文、地质、施工道路、抛投料来源等)和现有截流施工技术水平，合理选择截流流量、科学制定截流方案、通过经济比选充分运用降低截流难度措施，不但可以增强安全性，而且可以实现经济方面的优化。

在深厚覆盖层河床实施截流，因覆盖层抗冲刷能力较小，在截流流量、落差、龙口流速均较大时，如果保护措施不当，会在截流过程中形成冲刷性破坏、渗漏管涌性破坏、护底体系的自身稳定破坏等，造成戗堤多种形式的坍塌而危及施工人员和机械设备的安全；因坍塌和覆盖层上抛投料稳定性下降以及覆盖层流失增加的工程量而延长了截流困难段时间；在备料数量不足或备料粒径不满足抗冲要求时，甚至会导致截流失败。因此，无论从截流的安全性还是从经济性方面都增大了截流难度，也对截流技术水平提出了更高的要求。

截流难度影响因素包括截流水深、河床糙率及抛投料堆积形成过程对立堵规律的影响等。

1) 截流水深影响

截流水深不同，所产生的对截流块体运动的影响不同，因而形成龙口舌型体的形状不同。水深较大时，形成梯形断面舌形体；水深较小时形成三角形断面舌形体。当龙口下游水深(h_t)很小时，龙口纵向水面线具有实用堰形态，这是由于龙口收缩较大所致；当 h_t 较大使龙口形成淹没堰流时，其形态类似淹没宽顶堰流，故有时造成误解。

下游水深不断变化使水流产生不同连接形式，当 h_t 较小时，形成底流式水跃连接，水流出龙口后，向两侧急剧扩散，水面也急剧跌落，最后在下游较宽范围内呈底流式水跃连接；当 h_t 增至临界值 h_k 时，下游开始形成表面涌浪式连接，龙口出口两侧形成较大回流，压迫主流使之沿流向不断横向收缩，最后形成宽度较窄的表面涌浪完成与下游连接；当下游 h_t 进一步增大，表面涌浪逐步减弱，但龙口水流仍为急流，当 h_t 增大至某一程度后，龙口开始形成缓流连接，此时下游涌浪消失，水势平缓。

当龙口水深而使龙口处于缓流连接时，将产生如下影响：

(1) 下游水深开始对龙口堰流起淹没作用，此时龙口流量开始减少或者上游水头增加。

(2) 影响龙口下游底部流速 u_b 的大小。下游水深 h_t 的大小对 u_b 值具有重要影响，文献对这一问题进行了试验研究。结果认为，相对落差 Z/H 的减小或下游水深 h_t 的增大，垂线平均流速 $\bar{u}$ 和底部流速 u_b 均相应减小，而 u_b 的减小更为明显。u_b 为直接作用在床底抛投料上的流速，u_b 的减小有利于截流块体的止动，易于形成梯形断面舌形体合龙。

(3) 影响龙口落差和上游水位。在缓流连接条件下，下游水深增大使龙口淹没度增加，从而使上游水位升高，但一般情况下，水位升高值远小于水深增加值，因而造成龙口落差的减小，三峡工程明渠截流具有明显的这种特性，当截流流量 $Q=9010\text{m}^3/\text{s}$ 时，截流落差 3.25m，水深 16.34m，整个龙口合龙过程几乎均处于淹没水流衔接，不构成截流进占困难；而当提前截流流量增加至 12200～10300m³/s 时，流速大，落差高，截流总能量大，合龙过程为急流衔接，十分困难，因此必须采取必要的工程措施才能提前安全截流。

2) 河床糙率对立堵规律的影响

戗堤进占以扩展断面形式合龙，无论是以梯形断面或三角形断面舌形体形式合龙，最关键的是龙口下游床底抛投料石嘴或石埂要易于闭合，除因水深产生的底流速减小外，床面糙率也是使块石料易于止动的重要原因之一。龙口附近下游河床糙率(包括护底加糙)，对立堵截流难度有重要影响，可产生如下作用：增加龙口水流阻力，降低龙口流量和流速，特别能有效降低 u_b 值；增加龙口下游水深；增加抛料与床面间的摩阻，有助于抛料在龙口下游附近的稳定。在作用流速相同条件下对于光滑床面和粗糙床面，其抛石直径几乎相差一倍。又据葛洲坝资料，以抛料能否在戗堤轴线上游稳定为准，则护底加糙条件下，25t 四面体稳定率为 97%，15t 为 85%；而不护底加糙时，则分别为 62%和 5%，由此可见护底加糙降低难度的作用十分明显。

3) 抛投料堆积形成过程对立堵规律的影响

一个好的截流设计并不是在截流过程中不产生流失，而是结合当地抛投料情况，允许适当流失。龙口抛投料堆积体形成过程与其水流条件变化相协调，如 A、B 阶段的形成表现为石嘴或石埂闭合，在此之后，因下游水深不同，其龙口水舌能量衰减不同，梯形舌形断面和三角形舌形断面的形成过程就表现出较大不同；A、B 阶段对下游水浅的龙口三角形舌形体合龙过程是非常重要的，为合龙最困难阶段。而梯形舌形体合龙过程，由于能量衰减缓慢，虽已形成三角形龙口，但水流能量只略减少，且由于舌上水深变浅，水流衔接由表层转变成接近底层流态连接，冲刷力增加，形成复杂的水流参数变化与舌形体形成的互适应结果，截流最困难段为 C、D 阶段。因此，深水比浅水截流要复杂得多，同时说明龙口临界流状态不一定出现在龙口成三角形断面处。

截流困难表现在进占过程中抛投料的稳定，关键是使自戗堤前沿流失下来的抛投料能够在龙口下游附近稳定，形成抛料堆积体，为合龙创造条件，这是立堵截流的一个重要规律。堆积体开始在戗堤下游附近形成，而后逐渐扩展升高，布满整个龙口及下游附近区域，增加龙口水流纵向阻力，戗堤和水下堆积体共同承担或者分散截流难度。随着进占和堆积体的发展，阻力增加到一定程度后，进占难度开始下降，截流进入合龙阶段。床底加糙是截流设计较常采用的工程措施，是通过施工手段来实现增加纵向阻力，分散截流难度的目的，同时其加糙作用机理还有增大糙率有利于抛投料稳定的作用。

堆积体的形成和发展，使龙口水流从局部有坎发展成为整体有坎堰流，坎的出现减小了龙口堰流水头和流量。拦石坎措施也是截流设计常采用的，通过施工手段人为实现其堆积体形成和发展的自然功能，同时还具有强制性拦石以防抛投料流失的作用。当堆积体坎顶高出下游水位时，此时龙口流量和流速均与落差无关，这就是合龙阶段落差增至最大，而难度反而不断下降的原因。

4.4.3　截流难度的衡量指标

作用于截流块体上的流速 V_d 主要由龙口流量 Q_l、截流落差 Z 和水深 H、龙口宽度 B 确定，从截流全过程看，可归结如下。

1) 截流流量 Q_0

$Q_l=Q_0-Q_f-Q_s$，需结合分流建筑物的分流特性指标运用，分流特性一定时，截流流量 Q_0 越大，截流难度越大。

2) 最终截流落差 Z_{max}

在平堵时，发生最大流速 V_{max} 时，$h\approx0.5\Delta Z_{max}$，所以 Z_{max} 大体上决定了龙口最大流速 V_{max}；而在立堵截流时，发生最大流速 V_{max} 时，$h\approx(0.6\sim0.9)\Delta Z_{max}$，范围太宽，仅靠 Z_{max}，不足以判断其难度。

3) 龙口最大流速 V_{max}

由 Z_{max} 或 V_{max} 及其河床的相对糙度 Δ/d 可基本确定抛投料粒径的大小，Z_{max} 或 V_{max} 一直作为衡量截流难度的重要指标。但该两项指标均不能反映大江大河与中小河截流难度的区别。

4) 水深 H

在影响流速的同时,还对截流规模和堤头坍塌产生影响。

截流流量、最终截流落差、龙口最大流速、水深作为衡量截流难度的指标得到公认,为最根本指标。由上述4个指标可以衍生出以下相关指标。

5) 截流总功率 N_0

$$N_0=\gamma Q_0 Z_{max} \tag{4.50}$$

从物理意义上讲,N_0 代表截流后枢纽河段的水力储能,它在一定程度上反映了整个截流工程的规模,但并不能反映截流最困难区段龙口水流对抛投块体的作用力大小。因而作为立堵截流难度指标,对截流施工现场难以作出原则性指导。

6) 龙口最大单宽功率 N_{bmax}

平堵中,龙口水流单宽功率变化规律为:$q_1=q_0\left[1-(Z/Z_{max})\right]^n$,

$$N_b=\gamma q_1 Z=\gamma q_0 Z\left[1-(Z/Z_{max})\right]^n \tag{4.51}$$

系统的试验及理论分析表明,N_{bmax}出现时,龙口水深 $h\approx 0.5\Delta Z_{max}$,即

$$N_{bmax}=\gamma q_k Z_k\approx\gamma V_k Z_k^2=0.25\,\frac{\gamma V_k^5}{g^2\varphi^4} \tag{4.52}$$

式(4.51)及式(4.52)中,N_b 为单宽功率;φ 为流速系数;Z_k 为出现最大单宽功率时的临界落差;V_k 为临界流速;q 为单宽流量;n 为泄水指数,$n=0.5\sim1.5$。

在平堵截流中,N_{bmax}实际上主要取决于 V_k 的高次方,因此,用 N_{bmax}衡量平堵截流难度是可行的,实践证明也是合理的。但在立堵截流中,N_{bmax}出现时的龙口水深 h 远大于 Z,即 $N_{bmax}=\gamma q_1 Z=\gamma hVZ\gg\gamma VZ^2$,可见,$h$ 占的比重很大。实践证明,立堵截流中的 N_{bmax}主要突出了 N_{bmax}出现时的龙口水深作用,而水深的大小对抛投块体的重量并没有明显的影响;相反,水深的增加使直接作用于块体的底部流速还略有减小。因此,用 N_{bmax}作为立堵截流难度指标是不符合水力特性的。

7) 龙口水流总功率 N

龙口水流总功率 N 表达式为

$$N=\gamma Q_1 Z_{max}=\gamma Q_0 Z\left[1-(Z/Z_{max})^n\right] \tag{4.53}$$

当 N_{max}出现时,$\mathrm{d}N_1/\mathrm{d}Z=0$,得 $Z_k\approx 0.5Z_{max}$。立堵截流中,龙口水流三维特性明显,故应以整个龙口水流能量的最大值来衡量截流困难度;但上述推导中它的最大值出现在 $Z_k\approx 0.5Z_{max}$处,而此时并非在截流最困难区段,而是在最困难区段之前。因此,仅将 N_{max}作为立堵截流难度指标,难以对截流难度有一个全面的认识,也是不符合截流实际的。

8) 龙口单宽功率的时间平均值$\overline{N}_{bt}$

龙口水流单宽能量随时间的变化过程线:$N_b=f(t)$,可求得

$$\overline{N}_{bt}=\int_{t_1}^{t_2}N_b\,\mathrm{d}t/(t_2-t_1) \tag{4.54}$$

龙口水流最大单宽功率 N_{bm} 在平堵截流中是一个较好的指标，但它没有反映困难区段的持续时间，因此，更恰当的指标应是龙口单宽功率的时间平均值 $\overline{N}_{bt}$。但是在截流施工前要想得到 $\overline{N}_{bt}$ 的有关资料是有困难的，一方面不知道截流的具体延续过程会产生什么变化；另一方面，如何估计抛投强度对它的影响，还缺乏可靠的实际资料。因而在立堵截流中，运用 $\overline{N}_{bt}$ 作为一个独立的指标去衡量截流难度，还存在不少有待探讨的问题。

9) 龙口水流总功率面积平均值 N_A

龙口水流总功率面积平均值 N_A 的表达式为

$$N_A=\frac{\gamma Q_1 Z}{B_1 h_1}=\gamma \overline{V} Z \tag{4.55}$$

式中，B_1 为龙口宽度；h_1 为龙口水深；N_A 的物理意义是单位时间内龙口单位宽度的水流对抛投材料的直接作用力。

该指标反映了龙口水流与抛投块体之间的关系，物理意义很明确。从抛投块体的受力角度看，N_A 与龙口最重要的两个水力参数 V 和 Z 紧密联系在一起。因此，是一个较好的立堵截流困难度指标，N_A 最大值的出现时刻为 $Z_k=(0.70\sim0.92)Z_{max}$，与截流实际符合较好。

10) 抛投强度 R

抛投强度是截流技术水平的一个重要指标，可有效解决截流规模较大对截流进度产生的不利影响，增大截流工程自身的安全度。同时，增大抛投强度，还可有效抑制龙口抛投材料的流失。极端地说，只要抛投速度远大于流失速度，任何材料都能够完成截流。该指标可以作为判断截流规模多大合适的一个重要指标。

11) 抛投比率 E

刘永悦和贺昌海等采用无量纲数抛投比率 E 来表述截流全过程的总难度。

$$E=\frac{\overline{R}}{R_{max}}$$

由于 $\overline{R}<R$，故 $E<1$，E 值越趋近于 1，表明难度越大。E 衡量了抛投强度变量与其平均值间的偏离程度，可较简单地评价截流难度。由于截流难度只是相对概念，其本质问题是截流的安全性、经济性以及截流技术水平三个方面的综合权衡，因此，截流难度指标还应包含抛投强度等截流技术水平指标及经济评价指标。如何科学地反映截流技术水平指标及经济评价指标，还有待进一步研究。

4.5 小　结

(1) 分析了截流块体稳定经典计算公式的适用条件，指出在截流困难段龙口呈矩形分布且河床具有一定糙度时，采用伊兹巴什、肖焕雄等经典计算公式是合适的;但在水流垂线流速分布呈非矩形分布时,需综合考虑水深 H、垂线流速分布 α 及相对糙度 Δ/D、绕流系数 ξ 等因素影响。引用国内外对摩擦系数 f 及绕流系数 ξ 的研究成果对块石稳定计算的基本关系式进行了概化处理,考虑了水深 H、垂线流速分布 α 及相对糙度 Δ/D、绕流系数 ξ 等重要因素,通过系列模型试验,得出了平堵截流和立堵截流不同阶段、不同堤头形态的截流块体稳定实用计算系列公式,经验证计算结果与实际情况更加接近。

(2) 分析了与截流抛石发生作用的水流能量及抵抗端部水流作用的截流块体受力状况,从动能平衡观点出发,对有流失情况建立水流与石块相互作用的平衡方程式;运用能量平衡原理,提出了立堵截流龙口水流能量的表达式;分析了戗堤进占速度与抛投材料流失的关系,推导了截流抛投料流失量公式。

(3) 对截流难度概念、影响因素以及衡量指标进行了分析探讨。指出截流难度只是相对概念,其本质问题是截流的安全性、经济性以及截流技术水平三个方面的综合权衡,指出了河床覆盖层从安全性、经济性方面均加大了截流难度,并对截流技术水平提出了更高要求;提出截流难度指标应包含抛投强度等截流技术水平及经济评价指标。

第 5 章　截流料抗冲稳定性研究

本章从力学的角度研究了截流料稳定机理，分析了边界及水力条件等影响因素，提出了实用计算公式；开展了人工抛投料及新型截流块体的截流料稳定性系列试验；在均匀料及级配料群体抛投试验基础上，研究了抛投料对于不同截流方式及床底有无加糙情况下的稳定机理；分析了截流口门河床覆盖层料局部冲刷特性；提出了减轻截流难度的技术措施。

5.1　截流块体稳定机理及其计算公式

5.1.1　截流块体稳定计算基本关系式推导

1. 平底床面上的块石稳定计算式

当依次单个地抛投块体时，在最先抛的几块中（从小料换大料的开始时刻），只要有一块能在轴线下方靠戗堤停下，则随之而来的便可在它的前方稳定下来，这样依次向前排，直到戗堤脚最低一层铺满，再抛下去的块石又照此形成第二层，以后一直堆到出水为止。所以第一块停下来的块石的稳定条件便是计算条件。

如图 5.1 所示，设在基面上放置一块体，块体所受外力归结为：由绕流不对称产生的正面推力 F_1和附加上举力 F_3，有效重量 G 和由垂直方向合力产生的外摩擦力 F_2。

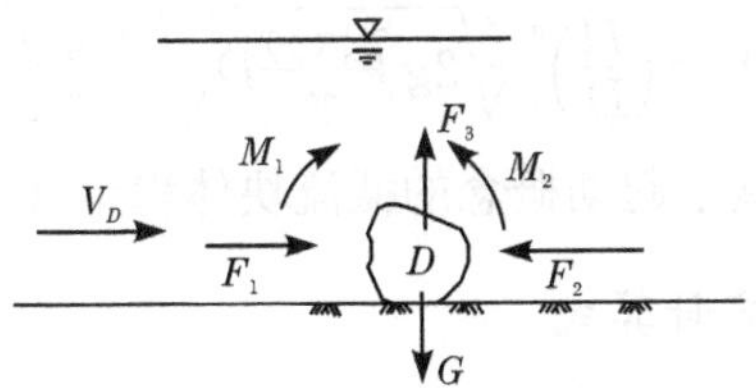

图 5.1　块体受力分析示意图

根据

$$F_1 = \xi_x A_D \gamma \frac{V_D^2}{2g}, \quad F_2 = f'(G - F_3), \quad F_3 = \xi_y A_D \gamma \frac{V_D^2}{2g}$$

$$G=\eta\frac{\pi(\gamma_s-\gamma)}{6}D^3,\quad M_1=\xi''A_D\gamma\frac{V_D^2}{2g},\quad M_2=Gf''$$

式中：V_D 为作用于块体高度内的局部平均流速；A_D 为迎水面积，$A_D=\beta\frac{\pi D^2}{4}(\beta\leqslant 1)$；$\beta$ 为迎水面积修正系数；D 为块体概化成球体的粒径；ξ 为推力系数，包含正面推力系数 ξ_x 和上举力系数 ξ_y；f' 为滑动摩擦系数；f'' 为滚动摩擦系数；ξ'' 为推力和举力二者综合力矩系数；η 为块体形状系数；γ_s、γ 分别为块体及水的容重。

块体起动的临界平衡条件如下。

滑动：$F_1=F_2$，即

$$(\xi_x+\xi_y f')A_D\frac{\gamma V_D^2}{2g}=Gf'$$

滚动：$M_1=M_2$，即

$$(\xi_x\alpha_1+\xi_y\alpha_2 f')A_D\frac{\gamma V_D^2}{2g}=Gf''$$

式中：α_1、α_2、α_3 为各力力臂。

所以，无论是滑动还是滚动，平衡方程式都可写成

$$\xi A_D\frac{\gamma V_D^2}{2g}=Gf \tag{5.1}$$

将以上关系式代入(5.1)得

$$V_D=\sqrt{\frac{2}{3}\frac{\eta}{\beta}\frac{f}{\xi}}\sqrt{2g\frac{\gamma_s-\gamma}{\gamma}D} \tag{5.2}$$

引用块体稳定部位的垂线平均流速 V，则

$$V_D=\left(\frac{D}{H}\right)^{\alpha}V \tag{5.3}$$

式中：H 为块体稳定部位的水深；α 为垂线流速分布系数。

将式(5.3)代入式(5.2)得

$$V=\left(\frac{H}{D}\right)^{\alpha}\sqrt{2g\frac{\gamma_s-\gamma}{\gamma}D}\sqrt{\frac{2}{3}\frac{\eta}{\beta}\frac{f}{\xi}} \tag{5.4}$$

式(5.4)即为平地河床、基于起动概念的截流块体稳定计算的基本表达式。

2. 坡面上的块石稳定计算式

边坡上块石的受力情况如图 5.2 所示。

沿斜坡下滑的分力为 $F_1=F_d\sin\beta+G'\sin\theta$。

阻止下滑的分力为 $F_f=G_n f=G'\cos\theta\tan\phi$（$\phi$ 为自然休止角）。

平行于斜坡的水流推力为 $F_2=F_D\cos\beta$。

$$F_D=\eta\gamma\alpha_F D^2\frac{V^2}{2g}$$

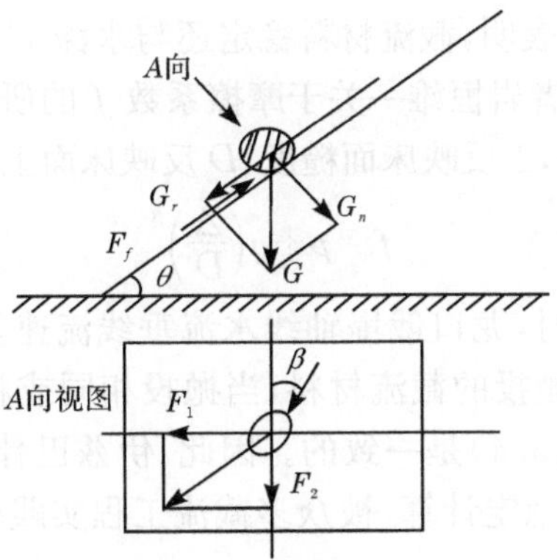

图 5.2　斜坡上块体稳定分析简图

石块在斜坡上的受力条件为 $F_f=\sqrt{F_1^2+F_2^2}$。

将上述各式代入得

$$\sqrt{\left[(\gamma_s-\gamma)\alpha_v d^3\sin\theta+\eta\gamma\alpha_F d^2\frac{V^2}{2g}\sin\beta\right]^2+\left(\eta\gamma\alpha_F d^2\frac{V^2}{2g}\cos\beta\right)^2}=(\gamma_s-\gamma)\alpha_v d^3\cos\theta\tan\phi \tag{5.5}$$

式中：η 为绕流阻力系数；α_F 为迎流面积系数；d 为化引球径；θ 为坡角；β 为水流推力方向，立堵 $\beta=0$、平堵 $\beta=90°$，ϕ 为自然休止角。

影响抛石稳定的因素很多，实际计算中很难全面计及。实践和理论推导表明，抛石稳定系数 k 与 ϕ 和 θ 密切相关，θ 值取决于抛投材料和龙口水流的相互作用。

Stephenson 依据其他研究者资料指出，可取

$$\frac{\mu\alpha_F}{2\alpha_v}=0.25$$

将上式写成伊兹巴什公式形式为

(1) 立堵时 $\beta=0$。

$$V=\sqrt{2\cos\theta\sqrt{\tan^2\phi-\tan^2\theta}}\sqrt{2g\frac{\gamma_s-\gamma}{\gamma}d} \tag{5.6}$$

(2) 平堵时 $\beta=90°$。

$$V=\sqrt{2\cos\theta\sqrt{\tan\phi-\tan\theta}}\sqrt{2g\frac{\gamma_s-\gamma}{\gamma}d} \tag{5.7}$$

5.1.2　截流块体稳定经典计算公式探讨

伊兹巴什公式及肖焕雄公式均将式(5.4)中的 $\left(\frac{H}{D}\right)^\alpha\sqrt{\frac{2}{3}\frac{\eta}{\beta}\frac{f}{\xi}}$ 项归结为综合

稳定系数K表达。实践表明，截流材料稳定还与水深H、垂线流速分布α及摩擦系数f等有关。日本学者岩恒雄一关于摩擦系数f的研究成果表明，f是连续依赖于相对糙度Δ/D值的，Δ反映床面糙度，D反映床面上颗粒体直径，即

$$f=p+q\left(\frac{\Delta}{D}\right)^{n} \tag{5.8}$$

当截流进入困难段时，龙口戗堤轴线水流垂线流速呈矩形分布，龙口段河床底部为护底材料或先期抛投的截流材料，当抛投相同或相近材料时，Δ/D接近于1，则伊兹巴什公式和式(5.4)是一致的。因此，伊兹巴什公式和肖焕雄公式用于截流困难段的截流块体稳定计算，被众多截流工程实践验证是合适的，因其公式形式简单，被广泛采用。

然而，在截流非龙口段进占阶段或龙口覆盖层被冲刷形成冲坑等口门水流垂线流速分布并非矩形分布时，引用伊兹巴什公式和肖焕雄公式进行抛投料的稳定计算、覆盖层冲刷计算、边坡防护计算以及护底计算等，均会与实际情况产生较大误差。

5.1.3 截流块体稳定实用计算基本关系式

长江科学院汪定扬(1983)基于式(5.8)，将基本关系式(5.4)中的$\sqrt{\frac{2}{3}\frac{\eta}{\beta}\frac{f}{\xi}}$项概化为$A+B\left(\frac{\Delta}{D}\right)^{n}$，得到

$$V=\left(\frac{H}{D}\right)^{\alpha}\left[A+B\left(\frac{\Delta}{D}\right)^{n}\right]\sqrt{2g\frac{\gamma_s-\gamma}{\gamma}D} \tag{5.9}$$

式(5.9)即为截流块体抗冲稳定实用计算基本关系式。式中A、B、n、α均为待定系数。

A、B、n主要与块体形状、材料性质和基面的相对糙度有关。α则主要与流速分布有关。根据不同情况选定相应的A、B、n、α值后，便可用于各种条件下块体抗冲稳定的计算。

5.1.4 平堵截流中基本关系式的应用

1. 正常河道分布时

为了确定A、B、α、n值，长江科学院在1∶60比尺水槽模型中进行了试验研究。水槽模型如图5.3所示。

水槽宽度0.5m，高1.0m，长18.0m，其中试验观测段(2.4m)采用加厚玻璃制作，观测段上游设置7.0m调整段，加设了三道消浪墙，观测段下游8.6m。试验采用手摇平板边坡尾门调节下游水位，采用电磁流量计控制流量，采用小旋桨流速

仪量测流速。

图 5.3　水槽模型(见彩图)

试验对不同密度、不同质量、不同类型的块体在不同糙度基面上的稳定性进行了系列试验研究。

块体密度:2.4～5.0t/m^3(加铁砂)。

块体质量:3.0t、5.0t、8.0t、15.0t、25.0t、62.5t 的四面体和 0.35～17.2t 的块石及异型体。

基面:4 种相对糙度(取基面所铺块体的平均粒径 $d_P=\Delta$)。

光滑基面 $d_P=\Delta=0$(模型上为玻璃底板)。粗糙基面 $d_P=\Delta=0.12$m(模型上为粗砂浆混凝土面)。块体垫底基面 $d_P=\Delta=0.5\sim0.55$m。四面体混凝土基面,$d_P=\Delta=1.34$m,$\gamma_s=5.0$t/m^3。

上述单位均为原型值。

(1) A 值的选定。

在光滑基面 $d_P=\Delta=0$ 时,将式(5.9)与式(5.4)比较可知:

$$A=\sqrt{\frac{2}{3}\frac{\eta}{\beta}\frac{f}{\xi}} \tag{5.10}$$

令 $\eta=\beta$,则式(5.10)可变为

$$A=\sqrt{\frac{2}{3}\frac{f}{\xi}} \tag{5.11}$$

查询一般计算手册及流体力学教材,可知 $f=0.15\sim0.2$。

对于立方体,$\xi=1.1$,对于四面体和块石,$\xi=0.6\sim1.1$,则

$$A=\sqrt{\frac{0.3\sim0.4}{1.8\sim3.3}}=0.3\sim0.47$$

根据试验实测底部流速,按 $V_d=A\sqrt{2g\frac{\gamma_s-\gamma}{\gamma}D}$ 计算 A 值,见表 5.1。

表 5.1　依据实测底流速的 A 值计算

D/m	γ_s/(t/m³)	H/m	Δ	V/(m/s)	A	备注
1.340	2.45	12.51	0	3.00	0.49	四面体
1.570	2.45	12.03	0	3.20	0.48	四面体
1.840	2.45	11.76	0	3.40	0.47	四面体
2.730	2.45	10.80	0	3.60	0.41	四面体
2.730	2.45	6.30	0	3.67	0.42	四面体
0.615	2.85	7.90	0	1.88	0.40	块石

参照以上分析及表 5.1 计算结果，取 $A=0.4$。

(2) α 值的选定。

垂线流速分布取指数形式。

在光滑基面 $d_P=\Delta=0$ 时，α 值计算式为

$$\alpha=\lg\left(\frac{V}{A\sqrt{2g\dfrac{\gamma_s-\gamma}{\gamma}D}}\right)/\lg\left(\frac{H}{D}\right) \tag{5.12}$$

垂线流速分布为正常河道分布时的试验数据及 α 值计算见表 5.2。表 5.2 包含了以下两部分：

① 根据 $\overline{V}=0.4\left(\dfrac{H}{D}\right)^{\alpha}\sqrt{2g\dfrac{\gamma_s-\gamma}{\gamma}D}$ 试算 α，表中取 $\alpha=1/7$，计算得到的 $\overline{V}_{算}$ 与实测值 $\overline{V}_{测}$ 基本吻合。

② 根据试验数据，按式(5.12)计算得 $\alpha=0.143=1/7$。故取 $\alpha=1/7$。

表 5.2　依据实测资料的 α 值计算

序号	D/m	γ_s	H/m	Δ	$\overline{V}_{测}$	$\dfrac{H}{D}$	$\left(\dfrac{H}{D}\right)^{\alpha}$	$\overline{V}_{算}$	V_d	A	α
1	1.340	2.45	7.26	0	3.23	5.42	1.27	3.14	2.54	0.41	0.159
2	1.340	2.45	7.16	0	3.30	5.34	1.27	3.14	2.60	0.42	0.173
3	1.340	2.45	13.56	0	3.44	10.12	1.39	3.44	2.47	0.40	0.143
4	1.340	2.45	14.79	0	3.17	11.04	1.41	3.48	2.25	0.36	0.104
5	1.340	2.45	20.64	0	3.41	15.40	1.48	3.65	2.31	0.37	0.118
6	1.340	2.45	19.00	0	3.70	14.18	1.46	3.61	2.53	0.41	0.153
7	1.580	2.45	6.90	0	3.45	4.37	1.23	3.31	2.79	0.42	0.171
8	1.580	2.45	12.30	0	3.95	7.78	1.34	3.60	2.95	0.44	0.189
9	1.840	2.45	6.90	0	3.45	3.75	1.21	3.50	2.86	0.39	0.133
10	1.840	2.45	11.70	0	4.07	6.36	1.30	3.77	3.12	0.43	0.185

续表

序号	D/m	γ_s	H/m	Δ	$\overline{V}_{测}$	$\frac{H}{D}$	$\left(\frac{H}{D}\right)^{\alpha}$	$\overline{V}_{算}$	V_d	A	α
11	2.730	2.45	6.30	0	3.62	2.31	1.13	3.97	3.21	0.36	0.032
12	3.650	2.45	10.80	0	4.39	2.96	1.17	4.76	3.76	0.37	0.069
13	0.615	2.85	13.80	0	3.40	22.44	1.56	2.95	2.18	0.46	0.189
14	2.270	2.45	9.40	0	4.94	4.14	1.23	3.94	4.03	0.50	0.303
15	2.270	2.80	19.74	0	4.80	8.70	1.36	4.88	3.52	0.39	0.136
16	3.650	2.80	19.74	0	4.80	5.41	1.27	5.78	3.77	0.33	0.033
平均值	—	—	—	—	3.82	—	—	3.81	—	0.41	0.143

(3) B 值的选定。

试验观察到，块石抛投到粗糙面上，当 $\Delta/D\leqslant 1$ 时，在块体处于临界平衡状态时，块石是先滚几下，能稳定下来的就不再滚了；否则便一直滚走。这样块体的平衡计算状态如图 5.4 所示(块体为立方体，边长为 b)。

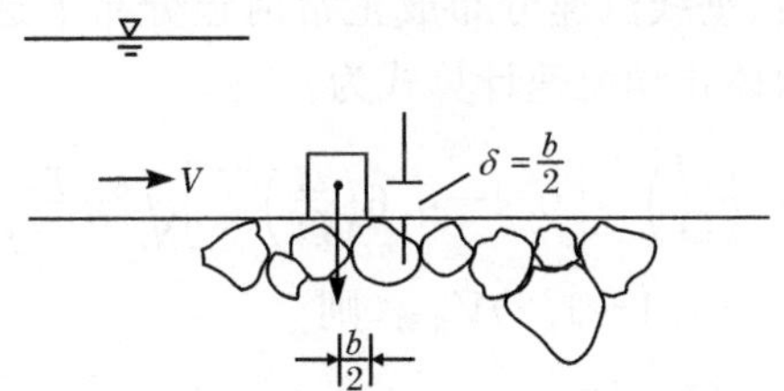

图 5.4　粗糙面块体稳定状态示意图

倾覆力矩：$M_1=F_1\delta=\xi A_D\dfrac{\gamma_s V_d^2}{2g}\delta=\xi b^2\dfrac{\gamma_s V_d^2}{2g}\dfrac{b}{2}$

抗倾力矩：$M_2=G\dfrac{b}{2}=(\gamma_s-\gamma)b^3\dfrac{b}{2}$

由 $M_1=M_2$ 得

$$V_d=\sqrt{2g\frac{\gamma_s-\gamma}{\gamma}b}\sqrt{\frac{1}{\xi}} \tag{5.13}$$

将立方体边长 b 概化为球体直径 D，有 $b^3=\dfrac{\pi D^3}{6}$，则 $b=D\sqrt[3]{\dfrac{\pi}{3}}$，代入式(5.13)得

$$V_d=\sqrt{2g\frac{\gamma_s-\gamma}{\gamma}D}\sqrt{\frac{1}{\xi}}\sqrt[6]{\frac{\pi}{3}} \tag{5.14}$$

比较式(5.9)和式(5.14)，得

$$\sqrt{\frac{1}{\xi}}\sqrt[6]{\frac{\pi}{3}}=A+B\left(\frac{\Delta}{D}\right)^n \tag{5.15}$$

绕流系数 $\xi=0.6\sim1.1$(立方体取 1.1,四面体和块石取 0.6～1.1),则

$$A+B\left(\frac{\Delta}{D}\right)^n=\sqrt[6]{\frac{\pi}{3}}\sqrt{\frac{1}{\xi}}=0.897\times(0.95\sim1.29)=0.85\sim1.16$$

当 $\Delta=D$ 时,即 $A+B=0.85\sim1.16$。

将 $A=0.4$ 代入得 $B=0.45\sim0.73$,平均值 $B=0.59$。

依据实测资料计算的 B 值见表 5.3。

表 5.3　依据实测资料的 B 值计算

D/m	Δ	γ_s	H/m	V	B
0.615	0.50	2.85	5.35	6.50	0.61
1.340	1.34	2.45	3.49	6.85	0.57

根据上述分析及实测资料计算结果,考虑到令 $A+B=1$,取 $B=0.6$。

(4) n 值的选定。

由于 A、B、α 已定,依据试验数据整理得 $n=1/2$。

根据以上平堵截流、垂线流速分布成正常河道分布下选定的待定系数 A、B、α、n,得到该条件下的块体止动流速计算式为

$$V_{止动}=\left(\frac{H}{D}\right)^{1/7}\left[0.4+0.6\left(\frac{\Delta}{D}\right)^{1/2}\right]\sqrt{2g\frac{\gamma_s-\gamma}{\gamma}D} \tag{5.16}$$

根据试验,有 $V_{起动}=(1.1\sim1.2)V_{止动}$,则

$$V_{起动}=\left(\frac{H}{D}\right)^{1/7}\left[0.4+0.85\left(\frac{\Delta}{D}\right)^{1/2}\right]\sqrt{2g\frac{\gamma_s-\gamma}{\gamma}D} \tag{5.17}$$

对于卵石,由于其本身比较光滑,卵石间嵌固情况几乎相同,所以起动流速总是等于止动流速。根据资料分析,得如下计算式:

$$V_{起动}=V_{止动}=\left(\frac{H}{D}\right)^{1/7}\left[0.4+0.45\left(\frac{\Delta}{D}\right)^{1/2}\right]\sqrt{2g\frac{\gamma_s-\gamma}{\gamma}D} \tag{5.18}$$

上述诸式,在计算时 Δ 取值:

① 对于无覆盖层的光滑河床,可取 $\Delta=0$。

② 对于较糙的基岩,$\Delta=\delta$,可令 $\left[0.4+0.6\left(\frac{\delta}{D}\right)^{1/2}\right]=0.5$。

③ 垫底的河床,可采用 $\Delta=d_{50}$。

2. 平堵截流各阶段的块体稳定计算

平堵截流分三阶段计算:

(1) 抛最初几块块体时。

此时河床表面覆盖层一般都已冲光,因此 $\Delta=0\sim\delta$。

$$V_{\text{止动}}=\left(\frac{H}{D}\right)^{1/7}(0.4\sim0.5)\sqrt{2g\frac{\gamma_s-\gamma}{\gamma}D} \tag{5.19}$$

(2) 抛料呈三角形断面时。

由于此时堆体顶部流速分布是底部大、表面小，根据实测，此时 $V_d=1.1V$，即 α 为负值，那么计算式为

$$\begin{aligned}V_{\text{止动}}&=\left(\frac{H}{D}\right)^{\alpha}\left[0.4+0.6\left(\frac{\Delta}{D}\right)^{1/2}\right]\sqrt{2g\frac{\gamma_s-\gamma}{\gamma}D}\\&=\frac{1}{1.1}\times1.0\times\sqrt{2g\frac{\gamma_s-\gamma}{\gamma}D}=0.9\sqrt{2g\frac{\gamma_s-\gamma}{\gamma}D}\end{aligned} \tag{5.20}$$

伊兹巴什根据大量实测资料，建议采用 $V_{\text{止动}}=0.86\sqrt{2g\frac{\gamma_s-\gamma}{\gamma}D}$。

(3) 抛料堆体呈扩展断面时。

$\Delta/D=1$，α 可采用 1/7，得

$$V_{\text{止动}}=\left(\frac{H}{D}\right)^{1/7}\sqrt{2g\frac{\gamma_s-\gamma}{\gamma}D} \tag{5.21}$$

一般来讲，此时水深不会很大，H/D 值相应也不会很大，因此，伊兹巴什建议此时采用 $V=1.2\sqrt{2g\frac{\gamma_s-\gamma}{\gamma}D}$ 也是恰当的，当然水深很大时，可直接按前式计算。

5.1.5　立堵截流中基本关系式的应用

在立堵情况下，要确定基本关系式(5.9)中的待定系数 A、B、α、n 值，需先分析清楚立堵时块体稳定过程的特点和龙口各部位的流速分布特性，再结合对试验资料的分析得出以上诸值。为此，对不可冲河床有护底和光滑基岩两种情况的立堵截流进行了试验研究。

1. 块体的稳定过程

试验中观察到的群体抛投稳定过程如图 5.5(a)～(f)所示。

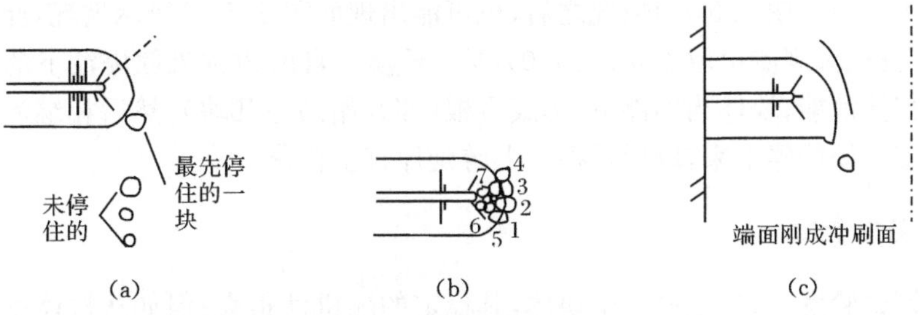

(a)　(b)　(c)

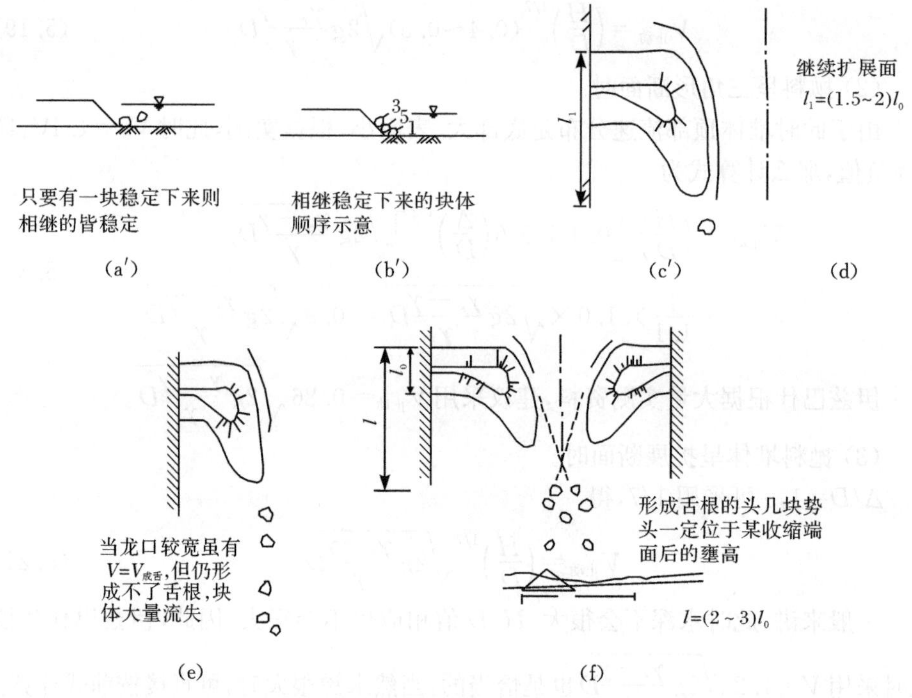

图 5.5　群体抛投稳定过程示意图

紧凑断面。小料换大料抛投，特别是块石换大型预制块体抛投时，经常会先被冲走几个，而后要有 1～2 个停下来，继续抛下去才会逐渐停留下来，继续进占，直至戗堤端形成冲刷面。此时定义为紧凑断面，有一极限抗冲流速。如图 5.5(a)～(c)所示。过后，截流戗堤断面延伸，块体不流走，称为延长断面阶段，如图 5.5(c′)所示，此时 $l_1=(1.5\sim2.0)l_0$。

扩展断面。图 5.5(c′)情况之后，可能出现如图 5.5(d)所示情况，此时虽然龙口流速接近成舌流速，但由于龙口宽，两边截流戗堤流下的石子不能在近处相撞，块体被冲向下游，造成大量流失。

成舌根时。图 5.5(c′)情况之后，也可能出现如图 5.5(e)所示情况，此时由于龙口窄(据试验观测可取 $b/h_{下}=5.0$)，$V=V_{成舌}$。自两边截流戗堤流下的块体能在龙口相撞消能，块体当即停下，形成舌根(即开始站住几块)，然后相继流下来的块体碰着它便能停下来，以后舌根向上游延伸直至合龙。

2. 稳定标准

长期试验发现，反复抛一个块体，其稳定的随机性很大；但如从群体抛投的角度来考虑，则在同一条件下，反复用同一种块体进占时，它到达临界情况(如戗堤端刚形成冲刷)的条件基本相同,即是说这种试验是可重复印证的。因此,目前都以截流戗堤端刚形成冲刷面时作为紧凑断面的计算状况。

在立堵截流中,水力学条件和块体稳定条件是随块体的数量和进占位置时刻变化的。例如,连续抛 10 个和连续抛 100 个的稳定率会相差很大,因此,应该把准备抛投的块体全部抛完再来统计才是合理的。

3. 龙口的流速分布

立堵进占时龙口流速分布很复杂,影响因素有水流的佛汝德数、龙口的束窄度、河床的糙率、戗堤的形状及对称性,下面根据试验资料介绍龙口流速分布的几个特点。

龙口的最大流速在收缩断面处,其值一般略大于按戗堤上、下游落差计算所得流速。一般在窄龙口时 $V_{轴}=(0.8\sim0.9)\sqrt{2gz}$($z$ 为戗堤上、下游水位差)。

对于对称的双向立堵截流,截流戗堤从开始进占至合龙,口门轴线处的垂线流速分布逐渐由“半 U”形河道分布转化为矩形分布;龙口中心线上的垂线流速分布,轴线以上为上大下小,即 $V_{底}<V_{表}$,轴线附近 $V_{底}\approx V_{表}$,轴线以下则呈上小下大趋势,即 $V_{底}>V_{表}$。

宽龙口时,龙口的垂线流速分布接近正常河道分布,$\alpha=1/6\sim1/7$;随着龙口束窄,龙口轴线处的垂线流速分布逐渐由“半 U”形的河道分布转化为矩形分布,流速分布趋于均匀,龙口中心 $V_{底}=V_{表}$,靠近戗堤脚仍是 $V_{底}<V_{表}$,$\alpha=1/10\sim1/12$。过轴线以后底流速越来越小,窄龙口时在 $l=2l_0$(l_0 为三角形戗堤底宽)的地方 $\alpha=1/7$,在 $l=(2\sim3)l_0$ 的地方 $\alpha\approx1/5\sim1/4$,有时底部流速可为零,龙口护底末端底部流速为负。

4. 待定系数的选定和立堵进占中块体抗冲稳定的计算

从图 5.4 所描述的块体稳定过程可知,立堵进占时关键是第一块石头要站住,戗堤才能向前延伸,因此,考虑块体的稳定时,必须取图 5.5(a′)或图 5.5(a)、(b)作为计算图形;取斜坡上一块体作计算图形显然不合理。下面分两种情况讨论。

1) 连续抛投进占情况

(1) 紧凑断面。

如图 5.5(a′)所示,紧凑断面与平堵时块体为孤立情况不同,此处块体旁靠戗堤脚,故 $A_{立}\geqslant A_{平}$。由在光滑基岩($\sigma=\Delta\neq0$)的试验结果得

$$A_{立}=0.65$$

则

$$B_{立}=0.35$$

根据龙口流速分布试验得 $\alpha=\frac{1}{10}$。最后得

$$V_{止动}=\left(\frac{H}{D}\right)^{1/10}\left[0.65+0.35\left(\frac{\Delta}{D}\right)^{1/2}\right]\sqrt{2g\frac{\gamma_s-\gamma}{\gamma}D} \tag{5.22}$$

试验测得宽龙口时 $V_{轴}\approx\sqrt{2gz}$；窄龙口时 $V_{轴}=0.85\sqrt{2gz}$。

以 $V_{止动}=V_{轴}$ 代入式(5.22)，得

① 窄龙口时(约 $b/h_{下}=5.0$)。

$$\frac{Z}{D}=\left(\frac{H}{D}\right)^{1/5}\frac{\gamma_s-\gamma}{\gamma}\left[0.65+0.35\left(\frac{\Delta}{D}\right)^{1/2}\right]^2\frac{1}{0.85^2}$$

$$=1.38\left(\frac{H}{D}\right)^{1/5}\frac{\gamma_s-\gamma}{\gamma}\left[0.65+0.35\left(\frac{\Delta}{D}\right)^{1/2}\right]^2 \tag{5.23}$$

② 宽龙口时(约 $b/h_{下}\geqslant5.0$)。

$$\frac{Z}{D}=1.11\left(\frac{H}{D}\right)^{1/5}\frac{\gamma_s-\gamma}{\gamma}\left[0.65+0.35\left(\frac{\Delta}{D}\right)^{1/2}\right]^2,\quad V=0.95\sqrt{2gz} \tag{5.24}$$

式中：Z 为龙口上、下游水位差。

(2) 扩展断面。

如图 5.5(d)所示，$l_1\approx(1.5\sim2.0)l_0$，此时 A、B 值与式(5.23)相同。

由试验得 $\alpha=1/7$，$V=0.9\sqrt{2gz}$，则

$$V_{扩}=V_{止动}=\left(\frac{H}{D}\right)^{1/7}\left[0.65+0.35\left(\frac{\Delta}{D}\right)^{1/2}\right]\sqrt{2g\frac{\gamma_s-\gamma}{\gamma}D} \tag{5.25}$$

① 窄龙口。

$$\frac{Z_{扩}}{d}=1.23\left(\frac{H}{D}\right)^{1/3.5}\left[0.65+0.35\left(\frac{\Delta}{D}\right)^{1/2}\right]^2\frac{\gamma_s-\gamma}{\gamma} \tag{5.26}$$

② 宽龙口。

$$\frac{Z_{扩}}{D}=1.11\left(\frac{H}{D}\right)^{1/3.5}\left[0.65+0.35\left(\frac{\Delta}{D}\right)^{1/2}\right]^2\frac{\gamma_s-\gamma}{\gamma},\quad V=0.95\sqrt{2gz} \tag{5.27}$$

③ 成舌根。

如图 5.5(f)所示，$l_1\approx(1.5\sim2.0)l_0$，此时 A、B 值与式(5.23)相同。

由试验得 $\alpha=1/4\sim1/5$(这是窄龙口特殊水流条件造成的)。

宽龙口时，形成不了舌根，不予考虑。

窄龙口时：

$$V_{舌根}=V_{止动}=\left(\frac{H}{D}\right)^{1/4.5}\left[0.65+0.35\left(\frac{\Delta}{D}\right)^{1/2}\right]\sqrt{2g\frac{\gamma_s-\gamma}{\gamma}D} \tag{5.28}$$

$$\frac{Z_{舌根}}{D}=1.23\left(\frac{H}{D}\right)^{1/2.25}\left[0.65+0.35\left(\frac{\Delta}{D}\right)^{1/2}\right]^2\frac{\gamma_s-\gamma}{\gamma} \tag{5.29}$$

舌根形成后便渐渐形成舌头，块体的稳定条件改善了，此时就像平堵 $\Delta=D$，

同时舌体形成使其上流速分布改变，$\alpha\leqslant 1/7$，故成舌后(窄龙口)实际抗冲能力为

$$V_{舌体}=\left(\frac{H}{D}\right)^{1/7}\left[0.65+0.35\left(\frac{\Delta}{D}\right)^{1/2}\right]\sqrt{2g\frac{\gamma_s-\gamma}{\gamma}D} \tag{5.30}$$

$$\frac{Z_{舌体}}{D}=1.23\left(\frac{H}{D}\right)^{1/3.5}\left[0.65+0.35\left(\frac{\Delta}{D}\right)^{1/2}\right]^2\frac{\gamma_s-\gamma}{\gamma} \tag{5.31}$$

式(5.31)曾经反复试验验证，在戗堤顶宽为 25m，$h_{下}\approx 9.0$m，光滑基岩条件下，用 $D=0.5$m，$\gamma_s=2.8$ 的块石从龙口宽约 80m 时进占，合龙时最终落差为 3.2m左右，在 $W/W_{\Delta}<3.0$ 条件下多次合龙(W_{Δ} 为三角形戗堤方量；W 为进占总方量)成舌时龙口宽约为 40～50m。

值得注意的是，在应用式(5.31)时，要使 $b/h_{下}\leqslant 5.0$，否则将有大量流失。

2) 换料时大块体的抗冲流速计算

不同进占方式的块体稳定边界如图 5.6 所示。d 为先期抛投已稳定的材料粒径，D 为换料后抛投材料粒径。图 5.6(a)、(b)比较可以看到，换料时块体稳定条件与连续进占时是不同的。连续进占时是 $d=D$；而换料时是 $d\neq D$。

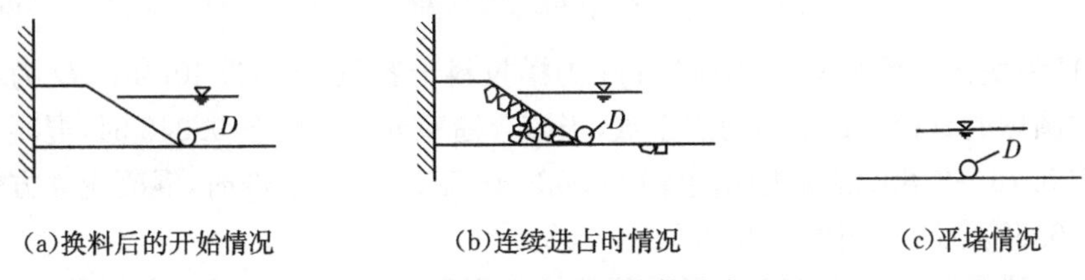

图 5.6　不同进占方式的块体稳定边界

因 $A=f\left(\frac{d}{D}\right)$，$A$ 值应随$\frac{d}{D}$变化。但为了计算简便，根据试验资料分析，取 $A=0.55$ 即能满足要求。于是得下式：

(1) 紧凑断面。

$$V_{换}=V_{止动}=\left(\frac{H}{D}\right)^{1/10}\left[0.55+0.35\left(\frac{\Delta}{D}\right)^{1/2}\right]\sqrt{2g\frac{\gamma_s-\gamma}{\gamma}D} \tag{5.32}$$

(2) 扩展断面。

$$V_{换}=V_{止动}=\left(\frac{H}{D}\right)^{1/7}\left[0.55+0.35\left(\frac{\Delta}{D}\right)^{1/2}\right]\sqrt{2g\frac{\gamma_s-\gamma}{\gamma}D} \tag{5.33}$$

式(5.32)和式(5.33)适用于只抛少量大块体(如 10～20 个)的情况。试验中观察到，连续进占时，块体的抗冲能力不受进占方式影响。如当紧凑断面开始形成冲刷面后，则不管用何种抛投方式，再也不能使戗堤保持为紧凑断面进占了，一定要形成扩展断面后才能继续进占。此时上游角进占法，也只是为了保持戗堤轴线平直，对能否进占无意义，但对换料后最先抛下去的少量大块体来讲，上游角进

占能帮助其稳定。

5.2 特殊截流料抗滑稳定性

5.2.1 混凝土块体抗滑稳定试验

人工块体大致分为两类：一类是各种形状的混凝土块体，有四面体、六面体、扭工字体、多角体、空心六面体以及其他形状预制材料等，用得较多的是四面体和六面体；另一类为利用天然石料做成的钢筋石笼、合金笼网兜等。本节重点讨论混凝土块体的稳定性问题，钢筋笼块体的抗滑稳定研究在 5.2.2 节讨论。

由于混凝土块体的稳定系数中包含的绕流系数项十分复杂，目前仅有武汉大学肖焕雄教授对立堵截流混凝土四面体的绕流系数进行过一定的研究，在实际应用中通常采取模型试验的手段，去获得各种形状混凝土块体的综合稳定系数以及稳定规律，计算公式仍采用伊兹巴什公式形式。肖焕雄得出的四面体计算公式为

$$V=K\sqrt{2g\frac{\gamma_d-\gamma}{\gamma}D} \tag{5.34}$$

式中：V 为块体入河底处平均流速；γ_d 为抛投料干容重，$\gamma_d=2.40\text{t/m}^3$；$D$ 为块体概化成圆球的直径，m；K 为稳定系数，当综合糙率 $n=0.035\sim0.045$ 时，混凝土立方体取 0.76～0.80，混凝土四面体取 0.68～0.72；当 $n\leqslant0.03$ 时，混凝土立方体取 0.57～0.59，混凝土四面体取 0.51～0.53。

长江科学院运用 1∶60 比尺局部整体模型和 1∶60 比尺断面水槽模型，对不同形状、不同质量、不同容重、河床有无覆盖层的混凝土块体稳定规律以及块体串联稳定效果进行了试验研究，分述如下。

1. 不同形状人工块体的稳定性比较

试验是在 1∶60 比尺局部整体模型上设置龙口宽 80m 条件下进行的。预先在龙口区稀疏铺放人工块体，在无落差情况下块体处于稳定状态，然后，逐步加大落差，观察块体在不同落差时的稳定和流失情况。为判别块体的抗冲能力，特定义如下标准：起动落差指个别块体被冲动并开始流失时的落差；极限落差指块体三五成群地不断被冲走，块体显然失稳时的落差。为排除偶然影响，同一试验一般重复多次。分别试验了四面体、扭工字体、多角体和空心六面体四种。块重均相当于原型块体 15t，容重 $\gamma_d=2.4\text{t/m}^3$。

试验分有、无覆盖层两种情况进行。前者是将块体放在动床砂（$d_{50}=5\text{mm}$）上；后者则是把块体放在光滑基岩面上（以水泥砂浆粉面并磨光来模拟），铺放块数及密度都相同，但都未达到相互搭接的密集程度。试验结果见表 5.4。试验表

明，有无覆盖层，四种块体的稳定特性和抗冲效果显然不同。

有覆盖层时，块体稳定主要取决于覆盖层的稳定。在同一覆盖层上四种块体的稳定情况差别不大。但块型不同，对覆盖层的适应性不同，因而最终抗冲效果仍有某些差别。四面体周围覆盖层易被带动冲走，故四面体起动最早，但因重心低，滚动几下又停下来，并易使部分埋入砂中，不会冲得很远；空心六面体虽起动慢，但起动后就成群冲向下游。所以，当超过极限落差后，空心六面体大部分冲光，多角体也冲走不少，而四面体则大部分仍留在龙口附近，扭工字体部分留在龙口附近。因此认为，有覆盖层时，四面体适应性最好，其次为扭工字体。

表 5.4　不同形状人工块体抗冲稳定性比较

<table>
<tr><th>河床情况</th><th>人工块体</th><th>起动落差/m</th><th>极限落差/m</th><th>破坏情况描述</th></tr>
<tr><td rowspan="14">有覆盖层</td><td rowspan="3">四面体</td><td>2.60</td><td>—</td><td rowspan="3">块体起动后，滚几下，又停住，部分埋在覆盖层里，故破坏后的大部分块体仍留在龙口范围</td></tr>
<tr><td>2.30</td><td>2.90</td></tr>
<tr><td>1.95</td><td>2.40</td></tr>
<tr><td rowspan="6">扭工字体</td><td>2.20</td><td>2.80</td><td rowspan="6">破坏后，块体部分留在龙口范围</td></tr>
<tr><td>2.20</td><td>2.80</td></tr>
<tr><td>2.30</td><td>2.70</td></tr>
<tr><td>2.40</td><td>2.75</td></tr>
<tr><td>2.10</td><td>2.70</td></tr>
<tr><td>—</td><td>2.80</td></tr>
<tr><td rowspan="2">多角体</td><td>—</td><td>2.70</td><td rowspan="2">—</td></tr>
<tr><td>—</td><td>2.50</td></tr>
<tr><td rowspan="3">空心六面体</td><td>2.33</td><td>3.08</td><td rowspan="3">破坏时，空心六面体框架一下几乎全部冲走，多数冲往下游很远处</td></tr>
<tr><td>2.20</td><td>2.75</td></tr>
<tr><td>2.65</td><td>3.05</td></tr>
<tr><td rowspan="8">无覆盖层</td><td rowspan="4">四面体</td><td>2.00</td><td>2.00</td><td rowspan="4">Z=2.4m 时很快破坏</td></tr>
<tr><td>1.85</td><td>2.10</td></tr>
<tr><td>1.90</td><td>—</td></tr>
<tr><td>2.00</td><td>2.40</td></tr>
<tr><td rowspan="2">扭工字体</td><td>1.50</td><td>3.30</td><td rowspan="2">Z=2.2～3.6m，块体始终三三两两地冲走，后因下游水位无法再降，未达到完全破坏</td></tr>
<tr><td>1.60</td><td>2.20～3.60</td></tr>
<tr><td>多角体</td><td>3.30</td><td>—</td><td>—</td></tr>
<tr><td>空心六面体</td><td>2.80</td><td>3.00</td><td>—</td></tr>
</table>

无覆盖层时，块体稳定主要取决于自身的形状特点，在铺放密度相同的条件

下，扭工字体和多角体较好，其极限落差达 3m 以上，而四面体较差。就单个块体抗冲能力而言，扭工字体在兼顾有无覆盖层两种情况时稳定性较好；如考虑到河床多少有些覆盖层的实际情况，则四面体适应性更好些。

2. 不同质量混凝土四面体的稳定性比较

试验在水槽中进行，试验方法与上述相同，当块体处于极限稳定状态时，测得块体落底处断面的垂线流速分布(每隔 0.5cm 测一点)，并用加权平均法求得块体高度范围内的平均流速为该块体的实际极限抗冲流速，如图 5.7 所示。

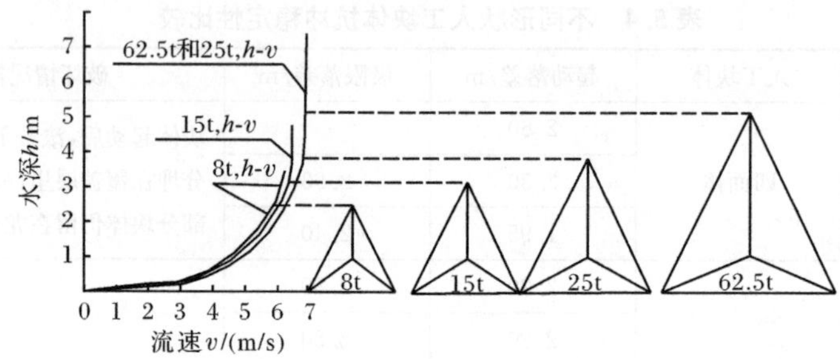

图 5.7　作用在四面体上流速比较图(3t 四面体护底情况)

同时计算了全断面的平均流速，称为河道平均流速。试验结果见表 5.5。块体抗冲流速及河道平均流速与块体质量的关系曲线如图 5.8 所示。

表 5.5　不同重量混凝土四面体的抗冲能力　(单位:m/s)

垫底材料	流速类型	8t	15t	25t	62.5t
3T 四面体	块体抗冲流速	4.73	5.20	5.62	5.83
	河道平均流速	6.13	6.25	6.4	6.4
块石垫底	块体抗冲流速	3.72	4.97	5.40	5.72
	河道平均流速	5.35	5.75	5.88	5.92
沙浆垫底	块体抗冲流速	3.88	4.39	4.72	4.84
	河道平均流速	4.53	4.87	5.08	5.08
玻璃底板	块体抗冲流速	3.53	4.13	4.37	4.71
	河道平均流速	3.99	4.42	4.56	4.70

由图 5.8(a)可见，在四种垫底材料上所做试验中，均有 15t 以下四面体的抗冲流速随块体质量增长较快，15t 以后增长较慢的趋势。块体质量超过 25t，则增长更慢。如就河道平均流速而论，如图 5.8(b)所示，该曲线亦能反映上述特点，且流速的增长更慢。在块体质量超过 25t 以后尽管质量再增大，河道平均流速也几乎没有增长。其原因如图 5.7 所示，15t 以下块体都落在近底低流速区内，承担实

际流速较小，而 25t 以上块体高度已延伸至大流速区承担流速较大。

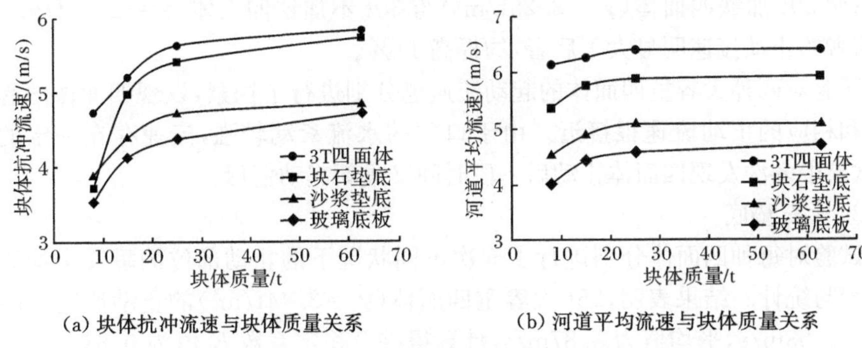

(a) 块体抗冲流速与块体质量关系　　(b) 河道平均流速与块体质量关系

图 5.8　块体抗冲流速及河道平均流速与块体质量的关系曲线

上述结论是在相应河道水深 7～13m、最大垫底材料为 3t 四面体情况下作出的，可供实际截流工程选取混凝土四面体质量时参考。需说明，上述试验均未研究块体相互搭接钳制的群体作用，只是对人工块体稳定特性作了一些更详细的探讨。

3. 不同容重混凝土四面体的稳定性比较

试验在三峡工程明渠截流 1∶50 比尺局部模型上进行，通过混凝土四面体中含不同比例铁质材料模拟大容重四面体，重点研究了以下几种规格材料的抛投稳定特性：25t 大容重四面体（$\gamma_s=3.44\text{t/m}^3$，原型边长为 3.95m，铁质材料体积占 19.26%，质量占 43.67%）、30t 大容重四面体（$\gamma_s=3.25\text{t/m}^3$，原型边长为 4.28m，铁质材料体积占 15.74%，质量占 37.78%）、30t 普通混凝土四面体（$\gamma_s=2.40\text{t/m}^3$，原型边长为 4.73m，模型为 9.46cm）。

试验分两种情况进行：一是在龙口段底板上铺设铜板（模型糙率为 0.009，换算成原型为 0.0173），使其糙率及与四面体的相对摩擦系数较小，模拟龙口段底板较为光滑的情形；二是用大石（0.7～1.30m）在戗堤范围内铺平，研究四面体在大石垫底情况下的稳定情况。

1) 光滑底板

试验对每种四面体分别进行了 12 次不同状况下的止动部位的垂线平均流速的比较与统计，结果表明，25t 大容重四面体（$\gamma_s=3.44\text{t/m}^3$）的止动流速区间为 5.97～6.63m/s，平均值为 6.35m/s，计算得综合稳定系数 K 值为 0.59；30t 大容重四面体的（$\gamma_s=3.25\text{t/m}^3$）止动流速区间为 5.91～6.52m/s，平均值为6.28m/s，计算得综合稳定系数 K 值为 0.59。30t 不加铁四面体的止动流速区间为 5.47～5.82m/s，平均值为 5.66m/s。以上结果表明，在光滑的底面上，25t 加铁四面体

($\gamma_s=3.44t/m^3$)与 30t 加铁四面体($\gamma_s=3.25t/m^3$)的止动流速接近，前者略大于后者；而 30t 加铁四面体($\gamma_s=3.25t/m^3$)与 30t 不加铁四面体($\gamma_s=2.40t/m^3$)比较，前者的止动流速明显大于后者，约提高 11%。

试验对两种大容重四面体的起动流速也分别进行了探索，发现四面体的起动流速和相应的止动流速很接近。由于口门的水流紊动较强，流速存在一定的变化，试验中多次发现四面体止动后一段时间又重新起动情形。

2) 大石垫底

试验对每种四面体分别进行了 6 次不同状况下的止动部位的垂线平均流速的比较与统计。结果表明，25t 大容重四面体($\gamma_s=3.44t/m^3$)的止动流速区间为 8.23～9.53m/s，平均值为 8.87m/s，计算得综合稳定系数 K 值为 0.83；30t 大容重四面体($\gamma_s=3.25t/m^3$)的止动流速区间在 7.86～9.42m/s，平均值为 8.64m/s，计算得综合稳定系数 K 值为 0.83；30t 不加铁四面体($\gamma_s=2.40t/m^3$)的止动流速区间在 6.54～6.88m/s，4 个样本的平均值为 6.73m/s。试验发现，在大石垫底情况下，各种四面体的止动流速和起动流速都有显著提高。25t 加铁四面体($\gamma_s=3.44t/m^3$)与 30t 加铁四面体($\gamma_s=3.25t/m^3$)的止动流速接近，前者略大于后者；而 30t 加铁四面体($\gamma_s=3.25t/m^3$)与 30t 不加铁四面体($\gamma_s=2.40t/m^3$)比较，前者的止动流速明显大于后者，约提高 28%。四面体在大石垫底情况下的起动流速和相应的止动流速接近，当四面体镶嵌在大石中时，起动较为困难，需要更大的流速方能起动。

将以上两种情况的结果进行对比可知，在大石垫底情况下，由于四面体与床面的接触面上摩擦系数增大及与垫底大石的咬合作用，使得两种大容重四面体的止动流速和起动流速较光滑底板情况都有显著提高。25t 大容重四面体($\gamma_s=3.44t/m^3$)与 30t 大容重四面体($\gamma_s=3.25t/m^3$)的止动流速接近，综合稳定系数相同，大石垫底情况的综合稳定系数是光滑底板情况的 1.4 倍。

4. 混凝土四面体串体稳定效果研究

1) 床面上的稳定性比较

采用上面的模型和试验方法，比较 15t 四面体两个一串(中间连一段线索)、三个一捆(紧密捆在一起)和单个的抗冲效果。试验比较了有无覆盖层两种情况。试验结果见表 5.6。

试验表明，在无覆盖层时，串联块体的起动落差和极限落差均高于单个块体，因此，串联比不串联稳定性要好。三个捆成整体比串而不紧更好些。在有覆盖层时，未发现串联有助于稳定的现象。另外，在 1∶60 断面水槽做过 3t 四面体 3 个一串、5 个一串或 7 个一串与单个四面体的抗冲稳定比较试验，结果同样未发现串联的明显好处，其原因可能是当块体受力情况相同，都处在极限平衡状态时，串而不紧，不仅不能改善或推迟单个块体的起动，相反，动一个就牵动另一个(或另几个)失稳，反而增加了被牵动概率，破坏得更快更彻底些。自然这不包括几个捆成整体的情况，这相当于增加了单个块重，其抗冲能力肯定加大。

表 5.6　不同串体抗冲稳定性比较

覆盖情况	块　型	起动落差/m	极限落差/m
无覆盖层 (200 个四面体)	两个一串	3.70	3.90
		3.20	3.70
		—	3.50
	三个一捆	3.40～3.70	3.40～3.70
	单　个	2.40	3.10
		2.30	2.60
		—	2.80
有覆盖层 (140 个四面体)	两个一串	2.60	3.05
		2.40	2.50
		—	2.70
	单　个	2.60	—
		2.30	2.90
		1.95	2.40

2) 戗堤上挑角抛投串体时的稳定性比较

肖焕雄教授研究表明：

(1) 按图 5.9 的试验条件，上挑角采取串体中心与单体同方位抛投，串体的稳定性优于单体，综合稳定系数随串联块体个数的增加而增加。

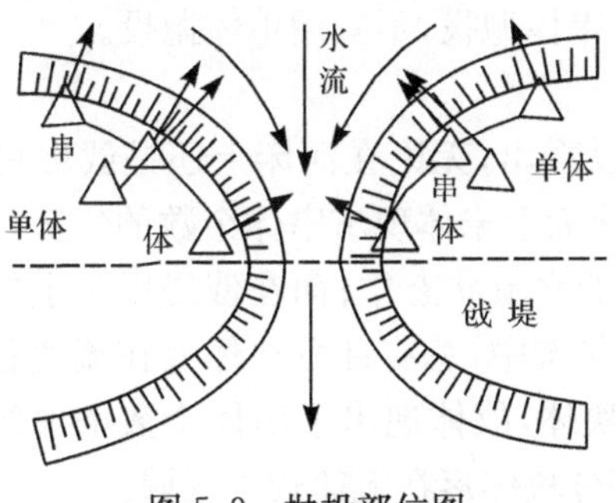

图 5.9　抛投部位图

(2) 无论是串体还是单体，块石的稳定性优于混凝土四面体，其主要原因在于容重和形状不同，两者综合效果使块石所受阻力小，沉速快，可较快抵达河床底低流速区并受到壁摩阻，动水作用历时短，故稳定性大。

(3) 起动稳定系数随串数的增加而增大的幅度比止动稳定系数显著，后者增长平缓，见表5.7。

表5.7　综合稳定系数

抛投材料	串联个数	K_{SN}	K_T上挑角67°		K_T上挑角45°	
		n=0.03	n=0.064		n=0.064	
		平均值	数理统计值	平均值	数理统计值	平均值
混凝土四面体	单块	0.623	0.707～0.817	0.744	0.667～0.735	0.700
	2个一串	0.855	0.710～0.860	0.767	0.682～0.777	0.730
	3个一串	1.120	0.760～0.870	0.798	0.726～0.809	0.770
	4个一串	>1.120	0.793～0.900	0.829	0.785～0.843	0.810
天然块石	单块	0.736	0.730～0.800	0.753	0.725～0.712	0.720
	2个一串	0.926	0.750～0.850	0.789	0.755～0.775	0.760
	3个一串	1.220	0.767～0.878	0.814	0.786～0.791	0.790
	4个一串	>1.12	0.790～0.900	0.829	0.785～0.840	0.810

其原因在于止动过程中有惯性力作用，在抛体做减变速止动过程中，惯性与加速度(减变速为负)反向而与流向一致，重量越大，惯性力也越大，削减了有效重量，因而稳定性提高的趋势较平缓。起动试验块体处于静止状态没有惯性力作用。

(4) 用串体削减单个体的质量 ΔG_m 随抗冲流速非线性变化，如图5.10阴影线段所示。

当龙口流速为3m/s时用串体最多只削减 ΔG_m=0.2t，而当流速为4m/s时，$\Delta G_m\approx$1.5t；当流速为5m/s时，$\Delta G_m\approx$4t；当流速为6m/s时，$\Delta G_m\approx$11t；当流速为7m/s时，$\Delta G_m\approx$29t。可以认为当龙口流速大于5m/s之后应用串体效果较好，6～7m/s以上应尽可能多用串体抛投，不宜用单体抛投。

3) 串体稳定性分析

由以上试验研究可以看出，无论在河床上还是戗堤堤头上挑角抛投，串体均比单体的稳定性好。在床面上未体现出串体个数的优势，其原因是串体中的每一个块体均处在几乎相同的水流状态中；而在戗堤堤头上挑角抛投，串体中的每个块体则处在不同的水流状态中，总有部分块体处在流速相对较小的区域，这部分块体的稳定牵制了其他块体，故体现出了串体个数增加的优势。因此，在实际截流中，应确保串体中有部分块体落在流速较小区域。

5.2.2　六面体钢筋笼稳定性试验

钢筋笼将现场易于获得的天然中小石料装在一起构成整体，增大了单个块体的质量，并具有透水性特点，其抗冲能力明显高于现场一般石料，在截流工程、护

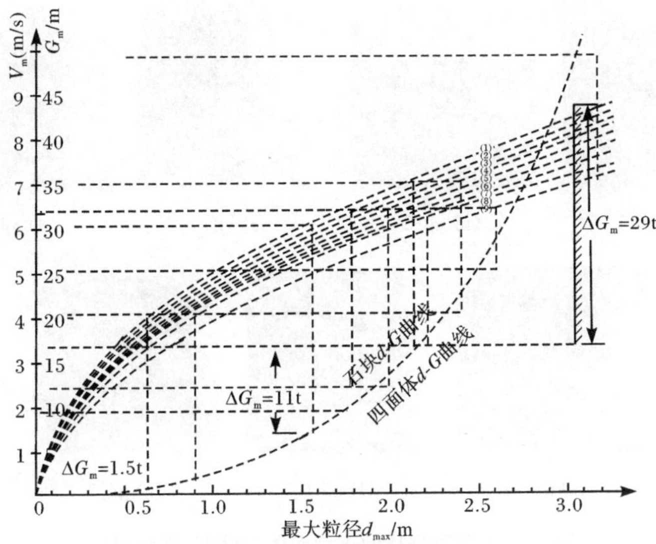

图 5.10　不同单体与串体止动抗冲稳定 d-V 和 d-G 曲线

(1)块石 4 个一串；(2)块石 3 个一串；(3)块石 2 个一串；
(4)四面体 4 个一串；(5)块石单个一串；(6)四面体 3 个一串；
(7)四面体 2 个一串；(8)四面体单个；(9)某大型截流单个四面体设计曲线

岸工程中广泛应用。但到目前为止，未见有关钢筋笼稳定性的研究成果。因此，该研究具有较大的实用价值和学术价值。

试验在前述的 1∶60 比尺水槽中进行，对不同质量、不同形状的六面体钢筋笼在不同糙度基面上的稳定性进行了试验研究。

1. 不同质量的正六面体钢筋笼稳定性比较

试验比较了不同尺度的正六面体钢筋笼，钢筋笼整体容重均采用 2.0t/m^3。具体规格见表 5.8(gjl-钢筋笼)，钢筋笼模型如图 5.11 所示。

表 5.8　正六面体钢筋笼规格

编号	原型边长/m	模型边长/cm	原型体积/m^3	容重/(t/m^3)	原型质量/t	模型配重/g
gjl-1	1.00	1.67	1.00	2.00	2.00	9.3
gjl-2	1.25	2.08	1.95	2.00	3.91	18.1
gjl-3	1.50	2.50	3.38	2.00	6.75	31.3
gjl-4	1.75	2.92	5.36	2.00	10.72	49.6
gjl-5	2.00	3.33	8.00	2.00	16.00	74.1
gjl-6	2.25	3.75	11.39	2.00	22.78	105.5
gjl-7	2.50	4.17	15.63	2.00	31.25	144.7

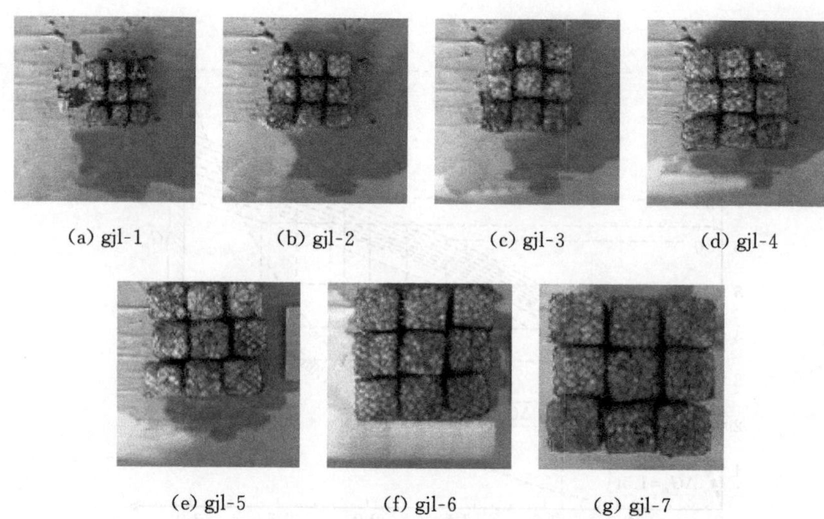

(a) gjl-1　(b) gjl-2　(c) gjl-3　(d) gjl-4

(e) gjl-5　(f) gjl-6　(g) gjl-7

图 5.11　各种规格的正六面体钢筋笼(见彩图)

止动试验程序:各级流量下,保持流量不变,通过尾门调节下游水位,在试验段抛投试验块体,如稳定,微调下游水位,直至抛投块体部分流失、部分滑动一段又能稳定下来为止。测量试验段水深及垂线流速分布。

起动试验程序:各级流量下,保持流量不变。预先将试验块体放置在试验段底板上,通过尾门调节下游水位,直至预置开始滑动,且滑动速度较慢,且部分块体滑动一段又能稳定下来为止。测量试验段水深及垂线流速分布。

试验进行了 Q=50L/s、75L/s、100L/s 三级流量的不同尺度材料止动和起动的观测。

1) 光滑水泥面时

止动稳定系数和起动稳定系数 K 值计算见表 5.9。

表 5.9　不同质量的正六面体钢筋笼稳定系数计算(光滑水泥面)

工况	编号	原型质量/t	概化直径/m	r	原型 H/m		原型 V/(m/s)		K	
					止动	起动	止动	起动	止动	起动
Q_m=50L/s	gjl-1	2.00	1.24	2.00	16.68	11.52	2.79	4.03	0.56	0.82
	gjl-2	3.91	1.55	2.00	15.18	10.80	3.06	4.30	0.56	0.78
	gjl-3	6.75	1.86	2.00	13.44	9.78	3.46	4.75	0.57	0.79
	gjl-4	10.72	2.17	2.00	12.90	9.60	3.60	4.84	0.55	0.74
	gjl-5	16.00	2.48	2.00	12.72	9.00	3.65	5.16	0.52	0.74
	gjl-6	22.78	2.79	2.00	12.00	8.52	3.87	5.45	0.52	0.74
	gjl-7	31.25	3.10	2.00	10.20	8.40	4.56	5.53	0.58	0.71

续表

工况	编号	原型质量/t	概化直径/m	r	原型 H/m		原型 V/(m/s)		K	
					止动	起动	止动	起动	止动	起动
Q_m=75L/s	gjl-1	2.00	1.24	2.00	19.20	13.80	3.63	5.05	0.74	1.02
	gil-2	3.91	1.55	2.00	18.72	13.50	3.72	5.16	0.68	0.94
	gjl-3	6.75	1.86	2.00	18.18	13.20	3.83	5.28	0.63	0.87
	gjl-4	10.72	2.17	2.00	17.52	12.90	3.98	5.40	0.61	0.83
	gjl-5	16.00	2.48	2.00	16.80	12.66	4.15	5.51	0.60	0.79
	gjl-6	22.78	2.79	2.00	16.68	12.48	4.18	5.59	0.56	0.75
	gjl-7	31.25	3.10	2.00	16.02	11.70	4.35	5.96	0.56	0.76

表中 K 值根据伊兹巴什公式计算，粒径 d 取钢筋笼体积概化成球体的直径，流速采用止动或起动部位的断面平均流速，钢筋笼容重取 2.0t/m^3。

光滑水泥面上的正六面体钢筋笼试验表明，止动稳定系数 K 值范围为0.52～0.74，平均值为 0.59；起动稳定系数 K 值范围为 0.71～1.02，平均值为 0.81。起动稳定系数平均值约为止动稳定系数平均值的 1.37 倍。

临界止动流速和临界起动流速均随块体质量增加而增大，而止动稳定系数和起动稳定系数平均有随块体质量增大而减小趋势。

2）用粒径 0.3m 石料垫底时

试验方法同上，垫底时的临界止动稳定系数和起动稳定系数计算见表 5.10。在粒径 0.3m 石料垫底时正六面体钢筋笼的试验表明，其止动稳定系数 K 值范围为 0.62～0.95，平均值为 0.75，有随块体质量增加而减小趋势；其起动稳定系数 K 值范围为 0.89～1.18，平均值为 1.00。水槽里的流速分布并非完全的矩形分布，块体较小时水深较大，流速分布影响增大，因底部流速小于平均流速，加上 Δ/D 增大，使得较小块体具有更大的稳定系数。起动流速平均值约为止动流速平均值的 1.33 倍。

其临界止动流速随块体质量变化不明显，而临界起动流速在块体质量大于 6.75t后有随块体质量增加而增大的趋势。

表 5.10　不同质量的正六面体钢筋笼稳定系数计算（垫底，Q_m=100L/s）

编号	原型质量/t	概化直径/m	r	原型 H/m		原型 V/(m/s)		K	
				止动	起动	止动	起动	止动	起动
gjl-1	2.00	1.24	2.00	19.86	15.90	4.68	5.85	0.95	1.18
gjl-2	3.91	1.55	2.00	20.52	15.90	4.53	5.85	0.82	1.06
gjl-3	6.75	1.86	2.00	19.38	15.18	4.80	6.12	0.79	1.01

续表

编号	原型质量/t	概化直径/m	r	原型 H/m		原型 V/(m/s)		K	
				止动	起动	止动	起动	止动	起动
gjl-4	10.72	2.17	2.00	19.86	14.70	4.68	6.32	0.72	0.97
gjl-5	16.00	2.48	2.00	19.32	14.28	4.81	6.51	0.69	0.93
gjl-6	22.78	2.79	2.00	19.50	13.56	4.77	6.85	0.64	0.93
gjl-7	31.25	3.10	2.00	19.20	13.38	4.84	6.95	0.62	0.89

2. 不同形状六面体钢筋笼稳定性比较

试验选择原型质量16t的正六面体作为比较对象，保持体积和质量与16t正六面体一致。考虑了两种方式的体型变化。

令六面体钢筋笼的长、宽、高分别为a,b,c，$a=b=c$为正六面体钢筋笼，$a>b>c$为条形钢筋笼，$a=b>c$为扁钢筋笼。扁度系数$\lambda=\sqrt{ab}/c$。

条形钢筋笼规格见表5.11(gb-条形钢筋笼)，模型备制材料如图5.12所示。gb-1同gjl-5。

表5.11　条形钢筋笼规格参数

编号		长轴		中轴		短轴		原型体积/m^3	原型质量/t	模型配重/g
		原型/m	模型/cm	原型/m	模型/cm	原型/m	模型/cm			
条形钢丝笼	gb-1	2.00	3.33	2.00	3.33	2.00	3.33	8.00	16.00	74.1
	gb-2	2.29	3.81	2.00	3.33	1.75	2.92	8.00	16.00	74.1
	gb-3	2.67	4.44	2.00	3.33	1.50	2.50	8.00	16.00	74.1
	gb-4	3.20	5.33	2.00	3.33	1.25	2.08	8.00	16.00	74.1
	gb-5	4.00	6.67	2.00	3.33	1.00	1.67	8.00	16.00	74.1

(a) gb-2

(b) gb-3

(c) gb-4

(d) gb-5

图5.12　各种规格的条形钢筋笼(见彩图)

扁钢筋笼规格见表5.12(gb′-扁六面体钢筋笼)，模型备制材料如图5.13所示。gb′-1同gjl-5。

表 5.12　扁六面体钢筋笼规格

编号		长轴		中轴		短轴		原型体积/m^3	原型质量/t	模型配重/g
		原型/m	模型/cm	原型/m	模型/cm	原型/m	模型/cm			
扁钢筋笼	gb′-1	2.00	3.33	2.00	3.33	2.00	3.33	8.00	16.00	74.1
	gb′-2	2.14	3.56	2.14	3.56	1.75	2.92	8.00	16.00	74.1
	gb′-3	2.31	3.85	2.31	3.85	1.50	2.50	8.00	16.00	74.1
	gb′-4	2.53	4.22	2.53	4.22	1.25	2.08	8.00	16.00	74.1
	gb′-5	2.83	4.71	2.83	4.71	1.00	1.67	8.00	16.00	74.1

(a) gb′-2

(b) gb′-3

(c) gb′-4

(d) gb′-5

图 5.13　各种规格的扁钢筋笼(见彩图)

1) 条形钢筋笼试验

试验在光滑水泥底板上进行了 Q_m = 50L/s、100L/s 两级流量试验，对不同扁度系数 λ 的条形钢筋笼的止动和起动进行了观测。止动稳定系数及起动稳定系数 K 值计算见表 5.13。

表 5.13　条形钢筋笼稳定系数计算

工况	编号	抛投方向	扁度系数 λ	概化直径/m	r	原型 H/cm		原型 V/(m/s)		K'		K(引入扁度)	
						止动	起动	止动	起动	止动	起动	止动	起动
Q_m= 50L/s	gb-1	—	1.00	2.48	2.00	12.72	9.00	3.65	5.16	0.52	0.74	0.52	0.74
	gb-4	横	1.54	2.48	2.00	10.20	7.74	4.56	6.00	0.65	0.86	0.53	0.75
		直	1.54	2.48	2.00	10.20	5.88	4.56	7.90	0.65	1.13	0.53	0.98
	gb-3	横	2.03	2.48	2.00	9.48	8.58	4.90	5.42	0.70	0.78	0.49	0.62
		直	2.03	2.48	2.00	9.48	7.56	4.90	6.15	0.70	0.88	0.49	0.70
	gb-2	横	2.82	2.48	2.00	8.88	8.22	5.23	5.65	0.75	0.81	0.45	0.58
		直	2.82	2.48	2.00	8.88	7.08	5.23	6.56	0.75	0.94	0.45	0.67

续表

工况	编号	抛投方向	扁度系数λ	概化直径/m	r	原型 H/cm		原型 V/(m/s)		K'		K(引入扁度)	
						止动	起动	止动	起动	止动	起动	止动	起动
Q_m=100L/s	gb-1	—	1.00	2.48	2.00	22.62	16.98	4.11	5.47	0.59	0.78	0.59	0.78
	gb-2	横	1.22	2.48	2.00	19.86	15.48	4.68	6.00	0.67	0.86	0.61	0.81
		直	1.22	2.48	2.00	19.86	15.00	4.68	6.20	0.67	0.89	0.61	0.83
	gb-3	横	1.54	2.48	2.00	18.72	15.96	4.97	5.82	0.71	0.84	0.57	0.72
		直	1.54	2.48	2.00	18.72	15.48	4.97	6.00	0.71	0.86	0.57	0.75
	gb-4	横	2.03	2.48	2.00	18.24	16.08	5.10	5.78	0.73	0.83	0.51	0.66
		直	2.03	2.48	2.00	18.24	14.76	5.10	6.30	0.73	0.90	0.51	0.72
	gb-5	横	2.82	2.48	2.00	17.82	16.44	5.22	5.65	0.75	0.81	0.45	0.58
		直	2.82	2.48	2.00	17.82	11.52	5.22	8.07	0.75	1.16	0.45	0.82

试验结果表明：

止动稳定系数 K 值与抛投方式无关，无论长轴垂直流向抛投还是顺流向抛投，块体入水后，均能自然变成长轴顺流向落到底板。止动稳定系数 K 值随扁度系数增大而增大，平均值为 0.69；临界止动流速也随扁度增大而增大。

起动稳定系数 K 值则与摆放的方式有关。长轴顺流向放置的稳定性明显高于垂直于流向放置时的稳定性，顺流向 K 值平均值为 0.97，垂直流向 K 值平均值为 0.71。起动稳定系数 K 值顺流向随扁度系数变化差异不显著，而垂直流向时则有随扁度增大而减小趋势，临时起动流速随扁度系数的增加而增大。

2) 扁六面体钢筋笼试验研究

(1) 光滑水泥底板。进行了 Q_m=70L/s、100L/s 两级流量试验，对不同扁度系数的扁钢筋笼的止动和起动进行了观测。止动、起动稳定系数 K 值计算见表 5.14。

表 5.14　扁钢筋笼稳定系数计算

工况	编号	扁度系数λ	概化直径/cm	r	H/cm		V/(m/s)		K		K(引入扁度)	
					止动	起动	止动	起动	止动	起动	止动	起动
Q_m=75L/s	gb′-1	1.00	2.48	2.00	16.80	12.66	4.15	5.51	0.60	0.79	0.60	0.79
	gb′-2	1.22	2.48	2.00	15.00	12.48	4.65	5.59	0.67	0.80	0.60	0.75
	gb′-3	1.54	2.48	2.00	13.38	11.40	5.21	6.12	0.75	0.88	0.60	0.76
	gb′-4	2.03	2.48	2.00	11.70	10.56	5.96	6.60	0.85	0.95	0.60	0.75
	gb′-5	2.82	2.48	2.00	10.20	9.12	6.83	7.64	0.98	1.10	0.58	0.78

续表

工况	编号	扁度系数λ	概化直径/cm	r	H/cm		V/(m/s)		K		K(引入扁度)	
					止动	起动	止动	起动	止动	起动	止动	起动
Q_m=100L/s	gb′-1	1.00	2.48	2.00	22.62	16.98	4.11	5.47	0.59	0.78	0.59	0.78
	gb′-2	1.22	2.48	2.00	19.50	16.26	4.77	5.72	0.68	0.82	0.62	0.77
	gb′-3	1.54	2.48	2.00	17.70	15.42	5.25	6.03	0.75	0.86	0.61	0.75
	gb′-4	2.03	2.48	2.00	15.60	13.80	5.96	6.74	0.85	0.97	0.60	0.76
	gb′-5	2.82	2.48	2.00	13.98	12.36	6.65	7.52	0.95	1.08	0.57	0.76

光滑水泥底板上的扁钢筋笼稳定试验结果表明：

① 止动稳定系数 K 值及起动稳定系数 K 值均随扁度系数增大而增大，临界止动流速及临界起动流速也均随扁度系数增大而增大。

② 止动稳定系数 K 值范围为 0.60～0.95，平均值为 0.77；起动稳定系数 K 值范围为 0.79～1.08，平均值为 0.90。

(2) 用粒径 0.3m 石料垫底试验。试验结果见表 5.15。

表 5.15　扁钢筋笼稳定系数计算(垫底时)

工况	编号	扁度系数λ	概化直径/cm	r	H/cm		V/(m/s)		K		K(引入扁度)	
					止动	起动	止动	起动	止动	起动	止动	起动
Q_m=100L/s	gb′-1	1.00	2.48	2.00	19.32	14.28	4.81	6.51	0.69	0.93	0.69	0.93
	gb′-2	1.22	2.48	2.00	17.10	13.38	5.44	6.95	0.78	1.00	0.71	0.93
	gb′-3	1.54	2.48	2.00	15.12	12.60	6.15	7.38	0.88	1.06	0.71	0.92
	gb′-4	2.03	2.48	2.00	13.92	11.40	6.68	8.15	0.96	1.17	0.67	0.92
	gb′-5	2.82	2.48	2.00	11.70	10.38	7.94	8.95	1.14	1.28	0.68	0.91

粒径 0.3m 石料垫底时的扁钢筋笼稳定试验结果表明：

① 止动稳定系数 K 值及起动稳定系数 K 值均随扁度系数增大而增大，临界止动流速及临界起动流速也均随扁度增大而增大。

② 止动稳定系数 K 值范围为 0.69～1.14，平均值为 0.87；起动稳定系数 K 值范围为 0.93～1.28，平均值为 1.09。起动稳定系数 K 值平均值约为止动稳定系数 K 值平均值的 1.25 倍。

3. 六面体钢筋笼的稳定计算公式拟合及验证

拟合思路是在伊兹巴什公式形式基础上，将稳定系数 K 进行分解，考虑钢筋笼的形状要素。具体步骤：依据试验结果，先得出正六面体钢筋笼的稳定系数 K；再以此为基础，引入扁度系数 λ 对稳定系数 K 进行修正(正六面体扁度系数为 1)，将钢筋笼的形状要素考虑进来，即得到光滑面上的钢筋笼稳定计算公式；最后进行验证。

1) 正六面体钢筋笼的稳定系数

由试验可知，正六面体钢筋笼在光滑水泥底板时的止动稳定系数平均值为 0.59；起动稳定系数平均值为 0.81。依据伊兹巴什公式，得

止动：

$$V=0.59\sqrt{2g\frac{\gamma_s-\gamma}{\gamma}D} \tag{5.35}$$

起动：

$$V=0.81\sqrt{2g\frac{\gamma_s-\gamma}{\gamma}D} \tag{5.36}$$

2) 扁度系数 λ 的引入

扁度系数 $\lambda=\sqrt{ab}/c$，a、b 为长、中轴长度，c 为短轴长度。

在泥沙起动流速公式中，通常采用 λ 的指数形式对卵石起动流速进行修正，指数通常取 1/3～1/2，韩其为取 0.45。

依据试验结果，将前述不同形状六面体钢筋笼稳定试验中得出的各工况正六面体的稳定系数平均值作为拟合标准进行拟合。

止动流速计算时，将各种扁度钢筋笼的止动稳定系数除以 $\lambda^{1/2}$，再进行平均，得出的稳定系数平均值与正六面体稳定系数基本吻合。因此，光滑面上的钢筋笼止动流速计算公式可写为

$$V=0.59\sqrt{2g\frac{\gamma_s-\gamma}{\gamma}D\lambda} \tag{5.37}$$

起动流速计算时，将各种扁度钢筋笼的起动稳定系数除以 $\lambda^{1/3}$，再进行平均，得出的稳定系数平均值与正六面体起动稳定系数基本吻合。因此，光滑面上的钢筋笼起动流速计算公式可写为

$$V=0.81\lambda^{1/3}\sqrt{2g\frac{\gamma_s-\gamma}{\gamma}D} \tag{5.38}$$

3)相对糙率 Δ/D 的引入

引用块体稳定实用计算公式形式 $V_d=\left[A+B\left(\frac{\Delta}{D}\right)\right]^{1/2}\sqrt{2g\frac{\gamma_s-\gamma}{\gamma}D}$，将糙度影响考虑进来。依据试验数据对 A、B 值进行初步拟合。

① 相对糙度 Δ/D 的确定。

光滑水泥底板时，模型采用纯水泥收光表面，依据水力学教科书，其 $\Delta=0.00025\sim0.00125$mm，取平均值 0.00075mm，原型 $\Delta=0.045$m。16t 钢筋笼的化引直径 $D=2.48$m，$\Delta/D=0.018$。

粒径 0.3m 石料垫底时，$\Delta=D=0.3\text{m}$，16t 钢筋笼的化引直径粒径 2.48m，$\Delta/D=0.121$。

② 拟合标准。

取正六面体钢筋笼的稳定系数平均值为标准。

光滑水泥底板时相应的止动稳定系数平均值为 0.58；起动稳定系数平均值为 0.77；粒径 0.3m 石料垫底时相应的止动稳定系数平均值为 0.69；起动稳定系数平均值为 0.93。

③ A、B 值的拟合。

止动计算时取 $A=0.53$，$B=0.47$，得光滑水泥面时 $K=0.59$，粒径 0.3m 垫底时 $K=0.69$，与试验基本吻合。

起动计算时取 $A=0.65$，$B=0.80$，得光滑水泥面时 $K=0.76$，粒径 0.3m 垫底时 $K=0.93$，与试验吻合。

4) 公式的完整形式

止动：

$$V=\left[0.53+0.47\left(\frac{\Delta}{D}\right)^{1/2}\right]\sqrt{2g\frac{\gamma_s-\gamma}{\gamma}D\lambda} \tag{5.39}$$

起动：

$$V=\left[0.65+0.80\left(\frac{\Delta}{D}\right)^{1/2}\right]\lambda^{1/3}\sqrt{2g\frac{\gamma_s-\gamma}{\gamma}D} \tag{5.40}$$

5) 光滑水泥底板时的验证

利用式(5.39)及式(5.40)，对表 5.14 中扁六面体钢筋笼的抗冲流速予以验证。计算见表 5.16。依据公式计算的流速 $V_{计算}$ 与扁度系数 λ 关系曲线和试验值与扁度系数 λ 关系曲线对比如图 5.14 和图 5.15 所示。由图表可知，拟合的公式计算值与试验值基本吻合，各种块体的起动流速与起动流速平均值与计算值的误差很小。

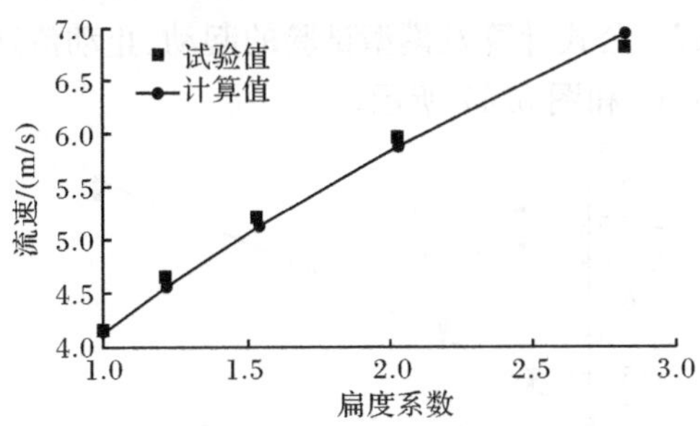

图 5.14　止动流速计算值与试验值比较(光滑面)

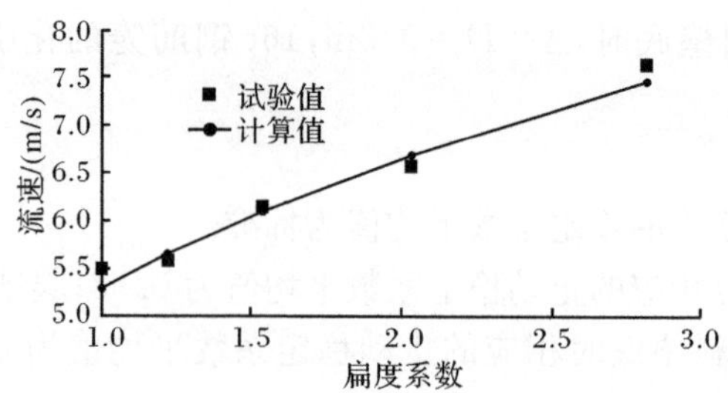

图 5.15 起动流速计算值与试验值比较(光滑面)

表 5.16 扁钢筋笼抗冲流速计算值与试验值比较(光滑水泥底板)

工况	编号	扁度系数λ	概化直径/cm	r	H/cm		$V_{试验}$/(m/s)		$V_{计算}$/(m/s)		误差/(m/s)	
					止动	起动	止动	起动	止动	起动	止动	起动
Q_m=75L/s	gb-1′	1.00	2.48	2.00	16.80	12.66	4.15	5.51	4.14	5.29	−0.01	−0.22
	gb-2′	1.22	2.48	2.00	13.62	11.40	4.65	5.59	4.57	5.65	−0.08	0.06
	gb-3′	1.54	2.48	2.00	12.24	11.40	5.21	6.12	5.14	6.10	−0.07	−0.01
	gb-4′	2.03	2.48	2.00	11.40	11.34	5.96	6.60	5.90	6.69	−0.06	0.09
	gb-5′	2.82	2.48	2.00	10.80	10.74	6.83	7.64	6.95	7.47	0.12	−0.18
Q_m=100L/s	gb-1′	1.00	2.48	2.00	22.62	16.98	4.11	5.47	4.14	5.29	0.03	−0.19
	gb-2′	1.22	2.48	2.00	18.00	16.26	4.77	5.72	4.57	5.65	−0.20	−0.07
	gb-3′	1.54	2.48	2.00	16.80	16.08	5.25	6.03	5.14	6.10	−0.12	0.08
	gb-4′	2.03	2.48	2.00	15.60	15.24	5.96	6.74	5.90	6.69	−0.06	−0.04
	gb-5′	2.82	2.48	2.00	13.98	13.74	6.65	7.52	6.95	7.47	0.30	−0.05
平均值	—	—	—	—	—	—	5.35	6.29	5.34	6.24	−0.02	−0.05

6) 粒径 0.3m 石料垫底时的验证

利用式(5.39)及式(5.40),对表 5.15 中的扁六面体钢筋笼的抗冲流速予以验证。计算见表 5.17。公式计算及模型试验的起动、止动流速 V 与扁度系数 λ 的关系曲线对比如图 5.16 和图 5.17 所示。

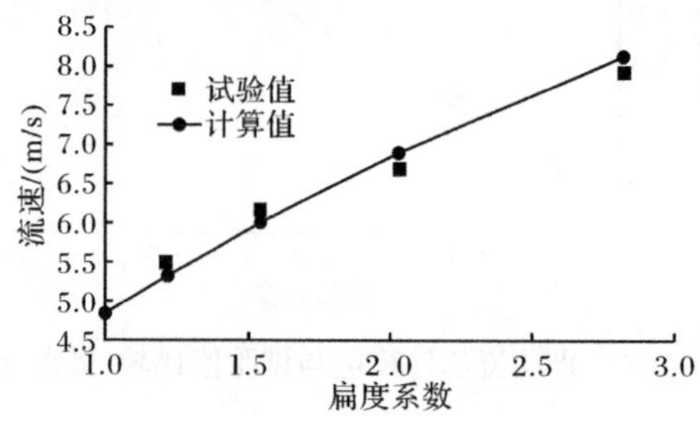

图 5.16 止动流速计算值与试验值比较(垫底)

表 5.17　扁钢筋笼抗冲流速计算值与试验值比较(D=0.3m,石料垫底)

工况	编号	扁度系数λ	概化直径/cm	r	H/cm		$V_{试验}$/(m/s)		$V_{计算}$/(m/s)		误差/(m/s)	
					止动	起动	止动	起动	止动	起动	止动	起动
Q_m=100L/s	gb-1′	1.00	2.48	2.00	19.32	14.28	4.81	6.51	4.84	6.47	0.03	−0.04
	gb-2′	1.22	2.48	2.00	17.10	13.38	5.44	6.95	5.34	6.92	−0.10	−0.03
	gb-3′	1.54	2.48	2.00	15.12	12.60	6.15	7.38	6.00	7.48	−0.15	0.10
	gb-4′	2.03	2.48	2.00	13.92	11.40	6.68	8.15	6.89	8.20	0.21	0.04
	gb-5′	2.82	2.48	2.00	11.70	10.38	7.94	8.95	8.12	9.15	0.18	0.19
平均值	—	—	—	—	—	—	6.20	7.59	6.24	7.64	0.03	0.05

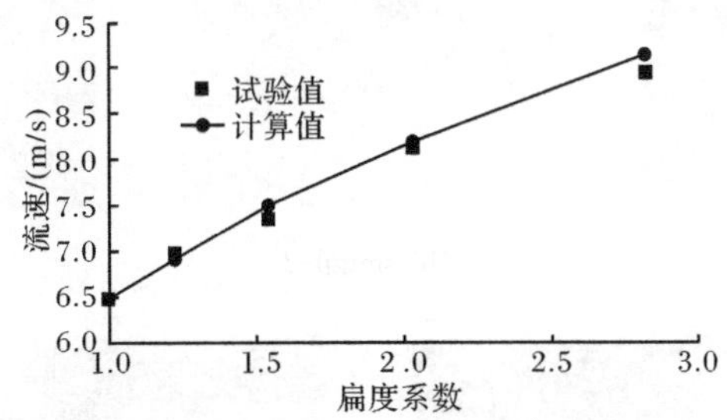

图 5.17　起动流速计算值与试验值比较(垫底)

由图表可知,在垫底时,拟合公式的计算值也与试验值基本吻合,各种块体的起动流速与止动流速平均值与计算值的误差很小。

5.2.3　四面体钢筋笼稳定性试验

四面体重心较低,在结构上易于稳定;钢筋笼具有透水,可充分利用当地石材增大单体尺度等特性;将二者结合起来,构成四面体钢筋笼,以图能形成稳定性较好且经济实用的新型截流块体。

通过水槽试验,重点比较相同重量的四面体钢筋笼和正六面体钢筋笼的止动和起动稳定性能差异;比较不同尺度四面体钢筋笼在光滑水泥面上、D=0.30m 石料垫底时的稳定系数 K 值及临界止动、起动流速的变化规律,论证四面体钢筋笼在截流过程中优越的稳定特性。

试验在 1∶60 比尺水槽进行。加工备制了 5 种质量的块体,模拟了原型重 6.75t、10.72t、16.00t、22.78t、31.25t 的 5 种四面体钢筋笼(smtgjl),分别与正六面体钢筋笼 gjl-3～gjl-7 对应,钢筋笼整体容重均采用 2.0t/m^3,其具体规格见表 5.18。模型备制材料如图 5.18 所示。

表 5.18　四面体钢筋笼规格

编号	容重/(t/m³)	体积/m³	质量/t	原型边长/m	模型边长/cm	模型配重/g
smtgjl-1	2.00	3.38	6.75	3.06	5.10	31.3
smtgjl-2	2.00	5.36	10.72	3.57	5.95	49.6
smtgjl-3	2.00	8.00	16.00	4.08	6.80	74.1
smtgjl-4	2.00	11.39	22.78	4.59	7.65	105.5
smtgjl-5	2.00	15.63	31.25	5.10	8.50	144.7

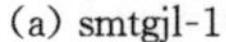

(a) smtgjl-1

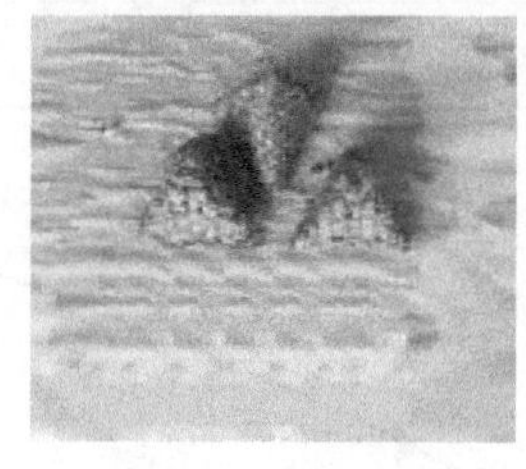

(b) smtgjl-2

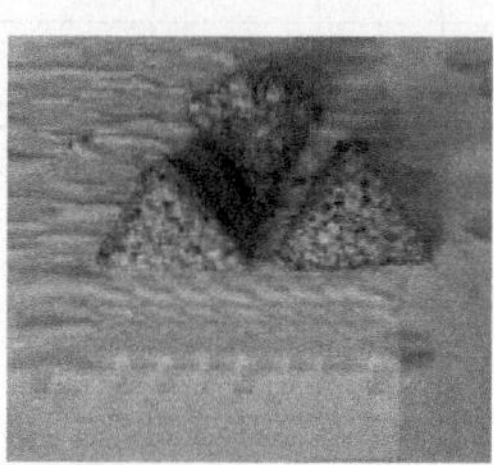

(c) smtgjl-3

(d) smtgjl-4

(e) smtgjl-5

图 5.18　各种规格的四面体钢筋笼(见彩图)

1. 光滑水泥面情况

试验进行了 75L/s、100L/s 两级流量试验,观测计算了各种规格的临界止动流速和起动流速系数 K 值,见表 5.19。

光滑水泥面上的四面体钢筋笼试验表明:

(1) 止动稳定系数 K 值范围为 0.56～0.87,平均值为 0.71(对应 5 组的正六面体平均值为 0.57);起动稳定系数 K 值范围为 0.58～0.90,平均值为 0.76(对应 5 组的正六面体平均值为 0.77)。

(2) 临界止动流速和临界起动流速均随块体质量增加而增大,而止动稳定系数和起动稳定系数均随块体质量增大而减小。

(3) 对于截流抛投止动，四面体钢筋笼的稳定性明显高于正六面体，而对于护底起动，两者稳定性相差不大。

表 5.19　四面体钢筋笼临界止动流速和起动流速稳定系数 *K* 值(光滑水泥面)

工况	编号	原型质量 /t	概化直径 /cm	r /(t/m^3)	H/cm		V/(m/s)		K(稳定系数)	
					止动	起动	止动	起动	止动	起动
Q_m=75L/s	smtgjl-1	6.75	1.86	2.00	16.14	14.88	4.32	4.69	0.71	0.78
	smtgjl-2	10.72	2.17	2.00	14.22	13.74	4.90	5.07	0.75	0.78
	smtgjl-3	16.00	2.48	2.00	14.46	12.72	4.82	5.48	0.69	0.79
	smtgjl-4	22.78	2.79	2.00	13.56	12.60	5.14	5.53	0.69	0.75
	smtgjl-5	31.25	3.10	2.00	13.14	11.46	5.31	6.08	0.68	0.78
Q_m=100L/s	smtgjl-1	6.75	1.86	2.00	21.24	20.64	4.38	4.50	0.72	0.75
	smtgjl-2	10.72	2.17	2.00	19.68	18.00	4.72	5.16	0.72	0.79
	smtgjl-3	16.00	2.48	2.00	19.26	17.34	4.83	5.36	0.69	0.77
	smtgjl-4	22.78	2.79	2.00	18.48	17.28	5.03	5.38	0.68	0.73
	smtgjl-5	31.25	3.10	2.00	17.64	17.04	5.27	5.45	0.68	0.70

2. *石料垫底情况*

试验流量为 100L/s，在 D=0.3m 石料垫底时观测计算了各种规格的临界止动流速和起动流速稳定系数 K 值，见表 5.20。

表 5.20　四面体钢筋笼临界止动流速和起动流速稳定系数 *K* 值(石料垫底)

工况	编号	原型质量 /t	概化直径 /cm	r /(t/m^3)	H/cm		V/(m/s)		K(稳定系数)	
					止动	起动	止动	起动	止动	起动
Q_m=100L/s	smtgjl-1	6.75	1.86	2.00	17.88	13.32	5.20	6.98	0.86	1.15
	smtgjl-2	10.72	2.17	2.00	15.90	13.20	5.85	7.04	0.90	1.08
	smtgjl-3	16.00	2.48	2.00	15.54	12.84	5.98	7.24	0.86	1.04
	smtgjl-4	22.78	2.79	2.00	14.52	12.48	6.40	7.45	0.86	1.01
	smtgjl-5	31.25	3.10	2.00	14.46	11.70	6.43	7.94	0.82	1.02

石料垫底的四面体钢筋笼试验表明：

(1) 止动稳定系数 K 值范围为 0.68～0.72，平均值为 0.70(对应 5 组的正六面体平均值为 0.69)；起动稳定系数 K 值范围为 0.70～0.79，平均值为 0.75(对应 5 组的正六面体平均值为 0.95)。

(2) 临界止动流速和临界起动流速均随块体质量增加而增大，而止动稳定系数和起动稳定系数较为稳定，随块体质量增大而减小的趋势不显著。

(3) 对于截流抛投止动，四面体钢筋笼的稳定性明显高于正六面体，而对于护底起动，两者稳定性相差不大。

5.2.4　圆柱线体材料稳定性试验

圆柱线体材料是指长度与直径之比大于一定数值的实心圆柱体或管道。该项试验重点比较圆柱线体材料、碎石、混凝土四面体、钢筋石笼等在截流过程中各种材料的流失情况和堤头抛投滚落到坡底的到位情况；并比较实心与空心、圆柱线体的长短、材质等对稳定性的影响。

1. 试验条件

试验在金沙江中游的梨园水电站 1∶60 截流整体模型上进行。梨园水电站位于迪庆州香格里拉县(左岸)与丽江地区玉龙县(右岸)交界的金沙江中游河段，是金沙江中游河段规划的第三个梯级，上游与两家人水电站相衔接，下游为阿海水电站。梨园水电站工程截流采用河床一次断流、围堰挡水、右岸两条导流隧洞泄流。导流建筑物布置主要有上、下游围堰，右岸 1#、2# 两条导流隧洞。两条导流洞断面型式均为方圆型，标准断面尺寸 15.0m×18.0m(宽×高)，进、出口底板高程分别为 1497.0m、1495.0m。1# 导流洞洞长 1276.771m，隧洞底坡为 1.60‰；2# 导流洞洞长 1409.697m，隧洞底坡为 1.45‰。梨园水电站截流试验采用最大的流量是 11 月中旬 $P=10\%$ 平均流量 1260m^3/s，结合金沙江下游已实施截流的溪洛渡和向家坝电站实际最大流量分别为 3650m^3/s 和 2350m^3/s 考虑，本试验流量拟定为 3000m^3/s。

试验材料包括石渣、四面体、钢网石笼和多种类型的圆柱线体抛投材料，截流材料见表 5.21。模型使用的截流材料如图 5.19 和图 5.20 所示。采用的圆柱线体截流材料的几何及物理指标考虑了工程实施的可行性。

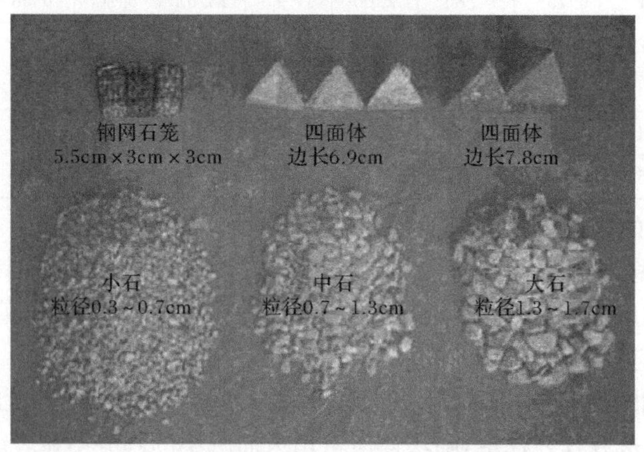

图 5.19　石渣、四面体和钢网石笼(见彩图)

表 5.21　减轻截流难度试验采用的抛投料

抛投料类型	材料组成	模型抛投料几何尺寸	原型抛投料参数		
			几何尺寸	密度/(kg/m³)	质量/t
四面体	混凝土	边长 6.9cm	4.1m	2400	20
四面体	混凝土	边长 7.8cm	4.7m	2400	30
钢网石笼	碎石、钢网	5.5cm(长)×3cm(宽)×3cm(高)	3.3m×1.8m×1.8m	1700	18
石渣	碎石	粒径 0.7～1.7cm	0.4～1m	1600	
圆柱线体	塑料管	15cm(长)×2cm(直径)×0.2cm(壁厚)	9m×1.2m×0.1m	1500	5
	塑料管	10cm(长)×2cm(直径)×0.2cm(壁厚)	6m×1.2m×0.1m	1500	3
	铝塑管	15cm(长)×1.6cm(直径)×0.2cm(壁厚)	9m×1m×0.1m	1300	4
	铝塑管	20cm(长)×1.6cm(直径)×0.2cm(壁厚)	12m×1m×0.1m	1300	5
	实心砂浆管	10cm(长)×1.6cm(直径)	6m×1m	1700	8
	铝合金管	10cm(长)×2cm(直径)×0.15cm(壁厚)	6m×1.2m×0.1m	2800	6
	实心砂浆管	10cm(长)×2cm(直径)	6m×1.2m	2400	16
	铝合金管	15cm(长)×2cm(直径)×0.15cm(壁厚)	9m×1.2m×0.1m	2800	9
	实心砂浆管	15cm(长)×2cm(直径)	9m×1.2m	2200	22
	铝合金管	20cm(长)×2cm(直径)×0.15cm(壁厚)	12m×1.2m×0.1m	2800	12
	铜管	10cm(长)×1.2cm(直径)×0.1cm(壁厚)	6m×0.7m×0.05m	8600	6
	钢管	15cm(长)×2cm(直径)×0.15cm(壁厚)	9m×1.2m×0.1m	7500	25

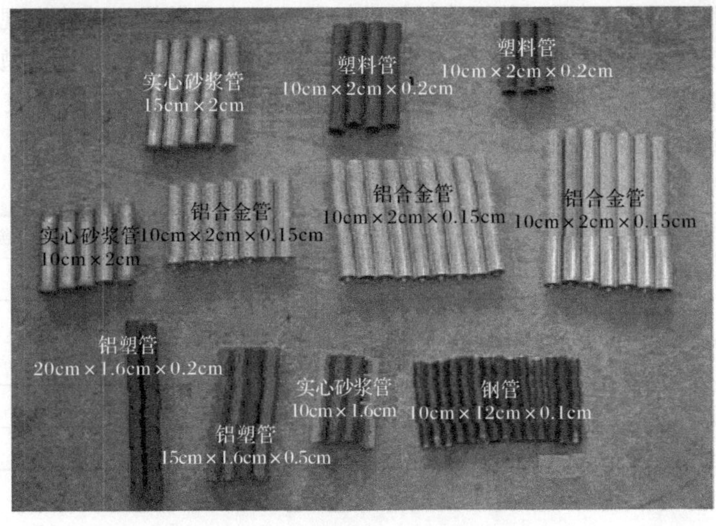

图 5.20　圆柱线体材料(见彩图)

梨园水电站截流试验为单戗单向立堵截流,戗堤堤顶宽度为 25m,水深约 15m;溪洛渡电站采用双向进占、单戗立堵截流方式,实施截流时戗堤宽度由设计的 30m 增加到 40m,水深约 20m;向家坝为单戗立堵双向进占截流,戗宽度为 25m,水深 20m。该试验研究也采用单戗立堵双向进占的截流方式,戗宽度为 25m,水深控制在 20m 左右。截流实施过程中,一般龙口宽度在约 30m 时水力学指标比较高,截流比较困难,因此,试验研究侧重于龙口宽度 30m 左右时,在采用石渣、四面体和钢网石笼进占困难的情况下抛投圆柱线体材料截流的效果,具体试验结果如下。

2. 试验结果

在戗堤进占过程中,先抛投小石(原型粒径 0.2～0.4m)、中石(原型粒径 0.4～0.8m)至龙口宽度约 30m,发现截流困难后改用大石(原型粒径 0.8～1.0m)、混凝土四面体和钢网石笼抛投,当大石、混凝土四面体和钢网石笼都发生流失现象后再抛投圆柱线体材料,观察圆柱线体材料的截流效果,测量相应的龙口水力学指标。

在流量为 $3000m^3/s$、戗堤龙口宽度 30m 左右情况下,25m 顶宽的戗堤进行单戗双向截流试验过程中,龙口上、下游水位差为 2.5～3.5m,龙口流速为 6～7.5m/s。

为描述不同材料的截流过程的稳定效果,本试验以材料的流失和就位作为评判标准。以戗堤下游坡脚为界,抛投料最终处在下游坡脚的下游即为流失,反之则为就位状态。

在试验过程中,对同一种试验材料进行了反复多次抛投。试验发现同一种材料各次抛投后冲距和就位情况有些差别,但试验效果基本一致。各种抛投材料分别在戗堤轴线上游和轴线下游各进行 10 次抛投试验后的稳定效果见表 5.22。试验过程中以及试验结束后抛投料的就位情况如图 5.21 和图 5.22 所示。

表 5.22　不同抛投料的试验效果统计

抛投料类型	材料组成	抛投量	单位	轴线上游抛投		轴线下游抛投	
				流失/就位	位置	流失/就位	位置
四面体	混凝土	10	块	全部流失	戗堤下游	全部流失	戗堤下游
四面体	混凝土	10	块	全部流失	戗堤下游	全部流失	戗堤下游
钢网石笼	碎石、钢网	10	个	全部流失	戗堤下游	全部流失	戗堤下游
石渣	碎石	少量	—	部分流失	坡面	部分流失	坡面

续表

抛投料类型	材料组成	抛投量	单位	轴线上游抛投		轴线下游抛投	
				流失/就位	位置	流失/就位	位置
圆柱线体	塑料管	10	根	全部流失	—	全部流失	—
	塑料管	10	根	全部流失	—	全部流失	—
	铝塑管	10	根	全部流失	—	全部流失	—
	铝塑管	10	根	全部流失	—	全部流失	—
	实心砂浆管	10	根	全部流失	—	全部流失	—
	铝合金管	10	根	8/2	坡中以下	9/1	坡中以下
	实心砂浆管	10	根	8/2	坡中以下	8/2	坡中以下
	铝合金管	10	根	2/8	坡中以下	4/6	坡中以下
	实心砂浆管	10	根	3/7	坡中以下	3/7	坡中以下
	铝合金管	10	根	2/8	坡中以下	3/7	坡中以下
	铜管	10	根	0/10	坡中以上	1/9	坡中以上
	钢管	10	根	2/8	坡中附近	3/7	坡中附近

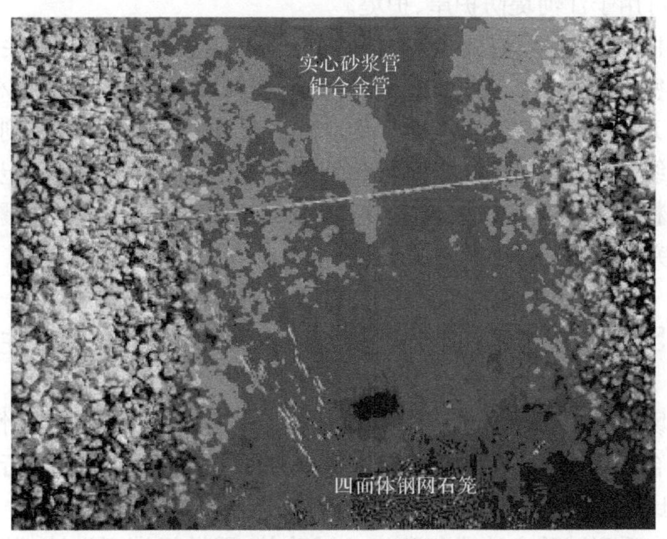

图 5.21　试验过程中的圆柱线体、四面体、钢网石笼(见彩图)

试验结果表明：

(1) 在截流困难段选择适当的圆柱线体材料作为抛投料，材料在龙口中就位比抛投石渣、四面体和钢网石笼的效果好，圆柱线体材料流失少并且可以一次到底。因此，圆柱线体材料具有明显减轻截流难度的效果，根据应用条件分析，圆柱

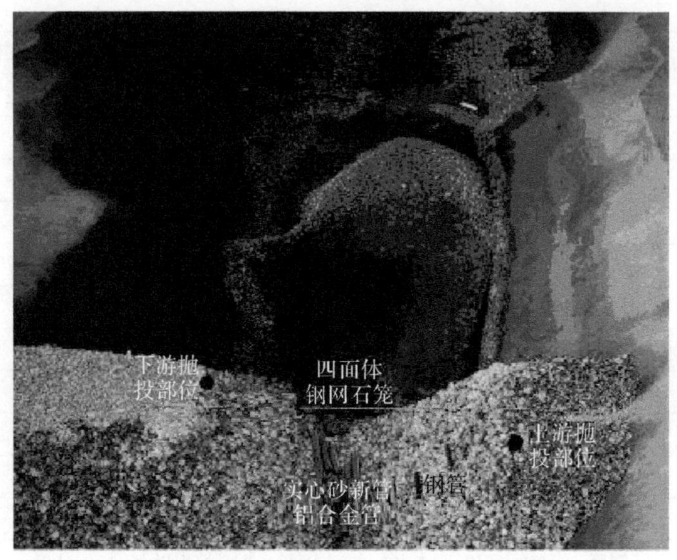

图 5.22　不同截流材料的就位情况(见彩图)

线体材料也可用于江河堤防护岸、护堤。

(2) 圆柱线体材料截流效果与材料的几何尺度及物理指标有关。长度较短(6m 以下)、密度较小(小于 2000kg/m³)的抛投料容易流失,直径较小(与石渣粒径之比小于 1.5∶1),密度较大(大于 7000kg/m³)的抛投料不容易到位。本试验只是对圆柱线体材料与石渣、四面体和钢网石笼的截流效果进行初步比较研究,圆柱线体材料的外壁糙度、迎流端的形状等对其稳定性也会有一定影响,本试验未做深入研究。

5.3　宽级配群体抛投石渣混合料的稳定性

针对现场实际截流抛投料一般多采用施工开挖的混合料的实际情况,考虑多种宽级配混合料系列,对平堵及立堵水流条件及有无护底情况,进行起动稳定和止动稳定的比较试验。

采用室内系列试验方法进行研究。试验前,需做好模型设计、抛投材料备制和初始边界三个环节的准备工作。

(1) 模型设计。该项目的依托背景为金沙江梯级开发工程,因此水槽试验的控制条件包括金沙江梯级开发工程的以下指标:最大截流流量 Q、龙口最大流速 V_{max}、截流落差 Z_{max}、河道水深 h、河宽 B 和龙口宽度 b 等截流水力指标;河床覆盖层厚度等接触边界指标;戗堤宽度、抛投方式和抛投强度等规模指标,见表 5.23。

表 5.23　金沙江下游河段已建工程河道截流特性

工程名称	溪洛渡	向家坝	白鹤滩
截流方式	单戗立堵双向进占	单戗立堵双向进占	单戗立堵双向进占
截流流量 $Q/(m^3/s)$	5160/3650	2600/2350	4660
河宽 B/m	—	193	109
龙口宽度 B/m	75/61.5	80	85
龙口水深 h/m	23	20	21
龙口落差 ΔZ/m	4.50	2.34	2.04
龙口流速/(m/s)	9.50	6.10	4.76
分流建筑物	导流洞 5-18m×20m	导流底孔 6 个	导流洞 4-17.5m×22m
覆盖层厚/m	25	61	9
戗堤顶宽/m	30	25	32
抛投强度/(m^3/h)	1836/1980	3225	1980
抛投总量/m^3	77438/59600	125254/136000	—
抛投材料	块石、钢筋石笼串和四面体	块石、钢筋石笼串和四面体	—
截流时间/h	52/31	25	—
截流日期	2007 年 11 月	2008 年 12 月	—

(2) 抛投材料备制。抛投石料大致分为 3 组，均匀石料、连续宽级配石料和间断宽级配石料，每组又可分为不同的级配组合。研究系列组合宽级配石料（包含均匀料）的抗冲稳定性对比，不同级配石料与龙口水力要素指标的关系，特别是与流速 V 和水深 h 的关系。

(3) 初始边界。系列组合宽级配石料均采用相同的初始水流条件以及相同的抛投方式和抛投强度，为便于结果对比和简化试验组次，选取单戗立堵进占。截流之前两岸预进占部分戗堤。观测不同组合石料稳定性与流失比例。

5.3.1　立堵截流抛投稳定性

1. 概化模型设计

河道天然河宽 252m，采用单戗堤立堵截流。截流设计流量 $Q=4300m^3/s$，上游水位 $H_上=42.77m$，下游水位 $H_下=41.45m$。截流龙口宽 106m，戗堤高 14m，顶高程 46m，底高程 32m；戗堤顶宽 3m，底宽 40.3m。戗堤上、下游边坡均为 1∶1.33。

模型比尺确定为 1∶60，概化模型设计布置如图 5.23 所示，水槽长 23m，宽 4.2m，高 0.8m。龙口宽 1.77m，戗堤高 23cm，顶宽 5cm，底宽 67cm，模型上游水位测针距戗堤轴线 3.5m，下游水位测针距戗堤轴线 8.6m，裹头采用白矾石与砂浆黏结成固定形式，未考虑分流设施。

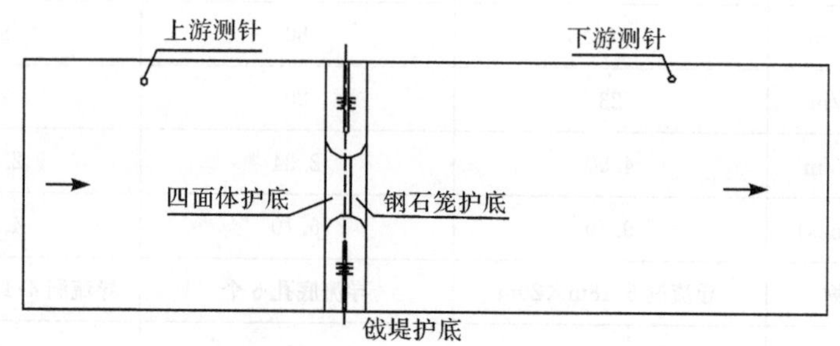

图 5.23 立堵概化模型布置示意图

试验截流抛投材料采用有棱角的白矾石，多扁平，形状较不规则。经颗粒筛分配制为 10 种抛投材料，其中均匀料 6 种，编号依次为 J1、J2、J3、J4、J5 和 J6，混合料 4 种，编号依次为 H1、H2、H3 和 H4，容重约 2.85t/m³。由于实际截流石料颗粒并非球体，将其与石料颗粒的体积相等的球体直径称为等容粒径 d（也称为化引球体粒径），$d=\left(\frac{6V}{\pi}\right)^{1/3}$。模型试验截流材料几何物理性质见表 5.24。

表 5.24 模型试验截流材料几何物理特性

抛投料类别	抛投料编号	粒径筛分范围及级配比/mm	平均筛分粒径/mm	等容粒径/mm	容重/(t/m³)
均匀料	J1	3.0～3.5	3.25	2.58	2.85
	J2	3.5～4.0	3.75	2.89	2.85
	J3	4.0～4.5	4.25	3.64	2.85
	J4	4.5～5.0	4.75	3.98	2.85
	J5	5.5～6.0	5.75	4.58	2.85
	J6	7.0～8.0	7.50	5.90	2.85

续表

抛投料类别	抛投料编号	粒径筛分范围及级配比/mm	平均筛分粒径/mm	等容粒径/mm	容重/(t/m³)
混合料	H1	1.5～2.0　20%	5.65	3.42	2.85
		2.5～3.0　20%			
		5.5～6.0　20%			
		8.0～10.0　40%			
	H2	1.5～2.0　20%	6.50	3.42	2.85
		3.5～4.0　20%			
		4.0～4.5　10%			
		8.0～10　30%			
		10～13　20%			
	H3	4.5～5.0　30%	6.73	1.44	2.85
		6.5～7.0　40%			
		7.0～8.0　20%			
		10～12　10%			
	H4	1.5～2.0　10%	6.37	3.25	2.85
		2.5～3.0　10%			
		3.0～3.5　10%			
		4.0～4.5　10%			
		5.0～5.5　10%			
		6.0～6.5　10%			
		6.5～8.0　10%			
		8.0～10　10%			
		10～12　10%			
		12～13　10%			

混合料的不均匀系数 C_u($C_u=\frac{d_{60}}{d_{10}}$)依次为 3.42、3.42、1.44 和 3.25。

2. 有护底情况

护底型式。相当于原型 15t 四面体 160 个，沿龙口底宽铺放 8 排，四面体边长 3.2m，高 2.65m，距戗堤轴线下游 8.5m，后铺放 4 排 30t 钢丝笼，共 86 个，尺寸为 2.5m×2.5m×3.0m(长×宽×高)。

1) 抛投量比较试验

试验条件。龙口宽 $B=106\text{m}$，水槽泄放固定流量 $Q=4300\text{m}^3/\text{s}$，控制上游水位 $H_{上}=42.77\text{m}$，下游水位 $H_{下}=41.45\text{m}$，各抛投料进占抛投，且均处于冲刷面状态下进行比较试验。试验抛投方式均采用左戗堤上挑角抛投进占(戗堤中部及下游部未填料)，当戗堤均进占至统一预定的 10m，并能稳定 3min(原型 23.24min)为止，然后称取抛投料的质量；单次抛投质量 92.6g，3s 抛投一次，且均匀抛投，相当于原型车载质量 20t 的自卸汽车平均 23s 抛投一次。

(1) 均匀料抛投进占。试验观测了 5 种均匀料的抛投进占，其截流材料模型平均筛分粒径与抛投量、舌尖距戗轴、堤头的距离等见表 5.25，模型平均筛分粒径与抛投量的关系曲线如图 5.24 所示。

表 5.25　有护底情况下均匀料进占抛投量和舌状体特征值

均匀料编号	模型平均筛分粒径/mm	戗堤进占 10m 抛投量/kg	舌尖距戗轴/m	舌尖距堤头/m
J1	3.25	99.55	126.0	80.5
J2	3.75	64.65	49.0	44.0
J4	4.75	37.50	31.5	36.0
J5	5.75	30.43	20.0	28.0
J6	7.50	22.48	18.5	22.5

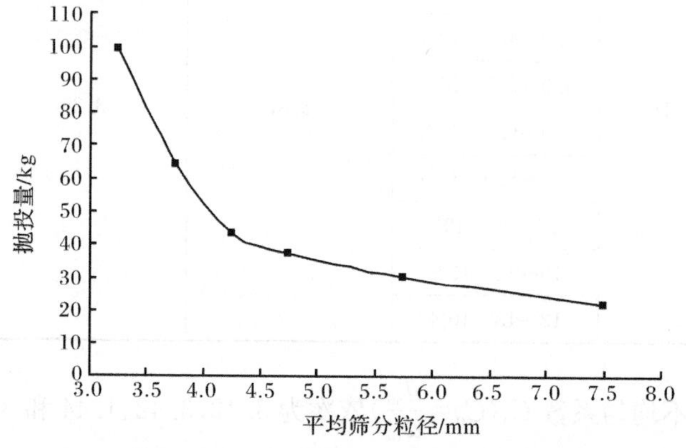

图 5.24　有护底情况下模型平均筛分粒径与抛投量的关系曲线

试验结果表明，抛投的均匀料颗粒越小，截流石料水下漂距越远，颗粒流失比例越大，龙口下游堆石舌状体越大，抛投量越大，其抗冲稳定性越差，进占过程中在龙口下游形成的堆石舌状体的舌尖至戗堤轴线的距离也越大。

由图 5.24 可以看出，曲线左端的延长线几乎平行于纵坐标轴，进一步表明该水力条件下，戗堤进占采用粒径等于或小于 3.25mm 的抛投料将产生大量流失。

(2) 混合料抛投进占。为与均匀料抛投量对比，试验观测了 4 种混合料的抛投进占稳定情况，试验条件同均匀料一致。

模型混合料平均筛分粒径 d_{cp} 与等效粒径、等效粒径与平均筛分粒径之比、抛投量、舌尖距戗轴、堤头的距离的关系见表 5.26。等效粒径为与混合料抗冲能力相当的均匀料粒径。

表 5.26　护底方案混合料进占抛投量和舌状体特征值

混合料编号	模型平均筛分粒径 d_{cp}/mm	混合料的等效粒径 d_d/mm	等效粒径与平均粒径之比 d_d/d_{cp}	进占抛投量/kg	舌尖距戗轴/m	舌尖距堤头/m
H1	5.65	3.54	0.63	74.35	60.0	32.5
H2	6.50	3.78	0.60	60.95	29.0	34.5
H3	6.73	5.36	0.80	32.50	21.0	29.0
H4	6.37	3.89	0.61	57.08	31.5	37.0

由表 5.26 可知，平均筛分粒径相同时，混合料的抛投稳定性差于均匀料；混合料粒组级配越窄，不均匀系数越小，截流抗冲稳定性越好，进占过程中在龙口下游形成的堆石舌状体的舌尖至戗堤轴线的距离也越小。例如，H3 组的抛投量明显低于其他组，其舌尖至戗堤轴线的距离也小于其他组。

试验观察到，混合料与均匀料堆石舌状体形状不同。进占戗堤被冲走的混合料顺冲刷面向下游及龙口扩展，堆积于龙口段中的四面体及钢丝笼上面；均匀料虽不大易被冲垮，但一旦发生冲走则向下游移动，成长舌形。流出戗堤外较多。如第 H2、H4 组混合料有效粒径为 3.78mm、3.89mm，舌尖至戗堤轴线距离为 29.0m、31.5m，有效粒径与此料相近的均匀料模型平均筛分粒径 3.75mm，舌体较混合料长，舌尖至戗堤轴线距离 49.0m。

2) 临界止动流速比较试验

考虑水深影响，试验中固定下游水位，上游水位变化控制在 0.5m 之内。为了仔细观察临界状况，试验施放流量较小，以便于连续缓慢进占。抛投方式采用左岸戗堤进占，当抛投在上挑角的颗粒沿斜坡面向下自由滑动和滚动时，除上挑角抛投外，戗堤中部及其下游部同时填料进占。当发生颗粒绕斜坡面向下游滑动和滚动时，即停止戗堤中部及其下游部填料。

试验中观察到，抛投未达到临界止动流速时，抛下去的颗粒是沿着斜坡面向下自由滑动和滚动的；当进占逐渐向前推进，龙口逐渐缩窄，龙口流速逐渐增大。上挑角抛投的颗粒开始出现少数站不住脚，沿着斜坡面向下游滑动和滚动，此时尚未形成堤埂；再继续抛投进占，则可以看到有较多的颗粒顺斜坡面向下游移动和滚动，龙口水流冲刷作用明显，堤埂不明显；再继续进占，上挑角抛投的颗粒几乎全部站不住脚。沿着斜坡顺水流向下游移动和滚动。此时已形成比较明显的冲刷面，冲刷面的堤埂末端发展到偏向龙中轴线下游4～6.5m内，当发生此情况时，即刻停止上挑角抛投进占，为了与混合料比较，采用形成明显的冲刷面及堤埂时的流速，作为临界止动流速的标准。

(1) 均匀料止动。试验观测了模型平均筛分粒径3.75mm、4.75mm、5.75mm、7.50mm 4种均匀料的情况，其龙口流速分布见表5.27。可以看出，龙中平均临界止动流速依次为3.78m/s、3.97m/s、4.25m/s和4.52m/s。

表5.27　有护底情况下各级抛投料临界止动流速对比

抛投料类别	抛投料编号	模型平均筛分粒径/mm	原型流速/(m/s)				
			上挑角	堤头	龙左	龙中	龙右
均匀料	J2	3.75	4.0	4.68	4.18	3.78	3.98
	J4	4.75	4.49	5.04	4.26	3.97	4.26
	J5	5.75	4.28	4.92	4.68	4.25	4.38
	J6	7.50	4.92	5.24	5.01	4.52	4.82
混合料	H1	5.65	4.42	4.68	4.37	3.87	4.21
	H2	6.50	4.56	5.09	4.60	3.84	4.36
	H3	6.73	4.42	5.04	4.69	4.19	4.43
	H4	6.37	4.42	4.68	4.35	3.94	4.13

均匀料平均筛分粒径与龙中平均临界止动流速的关系曲线如图5.25所示。

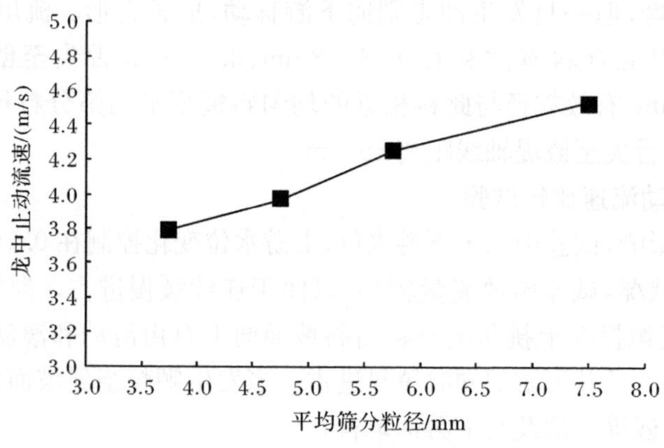

图5.25　有护底情况下均匀料平均筛分粒径与龙中止动流速的关系曲线

(2) 混合料止动。试验观察了H1、H2、H3和H4四组混合料，得出了相应的龙中平均临界止动流速依次为3.87m/s、3.84m/s、4.19m/s、3.94m/s。在图5.24

查得混合料的等效粒径相当于均匀料的模型平均筛分粒径依次为 4.17mm、4.05mm、5.55mm、4.47mm。由此看出，混合料止动稳定性等效粒径远小于其平均粒径，二者之比依次为 0.74、0.62、0.82、0.70。混合料的抛投止动稳定性较均匀料为差，其中 H3 组相对较好，H2 组较差。由此可见，混合料粒组级配越宽，不均匀系数越大，其截流止动稳定性越差。

在抛投过程中，除了注意到为避免混合料发生离析现象而需搅拌均匀外，还应注意到避免固定堤头糙率影响，因此试验中进占戗堤应有一定的长度。

3) 临界起动流速比较试验

试验前将截流材料铺放于左岸固定戗堤堤头，并做成裹头形式。为了清楚地看到起动过程，试验时，逐渐加大流量和龙口落差。随着流量和落差增大，上挑角铺放的截流材料颗粒少数起动，沿斜坡面向下游移动和滚动；继续加大流量和落差，则上挑角有较多颗粒起动，直至形成明显的冲刷面及堤埂，此刻测出龙口临界起动流速。

(1) 均匀料起动。试验观察了模型平均筛分粒径 3.75mm、4.75mm、5.75mm、7.50mm 4 种均匀料的起动情况，得出了相应的龙中平均临界起动流速为 3.99m/s、4.76m/s、5.07m/s、5.32m/s，见表 5.28，绘成模型平均筛分粒径与龙中平均临界起动流速的关系曲线如图 5.26 所示。

表 5.28　有护底情况下龙口起动流速对比

抛投料类别	抛投料编号	模型平均筛分粒径/mm	流速/(m/s)				
			上挑角	堤头	龙左	龙中	龙右
均匀料	J2	3.75	4.49	5.33	4.45	3.99	4.45
	J4	4.75	5.04	5.80	5.21	4.76	5.02
	J5	5.75	5.80	6.24	5.73	5.07	5.38
	J6	7.50	5.75	6.44	5.53	5.32	5.67
混合料	H1	5.65	5.21	5.64	4.81	4.31	4.80
	H2	6.50	5.37	5.64	5.01	4.27	4.80
	H3	6.73	6.20	6.48	5.60	5.00	5.52
	H4	6.37	4.86	5.75	4.64	4.59	4.68

(2)混合料起动。混合料起动试验表明，H1、H2、H3 和 H4 组 4 种混合料的龙中平均临界起动流速分别为 4.31m/s、4.27m/s、5.00m/s、4.59m/s。在图 5.25 查得混合料等效粒径相当于均匀料的粒径为 4.05mm、4.01mm、5.50mm、4.48mm。混合料等效粒径与平均粒径之比依次为 0.72、0.63、0.82、0.70。H3 组起动稳定性较好，H2 组较差。

在起动试验中，观察到混合料与均匀料明显不同之处在于：混合料 H1、H2 和

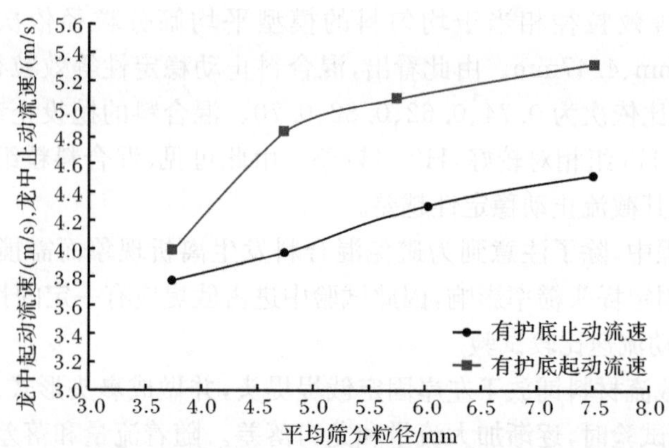

图 5.26　有护底情况下均匀料龙中起动流速和龙中止动流速对比

H4 组一旦发生起动，戗堤很快被冲垮。

3. 无护底情况

1) 抛投量比较试验

为了与有护底情况比较，试验流量仍用 $4300m^3/s$，试验条件及试验方法与有护底情况相同。

(1) 均匀料抛投进占。试验观测了 5 种均匀料的抛投进占情况，其截流材料模型平均筛分粒径与抛投量、舌尖距戗轴、堤头的距离见表 5.29，有、无护底时的模型平均筛分粒径与抛投量的关系曲线如图 5.27 所示。

表 5.29　无护底情况下均匀料进占抛投量和舌状体

均匀料编号	模型粒径筛分范围/mm	模型平均筛分粒径/mm	等容粒径/mm	容重/(t/m^3)	进占 10m 抛投量/kg	舌尖距戗轴/m	舌尖距堤头/m
J2	3.5～4.0	3.75	2.89	2.85	71.35	43.8	33.5
J3	4.0～4.5	4.25	3.47	2.85	47.90	30.0	35.5
J4	4.5～5.0	4.75	3.98	2.85	41.38	25.5	35.5
J5	5.5～6.0	5.75	4.58	2.85	33.35	12.0	29.0
J6	7.0～8.0	7.50	5.90	2.85	25.00	9.00	28.0

试验结果表明，无护底均匀料抗冲稳定性规律与有护底情况一致，抛投颗粒越大，抗冲性越好。堆石体舌体越小，抛投量越少；颗粒越小，则相反。相同情况下，无护底时的抛投量大于有护底时。

由表 5.29 可知，无护底的舌体较有护底的舌体要小，这是由于在无护底时，颗粒沿舌尖边缘流向下游而流失，因此舌尖不能延伸较长；有护底时，舌尖可以在

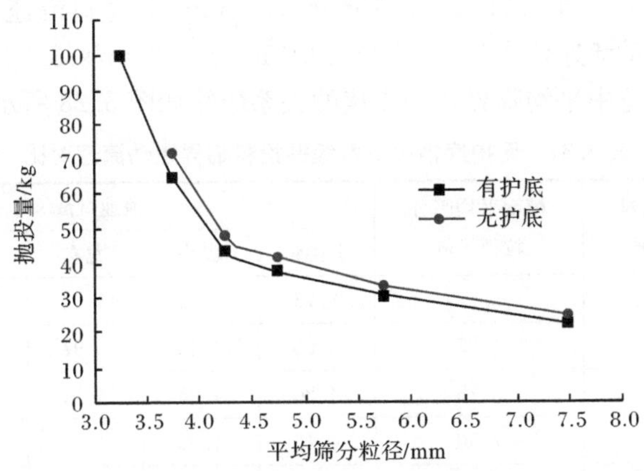

图 5.27　有、无护底模型平均筛分粒径与抛投量的关系曲线

护底的保护下(护底后面河床底流速较小),延伸得较远而无流失(小料粒径 3.25mm除外)。

(2) 混合料抛投进占。试验观测了 H1、H2、H3 和 H4 组 4 种混合料的戗堤进占情况,其抛投量分别为 78.5kg、54.25kg、37.00kg、59.40kg。在图中查得相当均匀料的模型平均筛分粒径相应为 3.70mm、3.94mm、5.20mm、3.90mm,称为混合料的等效粒径,其等效粒径与平均粒径之比依次为 0.65、0.61、0.77、0.61,H3 组较好,H2 和 H4 组较差。

表 5.30　无护底情况下混合料进占抛投量和舌状体

混合料编号	模型平均筛分粒径 d_{cp}/mm	混合料的等效粒径 d_d/mm	容重 /(t/m³)	等效粒径与平均粒径之比 d_d/d_{cp}	进占抛投量/kg	舌尖距戗轴/m	舌尖距堤头/m
H1	5.65	3.70	2.85	0.65	78.50	38.0	42.0
H2	6.50	3.94	2.85	0.61	54.25	20.5	38.0
H3	6.73	5.20	2.85	0.77	37.00	13.4	28.5
H4	6.37	3.90	2.85	0.61	59.40	27.0	38.0

由表 5.30 可知,无护底时,平均筛分粒径相同时,混合料的抛投稳定性差于均匀料;混合料粒组级配越窄,不均匀系数越小,截流抗冲稳定性越好,进占过程中在龙口下游形成的堆石舌状体的舌尖至戗堤轴线的距离也越小。例如,H3 组的抛投量明显低于其他组,其舌尖至戗堤轴线的距离也小于其他组。无护底的舌体较有护底的舌体更小。

2) 临界止动流速比较试验

为了与有护底情况比较,试验条件及试验方法均与有护底的情况相同。

(1) 均匀料止动。试验观测了 4 种均匀料的抛投止动稳定情况,模型平均筛分粒径分别为 3.75mm、4.75mm、5.75mm、7.50mm，其龙口流速分布见表 5.31。龙中平均临界止动流速依次为 3.24m/s、3.46m/s、3.68m/s、3.86m/s。绘成模型平均筛分粒径与龙中平均临界止动流速的关系曲线如图 5.28 所示。

表 5.31　无护底情况下各级抛投料临界止动流速对比

抛投料类别	抛投料编号	模型平均筛分粒径/mm	流速/(m/s)				
			上挑角	堤头	龙左	龙中	龙右
均匀料	J2	3.75	3.73	3.52	3.64	3.24	3.36
	J4	4.75	3.60	4.12	3.97	3.46	3.61
	J5	5.75	4.20	4.25	4.14	3.68	4.04
	J6	7.50	4.16	4.60	4.53	3.86	4.03
混合料	H1	5.65	3.80	4.21	3.85	3.54	3.68
	H2	6.50	3.95	4.15	3.79	3.44	3.65
	H3	6.73	3.94	4.05	4.07	3.48	3.88
	H4	6.37	4.12	4.32	3.86	3.46	3.83

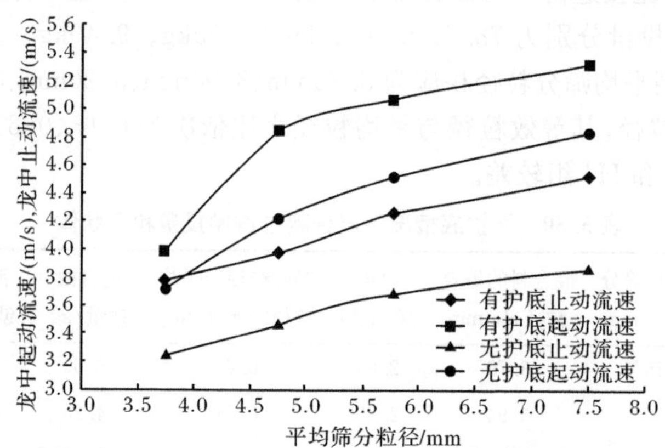

图 5.28　有、无护底各级抛投料止动流速和起动流速对比

(2) 混合料止动。试验观测了 4 种混合料的抛投止动稳定情况，龙中平均临界止动流速分别为 3.54m/s、3.44m/s、3.48m/s、3.46m/s，在图中查得混合料的等效粒径相当均匀料的模型平均筛分粒径分别为 4.28mm、4.57mm、5.35mm、4.67mm，混合料止动稳定性等效粒径与平均粒径之比依次为 0.76、0.70、0.79、0.73。由此可见，混合料止动稳定性 H3 组较强，H2 组较差。

抛投过程中，经常出现堤头坍塌现象，往往刚抛下去可以站稳，并且形成戗堤顶部，再继续抛投，则戗堤顶部垮塌，此时，可以明显看到颗粒的滑动和滚动情况完全是由于堤头稳定坡的要求所引起的，而不会误认为是站不住脚的缘故。

3) 临界起动流速比较试验

试验条件及试验方法与有护底情况相同。

(1)均匀料起动。试验观测了 4 种均匀料的起动比较试验,模型平均筛分粒径分别为 3.75mm、4.75mm、5.75mm、7.50mm,其龙口流速分布见表 5.32。

表 5.32 无护底情况下各级抛投料起动流速对比

抛投料类别	抛投料编号	模型平均筛分粒径/mm	流速/(m/s)				
			上挑角	堤头	龙左	龙中	龙右
均匀料	J2	3.75	4.28	4.37	4.38	3.72	4.04
	J4	4.75	4.62	4.84	4.79	4.21	4.49
	J5	5.75	5.18	5.32	5.04	4.51	4.84
	J6	7.50	5.46	5.94	5.37	4.83	4.93
混合料	H1	5.65	4.14	4.80	4.62	3.93	3.98
	H2	6.50	4.75	5.30	4.82	4.28	4.60
	H3	6.73	4.90	5.31	4.68	4.40	4.66
	H4	6.37	4.50	4.66	4.31	3.92	4.15

(2) 混合料起动。试验观测了 4 种混合料的起动比较试验,得出龙中平均临界起动流速依次为 3.93m/s、4.28m/s、4.40m/s、3.92m/s。在图 5.28 上查得混合料等效粒径相当于均匀料的粒径为 4.13mm、4.73mm、5.28mm、4.11mm,进而得出混合料等效粒径与平均粒径之比依次为 0.73、0.73、0.78、0.65。由此可见,混合料起动稳定性 H3 组较强,H4 较差。

在无护底抛投混合料试验中,更明显地看到,往往大颗粒在堆石体表面及沿斜坡面滚落在坡脚处堆积,舌尖几乎全由大颗粒组成,中小颗粒夹在堆石体中间被大颗粒覆盖着。当材料的抗冲能力小于水流的冲刷能力时,在上挑角及冲刷面上有一小颗粒铺面的条带。大颗粒在小颗粒条带上滑动至舌尖而流向下游,小颗粒反而不流失。

以上试验,不仅注意到混合料的均匀情况及堤头糙率的影响,还注意到试验判别标准的统一性和准确性,试验时凭肉眼观测判断,难免有一定的误差,因此重复试验多次,力求做到判别标准一致。

4. 分析与小结

(1) 立堵截流试验中,相同平均筛分粒径时,均匀料的抗冲稳定性明显高于混合料;混合料截流稳定性等效粒径远小于其平均粒径和中值粒径,其等效粒径与平均粒径之比,在有护底时约为 0.60~0.82,无护底时约 0.61~0.79。

(2) 混合料的不均匀系数越小,稳定性越好,有护底时,H3 组混合料的平均粒径仅比 H4 组大 0.36mm，而其等效粒径比 H4 组大很多，约为 23%～38%，由此可知，混合料截流过程中，其级配分布十分关键，粒径越宽泛，截流效果越差；反之，如混合料粒径分布较集中，其截流效果则较好。

(3) 有无护底方案对比试验中，均匀料与混合料临界起动流速均大于临界止动流速，表明截流预抛的效果比进占抛投的效果好。护底后提高了临界止动流速、临界起动流速，降低了抛投料的粒径，有护底时，采用均匀料(粒径 3.75mm)及 H1 组混合料(平均粒径 5.65mm)可以进占 10m，无护底时，则不行。有、无护底情况对比见表 5.33。

表 5.33 混合料有、无护底方案各级抛投料等效粒径对比

<table>
<tr><th colspan="3">混合料编号</th><th>H1</th><th>H2</th><th>H3</th><th>H4</th></tr>
<tr><td colspan="3">平均筛分粒径 d_{cp}/mm</td><td>5.65</td><td>6.50</td><td>6.73</td><td>6.37</td></tr>
<tr><td colspan="3">中值粒径 d_{50}/mm</td><td>5.75</td><td>6.25</td><td>6.75</td><td>5.75</td></tr>
<tr><td rowspan="8">有护底</td><td rowspan="2">抛投量</td><td>等效粒径 d_d/mm</td><td>3.54</td><td>3.78</td><td>5.36</td><td>3.89</td></tr>
<tr><td>d_d/d_{cp}</td><td>0.63</td><td>0.60</td><td>0.80</td><td>0.61</td></tr>
<tr><td rowspan="3">止动</td><td>龙中平均止动流速/(m/s)</td><td>3.87</td><td>3.84</td><td>4.19</td><td>3.94</td></tr>
<tr><td>等效粒径/mm</td><td>4.17</td><td>4.05</td><td>5.55</td><td>4.47</td></tr>
<tr><td>d_d/d_{cp}</td><td>0.74</td><td>0.62</td><td>0.82</td><td>0.70</td></tr>
<tr><td rowspan="3">起动</td><td>龙中平均起动流速/(m/s)</td><td>4.31</td><td>4.27</td><td>5.00</td><td>4.59</td></tr>
<tr><td>等效粒径/mm</td><td>4.05</td><td>4.10</td><td>5.50</td><td>4.48</td></tr>
<tr><td>d_d/d_{cp}</td><td>0.72</td><td>0.63</td><td>0.82</td><td>0.70</td></tr>
<tr><td rowspan="8">无护底</td><td rowspan="2">抛投量</td><td>等效粒径/mm</td><td>3.70</td><td>3.94</td><td>5.20</td><td>3.90</td></tr>
<tr><td>d_d/d_{cp}</td><td>0.65</td><td>0.61</td><td>0.77</td><td>0.61</td></tr>
<tr><td rowspan="3">止动</td><td>龙中平均止动流速/(m/s)</td><td>3.54</td><td>3.44</td><td>3.48</td><td>3.46</td></tr>
<tr><td>等效粒径/mm</td><td>4.28</td><td>4.57</td><td>5.35</td><td>4.67</td></tr>
<tr><td>d_d/d_{cp}</td><td>0.76</td><td>0.70</td><td>0.79</td><td>0.73</td></tr>
<tr><td rowspan="3">起动</td><td>龙中平均起动流速/(m/s)</td><td>3.93</td><td>4.28</td><td>4.40</td><td>3.92</td></tr>
<tr><td>等效粒径/mm</td><td>4.13</td><td>4.73</td><td>5.28</td><td>4.11</td></tr>
<tr><td>d_d/d_{cp}</td><td>0.73</td><td>0.73</td><td>0.78</td><td>0.65</td></tr>
</table>

5.3.2 平堵截流起动试验

1. 试验设计

1) 水槽布置

宽级配混合料起动试验是在矩形平坡玻璃水槽内进行的。试验水槽长约

30m，宽约 0.5m，高约 0.8m。床沙试验段铺沙长度为 1.8m，厚度 0.1m。水位 h 由铺沙上、下游水位测针测量的平均值确定，断面平均流速 V 采用旋浆流速仪测量计算。混合料起动试验水槽布置如图 5.29 所示。

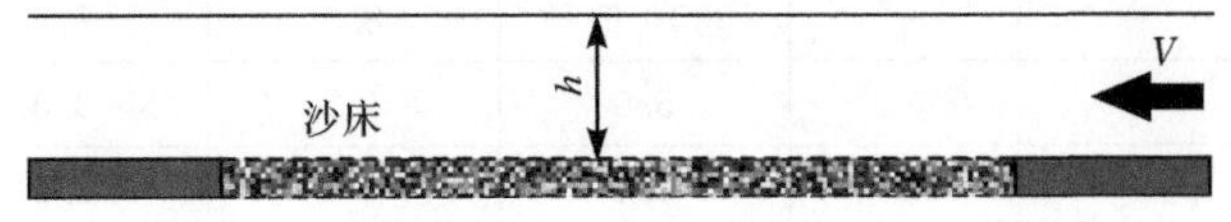

图 5.29　宽级配混合料起动试验水槽布置示意图

2) 混合料特性

试验床沙选用白矾石，容重约为 2.8t/m^3。选用两种不同粒径的均匀沙、两种连续宽级配非均匀沙和两种缺粒径段的不连续宽级配非均匀沙为研究对象，共 6 种砂石料，均为无黏性混合料，其中均匀料 2 种，非均匀料 4 种。混合料均选用各种粒径的白矾石按比例配备，6 种沙料形态如图 5.30 所示，混合料粒径特性见表 5.34。其中 1# 和 2# 为均匀沙，平均粒径分别是 3.5mm 和 10mm。3# ～6# 配料为非均匀沙。

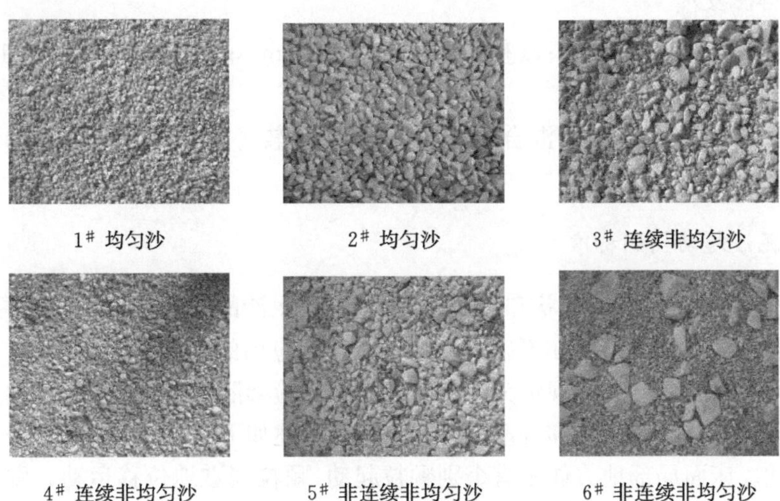

图 5.30　各种混合料形态示意图

表 5.34　混合料粒径特性

混合料编号	1#	2#	3#	4#	5#	6#
类别	均匀沙	均匀沙	连续 非均匀沙	连续 非均匀沙	非连续 非均匀沙	非连续 非均匀沙
粒径范围 /mm	2～5	8～11	2～20	0.1～20	0.1～20 缺 6～9	0.1～20 缺 5～12

续表

混合料编号	1#	2#	3#	4#	5#	6#
d_{50}/mm	3.5	10	8.7	7.2	5.8	3.7
d_{60}/mm	—	—	10.0	8.3	7.2	10.8
d_{30}/mm	—	—	5.0	4.2	3.0	1.6
d_{10}/mm	—	—	1.4	1.5	1.3	1.1
C_u	—	—	7.14	5.53	5.54	9.82
C_c	—	—	1.79	1.52	0.96	0.22

不均匀系数 C_u 和曲率系数 C_c 的定义分别为

$$C_u=\frac{d_{60}}{d_{10}},\quad C_c=\frac{(d_{30})^2}{d_{60}d_{10}}$$

从表 5.34 可以看出，3#～6#配料的不均匀系数 C_u 都大于 5，属于非均匀沙。其中 3# 和 4# 的曲率系数 C_c 大于 1，为级配良好的非均匀沙。5# 和 6# 缺失某些粒径段，曲率系数小于 1，为不连续宽级配非均匀沙。

3）试验条件

试验水深 h=8～40cm；试验流速 V=40～120cm/s；试验流量 Q=40～120L/s，试验组次为 50 组。

试验中分别将 1#～6# 混合料铺设为床沙，比较了不同流量和不同水深下沙床的运动情况。

2. 泥沙起动判别标准

由于泥沙颗粒大小、形状和所处位置的差异，泥沙的起动具有随机性，从而造成泥沙起动的判别标准存在不确定性。目前广泛应用的是一种定性标准，即将部分床面有少量的泥沙运动规定为起动标准。本试验参照 Kramer 临界条件运动强度划分，分别对弱动、中动和普动运动状态具体描述如下：

弱动。床面局部地方偶尔有个别颗粒起动，颗粒间歇地位移运动。发生位移运动的颗粒往前翻滚一小段距离后会趋于静止，即运动不持续，铺沙下游断面长时间观察偶尔有一两个沙砾通过。

中动。床面多处有少量颗粒发生翻滚、迁移运动。运动的颗粒多数为间歇性移动，有少数较小或者扁平颗粒离开床面，随水流持续向下游漂移。短时间内床面形态没有明显变化。铺沙下游断面间歇性少量颗粒通过。

普动。床面各处都同时有颗粒发生位移运动。各种大小的颗粒均发生运动，且运动颗粒随水流连续往下游移动。短时间内能观察到床面形态发生改变，铺沙下游断面可见连续的沙流通过。

除了对不同程度的泥沙运动特性进行观察，试验中还着重对泥沙起动以后的发展趋势和床面形态变化情况进行了观察。试验观察结果显示，均匀沙(1#、2#料)发生中动一段时间后沙床会逐渐趋于稳定，运动程度会重新趋向于弱动，甚至未动。当流速增大，沙粒运动达到普动时，整个均匀沙床面的沙粒均随着流体往下游移动，沙床逐层运动，最终形态仍然较平整。但是对于连续的宽级配非均匀沙(3#、4#料)，冲刷一旦形成，少量中小颗粒的移动会在床面上形成浅小凹槽，凹槽边缘的各种大小沙粒都更容易随水流移动，导致凹槽进一步加深、延长。如此循环，导致床面上很快就形成沿流向分布的长条形沟壑，整个床面的沙粒运动会越演越烈，很快中动会演变为普动，床面形态也会发生急剧变化。而缺粒径段的不连续宽级配非均匀沙(5#、6#料)由于缺少中等粒径的颗粒，当细小颗粒起动时，较大颗粒仍然较稳定。大颗粒的阻挡作用，使得细小颗粒一开始只能在附近的大颗粒之间旋转、运动，较少发生大位移运动。只有流速大到一定程度，细小颗粒剧烈地旋转翻腾，才开始越过附近大颗粒随水流向下游漂移。大量细小颗粒的移动使得大粒径的颗粒逐渐单独暴露在床面表面。当周围细颗粒都被掏空以后，完全暴露的大颗粒才可能起动。大颗粒移出后，在原来位置形成凹坑，暴露出的细小颗粒更易移动。因此，最终床面某些地方会形成凹坑的形态。

3. 试验结果及分析

试验过程中，对于每一种混合料的床沙，观察了不同流量和水深下沙床颗粒的运动特性，测量了流速分布情况。

试验中观察到如下情况：固定某一个水深，当流量较小时，床面颗粒全部处于静止状态，随着流量的增大，在床面可以看到有少数的颗粒开始移动；流量再大，颗粒普遍移动，引起床面形态急剧改变，输沙率较大。有少量泥沙颗粒发生移动的状态称为起动，这时的水流流速(此处用断面平均流速来表征)称为起动流速。

对于宽级配非均匀料，在试验中观察到，最先起动的是最小的颗粒，随后带动较大的颗粒开始起动，当中、小颗粒都滑动和滚动走了以后，大粒径的颗粒也失去了稳定的基础，随即发生移动，这时混合料各级粒径的颗粒均起动了。这说明混合料中的大颗粒较易起动，这是由于大颗粒与中、小颗粒混合在一起时，相应地增加了相对光滑度而降低了床面糙率。因而比均匀颗粒料容易起动些，这也说明糙率小，床面颗粒容易起动，糙率大，床面颗粒不易起动。不论是均匀料还是混合料，颗粒的起动与水流底部流速的脉动、颗粒的床面位置等因素有关，而这些因素是具有随机性的，因而试验时需重复必要的次数。

在铺填混合料时，为了铺平床面，各级粒组容易离析，而且成层，大颗粒在床面上，小颗粒在床面下，造成各级粒组之间有隐蔽现象，为了避免床面产生各级粒组的分离成层，铺填时，需将混合料充分拌动以保证不产生混合料各级组的离析现象。

表 5.35 和表 5.36 列出了统计分析得到的不同混合料的沙床弱动和中动所对应的临界水深 h_c 和临界流速 U_c。

表 5.35　混合料弱动对应的临界水深和临界流速

混合料编号	中值粒径 d_{50}/m	流量 $Q/(m^3/s)$	弱动临界水深 h_1/m	弱动临界流速 V_1/(m/s)	弱动流速系数 c_1
1#	0.0035	0.0203	0.079	0.512	1.23
	0.0035	0.0413	0.140	0.588	1.28
	0.0035	0.0503	0.170	0.589	1.24
	0.0035	0.0622	0.201	0.616	1.26
	0.0035	0.0810	0.250	0.645	1.28
2#	0.0100	0.0645	0.151	0.851	1.29
	0.0100	0.0813	0.190	0.852	1.24
	0.0100	0.1003	0.217	0.921	1.31
	0.0100	0.1210	0.250	0.964	1.34
3#	0.0087	0.0650	0.160	0.809	1.27
	0.0087	0.0804	0.207	0.774	1.16
	0.0087	0.1010	0.227	0.886	1.31
	0.0087	0.1219	0.277	0.877	1.26
4#	0.0072	0.0652	0.180	0.722	1.18
	0.0072	0.0805	0.220	0.729	1.16
	0.0072	0.1030	0.249	0.824	1.28
	0.0072	0.1192	0.290	0.819	1.24
5#	0.0058	0.0658	0.188	0.697	1.22
	0.0058	0.0811	0.220	0.734	1.25
	0.0058	0.1012	0.260	0.775	1.24
	0.0058	0.1213	0.300	0.805	1.24
6#	0.0037	0.0402	0.149	0.537	1.14
	0.0037	0.0654	0.240	0.543	1.06
	0.0037	0.0811	0.291	0.555	1.05
	0.0037	0.1012	0.388	0.520	0.94

从表 5.35 及表 5.36 可以看出，总体来说对于每一种配料，临界流速都随着临界水深的增加而增大。对于不同的混合料，在相同流量下，由于混合料的平均颗粒粒径大小、不均匀系数和曲率系数等级配特性的差别，沙床发生弱动和中动对

应的临界水深和临界流速也存在一定区别。

表 5.36　混合料中动对应的临界水深和临界流速

混合料编号	中值粒径 d_{50}/m	流量 Q/(m^3/s)	中动临界水深 h_2/m	中动临界流速 V_2/(m/s)	中动流速系数 c_2
1#	0.0035	0.0203	0.070	0.578	1.41
	0.0035	0.0413	0.126	0.653	1.45
	0.0035	0.0503	0.152	0.659	1.42
	0.0035	0.0622	0.176	0.704	1.47
	0.0035	0.0810	0.237	0.681	1.36
2#	0.0100	0.0645	0.135	0.952	1.47
	0.0100	0.0813	0.164	0.988	1.48
	0.0100	0.1003	0.178	1.122	1.65
	0.0100	0.1210	0.216	1.116	1.59
3#	0.0087	0.0650	0.146	0.887	1.41
	0.0087	0.0804	0.163	0.983	1.54
	0.0087	0.1010	0.206	0.977	1.47
	0.0087	0.1219	0.242	1.003	1.47
4#	0.0072	0.0652	0.163	0.797	1.33
	0.0072	0.0805	0.200	0.802	1.29
	0.0072	0.1030	0.225	0.912	1.44
	0.0072	0.1192	0.262	0.906	1.40
5#	0.0058	0.0658	0.161	0.814	1.36
	0.0058	0.0811	0.190	0.850	1.39
	0.0058	0.1012	0.237	0.851	1.33
	0.0058	0.1213	0.246	0.982	1.34
6#	0.0037	0.0402	0.126	0.636	1.38
	0.0037	0.0654	0.197	0.661	1.33
	0.0037	0.0811	0.246	0.657	1.28
	0.0037	0.1012	0.326	0.618	1.15

对于均匀沙的临界起动流速，前人通过研究提出了一系列的经验公式。其中形式较简单、应用较广泛的为针对较粗颗粒均匀泥沙起动的沙莫夫公式，其表达式为

$$V_c = c\sqrt{\frac{\rho_s - \rho}{\rho} g d}\left(\frac{h}{d}\right)^{1/6} \tag{5.41}$$

式中：V_c为起动对应的临界平均流速；ρ_s 和 ρ 分别为沙料和水的密度；g 为重力加速度；d 为砂粒平均粒径；h 为水深；c 为临界流速系数，对于均匀沙取 $c=1.14$。

在此沿用类似形式，将混合料起动对应的临界流速表达为

$$V_c=c(C_u,C_c)\sqrt{\frac{\rho_s-\rho}{\rho}gd_{50}}\left(\frac{h}{d_{50}}\right)^{1/6} \tag{5.42}$$

式中：d_{50}表征中值粒径大小，将混合料级配分布不同带来的影响归结到系数 c 中，即将临界流速系数 c 看成是宽级配非均匀沙料的非均匀系数 C_u和曲率系数 C_c的函数。根据试验结果，可以拟合得到均匀沙和非均匀沙发生弱动和中动对应的临界流速系数。本试验将弱动和中动的临界流速系数分别记为 c_1和 c_2，分析试验结果得到临界流速系数统计平均值，见表 5.37。

表 5.37 临界流速系数

混合料编号	1#	2#	3#	4#	5#	6#
c_1	1.26	1.30	1.25	1.22	1.24	1.05
c_2	1.41	1.47	1.41	1.33	1.36	1.38

从表 5.37 中可见，试验得到的临界流速系数与沙莫夫公式结果接近（略大于1.14），6#料级配分布较宽，且缺失粒径范围大，实测其临界流速系数为 1.05，表明相对而言更容易起动。

连续宽级配的非均匀沙一旦发生起动，沙粒运动容易加剧，更易形成冲刷甚至导致床面形态的变化。这点从试验中观察的现象也得到了验证。而缺粒径段的不连续宽级配非均匀沙（5#、6#）的情况有较大不同。缺失粒径段范围较宽、小颗粒含量偏多的 6#配料的系数则小于均匀沙的系数。这是由于 3#～5#非均匀沙的起动标准均以中等粒径颗粒的运动为准。而 6#配料缺乏中等颗粒，大粒径颗粒较难发生起动，所以 6#配料的运动标准以细小颗粒的运动为准，导致临界流速系数明显偏小。此外，不连续非均匀沙的沙床从弱动发展到中动需要变动的流速范围较大，即冲刷较难形成。这是由于缺粒径段非均匀沙中大颗粒的荫蔽阻挡作用更为明显。因此小粒径颗粒能够在较小范围内发生颤动、旋转及短距离移动，但是较难越过大颗粒随来流发生大的位移运动而形成冲刷。

对比分析表明，与均匀沙相比，连续宽级配非均匀沙一旦发生起动，其颗粒运动更容易加剧形成冲刷，从而引起沙床形态变化；而缺粒径段的不连续宽级配非均匀沙，由于大颗粒的荫蔽阻挡作用更为明显，起动发生后颗粒仍然较难发展成大位移运动，冲刷较难形成。

4. 抛投稳定性探索试验

试验是在水流平均流速 0.2m/s，水深 0.2m 条件下，沿水槽宽度分为间隔相

同的 11 个抛投点,分次抛投,直至堆石体高度达到预定的高程为止。

对于均匀料的堆石体断面,随着粒径的增大,断面逐渐减小,抛投量也相应地减少。对于非均匀料,试验中观察到越细的颗粒落得越远,即漂距越大,越粗的颗粒落得越近,中等粒径的颗粒介于两者之间,但抛投继续进行时,可以清楚地看到细颗粒仍漂移得较远,而中等颗粒夹在粗颗粒中间成为堆石体的骨架材料,堆石体上游坡及顶部均是最大的颗粒,下游坡处仍有较多的粗颗粒形成护坡状态,下游坡脚则是较细的颗粒,越往后越细,形成拖尾状。

5.4　覆盖层河床截流冲刷问题

对于深厚覆盖层河床截流,人们关心的覆盖层稳定性问题主要指覆盖层的冲刷变形对截流戗堤稳定的影响问题、截流备料的增量问题以及覆盖层基础上的抛投料稳定问题等。

对于淤积型覆盖层河床截流,因覆盖层抗冲流速小、龙口流速较大,龙口河床会产生较大的冲刷变形,而影响截流安全,一般需采取相应的护底措施对覆盖层予以保护。因此,其研究重点为:①不护底时,覆盖层冲刷变形对截流的不利影响;②护底时,护底措施的有效性,涉及护底下游端覆盖层的溯源冲刷和护底两侧覆盖层淘刷对护底体系的安全影响问题。

对于堆积性覆盖层河床截流,覆盖层多由宽级配卵砾石夹沙组成,其研究重点为覆盖层在水流作用下的粗化、表层卵石的排列、卵石形状对覆盖层的起动及冲刷深度的影响问题。

对于上述问题,首先需弄清覆盖层稳定的影响因素、覆盖层稳定计算及模拟等,涉及覆盖层起动流速及冲刷深度的计算和试验研究方法。下面对上述问题分别进行论述。

5.4.1　河床覆盖层稳定影响因素分析

对截流而言,龙口河床覆盖层的稳定性主要与覆盖层特性、龙口水流条件、龙口边界条件有关。

1. *覆盖层特性*

覆盖层特性主要包括覆盖层组成、颗粒大小及级配、厚度、粗化、排列以及板结特性等。

由于覆盖层成因不同,覆盖层组成存在较大差异,导致抗冲刷能力有较大不同。

天然河道中下游河段,一般地势较为平缓或存在河谷深切,如长江中下游,河床覆盖层多由泥沙淤积形成，由中粗沙、泥质粉细砂、淤泥质黏土、淤泥等组成，其抗冲流速较小。

天然河道的上游河段，一般河道狭窄、地势较陡，如长江上游河段，河床覆盖层多因堆积形成，颗粒较粗、结构较复杂，多由砂卵砾石层、砂层、含崩（块）石的砂卵砾石层、粗粒土层、含漂卵砾石层等组成，抗冲流速相对较大。

河床覆盖层粒级范围一般包括卵石、砾石、粗、中、细沙和粉沙、黏性土等，泥沙颗粒分级见表 5.38。

表 5.38 泥沙颗粒分级标准（我国水利工程界分类） （单位：mm）

黏粒	粉沙	沙粒	砾石	卵石	漂石
<0.005	0.005～0.05	0.05～2	2～20	20～200	>200

按粒径大小分为散体泥沙和黏性沙。粒径 $d>1.0$mm 的粗颗粒散体泥沙，其起动不受黏结力支配；粒径 $d<0.01$mm 的黏性细颗粒泥沙，其起动受黏结力支配；介于 0.01～1.0mm 的泥沙，黏结力对起动有一定影响。

按泥沙级配分均匀沙和非均匀沙。

均匀沙的起动主要与粒径 d、密度 γ_s、颗粒形状（如卵石）、板结特性（如黏性沙）等有关。粒径、比重越大，稳定性越好；卵石的形状越扁（扁度系数 λ 越大），稳定性越好；当颗粒极细时，黏结力的作用大于重力作用，其起动规律会发生变化。

非均匀沙又分窄级配和宽级配两种。级配宽窄不同，呈现出的起动和抗冲稳定特性差异较大。

级配较窄的非均匀沙的稳定性中值粒径 d_{50} 对应的均匀沙特性基本一致。但级配较宽的非均匀沙的起动及抗冲稳定特性以及影响因素则十分复杂，不仅与上述因素有关，而且与覆盖层级配的连续性、宽窄度、水流作用下的表面粗化、排列形态等因素有关。上述各因素对覆盖层稳定的作用机理将在覆盖层稳定计算中详述。

2. 龙口水流条件

一般河道覆盖层稳定问题涉及的水力因素主要为水深、流速及其垂线流速分布等。对于截流龙口河床覆盖层的稳定问题，涉及的水力因素除上述因素外，还与床面束窄和堤头的绕流作用等有关。床面束窄使得单宽流量增大，龙口流速、水深及垂线流速分布均发生相应变化，水流冲刷能力增强。堤头的绕流作用则与进占方式及戗堤与水流流向的夹角有关。

截流戗堤进占相当于丁坝。

单向进占时，龙口为不对称水流形态，会在堤头产生绕流，形成挑流和水流下潜，而改变龙口的水流分布，宽龙口时，靠近堤头的一侧会形成绕流冲坑，远离堤头一侧的冲刷形态则与一般河道相近。窄龙口时整个龙口均受到绕流作用的影响。

截流戗堤双向进占时，两侧堤头均会产生绕流，龙口水流近似为对称水流，在龙口宽度较窄时，还会形成水流对撞，形成水舌。

总之，截流龙口的水流特性与一般河道存在较大差异，其对覆盖层稳定的影响也更为复杂。

3. 龙口边界条件

龙口边界条件与龙口水流条件密切联系、相互作用。龙口边界条件包括戗堤尺度、进占方式（单向还是双向进占）、堤头形态、覆盖层变形影响、流失料的流失及堆积形态（抛投料是否形成舌体）等，这些都将影响截流过程覆盖层的冲刷稳定。

截流进占前，河床覆盖层为自然平衡状态。随着口门束窄，河床覆盖层会因龙口流速增大发生冲刷变形，进而引起龙口水流条件以及旁侧分流建筑物的分流比发生相应变化，直至形成新的平衡。

当截流进占为间歇进占，且间歇时间较长，足以使河床覆盖层变形达到新的平衡时，河床覆盖层稳定可按新的平衡状态进行计算。

当截流进占为连续进占时，覆盖层冲刷不仅与变化着的龙口水流条件相关，而且与抛投强度关联。当抛投量大于覆盖层及抛投材料流失量时，戗堤会逐步束窄；当抛投量小于或等于覆盖层及抛投材料流失量时，戗堤进占会出现停滞不前，甚至因堤头坍塌出现退缩。因此，连续进占情况下的龙口河床覆盖层稳定计算十分复杂。

当戗堤进占后期龙口因抛投料流失形成舌状体时，龙口基本已被较大块石覆盖，此时可按护底后情况进行计算。

5.4.2 覆盖层起动流速计算

对于覆盖层河床截流，覆盖层表层的极细粒径的泥沙在进占前或进占初期已被水流夹带走或冲走，研究对象主要为覆盖层中的粗颗粒散粒体泥沙。即使在实验室中对覆盖层进行模拟，因缩尺影响，考虑覆盖层料起动相似，往往采用轻质沙模拟，满足相似性要求。

1. 散粒体均匀沙起动流速计算

1）常用散粒体均匀沙起动流速公式

国内外散粒体均匀沙起动流速公式见表 5.39。

表 5.39 常用散粒体均匀沙起动流速公式

作者	表达式	K
窦国仁 (1960 年)	$U_c=0.74\sqrt{\frac{\rho_\gamma-\rho}{\rho}gd}\lg\left(11\frac{h}{K_\gamma}\right)$	3.37
长江科学院	$U_c=4.34d^{1/3}h^{1/6}$	4.34
AcKers, White (1973 年)	$\Phi=2.02\log\left(\frac{16.5}{J}\Theta\right)\sqrt{\Theta}(\sqrt{\Theta}-0.17)^{1.5}, \Theta=0.029$	4.45
Shamov (1954 年)	$U_c=1.14\sqrt{\frac{\rho_\gamma-\rho}{\rho}gd}\left(\frac{h}{d}\right)^{1/6}$	4.59
刘兴年，曹叔尤 (2000 年)	$U_{ci}=1.15\left(\frac{h}{d_i^n}\right)^{1/6}\sqrt{\frac{\gamma_\gamma-\gamma}{\gamma}gd_i^n}\left[1+10\frac{\gamma}{d\sqrt{\frac{\gamma_\gamma-\gamma}{\gamma}gd_i^n}}\right]^{1/2}$	4.63
张瑞谨(1961 年)	$U_c=1.34\sqrt{\frac{\rho_\gamma-\rho}{\rho}gd}\left(\frac{h}{d}\right)^{1/7}$	5.39
华国祥(1965 年)	$U_c=1.35\sqrt{\frac{\rho_\gamma-\rho}{\rho}gd}\left(\frac{h}{d}\right)^{1/6}$	5.43
Neill(1967 年)	$U_c=1.4\sqrt{\frac{\rho_\gamma-\rho}{\rho}gd}\left(\frac{h}{d}\right)^{1/6}$	5.63
Shields(1936 年)	$Re>500$，$\Theta_{ci}=\frac{\tau_{ci}}{(\gamma_\gamma-\gamma)d_i}=0.06$	6.41
李宝如 (1959 年)	$\frac{U_d}{\gamma}\left(\frac{d}{h}\right)^{1/6}\geqslant1200$，$U_c=1.95\sqrt{\frac{\gamma_\gamma-\gamma}{\gamma}gh}\left(\frac{h}{d}\right)^{1/6}$	6.86
卢金友(1991 年)	长江床沙质推移质：$V=1.47\sqrt{\frac{\rho_s-\rho}{\rho}gd}\left(\frac{h}{d}\right)^{1/6}$，其所用资料范围为 $V=0.28\sim0.67$m/s，$h=2.47\sim19.9$m，$d=0.058\sim0.30$mm； 长江卵石推移质：$V=0.95\sqrt{\frac{\rho_s-\rho}{\rho}gd}\left(\frac{h}{d}\right)^{1/6}$，其所用资料范围为 $V=1.2\sim3.94$m/s，$h=2.92\sim37.0$m，$d=12\sim255$mm	—

2) 起动公式选用时需注意的问题

聂锐华和刘兴年从现有的泥沙起动流速研究成果出发，推导出常见的泥沙起动条件的转化关系，得到均匀沙起动流速统一公式：

$$U_c=Kh^{1/6}d_i^{1/3}=6.5\sqrt{\frac{\gamma_s-\gamma}{\gamma}g}\left(\frac{h}{d}\right)^{1/6}d_i^{1/3}\Theta^{1/2}$$

$$=6.5\sqrt{\frac{\gamma_s-\gamma}{\gamma}g}\left(\frac{h}{d}\right)^{1/6}d_i^{1/3}\left[\frac{\gamma hJ}{(\gamma_s-\gamma)d_i}\right]^{1/2} \tag{5.43}$$

通过换算发现，现有各均匀沙起动流速公式的起动系数为 3.37～6.86，且基本上都是常数。部分均匀沙起动流速公式的起动系数见表 5.40。

表 5.40　现有部分起动流速公式的起动系数

公式作者	K	公式作者	K
窦国仁	3.37	谢鉴衡	4.32
AcKers	4.45	Shamov	4.59
刘兴年	4.63	Goncharov	4.87
秦荣昱	4.90	Levi	4.96
Einstein	5.03	张瑞谨	5.39
华国祥	5.43	张启卫	4.59
唐存本	6.16	Shields	6.41
Egiazaroff	6.46	李宝如	6.86

表 5.40 中各公式起动系数是不同的常数，产生这种现象的原因很值得探讨。分析各家公式的推导过程发现，大多起动流速公式的推导都是先确定泥沙起动标准，然后通过对泥沙颗粒进行受力分析，再采用某个泥沙起动模式（滑动、滚动、跃移等）建立力学平衡方程，最后用实测资料率定得到起动公式。现有的泥沙起动标准以 Kramer 的定性标准、窦国仁的起动概率标准、韩其为的无因次输沙率参数标准等最具有代表性，以往的研究虽然采用的起动标准不一定相同，但基本上可归纳为 Kramer 的少动标准；采用不同的泥沙起动模式，对起动流速公式有一定的影响；率定资料的不同对起动流速系数的确定影响很大，因为各家实测资料的水流条件和泥沙颗粒组成是不同的。

因此，在具体应用时，需依据公式的适用范围，结合具体工程条件和研究对象综合选定。需综合考虑覆盖层级配、水深以及流速分布等特性及各公式的适用条件。

淤积型覆盖层泥沙粒径较小，为床沙质推移质，可依据覆盖层的中值粒径 d_{50} 选用均匀沙起动流速公式计算。

堆积性覆盖层多由卵砾石夹沙组成。级配较窄时可依据覆盖层中值粒径 d_{50}，选用卵石推移质均匀沙起动流速进行近似计算，公式选用时除需考虑覆盖层级配、水深以及流速分布特性外，还需考虑卵石形状及卵石排列对覆盖层起动流速的影响，对起动系数予以修正。当级配较宽时，按覆盖层中值粒径 d_{50} 计算则会与实际产生较大出入。这是因为宽级配覆盖层在水流作用下会在覆盖层表层产生粗化现象，形成较粗颗粒或卵砾石粗化层。因此，宽级配覆盖层的起动流速及冲刷深度计算十分复杂，需综合考虑覆盖层在水流作用下的粗化、表层卵石排列、卵石形状对覆盖层起动流速及冲刷深度的影响，这是宽级配覆盖层特有的问题。

2. 卵石形状对起动流速的影响

对于堆积性覆盖层河床，无论覆盖层是窄级配还是宽级配，都涉及卵石形状对起动流速的影响问题。天然河道卵石均非圆球体，而是千姿百态的不规则体，其长轴、中轴和短轴差别较大。卵石起动时推移质以颗粒计的输沙率很低，某个卵石是否起动，与它的形状有很大关系。韩其为和宾景洁等都从此角度对卵石形状对实际起动流速的影响进行了研究。为表示卵石的形状对起动流速的影响韩其为定义了扁度λ，即$\lambda=\frac{\sqrt{ab}}{c}$，其中$a$、$b$、$c$为卵石的长、中、短轴长度。通过研究得出，卵石的起动流速近似与$\lambda^{0.45}$成比例。

宾景洁提出颗粒扁度对流速的影响与粒径的方次相同，即

$$V_c=Kd^{1/3}h^{1/6}\lambda^{1/3}$$

水槽试验说明，对于平均扁度λ约为2的卵石，其起动流速较圆卵石要增大1.25倍。

韩其为实测的卵砾石平均扁度为2.1；晋明红实测的卵砾石平均扁度为1.52。若考虑颗粒形状的影响，取λ=1.0～2.0，则考虑形状影响的起动流速公式为

$$\begin{aligned}V_c&=(3.37\sim6.86)d^{1/3}h^{1/6}\\&=(3.37\sim5.02)d^{1/3}h^{1/6}\lambda^{0.45},\quad\text{按韩其为结果}\qquad(5.44)\\&=(3.37\sim5.44)d^{1/3}h^{1/6}\lambda^{1/3},\quad\text{按宾景洁结果}\qquad(5.45)\end{aligned}$$

3. 卵石排列对起动流速的影响

在一些河道中，由于卵石形状、河床冲刷粗化等原因，往往在河床表层形成抗冲表层，其床面卵石排列成叠瓦状，不易被水流冲刷。刘兴年还根据川江床面卵石调查结果，指出排列主要有两种：一种为队状排列，即排成与水流方向一致的队列；另一种为鱼鳞状排列，后者较为普遍。出现上述两种排列，一般要求颗粒的均匀性较好，颗粒的均匀性决定于水流分选。

谢堡玲和王振中等的试验指出，形成鱼鳞状排列的卵石的扁度平均值为2.3～2.4，队状排列的卵石的扁度平均值小于2.2。鱼鳞状排列的卵石起动流速系数较之散乱堆积的加大1.39倍，而队状排列加大1.19倍。

4. 粗化对起动流速的影响

非均匀沙某级粒径的临界起动条件不仅与水流条件、泥沙级配组成有关，还与床沙位置、粗化程度有密切的关系。各条河流的水沙过程和床沙组成不同，致使其粗化状态也不尽相同，因此临界起动条件的特点也不同。以水槽试验为例，把非均匀沙(宽级配)铺在床面上，泄放流量Q的清水，清水冲刷床面至达到粗化

稳定层形成后，停水，然后再泄放同一流量 Q 的清水，则水槽中的床沙均形成不可冲稳定层后，再停水，可获取床沙表层粗化层级配；按此级配重新配沙铺在水槽中，并泄放同样流量，则部分细沙会被起动下移。这就反映出同样水流条件和床沙级配下，由于床沙粗化程度（床沙位置特性）不同，而导致的起动流速的不同。目前的临界起动公式还不能概括上述现象。

在河床组成物质为非均匀沙的条件下，河道水沙条件改变引起床面冲刷会出现粗化问题。河床的冲刷粗化与本身级配组成的关系十分密切，对于河床组成较均匀、级配范围窄的河道，粗化现象并不明显；而对于级配分布范围很宽的卵石夹沙河床，粗化现象则极为显著。这主要是因为粗细颗粒起动所要求的水流强度不同，从而导致在同一水流条件下发生分选输移所致。

当河道上游来水来沙条件改变引起河床冲刷时，河底高程和水位都将随着冲刷的进行而降低，但河床冲深比水位降低要快。因此，随着冲刷的发展，水深不断加大，流速逐渐减小，水流的冲刷能力相应降低。当河床组成为均匀沙时，不存在粗化现象，河床冲刷只有当水流强度达到或低于床沙的起动条件时才停止。粗化是非均匀沙河床冲刷的产物，粗化层的形成可以大大减小河床的冲刷深度。这主要是因为床沙粗化后，改变了表层的床沙组成，在相同的水流条件下，河床组成不同，所能起动的最大粒径往往存在很大的差别。一般来说，随着粗化的进行，一定水流条件下的起动粒径是逐渐变小的。当表层床沙的抗冲能力达到或大于水流的冲刷能力时冲刷停止，河床的粗化过程完成。虽然此时水流强度大于粗化层下细颗粒的起动条件，但由于受到粗化层的保护作用而不能起动，这就是粗化作用的影响。

5.4.3　截流龙口覆盖层冲刷深度计算

截流束窄河床引起的覆盖层冲刷包括一般冲刷和局部冲刷两种。

对于淤积型覆盖层河床截流，因覆盖层抗冲流速小，龙口流速较大，一般需采取护底措施。在龙口采取护底时，需研究护底下游端外覆盖层的溯源冲刷以及护底两侧覆盖层淘刷对护底体系安全的影响。研究部位的水流条件虽也与截流戗堤的挑流作用有关，但由于距离较远，可归结为一般冲刷问题。在龙口不护底时，由于堤头的丁坝绕流作用，会使龙口覆盖层产生较大的冲刷变形，需研究其对截流的不利影响程度，为局部冲刷问题。

对于堆积性覆盖层河床截流，覆盖层多由宽级配卵砾石夹沙组成，其河道往往较为狭窄，护底条件较差，其研究对象主要为截流戗堤的丁坝绕流作用引起的龙口覆盖层局部冲刷问题。

1. 一般冲刷深度计算

《堤防工程设计规范》(GB 50286—2013)推荐的一般冲刷计算公式。

(1) 水流平行于岸坡产生的冲刷可按式(5.46)计算：

$$h_B=h_P+\left[\left(\frac{\overline{V}}{V_{允}}\right)^n-1\right] \tag{5.46}$$

式中，h_B 为局部冲刷深度，从水面算起 m；h_P 为冲刷处的水深，m；$\overline{V}$ 为平均流速，m/s；$V_{允}$ 为河床面上允许不冲流速，m/s；n 与防护岸坡在平面上的形状有关，一般取 $n=0.25$。

(2) 水流斜冲防护岸坡产生的冲刷按雅罗斯拉夫采夫公式计算：

$$\Delta h_\rho=\frac{23\tan\frac{\alpha}{2}V_i^2}{\sqrt{1+m^2}g}-30d \tag{5.47}$$

式中，Δh_ρ 为从河底算起的局部冲刷深度，m；α 为水流流向与岸坡交角，(°)；m 为防护建筑物迎水面边坡系数；d 为坡脚处土壤计算粒径，cm；V_i 为水流的局部冲刷流速，m/s。

式(5.47)使用时需注意以下几个问题：

(1) 第一项反映了水流冲刷能力，第二项反映抗冲能力，如流速小，覆盖层粒径较大，Δh_ρ 会出现负值情况，可认为不产生冲刷。

(2) 该式适用于冲刷坑中无泥沙补给的情况，如有泥沙补给，计算值比实际值偏大。

(3) 考虑到粗化作用，覆盖层代表粒径可选大于15%的粒径。

2. 局部冲刷深度计算

截流戗堤相当于丁坝，因此，龙口河床覆盖层的局部冲刷也可归结为丁坝的局部冲刷问题。

1) 戗堤堤头的水流流态及冲刷机理

在覆盖层河床截流过程中，由于截流戗堤的丁坝作用，河床过水断面减小，被压缩的水流绕过堤头后，产生水流边界层的分离现象和漩涡，龙口流速及压力场都发生了明显的变化。

在堤头上游，水流直接冲击戗堤的逆水面，在垂直方向上产生下沉水流和上翻水团。由于流速分布的不均匀性，水流冲击戗堤各处的壅水高度也不同。因此，在戗堤上游形成一个闭合的回水区。当戗堤与河道水流夹角 $\theta=30°\sim90°$ 时(即下挑和正挑戗堤)，回流范围较小，边界较明显，回流宽度约为戗堤长度的1～2倍，回流流速较小。当 $\theta>90°$(即上挑情况)时，随着挑角加大，回流范围、回流强度显著加大，在其上游形成明显的立轴漩涡。高能量的旋转水体下降形成冲刷力极强的螺旋流，在河底附近向堤头运动，对堤头形成冲刷，如图 5.31 所示。

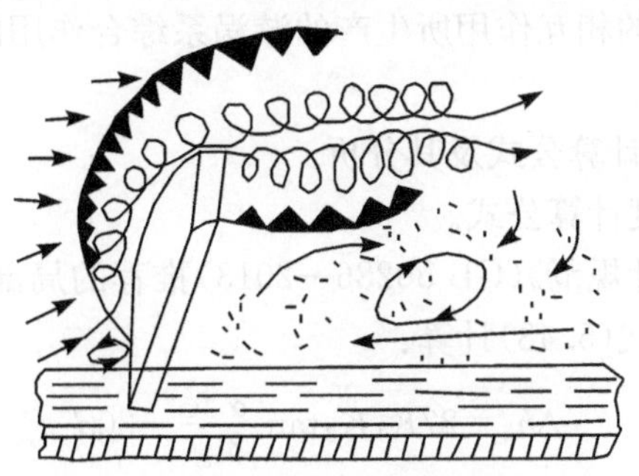

图 5.31　戗堤堤头周围水流结构示意图

受戗堤阻挡的水流，无论是下沉、上翻还是在平面上转向后都将绕过堤头而下泄，下泄水流与堤后静止水流之间存在流速梯度而产生切力，而带动静水往下形成回流，按照流体的连续性，靠岸部分的静水必须向前补充，这就形成了堤后回流区。水流绕过丁坝头部时，其流线曲率、速度旋度的垂直分量以及压力梯度都很大，因此水流绕过堤头一定角度后边界层即发生分离，分离点以下，出现立轴旋转角速度较大的旋涡，旋涡区及其内部水流属于复杂的三维流态，其速度、流向及压力发生周期性脉动。旋涡的产生具有一定能量，而运动的路径以及溃灭过程都是随机的，因此，戗堤下游在一个较大范围内水流速度、流向及水位脉动强度均较大，回流长度和宽度也存在一定幅度的摆动。

水流受堤头影响，两岸纵向水面线是不一样的。堤头一侧，上游因坝体阻挡产生局部壅水，水面线有较短距离的逆坡，局部壅水高度和逆坡距离与戗堤进占长度和挑角有关，水流绕堤头后，水位急剧降落，再向下游水位上升呈倒坡，并延伸到回流区以下，这为形成闭合回流提供了动力，这是近壁处产生逆向流动的根本原因。

受戗堤影响后，在戗堤上游，行近丁坝的水流速度有所降低，同时，因绕过堤头其方向也向对岸偏转，在戗堤轴线断面上流速分布发生剧烈的变化。在戗堤上游绕流起点处，流速接近于零，随着绕流向下移动，流速迅速增加，并达到最大值，然后逐渐减小。戗堤轴线下的收缩断面上水流的平均流速最大，往下则沿程渐渐减小。

由于受戗堤阻挡有一部分下降折向河底，再绕过堤头，堤头附近的垂线平均流速分布，自水面至河底流速逐步增大，流向偏角也同样是自水面至河底逐渐增大。

戗堤的存在使周围的水流状况变得较为复杂。产生戗堤堤头局部冲刷的主要原因有以下几个方面：一是坝头附近存在漩涡系；二是坝头附近的下潜水流；三是坝头附近单宽流量增大。三个方面是互相联系、共同作用的，即下潜水流和绕过坝头的水流及它们的相互作用所生产的漩涡系综合作用的结果，并最终导致了坝头附近的局部冲刷。

2) 局部冲刷深度计算公式及其分析

(1) 局部冲刷深度计算公式。

①《堤防工程设计规范》(GB 50286—2013)推荐的局部冲刷计算公式。非淹没丁坝冲刷深度可按式(5.48)计算：

$$\Delta h_\rho = 27K_1K_2\tan\frac{\alpha}{2}\frac{v_i^2}{g} - 30d \tag{5.48}$$

$$K_1 = \mathrm{e}^{-5.1\sqrt{\frac{V^2}{gl}}},\quad K_2 = \mathrm{e}^{-0.2m}$$

式中，Δh_ρ 为从河底算起的局部冲刷深度，m；V 为丁坝的行进流速，m/s；K_1 为与丁坝在水流法线上投影长度 L 有关的系数；K_2 为与丁坝边坡坡度 m 有关的系数；α 为水流流向与岸坡之间的角度，(°)；d 为河床覆盖层粒径，m。

② 非淹没丁坝所在河流河床质粒径较细，可按阿尔图宁公式计算：

$$h_\rho = h_0 + \frac{2.8u^2}{\sqrt{1+m^2}}\sin a \tag{5.49}$$

式中，h_ρ 为从河底算起的局部冲刷深度，m；h_0 为行进水流水深，m；α 为水流流向与丁坝交角；m 为丁坝边坡系数。

(2) 其他局部冲刷深度计算公式。表 5.41 列举了部分局部冲刷深度的计算公式。

表 5.41　其他丁坝局部冲刷计算公式

公式作者	公式结构及符号	说明
虞邦义	$\frac{h_m}{h_0}=6.68\,(F_r-F_c)^{0.111}\left(\frac{L_D}{B}\right)^{0.048}\left(\frac{d_{50}}{h_0}\right)^{0.2}\left(\frac{L_D}{h_0}\right)^{0.412}$	F_r、F_c 分别为上游及坝头断面的水流弗氏数
马尔维耶也夫	$h_t=27\exp\left(-\sqrt{\frac{u^2}{gL_D\sin\alpha}}-0.2m_0\right)\tan\frac{\alpha}{2}\frac{u^2}{g}-3d$	h_t 为坝头极限冲深
张红武	$h_m=\frac{1}{\sqrt{1+m_0^2}}\left[\frac{h_0 u\sin\alpha\sqrt{d_{50}}}{\left(\frac{\gamma_h-\gamma}{\gamma}g\right)^{2/9}v^{5/9}}\right]^{6/7}\frac{1}{1+1000S_t^{5/3}}$	ν 为水流运动黏滞系数，S_t 为体积含沙量
余文畴	$h_m=\left[\frac{1+\alpha_1\left(\frac{Q}{Q_0}\right)^{m_1}}{K}\right]^{6/7}u^{6/7}h_0^{6/7}d_{95}^{2/7}$	α_1、m_1 是与 Q/Q_0 相关的系数，由试验资料确定

续表

公式作者	公式结构及符号	说明
黄志才	$\frac{h_s}{h}=14.96F_r^{1.743}\left(\frac{L_D}{h}\right)^{0.488}\left(\frac{\alpha}{90}\right)^{0.246}e^{-0.07m}e^{-0.59\sigma g}$	—
詹义正	$h=\frac{d(L_D\sin a+b_L)}{b}\left[\frac{bh_0U_{pj}}{1.34d\left(\frac{h_0m_0}{2}+B_j\right)\sqrt{\frac{\gamma_s-\gamma}{\gamma}gd}}\right]^{\frac{1}{1+m}}$	—

(3) 局部冲刷深度计算公式分析。上述局部冲刷计算公式，概括起来，研究途径主要有三类：

① 纯经验性公式。这类公式通常是建立在试验实测资料的基础之上的，其合理性往往局限于试验条件及研究者对问题的认识程度。虽然一些公式所包含的因素也很全面(如虞邦义公式，马尔维耶也夫公式)，也能较好地描述试验资料的基本规律，但由于缺少系统完整的数学分析，其物理含义不明确，甚至于有些公式因次也不和谐(如阿尔图宁公式)。因而公式的推广使用受到了限制。

② 半理论性公式。这类公式的建立往往具有明确的出发点，并借助于理论分析获得公式结构，进而通过试验资料来验证。例如，张红武公式从丁坝对横断面上的流场影响出发，考虑影响宽度 B_r 及影响流量，建立丁坝冲刷深度计算公式；马继业公式在张红武公式的思路上，用全河宽 B 来取代影响宽度 B_r，建立相应的计算公式；余文畴公式通过丁坝附近水流结构的定床试验研究，从最大相对单宽流量(即坝头冲坑最大单宽流量 q_{max} 与行近水流单宽流量 q 之比)和相对局部总流量(即丁坝在横断面上的有效拦截流量 Q 与岸边至深泓的流量 Q_0 之比)间的经验关系出发，建立丁坝局部冲刷计算公式。上述公式在理论上远较纯经验公式有所进展，但未反映出丁坝长度对坝头冲坑的影响。黄志才基于上述公式的提出背景和试验资料，从水流条件、丁坝长度及与水流夹角、丁坝堤头坡度以及河床覆盖层粒径和不均匀性四个方面拟合了局部冲刷深度计算公式，考虑了丁坝长度和与水流夹角以及覆盖层粗化对深度的影响。

③ 理论性公式。詹义正认为丁坝局部冲刷的物理实质主要是坝头的绕流作用，丁坝压缩过水断面面积会影响横断面上流场分布，且坝头绕流对横断面上流场影响一般为有效坝长的 3～5 倍，而坝头冲坑的宽度通常不足有效丁坝的长度。基于此，按流量连续率及张瑞瑾的起动流速公式，建立了考虑丁坝长度影响的局部冲刷计算公式。由于丁坝局部冲刷除了与丁坝对河床的束窄有关，还与丁坝绕流形成的下潜水流和螺旋流有关，因此该公式仅可用于局部冲刷深度的一般估算。

3. 粗化对冲刷深度的影响

由于覆盖层河床级配的不均匀性，在水流作用下会出现表层粗化现象，而使实际冲刷深度减小。

淤积型沙质河床受清水冲刷后，一方面由于水流扬沙的分选作用，使得水流从床沙中夹带的细颗粒多于粗颗粒；另一方面由于水流中的运动泥沙与床沙的不等量交换作用，使得挟沙水体中转化为床沙的粗颗粒多于细颗粒，从而发生粗化，但粗化后的河床冲刷与否，主要以是否形成稳定的沙波为准，因为在一定的流量下，此时阻力最大，流速最小，河床最稳定，因而不再冲深。

堆积型卵石夹沙河床受清水冲刷后，较细颗粒被水流冲走，较粗颗粒停留下来，河床组成随之粗化。但河床冲刷与否主要通过粗化来反映，一是加大阻力，降低流速；二是形成表层抗冲粗化保护层(或具有一定面积的粗化层覆盖面)，使得保护层下或周围较细颗粒处于稳定状态。一旦表层粗化结构被破坏，如被挖去或被更强水流冲刷破坏，这些下层或周围的细颗粒又会被冲走，新的粗化又开始。

河床冲刷粗化是从床面表层开始逐步向深层发展的，随着冲刷一层一层地向下发展，床沙组成逐渐变粗，进而影响到水流的冲刷。因此，河床冲刷粗化是分层进行的。

1) 粗化最小粒径 d_A 计算

粗化最小粒径 d_A 指反映粗颗粒隐蔽作用细颗粒的最大粒径。

图 5.32(a)为尹学良在永定河上得到的野外观测资料和室内试验结果；图 5.32(b)为丹江口水库下游冲 10 断面的粗化层级配。

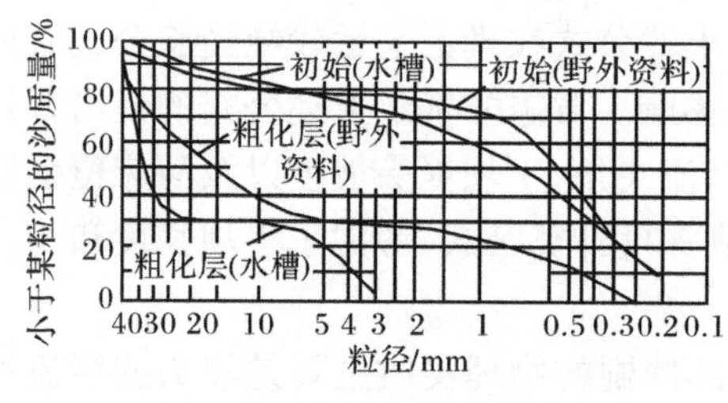

(a) 永定河上野外观实测资料和室内试验结果

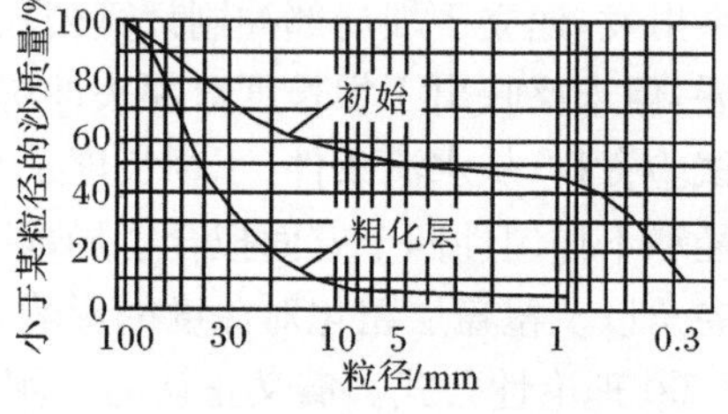

(b) 丹江口水库下游冲 10 断面粗化层级配

图 5.32　床沙级配变化

由图 5.32 可知，清水冲刷以后的河床级配曲线呈“躺椅”状，河床表层中缺乏中等粒径的颗粒，但含有较细颗粒，它们是受到粗化颗粒隐蔽影响而遗留下来的。因此认为小于起动粒径的非粗化颗粒均冲刷外移是不合理的。另一方面，这些位于粗化颗粒尾流区的细颗粒，由于大颗粒的存在，水流的紊动得以加强，这些细粒也就不十分稳定，一旦紊动升力大于细颗粒的水下重力，就会被挟带出尾流区冲走外移，因此认为那些粒径很细的颗粒会全部保留下来也是不合理的。由于粗化隐蔽作用十分复杂，目前尚无可用的资料来定量估计。根据 Einstein 的研究，在小于起动粒径的细颗粒中，存在着一个能受到粗颗粒隐蔽作用的最大粒径 d_A，介于起动粒径 d_c 和 d_A 之间的颗粒将不会受到粗颗粒的隐蔽作用。d_A 可由下式(5.50)计算：

$$d_A = 0.77K_s/k \tag{5.50}$$

式中：K_s 为粗糙高度，对非均匀沙河床，K_s 取床沙的 d_{65}；k 为校正系数。

2) 粗化颗粒百分比 p_A

对于小于 d_A 的细颗粒，它们受到粗颗粒的隐蔽作用而部分保留在下一层床沙中。但试图从理论上描述这种隐蔽作用也很困难，作为近似计算，取如下的经验关系式：

$$p_A = \frac{d_A - d_k}{d_A} \tag{5.51}$$

式中，d_k 为小于 d_A 的 k 组细颗粒粒径。式(5.51)说明，当 $d_k \Rightarrow d_A$ 时，$p_A \Rightarrow 0$。须注意的是，上面认为每一层床沙中小于起动粒径的非粗化颗粒受到了不同程度的隐蔽作用，它们中的一部分细颗粒和粗化颗粒将落入下一层，这并不意味着这些下落颗粒又将继续原封不动地落入更下一层，而是指这些颗粒落入下一层以后，将与该层的原始床沙混合在一起，改变其床沙组成，经过掺混调整后的下一层床沙在水流冲刷下，它们中的一部分细颗粒和粗化颗粒又落入更下一层，这样一层一层，由上往下，经过冲刷、下落、掺混、再冲刷、下落、再掺混直至冲刷停止。

3) 粗化层起动流速计算

胡海明和李义天在秦荣昱公式和谢鉴衡公式基础上，选取一些粗化达到稳定时的实验室和天然资料进行修正，修正方法是按秦荣昱公式计算各粒径的起动流速，设冲刷粗化停止时的水流速度为 V，起动流速(小于水流速度)为 V_0，则修正系数 $\xi = V/V_0$，点绘 ξ 与 d_i/d_m 的关系，可得到一个充分反映粗颗粒对细颗粒隐蔽作用的综合系数

$$\xi = 1.159982\mathrm{e}^{-0.134307 d_i/d_m}, \quad d_i/d_m < 1 \tag{5.52}$$

式中，d_i 为第 i 组泥沙粒径。式(5.52)表明，当 $d_i/d_m = 1$ 时，$\xi = 1.014$；当 $d_i/d_m < 1$ 时，$\xi > 1$；对于 $d_i/d_m > 1$，由于式(5.51)已部分考虑了粗颗粒的暴露作用，加上实测资料的限制，仍然用秦荣昱公式计算，于是得到适合于河床冲刷粗化的起动流速公式：

$$V_c = \begin{cases} 3.67\mathrm{e}^{-0.134307 d_i/d_m}\sqrt{2.5md_m + d_c}\left(\dfrac{h}{d_{90}}\right)^{1/6}, & d_i/d_m \leqslant 1 \\ 3.16\sqrt{2.5md_m + d_c}\left(\dfrac{h}{d_{90}}\right)^{1/6}, & d_i/d_m > 1 \end{cases} \tag{5.53}$$

4) 床沙级配的调整计算

一些粗化过程中的床沙级配计算公式将小于起动粒径的细颗粒设定为全部冲刷外移是不合理的。胡海明和李义天采用式(5.53)，在冲刷过程中考虑了上层粗化颗粒和受隐蔽作用保留下来的部分细颗粒与下层床沙的混合作用，采用类似的推导方法，得到了床沙级配公式：

$$\Delta p_k(k+1,i)=\begin{cases}\dfrac{\sigma h_k(1-\phi_k)\Delta p_k(k,i)+\sigma h_{k+1}(1-\phi_{k+1})\Delta p_k(k+1,i)}{G}, & d_i>d_c(k)\\[2ex] \dfrac{\sigma h_{k+1}(1-\phi_{k+1})\Delta p_k(k+1,i)}{G}, & d_A(k)<d_i<d_c(k)\\[2ex] \dfrac{\sigma h_k(1-\phi_k)\Delta p_0(k,i)\dfrac{d_A(k)-d_i}{d_A(k)}+\sigma h_{k+1}(1-\phi_{k+1})\Delta p_k(k+1,i)}{G}, & d_i<d_A(k)\end{cases} \tag{5.54}$$

5) 最大冲刷深度计算

覆盖层最大冲刷深度计算，如图 5.33 所示，可依据式(5.54)，通过编制程序进行计算。河床冲刷深度不大时，可以不考虑水位降落，其计算步骤如下：

(1) 将河床沿垂线分层，每一层的床沙厚度和原始床沙级配已知。

(2) 在给定的大流量下，取冲刷水深 $H=h+\sigma h$，由式(5.54)计算最小粗化粒径，开始冲刷时由于水流强度较强，床面糙率不很大，d_c 一般大于 d_{max}，说明该层泥沙全部冲刷外移，对下层床沙没有影响，冲刷结束后河床表层级配为第二层初始级配，继续增大水深，重复相同的计算，一直到水深为 H_1 时，起动粒径开始小于 d_{max}，说明床沙开始粗化。

(3) 取水深 $H=H_1+\sigma h_1$，确定起动粒径以后，由式(5.54)对第 2 层原始床沙级配进行调整，得到下一个冲刷水深时的河床表层级配。

(4) 增加冲刷水深，重复步骤(3)。

(5) 当水深达到 H_2，起动粒径小于床沙最小粒径，说明床面上无泥沙输移，粗化已经完成，河床处于极限静平衡状态。因此，最大冲刷深度为

$$H_{max}=H_2-h$$

此时的河床表层级配即为粗化层级配。

对于考虑水位降落的最大冲刷深度计算，需采用非均匀流的运动方程计算下游水位，其他步骤同上。

5.4.4 覆盖层河床截流模型的模拟技术问题

1. 截流模型模拟的相似性问题

对于截流模型试验，块体抗冲稳定问题是其重点研究内容，模型除需满足重

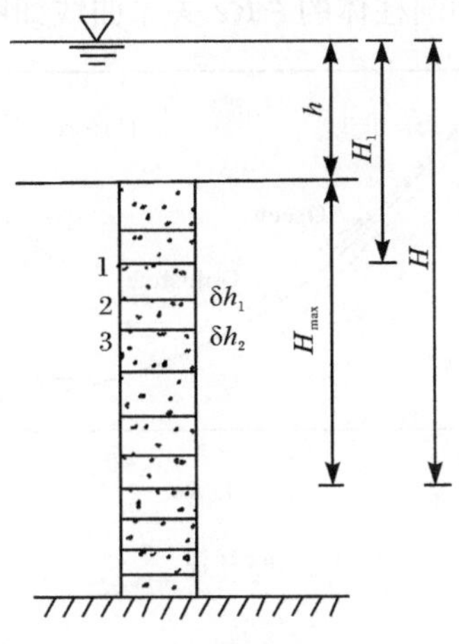

图 5.33　冲刷粗化过程

力相似准则外，还需满足块体抗冲稳定的相似准则。

块体抗冲稳定的平衡方程为

$$\xi A_{\mathrm{d}}\left(\frac{\gamma V_{\mathrm{d}}^2}{2g}\right)=Gf$$

式中：$A_D=\beta\frac{\pi D^2}{4}(\beta\leqslant 1)$；$G=\eta\frac{\pi(\gamma_{\mathrm{s}}-\gamma)}{6}D^3$。

相似准则为

$$\frac{F_1}{F_2}=\frac{\eta\frac{\pi(\gamma_{\mathrm{s}}-\gamma)}{6}D^3 f}{\xi\beta\frac{\pi D^2}{4}\left(\frac{\gamma V_{\mathrm{d}}^2}{2g}\right)}=\frac{\gamma_{\mathrm{s}}-\gamma}{\gamma}\frac{gD}{V_{\mathrm{d}}^2}\frac{\eta}{\beta}\frac{4}{3}\frac{f}{\xi}=\text{常数} \tag{5.55}$$

式(5.55)可分解为以下三个准则。材料和介质的相似准则：$\frac{\gamma_{\mathrm{s}}-\gamma}{\gamma}\frac{\eta}{\beta}=$常数；重力相似准则：$\frac{V_{\mathrm{d}}^2}{gD}=$常数；阻力相似准则：$\frac{f}{\xi}=$常数。

以上三个准则中，前两个准则只要满足重力相似和整体模型的几何相似，即可得以满足，而第三个准则需考虑雷诺数的范围，讨论如下。

1) 关于摩擦系数 f 的变化规律

摩擦系数 $f=\phi$(形状、性质、$\Delta/D\cdots$)，当形状和材料一定时，f 基本上只受 Δ/D 的影响。参照 5.1.2 节分析，认为 f 是连续依赖 Δ/D 的，故要保持 f 不变，必须保持 $\frac{\gamma_{\mathrm{s}}-\gamma}{\gamma}\frac{\eta}{\beta}$ 和 Δ/D 为常数。在一般正态整体模型上，这是可以满足的。

2) 关于绕流阻力系数 ξ 的变化规律

绕流阻力系数 ξ 值（泥沙动力学中采用 C_{d} 表示）主要受形状和雷诺数 Re 的影

响,即 $\xi=f(\eta,Re)$。圆球和圆柱体的 ξ-Re 关系曲线如图 5.34 所示。

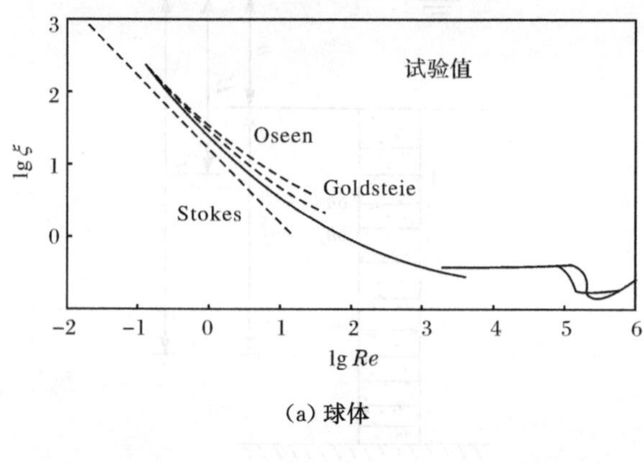

(a) 球体

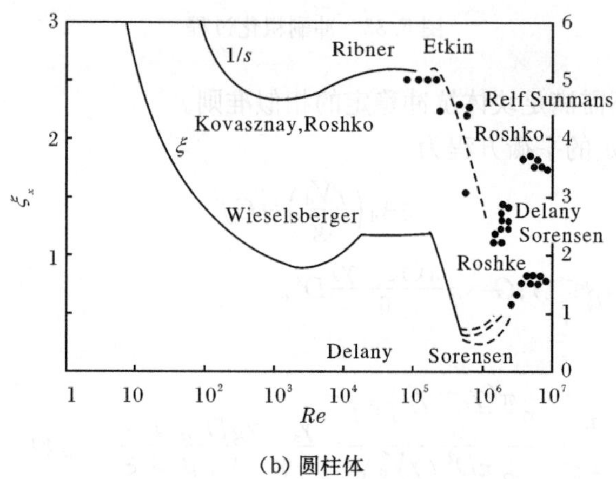

(b) 圆柱体

图 5.34 绕流阻力系数-雷诺数关系曲线

研究表明,非流线形物体(有脱体绕流时),都会出现如图 5.34 曲线所示的两个凹点。第一凹点相应于层流边界层向紊流边界层过渡时的雷诺数,第二个凹点相应于一种流体结构的根本改变,此时阻力系数急剧降低,过后又回升,成为阻力危机,此时的临界雷诺数约为 4×10^5(对圆球、圆柱而言)。一般来讲,只在 $Re=10^4\sim2\times10^5$,ξ 为常数,进入自模拟区。

3) 关于模型比尺的讨论

由此可见,ξ 不为常数时,模型不能满足相似条件。为使模型水流 Re 为 $10^4\sim2\times10^5$,使 ξ 为常数,进入自模拟区,以避免阻力危机,模型设计时需依据试验条件合理确定模型比尺。下面以原型 10m 水深、龙口宽 150m 龙口宽为例来说明比尺的选择方法。计算见表 5.42。

在窄龙口时,龙口流速往往较大,流速大于 3m/s,以下比尺模型均能满足;宽龙口时，流速小于1m/s时，1∶80比尺已不能满足。因此，模型设计时，需根据研究问题的范围，考虑模型试验测试范围内，水流的雷诺数 Re 是否进入了自模拟区，进行比尺的合理选择。

表5.42　不同比尺模型 *Re* 计算

比尺		1∶50		1∶60		1∶70		1∶80	
$V_{原}$/(m/s)		1	10	1	10	1	10	1	10
$V_{模}$/(cm/s)		14.1	141.4	12.9	129.1	12.0	119.5	11.2	111.8
湿周 R/cm	宽龙口(150m×10m)	17.6	17.6	14.7	14.7	12.6	12.6	11.0	11.0
	窄龙口(30m×10m)	12.0	12.0	10.0	10.0	8.6	8.6	7.5	12.0
运动黏滞系数 υ		0.0131	0.0131	0.0131	0.0131	0.0131	0.0131	0.0131	0.0131
模型 Re	宽龙口(150m×10m)	1.9×10^4	1.9×10^5	1.4×10^4	1.4×10^5	1.1×10^4	1.1×10^5	9.4×10^3	9.4×10^4
	窄龙口(30m×10m)	1.3×10^4	1.3×10^5	9.9×10^3	9.9×10^4	7.8×10^3	7.8×10^4	6.4×10^3	1.0×10^5

2. 覆盖层模拟的相似性问题

截流模型研究的覆盖层冲刷问题为河床推移质的冲刷变形问题，由于截流时间短，可归结为清水底沙模型，故仅分析底沙模型的相似条件。

1) 起动流速相似

底沙模型冲刷相似的条件是起动流速相似，即原型在某一水流条件下某粒径颗粒如开始冲动，则模型在相应水流条件下相应粒径颗粒也恰应开始冲动。

$$\left(\frac{V}{V_k}\right)_p=\left(\frac{V}{V_k}\right)_m=\text{idem}\quad 或\quad \lambda_V=\lambda_{V_k}\tag{5.56}$$

式中，V 为水流实有的垂线平均流速；V_k 为一定水深下某沙粒以垂线平均流速计的起动流速。

式(5.56)也可由底沙输沙率公式导出。

2) 止动流速相似

底沙模型淤积部位相似的条件是止动流速相似。对于既定的粒径和水深条件下运动着的底沙颗粒，当垂线平均流速降到某一特定值时恰好停止运动，此垂线平均流速特征值即为该粒径颗粒在该水深下的止动流速。

$$\left(\frac{V}{V_H}\right)_p=\left(\frac{V}{V_H}\right)_m=\text{idem}\quad 或\quad \lambda_V=\lambda_{V_H}\tag{5.57}$$

式中，V_H 为沙粒止动流速。

V_{k1} 为1m水深的起动流速，V_{H1} 为1m水深的止动流速。沙玉清试验研究结果表明，当沙粒不是很细(如对于天然沙来说，粒径 $d>0.2\text{mm}$)时，止动流速 V_{H1} 略小于起动流速 V_{k1}，两者基本成正比，而且在数值上极其相近，如图 5.35 所示。

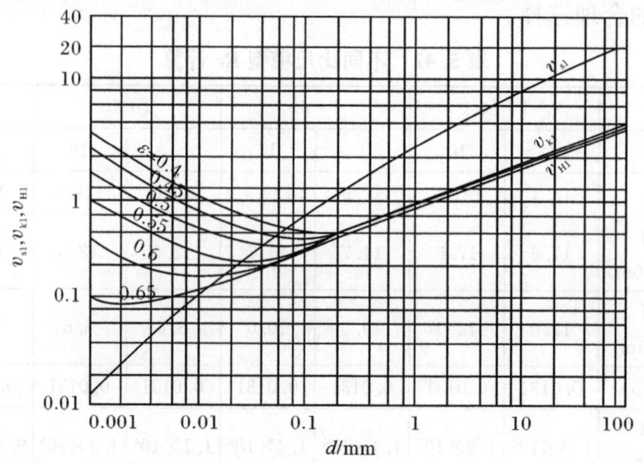

图 5.35　泥沙的起动流速和止动流速

由此得到一个重要结论，当原型沙和模型沙都不是极细颗粒时，起动流速相似是保证冲刷和淤积部位相似的基本条件。

3) 冲刷量和淤积量相似

在满足冲刷和淤积部位相似条件的前提下，为能得到相应某一过程后的冲刷和淤积量与原型相似，还需有正确的冲淤时间比尺和输沙率比尺。

如采用以密实体积计的单宽输沙率公式：

$$p=\frac{1}{200}d(V-V_k)\left(\frac{V^3}{V_k^3}-1\right)$$

可得

$$\lambda_p=\lambda_d\lambda_V \tag{5.58}$$

$$\lambda_{t1}=\frac{\lambda_{(1-\varepsilon)}\lambda_l\lambda_h}{\lambda_d\lambda_V}=\frac{\lambda_{(1-\varepsilon)}\lambda_h}{\lambda_d}\lambda_t \tag{5.59}$$

当使模型沙与原型沙保持相同孔隙率 ε 时，则有

$$\lambda_{t1}=\frac{\lambda_l\lambda_h}{\lambda_d\lambda_V}=\frac{\lambda_h}{\lambda_d}\lambda_t \tag{5.60}$$

式(5.60)表明，除非采用天然沙，使 $\lambda_d=\lambda_h$，才可能使冲淤时间比尺与水流运动时间比尺一致。若采用轻质沙，则会发生“时间变态”。

4) 阻力相似

曼宁公式：$n=\frac{1}{C}R^{1/6}$ 也可写成：$n=Ad^{1/6}$，式中 A 取 0.015(司脱立克)或 0.0166(张有龄)。

进而得到初步估计公式：

$$\lambda_n=\lambda_d^{1/6} \tag{5.61}$$

式(5.61)对于平整河床紊流区粗粒泥沙较符合实际，而对于细粒泥沙，则与泥沙的组合特性有关，特别是由于沙波的产生使糙率变化幅度较大。

沙波的发生、发展和消亡过程，模型和原型往往因雷诺数不同而不相对应。对于以床面糙率为主的原型河流来说，通常是枯水时较大，变幅也大，随流量的增大床面糙率逐渐减小；而以床面糙率为主的模型小河，在某些情况下，由于沙波逐渐发展壮大，床面糙率往往随流量的增大而增大。因此，要做到床面糙率的相似十分不易。

3. 覆盖层动床沙的选择

1) 按起动流速相似条件选择模型沙

对底沙模型而言，控制模型沙的主要条件是起动流速相似。但具体应用时必须知道起动流速和沙粒物理力学性质(如 γ_s、d 等)的关系，才能对各种材料(即各种 γ_s)定出正确的粒径比尺，并在选定材料和粒径比尺后，由原型沙粒径级配决定模型沙粒径级配。

为得到沙粒起动流速与其物理力学性质的关系，实践中通常有两种方法：

(1) 通过水槽进行起动流速的预备试验。该法自然妥善，但工作量大。

(2) 引用已有的某一起动流速公式，直接推求出起动流速、粒径的相似比尺应满足的要求，在据以选择模型沙材料及粒径使其满足条件。该法简单，且颗粒不是很细时，已有较好的起动流速公式可以应用，因而，可以设计出效果比较理想的底沙模型。

按统一的起动流速形式：

$$\begin{aligned}V_c&=Kh^{1/6}d_i^{1/3}=6.5\sqrt{\frac{\gamma_s-\gamma}{\gamma}g}\left(\frac{h}{d}\right)^{1/6}d_i^{1/3}\Theta^{1/2}\\&=6.5\sqrt{\frac{\gamma_s-\gamma}{\gamma}g}\left(\frac{h}{d}\right)^{1/6}d_i^{1/3}\left[\frac{\gamma hJ}{(\gamma_s-\gamma)d_i}\right]^{1/2}\end{aligned}$$

考虑到选沙时的 γ_s、h、d 要素，将上式再变形为

$$V_c=K\sqrt{\frac{\gamma_s-\gamma}{\gamma}}h^{1/6}d_i^{1/3} \tag{5.62}$$

则

$$\lambda_v=\lambda_k\lambda_{\frac{\gamma_s-\gamma}{\gamma}}^{1/2}\lambda_h^{1/6}\lambda_d^{1/3} \tag{5.63}$$

再引入重力相似准则条件，$\lambda_v=\lambda_h^{1/2}$，得

$$\lambda_d=\frac{\lambda_h}{\lambda_k^3\lambda_{\frac{\gamma_s-\gamma}{\gamma}}^{3/2}} \tag{5.64}$$

如选用天然沙，且模型沙的比重与原型沙相同，则 $\lambda_d=\lambda_h$；如选用轻质沙，式(5.64)的分母就大于1，故有 $\lambda_d<\lambda_h$。由此可知，当使用天然沙，按 $\lambda_d=\lambda_h$ 求得的模型沙粒径过细而不满足要求时，改用轻质沙就解决了这个矛盾，越轻的材料，颗粒越粗。

2) 考虑阻力相似的模型沙选择

当采用起动流速相似条件选择模型沙时，当然未必能满足阻力相似。对于截流模型中的底沙模型，研究段较短，在正态几何相似的情况下，沿程阻力相似稍有偏差是可以容许的。但对于较长河段的河工泥沙模型，沿程阻力相似则是必须满足的条件，往往采取 $\lambda_l>\lambda_h$ 的变态模型，其阻力相似条件为 $\lambda_n=\lambda_h^{2/3}/\lambda_l^{1/2}$，结合式(5.61)得

$$\lambda_d=\frac{\lambda_h^4}{\lambda_l^3} \tag{5.65}$$

如要同时满足重力相似、起动相似和沿程阻力相似，还需什么附加条件呢？为此，将式(5.58)和式(5.59)联立求解，可得

$$\lambda_k\lambda_{\frac{\gamma_s-\gamma}{\gamma}}^{1/2}=\frac{\lambda_l}{\lambda_h}=\xi \tag{5.66}$$

要想同时满足重力相似、起动相似和沿程阻力相似，变态率 ξ 及模型沙比重 γ_s 不能任意选择，需满足式(5.66)的约束要求。

5.5 降低截流难度的技术措施

在截流方案确定的情况下，常用的降低截流难度的措施主要是针对戗堤堤头及龙口床底边界条件，增强抛投料的抗滑止动性能的技术措施。增加抛投料稳定性(截流施工安全)的工程措施包括三个方面：①龙口河床垫底加糙；②截流施工过程中龙口下游设置拦石坎(拦石栅)，包括导流建筑物施工过程中在设计龙口部位预设拦石齿坎，如三峡明渠提前截流；③平抛垫底(护底)措施，都是为了截流堤头进占安全，对于深水平抛垫底减小水深，主要是减缓堤头坍塌，减少由此而产生的施工机具安全和人员生命安全损失，如三峡大江截流。对于截流龙口河床覆盖层深厚的情况，平抛护底的目的是避免由于覆盖层冲刷而产生堤头淘刷，而使截流进占困难，如葛洲坝截流。

5.5.1 从抛投材料角度提高抗滑止动能力

由截流块体稳定计算的基本表达式 $V=\left(\frac{H}{D}\right)^{\alpha}\sqrt{2g\frac{\gamma_s-\gamma}{\gamma}D}\sqrt{\frac{2}{3}\frac{\eta}{\beta}\frac{f}{\xi}}$ 可知，与抛投材料有关的影响要素主要有：材料比重 γ_s、尺度大小 D、形状(η、β、ξ)等。

1. 增大质量或尺寸

由不同重量混凝土四面体在四种垫底材料上的稳定性比较试验可知，15t 以下四面体的抗冲流速随块体重量增长较快，15t 以后增长较慢；块体质量超过 25t，则增长更慢。因此，在天然石料中大块石较少，没有满足截流困难段用料要求时，可以备制一些 15～25t 的混凝土四面体，或利用当地石材备制一些合金笼网兜或钢筋笼，以增强块体的抗滑止动性能。

2. 增大块体容重

提高块体容重 γ_s，从两个方面均提高了块体抗冲能力：一是直接作用；二是当块体重量一定时，容重增大，体积减小，重心降低，由于底部流速相对较小，更利于稳定。从不同容重混凝土四面体的稳定性比较试验可知，相同重量的加铁混凝土四面体的止动流速比混凝土四面体提高了 11%～28%，止动性能明显增强。但由于加铁混凝土四面体造价较高，一般只在截流难度很大的工程最困难时使用。

3. 形状因素

块体的形状对块体抗滑止动性能的影响主要反映在重心的高低以及减小水流冲击能力方面。由四面体、扭工字体、多角体和空心六面体四种形状人工块体的稳定性比较试验可知，无覆盖层时，块体稳定主要取决于自身的形状特点。在铺放密度相同的条件下，扭工字体和多角体较好；有覆盖层时，块体稳定主要取决于覆盖层的稳定，四面体适应性最好，其次为扭工字体。如考虑到河床多少有些覆盖层的实际情况，则四面体适应性更好些。

因此，综合四面体稳定性较好的特点以及钢筋笼可利用当地石材且透水性较好特点形成的四面体钢筋笼具有较好的抗滑止动性能。四面体钢筋笼稳定性试验研究表明，对于截流抛投止动，四面体钢筋笼的稳定性明显高于相同重量的正六面体钢筋笼，抗滑止动稳定系数 K 值提高了约 25%。

4. 利用块石串和四面体串提高块石稳定性

由混凝土四面体串体稳定效果研究发现，无论在河床上还是戗堤堤头上挑角抛投，串体均比单体的稳定性好。在床面上未体现出串体个数的优势，其原因是串体中的每一个块体均处在几乎相同的水流状态中；而在戗堤堤头上挑角抛投，串体中的每个块体则处在不同的水流状态中，总有部分块体处在流速相对较小的区域，流速较小区域的块体的稳定牵制了其他块体，故体现出串体个数增加的优势。因此，在实际截流中，应确保串体中有部分块体落在流速较小区域。

5.5.2 从抛投材料接触边界角度提高抗滑止动能力

根据5.1节截流块体稳定机理，分析提高抗滑止动能力的技术措施。

1. 提高基面糙度Δ值

由块体止动流速实用计算公式

$$V_{止动}=\left(\frac{H}{D}\right)^{1/7}\left[0.65+0.35\left(\frac{\Delta}{D}\right)^{1/2}\right]\sqrt{2g\frac{\gamma_s-\gamma}{\gamma}D}$$

可知，当块体容重γ_s和化引直径D已定、龙口水深H不变时，提高基面糙度Δ值可有效地增大截流块体的抗冲稳定性，如将$\Delta=0$提高到$\Delta=D$，则抗冲稳定系数K值便提高1.0/0.65=1.54倍。在三峡工程明渠截流时就成功运用了此措施，有效地降低了截流难度。

目前国内外截流工程减少抛投材料流失的工程措施通常有：①在导流建筑物兴建之初即为将来的截流修建加糙墩（坎）；②在截流工程实施前通过打桩、设置拦石栅（桩）等措施阻拦抛投材料的流失；③在截流工程实施前和实施过程中通过抛投大体积、大容重的块体形成拦石坎，加糙河床减少抛投材料的流失。

采用龙口设置加糙拦石坎的措施，对增加抛投材料的稳定性，减少抛投材料的流失效果非常明显，已被许多工程所证实和采用。同时加糙拦石坎还具有提高龙口摩擦系数、减少龙口水深、降低单宽能量、减少龙口工程量加快截流进度的作用。

2. 允许部分流失降低块石粒径达到易于备料目的

一般来讲，截流不会用三角形紧凑断面进占，而常为扩展断面。选择抛投粒径应根据龙口宽、窄、成舌情况等，分别用下式来计算。

窄龙口：

$$\frac{Z_{扩}}{D}=1.23\left(\frac{H}{D}\right)^{1/3.5}\left[0.65+0.35\left(\frac{\Delta}{D}\right)^{1/2}\right]^2\frac{\gamma_s-\gamma}{\gamma}$$

成舌根：

$$\frac{Z_{舌体}}{D}=1.23\left(\frac{H}{D}\right)^{1/3.5}\left[0.65+0.35\left(\frac{\Delta}{D}\right)^{1/2}\right]^2\frac{\gamma_s-\gamma}{\gamma}$$

例5.1 目前国外几个大工程都采用400～500kg块石截流。设$G=500$kg，$\gamma_s=2.7$，$D=0.7$m，$H=15$m。

(1) 允许部分流失，达到成舌断面，则有

$$\frac{Z_{max}}{D}=1.23\left(\frac{15}{0.7}\right)^{1/3.5}(2.7-1)=5.02,\quad Z_{max}=3.51\text{m}$$

(2) 若不希望流失，则可以预抛0.7m块石护底，仍得$Z_{max}=3.51$m。

(3) 若不允许流失又不护底,$\Delta=0$,则得 $Z_{max}=1.48\text{m}$。

例 5.2　某工程截流,困难段落差为 3m 左右,水深 10m,用单戗进占,则所需块体粒径如下:

(1) 不护底,不允许流失,则得:如用块石 $D_{max}=2.23\text{m}$,$G=15.7\text{t}$,$Z/D=1.35$。

如用混凝土块 $D_{max}=2.94\text{m}$,$G=32\text{t}$,$Z/D=1.02$。

(2) 以 $D=0.7\text{m}$ 块石护底,如用块石 $D_{max}=0.7\text{m}$,$G=0.5\text{t}$,$Z/D=4.29$。

如用混凝土块 $D_{max}=1.3\text{m}$,$G=2.76\text{t}$,$Z/D=2.3$。

(3) 不护底,允许少量流失,如用块石 $D_{max}=0.7\text{m}$,$G=0.5\text{t}$,$Z/D=4.29$。

从以上分析可知,截流时允许在最后困难段有部分流失的设计是最合算的。它能充分发挥普遍块石的截流能力。对于拥有现代化施工机械的工程来讲,用小中块石,比开挖(或浇注)、搬运和抛投大块体省事。

5.6　小　结

(1) 依据以往研究结果,分析抛投料的止动稳定过程,并进行了受力分析,推导了块体稳定计算基本关系式,并结合块体稳定计算基本关系式,分析了龙口水流条件、抛投材料的物理力学特性、接触边界条件及其相互作用等因素对抛投料抗滑止动的影响。

(2) 比较混凝土块体在形状、质量、容重、块体是否串联以及河床有无覆盖层等因素发生变化时的抗滑止动稳定性的差异。

(3) 对正六面体钢筋笼的稳定性从重量、形状以及有无垫底材料等方面进行了试验研究,拟合了考虑形状因素、河床糙度因素的正六面体钢筋笼止动流速和起动流速的计算公式,并依据试验结果进行了验证,吻合较好。

(4) 对四面体钢筋笼、圆柱线体材料两类截流新型块体的稳定性从质量以及有无垫底材料等方面进行了试验研究,指出四面体钢筋笼的止动稳定性明显优于相同重量的正六面体钢筋笼,而起动稳定性差别不大;在截流困难段抛投圆柱线体材料,其流失量较少且可以一次到底,就位性能优于石渣、四面体和钢网石笼等。

(5) 从抛投材料及其接触边界两方面,提出了增强抛投料抗滑止动能力的技术措施。

第 6 章　降低截流难度的截流施工方案与措施

本章重点阐述降低截流难度指标的技术措施及截流方案，如截流块体抗滑止动技术，以及双戗(多戗)截流、宽戗截流、临机决策截流、梯级水库调控截流等截流方案关键技术。

目前还没有一个指标能较全面地衡量截流困难程度，但截流难度主要表现在截流规模和截流施工困难两方面，与导流工程密切相关，如何兼顾两方面使截流难度最小，需采取适当的工程措施，即减小截流能量(流量)或增加抛投料稳定性(截流施工安全性)及其综合措施等。减小截流能量(流量)的措施包括四个方面：①总结截流设计及实际截流流量情况，适当降低截流设计标准，运用相关学科技术手段预测预报原型截流期水文气象特性，临机决策，适时截流；②增大导流能力对减小截流难度影响重大，如葛洲坝工程截流，特别是有压导流方式对截流难度非常敏感，如三峡明渠提前截流；③采用双戗、多戗及宽戗截流，特别是对于截流流速大、落差高的截流工程，可分担截流口门的落差或增大堤头水头损失；④对于梯级水库，可通过枢纽的适时调度调节，减小截流流量。对上一级枢纽适时调节，可减小河段径流量；对于较特殊的梯级，也可通过下一级枢纽适时调节，运用槽蓄原理，减小截流龙口流量，如三峡明渠提前截流。

6.1　双戗截流落差分配有效控制

采用数学模型和物理模型相结合的手段，重点研究双戗立堵截流上、下游戗堤落差分配的各影响因素及其作用机理，提出合理有效的双戗堤截流落差分配控制技术。

6.1.1　双戗堤截流落差分配的影响因素

1. 挑流措施对落差分配的影响

截流时双戗共同发挥作用分担落差的前提是，上戗龙口后主流能充分扩散，同时下戗龙口前水位能有效壅高。在水深较大的缓流情况下，满足前者也就意味着后者有了保证，所以主流扩散是这里的关键。肖焕雄在 20 世纪 80 年代曾提出很有意义的顺直河段双戗间距公式，其计算最小值实际是满足主流扩散要求，最大值是满足壅水淹没要求。该公式是按照上戗后回流自由发展的条件推导得出的，同时，随着截流过程中边界和水流条件的变化，间距计算值也在相应变化，且变化范围较大。有文献表明，丁坝后的回流长度约等于丁坝长度的 5～14 倍，在河道中比值较小，水槽中则较大；带有障碍物的明渠水流计算和实际量测的对比算例也显示，垂直于水流方向的障碍物后回流范围长度在 8 倍障碍宽度左右。因此可以粗略估计当戗堤长度超过 200m 时，其后自由发展的回流长度至少 1600m，这对于 1000m 左右的一般双戗间距来说，下戗基本在上戗后回流范围以内，超出了公式分析推导要求的水流前提条件。在本概化明渠条件下，若采用该公式计算，最大合理戗堤间距约为 2300～3500m，最小合理戗堤间距约为 900～1600m。李鹏等采用水力学方法分析得到戗堤渗漏条件下的回流长度表达式，类比前述肖焕雄公式进行系数率定，结果与试验吻合较好，当戗堤长度超过 200m 时，由其推算出的最小戗堤间距也将大于 2000m。显然，这样的戗堤间距在截流工程中是不切实际的。

实际截流过程中戗堤轴线已经确定，另外戗堤轴线位置设计也还需要根据其他施工要求综合考虑，所以对于有限戗堤间距或短戗堤间距情况，上述公式的应用尚有一定局限性。通过 FLOW-3D 程序对本计算条件下的双戗截流流动状态进行模拟试验分析，发现平面流态是双戗有效发挥作用的首要因素。

2. 戗堤间距对落差分配的影响

当然，增加挑流墙（坝）后并不能解决戗堤间距问题，间距太小同样会导致下戗分担落差失效。经过大量数值试验，在本概化边界条件下，计算最小间距在 1180m 左右，最大超过 2000m。

戗堤间距增加主要使靠近下戗的下回流长度增加，而上戗后的上回流长度变化较小，结果如图 6.1 所示。可见上回流位置和范围主要由挑流设施决定，而戗堤间距对其影响不大。同时，试验还表明，戗堤间距增加使总落差和下戗落差略有减小，而上戗落差变化不大，如图 6.2 所示。

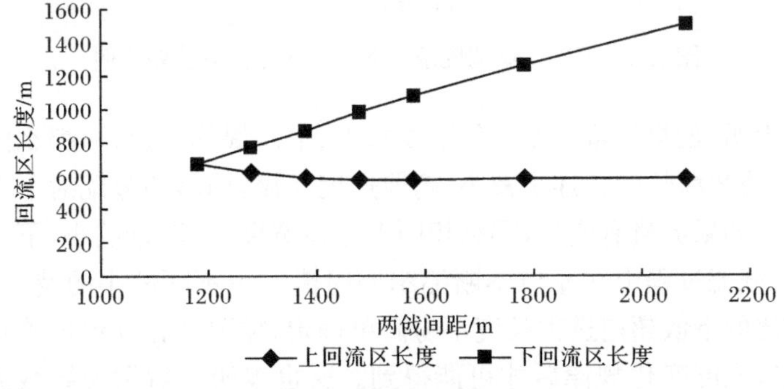

图 6.1　戗堤间距对回流长度的影响

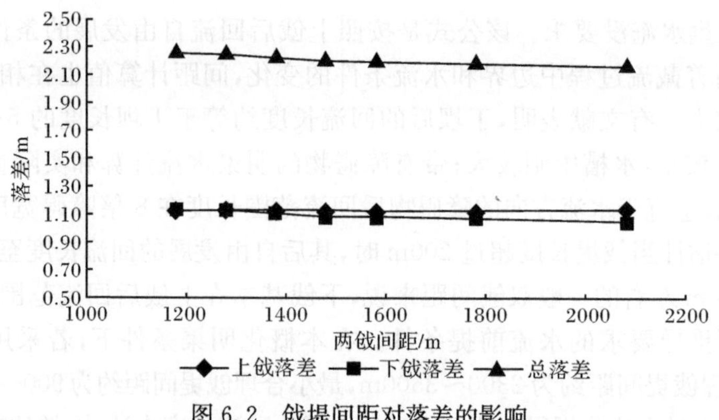

图 6.2　戗堤间距对落差的影响

3. 进占顺序和速度对落差分配的影响研究

一般来说，上戗上游水位直接与导流分流流量相关，所以截流过程中多以上戗进占为主，下戗辅助进占分担总落差，理想情况为上、下戗均分总落差。

截流过程中，假设流量为 6000m^3/s，通过计算对一定上龙口宽度下不同下龙口配合宽度时的上戗落差占总落差的比例进行分析，结果如图 6.3 所示。上下龙口同宽时均以上戗承担落差为主，占 60%以上。随着下龙口不断缩窄，上戗承担落差变小而下戗变大。若要上、下戗堤均分落差，则要求下戗超前进占，并且随着上龙口宽度不同，超前速度有所不同。

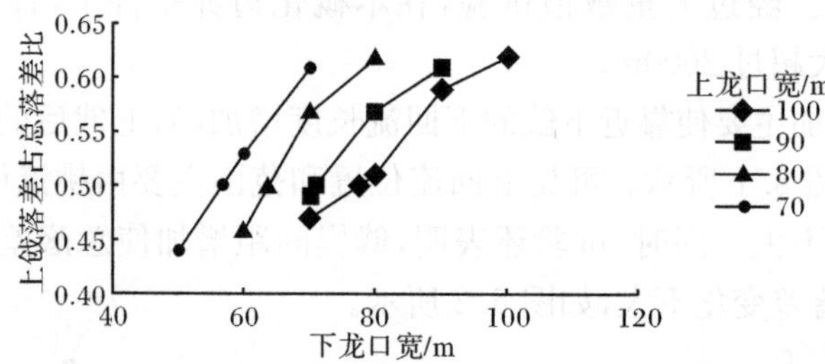

图 6.3　不同龙口宽度条件下上戗落差占总落差比例

图 6.4 表明，如果流量不变条件下要求上、下戗堤均分落差，那么随着上龙口宽度减小，下戗超前长度将逐步减小，超前速度变慢，即落差分配对下龙口进占将越来越敏感。如果流量有变化，那么相同上龙口宽度下，流量越小，下戗超前长度越大。因此，截流过程中在龙口不断缩窄同时流量也不断减小的情况下，满足预定落差分配比的下戗超前进占长度不易简单确定，需要结合导流设施过流能力分析流量随龙口宽度变化规律后才可能得到。这也表明今后发展导截流整体水动力计算研究十分必要。

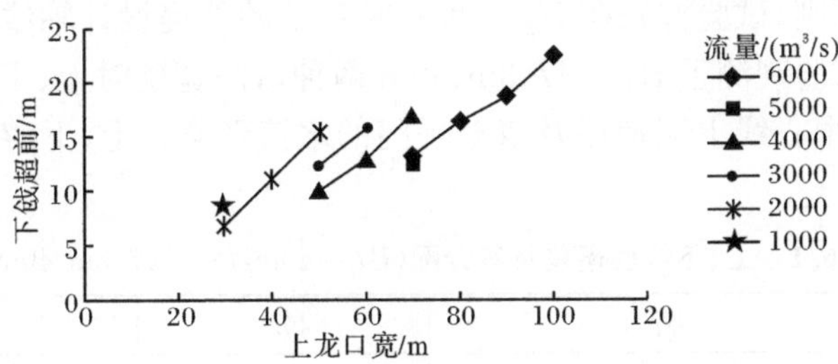

图 6.4　双戗均分落差条件下下戗超前进占长度

6.1.2　落差分配控制的敏感性

结合亭子口截流工程，采用物理模型及数值模拟进行了研究。

亭子口水利枢纽位于四川省广元市苍溪县，嘉陵江干流中游河段上游，是嘉陵江干流开发中唯一的控制性工程。枢纽开发具有防洪、灌溉、供水、发电、航运及其他综合利用效益。明渠截流时，泄洪坝段 5 个底孔承担分流任务。亭子口水利枢纽施工导流明渠及上、下戗堤布置图如图 6.5 所示。

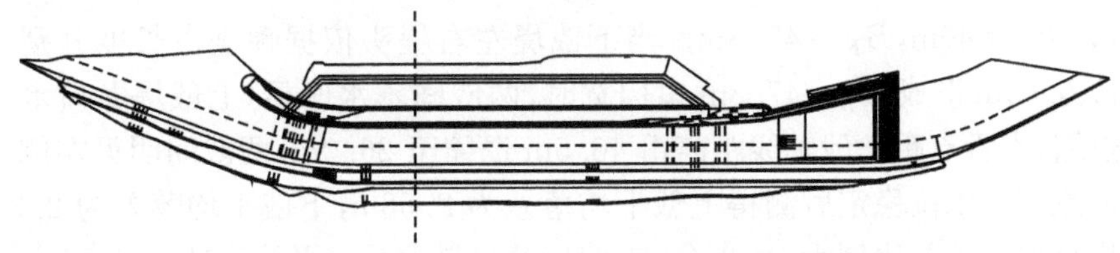

图 6.5　亭子口水利枢纽施工导流明渠及上、下戗堤布置图

1. 物理模型试验结果

物理模型按重力相似准则设计，与原型保持几何相似、水流运动相似和动力相似，模型比尺为 1∶50。明渠段为混凝土表面，不存在渠床冲刷问题，采用定床模型进行研究。模拟范围为坝轴线上游 1050m 至坝轴线下游 1450m 的河段。

1）基本水力控制条件验证

采用双戗堤截流方案，首先需判定上、下游戗堤轴线位置是否满足双戗堤截流基本水力控制条件，即下游戗堤达到最困难段时，其截流难度要小于单戗堤截流时难度；下游戗堤进占能够形成壅水使上游戗堤龙口水舌水深增大，使得上戗龙口出流基本具备淹没出流条件，以降低上游戗堤截流难度。此外，上、下游戗堤分担截流落差时，下游戗堤进占长度应与上游戗堤基本匹配，不应远大于上戗堤进占长度，否则，将对下游戗堤的抛投强度提出较高要求，且在后续的截流施工中，上、下游戗堤口门宽与落差分配的敏感性会逐步加大，不利于现场把握。

依据上述原则，试验首先在 $B_{上}=40m$ 时对下游戗堤设计轴线位置的合理性进行了探索。试验观测了 $B_{下}=47.3m$、40m 两种口门宽度时上、下游戗堤左右堤头的落差、龙口中心线上流速以及双戗堤间的水流形态。上、下游戗堤落差及其分配见表 6.1。

表 6.1 上、下戗堤落差及其分配($B_{上}=40m$, $B_{下}=47.3m$、40m)

口门宽	$B_{上}$/m	40.0	40.0
	$B_{下}$/m	47.3	40.0
上戗堤	左堤头落差/m	2.55	1.40
	右堤头落差/m	2.61	1.45
	平均落差/m	2.58	1.42
下戗堤	左堤头落差/m	2.15	3.00
	右堤头落差/m	2.55	3.40
	平均落差/m	2.35	3.20
上、下戗堤平均落差之和/m		4.93	4.62
上戗承担落差比例/%		52.3	30.7

(1) $B_{上}=40m$, $B_{下}=47.3m$。当下戗堤左右堤头依据预进占长度分别进占 6.23m、6.35m 形成 $B_{下}=47.3m$ 口门宽时，两戗间壅水明显，上戗堤龙口水舌向上游退缩，水舌点距上戗轴线距离由 46.5m 退缩至 26.0m，两戗间明渠左侧形成狭长回流带。水位稳定后测得上戗平均落差为 2.58m，下戗平均落差为 2.35m，上戗堤承担总落差比例为 52.3%。上戗堤龙口最大垂线平均流速为 6.56m/s(单戗堤为 7.96m/s)，堤头最大垂线平均流速为 5.58m/s(单戗堤为 5.96m/s)，下戗堤龙口最大垂线平均流速为 6.88m/s，堤头最大垂线平均流速为 5.49m/s。

(2) $B_{上}=40m$, $B_{下}=40m$。继续进占至 $B_{下}=40m$ 时，两戗间壅水更为明显，上戗堤龙口水舌继续向上游退缩，水舌点距上戗轴线距离由 26m 退缩至 19m。上戗堤平均落差减小至 1.42m，下戗堤平均落差增大至 3.20m，上戗堤承担总落差比例为 30.7%。上戗堤龙口最大垂线平均流速为 5.02m/s(单戗堤为 7.96m/s)，下戗堤龙口最大垂线平均流速为 7.87m/s，与单戗截流时相同宽度时基本一致。

从上述探索可知，采用双戗堤截流方案，按设计戗堤轴线位置进占，可以有效形成壅水，降低上戗堤截流难度；当上、下游各承担约 1/2 截流落差时两个戗堤的截流难度均未超过单戗堤截流的截流难度，且下戗堤进占长度(12.58m)与上戗堤进占长度(15.0m)基本相当。因此，设计方案符合双戗截流基本水力控制条件要求。

2) 落差分配控制研究

为便于与单戗堤截流试验结果对比，试验选择了与单戗堤截流相同的上戗堤龙口宽度 $B_{上}=40m$、30m、26m，采用上、下戗堤各承担 1/2 落差原则，对下戗堤进占长度进行了探索，并对上、下戗堤龙口水力特性参数进行了测试，试验结果见表 6.2～表 6.4。

表 6.2　$B_{上}$=40～26m 截流困难段的双戗堤截流口门搭配及落差分配

口门宽	$B_{上}$/m	40.0	30.0	26.0	26.0
	$B_{下}$/m	47.3	41.3	39.3	38.3
上戗堤	左上/m	375.98	376.88	377.38	377.38
	左下/m	373.43	374.18	374.33	374.63
	左堤头落差/m	2.55	2.70	3.05	2.75
	右上/m	376.29	376.93	377.43	377.43
	右下/m	373.68	374.18	374.73	374.58
	右堤头落差/m	2.61	2.75	2.70	2.85
	平均落差/m	2.58	2.72	2.88	2.80
下戗堤	左上/m	374.08	374.68	374.73	374.88
	左下/m	371.93	371.83	371.93	371.73
	左堤头落差/m	2.15	2.85	2.80	3.15
	右上/m	374.23	374.63	374.68	374.83
	右下/m	371.68	371.73	371.93	371.83
	右堤头落差/m	2.55	2.90	2.75	3.00
	平均落差/m	2.35	2.88	2.78	3.07
上、下戗平均落差之和/m		4.93	5.60	5.65	5.88
上戗承担落差比例/%		52.3	48.7	50.9	47.7

表 6.3　$B_{上}$=40～26m 段双戗堤截流不同口门搭配龙口流速

龙口宽度	上戗堤				下戗堤			
	上游坡脚断面	轴线	下游坡脚断面	水舌	上游坡脚断面	轴线	下游坡脚断面	水舌
$B_{上}$=40m，$B_{下}$=47.3m	2.35	5.28	6.56	5.76	3.07	5.12	6.88	6.76
单戗 $B_{上}$=40m	2.89	5.15	7.34	7.41	—	—	—	—
$B_{上}$=30m，$B_{下}$=41.3m	1.74	5.74	6.83	—	2.54	5.16	7.04	7.87
单戗 $B_{上}$=30m	1.59	6.11	8.21	9.23	—	—	—	—
$B_{上}$=26m，$B_{下}$=39.3m	1.83	5.47	6.58	—	2.27	4.78	7.14	7.35
单戗 $B_{上}$=26m	1.22	6.90	8.87	10.3	—	—	—	—

表 6.4　$B_上$=40～26m 段双戗堤截流不同口门搭配堤头流速

龙口宽度	戗堤	左堤头					右堤头				
		上挑角			轴线		上挑角			轴线	
		坡顶	坡中	坡脚	坡中	坡脚	坡顶	坡中	坡脚	坡中	坡脚
$B_上$=40m，$B_下$=47.3m	上戗	3.49	2.92	2.65	5.15	5.58	3.23	2.75	2.36	2.91	4.95
	下戗	—	1.80	1.87	2.14	4.73	—	2.30	2.53	3.98	5.49
单戗 $B_上$=40m	上戗	3.27	3.53	3.67	5.78	4.94	3.13	3.03	3.03	5.82	5.96
$B_上$=30m，$B_下$=41.3m	上戗	2.88	2.27	2.16	5.77	5.33	2.48	2.17	1.98	4.65	4.77
	下戗	—	2.96	2.71	4.28	4.99	—	5.02	2.24	4.10	4.73
单戗 $B_上$=30m	上戗	2.84	3.23	1.50	5.77	5.53	3.21	2.85	1.36	6.04	6.04
$B_上$=26m，$B_下$=39.3m	上戗	2.83	2.08	1.67	5.75	5.47	2.69	2.42	1.83	5.09	5.47
	下戗	—	2.50	2.28	4.55	4.87	—	2.05	1.76	4.08	4.43
单戗 $B_上$=26m	上戗	2.28	2.05	1.03	6.67	6.90	2.81	2.44	1.55	7.10	6.90

由表 6.2～表 6.4 可知：

(1) 按上、下戗堤各承担 1/2 落差进行双戗堤进占配合，下戗堤龙口宽度均大于上戗龙口宽度；上、下戗堤龙口流速指标均小于单戗堤截流相应口门宽度指标。

(2) 经双戗分担落差后，可将单戗堤截流最困难段 B=26m 时的截流落差 5.51m降至 3.0m 左右，龙口最大垂线平均流速可由 8.87m/s 降至 7.14m/s；堤头最大垂线平均流速可由 7.10m/s 降至 5.75m/s。将双戗截流最困难段龙口水力特性参数与单戗堤截流对比可知，其截流难度相当于单戗截流 B=46m 口门时截流难度，降低截流难度的效果是很明显的。

2. 数值模拟计算结果

1) 模型建立

亭子口三期明渠截流的数学模型，模拟范围为坝轴线上游 1050m 至坝轴线下游 1100m 河道。模拟的地形包括上、下游河道段，纵向围堰，导流明渠，消力池，上、下戗堤，如图 6.6 和图 6.7 所示。

采用四边形贴体网格，如图 6.8 所示，并对龙口等处的网格进行局部加密处理(图 6.9)。未经加密的网格尺寸约为 6m×6m，加密的网格尺寸约为 1m×1m，网格总数为 57170。

物理模型试验中，将戗堤设计成上、下游边坡为 1∶1.5，堤头边坡为 1∶1.3 的方头型。但在实际截流过程中，戗堤受到水流冲刷会产生变形，不再是完全的方头型。本数学模型在保持戗堤上、下游边坡和堤头边坡不变的前提下，对戗堤头部进行修圆处理,概化为圆头型,且认为戗堤形状不受水流影响。计算模型中不考虑戗堤渗漏,将其概化成不透水的堆体。

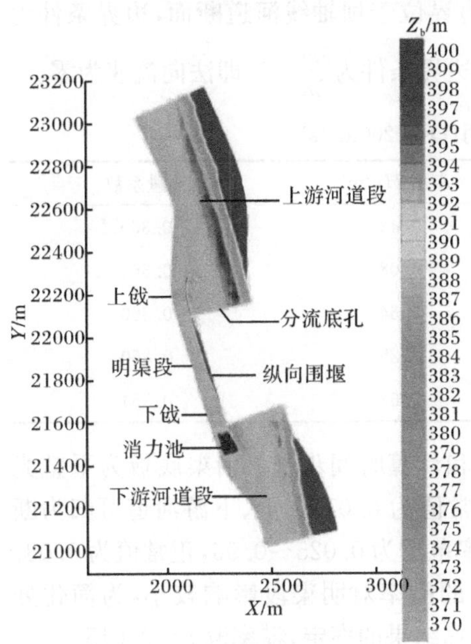

图 6.6　计算区域地形图(见彩图)

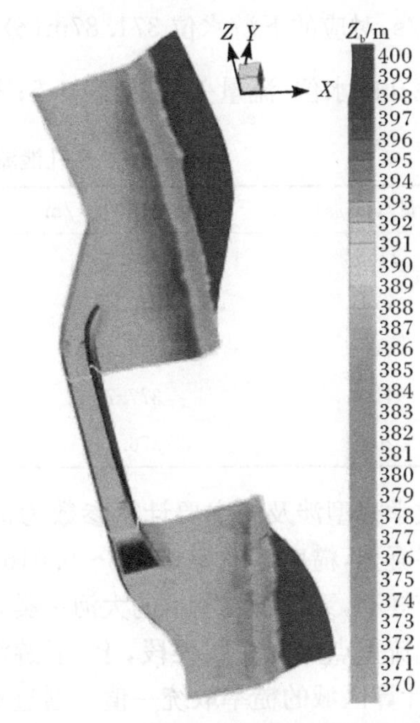

图 6.7　计算区域地形三维效果图(见彩图)

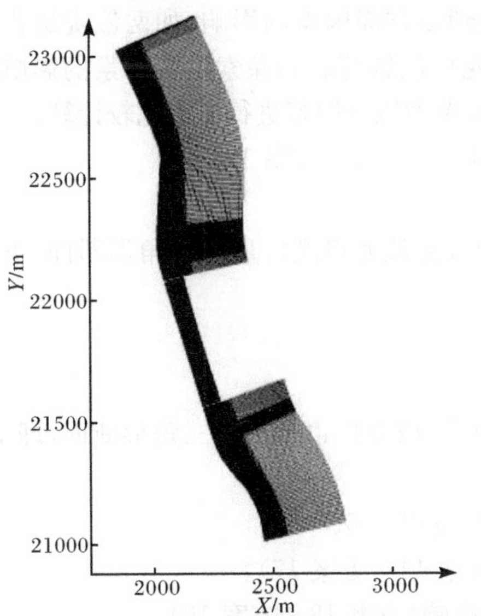

图 6.8　计算区域网格布置图

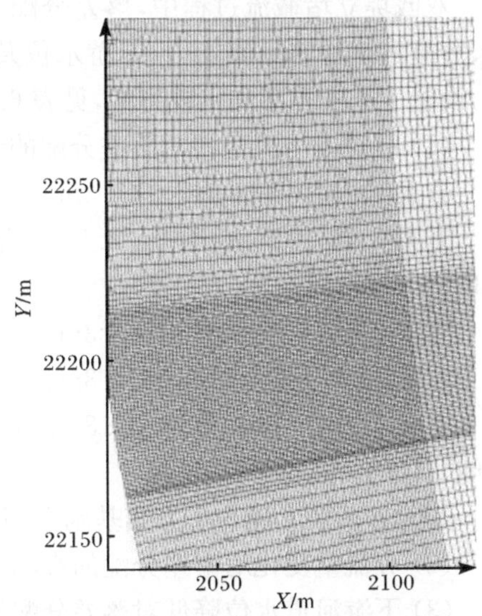

图 6.9　上戗堤处局部加密网格图

上游入流边界位于坝轴线上游 1050m 的河道断面，边界条件为截流总流量 641m³/s；下游出流边界位于坝轴线下游 1100m 的河道断面，边界条件为流量 641m³/s，对应的下游水位 371.87m；分流边界位于坝轴线河道断面，边界条件为导流底孔的水位-流量关系，见表 6.5；固壁边界条件为$\frac{\partial u}{\partial n}=0$，即法向流速为零。

表 6.5 底孔泄流能力($Q<1200\text{m}^3/\text{s}$)

流量/(m³/s)	上游水位 $H_上$/m	水头 H_0/m	流量系数
1168	381.93	8.43	0.360
719	379.58	6.08	0.361
641	379.15	5.64	0.360
419	377.75	4.25	0.360
201	376.14	2.63	0.354

数学模型涉及的主要计算参数为糙率和计算时间步长。明渠底板为平整光滑的混凝土，糙率范围为 0.013～0.016，正常值为 0.015。上、下游河道可归为断面比较规则，无孤石或丛木的大河一类，糙率范围为 0.025～0.06，正常值为 0.03。由于截流重点部位在明渠段，上、下游河道的糙率对明渠段影响较小，为简化处理，全计算区域的糙率取统一值。通过对计算结果的率定，糙率取 $n=0.015$。

时间步长的取值直接影响解的稳定性，经调试，时间步长取 $d_t=0.12$s。

2) 计算方案

双戗堤立堵截流过程中，落差分配受到多方面因素的影响，如两戗堤进占长度、分流建筑物的泄流能力、下游水位及龙口位置等。为探索这些因素的影响程度，设置了基本方案和比较方案，见表 6.6，考虑以下因素进行方案比较计算。

(1) 超进占与欠进占对落差分配的影响(方案 1～方案 13)。

方案 1：$B_上=30$m，$B_下=41.3$m。

方案 2：$B_上=26$m，$B_下=38.3$m。此时，上戗龙口刚好形成三角形断面，下戗龙口仍为梯形断面。

方案 3：$B_上=23$m，$B_下=34.3$m。

方案 4：$B_上=20$m，$B_下=30.3$m。

方案 5：$B_上=15$m，$B_下=25.3$m。此时，下戗龙口也已形成三角形断面，即上、下戗龙口均为三角形断面。

其他方案在上述 5 个方案基础上调整，见表 6.6。

(2) 分流量变化对落差分配的影响(方案 14～方案 17)。

(3) 下游河道水位降低对落差分配的影响(方案 18～方案 19)。

(4) 龙口位置对落差分配的影响(方案 20)。

表 6.6　影响因素计算分析方案

方案	比较方案	影响因素变化	方案	比较方案	影响因素变化
6	1	超进 1m	14	1	底孔分流量增大 5%
7	1	欠进 1m	15	1	底孔分流量减小 5%
8	2	超进 1m	16	1	底孔分流量增大 30%
9	2	欠进 1m	17	1	底孔分流量减小 30%
10	2	欠进 2m	18	1	下游水位降低 0.20m
11	3	欠进 2m	19	1	下游水位降低 0.50m
12	4	欠进 2m	20	2	龙口位置变化
13	5	欠进 2m			

3) 落差分配影响因素计算分析

(1) 超进占与欠进占。

大量工程实践证明，为实现预定的落差分配，上、下戗堤进占配合非常重要，有时候下戗的进占长度对落差的分配比例十分敏感。实际施工过程中，进占长度与设计的有可能不一致，即下戗可能出现超进占和欠进占的情况。为了探索亭子口双戗截流过程中下戗超进占与欠进占对落差分配比例的影响，采用方案 6～方案 13 进行计算，并与相应方案进行比较，计算结果见表 6.7。

表 6.7　超进占与欠进占计算结果

方案	6	7	8	9	10	11	12	13
上戗上游水位/m	377.36	377.36	377.98	377.95	377.94	378.32	378.62	378.88
上戗下游水位/m	374.72	374.45	374.63	374.26	374.12	374.22	374.32	374.35
下戗下游水位/m	371.90	371.90	371.91	371.89	371.88	371.90	371.90	371.90
上戗落差/m	2.64	2.91	3.35	3.69	3.82	4.10	4.30	4.53
下戗落差/m	2.82	2.46	2.72	2.37	2.24	2.32	2.40	2.45
总落差/m	5.46	5.37	6.07	6.06	6.06	6.42	6.70	6.98
上戗承担落差比例/%	48.4	54.2	55.2	61.0	63.3	63.9	64.2	64.9

方案 6、方案 7 的计算结果如图 6.10 和图 6.11 所示。由表 6.7 中方案 6、方案 7 和方案 1 的比较可知，下游戗堤进占长度对落差分配影响的敏感性已较大，欠进占 1m，上戗分担落差比例由 51.6%升至 54.2%；超进占 1m，上戗分担落差比例由 51.6%降至 48.4%，已不符合设计要求。

由方案 8、方案 9、方案 10 和方案 2 比较可知，下戗多进占 1m，上戗分担落差比例由58.7%降至 55.2%；欠进占 1m，则上戗分担落差比例升至 61.0%；欠进占 2m，上戗分担落差比例高达 63.3%，见表 6.8。

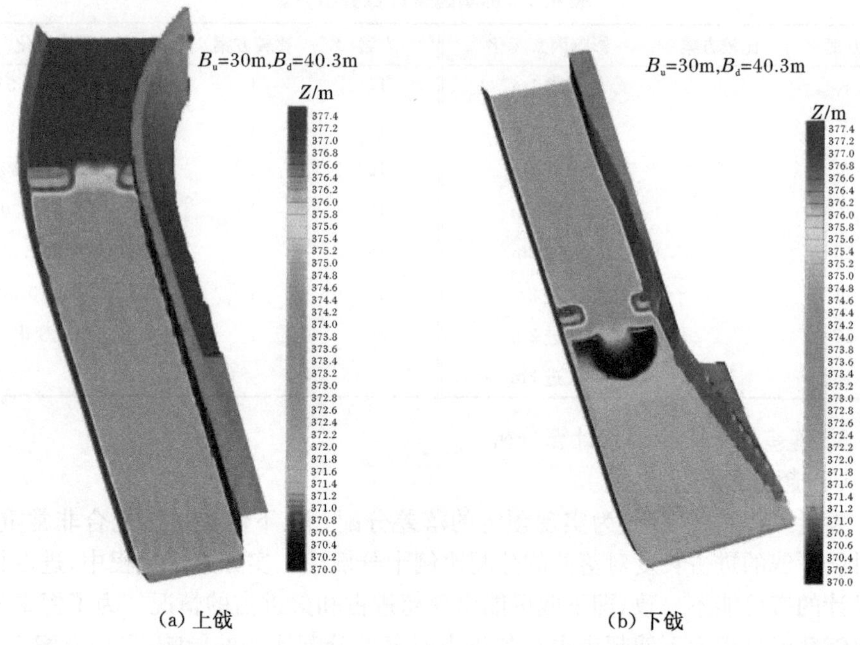

图 6.10　方案 6 水位等值线云图(见彩图)

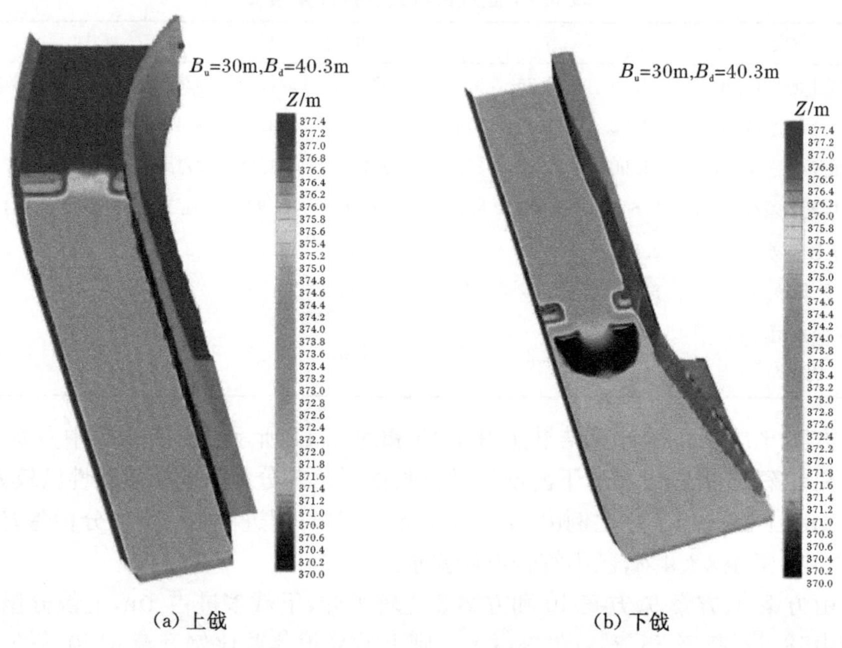

图 6.11　方案 7 水位等值线云图(见彩图)

表 6.8　方案 8、方案 9、方案 10 超(欠)进占计算结果对比

方案	6 (超进 1m)	1 (正常进占)	7 (欠进 1m)	8 (超进 1m)	2 (正常进占)	9 (欠进 1m)	10 (欠进 2m)
上戗落差/m	2.64	2.79	2.91	3.35	3.55	3.69	3.82
下戗落差/m	2.82	2.62	2.46	2.72	2.50	2.37	2.24
总落差/m	5.46	5.41	5.37	6.07	6.05	6.06	6.06
上戗承担落差比例/%	48.4	51.6	54.2	55.2	58.7	61.0	63.3

将方案 11、方案 12、方案 13 分别与方案 3、方案 4、方案 5 比较，由表 6.9 可知，欠进占 2m，上戗分担落差比例分别由 56.8%、58.6%、56.7%增至 63.9%、64.2%、64.9%。

表 6.9　方案 11、方案 12、方案 13 超(欠)进占计算结果对比

方案	3 (正常进占)	11 (欠进 2m)	4 (正常进占)	12 (欠进 2m)	5 (正常进占)	13 (欠进 2m)
上戗落差/m	3.66	4.10	3.97	4.30	4.00	4.53
下戗落差/m	2.78	2.32	2.80	2.40	3.06	2.45
总落差/m	6.44	6.42	6.77	6.70	7.06	6.98
上戗承担落差比例/%	56.8	63.9	58.6	64.2	56.7	64.9

综上所述，下戗的超进占与欠进占对落差分配影响很大，尤其是在截流最困难区段，截流落差较大，应严格按照计算方案的进占程序控制下戗进占，不允许下戗出现欠进情况，否则上戗承担落差会超过设计要求的比例，使上戗截流难度加大；在上戗龙口形成三角形断面后，也应尽量控制下戗进占，保证上下戗落差分配比例在设计范围内。

(2) 分流量。

导流建筑物的分流能力直接关系到截流的难度，对落差分配也有影响，为探索分流量对落差分配的影响，采用方案 15～方案 18 进行计算，并与方案 1 进行比较，计算结果见表 6.10 及表 6.11。

表 6.10　底孔分流量变化时计算结果(方案 15、方案 17 增大分流量)

方案	17(130%Q_d)	15(105%Q_d)	1(100%Q_d)	16(95%Q_d)	18(70%Q_d)
上戗上游水位/m	376.58	377.22	377.35	377.56	378.11
上戗下游水位/m	373.93	374.46	374.56	374.66	375.16

续表

方案	17(130%Q_d)	15(105%Q_d)	1(100%Q_d)	16(95%Q_d)	18(70%Q_d)
下戗下游水位/m	371.85	371.90	371.94	371.90	371.85
上戗落差/m	2.65	2.76	2.79	2.90	2.95
下戗落差/m	2.08	2.56	2.62	2.76	3.31
总落差/m	4.73	5.32	5.41	5.66	6.26
上戗承担落差比例/%	56.0	51.9	51.6	51.2	47.1
底孔分流量/(m^3/s)	430	348	331	314	232
龙口分流量/(m^3/s)	211	293	310	327	409

表 6.11　底孔分流量变化时计算结果对比(方案 14、方案 16 增大分流量)

方案	16(130%Q_d)	14(105%Q_d)	1(100%Q_d)	15(95%Q_d)	17(70%Q_d)
上戗落差/m	2.65	2.76	2.79	2.90	2.95
上戗落差增量/m	−0.14	−0.03	0	0.11	0.16
下戗落差/m	2.08	2.56	2.62	2.76	3.31
下戗落差增量/m	−0.54	−0.06	0	0.14	0.69
总落差/m	4.73	5.32	5.41	5.66	6.26
总落差增量/m	−0.68	−0.09	0	0.25	0.85
上戗承担落差比例/%	56.0	51.9	51.6	51.2	47.1
底孔分流量/(m^3/s)	430	348	331	314	232
龙口分流量/(m^3/s)	211	293	310	327	409

方案 17、方案 18 的计算结果如图 6.12 和图 6.13 所示。

如图 6.14、图 6.15 所示，底孔分流能力的增大或减小，对上下戗堤截流落差分配的影响规律如下：

① 当底孔分流量增大 5%和 30%时，上游戗堤的截流落差分别减小 0.03m 和 0.11m；而下游戗堤的截流落差分别减小 0.09m 和 0.54m。

② 当底孔分流量减小 5%和 30%时，上游戗堤的截流落差分别增加 0.11m 和 0.16m；而下游戗堤的截流落差分别增加 0.14m 和 0.55m。

③ 上戗承担落差的比例随底孔分流量的增加而增加，如图 6.15 所示，从 51.6%增加到 56.0%；随底孔分流量减小而减小，从 51.6%减小至 47.1%。

综上所述，当底孔分流能力提高时，龙口分流量相应减小，上戗落差、下戗落差、总落差三者均减小，这说明提高分流建筑物的分流能力对降低截流难度是有利的，尤其是对降低下游戗堤的截流落差更为明显。另外，当戗堤进占长度不变，龙口分流量变小时，上戗落差所占百分比变大，这说明两戗堤落差分配比例与龙口

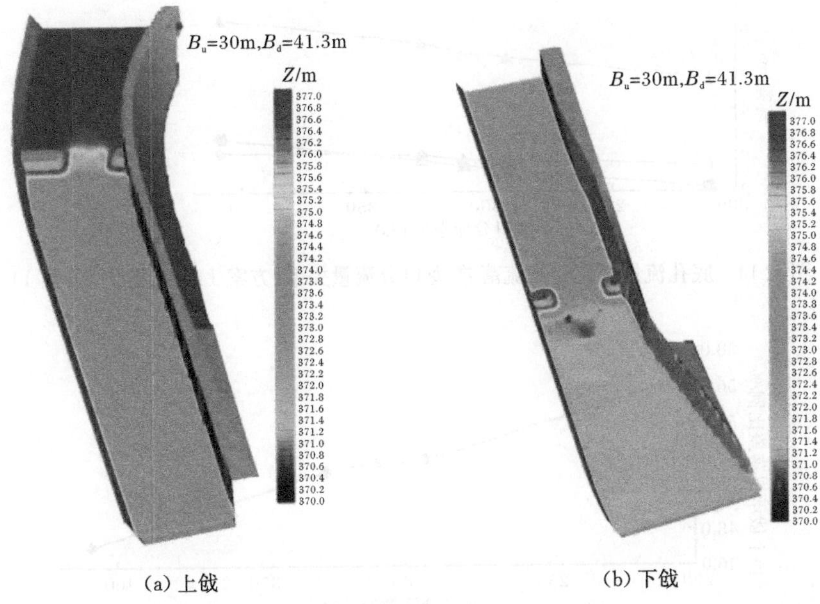

(a) 上戗　　(b) 下戗

图 6.12　方案 16 水位等值线云图(见彩图)

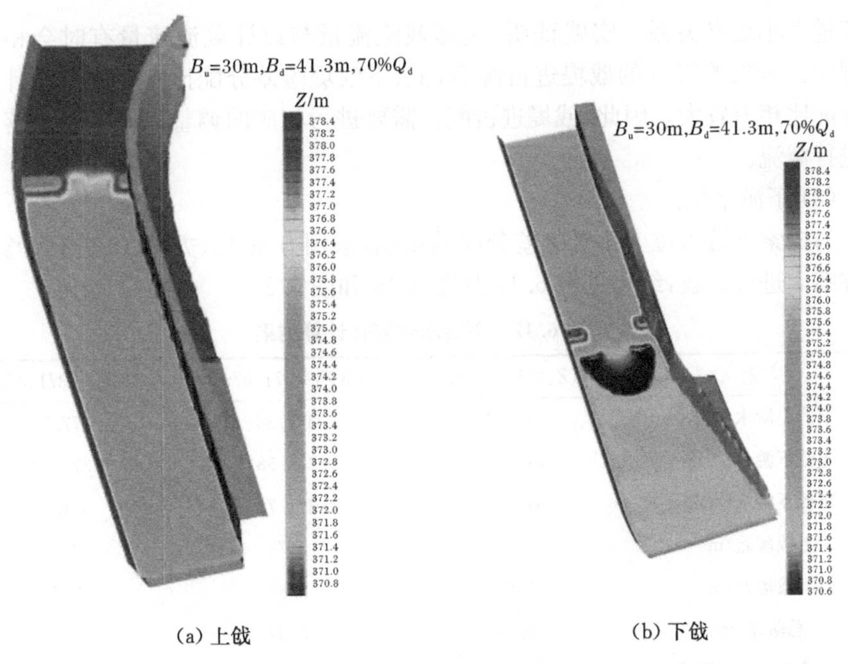

(a) 上戗　　(b) 下戗

图 6.13　方案 17 水位等值线云图(见彩图)

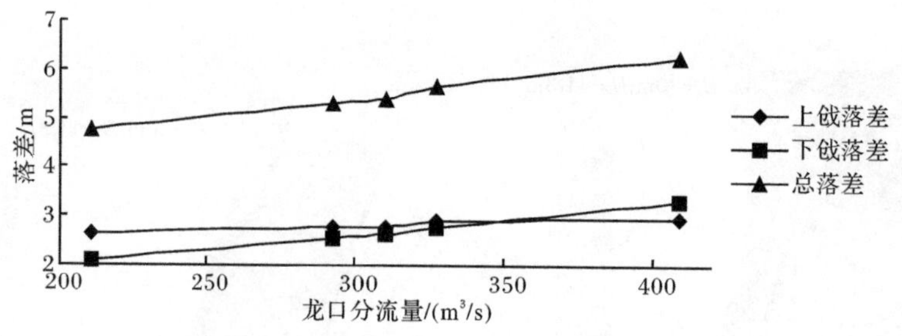

图 6.14　底孔流量变化时截流落差-龙口分流量关系(方案 14～方案 17,方案 1)

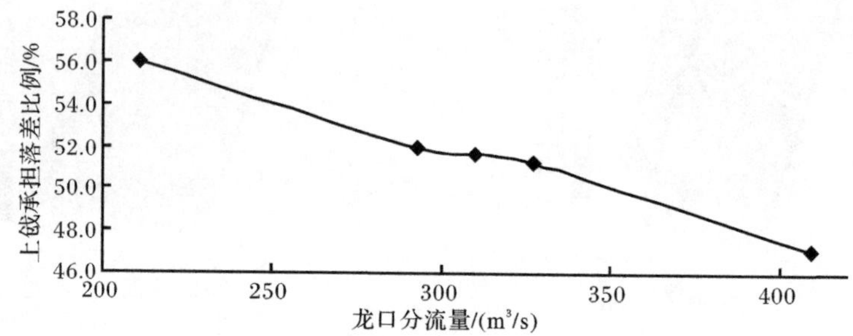

图 6.15　上戗承担落差比例-龙口分流量关系(方案 14～方案 17,方案 1)

分流量大小也有关系。实践证明,实际截流流量与设计截流流量有时会相差很大,此时,若按原设计的戗堤进占配合,上、下戗堤落差分配比有可能与设计要求的分配比相差较大。因此,戗堤进占配合需要进行相应的调整以便按预定落差分配进行截流。

(3) 下游水位。

为探索下游水位变化对落差分配的影响,采用方案 18、方案 19 进行计算,并与方案 1 进行比较,结果见表 6.12 及图 6.16 和图 6.17。

表 6.12　下游水位变化计算结果

方案	1(Z_d=371.87m)	18(Z_d=371.67m)	19(Z_d=371.37m)
上戗上游水位/m	377.31	377.36	377.31
上戗下游水位/m	374.52	374.58	374.52
下戗下游水位/m	371.90	371.70	371.30
上戗落差/m	2.79	2.79	2.79
下戗落差/m	2.62	2.88	3.22
总落差/m	5.41	5.67	6.01
上戗承担落差比例/%	51.6	49.1	46.4

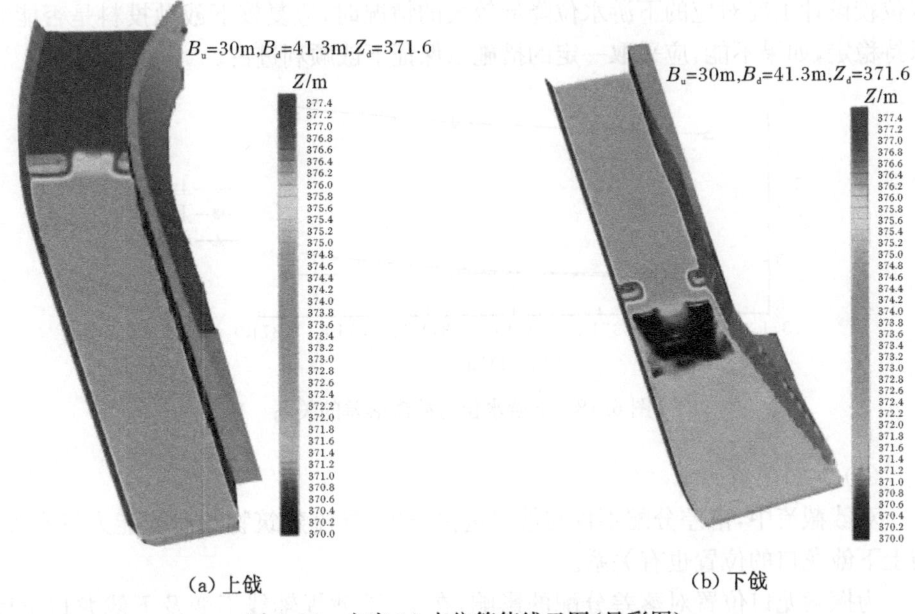

图 6.16　方案 18 水位等值线云图(见彩图)

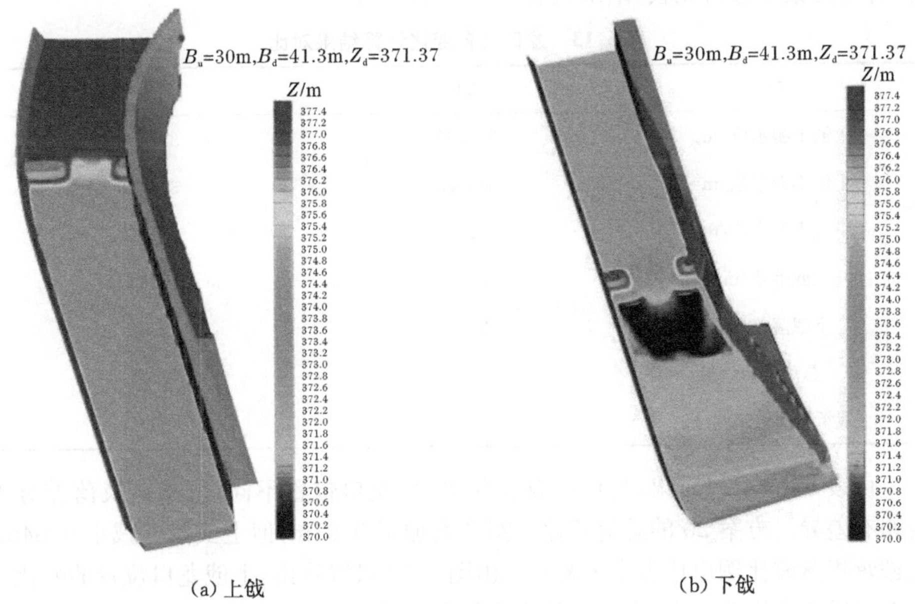

图 6.17　方案 19 水位等值线云图(见彩图)

由计算结果可以看出，下游水位降低，下戗落差与总落差均增大，下戗截流难度增大，但上戗落差基本不受影响，如图 6.18 所示。若实际截流过程中出现下游水位较设计工况对应的下游水位降低较大的情况时，应复核下戗抛投料是否能够保持稳定，如果不能，应采取一定的措施以保证下戗顺利进占。

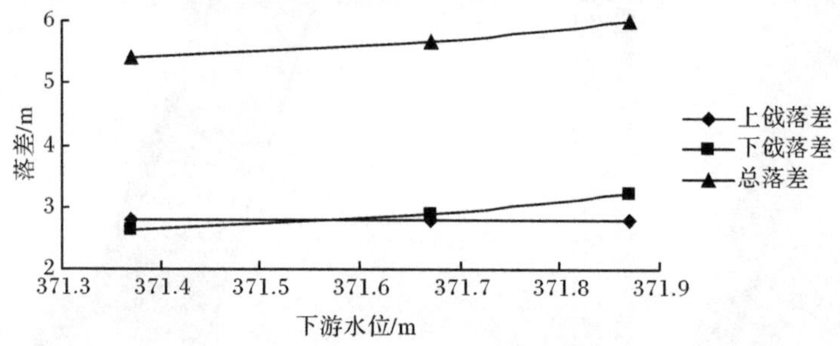

图 6.18 下游水位与截流落差的关系

(4) 龙口位置。

双戗截流中，落差分配不仅与戗堤进占长度、导流建筑物的泄流能力等有关，与上下戗龙口的位置也有关系。

为探索龙口位置对落差分配的影响，在上、下戗堤轴线不变及下戗龙口宽度和位置不变的情况下，采用由左向右进占至口门宽度为 26m，即方案 20 进行计算，并与方案 2 进行比较，结果见表 6.13 及图 6.19。

表 6.13 龙口位置变化计算结果对比

方案	20	2
上戗上游水位/m	377.96	377.95
上戗下游水位/m	374.46	374.40
下戗下游水位/m	371.85	371.90
上戗落差/m	3.50	3.54
下戗落差/m	2.61	2.50
总落差/m	6.11	6.04
上戗承担落差比例/%	57.3	58.7

由表 6.13 可以看出，当口门宽度相等时，龙口位置不同，总落差及落差分配均略有差异。方案 20 的总落差比方案 2 增加了 0.07m，但上戗落差减小 0.04m，上戗承担落差比例也比方案 2 要小。由图 6.19 可以看出，上戗龙口位置的变化对上龙口段流态影响较大，方案 2 的主流偏左，右侧形成一个狭长的回流区，而方案 20 的主流偏右，狭长的回流区在左侧；两个方案下戗段的流态差异较小。截流工程中，应根据料场位置、工程布置等实际情况合理选择进占方式。

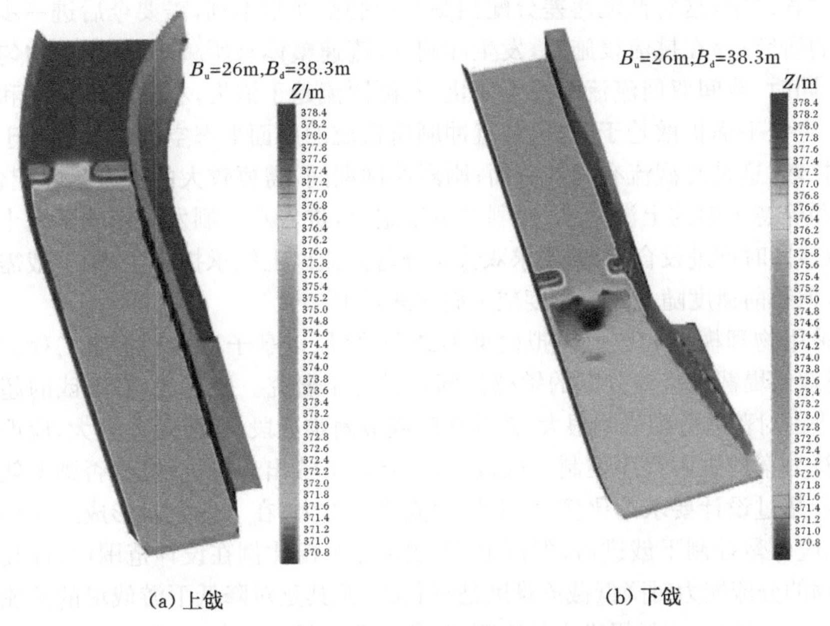

(a) 上戗　　(b) 下戗

图 6.19　方案 20 水位等值线云图(见彩图)

6.1.3　分析与讨论

运用数值模拟计算,对挑流设施、水深、戗堤间距、进占顺序和速度等对双戗堤截流上、下游戗堤落差分配的影响进行了分析。由分析结果可知,当流量较大而戗堤间距有限时,增加挑流设施形成上龙口后折冲水流,是压缩上戗后回流范围,促进主流扩散,保证下戗分担落差的有效方式,挑流设施的平面位置和尺寸对双戗间双回流的形成与范围有较大影响;在挑流设施辅助形成双回流的前提下,较小的戗堤间距对流态有一定影响,当间距增加到一定程度后,上戗后回流位置和范围基本不再随间距变化而变化,同时,较大的间距对落差的影响也很小;较大的水深对双戗截流方式比较有利,区域内容易形成缓流和淹没出流,下戗能够发挥分担落差的作用,但上戗上游壅水受到一定影响;双戗均分落差要求下戗超前进占,超前长度与上龙口宽度有关,同时与流量也有关,在截流过程中龙口宽度和过流量同时不断减小的情况下,双戗进占配合存在复杂的关系,受导流分流规律的影响。

运用水沙数值模拟模型,对双戗堤截流过程河床泥沙冲刷变化进行了模拟,分析了河床冲刷变化对流场、流态、落差分配以及进占速度的影响。由分析结果可知,强烈的冲刷导致上戗壅水下降,总落差减小;在冲刷未达到基本稳定前,龙口断面的变化造成上下龙口过流能力的差异,使得双戗落差分配处于复杂的动态调整过程之中，这对截流落差分配预测和控制都非常不利，需要今后进一步深入细致的研究；存在挑流设施时，发生冲刷后，流速整体有所减小，流场不均匀程度降低，同时，戗间双回流流态发生变化，左侧回流趋于消失，右侧回流强度和范围减小，主流平面扩散趋于明显，并且冲刷所造成的床面形态空间格局有利于主流垂向扩散，这是对截流有利的一面；剧烈冲刷期间，需要较大的进占速度配合，以提高和保持足够的上游壅水，冲刷基本稳定后，进占对冲刷发展影响不是十分显著；双戗同时推进较合适，若要求双戗均分落差或以上戗承担为主，则下戗需超前进占，但超前速度随上龙口宽度减小而逐渐减小。

采用物理模型和数值模拟模型相结合手段，以亭子口水利枢纽工程截流为例，对双戗堤截流落差分配的敏感性问题进行了研究。研究表明，下戗的超进占与欠进占对落差分配影响很大，尤其在截流最困难区段，截流落差较大，应严格按照计算方案的进占程序控制下戗进占，不允许下戗出现欠进情况，否则上戗承担落差会超过设计要求的比例，使上戗截流难度加大；在上戗龙口形成三角形断面后，也应尽量控制下戗进占，保证上、下戗落差分配比例在设计范围内；提高分流建筑物的分流能力对降低截流难度是有利的，尤其是对降低下游戗堤的截流落差更为明显。另外，当戗堤进占长度不变，龙口分流量变小时，上戗落差所占百分比变大，这说明两戗堤落差分配比例与龙口分流量大小也有关系；降低下游水位，会增大下戗落差与总落差，对上戗落差影响较小；龙口位置不同，总落差及落差分配均有差异，上戗龙口位置的变化对上龙口段流态影响较大，对下戗段的流态影响较小。

6.2 宽戗堤截流水力特性及减轻截流难度效果

本节重点研究不同宽度截流戗堤的水力特性及减轻截流难度的效果。

6.2.1 模型设计及测点布置

本节根据试验研究内容，设计了一座概化模型，模型布置如图 6.20 所示。

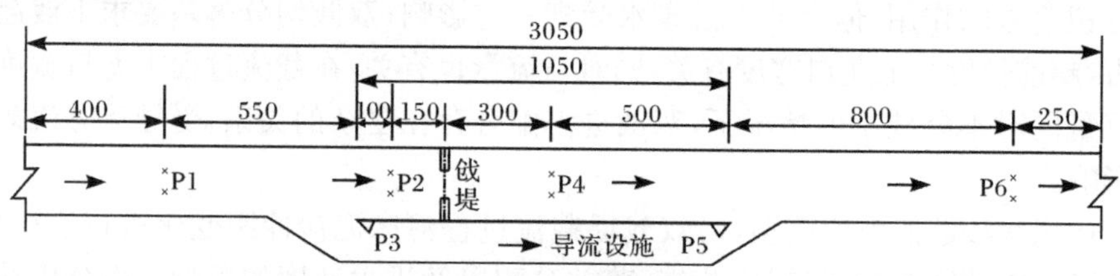

图 6.20 模型布置示意图(单位:cm)

概化模型比尺为 1∶100，河道宽约 165m，长约 3000m，河道底坡 2‰，于一侧设置导流设施。截流流量按 5000m^3/s 和 7000m^3/s 考虑，相应河道水深为 14m 和 20m，此时河道断面平均流速约为 2.2m/s，沿程设置 6 个水位测针，分别测读戗堤上、下游，导流洞进出口以及导流洞以外一定距离的河道上、下游的水位高程。

根据目前对截流工程抛投石料的一般分类，有如下 4 种类别的天然石料：粒径0.2～0.4m 的小石($V_{稳}$=3.4m/s)、粒径 0.4～0.7m 的中石($V_{稳}$=4.6m/s)、粒径 0.7～1.0m 的大石($V_{稳}$=5.7m/s)以及粒径 1.0～1.3m 的特大石($V_{稳}$=6.8m/s)。根据几何相似筛分了对应的截流石料，如图 6.21 所示。

本节主要以上述 4 种石料进行截流试验，根据各类石料及其在群体抛投中的抗冲稳定流速，选择 4 种与龙口流速对应的龙口宽度和石料进行宽戗堤截流的宽戗效应试验研究，保证截流试验龙口糙度与原型相似。试验中采用双向对称进占方式截流。戗堤为简化的直线型戗堤(龙口过水断面形状沿程不变)，戗堤坡比为 1∶1.25，采取相应的防渗措施保证各种戗堤宽度条件下的戗堤渗透量基本相近。流速及水面线测点布置如图 6.22 所示，主要测量截流戗堤裹头临底流速和龙口中心线水面高程。

(a) 小石　(b) 中石

(c) 大石　(d) 特大石

图 6.21　模型截流石料筛分(见彩图)

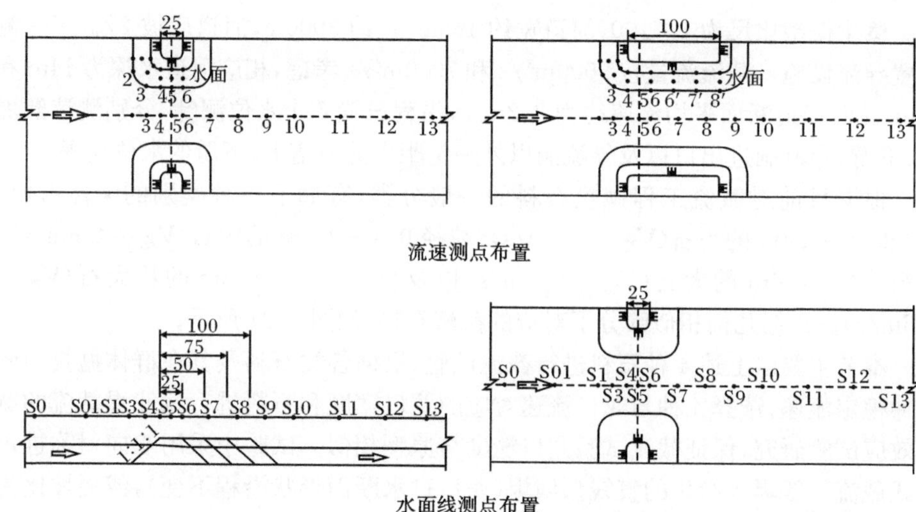

图 6.22 流速及水面线测点布置图

6.2.2 预备试验

1. 天然河道水面比降

在河道截流试验之前，对模型河道水面比降进行率定试验，此时封闭导流设施，使水流全部经由河道下泄，测量模型河道沿程水面比降。经河道边界加糙处理，使 $Q=7000\text{m}^3/\text{s}$、$H=20\text{m}$ 和 $Q=5000\text{m}^3/\text{s}$、$H=14\text{m}$ 水流条件下的河道水面比降达到了 1‰，与西南部河流的实际情况比较接近。

2. 导流设施泄流能力

为了解截流过程中导流设施分流流量，进行了导流设施泄流能力测试试验。此时将河道拦截，水流全部经由导流设施下泄，调整导流洞内局部阻力设施使截流戗堤最终落差值 Z_L(P2～P4)达到预期值，量测截流过程中导流设施分流量指标。在导流洞进出口分别设置上、下游水位测针(P3 和 P5)，通过测量各种水流条件下导流设施在不同上、下游水位时的过流能力曲线族，可以得出截流过程中导流洞的分流量及截流戗堤龙口的过流量。

3. 龙口宽度试验

在戗堤宽度 $a=25\text{m}$ 的基准戗堤条件下，测量了不同龙口宽度时的戗堤裹头周围临底流速分布以及龙口中心沿程水面线变化，为后续宽戗效应试验提供参数。在 $Q=7000\text{m}^3/\text{s}$、$H=20\text{m}$、$Z_L=4\text{m}$ 时，基准戗堤条件下的试验结果见表 6.14。

表 6.14　龙口宽度试验主要结果

抛石阶段	龙口宽度 B/m	戗堤宽度 a/m	戗堤最大临底流速 v/(m/s)	截流落差比 Z/m
小石	119	25	3.37	0.57
中石	93	25	4.36	0.96
大石	83	25	5.25	1.50
特大石	71	25	6.15	2.16

根据上述试验结果可知，在基准戗堤宽度条件下，根据实测戗堤裹头最大临底流速值与石料稳定流速的差别，推荐宽戗效应试验用的小石、中石、大石和特大石抛石阶段的龙口宽度修改为 119m、91m、79m 和 65m。

6.2.3　宽戗堤截流水力特性

截流试验选取河道来流量 5000m^3/s 和 7000m^3/s，对应河道水深 14m 和 20m，考虑两种截流最终落差 Z_L 为 4.0m 和 5.5m，采用单戗堤、双向、对称进占方式，在龙口宽度 119m、91m、79m 和 65m 4 个截流阶段（对应抛投材料分布为小石、中石、大石和特大石），在固定戗堤上游面和戗堤顶高程前提下，对戗堤顶宽分别为 a=25m、50m、75m 和 100m 4 种情况的龙口水力特性进行对比研究，主要分析导流设施分流量和龙口流量，戗堤上、下游落差，龙口段流速分布以及龙口水流流态等水力参数。试验工况见表 6.15。

表 6.15　龙口水力特性各试验工况

组次	流量 Q/(m^3/s)	水深 H/m	最终截流落差 Z_L/m	抛石材料
工况 1	7000	20	4.0	小石
工况 2				中石
工况 3				大石
工况 4				特大石
工况 5	7000	20	5.5	大石
工况 6				特大石
工况 7	5000	14	5.5	大石
工况 8				特大石

1. *龙口水流流态*

在小石抛投阶段，水流经由截流戗堤的束窄龙口下泄，经左右上游戗堤绕流后水流表面形成轻微冲击波，由于龙口过流面积较大，水流平缓的流过截流戗堤束窄的龙口段，由龙口水流沿河道中心线方向的水面线观测可知，龙口水面跌落较小,总落差约0.6m,且集中在戗堤轴线处至上游50m范围,之后水面变幅逐渐减小。随着截流戗堤顶宽由25m逐渐加宽至100m,龙口裹头流态无明显变化,水面跌落范围及量值随戗堤顶宽度的增加变化不大,主要集中在戗堤轴线处至上游50m范围,加宽戗堤段的水面变幅不大。在中石抛投阶段,随着戗堤顶宽加宽龙口水面流态及水面线变化规律与小石抛投阶段相近。随着戗堤的进占,龙口宽度及过流断面缩小,龙口水流沿河道中心线方向的水面跌落逐渐加大,上、下游落差逐渐加大,裹头流速亦逐渐增加。

在大石抛投阶段和特大石抛石阶段,龙口水面流态和水面线随戗堤顶宽的变化相对于前期抛投阶段有所加剧。在大石抛投阶段,随着截流戗堤顶宽由25m逐渐加宽至100m,戗堤顶宽25m时的水面跌落集中在戗堤轴线处至上游50m范围,戗堤顶宽100m时的水面跌落则逐渐拉宽为基准戗堤轴线下游60m至上游50m范围。在特大石抛投阶段,戗堤顶宽25m时的水面跌落集中在戗堤轴线处至上游50m范围,戗堤顶宽100m时的水面跌落则逐渐拉宽为基准戗堤轴线下游80m至上游50m。

沿水流方向测量龙口中心线水面高程,试验结果如图6.23所示。试验结果

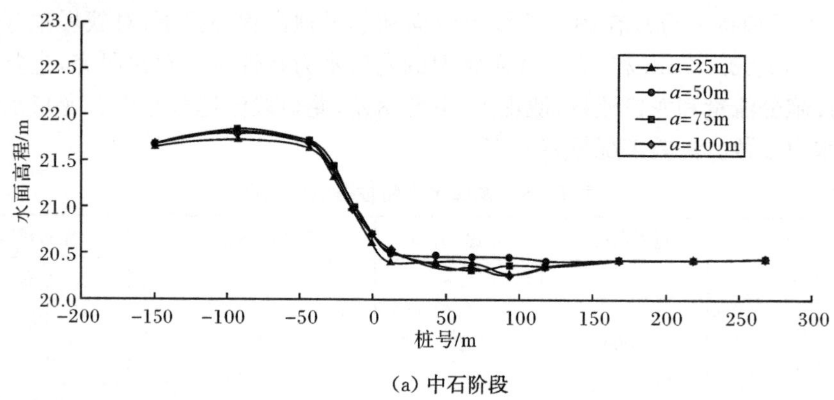

(a) 中石阶段

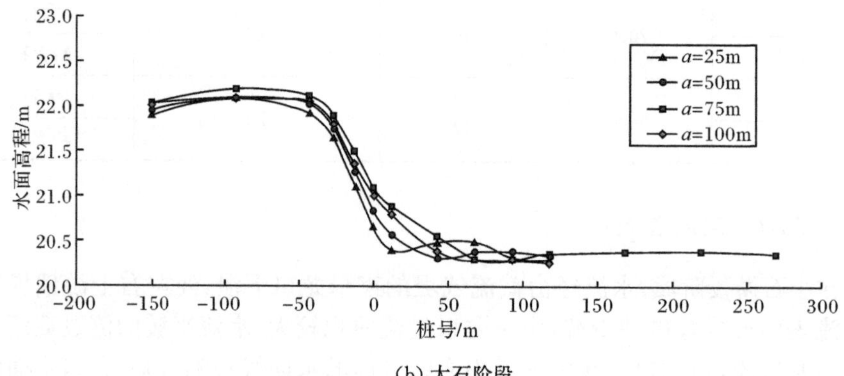

(b) 大石阶段

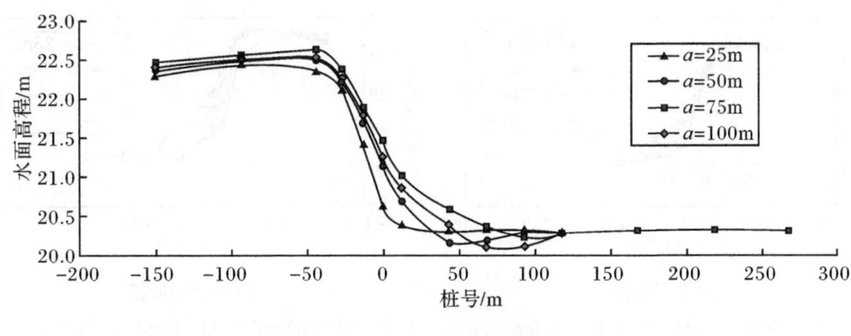

(c) 特大石阶段

图 6.23　各抛石阶段时不同戗堤宽度的龙口水面高程变化

Q=7000m³/s、H=20m、Z_L=4m

表明，戗堤轴线处至上游 50m 范围水面降落幅度最大，随着戗堤顶宽度的增加，水面降落区域逐渐略有延伸，在特大石抛投阶段，水面跌落区域延伸至基准戗堤轴线下游 80m 处，之后水面变幅逐渐减小。

因此，在工况 $Q=7000\text{m}^3/\text{s}$、$H=20\text{m}$、$Z_L=5.5\text{m}$ 和工况 $Q=5000\text{m}^3/\text{s}$、$H=14\text{m}$、$Z_L=5.5\text{m}$ 水流条件下进行的宽戗试验着重对大石抛投阶段和特大石抛投阶段进行深入研究。试验结果表明，戗堤轴线处至上游 50m 范围水面降落幅度最大，随着戗堤顶宽度的增加，水面降落区域逐渐略有延伸，在特大石抛投阶段，水面跌落区域延伸至基准戗堤轴线下游 80m 处，之后水面变幅逐渐减小。其水面变化规律基本同 $Q=7000\text{m}^3/\text{s}$、$H=20\text{m}$、$Z_L=4\text{m}$ 条件。不同水流条件下各抛石阶段不同戗堤宽度的龙口水面高程变化如图 6.24 所示。

2. 戗堤落差

戗堤上游水位布置在戗堤上游 150m 处(P2)，戗堤下游水位布置在戗堤下游 300m 处(P4)。在各种水流条件下对四种抛石阶段进行了戗堤顶宽度 25m、50m、75m 和 100m 的截流试验，各种水流条件下戗堤上、下游落差 ΔZ 统计见表 6.16。

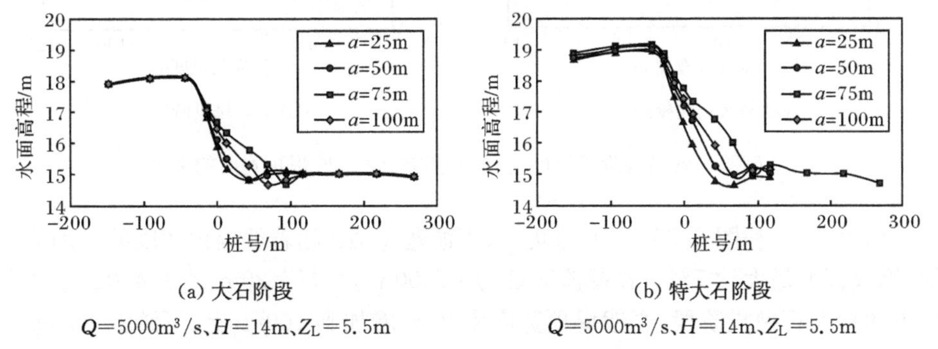

(a) 大石阶段　　Q=5000m³/s、H=14m、Z_L=5.5m

(b) 特大石阶段　　Q=5000m³/s、H=14m、Z_L=5.5m

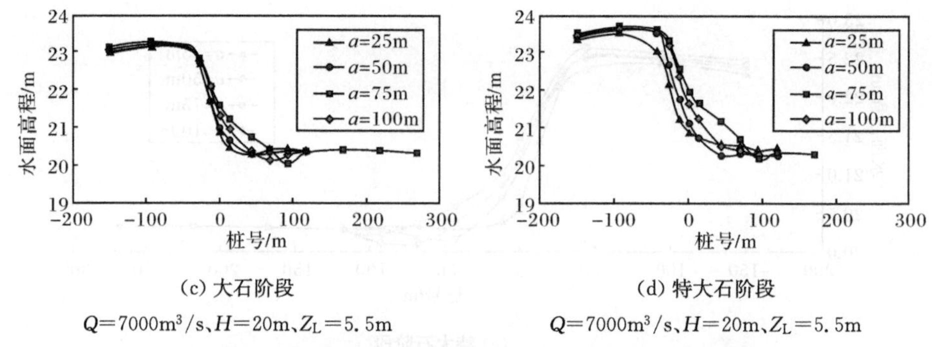

(c) 大石阶段

$Q=7000\text{m}^3/\text{s}$、$H=20\text{m}$、$Z_L=5.5\text{m}$

(d) 特大石阶段

$Q=7000\text{m}^3/\text{s}$、$H=20\text{m}$、$Z_L=5.5\text{m}$

图 6.24 不同水流条件下各戗堤宽度的龙口水面高程变化

表 6.16 各种水流条件下戗堤上、下游落差 ΔZ 统计 (单位:m)

戗堤顶宽度/m	$Q=7000\text{m}^3/\text{s}$ $Z_L=4\text{m}$				$Q=7000\text{m}^3/\text{s}$ $Z_L=5.5\text{m}$		$Q=5000\text{m}^3/\text{s}$ $Z_L=5.5\text{m}$	
	小石	中石	大石	特大石	大石	特大石	大石	特大石
25	0.63	1.36	1.72	2.18	2.88	3.39	3.36	4.29
50	0.64	1.37	1.78	2.26	2.89	3.48	3.37	4.30
75	0.64	1.39	1.81	2.28	2.94	3.52	3.39	4.31
100	0.64	1.39	1.82	2.34	2.95	3.58	3.40	4.40

大石及特大石抛投阶段戗堤上、下游落差 ΔZ 与戗堤顶宽度的关系如图 6.25 所示。

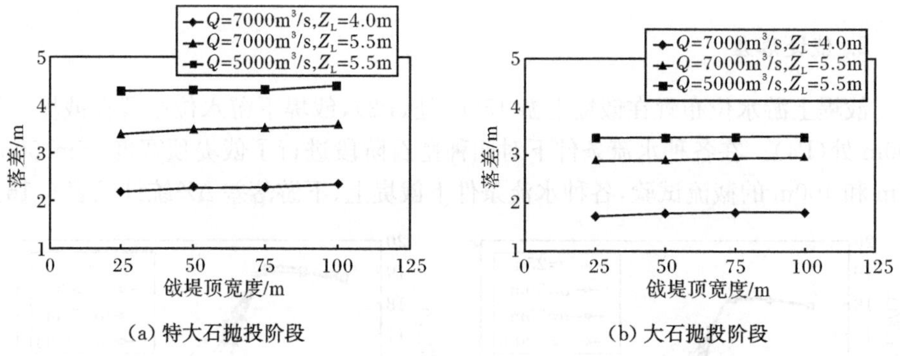

(a) 特大石抛投阶段

(b) 大石抛投阶段

图 6.25 各抛投阶段戗堤上、下游落差 ΔZ 与戗堤顶宽度的关系

由表 6.16 和图 6.25 可知,戗堤上、下游落差 ΔZ 随着戗堤顶宽度的增加而增加,增大幅度最大约 7%。在截流流量 $Q=7000\text{m}^3/\text{s}$、$H=20\text{m}$、$Z_L=4.0\text{m}$ 水流条件下的特大石抛投阶段,当戗堤顶宽度由 25m 增加到 100m,上、下游戗堤落差由

2.18m 增大至 2.34m，增加了 0.16m。在截流流量 $Q=7000\text{m}^3/\text{s}$、$H=20\text{m}$、$Z_L=5.5\text{m}$ 水流条件下的特大石抛投阶段，当戗堤顶宽度由 25m 增加到 100m，上、下游戗堤落差由 3.39m 增大至 3.58m，增加了 0.19m。在截流流量 $Q=5000\text{m}^3/\text{s}$、$H=14\text{m}$、$Z_L=5.5\text{m}$ 水流条件下的特大石抛投阶段，当戗堤顶宽度由 25m 增加到 100m，上、下游戗堤落差由 4.29m 增大至 4.40m，增加了 0.11m。

3. 明渠分流量及龙口流量

测量宽戗试验过程中导流明渠上、下游水位和导流明渠泄流能力，得出各抛石阶段导流明渠分流量及龙口流量，结果见表 6.17、图 6.26 和图 6.27。

表 6.17　各种水流条件下导流洞分流量统计　（单位：m^3/s）

戗堤顶宽度/m	$Q=7000\text{m}^3/\text{s}$ $Z_L=4\text{m}$				$Q=7000\text{m}^3/\text{s}$ $Z_L=5.5\text{m}$		$Q=5000\text{m}^3/\text{s}$ $Z_L=5.5\text{m}$	
	小石	中石	大石	特大石	大石	特大石	大石	特大石
25	2751	3918	4216	4922	4557	5168	3604	4208
50	2758	3967	4282	4952	4612	5254	3613	4221
75	2820	4014	4321	5039	4667	5312	3637	4238
100	2856	4036	4348	5067	4708	5539	3648	4286

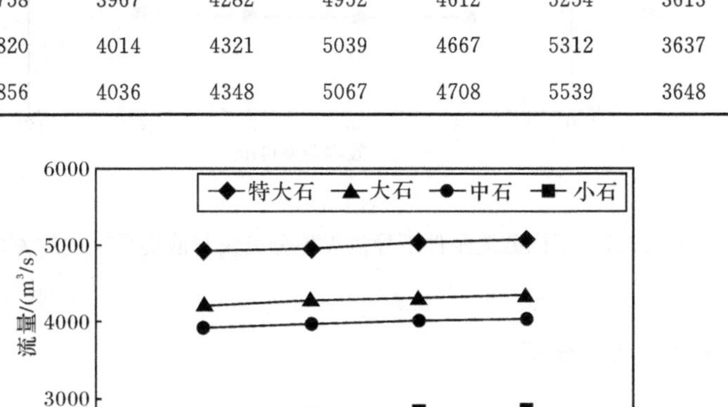

图 6.26　各抛投阶段导流设施分流量与戗堤顶宽度的关系

由表 6.17、图 6.26、图 6.27 可知，随着戗堤顶宽度的增加，导流设施分流量呈增加的趋势，在现有导流设施布置及截流特征参数 $Q=7000\text{m}^3/\text{s}$、$H=20\text{m}$、$Z_L=5.5\text{m}$条件下，在龙口抛投特大石阶段，戗堤顶宽度由 25m 增加到 100m，导流设施分流量由 $5168\text{m}^3/\text{s}$ 增大至 $5539\text{m}^3/\text{s}$，最大分流量增加 7.2%，相应的龙口流量减小了 $369\text{m}^3/\text{s}$。

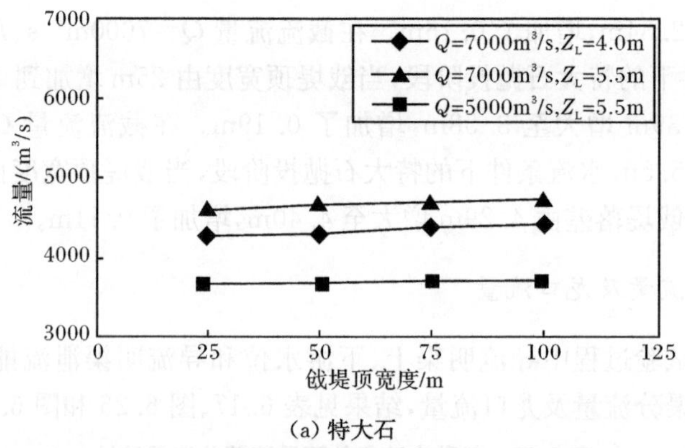

(a) 特大石

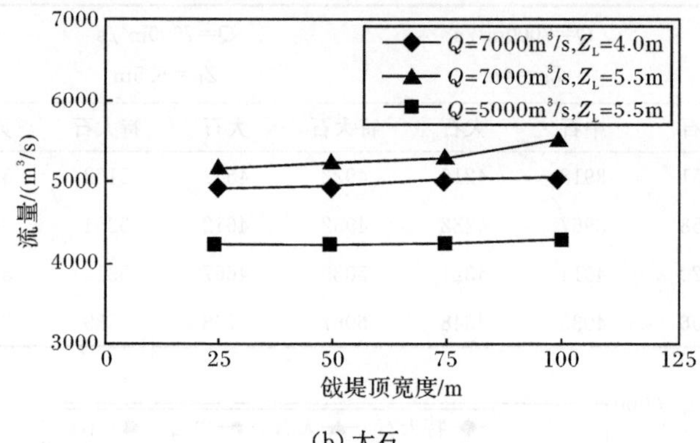

(b) 大石

图 6.27　不同截流条件下导流设施分流量与戗堤顶宽度的关系

4. 龙口最大流速分布

在各种截流条件下，对应于截流各阶段(抛投小石、中石、大石以及特大石阶段)的裹头最大流速、龙口中心线最大流速、戗堤轴线最大流速试验结果见表 6.18。

表 6.18　各种截流条件下裹头最大底部流速统计　(单位：m/s)

戗堤顶宽度/m	Q=7000m³/s Z_L=4m				Q=7000m³/s Z_L=5.5m		Q=5000m³/s Z_L=5.5m	
	小石	中石	大石	特大石	大石	特大石	大石	特大石
25	4.31	5.20	5.56	6.09	6.70	7.51	6.44	8.09
50	4.25	5.16	5.61	5.91	6.26	7.20	6.20	7.22
75	4.18	5.05	5.42	5.62	6.18	6.83	6.12	6.86
100	4.14	4.93	5.26	5.34	5.92	6.53	6.07	6.64

在大石及特大石抛投阶段，截流戗堤裹头的最大底部流速与戗堤顶宽度的关系如图 6.28 和表 6.19 所示。

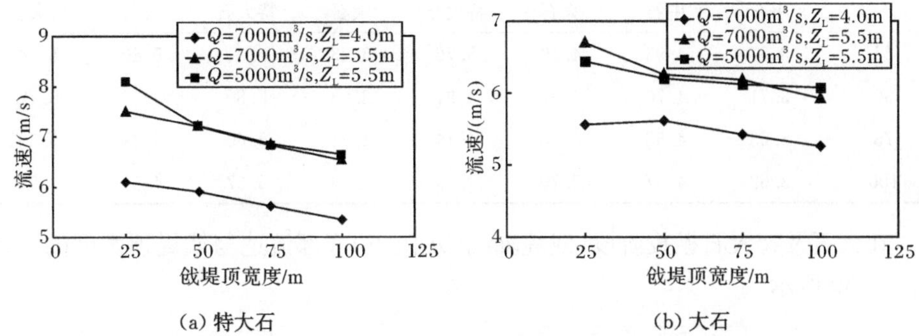

(a) 特大石　　(b) 大石

图 6.28　裹头最大底部流速与戗堤顶宽度的关系

表 6.19　各种截流条件下戗堤龙口中心线最大底部流速统计　（单位：m/s）

戗堤顶宽度/m	$Q=7000m^3/s$ $Z_L=4m$				$Q=7000m^3/s$ $Z_L=5.5m$		$Q=5000m^3/s$ $Z_L=5.5m$	
	小石	中石	大石	特大石	大石	特大石	大石	特大石
25	3.95	5.27	5.62	5.72	6.30	7.51	6.44	8.09
50	3.91	5.15	5.58	5.67	6.13	7.40	6.20	7.02
75	3.85	5.12	5.24	4.84	6.03	6.83	6.07	6.73
100	3.80	5.02	5.24	4.82	5.74	6.53	5.68	6.61

在大石及特大石抛投阶段，戗堤龙口中心线上的最大底部流速与戗堤顶宽度的关系如图 6.29 和表 6.20 所示。

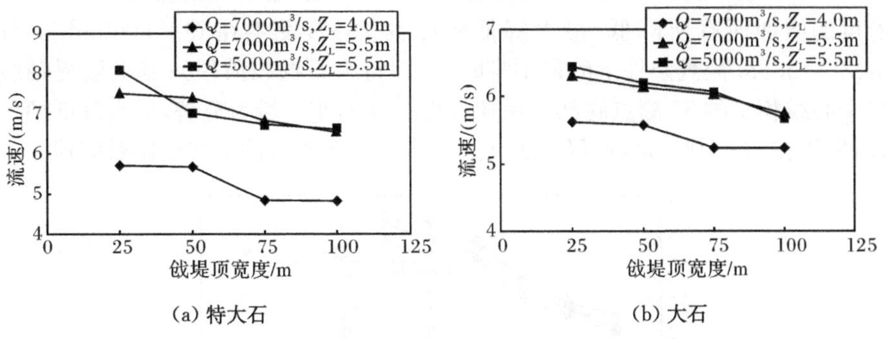

(a) 特大石　　(b) 大石

图 6.29　截流不同阶段的戗堤龙口中心线最大底部流速与戗堤顶宽度的关系

表 6.20　各种截流条件下戗堤轴线(5# 测点)底部流速统计　　(单位:m/s)

戗堤顶宽度/m	Q=7000m³/s Z_L=4m				Q=7000m³/s Z_L=5.5m		Q=5000m³/s Z_L=5.5m	
	小石	中石	大石	特大石	大石	特大石	大石	特大石
25	3.82	4.93	4.59	5.76	6.23	6.31	5.40	6.14
50	3.71	4.70	4.30	4.91	6.08	5.80	5.36	5.72
75	3.63	4.58	4.10	4.14	4.34	5.60	5.24	5.53
100	3.62	4.57	3.70	4.15	4.29	5.37	4.54	4.94

在大石及特大石抛投阶段,戗堤轴线(5# 测点)底部流速与戗堤顶宽度的关系如图 6.30 所示。

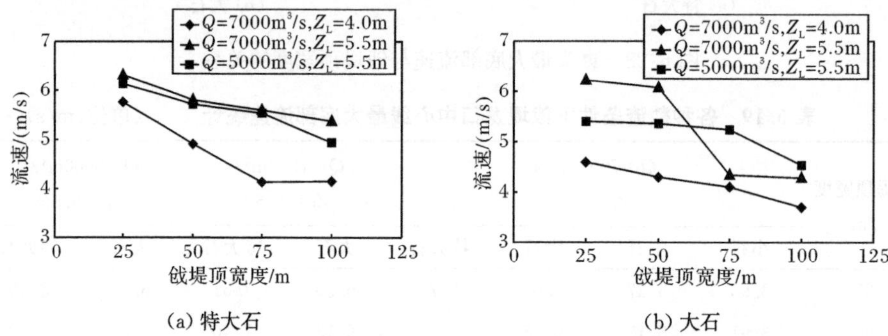

图 6.30　截流不同阶段的戗堤中心线最大底部流速与戗堤顶宽度的关系

如图 6.31 所示,从戗堤裹头最大底部流速、龙口中心线最大底部流速、戗堤轴线(5# 测点)底部流速等特征流速与戗堤顶宽度的关系可以看出,在同一龙口宽度及抛投材料条件下,随着戗堤顶宽度的增加,上述特征流速均有降低的趋势,如图 6.31所示,戗堤裹头的最大底部流速以及龙口中心线最大底部流速均随着戗堤顶宽度的增加而有所降低,最大降低幅度约 20%,发生在 Q=5000m³/s、H=14m、Z_L=5.5m 截流条件下的最困难时段(即特大石抛投阶段);基准戗堤轴线与龙口中心线相交的 5# 测点底部流速随戗堤宽度的变化最为显著,最大降低幅度达 31%,发生在 Q=7000m³/s、H=20m、Z_L=5.5m 截流条件下的最困难时段。

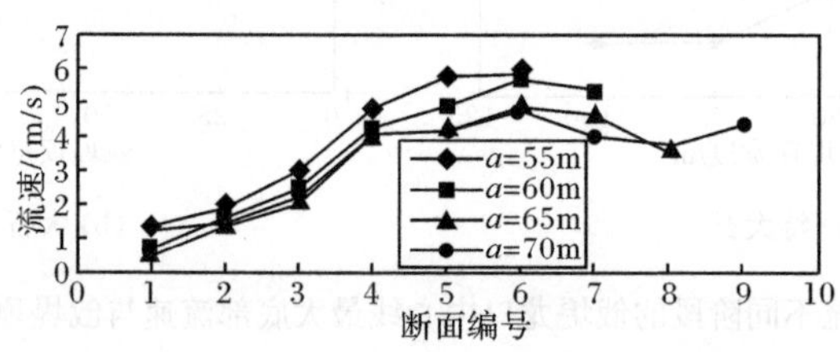

(a) Q=5000m³/s、H=14m、Z_L=5.5m 截流条件

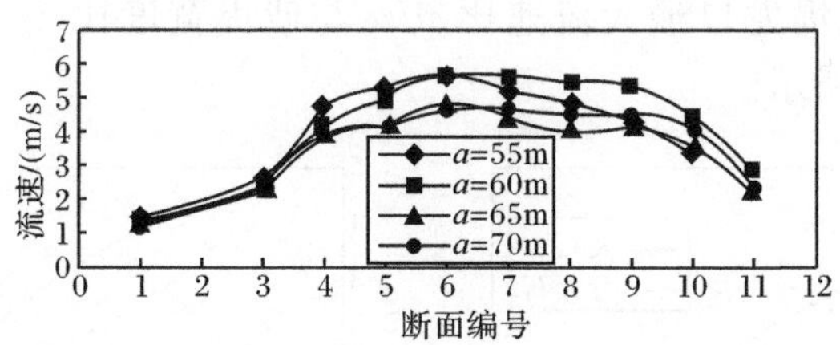

(b) Q=7000m³/s、H=20m、Z_L=5.5m 截流条件

图 6.31　龙口呈三角形断面时的特征流速分布

6.2.4　宽戗堤效应分析

以 Q=7000m³/s、H=20m、Z_L=4.0m 以及截流最困难时段(即特大石抛投阶段)的模型试验结果为例,进行宽戗堤效应分析,主要参数为戗堤裹头过流面最大临底流速及龙口中心线最大临底流速,如图 6.32 所示。

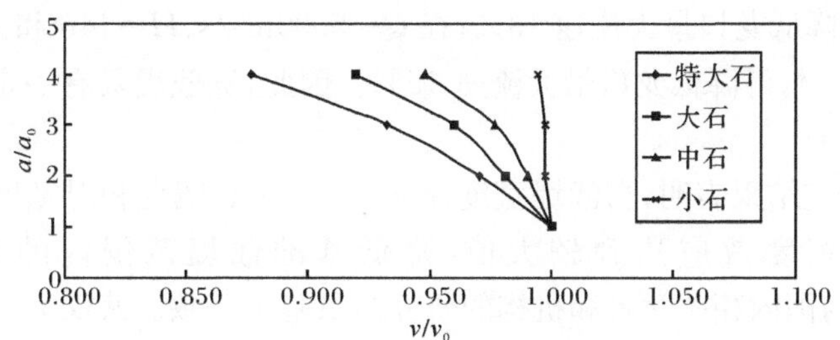

图 6.32　不同龙口阶段的宽戗减速效果(Q=7000m³/s、H=20m、Z_L=4.0m)

通过对戗堤裹头临底流速的研究分析,在截流最困难时段(特大石抛投阶段),当 $a/a_0=1$ 和 $a/a_0=2$ 时,不管是戗堤裹头坡面最大临底流速还是龙口中心线位置的最大临底流速,两种宽度的戗堤最大流速值基本相同,且均出现在基准戗堤轴线以下 $a/2$ 的位置附近;在基准戗堤轴线及以上的裹头过流面上,$a/a_0=2$ 的宽戗堤比 $a/a_0=1$ 的戗堤最大临底流速降低 10%～15%,实际流速减小 0.6～0.9m/s,此时可在基准戗堤轴线以上的裹头区域采用规格低一级的石料进占,将会减小截流困难时段的大石料总量。在 $a/a_0=3$ 和 $a/a_0=4$ 时,在基准戗堤顶范围内的龙口中心线及裹头坡面,两种宽戗堤方案的最大临底流速及分布规律基本相同;与 $a/a_0=1$ 的基准戗堤在堤顶宽度范围的裹头临底最大流速相比,最大流速由 4.8～5.9m/s 减小到 4.0～4.8m/s,最大流速降低率达 17%～29%,其中基准戗堤轴线位置的裹头流速降幅最大,轴线桩号以上的裹头最大临底流速均减小到 4.1m/s 以下。

如果从整个戗堤龙口的最大特征流速降低特性来衡量宽戗堤效果,可以建立宽戗堤与基准戗堤龙口最大流速比 v/v_0 与戗堤宽度比 a/a_0 之间的关系，如图 6.32和图 6.33 所示。

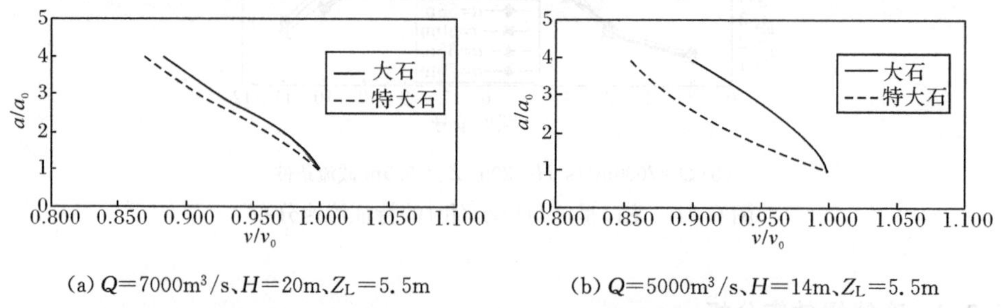

(a) $Q=7000\text{m}^3/\text{s}$、$H=20\text{m}$、$Z_L=5.5\text{m}$　　(b) $Q=5000\text{m}^3/\text{s}$、$H=14\text{m}$、$Z_L=5.5\text{m}$

图 6.33　不同截流条件及不同龙口阶段的宽戗减速效果

由图可知，在 $Q=7000\text{m}^3/\text{s}$、$H=20\text{m}$、$Z_L=4.0\text{m}$ 条件下，如戗堤宽度比 $a/a_0=4$，可降低龙口最大流速 12%；在 $Q=7000\text{m}^3/\text{s}$、$H=20\text{m}$、$Z_L=5.5\text{m}$ 条件下，如 $a/a_0=4$，则可降低龙口最大流速 13%；在 $Q=5000\text{m}^3/\text{s}$、$H=14\text{m}$和 $Z_L=5.5\text{m}$ 条件下，如 $a/a_0=4$，可降低龙口最大流速 15%。因此，宽戗堤具有一定的降低龙口流速的效果。

宽戗堤研究结果表明，当戗堤宽度比 $a/a_0=3\sim4$，戗堤相对宽度 a/H_0 3.5～5.0 时，戗堤宽度效应达到较大值，降低基准戗堤范围内的龙口流速约 20%～30%，与国内相关学者和机构的研究结果基本一致。武汉大学肖焕雄的研究结果为，当戗堤相对宽度 $a/H_0=2\sim3$ 时，戗堤的宽度效应最为明显，降低龙口流速 35%左右；武汉大学任春秀的研究结果是，当戗堤宽度比 $a/a_0=2\sim3$时，宽度效应最为显著，减小龙口流量 20%～30%；三峡大学提出当戗堤顶宽 a 与龙口前水头 H_0 之比为 $a/H_0=5\sim7$ 时，戗堤的宽度效应最明显，降低龙口流速 25%～30%。由于各家研究数据均依托具体工程，具有特定的截流水深、截流流量及工程特点，其研究结论以及适用范围亦有所差别。该研究结合了我国西南地区拟开发水利水电工程的河道特性、水流特点及截流施工特点，其宽戗效应研究具有一定的针对性。

6.2.5　分析与讨论

在调研了我国西南部拟开发河流水流特点、河床地层组成特性以及拟建水利水电工程截流施工特点的基础上，进行了河道截流宽戗堤效应的试验模型设计。设计的模型河道水面比降约 1‰，接近所调查地区河道实际情况；河道截流过程的不同阶段采用与龙口流速相对应的石料进占，保证了截流模型戗堤龙口糙度与实际情况的相似；通过模型试验及分析取得了如下结果：

(1) 在河道截流龙口宽度 B 一定的前提下，随着戗堤宽度的增加，在龙口中心线方向上，原基准戗堤所在位置的水面高程均有不同程度的壅高，戗堤头部最大流速亦有减小的趋势；截流龙口宽度越窄，宽戗堤的降速效果越明显。在 $Q=7000\text{m}^3/\text{s}$、$H=20\text{m}$、$Z_L=4.0\text{m}$ 截流条件下，在小石抛投阶段，戗堤宽度增加对于降低龙口流速的效果不明显；在特大石抛投阶段，当戗堤宽度增加到4倍($a/H_0\approx5$)时，戗堤上、下游的水位差由基准戗堤的2.18m增加到2.34m，分流量增加大约 $150\text{m}^3/\text{s}$，龙口最大流速从基准戗堤的6.09m/s降到5.34m/s。在该种截流条件下，其截流难度有一定程度降低。

(2) 在截流流量 $5000\text{m}^3/\text{s}$ 和 $7000\text{m}^3/\text{s}$、对应的河道水深14m和20m、截流最终落差4.0m和5.5m条件下，随着戗堤宽度的增加，导流设施分流量和戗堤上、下游落差均呈增加趋势，龙口段特征流速则呈减小趋势。在截流过程的困难时段，当戗堤宽度增加到 $a/a_0=4$ 时，龙口段最大流速可降低12%～15%。

(3) 宽戗堤研究表明，当戗堤宽度比 $a/a_0=3\sim4$，戗堤相对宽度 a/H_0 3.5～5.0时，戗堤宽度效应达到较大值，降低基准戗堤范围内的龙口流速约20%～30%，与国内相关学者和机构的研究结果基本一致。鉴于各家研究成果数据均依托具体工程，具有特定的截流水深、截流流量及截流工程布置特点，其研究结论以及适用范围亦有所差别。本节研究结合了我国西南地区拟开发水利水电工程的河道特性、水流特点及截流工程布置特点，其宽戗效应研究结果具有一定的针对性及实用性。

6.3　减小截流指标的临机决策截流

按常规，截流时段选取均为较枯水文阶段，其截流指标相对较低，较低的截流标准能减轻截流难度或减小截流规模，但存在较低截流标准与较大截流流量之间的矛盾，或鉴于工程后续施工压力，存在提前截流与较高截流设计指标的矛盾，使截流施工存在安全风险；如何解决这一矛盾？考虑截流施工期较短，在长系列截流期水文资料分析、短期水文气象预报技术，以及水文及施工风险分析等综合技术措施的基础上，临机决策，适时截流，可取得较好的效果。截流时段如遇较大流量，则可延后截流，考虑后期施工压力与相关环节的协调。下面以三峡工程导流明渠提前截流实践为例进行阐述。

明渠截流初设总进度安排，于2002年12月初实施截流(设计流量 $9010\text{m}^3/\text{s}$)，2003年2月开始施工明渠碾压混凝土围堰。鉴于碾压混凝土围堰施工工程量大、强度高、工期紧，为给碾压混凝土围堰施工提供充足的时间，明渠截流必须提前。但存在截流流量标准的选择以及与之相关的截流难度增加等问题，如何科学地选择截流流量，既满足提前截流要求，又能克服由此产生的截流难度的增加，为此进行了大量的分析研究。

6.3.1 明渠提前截流的必要性

根据初步设计的工程施工总进度计划，计划于 2002 年 12 月上旬实施明渠封堵截流，截流流量 9010m^3/s。2003 年 1 月明渠上、下游土石围堰闭气并具备挡水条件，2 月开始明渠 RCC(rolling concrete construction)围堰施工，5 月封闭导流底孔蓄水，当月上游水位上升至 116m 左右，明渠上游土石围堰漫顶，由建造过程中的明渠 RCC 围堰挡水，形成“围堰上升与洪水赛跑”的紧张局面。考虑一定的超高要求及挡水时混凝土应达到一定的龄期，明渠 RCC 围堰必须在 2003 年 5 月 10 日前浇筑至高程 118m，6 月中旬上升至堰顶高程 140m，即须在 5 个半月内完成近 130 万 m^3 混凝土浇筑施工，围堰由高程 50m 上升至 140m，最大高度 90m，要求围堰月最大上升高度 23m，日平均上升高度 0.72～1.18m，最大月浇筑强度近 40 万 m^3，相应日最大浇筑强度 1.92 万 m^3，居世界首位。此外，还有固结灌浆 8000m(大部分可在一期施工)，基础帷幕灌浆 6000m。围堰施工强度很高，难度大。

为尽量减小明渠 RCC 围堰施工的压力，在一期工程实施过程中，针对围堰结构与施工安排作了相应的优化与调整，在一定程度上减小了明渠 RCC 围堰快速浇筑施工的压力，但围堰施工难度依然很大，风险性高。若明渠 RCC 围堰不能按期完建挡水，将推迟第一批机组发电；更为严重的是，明渠 RCC 围堰需在施工过程中度汛，拦蓄库容达 147 亿 m^3(按设计水位)，围堰自身的安全没有保障，明渠基坑可能被冲毁，导致洪水威胁下游河段人民生命财产的安全，明渠截流工程无法正常实施。因此，明渠 RCC 围堰的成败将是三峡工程能否继续顺利进行的关键，为达到此目的，明渠截流必须提前进行。

6.3.2 截流标准的选择

1. 截流标准论证

据坝址下游宜昌站 100 多年实测的水文资料，长江流量最枯时段在 1 月下旬至 2 月下旬，流量仅 6100～2950m^3/s。在此时截流，截流流量最小，截流难度也最小。截流为工程建设系统工程中的一个重要节点，截流时段及截流工期均影响和制约后续工程的施工，原初步设计为 12 月上旬截流，截流流量 9010m^3/s，但考虑到明渠土石围堰及明渠 RCC 围堰第二阶段工程施工工期的紧迫性，明渠截流合拢时段宜提前，以利明渠土石围堰尽早建成挡水及为明渠 RCC 围堰第二阶段工程多争取施工工期。

结合截流施工安排的可能性，根据 1877～1996 年实测长江洪水资料，以 11 月长江洪水为分析重点，针对 11 月中、下旬和 12 月上旬三个特征流量 12200m^3/s

(11 月中旬多年旬平均流量或 20%11 月月平均流量)、10300m³/s(约相当于 20%11 月下旬最大日平均流量)和 9010m³/s(12 月上旬最大日平均流量),按连续 5 天、4 天和 3 天小于特征流量进行概率统计,以判断截流设计流量选择的合理性。统计结果见表 6.21。

表 6.21　1877～1996 年宜昌站共 120 年 11 月实测日均流量统计

项目＼时间		11 月 上旬	11 月 中旬	11 月 下旬
日均流量≤12200m³/s	连续 5 天以上年数	57	105	117
	所占百分比/%	47.5	87.5	97.5
	连续 4 天以上年数	70	106	118
	所占百分比/%	58.3	88.3	98.3
	连续 3 天以上年数	77	109	119
	所占百分比/%	64.17	90.83	99.2
日均流量≤10300m³/s	连续 5 天以上年数	24	79	113
	所占百分比/%	20.0	65.8	94.2
	连续 4 天以上年数	29	89	113
	所占百分比/%	24.2	74.2	94.2
	连续 3 天以上年数	40	91	115
	所占百分比/%	33.3	75.8	95.8
日均流量≤9010m³/s	连续 5 天以上年数	9	36	92
	所占百分比/%	7.5	30.0	76.7
	连续 4 天以上年数	12	46	97
	所占百分比/%	10.0	38.3	80.8
	连续 3 天以上年数	14	55	102
	所占百分比/%	11.7	45.8	85.0

11 月中旬日均流量连续 5 天不大于 12200m³/s 的有 105 年,占 87.5%;连续 4 天小于 12200m³/s 的有 106 年,占 88.3%;连续 3 天小于 12200m³/s 的有 109 年,占 90.83%。连续 5 天小于 10300m³/s 的有 79 年,占 65.8%;连续 4 天小于 10300m³/s 的有 89 年,占 74.2%;连续 3 天小于 10300m³/s 的有 91 年,占 75.8%。按 5 天龙口合龙计算,从实测水文资料统计分析,明渠截流时段提前至 11 月下半月,截流流量按 12200～10300m³/s 设计是可能的。根据上述分析结果,11 月各种频率流量结果见表 6.22。

表 6.22 11 月分旬及最大日平均流量频率计算结果

月平均流量/(m^3/s)				旬最大日平均流量/(m^3/s)				
平均值	5%	10%	20%	时间	平均值	5%	10%	20%
10700	13900	13100	12200	上旬	14800	21900	19800	17500
				中旬	12200	19400	17100	14500
				下旬	9450	14000	12600	11100

按以上截流流量标准 5～10 年一遇月平均流量为 12200～13100m^3/s，而 11 月分旬最大日平均流量分别为 14800m^3/s、12200m^3/s、9450m^3/s，对于像三峡工程这种特大型工程的截流，其截流标准的选择至关重要，若选取标准低，则承担风险大；若选取标准高，则造成物质和经济上的浪费大。鉴于 11 月上旬长江流量依然较大，多年旬平均流量为 14800m^3/s，20 年一遇上旬最大日平均流量达 21900m^3/s，5 年一遇最大日平均流量达 17500m^3/s。而对于三峡明渠截流，其分流建筑物为 22 个导流底孔，流量的小幅度增加将显著加大截流落差。11 月上旬截流，其难度将非常大，且截流戗堤需在 10 天内从进占到合龙（若 10 月进占将影响明渠通航），抛投强度过大，截流的风险度相当高。因此，初步确定三峡明渠提前截流暂按由 2002 年 12 月上旬提前至 11 月下半月考虑，与初步设计相比，拟提前 10～20 天实施截流，截流难度较初设方案显著增加。按 5～10 年一遇旬最大日平均流量考虑，11 月中、下旬截流，则截流流量分别高达 14500～17100m^3/s、11100～12600m^3/s。鉴于明渠截流的后期导流方式为有压底孔导流，根据模型试验结果，12200m^3/s 和 14000m^3/s 流量时，其终落差分别高达 5.77m、8.11m，不考虑截流其他因素影响，如此大流量、高落差截流难度极大，而设计流量标准又相对不高。因此从设计指标分析确定 11 月中、下旬截流是不可行的。但按什么标准确定截流流量既能兼顾提前截流与截流难度的矛盾，又具有科学性、经济性，实现适时动态科学决策截流，打破原有的“截流险工，不计效益”的思维模式，这样存在明渠提前截流时段的选定和截流流量的确定与现行执行标准之间的矛盾，如何科学合理地确定截流流量是一项技术难题。

2. 截流流量标准

截流流量选择原则：按照水利部、电力工业部颁发的《水利水电工程施工组织设计规范》(SDJ 338—1989)规定，截流设计流量应根据河流水文特性及施工条件等多方面因素进行选择，一般可选用截流期 5～10 年一遇的月或旬平均流量。对于截流时段选在汛后退水期或稳定枯水期时，截流流量重现期可取短一些。对于大型工程的截流设计，多以选取一种流量为主，再考虑较大、较小流量出现的可能性，采用几种流量进行截流水力学计算和模型试验研究。

通过对截流期水文资料分析并结合三峡工程具体施工情况，合理确定截流时段为 2002 年 11 月下半月，截流合龙流量标准为 12200m³/s(11 月中旬多年旬平均流量，等同于 5 年一遇 11 月月平均流量)。按此流量标准，配套进行了截流方案的比选、截流水力学计算分析、水工模型试验验证、双戗立堵截流方案设计研究等一系列工作，并将明渠截流各项技术指标与国内外同类截流工程进行了难度对比分析。在各相关条件满足要求的前提下，采取可靠有效的技术措施，采用双戗立堵(垫底加糙)方案可以实现明渠提前安全截流，明渠截流提前至 11 月下半月是可行的。

根据上述分析，考虑到三峡明渠提前截流的艰巨性与风险度，以及截流工程实施的可行性与投资等方面，拟定截流设计流量按 11 月中旬多年旬平均流量为 12200m³/s，同时以 10300m³/s 作为截流备用方案流量(考虑遭遇较大洪水适当滞后截流的可能性)，即截流设计流量为 12200～10300m³/s。

3. 国内外截流设计流量与实际流量对比

国内外若干截流工程设计流量与实际截流流量对比分析见表 6.23，大部分截流工程设计流量均以 5%～10%截流当月或当旬平均流量为标准，且除少数特殊情况外实际截流流量均大幅低于截流设计流量。截流流量的选取同河道水文特性、截流施工情况、截流难度与风险等因素相关，必须权衡各方面利弊，慎重选择。

表 6.23　国内外若干截流工程设计流量与实际流量对比

国家	实施时间	截流工程	河流	截流设计流量		实际截流流量/(m³/s)	备注
				标准	流量/(m³/s)		
中国	1997-11-8	三峡大江截流	长江	11 月中旬 5%日平均	19400～14000	11600～8480	提前至 11 月上旬截流
中国	1981-1-4	葛洲坝大江截流	长江	5%月平均	7300～5200	4800～4400	—
中国	1993-11	二滩截流	雅砻江	—	960	1110	—
中国	1958-11	三门峡截流	黄河	5%中水年月平均	1000	2030	—
中国	1959-4	盐锅峡	黄河	10%旬平均	860	447	—
中国	1967-2	龚嘴	大渡河	5%瞬时	520	600	—
中国	—	大化	红水河	10%旬平均	1500	1390～1210	—
巴西	1978-10	伊泰普	巴拉那河	5%	17000	8100	—
苏联	1959-6	布拉茨克	伏尔加河	5%月平均	6300	2800～3500	—
苏联	—	古比雪夫	伏尔加河	5%月平均	12000	3600～3800	—
南斯拉夫	1967-8	铁门	多瑙河	5%	7000	3300	与罗马尼亚合建

6.3.3　明渠截流方案分析

鉴于明渠提前截流流量大、落差大，适于采用双戗截流，对截流戗堤布置论证了多种方案，如图 6.34 所示。围绕明渠提前截流，分别对立堵、平堵和平立堵三种截流方式进行了比较。

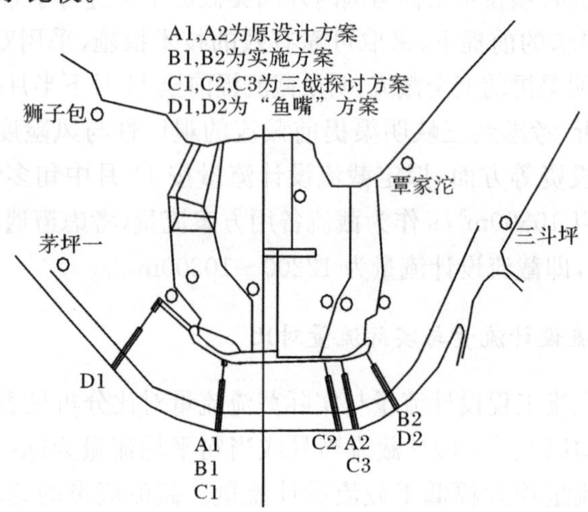

图 6.34　立堵截流方案比较

由于上游围堰使用时间较短(至 2003 年 6 月仅几个月)，且不需拆除，为降低下游围堰后期水下拆除难度，抛投进占料粒径不宜太大，考虑上戗立堵、下戗先立堵尾随后平堵进占合龙的方案可能较合适。但上戗龙口集中水流下泄容易冲开下戗平堵戗堤；从有利于上游围堰黏土铺盖防渗的施工出发，也考虑过采用上戗先立堵尾随后平堵进占，下戗立堵进占合龙的方案；但以上两种方案均存在浮桥架设、施工及运行复杂、造价高等特点，特别是平立堵双戗进占配合较双戗立堵更难协调。

经截流难度分析计算、水力学模型试验及经济比较后认为，平堵截流虽然水力学指标优越，但浮桥施工需使用大量钢结构，截流费用高，施工难度大，占用截流直线工期 5～7 天，不利于提前截流，且双戗截流进度不易协调与控制，分担落差效果较难保证；平、立堵结合截流虽然水力学指标较优越，但其缺点同平堵截流一样；立堵截流具有施工程序简单、便于快速组织和连续高强度施工，截流费用较低等优点，虽然截流水力学指标较高，但通过双戗分担落差，可实现高效快速截流，且截流过程中上、下戗堤的施工协调也便于控制，经综合分析，对于明渠提前截流重点研究双戗立堵截流方式。

6.3.4　明渠提前截流工程影响分析

影响截流时段的因素很多，如工程施工进展情况、水文统计资料、截流难度、通航条件、截流后续工作难度等，针对三峡工程明渠提前截流分析如下。

(1) 如从目前三峡工程施工进展情况来看，自 1997 年 11 月 8 日实施大江截流以来，二期厂坝工程施工较为顺利，按中国长江三峡工程开发总公司对工程进度的安排，2002 年 5 月和 9 月二期上、下游围堰分别破堤进水。与初步设计工程总进度相比，具备适当提前截流的可能。

(2) 从通航要求上分析，按初步设计总体部署，导流明渠于 2002 年 11 月初断航，船舶自临时船闸通行；故提前于 11 月进行截流对通航不会产生大的影响。

(3) 从后续工作难度分析，提前截流可延长明渠 RCC 围堰施工时段，减小 RCC 高强度施工压力，降低工程施工风险。

(4) 从截流自身难度而言，提前截流将使截流流量、落差加大，截流施工强度增加，对相关建筑物的要求更高(如二期围堰拆除)，截流难度相应更大，必须采取诸多工程措施确保截流工程成功。

截流时段的选择不仅关系到截流流量的确定，而且关系到整个工程的施工部署。三峡明渠截流时段的选择主要考虑左岸二期土石围堰拆除进度、截流期通航条件、明渠土石围堰和 RCC 围堰第二阶段工程施工期等因素。

通过周密分析水文气象、截流水力指标、通航条件及相关建筑物施工情况等多方面因素，权衡截流难度与后续工程风险度，以尽量将控制因素与关键难题提前解决为原则，三峡明渠截流宜力争提前，具体截流合龙时间届时根据洪水预报伺机确定。

6.3.5　截流短、中期水情预报

为适应三峡工程导流明渠截流的需要，三峡水文气象中心除完成常规的 12h、24h、48h 水情预报外，从 10 月 13 日起开始制作三峡坝址中期水情预报。预报内容包括三峡坝址流量、坝址上游茅坪(二)站水位、下游三斗坪站水位 7d 滚动预报。预报过程中，采用短、中期水文气象预报方法相结合的思路，综合考虑三峡坝址以上各流域多种方法的水雨情分析计算结果，制作截流期短中期水情预报。

1. 水情预报

1) 短期水情预报

短期水情预报中，坝址流量预报以上、下游水位(流量)相关法和新安江三水源模型为主，辅以退水曲线法、华工单位线预报模型、三峡区间岩溶模型、CLSN 模型和引进的 ORNO 水文数学模型。

寸滩、武隆到三峡坝址的传播时间一般为 54h，在无未来降雨情况下，利用上、下游水位(流量)相关法和退水曲线法能满足 48h 内短期水情预报的要求。在三峡坝址以上流域有未来降雨的情况下，受三峡区间降雨径流的影响，水情预报必

须考虑预见期降雨径流过程。三峡区间水文数学模型上游来水输入为寸滩、武隆3d流量预报过程，预见期降雨过程由预报员对5d各区日降雨量预报进行时程分配后代入各种数学模型进行计算，综合分析各种方法的计算结果，最后确认5d坝址来水预报过程。

坝区水位站的水位预报，主要根据1997年三峡二期截流后的水情实况，绘制三峡坝址流量与茅坪(二)站水位、三斗坪站水位、两站间落差的各种相关线，由流量预报过程推算水位预报过程。在截流戗堤开始进占后，点绘坝址流量和各站水位、落差的实时相关关系和过程线，并结合戗堤进占模型实验、水力学模型跟踪计算结果修正相关线进行水位预报。

2) 中期水情预报

中期流量预报方法多以数理统计方法为主，并且目前还没有一个较成熟的方法应用于长江流域。在实际工作中开发了河网蓄水量法、前后期相关法、坝址流量“双向映射”滚动预报系统和最近邻抽样回归预报模型，对未来3～10d坝址逐日流量进行滚动预报，多种方法综合分析对比，最后确认7d坝址来水预报过程。最近邻抽样回归预报模型是第一次应用于中期水情预报。

3) 预报会商

首先根据当日8时坝址以上流域实况水雨情确定无未来降水情况下坝址来水流量过程。每天上午10时接收中央气象台和水文气象中心5d各区天气预报后，由水情预报员、天气预报员和水文气象中心主任一起进行水文气象会商，由预报员对上游寸滩、武隆来水过程预报作出复核，讨论坝址以上流域各区的预见期雨量的时空分配，分析三峡区间各区土壤含水量情况，估算受预见期降雨量影响的三峡区间来水过程，参考未来3～10d坝址逐日流量滚动中期预报，最终确定坝址7d流量预报过程。流量预报过程确定后，根据戗堤进占情况确定茅坪(二)站水位、三斗坪站水位预报过程。短中期水情预报发布一般为每日11点定时制，当坝址以上流域水雨情发生变化时及时发布滚动预报。

2. 预报精度统计

1) 短期水情预报精度统计

常规的12h、24h、48h水情预报按以往考核要求进行误差统计，预报项目为三峡坝址流量、茅坪(二)站水位、三斗坪站水位预报，统计时间为10月1日至11月6日。三峡坝址流量考核标准为：12h坝址流量预报相对误差不超过5%，24h、48h坝址流量预报相对误差不超过10%；坝区水位预报考核标准为：12h、24h、48h水位预报绝对误差不超过0.35m。统计结果表明：坝址流量、茅坪(二)、三斗坪水位共9个预报项目的保证率为100%，平均误差也较小，满足了三峡工程明渠截流对水情预报的需要，具体预报误差统计见表6.24。

表 6.24　短期水情预报精度统计

预报项目	平均误差	最大误差	保证率
12h 坝址流量	0.33%	1.83%	100%
24h 坝址流量	0.47%	3.03%	100%
48h 坝址流量	1.31%	5.21%	100%
12h 茅坪(二)水位	0.09m	0.24m	100%
24h 茅坪(二)水位	0.08m	0.28m	100%
48h 茅坪(二)水位	0.12m	0.35m	100%
12h 三斗坪水位	0.09m	0.23m	100%
24h 三斗坪水位	0.07m	0.25m	100%
48h 三斗坪水位	0.08m	0.24m	100%

2) 中期水情预报精度统计

分别对第 3 天、第 5 天、第 7 天的三峡坝址流量和三斗坪、茅坪(二)站的水位预报进行误差统计,统计时间为 10 月 13 日至 11 月 6 日。三峡坝址流量考核标准为流量预报相对误差不超过 10%,坝区水位预报考核标准为水位预报绝对误差不超过 0.35m。具体预报误差统计见表 6.25,并绘制第 3 天、第 5 天、第 7 天的三峡坝址流量和三斗坪、茅坪(二)水位实况与预报对照过程线。现仅以第 7 天为例,如图 6.35 和图 6.36 所示。

表 6.25　中期水情预报精度统计

预报项目	统计项目	预见期		
		第 3 天	第 5 天	第 7 天
坝址流量	平均误差	2.15%	4.05%	10.0%
	合格率	100%	100%	96%
三斗坪水位	平均误差	6.88%	7.32%	9.68%
	合格率	100%	100%	100%
茅坪(二)水位	平均误差	16.5%	24.1%	36.4%
	合格率	88%	88%	72%

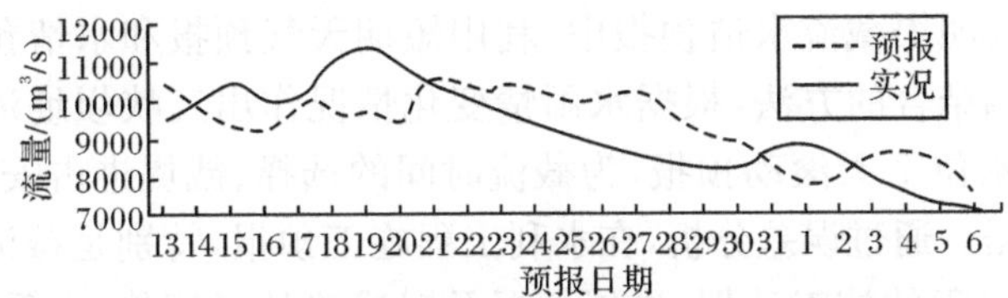

图 6.35　三峡坝区水位预报与原型实况过程线

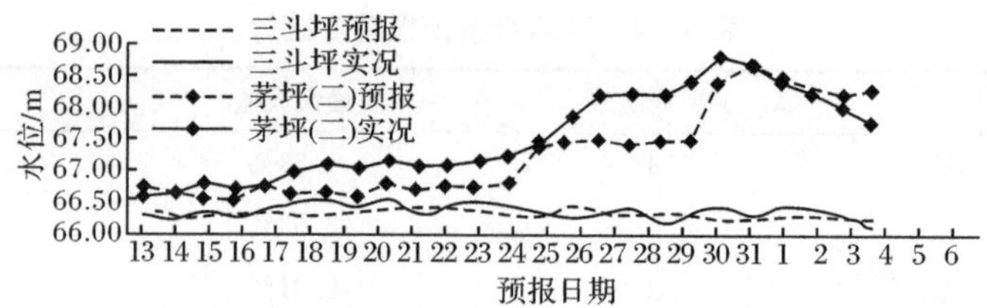

图 6.36 三斗坪、茅坪(二)水位预报与原型实况过程线

3) 预报误差分析

(1) 未来降雨在降雨量和降雨时空分布上的误差。未来降雨一般只进行各流域面平均日降雨量预报，如三峡区间只分为寸滩—万县、万县—三峡坝址两部分，无法满足数学模型对未来降雨在时空分配上的要求。应进一步开展短期天气数值预报模型应用研究，才能与水文预报数学模型相结合，进行水文气象耦合预报。

(2) 河系流量连续预报误差传递。三峡区间降雨径流预报数学模型上游来水输入为寸滩、武隆来水预报过程，因上游来水预报误差，造成三峡坝址流量预报中形成累积误差。

(3) 现有数学模型，如新安江模型和经验单位线模型，模型参数一般是根据汛期水雨情特点综合确定的，而截流期在枯季，枯季区间产汇流过程和汛期相比有差异，且模型无法考虑前期极端干旱的情况。统计资料表明，2002 年 9 月、10 月坝址月平均流量在宜昌站自 1878 年有历史资料以来同期流量序列中月平均流量最小。

(4) 坝址流量预报误差造成茅坪(二)站、三斗坪站水位预报误差的传递。

(5) 葛洲坝调峰调度对茅坪(二)站水位、三斗坪站水位预报的影响。水位预报下边界条件为葛洲坝坝前水位预报过程，葛洲坝电站调峰调度计划和实施有差异，给水位预报带来误差。

(6) 在实际施工中，受各种因素制约，戗堤口门实际进占情况未能按计划进行，尽管预报员根据实况结合戗堤进占模型实验和水力学跟踪计算对各种相关线作出实时校正，因施工计划改变仍对水位预报带来一定误差。

3. 主要结论

在三峡工程明渠截流水情预报中，利用短期天气预报和水情预报相结合、短中期水情预报相结合的方法，根据水雨情变化情况作出三峡坝址流量、茅坪(二)站和三斗坪站水位 7 天滚动预报，为截流时间的选择、戗堤进占安排等工程决策提供了重要依据。通过误差分析，在水利工程施工预报，特别是截流预报中，除对水电站调度和工程的施工计划、进展情况及时准确的了解外，也看到了各种预报方法的不足之处，为水文气象预报中心的技术人员进一步提高预报精度明确了技术上努力的方向。

6.3.6 截流方案模型试验及截流难度措施

1. 明渠截流方案

考虑截流流量大及截流难度高,结合工程实际论证了如下两种截流方案。

基本方案:11 月下半月截流,截流流量 12200m^3/s,双戗截流,上戗为主,承担 2/3 总落差。采用该方案截流难度显著加大,抛投强度大,施工组织较为复杂;该方案上、下戗龙口部位均应加设加糙拦石坎;需水上抛投施工,准备工作量大,技术复杂,对明渠通航造成一定的影响。但截流合龙时间较初设方案提前约 20 天,缓解了明渠 RCC 围堰及第二阶段工程的施工压力。

后备方案:11 月下旬截流,截流流量 10300m^3/s,双戗截流,上戗为主,承担 2/3总落差。截流流量相对较小,无须加糙拦石坎便可顺利截流,避免了水上抛投作业及对明渠通航的影响,抛投强度相对较低,截流合龙时间较初设方案提前约 10 天,较基本方案和比较方案推后约 10 天。

截流水力学模型试验结果表明,截流落差随长江来流量的增加而显著增加,流量的变化对落差影响较为敏感,表 6.26 为各级流量终落差。图 6.37 为基本方案龙口进占合龙水力参数图,表 6.27 为后备方案截流水力学参数。

表 6.26 截流(闭气后)终落差

流量/(m^3/s)	茅坪水位/m	三斗坪水位/m	$\Delta Z = Z_{茅坪} - Z_{三斗坪}$/m
9010	69.59	66.34	3.25
10300	70.44	66.45	3.99
12000	71.94	66.53	5.41
12200	72.35	66.58	5.77
14000	74.83	66.72	8.11

表 6.27 Q=10300m^3/s 龙口不设拦石坎双戗截流水力学参数

上戗口门宽度 $B_{上}$/m	100	70	50	30
下戗口门宽度 $B_{下}$/m	90	65	54	38
截流落差 ΔZ/m	1.41	1.89	2.42	3.19
上戗堤落差 $\Delta Z_{上}$/m	1.04	1.42	1.85	2.40
下戗堤落差 $\Delta Z_{下}$/m	0.45	0.68	0.77	0.86
上戗堤头流速 $\overline{v}_{max}$/(m/s)	4.32	4.74	5.69	6.36
下戗堤头流速 $\overline{v}_{max}$/(m/s)	3.87	4.17	4.66	4.31

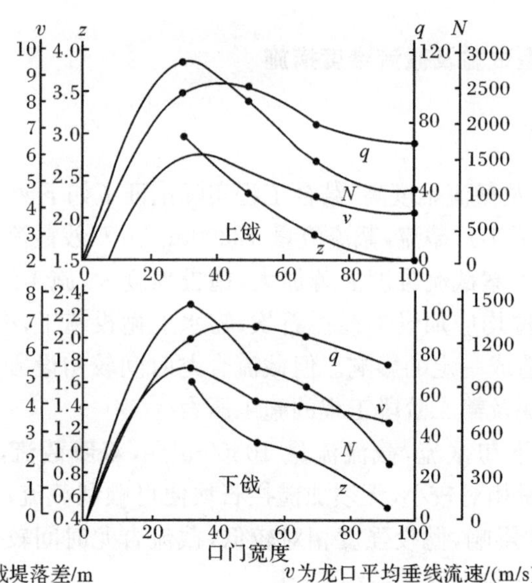

图 6.37 基本方案龙口进占合龙水力参数图

2. 与国内外同类工程截流难度对比

为判断明渠提前截流的可行性，对目前国内外已建截流工程进行分析，从截流流量、截流落差、单宽能量、最大流速、截流技术措施等方面进行比较。国内外同类截流工程对比见表 6.28。

明渠提前截流采用双戗立堵方案，以上游戗堤为主，承担 1/2～2/3 落差，下游戗堤承担 1/3～1/2 落差，控制上、下游口门进占宽度，截流流量 12200m^3/s 时，根据模型试验及截流水力学分析结果，与同类截流工程相比各项水力学指标均较高，最大单宽能量远高于一般截流工程，戗堤进占配合难度大，截流总体难度在世界截流史上属罕见。但从各单项指标看，与已实施的国内外截流工程类比，除截流总能量与流量外，截流落差、最大流速等指标均在一般可实施范围内。因此，从截流难度分析，在各相关条件满足要求的前提下，权衡截流难度与后续工程风险度，采用双戗立堵方案，采取可靠有效的技术措施（垫底加糙），可以实现明渠提前至 11 月下半月安全截流。

鉴于明渠提前截流技术问题复杂，难度巨大，截流多项指标属世界水平，其截流难度主要体现在如下方面。

表6.28　国内外同类截流工程难度对比分析

工程名称	河流名称	国家	实际截流流量/(m^3/s)	最大落差/m	最大流速/(m/s)	最大单宽能量/[t·m/(s·m)]	截流方式	最大块体质量	最大抛投强度	施工年份
三峡大江截流	长江	中国	11600～8480	0.66	4.22	—	平抛垫底，单戗立堵	中石	19.4万m^3/d 17100m^3/h	1997
葛洲坝	长江	中国	4800～4400	3.23	7.5	150	单戗立堵	25t混凝土四面体	7.2万m^3/d 4026m^3/h	1981
二滩	雅砻江	中国	1110	平立堵 3.832.77	8.14/7.14	—	三戗堤平—立堵	1.5m块石	590m^3/h	1993
大化	红水河	中国	1210	2.33	4.19	—	单戗立堵	15t混凝土四面体	654m^3/h	1980
隔河岩	清江	中国	210	2.70	7.00	—	立堵	—	—	1987
漫湾	澜沧江	中国	639	3.06	5.54	—	双戗立堵	—	—	1987
万家寨	黄河	中国	510	3.49	6.75	—	单戗立堵	18t混凝土四面体	—	1995
李家峡	黄河	中国	620	5～6	5.50	—	单戗立堵	20t混凝土四面体	1.3车/min	1992
丹江口	汉江	中国	310	2.88	6.88	56	单戗立堵	15t混凝土四面体	—	1959
小浪底	黄河	中国	—	3.73	5.19	—	—	—	—	1997
白山	松花江	中国	110	1.47	4.81	—	双戗立堵	—	5270m^3/h	1976
三门峡神门	黄河	中国	2030	2.97	6.86	91	单戗立堵	15t混凝土四面体	0.6万m^3/d	1958
龚嘴	大渡河	中国	448～426	4.0	7.0	—	单戗双向立堵	9～15t混凝土四面体	287m^3/h	1967

续表

工程名称	河流名称	国家	实际截流流量/(m^3/s)	最大落差/m	最大流速/(m/s)	最大单宽能量/[t·m/(s·m)]	截流方式	最大块体质量	最大抛投强度	施工年份
伊泰普	巴拉那河	巴西	8100	1.981.76	6.1	—	多戗立堵	1.2～1.5m块石，个别10t	14.6万m^3/d	1978
鸠比亚	巴拉那河	巴西	3900	2.3	6.5	—	单戗立堵	15t块石	500m^3/h	1966
布拉茨克	安加拉河	苏联	3500	3.5	7.4	立堵段100	先立堵后栈桥平堵	25t岩块	1.0万m^3/d	1959
乌斯克-伊里母斯克	安加拉河	苏联	2970	3.82	7.5	77	单戗立堵	15t块石串	650m^3/h	1967
斯大林格勒	伏尔加河	苏联	4500	2.07	5.8	3.65	浮桥平堵	10t混凝土四面体	6.3万m^3/d	1958
托克托古尔	—	苏联	130	7.18	11～12	90	立堵	25t特大块石	—	1966
博古昌	安加拉河	苏联	3260～2400	3.82 0.21	4.6 1.24	—	双戗立堵	3.5t块石串体	4200m^3/h	1987
大约瑟夫	哥伦比亚河	美国	2830	下戗1.8	6.1	—	双戗立堵	15～20t岩块	—	1954
麦克纳里	哥伦比亚河	美国	3920	4.8～5.4	9.1	43.9	缆机平堵	12t混凝土四面体	—	1950
铁门	多瑙河	南斯拉夫罗马尼亚	3300	3.72	7.5	立堵段48.5	先立堵后栈桥平堵	25t混凝土四脚锥体	1.2万m^3/d	1967

1）截流流量大、流速大、总能量大

在对明渠截流进行水文及施工风险分析的同时，开展了立堵截流进占规律的基础性分析研究，以及利用槽蓄原理，通过葛洲坝枢纽适时调度，减小截流流量的措施研究。

2）巨型人工明渠渠底光滑，流量大、流速大，截流抛投料稳定困难

围绕明渠截流抛投进占料失稳，产生流失等关键技术问题，开展了减轻截流难度的关键技术及措施研究，如截流能量与级配混合料稳定试验研究，加糙拦石坎合金钢网丝兜的使用等。

3）双戗截流协调进占技术

试验戗堤进占配合是根据拟定落差分配不断调整其上、下戗进占长度得出的。上、下游戗堤进占配合对落差分配非常敏感，考虑到实际施工可能产生的落差分配失衡因素较多，给截流施工产生极大影响，构成截流困难，开展了双戗截流协调进占技术研究。

3. 明渠提前截流垫底加糙措施

目前国内外截流工程减少抛投材料流失的工程措施通常有：①在导流建筑物兴建之初即为将来的截流修建加糙墩（坎）；②在截流工程实施前通过打桩、设置拦石栅（桩）等措施阻拦抛投材料的流失；③在截流工程实施前和实施过程中通过抛投大体积、大容重的块体形成拦石坎，加糙河床减少抛投材料的流失。

明渠截流采用立堵截流的方式，由于导流明渠系人工明渠，底部为岩石开挖面，为度汛防冲考虑，其中部分软弱基础亦用混凝土进行过护底处理，在明渠截流龙口渠底部位设计并已实施的利于截流的拦石坎，在明渠充水及二期运行过程中已密实平坦，拦石坎作用基本丧失，且在明渠提前截流设计中已将龙口位置调整，渠底平整光滑，若不采取工程措施截流，抛投材料会产生大量的流失，截流难度巨大。设置加糙拦石坎对减少抛投材料的流失效果明显。同时还具有提高龙口糙率系数、减少龙口水深、降低单宽能量、减少龙口工程量加快截流进度的作用。

导流明渠需同时满足导流与施工期通航要求，由于提前截流难度增加，需在导流明渠内先于截流实施加糙拦石等工程措施，曾研究提出两个方案：加糙拦石坎和拦石桩。

龙口部位加糙拦石坎的范围和高程，根据围堰结构型式、加糙拦石坎材料度汛抗冲和满足明渠通航水流条件等要求确定。为利于加糙拦石坎抗冲稳定，采用底部抛投 20t 混凝土四面体，顶部抛一层大块石的垫底加糙型式。考虑到 10 月份施工流量较大，动水抛投混凝土四面体或大块石在渠底难以形成设计的紧密拦石坎结构，其自身防冲稳定将难以保证。为确保加糙拦石坎自身的稳定及减少其流失量，在上游拦石坎的下游侧设钢管桩。采用水上钻探船在上游龙口部位靠近混

凝土纵向围堰100m段钻孔并插入钢管(钢管内浇注细骨料混凝土),再在上游侧抛投混凝土四面体形成钢管桩拦石坎。

鉴于加糙拦石坎和拦石桩方案度汛以及施工对通航干扰等问题较复杂,加之可供施工的工期有限(10～11月),时间紧迫,以及为保证下游加糙拦石坎抗冲稳定性,并便于下游围堰后期拆除,采取上游采用钢架石笼,下戗堤采用底部抛投合金钢网石兜(单个重10t)的垫底加糙型式。导流明渠下游截流戗堤后期需全部拆除,使抛投材料块度有所限制,为减小后期拆除难度,首创提出了下戗拦石坎采用合金钢网石兜的方案,合金钢网石兜已广泛应用于海岸堤防工程,在水电工程截流中尚属首次使用。合金钢网石兜是采用合金钢丝编织而成的蝶状网面,沿网面边缘收口形成网兜。网兜底部采用合金钢丝加密加强,周边为六角形网眼编织结构,沿网面半径方向,网眼边长逐渐递增。采用底开驳船抛投,可数兜串联抛投,以提高工效和抗冲稳定性。

通过对龙口拦石坎措施的研究,由新材料制成的合金钢网丝兜在截流工程上的创新使用,既满足了度汛要求(抗冲流速达10.5m/s),又不影响明渠通航,获得了很好的施工效果,有效地解决了抛投材料的稳定问题,减轻了截流难度。

6.3.7 明渠提前截流风险分析

从以上11月份各种频率流量结果分析,将明渠截流龙口合拢时段提前到11月下半月,截流流量按12200～10300m^3/s是有可能的。但这种可能性到底有多大?可引入“风险”概念分析这种可能性,为截流流量的确定提供科学依据。

6.4 梯级水库调度措施

随着水电资源的规划利用,干、支流河道呈梯级开发,一般在河道截流期可利用上游水库控制河道流量过程,减少截流流量,降低截流难度。如大朝山工程截流是利用上游梯级枢纽控泄流量截流的成功典范。

从梯级水头规划的角度,一般下游枢纽控制调度对上一级影响不大,因此在有关文献上还未见运用下游水库调度减轻上一级枢纽截流难度的先例。由于特定的原因,三峡工程建在葛洲坝枢纽库区内,抬高原河床水位近20m,因此其施工导截流环境具有特殊性,不同于一般梯级枢纽的导截流施工。

三峡工程三期截流具有流量大、落差大、龙口流速大的特点,综合截流难度指标为世界第一。为了研究降低截流难度的工程措施,建立了经试验资料验证过的数学模型,利用该模型对降低截流难度的方案进行了计算比较;在此基础上研究了充分利用葛洲坝库容在短时段内的调蓄量,以减少截流关键时段的过坝流量,调控葛洲坝坝前水位,从而降低明渠截流难度的方案,为工程决策提供科学依据。

第7章 粗粒料力学特性与渗透特性的尺寸效应

本章通过不同缩尺度的三轴试验、击实试验及压缩试验，研究了粗粒料压实特性的缩尺效应，揭示了粗粒料压实及力学特性缩尺效应的规律性；系统总结了渗透试验的尺寸效应，揭示了渗透系数随渗透仪尺寸与试验材料特征粒径比值的变化规律，提出了渗透试验超径处理方法。

目前，工程中广泛使用的粗粒料其颗粒最大粒径达600～800mm，有的甚至达1000mm以上，其原型级配料的力学及渗透特性采用现有的试验仪器一般难以测定，需要采用缩小颗粒粒径后的模型级配料进行试验，并依据模型级配试验结果推求原型级配料的力学性质。目前粗粒料级配缩尺模拟的方法有剔除法、等量替代法、相似级配法和混合法等，不论采取何种缩尺方法，其模型级配与原型级配材料特性相比都存在一定差异，即称为缩尺效应。对于粗粒料缩尺效应，尽管到目前为止，已有不少的研究机构和学者进行了很多的研究，但由于模型级配与原型级配相似理论的研究困难较大，很难取得突破，建立理想的模型级配与原型级配相似理论还需开展大量深入的试验研究工作。

以国内大型水电工程为背景，研究粗粒料的压实及力学与渗透特性，以及试验中粗粒料的尺寸效应问题，建立室内小粒径试验结果映射到现场粗粒土的力学特性和渗透特性的方法；研究现有规程规范条款的适用性，为完善试验方法和规程提供理论与技术依据；进一步规范粗粒料的力学与渗透特性试验方法，以保证试验结果的可重复性、可对比性，提高粗粒料工程特性试验技术的可靠性。

7.1 缩尺效应

7.1.1 压实及力学特性试验缩尺效应

粗粒料缩尺效应的试验研究始于20世纪40年代末期，迄今为止，国内外已有许多学者对缩尺效应问题进行了研究，主要集中在两个方面，一是研制大型试验仪器，其目的是通过大型试验仪器来尽量减小试样缩尺所带来的影响，二是研究缩尺效应规律，确定缩尺方法。

超粒径的处理方法（缩尺方法）不同，产生的替代料级配差异会很大，其力学性质也必然会有所差异。剔除法方法简单，使用方便，但因剔除了部分超粒径颗粒,使细粒含量增大,超粒径料由剩余的小于允许最大粒径的全料颗粒所代替。等量替代法是按比例等量替换超粒径颗粒,优点是代替后的级配仍保持原来的粗粒含量,细料含量和性质不变,但存在大粒径缩小,级配范围变小,均匀性增大等缺点。相似级配法的优点是保持颗粒级配的几何形状相似,不均匀系数不变;缺点是全料的粒径皆被缩小,使粗粒含量变小,细粒含量增大,从而导致性质发生变化,一般认为该方法对材料的工程性质影响较大,不宜应用于细粒含量多的粗粒料,可应用于粗粒含量大于50%的卵漂石、堆石。混合法先用相似级配法按适宜的比尺缩小粒径,使超粒径颗粒含量小于40%,再用等量替代法缩制试样。目前,一般认为混合法较合理,但相关依据还不够充分,对不同级配的土进行不同最大粒径替代时,可能有不同的最佳替代方法。

粗粒料缩尺效应产生的主要原因是试验仪器对试验料粒径有一定的范围限制。为了研究粗粒料的力学性质,国内外许多科研单位和大专院校先后研制了多种大型土工试验仪器,如大型直剪仪、大型三轴压缩仪、大型平面应变仪、大型真三轴仪等。尽管试验仪器的尺寸也在不断加大,试样直径已由30cm增大到70cm甚至120cm以上,但其尺寸与实际堆石料的粒径相比仍偏小,因此使用这些大型设备不仅要耗费大量的人力、财力和时间,且并不一定可靠。因此,一些学者致力于粗粒料试验仪器合理尺寸的研究,希望找出一种试样尺寸的试验结果能基本反映原级配料的力学性质。通过对直径在30～100cm范围内试样的试验研究表明,由直径30cm试样测得的内摩擦角φ值与由更大直径试样测得的φ值差别不大,加大仪器尺寸会大大增加试验的难度和工作量,而不会明显提高试验精度。大量的强度参数试验结果表明,粗粒料强度试验采用直径为30cm的试样即可,目前国内外一般都以30cm直径的三轴压缩仪作为粗粒料的常规试验设备。

在粗粒料缩尺效应规律的研究方面,早期研究如西北农林科技大学的孟宪麒、南京水利科学研究院的司洪洋、中国水利水电科学研究院的李凤鸣、国外学者Marachi和Hennes等通过试样的峰值强度、轴应变等对缩尺效应影响进行分析,且以φ的变化作为评价依据。近年来,随着对粗粒料工程性质研究的进展,一些学者,如昆明勘测设计院的王继庄、董槐三、南京水利科学研究院的郦能惠、清华大学的高莲士等,认识到仅研究缩尺效应对粗粒料摩擦角的影响是不够的,同时还应考虑到缩尺效应对其变形特性的影响。在粗粒料研究中,试验干密度是一个重要的控制指标。为了测定超粒径粗粒料的最大干密度,许多学者对超粒径料的缩尺方法进行了研究改进。Frost提出了剔除超粒径料的系列延伸法;史彦文提出了相似级配系列延伸法;刘贞草提出了等量替代级配系列延伸法;田树玉提出了渐近线辅助拟合法;郭庆国提出了超粒径粗粒料最大干密度的近似测定方法;张少宏等提出了无黏性超粒径粗粒料最大干密度的确定方法。

在缩尺效应的研究中,除了不同缩尺方法引起的力学性质差异需要研究外,缩尺方法本身也是一个值得深入研究的问题。然而,总体上关于缩尺效应的研究较少,并且缩尺效应研究中试验替代级配料与原型级配料的力学特性关系难以定量描述,有的研究结论甚至相反。由此可见,目前在粗粒料缩尺效应方面的研究还很不成熟,粗粒料缩尺效应的问题仍需要深入研究。

7.1.2 渗透试验尺寸效应

水工渗流力学是土力学和水力学这两门带有浓重实验色彩的学科交叉形成的。目前,粗粒料的渗透试验一般是借鉴现行土工试验规程中的《粗颗粒土的渗透及渗透变形试验规程》(SL237-056—1999)进行,由于粗粒料的级配范围宽广,按现行规范进行试验时已发现在一定程度上影响渗透试验结果可靠性的一些因素,表现在同一种土样,其平行试验的结果差别较大,不同的试验人员、不同实验室取得的试验结果缺乏可比性,严重影响了对粗粒料的渗透与渗透变形特性的研究与评价,也为大坝及围堰的设计及其质量控制带来了技术上的不确定性。因此,粗粒料的渗透试验还缺乏规范化、系统化和有针对性的方法。

渗透试验是在一定尺寸的渗透仪中进行的,粗粒料与常规的细料相比有不同的特点,其粒径最小的可在0.1mm以下,而最大可达200mm以上,试验中超径问题是经常碰到的问题。渗透仪必须具有合适的尺寸,当采用圆筒渗透仪时,圆筒内径应大于试样最大粒径的10倍。然而,对于粗粒料来说,试样最大粒径一般较大,按此规定选取渗透仪会带来试验中的供水供压问题。渗透仪的尺寸虽然越大越好,但也不可能无限增大。试验规程(SL237-056—1999)中渗透仪内径为20cm和30cm两种,并规定按仪器内径应大于试样粒径d_{85}的5倍选择仪器,当常规试验仪器内径不能满足要求时,应设计加工大直径的仪器,或根据试样情况,对最大允许粒径以上的粗粒进行处理,并建议仪器内径与试验土样最大粒径(或d_{85})之比可选为4～6。粗粒料性质决定了所需渗透仪的尺寸很大,进行一次渗透变形试验需要使用几百公斤乃至1吨以上试样,且对试验供水系统的要求也很高,这就使得进行粗粒料原型级配渗透及渗透变形试验非常困难,故而以往许多试验常采用按规程推荐但论证不充分的级配替代等方法降低试验难度。

渗透试验的级配模拟方法与基于力学强度等效的基础上提出的剔除法、等量替代法、相似级配法和混合法等处理方法有所不同,采用大型、中型、小型三种不同尺寸的三轴仪对几种堆石材料和砂卵石料进行的比较试验表明,粗颗粒土级配粒径缩小过多,其力学性能会受到一定影响。同时也强调:“对于渗透变形等试验,超粒径颗粒处理方法是否可参照进行,尚待试验验证。”这说明深入研究渗透试验尺寸的确定原则和超粒径颗粒的处理方法是非常有必要的。

近年来,国内不少土力学专家对粗粒料的渗透特性进行了研究,取得了许多有价值的理论成果并出版了专著,例如毛昶熙的“渗流计算分析与控制”、刘杰的

“土的渗透稳定与渗流控制”、郭庆国的“粗粒土的工程特性及应用”等。同时，大量学者对不同直径的渗透变形试验进行了研究，如朱国胜和张伟等采用 ϕ600mm 的垂直渗透变形试验仪和 600mm×600mm 的水平渗透变形试验仪、陈生水(2004)等采用自行研制的 ϕ1000mm 高压大型渗透-固结仪、凤家骥等采用 ϕ400mm的渗透变形仪等进行了研究。

综上所述，粗粒料的渗透试验方法研究是一项重要的基础性研究工作，目前已有的与粗粒料渗透试验有关的研究文献一般主要是介绍试验成果，而较少提及试验方法的研究。试验方法的合理性对渗透试验成果的可靠性至关重要，而目前对此缺少专门的研究，试验方法还很不成熟，以往的粗粒料渗透试验都只是在一定程度上借鉴了土工试验规程中的方法。

7.2 压实和力学特性缩尺研究

7.2.1 缩尺方法与试验级配

对四种填筑材料，分别编号为 M、Q、W、C，研究不同缩尺方法后的级配。

M 料级配见表 7.1 和图 7.1。M1 为原级配，M2 为对 M1 中的超径部分(100mm 以上)用 100～5mm 粒组等量替代后的级配，M3 为对 M1 中的超径部分(60mm 以上)用 60～5mm 粒组等量替代后的级配，M1、M2、M3 的控制最大粒径分别为 200mm、100mm、60mm。

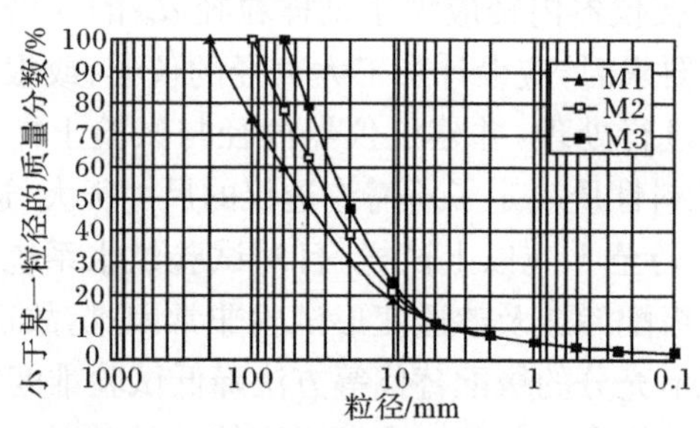

图 7.1 M 料级配曲线

Q 料级配见表 7.1 和图 7.2。Q1 是原级配，Q2 是采用相似级配法缩尺 2 倍后的试验级配；Q3 是采用相似级配法缩尺 3 倍后的试验级配。Q1、Q2、Q3 的控制最大粒径分别为 200mm、100mm、60mm。

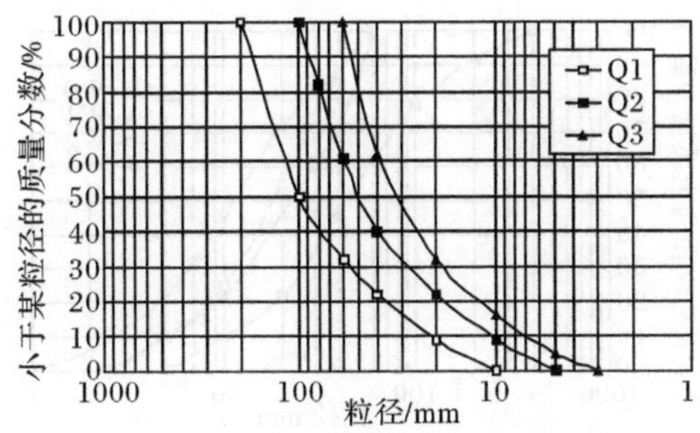

图 7.2　Q 料级配曲线

表 7.1　试验用级配各粒组含量

级配代号	各料组含量百分数/%											
	400～200mm	200～100mm	100～60mm	60～40mm	40～20mm	20～10mm	10～5mm	5～2mm	2～1mm	1～0.5mm	0.5～0.25mm	0.25～0.1mm	<0.1mm
M1		24.8	15.1	11.5	17.6	12.7	7.3	3.3	2.1	1.8	1.0	0.7	2.0
M2			21.8	15.1	24.4	17.6	10.1	3.3	2.1	1.8	1.0	0.7	2.0
M3				20.9	31.9	23.0	13.2	3.3	2.3	1.8	1.0	0.7	2.0
Q1		50.0	18.0	10.0	13.0	9.0	0						
Q2				39.0	21.0	18.0	13.0	9.0	0				
Q3					38.0	30.0	16.0	11.0	5.0	0			
W0	8.0	14.0	16.0	16.0	24.0	12.0	10.0	0					
W1				28.0	26.0	24.0	12.0	10.0	0				
W2				12.5	32.5	30.0	15.0	10.0	0				
W3				12.0	16.0	26.0	24.0	16.0	6.0	0			
C1			6.5	7.0	12.2	11.5	9.1	10.1	3.5	3.6	2.2	4.4	29.9
C2				8.1	14.2	13.4	10.6	10.1	3.5	3.6	2.2	4.4	29.9
C3					25.9	20.4	10.1	3.5	3.6	3.6	2.2	4.4	29.9

W 料级配见表 7.1 和图 7.3。W0 是原级配，W1 是采用混合法，先用相似级配法缩尺 2 倍后，再采用 60～40mm 粒组对超过粒径部分进行一级替代。W2 是采用混合法，先用相似级配法缩尺 2 倍后，再采用 60～5mm 粒组对超过粒径部分进行等量替代。W3 是采用混合法，先用相似级配法缩尺 4 倍后，再用 60～40mm 粒组对超过粒径部分进行一级替代。

C 料级配见表 7.1 和图 7.4。C1 是原级配，最大粒径 100mm；C2 是以 60～5mm 的粒组等量替代超粒径部分，最大粒径 60mm；C3 是以 40～5mm 的粒组等量替代超粒径部分，最大粒径 40mm。

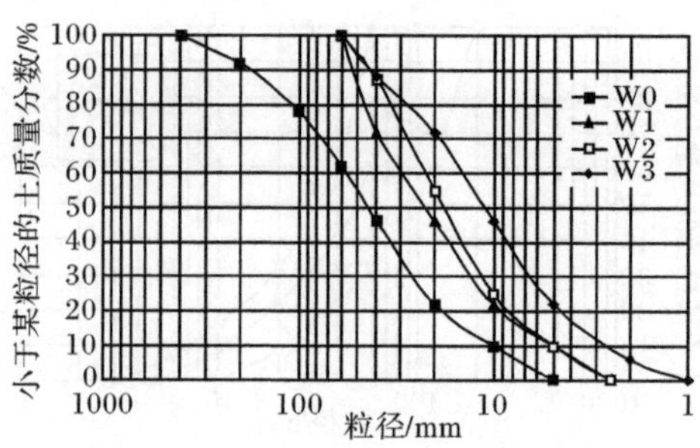

图 7.3 W 料级配曲线

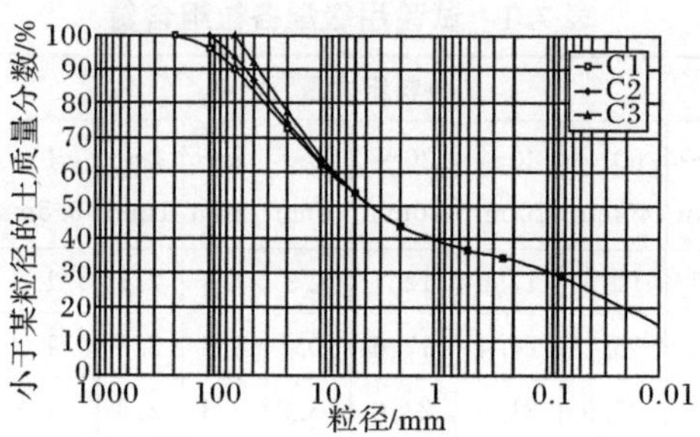

图 7.4 C 料级配曲线

7.2.2 压实特性缩尺研究

为了研究不同试验级配的压实效应，对 M 料和 W 料分别采用直径 1000mm、高 1000mm 的击实筒和直径 300mm、高 285mm 的击实仪进行压实试验。

1. 等量替代法压实试验

采用直径 1000mm、高 1000mm 的击实筒，对填料进行压实试验，试验采用表面振击法，对不同缩尺后的试验级配均采用同质量分层铺填，每层振动时间一致（即相同的击实功能）。试验仪器如图 7.5 所示。

M 料的压实试验结果见表 7.2 和图 7.6。

表 7.2 等量替代法 ϕ1000 压实试验结果

试验级配	干密度/(t/m³)								
	30min	60min	90min	120min	150min	180min	210min	240min	最大值
M1	2.061	2.109	2.133	2.153	2.167	2.177	2.188	2.192	2.192
M2	1.991	2.036	2.061	2.080	2.090	2.100	2.106	2.109	2.109
M3	1.901	1.942	1.971	1.988	2.006	2.012	2.015	2.024	2.024

图 7.5　1000mm 直径大尺寸击实筒

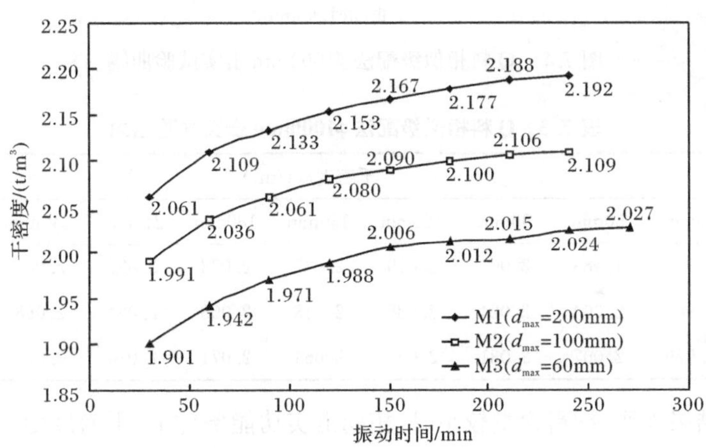

图 7.6　等量替代法 ϕ1000mm 击实试验曲线

试验结果表明，M 料的干密度随击实功能的增加而增加，在相同击实功能条件下，干密度随着缩尺控制最大颗粒粒径的增加而增加。M1 料(d_{max}=200mm)的最大干密度为 2.192t/m^3；M2 料(d_{max}=100mm)的最大干密度为 2.109t/m^3；M3 料(d_{max}=60mm)的最大干密度为 2.024t/m^3。M2 料的最大干密度较 M1 料小 3.9%，M3 料的最大干密度较 M1 料小 8.1%。

随着控制最大颗粒粒径的减小，级配更趋于均一化，其压实干密度也随之降低。粗粒料的缩尺对压实特性影响较明显。

2. 相似级配法压实试验

采用直径 1000mm、高 1000mm 的击实筒，对 Q 料进行压实试验，试验采用表面振击法，对不同缩尺后的试验级配均采用同质量分层铺填，每层振动时间一致（即相同的击实功能）。Q 料试验结果如图 7.7 和表 7.3 所示。

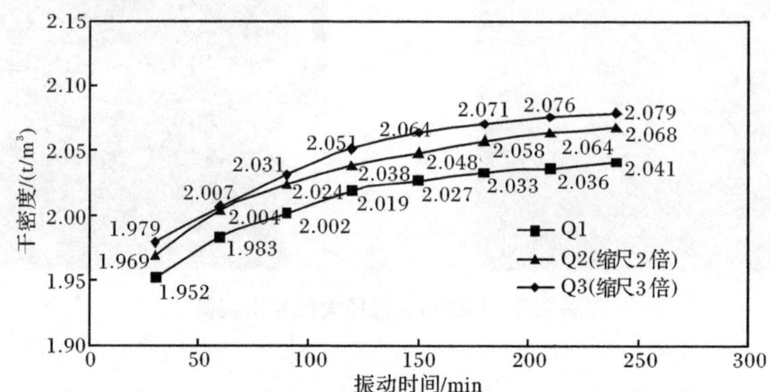

图 7.7　Q 料相似级配法 ϕ1000mm 击实试验曲线

表 7.3　Q 料相似级配法 ϕ1000mm 击实试验结果

试验级配	干密度/(t/m³)								
	30min	60min	90min	120min	150min	180min	210min	240min	最大值
Q1	1.952	1.983	2.002	2.019	2.027	2.033	2.036	2.041	2.041
Q2	1.969	2.004	2.024	2.038	2.048	2.058	2.064	2.068	2.068
Q3	1.979	2.007	2.031	2.051	2.064	2.071	2.076	2.079	2.079

试验结果表明，细料含量较小时，相同击实功能条件下，干密度随着相似级配缩尺倍数的增加而增加，但增加量较小。Q1 料、Q2 料（缩尺 2 倍）、Q3 料（缩尺 3 倍）的最大干密度分别为 2.041t/m³、2.068t/m³ 及 2.079t/m³。Q2 料的最大干密度较 Q1 增加了 1.3%，Q3 料的最大干密度较 Q1 料增加了 1.9%。可能是由于相似级配法缩尺后使细颗粒含量增加，优化了粗细颗粒的填充关系，而同时相似级配法缩尺后最大粒组也在减小，折减了干密度量值的增加。

3. 混合法压实试验

采用直径 300mm、高 285mm 的击实仪，对 W 料进行压实试验，试验采用表面振击法，对不同缩尺后的试验用料在相同的击实功能下进行压实试验。试验结果见表 7.4。

表 7.4 W料不同缩尺方法击实试验结果

试验级配	试验材料占比		击实干密度/(t/m³)
	白云岩	灰岩	
W1	0.7	0.3	2.180
W2	0.7	0.3	2.161
W3	0.7	0.3	2.359
W1	0.3	0.7	2.173
W2	0.3	0.7	2.146
W3	0.3	0.7	2.355

试验结果表明，两种不同岩性混合料在相同的缩尺条件下，压实干密度接近；在小于5mm的含量不变的情况下，W1料(缩尺2倍后一级替代)的击实干密度比W2料(缩尺2倍后等量替代)稍大，表明一级替代优于等量替代；W3料(缩尺4倍后一级替代)小于5mm颗粒含量增加了12%，其压实干密度比缩尺2倍的W1料和W2料的击实干密度明显增大(增加了约9%)，这说明细粒含量对室内击实试验干密度有较大影响。分析原因认为，W3的小于5mm颗粒含量增加，粗粒组的孔隙被细颗粒更好的充填，因此使得其干密度明显高于细粒含量较少的W1和W2的压实干密度。

7.2.3 力学特性缩尺研究

1. 相同试样尺寸不同缩尺方法下的强度特性

对W料进行了大型三轴试验，试样尺寸均为ϕ300mm×H600mm，试验围压取0.3MPa、0.6MPa、0.9MPa三种，压实度为89%和92%两种。试验为饱和固结排水剪切试验，剪切速率为0.4mm/min，得到的强度试验结果见表7.5。

表 7.5 W料三轴试验强度结果

试验级配	试验材料占比		试验干密度/(t/m³)	压实度/%	强度指标			
	白云岩	灰岩			c/MPa	φ/(°)	Φ_0/(°)	$\Delta\varphi$/(°)
W1	0.7	0.3	1.940	89	0.137	38.45	51.67	11.10
W2	0.7	0.3	1.923	89	0.117	38.74	49.08	8.17
W2	0.7	0.3	1.988	92	0.092	40.13	49.43	8.02
W3	0.7	0.3	2.100	89	0.103	38.93	48.21	7.38
W1	0.3	0.7	1.934	89	0.149	38.19	51.84	11.16
W2	0.3	0.7	1.910	89	0.137	37.25	49.96	10.17
W3	0.3	0.7	2.096	89	0.124	39.00	50.05	8.86
W1	0.3	0.7	2.000	92	0.107	39.83	49.60	7.99

续表

试验级配	试验材料占比		试验干密度	压实度/%	强度指标			
	白云岩	灰岩	/(t/m³)		c/MPa	φ/(°)	Φ_0/(°)	$\Delta\varphi$/(°)
W2	0.3	0.7	1.974	92	0.127	37.85	49.72	9.59
W3	0.3	0.7	2.167	92	0.126	40.62	51.31	8.36

通过对10组三轴试验的抗剪强度指标进行统计分析，结果见表7.6。可见内摩擦角 φ 和 Φ_0 的变异性很小，而摩擦力 C 值和 $\Delta\varphi$ 的差异性也较小。压实度提高后强度指标没有明显增加，说明压实度对强度指标的影响较小。

表7.6　W料强度参数结果统计

统计值	强度指标			
	C/MPa	φ/(°)	Φ_0/(°)	$\Delta\varphi$/(°)
平均值	0.122	39.0	50.1	9.1
标准差	0.017	1.049	1.175	1.352
变异系数	0.143	0.027	0.023	0.149
变异性评价	小	很小	很小	小

将W料的3个级配、2种混合料在相同压实度条件下的试验曲线绘制在同一幅图中，如图7.8所示(图中白7灰3表示白云岩占70%，灰岩石占30%)。可见压实度和围压相同、级配不同下的应力-应变关系曲线差异较大，尤其是W2与W1和W3相差大。

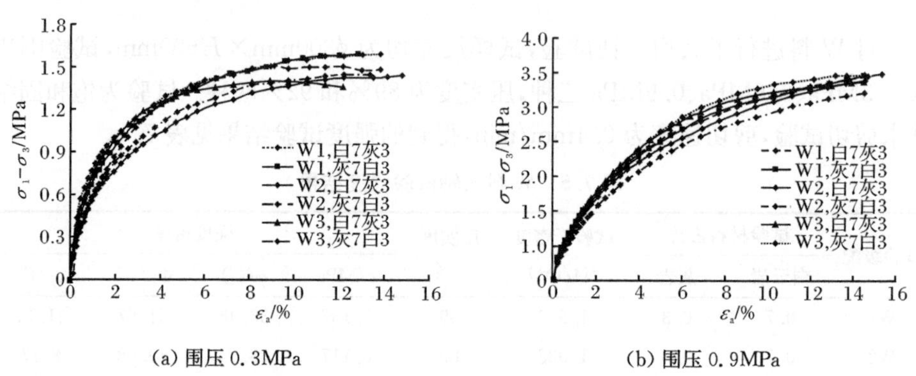

(a) 围压0.3MPa　　(b) 围压0.9MPa

图7.8　相同压实度条件下应力-应变关系曲线

2. 不同试样尺寸和不同缩尺方法下的强度特性

对C料进行了不同试样尺寸的系列三轴固结排水剪切试验，试样尺寸为ϕ500mm × H1000mm、ϕ300mm × H600mm、ϕ150mm × H300mm、ϕ101mm ×

$H200$mm 四种，试验密度均为 2.05t/m³，得到的试验结果见表 7.7。

表 7.7　C 料三轴试验强度结果

试验级配	试样尺寸/(mm×mm)	试验控制条件		强度指标			
		饱和度/%	干密度/(t/m³)	C/MPa	φ/(°)	Φ_0/(°)	$\Delta\varphi$/(°)
C1	$\phi500\times H1000$	71.1	2.05	0.154	31.1	42.3	7.2
C2	$\phi500\times H1000$	71.1	2.05	0.199	30.4	45.2	9.6
C2	$\phi300\times H600$	71.1	2.05	0.153	29.0	42.8	9.2
C3	$\phi150\times H300$	67.3	2.05	0.080	28.6	38.4	4.2
C3	$\phi101\times H200$	90.1	2.05	0.071	33.6	40.5	6.5
C3	$\phi101\times H200$	98.5	2.05	0.031	31.4	34.7	3.5
C2	$\phi300\times H600$	98.5	2.05	0.056	30.6	38.1	5.6
C3	$\phi150\times H300$	98.5	2.05	0.042	29.6	34.3	3.6
C3	$\phi101\times H200$	98.5	2.05	0.037	31.8	36.0	6.0

三轴试验的抗剪强度指标统计分析见表 7.8，可见摩擦角 φ 和 Φ_0 的变异性很小，而摩擦力 C 值和 $\Delta\varphi$ 的差异性大或者很大。究其原因，由于试样的饱和度存在差异，饱和样的摩擦力 C 值明显低于非饱和样的摩擦力 C 值，导致其摩擦力 C 值差异性较大。

表 7.8　C 料强度指标分析

统计值	强度指标			
	C/MPa	φ/(°)	Φ_0/(°)	$\Delta\varphi$/(°)
平均值	0.099	30.8	39.7	6.5
标准差	0.061	1.555	3.734	2.288
变异系数	0.611	0.050	0.094	0.354
变异性评价	很大	很小	很小	大

根据不同试样尺寸的三轴试验，可以得到如下结论：

(1) 强度方面：试验尺寸对强度指标 Φ 值影响较小，而内摩擦角 φ 值的差异性较大，这与试样饱和程度有关。

(2) 由于本次试验土料中的细料含量较多(小于 5mm 粒径含量占 54%，小于 20mm 粒径含量占 73%，小于 60mm 粒径含量占 90%)，且在不同试样尺寸的试验中，对超径部分均用以上粒径部分进行了等量替代，试样尺寸对强度指标的影响较小。

7.3 渗透试验尺寸效应

7.3.1 渗透试验尺寸效应规律

1. 渗透试验方法及方案

粗粒料尺寸效应研究主要采用不同尺寸渗透仪对比试验，即试验用料采用同一种级配，而渗透仪采用不同的尺寸，经过系列试验，分析渗透仪尺寸的变化对渗透系数的影响。针对超径问题，对试验用料中的超径颗粒按试验规程采用不同方法进行替代，分析渗透仪尺寸效应的影响。这就要求所使用的渗透仪尺寸既能满足试验规程要求，又能有所突破。按照《土工试验规程》(SL 237—1999)规定，渗透仪尺寸按仪器内径应大于试样粒径 d_{85} 的 5 倍选择仪器。利用现有系列尺寸的垂直渗透仪进行对比试验，试验仪器结构形式如图 7.9 所示，根据试验要求及规程控制干密度准备试样，试样饱和后立即进行渗透变形试验。提升供水箱，使供水箱的水面高出渗透仪的溢水口(图 7.9 出水管口)，保持常水头差，形成初始渗透坡降，并按试验设定的比降逐步提升渗透比降；反复测量每级比降下的流量，并观察描述该级水头下的试验现象，如水的浑浊程度，冒气泡，细颗粒的跳动、移动或被水流带出，土体悬浮、渗流量及测压管水位的变化等，在试样渗流量达到基本稳定的情况下才提升下一级水头。每次升高水头后，记录测压管水位，并测量渗水量 3 次，若连续 3 次测得的渗水量基本稳定，又无异常现象发生，即可提升至下一级水头。由于本节以渗透系数作为主要研究对象，试验不一定要进行到渗透破坏。对于细类土(砂质土、黏质土及粉质土)，《土工试验规程》(SL 237—1999)给出了渗透系数的取值方法，在测得的结果中取 3～4 个在允许差值范围内的数值，求其平均值(允许差值不大于 2×10^{-n}cm/s)。而对于粗粒土，《土工试验规程》(SL 237—1999)中则没有给出渗透系数的确定方法。由于粗粒料的级配分布广、粒径粗，其渗透系数的离散程度比细粒土要大，按照细粒土渗透系数的确定方法确定显然有很大难度，其允许差值范围宜适当放宽。本次取 $\lg J$-$\lg V$ 曲线直线段上的试验点渗透系数平均值作为渗透系数值。

为便于对比分析，要求每组渗透试验过程基本一致，即试样装填密度、试样饱和、试验时间、渗透比降设定基本一致，以便消除试验过程不同带来的影响。对于渗透试验的尺寸效应研究，试验样品的选取应综合考虑实验室条件和试验难度，应考虑到渗透仪尺寸与试验样品 d_{85} 的比值超出现有试验规程的上限和下限，以便得到尺寸效应的影响规律，同时，应结合实验室的渗透仪设备情况，使试验具有可操作性。经过调研，考虑到现有的试验设备，采用水布垭ⅡA 垫层料下包线设计级配进行不同尺寸渗透仪对比试验较为合适，其最大粒径为 80mm，d_{85} 为 54.29mm，不均匀系数达 53.65，是较为典型的宽级配粗粒料。5 种渗透仪直径（直径 200mm、308mm、450mm、600mm、940mm）分别是ⅡA 垫层料下包线 d_{85} 的 3.7 倍、5.7 倍、8.3 倍、11.1 倍、17.3 倍，垫层料干密度取 2.20g/cm^3，级配如图 7.10和表 7.9 所示。

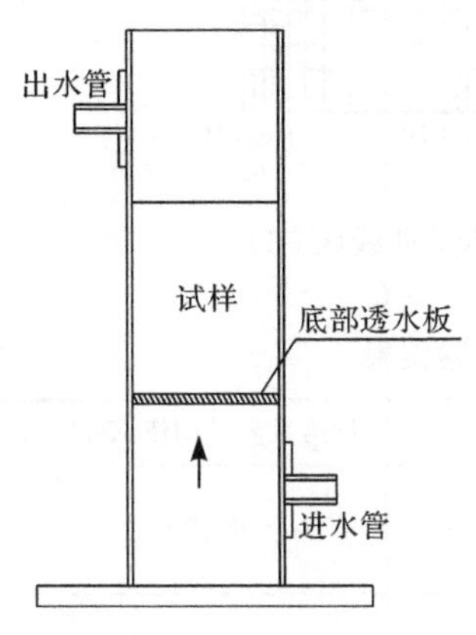

图 7.9　垂直渗透仪示意图

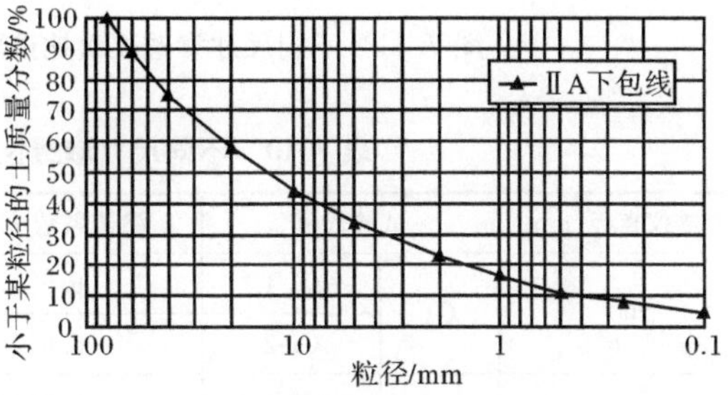

图 7.10　水布垭大坝ⅡA 垫层料设计级配线

表 7.9　水布垭大坝ⅡA 垫层料下包线设计级配

小于某粒径(mm)的级配粒所占的质量分数/%											特征粒径/mm					C_u	C_c
80	60	40	20	10	5	2	1	0.5	0.25	0.1	d_{85}	d_{60}	d_{30}	d_{20}	d_{10}		
100	89	75	58	44	34	23	17	11	8	5	54.29	22.35	3.91	1.50	0.42	53.65	1.64

不同尺寸渗透仪对比试验按渗透仪尺寸共分为 5 组，试验分别对应渗透仪直径，试验编号分别为 C1、C2、C3、C4、C5，试验方案见表 7.10。为了保证试验结果的可靠性，每组试验均进行两个平行试验，为了消除边壁效应影响，在渗透仪内表面涂上厚度 3～4mm 的水泥，待水泥半凝固后装入试样，水泥完全凝固后试样与仪器内表面则能较好地结合，不会受到边壁效应的影响。

2. 试验结果及分析

试验主要研究渗透性，不一定进行到试样发生渗透变形破坏。但为了绘制比降-流速曲线（lg$J$-lg$V$ 曲线），要求试验的水头不少于五级，且均为达西流，取 lg$J$-lg$V$ 曲线直线段上试验点处的渗透系数平均值作为渗透系数值。试验结果见表 7.10，典型的试验曲线如图 7.11 所示。

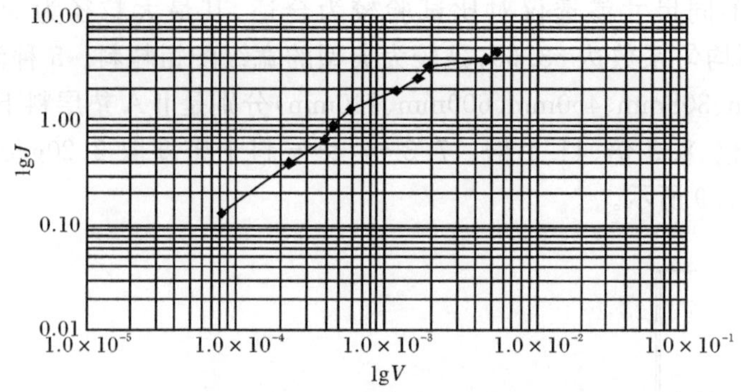

图 7.11　不同尺寸渗透仪对比试验 lgJ-lgV 曲线(C1-1)

表 7.10　不同尺寸渗透仪对比试验结果

渗透仪直径/mm	试验代号		渗透系数 K_{20}/(cm/s)	渗透系数平均值 K_{20}/(cm/s)
200	C1	C1-1	6.53×10^{-4}	6.07×10^{-4}
		C1-2	5.61×10^{-4}	
308	C2	C2-1	2.31×10^{-3}	2.25×10^{-3}
		C2-2	2.20×10^{-3}	
450	C3	C3-1	4.83×10^{-3}	5.47×10^{-3}
		C3-2	6.10×10^{-3}	
600	C4	C4-1	4.59×10^{-3}	7.25×10^{-3}
		C4-2	9.90×10^{-3}	
940	C5	C5-1	9.19×10^{-3}	8.60×10^{-3}
		C5-2	8.01×10^{-3}	

从图 7.11 所示的 lgJ-lgV 曲线以及试验现象来看,有一部分试样在结束时没有发生渗透变形破坏,有一部分发生了渗透变形破坏,但试样在发生渗透变形之前,有明显的直线段,倾斜角呈 45°,表明渗流符合达西流。由于同一个试样渗透变形试验的不可重复性,即使级配完全一样,在试样装样过程及颗粒在渗透仪中的具体分布位置也会有所差异,结果有一定的离散性,从表 7.10 的不同尺寸渗透仪对比试验结果可以看出,每组试验的两个试验值差别不大,均在同一个量级,差值一般小于 2×10^{-n}cm/s(n 取−3 或−4),表明平行试验的离散度小,结果可靠,可以取平行试验渗透系数的算术平均值作为该组试验的渗透系数值。

以表 7.10 渗透仪的直径作为横坐标,渗透系数作为纵坐标,绘制成渗透仪直径与试样渗透系数关系曲线,如图 7.12 所示。从图中可以看出,尺寸效应对于渗透试验的影响,尽管是级配完全相同的同一种粗粒料,随着渗透仪尺寸的增大,渗透系数随之增大,但渗透系数增大的速率越来越缓。分析造成这种现象的原因,当渗透仪内径与试样 d_{85} 的比值较小时,试样中的粗颗粒在试样断面中占有较大面积比,而粗颗粒自身的渗透性极小,导致渗透系数降低。随着渗透仪内径与试样 d_{85} 的比值的增大,粗颗粒在试样断面中占有的面积比相对减小,颗粒的布置对渗透系数的影响也越来越小,其渗透系数也越来越接近材料的真实值。

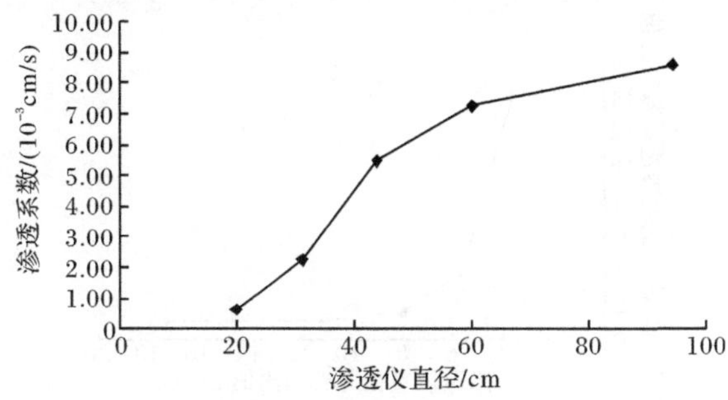

图 7.12　渗透仪直径与渗透系数的关系曲线

试验 C5 渗透仪直径是试验材料 d_{85} 的 17.3 倍,比试验规程规定的最大值 10 倍还要超出许多,受到尺寸效应的影响很小,因此可以认为试验 C5 所测渗透系数较为准确,在本节中认为是相对真实值,以此作为评价其他试验结果的参考,其他试验结果与 C5 的差异大小,可以用来判别尺寸效应的影响程度,为了进一步说明渗透仪直径对渗透系数的影响,表 7.11 给出了试验 C5 与各组试验渗透系数的比值。

表 7.11　渗透仪直径对渗透系数的影响关系

试验编号	渗透仪直径/mm	渗透仪直径与 d_{85} 的比值	渗透系数/(cm/s)	试验 C5 与该组试验渗透系数的比值
C1	200	3.68	6.07×10^{-4}	14.17
C2	308	5.67	2.25×10^{-3}	3.82
C3	450	8.28	5.47×10^{-3}	1.57
C4	600	11.05	7.25×10^{-3}	1.19
C5	940	17.31	8.60×10^{-3}	1.00

从表 7.11 可以看出,试验 C1 渗透仪直径仅为试验材料 d_{85} 的 3.68 倍,比试验规程建议的最小值 4 倍还要小,尺寸效应影响较为明显,试验 C1 的渗透系数比 C5 低了一个量级,试验 C5 与 C1 渗透系数的比值达 14.17;试验 C2 渗透仪直径为试验材料 d_{85} 的 5.67 倍,已在试验规程建议的 4～6 倍范围之内,尺寸效应影响明显减小,试验 C5 与 C2 渗透系数的比值为 3.82;试验 C3 渗透仪直径为试验材料

d_{85}的 8.28 倍，尺寸效应影响进一步减小，试验 C5 与 C3 渗透系数的比值为 1.57；试验 C4 渗透仪直径为试验材料 d_{85}的 11.05 倍，尺寸效应影响进一步减小，试验 C5 与 C4 渗透系数的比值为 1.19 倍，影响甚微。以渗透仪直径与 d_{85}的倍数作为横坐标，以试验 C5 与该组试验渗透系数的比值作为纵坐标，绘制影响规律图，如图 7.13 所示。

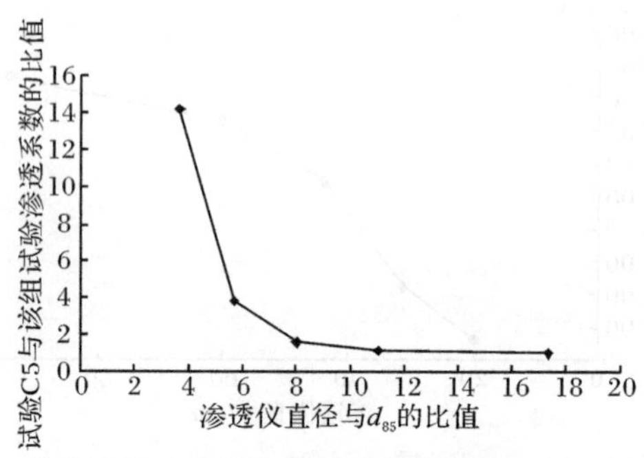

图 7.13 尺寸效应对渗透系数的影响

尺寸效应随着渗透仪直径与试验材料 d_{85}的倍数的增长而趋于减小，通过线性插值，渗透仪直径为试验材料 d_{85}的 4 倍时，渗透系数比相对真实值小 12.3 倍，显然尺寸效应影响仍很明显，误差太大；而渗透仪直径为试验材料 d_{85}的 6 倍时，所测渗透系数比相对真实值小 3.5 倍，在一般渗透试验结果的离散范围附近。渗透仪直径达到试验材料 d_{85}的 8 倍时，渗透系数已基本不受渗透仪直径的影响，试验值比相对真实值的比值小 1.5 倍。可见，试验规程建议的 4～6 倍，其下限显得偏低。建议用上限控制，即渗透仪直径与试验材料 d_{85}之比不小于 6，有条件时应尽量采用 8 倍。

需要说明的是，提高渗透仪直径与试验材料 d_{85}之比后，相应地会增加试验用料，试验准备工作周期更长，供水、供压条件要求更高。

7.3.2 渗透试验超径颗粒处理方法研究

1. 试验用料及试验方案

主要针对等量替代法和相似级配法对缩尺效应的影响进行研究。为了使试验结果尽可能逼近填料的特性，在采用等量替代和级配相似方法时遵循以下两个重要原则：①替代处理后的 d_{85}小于仪器直径或边长的四分之一；②尽量维持不均匀系数 C_u(d_{60}/d_{10})不变。选取一种与围堰填料类似的材料进行研究，进而得到规律性的认识。水布垭ⅢB 主堆石料就是这样一种超常规的粗粒料，其最大粒径达 800mm，级配特性如图 7.14 和表 7.12 所示。对于平均线和下包线，即使采用内径为 940mm 的渗透仪,仍需对超径颗粒进行处理,超径现象十分严重。若采用全级配料进行试验,需要特制更大的渗透仪,同时要考虑供水问题,试验难度太大。其上包线的 d_{85} 为 168.1mm,采用内径为 940mm 的大型渗透仪是满足试验规程要求的,不存在超径问题。

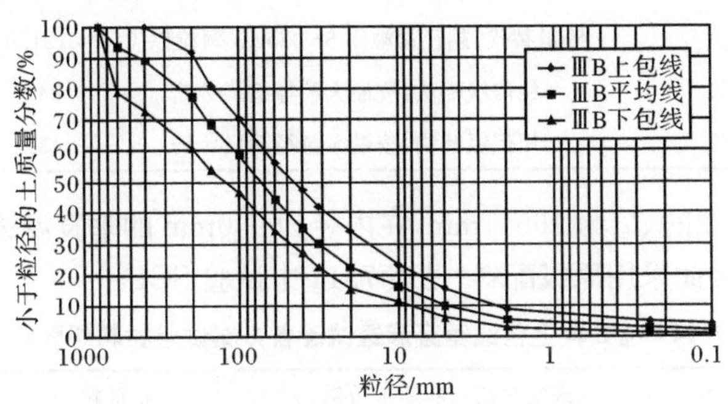

图 7.14　水布垭ⅢB 主堆石料的级配曲线

表 7.12　水布垭ⅢB 主堆石料的级配特性

试验材料	小于某粒径(mm)的级配料所占的质量分数/%													特征粒径/mm			C_c
	800	600	400	200	150	100	60	40	20	10	5	2	0.1	d_{85}	d_{60}	d_{10}	
上包线	—	—	100	91.8	81.2	70.5	56.3	47.2	34.1	23.1	15.6	8.8	4.1	168.1	70.4	2.5	27.8
平均线	100	93.6	89.3	77.4	68.1	58.8	44.3	34.9	22.4	16.1	9.9	5.3	2.3	327.8	106.3	5.1	20.9
下包线	100	78.9	73.0	60.7	53.6	46.5	34.1	27.2	15.1	11.3	5.9	2.9	0.9	657.8	195.1	8.8	22.2

由于ⅢB 料上包线中有大粒径块石,容易造成底部架空现象,或大粒径块石出现在表层,达不到要求的装填高度,出现超高现象。针对不同仪器,采用了不同装填处理方法。为了消除边壁效应的影响,在渗透仪内表面涂上厚度 3～4mm 的水泥浆,待水泥浆半凝固后装入试样。装样的具体步骤为:在 ϕ940mm 垂直渗透仪中,先将部分粒径 200mm 以下的拌和料均匀铺满底部,厚度约 50mm,再将粒径 200mm 以上的块石均匀铺在上面,然后将剩下的粒径 200mm 以下的拌和料倒入,边倒边用钢钎插捣,充分填满块石间的缝隙,最后用激振力为 5kN 的表面振动器振实,直至达到要求的装填高度为止。在 ϕ600mm 垂直渗透仪和水平渗透仪中,装填步骤和方法与上面相同,区别在于将粒径 200mm 更换为粒径 100mm。试样装填干密度按 2.19g/cm^3 控制。

为了研究等量替代法和相似级配法对缩尺效应的影响,针对ⅢB 料上包线进行的垂直渗透试验方案见表 7.13。对于直径分别为 940mm、600mm、320mm 的渗透仪,按规程要求最大的 d_{85} 分别不得超过 235mm、150mm 及 80mm,各方案的级配特性见表 7.14。

表 7.13　ⅢB 料上包线垂直渗透试验方案

试验方案	渗透仪直径/mm	试样级配替代方法	d_{85}/mm	C_u	C_c
SC1	940	不替代：采用原级配	168.1	27.8	1.5
SC2	600	部分替代：超径颗粒用 100～200mm 颗粒替代	149.2	27.8	1.5
SC3	600	等量替代：超径颗粒用 5～20mm 颗粒替代	121.6	19.6	1.1
SC4	600	相似级配法：按最大粒径缩尺 2 倍	84.0	28.2	1.5
SC5	320	相似级配法：按最大粒径缩尺 4 倍	43.4	25.6	1.5

ⅢB 料上包线的 d_{85} 为 168.1mm，在内径为 940mm 的垂直渗透仪进行试验不存在超径问题，因此采用原级配料，见表 7.14 中试验 SC1。

表 7.14　ⅢB 料上包线垂直渗透试验各方案试验材料级配特性

试验方案	小于某粒径(mm)的级配料所占的质量分数/%										特征粒径/mm				C_u	C_c
	400	200	100	60	40	20	10	5	2	0.1	d_{85}	d_{60}	d_{30}	d_{10}		
SC1	100	91.8	70.5	56.3	47.2	34.1	23.1	15.6	8.8	4.1	168.1	70.4	16.3	2.5	27.8	1.5
SC2	—	100	70.5	56.3	47.2	34.1	23.1	15.6	8.8	4.1	149.2	70.4	16.3	2.5	27.8	1.5
SC3	—	100	79.9	68.1	52.4	42.3	27.8	15.6	8.8	4.1	121.6	49.7	11.5	2.5	19.6	1.1
SC4	—	100	91.8	74.8	63.4	47.2	34.1	23.1	13.3	4.6	84.0	35.8	8.1	1.3	28.2	1.5
SC5	—	—	100	93.4	83.3	63.4	47.2	34.1	20.1	5.1	43.4	17.9	4.1	0.7	25.6	1.4

对于内径为 600mm 的垂直渗透仪，存在超径问题，需要对超径颗粒进行处理。按照最大粒径为 200mm，对超径颗粒的处理采用了三种方法。

第一种方法为部分替代，即对超径颗粒以 100～200mm 的颗粒按照比例进行替代，见表 7.14 中试验 SC2，这样替代后的 C_u 和 C_c 均未发生变化，而 d_{85} 则减小为 149.2mm，采用直径为 600mm 的渗透仪可满足规范要求。替代后的级配曲线如图 7.15 所示，图中同时绘出了全级配料 SC1 的级配曲线，从图中可以看出，两者级配差异较小，差异仅产生在大于 100mm 的部分。

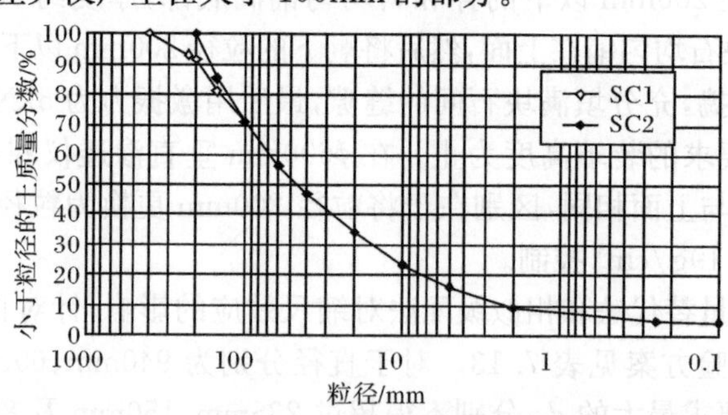

图 7.15　方案 SC2 级配曲线

第二种方法为规范推荐的等量替代法，即对超径颗粒以 5～200mm 之间的颗粒按照比例进行替代，见表 7.14 中试验 SC3，这样替代后的 C_u 和 C_c 均发生了变化，d_{85} 减小为 121.6mm，采用直径为 600mm 的渗透仪可满足规范要求。替代后的级配曲线如图 7.16 所示，可以看出，等量替代后的级配与原级配有较大的差异。

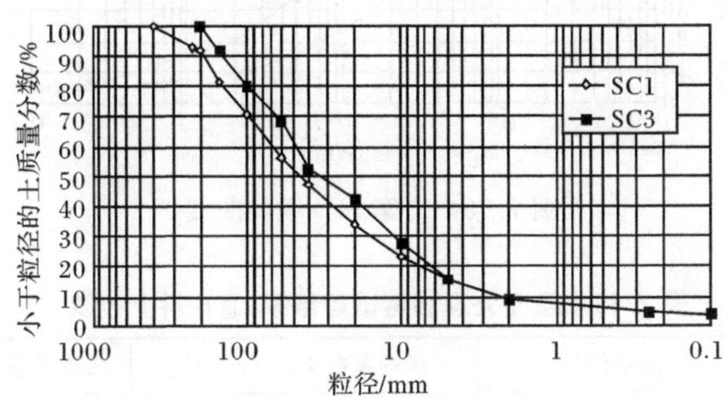

图 7.16　方案 SC3 级配曲线

第三种方法为规范推荐的相似级配法，见表 7.14 中试验 SC4，级配曲线如图 7.17所示。按最大粒径缩尺 2 倍，最大粒径由 400mm 缩减为 200mm，缩尺后 d_{85} 减小为 84mm，采用直径为 600mm 的渗透仪可满足规范要求。虽然 C_c 未发生变化，C_u 的变化极小，但与原级配有较大的差异。

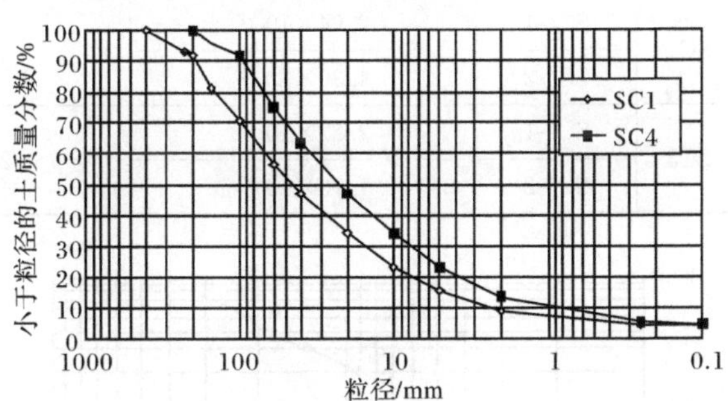

图 7.17　方案 SC4 级配曲线

进一步采用相似级配法，按最大粒径缩尺 4 倍，最大粒径由 400mm 缩减为 100mm，采用直径为 320mm 的渗透仪亦是完全满足试验规程要求的，试验方案见表 7.14中试验 SC5，级配曲线如图 7.18 所示。缩尺后 d_{85} 减小为 43.4mm，虽然 C_c 未发生变化，C_u 的变化也极小，但 SC5 级配与原级配的差异较方案 SC4 更大。

2. 试验结果及分析

针对ⅢB 料上包线垂直渗透试验方案表 7.14 进行垂直渗透试验，结果见

表 7.15,典型的试验曲线如图 7.19 所示。

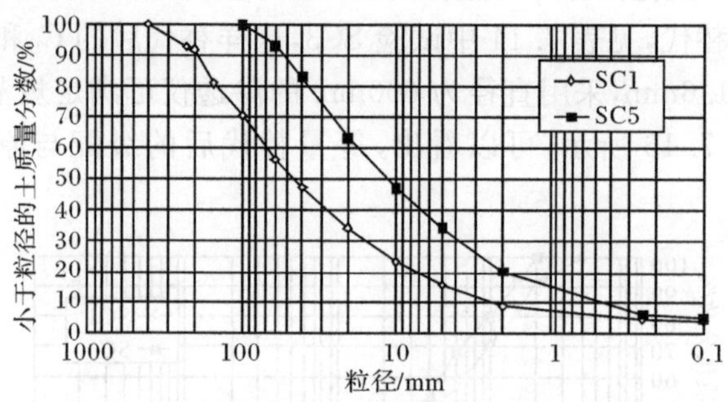

图 7.18　方案 SC5 级配曲线

表 7.15　超径处理渗透试验结果(ⅢB 料上包线)

渗透仪直径/mm	试验代号		渗透系数 K_{20}/(cm/s)	渗透系数平均值 K_{20}/(cm/s)
940	SC1	SC1-1	1.08×10^{-1}	1.94×10^{-1}
		SC1-2	2.79×10^{-1}	
600	SC2	SC2-1	3.07×10^{-1}	2.30×10^{-1}
		SC2-2	1.54×10^{-1}	
600	SC3	SC3-1	1.37×10^{-1}	2.37×10^{-1}
		SC3-2	3.37×10^{-1}	
600	SC4	SC4-1	2.94×10^{-2}	3.62×10^{-2}
		SC4-2	4.30×10^{-2}	
320	SC5	SC5-1	2.27×10^{-2}	2.00×10^{-2}
		SC5-2	1.73×10^{-2}	

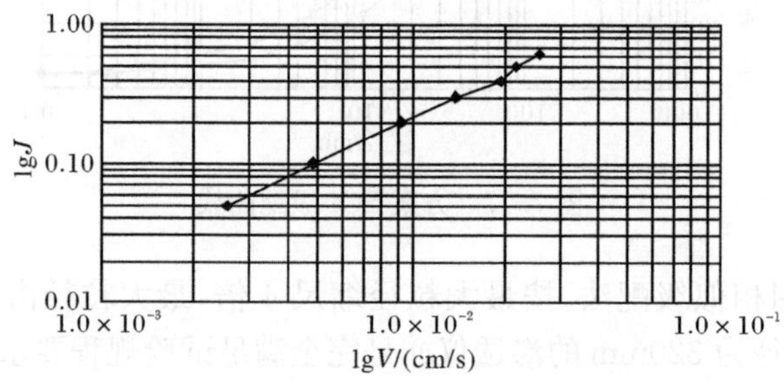

图 7.19　超径处理渗透试验 lg$J$-lg$V$ 曲线(SC4-2)

同样为了保证试验结果的可靠性,每组试验均进行两个平行试验,为了消除边壁效应的影响,在渗透仪内表面涂上厚 3～4mm 的水泥,待水泥半凝固后装入试样。由于水布垭ⅢB 主堆石料上包线粒径过大,为了便于使用现有的试验仪器,降低试验难度，在试验方案设计时，采用原级配料和等量替代料试验时，渗透仪直径与试样 d_{85} 的比值仍满足现有规程中 4～6 倍的要求，可能带来一定的尺寸效应，对渗透系数的真实值有一定的影响，但仍可得到不同超径处理方法对渗透系数的影响规律。

从表 7.15 可看出，每组试验的平行试验所测得的渗透系数差别不大，离散性较小。直径渗透仪试验材料为原级配料（试验 SC1），未进行任何替代，得到的渗透系数为 1.94×10^{-1} cm/s，是一个相对准确的值，可作为评价其他试验结果的参考。

采用不同尺寸的渗透仪，对超径颗粒按两种不同方法进行替代：一种是将超径颗粒用 100～200mm 颗粒按比例进行替代（试验 SC2），这是一种部分替代方法；另一种方法是将超径颗粒用 5～200mm 颗粒按比例进行替代（试验 SC3），即试验规程中的等量替代法。一般认为，替代粒径范围是细粒料与粗粒料的分界线，第二种替代方法比第一种替代程度要大，其级配与原级配差别也要大。两种替代方法的目的都是为了减小试样的最大粒径与 d_{85} 值，以使渗透仪适应规程的要求，减小尺寸效应的影响。根据试验结果，两种替代方法所测的渗透系数分别为 2.30×10^{-1}cm/s 和 2.37×10^{-1}cm/s，与不替代时均很接近，表明这两种替代方法所产生的误差不大。

采用相似级配法将试样分别缩尺 2 倍和 4 倍后，渗透系数分别为 3.62×10^{-2}cm/s和 2.00×10^{-2}cm/s，缩尺减小了一半，且渗透系数有继续减小的趋势，得到的渗透系数结果失真较严重。

对照表 7.14，分析上述各方案试验材料的级配特性发现，替代法仅仅对大于 5mm 的粗粒料进行了等量替代，没有改变小于 5mm 细粒料的含量（15.6%）。采用相似级配法进行缩尺 2 倍和 4 倍后，小于 5mm 细粒料的含量分别增加为 23.1%和 34.1%，同时，小于 2mm 细粒料含量也由原来的 8.8%增加为 13.3%和 20.1%，表明细粒料含量对渗透系数起决定性作用，以往的研究也有类似的结论。细粒料含量在一定范围内越大，材料的渗透性越低。可以进一步推论，采用剔除法，直接将超径颗粒剔除后，试样的级配也将发生变化，导致细粒料含量增加，对渗透系数也将产生影响，剔除的颗粒越多，对渗透系数的影响也会越大。

综上所述，对粗粒料超径颗粒的处理，应以尽量不改变较细粒料土量的含量为原则，尤其是小于 5mm 的细粒含量，对渗透系数可以起到控制作用。有条件时可尽量保持材料 d_{60} 以下含量不变，这样还可以维持不均匀系数不变，以尽可能降低由超径处理所带来的对渗透系数的影响。在上述原则下采用局部替代超径处理方法比相似级配法和剔除法更合理。

7.4 成果应用

7.4.1 粗粒料力学特性试验成果应用

粗粒料的力学特性尺寸效应研究成果应用到白鹤滩和乌东德工程。

白鹤滩石渣料Ⅰ(碾压)及乌东德开挖料的设计级配和试验级配见表 7.16 和图 7.20。

表 7.16 设计线和试验线级配

试样		各粒径(mm)组所占级配料的百分数/%										
		400～200	200～100	100～60	60～40	40～20	20～10	10～5	5～2	2～1	1～0.5	<0.5
白鹤滩	设计级配线	21.0	22.0	7.0	8.0	10.0	12.0	10.0	7.5	2.5	—	
	试验级配线	—	—	—	17.0	26.7	21.8	14.5	13.0	7.0	0	
乌东德	设计级配线	12.0	10.0	8.0	7.0	13.0	10.0	10.0	12.0	7.0	6.0	5.0
	试验级配线	—	—	—	12.3	22.8	17.5	17.5	12.0	7.0	6.0	5.0

白鹤滩石渣料Ⅰ的设计级配，土料粒径大于 60mm 的质量占比 50%，大于 20mm 的占 68%，小于 5mm 的细粒料含量只有 10%，因此采用混合法对超粒径部分进行缩尺，先按照相似级配进行平移，再对超粒径部分(≥60mm)以 60～5mm 的粒径进行等量替代。

而乌东德开挖料的设计级配，土料粒径在 60mm 以上的质量占比 30%，20mm 以上粒径的占 50%，小于 5mm 的细粒料含量有 30%，因此采用等量替代法对超粒径部分进行缩尺，对大于 60mm 粒径部分以 60～5mm 的粒径进行等量替代。

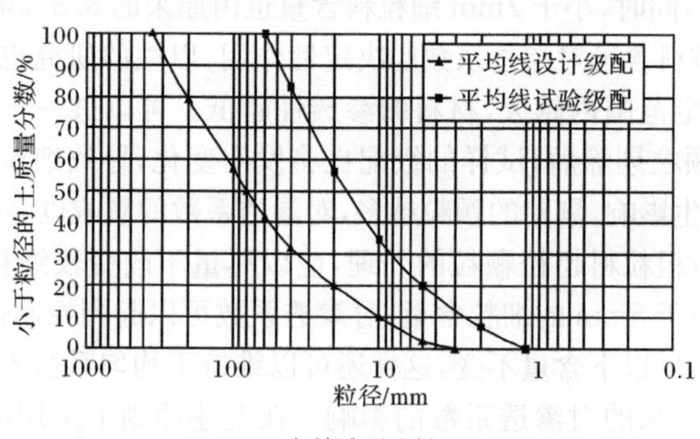

(a) 白鹤滩石渣料Ⅰ

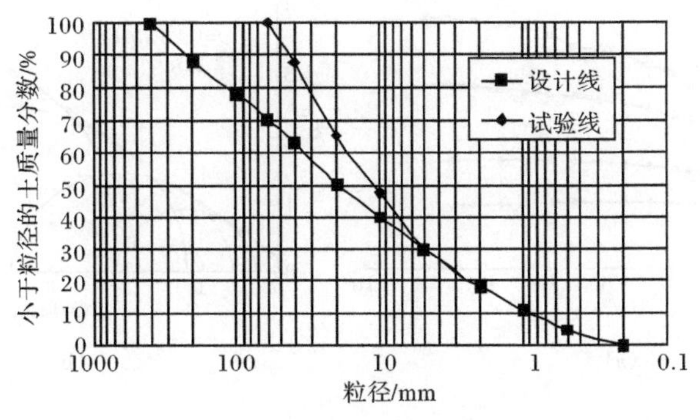

(b) 乌东德开挖料

图 7.20　设计级配和试验级配线

选择白鹤滩(504 交通洞、导流洞石渣料)和乌东德开挖料(白云岩、灰岩为主)各两种,按照试验级配进行大型击实试验。击实试验的试样筒尺寸ϕ300mm×H288mm,击锤质量 35.2kg,击实功 2688.2kJ/m^3。大型击实试验结果见表 7.17。

表 7.17　大型击实试验结果

料源		<5mm 含量/%	最优含水量/%	最大干密度/(g/cm^3)
白鹤滩	504 交通洞石渣料	20	9.5	2.302
	导流洞石渣料	20	8.2	2.311
乌东德	白云岩为主开挖料	30	5.2	2.415
	灰岩为主开挖料	30	5.1	2.411

对上述材料进行大型饱和固结排水剪切三轴试验,试验密度采用相应压实度控制,试验围压取 0.3MPa、0.6MPa、1.2MPa、1.8MPa,剪切速率控制为 0.4mm/min(4%/h)。典型的应力-应变关系曲线、强度包线及体变曲线如图 7.21 所示,试验参数见表 7.18。

白鹤滩工程 504 交通洞和导流洞开挖石渣料的两组三轴试验结果近似,压实度 93%时的抗剪强度指标 C'值 179～215kPa;φ'值 38.8°～39.6°,均具有较高的抗剪强度;乌东德工程所进行的 6 组试验,得到的抗剪强度指标 C'为 87～165kPa;内摩擦角 φ'为 38.9°～41.8°,具有较高的抗剪强度,其变形参数 K 值随试验密度的提高而增加。

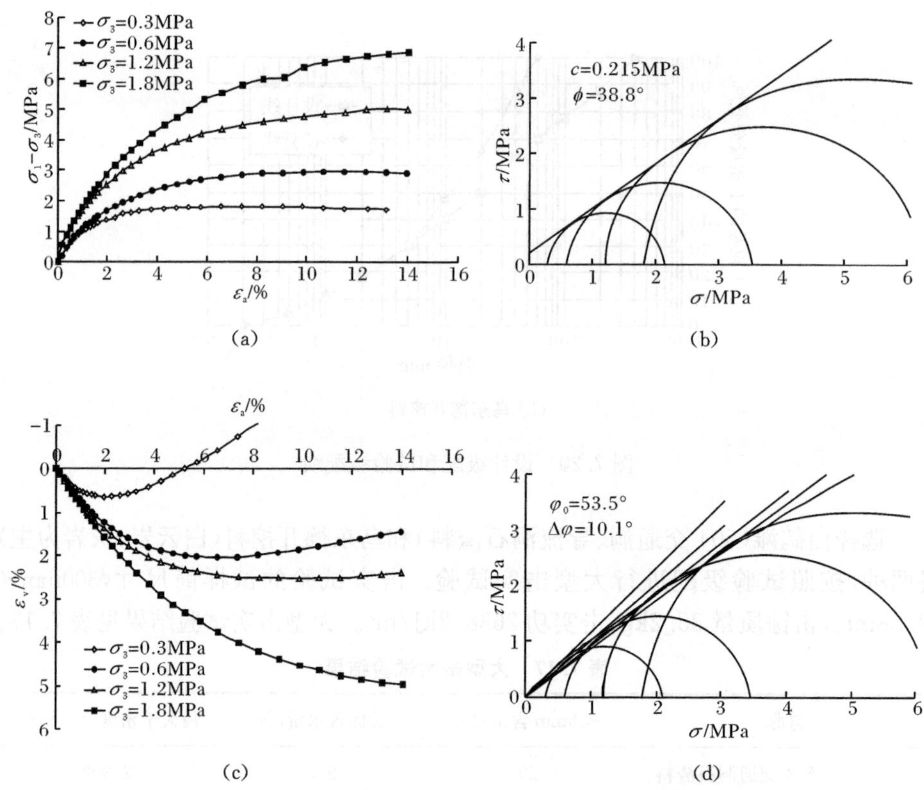

图 7.21 白鹤滩石渣料Ⅰ碾压(504 交通洞)结果

表 7.18 白鹤滩、乌东德石渣料三轴试验结果

级配		试验密度/(g/cm³)	压实度/%	抗剪强度				E-$\mu(B)$模型变形参数							
				c'/kPa	φ'/(°)	φ_0/(°)	$\Delta\varphi$/(°)	K	n	R_f	K_b	m	G	F	D
白鹤滩	交通洞石渣料	2.141	93.0	215	38.8	53.5	10.1	1311	0.213	0.824	583	0.204	0.320	0.168	6.80
	导流洞石渣料	2.149	93.0	179	39.6	51.5	8.0	1359	0.279	0.830	570	0.241	0.326	0.170	7.02
乌东德	白云岩为主	2.060	85.3	103	38.9	48.2	7.4	563	0.473	0.866	314	0.241	0.323	0.241	5.96
		2.170	90.0	89	41.8	49.6	6.4	810	0.473	0.868	343	0.366	0.341	0.181	5.94
	灰岩为主	2.080	86.4	124	39.0	50.0	8.8	572	0.318	0.779	231	0.225	0.367	0.279	5.21
		2.150	89.0	118	40.3	50.2	7.8	763	0.369	0.782	296	0.255	0.268	0.074	5.22
		2.194	91.0	87	41.2	49.1	6.5	1039	0.249	0.843	438	0.185	0.453	0.321	5.49
		2.242	93.0	165	40.1	53.8	11.1	1255	0.458	0.882	495	0.377	0.389	0.224	6.52

7.4.2　渗透试验成果的应用

粗粒料的渗透特性尺寸效应研究成果应用到白鹤滩工程和水布垭工程竣工安全鉴定阶段大坝渗流安全复核研究。

1. 白鹤滩工程

白鹤滩水电站下游围堰覆盖层的原型级配存在超径颗粒，采用等量替代法，对超粒径部分以 60～5mm 的粒径进行等量替代，得到的试验级配如图 7.22 所示。

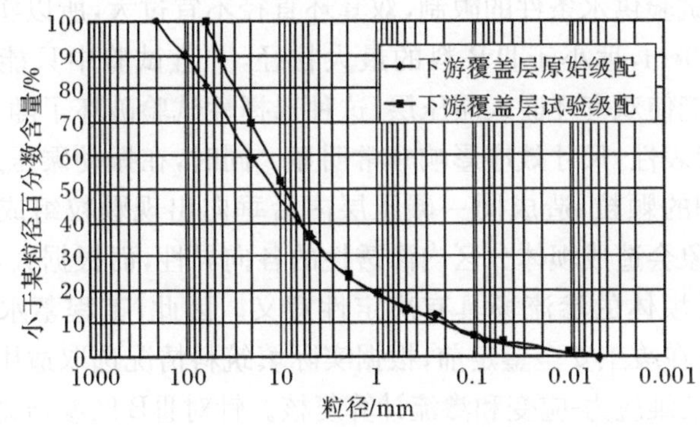

图 7.22　下游覆盖层试验级配线

对试验级配分两种不同干密度进行了垂直渗透变形试验，试验结果见表 7.19。

表 7.19　白鹤滩下游覆盖层渗透变形试验结果

土样类型		试验干密度/(g/cm³)	渗透系数 K_{20}/(cm/s)	临界比降	破坏比降	破坏型式
下游(级配 XYF)	垂直	2.305	2.97×10^{-3}	0.91	2.19	过渡型
	垂直	2.269	5.54×10^{-3}	0.74	2.12	过渡型

2. 水布垭工程竣工安全鉴定阶段大坝渗流安全复核研究

按照最初设计要求，主堆石区的渗透系数大于 10^0 cm/s，然而在蓄水安检第一阶段，经承包人及监理人检测表明，平均渗透系数为 $5.49\times10^{-2}\sim6.30\times10^{-1}$ cm/s，与设计要求有较大差距。为此，在蓄水安检第二阶段，根据大坝实际施工情况和试验结果，对主堆石区的渗透系数指标进行了适当放宽，由大于 10^0 cm/s 调整为大于 10^{-1} cm/s。在对高程 350m 以下主堆石区的渗透系数进行检测复核发现，渗透系数合格率仍然偏低。主堆石区渗透系数检测结果见表 7.20。

表 7.20 主堆石区渗透系数检测结果

名称	技术标准	葛洲坝集团抽检				监理(长江科学院)抽检			
		组数	平均值/(cm/s)	max/min/(cm/s)	合格率	组数	平均值/(cm/s)	max/min/(cm/s)	合格率/%
ⅢB	$>10^{-1}$	23	5.5×10^{-1}	2.17×10^{-0}/2.3×10^{-2}	73.9%	11	5.6×10^{-2}	3.5×10^{-1}/1.0×10^{-3}	18.2

ⅢB 料级配较粗，最大粒径为 800mm，在施工检测中采用双套环法测定渗透系数，由于现场试验供水条件的限制，双套环直径不宜过大，所以实际使用的双套环内环直径仅 50cm，远小于ⅢB 料的最大粒径，并且试验中只能选择粒径小于 50cm 的区域才能使双套环嵌入碾压层，这种选择性试验破坏了随机检测的原则，降低了结果的代表性，尺寸效应影响非常明显。同时，在振动碾压过程中，碾压层表面会富集较细的颗粒，造成同一碾压层内沿垂向出现颗粒组成和渗透性的差异，这种分层现象会造成坝体分区内渗透性的各向异性，而根据大坝渗流的特点，水平渗透系数对坝体的渗流场具有决定性意义。因此，工程蓄水安全鉴定报告(第二阶段)建议在竣工安全鉴定前，根据实际填筑料情况选取适用的模型和计算参数，进行大坝三维应力-应变和渗流计算复核。针对ⅢB 区渗透系数测试值合格率过低，现场质量检测试验方法有缺陷的实际情况，在室内开展ⅢB 料的渗透性试验研究，揭示ⅢB 料渗透性的各向异性程度，通过建立与现场质量检测试验结果的关系，为ⅢB 料渗透性和ⅢB 区质量合格程度的评价提供重要依据。

ⅢB 料属于宽级配粗粒料，其最大粒径达 800mm，如果用常规的室内试验仪器开展ⅢB 料的渗透性试验，需要进行大幅度的级配替代和剔除，这会使试验结果严重失真。因此，渗透性试验仪器的合理选用、超径颗粒的处理措施、试样装填方法、仪器边壁效应的处理方法等，是取得渗透性试验合理结果的关键。利用长江科学院拥有的常规(32cm 直径)和大型(60cm 及 90 cm 直径)垂直渗透试验仪及供水系统，以最大限度地保持试验料与ⅢB 料相似为原则，经过适当的级配替代或级配相似后，进行渗透试验取得渗透系数值。通过试验结果的比较，分析级配替代处理的影响，建立室内试验结果与现场检测结果的关系，对ⅢB 区质量检测结果进行合理的解释，对ⅢB 区渗透性和填筑质量做出相应评价。

为了使试验结果尽可能逼近填料的特性，在运用级配相似和替代等方法时应遵循 7.3.2 节所述原则。据此确定试验方案，ⅢB 料渗透性交核试验结果见表 7.21。

由于采用了尺寸足够的渗透仪以及合理的试验级配替代方法，有效地减小了尺寸效应的影响。试验测得堆石料的上包线、平均线和下包线的渗透系数呈依次增大的趋势。渗透系数从 10^{-1}cm/s 量级增大到 10^{0}cm/s 量级，均达到了大于 10^{-1}cm/s 的技术要求，为工程设计及验收提供了科学依据。

表 7.21　ⅢB 料渗透性复核试验结果

方案编号	渗透参数/(cm/s)		密度/(g/cm³)	方案说明
	垂直	水平		
上包 90	1.08×10^{-1}	—	2.19	原级配线
	2.79×10^{-1}	—		
上包 60-1	3.07×10^{-1}	7.49×10^{-1}	2.19	超径颗粒用 100～200mm 颗粒替代
	1.54×10^{-1}	5.26×10^{-1}		
上包 60-2	1.37×10^{-1}	5.26×10^{-1}	2.19	超径颗粒用 5～200mm 颗粒替代
	3.37×10^{-1}	6.72×10^{-1}		
上包 60-3	2.94×10^{-2}	—	2.19	相似法，按最大粒径缩尺 2 倍
	4.30×10^{-1}	—		
上包 30	4.37×10^{-3}	4.62×10^{-3}	2.29	相似法，按最大粒径缩尺 4 倍
	3.64×10^{-3}	5.56×10^{-3}		
	1.73×10^{-2}	7.53×10^{-2}	2.19	
	2.27×10^{-2}	6.70×10^{-2}		
平均 90-1	3.03	—	2.19	超径颗粒用 100～400mm 颗粒替代
	2.01	—		
平均 90-2	2.23	—	2.19	超径颗粒用 5～400mm 颗粒替代
	2.58	—		
平均 90-3	0.60	—	2.19	相似法，按最大粒径缩尺 2 倍
	0.84	—		
平均 60	0.31	1.08	1.69	相似法，按最大粒径缩尺 4 倍
	0.19	—		
下包 90	6.72	—	2.19	超径颗粒用 100～400mm 颗粒替代
	7.18	—		

7.5　小　　结

针对目前粗粒料力学与渗透试验中缩尺效应研究的不足，通过一系列试验，研究了尺寸效应以及超径颗粒处理方法对试验结果的影响，部分填补了渗透试验缩尺效应研究方面的空白。主要结论如下：

(1) 粗粒料的压实干密度受最大粒径和细粒料含量的影响较大。

(2) 在细粒料含量较少和同等压实功能条件下，等量替代法缩尺后的压实干密度随最大粒径的缩小而明显减小；相似级配法缩尺后细粒料含量有所增加，其压实干密度随缩尺倍数的增加而有所增加。

(3) 相同的粗粒料在不同缩尺方法和压实度条件下得到的强度参数差别不大，摩擦角 φ 和 ϕ_0 的变异性小，而应力-应变关系曲线差异较大。

(4) 渗透系数随着渗透仪直径与试验材料 d_{85} 比值的增大而增大，但增大的速率越来越慢，当渗透仪直径大于试验材料 d_{85} 的 6 倍时，对渗透系数影响较小，尺寸效应影响已不明显。

(5) 在粗粒料渗透试验中，当需要对超径颗粒进行处理时，应尽量保持 d_{60} 以下颗粒含量(尤其是细粒含量)不变，采用局部替代超径处理方法比相似级配法和剔除法更合理。

(6) 粗粒料的室内压实干密度主要受试样最大控制粒径和细粒料(小于 5mm 颗粒)含量的影响，当细料含量所占比例为 20%～40%时，其粗细颗粒的填充比较充分，压实效果较好。建议当需要对原级配进行缩尺时，应尽量控制缩尺后级配中小于 5mm 的细颗粒含量为 20%～40%。

(7) 试验研究表明，对于粗粒料的渗透试验，规程要求仪器内径按试样粒径 d_{85} 的 4～6 倍偏小，建议按 d_{85} 的 6 倍选择仪器内径。

第8章　深厚覆盖层上围堰渗流控制

本章系统论述了围堰和基坑的渗流控制措施及其适用条件，渗流控制体系失效后果及应急处置方案；研究了覆盖层结构及其参数对渗流场的影响规律及防渗体局部缺陷对渗流控制效果的影响；分析了防渗墙体与周围介质接触面的力学特性及其破坏特征；揭示了复合土工膜与砂砾料间摩擦系数随砂粒含量和相对密度的增加而增大的规律；结合乌东德和白鹤滩水利水电工程，研究了深厚覆盖层上围堰工程防渗体与堰体和地基相互作用的机理。

深厚覆盖层上的围堰工程面临基础条件复杂、施工质量难以严格要求的工程条件，以及深基坑开挖的运行条件等诸多影响因素，其防渗体系与结构安全关系到围堰工程的成败，对围堰工程自身安全，永久工程的施工安全、工期和建设成本都有重要影响。利用深厚覆盖层及堰体材料的工程特性研究结果，结合依托工程围堰的施工、运行条件和功能要求，对围堰整体结构的防渗安全和变形安全的关键问题进行研究，技术路线如图8.1所示。本章重点研究深厚覆盖层上围堰渗流控制体系及防渗体与堰体和地基相互作用模拟技术。

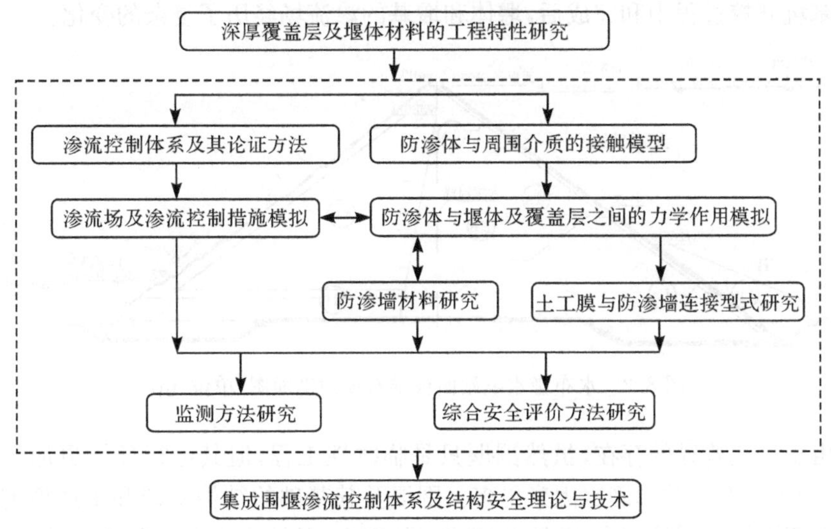

图8.1　技术路线

8.1 围堰渗流控制体系

8.1.1 围堰和基坑安全对渗流控制的要求

围堰是为开展工程建设而修建的临时性挡水建筑物。一旦围堰形成，堰体要发挥挡水功能，渗透水流在堰体和堰基中形成的渗流场，不仅可能影响堰体和堰基的渗透稳定，而且会影响堰体的结构稳定。与一般的永久性水工建筑物不同，围堰需要在基坑开挖和运行过程中担负挡水的任务。

大坝是在将基础开挖至理想的建基面后再填筑或者浇筑起来的。图 8.2 中的水布垭水电站面板堆石坝，坝体与建基面以下的坝基在相互作用过程中共同承担荷载与渗透渗流的作用，上游和下游地面均为天然河床或其两侧漫滩、山体，上、下游侧向边界条件较简单。

围堰与大坝不同。第一，围堰的施工条件不同于大坝，这严重限制了围堰的基础条件、堰体结构形式、适用材料和建筑质量。第二，基坑开挖是对围堰运行条件不断改变的过程，包括对围堰一侧的基础开挖卸载，形成临空面条件；以及通过疏干和排水减压，形成复杂的渗流条件。图 8.3 中的乌东德水电站上游围堰，不仅堰体高度达 70m，而且在距离堰脚 50m 以外开挖基坑，逐步揭穿各层覆盖层，最终形成高达 84.8m 的开挖边坡。堰体和堰基一起形成了高达 154.8m 的复合边坡。基坑开挖过程中和完成后，堰体和堰基的渗流场经历了复杂的变化。

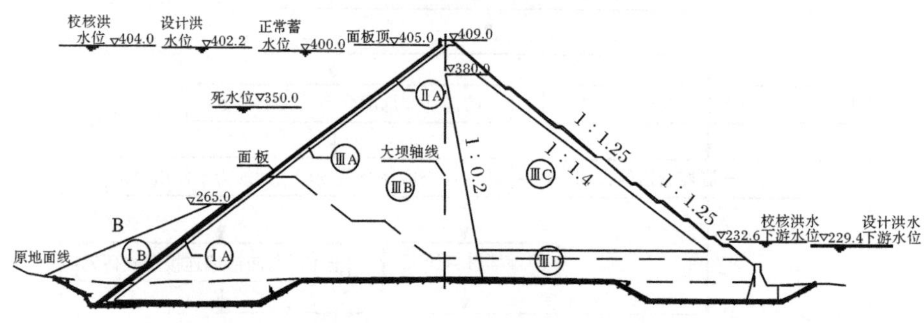

图 8.2 水布垭水电站面板堆石坝横剖面图(单位:m)

由于上述差异的存在，虽然围堰只是临时性工程，但其运行环境更加复杂多变，影响工程安全的不确定因素更多。围堰及其基础的结构稳定和渗透稳定性直接关系到围堰工程的安全、基坑开挖施工的安全、基坑内永久工程施工的安全，也对工程施工工期和成本有重要影响。

围堰和基坑的安全首先要通过合理的方案设计来实现，其中包括渗流控制方

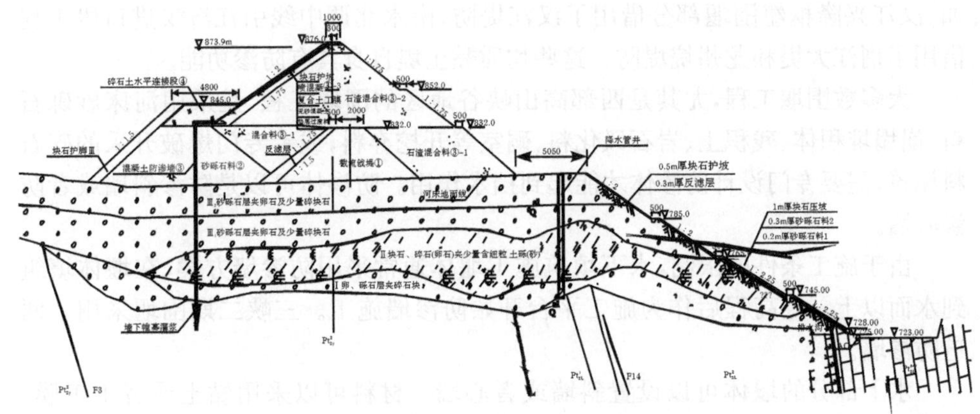

图 8.3　乌东德水电站上游围堰横剖面图(单位:m)

案设计。当围堰建成以后,围堰和基坑安全的影响因素包括上游河道水位、下游基坑开挖、基坑排水,甚至降水、施工用水、施工动荷载等动态因素。其中,上游河道水位会直接影响堰体、堰基的渗流场和渗流控制效果;下游基坑开挖、基坑排水、大气降水、施工用水等影响渗流场,这些因素均需要通过渗流控制体系的有效运行,甚至适当的调度运用得到制约或补偿。

对于围堰工程安全来说,渗流控制体系不仅是静态的结构措施,也必是可以有效地应对水文、气象及施工过程的环境变化,并可以灵活调度运用的动态措施。

根据围堰工程的结构和运行特点,归纳其渗流控制体系应承担的任务如下:①有效控制堰体、堰基渗流场,保障堰体渗透稳定和堰体结构稳定,以及基坑开挖施工和永久建筑物施工的安全;②有效控制基坑内的水位和地下水位,以及排水效率,以保障工程工期,降低工程建设成本;③在确保工程安全、有效控制工期和成本的同时,合理控制围堰工程对于周围环境、地面设施和永久建筑物基础的不利影响。

8.1.2　围堰和基坑渗流控制措施

与一般工程一样,围堰和基坑的渗流控制措施也包括防渗、排水和反滤三个方面,但具体内容有其自身的特点。

1. 防渗

防渗措施包括堰体防渗和堰基防渗。

有条件的情况下,堰体可以设计为均质土坝或者混凝土坝,自身就具有防渗功能。三峡工程纵向围堰、三期围堰都是碾压混凝土围堰。

平原地区的水利水电工程常常借用已有的堤防工程作为围堰的一部分。例如，汉江兴隆枢纽围堰部分借用了汉江堤防，南水北调中线引江济汉进口段工程借用了荆江大堤和龙州垸堤防。这些均质黏土堤自身具有防渗功能。

大多数围堰工程，尤其是西部高山峡谷地区的围堰工程，是采用河床砂砾石料、崩塌堆积体、残积土、岩石风化料、硐室等开挖弃料，或者专门爆破开采的碎石料填筑，需要专门设计防渗体才能起到挡水作用。防渗体可以是防渗斜墙或者防渗心墙。

由于施工条件的限制，水下填筑施工堰体通常采用防渗墙方案，在堰体填筑到水面以上一定高程后作为施工平台开始防渗墙施工。三峡二期围堰采用了两道防渗墙。

水上部分的堰体可以设置斜墙或者心墙。材料可以采用黏土或者土工膜。斜墙或者心墙与下部防渗墙的有效衔接是确保围堰运行过程中防渗体完好的关键。

堰基防渗与大坝不同，难以采用水平铺盖方式，因此普遍采用防渗墙或者基岩灌浆措施。堰基防渗墙可以与堰体防渗墙联合设计为一体，一次建造完成，从而减少防渗体的衔接，也减少施工工序和成本。

堰基防渗墙同样可分为悬挂式、半封闭式和全封闭式。悬挂式防渗墙的底面位于相对强透水层中，而没有切穿。半封闭式防渗墙穿过相对强透水层，进入相对弱透水层并与之形成统一的防渗结构体系，该相对弱透水层下面还有相对强透水层存在。全封闭式防渗墙与半封闭式防渗墙不同，其防渗墙底面所在的相对弱透水层下面没有相对强透水层。受施工技术和成本制约，对于特别深厚的覆盖层基础，采用半封闭式和悬挂式防渗墙结合排水的综合渗流控制体系更为可行。

峡谷地区的围堰工程，当采用导流洞导流时，上、下游围堰可分别与左、右岸山体衔接形成一个围护结构，只需要一期围堰就可以满足工程建设的需要。

当工程采用分期建设方案时，需要上、下游围堰和纵向围堰一起形成围护结构，其堰基防渗墙与一般大坝的防渗墙不同，防渗墙轴线随围堰轴线的转折而转折。由于不同建筑物的建基面高程不同，相应坝段基坑开挖深度可能不一样，如电站厂房坝段的建基面一般比较低。也可以根据情况对基坑进行分区，分别采用不同的渗流控制方案，包括将堰基防渗体设计为不同的深度。堰基防渗也已发展形成了以下几种施工方法。

1) 塑性混凝土防渗墙

混凝土防渗墙是在松散透水地基或坝(堰)体中连续造孔成槽，以泥浆固壁浇筑混凝土而建成起防渗作用的地下连续墙。一般的刚性混凝土防渗墙存在弹性模量高、极限应变较小、墙体易出现裂缝等缺点，而塑性混凝土防渗墙具有变形模量低、能适应周围土体的变形、强度随围压增加而提高等特点，已在三峡二期围堰，小浪底水利枢纽围堰、向家坝一期围堰、溪洛渡水电站围堰、锦屏一级水电站围堰等大型水利水电工程中成功应用。

2) 帷幕灌浆

帷幕灌浆是在一定孔距的成排钻孔中注入压力水泥浆液来填充空隙，增强地基抗渗能力的地基处理方法。对于深厚覆盖层地基，帷幕灌浆可用于局部不便于其他防渗结构施工的地层，或者作为其他防渗结构的补强措施。通常不单独采用帷幕灌浆作为基础防渗手段，而是采用墙幕结合型式，帷幕灌浆在透水性较大的基岩防渗中得到广泛应用。

3) 防渗墙下接帷幕灌浆

防渗墙下接帷幕灌浆就是将防渗墙嵌入弱风化层一定深度，在防渗墙下实施帷幕灌浆，形成上有防渗墙、下有灌浆帷幕的一种联合防渗体系，从而发挥各自的优势，实现基础防渗要求。由于覆盖层深厚，有较大的透水性，若仅采用在覆盖层地基中打防渗墙不足以消除在墙下基岩或相对不透水层中产生的较大渗漏时，或者当渗流比降较大可能影响下伏岩土层渗透稳定时，垂直防渗应采用防渗墙和帷幕灌浆相结合的方式，此时帷幕灌浆通常是在做好防渗墙后在墙中的预埋管中进行。防渗墙下接帷幕灌浆的组合型式在水利水电工程中应用广泛。

2. 排水

具有防渗体的堰体，防渗体的下游侧堰体材料保持较强的透水性，可以加强堰体的排水，降低堰体内的自由面和下游坡的出逸段，提高堰体边坡的结构稳定性；降低堰体和堰基的出逸比降，实现渗透稳定。

排水是基坑必然要采用的措施。即使是围堰堰基采用了全降水方案，围堰开挖过程也必须对基坑范围内进行疏干排水。

排水有明排和井排两种方式。明排适用于排水量不大，渗透稳定性较好的基坑地层结构和土性条件，尤其是以防渗为主要渗控措施，防渗体沿围堰轴线形成圈体，并在深度方向为全封闭结构的条件下。

有些地层结构和土性条件下，开挖面容易发生渗透变形。如粉细砂容易发生流土变形；级配不连续的砂砾石容易发生管涌变形；多层结构覆盖层中承压含水层，在开挖削弱含水层顶板至一定程度后，可能发生抗浮稳定问题，表现为基坑突涌。与此相应地，需要采用井排方案实行超前排水，使基坑开挖得以在干地施工。

3. 反滤

截流戗堤部分是通过抛投块石、钢架石笼，甚至预制混凝土四面体形成，往往存在架空现象和大孔隙。为了便于防渗墙的施工，其上游堰体需要采用控制最大粒径的土料填筑。堰体与截流戗堤的孔隙性和水力特性存在明显的差异，需要设置反滤区实现水力过渡，并对堰体起反滤保护作用。

当堰体下游坡脚或基坑开挖坡有渗透水流出逸时,适当地设置反滤防护层,对于防止渗透变形,维护堰体和开挖坡的渗透稳定是有必要的。

当采用明排方案进行基坑排水时,需要对集水沟、井进行适当反滤,防止排水带砂,引起地层的渗透变形。

当采用井排方案进行基坑排水时,需合理设计排水井结构,通过有效的反滤防止排水带砂和地层中土颗粒的大量流失。

8.1.3 围堰渗流控制体系实例

1. 三峡工程二期围堰防渗方案

三峡工程二期围堰最大填筑水深达 60m,堰体 80%以上为水下填筑,关键问题是如何在深水抛填的散粒料中和复杂地质条件下,快速建成一座具有可靠防渗体系的高土石围堰。

二期深水土石围堰研究经历了早期研究论证、可行性研究、初步设计和技术设计阶段。围堰单项技术设计中,提出了四个对比研究方案:高双墙方案(Ⅰ)、低单墙上接土工膜心墙方案(Ⅱ)、低单墙上接土工膜斜墙方案(Ⅲ)和低双墙上接土工膜方案(Ⅳ)。

渗流计算结果表明,深入弱风化层 1m 的防渗墙有效地截断了地下水渗透,起到有效的防渗作用,双防渗墙前后地下水位约相差 68~69m,起到了联合防渗的作用,第一道墙承担总水头差的 40%~45%,第二道墙承担总水头差的 53%~60%。防渗墙后的粉细砂和风化砂的渗透比降均小于其允许比降,满足渗透稳定的要求。

经过各方案的技术经济比较,考虑到围堰在一个枯水期内完建,施工工期短,深水抛填施工质量不易控制,堰基地质条件复杂等因素,围堰施工过程中可能会发生各种意外,影响围堰安全运行,而在深槽段设置双排防渗墙可以加强其安全性,且在出现非常情况时,也可以在双墙间采取补救措施,方案Ⅳ既有较高的安全度,又可降低防渗墙高度,减少施工难度,具有更高的技术可靠性和施工保证率,二期上游围堰实际采用的是低双墙上接土工膜方案。围堰渗流控制体系整体运行良好,为围堰工程的安全运行和三峡工程的顺利施工提供了保障。

2. 兴隆水利枢纽围堰渗控措施

兴隆水利枢纽坝址区广泛分布第四系冲积层,下伏基岩为下第三系古新统荆河镇组的含粉砂质泥岩。覆盖层厚度大于 50m,局部厚度超过 60m,主要包括上更新统的砂砾石层、全新统粉细砂层以及人工堆积层,其中砂砾石层、粉细砂层具中等~强透水性,而上部粉质壤土、粉质黏土等透水性较弱的土层分布不连续,厚度较薄。另一方面，枢纽建筑物建基面高程为 11.0～27.0m，均位于透水性较强的粉细砂层中，开挖深度 2～20 多米。在这种地层条件下，堰基粉细砂层在围堰建成后以及基坑开挖过程中都可能存在渗透稳定问题。

针对上、下游围堰比较了垂直防渗和水平防渗两种方案；纵向围堰采用垂直防渗方案，即堰体采用黏土心墙或土工膜防渗，下接堰基的混凝土防渗墙。

实际实施中，一期土石围堰总长 5589.7m，其中上游围堰 1724.5m，下游围堰 2351.1m，左侧纵向围堰 700m，右侧纵向围堰 814.1m。上游围堰堰顶高程 42.5m，下游围堰堰顶高程 42.0m，左侧纵向围堰顶高程 42.5～42.0m，右侧纵向围堰顶高程 39.0m，堰顶宽度均为 10m。围堰防渗采用圈式全封闭形式，塑性混凝土防渗墙最大深度约 66m，上部接土工合成材料，墙厚 0.8m。塑性混凝土防渗墙周长 3949.2m，面积 24 万 m^2。围堰渗流控制体系运行良好，为围堰工程安全和工程施工提供了保障。尤其是 2010 年 7 月当洪峰流量 13600m^3/s 抵达兴隆水利工程时，相应水位达到 39.20m，超警戒水位 0.8m，由于围堰施工进度滞后，造成了一定的防洪压力，但经过及时抢护，工程经受住了洪水的考验。

3. 乌东德水电站上游围堰防渗方案

根据地质钻孔资料，围堰基础覆盖层深度一般 52.4～65.5m，局部达 72.8m，透水性较强，不宜采用水平防渗形式，基础防渗采用垂直防渗较为可靠，垂直防渗穿过全部覆盖层并进入基岩 0.5～1.0m。

由于本工程覆盖层深达 52.4～72.8m，已远远超出目前施工技术水平条件下高喷和水泥土处理技术的适用范围，帷幕灌浆一般用于基岩内防渗或与防渗墙配合使用，单独作为防渗体时所需排数较多，造价及工期均无优势，而 80～90m 深度水平的混凝土防渗墙防渗在国内已有若干成功的经验，关键是选择适用于本工程覆盖层地质特性的施工机械、合适的槽段间接头型式以及其他工程措施。经工期工效分析，选择合适的机械、结构型式和施工程序后，这些难题在本工程中均可得到解决，故本阶段覆盖层中推荐采用混凝土防渗墙防渗。

由于本工程防渗墙完工后，需在 50 天内将围堰加高 40m 至堰顶，上部填筑体的防渗型式须与其协调。为满足此要求，填筑体内可采用黏土斜心墙或复合土工膜心墙防渗。坝址区土料场主要有河门口Ⅰ、Ⅱ区土料场，位于坝址上游 6～7km 鲹鱼河口的一级阶地上，多为农田，可用总储量约 84 万 m^3。料场位于水库淹没区内，且坝址上游拟建公路通往鲹鱼河口，只需另修支路通往料场即可。复合土工膜防渗近年在水利工程中使用较广，性能有了较大提高，且施工简便快捷，受天气影响较小。黏土斜心墙防渗方案成熟可靠，对施工技术要求相对较低，但需修施工支路至料场，施工时需分层碾压，受天气影响较大，造价相对稍高；复合土工膜施工迅速，受天气影响较小，但对施工和现场管理要求较高，与防渗墙间的接头需连接可靠。

8.1.4 渗流控制体系失效的后果及其早期判别

围堰和基坑的渗流控制体系由多种措施综合组成。围堰渗流控制体系的有效性对于围堰工程的运行、甚至成败起着重要作用。

围堰渗流控制体系失效的后果可以概括为以下几个方面：

(1) 危及围堰工程和基坑的安全。这可以是由渗透水流造成的土体渗透破坏，逐渐扩展至堰基或者堰体，引起围堰的坍塌；也可以是渗流场与应力场的共同作用，引起堰体边坡或者基坑边坡的滑坡。

(2) 使围堰工程的挡水功能降低甚至丧失，使得基坑排水需要的强度远远超过预期，甚至使排水难以实现，这将严重影响工程工期和成本，甚至迫使变更渗流控制措施或者工程施工方案。围堰工程挡水功能突然性的变化还可能使基坑水位快速上涨，危及基坑内作业人员和设备的安全。

(3) 改变永久工程的地基条件。有些情况下，渗透水流造成的土体渗透破坏虽然没有扩展至围堰及其基础，但是可能造成永久建筑物基础的扰动、甚至塌陷，当没有及时发现而施工永久建筑物后，将严重影响其安全和有效运行；及时发现并进行有效处理，虽然可以避免后续问题，但必须以补充勘探、变更设计方案、延缓工期和增加建设成本为前提。

(4) 环境影响。基坑排水形成大范围的降落漏斗，大幅度的地下水位降落不仅使得附近水塘和供水井水位下降，影响水资源的利用条件，也使得地层的孔隙水压力消散，一定程度的地面沉降难以避免。当地层结构复杂、水平方向的相变造成明显的土性差异时，就会形成差异沉降，进而引起道路、防洪工程(堤防)、管道、楼房及其他建筑物的破坏或倾斜。当排水的反滤失效时，地下水位大幅度下降与渗透变形的共同作用，还会造成地面塌陷，使环境影响更加显著，后果更严重。

渗流控制体系的有效运行既需要通过合理的方案设计、严格的施工质量控制来实现，又需要通过科学的监测实行严密的监控。一旦发现可能失效的迹象，及时采取相应的措施，防止进一步失效和失控，避免上述严重后果的出现。所以，监测和早期判别对于防止渗流控制体系的失效，遏制失效的进一步发展具有重要作用。根据围堰渗流场的分布规律和渗流控制体系及运行特征，为便于开展早期判别，对渗流控制体系失效的早期表现形式归纳如下：

(1) 围堰防渗体前后渗流场水力联系紧密，表现为防渗体两侧测压水位或者渗透压力监测值相近，对围堰上游水位变动的反应速度相近。

(2) 围堰下游坡或者基坑开挖坡面出逸段突然升高，且可以排除围堰上游水位变化、大气降水等的影响。

(3) 基坑排水量突然增加，且可以排除围堰上游水位变化、基坑挖深增加和施工用水回灌等因素的影响。

(4) 基坑排水含沙量高，尤其是含沙量突然增加。

(5) 堰体变形和周围地面沉降测值出现快速变化，周围出现水井干涸、湖塘水面明显下降、地面裂缝和塌陷、建筑物裂缝或倾斜等现象。

(6) 周围出现输水、输气管道断裂、泄漏，通信和输电线路损坏等现象。

8.1.5　渗流控制体系失效的应急处置与后期处理

当渗流控制体系出现了失效的迹象时，必须及时采取措施遏制其进一步地发展。

根据渗流控制体系失效现象的不同，采取的应急措施包括：

(1) 放缓开挖进度，甚至停止开挖。

(2) 减少、甚至停止排水，开展管涌抢险，以应对渗透变形引起的堰体、堰基和周围地面的不均匀沉降和塌陷现象。

(3) 对堰体坡脚或基坑坡脚进行镇脚防护，以应对坡面出逸段突升或者边坡失稳现象。

(4) 划定工程和环境影响范围，根据需要采取警戒或撤离措施，以应对地面裂缝和塌陷，建筑物裂缝或倾斜，输气、输电线路损坏等现象。

(5) 加密监测，分析失效现象严重程度和发展趋势，研究进一步采取的处理措施。

当渗流控制体系失效时，调整施工方案与进度几乎是必然的，只是根据失效发展的程度不同，可以尽量减少对正常施工的影响。采取应急措施后，在加密监测和分析失效现象严重性的基础上，根据需要进一步采取的处理措施包括：

① 通过灌浆或者增设、延伸防渗墙以修补防渗体。

② 通过镇脚防护扩大堰体断面以提高堰体的稳定性或加强反滤保护。

③ 通过镇脚防护或者调整方案放缓基坑开挖坡以提高边坡稳定性或加强反滤保护。

④ 增加排水设施，以更大的排水能力应对单纯的基坑水量上升。

⑤ 改明排为井排，或者封堵反滤失效的排水井，新设严格执行反滤结构要求的排水井。

上述措施只能遏制渗流控制体系失效后果的进一步发展。对于失效已经造成的影响，须采取专门方案进行处置。例如，对地面裂缝和塌陷，建筑物裂缝或倾斜，输气、输电线路损坏等现象，必须按照相应行业的要求及时采取加固、更换、拆除重建等措施；对本工程永久建筑物基础必须补充勘探，分析地基扰动程度和范围，研究采取必要的地基处理方案。

8.2 围堰渗流控制安全论证

深厚覆盖层上的土石围堰，一方面堰基地质条件复杂，不均匀性大，渗透性强，另一方面随着基坑开挖，堰体挡水运行条件复杂，围堰自身的安全问题较为突出，对其渗流控制体系的安全论证显得尤为重要。通过渗流数值分析，可以为围堰的渗流控制措施设计以及安全运行提供重要指导和依据。下面结合乌东德上游围堰和兴隆水利枢纽导流围堰的渗控措施计算分析，考虑不同设计阶段，开展围堰渗流控制体系的安全论证研究。

8.2.1 围堰运行状态下稳定渗流分析

以乌东德水电站为例，进行围堰稳定渗流分析。

1. 工程概况

乌东德水电站位于金沙江下游四川省和云南省的界河上，右岸隶属云南省昆明市禄劝县，左岸隶属四川省会东县，是金沙江下游河段四个水电梯级——乌东德、白鹤滩、溪洛渡和向家坝中的第一个梯级，设计正常蓄水位 975m，总库容 74.05 亿 m^3，总装机容量 8700MW(725MW×12)，主要由大坝、引水发电系统、泄洪消能等建筑物组成，以发电为主，兼有防洪、改善航运条件、拦沙等作用。

乌东德坝址大坝设计坝型为混凝土双曲拱坝，围堰为土石围堰全年挡水。围堰填筑体最高约 70m，基坑开挖边坡最大高度约 80m。堰基覆盖层深厚，一般为 52.4～65.5m，局部达 72.8m，物质成分以砂、卵石为主，局部夹块石、少量含细粒土砾，覆盖层的透水性较好。本阶段堰基覆盖层自下而上划分为如下三个大层：

Ⅰ层。主要为河流冲积堆积物(卵、砾石夹碎块石)。

Ⅱ层。为崩塌与河流冲积混合堆积物，崩塌块石、碎石构成骨架，其间夹少量含细粒土砾(砂)透镜体。

Ⅲ层。主要为现代河流冲积物，砂砾石夹卵石及少量碎块石。根据试验结果将该层分为三个亚层：表层 0～16m 为Ⅲ3 亚层，结构相对松散；16m 以下为Ⅲ2 亚层，结构相对密实；此外，根据最新钻孔资料，在第Ⅲ层中局部发现黏土透镜体，将其作为Ⅲ1 亚层。

2. 二维渗流分析

根据上游围堰设计资料和地质资料，对乌东德上游围堰防渗措施进行了初步分析，计算模型采用了建议的地层界线拟合简化，计算参数取值见表 8.1 和表 8.2，计算方案见表 8.3。

表 8.1　覆盖层渗透参数范围值及建议值

覆盖层	渗透系数	渗透系数范围值/(cm/s)	渗透系数建议值/(cm/s)	允许比降
覆盖层Ⅲ3	K3	—	5×10^{-2}	0.11
覆盖层Ⅲ2	K4	$1.99\times10^{-3}\sim1.75\times10^{-2}$	1×10^{-2}	0.21
覆盖层Ⅱ	K5	$3.80\times10^{-4}\sim5.41\times10^{-4}$	4×10^{-4}	0.23
覆盖层Ⅰ	K6	$1.02\times10^{-3}\sim7.28\times10^{-3}$	3×10^{-3}	0.28

表 8.2　填筑体、防渗体等渗透系数取值　(单位:cm/s)

堰体上层	堰体下层	岩体风化带	基岩	复合土工膜	防渗墙	帷幕灌浆
K1	K2	K7	K8	K9	K10	K11
1.00×10^{-2}	1.00×10^{-1}	5.00×10^{-5}	5.00×10^{-6}	1.00×10^{-7}	1.00×10^{-7}	1.00×10^{-5}

表 8.3　二维渗流计算方案

方案	覆盖层Ⅲ3 K3/(cm/s)	覆盖层Ⅲ2 K4/(cm/s)	覆盖层Ⅱ K5/(cm/s)	覆盖层Ⅰ K6/(cm/s)	方案说明
1-1	5×10^{-2}	1×10^{-2}	4×10^{-4}	3×10^{-3}	正常工况,参数建议值
1-2	1.99×10^{-3}	1.99×10^{-3}	3.80×10^{-4}	1.02×10^{-3}	正常工况,参数不利组合
1-3	5×10^{-2}	1×10^{-2}	4×10^{-4}	3×10^{-3}	第Ⅰ层覆盖层防渗灌浆处理

方案 1-1 是防渗措施完好的基本方案,各覆盖层渗透系数采用建议值,计算结果见表 8.3 和图 8.4。防渗墙后浸润线高程为 781.82m,边坡出逸高程 731.51m,单宽流量 4.74m^3/(s·m)。土工膜承受的最大水头损失为 38.89m,防渗墙承受的最大水头损失为 92.1m,按墙厚 1.2m 计,防渗墙承受的最大渗透比降约为 76.7。堰体渗流场得到了有效的控制,但是开挖边坡水平出逸比降为 0.37,大于覆盖层的允许比降,不能达到渗透稳定性要求,应布置反滤保护措施。

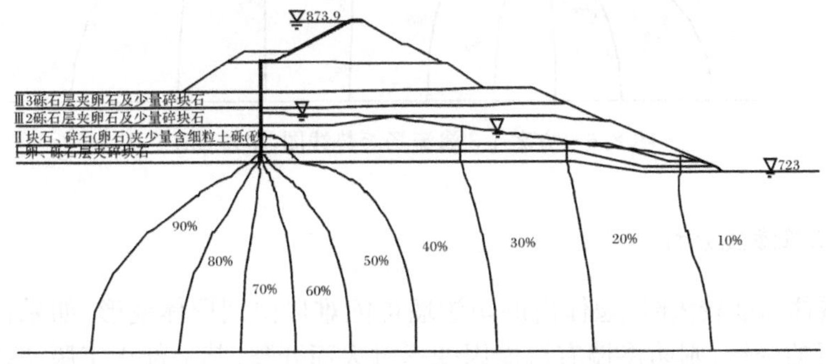

图 8.4　方案 1-1 渗流场等势线图(单位:m)

方案 1-2 中各覆盖层渗透系数取变化范围内的最小值，为参数不利组合情况，计算结果见表 8.3 和图 8.5。由于堰基地质条件复杂，覆盖层的参数具有空间变异性，覆盖层渗透系数的取值对渗流计算结果有较大的影响，当覆盖层渗透系数取变化范围内最小值时，浸润线抬高。

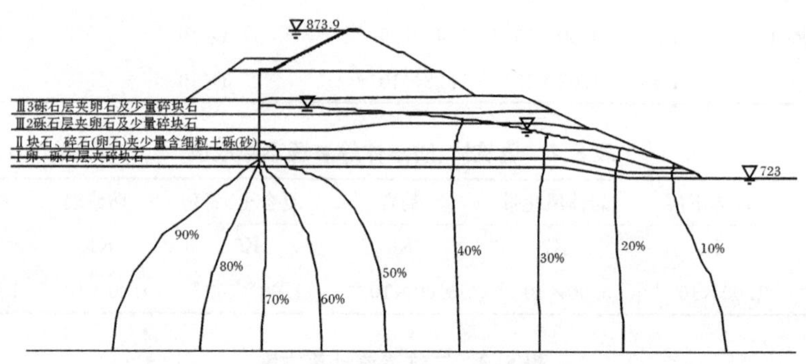

图 8.5　方案 1-2 渗流场等势线图(单位:m)

方案 1-3 各覆盖层渗透系数取建议值，计算了防渗墙在覆盖层Ⅰ内接防渗灌浆的工况，防渗灌浆渗透系数采用 1.0×10^{-5}cm/s，计算结果见表 8.3 和图 8.6。浸润线比基本方案 1-1 有较大的抬高，渗流出逸点位于覆盖层Ⅱ，边坡水平出逸比降为 0.41，大于覆盖层Ⅱ的允许比降，单宽流量增大为 7.67m^3/(s·m)。从确保围堰安全角度，建议采用防渗墙截断深厚覆盖层。

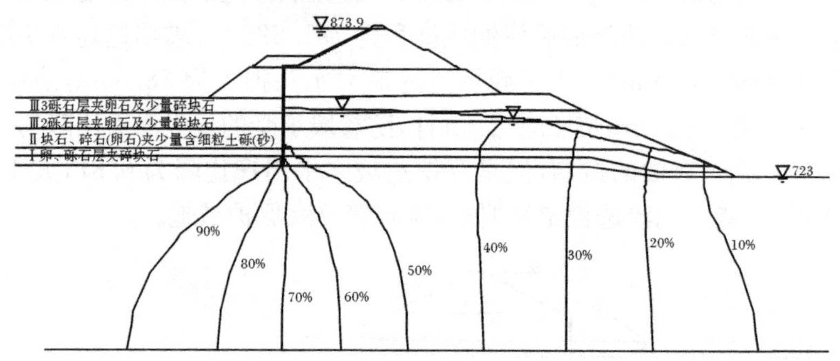

图 8.6　方案 1-3 渗流场等势线图(单位:m)

3. 三维渗流分析

当堰体高度较大时，堰体内的防渗墙可能难以协调堰体变形，如果再加上深厚覆盖层的变形，则防渗墙有可能因变形过大而开裂，其上部土工膜与防渗墙的连接部位有可能拉裂而使止水失效。三维渗流计算方案见表 8.4。

表 8.4　三维渗流计算方案

方案	覆盖层Ⅲ3 K3/(cm/s)	覆盖层Ⅲ2 K4/(cm/s)	覆盖层Ⅱ K5/(cm/s)	覆盖层Ⅰ K6/(cm/s)	方案说明
2-1	5×10^{-2}	1×10^{-2}	4×10^{-4}	3×10^{-3}	防渗墙进入覆盖层Ⅱ,覆盖层Ⅰ未进行防渗处理
2-2	5×10^{-2}	1×10^{-2}	4×10^{-4}	3×10^{-3}	覆盖层Ⅰ内防渗墙底部局部开叉,宽度 0.2m
2-3	5×10^{-2}	1×10^{-2}	4×10^{-4}	3×10^{-3}	覆盖层Ⅰ内防渗墙底部局部开叉,宽度 1m
2-4	5×10^{-2}	1×10^{-2}	4×10^{-4}	3×10^{-3}	土工膜与防渗墙搭接处全线拉开,缝宽 0.2m
2-5	5×10^{-2}	1×10^{-2}	4×10^{-4}	3×10^{-3}	土工膜与防渗墙搭接处局部破损长 1m,缝宽 0.2m

对防渗墙底部局部开叉进行分析时,设防渗墙底部开叉高度为 8m(即防渗墙局部未穿透覆盖层Ⅰ),叉缝中填充为原介质。由对称关系,沿围堰轴线方向取 8 个剖面,仅 1～2 剖面间的防渗墙底部开叉,其余剖面防渗墙底部不开叉,1 剖面和 3～8 剖面距开叉中心的距离依次为:Z=0m、1m、5m、10m、25m、75m、125m,2 剖面距开叉中心的距离分别取 0.1m 和 0.5m,即开叉宽度分别为0.2m和 1.0m,计算模型示意图如图 8.7 所示。受河谷宽度的限制,围堰轴线长度约 250m。

进行土工膜与防渗墙搭接处局部破损的渗流场分析时,由对称关系,沿围堰轴线方向取 8 个剖面,各剖面距土工膜破损处中线距离依次为:Z=0m、0.5m、2m、10m、25m、50m、75m、125m,仅 1～2 剖面间土工膜与防渗墙搭接处破损(即脱开长度的一半为 0.5m),开裂宽度为 0.2m,其余剖面土工膜完好,计算模型示意图如图 8.8 所示。

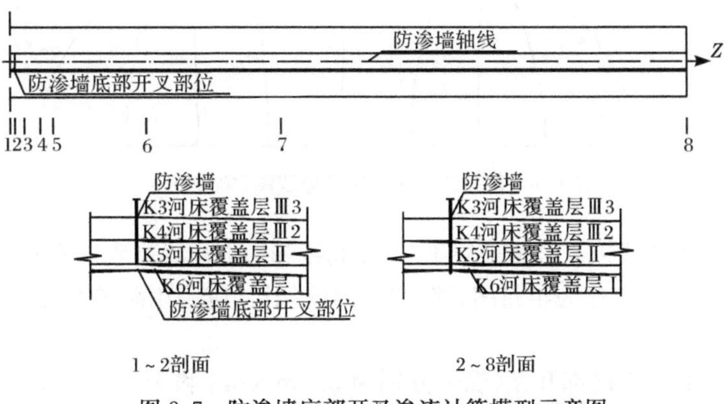

图 8.7　防渗墙底部开叉渗流计算模型示意图

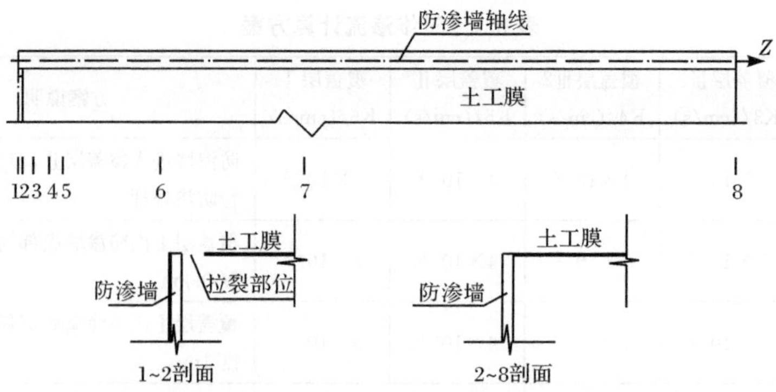

图 8.8 土工膜与防渗墙搭接处破损渗流计算模型示意图

计算结果见表 8.5 和图 8.9～图 8.13，由计算结果可知：

表 8.5 三维渗流计算结果

方案	防渗墙后浸润线高程/m	边坡出逸高程/m	边坡水平出逸比降	单宽流量/[m³/(s·m)]
2-1	802.61	778.82	0.45	23.42
2-2	785.03	731.88	0.38	5.31
2-3	788.05	733.19	0.39	6.08
2-4	820.57	794.29	0.45	103.56
2-5	786.41	732.80	0.37	5.25

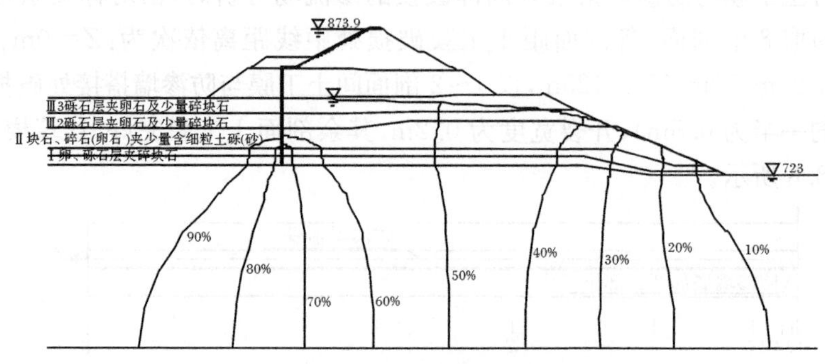

图 8.9 方案 2-1 渗流场等势线图(单位:m)

(1) 防渗墙全线未进入覆盖层Ⅰ时，浸润线和边坡出逸高程均有较大的抬高，表明覆盖层Ⅱ不适于作为半封闭式防渗墙的依托层，应采用防渗墙深入基岩的全封闭式防渗措施。

(2) 防渗墙底部局部开叉(规模分别为 0.2m×8m 和 1m×8m)的计算表明，防渗墙底部局部开叉对覆盖层内的浸润线有影响，对边坡出逸高程和出逸比降影

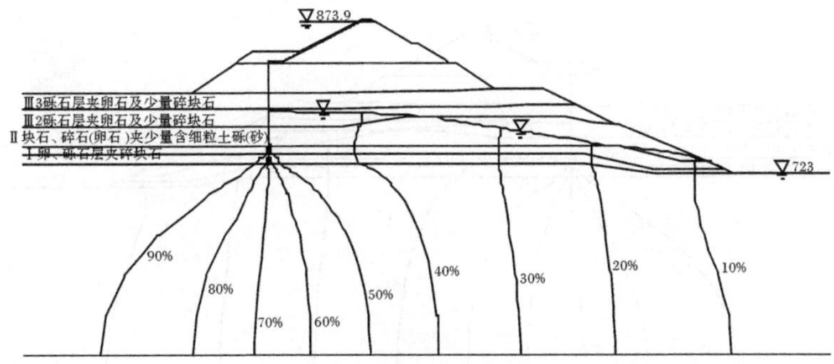

图 8.10　方案 2-2 渗流场等势线图(单位:m)

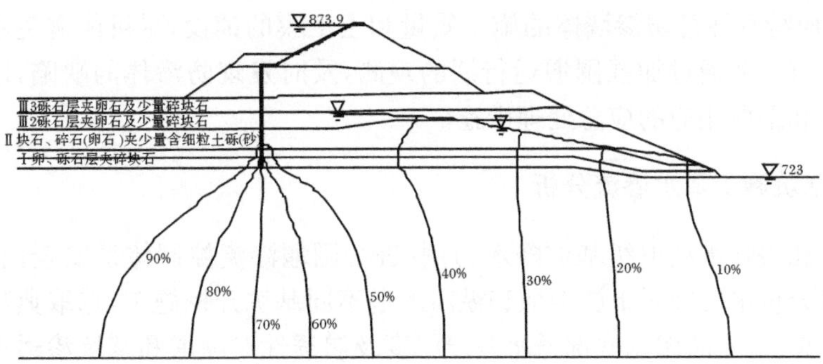

图 8.11　方案 2-3 渗流场等势线图(单位:m)

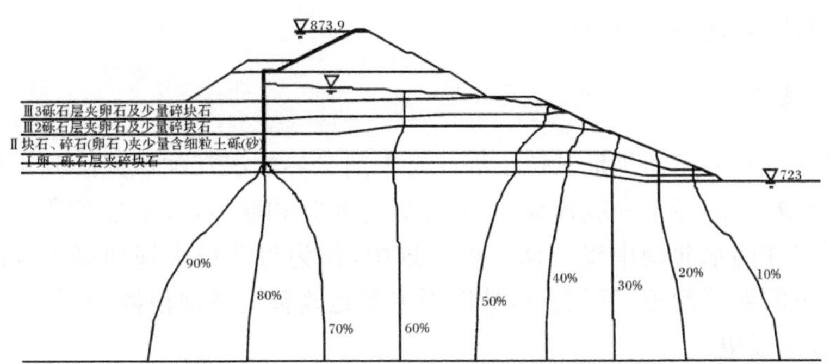

图 8.12　方案 2-4 渗流场等势线图(单位:m)

响不大，叉缝处渗透比降很大，但其后消散很快，但由于覆盖层内部结构稳定性欠佳，开叉部位集中渗流引起的高渗透比降可能造成内部渗透变形。

(3) 土工膜与防渗墙搭接部位全线脱开时，浸润线抬高显著。土工膜与防渗墙搭接部位局部破损时(本次假定裂缝尺寸为 1m×0.2m)，对浸润线影响有限，对边坡出逸高程和出逸比降则几乎无影响。

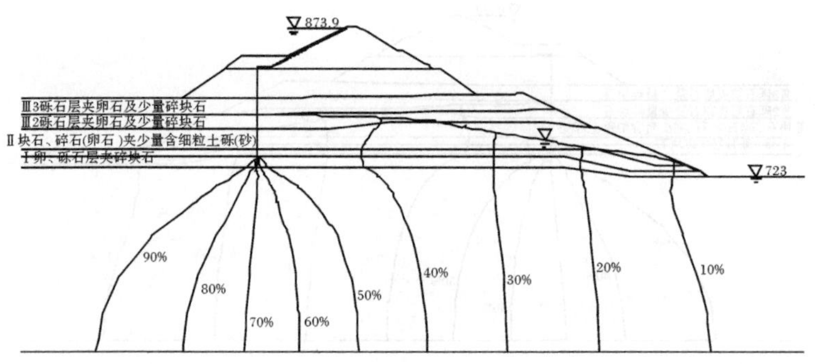

图 8.13　方案 2-5 渗流场等势线图(单位:m)

(4) 应特别注意防渗墙体的施工质量和土工膜的铺设,尽可能避免不良工况的出现。有必要通过加强围堰运行期的观测,及时发现防渗体的缺陷,以便指导施工管理和采取相应的应急处理措施。

8.2.2　基坑施工降水渗流分析

以汉江兴隆水利枢纽基坑降水为例,进行围堰渗流控制体系安全论证研究。二维渗流分析主要针对下游围堰和纵向围堰不同基坑开挖施工,选取典型断面进行渗流计算,分析防渗墙底部透水基岩厚度及渗透性对围堰和基坑渗透稳定性影响,并评价围堰与基坑施工期的渗透稳定性。三维渗流分析主要针对整个围堰基坑,建立三维渗流数值模型,评价降水措施的渗控效果,并对降水方案进行适当优化,为设计决策提供科学依据。

1. 工程概况

汉江兴隆水利枢纽坝址区位于潜江与天门交界的汉江河段兴隆闸下游附近,是汉江干流规划的最下一级梯级,主要任务是灌溉和航运,并衔接河段的上、下游水位。同时在南水北调中线一期工程规划中,作为丹江口大坝加高工程的补充,是汉江中下游四项治理工程之一,其作用主要是改善上游河段灌溉引水和航运条件,同时兼顾发电。

兴隆水利枢纽位于汉江右岸兴隆二闸下游约 950m 处,坝轴线总长 2835m。根据设计标准,兴隆水利枢纽为Ⅰ等工程,相应的导流建筑物为 4 级,土石围堰的洪水标准取为下限 10 年洪水重现期。一期围堰总长约 4543m,其中上游土石围堰长 1668m,纵向土石围堰长 777m,下游土石围堰长 2098m。堰顶高程 42.5～42.0m,顶宽 10m。根据地质勘查,坝址区均为第四系冲积层,且在坝址区覆盖层深厚,围堰堰基面以下覆盖层厚度 50～65m,其中基础上层为含泥粉细砂、粉细砂、砂壤土、粉质壤土等,厚度约 22～30m,下层为砂砾石层,厚度一般为 28～

32m，基岩面高程－24～－20m，而区内地下水埋深较浅，仅约 1～2m。兴隆水利枢纽水工建筑物包括泄水建筑物、通航建筑物、电站厂房等，其建基面高程为 11～27.0m，均处于透水性较强的第四系全新统冲积层粉细砂层内。

2. 二维渗流分析

对兴隆水利枢纽基坑纵向围堰选取典型断面，各渗透性分区取值见表 8.6，其中基岩透水层厚度分别按 5m、10m 和 12m 考虑，渗透性在 $1\times10^{-4}\sim5\times10^{-3}$ cm/s 内进行敏感性分析，计算结果见表 8.7。

二维渗流计算结果表明，当考虑底部基岩透水层后，防渗墙由原来的全封闭截断变为悬挂式。因此渗流量随风化层厚度的增加和渗透性的增大出现递增趋势。而且，渗流量对渗透性的变化更为敏感，其受影响程度远大于厚度的变化。需补充围堰及基坑渗透稳定性评价。

表 8.6　渗透分区计算取值

渗透分区	土层性质	计算取值/(cm/s)
K1	围堰填筑任意料	1×10^{-3}
K2	含泥粉细砂 alQ_4^3	5×10^{-4}
K3	粉细砂 alQ_4^3	2.31×10^{-3}
K4	含泥粉细砂 alQ_4^2	1×10^{-4}
K5	粉细砂 alQ_4^1	1.15×10^{-3}
K6	砂砾石 alQ_3	5×10^{-2}
K7	基岩透水层	—
K8	防渗墙	1×10^{-7}
K9	堆石体	1×10^{-1}
K10	反滤层	1×10^{-2}

表 8.7　二维渗流计算结果

方案		基坑左侧坑底粉细砂层渗透比降		墙底渗透比降	单宽流量/[m^3/(s·m)]
		$J_{垂直}$	$J_{水平}$		
不考虑风化层		0.01	0.18	—	0.12
风化层厚 5m	5×10^{-3}	0.26	0.34	2.14	27.45
	1×10^{-3}	0.17	0.29	8.19	14.27
	5×10^{-4}	0.11	0.25	12.43	8.85
	1×10^{-4}	0.03	0.04	21.09	2.20

续表

方案		基坑左侧坑底粉细砂层渗透比降		墙底渗透比降	单宽流量/[m³/(s·m)]
		$J_{垂直}$	$J_{水平}$		
不考虑风化层		0.01	0.18	—	0.12
风化层厚10m	5×10^{-3}	0.27	0.36	3.78	27.52
	1×10^{-3}	0.18	0.30	12.49	15.70
	5×10^{-4}	0.11	0.26	16.85	10.35
	1×10^{-4}	0.03	0.05	23.16	2.86
风化层厚12m	5×10^{-3}	0.27	0.36	3.88	28.05
	1×10^{-3}	0.17	0.30	12.75	15.95
	5×10^{-4}	0.14	0.26	17.07	10.60
	1×10^{-4}	0.05	0.11	23.24	2.95

3. 三维渗流分析

利用现场布设的134个勘探钻孔资料建立三维地质模型，三维计算模型示意图如图8.14所示。模型计算区域面积约为11km²。上游边界为潜水自由面，不考虑降水入渗和蒸发条件。模型底部边界取至基岩透水层，由于地质勘探未揭示其厚度，根据敏感性分析确定厚度为100m。东侧边界取至导流明渠(宽约400m)右侧，为定水头边界。西侧边界取至上、下游围堰约1000m处。以汉江上、下游水位作为定水头边界。基坑开挖后建基面高程如下：泄水闸基坑27.0m、厂房基坑11.0m、船闸基坑18.7m，降水标准要求低于开挖建基面0.5～1.0m。根据地质资料，基岩透水层渗透系数取5.0×10^{-4}cm/s。

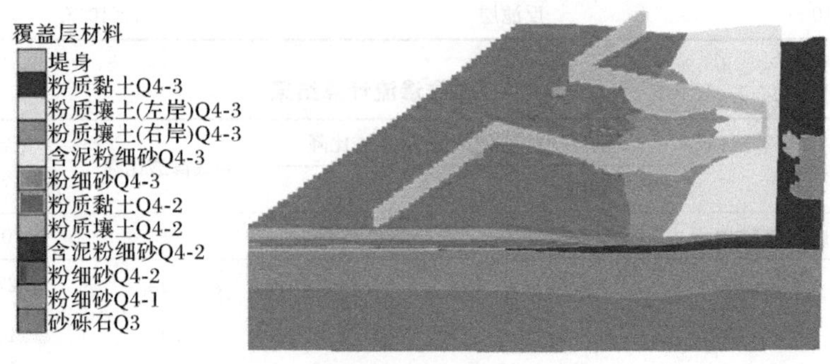

图8.14 计算模型三维示意图(见彩图)

图 8.15 表示后续计算结果分析中所取基坑控制点的位置，其中泄水闸基坑布置 3 点，均处于基坑横轴线上。X1 和 X3 点分别位于基坑左右侧，距基坑边壁约 20m。X2 点为基坑中心点；厂房基坑和船闸基坑也各布置 3 点，位于基坑纵轴线上，取点原则同泄水闸基坑。后续结果分析中将以上点的水位作为分析基坑降水是否满足降深要求的依据。

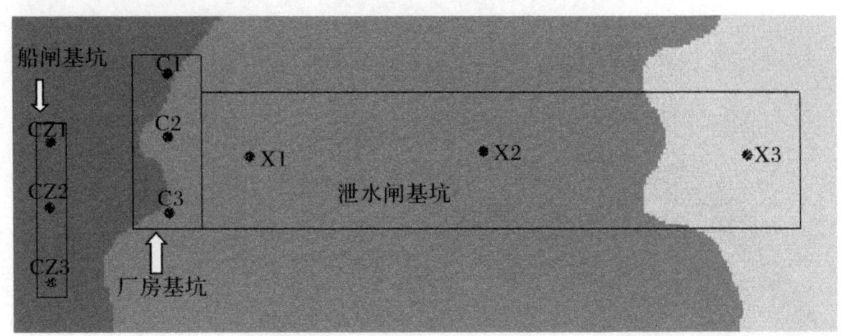

图 8.15　三维渗流计算模型中基坑控制点位置(见彩图)

可研阶段设计中，上、下游围堰采取水平铺盖、纵向围堰采取垂直防渗的渗控措施，在初步设计阶段，对围堰的水平防渗和垂直防渗效果做了进一步分析。在设计水位条件、井间距 40m 的情况下，设置单排井，单井抽水量小于 1500m^3/d，同时在厂房基坑局部处增设间距为 40m 的双排井，与第一排井成梅花形布置，井点布置如图 8.16 所示，此时降深在 8.0～23.8m，达到设计要求，相应的总抽水量约为 18 万 m^3/d。该方案砂砾石层顶板的等水头线分布示意图如图 8.17所示。

图 8.16　方案 M1-WS 基坑降水井点布置

为模拟施工降水进程，进行了非稳定渗流计算。根据设计提供的基坑开挖进度，按月给出了各基坑控制点的地下水位，见表 8.8。为方便对比分析，表中同时给出降水前以及降水稳定以后的地下水位值。

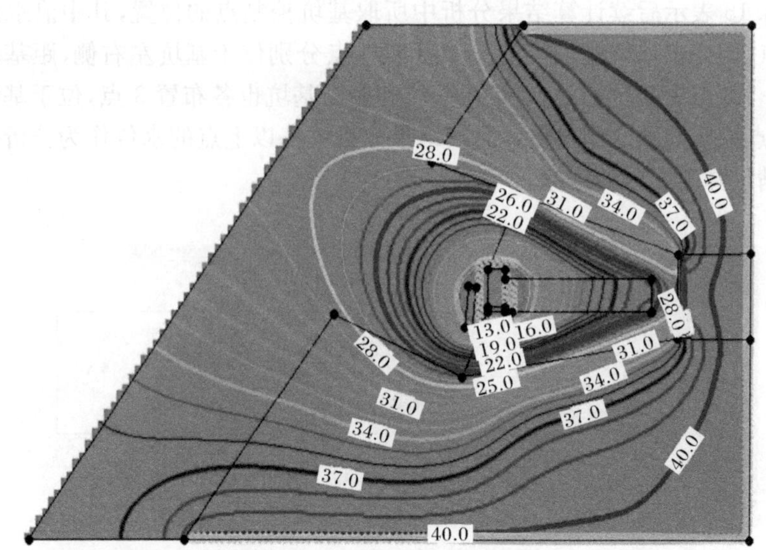

图 8.17 砂砾石层顶板等水头线分布(单位:m,见彩图)

表 8.8 基坑降水非稳定渗流计算结果 (单位:m)

方案	时间	泄水闸(建基面 27.0m)			厂房(建基面 11.0m)			船闸(建基面 18.7m)		
		X1	X2	X3	C1	C2	C3	CZ1	CZ2	CZ3
M1-FWS	30d	14.4	22.8	26.8	14.6	13.8	13.9	15.2	15.5	17.1
	60d	11.2	20.3	24.8	11.3	10.4	10.5	11.8	12.3	13.9
	90d	10.7	20.0	24.6	10.8	10.0	10.0	11.4	11.8	13.5
	120d	10.6	19.9	24.6	10.6	9.8	9.9	11.2	11.7	13.4
	150d	10.6	19.8	24.5	10.6	9.8	9.9	11.2	11.6	13.4
	180d	9.8	19.3	24.3	9.8	9.0	9.1	10.4	10.9	12.6
	210d	9.6	19.1	24.0	9.5	8.7	8.9	10.0	10.5	12.2
M1-WS	降水稳定后	8.9	18.9	23.8	8.9	8.0	8.2	9.3	9.8	11.6

从计算结果来看,在深井大流量抽水作用下,船闸基坑以及泄水闸基坑的大部分在 30d 后就已经达到降深要求。只有厂房基坑以及泄水闸东侧靠近纵向围堰局部处地下水位仍较高,抽水至 90d 后,地下水位均已降至开挖底板以下。由此可见,深井降水的效果显著,具体井点布置、井深等参数以及降水井运行方案还可进一步优化。

根据前期对围堰渗透稳定性及基坑渗控措施研究,上、下游围堰以及纵向围堰均采用防渗墙上接复工膜方案防渗。但随着工程施工的展开,发现原来作为防渗墙依托层的老第三系荆河镇组层基岩胶结程度较差，导致成岩差，透水性较强，远远大于一般基岩的渗透性。为此需要开展渗控体系的安全论证工作，分析基岩透水层对基坑以及围堰渗透稳定性的影响。

首先进行基坑开挖前地下水渗流场分析，目的是了解工程区内地下水的分布特征，评价围堰仅有防渗措施的渗控效果。利用三维计算模型，考虑基岩透水层厚度为 100m，渗透系数为 5.0×10^{-4}cm/s。地下水位等势线分布如图 8.18所示，其计算结果见表 8.9。

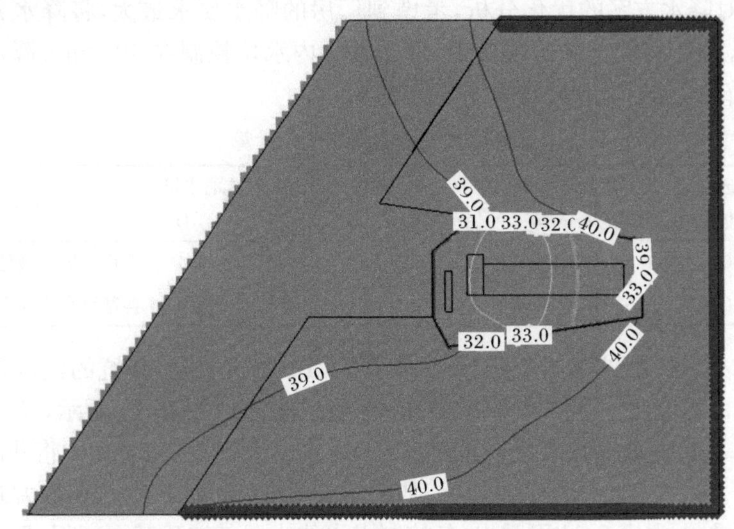

图 8.18　仅垂直防渗下基坑开挖前砂砾石层顶板等势线分布(单位：m，见彩图)

表 8.9　垂直防渗下基坑开挖前地下水自由面分布

基坑名称	控制点	水位/m
船闸(开挖面 18.7m)	CZ1	31.43
	CZ2	31.43
	CZ3	31.51
厂房(开挖面 11.0m)	C1	30.95
	C2	30.87
	C3	30.90
泄水闸(开挖面 27.0m)	X1	30.62
	X2	31.07
	X3	33.21

计算结果表明，如果围堰仅设置垂直防渗，当基坑未开挖时，受上、下游以及

导流明渠三面来水包围，基坑域内地下水主要流向河床地势低洼处以及汉江右岸围堤堤内，并于表面出逸。由于模型中的防渗墙深度到砂砾石层底板，基岩透水层不能作为防渗依托层，防渗墙是悬挂式截渗墙，地下水在墙底部存在绕渗情况。整个基坑内水位基本保持在 26.5～33.2m。由以上分析可知，在基岩透水层不能作为防渗墙防渗依托层的条件下，虽然垂直防渗具有一定的渗控效果，但是不能满足基坑开挖降水要求，因此基坑开挖施工前对基坑设置一定的降水措施是有必要的。

通过对降水方案的优化分析，考虑到厂房的降水要求最大，将降水井布置在厂房周围，井底高程至砂砾层底部，降水井井内水位控制在 10.0m。降水方案见表 8.10，降水方案 S2 水位计算结果见表 8.11。

表 8.10 降水方案优化计算

方案	基岩透水层厚度/m	基岩透水层渗透系数/(cm/s)	井数/个	井间距/m	井水位/m	基坑涌水量/(m^3/d)	水位
S1	100	5.0×10^{-4}	12	60～70	10	41486.4	厂房基坑不满足降水要求
S2	100	5.0×10^{-4}	20	30～70	10	42035.8	各基坑水位满足降深要求

计算结果表明，当渗透系数增大为 5.0×10^{-4} cm/s 时，基坑的涌水量也大幅增加。12 口井满足不了基坑降水要求，等势线分布如图 8.19 所示，从图中可看出，厂房基坑边壁处局部水位超过建基面 11.0m。因此在方案 S2 中将井的数量增加为 20 个。该方案的计算结果表明，基坑涌水总量为 42035.8m^3/d，单井最大流量为 3767.4m^3/d；由表 8.11 可看出，各控制点水位小于基坑建基面高程，厂房基坑水位埋深 0.4～0.5m，船闸基坑水位埋深最小为 4.9m，泄水闸基坑水位最小埋深为 1.6m，三个基坑水位可满足基坑开挖降水要求，其等势线分布如图 8.20 所示。

表 8.11 降水方案 S2 水位计算结果

基坑名称	控制点	水位/m
船闸(开挖面 18.7m)	CZ1	12.11
	CZ2	12.61
	CZ3	13.80
厂房(开挖面 11.0m)	C1	10.50
	C2	10.36
	C3	10.59
泄水闸(开挖面 27.0m)	X1	13.52
	X2	20.55
	X3	25.40

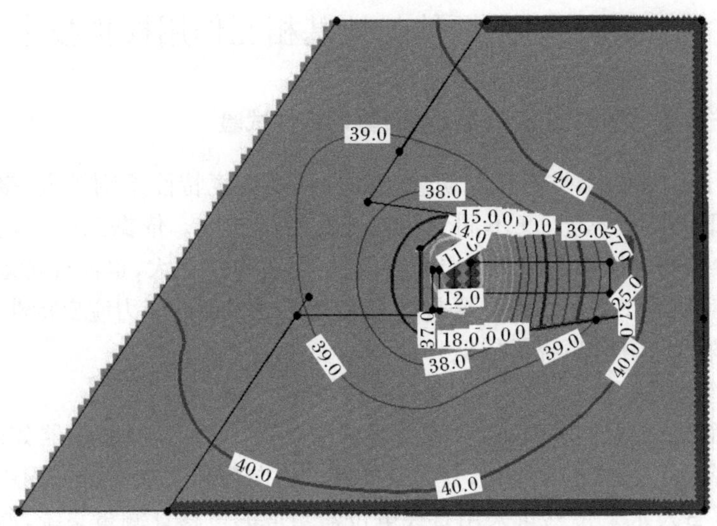

图 8.19　方案 S1 中砂卵石层顶部等势线分布(单位:m,见彩图)

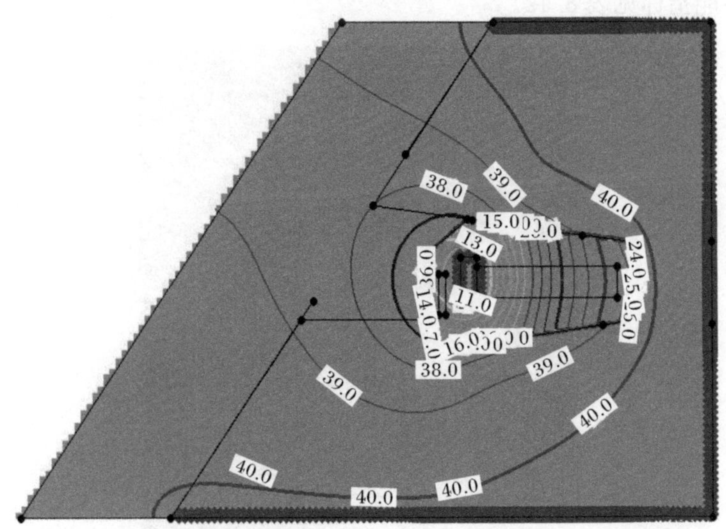

图 8.20　方案 S2 中砂卵石层顶部等势线分布(单位:m,见彩图)

由于厂房基坑最深,降水井布设应以控制厂房基坑水位为主,建议适当调整降水井的布置,重点考虑厂房基坑,结合实际施工条件,在厂房周围加密布设降水井,以使厂房基坑水位再适当降低。其余井可适当布置在基坑周围,不仅可以作为疏干排水井使用，必要时亦可作为基坑运行期间的长期降水井使用。

8.3 防渗体、堰体与地基相互作用模拟技术

8.3.1 防渗墙墙壁与周围介质接触面剪切特性试验

在高土石围堰中，堆石体与防渗墙的变形及强度特性差别较大，接触面附近土体发生既不同于黏土、又不同于粗粒土的力学响应。依据三峡二期围堰的经验，在防渗墙与堰体材料间有一层泥皮，这层泥皮作用很大，也需要考虑。本节通过室内试验研究了围堰填料及覆盖层-防渗墙接触界面的应力应变特性，为堰体的非线性有限元计算分析提供依据。

1) 试验仪器

接触面试验在长江科学院大型叠环式剪切仪上进行，试验仪器如图 8.21 所示。该设备采用板式框架结构，受力条件好。法向荷载及水平推力均用荷载传感器测定，垂直及水平位移量采用直线电位器组成的位移计测量系统，所有液压及操作控制阀门集中放置于控制屏中，以方便操作。试验时通过八通道数字式循检仪完成荷载和位移的采集和打印工作，加载方式和测量手段均实现了自动化。设备主要性能指标见表 8.12。

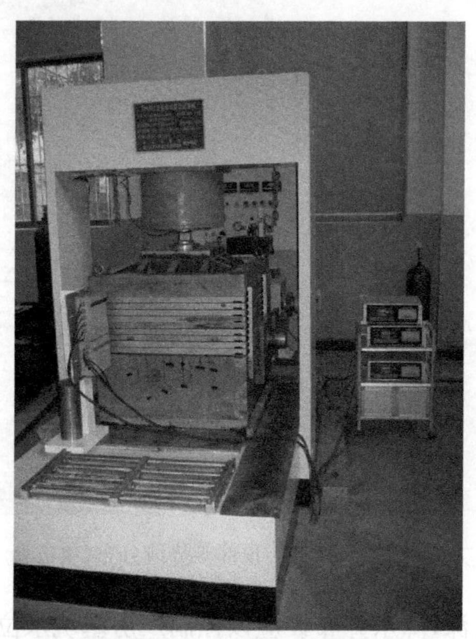

图 8.21　大型叠环式剪切仪

表 8.12　设备主要性能指标

装样尺寸/(mm×mm×mm)		最大荷载/kN		最大位移/mm		剪切速率/(mm/min)	法向应力稳定精度/%	最大粒径/mm
总尺寸 600×600×600								
叠环(×10)	剪切底盒	法向	切向	法向	切向			
600×600×30	600×600×300	1000	1000	100	120	0.03～20	1	100

2) 试验用料

试验采用饱和面干法进行，砂砾石过渡料的饱和面干比重为 2.7，最大干密度和最小干密度分别为 2.3t/m³ 和 1.9t/m³。砂砾石料级配曲线和直剪试验抗剪强度曲线分别如图 8.22 和图 8.23 所示。

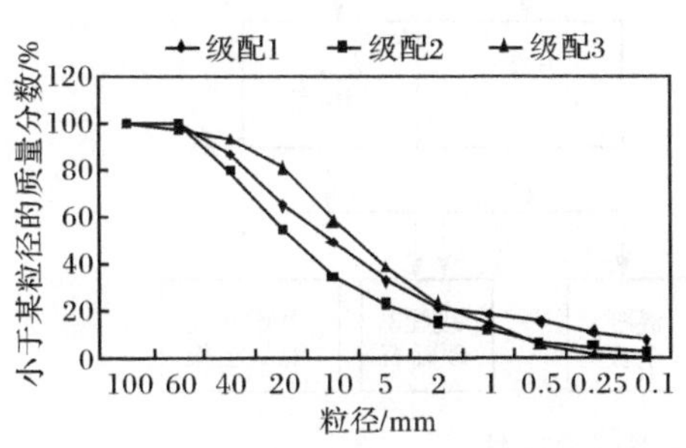

图 8.22　砂砾土粒径级配累积曲线

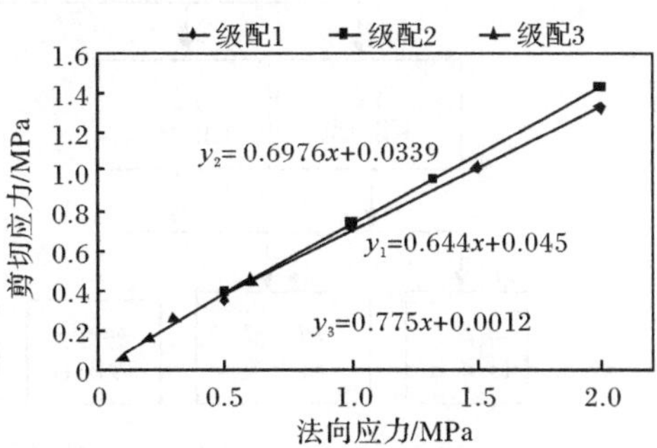

图 8.23　砂砾石抗剪强度曲线

对试验所用的山东膨润土分别进行了颗粒分析试验和界限含水率试验，其物理性质见表 8.13；界限含水率具体指标见表 8.14。

表 8.13　试验膨润土的物理性质

粒径范围/mm	0.25～0.075	0.075～0.05	0.05～0.01	0.01～0.005	<0.005	<0.002	D_{50}/mm	C_u	C_c	ρ_d/(g/cm³)
比例/%	2.8	13.1	32.1	13.7	38.3	19.8	0.009	15	0.6	1.4

表 8.14　流塑性指标

圆锥下沉深度/mm	盒号	盒质量/g	盒与湿土质量/g	盒与干土质量/g	含水率/%	平均含水率/%	液限/%	塑限/%	塑限指数/%
16.80	3458	13	28.84	21.32	90.4	90.4	—	—	—
	3404	13	29.85	21.85	90.4				
9.45	3337	13	30.59	23.44	68.5	68.5	90.9	31.7	59.2
	2058	10	28.58	21.02	68.6				
4.00	106	13	34.00	27.61	43.7	44.0	—	—	—
	3403	13	31.06	25.52	44.2				

3) 试验方案

对3类级配砂砾土和3类不同类型的结构物(混凝土板、上置泥皮的混凝土板和沥青混凝土板)的接触界面进行单剪试验,方案1和方案2为级配1和级配2的砂砾石料分别与沥青混凝土板进行接触面试验研究,方案3和方案4为级配3的砂砾石料分别与混凝土板和上置泥皮的混凝土板进行试验;方案3中混凝土板将设计成3种不同粗糙程度各进行1组试验,分别为0.3mm、0.4mm和0.5mm。接触面单剪试验方案如图8.24所示。

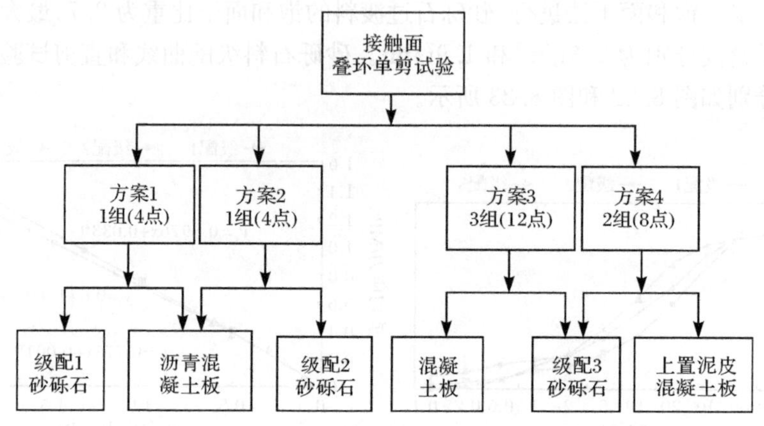

图8.24　接触面单剪试验方案

4) 试验结果分析

(1) 接触面强度特性。

试验结果见表8.15,无论混凝土面板粗糙程度如何变化,最终的剪切破坏面总是发生在砂砾石与混凝土面板所形成的接触面上,砂砾石和混凝土面板自身强度都很高,二者所形成的接触面强度则低于两者各自的强度。试验应力变化范围内,沥青混凝土的上下两接触面处的剪切位移总为最大,随着法向应力的增加,接触面的剪切破坏位置可能发生在上接触面或下接触面,并没有出现规律性地单一发生在上接触面或下接触面处。这是由于砂砾石料与沥青混凝土本身强度较高,由于沥青混凝土的钳入作用,各点试验时上下接触面难免不一致,最终发生较大环间相对位移的位置(即发生剪切破坏的位置)总在两类材料的接触面处(上接触面或下接触面);3类不同级配砂砾石与结构面所形成的不同接触面抗剪强度的拟合值均小于试验前砂砾石料自身的抗剪强度值,说明所形成接触面的强度均小于两种材料自身的强度。

对于所形成接触面的摩擦角,砂砾石内摩擦角远大于砂砾石与结构接触界面的摩擦角;随着接触面粗糙程度的增大,接触面和剪切带的摩擦角也逐渐增大,说明结构物的粗糙度将影响接触面的摩擦角。含泥皮接触面的摩擦角反而小于泥皮本身的摩擦角，出现这一现象是由于本试验在调和土样时控制含水率较高，为55.8%，而试验中实际固结时间仅约2天，本试验泥皮厚约100mm，与仅能在单面排水的情况下没有完成固结有关，同时泥皮的摩擦角是在试验后重新固结后得到的。本试验中砂砾石与混凝土面板接触界面的摩擦角最大，其次为砂砾石和沥青混凝土接触界面，砂砾石与膨润土及混凝土所形成的摩擦角最小。无论何种接触，摩擦角均随着试验料本身强度的增加而增加。

表 8.15　不同方案接触面强度特性试验结果

参数	峰值强度		残余强度	
	c'/kPa	φ'/(°)	c''/kPa	φ'/(°)
方案 4-1 剪切面	3.7	1.5	3.8	1.3
方案 4-2 剪切面	6.1	1.9	5.6	2.0
方案 3-1 剪切面	2.5	26.8	2.5	29.9
方案 3-2 剪切面	0.5	30.8	15.0	32.0
方案 3-3 剪切面	2.5	31.2	16.0	32.0
方案 2 剪切面	19.5	32.4	0.5	32.4
方案 1 剪切面	25.6	30.6	14.5	29.8

对于所形成接触面的黏聚力，本试验中砂砾石的黏聚力等于一个较小值，并不等于0，而所形成接触面的黏聚力试验结果与该值接近，所形成剪切带的黏聚力等于0，相当于理想状态下的砂砾石本身的黏聚力。与沥青混凝土所形成接触面的黏聚力明显高于其他试验的黏聚力，其上接触面黏聚力和剪切带黏聚力值较为接近，两者均高于下接触面的黏聚力。这说明接触面黏聚力是由砂砾石和沥青混凝土共同控制的，而不仅仅取决于砂砾石或沥青混凝土结构本身。土与结构接触面的黏聚力主要由土中水对结构表面颗粒间的吸附力提供。当含水率较小时，由于土与结构的刚度差别很大且结构物渗透系数非常小，土体与结构间的吸附不能充分发挥，致使黏聚力很小。随着含水率的增大，土体与结构间的吸附得到充分发挥，黏聚力逐渐达到峰值。当含水率继续增大时，土体自身的刚度急剧降低，吸附作用无法得到正常发挥，黏聚力便随之减小。本试验膨润土的含水率较高，泥皮所产生的上下接触面和剪切带的黏聚力基本相等。这是由于泥皮在剪切过程中影响整个剪切破坏的发生，即说明接触面黏聚力取决于膨润土本身的特性。

(2) 接触面剪切变形特性。

夹泥皮样1和泥皮样2的单剪试验在到达破坏阶段后切向变形具有刚塑性的变形特征。当土体变形处于该阶段时，由于存在剪切变形相对集中的剪切带或剪切面，即在两种材料的交界面附近，会发生相对集中的剪切变形并导致位移不连续现象。根据试验结果，集中切向位移发生的位置，由泥皮与结构物的强度特性所决定,其位置发生在强度最薄弱处。本试验条件下由于几个环间缝交叉达到破坏强度,破坏后叠环间缝的位移发生的位置有一定的随机性。

接触面剪应力与相对剪切位移呈现出很好的双曲线关系。随着接触面法向应力的增大,达到峰值强度所需的剪切位移较大,接触面的切向应力相对位移关系曲线初始段的斜率也就更大。砂砾石与上置泥皮的混凝土面板形成接触面曲线呈理想的弹塑性形式,没有明显的峰值强度;相对剪切位移达到一定值后,剪应力不再发生变化,由相对位移继续发展,说明接触面附近砂砾石在剪应力作用下已经发生剪切破坏。

方案 1 中级配 1 和级配 2 的砂砾石与沥青混凝土板所形成双接触面的剪切带、下接触面和上接触面的剪应力与剪切位移,只考虑接触面上下叠环的剪切变形,则类似直剪试验,上下接触面的试验曲线类似直剪试验结果。结合剪切带的试验结果和拟合结果,说明叠环单剪试验结果比直剪试验结果更符合实际破坏结果。

剪切试验完成后,取破坏面附近泥皮做固结快剪试验,剪应力和相对剪切位移的关系曲线呈硬化发展后有应变软化的发展趋势,可分别测得峰值强度和残余强度;随着法向应力的不断增加,接触面剪切带的法向位移较大,可以达到 8mm 以上,剪应力达到峰值强度后砂颗粒切向位移继续增加;相对剪切位移达到较大值时砂砾石体积变化达到最终剪缩量,在本试验的法向应力范围内并未出现明显的剪胀现象。

(3) 接触面厚度特性。

试验结果表明,在试验材料与结构交界面附近剪切变形并不是均匀分布或呈连续变化的,而是存在剪切变形相对集中的剪切带或剪切面,即在试验料与结构物交界面附近,当剪切应力达到接触面的抗剪强度时,会发生相对集中的剪切变形并导致位移不连续的现象。因此接触面的变形存在结构面与砂砾石的相对滑移以及结构面位移约束作用引起的结构面附近土体变形两种机理。这两者是互相联系,密不可分的。结构面附近一定区域的这部分砂砾石颗粒,发生了不同于原来砂砾石的响应,并与结构面共同构成了有厚度的接触面。结构面的粗糙程度和法向应力对接触面厚度有一定影响,但是影响的程度不大。同时也表明,接触面破坏前各环间所产生的切向位移大小与各个环间缝处试样的刚度相关。当法向应力较小时,产生接触面的环间缝处切向变形较大。随着法向应力的增加,所形成接触面刚度相对增加,所形成接触面间缝的切线变形也逐渐变小,而其他缝的变形将逐渐增大。需要说明的是,在剪切破坏以前的阶段,环间缝的切向变形也与环间缝的数量有关,增加环间缝的数量将使每个环间缝所分得的切向变形变小。随着剪应力的增加,由于一些抗剪强度相对较小的环间缝剪应力已达到破坏强度,使得在这些环间缝中产生集中的切向位移而达到破坏。该相对切向位移才真正反映了接触面的变形特性。

将常用的接触面厚度确定方法与砂砾石的粒径建立关系。直剪试验可通过细观观测及结果分析来确定接触面的厚度，单剪试验中可以通过不同叠环的变位来确定接触面的厚度。周小文等将叠环剪切试验中剪切位移的变化从下至上分为三层：①无厚度接触面，在混凝土板至砂砾石层之间产生较大的相对滑动；②剪切带（应变较大的薄层），接触面至第 2 个叠环顶面之间约 60mm 的厚度，垫层材料产生较大的剪切应变；③离接触面 60mm 以外的垫层内，剪切位移沿高度基本呈线性变化，表明剪切应变为常量，属于纯粹土体本身的应变。需要指出的是，本次采用叠环单剪型接触面试验可能对砂砾土体有一定的约束，因此造成所确定的接触面厚度存在一定的误差，如何更准确合理地确定接触面厚度尚需进一步研究。

(4) 接触面模型参数。

根据试验结果采用双曲线模型确定的各方案接触面参数见表 8.16。

表 8.16　各方案接触面相关参数

参数 \ 分类		K_i	n	R_f	φ/(°)	C_0/MPa
方案 1	级配 1	2850	0.4768	0.81775	30.60	0.0256
方案 2	级配 2	2022	0.6388	0.83633	32.42	0.0195
方案 3	粗糙程度 1	3449	0.5413	0.64941	28.70	0.0100
	粗糙程度 2	3777	0.5904	0.62395	32.32	0.0140
	粗糙程度 3	3355	0.5358	0.63235	27.73	0.0360
方案 4	泥皮 1	1715	0.4121	0.15650	1.64	0.0205
	泥皮 2	1057	0.3505	0.13780	2.04	0.0504

5) 结论

土与结构接触的相互作用问题是一个涉及多学科的交叉性研究课题，利用长江科学院研制的针对大粒径砂砾土与结构接触面试验的特大型叠环单剪仪进行了一系列相关试验分析，在前人土与结构物接触的相互作用研究基础上，对砂砾土与结构接触面力学特性的测试技术、基本规律、变形机理等进行了深入探讨，得到如下结论：

(1) 利用特大型叠环单剪试验仪研究了砂砾土与结构物所形成的接触面问题，完善了仪器法向位移的测试技术，结合工程实际进行了 3 种不同级配的砂砾土与混凝土板、上置泥皮的混凝土板和沥青混凝土板所形成接触面的试验。

(2) 该试验仪采用滚针叠环装置，与固定剪切面的直剪型接触面试验不同。由于单剪型接触面试验具有多个可产生剪切变形的剪切面，在剪切过程的某一时刻各剪切面均受到相同的剪应力作用,因而各剪切面均产生了一定量的剪切变形,其优势在于可以分析接触面在剪切过程所影响的剪切带,试验结果表明,接触面的变形实际上分为砂砾土与结构交接面上的相对滑移变形以及结构面附近的砂砾土在结构面约束下的剪切变形两部分,这两部分总是同时发生和互相影响的。

(3) 在试验的法向应力范围,沿接触面表现出明显的相对切向位移;剪应力与相对剪切位移呈现出较好的双曲线关系;抗剪强度与法向应力呈较好的线性关系;随着接触面上法向应力的增大,达到峰值强度所需的剪切位移也增大,所形成的双曲线初始段的斜率也就更大。

(4) 在低应力状态下,接触面的切向应力与应变的关系表现出明显的应变硬化特征;但随着法向应力的增大,剪切位移的继续发展增大,切向应力与应变的关系表现出应变软化的发展趋势。

(5) 不管接触面光滑与否,只要结构物与接触材料的强度差别较大,滑移破坏面必发生在强度薄弱的材料体的一侧。

(6) 结构物的粗糙程度对接触面的破坏性状有一定影响。随结构物粗糙程度的增加,叠环位移明显变化证实砂砾土扰动范围也相应增加,最终破坏面总发生在抗剪强度较小的部位,并且随着法向应力增大,这一现象也明显增大。

(7) 砂砾土与上置泥皮混凝土板的剪应力-剪切位移关系为刚塑性变化关系,可以用刚塑性模型来分析这类接触面;而砂砾土与混凝土板、沥青混凝土板的剪应力-剪切位移关系曲线为典型双曲线,可以用 Clough-Duncan 非线性弹性模量模型分析这类接触面,并根据试验得到模型相关参数。

8.3.2 防渗墙刺入土体变形的模型试验与数值模拟

防渗墙的刺入变形是指在墙端力作用下,墙尖附近土体产生的局部压缩和塑性变形使墙端相对周围土体发生的剪切滑移。采用物理模型试验手段对黏土中防渗墙刺入变形从土体位移、墙端阻力方面进行了较为系统的研究,建立合理的数值模拟方法,并在试验的基础上进行了有限元数值模拟,进一步揭示防渗墙和土的相互作用机理。

1. 防渗墙刺入土体变形的物理模型试验

1) 试验装置

物理模型试验在中型三轴仪的压力室中进行。模型防渗墙采用圆形有机钢化玻璃和长方形木板组成。墙端部力的量测采用微型压力盒。数据由高速静态应变仪自动采集。墙顶位移采用百分表量测。土体细观特性观测采用 CT 机进行扫描。

试验土料为黏土，主要由黏粒(<0.005mm)与较细的粉粒(0.005～0.05mm)组成，土料均不含砂粒以上的粗粒，其黏粒含量在 40.7%～48.6%，平均黏粒含量为 44.3%。试验时分层击实，控制每层重量，使土样保持一定的压实度。装样完成后静置 12h 以上，使土样在自重作用下固结，以保证每次试验样本的均一性。试验装置如图 8.25 所示。

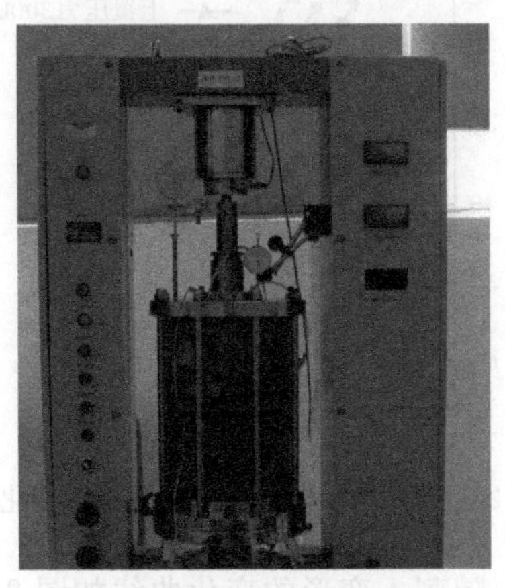

图 8.25　试验装置

2) 试验内容

本次进行了两种不同形状的模型墙墙端刺入变形试验，试验内容见表 8.17。

表 8.17　墙端刺入变形试验

<table>
<tr><th>形状</th><th>尺寸</th><th>上覆压力/kPa</th><th>测试内容</th></tr>
<tr><td rowspan="3">圆形</td><td rowspan="3">3cm×20cm
(直径×高)</td><td>100</td><td rowspan="7">墙端 p-s 曲线；墙端周围位移场；墙端周围土体细观变形</td></tr>
<tr><td>200</td></tr>
<tr><td>300</td></tr>
<tr><td rowspan="4">长方形</td><td rowspan="4">1.4cm×17cm×12cm
(宽×长×高)</td><td>100</td></tr>
<tr><td>300</td></tr>
<tr><td>500</td></tr>
<tr><td>700</td></tr>
</table>

3) 试验结果分析

(1) 墙应力随刺入变形的发展过程。

圆形墙端阻力随刺入变形的变化曲线如图 8.26 所示，从图中可以看出如下特征：①不同上覆压力下，墙端阻力随刺入变形呈现较大的差别；②相同刺入量情况下，墙端阻力随上覆压力的增大而增加，即墙端阻力与上覆压力呈正相关关系；③在一定的上覆压力下，墙端阻力随刺入变形的增加而增大，但从变化规律可以看出墙端阻力不是无限增大的，必然有一个极限值。

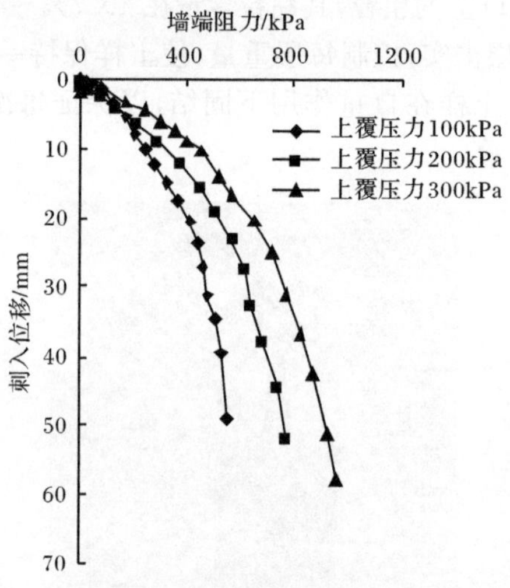

图 8.26 圆形墙端阻力随刺入变形的变化曲线

长方形墙顶荷载应力随刺入变形的变化曲线如图 8.27 所示，其墙顶荷载应力随刺入变形规律与墙端阻力随刺入变形发展相同，在此不再赘述。

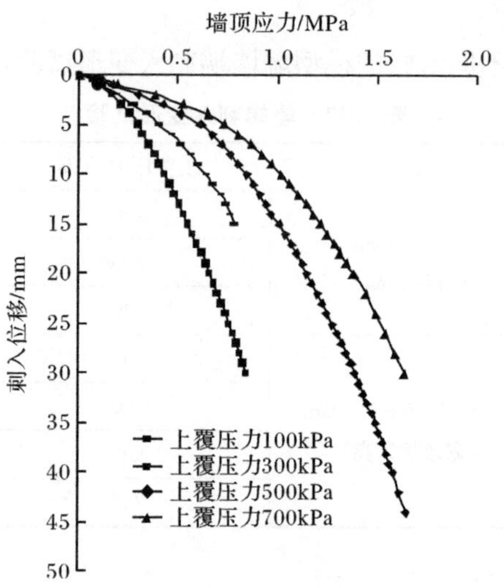

图 8.27 长方形墙顶应力随刺入变形的变化曲线

(2) 墙端阻力发挥的土体位移表现。

分析不同上覆压力下试验最终状态墙端周围土体的位移场，如图 8.28～图 8.30所示，墙端阻力及刺入变形增加土体竖向变形，墙端土体主要表现为竖向压缩变形，墙端平面以上的土体有斜向下运动的趋势，主要是由于墙侧摩擦力作用所致。总体来看，墙端阻力对墙周围土体影响范围较小。

图 8.28 圆形墙 100kPa 上覆压力作用下土样最终位移变形

图 8.29 长方形墙 300kPa 上覆压力作用下土样最终位移变形

2. 墙端阻力-刺入变形曲线归一化描述

根据试验结果，采用双曲线模型来拟合不同上覆压力作用下墙端阻力-刺入变形曲线，各方案接触面单元模型参数见表 8.18。

表 8.18 接触面单元模型参数

c	d/kPa	n	k	R_f
1.72	355.64	0.19	5011	0.71

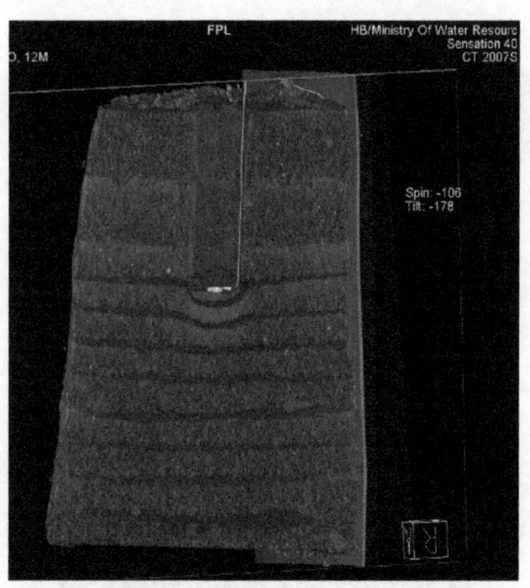

图 8.30 圆形墙 100kPa 上覆压力作用下土体最终变形 CT

从图 8.31 可以看出,模拟曲线能近似模拟试验曲线,说明该试验所得到的参数是比较合理的。

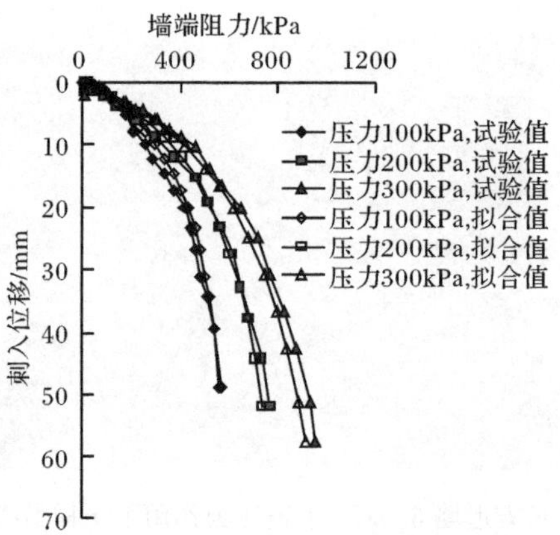

图 8.31 各级上覆压力下模拟函数曲线与试验曲线的比较(见彩图)

3. 防渗墙刺入土体变形的数值模拟

为了检验本节提出的接触单元模型的合理性,对物理模型进行了有限元计算分析。土样采用工程上广泛采用的 Duncan-Chang E-B 模型,模型墙采用线弹性模型。同时还采用传统的接触单元模型进行比较计算和分析。

有限元模拟计算物理模型试验的加载过程。加载方式、模型尺寸与物理模型试验加载路径一致。土样 Duncan-Chang E-B 模型计算参数见表 8.19,有机玻璃

的弹性模量 E=3.7GPa，泊松比 υ=0.25，木板的弹性模量 E=0.5GPa，泊松比 υ=0.28，墙壁与土样的摩擦系数取 0.1。

表 8.19　土样 Duncan-Chang E-B 模型计算参数

K	n	R_f	K_b	m	c/kPa	φ_0
150	0.34	0.85	66.0	0.32	18.3	23.8

1）圆形模型墙的数值模拟

圆形墙计算模型共划分为 7437 个六面体 8 节点单元，节点数为 8552，求解自由度为 25656，按全 Gauss 积分方法计算单元积分，模型有限元网格如图 8.32 所示。

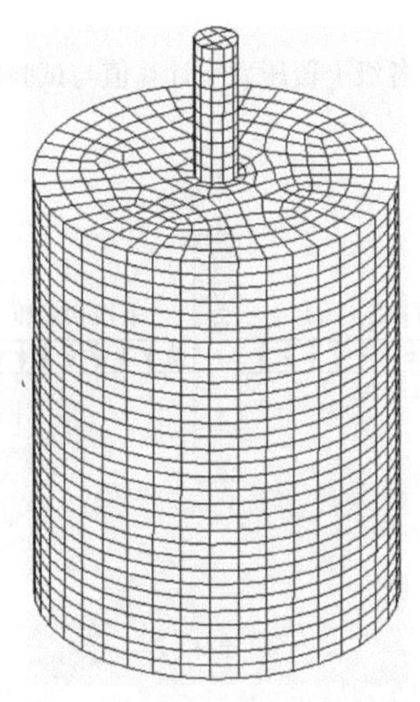

图 8.32　模型有限元网格

图 8.33 给出了非线性有限元计算值和试验值的比较，从墙端阻力与刺入位移的比较来看，计算值与试验值有很好的一致性，说明本节提出的接触单元是合理可靠的。

2）长方形模型墙的数值模拟

长方形墙计算模型共划分为 3589 个 4 边形 4 节点平面应变单元，节点数为 3763，求解自由度为 7526，按全 Gauss 积分方法计算单元积分，模型示意图如图 8.34所示。

图 8.35 给出了非线性有限元计算值和试验值的比较。从墙端阻力与刺入位移的比较来看，上覆压力较小时，计算的刺入位移大于试验值；上覆压力较大时，计算的刺入位移小于试验值，这主要是归一化造成的误差。总体来看，计算值与试验值有很好的一致性，说明本节提出的接触单元是合理可靠的。

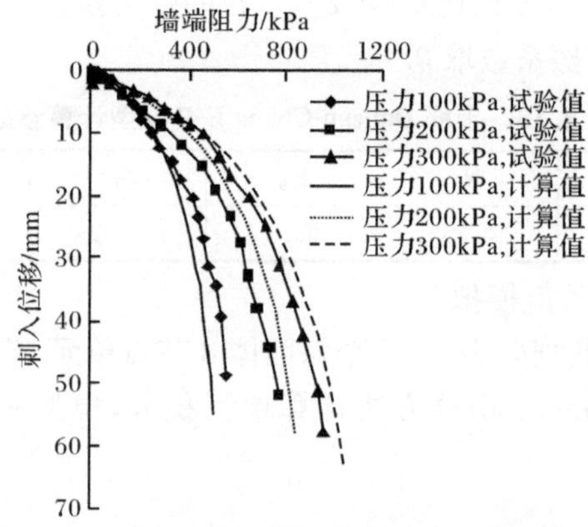

图 8.33　各级上覆压力下计算值与试验值的比较

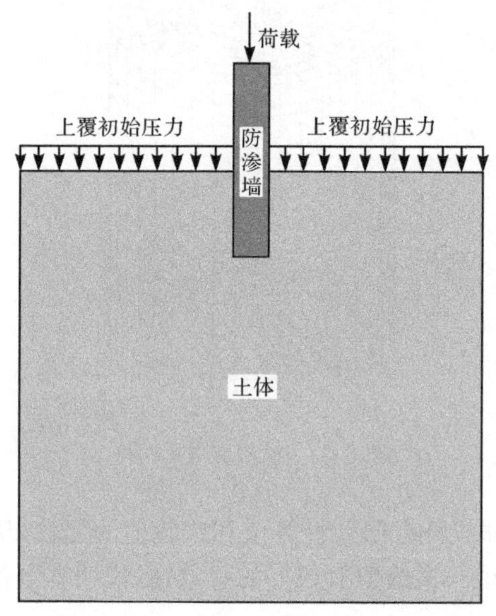

图 8.34　模型示意图

4. 结论

采用自行在三轴压力室上改造的物理模型实验室，针对防渗墙墙端与土相互作用的特点，进行了两组不同形状的模型墙与土的刺入物理模型试验，研究了土样在不同上覆初始压力下防渗墙墙端阻力及刺入变形的发展过程，对墙端阻力与刺入变形曲线进行了归一化处理及数学描述，提出了描述墙端阻力-刺入变形的非线性接触面模型数学表达式，并通过试验结果求取了非线性模型的计算参数，开

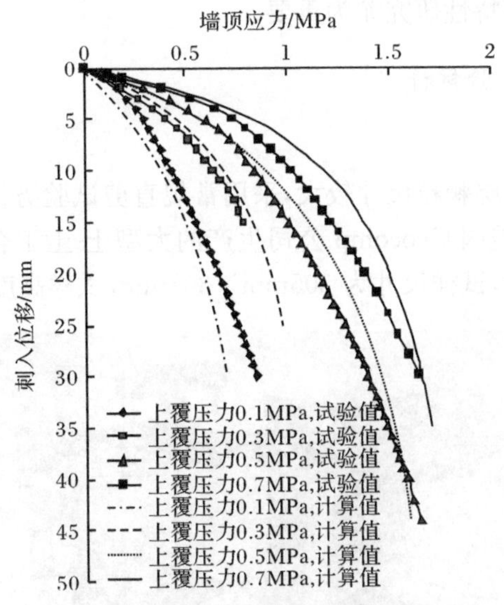

图 8.35　各级上覆压力下计算值与试验值的比较(见彩图)

发了模型有限元计算程序，最后通过有限元计算结果与试验曲线比较，验证了模型的合理性和适用性。得到如下结论：

(1) 不同上覆压力下，墙端阻力随刺入变形呈现较大的差别。

(2) 相同刺入量情况下，墙端阻力随上覆压力的增大而增加，即墙端阻力与上覆压力呈正相关关系。

(3) 在一定的上覆压力下，墙端阻力随刺入变形的增加而增大，但从变化规律可以看出，墙端阻力不是无限增大的，必然有一个极限值。

(4) 墙端阻力对墙周围土体影响范围较小，墙端阻力及刺入变形增加土体竖向变形，墙端土体主要表现为竖向压缩变形，墙端平面以上的土体有斜向下运动的趋势。

(5) 墙端阻力-刺入变形曲线为典型双曲线关系，采用提出的数学表达式拟合的试验值和有限元计算值与试验曲线的总体趋势较为一致，表明提出的非线性模型是合理有效的。

8.3.3　复合土工膜与围堰填料接触特性

土工膜作为一种新型的防渗材料，以其防渗效果好、施工方便、质轻价廉等优点普遍被水工界认同，类似于三峡工程二期围堰所采用的垂直防渗墙上接土工膜的联合防渗结构形式得到普遍采用。复合土工膜在水利工程中的应用时间不长，其作用机理、测试方法、设计方法等还很不成熟，有的还是空白，复合土工模与粗粒土的界面接触摩擦特性研究尤为重要。

1. 试验仪器及试验材料

1) 试验仪器

考虑到砂砾石垫层颗粒尺寸较大，采用常规直剪试验方法将存在较大的尺寸效应，本次试验采用美国 Geocomp 公司生产的大型土-土工合成材料直剪仪进行试验，如图 8.36 所示，试样尺寸为 305mm×305mm，试样高度为 100mm。

图 8.36　大型土-土工合成材料直剪仪

2) 试验材料

从合作厂家购买了少量复合土工膜，材料基本符合设计标准。因国标中对克重要求最低为 400g，选用的材料规格为 400g/1.0mmHDPE/400g。经室内检测，其厚度为 2.28mm，质量为 468g/m^2；纵向拉伸强度为 5.74kN/m，纵向延伸率为 70.71%；横向拉伸强度为 5.81kN/m，纵向延伸率为 95.49%。

砂砾料取自白鹤滩工程，级配控制最大粒径为 80mm，含泥量为 3%，对比了含砂量 30%和 40%两种级配料，级配曲线如图 8.37 所示。采用等量替代法换算后的试验材料级配曲线如图 8.38 所示。

2. 试验结果

试验严格按照《土工合成材料测试规程》(SL/T 235—1999)的直剪摩擦试验的相关规定进行，上覆荷载分别为 100kPa、200kPa、300kPa、400kPa，试验结果见表 8.20。

试验结果表明，砂砾料与复合土工膜的摩擦系数为 0.209～0.255，不同工况条件对摩擦系数均有一定影响。增加砂粒含量可以增大摩擦系数；相对密度越高时，摩擦系数越大；当砂砾石层蓄水饱水后会导致摩擦系数减小，但影响不大。

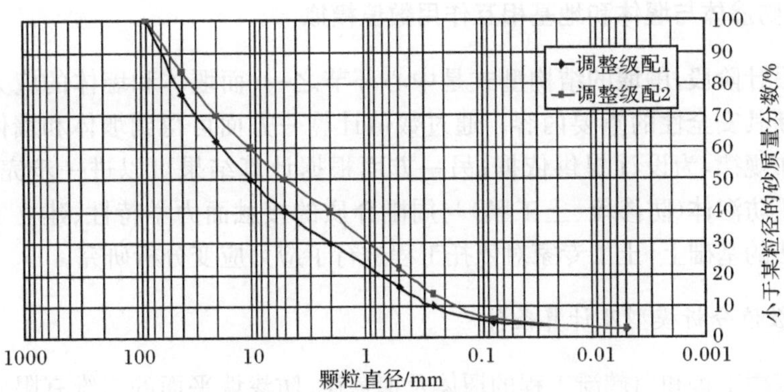

图 8.37　砂砾料按设计要求调整后的级配曲线

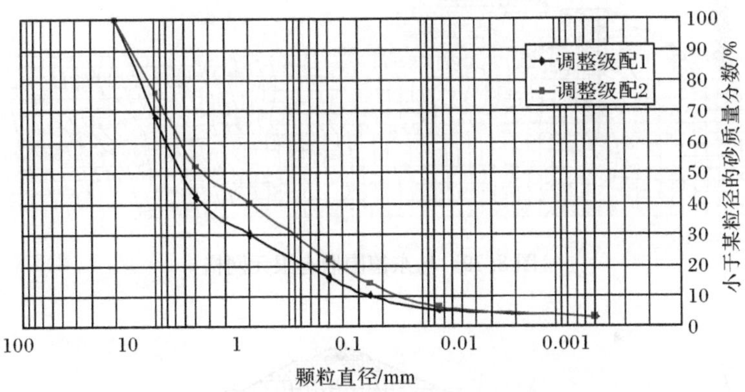

图 8.38　摩擦试验模拟材料的级配曲线

表 8.20　砂砾料与复合土工膜直剪摩擦试验结果

填料	备样条件				界面摩擦系数	界面摩擦强度指标	
	最大密度/(g/cm³)	最小密度/(g/cm³)	试验控制相对密度	试样密度/(g/cm³)		C/kPa	φ/(°)
M1(砂砾料级配 1)	2.345	2.018	0.7	2.236	0.209	7.34	11.80
M2(砂砾料级配 2)	2.353	1.997	0.7	2.234	0.231	12.38	13.01
	2.353	1.997	0.75	2.253	0.255	1.94	14.31
	2.353	1.997	0.7	2.234(湿)	0.218	15.55	12.30

8.3.4 防渗体与堰体和地基相互作用数值模拟

在设计阶段,围堰的结构型式是中心环节之一,而堰体和墙体的应力应变分析是判断其安全性的重要内容。通过数值计算一方面可得到堰体和墙体的应力应变分布规律,为设计提供依据;另一方面根据计算结果可以进一步完善设计。在探明了防渗体(防渗墙、土工膜)与周围介质的接触面力学特性、建立了适用的数值方法的基础上,土工专家对依托工程进行了应力应变分析研究。

1. 数值分析模型及计算条件

乌东德工程和白鹤滩工程的堰体及覆盖层、防渗墙平面的二维有限元网格如图 8.39和图 8.40 所示。

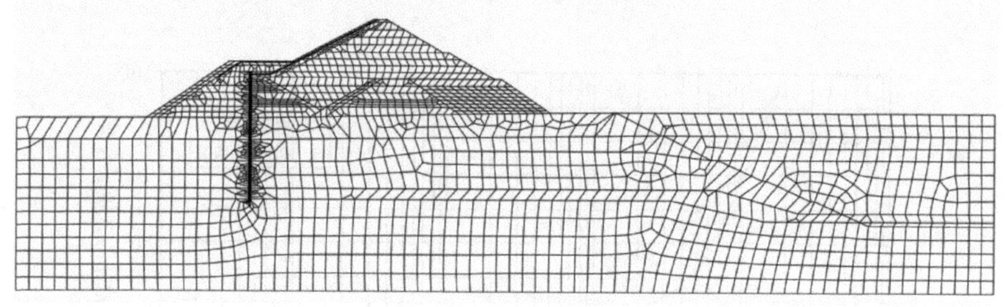

图 8.39 乌东德围堰有限元网格

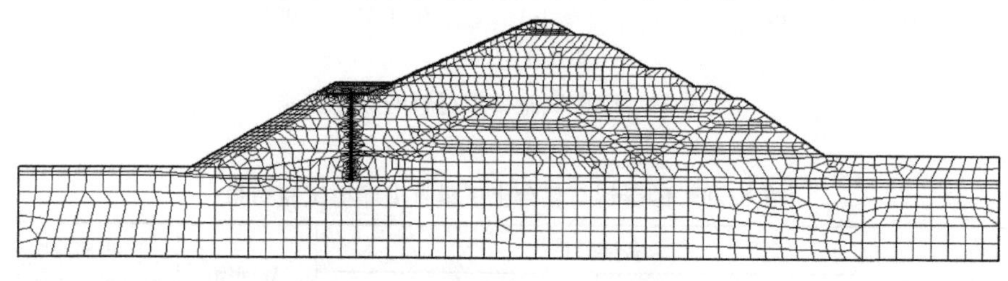

图 8.40 白鹤滩围堰有限元网格

塑性混凝土防渗墙底部嵌入基岩 1.0m,模型底部岩石单元节点在两个方向上全部约束,模型边界上、下游节点约束水平方向位移。

堰体及覆盖层主要为粗粒土材料,计算中对粗粒土的本构模型采用目前工程中已经广泛应用的 Duncan E-B 非线性模型描述其应力应变关系。

对于防渗体与堰体及覆盖层的接触面,由于防渗体与周围材料的刚度差异较大,并且两者之间还有一层薄的泥皮。因此在荷载作用下,两者会发生接触,且相互作用存在相对位移。本节采用应用最广泛的摩擦定理(Mohr-Coulomb 接触定理)，只需要用界面摩擦系数来表征接触表面的摩擦行为，接触算法的逻辑过程如图 8.41 所示。

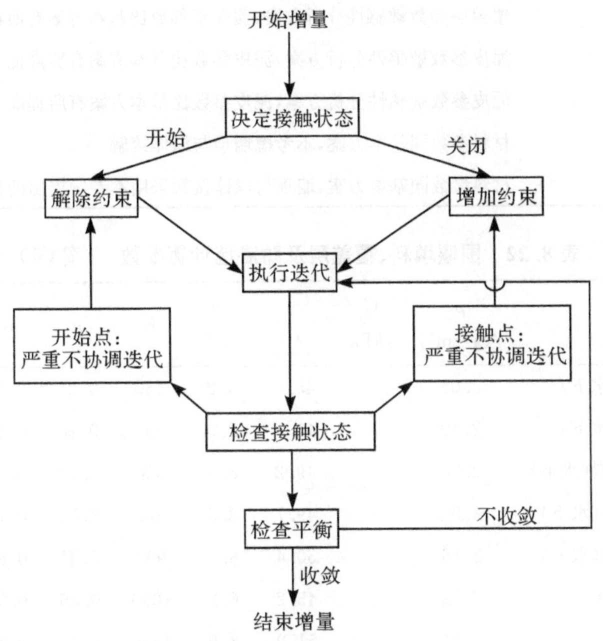

图 8.41　接触分析逻辑过程

对乌东德和白鹤滩两工程计算模拟施工的全过程，荷载分级按坝体填筑次序进行，采用分级加载模拟堰体的填筑，6 个加载级模拟围堰蓄水和基坑开挖，每步加载又分 10 个增量步，以反映材料的非线性过程。

模拟的施工程序为：围堰地基初应力分析→分级填筑截流堤→水下分级填筑上游砂砾石料→水下分级填筑下游砂砾石→施工防渗墙→水上分级填筑石渣混合料→水上铺设防渗土工膜→围堰分级蓄水，同时下游降水和基坑开挖。

2. 计算方案及计算参数

1) 乌东德工程

各方案计算说明及计算参数见表 8.21～表 8.26，围堰填料、沥青混凝土防渗墙、接触面参数同方案 C1。

表 8.21　计算方案说明

方案号	说明
C1	基本方案，参数基于室内试验结果并参考类似工程
C2	覆盖层参数敏感性分析方案，覆盖层参数比基本方案有所降低

续表

方案号	说明
C3	覆盖层参数敏感性分析方案，覆盖层参数比基本方案有所提高
C4	泥皮参数敏感性分析方案，泥皮参数比基本方案有所降低
C5	泥皮参数敏感性分析方案，泥皮参数比基本方案有所提高
C6	材料参数同基本方案，不考虑墙顶与堰体接触
C7	材料参数同基本方案，墙顶与堰体接触采用本专题提出的模型

表 8.22　围堰填料、覆盖层及防渗墙计算参数(方案 C1)

项目	ρ /(g/cm³)	C /kPa	φ_0 /(°)	$\Delta\varphi$ /(°)	K	n	R_f	k_b	m
右岸坡积体(水下)	2.05	—	45.5	5.2	430	0.36	0.80	170	0.33
左岸砂砾石(水下)	2.10	—	41.5	2.0	580	0.28	0.85	250	0.25
白云岩为主开挖料(水下)	2.06	—	49.2	8.3	560	0.42	0.87	310	0.24
灰岩为主开挖料(水下)	2.08	—	49.7	8.6	570	0.32	0.78	280	0.23
灰岩为主开挖料(水上)	2.16	—	50.4	8.3	990	0.31	0.89	430	0.22
覆盖层Ⅲ3	2.12	—	45.2	6.2	1050	0.36	0.90	440	0.32
覆盖层Ⅲ2	2.21	—	51.9	8.9	1400	0.46	0.82	780	0.31
覆盖层Ⅱ	2.26	—	49.1	8.8	1050	0.39	0.83	510	0.24
防渗墙(塑性混凝土)	2.15	1607	33.6	0.0	8301	0.37	0.76	3311	0.39
接触面摩擦角	—	—	11	—	—	—	—	—	—

表 8.23　围堰填料、覆盖层及防渗墙计算参数(方案 C2)

覆盖层	ρ /(g/cm³)	φ_0 /(°)	$\Delta\varphi$ /(°)	K	n	R_f	K_{ur}	k_b	m
覆盖层Ⅲ3	1.92	43.2	6.2	740	0.25	0.90	2200	308	0.22
覆盖层Ⅲ2	2.01	49.9	8.9	980	0.32	0.82	3000	546	0.22
覆盖层Ⅲ	2.06	47.1	8.8	740	0.27	0.83	2100	357	0.17

表 8.24　围堰填料、覆盖层及防渗墙计算参数(方案 C3)

覆盖层	ρ /(g/cm³)	φ_0 /(°)	$\Delta\varphi$ /(°)	K	n	R_f	K_{ur}	k_b	m
覆盖层Ⅲ3	2.12	45.2	6.2	1365	0.47	0.90	2200	572	0.42
覆盖层Ⅲ2	2.21	51.9	8.9	1820	0.59	0.82	3000	1014	0.40
覆盖层Ⅱ	2.26	49.1	8.8	1365	0.51	0.83	2100	663	0.31

表 8.25　围堰填料、覆盖层及防渗墙计算参数(方案 C4)

项目	ρ /(g/cm³)	φ_0 /(°)	$\Delta\varphi$ /(°)	K	n	R_f	K_{ur}	k_b	m
接触面摩擦角	—	5	—	—	—	—	—	—	—

表 8.26　围堰填料、覆盖层及防渗墙计算参数(方案 C5)

项目	ρ /(g/cm³)	φ_0 /(°)	$\Delta\varphi$ /(°)	K	n	R_f	K_{ur}	k_b	m
接触面摩擦角	—	15	—	—	—	—	—	—	—

2) 白鹤滩工程

覆盖层和围堰填料参数根据试验结果并参考类似工程经验确定,塑性混凝土参数由华东勘测设计院提供,计算采用的基本参数见表 8.27、表 8.28。针对防渗墙考虑三种计算方案,方案 1 为防渗墙采用塑性混凝土参数 1,方案 2 为防渗墙采用塑性混凝土参数 2,方案 3 为防渗墙采用 C30 刚性混凝土。

表 8.27　覆盖层、堰体填料及防渗墙参数

材料	试验密度 /(g/cm³)	强度指标			E-B(E-μ)模型参数					
		C/kPa	φ_0(φ) /(°)	$\Delta\varphi$ /(°)	K	n	R_f	K_b(G)	m/F	(D)
石渣(抛填)	1.96	—	52.2	9.3	615	0.382	0.761	307	0.226	—
石渣(碾压)	2.14	—	53.5	10.1	1311	0.213	0.824	583	0.204	—
砂砾石(抛填)	2.18	—	41.4	3.2	346	0.485	0.852	195	0.169	—
覆盖层	2.28	—	53.7	11.4	1431	0.327	0.861	653	0.223	—
块石	2.20	—	50.4	8.3	1167	0.370	0.880	494	0.270	—
过渡料	2.15	—	37.4	0	800	0.320	0.850	400	0.240	—
碎石土	2.19	—	39.1	0	430	0.360	0.800	170	0.330	—
塑性混凝土墙 1	2.10	1100	(34.3)	—	14945	0.240	0.650	(0.45)	(0.05)	(7.9)
塑性混凝土墙 2	2.10	200	(40)	—	1900	0.190	0.920	(0.3)	(0)	(40)
接触面摩擦角	—	—	(11)	—	—	—	—	—	—	—

表 8.28 基岩、沉渣及 C30 刚性混凝土参数

材料 \ 参数	E/MPa	μ	R_a/MPa	R_l/MPa	N_f
基岩	2.50	2.0×10^4	0.200	40	−1.6
沉渣	2.30	1.0×10^3	0.250	10	0
C30 刚性混凝土	2.45	2.5×10^4	0.167	20	−1.5

3. 乌东德围堰与防渗墙的应力变形特性分析

1) 基本方案(C1 方案)围堰的应力变形

堰体蓄水期位移应力等值线如图 8.42～图 8.46 所示，其最大值见表 8.29。围堰应力变形分布规律符合土石坝应力变形分布一般规律，堰体的应力、变形值不大，堰体绝大部分单元应力水平小于 1，整个堰体处于安全状态。

表 8.29 方案 C1 堰体应力变形最大值

工况	垂直位移/cm	向上游水平位移/cm	向下游水平位移/cm	大主应力/MPa	小主应力/MPa
蓄水期	113.0	2.1	36.9	2.84	1.27

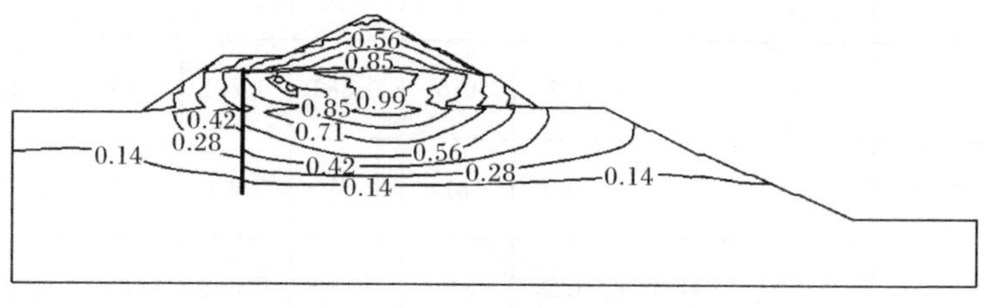

图 8.42 方案 C1 蓄水期上游围堰沉降等值线(单位:m)

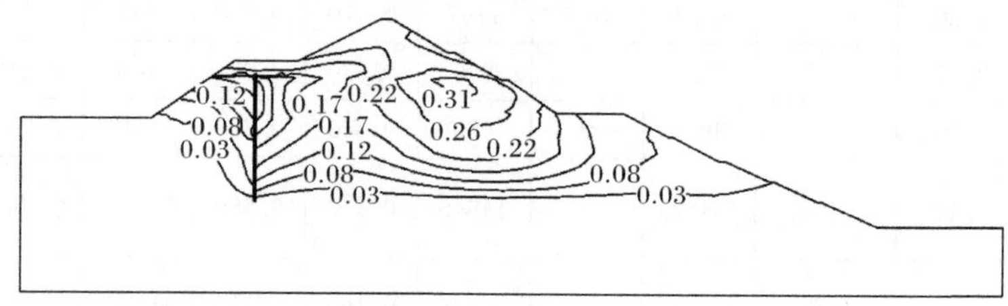

图 8.43 方案 C1 蓄水期上游围堰水平位移等值线(单位:m)

防渗墙水平位移最大值 36.9cm，在高程 814.0m 处，沉降最大值 33.0cm，位于防渗墙顶部。大主应力最大值 3.63MPa，小主应力最大值 0.93MPa，位于防渗

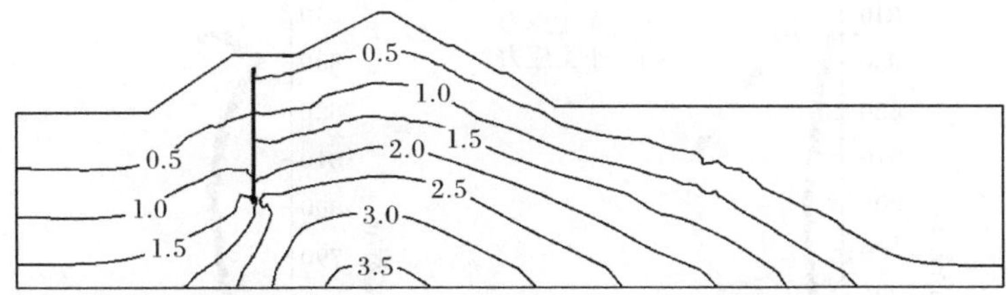

图 8.44　方案 C1 蓄水期上游围堰大主应力等值线(单位:MPa)

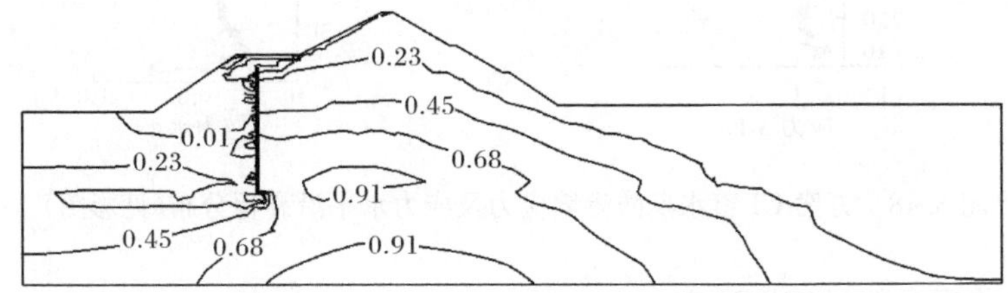

图 8.45　方案 C1 蓄水期上游围堰小主应力等值线(单位:MPa)

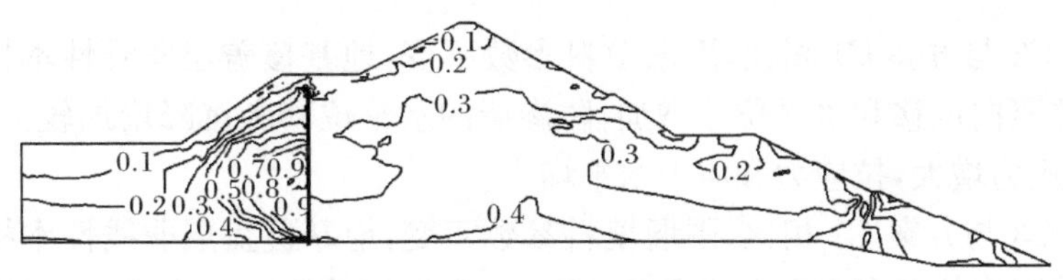

图 8.46　方案 C1 蓄水期上游围堰应力水平等值线

墙底部,局部存在较小的拉应力,防渗墙应力水平最大值 0.72MPa,表明防渗墙具备相当的安全裕度,如图 8.47 和图 8.48 所示。

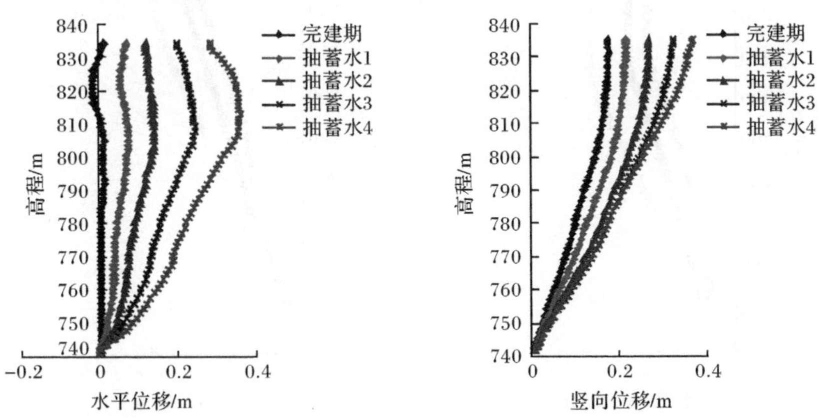

图 8.47　方案 C1 蓄水期防渗墙位移沿高程分布(见彩图)

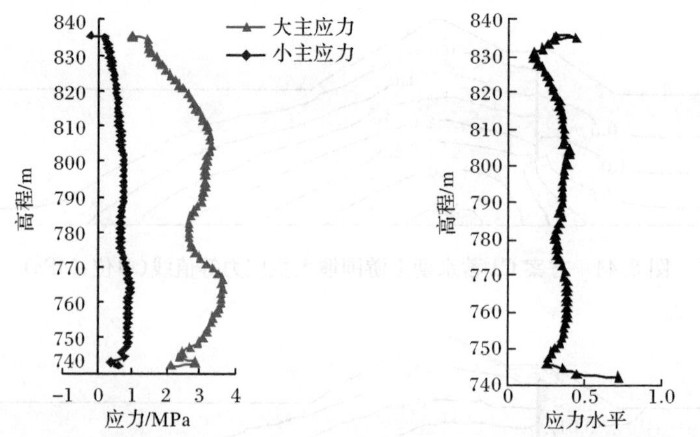

图 8.48 方案 C1 蓄水期防渗墙应力及应力水平沿高程分布(见彩图)

2) 覆盖层参数敏感性研究

各方案防渗墙的位移、应力与应力水平沿高程的分布,如图 8.49～图 8.51 所示。

方案 C2 与方案 C1 相比,围堰填料参数不变,地基覆盖层非线性本构的参数降低,堰体竖向位移和水平位移增加;防渗墙的水平位移和沉降增加较大,大主应力和小主应力增大,拉应力和应力水平增大。

方案 C3 与方案 C1 相比,围堰填料参数不变,地基覆盖层非线性本构的参数增大,堰体竖向位移和向下游水平位移减小;防渗墙的沉降和水平位移降低,大主应力和小主应力减小,应力水平降低。

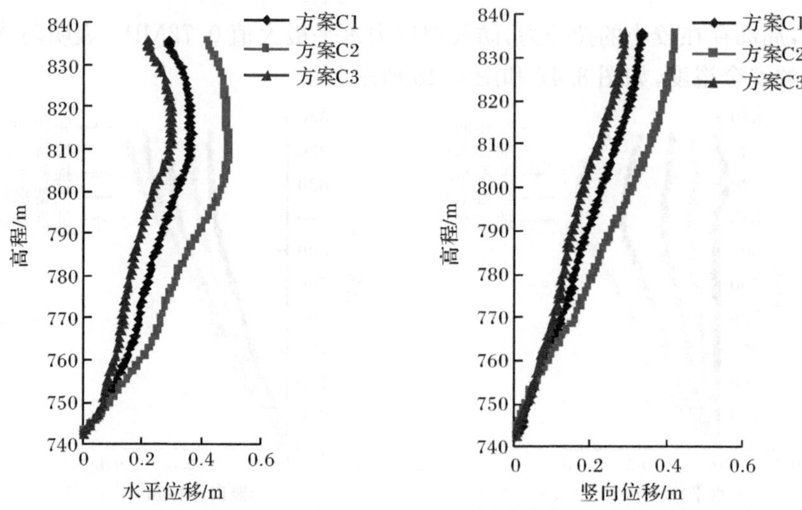

图 8.49 覆盖层参数敏感性方案蓄水期防渗墙位移沿高程分布(见彩图)

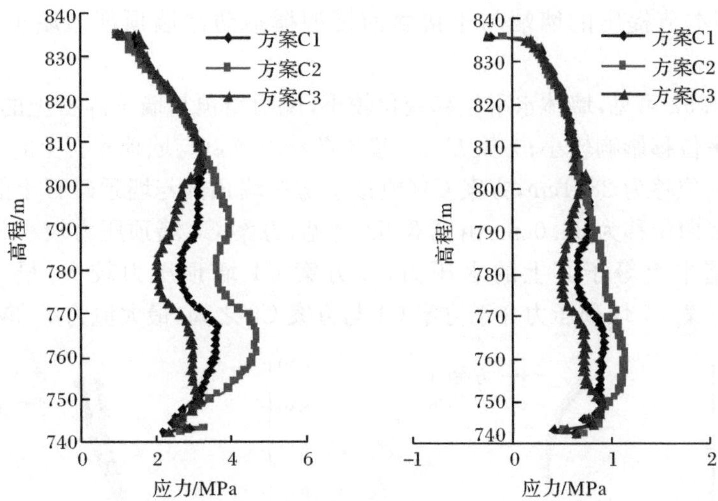

图 8.50　覆盖层参数敏感性方案蓄水期防渗墙应力沿高程分布(见彩图)

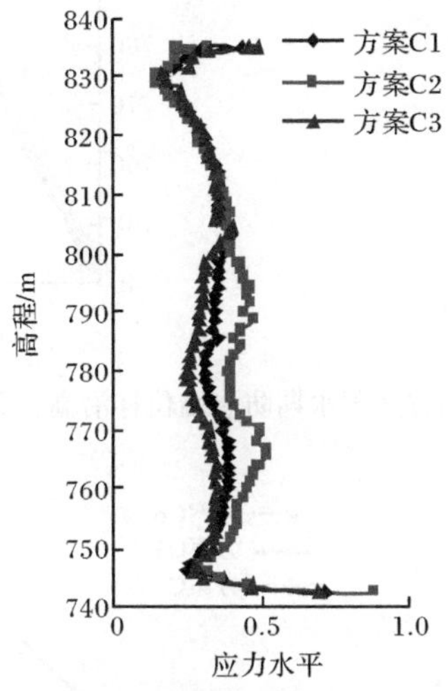

图 8.51　覆盖层参数敏感性方案蓄水期防渗墙应力水平沿高程分布(见彩图)

防渗墙的变形量与分布规律主要受地基覆盖层和上游面混合料的非线性变形参数控制,覆盖层和混合料越密实,刚性越大,处于其中的防渗墙变形量越小。因防渗墙大部分处于覆盖层中,其应力和变形对覆盖层较为敏感,刚性较大的覆盖层对防渗墙的侧向约束能力大,使墙体的水平位移和应力水平降低,安全裕度增大。

3) 墙顶接触的合理模拟方法研究

方案 C6 与方案 C1 相比,方案 C6 未模拟防渗墙顶部与墙顶碎石土的接触,方案 C7 采用本节提出的墙端与土接触面模型模拟防渗墙顶部与墙顶碎石土的接触。

由图 8.52 可见，墙体水平位移变化较小，说明墙顶与墙顶碎石土的接触状态对墙体水平位移影响较小；方案 C6(未模拟防渗墙顶部与墙顶碎石土的接触)得到的墙顶竖向位移为 28.1cm，方案 C1(模拟了防渗墙顶部与墙顶碎石土的接触)得到的墙顶竖向位移为 33.0cm；由图 8.53 可见，方案 C6 墙顶压力较小，最大值为 0.4MPa，基本上等于其上的水压力，而方案 C1 墙顶压力较大，最大值达到 2.5MPa，方案 C7 墙顶压力介于方案 C1 与方案 C6 之间，最大值为 1.2MPa。

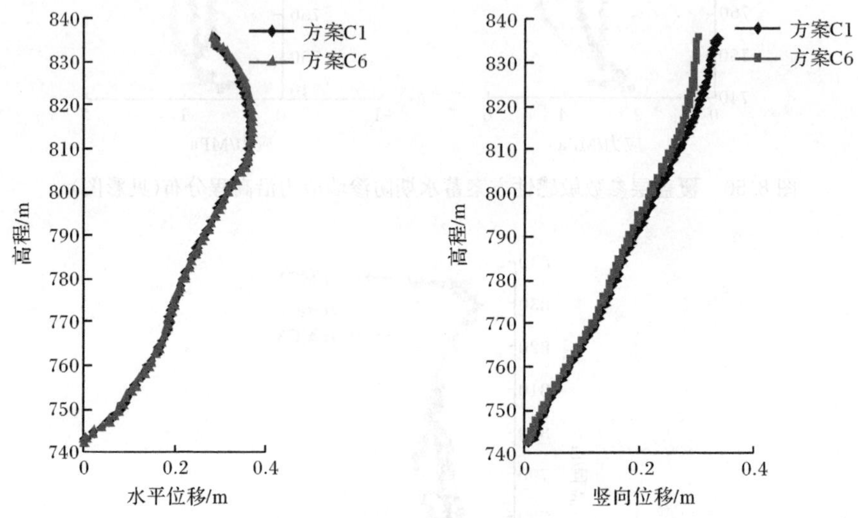

图 8.52 不同方案蓄水期防渗墙位移沿高程分布(见彩图)

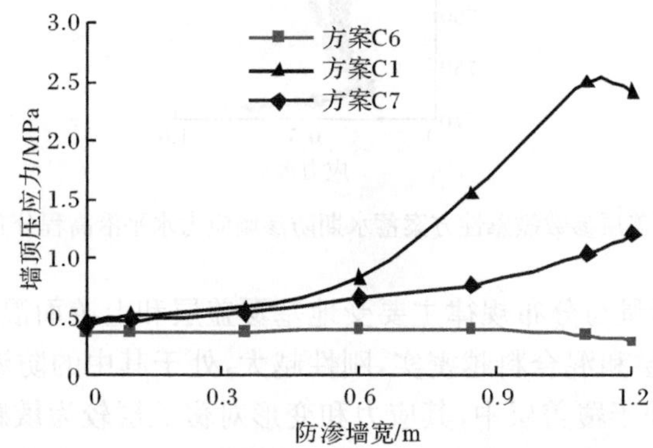

图 8.53 不同方案蓄水期防渗墙顶压应力分布

由以上计算可见，是否考虑防渗墙顶部与墙顶碎石土的接触，对墙体沉降和墙顶压力影响较大。传统的计算方法是在墙顶设置接触面单元以模拟墙顶与土体的相互作用，其基于一般连续介质的变形固体力学理论，难以反映软土(高塑性黏土、碎石土等)与防渗墙接触时的穿透刺入现象，一旦防渗墙顶刺入软土中，接触压力和接触变形将大为减小。同时也说明了墙顶与堰体的相互作用，即不是完全的未接触，也不是完全未破坏变形体之间的接触。发生刺入破坏后的接触压力和接触变形介于二者之间，不能采用一般的接触单元来模拟两者之间的接触。

4）墙体周边泥皮参数敏感性研究

各方案防渗墙的位移、应力沿高程的分布，如图 8.54 和图 8.55 所示。

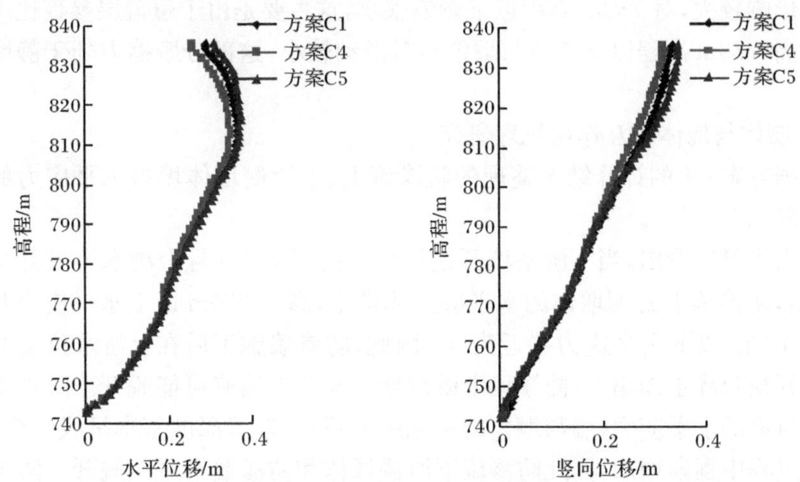

图 8.54　泥皮参数敏感性方案蓄水期防渗墙位移沿高程分布(见彩图)

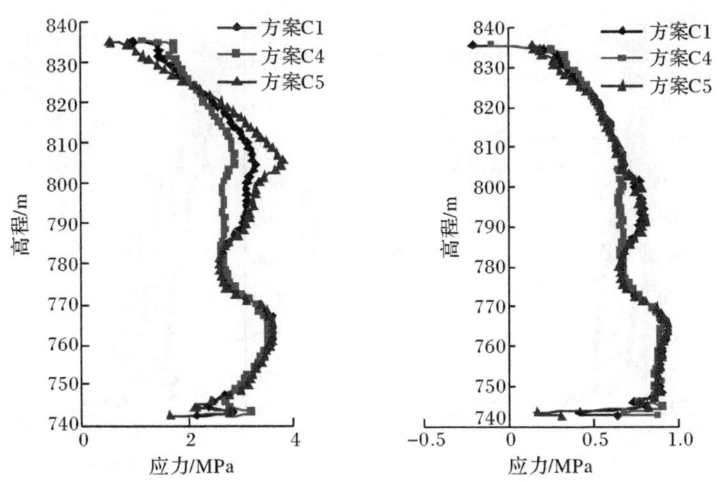

图 8.55　泥皮参数敏感性方案蓄水期防渗墙应力沿高程分布(见彩图)

方案 C4 与方案 C1 相比，围堰填料及覆盖层参数不变，墙体周边泥皮的参数降低，堰体竖向位移和水平位移增加；防渗墙的水平位移和沉降减小，大主应力和小主应力减小，拉应力和应力水平减小。

方案 C3 与方案 C1 相比，围堰填料及覆盖层参数不变，墙体周边泥皮的参数增加，堰体竖向位移和向下游水平位移减小；防渗墙的沉降和水平位移增加，最大主应力和最小主应力增加，拉应力和应力水平增大。

从防渗墙的变形量与分布规律可以看出，墙体周边泥皮参数变化对 780m 高程以上影响较大，对 780m 高程以下影响很小，这主要是由于覆盖层参数比围堰填料参数高，780m 高程以下墙体与堰体相对滑动较小，这部分摩擦力处于静摩擦力阶段。

5）墙体与堰体相互作用机理研究

根据方案 C1 的计算结果整理的防渗墙上、下游侧堰体填料水平应力的变化过程如图 8.56 所示。

从图中可以看出，当下游基坑开挖抽水至高程 734m 且上游水位上升至高程 863m 后，防渗墙上游侧堰体的水平应力非常小，高程 780m 以上水平应力几乎为 0，高程 780m 以下水平应力接近为 0。因此，防渗墙施工后在上游水位上升和下游基坑开挖及降水作用下，防渗墙上游侧堰体和防渗墙有可能脱开。防渗墙下游侧堰体材料的水平应力（墙与堰体的接触应力）随防渗墙深度基本呈线性变化，并在施工过程中逐渐增加，因此防渗墙下游侧堰体和防渗墙不可能脱开。防渗墙下游侧堰体材料的水平应力基本等于墙体承受的水压力与上游侧堰体的水平应力之和。

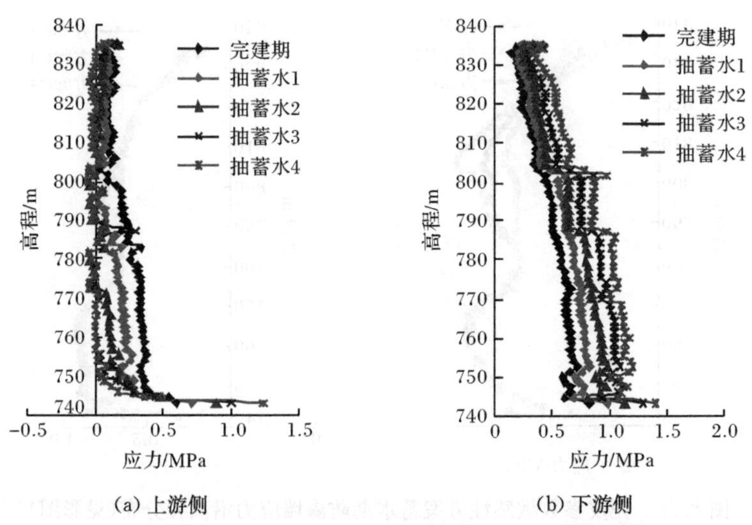

图 8.56　方案 C1 蓄水期防渗墙侧堰体填料水平应力沿高程分布（见彩图）

4. 白鹤滩工程围堰与防渗墙的应力变形特性分析

1) 堰体的应力变形分析

各工况得到的堰体应力、变形最大值见表 8.30。采用塑性混凝土参数 1(方案 1)得到的堰体应力、变形等值线图如图 8.57～图 8.61 所示。

表 8.30　堰体应力、变形最大值

方案	工况	垂直位移/cm	向上游水平位移/cm	向下游水平位移/cm	大主应力/MPa	小主应力/MPa
1	蓄水期	70.0	5.4	40.9	1.72	0.70
2	蓄水期	70.0	5.8	39.5	1.72	0.70
3	蓄水期	70.0	5.2	41.2	1.72	0.70

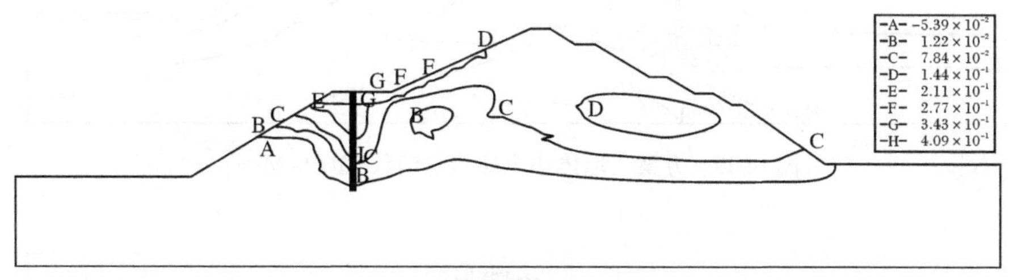

图 8.57　方案 1 堰体水平位移等值线(单位:m)

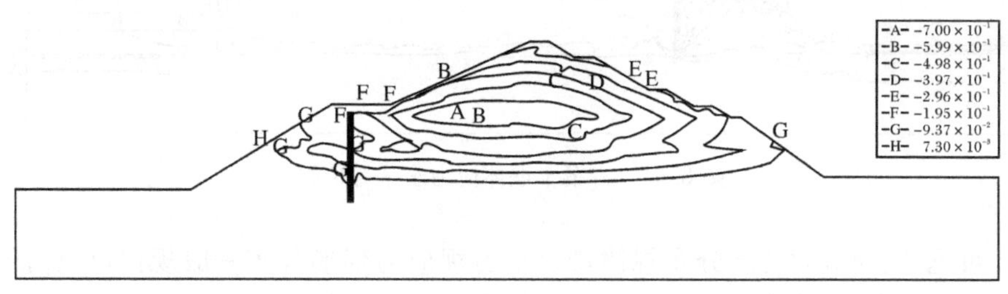

图 8.58　方案 1 堰体垂直位移等值线(单位:m)

当采用塑性混凝土参数 1 时，堰体的竖向位移最大值 70.0cm，位于堰体 1/2 坝高附近；向上游位移的最大值为 5.4cm，位于上游坝坡附近；向下游位移的最大值为 40.9cm，位于下游中下部。堰体大主应力(堰体应力含覆盖层，不含基岩)最大值为 1.72MPa，小主应力最大值为 0.70MPa，位于堰体的中底部；堰体绝大部分应力水平小于 1，只在防渗墙上游侧附近、防渗墙底部附近和坝坡附近局部单元应力水平接近 1。当采用三种不同的防渗墙材料时，堰体的应力、变形变化较小。

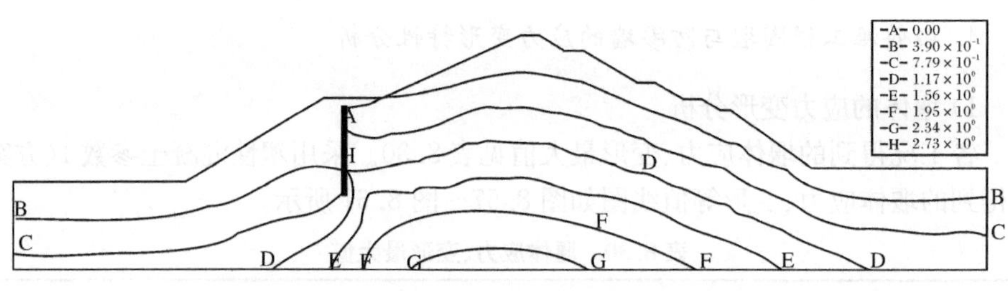

图 8.59　方案 1 堰体大主应力等值线(单位:MPa)

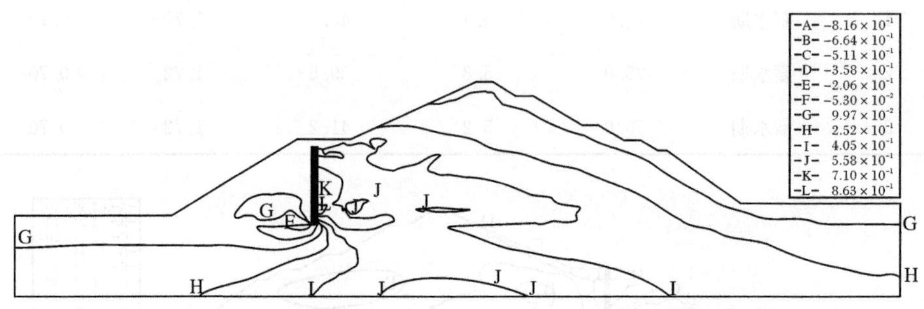

图 8.60　方案 1 堰体小主应力等值线(单位:MPa)

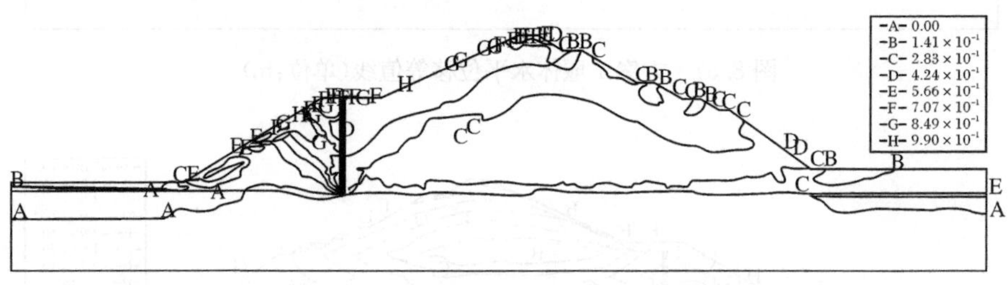

图 8.61　方案 1 堰体应力水平等值线

可见,围堰应力变形分布规律符合土石坝应力变形分布一般规律,堰体的应力变形值不大,堰体绝大部分单元应力水平小于 1,整个堰体处于安全状态。

2) 防渗墙的应力变形分析

图 8.62 和图 8.63 为河床主断面防渗墙变形、应力、应力水平分布(均为防渗墙中间一排单元),表 8.31 为防渗墙蓄水期应力变形最大值。当采用塑性混凝土参数 1 时,防渗墙的水平位移最大值为 23.4cm,发生在防渗墙顶部,沉降最大值为 7.7cm,位于防渗墙顶部,大主应力最大值为 2.74MPa(所有防渗墙单元中应力最大值),防渗墙拉应力极值为 0.68MPa,仅在局部分布。防渗墙应力水平最大值为 0.92。

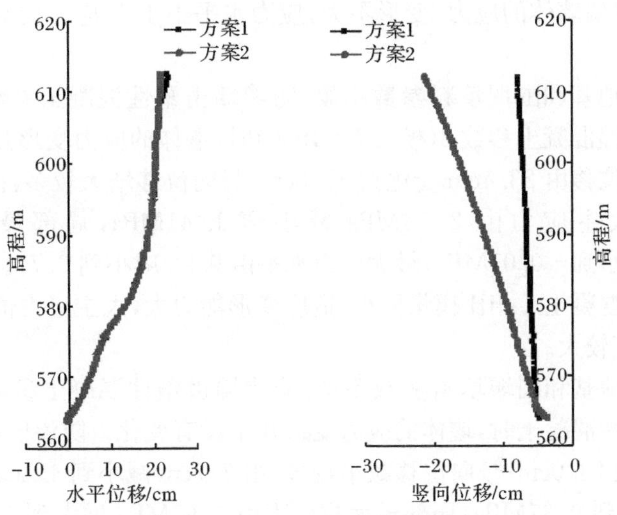

图 8.62　不同方案蓄水期防渗墙位移沿高程分布(见彩图)

表 8.31　塑性混凝土防渗墙应力、变形最大值

方案	工况	沉降/cm	水平位移/cm	大主应力/MPa	小主应力/MPa	应力水平
1	蓄水期	7.7	23.4	2.74	−0.68	0.92
2	蓄水期	21.3	21.8	1.41	−0.01	0.77
3	蓄水期	4.1	23.0	6.37	−1.92	0.56

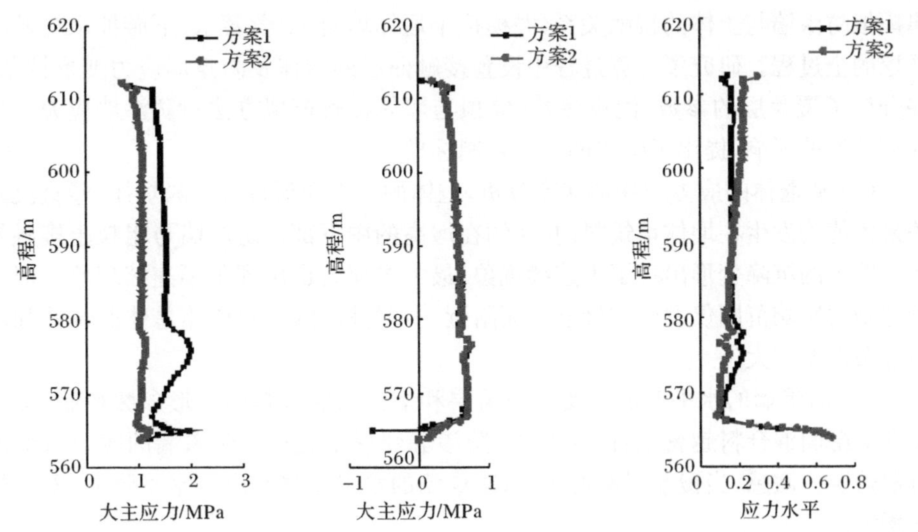

图 8.63　不同方案蓄水期防渗墙应力及应力水平沿高程分布(见彩图)

可见，防渗墙墙体的应力、变形不大，应力水平小于 1，应力变形状态较好，处于安全状态。

当覆盖层地基和围堰填料参数不填，防渗墙由塑性混凝土参数 1(模量 k=14945)变为塑性混凝土参数 2(模量 k=1900)时，堰体的应力变形几乎没有变化。防渗墙的水平位移由 23.4cm 变化到 21.8cm；竖向位移增大较多，由 7.7cm 增加到 21.3cm；大主应力由 2.74MPa 减小到 1.41MPa，局部最大拉应力由 −0.68MPa减小到−0.01MPa，最大应力水平由 0.92 减小到 0.77。可见，塑性混凝土 2 与塑性混凝土 1 相比模量要小，适应变形能力大，大主应力值小，应力状态良好，安全裕度较大。

当覆盖层地基和围堰填料参数不填，防渗墙由塑性混凝土参数 1(模量 k=14945)变为刚性混凝土时，堰体的应力变形几乎没有变化。防渗墙的水平位移由 23.4cm 变化到 23.0cm；竖向位移减小较多，由 7.7cm 减小到 4.1cm；大主应力由 2.74MPa 增大到 6.37MPa，局部最大拉应力由 0.68MPa 增大到 1.92MPa，最大应力水平由 0.92 减小到 0.77。可见，塑性混凝土与刚性混凝土相比模量要小，适应变形能力大，大主应力值小，拉应力值小，应力状态良好，安全裕度较大。

5. 小结

针对高水头作用下和深厚砂卵石覆盖层上的金沙江乌东德和白鹤滩水电站的高土石围堰的应力变形特征进行了数值分析研究，其中堰体填料、覆盖层及塑性混凝土防渗墙采用 Duncan-Chang E-B 模型，采用直接约束算法和库仑摩擦定律模拟防渗墙与土体的接触关系，并模拟了堰体填筑、上游蓄水、下游抽水与基坑开挖的全过程。研究了计算过程中设置接触面后的堰体及防渗墙应力变形性状，并分析了覆盖层的参数、泥皮参数、墙顶与堰体接触模拟方法对防渗墙应力变形计算结果的影响，提出了防渗墙变形控制标准。

(1) 从堰体的应力与变形状态分析，堰体的应力变形符合一般规律，竖直沉降的最大值均发生在堰体填筑料内，大约在堰高的中下部。防渗墙与粗粒土接触界面上发生的沉降变形出现了不连续现象，最大主应力也出现了不连续现象。但这种差别的影响范围仅发生在接触界面附近一定范围之内，对堰体总体的位移和应力分布影响不大。

(2) 防渗墙的水平变形主要受覆盖层和上游面混合料的变形参数控制，覆盖层和上游面混合料越密实，刚性越大，防渗墙变形量越小。防渗墙的应力与变形对覆盖层更敏感，当覆盖层刚性增大，防渗墙的水平位移和应力水平降低，安全裕度增大。

(3) 墙体周边泥皮参数变化对防渗墙应力变形影响较大。防渗墙的沉降和水平位移随着墙体周边泥皮的摩擦系数增加而增大，最大主应力和最小主应力、拉应力和应力水平随着墙体周边泥皮的摩擦系数增加而增大。

(4) 防渗墙施工后在上游水位上升和下游基坑开挖及降水作用下，防渗墙上游侧堰体和防渗墙有可能脱开。

(5) 在塑性混凝土防渗墙强度指标降低不大的情况下，塑性混凝土防渗墙越柔，其应力状态越安全。塑性混凝土防渗墙的变形指标越小，越利于其应力状态的改善，同时强度指标不宜太小。综合强度指标、变形指标，选用高强低弹的塑性混凝土材料。

(6) 建议尽量夯实防渗墙附近的覆盖层，适当提高防渗墙附近填料的密实度，以增强其对防渗墙的约束能力，改善墙体的应力状态。

8.4 小　结

(1) 围堰与大坝的差异体现在：围堰的施工条件远远不同于大坝，决定了围堰具有不同的基础条件、堰体结构形式、适用材料和建筑质量；基坑开挖是对围堰运行条件不断改变的过程，决定了堰体和堰基的渗流场将经历更复杂的变化。围堰和基坑的安全依赖于渗流控制体系的合理设置，同时围堰要经历复杂水文、气象和施工过程，也需要通过渗流控制体系的有效运行，甚至适当的调度运用得以保障。针对深厚覆盖层条件下围堰工程的特点，系统论述了围堰和基坑的渗流控制措施及其适用条件，以及渗流控制体系失效的后果，提出了失效表现形式，并建议作为早期失效的判别依据，相应地提出了失效的应急处置方案与后期处理措施。

建议实际工程中应结合具体的覆盖层条件、围堰结构形式及其运行条件，具体研究渗流控制目标、渗流控制体系失效判别标准、防渗墙的强度指标及防止防渗体破坏的变形控制标准等，以便对工程设计、运行和安全管理提供直接的指导作用。

(2) 通过对乌东德水电站上游围堰渗流控制措施的研究表明，采用塑性混凝土防渗墙上接复合土工膜下接基岩帷幕灌浆的封闭式垂直防渗措施，对于堰体渗流场可以起到有效的控制作用，当基坑开挖到设计高程时，围堰防渗墙下游侧的自由面已经降至覆盖层中，但是基坑开挖坡上出逸段较高，排水措施既可用于基坑开挖的超前排水，也可用于降低开挖坡附近的自由面，以促进边坡的渗透稳定和结构稳定。

围堰工程施工中应夯实防渗墙附近的覆盖层，适当提高防渗墙附近填料的密实度，以增强其对防渗墙的约束能力，改善墙体的应力状态，加强对围堰填料与覆盖层分界处防渗墙应力变形的监测。

(3) 多层结构的深厚覆盖层中，被防渗墙切穿地层的渗透性越强，防渗墙的渗控作用越显著；当防渗墙未切穿渗透性较强的地层时，防渗墙的渗控效果会显著降低；地层渗透性越强，基坑开挖的超前排水越有必要，排水效果也越显著。

防渗墙的底部存在局部施工缺陷时，对基坑边坡出逸高程和出逸比降影响不大，但缺陷部位的集中渗流使其下游侧覆盖层中的局部比降升高，可能造成结构欠稳定的覆盖层发生渗透变形；土工膜与防渗墙搭接部位局部拉裂或破损，对边坡出逸影响也不大，但是缺陷部位附近的渗透比降较高，堰体的渗透稳定性有赖于下游侧反滤层的保护。

(4) 渗流场数值分析是围堰渗流控制体系论证的有力手段。二维和三维渗流模型的结合可以有效地进行渗流控制方案对比；在分析防渗体出现缺陷或绕渗的影响时宜采用三维渗流模型；区域性的三维渗流模型可用以论证综合渗流控制体系布置方案，尤其是在排水井群布置方案和排水量的研究中可以发挥优势。这些研究方法在三峡二期围堰、汉江兴隆水利枢纽围堰、乌东德水电站上游围堰、南水北调中线穿漳工程和引江济汉工程进口段基坑等的渗流控制体系论证中发挥了重要作用。

(5) 采用长江科学院大型叠环式剪切仪，进行了防渗墙墙壁与周围介质接触面特性大型叠环试验研究，根据试验结果分析了泥皮存在与否对防渗墙与周围介质接触特性的影响，提出两种条件下剪应力与剪切位移的关系分别呈刚塑性变化和双曲线变化。

改造三轴压力室上的试验装置，开展防渗墙墙顶刺入堰体的物理模型试验研究，揭示了在不同上覆初始压力下防渗墙墙顶阻力及刺入变形发展过程及规律，提出了描述墙端阻力-刺入变形的非线性接触面模型及其参数确定方法，据此完善了有限元计算程序，通过有限元计算结果与试验曲线比较，验证了模型的合理性和适用性。

(6) 应用本章提出的防渗墙体与周围介质的接触模型，通过非线性、非连续有限元应力应变分析，研究了乌东德和白鹤滩深厚覆盖层围堰工程防渗体与堰体和地基的相互作用机理，提出了乌东德围堰防渗墙材料的强度和模强比等建议指标，以及防止防渗体破坏的变形控制标准，可供工程设计和安全评价参考采用。

第 9 章　围堰结构与边坡稳定安全变形监控

本章以乌东德水电站上游围堰为例，结合应力应变分析和渗流控制研究结果，系统提出了深厚覆盖层条件下土石围堰安全监测布置原则及监测工作重点；研究了以防渗体工作性态为核心的深厚覆盖层条件下土石围堰结构安全评价方法，粗粒坝料的强度特性以及取值方法，分析了边坡稳定变形与应力协调性。

9.1　围堰结构安全监测布置原则

目前规范规定的安全监测布置原则主要针对大坝结构，对深厚覆盖层条件下的土石围堰未作出明确的规定，由于土石围堰与土石坝在结构和功能上存在差异，因此需开展针对性的研究。本节根据规范要求并结合已有围堰工程经验，研究提出土石围堰安全监测布置原则。以乌东德水电站土石围堰为例，结合应力应变、渗流稳定分析等结果，研究深厚覆盖层条件下土石围堰结构安全监测重点及监测布置原则。

9.1.1　围堰结构安全监测原则

土石围堰与一般的土石坝相比，具有以下特点：

(1) 土石围堰作为临时挡水建筑物，其上游水位较高，基坑开挖过程中需大规模降水，围堰内外的水位高差大，水压力荷载作用大；围堰变形较大，变形控制、渗流控制、边坡稳定控制难度大，安全监测非常重要。尤其深厚覆盖层上围堰安全监测的重要性更加突出。

(2) 土石围堰一般在一个枯水期内建成并立即挡水，要求断面结构和防渗措施便于快速施工及维修并满足施工期边坡稳定性的要求，断面结构相对简单。

(3) 土石围堰一般在水中直接施工，采用的结构形式和设计指标应满足水下施工要求。因水下清基困难，故堰体通常直接建在覆盖层上。

(4) 土石围堰往往需要拆除，拆除部位的填料应与水下拆除方法、拆除机械相适应。

(5) 土石围堰填筑料一般就近开采，存在填筑料来源不稳定，物理特性差异大的特征。

(6) 土石围堰挡水运用期不长，挡高水位时间不长，但水位变化频繁，因此迎水坡的稳定性常由水位骤降工况控制。

根据《土石坝安全监测技术规范》(SL 551—2012)、《水利水电工程围堰设计导则》(DL/T 5087—1999)、《岩土工程安全监测手册》(第二版)技术要求，并结合三峡二期围堰、黄河小浪底围堰安全监测布置原则，归纳得到围堰结构安全监测布置原则如下。

1) 土石围堰安全监测布置原则

(1) 目的明确，监测项目内容齐全。安全监测系统需保证空间的连续性，以便掌握工程整体性状。

(2) 监测断面布置应密切结合工程具体条件，既要突出重点，又要兼顾总体，有明确的针对性和代表性，能真实反映工程的运行状态；按照“重点、一般”层次选择监测部位(断面)，既突出重点部位，又兼顾一般部位，形成监测网络。做到既要突出重点、少而精，又要照顾全局、全面反映建筑物运行状况。

(3) 观测项目的设置和测点的布设既要满足监测工程安全运行需要，也要兼顾验证设计，以达到提高设计水平的目的。

(4) 考虑围堰施工期的监测布置与永久观测设备的布置相结合，以便减少施工期观测仪器的布设数量，同时可以得到较为完整的观测数据，为以后评价建筑物的运行安全和指导施工提供依据。

(5) 一项为主，互为校核。各种监测项目要互相校核，以便在资料分析和解释时相互印证。

(6) 仪器选型在满足精度条件下，做到可靠、耐久、经济、实用。

(7) 仪器埋设需结合现场实际情况，既方便施工又保证质量。

(8) 除仪器监测外，应作相应的人工巡视检查。

2) 监测项目及布置要求

围堰重点监测部位通常选在最大堰高或地质条件复杂的横断面处，并布设各类仪器仪表；其他部位主要设置变形和渗流监测点。

(1) 外部变形监测。应结合渗流监测、内部变形监测综合布置测点，一般布置在最大堰体断面处、覆盖层最厚处、堰基突变处以及堰体施工填筑合龙处。主要包括堰体表面垂直位移和水平位移监测等。

(2) 内部变形监测。观测断面应布置在最大横断面及其他特征断面(地质、地形复杂段，结构和施工薄弱段及受拉处)上；主要包括防渗墙和堰体内部水平位移及沉降监测、土工膜应变监测、防渗墙顶端接缝监测等。

(3) 渗流监测。渗流观测横断面宜选在最大堰高处，并尽量与变形、应力观测断面相结合，主要包括堰体浸润线监测、堰体覆盖层渗流压力监测、围堰渗流量及渗流水质分析。

(4) 应力、应变监测。包括防渗墙上、下游两侧应力、应变监测、防渗墙底部压应力监测和防渗墙两侧与堰体间的接触土压力监测。

(5) 裂缝监测。对围堰内可能产生拉应力的区域埋设应变计，以观测内部可能发生的裂缝。

9.1.2 深厚覆盖层条件下土石围堰安全监测布置原则

为增加研究的针对性，以乌东德水电站上游土石围堰为例，研究深厚覆盖层条件下的土石围堰安全监测布置原则。

1. 地质条件及围堰断面设计

乌东德水电站坝址河谷呈狭窄的“V”形，两岸边坡高陡，坡度 34°～45°，两侧岩体完整。围堰部位河床覆盖层厚度较大，一般厚 52～65m，最厚 72.8m，基岩面高程一般为 733.6～756.3m。自下而上土层为：卵石、砾石夹碎块石，厚 4.4～13.84m；含细粒土砾(砂)夹碎石、卵石，厚 11.2～36.8m；砂砾石夹卵石及少量碎块石，厚 23.8～35.9m。

根据可行性研究报告，乌东德水电站大坝上游围堰拟采用塑性混凝土防渗墙上接复合土工膜斜墙防渗，堰顶高程为 876m，顶宽 10m，设计挡水位高程为 873.9m。上游围堰最大高度 70m(河床覆盖层以上)，防渗墙最大深度为 86m，上、下游围堰设计最大挡水头差达 151m，具有深厚覆盖层、高水头、高堰体三个特点。堰体主要利用导流隧洞和坝肩开挖料填筑而成，高程 833～829m 以下为水下抛填形成，块石料抛投坡比 1∶1.5，砂砾石料坡比 1∶1.75，在迎水侧抛投顶宽 15m 的块石防冲；高程 833～829m 以上除黏土斜心墙外均为石渣混合料碾压填筑而成，迎水面坡比 1∶2.0，背水面坡比 1∶1.75，在迎水面坡面设厚 0.5m 的干砌块石护坡，下设 0.3m 厚的砂砾石垫层。每 20m 设一级宽 5m 的马道，每一级坡面坡脚设置浆砌石基座。下游围堰采用防渗墙上接复合土工膜防渗，下游围堰堰顶高程 847m，顶宽 10m，设计挡水位高程为 845.1m，堰体高度约 44m。上游围堰设计断面如图 8.3 所示。

2. 深厚覆盖层条件下土石围堰安全监测重点、难点分析

1) 应力、应变监测

围堰的应力、应变初步分析结果(本章采用数据结果为基本方案有限元分析结果)表明，围堰竖向位移最大值为 120.0cm，位于堰体 1/2 坝高附近；向上游位移的最大值为 5.7cm，位于上游坝坡附近；向下游位移的最大值为 52.7cm，位于下游中下部。堰体大主应力(堰体应力含覆盖层，不含基岩)最大值为 2.84MPa，小主应力最大值为 1.27MPa，位于堰体的中底部；堰体绝大部分应力水平小于 1MPa，只在防渗墙顶部附近、防渗墙底部附近和坝坡附近局部单元应力水平接近 1MPa。

防渗墙的应力变形初步计算结果：防渗墙水平位移最大值为 52.1cm，发生在

防渗墙顶部，沉降最大值为 31.0cm，位于防渗墙顶部，大主应力最大值为 3.93MPa，小主应力最大值为 1.46MPa，防渗墙无拉应力。防渗墙应力水平最大值为 0.60。

根据堰体和防渗墙的应力、应变计算结果，深厚覆盖层条件下土石围堰安全监测的重点如下：

(1) 堰体的最大沉降发生在堰体 1/2 坝高附近，因此应重点监测堰顶沉降。

(2) 堰体的最大水平位移发生在下游中下部堰体位置，因此应重点监测下游堰体水平位移。

(3) 防渗墙水平位移发生在防渗墙顶部，因此应重点监测防渗墙的水平位移和防渗墙的分层沉降及墙顶沉降。

(4) 防渗墙压应力的监测应重点为防渗墙底部的压应力。

同时根据三峡二期围堰拆除试验得出如下安全监测认识：

(1) 上游堰体与防渗墙在上部出现脱开现象，因此应重点进行防渗墙中上部与上、下游堰体接触面的接触应力监测。

(2) 土工膜与上游墙体存在局部撕裂现象，因此土工膜与防渗墙体的接触监测和土工膜自身的变形也应是监测工作的重点。

2) 渗流稳定监测

据渗流控制计算初步结果可知，防渗墙后浸润线高程 781.82m，边坡出逸高程 731.51m，出逸点位于第Ⅰ层覆盖层，水平出逸比降 0.37，大于第Ⅰ层覆盖层的允许比降，单宽流量 $4.74m^3/(s \cdot m)$。土工膜承受的最大水头损失为38.89m，位于土工膜与防渗墙搭接处。防渗墙承受的最大水头损失为 92.1m，按墙厚1.2m计，防渗墙承受的最大渗透比降约为 76.7。

深厚覆盖层条件下的土石围堰安全监测的重点如下：

(1) 围堰渗流监测应重点关注防渗墙墙后底部渗压监测、堰体浸润线监测、堰体覆盖层渗流压力监测、防渗墙顶部与土工膜结合处的渗流量监测、渗透水含砂量监测等。

(2) 根据大量的工程经验，防渗体与堰基、岸坡搭接位置和防渗墙槽孔搭接位置是渗漏发生的主要部位，也应重点监测。

9.2 围堰监测埋设技术

围堰安全监测项目埋设是安全监测工作的重要环节，关系到后期监测结果的可靠性和可信度。一般监测项目的埋设技术比较成熟，不需开展专门研究；但工程经验表明，在先填筑堰体后施工防渗墙工况下的防渗墙内界面埋设土压力盒的技术还不够完善，监测结果的可信度还有待进一步提高，其主要原因是土压力盒与堰体槽壁不能充分接触，导致测量失真，因此需对界面土压力盒的埋设工艺进行改进。本节研究界面土压力盒埋设技术，对顶推法埋设工艺进行改进并模拟埋设试验。

9.2.1　界面土压力盒埋设方法存在的不足

变形、应变、温度、渗压、渗流和一般土压力的监测均具有比较成熟的理论分析、埋设工艺和数据处理程序。但防渗墙与上、下游堰体接触面的土压力监测存在较大的技术难度，目前界面土压力盒常用的埋设方法主要有顶推法、挂布法和活动支杆扩展法。

顶推法又分为水压法和气压法。水压法采用活塞式埋设装置，安装定位框架，将土压力盒与安装定位框架组装后吊装至预定高程，适当施加水压推动活塞使土压力盒压在槽壁。气压法与水压法原理基本相同。

挂布法首先将土压力盒按布置的位置缝装在一定宽度和长度的维尼龙布上，然后将其铺在钢筋笼表面的相应位置，吊入埋设处的槽孔内。通过混凝土的侧压力使土压力盒贴在槽壁上。

活动支杆扩展法通过活动支点和支杆结构埋设土压力盒，支杆可以围绕支点旋转，从而带动土压力盒朝两侧移动，直至土压力盒接触槽壁。

目前顶推法存在土压力盒埋设方向不易控制，与槽壁接触不充分等不足。挂布法也存在土压力盒与槽壁接触不充分的情况，通过三峡工程一期、二期围堰监测结果分析，采用挂布法时布体材料悬浮在泥浆中，土压力盒埋设位置和埋设方向不易控制，增加了土压力盒可能被包裹在防渗墙内部的可能性。活动支杆顶推法的应用目前未见相关报道。

因此，如何确保土压力盒与堰体槽壁充分接触为埋设技术的难点，界面土压力盒埋设工艺研究对提高界面土压力盒埋设的成功率和测值的可信度非常重要。

9.2.2　顶推法埋设界面土压力盒的优化模型试验

1. 改进的顶推法埋设界面土压力盒工作原理

如图 9.1～图 9.3 所示，改进顶推法埋设模型主要由三部分组成：液压系统、顶推系统及导向系统。液压系统由 380V 双向液压站、液压油管组成，能够实现对液压千斤顶的顶出及收缩；顶推系统由 2 组液压千斤顶和土压力盒托盘组成，在液压站的泵送压力、泵回压力作用下实现千斤顶的顶出、收缩，从而带动土压力盒(土压力盒装在托盘上)的前进、后退；导向系统由长方体固定支架和液压千斤顶固定支架组成，固定支架采用长 120cm、宽 70cm、高 60cm 角钢焊接而成，液压千斤顶采用角钢焊接在长方体固定支架内部。液压站和顶推系统能够实现土压力盒在水平方向上的前进和后退，由于千斤顶存在一定的顶出力，能够使土压力盒克服防渗墙槽内残渣、泥浆的阻力，实现土压力盒与槽壁的充分接触。导向系统能够保证土压力盒的埋设方向。通过液压站、顶推系统和固定支架能够实现土压力盒与堰体槽壁的充分接触。

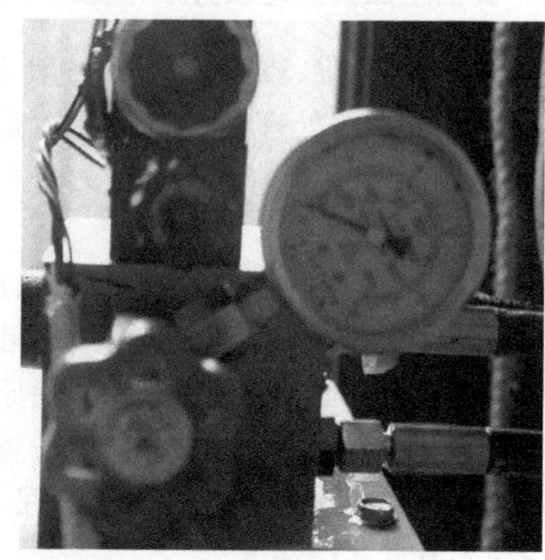

图 9.1　液压系统

图 9.2　顶推系统

图 9.3　导向系统

改进顶推法埋设设备技术指标要求如下：

(1) 液压站能够实现双向作业，即保证泵送和泵回作业，顶出力不小于 1.5t。

(2) 液压千斤顶能够实现双向顶出，单向行程不小于 10cm，双向行程不小于 20cm；完全顶出后两个界面土压力盒中心距离不小于防渗墙厚的 1.05 倍。

(3) 固定支架长度不小于防渗墙墙厚的 1.5 倍，宽度为防渗墙厚的 0.85～0.9 倍，以保证土压力盒在槽内的埋设方向基本与槽壁垂直，角度偏差小于 5°。

(4) 液压油管和导向支架的尺寸宜根据现场防渗墙宽度、埋设深度进行具体调整。

2. 模型试验

1) 试验设备

380V 双向液压站、50m 长液压油管、2 组 1.5t 液压千斤顶(单个千斤顶行程不小于 10cm)，0.2MPa 振弦式界面土压力盒 2 个，固定支架 1 套、试验模型槽1 台[模型槽长 2m，宽 0.8m，高 1.2m，模型槽由 2 块 0.8m×1.2m 钢板(厚 5mm)、1 块2m×1.2m 钢板(厚 5mm)、1 块 2m×1.2m 有机玻璃(厚 10mm)和 1 块 2m×0.8m 钢板(厚 5mm)焊接而成]、吊装钢丝绳 70m 和滑轮 1 组。

2) 试验步骤

试验步骤如下，试验过程如图 9.4～图 9.10。

(1) 液压系统连接及泵送调试。通过油压管路将油压泵与 2 组液压千斤顶相连接，在油压泵上设置一个初始压力，开动油压泵，预先测试液压千斤顶顶出、收回，反复 4～5 次，使液压油充满油压管路和液压千斤顶。

(2) 界面土压力盒安装及调试。将界面土压力盒安装在液压千斤顶导杆托盘上。安装前需进行率定和安装后的测试，确保土压力盒工作状态良好。

(3) 试验设备安装检查。在预定高度安装固定滑轮，接通电源，检查液压站、油管、千斤顶、土压力盒等设备是否正常运行。测试并记录土压力盒的初始读数。

图 9.4　安装滑轮

图 9.5　吊装

图 9.6　顶推系统安装就位

图 9.7　界面土压力盒顶出后与槽壁充分接触

(4) 仪器吊装。将吊装绳与固定支架相连,另一端通过滑轮将固定支架缓慢下放。在吊装过程中,注意将油压管路和土压力盒电缆线同时下放,保证在整个吊装过程中长方体支架始终处于水平状态。

(5) 土压力盒的顶出。当到达指定埋设位置(模型槽内)后,再次确认油压管路连接无误、通过频率测定仪对土压力盒进行测试,确认土压力盒工作正常后,开动油压泵,同时监测土压力盒读数变化,当两个土压力盒均测试到界面压力时可停止加压并维持一定的泵压。在试验加压过程中,应控制加压速度,禁止快速加压。

(6) 浇筑混凝土(土＋水泥浆)。通过频率测定仪监测到土压力测值时,即可认为土压力盒已与模型槽槽壁充分接触。可以在模型槽浇筑混凝土(因模拟试验需多次进行，为避免混凝土拆除时对模型槽造成破坏，因此采用先分层填土并同时浇筑水泥浆的方法进行模拟）。至混凝土初凝时间（对于混凝土一般 2～3h，因本试验采用土＋水泥浆浇筑，所以初凝时间按照 24h 进行控制）时，卸去液压泵泵压，使土压力盒处于自由状态并测读其值。

（7）界面土压力测试。初凝时间以后，按照 2～10h 的时间间隔进行土压力监测。因本试验模型槽外加水平压力较困难，因此采用埋设在槽内的千斤顶进行加压，使土压力盒与槽壁产生接触压力，同时测试土压力盒读数。

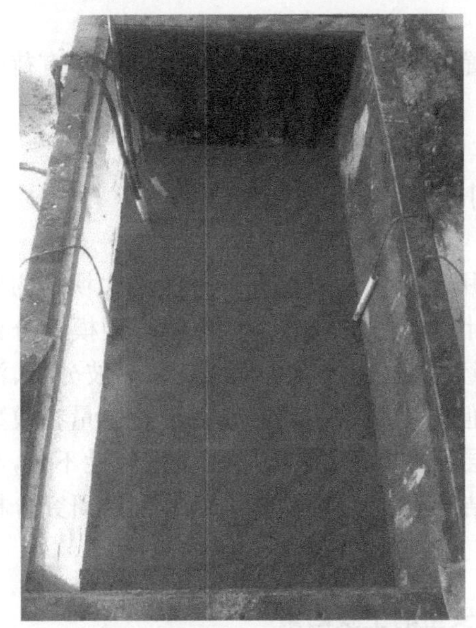

图 9.8　浇筑第一层水泥砂浆后

图 9.9　浇筑第二层水泥砂浆后

图 9.10　初凝后连续施压土压力盒频率测定（仪器显示数据的单位为 Hz）

3) 试验结果

结果表明,改进顶推法埋设装置可以将土压力盒埋设在指定地点,土压力盒与模型槽壁充分接触,能读到界面土压力有效数据,试验效果理想。

4) 评价

通过液压装置加压或减压来模拟围堰承受压力的变化情况,土压力盒均有明显反应,采集系统的读数均能随着液压装置加压或减压而增大或减小。模型试验显示,改进顶推法埋设装置能够成功将土压力盒埋设至指定位置并正常工作。

5) 存在的问题及改进方法

目前对改进后的界面土压力埋设装置仅进行了室内外的模型试验,仍有待于通过实际工程检验其效果。

9.3 围堰结构安全综合评价

目前围堰结构安全综合评价大多沿用土石坝的安全评价方法。大坝结构安全评价方法主要有定性分析法,基于统计性模型、确定性模型、混合型模型分析等。近年来模糊数学、灰色理论、人工神经网络、遗传算法、滤波法、小波分析、混沌动力学等在安全评价中得到了应用。但应用中的主要问题在于各分量在模型构造上对断面结构复杂并存在深厚覆盖层等边界条件的土石围堰适应性不足,与围堰的实际情况存在很大的差异。本节结合三峡二期围堰的成功经验,研究分析土石围堰结构安全评价方法。

9.3.1 围堰失效的主要形式及影响围堰安全的主要因素

1. 围堰失效的主要形式

围堰失效的工程案例文献报道得不多,但大坝失效的工程案例较多,水利部工程管理局对241座大型水库中发生的1000宗工程事故的统计表明,主要的病险事故包括16类,其中变形、渗流、稳定是大坝病险的主要内容,比例达到74.4%。围堰作为临时性的土石坝,也易产生变形、渗流、稳定等病害。

2. 影响围堰安全的主要因素

围堰结构的边坡稳定性和渗流稳定性是围堰设计和施工的重点。影响边坡稳定、渗流稳定的主要因素包括地质条件及基础处理方法、断面设计、填筑料的物理力学性质、防渗墙的类型及施工质量等。

在围堰结构确定以后,其渗流稳定和边坡稳定主要是由防渗墙的工作性态决定的,而影响围堰安全的最主要因素是防渗墙的工作性态,因此安全监测和安全评价的重点为防渗体的安全监测和工作性态评价。

9.3.2　围堰结构安全综合评价方法研究

对于围堰结构来说，围堰结构的安全主要取决于防渗体的工作性态，防渗体本身安全与否决定着渗流稳定和边坡稳定，可以说防渗体安全与否是土石围堰安全与否的根本，因此土石围堰的综合安全评价应重点考虑防渗体的安全评价。

针对常用大坝结构安全评价方法运用于复杂条件下的土石围堰时的不足，为研究围堰结构安全综合评价方法，以三峡二期围堰为例，在防渗体工作性态评价基础上，再考虑土石围堰的边坡稳定和渗流稳定评价分析，建立以监测资料为基础，有限元反分析为主要技术手段，防渗体工作性态为核心的土石围堰结构安全综合评价方法。

根据三峡二期土石围堰安全监测、反分析和拆除验证试验结果对围堰安全进行综合评价。三峡二期土石围堰安全综合评价流程如图 9.11 所示。

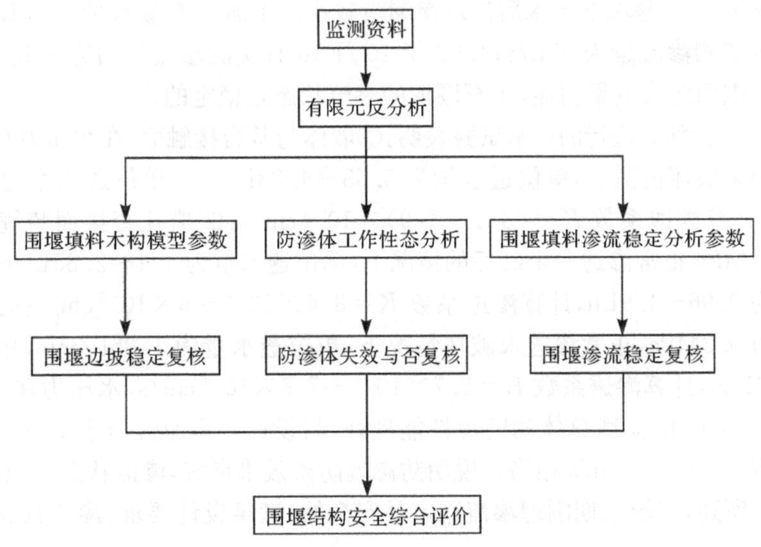

图 9.11　围堰结构安全综合评价流程

下面按照流程对三峡二期围堰结构安全综合评价进行简单的分析。

第一步：监测资料。

三峡二期围堰上游横向围堰共布置了 5 个监测断面[围堰桩号分别为 0＋090、0＋320、0＋500(包括 0＋478)、0＋930、1＋139]。这些监测断面与其他部位的变形标点及监测网共同组成上游横向围堰的安全监测系统，提供了翔实的监测数据资料。

第二步：有限元反分析。

根据防渗墙的监测资料，采用有限元数值计算的方法，进行了多个方案的计算分析，对堰体填筑料的合理取值、抛填材料参数的合理取值、堰体填料参数敏感性分析、墙顶接触的合理模拟方法、墙体周边泥皮参数的合理取值、上游侧墙体与堰体脱开的原因与机理等进行了研究。

第三步：围堰结构稳定安全性分析。

(1) 渗流稳定分析。

根据有限元反分析拟合得到的堰体填筑料参数及渗流观测资料复核渗流稳定安全。

① 渗透比降。防渗墙后堰体渗透比降为 0.069，远小于设计提出的粉细砂水平破坏比降 0.66～0.83，说明前后堰体填筑料的渗流稳定是安全的；防渗墙设计允许渗透比降 $J>80$，1999 年 7 月 20 日上游围堰第一道防渗墙的水头损失为 9.80m，对应的渗透比降为 12.3，第二道防渗墙的水头损失 41.78m，对应的渗透比降为 52.2，均小于设计值。土石围堰的渗流状态是稳定的。

② 渗流量。基坑抽干水后发现渗漏量较小。上游围堰渗水量约 15L/s；1998 年大洪水实测渗流量为 65L/s；1999 年 10 月 10 日实测渗流量约为 26L/s。可见三峡土石围堰防渗效果明显，土石围堰的渗流状态是稳定的。

③ 围堰拆除时进行的压水试验表明：①墙体与基岩接触面，在水压力 0.3MPa，正常渗透未破坏情况下，单位透水量为 3.53～4.33L/min，单位透水率为 2.04～2.51Lu，计算渗透系数 $K=(3.1\sim1.9)\times10^{-5}$ cm/s；②槽孔套接面骑缝压水在 0.1～0.2MPa 正常渗透并未破坏的情况下，单位透水量为 1.1～2.85L/min，单位透水率为 0.96～4.9Lu，计算渗透系数 $K=8.4\times10^{-6}\sim6\times10^{-5}$ cm/s；③墙本体在水压力 0.3MPa，正常渗透未破坏情况下，单位透水量为 1.05L/min，单位透水率为 0.61Lu，计算渗透系数 $K=5.7\times10^{-6}\sim7.6\times10^{-6}$ cm/s，水压力在 0.5MPa 时开始破坏；④防渗墙总体的防渗性能良好，与设计要求原位压水单位透水率≤5Lu 及 $K\leqslant n\times10^{-6}$ cm/s 相当。说明防渗墙防渗效果良好，渗流状态是稳定的。

综上所述，三峡二期围堰渗流稳定是安全的，满足设计要求，渗流状况总体上是稳定的。

(2) 防渗墙工作状态评价。

首先根据资料(如水平位移、应变)采用有限元反分析方法逼近实测值，得到贴近真实状态的堰体填筑料本构模型参数、接触面处理模式及参数；根据反分析得到的参数分析防渗墙整体的应力分布、变形等；根据分析得到的应力分布、变形等分量与设计参数(或实际检测结果)进行比对，分析防渗墙的工作性态，确定防渗墙是否稳定。

① 防渗墙水平位移。防渗墙实测最大水平变形为 612.3mm，发生高程在 61.5m左右，与 1998 年 6 月 23 日(抽水前)水平位移值 46.73mm 比较，变形累计

增加 565.6mm。防渗墙反分析最大水平变形为 64cm,水平位移与实测位移及沿防渗量墙身高度分布形态接近,说明反分析是可行的。监测和反分析结果表明,防渗墙变形连续,无突变点;拆除试验也证明防渗墙平整性和完整性好。综上,防渗墙变形在安全范围内。

② 防渗墙强度及应力水平。计算得到的竖向应力最大值位于防渗墙底,其值为 2.7MPa。实测防渗墙最大拉应变为 61.42με,换算成拉应力为 0.6MPa,小于设计允许抗折强度 $T_{28} \geqslant 1.5$MPa 要求;最大压应变为 −1393.20με,换算得到防渗墙底部压应力为 2.9MPa 左右,小于设计要求的 $R_{28}=4\sim5.0$MPa。

拆除试验结果表明,古树岭石屑砂塑性混凝土芯样的抗压强度约为 5.5～17.0MPa,平均值 10.1MPa;抗压弹性模量为 3470～7157MPa,平均值 5368MPa;劈拉强度和抗折强度都很高,劈拉强度与设计标号为 C15 的普通混凝土相当,平均值 1.42MPa,抗折强度为 2.57～5.77MPa,平均值 3.94MPa。天然砂石骨料塑性混凝土与古树岭石屑砂混凝土芯样的性能接近。试验结果表明防渗墙各项试验指标均远高于设计要求的 28 天龄期强度指标。

综合以上两方面分析表明,从强度角度分析防渗墙是安全的。

③ 防渗墙完整性。渗流监测发现,基坑抽干水后渗漏量较小,说明防渗墙防渗效果好,不存在裂隙等缺陷。拆除验证试验表明,防渗墙平整性较好,局部可见麻面,单双墙的转折处防渗墙连接完整,说明防渗墙完整性也较好。塑性混凝土芯样的渗透系数约在 10^{-10}cm/s 量级,防渗墙在 0.8MPa 的压力下恒定 24h 不渗水,劈开试件,试件渗水高度约1～3cm;说明防渗性能良好,满足设计要求。从防渗角度分析,防渗墙是稳定的。

综上所述,防渗墙的工作性态:水平位移在安全范围以内,墙身强度和应力水平在安全范围以内;防渗墙完整性好,防渗效果好,渗流量小且渗流稳定。

(3) 复核边坡稳定安全。

根据有限元反分析拟合得到的堰体填筑料参数并结合渗流观测资料复核边坡稳定安全。因三峡二期围堰边坡稳定分析已经开展了大量的试验工作,文献资料报道较多,在此不再赘述。同时三峡二期围堰的成功运行,证明土石围堰边坡是稳定的。

第四步:围堰结构安全综合评价。

根据边坡稳定复核、防渗体工作性态复核和渗流稳定复核,可以得到围堰结构安全的最终评价。

9.3.3　深厚覆盖层条件下土石围堰安全综合评价方法

针对西南地区的河流(如金沙江、乌江、大渡河、雅砻江等),河床普遍存在深厚覆盖层,在建及拟建水电站多为深水高围堰,具有水压力大,围堰水平位移较大,渗压大,渗透比降大的特点。

在监测和安全评价分析过程中重点关注:渗流量、渗透水含沙量、变形量及速率、水压力变化速率、防渗体(含防渗墙、土工膜等)应力、应变等,各分量的指标标准宜结合具体工程具体分析。深厚覆盖层条件下土石围堰结构安全综合评价流程如图 9.11 所示,监测资料分析如图 9.12 所示。

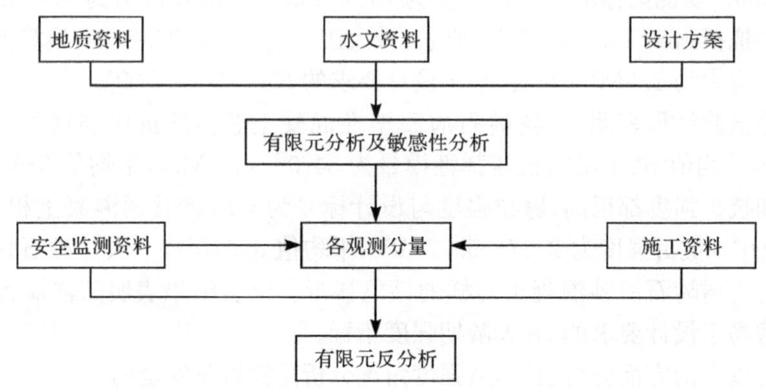

图 9.12　深厚覆盖层条件下的土石围堰结构安全综合评价监测资料分析

深厚覆盖层条件下土石围堰结构安全综合评价方法可分以下几个步骤进行:

第一步:根据地质资料、水文资料和设计方案采用有限元数值分析方法,计算得到各种工况(如不同水位、不同填筑高程)下内部变形、外部变形、应力分布、应变分布、浸润线分布、渗流场分布等。

第二步:根据监测资料(可以结合现场施工及监测资料分阶段进行)和施工资料采用有限元分析方法,通过调整堰体本构模型参数及渗流稳定分析参数,分析各监测分量以逼近实测值,经过反复多参数组合分析,得到最接近真实值的堰体本构模型参数及渗流稳定分析参数。该步骤可以根据施工阶段多次循环进行。

第三步:根据反分析得到的本构模型参数及渗流稳定分析参数对防渗体的工作性态进行分析,必要时可补充部分现场检测资料,判断防渗体失效与否;同时进行围堰边坡稳定复核和围堰渗流稳定复核。

第四步:根据防渗体的工作性态复核、围堰边坡稳定复核和围堰渗流稳定复核成果对围堰结构安全作出综合评价分析。

第五步:下一阶段围堰结构安全状态预测。根据反分析得到的堰体本构模型参数及渗流稳定分析参数采用有限元分析对各观测分量的发展趋势进行预测,对下一阶段围堰结构安全状态作出预测。

结合土石围堰结构特点和运行特征,提出了深厚覆盖层条件下围堰结构安全综合评价方法,也为完善模型参数提供了方法,有利于更可靠地分析预测后续施工条件下围堰结构安全状态。

9.4　围堰边坡稳定变形与应力协调性

9.4.1　高土石围堰边坡稳定性分析

大型三轴试验表明,粗粒土在高应力状态下往往表现出抗剪强度的非线性,这一结论已得到工程界的普遍认可。陈祖煜指出,采用非线性强度指标分析粗粒土边坡,能够克服线性强度指标计算结果安全系数偏小,滑动面分布过浅的缺点。《碾压式土石坝设计规范》(SL 274—2001)规定粗粒料抗剪强度应采用非线性强度准则。众多学者对堆石料线性强度模式和非线性强度模式的合理性进行研究,得到了一些有益的结论,但是,对两种强度指标计算结果差异的内在原因目前尚没有很好的解释。本节研究了粗粒坝料的强度特性以及取值方法,以期对土石坝或土石围堰边坡稳定分析提出合理建议。本节运用极限平衡理论研究乌东德围堰边坡稳定问题,为工程设计与施工提供依据。

1. 粗粒坝料边坡稳定分析强度指标研究

1) 线性与非线性强度模式对边坡稳定计算结果的影响

大量室内三轴试验结果表明,堆石等粗粒料在高应力状态下,其莫尔圆的强度包线出现了明显的弯曲现象。目前主要采取以下两种不同的方法进行处理,以得到强度参数。

(1) 等效线性强度准则。

对于粗粒土,由于颗粒大小相差悬殊,充填中颗粒间相互咬合嵌挂,在剪切过程中因剪切面上的粗颗粒阻挡剪切,使剪切面形成不规则的破坏曲面或剪切带,外力既要克服颗粒表面的摩擦力做功,又要克服颗粒间的相互咬合嵌挂作用做功,所以无黏性粗粒土在剪切过程中存在咬合力,其强度可用粗粒土咬合产生的摩阻角 φ_d 和粗粒土咬合产生的结构力 C_d 来表示。

$$\tau_f = C_d + \sigma_n \tan\varphi_d \tag{9.1}$$

(2) 非线性强度准则。

对于非线性强度的描述,主要有对数和指数两种模式。

① 对数模式。

Duncan 等在提出双曲线应力-应变模式时,对无凝聚性土弯曲的强度包线提出以下关系式:

$$\varphi = \varphi_0 - \Delta\varphi \lg\left(\frac{\sigma_3}{p_a}\right) \tag{9.2}$$

式中：φ_0 为土体围压 σ_3 在一个大气压下的摩擦角；$\Delta\varphi$ 为 σ_3 增加一个对数周期下 φ 的减小值；p_a 为大气压力。该模式在我国被广泛采用，也是我国现行规范中建议采用的。

② 指数模式。

指数模式是由 de Mello 提出的压实堆石的破坏准则：

$$\tau_f = A(\sigma_n)^b \tag{9.3}$$

式中：A、b 为无量纲的强度参数。

选取国内已建同类坝型中高度最高的水布垭面板堆石坝（坝高 233m）、冶勒沥青混凝土心墙堆石坝（坝高 124.5m）和糯扎渡黏土心墙堆石坝（坝高 261.5m）三个典型工程进行研究。通过计算分析，得出以下结论：

① 采用不考虑咬合力的线性强度准则，边坡稳定计算中不能得到一个具有物理意义的临界滑裂面，这与临界滑裂面客观存在相违背。

② 采用线性指标与非线性指标计算边坡抗滑稳定安全系数，其结果的差异主要取决于线性强度指标的选取，以往研究认为非线性指标高于线性指标，主要源于大量地采用过低的线性强度指标与真实反映材料实际强度的非线性指标进行对比计算得到的，是不可靠的。

③ 粗粒土边坡在低应力区域内的强度特性对结果影响较大，当滑弧深度较浅，其主要工作应力范围在线性与非线性抗剪强度破坏线的交点以内或附近时，采用非线性强度模式计算结果偏于安全；反之，线性强度模式对应的计算结果偏于不安全。

2）线性强度指标取值方法

9.3 节的计算结果表明，只要明确边坡最危险滑块的工作应力范围，在对应范围内整理强度参数，非线性强度与线性强度的边坡稳定分析结果是基本一致的。根据拟定的均质坝计算的围压沿最危险滑动面分布，坝高为 100m、200m、300m，最危险滑弧上围压低于 100kPa 区域长度分别约占滑弧总长的 9%、6%、3%，且考虑到低围压区域对于滑块的抗滑力与滑动力贡献均较小，100kPa 围压以内的材料强度取值误差对计算结果的影响也较小。计算中将 100kPa 围压的莫尔圆作为线性强度包线的第一个切点是偏于安全的。

在坝高 100m、200m、300m 时最危险滑弧围压范围分别为 0～400kPa，0～700kPa 和 0～1000kPa。在实际工程计算中，可以根据不同的坝高，将围压范围的最大值作为线性强度包线的第二个切点，这样确定的线性强度线能够包含工作范围，可较准确地表达粗粒土强度。

值得注意的是，中低坝边坡计算中的 C 值对计算结果影响较大，其原因在于中低坝的工作应力范围较小，而在低应力区域考虑了咬合力的线性强度总是高于非线性强度，所以线性强度模式的安全系数计算值高，滑动弧也更深，在中低坝边坡计

算中 C 值应慎重选取;而对于高坝,工作应力范围较大,C 值对计算结果影响较小。

2. 基于非线性抗剪强度的围堰边坡稳定性分析

1) 计算工况与计算参数

根据围堰实际运行情况,选择其坝坡稳定性分析工况见表 9.1,相应计算参数见表 9.2。

表 9.1 计算工况

工况	上游水位/m	下游水位/m	备注
工况 1	831.11	825.62	围堰填筑期,基坑未开挖
工况 2	873.40	723.00	围堰运行期,基坑已开挖
工况 3	873.40~831.11	723.00	围堰运行期,上游水位骤降

表 9.2 围堰填料及覆盖层物理力学参数

材料	容重/(kN/m³)		强度指标/(°)	
	湿容重	饱和容重	φ_0	$\Delta\varphi$
截流堤料	23.0	24.0	53.0	12.0
砂砾石料	20.0	21.0	42.5	7.0
混合料	20.0	21.0	45.0	7.6
石渣混合料	21.0	21.5	49.0	8.0
第Ⅲ层覆盖层	22.4	23.0	47.7	7.6
第Ⅱ层覆盖层	22.4	23.5	44.8	7.9
第Ⅰ层覆盖层	22.7	23.8	47.7	7.6

2) 计算结果分析

采用简化 Bishop 方法对乌东德水电站上游土石围堰的坝坡进行了分析,基于非线性强度参数对施工期和正常运行期内的围堰坝坡及基坑边坡进行了稳定性计算,其各工况的计算结果见表 9.3。各工况下浸润线分布图及整体和局部的最危险滑动面如图 9.13~图 9.21 所示。

表 9.3 围堰及基坑边坡稳定计算结果

工况	部位	围堰抗滑安全系数	基坑抗滑安全系数
工况一	上游坡	1.476	—
	下游坡	1.983	—
工况二	下游坡	2.094	2.342
工况三	上游坡	1.297	—

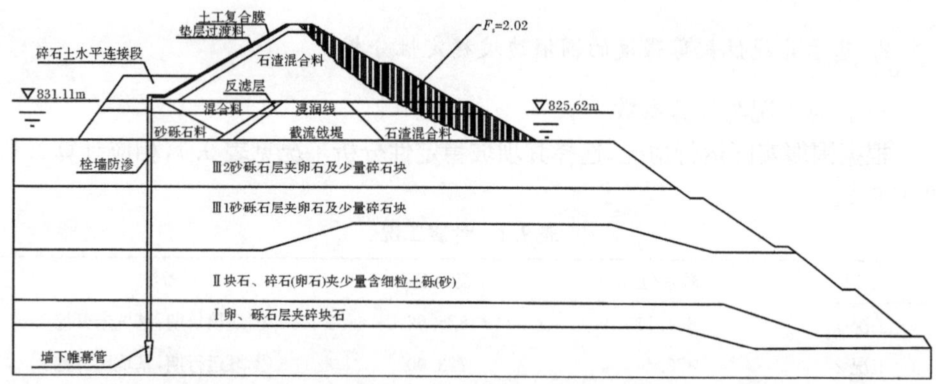

图 9.13　工况一围堰下游坝坡整体稳定最危险滑动面示意图

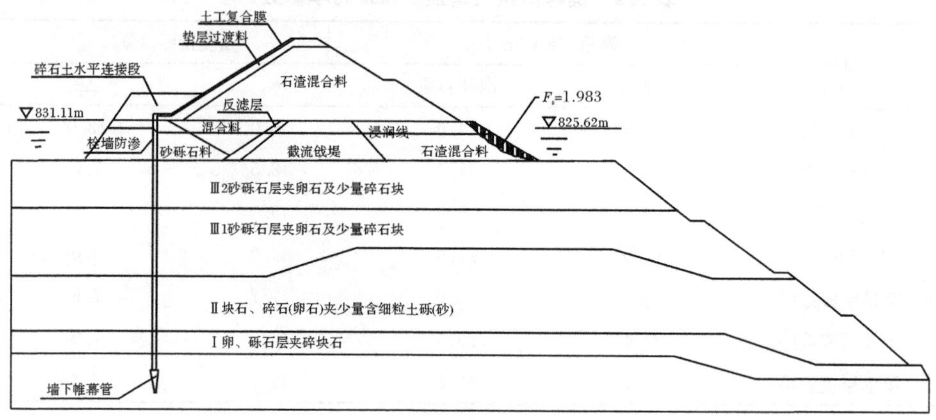

图 9.14　工况一围堰下游坝坡局部稳定最危险滑动面示意图

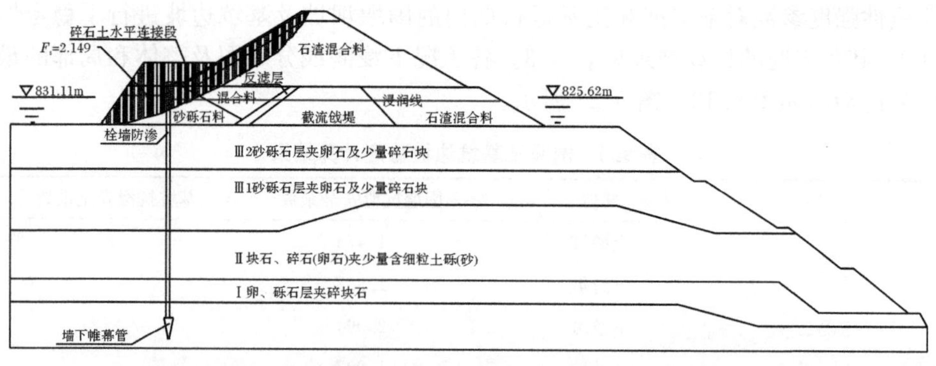

图 9.15　工况一围堰上游坝坡整体稳定最危险滑动面示意图

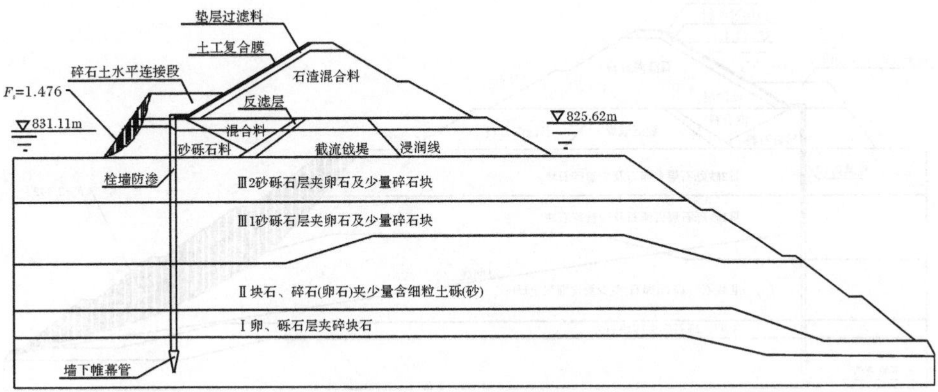

图 9.16　工况一围堰上游坝坡局部稳定最危险滑动面示意图

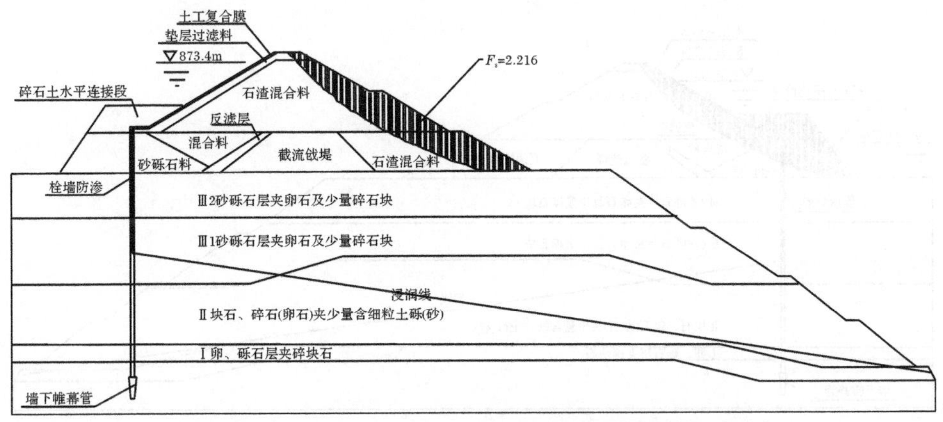

图 9.17　工况二围堰下游坝坡整体最危险滑动面示意图

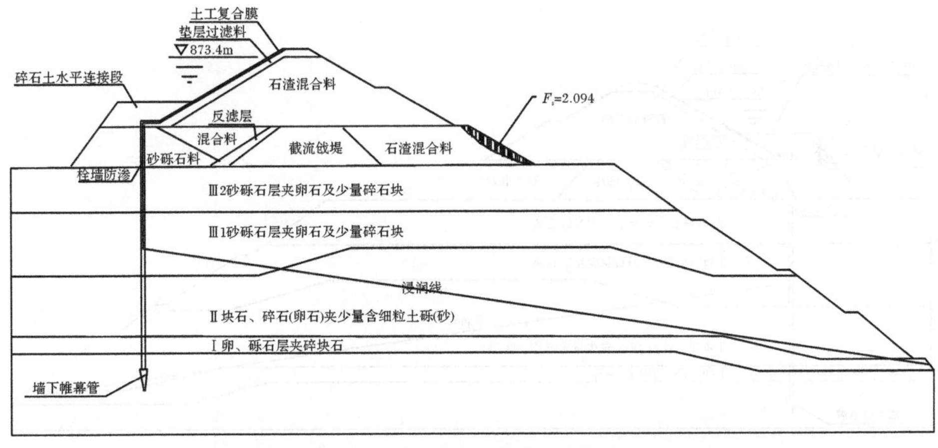

图 9.18　工况二围堰下游坝坡局部最危险滑动面示意图

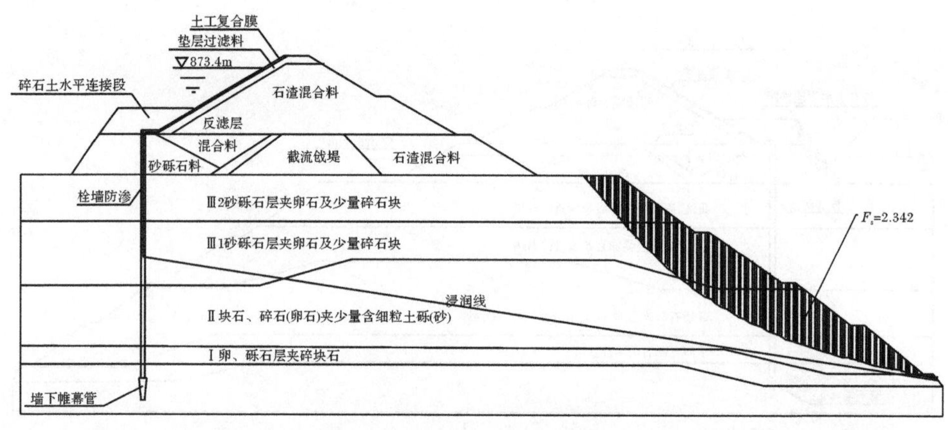

图 9.19　工况二基坑边坡整体最危险滑动面示意图

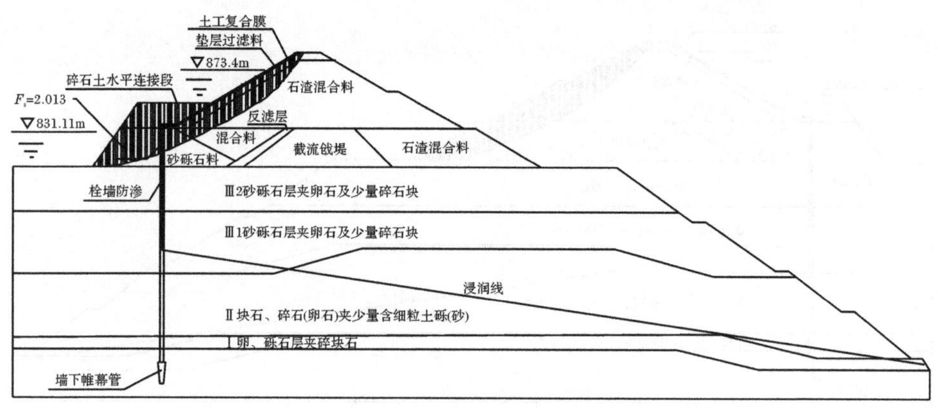

图 9.20　工况三围堰上游坝坡整体最危险滑动面示意图

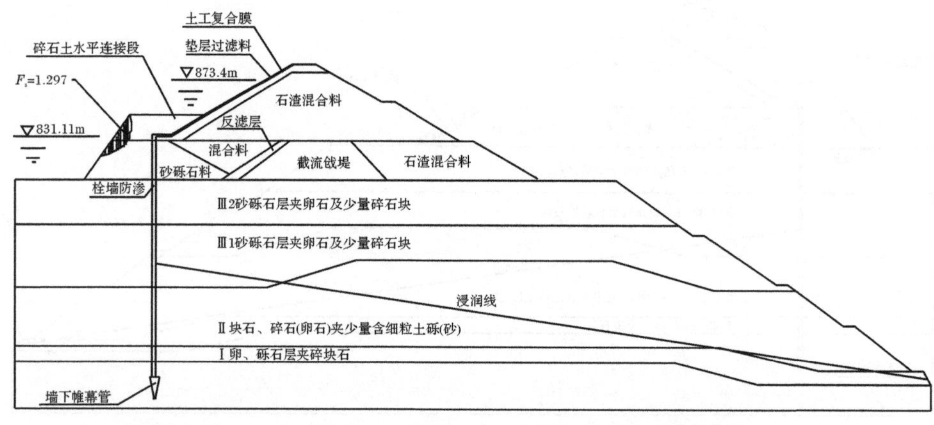

图 9.21　工况三围堰上游坝坡局部最危险滑动面示意图

从各工况计算结果来看，基于非线性抗剪强度参数下的围堰及基坑的边坡稳定性满足规范要求。

3. 结论

(1) 确定了不同高度堆石坝的一般工作应力范围，对于高度为 100m、200m 及 300m 的堆石坝边坡，其最危险滑弧上的最大围压分别为 400～500kPa、700kPa 和 1000kPa。粗粒土边坡的潜在滑块一般为浅层滑动，中低围压下的强度特性是其抗滑稳定性的决定因素。

(2) 分别采用线性强度模式与非线性强度模式进行粗粒土边坡稳定分析，最小安全系数的差异取决于其筑坝材料低围压条件下的强度特性、坝高及边坡坡率等，而不是由于高围压下粗粒土抗剪强度降低，但其绝对差值较小，一般在 5%范围内，采用这两种强度模式进行稳定分析的结果基本一致。

(3) 根据不同高度堆石坝的一般工作应力范围，给出了建议的线性强度指标取值方法。

(4) 基于非线性抗剪强度参数对乌东德水电站土石围堰的坝坡及基坑边坡进行了分析，从计算结果来看，其最小安全系数满足规范要求。

9.4.2　深厚覆盖层高土石围堰应力及变形分析

围堰体在枯水期内迅速填筑，围堰挡水后，浸水土颗粒之间受水的润滑在自重作用下将重新调整位置，改变原来结构，使土体压缩下沉，即湿化变形。湿化变形与应力状态有关，围堰体在填筑过程中，大主应力方向是向下的，由堰体自重引起的。当蓄水时，水荷载是沿堰体小主应力方向施加的，需要采用各向异性的本构模型来考虑这一问题。

由于围堰是临时性建筑，运行时间较短，一般认为其流变效应不明显，对围堰结构安全影响较小。乌东德上游围堰运行时间长达 5 年，其堆石密实度相对于一般土石坝也较小，故流变效应将会比较明显，从而引起堰体结构较大的位移变化，特别是对防渗墙的应力变形可能造成较大的影响，甚至危及堰体的安全。因此，采用非线性有限元分析方法，并选用反映围堰在变应力作用下土石体流变影响的增量流变模型，对乌东德围堰的应力变形性状进行研究。

1. 考虑湿化变形及各向异性本构关系的比较

基于粗粒料本构关系的非线性特性，本计算采用增量法求解非线性问题，堰体填筑材料及防渗墙采用 Duncan-Chang E-μ 模型，基岩采用线弹性本构模型。

基于乌东德水电站上游围堰的覆盖层材料分区以及堰体的各材料分区，并考虑基坑开挖的情况，建立了平面二维的有限元网格，如图 9.22 所示。单元采用四结点等参单元,其中结点 2673 个,单元 2537 个。

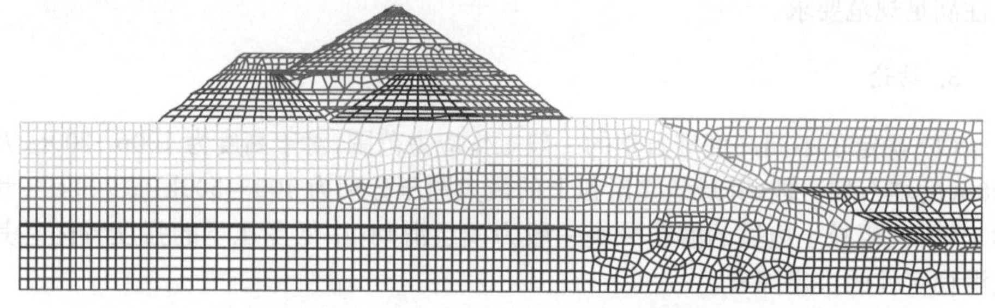

图 9.22 乌东德围堰有限元网格图(见彩图)

模型底部采用全约束,模型上、下游采用水平向连杆约束,基本方案计算参数见表 9.4~表 9.6。

表 9.4 基本方案不同材料计算参数

材料	密度/(t/m³)	K	n	G	F	D	φ/(°)	C/kPa	R_f
石渣混合料	2.00	1100	0.60	0.30	0.33	0.22	40.0	—	0.80
混合料	2.00	1000	0.40	0.30	0.33	0.22	39.0	—	0.78
截流堤	2.09	1000	0.40	0.36	0.15	2.80	38.5	—	0.75
砂砾石料	2.00	1500	0.35	0.36	0.20	0.12	40.0	—	0.80
覆盖层Ⅰ	2.06	1300	0.32	0.40	0.25	5.95	40.0	30	0.87
覆盖层Ⅱ	2.01	1300	0.30	0.49	0.17	4.81	40.0	30	0.76
覆盖层Ⅲ	1.92	1300	0.30	0.40	0.25	5.95	40.0	30	0.75
塑性混凝土	2.10	16628	0.24	0.34	0.02	0.30	39.0	1200	0.63

表 9.5 基本方案基岩计算参数

材料	密度/(t/m³)	E/MPa	μ
基岩	2.5	2.0×10^4	0.20

表 9.6 基本方案接触面计算参数

材料	k_s	n	δ_i/(°)	δ_d/(°)	c_n/kPa
接触面	1×10^4	0.65	15.0	10.0	0

首先进行围堰地基初始应力场分析,为了模拟围堰体的填筑及基坑的施工过程,其施工次序为:分级填筑截流堆石堤,水下分级填筑上游砂砾石料,水下分级填筑下游砂砾石料,施工防渗墙,水上分级填筑石渣混合料,水上铺设防渗土工膜,围堰分级蓄水,同时基坑抽水及基坑开挖。

考虑填料各向异性和湿化变形后的防渗墙变形及应力分布,如图 9.23~

图 9.27 所示。

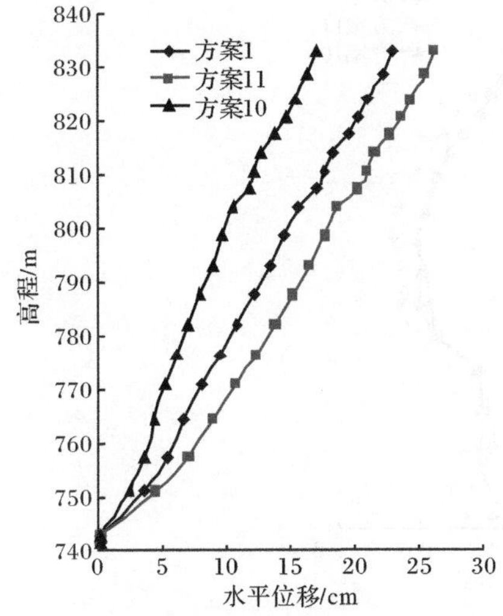

图 9.23　防渗墙水平位移分布(见彩图)

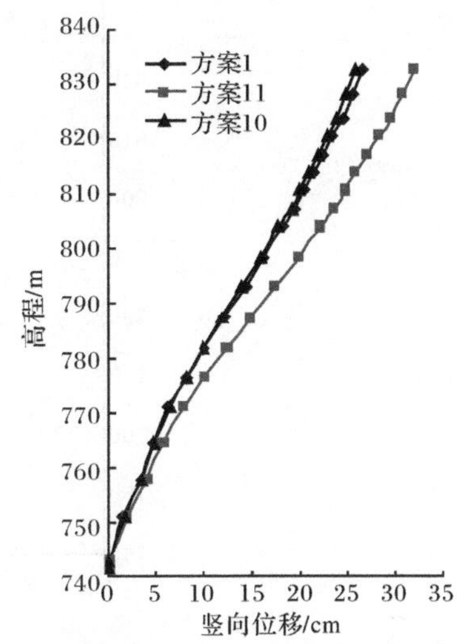

图 9.24　防渗墙竖向位移分布(见彩图)

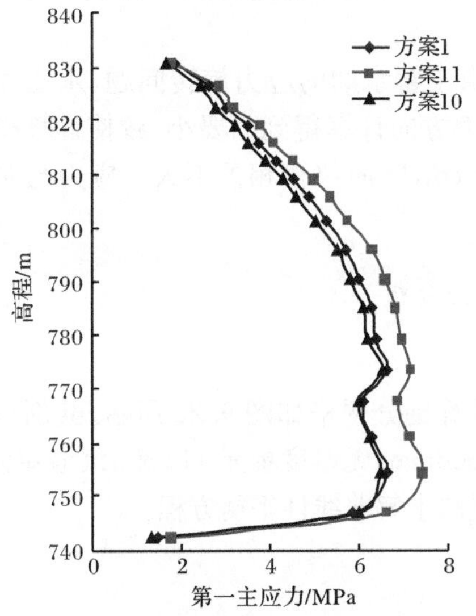

图 9.25　防渗墙最大主应力分布(见彩图)

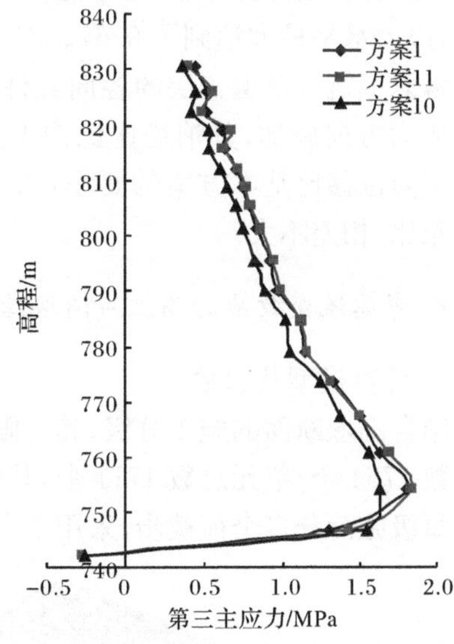

图 9.26　防渗墙最小主应力分布(见彩图)

考虑湿化变形后,防渗墙向下游的水平位移和竖向沉降均有所增加,防渗墙最大水平位移达到 26.19cm,竖向位移达到了 32.04cm。这是由于浸水后的土颗粒之间受水的润滑在自重作用下将重新调整位置,改变原来的结构,使土体压缩下沉,并且从对参数的影响来看,致使砂砾石料及覆盖层的弹性模量基数 k_s 有所

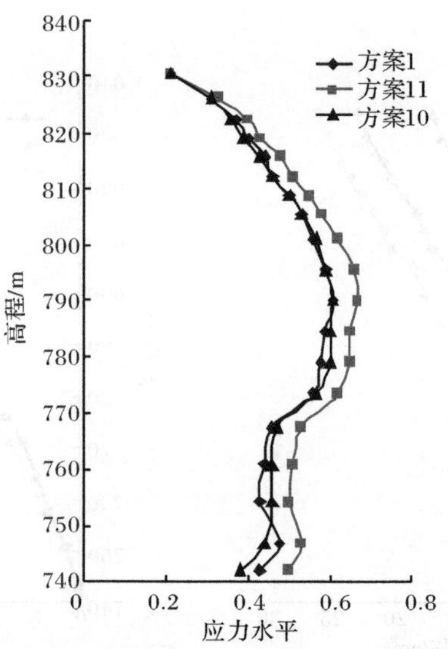

图 9.27 防渗墙应力水平分布(见彩图)

减小。从防渗墙应力来看,考虑湿化变形后最大和最小主应力及应力水平均有所增加,应力水平最大达到了 0.67。

考虑填筑体及覆盖层的各向异性后,由于蓄水期的应力旋转问题,水压力从小主应力方向施加,其泊松比比按大主应力方向计算得到的要小,致使计算得到的水平向位移比基本方案的要小,为 17.10cm,竖向位移相差不大。应力与基本方案相比,相差不大。

2. 考虑流变效应的高土石围堰结构安全分析

1) 计算模型及参数

结合围堰断面的施工分级,其有限元计算剖分网格如图 9.28 所示,共剖分节点总数 1754 个;单元总数 1711 个,其中 Goodman 无厚度单元 112 个,沉渣单元 2 个。每级施荷分多个荷载步,采用中点增量法求解非线性平衡方程。

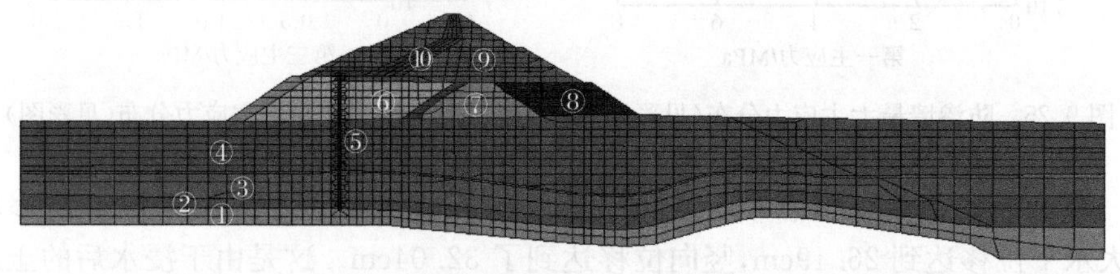

图 9.28 乌东德深厚覆盖层高土石围堰典型断面(见彩图)

Duncan-Chang 模型公式简单，参数物理意义明确。三轴试验研究结果表明，其能较好地反映土体应力-应变的非线性特性，故对于堰体材料和混凝土采用 Duncan-Chang E-μ 模型。

堰体材料的 Duncan-Chang 模型参数，主要参照三峡工程二期围堰堰体复核与验证分析所采用的参数选定。覆盖层参数为设计提供的室内大型三轴试验结果，见表 9.7～表 9.9。

表 9.7　围堰不同材料计算参数

材料	ρ/(g/cm³)	K	n	R_f	G	F	D	Φ_0/(°)	$\Delta\Phi$/(°)	C/kPa
碾压混合料	2.05	800	0.32	0.80	0.30	0.02	5.00	49.0	8.0	—
抛填混合料	1.95	630	0.34	0.80	0.37	0.30	2.70	45.0	7.6	—
截流堤堆石	2.00	650	0.34	0.80	0.37	0.30	2.70	46.0	7.5	—
抛填砂砾料	1.98	630	0.40	0.75	0.35	0.17	5.50	42.5	7.0	—
黏土心墙	2.00	180	0.43	0.70	0.40	0.07	2.00	22.0	—	18
覆盖层Ⅰ	2.27	1150	0.25	0.83	0.37	0.15	6.20	47.7	7.6	—
覆盖层Ⅱ	2.24	800	0.44	0.84	0.39	0.14	3.60	44.8	7.9	—
覆盖层Ⅲ	2.27	1150	0.25	0.83	0.37	0.15	6.20	47.7	7.6	—
混凝土防渗墙	2.10	14945	0.24	0.65	0.45	0.05	7.90	34.3	—	1100

表 9.8　围堰材料基岩及沉渣计算参数

材料	ρ/(g/cm³)	E/MPa	μ	R_a/MPa	R_l/MPa	N_f
基岩	2.5	2.0×10^4	0.20	40	−1.6	2.5
沉渣	2.3	1.0×10^3	0.25	10	0	2.5

表 9.9　围堰材料接触面计算参数

项目	摩擦角 δ/(°)	凝聚力 c/kPa	破坏比 R_f	剪切劲度基数 K_s	法向劲度基数 K_n	剪切劲度指数 n_s
接触面	11	0.0	0.75	10000	1×10^8	0.65

混凝土防渗墙与土石料的力学性质相差较大，两者之间可能存在变形不协调现象，两者的接触界面可能存在错动变形，设置 Goodman 接触面单元反映这种相对变形。

由于在施工期自重与运行期水荷载作用下围堰堰体的应力不断改变，围堰的流变实质上是变应力下的流变过程，具有遗传效应。为合理预测围堰的结构性态，选用增量流变模型模拟土石料的流变。

围堰堰体堆石料的增量流变模型计算参数，依据三峡二期围堰原型观测资料反演确定，见表 9.10。

表 9.10 增量流变模型参数反演值

类型	k_s	n_s	k_v	n_v	R_{sf}	c	α
参数范围	5000～10000	0.1～0.5	500～3000	0.1～0.5	0.5～1.0	0.001～0.1	0.5～1.0
反演值	8020	0.3	1350	0.2	0.85	0.013	0.75

2) 计算结果分析

流变的大小与时间有关，在程序计算时考虑的流变时间为 5 年左右。

(1) 围堰堰体土石料的变形与应力。

图 9.29 和图 9.30 分别为堰体的水平位移和竖向位移等值线分布。受上游挡水压力作用和下游基坑抽水的影响，围堰水平位移向下游最大值为 38.6cm，堰体内的黏土防渗体仍然向上游方向移动，向上游最大值为 6.4cm。围堰整体表现为下沉，从计算中可以得出堰体的最大竖向位移为 121.3cm，高程 839m，约占堰体高度的 9.7%。

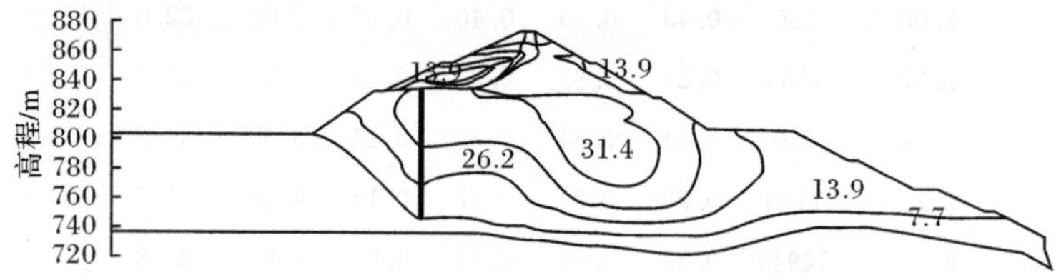

图 9.29 上游 874.1m 水位时围堰水平位移等值线分布(单位：cm)

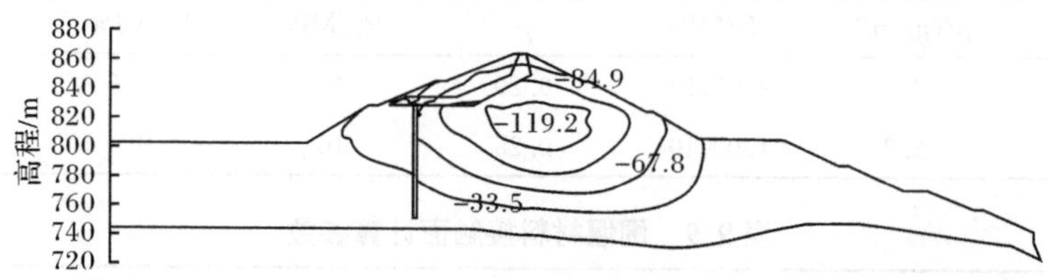

图 9.30 上游 874.1m 水位时围堰竖向位移等值线分布(单位：cm)

图 9.31 和图 9.32 分别为堰体的主应力等值线分布。堰体大主应力分布基本平行于外坡，最大值为 3.63MPa，小主应力最大值为 1.55MPa，位于围堰防渗墙的底部下游侧附近。在防渗墙两侧，堰体的主应力有明显的不连续现象。

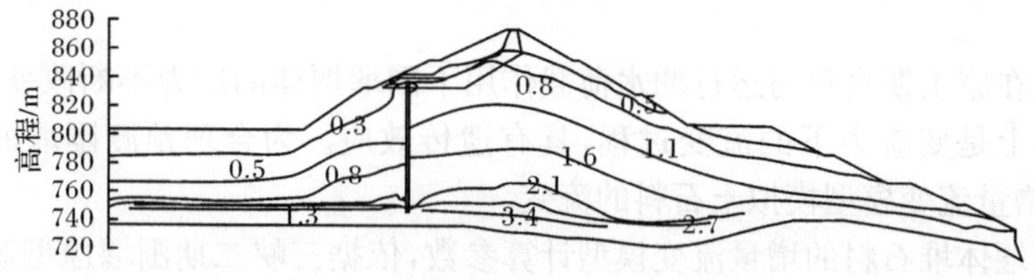

图 9.31 上游 874.1m 水位时围堰大主应力等值线分布(单位：MPa)

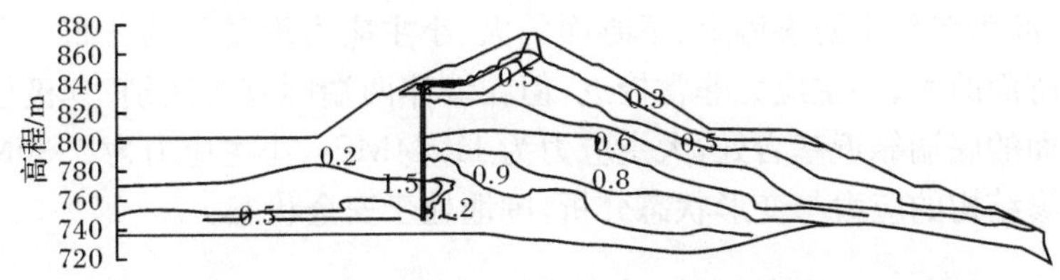

图 9.32　上游 874.1m 水位时围堰小主应力等值线分布(单位:MPa)

图 9.33 为堰体的应力水平等值线分布。由图可见,防渗墙周围土体受剪切作用更为明显,剪应力水平较高,防渗墙与黏土防渗体接头部位局部单元发生剪切破坏,堰体绝大部分区域应力水平较低。

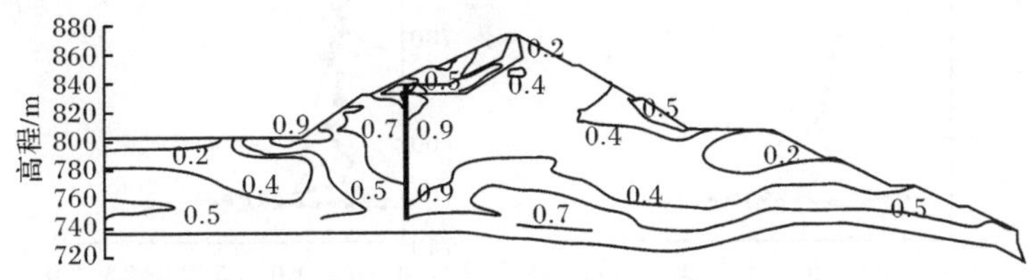

图 9.33　上游 874.1m 水位时围堰应力水平等值线分布

(2) 混凝土防渗墙的变形与应力。

图 9.34 为混凝土防渗墙变形沿高程的分布。防渗墙在水压力荷载和土压力的共同作用下,在水平方向向下游移动,最大值为 77.2cm,高程 797.4m;铅直方向表现为沉降变形,最大值为 89.8cm,高程 822.1m。

图 9.35 为混凝土防渗墙上、下游面的应力水平沿高程的分布。防渗墙应力水平最大值为 0.94,位于防渗墙底部的下游侧单元。

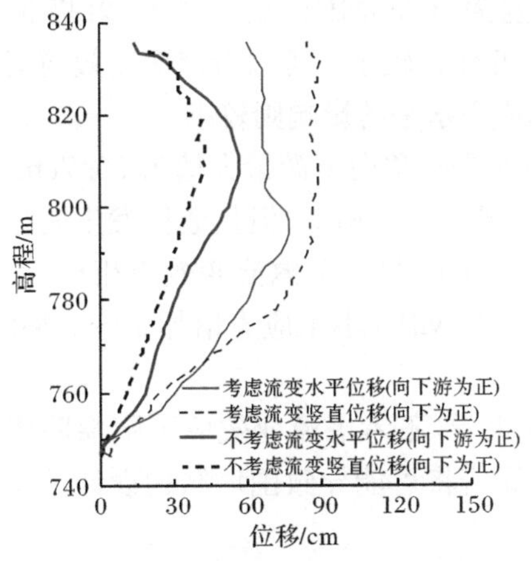

图 9.34　混凝土防渗墙变形分布(见彩图)

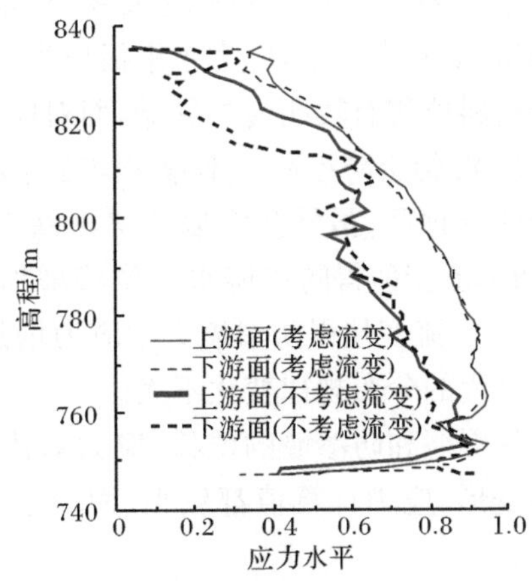

图 9.35　混凝土防渗墙应力水平(见彩图)

图 9.36 为混凝土防渗墙上、下游面的大、小主应力沿高程的分布。在墙体中部，上、下游面的大、小主应力非常接近，但在墙体两端则有所区别，其极值位于防渗墙下游面的底端靠近基岩处，大主应力为 11.44MPa，小主应力为 2.30MPa。从围堰与防渗结构的应力与变形状态分析，围堰处于安全状态。

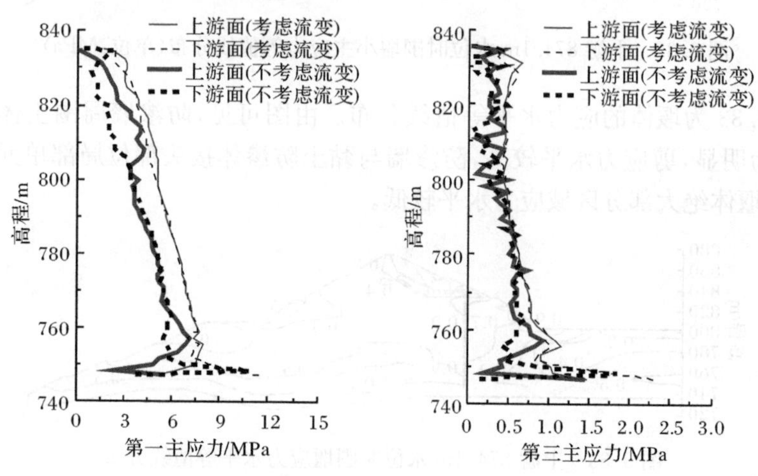

图 9.36　混凝土防渗墙主应力分布(见彩图)

(3) 与不考虑流变效应时围堰应力变形的比较。

不考虑流变效应对围堰进行有限元计算，并与考虑流变效应对比分析如下：

① 围堰堰体土石料。不考虑流变，堰体的最大竖直位移为 99.2cm，仍位于约堰体 1/2 坝高附近，位移减小 22.1cm，由流变引起的竖直位移约占坝体竖向位移的 18%；水平位移向上游最大值为 5.8cm；向下游最大值为 33.8cm，考虑流变效应后增大约 10%。堰体最大主应力极值为 3.53MPa，最小主应力极值为 1.41MPa，基本不变，应力水平极值为 0.95，变化也较小。可以看出流变效应对堰体土石料位移有较明显的影响，而对应力和应力水平的影响则较小。

② 混凝土防渗墙。不考虑流变，防渗墙水平位移向下游最大值为 56.7cm，靠近防渗墙顶部；虽然防渗墙位移沿高程分布规律大致相似，但是数值发生明显变化，堰体流变使得防渗墙水平位移增加了 20.5cm，与不考虑流变效应相比，增大了 36%。流变使得防渗墙大主应力增加了 0.64MPa，小主应力增加了0.46MPa，而沿高程的分布规律变化不大。

从围堰和防渗墙的位移、应力对比情况来看，不考虑流变效应下围堰防渗结构的变形、应力计算值都较小，而较小的计算值将可能导致围堰结构设计偏于不安全。

3. 小结

对乌东德水电站深厚覆盖层上高土石围堰的应力变形分析得到：

(1) 考虑湿化变形后，由于浸水后的土颗粒之间受水的润滑在自重作用下将重新调整位置，改变原来结构，使土体压缩下沉，致使防渗墙向下游的水平位移和竖直沉降均有所增加，并且主应力和应力水平均有所增加；考虑各向异性后，由于蓄水期的应力旋转问题，水压力从最小主应力方向施加，其泊松比比按大主应力方向计算得到的要小，致使计算得到的水平位移有所减小，竖直位移相差不大，应力变化不大。

(2) 从堰体和防渗墙的应力与变形状态计算结果看，围堰堰体与其防渗结构的变形基本协调。采用增量流变模型考虑流变影响，堰体与防渗墙的变形增大，防渗墙的应力增加也较为明显，防渗墙与黏土防渗体接头部位发生局部剪切破坏。

(3) 由于围堰运行期长达 5 年，土石料的流变对混凝土防渗墙的应力和变形有明显的不利影响，防渗墙与黏土防渗体接头部位位移明显增大，对其连接产生不利影响，因此，对围堰变形与应力分析时应考虑土石料流变的影响，设计时应考虑这一不利因素。

9.5 小结

(1) 根据规范规定的有关布置原则，结合三峡二期围堰、小浪底围堰等工程安全监测实践经验，提出了围堰结构安全监测布置原则；以乌东德水电站上游围堰为例，结合应力应变分析和渗流控制研究成果，系统提出了深厚覆盖层条件下土石围堰安全监测布置原则及监测工作重点。

(2) 针对先抛填水下堰体后施工防渗墙的围堰工程施工特点，提出了改进顶推法埋设防渗墙界面土压力盒的新技术并研制了样机；通过模拟试验验证了技术的可靠性，解决了防渗墙界面土压力盒埋设的技术难题。鉴于改进顶推法仅进行了界面土压力盒埋设模拟试验，仍然有待于通过实际工程检验，建议在乌东德土石围堰防渗墙工程及白鹤滩土石围堰防渗墙工程中，开展防渗墙界面土压力盒埋设新技术的应用研究，以进一步优化埋设技术，实现推广应用。

(3) 针对深厚覆盖层条件下土石围堰工程及运行的特点，以监测资料为基础、以有限元反分析为主要技术手段，提出了评价围堰结构安全状态的综合方法，也为完善模型参数提供了方法，有利于更可靠地分析预测后续施工条件下围堰结构的安全状态。

(4) 研究粗粒坝料的强度特性及取值方法，分析土石坝或土石围堰边坡稳定。

采用非线性有限元分析方法，选用反映围堰在变应力作用下土石体流变影响的增量流变模型对乌东德围堰的应力变形性状进行了研究，围堰堰体与其防渗结构的变形基本协调，采用增量流变模型考虑流变影响，堰体与防渗墙的变形增大，防渗墙的应力增加也较为明显。

第10章 围堰施工中新技术新材料的应用

本章依托乌东德水电站围堰工程，研究提出了塑性混凝土的配合比，其性能满足高强低弹的目标，同时借助CT技术，从细观上揭示和量化了塑性混凝土破坏过程机理；采用大型土-土工合成材料直剪仪进行了复合土工膜与砂砾料的直剪摩擦试验，提出了摩擦系数范围，揭示了摩擦系数随砂粒含量和相对密度增加而增大的规律；通过离心模型试验，研究了土工膜与防渗墙之间的不同联结形式，改变了土工膜的受力方式。

10.1 深水围堰塑性混凝土墙体新材料

三峡二期围堰相关研究表明，混凝土防渗墙墙体的变形主要受堰体的变形控制，墙体本身的刚度是比较次要的。因此，需要研制高强低弹的墙体材料，使其具有较低的弹性模量，可以适应较大的变形，同时又具有一定的强度，可以承受墙体上作用的荷载。虽然关于塑性混凝土、柔性混凝土等防渗墙的研究成果不少，具体的工程应用(病险水库、堤防、城市基坑)也较多，但是，针对深厚覆盖层和高围堰工况的塑性防渗墙的研究还不多。

1. 技术路线与试验方法

本章依托乌东德水电站工程，初步提出防渗墙的参数为：防渗墙抗压强度不小于5MPa，弹性模量不大于1700MPa，渗透系数小于10^{-7}cm/s，与三峡二期围堰相比，对深厚覆盖层条件下墙体材料的强度要求更高，根据研究内容，确定如下技术路线与试验方法。

1) 技术路线

(1) 选择主要原材料作为试验因素，同时选取各原材料的用量范围，得出试验的因素及各因素水平。运用工程类比法设计配合比，在试验中进行适当调整，得到施工配合比，根据其力学性能指标选出合适的配合比。

(2) 研究同一配合比条件下骨料级配对塑性混凝土力学性能的影响，分析力学性能与骨料级配参数的关系；测试不同龄期的塑性混凝土力学性能，研究力学性能与龄期的关系。

(3) 通过CT单轴压缩试验研究塑性混凝土的微观破坏过程，观察材料的密度随应力增长的变化。

2) 试验方法

(1) 防渗墙材料拌和工艺。

塑化剂的掺加方法主要有两种拌和工艺(干掺法和湿掺法)。试验中膨润土采用干掺法。在塑性混凝土拌和之前,将所有干料搅拌均匀后,加水及减水剂搅拌,采用此法的拌和物在拌和以后坍落度损失比湿掺法大且需要强制搅拌机,但是省去了制备泥浆的程序。

(2) 坍落度测试。

将称量好的干料混合,放置于专门的垫板上,人工拌匀,加水拌和。拌和完成后检测拌和物的坍落度及扩散度,判断和易性,坍落度试验采用 2～3mm 厚铁皮制成的尺寸为 $\varphi_{上}=100$mm,$\varphi_{下}=200$mm,$H=300$mm 的截头圆筒。

(3) 试件成型及养护。

拌和物坍落度测试结果满足要求时,按照上述设计配合比制备抗压强度测试和弹性模量测试所需试样,试样制备采用人工捣实的方法。抗压强度试验采用 150mm×150mm×150mm 立方体试件,弹性模量测试采用 ϕ150mm×H300mm 试件。对于每个配合比相应龄期制作 3 个试件。试件成型两天后脱模养护,室温条件下放置于养护池浸水养护至试验龄期。

(4) 抗压强度测试方法。

普通混凝土抗压强度常以立方体抗压强度作为指标,塑性混凝土的力学性能评定也常采用该指标。抗压强度选用尺寸为 150mm×150mm×150mm 的立方体试件。

(5) 弹性模量测试方法。

采用全标距试验方法对塑性混凝土的弹性模量进行测试,选用长径比为 2,尺寸为 ϕ150mm×H300mm 的圆柱体试件,用液压式压力机对试件进行加载,加载速率控制在 0.2MPa/s 左右。对选取标距为全长情况下的应力-应变关系曲线的直线段进行拟合,取直线的斜率为塑性混凝土的弹性模量。

(6) 渗透性评价。

采用常水头渗透试验方法对塑性混凝土的抗渗性能进行试验。

2. 塑性混凝土配合比试验

1) 原材料

本试验中塑性混凝土的主要原材料来源见表 10.1,水泥性能见表 10.2。

选用钙基膨润土作为塑性混凝土的塑化剂,含量最高的三种矿物为蒙脱石、伊利石和石英,其中蒙脱石含量为 32%。表 10.3 为所采用的膨润土的物理性能试验结果,黏粒含量为 67%,其中胶粒含量达到 55.8%,粉粒含量为 33%,膨润土中黏粒含量较大,制备塑性混凝土有利于降低材料的弹性模量。

表 10.1　试验采用的原材料来源

原材料	产地及厂商
水泥	武汉华新牌 P. O42.5 水泥
膨润土	武汉
骨料	乌东德水电站白云岩岩粉、三峡风化砂
减水剂(采用木质素磺酸钙)	天津市福晨化学试剂厂
水	自来水

表 10.2　水泥基本性能

检验项目	试验测量值		《通用硅酸盐水泥》(GB 175—2007)
细度	353		300
标准稠度/mL	137		—
初凝时间/min	165		≥45
终凝时间/min	205		≤600
安定性/雷氏法	1.8		<5.0
抗折强度	3d	4.5MPa	≥3.5
	28d	8.8MPa	≥6.5
抗压强度	3d	18.6MPa	≥17.0
	28d	45.3MPa	≥42.5

表 10.3　膨润土物理性能试验结果

密度	液塑限联合测定			粒径及含量		
	液限 ω_L	塑限 ω_P	塑性指数 I_P	0.075～0.005mm	<0.005mm	<0.002mm
2.68	168.7%	22.9%	145.8%	33.0%	67.0%	55.8%

采用乌东德白云岩岩粉料作为塑性混凝土配合比优选试验的骨料,采用三峡风化砂作为骨料级配和龄期对塑性混凝土性能影响试验的骨料。

参考三峡二期围堰工程人工碎石筛余料颗粒组成,本研究采用乌东德白云岩岩粉料模拟现场施工筛余料,采用 P_5 值(粒径大于 5mm 的颗粒质量分数)为 15%,其物理性质试验结果见表 10.4。

表 10.4　乌东德白云岩岩粉料物理性质试验结果

细度模数	堆积密度/(g/cm³)	颗粒组成							
		>5mm	5～2mm	2～1mm	1～0.5mm	0.5～0.25mm	0.25～0.1mm	0.1～0.005mm	<0.005mm
2.3	1.54	15%	18.8%	16%	8%	10%	6.8%	23.6%	1.8%

三峡库区风化砂的天然粒径较小，级配相对不稳定，按以往经验采用橡皮头锤碾条件下的干筛级配曲线作为风化砂的级配曲线资料，颗粒分析曲线如图10.1所示，P_5值(粒径大于5mm的颗粒质量分数)为11.6%，含泥量(粒径小于0.1mm的颗粒质量分数)为4.2%。

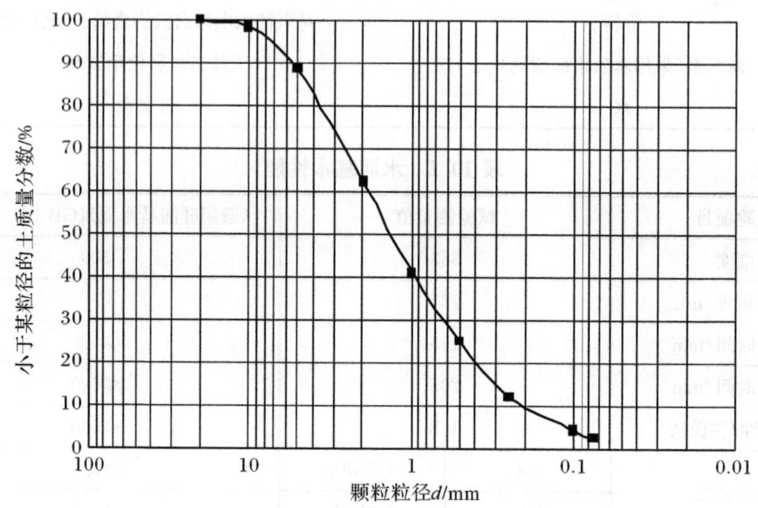

图10.1　三峡库区花岗岩风化砂颗粒分析曲线

2) 配合比试验

塑性混凝土的配合比是指单位体积中各种原材料的用量(kg/m³)。干料(水泥、骨料、塑化剂)是控制力学参数的关键因素。为了能通过较少试验次数尽快选出最佳配合比，采用工程类比法，参考三峡二期围堰柔性材料研究的经验，初步确定各原材料的用量范围：水泥用量为200～300kg/m³，膨润土用量为70～150kg/m³，骨料(乌东德水电站白云岩)用量为1380～1540kg/m³，减水剂添加量均为水泥用量的5‰。设计了10组配合比。以三种干料作为试验配合比设计的三个因素，施工配合比见表10.5。

表10.5　塑性混凝土配合比

序号	水泥 C/(kg/m³)	膨润土 B/(kg/m³)	骨料 S/(kg/m³)	水/(kg/m³)	外加剂/‰
1	195	146	1443	349	5
2	223	81	1543	332	5
3	218	129	1444	349	5
4	216	138	1397	345	5
5	238	99	1467	344	5

续表

序号	水泥 C/(kg/m³)	膨润土 B/(kg/m³)	骨料 S/(kg/m³)	水/(kg/m³)	外加剂/‰
6	239	120	1415	341	5
7	239	139	1385	352	5
8	265	71	1529	313	5
9	284	91	1483	319	5
10	294	108	1390	348	5

3）配合比优选试验结果

拌合物拌合完成后对其坍落度及扩散度进行测试，适当调整原材料用量使拌合物性能满足要求。各配合比拌合物性能见表 10.6。在保持拌合物工作性能满足要求的条件下，各组配合比材料的用水量为 310～360kg/m³，用水量略低于采用三峡库区风化砂为骨料的柔性材料，主要原因在于骨料粗颗粒较多，比表面积较小，故需水量较小。表 10.7 为塑性混凝土配合比 7 天与 28 天龄期的无侧限抗压强度与弹性模量。

将测试结果与设计要求比较，分别选出 3 号、7 号为最佳配合比，见表 10.8，这两组配合比符合试验前提出的目标。所选出的 2 组配合比 28d 立方体抗压强度为 5.4MPa、6.6MPa，28d 弹性模量为 1429MPa、1443MPa，模强比分别为 265、219，能够满足设计指标要求。

表 10.6　乌东德白云岩岩粉料塑性混凝土各配合比拌合物性能

配合比编号	密度 /(kg/m³)	初始坍落度 /mm	初始扩散度 /mm	初凝时间 /h	终凝时间 /h
1	2134	238	390	>9	>24
2	2181	217	325	>9	>24
3	2141	227	370	>9	>24
4	2098	228	373	>9	>24
5	2149	217	325	>9	>24
6	2116	219	330	>9	>24
7	2116	226	340	>9	>24
8	2180	224	320	>9	>24
9	2179	225	383	>9	>24
10	2141	202	345	>9	>24

表 10.7　塑性混凝土配合比无侧限抗压强度与弹性模量

配合比编号	7天龄期			28天龄期		
	抗压强度/MPa	弹性模量/MPa	模强比	抗压强度/MPa	弹性模量/MPa	模强比
1	2.4	579	241	3.8	988	260
2	4.0	1441	360	6.2	2196	354
3	3.3	850	258	5.4	1429	265
4	2.6	628	242	4.7	1266	269
5	4.2	1194	284	6.8	1949	287
6	3.5	1040	297	6.6	1758	266
7	2.9	759	262	6.6	1443	219
8	6.9	1849	268	10.4	3075	296
9	7.4	1838	24	10.8	2934	272
10	5.9	1271	215	8.0	2090	261

表 10.8　优选配合比

配合比编号	骨料类型	原材料用量/(kg/m³)				28d 抗压强度/MPa	28d 弹性模量/MPa	28d 模强比
		水泥	膨润土	骨料	水			
3	乌东德水电站白云岩	218	129	1444	349	5.4	1429	265
7		239	139	1385	352	6.6	1443	219

对养护至试验龄期的塑性混凝土采用常水头试验方法，在 3.6m 水头作用下放置 48h 无水渗出。以上两组配合比塑性混凝土的渗透系数小于 10^{-7}cm/s，作为防渗墙材料能够满足抗渗要求。

3. 围压对塑性混凝土防渗墙强度的影响

考虑到深水围堰防渗结构高应力、大变形的特点，为了研究周围压力对塑性混凝土强度的影响，在塑性混凝土三轴试验中，采用围压为 0.1MPa、0.3MPa、0.6MPa和 0.9MPa，对较为经济的 3 号配合比的 28d 龄期试样进行了不固结不排水剪切试验。

三轴压缩试验采用直径 101mm、高 200mm 的圆柱体试样进行试验。室内试样采用人工拌合，经人工插捣后装模成型，2 天后拆模，然后进行水中养护。

表 10.9 为 3 号配合比三轴试验结果。随着围压的增大，塑性混凝土的强度和极限应变 ε_{af} 有明显增大。与无侧限条件下相比，塑性混凝土的初始模量在三轴围压条件下有所下降。其 Duncan-Chang E-B 模型参数见表 10.10。

表 10.9　3 号配合比的三轴试验结果

编号	σ_3/MPa	$(\sigma_1-\sigma_3)_f$/MPa	E_i/MPa	ε_{af}/%	C/MPa	Φ/(°)	龄期/d
3	0.1	6.19	1382	0.9	1.6	33.6	28
	0.3	6.91	1341	1.2			
	0.6	7.33	1361	1.3			
	0.9	8.26	1245	1.6			

表 10.10　乌东德水电站白云岩岩粉料物理性质试验结果

试样编号	参数									
	C/MPa	Φ/(°)	k	n	K_b	m	F	G	R_f	D
3	1.61	33.6	8301.0	0.372	3311.5	0.390	0.143	0.313	0.756	1.8

实际上，防渗墙总是在三向受力的条件下工作，三轴作用下的抗压强度根据围压水平有不同程度的提高。

根据三轴剪切试验结果，在围压为 0.1MPa、0.3MPa、0.6MPa 和 0.9MPa 条件下，3 号配合比的抗压强度大幅度提高，在 10m 水头作用下抗压强度相比无侧限抗压强度提高了 15%；在 0.9MPa 围压下抗压强度达到 8.26MPa，相比无侧限抗压强度提高了 53%。

这就说明塑性混凝土以单轴抗压强度来判断其安全性是偏保守的，实际的抗压安全系数可能要大许多。

4. 骨料级配对塑性混凝土性能的影响

开挖弃料（或筛余料）与人工砂石骨料相比较具有级配难以控制的缺陷，同时每个开挖区或者同一开挖区不同区域的开挖弃料（或筛余料）品质也有所差异。为了研究弃料级配对塑性混凝土性能的影响，通过人工室内配制不同级配的骨料，采用优选配合比配制塑性混凝土，测试其力学性能，研究材料性能与骨料级配参数的关系，分析不同级配的骨料适用性。

1) 骨料级配

选用天然级配风化砂和针对粒径大于 5mm 颗粒含量变化设计的 5 组级配风化砂作为骨料，采用同一配合比，研究试样 7d、14d、28d 的力学性能。所采用的风化砂粒径大于 5mm 颗粒含量（P_5）分别为 7%、11.5%、15%、32%、42%、52%，各组风化砂粒径分布及含量见表 10.11。

表 10.11 风化砂粒径及含量

风化砂级配编号	粒径及含量						不均匀系数	曲率系数	P_5
	10～5mm	5～2mm	2～1mm	1～0.5mm	0.5～0.25mm	<0.25mm			
JP0	11.5%	26.0%	21.1%	16.2%	12.9%	12.2%	9.00	1.03	11.5%
JP1	52.0%	27.0%	11.0%	7.0%	2.0%	1.0%	6.10	1.38	52.0%
JP2	42.0%	28.0%	12.0%	9.0%	5.0%	4.0%	9.64	1.37	42.0%
JP3	32.0%	27.0%	15.0%	12.0%	7.0%	7.0%	10.26	1.14	32.0%
JP4	15.0%	22.0%	18.0%	15.0%	12.0%	18.0%	26.15	2.26	15.0%
JP5	7.0%	21.0%	18.0%	19.0%	15.0%	20.0%	9.29	0.88	7.0%

注:JP0 为天然级配风化砂,JP1～JP5 为室内配制的不同级配的风化砂。

2) 抗压强度及模强比

以上 6 组级配的骨料按优选出的配合比配制的塑性混凝土无侧限抗压强度测试结果及模强比如图 10.2 和图 10.3 所示。

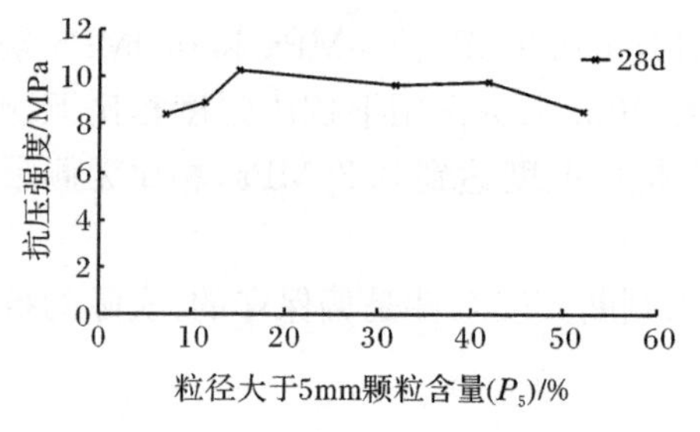

图 10.2 抗压强度与 P_5 关系

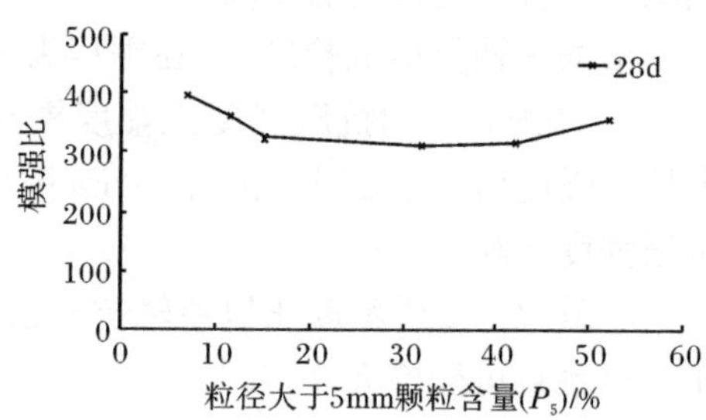

图 10.3 模强比与 P_5 关系

从图 10.2 中可以看出,对于 28d 龄期的材料,JP1 和 JP5 风化砂配制的塑性混凝土强度均较低,其余级配风化砂配制的塑性混凝土强度相对较高,说明粒径大于 5mm 的颗粒含量过多或者过少强度都有所降低。根据长江科学院“八五”攻关研究成果,风化砂颗粒粒径大于 5mm 的含量大于 70%对应的塑性混凝土强度比粒径大于 5mm 的含量为 50%的塑性混凝土强度略低,故当三峡库区的花岗岩风化砂用于配置防渗墙材料时,骨料 P_5 值宜控制在 10%～45%。若现场骨料级配无法得到严格控制,骨料级配的离散性对塑性混凝土的强度影响程度有限,根据此前胶凝材料对塑性混凝土性能影响的结果,可以通过适当调整胶凝材料的用量来控制材料的抗压强度。骨料 P_5 过大,胶凝材料的水化物对粗颗粒的包裹不佳,会导致塑性混凝土的强度因 P_5 过大而下降。

从图 10.3 中可以看出,对于 3 个龄期的材料,JP2 和 JP3 风化砂配制的塑性混凝土 28d 模强比均较低，其余级配风化砂配制的塑性混凝土模强比相对较高，说明粒径大于 5mm 的颗粒含量过多或者过少都会使模强比变大，具有合适 P_5 的风化砂可以使配制成的塑性混凝土具有良好的变形性能和较高的强度。当三峡库区的花岗岩风化砂用于配置防渗墙材料时，若现场骨料级配无法得到严格的控制，骨料级配的离散性对塑性混凝土的强度影响程度有限，不同级配的风化砂仍然可以配制出具有较高强度和良好变形性能的塑性混凝土。

5. 龄期对塑性混凝土性能的影响

为了研究弹性模量在后期的发展规律，根据长江科学院早期通过单轴压缩试验得到了 10 组配合比材料的试验数据，见表 10.12。其中，ch1～ch5 五组材料为室内配制；而 zm1、zm13、zm23、zm31、zm45 五组材料为现场施工槽口取样。

表 10.12 塑性混凝土配合比

配合比编号	原材料用量/(kg/m³)				
	水泥	膨润土	风化砂	木钙	水
zm13	265	50	1400	1.60	365
zm45、zm23、zm1、zm31	280	50	1254	1.60	370
ch1	265	50	1400	1.30	365
ch2	275	50	1350	1.40	327
ch3	250	70	1400	1.25	385
ch4	280	50	1255	1.40	365
ch5	280	65	1200	1.40	345

根据抗压强度与弹性模量测试结果计算模强比，见表 10.13。

表 10.13 长龄期模强比统计

配合比编号	模强比				
	28d	60d	90d	180d	360d
zm13	264	289	257	191	309
zm45	—	185	232	232	182
zm23	225	—	194	206	184
zm1	282	236	246	285	244
zm31	269	188	173	151	161
ch1	195	186	217	210	201
ch2	237	—	205	212	254
ch3	301	290	230	234	160

续表

配合比编号	模强比				
	28d	60d	90d	180d	360d
ch4	180	180	200	252	197
ch5	232	209	230	197	183
平均值	243	220	218	217	208

从图 10.4 可以看出,塑性混凝土随龄期的增长,其抗压强度和弹性模量也有较大的增长,10 组配合比的塑性混凝土抗压强度与弹性模量平均值统计结果为:以 28d 龄期抗压强度为基准的强度比从 60d 的 1.52 增长到 360d 的 2.64;以 28d 龄期初始切线模量为基准的模量比从 60d 的 1.45 增长到 360d 的 2.15。

图 10.4 关系曲线表明,塑性混凝土随龄期的增长其抗压强度和弹性模量均有较大的增长,但二者的增长速率不一样,抗压强度增长较快,初始切线模量增长较慢。

塑性混凝土模强比随龄期的变化趋势如图 10.5 所示,从图中可以看出,10 组配合比材料的模强比随龄期的增长有降低的趋势,并且随着龄期的不断增长逐渐趋于稳定。因此,针对墙体材料性能取 28d 相应指标作为设计指标,若墙体材料 28d 龄期的模强比满足设计要求,随着龄期的增长,塑性混凝土的模强比将小于该设计值,即模强比能够满足设计要求。

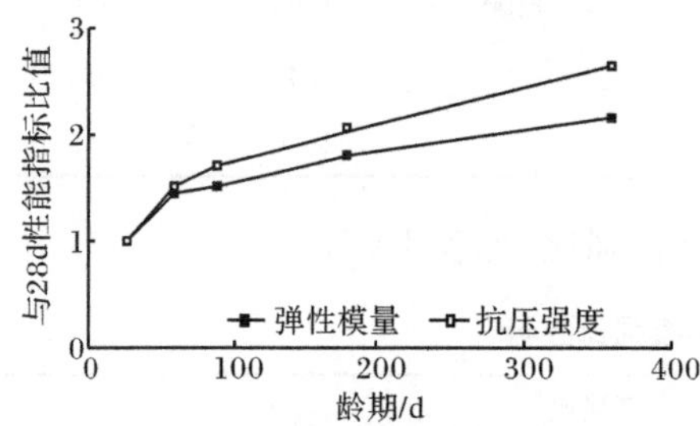

图 10.4 塑性混凝土强度和模量与 28d 指标比值变化趋势

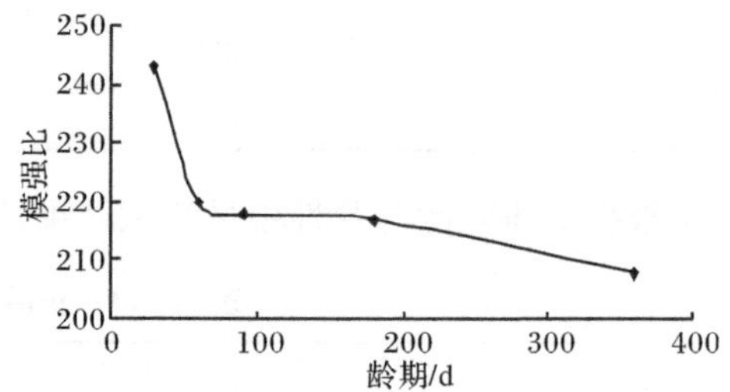

图 10.5 塑性混凝土模强比随龄期的变化趋势

6. 塑性混凝土破坏过程微观研究

为了研究塑性混凝土的破坏过程,在单轴压缩试验过程中对塑性混凝土试件进行 CT 扫描,观察材料的密度随应力增长的变化。

1) 试验设备

长江科学院是国内较早关注并着手实施岩土试验可视化的单位之一,2008 年购置高空间分辨率西门子 40 层 CT 机,并自主研制了 CT 三轴仪。试样扫描采用西门子 Sensation40 CT 机，如图 10.6 所示，其基本参数见表 10.14。

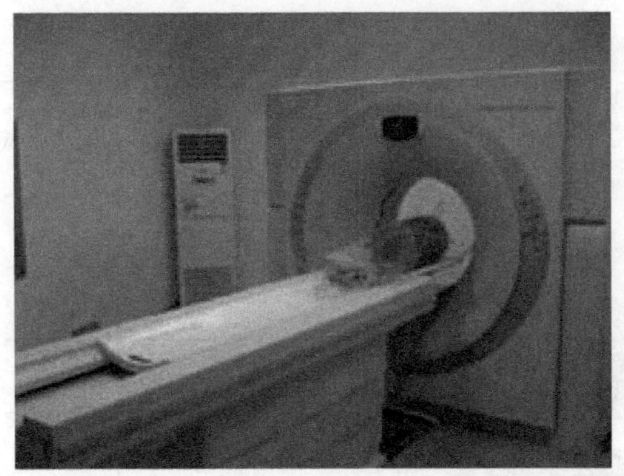

图 10.6　西门子 Sensation40 CT 机

表 10.14　西门子 Sensation40 CT 机的主要性能指标

项目	技术指标
扫描最大直径	70cm
扫描长度	1570mm
最薄层厚	0.6mm
断层准直	20×0.6mm
图像重建矩阵	512×512 像素
图像显示矩阵	1024×1024 像素
像素大小	最小为 0.29mm
HU 标度	−1024～3071

2) 试验过程及结果

采用 ϕ71.0mm×142mm 的圆柱体塑性混凝土试件，配合比采用前述三峡风化砂柔性材料的优选配合比，试件的养护龄期为 30d。

试验前将试件表面擦拭干净，将试件两端处理平整，测量其尺寸，在试验开始前将试件安装在 CT 试验三轴仪中，加载方向与试样成型的顶面相垂直，加载方向沿试件的轴线方向。适当施加微小的压力(不施加围压)，使试件固定于仪器中，随后将加载仪器放置于 CT 机的扫描空间内方可开始试验，如图 10.7 所示。

试件断面裂纹是否产生可以采用断面内的 CT 数平均值来判断。由于 CT 扫描获得的图像是经过处理而得到的，某一点的 CT 数受到周围像素点的 CT 数影响，难以准确判断断面内孔洞及裂纹的形状及位置，因此采用 CT 数平均值的变化来判断试验过程中裂纹是否存在。针对每次扫描分别统计试样内部断面的 CT 数平均值，统计断面示意图如图 10.8 所示。

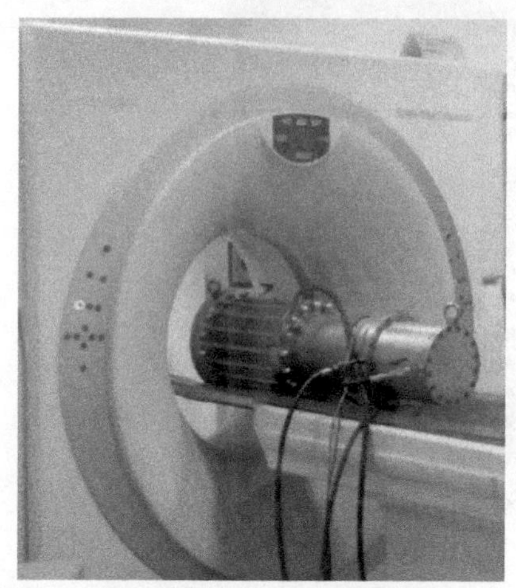

图 10.7　置于扫描空间内的加载仪器(见彩图)

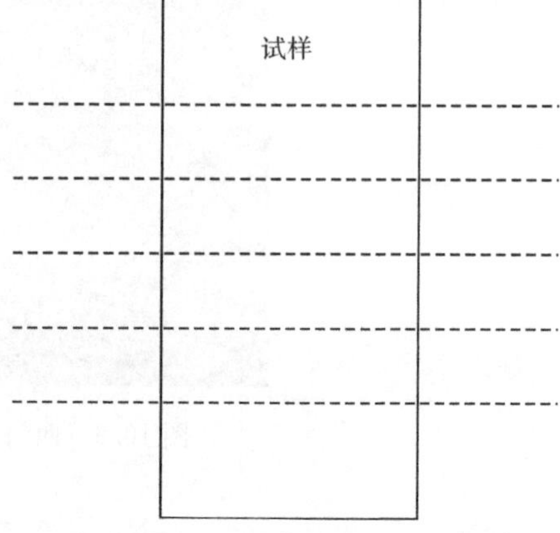

图 10.8　统计断面示意图

试件的扫描和加载同时进行，为了便于观察试件破坏的过程，须根据试验的实时应力-应变曲线选择扫描时机。每次扫描时固定压力不变，对试件进行扫描。试验的应力-应变关系曲线及扫描时刻如图 10.9 所示。扫描时刻对应的轴向应力分别为 0.66MPa、3.28MPa、6.36MPa、6.69MPa、6.16MPa、5.18MPa，对应的轴向应变分别为 0.06%、0.14%、0.27%、0.41%、0.46%、0.57%。

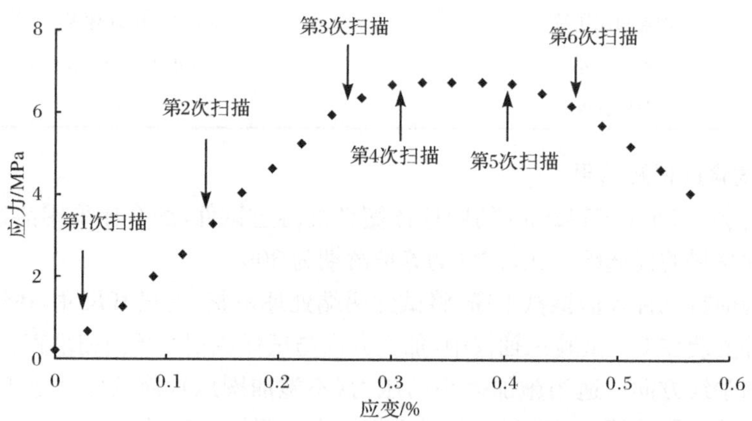

图 10.9　应力-应变关系曲线及 CT 扫描时对应时刻

针对每次扫描分别统计试样内部断面的 CT 平均值，结果见表 10.15。各断面 CT 数平均值与扫描时刻应变关系曲线如图 10.10 所示。

表 10.15 断面 CT 数平均值

断面	断面 CT 数平均值/Hu					
	第 1 次扫描 0.66MPa ε=0.06%	第 2 次扫描 3.28MPa ε=0.14%	第 3 次扫描 6.36MPa ε=0.27%	第 4 次扫描 6.69MPa ε=0.41%	第 5 次扫描 6.16MPa ε=0.46%	第 6 次扫描 5.18MPa ε=0.51%
断面 1	1356.2	1355.7	1353.8	1346.6	1309.2	1265.9
断面 2	1358.8	1352.9	1364.5	1344.7	1302.4	1270.6
断面 3	1351.7	1353.3	1354.5	1340.2	1311.6	1268.2
断面 4	1355.9	1355.7	1352.3	1348.5	1297.1	1231.0
断面 5	1342.7	1350.0	1350.4	1325.2	1270.2	1216.5

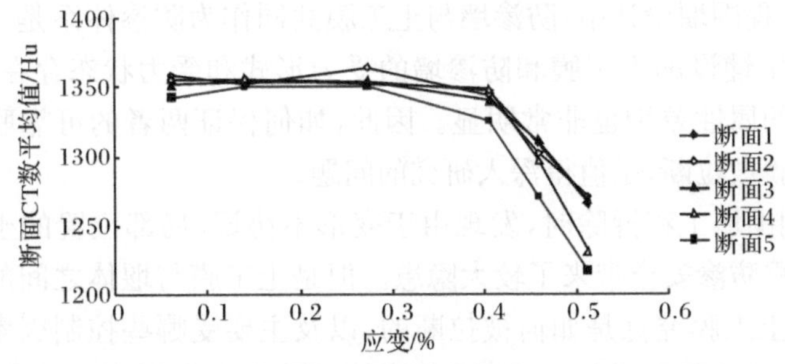

图 10.10 统计断面 CT 数均值与应变关系曲线

从图 10.10 中可以看出，在不同的加载阶段，断面 CT 数平均值变化不同，本次试验中第 3 次扫描（即应力未到达 6.36MPa、应变到达 0.27%）之前，所统计断面的 CT 数平均值较为平稳，几乎没有太大变化，说明塑性混凝土在峰值应力之前，在 CT 尺度下试件尚未出现裂纹。在第 3 次扫描与第 4 次扫描之间，各统计断面的 CT 数平均值开始变小，参照应力-应变曲线，说明在应力峰值前后，试样胶材水化物的密度在减小，试样断面开始出现裂纹，之后统计断面的 CT 数平均值急剧下降，裂纹出现，并不断扩展，试件趋于破坏。

7. 试验结果分析

通过试验结果分析，得到如下结论：

(1) 围堰防渗墙必须适应较大的变形，同时又要具有一定的强度，三峡二期围堰工程对墙体材料高强低弹的要求较高，模强比应控制在 200～250，越接近 200 越好。深厚覆盖层条件下围堰防渗结构对强度的要求更高，本章采用乌东德白云岩作骨料，得到塑性混凝土优选配合比的强度为 6.6MPa，模强比 219，达到预期的高强低弹的目标，更适用于深水围堰。

(2) 针对特定骨料(采用三峡风化砂),研究了同一配合比条件下不同骨料级配(即骨料 P_5)对塑性混凝土力学性能的影响。结果表明,采用三峡风化砂作骨料,P_5为 10%～45%时,配制成的塑性混凝土均具有良好的变形性能和较高的强度。

(3) 龄期 28d 后,塑性混凝土抗压强度和弹性模量仍有增长,但抗压强度增长较快,模量增长较慢,模强比随龄期的增长有所降低,并趋于稳定。

(4) 借助 CT 技术研究表明,塑性混凝土试样在应力峰值前后开始出现裂纹,试样密度减小,试件趋于破坏,从细观上揭示和量化了塑性混凝土破坏过程。

10.2 土工膜与防渗墙联结形式新技术

在水利工程围堰设计中,防渗墙与土工膜共同作为防渗体系是一种常见的形式,由于堰体中铺设的土工膜和防渗墙的受力形式和受力状态存在较大差异,同时,两者材料的属性差别也非常明显。因此,如何保证两者的可靠联结和协调变形,避免土工膜被拉断,是值得深入研究的问题。

三峡二期围堰工程拆除时,发现由于变形不协调,局部位置的土工膜被拉裂或拉断,给工程防渗安全带来了较大隐患。但是土工膜与堰体之间的相互作用是如何进行的,土工膜究竟是如何被拉断的,以及主要受哪些控制因素的影响等都需要进一步的试验研究证实。通过直剪摩擦试验和离心模型试验手段,对土工膜的破坏过程进行全面模拟,监测试验过程中的物理量变化,从而获得其受力机理,在此基础上,通过改进土工膜与防渗墙的联结形式或铺设方式,验证其合理性和可行性,为工程设计和施工提供可靠依据。

10.2.1 复合土工膜与堰体砂砾料间的直剪摩擦试验

1. 复合土工膜受力分析

因复合土工膜尾端固定于防渗墙顶部,且距防渗墙一定距离处设置有伸缩节,当塑性混凝土防渗墙在深水高围堰条件下产生向下游方向的变形时,土工膜主要受防渗墙的拉力 T、土工膜上部围堰填料(即风化砂)给予的上覆荷载 G 和土工膜上、下两侧风化砂产生的摩擦力 f(如图 10.11 所示,三者均考虑为单位宽度土工膜所受的力,即量纲均为 kN/m),分析其结果可能有以下 3 种情况。

1) 土工膜伸缩节被拉出,未出现破坏现象

复合土工膜防渗墙共同形成的防渗体系起到了很好的防渗作用,且土工膜伸缩节的作用得到较好的发挥,受力情况分析如下:

设土工膜与风化砂之间的摩擦系数为 μ,则 $f=\mu G$,设土工膜的拉伸强度为

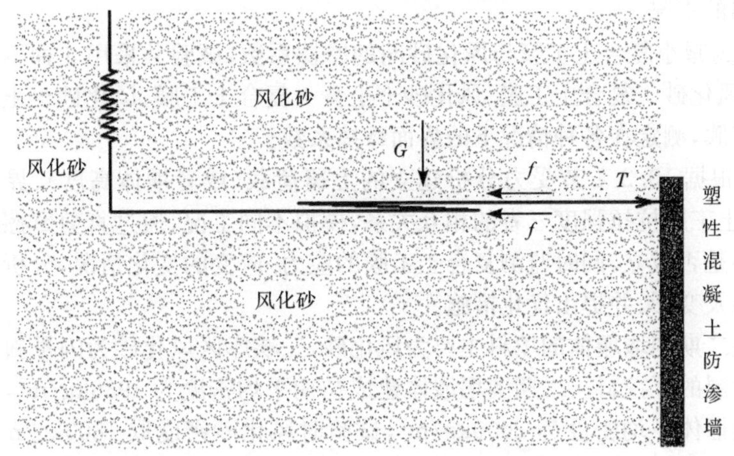

图 10.11　三峡二期围堰中复合土工膜受力示意图

N,土工膜拉力为 T,若土工膜未破坏,则 $T<N$;若伸缩节被拉出,说明土工膜与风化砂之间为动摩擦,$f\leqslant T$。此情况下土工膜的受力关系为 $\mu G=f\leqslant T<N$。

2) 土工膜伸缩节未被拉出,也未出现破坏现象

复合土工膜与防渗墙共同形成的防渗体系可以起到较好的防渗作用,且土工膜伸缩节的作用未得到发挥,受力情况分析如下:

若土工膜未破坏,则 $T<N$;若伸缩节未被拉出,说明土工膜与风化砂之间为静摩擦,$T<f$;此情况下土工膜的受力关系为 $T<N$ 且 $T<f$;若要使防渗墙变形增大(T 增大)时土工膜不被拉断,则应保证 $f<N$。

3) 土工膜伸缩节未被拉出,土工膜被拉断(三峡二期围堰拆除时即为此种情况)

复合土工膜与防渗墙共同形成的防渗体系失效,且土工膜伸缩节未起到应有的作用,受力情况分析如下:

若土工膜被拉断,则 $T>N$;若伸缩节未被拉出,说明土工膜与风化砂之间为静摩擦,$T<f$。此情况下土工膜的受力关系为 $N<T<f$。

分析其原因,可能是复合土工膜拉伸强度过低或土工膜与风化砂间的摩擦力太大。

因此,若要使土工膜不被拉断,应从以下两方面采取措施:选用拉伸强度较高的土工膜;减小复合土工膜与风化砂间的摩擦系数。

2. 技术路线与试验材料

根据前述试验研究及土工膜受力分析,直剪摩擦试验技术路线如下:

(1) 进行三峡风化砂与复合土工膜的直剪摩擦试验,验证土工膜损坏而伸缩

节未拉出的工况。

(2) 为减小复合土工膜与风化砂间的摩擦系数，试验共采用 3 种不同界面接触方式：风化砂＋复合土工膜、风化砂＋土膏＋复合土工膜、风化砂＋土工单膜＋复合土工膜，测定在各种情况下的界面摩擦系数。

(3) 根据 10.2.1 节受力分析建立的上覆荷载（或者堰体高度）、界面摩擦系数、复合土工膜抗拉强度三者的相互关系，模拟不同工况，通过直剪摩擦试验验证上述关系是否成立，同时监测复合土工膜的应力-应变的变化情况，分析其不同部位的受力及变形，并提出优化措施。

三峡二期围堰堰体的填料主要为风化砂，三峡库区风化砂为闪晕斜长花岗岩全强风化层的开挖料。二期围堰堰体建成初期平均密度为 $1936kg/m^3$，拆除时防渗墙附近堰体平均密度为 $2000kg/m^3$，试验时风化砂密度取 $1800kg/m^3$，含水率为 10%。三峡库区风化砂的天然粒径较小，级配相对不稳定，按以往经验采用橡皮头锤碾条件下的干筛级配曲线作为风化砂的级配曲线资料，如图 10.12 所示，P_5 值（粒径大于 5mm 的颗粒质量分数）为 11.6%，含泥量（粒径小于 0.1mm 的颗粒质量分数）为 4.2%。

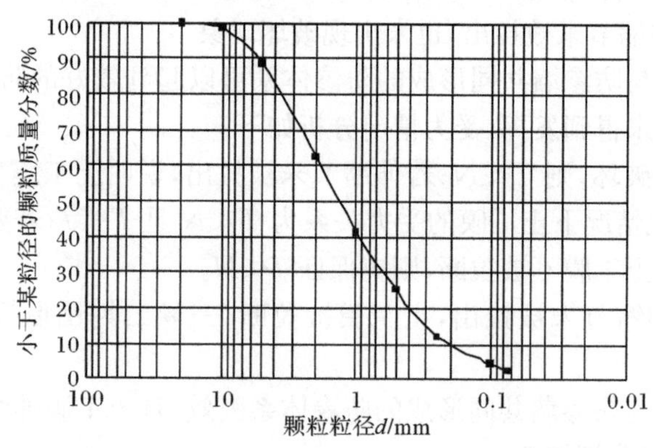

图 10.12　三峡库区花岗岩风化砂颗粒分析曲线

采用 2 种复合土工膜，均从合作厂家处购买。国标中对克重要求最低为 400g，经室内检测，选用的 2 种材料主要指标如下：①厚度为 2.28mm，单位面积质量为 $468g/m^2$；纵向拉伸强度为 5.74kN/m，纵向延伸率为 70.71%；横向拉伸强度为 5.81kN/m，横向延伸率为 95.49%。②厚度为 4.05mm，单位面积质量为 $874g/m^2$；纵向拉伸强度为 14.7kN/m，纵向延伸率为 82.9%；横向拉伸强度为 17.7kN/m，横向延伸率为 88.4%。

3. 试验过程及结果

试验所用直剪摩擦仪如图 10.13 所示，各部件符合《土工合成材料测试规程》

(SL 235—2012)相关规定。

图 10.13　直剪摩擦仪

试样盒由上、下盒组成,方形,尺寸为 305mm×305mm。试验前在下盒内放入钢垫块,将复合土工膜试样由夹持器固定在下盒上,然后将风化砂按照设定的密度和含水率于上盒内击实。试验时上盒固定,下盒滑动,用下盒提供的拉力模拟现场塑性混凝土防渗墙产生水平位移时对复合土工膜的作用,复合土工膜受力如图 10.14 所示。直剪摩擦试验每组 3 个试样,上覆荷载分别为 50kPa、100kPa、200kPa。上盒内风化砂固结后开始剪切,剪切速率为 0.5mm/min,当位移达 40mm 时停止试验。

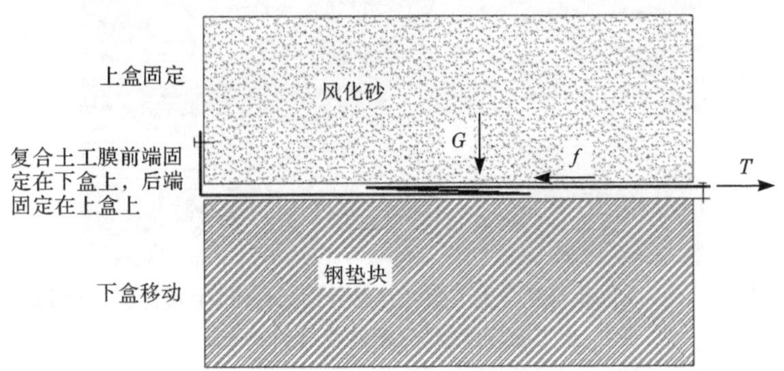

图 10.14　直剪摩擦试验复合土工膜受力示意图

1) 土工膜损坏而伸缩节未拉出的工况模拟试验

为了模拟三峡二期围堰复合土工膜损坏而伸缩节未拉出的情况,采用三峡风化砂和复合土工膜 2 进行试验。因复合土工膜 2 横向拉伸强度为 17.7kN/m,略小于三峡土工膜的纵向抗拉伸强度设计性能指标(不小于 20kN/m),因此,考虑对上覆荷载进行相应折减，$15.5\text{m}\times 20\text{kN/m}^3\times 17.7/20=274\text{kPa}$，取 $G=270\text{kPa}$。剪切位移与剪应力关系曲线如图 10.15 所示，试验后土工膜夹具端轻度损坏，如图 10.16 所示。

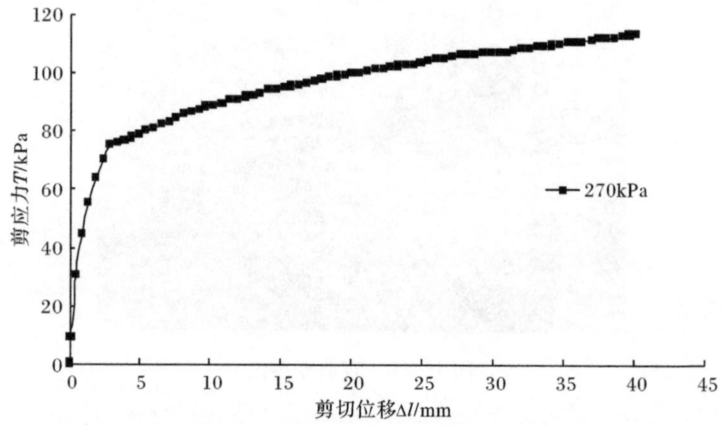

图 10.15　上覆荷载为 270kPa 时风化砂与复合土工膜 2 界面剪切位移与剪应力的关系曲线

图 10.16　风化砂与复合土工膜 2 接触界面条件下(上覆荷载 270kPa)土工膜轻度损坏(塑性变形约 6mm)

由图可知，复合土工膜 2 夹具端已轻度损坏且伸缩节未拉开，因本试验界面为单面摩擦，而实际工程中复合土工膜两侧均与围堰填料接触，显然，复合土工膜伸缩节更难以拉开，因此有必要深入探讨出现该情况的内在原因及避免土工膜损坏的应对措施。

2) 界面摩擦系数试验

本节所做的界面摩擦试验均为单面摩擦，即界面摩擦系数为单面摩擦系数，与实际工程中复合土工膜两侧均与围堰填料接触不同,但可用作机理分析。试验结果见表 10.16。

表 10.16　直剪摩擦试验结果

填料	界面材料	界面接触形式	界面摩擦系数	界面摩擦强度指标	
				C/kPa	φ/(°)
三峡风化砂(密度 1.8g/cm^3,含水率 10%)	复合土工膜 1	风化砂+土工膜	0.258	19.0	14.5
		风化砂+土膏+土工膜	0.270	13.0	15.1
		风化砂+单膜+土工膜	0.224	4.6	12.6
	复合土工膜 2	风化砂+土工膜	0.253	35.6	14.2
		风化砂+土膏+土工膜	0.267	26.0	14.9
		风化砂+单膜+土工膜	0.218	1.5	12.3

从表 10.16 中可以看出,复合土工膜 2 与复合土工膜 1 在几种界面接触形式下的界面摩擦系数及其规律比较接近,因此,以下试验验证及分析以复合土工膜 1 为主。

受力分析及直剪摩擦试验表明,复合土工膜 1 与风化砂界面、复合土工膜 1 与风化砂间加土膏时、复合土工膜 1 与风化砂间加单膜时的界面摩擦系数分别为 0.258、0.27、0.224。

因复合土工膜 1 的纵向拉伸强度 T_s 为 5.74kN/m,当复合土工膜达到极限拉伸状态时,采用不同界面接触形式情况下临界上覆荷载计算如下:

① 复合土工膜 1 与风化砂界面。

$G_1=(T_s/0.305)/\mu_1=(5.74/0.305)/0.258=72.9(\text{kPa})$

② 复合土工膜 1 与风化砂间加土膏时界面。

$G_2=(T_s/0.305)/\mu_2=(5.74/0.305)/0.270=69.7(\text{kPa})$

③ 复合土工膜 1 与风化砂间加单膜时界面。

$G_3=(T_s/0.305)/\mu_3=(5.74/0.305)/0.224=84.0(\text{kPa})$

因此,受到防渗墙较大水平拉力的情况下,当上覆荷载 $G<72.9\text{kPa}$ 时,复合土工膜 1 的伸缩节可从三峡风化砂中拉出,否则土工膜将被拉断;若在复合土工膜 1 与风化砂间加单膜,界面摩擦系数减小,伸缩节从风化砂中拉出的允许上覆荷载可提高至 84.0kPa。下面对上述分析进行试验验证。

3) 不同上覆荷载的验证试验

复合土工膜 1 采用"之"字形折叠后,在不同上覆荷载下的剪切位移与剪应力关系曲线如图 10.17 和图 10.18 所示。

试验结果表明,风化砂与复合土工膜 1 接触界面条件下,当上覆荷载为 50kPa 时,复合土工膜伸缩节可拉出;当上覆荷载为 100kPa 时,复合土工膜伸缩节不能

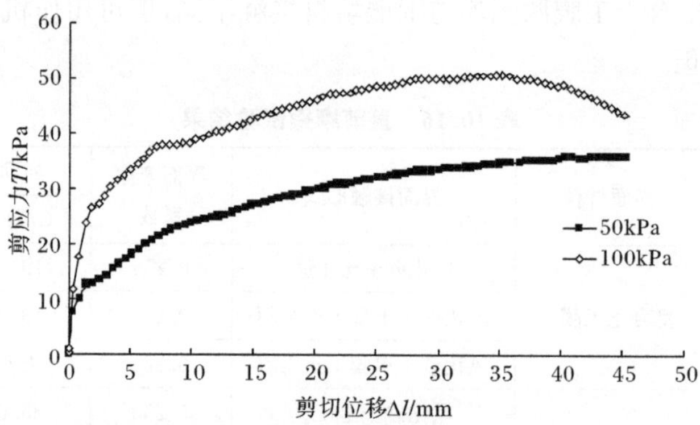

图 10.17 不同上覆荷载条件下风化砂与复合土工膜 1 界面剪切位移与剪应力的关系曲线

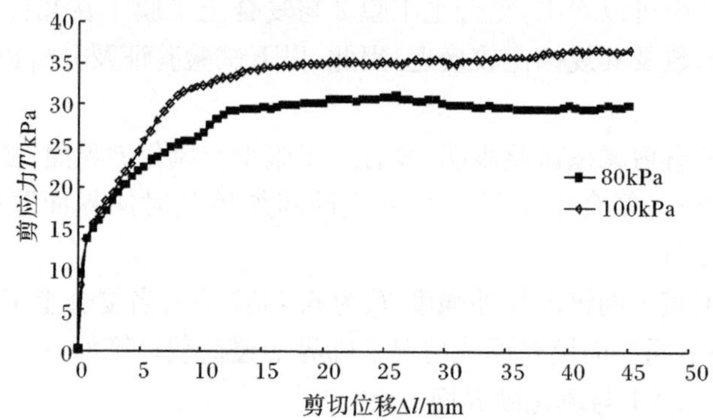

图 10.18 不同上覆荷载条件下风化砂与复合土工膜 1 间加单膜时界面剪切位移与剪应力的关系曲线

拉出,剪切位移为 35mm 时复合土工膜剪应力达到 50.8kPa,复合土工膜已损坏,剪应力减小。

由试验结果可以看出,风化砂与复合土工膜 1 间加单膜条件下,当上覆荷载为 80kPa 时,复合土工膜伸缩节可拉出,剪应力与剪切位移关系曲线表现为剪应力先逐渐增大,然后在复合土工膜与风化砂之间滑动启动后略有减小,与动摩擦力略小于静摩擦力规律一致;当上覆荷载为 100kPa 时,复合土工膜伸缩节不能拉出,随剪切位移增大,剪应力逐渐增大。

4) 不同摩擦系数的验证试验

复合土工膜 1 采用"之"字形折叠后,在同一上覆荷载下的不同界面接触形式剪切位移与剪应力关系曲线如图 10.19 所示。

由图 10.19 可以看出,当界面摩擦系数较大(界面加土膏)时,剪切位移与剪

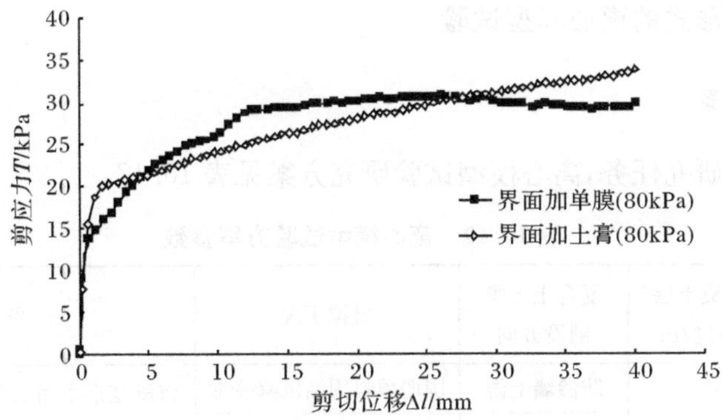

图 10.19　风化砂与复合土工膜 1 在不同界面接触形式下剪切位移与剪应力关系曲线

应力关系曲线表现为逐渐增大；而当界面摩擦系数较小(界面加单膜)时，剪切位移与剪应力关系曲线则表现为剪应力先增大然后略有减小。两者试验后夹具端复合土工膜塑性变形分别为 12%、4%，分别对应复合土工膜伸缩节不能拉开和能拉开的情况。

4. 试验结果分析

当塑性混凝土防渗墙在深水高围堰条件下产生向下游方向的变形时，连接在其上的复合土工膜(柔性防渗体)主要受防渗墙的拉力 T、复合土工膜上部围堰填料给予的上覆荷载 G 和复合土工膜上、下两侧填料产生的摩擦力 f 三者的共同作用。

为保证复合土工膜在不利情况下受拉时不被拉断，需要满足条件 $T<N$ 且 $f<N$(其中，T 为复合土工膜所受拉力，N 为复合土工膜拉伸强度，f 为复合土工膜所受摩擦力)。根据实际情况可从以下几个方面采取措施。

1) 当上覆荷载 G 一定时

(1) 选用拉伸强度较高的复合土工膜，使得 $N>T$ 且 $N>f$。

(2) 减小复合土工膜与围堰填料间的摩擦系数，使得 $\mu<N/G$。

2) 当复合土工膜拉伸强度一定时

(1) 减小复合土工膜与围堰填料间的摩擦系数，使得 $\mu<N/G$。

(2) 减小上覆荷载，使得 $G<N/\mu$。

3) 当复合土工膜与围堰填料间的摩擦系数一定时

(1) 选用拉伸强度较高的复合土工膜，使得 $N>T$ 且 $N>f$。

(2) 减小上覆荷载，使得 $G<N/\mu$。

10.2.2　联结形式的离心模型试验

1. 试验方案

根据试验研究任务，离心模型试验研究方案见表 10.17。

表 10.17　离心模型试验方案参数

方案编号	上覆土层厚度/m	复合土工膜铺设方向	模拟工况	备注
SX-1	15.5	防渗墙上游	围堰填料固结沉降变形	沉降变形由固结变形产生；防渗墙水平位移通过施加荷载产生
SX-2	15.5	防渗墙上游	防渗墙产生水平位移	
SX-3	15.5	防渗墙下游	改进复合土工膜铺设方式：先向上延伸 0.5m再平铺	复合土工膜高出连接处 2cm；分别考虑沉降变形和防渗墙水平荷载影响

注：分析认为，围堰填料沉降变形可能由两部分组成：①填料的固结沉降；②防渗墙变形后，上游侧堰体与防渗墙脱开，上游侧堰体产生一定的水平变形导致堰体沉降。为便于分析，均以固结沉降变形为代表，下同。

试验方案一(SX-1)。以三峡二期围堰工程为研究对象，模拟防渗墙及复合土工膜的受力条件，研究围堰填料固结沉降变形时复合土工膜的受力情况及拉伸变形，以确定对复合土工膜的影响。

试验方案二(SX-2)。通过改变防渗墙的水平位移，研究复合土工膜的受力情况及拉伸变形，以确定对复合土工膜的影响。

试验方案三(SX-3)。改进复合土工膜与防渗墙的铺设方式，增加复合土工膜竖向的长度和改变复合土工膜的铺设方向(即使复合土工膜先竖向延伸后再往下游方向铺设)，依次进行固结沉降离心模型试验和防渗墙水平方向压缩离心模型试验，验证改进铺设方法的合理性和可行性。

2. 离心机模型试验设备和相似关系

试验在长江科学院的 CKY-200 型土工离心机上完成。主要技术性能(静力状态下)如下：

容量：200g-t，有效半径 3.7m，最大加速度 200g，二维平面应变模型箱尺寸为 1.0m(长)×0.4m(宽)×0.8m(高)。

离心模型试验是通过离心加速度增加土体自重应力使得原型与模型达到应力应变相等，变形相似。主要物理量原型与模型的关系见表 10.18。

表 10.18　物理量变换

模型物理量	线性尺度 L_m	面积 A_m	体积 V_m	时间 t_m	速度 v_m	加速度 a_m	质量 m_m	力 F_m	能量 E_m	应力 σ_m	应变 ε_m	密度 ρ_m	频率 f_m	渗透系数 k_m
加速度 ng 时的比尺	$1/n$	$1/n^2$	$1/n^3$	$1/n^2$	1	n	$1/n^3$	$1/n^2$	$1/n^3$	1	1	1	n	n
原型物理量	nL_m	n^2A_m	n^3V_m	n^2t_m	v_m	a_m/n	n^3m_m	n^2F_m	n^3E_m	σ_m	ε_m	ρ_m	f_m/n	k_m/n

3. 离心模型尺寸和材料选择

1) 原型条件

复合土工膜以上堰体厚度为 15m，下覆风化砂层厚度为 15m；为控制边界条件，忽略边坡的影响；水平向预留伸缩节距防渗墙为 3m，可伸缩长度按 100cm 考虑；不考虑竖向埋设段的影响，即在制作模型时，复合土工膜水平方向延伸长度为 18m，填筑材料包括界面及堰体等统一采用风化砂。

2) 离心机模型设计

根据模型箱尺寸 1.00m(长)×0.40m(宽)×0.80m(高)，和原型尺寸相比较，模型比尺选为 1∶50。

复合土工膜以上堰体厚度为 30cm，下覆风化砂层厚度为 30cm；水平向预留伸缩节距防渗墙为 6cm，可伸缩长度按 2cm 设置；水平向延伸长度为 36cm。在试验方案三中，为抵消固结沉降量，复合土工膜沿防渗墙向上延伸 2cm。模型断面示意图如图 10.20 和图 10.21 所示。

3) 堰体填筑料的模拟

模型所用的填筑材料均采用三峡二期围堰原型所用的风化砂。模型制作时，风化砂的密度为 17.0kN/cm^3，并尽可能减少上部制样对下部复合土工膜及其下覆风化砂的影响。

4) 防渗墙的模拟

本次试验重点不是研究防渗墙的变形，模拟材料可不与原型完全相似，主要考虑可与复合土工膜牢固连接、具有一定的强度、可产生一定的水平位移而不折断(弹性变形)等；鉴于以上原因，考虑采用薄铝板进行模拟(根据其抗弯模量、水平加荷载限值及水平位移的要求综合确定铝板的厚度为 2mm)，底部设置宽承台，以达到底部固定的目的。防渗墙与复合土工膜的连接采用夹具进行夹紧，并用螺丝固定。

5) 复合土工膜的模拟

本次模型试验中复合土工膜的模拟是关键环节，必须满足与原型相似的要求。原型中，复合土工膜为两布一膜的结构，其设计参数为抗拉强度大于 20kN/m

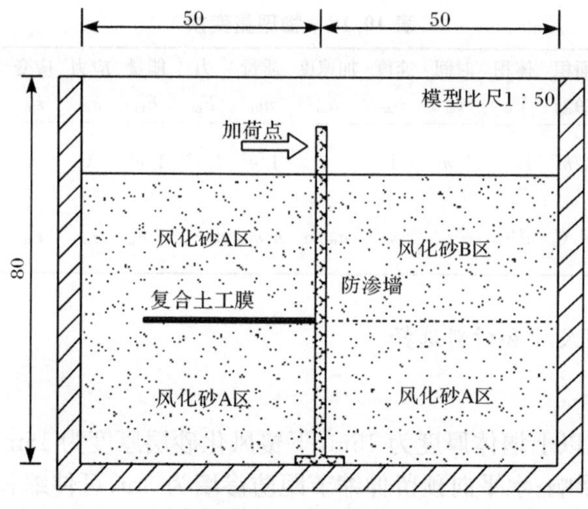

图 10.20　SX-1、SX-2 模型断面示意图(单位:cm)

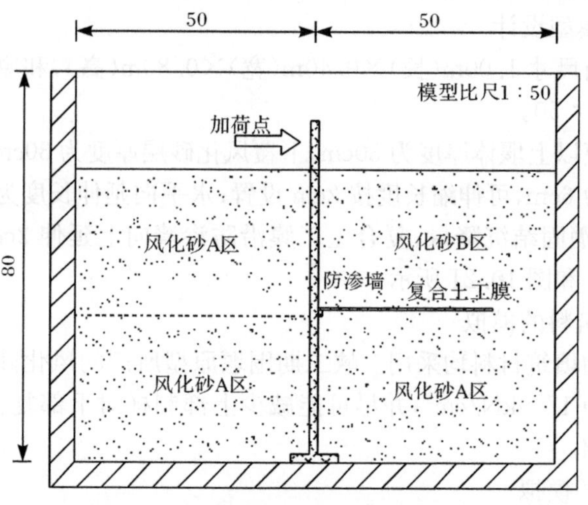

图 10.21　SX-3 模型断面示意图(单位:cm)

(经向和纬向相同),伸长率大于 30%,主膜厚度大于 0.5mm,渗透系数等于 $10^{-11}\sim10^{-12}$cm/s。以上设计参数的模拟中,重点考虑复合土工膜与风化砂的摩擦特性、抗拉强度和伸长率三个因素要满足相似条件。

满足界面摩擦特性相似的要求,即模拟材料与原型材料具有相同的摩擦系数,原则上模拟材料应选用与原型复合土工膜表面相同的材料。

满足抗拉强度相似的要求,模拟材料的抗拉强度为原型的 $1/N$,模型比尺为 50,模拟材料的抗拉强度为 0.4kN/m。

满足伸长率相似的要求，模拟材料的伸长率也应达到 30%。

根据以上控制因素，选择合适的模拟材料。

4. 模型监测及布置

1) 沉降及侧向变形

采用激光位移传感器或 LVDT 监测顶面及复合土工膜表面沉降，采用激光位移传感器监测铝板顶部的侧向变形(水平位移)。

2) 复合土工膜受力状态监测

如图 10.22 所示，自与防渗墙连接端开始，按一定间距，在复合土工膜表面分别黏贴若干柔性应变片，连接端一侧间距要小，离防渗墙越远，间距逐渐越大；通过应变的变化，监测复合土工膜不同部位的受力状态和拉伸变形情况，以了解沉降和水平位移等因素对复合土工膜的影响。

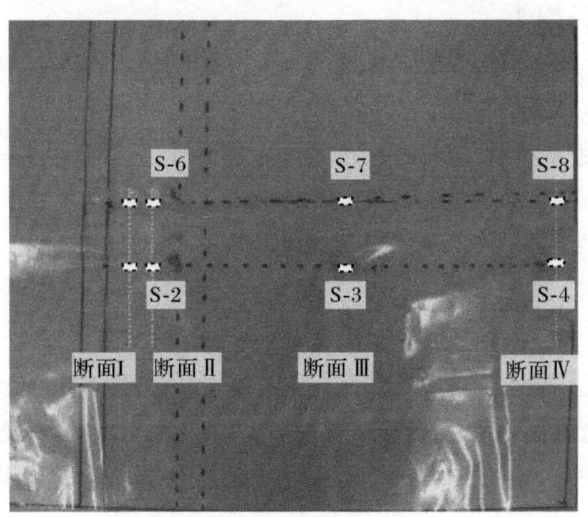

图 10.22　复合土工膜应变片设置

为了研究复合土工膜是否可与防渗墙整体移动，在底部沿垂向方向预先埋设标志线，并与复合土工膜粘紧；当复合土工膜发生水平向移动时，标志线将变成弯曲的形态；停机开挖后，观测其变化情况。

3) 防渗墙监测

在防渗墙(铝板模拟)上沿不同高度适当粘贴一定数量的应变片，以测定防渗墙沿深度方向的水平位移变化，获得复合土工膜与防渗墙的水平变形。

4) 荷载监测

当需要增加防渗墙的水平位移时，可以通过顶部气缸施加水平荷载的方式实现；在施加荷载的部位固定荷载传感器，以测定施加荷载的大小，进而控制侧向变形。

5) 照片及录像

试验过程中采用红外摄像头进行全程录像,并对典型状态拍照。

5. 模型制备及试验过程

(1) 将预先制好的铝板(防渗墙,预先粘贴应变片)放置于模型箱的设计位置,按设定的密度要求,在两侧分层填筑风化砂至 30cm;铺设复合土工膜,设置伸缩节,采用夹具进行连接,粘贴应变片,并在侧面将导线引出,埋设分层沉降标(测定复合土工膜表面沉降);在两侧分层填筑至 60cm,安装沉降及水平位移观测探头,固定好加压气缸;计算配重,并安装配重砝码。

(2) 升至 50g 并稳定运行 1h(如各测试探头数据稳定较快时,适当减少稳定运行时间),观测各测值的变化规律,稳定后,停机。

(3) 挖除 B 区填筑的风化砂,因铝板变形较大,方案二和方案三只挖除 B 区的一部分,重新连接各探头。

(4) 再次升至 50g 并稳定运行,观测各测值的变化规律;稳定后施加水平荷载,增大水平位移,观测铝板水平位移对复合土工膜的影响。

(5) 停机,在侧面将模型挖成剖面,观察复合土工膜运行后的状态,进行记录和拍照。

(6) 清理实验室,试验结束。

6. 试验结果

首先,通过试验后照片直观分析试验后复合土工膜的开裂位置和张开程度,以及伸缩节的变化情况;然后,分别给出复合土工膜的应变-地表沉降、复合土工膜的应变-防渗墙水平位移的关系曲线,定量分析复合土工膜应变以及裂纹开展的主要过程。

1) SX-1 固结沉降变形影响

图 10.23 为试验后复合土工膜的形态。可以看出,6cm 处的伸缩节没有伸展开,复合土工膜的断裂仅局限于靠近防渗墙的连接端部;中间开裂程度明显大于两端,且中部复合土工膜的表面压痕更为明显。

从图 10.24 可以看出,随着与防渗墙距离的逐渐增大,复合土工膜受到的拉应力逐渐增大;并且当地表沉降为 0～5mm 时,距离防渗墙 2cm 处的应变缓慢增大,最大应变小于 500με;当地表沉降为 5～12mm 时,应变迅速增大,最大应变及塑性应变值分别达到 4500με 和 2700με;当地表沉降超过 12mm 时,复合土工膜进入塑性应变或者被拉破。

2) SX-2 防渗墙水平位移影响

图 10.25 为 SX-2 试验后复合土工膜裂缝开展图,模拟防渗墙水平位移对复

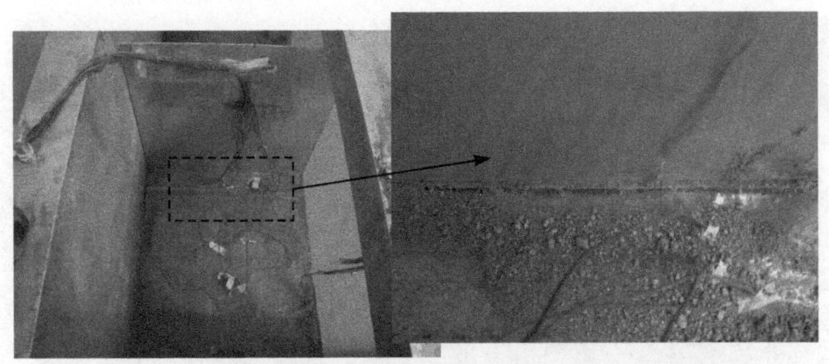

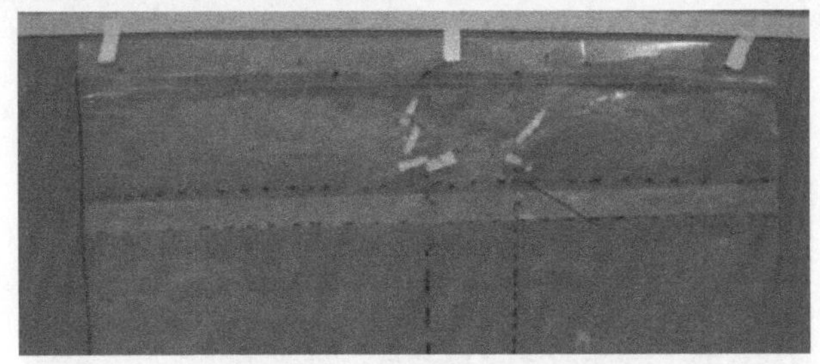

图 10.23　SX-1 试验运行结束后土工膜状态(见彩图)

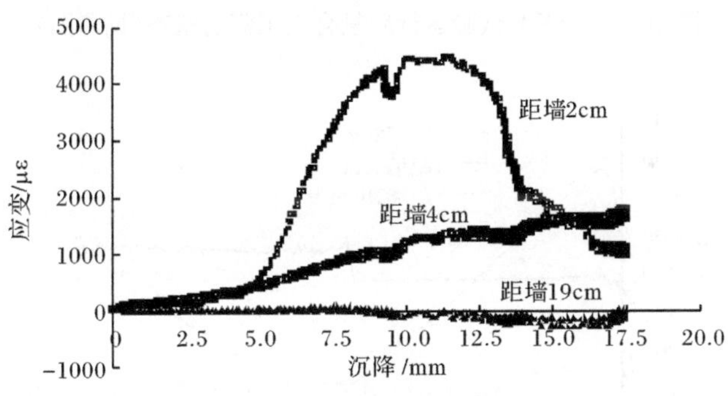

图 10.24　SX-1 应变-地表沉降关系

合土工膜的影响。可以看出复合土工膜在其与防渗墙的连接处断开,仅有两处已产生较大塑性变形但未断开。

从图 10.26 可以看出,三点处的应变均比较小,其最大值均小于 700με;随着水平位移(LDS-5)的逐渐增大,距离防渗墙 2cm 处的应变逐渐增大,在水平位移为 17mm 左右时达到最大值,这表明复合土工膜在其与防渗墙的连接处受力不均匀。很明显,曲线不连续,主要原因是由于风化砂内聚力为 0,发生水平位移速度快,而应变的变化滞后。当水平位移为 17mm 时,应变发生突变,推测此时复合土工膜被拉破。

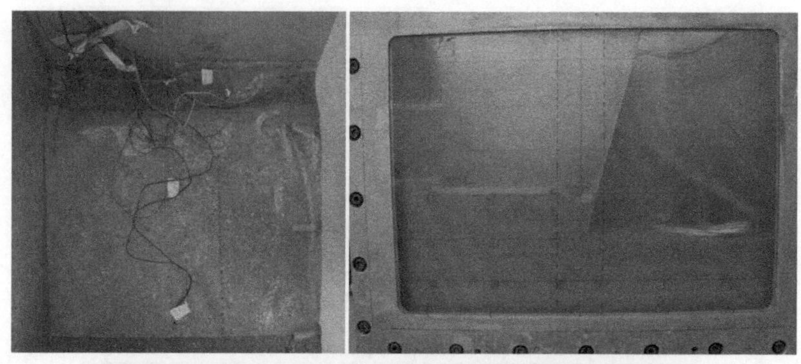

图 10.25　SX-2 试验运行后复合土工膜的状态(见彩图)

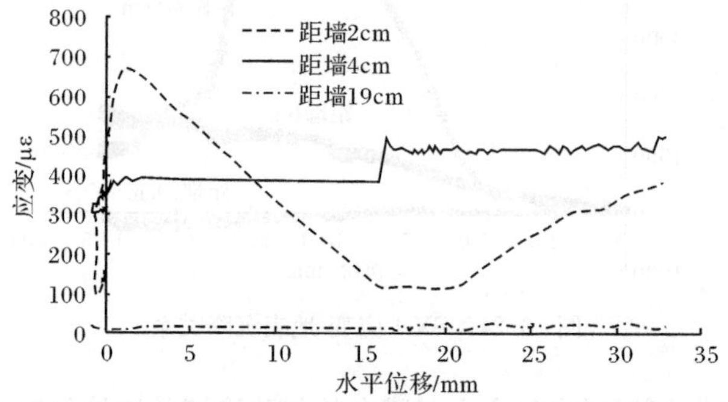

图 10.26　SX-2 断面Ⅰ应变-水平位移(LDS-5)关系

3) SX-3 改进复合土工膜与防渗墙联结形式

根据以上分析,围堰填料固结沉降变形和防渗墙水平位移均可导致复合土工膜被拉断。因此,考虑改进复合土工膜与防渗墙的联结形式,将复合土工膜先沿防渗墙侧壁竖直往上延伸一段距离(或在防渗墙顶竖直往上延伸一段距离)并设置伸缩节,然后再向下游方向铺设,如图 10.27 所示。

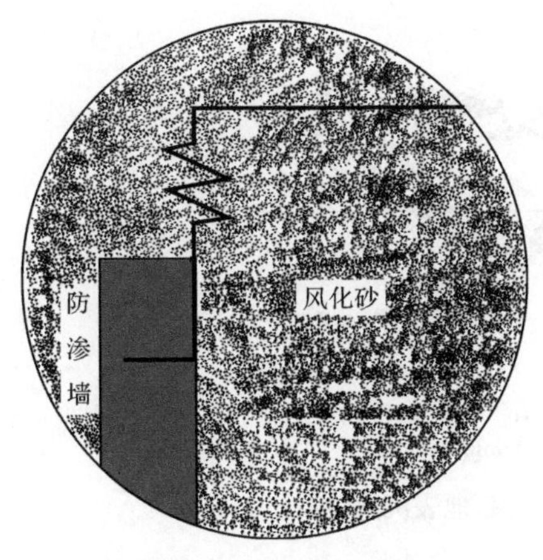

(a) 先沿防渗墙侧壁竖直往上延伸

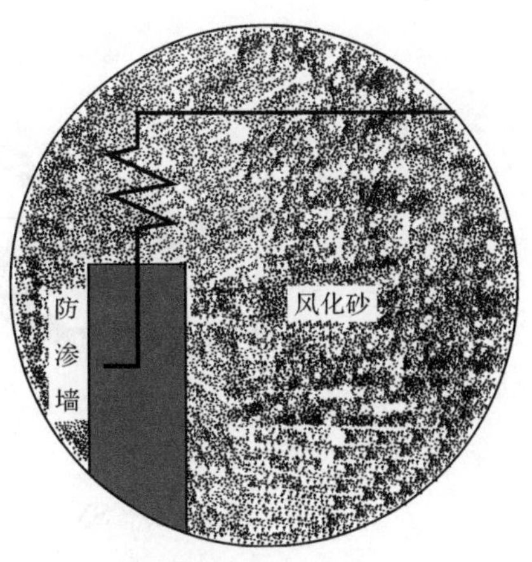

(b) 先在防渗墙顶竖直往上延伸

图 10.27　复合土工膜竖直往上延伸一段距离并设置伸缩节后再往下游铺设

下面对改进后复合土工膜与防渗墙的联结形式的合理性和可行性进行试验验证。

图 10.28 为 SX-3 试验后复合土工膜的形态，从图中可以看出，复合土工膜与防渗墙连接处完整，未被拉断；但距离防渗墙 6cm 处的伸缩节没有伸展开。

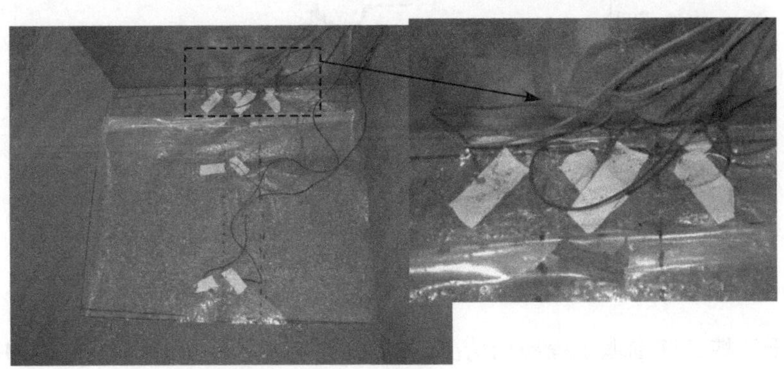

图 10.28　SX-3 试验后复合土工膜(见彩图)

从图 10.29 可以看出，改进复合土工膜与防渗墙连接方式后，应变均比较小，应变值与地表固结沉降基本呈线性增大关系，最大值小于 800με。结果表明，复合土工膜仍然处于线弹性状态，未屈服或被拉断。

图 10.30 所示为复合土工膜不同断面处应变与水平位移的关系曲线。由于量测设备的限制，此处水平位移量测点高于复合土工膜铺设平面。由于风化砂内聚力为 0，发生水平位移速度快，而应变的变化滞后。可以看出，应变绝对值随着

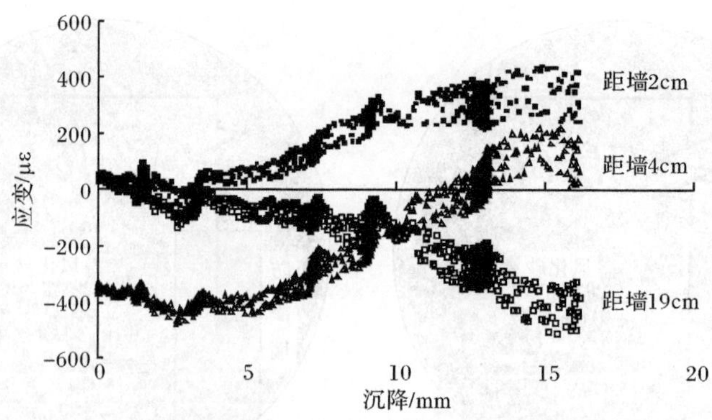

图 10.29 SX-3 断面Ⅰ应变-地表沉降关系

水平位移逐渐增大，当水平位移达到最大值时，应变绝对值的最大值小于 1200με。结果表明，水平压缩变形未使土工膜产生屈服或者破坏。

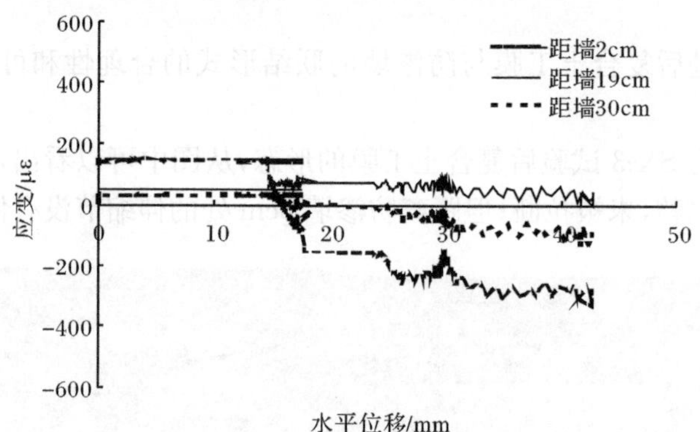

图 10.30 SX-3 断面Ⅳ应变-水平位移关系

10.2.3 试验分析

基于三峡二期围堰工程现场情况，开展复合土工膜下方抛填风化砂的固结沉降变形离心模型试验以及防渗墙水平位移离心模型试验，研究复合土工膜与堰体之间的相互作用及其主要控制因素，得到复合土工膜的受力和破坏机理；在此基础上，通过改进复合土工膜与防渗墙的联结形式或铺设方式，开展离心模型试验验证其合理性和可行性，得到以下主要结论：

(1) 复合土工膜下土体的固结沉降变形能够使得复合土工膜与防渗墙在其连接处产生拉断，并且应变在地表沉降为 5～15mm 时迅速增大，基本呈线性关系直至产生破坏。其沉降存在一个极限值，当超过这个极限值时，复合土工膜即被拉断。

(2) 防渗墙水平拉伸作用同样能够使得复合土工膜在与防渗墙联结处被拉断，但水平位移 5mm 以下其应变增大至最大值，呈线弹性增大；在 5～17mm，应变基本不变，表明复合土工膜被拉伸至屈服；当水平位移超过 17mm 时，复合土工膜被拉断。

(3) 改进复合土工膜与防渗墙联结形式，将复合土工膜沿防渗墙侧壁竖直往上延伸一段距离然后再向下游方向铺设。试验结果表明，采用改进联结方式时，复合土工膜在固结沉降变形(地表沉降达到 17mm)以及水平受压条件下未产生屈服或破坏，即改进后的联结形式是合理可行的，为工程设计和施工提供了可靠依据。

10.3　小　结

(1) 通过围堰应力-应变分析提出的防渗墙参数指标要求，采用乌东德白云岩作骨料，试验提出了塑性混凝土配合比，其强度可达 6.6MPa 以上，模强比低于 220，达到预期的高强低弹的目标，更适用于深厚覆盖层条件下高围堰工程的防渗墙建设。龄期 28d 后，塑性混凝土防渗墙材料的抗压强度和弹性模量仍有增长，但抗压强度增长较快，弹性模量增长较慢，模强比随龄期的增长有所降低，并趋于稳定，说明其长期性能对围堰工程安全更加有利。

(2) 借助 CT 技术研究表明，塑性混凝土试样在应力峰值前后开始出现裂纹，试样密度减小，试件趋于破坏，从细观上揭示和量化了塑性混凝土破坏过程。

(3) 采用大型土-土工合成材料直剪仪进行了复合土工膜与砂砾料的直剪摩擦试验，研究了复合土工膜与填料之间的界面摩擦效应、上覆压力与复合土工膜拉伸强度之间的相互关系，当砂砾石层加水饱水后会导致摩擦系数有所减小，但影响不大。获得了砂砾料与复合土工膜的摩擦系数范围；揭示了摩擦系数随砂粒含量和相对密度增加而增大的规律；提出了保证没有伸缩节的复合土工膜不被拉断应满足的条件，即复合土工膜所受拉力及摩擦力均小于拉伸强度。为此，宜选用拉伸强度较高的复合土工膜、界面摩擦系数低的材料，或减小复合土工膜埋置深度。

(4) 通过离心模型试验，研究了复合土工膜与防渗墙之间的不同联结形式，结果表明，在以往采用的联结形式下，填料沉降和防渗墙变形产生的拉力可致使复合土工膜在与防渗墙连接部位拉断；采用本次新提出的联结形式，改变了复合土工膜的受力方式，可有效防止复合土工膜拉断。

第11章　梯级水电站建设条件下导截流系统风险分析

流域梯级水电站开发建设迫切需要一套导流系统可靠性评价体系及其应用规范。本章提出了梯级水电站建设条件下导流系统风险分析方法、基于河道水文分析的施工截流风险与评价、高土石围堰结构风险分析方法；结合金沙江白鹤滩水电工程施工导流工程实例，分析了系统风险因素，开发了风险分析计算模型。

11.1　施工导截流系统风险分析

施工导流贯穿水电工程的整个施工过程，包括导流、截流、拦洪、蓄水及泄水等。施工导流系统是一个高度的非线性系统，且蕴涵的风险因素具有随机性、模糊性、动态性及不确定性，各种变量之间的关系错综复杂，其风险测度困难。导流围堰一旦漫顶或失事，轻则影响工程进度、破坏系统设计功能，重则延迟主体工程施工，威胁下游城镇安全。因此，通过施工导流风险机理分析，动态评估导流风险演化过程，从发生、发展、转化、耦合等多角度审视施工导流风险的规律性具有重要意义。

水电工程梯级建设使得上、下游水电站之间的水文、水力联系更为紧密，导流风险要素间的耦合作用更加复杂，对其施工导流规划设计和风险管理带来了巨大的挑战。目前，施工导流风险分析理论主要针对单一水电工程，缺乏梯级建设条件下施工洪水特性的研究，较少考虑比邻梯级电站间的相互关联。因此，在流域梯级开发背景下，施工导流设计与规划的内涵得到很大的扩展和延伸，迫切需要围绕施工导流系统所面临的关键科学技术难题，开展施工导流动态风险控制方法的研究。

11.1.1　风险理论发展背景

19世纪末西方经济学领域提出了最早的风险概念。随着风险理论发展和人类社会进步，风险评估、风险决策以及风险规避等概念及理论已广泛应用于除经济学以外的其他学科领域，如社会学、环境科学以及工程建筑学等。不同的学科对风险的定义各不相同。例如，加拿大标准协会(Canadian Standards Association)将风险定义为以概率为衡量标准进行的对于工程失效造成人员伤亡、财产损失、环境影响、健康损伤及其他损害等后果的评价。风险在广泛意义上可认为是在系统规定的时空条件下，由于随机因素影响而导致其未能完成规定功能的概率以及造成的损失大小；因此随机因素的不确定性，包括客观和主观因素的不确定性，是风险存在的最主要原因。

工程风险研究可分为工程风险评估与工程可靠性分析，其中工程风险评估是指对工程在预定时间和条件下未能完成预定功能的概率及其后果进行估算；而工程可靠性分析是指对工程在预定时间和条件下能够完成预定功能的能力进行估算。因此，工程风险评估和工程可靠性分析是同一问题的两个方面，两者在概率上为互补关系。20 世纪中期，工程风险和可靠性问题衍生于机器设备维修问题的概率分析，随着相关理论的不断进步发展成为一门应用学科。

工程结构可靠性的研究始于 20 世纪 30 年代，主要是围绕飞机性能失效问题展开。20 世纪 70 年代，在美国、苏联等国家陆续出现严重的大坝失事事故，这使得许多国家开始了水电工程风险研究。最早的水电工程风险评估是美国土木工程师协会于 1973 年发表的某溢洪道设计的检查报告，报告中运用了风险分析方法对溢洪道设计重新评估进行了验证；同时由于美国提堂坝和 Taccoa Fall 坝相继于 1976 年和 1977 年失事，美国政府于 1979 年发表了大坝安全联保导则(FCCST)。在水利工程领域，对风险评估的研究要晚于结构可靠性研究，因为水利工程整体风险不仅与水工建筑物状态有关，还受到水文、地质等自然因素影响；但由于国内试验技术以及计算方法起步较晚，使得相关因素无法准确的模拟和描述。国内水利工程风险研究始于 20 世纪 80 年代，主要研究方向包括：①风险影响因素随机性研究，如水文方面包括来流洪水、洪峰序列的随机性，水力方面包括风浪、壅高和泄流能力的随机性等；②随机因素灵敏度分析，研究影响导流风险的各随机因素对其影响程度；③风险模型研究，包括导流风险计算模型及数值计算手段等；④导流风险标准值问题，对不同类型的工程拟定其风险接受值；⑤系统风险研究，利用系统理论方法将导流系统中各单项风险通过合理计算，耦合为系统总风险。

11.1.2　施工导流风险

根据国内外已建或在建的水电工程资料显示，在水利水电工程建设过程中，导流系统建设及维护费用一般占整个工程总投资的 5%～20%，而导流系统的使用时间也贯穿整个工期，其中一些临时建筑物甚至在工程运行期仍在使用，因此导流系统的优劣是工程整体建设和制约其发挥经济效益的决定性因素之一。水电工程施工导流设计首先需要确定导流标准，导流标准的大小决定着工程投资、工期和建设安全。导流标准选择的首要决策指标是导流风险，同一工程不同的导流标准会对应不同的导流风险。虽然在水电施工研究领域风险分析的引入时间不长，但却是国内外学者的研究重点，近年来有许多不同的施工导流风险计算模型提出，为水电工程施工导流设计提供了理论支持。

(1) 假设 Z 为施工导流风险率的功能函数，导流系统在规定时间和规定条件下使 $Z<0$ 的概率，称为导流系统风险率 P_f，其表达式为

$$P_f = P(Q_1 > Q_2) = P(Q_1 - Q_2 > 0) \tag{11.1}$$

式中：Q_1 为作用于导流系统的荷载，如河道来流的洪峰流量；Q_2 为导流系统抗力，如泄流建筑物泄流能力。

(2) 天然来流洪水量在规定导流期间超过导流建筑物泄流能力和水库调蓄能力总和的概率称为导流系统风险率 P_f，其表达式为

$$P_f = P\left[\int_0^T (Q_1 - Q_2)\,\mathrm{d}t > \Delta V_D\right] \tag{11.2}$$

式中：Q_1 为天然来流洪水量，为时间 t 的函数；Q_2 为导流系统泄水能力，为泄水建筑物泄流能力 Q_{21} 和挡水建筑物允许过水能力 Q_{22} 总和，即 $Q_2 = Q_{21} + Q_{22}$；ΔV_D 为导流系统滞洪能力，若挡水建筑物不允许过水，则由 t 时刻挡水建筑物高程所决定，若挡水建筑物允许过水，则由过水稳定后的上游滞洪量决定；T 为由临时挡水建筑物构成的临时水库从开始滞洪到出现最高库水位的持续时间。

(3) 导流系统的主要任务是将全部或部分来流洪水通过挡水建筑物拦截或通过泄流建筑物引泄至下游，因此在实际工程中最容易观测到也是最直接导致导流系统失效的原因是在导流时段由于挡水建筑物和泄流建筑物无法拦截并泄流来流洪水而使上游水位超过挡水建筑物顶部高程。因此施工导流风险率又可以根据挡水建筑物的挡水可靠性进行分析，即分析在挡水建筑物规模设计和工程导流标准确定的情况下上游水位分布情况，然后与挡水建筑物顶部高程进行对比。因此，导流系统的风险率可以定义为在规定的年限内，施工导流系统不能达到保护主体工程在预期的时间和费用内安全建成的概率。围堰（或挡水建筑物）堰前水位超过围堰设计挡水位的风险率定义为

$$R = P(Z_{up}(t) > H_{upcoffer}) \tag{11.3}$$

式中：$Z_{up}(t)$ 为上游围堰堰前水位；$H_{upcoffer}$ 为上游围堰堰顶高程。

11.1.3 施工围堰风险分析

通常，施工围堰风险是指围堰在施工及使用期内，上游水位超过挡水建筑物高程的概率。为了确定上游围堰堰顶高程和堰前水位，必须综合考虑堰前的洪水水文特性、导流泄洪水力条件等不确定性因素。现有风险率的研究也大多针对这些因素的不确定性而建立各类风险模型，大致有以下几类。

1. 只考虑水文不确定性，而未考虑水力不确定性的概率模型

早期的风险率模型主要是基于古典概率论方法，1970 年，Yen 导出了 N 年内

遭遇超标洪水的风险率模型：

$$R=1-(1-P)^N \tag{11.4}$$

式中：P 为设计洪水频率；N 为导流系统使用年限；R 为 N 年内遭遇超标洪水的概率。

美国《确定洪水频率指南》中指出，采用二项分布的风险率计算模型：

$$S(i)=1-C_N^i P^i (1-P)^{N-i} \tag{11.5}$$

式中：i 为出现超标洪水的年份；$S(i)$为 N 年内遭遇 i 次超标洪水的概率。

上述模型计算简单，但没有考虑水力不确定性及建筑物泄流能力的不确定性，很难全面反映工程实际。

2. 同时考虑水文和水力不确定性的概率模型

这类模型将实际洪峰流量 Q_L 当作荷载，泄流能力 Q_R 当做抗力，通过数理统计方法确定其概率分布，采用结构可靠性的失效概率公式：

$$R = P\{Q_L > Q_R\} = \int_0^{+\infty} \int_{Q_R}^{+\infty} f_R(Q_R) f_L(Q_L) \mathrm{d}Q_R \mathrm{d}Q_L \tag{11.6}$$

式中：$f_R(Q_R)$为抗力概率密度函数；$f_L(Q_L)$为荷载概率密度函数。

式(11.6)并没有考虑系统使用寿命和系统风险随时间变化的作用，而将实际洪峰流量和泄流能力看做是相互独立且与时间无关的随机变量，但这并不完全符合实际情况。

1983 年，Lee 和 Mays 利用条件概率公式，推导出风险率计算模型为

$$R = \frac{\int_{Q_T}^{+\infty} f(r)(1-\exp\{-L[1-F_L(r)]\})\mathrm{d}r}{1-F_R(Q_T)} \tag{11.7}$$

式中：L 为系统使用年限；$f(\cdot)$为系统泄流能力概率密度函数；$F_L(\cdot)$为年最大洪水的概率分布函数；$F_R(\cdot)$为系统泄流能力的概率分布函数；Q_T 为设计洪水。

式(11.7)在推导过程中，只有大于设计洪水的洪水才属于荷载，并且抗力大于设计洪水。但这一前提条件并不合理，因为系统风险率的大小是由系统具有的实际泄流能力与实际洪水流量的相对大小决定的。当实际泄流能力小于设计泄流能力时，即使实际洪水小于设计洪水，也可能因为洪水大于实际泄流能力而发生系统失效。

3. 基于超标洪水间隔时间的随机点过程的风险率模型

20 世纪 60 年代，Borgman、Shanne 和 Lynn 等最早引入 Poisson 过程模型，提取部分历时洪峰序列，假定在$(0,t)$内洪峰个数服从齐次 Poisson 过程，洪峰大小服从指数分布，研究了最大超标洪峰分布问题。1989 年以后邓永录、徐宗学、叶守泽、肖焕雄和韩采燕等基于随机点过程理论，提出了一些风险率计算模型，但由于

只考虑了水文不确定性，而未考虑系统泄流能力的水力不确定性，很难直接应用于施工导流工程实践。

1996年，肖焕雄、孙志禹等提出了同时考虑水文和水力不确定性的二重随机过程模型，较全面地反映了施工导流系统的实际情况，但要求有长期准确的水文实测资料和工程技术资料作支撑，当资料容量小而设计要求高时，可能会因为容量不足而难以得到满意的结果。

4. 基于调洪演算和堰前水位变化的随机风险率模型

以Ito随机微分方程的理论为基础，建立了与堰前水位变化直接联系的随机微分方程：

$$\begin{cases}\dfrac{\mathrm{d}H(t)}{\mathrm{d}t}=\dfrac{\mu_{Q_1}(t)-\mu_{Q_2}(H,X)}{G(\mu_H)}+\dfrac{\mathrm{d}B(t)}{\mathrm{d}t}/G(H)\\ H(t_0)=H_0\end{cases}\tag{11.8}$$

式中：$H(t)$为坝前水位随机过程；$\mu_{Q_1}(t)$为河道来流量过程$Q_1(t)$的平均值函数；$\mu_{Q_2}(H,X)$为泄流流量过程$Q_2(t)$的平均值函数；$G(H)$为坝前水位流量关系曲线；$\mathrm{d}B(t)/\mathrm{d}t$为正态分布白噪声。

式(11.8)较全面地反映了施工导流实际，但很难推求堰前水位的分布推求困难，失效概率的计算公式仍需完善。

5. 基于Monte-Carlo方法模拟施工导流调洪演算与堰前水位分布的风险率模型

采用随机微分方程方法求解调洪演算和堰前水位分布，要推求其微分方程组。对于不同水电工程的施工洪水特性，微分方程求解存在困难。可利用Monte Carlo方法模拟施工洪水过程和导流建筑物泄流，通过系统仿真方法进行施工洪水调洪演算，用统计分析模型确定施工导流上游围堰堰前水位分布和导流系统风险。

11.1.4 结构风险分析

结构在规定工作时间内与规定工作条件下失效的概率为结构风险，当作用于结构的荷载大于抗力时发生失效。荷载是指作用于结构之上并使结构产生内力、位移甚至破坏的力，而抗力是指结构抵抗破坏和失事的能力。根据不同的工程背景，结构风险可能会由以下几个方面的随机因素引起。

1. 荷载随机性

水工结构所承受的荷载主要可分为静力和动力两方面，其中静力荷载主要包括上、下游水位差导致的水压力、渗流导致的坝基扬压力、水工结构自重以及自身混凝土内部的温度荷载等;动力荷载主要包括地震和涌浪等。当建筑物规模和材料一定时,重力荷载几乎没有变异性,视为常量荷载。水头压力荷载与扬压力荷载主要由水工建筑物上、下游水位差产生,其大小具有很强的随机性。温度荷载主要由水工建筑物自身混凝土的热效应产生,其大小与混凝土质量以及现场施工浇筑过程密切相关,也具有较大的随机性。地震荷载本身就是带有强随机性的荷载型式。因此,实际工程中水工建筑物所承受的大部分荷载都带有随机成分,即总荷载为随机变量。

2. 材料力学参数随机性

材料力学参数是水工建筑物结构计算的重要依据,主要包括抗压强度、抗拉强度、泊松比、变形模量、内聚力和内摩擦角等,而大量的实践经验和工程资料表明,以上参数由于材料本身性质或勘测、试验技术等原因,均具有不同程度的随机性。混凝土力学参数中,抗压强度和抗拉强度的变异系数约为 0.2～0.3,变形模量的变异系数约为 0.1～0.2;基岩变形模量的变异系数约为 0.2～0.3;土石料力学参数中,内摩擦角的变异系数约为 0.1～0.2,内聚力的变异系数约为 0.1～0.3。

3. 几何尺寸随机性

几何尺寸同样是影响结构特性的重要因素,不同几何尺寸的结构建筑物在其他边界条件相同情况下的结构响应也可能不同。工程主体建筑物在工程设计完成后一般不会发生几何尺寸的大幅度不可测变化,可作常量处理;但当建筑物中存在结构敏感部位时,应对该部位几何尺寸作随机性分析。同时工程覆盖层和基岩部分的地质结构面,特别在高土石围堰工程中,十分复杂,一般很难准确地进行定量描述,因此其几何分布也必须作随机变量处理。

4. 工程边界条件不确定性

对实际工程结构特性的模拟计算,包括渗流、应力变形及边坡稳定等,首先需要建立计算模型。无论是几何模型还是数值计算模型,都必须将工程边界条件抽象数值化;在抽象过程中,存在许多工程技术的原因,包括边界条件抽象过程中的简化、模型与现实问题复杂性的不完全匹配以及边界条件的时变性等,导致工程边界条件的模拟也具有随机性。

5. 计算模型随机性

在对实际工程的计算模拟中,需要选择适当的模型模拟建筑材料的力学特性,以及合适的强度准则作为结构破坏的标准。但建筑材料大多数都具有复杂的力学特性,同时大部分结构的破坏都是一个逐渐连续的变化,安全与破坏没有明确分界线；所以任何一种本构模型或强度准则都无法全面准确地模拟工程的材料特性与破坏特性，采用不同的模型和准则得到的计算结果可能存在较大差异。因此，选择计算模型和准则时，对最后的计算分析结果具有随机性影响。

对于结构风险的描述有 3 种方式：可靠度（可靠概率）、风险率、可靠指标（或称安全指标），其中可靠度理论在土木工程中已得到了成功应用，形成了成熟的理论体系。由于结构在设计、施工和运行过程中，存在许多影响结构特性的不确定因素，结构可靠性设计实际上是一个在结构初始构造费用和结构可能的失事损失之间权衡的风险决策过程，以保证工程结构在规定时间内承受设计的各种作用，满足设计的各种功能，并在正常的维护下保持其工作性能的能力。在随机因素的影响下，结构的实际响应一般不可能为正态分布，因此结构可靠度及指标一般需要通过迭代求解。目前，国际上已经提出了可靠度指标的若干迭代方法，如被国际结构安全度联合委员会采用的 JC 法、Paloheimo 和 Hannus、Hasofer 和 Lind 提出的几何优化算法、Wong 提出的响应面法等。我国的赵国藩院士提出了实用分析法，吴世伟等则研究了变量相关情况下可靠指标的计算方法，并对 JC 法进行了改进。此外，Monte Carlo 方法作为一种模拟算法，也可以用于可靠度计算。

设结构的随机变量为 X，抗力为 R，荷载效应为 S，极限状态方程为 $g(X)=R(X)-S(X)=0$，而 $Z=g(X)$ 则为功能函数。当 $g(X)>0$ 时，结构可靠，用可靠度 P_r 表示；当 $g(X)<0$ 时，结构失效，用风险率 P_f 表示。风险率与可靠度互补，即 $P_r+P_f=1$。如果 $f_R(r)$ 和 $f_S(s)$ 分别为 R 和 S 的概率密度函数，且 R 和 S 相互独立，则有

$$P_f=\int_{-\infty}^{+\infty}f_S(s)\left[\int_{s}^{+\infty}f_R(r)\mathrm{d}r\right]\mathrm{d}s=\int_{-\infty}^{+\infty}f_R(r)\left[\int_{-\infty}^{r}f_S(s)\mathrm{d}s\right]\mathrm{d}r \tag{11.9}$$

式(11.9)可以用数值积分求解，但因计算量太大，对于许多实际问题都无法实现，因此一般采用其他计算方法，见表 11.1。

表 11.1　结构风险计算方法

计算方法	主要公式	优点	缺点
Monte-Carlo 法	$\begin{cases}P_f=\dfrac{n_f}{N}\\ n_f=\sum\limits_{i=1}^{N}I[g(x_{1i},x_{2i},\cdots,x_{mi})]\end{cases}$	相对精确、直接，回避了数学困难，无需考虑极限状态曲面的复杂性	模拟计算量大
一次二阶矩法及其改进算法	$\begin{cases}X_i^*=\mu x_i-\alpha_i\beta\sigma_{X_i}\\ \alpha_i=\dfrac{\sigma_{X_i}\dfrac{\partial g}{\partial X_i}\mid_{X^*}}{\sqrt{\sum\limits_{i=1}^{n}\left(\sigma_{X_i}\dfrac{\partial g}{\partial X_i}\mid_{X^*}\right)^2}}\end{cases}$	通俗易懂，易于操作	不易处理正态随机变量，只有功能函数为线性时才可得到精确结果

续表

计算方法	主要公式	优点	缺点
JC 法	$\begin{cases}\sigma'_{X_i}=\dfrac{\phi\{\Phi^{-1}[F_{X_i}(x_i^*)]\}}{f_{X_i}(x_i^*)}\\ \overline{X}=x_i^*-\sigma'_{X_i}\Phi^{-1}[F_{X_i}(x_i^*)]\end{cases}$	可以处理正态随机分布以及变量相关和变量截尾问题	对功能函数非线性次数较高情况误差较大，迭代次数较多
响应面法	$Z'=g'(X)=a+\sum\limits_{i=1}^{n}b_ix_i+\sum\limits_{i=1}^{n}c_ix_i^2$	可以处理极限状态方程表达式不明确问题	需要多次抽样，效率低
结构可靠度计算的几何法	$\begin{cases}\beta=\min(Y^{*\mathrm{T}}Y^*)^{\frac{1}{2}}\\ G(Y^*)=0\end{cases}$	使用方便，迭代次数少，收敛较快	适用面窄

11.2　施工截流风险分析

11.2.1　基于实测流量的截流风险分析

截流施工在其对应的工程施工阶段一般只会发生一次，且截流时段对于工程施工导流期和工程运行期而言是非常短暂的。以目前的施工技术水平，截流施工关键阶段工期仅 3～5 日。与工程导流工期、建设工期及工程运行期相比，截流施工过程与施工导流、工程运行等的洪水水文特征存在一定的差异。截流施工可以充分利用径流短期预报“择机行事”，即如果截流施工期内径流量低于截流流量，那么截流就是安全的；截流后即使洪水流量稍大于截流流量，导流系统依然能保证安全。因此，在截流流量风险估计中忽略截流施工时机的灵活性特点，使用月平均流量或旬平均流量作为风险评价指标，难以准确概括截流施工的工程特征。截流施工流量标准或流量风险估计，应考虑截流施工的综合特点，选择适当期限的河流水文资料进行合理预测分析，建立截流流量风险估计模型。

1）截流施工洪水模拟

截流施工洪水一般使用截流期所在河流的日径流量过程表达。洪水随机模拟可以根据流量资料建立反映洪水变化的随机模型，由随机模型模拟出洪水系列。由于一阶自回归模型理论与方法研究均比较成熟，实用经验也较多，能反映洪水在时间和空间上的主要统计特征，因此采用一阶自回归模型模拟截流洪水过程。

非平稳一阶自回归模型的一般形式如式(11.10)所示：

$$X(t)=\mu_X+\phi(t)[X(t-1)-\mu_X]+\varepsilon(t) \tag{11.10}$$

式中：$X(t)$为非平稳一阶自回归模型的洪水流量序列在时刻 t 处的值，对于施工

洪水就是在时刻 t 处的洪水流量；μ_X 为 X 的平均值；$\phi(t)$为一阶自回归系数，与一阶自相关系数 $\rho(t)$相等；$\varepsilon(t)$为满足 $E[\varepsilon(t)]=0$ 且 $D[\varepsilon(t)]=\sigma_\varepsilon^2(t)$的独立随机变量序列。

由于截流施工工期短，施工洪水的趋势成分和周期成分不明显。根据资料分析，一阶自相关系数 $\rho(t)$随时间 t 的改变差别不大，因此可近似认为 $\rho(t)$不变，以平均值代替，即

$$\rho(t)=\bar{\rho} \tag{11.11}$$

同样，也认为 $\sigma_\varepsilon^2(t)$随时间 t 的变化不明显，即

$$\sigma_\varepsilon^2(t)=\sigma_\varepsilon^2 \tag{11.12}$$

由此，式(11.10)简化为如式(11.13)所示的自相关平稳一阶自回归模型：

$$X(t)=\mu_X+\bar{\rho}[X(t-1)-\mu_X]+\varepsilon(t) \tag{11.13}$$

考虑到 $\varepsilon(t)$与 X 相互独立，根据式(11.13)可得

$$\sigma_\varepsilon^2=\sigma_X^2(1-\bar{\rho}^2) \tag{11.14}$$

截流时段的实测流量过程，可使用统计分析方法计算样本均值 $\bar{X}$，样本标准差 S_X 和样本一阶自相关系数 r，作为 μ_X、σ_X^2 和 $\bar{\rho}$ 的估计值。r 可用式(11.15)计算：

$$r=\frac{\sum_{t=1}^{T}\{[X(t)-\bar{X}(t)][X(t-1)-\bar{X}(t-1)]\}}{\sqrt{\sum_{t=1}^{T}[X(t)-\bar{X}(t)]^2\sum_{t=1}^{T}[X(t-1)-\bar{X}(t-1)]^2}} \tag{11.15}$$

2）截流施工工期风险

截流施工工期，除受截流流量因素影响，还受截流方式、戗堤个数、进占方式、施工道路布置、截流材料类型、施工机械类型及抛投总量和抛投强度等多种不确定性因素的影响。根据目前施工进度研究和工程经验，假定截流施工工期的不确定性服从三角分布，其分布函数为

$$F(L)=\begin{cases}0, & L\leqslant a\\ \dfrac{(L-a)^2}{(b-a)(c-a)}, & a<L\leqslant b\\ 1-\dfrac{(L-a)^2}{(b-a)(c-a)}, & b<L\leqslant c\\ 1, & L>c\end{cases} \tag{11.16}$$

式中：L 为截流施工工期；a 为截流工期下限；b 为设计截流工期；c 为截流工期上限。

3）截流流量的风险分析

截流施工过程一般分为：预进占、龙口加固、合龙和闭气四个阶段，合龙阶段

难度最大。而截流流量是影响合龙难度的客观因素，因此可用截流流量界定截流风险。假设在预期进行截流的时段 T（一般单位为天）内的洪水过程 $X(t)$ 为

$$X=X(t),\quad t\in[0,T] \tag{11.17}$$

如果在截流过程中流量超过截流设计流量 Q，那么认为截流存在风险，相应的截流流量风险为

$$R=R(X(t)>Q\,|\,t\in[t_0,t_0+L],t_0\in[0,T-L]) \tag{11.18}$$

式中：R 为截流流量风险；L 为截流施工工期；t_0 为截流时段开始时间，$[t_0,t_0+L]$ 为从 t_0 时刻开始截流的时间区间，$[0,T-L]$ 为截流时段中可以进行截流施工的时间区间。各时段、时间点与施工截流时段的关系如图 11.1 所示。

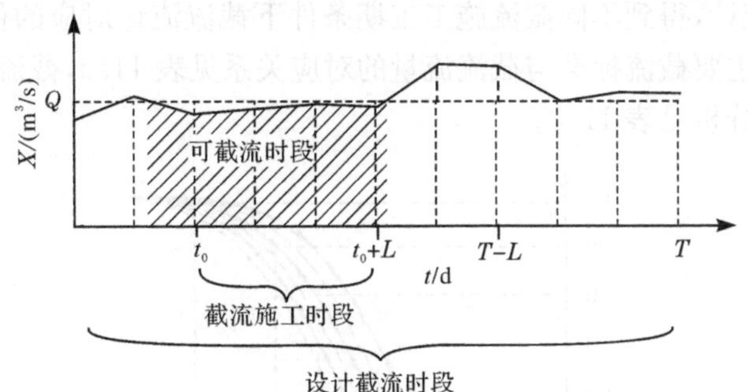

图 11.1　截流时段关系

在截流施工期 L 内，洪水流量持续低于截流设计流量 Q 时，即可安全进行截流施工，相应的截流流量保证率计算公式可以表达为

$$P=P(X(t)\leqslant Q\,|\,t\in[t_0,t_0+L],t_0\in[0,T-L]) \tag{11.19}$$

显然，$X(t)$ 与 Q 的关系决定了截流流量风险，根据一般工程特点，在 $X(t)$ 确定的情况下，截流流量风险与截流流量之间存在一一对应关系，亦即截流流量风险函数 R 存在反函数。在一定的截流流量风险水平下，确定洪水过程 $X(t)$ 即可求出各风险标准对应的截流流量 Q。

截流施工工期 L 包含多重不确定性，需要建立截流施工工期风险模型概括其风险特征。同时，对于某一特定的洪水过程，只是洪水过程总体的一个样本，存在代表性和偏差性。因此，需要建立截流施工洪水模拟模型，模拟截流施工洪水过程，以便进行截流施工洪水统计规律分析。

11.2.2　基于实测水文资料的截流风险分析

根据文献资料，三峡工程明渠截流设计时段为 11 月上旬，若按照现行规范要求，其截流流量标准为旬平均 10 年一遇流量 $Q=16300\text{m}^3/\text{s}$。根据近年 11 月上旬实测流量过程分析，可得其平均值 $\bar{x}=12600\text{m}^3/\text{s}$，标准差 $S_X=2772\text{m}^3/\text{s}$，样本

一阶自相关系数 $r=0.9543$。根据式(11.14)得 $\sigma_\varepsilon=879.6\mathrm{m}^3/\mathrm{s}$。各参数代入式(11.13)可得如式(11.20)所示的截流时段施工洪水的自相关平稳一阶自回归随机过程表达形式：

$$\begin{cases}X(t)=12600+0.9543[X(t-1)-12600]+\varepsilon(t)\\E[\varepsilon(t)]=0\\D[\varepsilon(t)]=773698.5\end{cases}\tag{11.20}$$

截流施工关键阶段(图中简称为截流工期)，假设 $L=3\mathrm{d}$。根据相关资料分析，认为工期三角形分布的三个参数为 $a=2,b=3,c=4$。

应用截流流量风险评估模型即可通过模拟的截流施工洪水过程评估截流风险，通过抽样统计，得到不同截流施工工期条件下截流流量对应的保证率关系，如图 11.2 所示，主要截流标准与截流流量的对应关系见表 11.2，截流流量风险的截流工期敏感性分析见表 11.3。

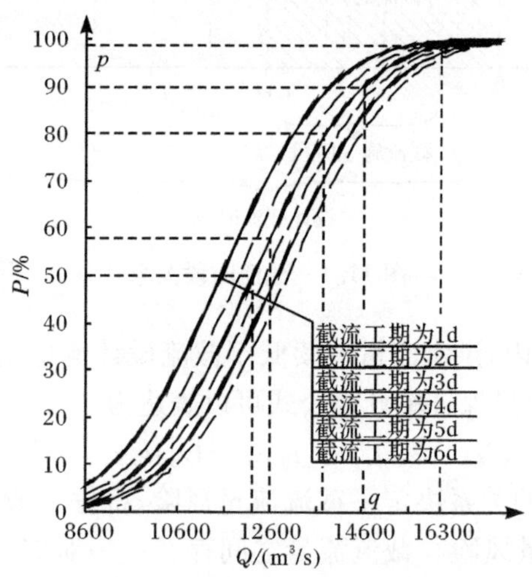

图 11.2 截流流量对应的保证率

表 11.2 截流流量风险评估(截流工期为 3d)

流量/(m³/s)	设计标准	本模型评估	
		保证率/%	风险/%
16300	10 年一遇	98.62	1.38
12600	11 上旬平均值	57.76	42.24
11600	实际截流流量	36.62	63.38
14611	—	90.00	10.00
13778	—	80.00	20.00

表 11.3　12600m³/s 的截流流量风险的截流工期敏感性分析

截流工期/d	截流保证率/%	截流风险率/%
1	71.76	28.24
2	64.19	35.81
3	57.76	42.24
4	51.99	48.01
5	46.91	53.09
6	42.00	58.00

根据计算，使用当前频率分析方法评估的 11 月上旬平均 10 年一遇截流流量 16300m³/s，对应的截流保证率为 98.62%（图中 p 点）；而 10 年一遇、10%风险、90%保证率水平对应的截流流量为 14611m³/s（图 11.2 中 q 点）；5 年一遇、20%风险、80%保证率对应的截流流量为 13778m³/s。根据计算分析，基于实测洪水分析的河道截流风险评估模型与洪水频率分析方法在相同的标准下流量较低，更接近目前大部分截流工程实践。

截流流量风险的截流工期敏感性分析表明，截流工期越长，截流风险越大；缩短截流工期有利于降低施工截流风险。但是，缩短工期也意味着需要加大施工强度。因此，合理的施工截流标准需要根据工程水文、施工组织和施工技术等多方面的因素综合考虑选择。

11.2.3　基于短期施工洪水预报截流风险分析

目前考虑历史洪水的水文频率模型包含了众多长期的水文不确定性，历史洪水的调查涉及久远的历史，而施工导流历时相对较短，包含的不确定性因素较少，因此需要针对施工洪水的特点建立专门的模型。考虑施工近期的实测洪水资料进行分析即是其中一类。

下面以围堰防洪风险为例，说明基于短期施工洪水预报的水文风险分析方法，截流水文风险分析与之类似。

根据实测多年洪水过程序列，并将其作为调洪演算的基础，根据调度模型进行调洪演算，从而得到年最高堰前水位序列及其经验频率曲线，即可作为年最高堰前水位总体的经验分布，用以计算漫顶的风险率。根据水位总体的经验分布 $F_n(Z)$ 计算施工导流风险率，经验分布函数为

$$F_n(Z)=\begin{cases}0, & Z<Z_{(1)}\\ k/n, & Z_{(k)}\leqslant Z<Z_{(k+1)}, \quad k=1,2,\cdots,n-1\\ 1, & Z\geqslant Z_{(n)}\end{cases} \tag{11.21}$$

式中：$Z_{(1)},Z_{(2)},\cdots,Z_{(n)}$ 是来自总体的样本；$Z_{(1)}<Z_{(2)}<\cdots<Z_{(n)}$ 为一组顺序统计

量的观测值。

导流风险率为

$$P_{\mathrm{f}}(D)=1-P(Z\leqslant D)=1-F_n(D) \tag{11.22}$$

根据模拟堰前水位序列的经验分布函数计算施工导流风险率，由于样本容量限制，其风险率计算结果的不确定性很大。为从不同角度对堰前水位进行描述，更全面深刻地感受和认识风险，还可通过对模拟堰前水位序列进行频率分析来估算围堰的挡水风险率。由于堰前水位是受人工影响和干预后的非自然序列，直接针对其进行频率分析，存在一定的争议，但是堰前水位是影响围堰安全最直接的荷载，通过对模拟出的年最高堰前水位序列进行分析，对于认识堰前水位的变化规律以及围堰的挡水风险有重要意义。

现行频率计算常采用配线法，配线法是以经验频率点据为基础，给其选配一条拟合度最好的理论频率曲线，以此估计堰前水位序列总体的统计规律。实用中，常采用目估的方法选配一条与经验点据拟合良好的理论频率曲线，称为目估配线法。具体步骤如下。

(1) 计算经验频率。把模拟出的年最高堰前水位序列按照由大到小的顺序重新排列，按式(11.23)计算各项的经验频率：

$$P=\frac{m}{n+1}\times 100\% \tag{11.23}$$

式中：P 为大于等于某变量 Z_{m} 的经验频率；m 为变量 Z_i 按从大到小排列的序号；n 为模拟堰前水位序列的总项数。

(2) 计算样本系列的统计参数。按式(11.24)和式(11.25)计算 Z_{c} 和 C_{v}，由于 C_{s} 的计算误差太大，故避免直接计算，而是根据水文计算的经验，初选一个 C_{s} 作为第一次配线时的 C_{s} 值。

$$Z_{\mathrm{c}}=\frac{1}{n}\sum_{i=1}^{n}Z_i \tag{11.24}$$

$$C_{\mathrm{v}}=\sqrt{\frac{\sum_{i=1}^{n}(K_i-1)^2}{n-1}}$$

$$K_i=Z_i/Z_{\mathrm{c}} \tag{11.25}$$

(3) 选定线型。根据堰前水位分布相关研究结果以及大量实际工程观测资料分析，认为年最高堰前水位概率分布多为负偏，可由 P-Ⅲ型分布来表征。

(4) 计算 Z_{p}。由初选的 C_{s}，在 P-Ⅲ型曲线的 Φ 值表中查出各对应频率的 Φ_{p} 值。按式(11.26)计算各频率 p_i 对应的设计变量 Z_{p}。

$$Z_{\mathrm{p}}=Z_{\mathrm{c}}(\Phi_{\mathrm{p}}C_{\mathrm{v}}+1) \tag{11.26}$$

(5) 配线。将理论频率曲线画在绘有经验频率点据的同一图上，根据配合情况，适当修改参数，直至配合最好为止。修改参数时，应首先考虑改变 C_s，其次考虑改变 C_v，必要时也可适当调整 Z_c。

表 11.4 为根据坝址实测 54 年洪水过程，得到的 54 个水位，基于实测洪水序列，进行风险率计算分析，表中只有 6 次（年）的最高水位超过了设计水位(188.5m)，根据经验分布函数可得出风险率为 11.11%；有 3 次（年）的最高水位超过了堰顶高程(190m)，相应的风险率为 5.56%。

表 11.4　模拟坝址年最高堰前水位序列

序号	堰前水位/m	序号	堰前水位/m	序号	堰前水位/m	序号	堰前水位/m	序号	堰前水位/m	序号	堰前水位/m
1	189.01	10	173.16	19	176.45	28	190.17	37	182.87	46	185.60
2	175.39	11	166.75	20	176.73	29	177.03	38	170.11	47	189.48
3	166.77	12	178.47	21	190.32	30	178.71	39	172.79	48	172.17
4	182.73	13	176.98	22	173.16	31	170.31	40	185.68	49	191.01
5	168.12	14	178.84	23	169.53	32	181.28	41	188.37	50	185.49
6	188.67	15	172.30	24	179.98	33	178.58	42	175.43	51	170.16
7	177.76	16	169.53	25	165.17	34	183.33	43	186.32	52	181.87
8	182.20	17	185.61	26	188.16	35	183.70	44	172.05	53	177.45
9	173.15	18	178.25	27	185.98	36	187.39	45	180.92	54	182.37

对模拟的坝址年最高堰前水位序列进行频率分析，计算出其分布参数，$Z_c=179.5\text{m}$，$C_v=0.04$，取 $C_s/C_v=-2.40$。坝址年最高堰前水位频率曲线如图 11.3 所示。

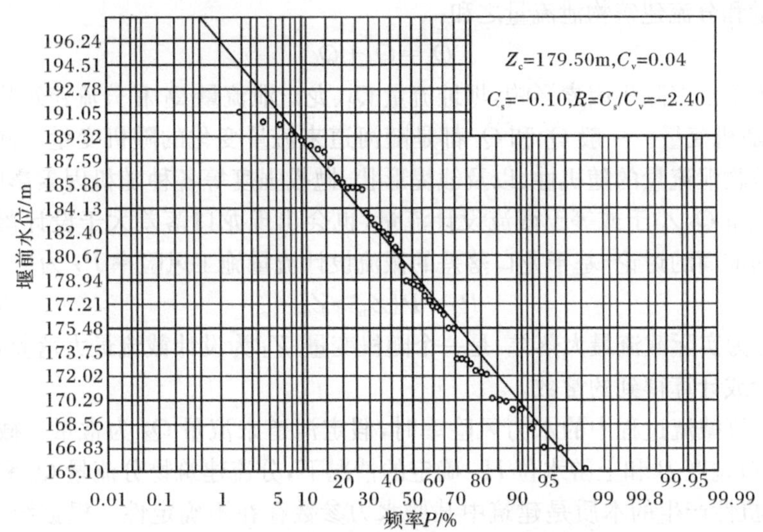

图 11.3　坝址年最高堰前水位频率曲线

由堰前水位频率曲线及设计挡水位(188.5m),查得风险率为 10.21%;由堰顶高程(190m),查得相应的风险率为 5.17%。

对模拟堰前水位序列进行统计分析和频率计算,分别计算了超过设计挡水位和堰顶高程的风险率,这两种水位的概念是不一样的,所得风险率的意义也有不同。超过设计挡水位的洪水会对围堰运行造成一些不安全的因素,但并不是所有的水位都会危及围堰的安全;而超过堰顶高程的洪水就会严重影响围堰的安全。因而在选取的导流标准下,超过设计挡水位表现出的是较全面的风险率,而为具体描述此风险率的影响程度,并体现系统中蕴涵的围堰风险,需统计超过堰顶高程的风险率。

11.2.4 截流方案比选及其风险

1) 截流风险决策指标体系

截流施工风险指标通常有最大龙口流量、最大龙口流速、最大龙口落差和最大龙口单宽能量等。选用最大龙口落差作为风险指标来分析研究截流施工水力风险。

由于泄水建筑物水力参数的不确定性引起的风险称为水力风险,截流合龙过程中的河道下泄流量 Q_2,可分为四部分:

$$Q_2 = Q_d + Q_l + Q_t + Q_s \tag{11.27}$$

式中:Q_l 为龙口流量;Q_d 为分流建筑物中通过的流量;Q_t 为上游河道中的调蓄流量;Q_s 为戗堤渗透流量。

由于截流过程中上游水位壅高并不大,上游河槽的调蓄流量很小,计算时不考虑上游河槽调蓄流量,同时,由于戗堤的渗透流量相对也很小,下泄流量即为龙口泄流量和分流建筑物泄流量之和:

$$Q_2 = Q_d + Q_l \tag{11.28}$$

由于受众多随机因素影响,坝址流量 Q_2、龙口泄流量 Q_l 和分流建筑物泄流量 Q_d 都是随机变量。一般 Q_l 和 Q_d 都是随河道来流量变化的随机变量。同时由于导流建筑物泄流量的随机性,以及戗堤形状、抛投强度等各种随机因素影响,即使河道来流量 Q_2 小于或等于截流设计流量,也会出现龙口落差大于设计落差的情况。根据前面的讨论,基于龙口落差的截流设计流量施工风险率 P_Z 为

$$P_Z = P\{Z_m > Z_d\} \tag{11.29}$$

式中:Z_m 为实际截流最大落差,是一个随机变量;Z_d 为设计截流最大落差,是一个经过试验或计算得到的常数。

在计算截流过程中的水力风险率时,假定河道来流量 Q_2 为常量。截流过程中,在龙口宽度 B 和上游水位 H_u 确定的情况下,分流建筑物分流量 Q_d 和龙口流量 Q_l 随机性产生的本质是建筑中某些水力参数存在不确定性。根据统计数学,当龙口宽度 B 和上游水位 H_u 都确定时,分流建筑物分流量 Q_d 和龙口流量 Q_l 可

假定其概率密度函数分别服从正态分布，即有

$$Q_d \sim N(\mu_{Q_d}, \sigma_{Q_d}^2), \quad Q_l \sim N(\mu_{Q_l}, \sigma_{Q_l}^2)$$

分流建筑物分流量 Q_d 的平均值 μ_{Q_d} 可用设计值代替，龙口流量 Q_l 的平均值可由$Q_2=\overline{Q}_d+\overline{Q}_l$ 求得。

统计表明，Q_d 有 $1-\alpha_d$ 可能性分布在区间$[(1-\beta_d)\mu_{Q_d},(1+\beta_d)\mu_{Q_d}]$，$Q_l$ 有 $1-\alpha_l$ 可能性分布在区间$[(1-\beta_l)\mu_{Q_l},(1+\beta_l)\mu_{Q_l}]$，即有

$$P((1-\beta_d)\mu_{Q_d} < Q_d < (1+\beta_d)\mu_{Q_d}) = 1-\alpha_d \tag{11.30}$$

$$P((1-\beta_l)\mu_{Q_l} < Q_l < (1+\beta_l)\mu_{Q_l}) = 1-\alpha_l \tag{11.31}$$

只要确定了 α_d 和 β_d 即可确定 Q_d 的概率密度函数，同理可确定 Q_l 概率密度函数。应当注意，按上面过程确定的函数仅是当上游水位确定时的分流建筑物分流量和龙口流量的概率密度函数，总来流量 $Q_2=Q_d+Q_l$ 为一随机变量，上游水位 H_u 为定值。但前文已假定 Q_2 为常量，因此上游水位 H_u 为随机变量。

由前面的讨论可知，Z_m 是由多种分布未知的相互独立的随机变量确定的，且无法确定何种随机变量的影响因子更大，因此可假定 Z_m 服从正态分布。

假定 α_d 和 α_l 都较小的情况下：

$$P\{Z_m < Z_{min}\} = k \tag{11.32}$$

$$P\{Z_m > Z_{max}\} = 0.25k\alpha_d\alpha_l \tag{11.33}$$

Z_{min}对应于 $Q_d=(1+\beta_d)\mu_{Q_d}$ 和 $Q_l=(1+\beta_l)\mu_{Q_l}$ 时的落差。

Z_{max}对应于 $Q_d=(1-\beta_d)\mu_{Q_d}$ 和 $Q_l=(1-\beta_l)\mu_{Q_l}$ 时的落差。

k 满足关系式

$$a\lambda^2+b\lambda+c=k \tag{11.34}$$

其中：a,b,c 满足以下关系式：

$\lambda=0$ 时，$k=\frac{\alpha_l}{2}$；$\lambda=1$ 时，$k=\frac{\alpha_d}{2}$；$\lambda=0.5$ 时，$k=\frac{5\alpha_d\alpha_l}{2}$。

由此确定 Z_m 的概率密度函数为

$$f(Z_m) \sim N(\mu_{Z_m}, \sigma_{Z_m}^2)$$

式中

$$\mu_{Z_m} = \frac{Z_{max}+Z_{min}}{2} \tag{11.35}$$

$$\sigma_{Z_m} = \frac{Z_{min}-Z_{max}}{2P}, \quad \Phi(P)=k \tag{11.36}$$

联立各关系式并取 $Z_s=\mu_{Z_m}+\Delta Z$（ΔZ 为设计安全裕度）即可求得龙口宽度确定时的风险率。

2）考虑洪水和工期因素的施工截流风险

在分析截流施工特点和河流水文规律基础上，提出应用近年截流时段的实测

资料，使用一阶自回归过程模型模拟截流洪水过程，结合 Monte-Carlo 方法耦合截流流量风险模型和截流施工洪水过程模型，建立基于短期实测流量分析的截流风险评估模型，评估截流流量风险。该模型综合考虑了截流施工的短期性、一次性和灵活性的施工和工程水文特点，较好地反映了截流工程施工特点，为河道截流施工设计流量标准的选择提供了科学依据和理论方法。

综合考虑截流施工过程中的流量不确定性、工期不确定性及截流施工的工程特点，耦合截流流量风险模型、截流施工工期风险模型和截流施工洪水模拟模型，即可进行截流风险评估。为减小实测洪水的代表性影响及时间过程模拟抽样的随机性影响，反映实测资料的水文统计特征，结合 Monte-Carlo 方法，构建截流流量风险评估模型，模拟施工截流洪水过程，统计建立基于流量指标的截流风险系列，模型框图如图 11.4 所示。

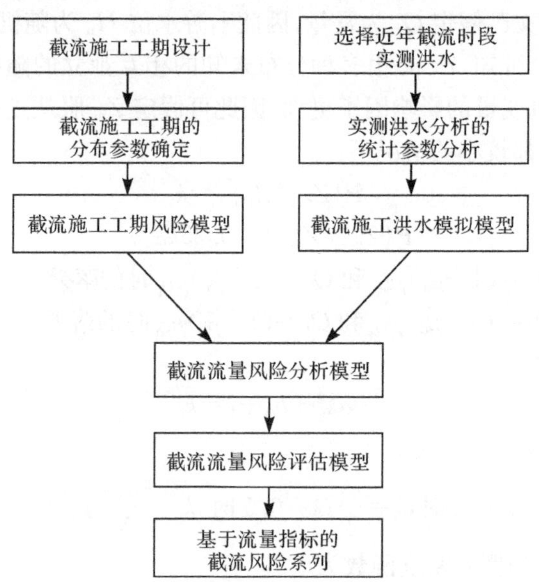

图 11.4　施工截流综合风险分析流程

3) 考虑水力不确定性条件的截流施工风险分析

对于截流系统，风险事件主要有 4 种形式：①截流料不够，备料消耗完毕的情况下仍未完成截流；②进占缓慢，长时间进占不见效果，动摇截流信心；③截流耗时大于进度要求，影响后续工程施工；④安全事故，如车辆落水、人员伤亡等。

因而，导致以上风险事件的风险因素可划分为冲刷风险、坍塌风险和进度风险。传统上仅考虑冲刷的风险率计算是不完善的，所有截流工程都是以上三种风险因素的综合体，其中某一种或几种风险因素的发生可能性更强而已，如果有一种或几种发生，即认为截流风险发生。

冲刷风险与龙口流速和抛投料的粒径有直接关系，取抛投料粒径为风险变量是不适合的，一方面粒径大小难以统计，另一方面在截流中根据水力计算可人为制备一些特殊抛投材料，缓解粒径不足，故取龙口流速为风险变量，对应风险事件①、②。另外，流速又包含最大流速和平均流速，粒径虽按龙口最大流速确定，但实际施工多采用上挑角抛投，石料并非直接落入最大流速点，故建议采用龙口轴线断面平均流速，这也是施工水力计算可直接计算出的。

三峡大江截流发现，深水截流坍塌风险与龙口水深有直接关系，故取龙口轴线水深为描述坍塌风险的风险变量，对应风险事件④。

进度风险与施工队伍、施工组织、协调、调度、截流道路条件、机械设备条件等多种因素有关，这些因素最终都会影响龙口抛投强度，故可取抛投强度为描述进度风险的风险变量，对应风险事件③，同样建议取平均抛投强度为风险变量。

实际上以上三类风险相互影响，如龙口覆盖层在冲刷下大量流失导致龙口坍塌，进而可能出现车辆落水、人员失踪的安全事故，此时必须首先搜救失踪人员暂停抛投，进而又导致超出截流进度要求。

由以上分析，可选定龙口轴线断面平均流速 $\overline{V}$，龙口水深 H 和平均抛投强度 $\bar{R}$ 为风险变量，并认为：

(1) 当实际龙口轴线断面平均流速 $\overline{V}$ 大于设计平均流速 $\overline{V}_r$ 时，可能导致冲刷风险。

(2) 当实际龙口水深 H 大于临界水深 H_r 时，可能导致坍塌风险。

(3) 当实际平均抛投强度 $\bar{R}$ 小于设计平均抛投强度 $\bar{R}_r$ 时，可能导致进度风险。

若以上 3 种风险事件依次以 A、B、C 表示，则截流系统综合风险率 P 为“或事件”：

$$P = P(A \cup B \cup C) = P(A) + P(B) + P(C) - P(AB) - P(AC) - P(BC) + P(ABC) \tag{11.37}$$

代入相应变量，得

$$\begin{aligned} P =& P((\overline{V} > \overline{V}_r) \cup (H > H_r) \cup (\bar{R} < \bar{R}_r)) \\ =& P(\overline{V} > \overline{V}_r) + P(H > H_r) + P(\bar{R} < \bar{R}_r) - P((\overline{V} > \overline{V}_r) \cap (H > H_r)) \\ & - P((\overline{V} > \overline{V}_r) \cap (\bar{R} < \bar{R}_r)) - P((H > H_r) \cap (\bar{R} < \bar{R}_r)) \\ & + P((\overline{V} > \overline{V}_r) \cap (H > H_r) \cap (\bar{R} < \bar{R}_r)) \end{aligned} \tag{11.38}$$

由式(11.38)，分别计算风险事件 A、B、C 的风险并分析其相关性后方可最终确定截流系统的综合风险。另外，龙口设计平均流速可由水力计算或模型试验得出，临界水深参考三峡大江截流工程经验取 20m，设计抛投强度可由类似工程资料、预进占或截流演练数据确定。而对于相关性问题与截流风险率计算的种类，可作以下分析：

(1) 多风险变量的风险率计算必然涉及变量间的相关性问题。$\overline{V}$ 与 H 一定相关，因为 $\overline{V}=\dfrac{Q_1}{h_1\overline{B}}$，$h_1=f(H)$；认为平均抛投强度 $\bar{R}$ 只取决于施工能力，是人为因素，与 $\overline{V}$、H 无关。由式(11.38)化为

$$P=(1-P(\bar{R}<\bar{R}_r))(P(V_m>V_r)+P(H>H_r)-P((V_m>V_r)\cap(H>H_r))) \tag{11.39}$$

(2) 截流风险率的动态性和综合性。风险事件 A、B、C 的风险率最大值不一定发生在同一龙口位置，综合风险率必须先按动态计算，取综合风险率的最大值为整个截流系统的最终风险率(即静态风险)，最终风险率对应的区段为风险事件最易发生区段，即 A、B、C 综合导致风险的可能性最大。

计算依据截流时段流量平衡方程，如式(11.27)及式(11.28)，欲由式(11.28)求出 $\overline{V}$ 和 H，需经截流水力计算，其步骤为：①已知河道来流量下游水位关系曲线(不受工程导截流影响的水位流量曲线)和相应水力、龙口地形等参数。②在河道来流量 Q 下，由水位流量关系曲线查出相应下游水位 H_x。③由下游向上游推求上游分流点处水位 H_s。例如，隧洞导流时，首先计算当每条隧洞为无压流、半有压流、有压流时的界限流量，而后判断隧洞内流态，进行多隧洞联合导流水力计算。④由宽顶堰溢流公式计算在 H_s 下分流建筑的分流量 Q_d，Q_l 由式(11.28)求出。⑤龙口平均流速 $\overline{V}=\dfrac{Q_l}{h_1\overline{B}}$，其中 h_1 为龙口轴线水深，$\overline{B}$ 为龙口平均宽度。⑥H 由列别捷夫曲线，即不同龙口宽度下的龙口底部高程共同确定。

截流不确定性因素随机处理流程和基于 Monte-Carlo 法的截流水力风险计算流程如图 11.5 和图 11.6 所示。

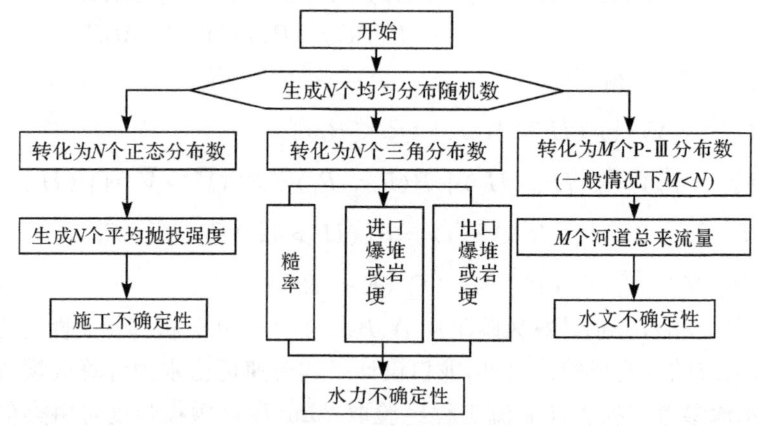

图 11.5 截流不确定性因素随机处理流程

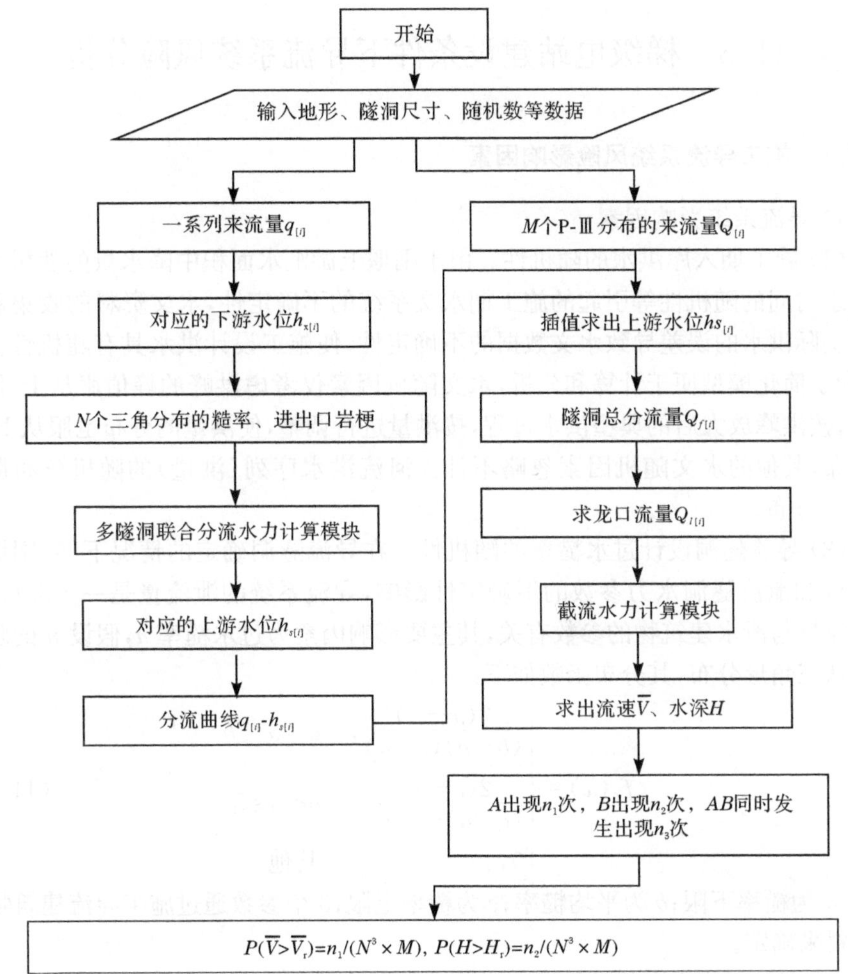

图 11.6　基于 Monte-Carlo 法的截流水力风险计算流程

截流施工过程是工程措施与自然条件相互交织的过程，截流施工历时影响因素复杂，应用系统仿真方法模拟施工截流过程，分析截流过程中截流工程措施与河道水流之间的相互作用机理，建立施工截流历时分析模型。

洪水历时或者洪水过程特征是截流施工过程中的重要风险因素，甚至决定着施工截流时段的选择和截流标准的选择。针对截流时段洪水过程的实测资料，分析截流洪水的主要不确定性因素及其随机分布规律，应用马尔可夫过程模拟施工洪水过程，建立截流洪水过程水文随机模拟模型，与施工截流历时分析模型耦合，综合建立施工截流风险分析模型。

11.3　梯级电站建设条件下导流系统风险分析

11.3.1　施工导流系统风险影响因素

1) 导流系统影响因素

(1) 施工期入库洪水的随机性。由于围堰上游汇水面积中降水量的随机性以及汇水时间的随机性等引起的施工期水文系统的不确定性，水文资料的收集和整理与实际洪水的误差导致水文数据的不确定性，使施工设计洪水具有随机性。因此，为了简化模型便于计算和分析，水文随机因素仅考虑洪峰的峰值服从 P-Ⅲ型分布，按洪峰放大后的典型洪水过程，按洪量进行调整，使洪量的分布也服从 P-Ⅲ型分布，其他的水文随机因素忽略不计。河流洪水序列(洪量)的随机分布服从 P-Ⅲ型分布。

(2) 导流隧洞设计过水糙率的随机性。在导流隧洞确定的情况下，受围堰上游水位和泄流隧洞水力参数的不确定性影响，导流系统的泄流量是一个随机量。下泄流量与泄水建筑物的参数有关，其主要影响因素为过水糙率 n，假设 n 的随机性服从三角形分布，其分布函数如下：

$$f_2(x)=\begin{cases}\dfrac{2(x-a)}{(b-a)(c-a)}, & a\leqslant x\leqslant b\\ \dfrac{2(c-x)}{(c-a)(c-b)}, & b<x\leqslant c\\ 0, & \text{其他}\end{cases}\tag{11.40}$$

式中：a 为糙率下限；b 为平均糙率；c 为糙率上限；3 个参数通过施工导流建筑物统计资料来确定。

(3) 下游水位壅高的随机性。隧洞水流流态主要取决于洞前的上游水位和洞出口的下游水位。当下游水位较高时，隧洞的泄流能力下降，为淹没出流；当下游水位较低时，泄流能力不受影响，为自由出流。因此，下流水位的雍高会引起泄流能力的变化，导流洞出口水位-流量关系需考虑天然状态及不同程度的雍高。导流洞下游出口水位雍高按导流设计流量不变、相应水位雍高计算，计算步长为 Δh，并假定其服从均匀分布，其分布函数如下：

$$f_3(x)=\frac{x-h_1}{h_2-h_1},\quad h_1\leqslant x\leqslant h_2\tag{11.41}$$

式中：h_1 为壅高下限；h_2 为壅高上限。

(4) 其他随机因素分析。由于水库水位与库容关系受多种因素如围堰上游库区的坍塌等的影响，也是不确定的，目前计算参数较难确定，暂不考虑；上游围堰调洪起调水位也是影响水位确定的因素。通过敏感性计算分析，对调洪计算结果的影响较小，计算时忽略不计。

2）系统风险分析

围堰挡水阶段施工导流风险受到上游施工洪水过程、泄流建筑物的泄流能力等不确定性因素影响。导流风险模型中综合考虑影响施工洪水随机过程和隧洞泄流能力的随机因素，即施工期入库洪水洪峰流量的随机性，导流隧洞过水糙率的随机性以及下游水位壅高的随机性。

如图 11.7 所示，由水文随机参数和分布得到一个随机的上游洪水；同时由水力随机参数和分布得到对应的隧洞泄流能力。通过导流风险的系统模拟模型及统计模型，得到的上游围堰堰前水位超过围堰设计挡水位的概率，从而得到施工导流系统的风险。

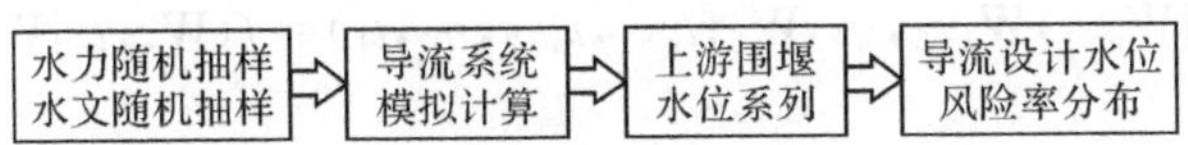

图 11.7　施工导流系统风险模拟流程

通过反复的抽样和计算可以得到一个任意长的围堰上游水位模拟历时系列，上游水位的概率分布只要对这个历时系列进行统计就可以得到；而设计水位的风险率，实际上就是这个模拟历时系列的密度函数的一些分位点的值。

围堰挡水期施工导流风险分析模型计算流程如下：①确定模拟仿真次数；②输入导流系统水文、水力原始数据及计算参数；③产生施工洪水过程的随机数，拟合洪水过程线；④产生泄流过程随机数，拟合泄流过程线；⑤对施工洪水过程线进行调洪演算，统计上游围堰水位分布。

11.3.2　梯级电站建设条件下施工洪水不确定性

施工洪水的地区组成分析是梯级施工洪水计算的基础，下面重点介绍水库及河道调洪演算计算方法，分析施工洪水时空不确定性因素。关于施工洪水地区组成、特性及其计算方法可参见第 3 章。

1. 水库调洪演算的计算方法

水库调洪演算是对入库洪水在水库滞蓄作用下的出库变形过程和在此期间库水位变化过程的数值模拟，其依据的基本资料包括设计洪水过程、泄洪建筑物的泄流能力曲线、水位库容关系和防洪调度规则等，通常采用的计算方法为试算法和数值调洪方法，水库调洪演算广泛应用于水库规划设计和调洪方案的模拟中。

传统水库调洪演算过程是一个确定的过程，不考虑调洪所依据各种资料的不确定性，从而当调洪演算结果用于设计和运行管理时，带有一定程度的风险。综合考虑调洪演算基础资料中水文、水力以及调度规则、初始条件等不确定性因素对调洪演算的影响，用随机的观点审视调洪演算过程，对于改进设计结果、合理评估水库大坝的防洪安全均有较好的指导作用。

水库水量平衡方程是一组微分方程，很难采用解析方法求解，通常采用差分方式求其近似解。水库调洪演算过程在具体实现时是一个离散的逐时段求解过程。由于调洪过程中入库与出库水量的差异和调洪过程中各种风险因素的影响，水库蓄水量 W 的变化过程是一个随机过程，任意调洪时段 Δt 的蓄水增量 ΔW 不仅相互独立，且整个变化过程具有 Markov 过程的性质，即任意时刻蓄水量 $W(t_n)$ 的条件概率仅与最近的值有关，而不依赖于水库较早时的蓄水量，可用式(11.42)表示：

$$f(W_n,t_n|W_{n-1},W_{n-2},\cdots,W_1;t_{n-1},t_{n-2},\cdots,t_1)=f(W_n,t_n|W_{n-1},t_{n-1}) \tag{11.42}$$

式中：$f(W_n,t_n|W_{n-1},t_{n-1})$为条件转移概率密度函数。根据水库蓄水过程的性质和水量平衡公式可得

$$W(t_n)=W(t_{n-1})+\Delta W \tag{11.43}$$

因此，调洪时段末水库蓄水量的不确定性来自于两部分：一部分来自于调洪时段初水库蓄水量的不确定性；另一部分来自于调洪时段内蓄水增量的不确定性。调洪时段初水库蓄水量的不确定性又来自于前一时段水库蓄水增量的不确定性和前一时段初水库蓄水量的不确定性，依次类推，则某调洪时段末水库蓄水量的随机变化，是由初始调洪时刻水库蓄水量在调洪过程中，逐步传递和抵消该调洪时段前各时段蓄水增量的随机不确定性而引起的。水库水位与蓄水量存在着对应关系，对水库蓄水量随机变化的分析，很容易拓展到水库水位的随机分析。由此可以得出，调洪演算过程中，由于调洪所依据资料的不确定性，致使库水位的演算结果呈现出随机性，水库水位的变化过程是一随机过程。调洪模型的不确定性来自于用公式或方程表达水库洪水调节过程的概化，认为在资料准确的前提下，数值调洪演算真实模拟了水库洪水蓄泄过程。

水库数值调洪演算方程(Euler 法)如式(11.44)所示：

$$h_n=h_{n-1}+\Delta h_n=h_{n-1}+A\,(h_{n-1})^{-1}(I_{n-1}-Q_{n-1})\Delta t \tag{11.44}$$

式中：h_{n-1}、h_n分别为时段$n-1$ 的初、末水位；I_{n-1}、Q_{n-1}分别为时段 $n-1$ 的入库流量和出库流量；$A(h_{n-1})$为库水位 h_{n-1}对应的水面面积；Δt 为调洪时段步长。

将式(11.44)转换成极限状态方程，则有

$$G=h_n-\{h_{n-1}+A\,(h_{n-1})^{-1}(I_{n-1}-Q_{n-1})\Delta t\}=0 \tag{11.45}$$

若 $G<0$ 则表示破坏，表明在当前时段末实际水库水位超过了预期调洪水位，存在着风险。本时段的末水位又是下一时段的初水位，当前时段风险通过时段末水位传递到下一时段，下一时段又传递到再下一时段，依次类推，实际调洪最高水

位则存在大于模拟调洪最高水位的风险。当前时段风险可按式(11.46)计算：

$$R_{n-1}=g(R'_{n-1},R''_{n-1}) \tag{11.46}$$

式中：R_n 为当前时段的风险；R'_n 为当前时段的分布风险；R''_n 为上时段的传递风险；$g(\cdot)$为当前时段的风险与当前时段的分布风险和上时段的传递风险之间的函数关系。

当前时段库水位变化的概率分布是在时段初水位确定下的概率分布，以时段初水位为条件的条件概率分布。在入库洪水确定的情况下，导致当前时段的分布风险的风险因子有两个：出库流量 Q 和水库水面面积 $A(h)$，这两个风险因子可看作是相互独立的，并且均服从正态分布。当前时段风险的表达式如下：

$$R'_{n-1}=\iint_{G<0} f(Q_{n-1},A(h_{n-1}))\mathrm{d}Q_{n-1}\mathrm{d}A(h_{n-1}) \tag{11.47}$$

若分别用随机变量 X_1、X_2 代替出库流量 Q 和水面面积 $A(h)$，用 a 代替入库流量 I，b 代替$(h_{n-1}-h_n)/\Delta t$，令

$$\begin{cases} y_1=(a-x_1)/x_2 \\ y_2=x_2 \end{cases}$$

$$|J|=\left|\frac{\partial(x_1,x_2)}{\partial(y_1,y_2)}\right|=\begin{vmatrix} -y_2 & -y_1 \\ 0 & 1 \end{vmatrix}=-y_2$$

因此

$$f(y_1,y_2)=f(x_1,x_2)|J|=-y_2 f(x_1(y_1,y_2),x_2(y_1,y_2))$$

$$f(y_1)=\int_0^{\infty} f(y_1,y_2)\mathrm{d}y_2$$

则

$$R'_{n-1}=\int_b^{\infty}\int_0^{\infty} f(y_1,y_2)\mathrm{d}y_2\mathrm{d}y_1 \tag{11.48}$$

当前时段下泄流量 Q 和水面面积取决于时段初库水位，由于当前时段初库水位的风险(即上一时段的传递风险)与当前时段的分布风险之间的函数关系无法确定，对于这种风险变量存在复杂影响机制的问题，采用随机模拟的方法，模拟时段初库水位与水位增量变化的组合关系，显然在处理这种问题时有很大的优势。

2. 河道洪水演进计算方法

河道洪水演进的基础是一维圣维南方程组，是准确性较高的经典方程组。大多数的研究都是针对该方程在不同条件下的解法进行讨论和改进的，出现了多种研究方式和解答方法。其中，马斯京根方法(Muskingum method)虽然有一定的局限性，但具有简单易用的优点。

1) 流量演算法

流量演算法是在圣维南方程组(Daint-Venant system of equations)简化的基

础上，利用河槽的水量平衡方程替代连续性方程，如图 11.8 所示，用河段的蓄泄关系替代动力方程，然后联立求解，将河段的入流过程演算为出流过程的方法。

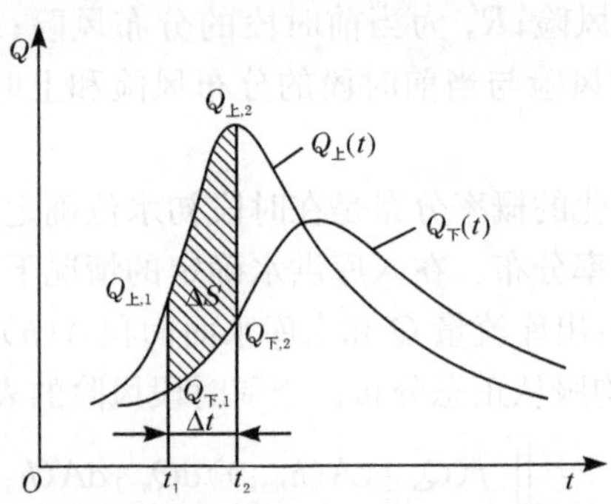

图 11.8 河段时段水量平衡示意图

河段流量演算由以下两个基本公式组成。

河槽时段水量平衡方程

$$\frac{1}{2}(Q_{上,1}+Q_{上,2})\Delta t-\frac{1}{2}(Q_{下,1}+Q_{下,2})\Delta t=S_2-S_1=\Delta S \tag{11.49}$$

若河段内有区间入流量 q，将 q 值并入上断面的入流量中进行演算，即

$$q+Q'_上=Q_上 \tag{11.50}$$

河段蓄水量与泄流量方程

$$S=f(Q) \tag{11.51}$$

式中：S 为河段内某一流量所对应的蓄水量。

2) 马斯京根算法及其槽蓄曲线方程

该方法由 McCarthy1938 年应用于美国马斯京根河流域而得名，通过建立马斯京根槽蓄曲线方程，并与水量平衡方程联立求解，进行河段洪水演算。

在马斯京根槽蓄曲线方程中，河段槽蓄量由柱蓄和楔蓄两部分组成，如图 11.9 所示。令 x 为流量比重因素，$S_{Q_上}$、$S_{Q_下}$ 分别为上下断面在稳定流情况下的蓄量，它们与河段内总蓄量 S 的关系为

$$S=xS_{Q_上}+(1-x)S_{Q_下} \tag{11.52}$$

若将河道中的断面流量与相应的槽蓄量近似地按稳定流处理时（$S_Q=KQ$），由式(11.52)可得马斯京根槽蓄曲线方程：

$$S=K[xQ_上+(1-x)Q_下]=KQ' \tag{11.53}$$

式中：K 为稳定流情况下的河段传播时间；Q' 为示储流量：$Q'=xQ_上+(1-x)Q_下$。

(1) 马斯京根流量演算方程。

联解水量平衡方程和马斯京根槽蓄曲线方程，可得马斯京根流量演算方程：

$$Q_{下,2}=C_0Q_{上,2}+C_1Q_{上,1}+C_2Q_{下,1} \tag{11.54}$$

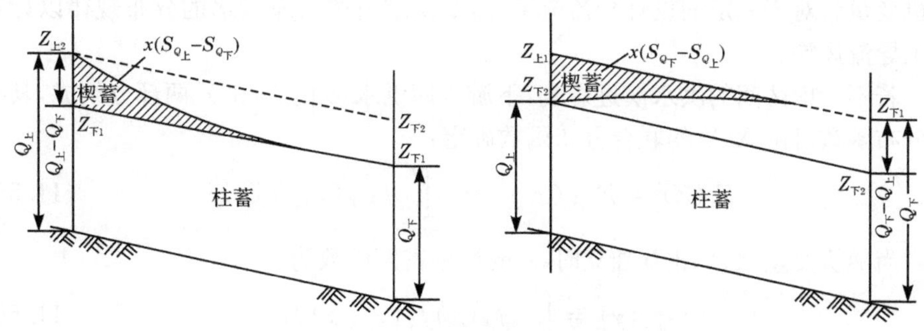

图 11.9　河段槽蓄量示意图

式中

$$C_0=\frac{0.5\Delta t-Kx}{K-Kx+0.5\Delta t}$$

$$C_1=\frac{0.5\Delta t+Kx}{K-Kx+0.5\Delta t}$$

$$C_2=\frac{K-Kx-0.5\Delta t}{K-Kx+0.5\Delta t}$$

(2) 试算法确定 x、K 值。

对某一次洪水，假定不同的 x 值计算 Q'，作出 $S\text{-}f(Q')$ 关系曲线，其中能使二者关系成为单一直线的 x 值即为此次洪水所求的 x 值，而该直线的斜率即为所求的 K 值。取多次洪水作相同的计算和分析，就可以确定该河段的 x、K 值。

(3) 马斯京根法应用的几个问题。

① K 值的综合。K 具有时间的因次，它基本上反映了河道稳定流时河段的传播时间。在不稳定流情况下，按流量分级，根据不同的流量取不同的 K 值。

② x 值的综合。流量比重因素 x 除反映楔蓄对流量的作用外，还反映河段的调蓄能力。对于一定的河段，x 在洪水涨落过程中基本稳定，但也有随流量增加而减小的趋势。流量比重因素 x，一般从上游向下游逐渐减小，为 0.2～0.45，特殊情况下也有小于零的。

③ 计算时段 Δt 的选择。Δt 不能取得太长，以保证流量过程线在 Δt 内近于直线；为在计算中不漏掉洪峰，选取的 Δt 最好等于河段传播时间 τ。

④ 预见期问题。马斯京根法用于预报时是没有预见期的。如果取 $\Delta t=2kx$，则 $C_0=0$，有一个时段的预见期。

3. 施工洪水时空不确定性因素分析及耦合原理

A 为上游水库天然入库洪水，X 为上游水库下泄洪水，Y 为区间洪水，Z 为下游水库入库洪水。A 与 Y 都为天然洪水，本身带有随机性，导致下泄洪水同样为随机变量。对于一定的设计导流流量,需要推求下游入库洪水的分布规律以计算施工导流风险。

若不考虑区间的洪水演进影响,下游入库洪水 Z 由 X 和 Y 两部分组成,其概率分布函数可由 X、Y 的联合分布函数确定:

$$F_z(Z) = F_{X,Y}(x,y) = \iint\limits_{x+y\leqslant z} f_{X,Y}(x,y)\mathrm{d}x\mathrm{d}y \tag{11.55}$$

当随机变量 X、Y 相互独立时,Z 的概率密度函数为

$$f_z(z) = \int_{-\infty}^{+\infty} f_X(x) f_Y(z-x)\mathrm{d}x \tag{11.56}$$

若上游水库的下泄流量 X 与其入库洪峰流量 A 的联合分布为 $f_{X,A}(x,a)$,则有

$$f_{X,A}(x,a)=f_{X|A}(x|a)f_A(a)$$

式中:$f_{X|A}(x|a)$为给定某一 A 情况下 X 的条件概率密度函数;$f_A(a)$为入库洪峰流量的概率密度分布函数。利用全概率公式就可得到

$$f_X(x) = \int_{-\infty}^{+\infty} f_{X,A}(x,a)\mathrm{d}a = \int_{-\infty}^{+\infty} f_{X|A}(x \mid a) f_A(a)\mathrm{d}a \tag{11.57}$$

考虑到 $A>0$,可将式(11.57)变为

$$f_X(x) = \int_0^{+\infty} f_{X|A}(x \mid a) f_A(a)\mathrm{d}a \tag{11.58}$$

上游入库洪水与区间洪水都为天然状态,假定其概率密度均服从 P-Ⅲ分布。它们的概率密度函数为

$$f = \frac{\beta^\alpha}{\Gamma(\alpha)}(Q_\mathrm{m}-b)^{\alpha-1}\mathrm{e}^{-\beta(Q_\mathrm{m}-b)}, \quad b < Q_\mathrm{m} < +\infty \tag{11.59}$$

式中:$b=\bar{Q}_\mathrm{m}\left(1-2\dfrac{C_\mathrm{v}}{C_\mathrm{s}}\right)$;$\alpha=\dfrac{4}{C_\mathrm{s}^2}$;$\beta=\dfrac{2}{\bar{Q}_\mathrm{m}C_\mathrm{v}C_\mathrm{s}}$;$\bar{Q}_\mathrm{m}$ 为最大洪峰流量系列的平均值;C_v 为变差系数,C_s 为偏态系数。

上游控泄洪水 X 由于受水库调节,不再具有天然洪水的特性,由于 $f_{X|A}(x|a)$ 的分布受水库泄流能力、水库起调水位、控泄规则等多种因素的影响,可以假定其服从正态分布。

$$f_{X|A}(x|a)=\frac{1}{\sigma_x\sqrt{2\pi}}\exp\left[-\frac{1}{2}\left(\frac{x-\bar{x}}{\sigma_x}\right)^2\right] \tag{11.60}$$

式中:$\bar{x}$ 为某一 A 下 X 的平均值;σ_x 为某一 A 下 X 的条件方差,它们都是 A 的函数。

由 $f_{X|A}(x|a)$和 $f_A(a)$可以确定 $f_x(x)$,再由 $f_x(x)$、$f_y(y)$求得 $f_z(z)$,所以可得下游施工导流风险率为

$$R = P(z > q_\mathrm{m}) = \int_{q_\mathrm{m}}^{+\infty} f_z(z)\mathrm{d}z \tag{11.61}$$

式中:q_m 为对应于设计导流标准的流量值。

以上推导过程中未考虑洪水演进的影响,若上、下游区间较长,洪水演进影响不可忽略,可将 X、Y 同时演进到下游水库断面,调整相应的分布参数。同时,关于随机变量 X、Y 相互独立的假定,在实际计算时应根据资料对其进行相关性检验,如果相关则需通过变量代换使之成为相互独立的随机变量。

在洪水随机概率模型中,存在以下几个重要的假定。

洪水的简化。一次完整的洪水过程包含了整个洪水历时上的洪量变化,洪水的历时长度与过程变化都是随机的。以洪水过程为对象研究其概率分布,除了要考虑影响洪水的客观因素外,还需要考虑洪水流量间的相互影响。现阶段对洪水过程的总体分布研究还不足以应用于实际,因此在概率分析中以洪峰代替洪水过程作为研究对象,上述概率分析方法中的 A、Y 均由相应的洪峰流量表示,相应的 X、Z 表示其最大流量。将洪水概化为洪峰指标,是偏于保守的方法。

分布函数的简化。给定某一 A 情况下 X 的条件概率密度函数 $f_{X|A}(x|a)$的分布受水库泄流能力、水库起调水位、控泄规则等多种因素的影响,这些影响因素又都随具体工程背景的不同而有明显差异,推求 $f_{X|A}(x|a)$的分布也就显得异常复杂。考虑到影响因素众多,且重要性都不是很突出,可近似认为其服从正态分布。对具体的工程背景,可根据实际情况选取更优的分布来表示。

分布函数参数的简化。为尽可能准确地描述条件概率密度函数 $f_{X|A}(x|a)$,其参数的确定尤为重要。在 A 确定的情况下,x 满足一定的分布,而 $\bar{x}$ 为 x 的平均值,随着 A 的不同,$\bar{x}$ 与 A 的相关关系也发生变化,因此 $\bar{x}$ 是 A 的函数。通过线性回归计算,检验 $\bar{x}$ 与 A 的相关系数,建立 $\bar{x}$ 与 A 的相关关系,可以得到 $\bar{x}=\bar{x}(a)$。σ_x 同样通过回归计算确定,由给定某一洪峰流量 A 计算得到一个 σ_x。

$$\sigma_x=\sqrt{\frac{1}{n}[x_i-\bar{x}(a)]^2} \tag{11.62}$$

将 $\bar{x}$ 与 A 的相关关系认为是一种线性关系也是一种近似的处理方法,在控泄条件下可能带来不小的误差,这一点值得注意。

下泄洪水与区间洪水叠加的影响因素比较复杂,需要考虑错峰时间等,一般较少出现洪峰直接叠加的情况,而在上述方法中,X、Y 都为峰值流量,对于叠加的具体情况缺少考虑。在区间洪水过程较平缓的情况下误差可以忽略,若区间洪水涨落起伏较大,此方法误差可能较大,风险的计算结果偏大。

由水库调洪演算过程风险传递分析,水库水位动态变化受施工洪水过程的影响,因此,基于随机过程理论,将上游水电站面临的天然洪水过程和经过调蓄后得到的泄流过程,按起始时间差 T_C 与区间洪水过程叠加,便可得到下游水电站施工洪水过程数学模型,即

$$Q_B(t)=\begin{cases}Q_X(t)+Q_Y(t), & \text{洪水叠加区域}\\ Q_X(t)\text{或}Q_Y(t), & \text{洪水无重叠区域}\end{cases} \tag{11.63}$$

式中：$Q_B(t)$为下游水电站所遭遇施工洪水过程；$Q_X(t)$为上游水电站下泄洪水过程；$Q_Y(t)$为区间洪水随机过程。

11.3.3 梯级电站建设条件下施工导流风险计算

梯级电站建设过程中，两个水电站在流域上相邻，时间上同步，施工导流系统外延得到拓展，风险因素随之增加，多种因素间的耦合作用复杂。同时水电站之间的水文与水力联系更加紧密，相互影响更加显著。施工洪水特性是施工导流风险分析的核心问题，流域梯级相邻电站同时施工情况下，施工导流系统由上游水电站和下游水电站两个导流系统组成，上游水电站的建设，改变了下游河道的天然洪水特性，影响下游城镇及相关设施安全、社会环境与经济建设，此外相邻电站间还受区间洪水作用。因此，迫切需要研究在流域梯级开发建设条件下受上游在建水利水电工程影响的施工洪水特性和估计方法。

1. 梯级电站建设条件下施工导流洪水风险

施工洪水过程不但是影响梯级水电站正常建设的关键因素，而且使得上、下游水电站产生水文上的密切联系。施工洪水过程可以用随机过程作为其数学表达，在目前水利水电工程的规划设计中，需要解决的一个重要问题就是确定设计洪水过程线，这是进行施工导流设计的重要依据。采取从历史洪水实测资料中选取对工程不利的典型洪水过程线，按洪峰或洪量将其放大为设计洪水过程，本节仍然采用这种概化情况。

上游水电站面临天然洪水的影响，其随机性主要是由施工过程中围堰上游汇水面积中降水量的随机性、产汇流时间的随机性等共同影响的。这些随机因素是由工程所在地的气温、植被和地质等诸多自然因素决定的，表现十分复杂。因此结合我国流域洪水的特点，考虑上游电站天然洪水洪峰的峰值及洪量服从P-Ⅲ型分布，按洪峰放大典型洪水过程线的方法确定上游水电站洪水的洪水过程线，其密度函数如下：

$$f(x)=\frac{\beta^{\alpha}}{\Gamma(\alpha)}(X-a_0)^{\alpha-1}\mathrm{e}^{-\beta(x-a_0)} \tag{11.64}$$

式中：α、β、a_0 为P-Ⅲ型分布的形状、刻度和位置参数；$\Gamma(\alpha)$为α的伽马参数。并且 $\alpha=\frac{4}{C_s^2}$，$\beta=\frac{2}{\mu_Q C_v C_s}$，$a_0=\mu_Q\left(1-2\frac{C_v}{C_s}\right)$；$C_s$ 为P-Ⅲ型分布的离差系数；C_v 为P-Ⅲ型分布的离势系数；μ_Q 为P-Ⅲ型分布的平均值。

由于下级水电站施工洪水受上游工程建设和两梯级电站之间的区间洪水的

共同作用，所以研究区间洪水的随机性对下游水电站施工导流风险的计算非常重要。上级梯级电站断面的施工洪水由于有控制站的实测资料一般可以较准确估算，但区间流域一般无控制站，难以估算区间施工洪水的大小，区间洪水由于受到两梯级枢纽之间特定的地理环境、流域暴雨的时空分布、集水面积、降水强度、降水过程、区间水流的产汇流过程等因素的综合影响，其随机分布很难确定。因此结合我国流域洪水的特性，仍然考虑区间洪水洪峰的峰值及洪量同样服从P-Ⅲ型分布，按洪峰放大典型洪水过程线的方法确定区间洪水的洪水过程线。

假设上、下游水电站的泄流能力仅受到泄流建筑物糙率的影响，并且认为泄流建筑物糙率服从三角形分布，其三角形分布参数通过施工导流建筑物统计资料和模型试验来确定。

2. 梯级电站建设条件下施工导流系统风险计算

施工洪水随机过程不但是影响梯级水电站正常建设的关键因素，而且使得上、下游水电站产生水文上的密切联系。结合水电站梯级建设的特点，基于随机过程理论，按照洪水的行进方向描述系统输入和输出之间的关系，$Q_A(t)$为上游水电站的施工洪水随机过程；$q_A(t)$为上游水电站 A 的下泄洪水随机过程；$Q_M(t)$为区间洪水随机过程；$q_B(t)$为下游水电站 B 的下泄洪水随机过程。

水电站流域梯级开发条件下，下游电站的施工导流系统作为施工导流系统的子系统，受到河道施工洪水以及导流建筑物宣泄的共同作用，并且作用于下游电站的河道施工洪水是由受上游电站调蓄作用的下泄洪水与区间洪水共同遭遇组合而成的，其随机性更加复杂。对于下游电站的施工洪水，由于上游电站在施工建设过程中所形成的围堰对洪水的调蓄作用，天然洪水的特性发生了变化。因此下游电站所遭遇施工洪水的随机性来源于上游水电站下泄洪水过程的随机性、无工程控制的区间洪水过程的随机性，以及上游水电站的下泄洪水与区间洪水叠加方式的随机性。

水库的调洪演算是一个复杂的动态过程，可以根据所拟定的设计洪水过程线，泄流建筑物的泄流能力曲线以及所形成水库的水位库容关系曲线等工程资料，按照设定的调洪规则，利用合适的计算方法，求得水库的库水位和下泄流量的变化过程。上游在建电站的施工导流系统，由于受到河道施工洪水以及导流建筑物宣泄的共同作用，堰前水位分布具有不确定性。施工导流过程中，存在许多不确定因素，可分为水文因素和水力因素的随机性以及其他因素的不确定性，其中引起水文因素随机性的三个主要因素包括洪峰流量的随机性、洪水流量的随机性和洪水历时的随机性；水力因素随机性主要与相关的水力参数有关，如糙率、过水断面面积、湿周、底坡等。因此，考虑主要的风险因素为施工洪水的随机性和导流建筑物泄洪的随机性。为了便于模型计算和分析，水文随机因素仅考虑洪峰的峰值服从P-Ⅲ型分布，按洪峰放大典型洪水过程线的方法来确定洪水过程线，而水力随机因素主要考虑导流建筑物糙率服从三角形分布，其三角形分布参数通过施工导流建筑物统计资料和模型试验来确定。在综合考虑各主要随机因子对库水位变化和下泄流量过程变化影响的情况下，建立上游在建水电站施工洪水影响系统仿真模型。

上游水电站下泄流量过程和围堰堰前水位变化过程可以用下面的函数形式来表达：

$$[q(t),Z(t)]=F[Q(t),Z(V),q(Z),z_0] \tag{11.65}$$

式中：$q(t)$为上游水电站下泄流量过程；$Z(t)$为围堰堰前水位过程；F为围堰的调蓄洪水原理；$Q(t)$为围堰遭遇施工洪水过程；$Z(V)$为围堰所形成水库的水位-库容关系曲线；$q(Z)$为水位-下泄流量关系曲线；z_0为起调水位。

下游水电站的施工洪水是由上游水电站的下泄洪水过程与区间洪水过程叠加而成，在洪水过程叠加计算中，二者的叠加需要结合特定工程环境进行分析论证。两部分洪水过程遭遇，即满足洪水过程线有重合的概率可以按数学期望公式计算如下：

$$P(D)=\frac{m_{\mathrm{d}}}{n+1} \tag{11.66}$$

式中：$P(D)$为两部分洪水过程遭遇概率；m_{d}为两部分洪水过程遭遇次数；n为统计系列长度。

在洪水过程叠加计算中，二者的叠加需要结合特定工程环境进行分析论证，例如，上游围堰所形成水库与区间洪水属于同一暴雨中心时，则可判断两个组合变量相关性较好。

对历史洪水资料中处于同一场洪水的上游水电站施工洪水与区间洪水洪峰值进行合理性选样，将上游水电站施工洪水与区间洪水的洪峰流量作为组合变量，设两个组合变量为X、Y，利用相关系数检验，构造统计量t：

$$t=\sqrt{n-2}\frac{r}{\sqrt{1-r^2}} \tag{11.67}$$

式中：n为样本容量；r为X与Y的相关系数。

当指定某一信度α，查分布表得临界值t_α，根据假设检验原理，便可判断X与Y是否独立。

若X与Y相互独立，则上游水电站施工洪水与区间洪水的洪峰流量可作为独立的随机变量处理洪水的组合问题；若X与Y具有相关关系，则可建立X与Y的回归模型，将X视作自变量，Y视作因变量，建立回归方程确定两者函数关系。

梯级水库条件下，防洪系统工程设计洪水的地区组成研究已经有了一定进展,但是如何将这些研究成果合理地应用于梯级电站建设条件下的导流风险分析是一个亟待解决的问题。

由于水库调洪原理,水库库水位变化及下泄流量过程是与洪水的过程密切相关的,也即水电站建设过程中导流建筑物面临的是洪水过程的影响,因此,下游水电站施工洪水过程的计算非常重要。下游断面洪水流量包括上游水电站下泄洪水流量和区间洪水流量,该洪水过程不仅要考虑其大小的叠加,还需考虑各部分洪水过程的时间序列对应关系,因此,应该将上游水电站断面的洪水过程与区间洪水过程错峰时间 T_C 作为区间洪水过程与上游水电站下泄洪水过程的叠加参数。

计算洪水间错峰时间非常复杂,错峰时间 T_C 可用下面的函数形式来表达:

$$T_C = G[T_0, T_L] \tag{11.68}$$

式中:T_0 为洪水起始时间;T_L 为洪水传播时间;G 为计算规则。

对于各地区洪水的起始时间 T_0,应该分析暴雨径流的形成机制,结合各流域自然地理、气象特征、水文特点,研究各地区洪水起止时间的分布规律。而洪水传播的时间 T_L,应该考虑下游河道的形态,横断面面积大小和形状的改变、河道底坡的远程变化、支流的汇入、出现漫滩等因素的综合影响。由于洪水的遭遇问题非常复杂,并且工程在建设中没有错峰调度控制,可以从统计学的角度去分析历史洪水中各个分区在同一场洪水中遭遇的时间间隔的分布问题。为了确定上游水电站天然洪水与区间洪水洪峰遭遇的不确定性,可以对上游水电站天然洪水与区间洪水属于同一场洪水的统计资料进行研究,统计其间隔时间,从而推出间隔时间的随机分布规律。

由于相关的统计资料十分匮乏,很难用特定的随机分布表达,假设 T_C 满足两部分洪水过程线有重叠区,并且服从均匀分布,则其概率密度函数如下:

$$g(x)=\begin{cases}\dfrac{1}{L_{q_A}+L_{Q_M}}, & -L_{Q_M}\leqslant x\leqslant L_{q_A}\\ 0, & \text{其他}\end{cases} \tag{11.69}$$

式中:L_{q_A} 为上游水电站施工洪水过程历时;L_{Q_M} 为区间洪水过程历时。

将上游水电站面临的天然洪水过程,经过围堰调蓄后得到的泄流过程,按起始时间差 T_C 与区间洪水过程叠加,便可得到下游水电站施工洪水过程的数学模型:

$$Q_B(t)=\begin{cases}Q_X(t)+Q_Y(t), & \text{洪水叠加区域}\\ Q_X(t)\text{或}\,Q_Y(t), & \text{洪水无重叠区域}\end{cases} \tag{11.70}$$

式中:$Q_B(t)$为下游水电站所遭遇的施工洪水过程。

对于不过水围堰,为保证水利水电工程正常建设即基坑内正常的干地施工,导流建筑物发挥着宣泄洪水的作用,上游围堰堰前水位应该低于上游围堰高程。

因此施工导流风险定义为：在围堰挡水阶段施工导流过程中，发生超过上游围堰高程的洪水使得围堰维护起来的基坑不能正常施工的频率，即导流风险率为

$$R = P(\max(Z(t)) > Z_{\mathrm{H}}) = \int_{Z_{\mathrm{H}}}^{+\infty} h(z)\mathrm{d}z \tag{11.71}$$

式中：Z_{H} 为挡水期上游围堰高程；$h(z)$为围堰堰前最高调洪水位概率密度函数。

梯级建设条件下的施工导流系统是由上游梯级电站和下游梯级电站串联组成的系统，定义上游水电站正常建设条件下考虑区间洪水的施工导流系统风险率，即施工期上游水电站 A 围堰满足挡水条件以及施工洪水过程遭遇情况下下游水电站 B 围堰发生施工洪水漫顶的概率：

$$R_{\mathrm{B}} = \mathrm{Prob}(H_{\mathrm{B}} = \max(Z_{\mathrm{B}}(t)) > Z_{\mathrm{HB}} \mid A_{\mathrm{P}}D) = \int_{Z_{\mathrm{HB}}}^{+\infty} f(H_{\mathrm{B}} \mid A_{\mathrm{P}}D)\mathrm{d}H_{\mathrm{B}} \tag{11.72}$$

式中：R_{B} 为上游水电站正常建设条件下考虑区间洪水的下游水电站 B 的施工导流风险率值；$Z_{\mathrm{B}}(t)$为下游水电站 B 围堰堰前水位动态变化过程；$f(H_{\mathrm{B}} \mid A_{\mathrm{P}}D)$为 A_{P} 事件和 D 事件同时发生条件下 B 围堰堰前最高水位概率密度。

下游水电站施工导流系统，由于受到梯级施工洪水以及导流建筑物宣泄的共同作用，堰前水位分布具有不确定性。综合考虑上游水电站水文和水力随机性、区间洪水随机性、起始时间差随机性，以及下游水电站水力不确定性，梯级建设条件下电站 B 的施工导流系统风险率可用函数表达为

$$R_{\mathrm{B}} = f(Q_{\mathrm{A}}(t), q_{\mathrm{U}}, Q_{\mathrm{M}}(t), T_{\mathrm{C}}, q_{\mathrm{D}}) \tag{11.73}$$

式中：q_{U} 为上游水电站泄流能力随机性；T_{C} 为错峰时间差随机值；q_{D} 为下游水电站泄流能力随机性。

同理假设下游水电站的泄流能力仅受到泄流建筑物糙率的影响，并且认为泄流建筑物糙率值服从三角形分布，其三角形分布参数通过施工导流建筑物统计资料和模型试验来确定。

上、下游水电站围堰高程的变化会影响导流风险率。因此，可以给定一系列的 Z_{HA}，Z_{HB}组合，计算每一组组合对应的风险率 R_{B}，为围堰高程确定提供依据。基于 Monte Carlo 计算仿真方法的上游水电站正常建设条件下施工导流系统风险分析模型计算流程：①由历史实测洪水资料推求上游水电站施工洪水与区间洪水过程遭遇概率，并对各部分洪水洪峰流量作相关性检验；②确定风险分析模型仿真次数，给定一组 Z_{HA}，Z_{HB}组合，并且输入模型相关计算参数；③产生上游水电站施工洪水过程随机数，拟合洪水过程线；④产生上游水电站泄流能力随机数，拟合泄流过程线；⑤对上游水电站施工洪水进行调洪演算，统计上游围堰水位分布，并计算下泄洪水过程线；⑥由相关性分析可得，若独立，产生区间洪水过程随机数，拟合区间洪水过程线；若相关，则通过构建的回归模型，由上游洪水峰值插值得区

间洪水洪峰值，拟合区间洪水过程线；⑦产生起始时间差随机值，对上游水电站下泄洪水过程线和区间洪水过程线叠加计算得下游水电站施工洪水过程线；⑧产生下游水电站泄流能力随机数，拟合泄流过程线；⑨对下游水电站施工洪水进行调洪演算，统计其施工洪水漫顶的次数，计算导流风险值。

综上所述，通过模拟足够多次数，由 Monte-Carlo 仿真原理便可得到上游水电站正常建设条件下游水电站 B 的施工导流系统风险率估算式为

$$R_B \approx \frac{M_B}{N-M_A} \tag{11.74}$$

式中：N 为模拟仿真总次数；M_A 为上游水电站围堰漫顶次数；M_B 为施工期上游水电站 A 围堰满足挡水条件下下游水电站 B 围堰发生施工洪水漫顶的次数。

基于 Monte-Carlo 计算方法，通过计算机模拟导流系统的运行状况，得到两电站同时施工条件下导流系统风险计算流程如图 11.10 所示。

11.3.4　上游水电站控泄条件下施工导流风险计算

1. 上游水电站控泄条件下施工导流调洪计算

上游水库为已建水利水电工程，考虑控泄条件，下游水库为在建工程，则按照最大能力泄流，河道整个洪水过程需要经历两次水库调洪演算。上游控泄条件下，施工导流的来流洪水受到多种因素影响，包括上游天然洪水、区间洪水、上游水库泄流能力与控泄规则等。从洪水来源分析，施工洪水主要由区间洪水及上游控泄条件下的出库洪水演进至下游施工断面两部分组成。因此，上游出库洪水的推求显得尤为重要。同时，需要考虑出库洪水在区间的洪水演进，以及和区间洪水的叠加。

天然水库由于建设在江河之上，不断承接着上游来水；同时，为防止壅水过高，一般修建了泄流设施。因此，正常情况下的水库在容纳上游入流的同时，也向下游宣泄水流。根据入流量与泄流量的综合影响，水库状态随之发生变化，入流量较大时，水位升高，库容增大；反之，水位降低，库容减小。其中，入流量是自变量，是水库状态变化的驱动性因素，而泄流量则是受入流量影响的因变量。当水库自身边界条件与初始条件确定之后，对任意的入流过程信息，都可由水库调洪得到泄流过程与水库状态的时间变化。

由于控泄是在最大泄流能力的基础上对泄流量增加了约束，对泄流量进行了一定程度的削减，因此控泄之后的水库下泄流量有所减少，相应地降低了下游的风险，而水库自身承担的洪量压力增大，水库自身风险有所增加。研究证实，通过汛期改变梯级水库上游可调节水库运行方式，可以减小梯级水库下游工程施工导流流量。

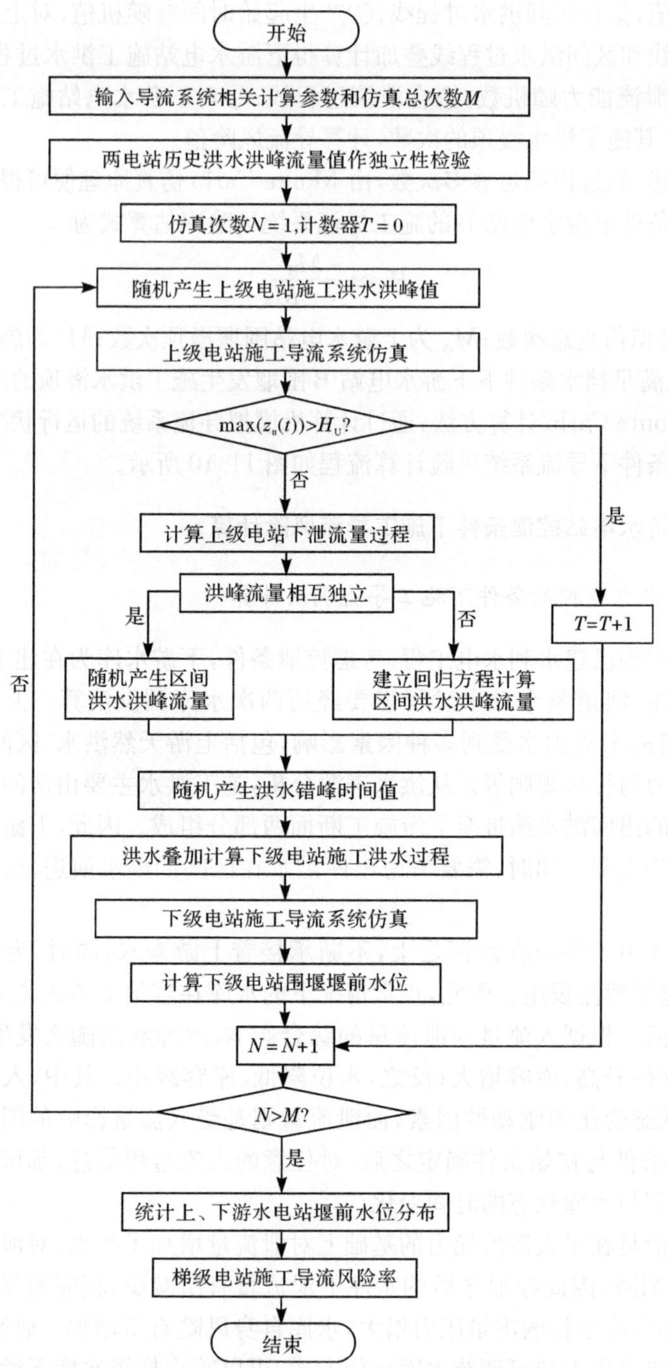

图 11.10 梯级电站施工条件下导流系统风险计算流程

加入控泄条件后，增加了调洪演算的影响因素及复杂性。同时，控泄条件下的水库，其泄流量将同时由水库特性与入流量决定，即将水文因素掺杂到水力因素中。因此，将水力与水文因素假定为相互独立，积分求解功能函数的方法面临难题。另外，原本相互独立的上、下游水库，由于控泄规则的存在，上游出库过程与下游入库过程联系在了一起，上游水库的调洪过程需要考虑下游水库的入库过程，无法单独求解，这也为解析方法计算风险带来了困难。一个完整的水库调洪系统应包括以下几个部分：

(1) 水库自身边界条件：水库的水位与库容关系，水库泄流能力。

(2) 初始条件：水库的起调水位，初始库容与泄流量。

(3) 输入信息：入流洪水过程。

(4) 输出信息：泄流洪水过程，水库水位变化过程。

水库的调洪作用主要依据水量平衡的原理进行，即

$$\frac{\mathrm{d}V}{\mathrm{d}t}=Q-q \tag{11.75}$$

对式(11.75)积分得

$$V=\int_0^t (Q-q)\mathrm{d}t+V_0 \tag{11.76}$$

将其离散化，得到

$$\Delta V=V_2-V_1=\frac{Q_1+Q_2}{2}\Delta t-\frac{q_1+q_2}{2}\Delta t \tag{11.77}$$

式中：V_1、V_2 分别为时段始末的水库库容；Q_1、Q_2 分别为时段始末的入流量；q_1、q_2 分别为时段始末的泄流量。

据此，可得到任一时刻的水库库容：

$$V_n=\sum_{i=0}^{n}(Q_i-q_i)\Delta t+V_0 \tag{11.78}$$

式中：Q_i、q_i 分别为 i 时刻入流量与泄流量；Δt 为时段间隔；V_0 为初始库容。

由于在实际条件下洪水过程无法完全用连续过程表示，只能采用离散形式表达，因此计算中应用的也是离散化的调洪方程。不考虑水库水位与库容关系的随机性，则水库水位与库容一一对应，由此可得到

$$R=P(h>H)=P(V>V_{\max})=P\left(\left(\sum_{i=0}^{n}(Q_i-q_i)\Delta t+V_0\right)>V_{\max}\right) \tag{11.79}$$

式(11.79)中求解的关键在于泄流量 q_i。自由泄流时，水库的泄流能力主要取决于水库状态，通常可得到水库水位与泄流量的相关关系。单一水库考虑控泄条件时，泄流方式不再是自由泄流，而是根据水位与入流量控泄指标确定泄流能力。此时，下泄流量在最大泄流能力基础上增加了人为的控泄约束。基于客观条

件，泄流量不能超过水库最大泄流能力；而在主观方面，泄流量则不能大于控泄的定量约束。因此，控泄条件下的泄流量将综合考虑泄流能力与控泄约束的影响，取较小值下泄。

$$q=\min\{q(h,c),\bar{q}(h,Q)\} \tag{11.80}$$

若考虑水力随机性，则

$$q=\min\{q(h,c)\times f(a,b,c),\bar{q}(h,Q)\} \tag{11.81}$$

式中：$f(a,b,c)$为总体泄流能力的三角分布。

若考虑起调水位的随机性，以起调水位服从正态分布为例，其风险计算式变为

$$R=P(h>H)=P\Big(\sum_{i=0}^{n}(Q_i-q_i)\Delta t+N(V_0,\sigma^2)>V_{\max}\Big) \tag{11.82}$$

在整个调洪模块中，水量平衡方程是模型的核心，边界条件为水库的库容关系和泄流能力，初始条件为水库起调状态，当给定了输入变量，即来流洪水之后，可输出计算结果及水位与泄流量变化过程。

由于区间一般缺少直接实测洪水资料，区间设计洪水计算一般采用间接的方法。

当上游工程断面与下游设计断面均有实测洪水资料时，可将历年上游断面的洪水过程演进到下游断面，再从下游断面洪水过程中减去，即得历年区间洪水过程线。此方法只适用于区间洪水比重较大的情况。

当区间某一部分流域面积(如支流)上有水文站时，可参照水文站控制流域面积与区间总面积以及暴雨、产汇特性等，将水文站的历年洪水过程线转换成整个区间的洪水过程。

当区间有较多的暴雨资料时，可由区间设计暴雨来推求区间设计洪水。

当上述方法都不可行时，采用区间所在地区的暴雨等值线图及暴雨径流查算图表进行计算，或者由相似流域地区综合的经验公式来推求区间的设计洪水。

计算区间洪水后，还需要进行洪水叠加计算，即河道洪水演进计算与区间设计洪水的叠加。区间洪水是下游保护断面与水库控制断面之间的区域产生的洪水，是洪水计算的重要内容之一。国内外的洪水叠加研究主要体现在对河道干、支流洪水的洪峰叠加计算。大江大河的流域面积大，且有河网、湖泊和水库的调蓄，不同场次的降水在不同支流所形成的洪峰，汇集到干流时，各支流的洪水过程往往相互叠加，组成历时较长涨落较平缓的洪峰。在设计断面上游有水库工程时，为推求设计断面的洪水，必须研究设计断面以上各部分洪水的地区组成，包括工程所在断面和水库控制断面之间无工程控制的区间洪水。

由于水库的调洪作用，下泄流量过程与天然洪水过程相比，洪峰减小，峰现时间延后。水库下泄流量过程与区间洪水过程组合后形成下游设计断面受上游水

库调洪影响后的洪水过程。如果区间洪峰出现在水库断面天然洪峰之前，那么水库调蓄作用可能减少水库断面洪峰与区间洪峰相遇的程度；反之，则可能增加洪峰遭遇的程度。通常由于资料的缺乏，无法直接将实测洪水流量资料按水库的调洪规则逐年进行模拟调洪计算，从而推求出设计断面的洪水过程线。实际应用中，采用一定概化条件下的近似计算方法，包括地区组成法、频率组合法和随机模拟法。

计算不同洪水组合成的设计断面洪水后，还要分析这些方案的合理性及误差来源，尤其应考虑上游各断面及区间的洪水过程线在天然情况下演进组合到下游各断面，与相应下游控制断面的洪峰、洪量相一致，即符合水量平衡原理，对不一致的情况进行修正。

在上游控泄条件下施工导流的风险计算模型中，存在两个水库的调洪过程。水库的调洪演算过程是依据水量平衡方程进行：

$$\frac{\mathrm{d}V}{\mathrm{d}t}=Q(t)-q(V) \tag{11.83}$$

式中：V 为水库库容；$Q(t)$为入流洪水过程；$q(V)$为水库泄流能力。

对于正在进行施工导流作业的下游而言，其调洪过程为常规调洪，泄流方式一般为自由泄流，入库洪水过程的推求是调洪的前提条件。而控泄条件下的上游水库由于泄流量需考虑控泄指标的约束，其泄流能力为

$$q'(V,t)=\min\{q(V),\bar{q}(h_{\mathrm{u}},Q_{\mathrm{u}},h_{\mathrm{d}},Q_{\mathrm{d}})\} \tag{11.84}$$

式中，$q(V)$为不考虑控泄条件的水库最大泄流能力；$\bar{q}$ 为控泄规则中泄流量的约束；h、Q 分别为控泄指标中的水库水位与单位时段内入流量；下标 u、d 分别表示上游水库和下游水库。

根据上游调洪演算过程，可迭代计算得到水库水位变化 $h(t)$与泄流过程$q(t)$。

为推求下游入库洪水过程，可由上游水库泄流过程与区间洪水通过洪水演进与叠加得到。通过方程组联立求解，即可得风险分析所需下游水库水位的变化过程。

2. 考虑上游水电站控泄条件的导流风险

1）上游水电站控泄条件下的导流方案影响

导流系统的泄水建筑物一般没有泄量控制能力，且堰前库容相对河流汛期的径流量难以形成控制性的调蓄能力。但是，在上游梯级电站已建的条件下，施工导流方案利用上游梯级的洪水控制能力，将入流洪峰 Q_{in}的一部分蓄滞于水库中，达到削减出流洪峰 Q_{out}的作用。如图 11.11 所示，间于 Q_a 和 Q_b 的入流洪峰都将消减至Q_a。经上游梯级电站对施工洪水的控制后，实际影响下游导流系统风险的洪峰得以削减，对应的导流系统风险 R 亦得以减小，这正是利用基于梯级控泄的

优化施工导流方案的意义所在。

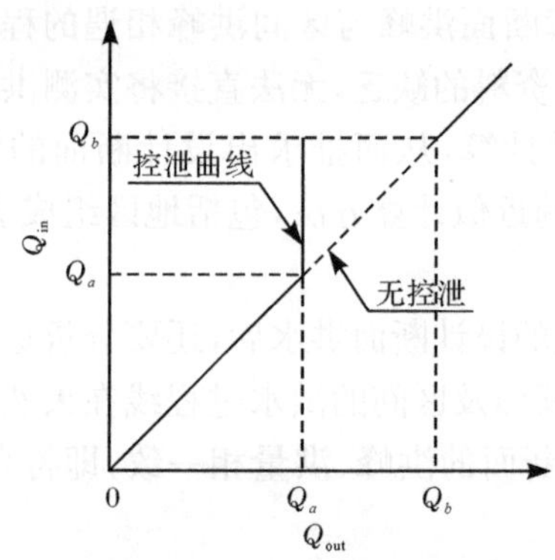

图 11.11 梯级电站控泄条件洪峰与入流洪峰的关系

基于梯级控泄的施工导流系统与一般的施工导流系统相比，增加了控泄子系统，需要针对基于梯级控泄的施工导流方案优选问题讨论方案属性涉及的因素和评价方法。

2) 具有控泄能力的施工导流系统风险分析

(1) 具有控泄能力的导流系统组成。以洪水沿河道下泄过程为序，具有控泄能力的导流系统由上游控制性梯级、区间洪水和施工导流系统组成。

(2) 上游控制性梯级。随着流域梯级开发的深入，很多电站建设过程中，上游已有完建的控制性梯级，对汛期洪水可起到一定的控制作用，主要体现在对洪水过程的削峰填谷作用。

(3) 区间洪水。上游控制性梯级至施工梯级之间的区间洪水依然处于天然状态，服从天然洪水产汇流规律。

(4) 施工导流系统。在建梯级的施工导流系统同样包括导流挡水建筑物和导流泄水建筑物，导流系统的主要功能是保护基坑。

3) 基于上游梯级电站控泄的施工导流方案风险评价

基于梯级控泄的导流系统中除其本身失效风险外，还包括很多的风险因素，如上游梯级水库为控泄而额外承担的调蓄风险，下游河道所受溃堰洪水风险等。本风险评价将着眼于导流系统本身的失效风险，而认为上游梯级的控泄原则首先是保证其本身的安全性，风险较小；下游河道虽然受溃堰洪水的影响，但是，溃堰洪水总量较小、且溃堰前有一定的预警时间，因此不考虑溃堰洪水的影响。

基于梯级控泄的导流系统引入了人为因素控制系统风险。由于梯级控泄改变了原河流的天然水文特性，导流方案的风险被人为改变了。在忽略上游梯级至导流系统之间河段区间洪水影响的前提下，如图 11.12 所示，当下泄洪峰从 Q_b 被人为削减至 Q_a，导流系统的风险也从 R_a 减至 R_b。

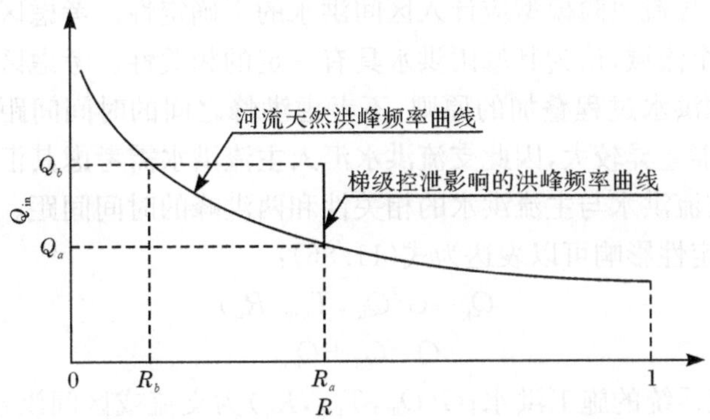

图 11.12　梯级电站控泄影响的洪峰频率曲线

显然，针对无控泄施工导流系统的风险分析方法不再适用，需研究提出一种基于梯级控泄导流系统的风险分析模式。

(1) 具有控泄能力的导流系统风险因素分析。

具有控泄能力的导流系统中影响导流标准选择的因素主要包括洪水不确定性因素和泄流能力的不确定性因素，而洪水不确定性因素受上游梯级的控制和天然因素的综合影响，可认为是由天然洪水的不确定性、洪水人为控制规则与区间洪水的不确定性组成。以洪水沿河道下泄过程为序，主要因素的空间分布如图 11.13所示。

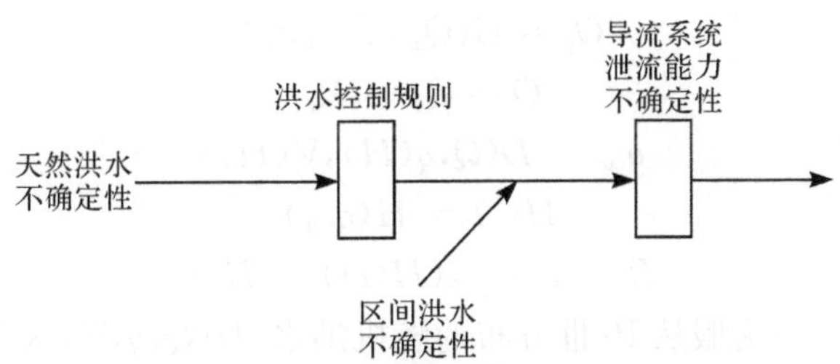

图 11.13　具有控泄能力的导流系统因素

① 入流洪水不确定性。在上游梯级电站控泄改变天然河流的洪水统计特征之前，可以认为系统的入流洪水是符合一般天然洪水统计特征的，可以采用河流水文方法处理。

② 洪水控制规则。上游梯级对洪水的控制规律一般可以表达为梯级控泄规则，根据目前水库调度的一般规则，可以假设水库下泄流量 Q_{out} 是水库坝前水位 H_{u} 和入库洪水流量 Q_{in} 的函数，如式(11.85)所示：

$$Q_{\mathrm{out}}=f(Q_{\mathrm{in}},H_{\mathrm{u}}) \tag{11.85}$$

③ 区间与支流洪水的不确定性。上游梯级电站与施工梯级电站之间的河段

一般较长，施工导流风险模型应计入区间洪水的不确定性。考虑区间洪水与上游洪水同属于一个流域，认为其暴雨洪水具有一定的相关性。考虑区间洪水与上游洪水过程，采取洪水过程叠加的原则，不考虑洪峰之间的时间间距。支流与主流的洪水成因可能差异较大，因此支流洪水汇入主流洪水需考虑其汇入的时段与过程因素，以及支流洪水与主流洪水的相关性和两洪峰的时间间距。由此区间与支流洪水的不确定性影响可以表达为式(11.86)：

$$
\begin{aligned}
Q_g &= G(Q_{in}, T_{gap}, R_q) \\
Q &= Q_g + Q_{out}
\end{aligned}
\tag{11.86}
$$

式中：Q 为导流系统的施工洪水；$G(Q_{in}, T_{gap}, R_q)$ 为支流或区间洪水描述函数，受主流天然洪水 Q_{in}、支流或区间洪水相关性 R_q 和洪峰的时间间距 T_{gap} 的影响。

④ 泄流能力不确定性。导流泄水建筑物的泄流能力的不确定性与泄流建筑物水力参数的不确定性有关。水力参数的不确定性主要来自于导流建筑物的施工和运行过程中的误差。通过宣泄洪水的能力影响导流系统风险。

(2)具有控泄能力的导流风险测度。

考虑图 11.10 所示风险影响因素，按照洪水下泄过程耦合梯级控泄因素和主要不确定性因素，建立具有控泄能力的导流风险测度模型。施工导流系统风险可由式(11.87)应用 Monte-Carlo 方法计算。

$$
\begin{aligned}
Q_{in} &\sim \text{P-Ⅲ}(\cdot) \\
Q_{out} &= f(Q_{in}, H_u) \\
Q_g &= G(Q_{in}, T_{gap}, R_q) \\
Q &= Q_g + Q_{out} \\
q_{out} &= D(Q, q(H), V(H)) \\
H(t) &= H(q_{out}) \\
R &= P(\max(H(t)) > H_c)
\end{aligned}
\tag{11.87}
$$

式中：$Q_{in} \sim \text{P-Ⅲ}(\cdot)$ 为服从 P-Ⅲ分布的随机洪水；$D(Q,q,V)$ 为导流期间洪水蓄泄方式；$q(H)$ 为导流系统的水位-泄流流量关系；$V(H)$ 为堰前水库的水位-库容关系；$H(q)$ 为导流系统泄流流量-水位关系；$H(t)$ 为堰前水位的变化过程；H_c 为围堰堰顶高程；R 为导流系统风险。

4) 基于控泄的施工导流方案可行性

(1) 方案指标族。

如图 11.14 所示，无上游控泄条件的施工导流系统设计风险 R 与导流系统投资存在如下函数关系：

$$
R = S(C) \tag{11.88}
$$

(2) 基于上游控泄的风险控制与转移分析。

若上游水库协助导流系统分担导流风险，导流系统加入上游水库控泄条件，

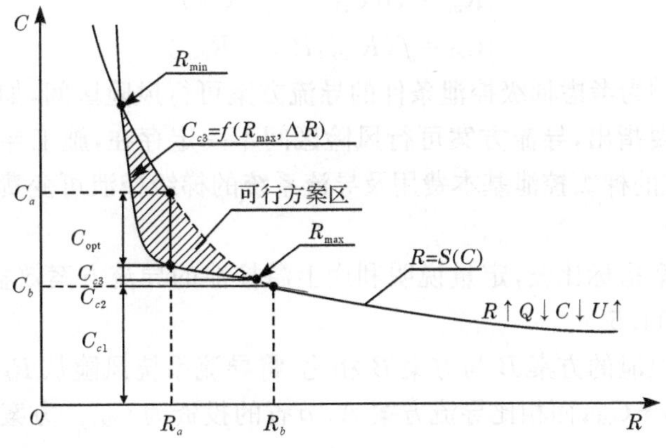

图 11.14　导流方案指标曲线

梯级水库在洪水期可采用超蓄或预泄措施来控制下泄流量。由于超蓄会带来安全额外的风险,因此水库一般在水文预报的基础上,采用预泄措施降低汛限水位,达到控制洪水期最高水位和最大下泄流量的目的。预泄洪水涉及的安全风险因素较少,在此不讨论预泄洪水措施带来的风险。

在导流系统风险基本不变的前提下,上游控泄降低了相应标准的施工洪水洪峰流量,相当于降低了导流系统确定型投资,优化了导流方案。从导流风险的角度,将施工导流风险的一部分从风险承受能力较低的围堰挡水系统转移到风险承受能力较强的上游梯级水库,达到优化系统风险配置的目的。从导流系统的确定型费用角度,上游梯级控泄条件在流量控制区间范围内分离了施工导流风险与工程确定型费用之间的必然联系,将降低导流建筑物标准节省的一部分费用用于梯级泄流控制;通过减少导流系统的确定型费用同时控制不确定型费用的途径达到优化导流方案的目的。

(3) 风险转移成本与可行方案分析。

假设不考虑梯级控泄的方案 B,其确定型投资为 C_b,导流风险为 R_b。将梯级控泄条件加入后,从导流系统确定型投资的角度,如前所述,上游梯级控泄方案的成本分为 C_{c1}、C_{c2}、C_{c3} 三部分:$C_{c1}=C_b$;C_{c2} 为导流系统的梯级控泄基本费用(包括利用上游梯级控泄导致的梯级水库协调、运行费等),对于特定的导流系统是定值,因此,$C_{c1}+C_{c2}$ 决定了导流方案可行风险 R_{max} 的上限。

$$R_{max}=S(C_{c1}+C_{c2}) \tag{11.89}$$

同时

$$C_{c3}=f(R_0,\Delta R) \tag{11.90}$$

因此,$C_{c1}+C_{c2}+C_{c3}$ 决定了考虑梯级控泄导流方案的可行风险下限 R_{min},其值可由式(11.91)求得:

$$\begin{cases} R_{\min}=S(C_{c1}+C_{c2}+C_{c3}) \\ C_{c3}=f(R_{\max},R_{\max}-R_{\min}) \end{cases} \tag{11.91}$$

$[R_{\min},R_{\max}]$为考虑梯级控泄条件的导流方案可行风险区间，如图 11.14 阴影部分所示。需要指出，导流方案可行风险区间不一定存在，施工导流系统的建设费用、导流系统的梯级控泄基本费用及导流系统的梯级控泄可变费用都可能影响其存在性。

下面用方案指标比较，定量说明利用上游控泄的导流方案效益，三个相关方案的指标见表 11.5。

基于上游控泄的方案 B 与方案 B 相比，将导流系统风险从 R_b 减小至 R_a，确定型投资多 $C_{c2}+C_{c3}$；而相比导流方案 A，节省的投资为 C_{opt}。方案指标之间的关系见表 11.5。

表 11.5　方案指标比较

方案	确定型费用	风险	设计泄量	不确定型费用
方案 A	C_a	R_a	Q_a	U_a
方案 B	C_b	R_b	Q_b	U_b
基于上游控泄的方案 B	$C_b+C_{c2}+C_{c3}$	R_a	Q_b	U_a

11.3.5　白鹤滩水电站施工导流风险计算

在水电站梯级开发建设的条件下，梯级电站在空间上相邻，在流域上相连通，梯级建设环境下的施工导流系统改变了天然径流水文特性，梯级水库的施工洪水不仅与河流洪水特性及干支流洪水的组合规律密切相关，还与梯级水库的调蓄及调度运行方式有关。同时，水电站梯级建设改变了河流施工洪水的原有泄水通道，洪水控制和施工导流的动态特性与单一电站建设的情况不一样。梯级施工洪水的影响因素包括天然径流水文特性因素、梯级电站水库调蓄和控泄因素、梯级施工导流系统的施工过程和泄流控制特征因素等。

在水电站梯级开发建设的条件下，下游水电站的建设可能比上游早(如葛洲坝在三峡工程之前)，下游水库的回水会影响上游电站施工导流系统的泄流能力。因此，下游水库的回水影响因素必须计入施工导流系统中。

梯级电站施工导流系统本身的不确定性与单一电站施工导流不确定性组成基本一致。在此不再赘述。

1. 施工导流系统风险因素分析

根据地形和梯级情况，白鹤滩水电站所处的施工导流环境较为复杂，如图 11.15 所示，按照之前规划，上游的乌东德水电站将与白鹤滩水电站几乎同时开工；而下游的溪洛渡水电站届时已基本完建，并开始蓄水，其水库上游回水直接影响白鹤滩工程导流系统的泄流能力；并且，金沙江在攀枝花市附近纳入雅砻江，因此，施工洪水主要受到上游支流洪水及相应的最末梯级电站的控泄方式和主要区间洪水的影响。主要影响因素见表 11.6。

表 11.6　白鹤滩水电站施工导流系统主要梯级风险影响因素及处理模型

项目	考虑因素与处理模型
金沙江中游洪水	考虑观音岩水电站的设计洪水
观音岩水电站的调蓄作用	观音岩水电站的控泄规则
观音岩坝址至河口段区间洪水	区间长度 37.8km，忽略区间洪水影响
观音岩坝址至河口段区间河槽调蓄	洪水演进
雅砻江洪水	考虑桐子林水电站的设计洪水
桐子林水电站的调蓄作用	桐子林水电站的控泄规则
观音岩坝址至河口段区间洪水	区间长度 15.0km，忽略区间洪水影响
观音岩坝址至河口段区间河槽调蓄	洪水演进
河口汇流	多支流洪水汇流模型
河口至乌东德坝址段区间洪水	计入区间洪水的随机性
河口至乌东德坝址段区间河槽调蓄	洪水演进
乌东德导流系统调蓄作用	计入乌东德导流系统的蓄、泄因素
乌东德坝址至白鹤滩坝址段区间洪水	计入区间洪水的随机性
乌东德坝址至白鹤滩坝址段区间河槽调蓄	洪水演进
溪洛渡水库回水	计入溪洛渡水库回水对泄流能力的影响

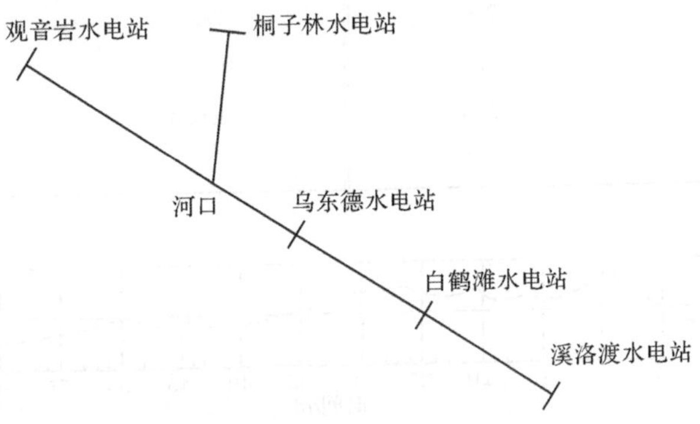

图 11.15　梯级建设环境下的白鹤滩施工导流系统风险组成

2. 白鹤滩水电站施工导流系统风险测度的相关参数

1) 上游观音岩工程导流系统相关参数

根据水文观测资料，观音岩坝址处设计洪水统计参数如下：

$$\mu_Q=7130\text{m}^3/\text{s},\quad C_v=0.31,\quad C_s/C_v=4.0$$

观音岩坝址处主要设计标准的洪峰和洪量参数见表 11.7。

表 11.7　观音岩水电站坝址处主要设计标准的洪峰和洪量参数

时段	频率 P								
	0.01%	0.02%	0.1%	0.2%	0.5%	1%	2%	3.33%	5%
Q_m/(m³/s)	21600	20500	18000	16900	15400	14200	13000	12100	11400
W_3	52.8	50.1	43.9	41.2	37.5	34.7	31.8	29.7	27.9
W_7	115.0	109.0	95.4	89.5	81.5	75.4	69.1	64.4	60.6
W_{15}	224	213	186	175	159	147	135	126	118
W_{30}	392	372	326	306	279	257	236	220	207

观音岩至河口区间河槽长度 37.8km，河段平均比降 1.48‰，主要流量的洪水演进时间见表 11.8，典型洪水过程如图 11.16 所示。

表 11.8　观音岩至河口区间河槽洪水演进时间

流量/(m³/s)	演进历时/h	流量/(m³/s)	演进历时/h
1000	4.0	8000	2.3
1200	4.0	10000	2.3
1500	3.0	20000	2.0
2000	3.0	30000	2.0
3000	3.0	40000	2.0
4000	3.0	50000	2.0
6000	2.5		

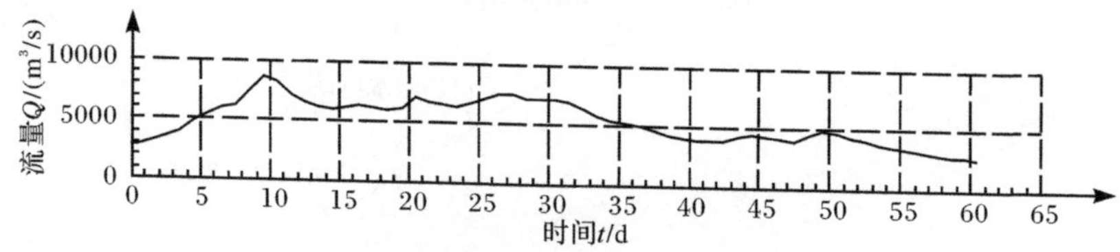

图 11.16　观音岩坝址处典型洪水过程

2) 上游桐子林工程导流系统相关参数

桐子林坝址处典型洪水过程如图 11.17 所示。

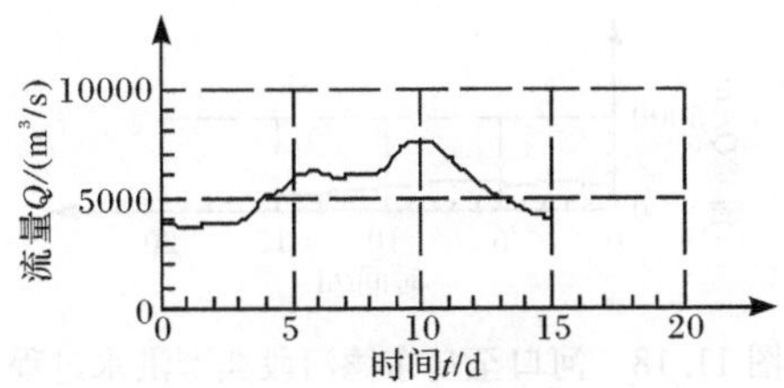

图 11.17　桐子林坝址处典型洪水过程

桐子林电站坝址处设计洪水参数见表 11.9。

表 11.9　桐子林电站坝址处设计洪水参数

μ_Q/(m³/s)	C_v	C_s/C_v	Q_p/(m³/s)		
			0.1%	0.2%	1%
8700	0.34	4	23600	22100	18300

桐子林至河口区间河槽水力参数：桐子林至河口区间河槽长度 15.0km，河段平均比降 2.32‰。

3）金沙江与雅砻江河口汇流

汇流模型。河槽应用马斯京根法演进计算，在河口处流量叠加。

洪水汇流参数。根据水文统计资料，认为两流域的洪峰时间间距符合均匀分布 $U_{min}=-720$，$U_{max}=720$。

4）雅砻江河口至乌东德水电站河段的影响

河口至乌东德区间河槽长度 213.9km，河段平均比降 0.93‰。河槽演进时间与稳定流流量的关系见表 11.10。

表 11.10　雅砻江河口至乌东德水电站区间河槽洪水演进时间

流量/(m³/s)	演进历时/h	流量/(m³/s)	演进历时/h
1000	19.1	8000	11.1
1200	18.2	10000	10.5
1500	17.2	20000	8.8
2000	15.9	30000	7.9
3000	14.3	40000	7.3
4000	13.3	50000	6.9
6000	11.0		

区间设计洪水统计参数：$\mu_Q=1500\text{m}^3/\text{s}$，$C_v=0.29$，$C_s/C_v=4.0$。

区间典型洪水过程如图 11.18 所示。

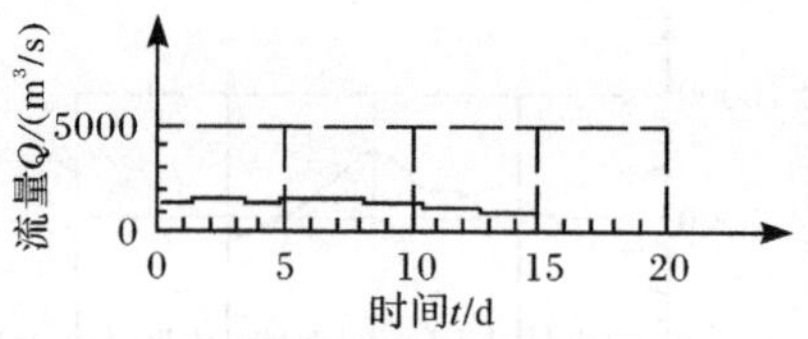

图 11.18　河口至乌东德河段典型洪水过程

5) 乌东德工程施工导流系统的影响

乌东德工程上游围堰堰前库容为$(2\sim3)\times10^8\,m^3$，其调蓄作用不容忽视，见表11.11和表11.12。

表 11.11　乌东德坝址处水位和库容的关系

水位/m	库容/10^8m^3	水位/m	库容/10^8m^3
810	0	900	6.691
813	0.007	910	9.577
816	0.018	920	13.357
820	0.028	930	18.359
830	0.173	940	24.744
840	0.423	950	32.476
850	0.790	960	41.680
860	1.303	970	52.511
870	2.026	980	65.208
880	3.028	990	80.012
890	4.517	1000	97.011

表 11.12　乌东德初期导流系统泄流能力

水位/m	流量/(m^3/s)	水位/m	流量/(m^3/s)	水位/m	流量/(m^3/s)
815.00	0	840.00	13866	895.00	35359
815.05	1	845.00	15694	900.00	36851
815.10	10	850.00	18476	905.00	38379
815.50	100	855.00	20784	910.00	39703
816.00	300	860.00	23087	915.00	45607
818.00	1000	865.00	25000	920.00	50000
819.00	1300	870.00	26979	925.00	54000
820.00	1736	875.00	28777	930.00	59000
825.00	3158	880.00	30588	935.00	63000
830.00	7617	885.00	32241		
835.00	11529	890.00	33835		

6）白鹤滩水电站河段的影响

乌东德至白鹤滩区间河槽长度 182.5km，河段平均比降 0.93‰。河槽演进时间与稳定流流量的关系见表 11.13。

表 11.13　乌东德至白鹤滩区间河槽洪水演进时间

流量/(m^3/s)	演进历时/h	流量/(m^3/s)	演进历时/h
1000	16.3	8000	9.7
1200	15.6	10000	9.2
1500	14.8	20000	7.7
2000	13.7	30000	7.0
3000	12.4	40000	6.5
4000	11.6	50000	6.1
6000	10.4		

区间设计洪水统计参数：$\mu_Q=1150\text{m}^3/\text{s}$，$C_v=0.29$，$C_s/C_v=4.0$。

区间典型洪水过程如图 11.19 所示。

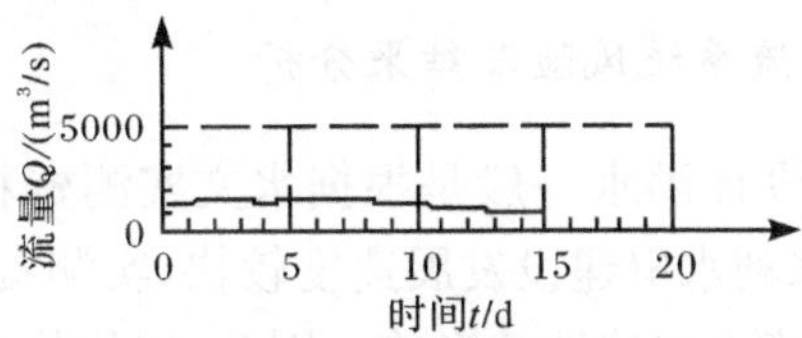

图 11.19　白鹤滩水电站河段典型洪水过程

7）白鹤滩工程施工导流系统的影响

白鹤滩工程上游围堰堰前库容为(2～3)×10^8 m^3，其调蓄作用不容忽视，见表 11.14。

表 11.14　白鹤滩坝址处水位和库容的关系

水位/m	库容/10^8m^3	水位/m	库容/10^8m^3	水位/m	库容/10^8m^3
590	0.00	680	10.61	770	92.48
600	0.01	690	15.35	780	107.13
610	0.08	700	21.05	790	123.01
620	0.28	710	27.91	800	140.35
630	0.72	720	35.85	810	159.08
640	1.45	730	44.93	820	179.24
650	2.58	740	55.14	830	200.88
660	4.30	750	66.48	840	223.92
670	6.87	760	78.92	850	248.25

8) 下游溪洛渡水库回水的影响

白鹤滩施工导流在下游梯级溪洛渡的库区尾部进行，因此，泄流建筑物的泄流能力受到下游水库回水的顶托作用，计入回水影响的白鹤滩初期导流泄流能力见表 11.15。

表 11.15　白鹤滩初期导流泄流能力(考虑溪洛渡回水影响)

水位/m	流量/(m^3/s)	水位/m	流量/(m^3/s)	水位/m	流量/(m^3/s)
585.00	0	612.95	10000	661.39	30000
585.10	1	619.02	13000	667.46	32000
585.20	10	625.29	16000	677.13	35000
586.00	100	629.56	18000	687.00	37500
588.00	1000	633.68	20000	700.00	40000
600.77	2000	638.61	22000	760.00	50000
602.62	4000	646.59	25000		
609.09	8000	655.24	28000		

3. 白鹤滩水电站导流系统风险及结果分析

我国水利水电工程设计洪水一般是根据水文实测资料推求洪水参数和洪水过程，但是由于近年来水利水电建设发展速度较快，实测资料系列较短，难以计入近年来工程建设后对河流水文特性的影响。因此，采用梯级建设环境下的白鹤滩施工导流系统风险模型，将天然情况下的各站设计洪水参数作为模型参数，使用洪水组成方法随机模拟施工洪水，并与现白鹤滩设计洪水参数比较，率定模型参数。

梯级建设环境下的白鹤滩施工导流系统风险模型施工洪水模拟数据和白鹤滩梯级施工洪水设计频率参数见表 11.16。

表 11.16　白鹤滩施工洪水参数设计与梯级导流系统模拟比较

梯级水电站	洪峰统计参数			洪水频率					
	平均值	C_v	C_s/C_v	0.5%	1.0%	2.0%	3.33%	5.0%	10%
白鹤滩设计	16300	0.29	4	33400	31300	28700	26800	25300	22700
梯级导流模拟	—	—	—	34170	31410	28610	26920	24860	21890
相对差	—	—	—	−2.31%	−0.35%	0.31%	−0.45%	1.74%	3.57%

根据水利水电梯级建设施工导流风险模型的评估结果，白鹤滩初期导流设计参数梯级当量风险见表 11.17。

表 11.17　白鹤滩初期导流设计参数梯级当量风险

设计标准/年	对应上游水位/m	设计堰水位/m	对应重现期/年	设计堰高/m	对应重现期/年	泄流建筑物
30	650.2	650.64	30.8	653.00	39.1	1#～5#导流隧洞
50	655.6	655.44	48.9	658.00	61.8	

根据上述计算分析结果可知，在梯级建设环境下，白鹤滩工程初期导流标准均有一定的安全裕度。30 年一遇导流标准梯级当量重现期为 39.1 年，50 一遇导流标准当量重现期为 61.8 年。

白鹤滩梯级导流风险与白鹤滩上游梯级乌东德及下游梯级溪洛渡的导流方案、建设进度等关系密切，受到雅砻江与金沙江上游梯级多个水电站控泄方式的影响，应根据白鹤滩工程导流的具体情况控制与调整。

11.4　高土石围堰结构风险分析

11.4.1　围堰边坡失稳风险

1. 影响因素分析

在土石围堰工程中，堰坡稳定的传统评价指标是安全系数，但由于堰坡稳定受到许多不确定因素的影响，实际设计施工中即使安全系数满足规范要求的边坡依然可能出现失稳的问题；因此，需利用风险分析方法研究堰坡稳定，充分考虑堰坡稳定的不确定性影响因素，计算堰坡失稳风险率，进而保证稳定分析的全面性和准确性。土石围堰边坡失稳风险指洪水超过某一界限，使作用于围堰的荷载大于其抗力，导致围堰边坡稳定失效的概率，荷载滑动力矩 L 主要由上游水位决定，抗力抗滑力矩 Q 主要由堰体材料力学性质决定，因此研究上游水位和堰体材料力学性质的随机性，分析并量化影响两者的随机因素。上游水位的随机性已在 11.3 节详述，下面重点阐述土石料力学性质随机性。

岩土参数性质具有时空特性，即在确定的时空条件下，其参数值确定，而随着时间和地点的改变，岩土参数具有随机性。目前在实际工程中，人们对岩土工程的认识和研究并不深，如工程地质勘测很少涉及地质分组、地层资料概率处理等必要的不确定性分析手段，土石料力学特性参数大多也是根据有限的现场或室内试验的测量和相关工程经验拟定；但由于工程试验测量的离散性和随机性，最终拟定的土石料力学参数常不能真实反映材料实际特性。因此土石料力学特征参数的不确定性常由两个方面原因导致：①土石料自身具有变异性，同一地层或勘测开采区域的岩土，其形成过程中受各种因素影响，如土层深度、土体应力历史、土体密度、土体含水量、土体成分等；②系统不确定性，包括统计不确定性、模型不确定性和试验不确定性等。这两方面原因所导致的不确定性都只能尽量降低却无法消除。土石料固有的变异性无法通过试验样本数量的增多和试验技术及设备的提高和完善而降低。系统不确定性中的统计不确定性是由统计方法和样本容量决定的，可通过改善统计方法和增大样本容量减小其影响；模型不确定性是由计算模型假设条件的简化与工程实际不符而导致计算模型不完备引起的，可通过多模型比较优选降低其影响；试验不确定性是由取样过程中试样保存及运输过程中土体性质扰动和试验方法与技术差异所导致的，主要由测量随机误差和试验偏差组成，可通过提高和完善试验设备与取样技术及现场取样试验等手段降低其影响。

在实际工作中，岩土类组划分是地质勘测工程师依据现场调查和个人经验推断确定的。根据不相容原理，当一个系统的复杂性增大时，人们使其精确化的能力减小，在达到一定的阈值之后，复杂性和精确性将相互排斥。天然岩土组成是一个极其复杂的系统，岩土类组划分不可能过细，每一个类组必须包括相当大的空间范围。一方面，受到岩土力学性质的空间变异性和个人经验因素的影响，工程岩组的分类很难精确；另一方面是人们无法找到精确的工程岩体分类标准，很难明确断言某一处的考察岩体是否属于某一工程地质岩土类组。例如，新鲜花岗闪长斑岩、风化花岗闪长斑岩、强风化花岗闪长斑岩之间没有很明显的界限。这两方面因素共同作用，使得每一工程地质岩土类组范围内的岩体和土体的类属都具有不确定性，而这种不确定性又导致实际工程岩土分类的模糊性。工程岩土从属于某一工程地质岩土组到不属于该岩土组是逐步过渡而非跳跃改变的，并且这种过渡形式在某一工程地质岩组所包括的空间范围内也是不确定的。某一工程地质岩土组所包含的空间范围越大，这种变异和过渡就越复杂。显然，工程地质岩土组是一个模糊集合，同一岩土组中不同位置处的岩体客观上都以不同的隶属度从属于该岩土组。这种工程地质岩组划分的模糊性通过取样传递给岩土样本，使得岩土样本力学特性参数具有不确定性和模糊性。

岩土样本力学参数的不确定性由随机性和模糊性组成，其中随机性是由于岩土本身性质或试验设备等因素造成的客观存在于岩土取样测试过程中的不确定性，而模糊性则是人们对岩土样本分组及组内岩土力学特性判定过程中所反映的不可避免的主观不确定性。根据信息统计理论可知，岩土样本力学参数的随机性与样本信息的数量有很大关系，通过对同一个岩土样本母体进行多次重复抽样，结合大量的相关试验，就可以无限逼近地模拟该岩土母体的力学特性；而岩土样本力学参数的模糊性则影响样本信息的客观性，它反映的是样本对模糊集合(工程地质岩组)的隶属程度。

2. 土石料力学参数随机模糊分析

根据土石料力学性质随机性分析，岩土样本的力学参数不仅包含随机不确定性，还显著地包含模糊不确定性。因此从土工试验方法和工程意义的角度考虑，岩土样本的力学参数是同时具有随机不确定性和模糊不确定性的随机-模糊变量，而土工试验数据是随机模糊子样，仅根据随机统计原理和随机统计方法处理得到土工试验数据既不符合数学逻辑也不符合实际，为真实反映土石料力学参数特性，更好地模拟相关建筑物的力学性能，需对土石料力学参数进行随机模糊分析。

1) 样本数据的异值粗糙处理

因为岩土样本力学参数具有显著随机性，所以在统计和分析岩土力学性质时，常将其作为随机变量处理。由于实际工程中很难获得大量的岩土样本测试资料，因此需要分析有限的工程资料之中是否存在异常值，并对其进行相应的处理，以避免其降低统计分析的准确性，或导致得到不具备代表性和不接近工程实际的概率统计特征值，防止工程设计及施工的严重失误。

根据相关规范规定，岩土样本参数在经过统计分析求得相关特征参数后，需通过常用的剔除粗差方法对统计数据进行检验，以去除样本中包含的粗差数据。在实际工程中常用的剔除粗差的方法有以下几种：

(1) 3σ 法则。首先设定显著性水平 α，在相应的置信水平 $1-\alpha$ 上，舍弃岩土参数样本中在$[\mu-3\sigma,\mu+3\sigma]$范围以外的点值；该方法适用于样本试验值较为集中且样本量相对较大的工程中，当样本容量较小且试验值不集中时，该方法无法剔除参数样本所包含的异常值。

(2) Grubbs 准则。Grubbs 方法的基本思想是为样本拟定一显著性水平 α，并确定相应的置信界限，将不在此置信限度的样本点值认定为不容许误差，予以剔除。Grubbs 方法具有置信水平高，适用于任意样本容量等特点，但是其验证受显著性水平 α 的影响较大，当 α 设定较小时，第一类错误(正常值错判为异常值)的出现可能性较大，当 α 设定较大时，第二类错误(异常值错判为正常值)的出现可能性较大。由于 Grubbs 方法中 α 设定对检验结果的高度关联性，利用其检测具有高度不均匀性的岩土力学参数样本的过程较为复杂。

(3) 随机-模糊处理方法。随机-模糊方法的基本原理是以实际样本整体对样本模糊子集隶属度最大为原则，通过计算分析，将具有较大权值的样本数据认为具有规律性，予以保留，而个别具有较小权值的数据认为属于异常数据，予以剔除。随机-模糊方法具有样本整体计算性和较为准确的异常剔除功能，是当前具有较高适用性和实用性的统计样本异常值处理方法。

2) 模糊数学理论

在水利水电工程设计中,地质条件、自然环境、工程材料、自然灾害等众多工程影响因素均具有模糊性,因此通过模糊数学理论及模糊优化设计方法对工程中的模糊因素进行定量分析及处理,在保证工程施工质量及运行安全、完善工程管理和决策系统、优化工程投资等方面具有重大的现实意义。

模糊数学理论包括模糊集合基本概念、隶属度确定方法以及模糊属性判别等。

3) 岩土力学参数的随机-模糊处理

在实际工程勘测设计中,岩土力学参数指标按照不同的工程地质岩组分别统计,而岩组划分常遵循的原则是依据现场调查和简单的岩土测试后根据工作人员个人的工程经验进行判定。由于岩土体的空间分布具有随机性,同时工作人员的岩组划分具有极大的主观性,两者共同导致了工程中岩组划分的模糊性,进而使岩土力学参数的拟定也带有了模糊性,因此岩土参数样本的模糊性处理是岩土参数拟定的关键性问题。降低岩土参数样本模糊性的主要方法有两个:一是降低岩土分组过程的主观性,提出相对明确的岩土分组划分标准,并在分组后通过分析测试指标各岩组的隶属度来适当调整划分结果;二是获取足够多的岩土参数试验样本,根据样本值对岩组的力学参数进行可靠性评估。由于岩土参数样本同时具有随机性和模糊性,传统的随机分析方法已不能适用于岩土参数样本的统计分析,需采用合适的随机-模糊处理方法拟定其统计特征值。

设 $x_1,x_2,\cdots,x_n$ 为划定的工程岩组中某力学指标的样本值,如 R、E、c、φ 等。现以随机-模糊处理方法求样本的均值和方差等。取论域为 $\mu=\{x_1,x_2,\cdots,x_n\}$,$\widetilde{A}$ 为 μ 上的一个模糊子集,论域 μ 中元素 $x_i(i=1,2,\cdots,n)$ 对于 $\widetilde{A}$ 的隶属度为 $\mu_{\widetilde{A}}(x_i)$,所求的 $\widetilde{A}$ 的核 A 为

$$A=\{\bar{x}\,|\,\mu_{\widetilde{A}}(\bar{x})\,|=1\} \tag{11.92}$$

假设 A 能够表示为 $\bar{x}=f(x_i)$,$f(x_i)$ 为 $x_1,x_2,\cdots,x_n\in X$ 的函数,表示某工程地质岩组力学参数的统计平均值,则根据工程问题性质,可采用如下形式的隶属函数:

$$\mu_{\widetilde{A}}(x_i)=\exp[-D_{i1}(x_i,\bar{x})]$$

式中:D_{i1} 为 x_i 对于模糊集合 $\widetilde{A}$ 核点 $\bar{x}$ 的马氏距离,如式(11.93)所示:

$$D_{i1}=(x_i-\bar{x})^2\omega_i \tag{11.93}$$

式中:ω_i 为权重($i=1,2,\cdots,n$)。x_i 距核点 $\bar{x}$ 的马氏距离 D_{i1} 越小,则其对 $\widetilde{A}$ 的隶属度越大,在核点处,隶属度为 1,根据隶属度最大原则,可求解 $\bar{x}$ 统计特征值,为此,组成目标函数:

$$J=\max\Big(\sum_{i=1}^{n}u_{\widetilde{A}}(x_i)\Big) \tag{11.94}$$

为明确模糊集合中的元素对其隶属度的标准，取核点作为参照点，假设 ω_i 为常数 ω_{01}，对式(11.94)求一阶导数并令其为 0，可得

$$\frac{\mathrm{d}J}{\mathrm{d}\bar{x}}=\frac{\mathrm{d}\sum_{i=1}^{n}u_{\widetilde{A}}(x_i)}{\mathrm{d}x}=\frac{\mathrm{d}\sum_{i=1}^{n}\exp[-(x_i-\bar{x})^2\omega_{01}]}{\mathrm{d}x}=0 \tag{11.95}$$

$$\bar{x}=\frac{\sum_{i=1}^{n}\exp[-(x_i-\bar{x})^2\omega_{01}]x_i}{\sum_{i=1}^{n}\exp[-(x_i-\bar{x})^2\omega_{01}]} \tag{11.96}$$

式中：$\bar{x}$ 为待求量，而根据熊文林等的研究，ω_{01} 的取值对计算结果有一定影响，其推荐形式为

$$\begin{cases}\omega_{01}=\dfrac{2}{d_{\max}-d_{\min}}\\ d_i=x_i-\bar{x}\end{cases} \tag{11.97}$$

但式(11.97)是假设 ω_{01} 不随 $\bar{x}$ 变化求导得到，因此在运用式(11.97)进行迭代计算时，ω_{01} 应固定不变，为此在计算时，采用两步迭代法进行计算，过程如下：

(1) 取 $D_{i1}=(x_i-x_\omega)^2$，第一次计算取 x_ω 等于随机方法得出的平均值，由此得到一个权值 ω_{01}，利用式(11.96)迭代计算 $\bar{x}$，x_ω 不变，直到求得满足要求的 $\bar{x}$。

(2) 变化 x_ω，重复第(1)步计算，可以得到新的 $\bar{x}$。

(3) 重复第(2)步的计算，直到 x_ω 与 $\bar{x}$ 之间的差别可以忽略不计为止。取最终 $\bar{x}$ 为所求平均值。

同理可推导出岩土参数样本方差的计算公式为

$$\begin{cases}\sigma^2=\dfrac{\left(\dfrac{n}{n-1}\right)\sum_{i=1}^{n}\exp[-(\xi_i-\sigma^2)^2\omega_{02}]\xi_i}{\sum_{i=1}^{n}\exp[-(\xi_i-\sigma^2)^2\omega_{02}]}\\ \xi_i=(x_i-\bar{x})^2\\ \omega_{02}=\dfrac{2}{d_{2\max}-d_{2\min}}\end{cases} \tag{11.98}$$

式中：$d_{2\max}$、$d_{2\min}$分别为 $d_{2i}=(\xi_i-\sigma^2)^2$ 的最大值和最小值($i=1,2,\cdots,n$)。

3. 土石料力学参数

一般土工类建筑物填筑材料的物理力学参数都存在一定的相关性，且对建筑物的结构系统可靠度和失效概率存在一定影响。根据工程实地取样试验对土石

料黏聚力 c 和内摩擦角 φ 之间的相关性分析，溪洛渡、向家坝等工程中典型土石料的黏聚力 c 和内摩擦角 φ 之间存在负相关，相关系数约为 0.3～0.6。同时此相关性也对土石料力学参数的样本均值和标准差存在一定影响，即使相关性很小的区域样本，对统计特征值的影响也较大，可达 30%左右。因此在土石围堰稳定计算时，需要对参数的相关性作适当处理。

相关系数的测定方法，直接取数理统计中相关系数的定义为

$$\gamma=\frac{\sigma_{xy}^2}{\sigma_x\sigma_y}=\frac{\sum_{i=1}^{n}(x_i-\bar{x})(y_i-\bar{y})}{\sqrt{\sum_{i=1}^{n}(x_i-\bar{x})^2\cdot\sum_{i=1}^{n}(y_i-\bar{y})^2}} \tag{11.99}$$

式中：n 为参数统计样本数；σ_x 为 x 变量的标准差；σ_y 为 y 变量的标准差；σ_{xy} 为 x、y 两个变量的协方差。

式(11.99)是通过各个变量离差乘积的方法来计算相关系数的，由于变量的离差通常带有小数，使计算结果缺乏准确性。因此在实际计算中，可对式(11.99)中的分子分母进行如下转换：

$$L_{xx}=\sum_{i=1}^{n}(x_i-\bar{x})^2=\sum_{i=1}^{n}x_i^2-\frac{\left(\sum_{i=1}^{n}x_i\right)^2}{n}=n\sigma_x^2 \tag{11.100}$$

$$L_{yy}=\sum_{i=1}^{n}(y_i-\bar{y})^2=\sum_{i=1}^{n}y_i^2-\frac{\left(\sum_{i=1}^{n}y_i\right)^2}{n}=n\sigma_y^2 \tag{11.101}$$

$$L_{xy}=\sum_{i=1}^{n}(x_i-\bar{x})(y_i-\bar{y})=\sum_{i=1}^{n}x_iy_i-\frac{\left(\sum_{i=1}^{n}x_i\right)\left(\sum_{i=1}^{n}y_i\right)}{n}=n\sigma_{xy}^2 \tag{11.102}$$

将式(11.100)和式(11.101)代入式(11.99)可得

$$\gamma=\frac{L_{xy}}{\sqrt{L_{xx}L_{yy}}} \tag{11.103}$$

将统计相关的变量，如 $\boldsymbol{y}=(y_1,y_2,\cdots,y_n)$ 转变为不相关向量，如 $\boldsymbol{z}=(z_1,z_2,\cdots,z_n)$，常采用通过协方差矩阵将相关变量空间转换为不相关变量空间的方法。首先写出相关变量的协方差矩阵，如式(11.104)：

$$\boldsymbol{C}_Y=\begin{bmatrix}1 & \rho_{12} & \cdots & \rho_{1n}\\ \rho_{21} & 1 & \cdots & \rho_{2n}\\ \vdots & \vdots & & \vdots\\ \rho_{n1} & \rho_{n2} & \cdots & 1\end{bmatrix} \tag{11.104}$$

当相关系数为 0 时，对应的两个随机变量不具有相关联系；当相关系数为 1

时，对应的两个随机变量完全相关；当相关系数为绝对值小于 1 的实数时，对应的两个随机变量相关。$\boldsymbol{C}_Y$ 为对角矩阵，对角线元素均等于 1，其他元素均等于 0。根据矩阵特征值性质，有

$$|\boldsymbol{C}_Y-\lambda\boldsymbol{E}|=0 \tag{11.105}$$

求出特征值向量 λ，代入式(11.106)，可求得对应的特征向量 $\boldsymbol{X}$，构成特征矩阵 $\boldsymbol{A}$，可求得向量 $\boldsymbol{Z}$，如式(11.107)：

$$(\lambda\boldsymbol{E}-\boldsymbol{C}_Y)\boldsymbol{X}=\boldsymbol{0} \tag{11.106}$$

$$\boldsymbol{Z}=\boldsymbol{A}^{-1}\boldsymbol{Y} \tag{11.107}$$

对于土石围堰材料力学参数，由土工试验结果经统计分析得相关参数 ρ_γ、c'、φ'、ρ_0，列出其相关系数矩阵 $\boldsymbol{C}_Y$，再由 Jacobi 方法将协方差矩阵转化为仅对角线为非 0 元素的对角矩阵 $\boldsymbol{\Lambda}$，由线性代数的内容求其特征向量组成的矩阵并正交单位化为 $\boldsymbol{A}$，由此可得到模态矩阵 $\boldsymbol{A}^{\mathrm{T}}$，进行数据转换：

$$(\gamma',c',\tan\tan\varphi')=\boldsymbol{A}^{\mathrm{T}}(\gamma,c,\tan\tan\varphi) \tag{11.108}$$

式中，γ'，c'，$\tan\varphi'$为新坐标系下的值，线性无关且相互独立。

4. 土石料力学参数分布类型分析

要分析某一岩土力学参数的随机特征，不仅需要确定它的统计特征值，还需要估计拟合其分布类型。目前，对于工程岩土参数分布类型的确定，常采用拟合检验的方法，即根据工程特点及对岩土样本的初步试验分析结果，假设其服从一种或多种比较合理的经典分布类型，然后根据假设检验原理，结合已有的参数样本资料，对分布假设进行检验，得出接受或拒绝的结论。工程中常用的假设检验方法有 χ^2 检验法和 K-S 检验法。

在实际的勘测及设计工作中由于工程资源及试验设备的限制，常无法得到大量的岩土参数试验样本，此时无论采用 χ^2 检验法和 K-S 检验法，均难免出现多个分布满足假设验证条件的现象。当通过假设验证得到多个可接受假设分布时，需要进一步进行比较，确定岩土力学参数的最优拟合分布。

拟合岩土力学参数分布类型步骤为：首先假设某参数分布类型，根据实践经验和已有的研究，某一岩土参数的分布只可能是有限的几种分布模型，如容重可能是正态分布或 β 分布，黏聚力 c 可能是正态分布或对数正态分布，内摩擦角 φ 可能是正态分布等；然后选取合适的假设检验方法对分布假设进行检验，若得到唯一满足接受条件分布，则拟定该分布为参数分布类型，若得到若干满足接受条件的分布，则进一步从中选取最优拟合分布。

5. 围堰边坡失稳综合风险模型

假设堰前水位与堰体土石料力学参数为相互独立的随机变量，将围堰边坡失

稳看做某定水位条件下的随机事件，则堰前水位为 h 且围堰边坡失稳的风险率为

$$R(h)=F_r(h,\varphi,c)f(h)\mathrm{d}h \tag{11.109}$$

式中：$f(h)$为堰前水位分布的概率密度函数；$F_r(h,\varphi,c)$是堰前水位为 h 时围堰边坡失稳的条件概率。

围堰度汛过程中围堰边坡失稳的综合风险率为

$$R=P(L>Q)=\int_{h_{\min}}^{h_{\max}}F_r(h,\varphi,c)f(h)\mathrm{d}h \tag{11.110}$$

式中：$h_{\max}$和 $h_{\min}$分别为度汛期间堰前最高水位和最低水位。将堰前水位分布曲线在$[h_{\min},h_{\max}]$区域内划分为 N 段区间，运用离散化数值积分方法可将式(11.110)转化为

$$R=\int_{h_{\min}}^{h_{\max}}F_r(h,\varphi,c)f(h)\mathrm{d}h=\sum_{i=1}^{N}\Delta F_i(h)\bar{F}_{ri}(h,\varphi,c) \tag{11.111}$$

式中，$\Delta F_i(h)$为堰前水位落在第 i 段区间的概率，$\bar{F}_{ri}(h,\varphi,c)$为堰前水位处于第 i 段区间时，围堰边坡失稳的条件概率均值。

由式(11.111)可知，计算土石围堰度汛过程边坡失稳风险率需拟合堰前水位分布曲线、建立定水位条件下围堰边坡失稳风险计算模型，并将两者耦合。假设施工洪水来流量和导流建筑物泄流能力的分布类型，利用 Monte Carlo 方法模拟施工洪水过程和导流建筑物泄流过程，通过系统仿真进行调洪演算，统计分析确定围堰上游水位分布，得到堰前水位分布曲线。将度汛过程中堰前水位计算区域划分为 N 段区间，在确定土石料力学参数统计特征值和概率分布类型的基础上，利用 Monte Carlo 法计算以区间两端点作为固定堰前水位的围堰边坡失稳条件概率，其中最危险滑动面和边坡安全系数均可根据 11.4.2 节考虑施工过程的强度非线性边坡稳定计算模型进行分析，进而得到各段水位区间内围堰边坡失稳的条件概率均值。定水位条件下围堰边坡失稳风险率计算流程如下：①输入逻辑关系、围堰几何数据、材料参数统计特征值、分布类型及仿真次数 M；②确定该水位下最危险滑动面；③产生随机数群，不确定量抽样 c、φ；④不同分布下的变量随机数转换；⑤将变量随机数代入功能函数，计算边坡稳定性；⑥依据判别准则，统计围堰边坡失稳次数 n，可得 $F_r(h,\varphi,c)=n/M$。

综上所述，土石围堰边坡稳定的综合风险率模型计算流程如图 11.20 所示。

11.4.2 围堰渗透破坏风险

土石类坝工的渗流风险一直是水利水电工程所关注的重点问题。据统计，我国失事的土石类坝工中约 30%是由渗透破坏导致的。对于土石围堰而言，由于设计参数的选择和施工质量控制比较困难，其渗透破坏造成失事的比例则更高一些。影响土石围堰渗流风险的不确定性因素有很多，除来流洪水的水文随机性以

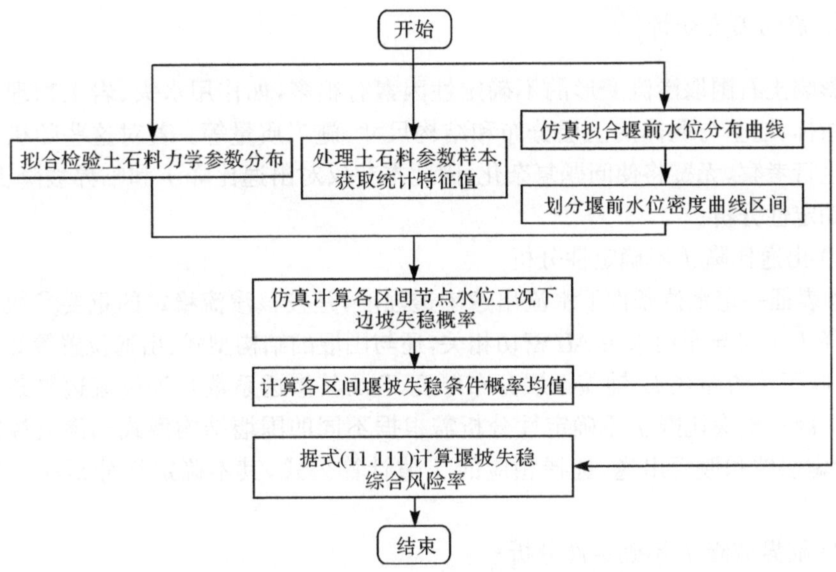

图 11.20　土石围堰边坡稳定的综合风险率模型计算流程

外，还有堰体、堰基的土质条件、施工质量和渗流控制措施等多种岩土力学随机因素。这些岩土参数的变异性较大，难以在围堰工程的规划和设计阶段全面把握，特别是高土石围堰工程的此类特点更为明显，从而导致对其风险率进行定量评价非常困难。长期以来，土石围堰渗流作用的安全评价主要停留在现象观测和数据分析阶段。一些定量计算模式过于复杂，难以在实际工程中运用。因此需建立土石围堰渗流风险计算模型，将土石围堰的渗流安全评估从传统的经验形式转变为风险预测形式，有利于施工导流方案的优化决策。

土石围堰渗流破坏不同于其他致险模式，有流土、管涌、接触冲刷和接触流土等多种破坏形式。只要围堰的上、下游存在水头差，就有渗流产生，从而形成岩土体与渗流的相互作用，这种作用从多方面对堰体的安全产生影响。当渗流产生的逸出比降 J 大于临界坡降 J_c时，土体就会发生渗透破坏。由此可得出渗流破坏风险率 P_f 的数学表达为

$$P_f = P(J > J_c) \tag{11.112}$$

式中：J 为出逸比降，J_c为临界比降，J 和 J_c均为随机变量。

根据渗流破坏的形式不同，渗流破坏风险率 P_f 还可表示为

$$P_f = P_{SL} + P_{SD} + P_{SZ} \tag{11.113}$$

式中，P_{SL}、P_{SD}、P_{SZ}分别为一定水位条件下的管涌、流土和解除冲刷的致险发生概率。

1. 影响因素分析

影响土石围堰渗流变形的不确定性因素有很多，如作用水头、岩土物理参数特性指标、堰基与堰体的土层分布和结构尺寸、施工质量等。若对这些随机变量逐一进行考察，无疑将使问题复杂化，因此本节仅对出逸比降 J 和临界坡降 J_c 进行不确定性分析。

1）出逸比降 J 不确定性分析

J 表征一定水位条件下水流出逸渗透强度，是校核渗流稳定的重要参数。出逸坡降 J 不仅与作用水头 ΔH 密切相关，还与围堰的结构型式、出逸位置等参数有关，反映了渗流路径 L、铺盖土层分布厚度 T 及其渗透系数 k 等渗流边界条件的影响。因此出逸比降 J 不确定性分析需根据不同的围堰结构型式和渗流控制方式，考虑堰坡和堰后出逸，选择相应的 J 值计算公式，其不确定性分析相对较为困难。

2）临界坡降 J_c 不确定性分析

J_c 表征土体的抗渗强度，反映了土体抗渗透的破坏能力，其大小不仅与土体的性质（如土颗粒大小、级配、孔隙率和容重等）有关，还与堰体渗流破坏的类型，即工程出渗边界有关。在实际工程中，岩土样本的 J_c 值可经原状土室内试验分析和通过经验公式计算得出。由于土体本身的抗渗能力仅由其自身的性质所决定，与外界因素（如堰前水位、建筑物形状等）关系甚小，因此从理论上讲，可评估且模拟 J_c 的随机性。

2. 土石围堰渗透破坏模糊风险模型

当汛期来临，高土石围堰堰前水位不断升高，堰体浸润线也随之抬高且堰基和堰体内的渗流比降也随之增大，当出渗流荷载导致出逸比降 J 大于堰体本身临界坡降 J_c 时，堰体或堰基发生冲蚀破坏，造成渗流破坏事故。但渗流破坏是一个连续性过程，其中从发生土石料冲蚀到破坏发生这一过程常有较长时间的演变且无明显分界。根据土石围堰渗流破坏的模糊过渡特征，通过模糊数概念表示破坏过渡阶段，定义高土石围堰渗流破坏模糊风险为

$$\bar{R}=\bar{P}\{Z=J-J_c>\varepsilon\}=\int_{J_c}^{\infty}\mu_z(Z)\mu_{J_c}(J_c)\mu_J(J)f(J)\mathrm{d}J \quad (11.114)$$

式中，$f(J)$ 为堰体渗透水力坡降的概率密度函数；μ_z 为土石围堰的状态变量 Z 对围堰失事的隶属度；μ_{J_c}、μ_J 分别为 J_c、J 的隶属度函数。

本节采用 Monte-Carlo 法计算渗流失事概率，对于式（11.114）进行求解。由于通过积分来计算具有模糊变量的模糊风险相当困难，而且加入了隶属函数，因此利用模糊数学水平截集的概念将模糊集合转换为经典集合；引入 α 水平截集，

将各模糊量进行模糊化处理：

$$(J)_\alpha=[J+0.1J(\alpha-1),J+0.1J(1-\alpha)] \tag{11.115}$$

$$(J_c)_\alpha=[J_c+0.1J_c(\alpha-1),J_c+0.1J_c(1-\alpha)] \tag{11.116}$$

$$\varepsilon=[\delta(\alpha-1),\delta(1-\alpha)] \tag{11.117}$$

结合式(11.114)，可得渗流模糊风险上下边界：

$$(\bar{R})_\alpha^- = \{\underline{P}_\alpha^-(J)-(J)_\alpha^+ > \varepsilon_\alpha^-\}=\int_{(J)_\alpha^+ + \varepsilon_\alpha^-}^{\infty} f_{(J)_\alpha^-}(J)\mathrm{d}J(1) \tag{11.118}$$

$$(\bar{R})_\alpha^+ = \{\underline{P}_\alpha^-(J)_\alpha^+-(J)_\alpha^- > \varepsilon_\alpha^+\}=\int_{(J)_\alpha^- + \varepsilon_\alpha^+}^{\infty} f_{(J)_\alpha^+}(J)\mathrm{d}J(2) \tag{11.119}$$

经过加权平均，可得渗流模糊风险率为

$$\bar{R}=\frac{[(\bar{R})_\alpha^- + (\bar{R})_\alpha^+]}{2} \tag{11.120}$$

11.4.3　土石围堰结构风险

1. 土石围堰结构破坏故障树

影响土石围堰结构破坏失事的因素有很多，计算土石围堰结构系统破坏风险首先需要用系统方法来辨识各种因素及其对失效事件的相互影响。因此采用故障树分析法(fault tree analysis，FTA)对土石围堰结构破坏进行分析，不仅可辨认所有可能导致失效的途径，找出对土石围堰结构系统失事可能性起主要作用的关键性事件，还可以分析各关键性事件的影响因子及之间的相关性。

1) 故障树分析法

故障树分析法是一种逻辑演绎法，以一种树状的图形出现，由一些基本的图形元素(包括逻辑门符号、中间事件及底事件符号等)依据一定的逻辑关系组合，形成整个故障树图形，可反映各个故障树事件之间的因果逻辑关系。故障树分析法具有以下特点：

(1) 故障树分析法作为图形演绎法，形象直观。故障树分析图由事件符号、逻辑门符号组成，由图便可清晰地看出对象系统内在的逻辑联系，同时反映了基本单元和系统之间产生故障的逻辑关系，通过分析图可清楚地了解系统的失效机理和状态，以此判断系统的薄弱环节，从而指导故障诊断分析。

(2) 故障树分析法应用范围广。对于系统的故障分析而言，需要考虑很多影响因素，而故障树分析都能全面考虑，应用范围广泛，它不仅可以应用于基本单元对系统的故障分析，也可以应用于基本单元产生故障的原因因素(包括软件因素、环境因素和人为因素等)分析。

(3) 故障树分析法易于保存和使用。将系统的故障树建立后，不仅可以作为图形化的资料保存，而且可以供学习人员、管理人员和维修人员进行直观地使用。

(4) 故障树分析法不仅可以进行定性分析，而且可以进行定量分析，通过定量分析可以得到复杂系统的故障发生概率及其他相关参数，为评估系统的可靠性和改进系统提供了具体数据。

(5) 故障树分析法软件应用前景好。伴随着计算机技术的发展，目前已开发出了一些 FTA 分析应用软件，将故障分析定性化、定量化和图形化、微机化。

(6) 故障树分析法在定量分析中存在的不足。由于故障分析受统计数据的影响大，如果统计基础数据时存在不确定性，那么故障树的定量分析就存在较大的困难，当前很多学者除了对故障树分析法的定性分析进行研究之外，把更多的精力用在了对故障树分析法的定量分析研究上，主要是重要度分析与灵敏度分析方面。

2) 土石围堰结构破坏故障树建立

要建立土石围堰结构系统破坏的故障树，第一步是确立首要事件(或称为顶事件)，这里土石围堰结构破坏即为首要事件。根据图解方法分解首要事件为各子事件，并通过子事件的“相加”和“相交”建立导致首要事件发生的子故障，再将每项子故障分解为事故发生的基本起因，列为基本事件。据此可建立土石围堰结构系统破坏故障树，如图 11.21 所示，可看出引起土石围堰结构破坏的基本事件有漫顶、边坡失稳、渗流破坏、管理失误等，而主要原因是地震、土质的物理力学性质、施工洪水和施工管理等不确定性。其中边坡失稳和渗流破坏均与土质的物理力学性质和上游洪水有关，因此可以推断边坡失稳风险和渗流破坏风险存在共因相关性。

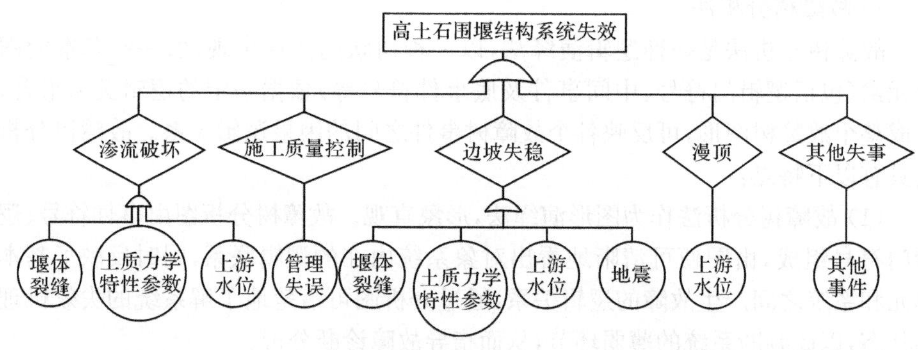

图 11.21　高土石围堰结构系统失效故障树

2. 基于 Copula 函数的土石围堰结构系统风险评估

工程结构系统常存在多种致险失效模式，每种失效模式一般也受多种随机因素影响，而这些随机因素常出现重叠现象，进而导致失效模式间具有了相关性。

分析具有相关失效模式的系统风险需考虑失效模式相关性对概率空间失效域的重叠影响，否则可能导致风险率的错估，造成工程资源的浪费。因此对具有相关致险模式的结构系统进行合理的风险分析对工程安全及经济效益的最大化具有重要意义。本节利用 Copula 函数表征高土石围堰结构破坏致险模式的相关性，在此基础上合理计算结构系统破坏风险。

相关性理论是数理统计分析的一个重要内容，为施工洪水的地区组成分析提供了理论基础。以往变量间的相关性一般用线性相关系数来刻画，较为局限，只能度量线性相关结构，常常会带来不理想的结果。Copula 理论的提出及其在金融、管理、水文等领域的成功运用，为构建多变量间的非线性相关结构提供了一个新的思路，其适用范围更广、实用性更强。

(1) 串联系统。当系统失效由两个失效模式串联时，系统风险可按式(11.121)计算，其中 P 为各失效模式的失效概率($j=1,2$)。

$$P_{fj} = P_{f1} + P_{f2} - C(P_{j1} + P_{f2}) \tag{11.121}$$

当系统失效由多个失效模式串联时，系统风险可按式(11.122)计算，其中 P_{fj} 为各失效模式的失效概率($j=1,2,\cdots,k$)。

$$\begin{aligned} P_{fj} &= P\Big(\bigcup_{j=1}^{k} g_j(x)\Big) \\ &= \sum_{j=1}^{k} P_{fj} - \sum_{1\leqslant j<s\leqslant k} C(P_{fj}, P_{fs}) \\ &\quad + \sum_{1\leqslant j<s<t\leqslant k} C(P_{fj}, P_{fs}, P_{ft}) - \cdots + (-1)^{k-1} C(P_{fj}, P_{fs}, P_{fk}) \end{aligned} \tag{11.122}$$

(2) 并联系统。当系统失效由多个失效模式并联时，系统风险可按式(11.123)计算，其中 P_{fj} 为各失效模式的失效概率($j=1,2,\cdots,k$)。

$$P_{fj} = P\Big(\bigcap_{j=1}^{k} g_j(X) \leqslant 0\Big) = C(P_{f1}, P_{f2}, \cdots, P_{fk}) \tag{11.123}$$

(3) 串并联系统。当系统失效由多个致险模式以串联和并联结合的方式组成时，以图 11.22 中的风险系统为例，假设组成并联系统的致险模式的失效事件分别为 $E_1 = \{g_1 \leqslant 0 \cup g_2 \leqslant 0\}$，$E_2 = \{g_3 \leqslant 0 \cup g_4 \leqslant 0\}$，并结合 Copula 函数记 C_i 表示第 i 个并联系统的风险律分布函数，对于整个系统存在 Copula 函数记为 C，则系统的失效概率为

$$P_{fj} = C_1(P_{f1}, P_{f2}) + C_2(P_{f1}, P_{f2}) - C[C_1(P_{f1}, P_{f2}), C_2(P_{f1}, P_{f2})]$$

根据高土石围堰结构系统特点，基于 Copula 计算模型，其结构系统失效风险计算步骤如下：

(1) 把每个失效模式作为随机变量，确定其边缘分布的经验分布以及联合经验分布。根据边坡失稳和渗流失效模式的风险计算方法，对所有相关随机变量按

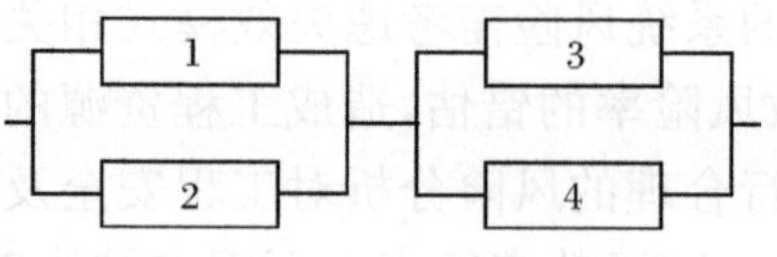

图 11.22 串并联系统

其分布进行抽样，利用 Monte-Carlo 模拟法，计算各失效模式与抽样的随机变量相对应的随机序列值，利用 Matlab 软件将每个功能函数随机序列值转化为相应的经验分布函数序列值。

(2) Copula 函数的选择。Copula 函数模型有多种类型，包括多元 Copula、时变 Copula、变结构 Copula 等；其中多元 Copula 适用于具有三维甚至多维相关风险因素的风险分析；时变 Copula 适用于具有时变特征风险因素的风险分析；变结构 Copula 适用于模型的参数具有时变性，且 Copula 模型的分布形式随着时间的改变而改变。计算中需根据实际工程风险因素的具体特征来选取适合的 Copula 函数形式。

(3) Copula 函数的参数估计。实际工程应用中，常用以下三种方法对 Copula 函数的参数进行估计：①适线法，即根据经验点数据和一定的适线准则，得到拟合最优的频率曲线并求解其统计参数；②相关性指标法，其基本原理是利用 Kendall 秩相关系数与函数参数的关系间接求解，但该方法仅适用于二维 Copula 函数的参数求解；③极大似然法，利用 Monte-Carlo 模拟法产生的各致险模式的经验分布函数序列值，估计 Copula 函数中参数 θ，当估计值 $\hat{\theta}$ 满足式(11.124)时，为最优估计值。

$$\min\sum_{i=1}^{n} \mid F_{\mathrm{emp}}[(F_1)_i,(F_2)_i,\cdots,(F_k)_i]-C[(F_1)_i,(F_2)_i,\cdots,(F_k)_i]\mid \tag{11.124}$$

式中：$F_{\mathrm{emp}}[(F_1)_i,(F_2)_i,\cdots,(F_k)_i]$为各致险模式功能函数的序列值的联合经验分布，$C[(F_1)_i,(F_2)_i,\cdots,(F_k)_i]$为所选的 Copula 函数值。

(4) 根据式(11.121)应用 Copula 函数计算结构系统的失效风险率。

11.4.4 实例分析

1. 工程概况

分析案例采用马东德水利水电工程，根据相关规范，选定Ⅲ级导流建筑物，土石类围堰相应设计洪水标准为重现期 20～50 年，见表 11.18。根据电站坝址下游水文站实测的各施工时段洪水特性，综合分析水文系列资料、导流建筑物工程量及施工工期等，拟定初期施工导流标准为 50 年一遇，洪水流量为 $Q_{p=2.0\%}=$

$12000m^3/s$；工程采用隧洞导流方式，分别布置为左岸 3 条和右岸 2 条，其断面尺寸为 16m×18m，导流洞泄流糙率取值范围为 0.014～0.017。工程其他基本情况参见有关资料。

表 11.18　设计洪水资料

时段	$\mu_Q/(m^3/s)$	C_v	C_s/C_v	设计流量/(m^3/s)		
				$P=2\%$	$P=3.3\%$	$P=5\%$
6 月 21 日～10 月 31 日	6750	0.3	4	12000	11210	10570

2. 边坡失稳风险计算

1) 堰体土石料力学参数统计特征拟合

(1) 分布拟合。土石围堰堰体填筑材料大部分来自于当地开挖料，而一个地区土石体力学参数虽然具体数值有差异，但每种参数的总体分布往往一致，因此对工程中堰体土石料力学参数分布进行统一拟合。根据工程资料，统计了天然抗剪工况和饱和抗剪工况下的 570 个土石料抗剪参数 c、φ，见表 11.19。

表 11.19　堰体填筑土石料力学参数统计数据

抗剪工况	参数指标	统计分布范围	统计总个数	分布区间个数
天然峰值	c	(6.9kPa,60°)	139	6
	φ	(7.5kPa,39.8°)	165	7
饱和峰值	c	(5.6kPa,52°)	132	10
	φ	(5.8kPa,32.5°)	133	6

根据 $f=\sum_{i=1}^{k} n_i/N$（f 为某种抗剪工况下的试验频率，n_i 为某种抗剪工况下第 i 个分布区间的数据个数，N 为某种抗剪工况下总的统计个数），以区间值为横坐标，以区间值对应的频率为纵坐标作天然峰值抗剪工况下 c 的概率直方图，如图 11.23所示，假设 H_0：天然峰值抗剪工况下 c 的分布为正态分布，由 χ^2 检验法进行验证，由 $r=2$，$k=6$，取 $\alpha=0.01$，可求得 $\chi^2<\chi^2_{0.01}$，因此假设 H_0 成立。同理可检验并拟合出其他工况下各参数的概率分布形式，结果见表 11.20，工程现场土石体参数分布可确定为：黏聚力 c 服从正态分布，内摩擦角 φ 服从指数正态分布。

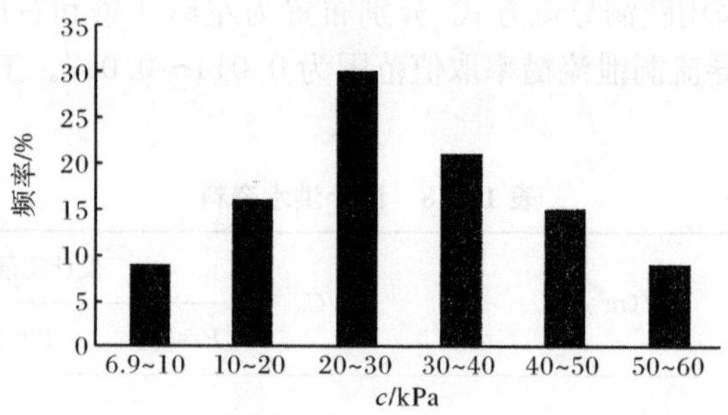

图 11.23　天然峰值 c 值的统计频率直方图

表 11.20　土石料抗剪强度参数概率分布形式

抗剪强度工况	参数指标	分布形式	概率密度函数
天然峰值	c	正态分布	$f(x)=\frac{1}{3.82\sqrt{2\pi}}\exp\left[-\frac{1}{2}\frac{(x-12.36)^2}{15.8}\right]$
	φ	对数正态分布	$f(x)=\frac{1}{0.5\sqrt{2\pi}}\exp\left[-\frac{1}{2}\frac{(x-2.85)^2}{0.196}\right]$
饱和峰值	c	正态分布	$f(x)=\frac{1}{3.96\sqrt{2\pi}}\exp\left[-\frac{1}{2}\frac{(x-9.85)^2}{19.63}\right]$
	φ	对数正态分布	$f(x)=\frac{1}{0.5\sqrt{2\pi}}\exp\left[-\frac{1}{2}\frac{(x-2.85)^2}{0.175}\right]$

(2) 特征参数确定。根据模糊统计理论，将堰体土石料简化为堰体填筑料、过渡料和戗堤混合料三种，分别进行试验获取参数样本，见表 11.21。运用随机模糊理论处理表 11.21 中的参数样本，可得堰体土石料力学参数随机变量 c、$\tan\varphi$ 相关特征值见表 11.22。

表 11.21　堰体土石料随机性力学参数样本试验结果

土体类型	抽样试验结果		土体类型	抽样试验结果		土体类型	抽样试验结果	
	c/kPa	φ/(°)		c/kPa	φ/(°)		c/kPa	φ/(°)
围堰填筑料	3.60	38	过渡料	0	36	戗堤混合料	2.36	23
	5.23	32		0	45		1.92	28
	4.58	29		0	23		2.85	32
	5.75	25		0	25		2.50	30
	6.23	36		0	28		3.06	26

表 11.22　堰体土石料随机性力学参数特征值

土体类型	变量	均值	方差	变异系数
围堰填筑料	c/kPa	3.99	3.2	0.120
	φ/(°)	26	2.1	0.096
过渡料	c/kPa	0	0	0.102
	φ/(°)	29	2.3	0.085
戗堤混合料	c/kPa	2.39	2.8	0.122
	φ/(°)	23	1.6	0.102

2）风险计算

根据水文、水力资料，分别拟合洪水过程线、泄流过程线，仿真得到上游水位分布曲线；以 20m、15m、10m、5m、3m 和 1m 为堰前水位计算分区步长，根据土石围堰边坡稳定综合风险模型，计算度汛过程围堰边坡失稳综合风险率 R。围堰为Ⅲ级导流建筑物，因此以 $g(k)=k-1.3<0$ 作为边坡失稳判定式，其中 k 为边坡安全系数。表 11.23 为计算分区步长为 5m 时的围堰边坡失稳风险率计算结果，图 11.24 为计算分区步长与围堰边坡失稳风险率关系图。

表 11.23　围堰边坡失稳综合风险率(计算分区步长：5m)

水位/m	$F_i(h)$/%	$\Delta F_i(h)$/%	$F_i(h,\varphi,c)$/%	$\bar{F}_i(h,\varphi,c)$/%	综合风险率 R
1625	99.99	—	0.001	—	0.00099
1630	80.95	19.04	0.012	0.0065	0.00123
1635	26.32	54.63	0.075	0.0435	0.02500
1640	8.26	18.06	0.096	0.0855	0.04000
1645	5.33	2.93	0.108	0.1020	0.04350
1650	3.57	1.76	0.145	0.1265	0.04570
1655	1.66	1.91	0.168	0.1565	0.04800
1660	0.70	0.96	0.185	0.1760	0.05000

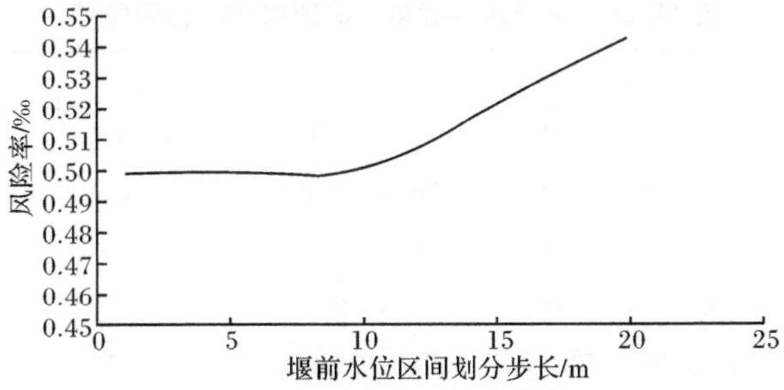

图 11.24　堰前水位计算分区步长与边坡风险率计算结果关系

由图 11.24 可知，堰前水位计算分区步长对风险计算结果有一定程度的影响，计算分区步长越小，计算结果越精确，当步长小于 10m 时，计算所得风险值趋于稳定，步长影响可忽略不计。

仅考虑土石料力学性质随机性的围堰边坡失稳最大风险率为 0.125%。由表 11.23可知，围堰度汛过程边坡失稳综合风险率为 0.050%，远小于仅考虑单个随机因素的边坡失稳风险率计算结果；在围堰设计过程中，以边坡稳定多因素综合风险率为参考能更好地界定导流系统风险与投资的关系，避免风险高估导致的工程量和工程成本的浪费。

3. 渗流破坏风险计算

根据实际渗流监测资料和理论计算的浸润线数据，通过假设检验，可确定堰体渗透坡降的分布概率型式为极值Ⅰ型概率分布，其均值为 0.1956，均方差为 0.0152，变异系数 C_v 为 0.0685。在所有变量与失效准则的模糊性分析基础上，利用式(11.114)计算堰体渗流破坏风险。首先利用 α 水平截集对各模糊量进行如式(11.125)～式(11.127)的模糊化处理，然后生成标准正态分布函数随机数组，由式(11.128)将其转化为服从极值Ⅰ型概率分布的随机数，最后根据 Monte-Carlo法计算可得堰体渗流破坏模糊风险范围，见表 11.24 和图 11.25，当水平截集 α 较小时，模糊风险具有较大的波动范围，计算结果的工程参考性较差；当水平截集 α 较大时，不能充分体现工程中渗流风险的模糊性；因此根据 $\alpha=0.5$ 时的堰体渗流破坏模糊风险范围计算其风险，即 $\bar{R}=[(\bar{R})_{0.5}^{-}+(\bar{R})_{0.5}^{+}]/2=0.0037$。

$$(J)_\alpha=[J+0.1J(\alpha-1),J+0.1J(1-\alpha)]$$
$$=[0.1956+0.01956(\alpha-1),0.1956+0.01956(1-\alpha)] \tag{11.125}$$
$$(J_c)_\alpha=[J_c+0.1J_c(\alpha-1),J_c+0.1J_c(1-\alpha)]$$
$$=[0.25+0.025(\alpha-1),0.25+0.025(1-\alpha)] \tag{11.126}$$
$$\varepsilon=[\delta(\alpha-1),\delta(1-\alpha)]=[10^{-6}(\alpha-1),10^{-6}(1-\alpha)] \tag{11.127}$$
$$x_i=m_x-0.45\sigma_x-0.7797\sigma_x\ln(-\ln\mu_i) \tag{11.128}$$

表 11.24　不同水平截集 α 渗透破坏模糊风险值

α	J_α	$(J_c)_\alpha$	$(\bar{R})_{0.5}^{-}$	$(\bar{R})_{0.5}^{+}$
0	[0.1709,0.2089]	[0.2150,0.2750]	0.0005	0.0139
0.1	[0.1728,0.2070]	[0.2306,0.2756]	0.0006	0.0155
0.2	[0.1740,0.2051]	[0.2300,0.2700]	0.0007	0.0099
0.3	[0.1766,0.2032]	[0.2336,0.2680]	0.0009	0.0083
0.4	[0.1785,0.2013]	[0.2350,0.2685]	0.0010	0.0070
0.5	[0.1802,0.1992]	[0.2376,0.2636]	0.0011	0.0063

续表

α	J_α	$(J_c)_\alpha$	$(\bar{R})_{0.5}^{-}$	$(\bar{R})_{0.5}^{+}$
0.6	[0.1823,0.1975]	[0.2300,0.2600]	0.0013	0.0050
0.7	[0.1840,0.1956]	[0.2396,0.2575]	0.0017	0.0045
0.8	[0.1862,0.1936]	[0.2210,0.2550]	0.0018	0.0039
0.9	[0.1880,0.1918]	[0.2369,0.2639]	0.0023	0.0032
1.0	[0.1899,0.3190]	[0.2500,0.2500]	0.0025	0.0025

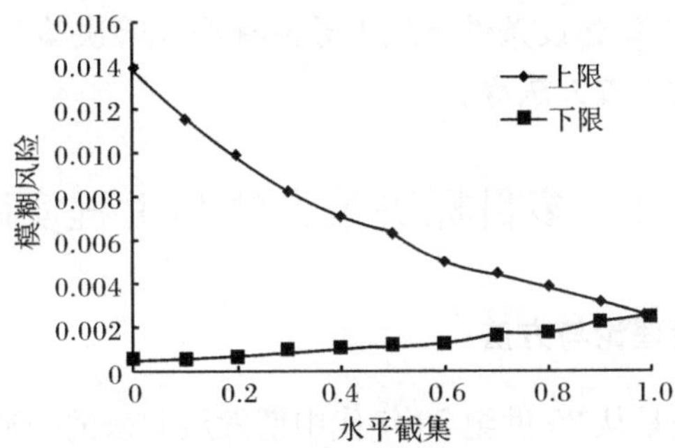

图 11.25　水平截集与模糊风险关系

4. 结构系统风险计算

由于本节分析高土石围堰结构系统仅有边坡失稳和破坏两个串联致险因素，利用 Monte-Carlo 模拟法，分别计算边坡失稳和渗流的破坏风险率的随机序列，根据散点分布可知两者的上尾和下尾处具有很强的相关性。因此选用属于阿基米德 Copula 函数族的 Clayton Copula 函数，因为 Clayton Copula 函数能够反映随机变量间的非对称相关关系，能够描述上、下尾相关的变化，其二元分布函数式为

$$C(\mu,v,\theta)=(\mu^{-\theta}+v^{-\theta}-1)^{-1/\theta} \tag{11.129}$$

式中：参数 $\theta\in(0,\infty)$，当 $\theta\to0$ 时，μ、v 趋于独立，即 $\lim\limits_{\theta\to0}C=\mu v$；当 $\theta\to\infty$ 时，μ、v 趋向于完全相关。

利用式(11.124)所述方法估计 Clayton Copula 函数的参数 $\theta=1.2$，将边坡失稳风险率、渗流破坏风险及 Clayton Copula 函数表达式代入式(11.121)，可得结构系统风险率为

$$R_{\text{structure}}=0.0037+0.0005-(0.0037^{-1.2}+0.0005^{-1.2}-1)^{-5/6}=0.003736 \tag{11.130}$$

综上所述，工程中高土石围堰结构系统风险为 0.003736。

第12章　施工导流系统综合风险多目标决策

施工导流方案决策是水利水电工程规划、设计与施工中的关键内容之一，贯穿水利水电工程整个建设过程，关系到工程的投资、安全及效益。本章系统阐述了导流系统多目标决策与分析的理论和方法、考虑决策者行为特征的导流方案风险决策模型、梯级水电站建设条件下施工导流标准风险决策与分析以及基于效用理论的导流系统风险配置方法等。

12.1　多目标决策方法与工程实践

12.1.1　多目标决策理论与方法

多目标决策方法是从20世纪70年代中期发展起来的一种决策分析方法。决策分析是在系统规划、设计和制造等阶段为解决当前或未来可能发生的问题，在若干可选的方案中选择和确定最佳方案的一种分析过程。在社会、经济等系统的研究控制过程中我们所面临的系统决策问题常常是多目标的，例如，我们在研究生产过程的组织决策时，既要考虑生产系统的产量最大，又要使产品质量高、生产成本低等。这些目标之间的相互作用，甚至相互矛盾，使决策过程相当复杂，决策者常常很难作出决策。这类具有多个目标的决策为多目标决策。

决策问题根据不同性质通常可分为确定型、风险型(又称统计型或随机型)和不确定型三种。

(1) 确定型决策。确定型决策是研究环境条件为确定情况下的决策。例如，某工厂每种产品的销售量已知，研究生产哪几种产品获利最大，它的结果是确定的。确定型决策问题通常存在着一个确定的自然状态和决策者希望达到的一个确定目标(收益较大或损失较小)，以及可供决策者选择的多个行动方案，不同决策方案确定对应的收益值。这些问题可以用数学规划，包括线性规划、非线性规划、动态规划等方法求得最优解。但许多决策问题不一定追求最优解，只能获得满意解。

确定型决策问题的主要特征有如下四个方面：①只有一个状态；②有决策者希望达到的一个明确的目标；③存在着可供决策者选择的两个或两个以上的方案；④不同方案在该状态下的收益值是清楚的。

(2) 风险型决策。风险型决策是研究环境条件不确定，但以某种概率出现的决策。风险型决策问题通常存在多个可以用概率事先估算出来的自然状态，以及决策者的一个确定目标和多个行动方案，并且可以计算出这些方案在不同状态下的收益值。决策准则有期望收益最大准则和期望机会损失最小准则等。

风险情况下的决策方法通常有最大可能法、损益矩阵法和决策树法三种。

最大可能法是在一组自然状态中当某个状态出现的概率比其他状态大得多，而它们相应的益损值差别又较小的情况下所采用的一种方法。此时可取该具有最大概率的自然状态而不考虑其他决策，并按确定性决策问题方法进行决策。

益损矩阵由不同的益损值组成。设有 n 种不同的自然状态，它们所出现的概率为 $p_1,p_2,\cdots,p_n$，又有 m 种不同的行动方案 $A_1,A_2,\cdots,A_m$，并且用第 i 种方案处理第 i 种状态可得到确定的益损值，则收益矩阵为 $m\times n$ 矩阵，而第 i 种方案的益损期望值为 $E_i,i=1,2,\cdots,m$。比较不同方案的期望值大小可选定一个较好的行动方案。例如，若决策目标是收益最大，则求 $\max(E_i)$，若决策目标是损失最小，则求 $\min(E_i)$。

决策树是按一定的决策顺序画出的树状图。决策者可在决策点，如对不同的导流方案赋予相应的主观概率，并对施工过程中的可能结果给出主观概率、计算相应的期望效用。选取期望效用最大者为该决策点的效用值，相应的决策就是这个点的最优决策。于是，由最后一个决策点逐步逆推，直到最初的决策点，得到决策点上的一串最优决策及相应的期望效用值。

(3) 不确定型决策。不确定型决策是研究环境条件不确定，可能出现不同的情况(事件)，而情况出现的概率也无法估计的决策。这时，在特定情况下的收益是已知的，可以用收益矩阵表示。不确定型决策问题的方法有乐观法、悲观法、乐观系数法、等可能性法和后悔值法等。乐观法又称为冒险主义法，是对效益矩阵先求出在每个行动方法中的各个自然状态的最大效益值，再确定这些效益值的最大值，由此确定决策方案；悲观法又称为保守法，先求出每个方案的各自然状态的最小效益值，再求这些效益值的最大值，由此确定决策方案；乐观系数法是乐观法乘某个乐观系数；等可能性法是在决策过程中不能肯定何种状态容易出现时都假定它们出现的概率是相等的，再按矩阵决策求得决策方案；后悔值法是先求出每种自然状态在各行动方案中的最大效益值，再求出未达到理想目标的后悔值法，由此一步步确定决策方案。

1. 多目标决策方法

多目标决策是指在多个目标间互相矛盾相互竞争的情况下所进行的决策。目标度量单位的不可公度性和目标间的矛盾性是多目标决策的两大特点。值得注意的是，多目标决策和单目标决策在决策过程中考虑影响最终抉择的因素不同，在多目标决策中，一要考虑各个目标或属性值的大小，二要考虑决策者的偏好要求。任何合乎理性的决策都将选择一个最佳均衡解(方案),但不同的决策者对于同一问题却可能选择不同的最佳均衡解。一般来说,任何决策的最终目的,都是使决策者达到最大限度的满足,或者说使决策者的效用达到最大。因此,在多目标决策中,效用理论和向量优化理论都是多目标决策问题的理论基础。

多目标决策过程是指求解问题及作出最终决策的全部过程。其步骤是:

①判断系统建立、改变和诊断的需要;②确定或提出的问题;③建立模型和估算参数;④分析和评价系统方案;⑤方案实施。

决策过程的实现,一般取决于构成决策问题的几个关键要素:决策单元、决策情况、问题的目标及属性、决策规则。

① 决策者与决策单元。一般说,决策者是指对问题有能力有权威作出最终决策的人或集体;决策单元一般包括决策者及共同完成信息加工的人和机器。

② 目标和属性。在复杂系统问题的研究中,了解准则、目标和属性等的意义、结构、特征和它们的关系是至关重要的。准则,一般认为是判断事物曲直的标准或检验事物合理性的规则;目标,是指决策者的需求愿望,或决策者追求的方向与结果;属性,则是指反映特定目标实现程度的量化或水平。

③ 决策情况。多目标决策问题的决策情况是指这个决策问题的结构和决策环境。它包括需要的和有用的输入形式与数量、决策变量集和属性集以及测量尺度、决策变量与属性间的关系、方案集,最后还有环境的状态等。

④ 决策规则。在作出最佳方案决策的过程中,对于众多可行方案,按照多目标问题的全部属性值的大小进行排序,从而按序择优。这种促使方案完全序列化的规则集,称为决策规则。

多目标决策主要有以下几种方法:

① 化多为少法。将多目标问题化成只有一个或两个目标的问题,然后用简单的决策方法求解,最常用的是线性加权法。

② 分层序列法。将所有目标按其重要性程度依次排序,先求出第一个最重要目标的最优解,然后在保证前一目标最优解的前提下依次求下一目标的最优解,一直求到最后一个目标为止。

③ 直接求非劣性解法。先求出一组非劣解,然后按事先确定好的评价标准从中找出一个满意的解,主要有线性加权和改变权系数的方法。

④ 多目标线形规划法。对线性规划的单纯形法给予适当修正后,可求解多目标线性规划问题,或将多目标线性规划问题化成单目标的线性规划问题后求解,常用的方法有逐步法和约束法。

⑤ 多属性效用法。各个目标均用表示效用程度大小的效用函数表示,通过效用函数构成多目标的综合效用函数,以此来评价各可行方案的优劣。

⑥ 层次分析法(analytic hierarchy process,AHP)。是美国运筹学家匹茨堡

大学教授 Saaty 于 20 世纪 70 年代提出的，是将与决策有关的元素分解成目标、准则、方案等层次，在此基础上进行定性和定量分析的决策方法。这种方法的特点是将决策者的经验判断给予量化，在目标(因素)结构复杂，且缺乏必要数据的情况下更为实用，所以近年来该法在我国实际应用中发展较快。这种方法的特点是在对复杂的决策问题的本质、影响因素及其内在关系等进行深入分析的基础上，利用较少的定量信息使决策的思维过程数学化，从而为多目标、多准则或无结构特性的复杂决策问题提供简便的决策方法。尤其适合于决策结果难于直接准确计量的情况。

⑦ 重排序法。将原来不好比较的非劣解通过其他办法排出优劣次序。

⑧ 多目标群决策和多目标模糊决策等。

2. 多属性决策理论

多属性决策称为有限方案多目标决策，是利用已有的决策信息，通过一定的方式对一组(有限个)备选方案进行偏好决策，如选择、排序、评价等。多属性决策问题的特征表现在：①具有多个备选方案；②具有多个属性，属性经常构成一个层次结构；③各属性具有不同量纲；④反映每个属性相对重要性的信息用权重表示。多属性决策的基本结构见表 12.1。

表 12.1　多属性决策的基本结构

方案	目标			
	Y_1	Y_2	…	Y_n
A_1	a_{11}	a_{12}	…	a_{1n}
A_2	a_{21}	a_{22}	…	a_{2n}
⋮	⋮	⋮		⋮
A_m	a_{m1}	a_{m2}	…	a_{mn}

显然可用矩阵将多属性决策问题表示为

$$\begin{bmatrix} a_{11} & a_{12} & \cdots & a_{1n} \\ a_{21} & a_{22} & \cdots & a_{2n} \\ \vdots & \vdots & & \vdots \\ a_{m1} & a_{m2} & \cdots & a_{mn} \end{bmatrix} \tag{12.1}$$

式(12.1)称为决策矩阵，它是大多数决策分析方法进行决策的基础。

多属性决策问题的基本决策准则为

$$E(A_i) = \sum_j \lambda_j a_{ij} \tag{12.2}$$

式中：λ_j 为第 j 个目标的权重。

1）决策指标规范化

在决策矩阵中如果使用原来的目标值，往往不便于比较各目标，因为各目标采用的单位不同，数值可能有很大的差异。因此需要将矩阵中的元素规范化，即将各目标值都统一变换到[0,1]。规范化的方法很多，常用的有以下几种。

(1) 线性变换。

目标为效益型指标(目标值越大越好)，令

$$b_{ij} = \frac{a_{ij}}{\max\limits_{i}(a_{ij})} \tag{12.3}$$

目标为成本型指标(目标值越小越好)，令

$$b_{ij} = 1 - \frac{a_{ij}}{\max\limits_{i}(a_{ij})} \tag{12.4}$$

式中：$0 \leqslant b_{ij} \leqslant 1$，这种变换是线性的，变换后的相对数量和变换前相同。

(2) 其他变换法。

在决策矩阵中如果既有效益目标又有成本目标，采用上述变换比较困难，因为其基点不同。这就是说变换后最好的效益目标和最好的成本目标有不同的值，不便于比较，如果把成本目标变换修改为

$$b_{ij} = \frac{1/a_{ij}}{\max\limits_{i}(1/a_{ij})} = \frac{\min\limits_{i}(a_{ij})}{a_{ij}} \tag{12.5}$$

可以把基点统一起来，一种更复杂的变换是，对于效益型指标(目标值越大越好)，令

$$b_{ij} = \frac{a_{ij} - \min\limits_{i}(a_{ij})}{\max\limits_{i}(a_{ij}) - \min\limits_{i}(a_{ij})} \tag{12.6}$$

对于成本型指标(目标值越小越好)，令

$$b_{ij} = \frac{\max(a_{ij}) - a_{ij}}{\max\limits_{i}(a_{ij}) - \min\limits_{i}(a_{ij})} \tag{12.7}$$

2）常用指标权重确定方法

在多属性决策问题中，指标权重问题的研究占有重要地位。决策者所考虑的多个目标对决策的重要程度并不是相同的，总有一定的差别。目前大部分的多属性决策方法都通过赋予各目标一定的权重进行决策，以权重表示各目标的重要程度，权重越大，其对应目标越重要。确定权重的方法很多，主要分为以下几类方法。

(1) 主观赋权方法。主观赋权评估法采取定性的方法，由专家根据经验进行主观判断而得到权数，对指标进行综合评估，如层次分析法、专家调查法(Delphi法)。主观赋权方法的优点是专家根据实际问题，较为合理地确定各指标之间的

排序。尽管主观赋权法不能准确地确定各指标的权系数，但可以在一定程度上有效地确定各指标按重要程度给定的权系数的先后顺序。该类方法的主要缺点是主观随意性大，选取的专家不同，得出的权系数也不同。在某些个别情况下应用一种主观赋权法得到的权重结果可能会与实际情况存在较大差异。

(2) 客观赋权评估法。客观赋权评估法是根据历史数据分析指标之间的相关关系或指标与评估结果的关系，主要有最大熵技术法、主成分分析法、多目标规划法、变异系数法、最大离差法等。客观赋权法不具有主观随意性，决策或评价结果具有较强的数学理论依据。但这种赋权方法依赖于实际的问题域，因而通用性和决策人的可参与性较差，没有反映决策人的主观意向。

(3) 综合集成赋权法。理想的指标权重确定方法是综合主客观影响因素的综合集成赋权法，是对已有的综合集成赋权法进行对比分析后发现的，综合主客观影响因素的综合集成赋权法已有多种形式。主要的形式有以下三种：

① 使各评价对象综合评价值最大化为目标函数。

② 在各可选权重之间寻找一致或妥协，即极小化可能的权重跟各个基本权重之间的各自偏差。

③ 使各评价对象综合评价值尽可能拉开档次，也即使各决策方案的综合评价值尽可能分散作为指导思想。

3. 多属性决策基本方法

1) 逼近理想解法

逼近理想解法(technique for order preference by similarity to an ideal solution, TOPSIS)的基本原理是根据评价指标的标准化值与指标的权重共同构成规范化矩阵来确定评价指标的正、负理想解。建立评价指标综合向量与正、负理想解之间距离的二维数据空间。在此基础上对评价方案与最优理想参照点之间的距离进行模糊评判。依据该距离的大小对评价方案进行优劣排序。若某方案为最优方案，则此方案最接近最优解，同时又远离最劣解。TOPSIS 法所用的是欧几里得距离，具体算法如下：

设可行方案有 m 个，每个方案的决策指标有 n 个，第 i 个方案的第 j 个指标的特征值为 c_{ij}，则对于所有可行的方案，其决策指标特征矩阵：

$$\boldsymbol{c}=\begin{bmatrix} c_{11} & c_{12} & \cdots & c_{1n} \\ c_{21} & c_{22} & \cdots & c_{2n} \\ \vdots & \vdots & & \vdots \\ c_{m1} & c_{m2} & \cdots & c_{mn} \end{bmatrix}=(c_{ij})_{m\times n} \tag{12.8}$$

方案的择优是对备选方案集中元素的相对比较而言，为了便于计算将方案集的指标绝对量值转化为相对量。假设方案 i 的指标 j 对应的隶属度 r_{ij} 为

$$\begin{cases} r_{ij}=\dfrac{C_{ij}}{\sum\limits_{i=1}^{m}C_{ij}}, & \text{对于目标越大越好} \\ r_{ij}=\dfrac{1}{m-1}\left(1-\dfrac{C_{ij}}{\sum\limits_{i=1}^{m}C_{ij}}\right), & \text{对于目标越小越好} \end{cases} \tag{12.9}$$

则特征矩阵转化为对应的隶属度矩阵 $\boldsymbol{R}$

$$\boldsymbol{R}=\begin{bmatrix} r_{11} & r_{12} & \cdots & r_{1n} \\ r_{21} & r_{22} & \cdots & r_{2n} \\ \vdots & \vdots & & \vdots \\ r_{m1} & r_{m2} & \cdots & r_{mn} \end{bmatrix}=(r_{ij})_{m\times n} \tag{12.10}$$

$\boldsymbol{\Phi}=(\varphi_1,\varphi_2,\cdots,\varphi_n)=\left(\bigcup\limits_{i=1}^{m}r_{i1},\bigcup\limits_{i=1}^{m}r_{i2},\cdots,\bigcup\limits_{i=1}^{m}r_{in}\right)$，称 $\boldsymbol{\Phi}$ 为正理想隶属度特征向量。

$\boldsymbol{\Psi}=(\psi_1,\psi_2,\cdots,\psi_n)=\left(\bigcap\limits_{i=1}^{m}r_{i1},\bigcap\limits_{i=1}^{m}r_{i2},\cdots,\bigcap\limits_{i=1}^{m}r_{in}\right)$，称 $\boldsymbol{\Psi}$ 为负理想隶属度特征向量。

设决策指标的权重分别为 $\omega_1,\omega_2,\cdots,\omega_n$，则对于方案 i，设 μ_i、v_i 分别为从属于正、负理想隶属特征向量的隶属度，则有

$$D^{(1)}(R_i,\boldsymbol{\Phi})=\mu_i\sqrt{\sum_{j=1}^{n}\omega_j(\varphi_j-r_{ij})^2} \tag{12.11}$$

$$D^{(2)}(R_i,\boldsymbol{\Psi})=v_i\sqrt{\sum_{j=1}^{n}\omega_j(\Psi_j-r_{ij})^2} \tag{12.12}$$

分别称 $D^{(1)}(R_i,\boldsymbol{\Phi})$，$D^{(2)}(R_i,\boldsymbol{\Psi})$ 为方案 i 的正理想度和负理想度。

为了求得最优解，按最小二乘法优选准则，对所有方案使 $D^{(1)}(R_i,\boldsymbol{\Phi})$，$D^{(2)}(R_i,\boldsymbol{\Psi})$ 的广义距离平方和最小，建立目标函数：

$$\min Z=\sum_{i=1}^{m}\left[(D^{(1)}(R_i,\boldsymbol{\Phi}))^2+(D^{(2)}(R_i,\boldsymbol{\Psi}))^2\right] \tag{12.13}$$

令 $\dfrac{\partial Z}{\partial\mu_i}=0,i=1,2,\cdots,m$，经推导整理可得

$$\mu_i=\frac{\sum\limits_{j=1}^{n}\omega_j(\psi_j-r_{ij})^2}{\sum\limits_{j=1}^{n}\omega_j(\varphi_j-r_{ij})^2+\sum\limits_{j=1}^{n}\omega_j(\psi_j-r_{ij})^2} \tag{12.14}$$

以正隶属度极大原则，优选最终方案使决策者获得最大的满意度，即

$$\mu_{\text{pot}}=\mu_k=\max_{1\leqslant i\leqslant m}\{\mu_i\} \tag{12.15}$$

TOPSIS 法最大的优点是：无严格限制数据分布及样本含量指标的多少，小样本资料、多评价单元、多指标的大系统资料都同样适用，同时也不受参考序列选择的干扰。既可用于多单位之间进行对比，也可用于不同年度之间对比分析，该法运用灵活，计算简便，结果可量化。

TOPSIS 法存在一些缺点：①规范决策矩阵的求解比较复杂，故不易求出理想解和负理想解；②评价缺少稳定性，当评判的环境及自身条件发生变化时，指标值也相应会发生变化，就有可能引起理想解和负理想解向量的改变，使排出的顺序随之变化，评判结果不具有唯一性；③属性权重是事先确定的，主观性较强；④对属性、数据没有严格要求，能充分运用原始数据且过程简单，但该方法涉及的理想解、负理想解与方案的原始数据相关，如方案的原始数据或方案的数目发生变化，则理想解、负理想解也会发生变化，最终导致排序不稳定。

2) 层次分析法

层次分析法的整个过程体现了人决策思维的基本特征，即分解、判断与综合，易学易用，而且定性与定量相结合，便于决策者之间彼此沟通，是一种十分有效的系统分析方法，广泛地应用于经济管理规划、能源开发利用与资源分析、城市产业规划、人才预测、交通运输、水资源分析利用等方面。

改进层次分析法是在层次分析法基础上改进得到的。该方法不受 1～9 标度的限制，采用－1，0，1 三个标度，能使决策者更容易作出比较判断，从而避免因不易确定标度而带来的臆断性。该方法先采用自调节方式建立判断矩阵，通过最优传递矩阵概念将其转化为一致性矩阵，不需要进行一致性检验，使之自然满足一致性要求，直接求得方案决策各个目标的权重进行多目标决策分析。该法可以减少在进行方案决策时目标权重的计算工作量和盲目性，具体步骤如下：

(1) 根据专家调查和综合评价方法形成的指标重要程度排序，可以建立各评价指标之间的重要程序判断矩阵 $\boldsymbol{C}$。

$$\boldsymbol{C}=\begin{bmatrix} C_{11} & C_{12} & \cdots & C_{1m} \\ C_{21} & C_{22} & \cdots & C_{2m} \\ \vdots & \vdots & & \vdots \\ C_{m1} & C_{m2} & \cdots & C_{mm} \end{bmatrix} \tag{12.16}$$

式中

$$C_{ij}=\begin{cases} -1, & i\text{ 指标劣于 }j\text{ 指标} \\ 0, & i、j\text{ 指标优劣相同} \\ 1, & i\text{ 指标优于 }j\text{ 指标} \end{cases}$$

在判断矩阵的基础上建立优势传递矩阵

$$\boldsymbol{O}=\{a_{ij}\}_{m\times m} \tag{12.17}$$

式中：$a_{ij}=\exp(o_{ij})$。

(2) 采用方根法确定各指标的权重

$$W_i = \frac{\sqrt[m]{\prod a_{ij}}}{\sum_{i=1}^{m} \sqrt[m]{\prod a_{ij}}} \tag{12.18}$$

最终,在指标权重确定的基础上,综合各指标评价值优选方案。

3) 其他方法

上述介绍的方法是一些比较传统的方案决策技术,在实际工程应用中较为普遍。近年来,随着相关学科的发展,许多学者将熵理论、人工智能技术、模糊数学理论、神经网络理论、遗传算法和粗糙集理论等应用到多属性决策方法中。

4. 不完全信息下多属性决策方法

前面总结的实际上是一些解决确定型多属性决策问题的常见方法,这些方法大多需要决策者具有准确的决策信息,包括属性权重、属性指标评价值等。但是,一些实际问题及其决策环境极为复杂,具体表现在以下几个方面:

(1) 决策可能是在时间紧迫、专家经验或指标属性信息缺乏的情况下作出的。

(2) 许多决策指标有时是难以确定或者难以量化的,因为影响它们的不确定性因素众多。

(3) 决策者的注意力和信息处理能力有限,特别是在复杂和不确定环境下对决策指标重要性的判断和不确定性数据的处理能力。

因此,要获得完全可靠的决策信息十分困难,例如,决策者较难估计风险事件发生的可能性、很难给出各指标权重的准确固定值等。

12.1.2 决策指标的计算方法

施工导流方案决策的核心问题之一是导流标准决策。在水利水电工程建设中,人们最关心的问题是工程的投资费用和建设工期,希望在失事风险度允许下,用最少的投资,在最短的工期内使工程投入使用,尽早获得效益。在导流工程中大多数建筑物都是临时建筑物。当导流标准不同时,相应导流方案及导流建筑物的规模也不同,则有不同的投资费用和建设工期。同样,他们的风险也不相同。一般来说,风险越小,导流标准越高,导流建筑物规模越大,相应投资费用越多,建设工期也越长。另一方面,要缩短工期,就需增加人力、物力、财力,增大施工强度,这样会增大投资费用。所以,风险率、费用和工期不可能同时达到最小值,这是矛盾的三个目标。所以需要对备选的导流标准进行多目标决策分析,获得满意的导流标准。

多目标决策的一个关键问题是确定指标的权重。在施工导流标准多目标决策中,风险率、费用和工期这三个指标在不同的情况下,不同的工程中并非同等重要，例如，一些国家级、省部级的重点水利工程，它们的建设关系到国计民生，如能按时甚至提前竣工将能产生巨大的经济效益和社会效益。如不能按时竣工将给国家和人民的财产带来重大的损失。所以如何确定决策指标的权重很重要，既要使权重反映客观的信息，又要反映决策者的主观信息。

由于导流工程的复杂和导流标准的重要性，需要对导流标准多目标决策的方法进行研究，使导流设计标准和导流方案的选择更加规范化、合理化，能够科学地选出经济、合理的导流设计标准和导流方案，取得最优的经济效益。在进行水电站导流标准决策时，要在决策者能够接受的风险范围内，协调处理确定型投资、导流围堰施工进度、超载洪水发生的导流建筑物损失及发电工期损失。至于决策者接受风险的能力与范围，很大程度取决于国家政策法规、管理体制等多方面的因素。

关于水电站导流超载洪水投资与工期损失的测度，可将工程的损失转换为电站发电量损失（此系直接损失，未计入间接损失），将此损失综合到超载洪水对导流建筑破坏的恢复中。因此，导流标准决策的目标如下：

(1) 导流建筑物投资估算（或确定型费用）。

(2) 导流建筑物最大平均施工强度（或确定型施工进度）。

(3) 超载洪水对导流建筑物及工期综合风险损失。

(4) 不同导流标准对应的风险度或风险率。

1. *施工导流方案风险决策指标的计算方法*

根据水电站工程导流设计资料，考虑导流系统水文、水力不确定性因素的影响，采用 Monte Carlo 方法模拟施工洪水过程和导流建筑物泄流，统计分析确定上游水位分布，计算确定导流系统的导流风险 R。因此，在挡水建筑物运行年限内，k 年内遭遇超标洪水的动态风险 $R(k)$ 为

$$R(k)=1-(1-R)^k \tag{12.19}$$

该项费用包括挡水、泄水建筑物的施工费用等。在导流建筑物的规模确定的情况下，其确定型投资可由式(12.20)估算：

$$C=C_1+C_2+C_3 \tag{12.20}$$

式中：C 为确定型投资费用；C_1 为泄水建筑物的费用；C_2 为上游围堰的费用；C_3 为下游围堰的费用。

围堰施工最大平均强度 D 表示在考虑泄水建筑物的施工进度、截流历时、基坑抽排水时间等条件下，围堰的最大平均填筑施工强度。

在确定导流标准时，考虑到河道具有一定的行洪能力和导流建筑物本身亦具有一定的预防基坑淹没的措施，本工程导流标准风险多目标决策分析不考虑下游淹没损失，即不计入不确定型间接损失；只计算不确定的直接损失，即基坑淹没后

给基坑造成的损失，每一次超载洪水导致基坑淹没的风险损失 $Cr(n)$ 可估算为

$$Cr(n)=Cr_1(n)+Cr_2(n) \tag{12.21}$$

式中：$Cr_1(n)$ 为下游围堰重建费用；$Cr_2(n)$ 为工期损失导致推迟工程发电费用，其中，发电损失使用贝叶斯统计方法，结合当前电价综合计算得到。

在围堰运行使用期内，超载洪水导致基坑淹没风险总损失为

$$C_p = \sum_{n=0}^{k} C_r(n)\,(1+I)^{-n}R(n) \tag{12.22}$$

式中：k 为围堰运行使用年限；I 为风险损失，折算成工程投资概算基准年的折现率。

水利水电工程中决策者的风险态度都是非常谨慎的，是风险厌恶的，因此在不同的施工导流阶段同样的风险损失费用 C 所表现出来的实际后果却截然不同，需要考虑风险损失的效用影响，将发生超载洪水导致的基坑淹没风险损失转化为基坑淹没风险效用损失。

施工导流标准的风险决策关键要解决两方面的问题：选择多大的风险度；是否有能力冒此风险。对于特定的某个水利水电工程，施工段的地质、水文、河谷形状是确定的，在枢纽布置以及导流方式，施工设备及施工技术条件一定的情况下，导流工程的确定型费用、确定型施工强度和超载洪水风险损失只依赖于导流标准的变化。确定型费用、施工强度和超载洪水风险损失表示为风险度 R 的函数，即

$$C=C(R) \tag{12.23}$$

$$D=D(R) \tag{12.24}$$

$$C_p=C_p(R) \tag{12.25}$$

对于水利水电工程，可估算得各备选方案的导流标准或风险度对应的确定型费用、确定型施工强度和超载洪水的风险损失，见表 12.2。

表 12.2　导流标准与风险决策指标的关系

导流标准 T_i(重现期)	T_1	T_2	T_i	T_n
风险度 R_i	R_1	R_2	R_i	R_n
确定型费用 C_i/万元	C_1	C_2	C_i	C_n
确定型施工强度 D_i/万元	D_1	D_2	D_i	D_n
风险损失 C_{p_i}/万元	C_{p_1}	C_{p_2}	C_{p_i}	C_{p_n}

2. 风险决策的指标权重分析

各个指标在决策中的地位是不同的，其差异主要表现在以下方面：①决策者在不同的施工条件和环境下对各指标的重视程度不同；②各指标在决策中所起作用不同。因此决策中都需要一个描述指标相对重要程度的权重，指标的权重应该

是指标在决策中相对重要程度的一种主观评价和客观反映的综合度量。应用多目标决策模型优选导流标准,必须确定各指标的权重,以便在决策模型中明确指标的重要性。再者,各指标权重系数的大小直接影响到导流标准多目标决策的结果,因此合理确定指标的权重系数,客观地反映它在导流标准多目标决策中的相对重要性,会直接提高决策结果的准确性。所以,在导流标准多目标决策中,各指标权重的确定是一个关键。

1) 排序方法

假设决策指标排序的判断矩阵 $\boldsymbol{A}$ 为

$$\boldsymbol{A}=\begin{bmatrix} a_{11} & a_{12} & \cdots & a_{1n} \\ a_{21} & a_{22} & \cdots & a_{2n} \\ \vdots & \vdots & & \vdots \\ a_{n1} & a_{n2} & \cdots & a_{nn} \end{bmatrix}=\begin{bmatrix} \omega_1/\omega_1 & \omega_1/\omega_2 & \cdots & \omega_1/\omega_n \\ \omega_2/\omega_1 & \omega_2/\omega_2 & \cdots & \omega_2/\omega_n \\ \vdots & \vdots & & \vdots \\ \omega_n/\omega_1 & \omega_n/\omega_2 & \cdots & \omega_n/\omega_n \end{bmatrix} \tag{12.26}$$

进行排序的方法主要有以下几种。

(1) 求和法。

步骤一,对判断矩阵的每一行求和,即

$$b_i=\sum_{j=1}^{n} a_{ij}, \quad i=1,2,\cdots,n$$

步骤二,对求和向量 $\boldsymbol{B}=(b_1,b_2,\cdots,b_n)^{\mathrm{T}}$ 进行正规化,即

$$\omega_i=\frac{b_i}{\sum\limits_{i=1}^{n} b_i}, \quad i=1,2,\cdots,n$$

则得到排序的权重向量 $\boldsymbol{\omega}$ 为

$$\boldsymbol{\omega}=(\omega_1,\omega_2,\cdots,\omega_n)^{\mathrm{T}} \quad 且 \quad \sum_{i=1}^{n}\omega_i=1$$

(2) 正规化求和法。

步骤一,对判断矩阵 $\boldsymbol{A}$ 的每一列正规化,即

$$b_{ij}=\frac{a_{ij}}{\sum\limits_{i=1}^{n} a_{ij}}, \quad i,j=1,2,\cdots,n$$

步骤二,对正规化后的判断矩阵按行求和,即

$$b_i=\sum_{j=1}^{n} b_{ij}, \quad i,j=1,2,\cdots,n$$

步骤三,对向量 $\boldsymbol{B}=(b_1,b_2,\cdots,b_n)^{\mathrm{T}}$ 进行正规化,即

$$\omega_i=\frac{b_i}{\sum\limits_{i=1}^{n} b_i}, \quad i=1,2,\cdots,n$$

则得到排序的权重向量 $\boldsymbol{\omega}=(\omega_1,\omega_2,\cdots,\omega_n)^{\mathrm{T}}$。

(3) 方根法。

步骤一，求判断矩阵每行元素之积 M_i：

$$M_i = \prod_{j=1}^{n} a_{ij}, \quad i = 1,2,\cdots,n$$

步骤二，计算 M_i 的 n 次方根 $\bar{\omega}_i$：

$$\bar{\omega}_i = \sqrt[n]{M_i}, \quad i = 1,2,\cdots,n$$

步骤三，对向量 $\bar{\boldsymbol{\omega}}=(\bar{\omega}_1,\bar{\omega}_2,\cdots,\bar{\omega}_n)^{\mathrm{T}}$ 正规化，即

$$\bar{\omega}_i = \frac{\bar{\omega}_i}{\sum_{i=1}^{n}\bar{\omega}_i}, \quad i = 1,2,\cdots,n$$

则所求特征向量 $\boldsymbol{\omega}=(\omega_1,\omega_2,\cdots,\omega_n)^{\mathrm{T}}$为排序的权重向量。

(4) 特征向量法。

决策指标排序的特征向量 $\boldsymbol{\omega}=(\omega_1,\omega_2,\cdots,\omega_n)^{\mathrm{T}}$满足：

$$\boldsymbol{A\omega} \approx \begin{bmatrix} \omega_1/\omega_1 & \omega_1/\omega_2 & \cdots & \omega_1/\omega_n \\ \omega_2/\omega_1 & \omega_2/\omega_2 & \cdots & \omega_2/\omega_n \\ \vdots & \vdots & & \vdots \\ \omega_n/\omega_1 & \omega_n/\omega_2 & \cdots & \omega_n/\omega_n \end{bmatrix} \begin{bmatrix} \omega_1 \\ \omega_2 \\ \vdots \\ \omega_n \end{bmatrix} = n \begin{bmatrix} \omega_1 \\ \omega_2 \\ \vdots \\ \omega_n \end{bmatrix}$$

则

$$(\boldsymbol{A}-n\boldsymbol{I})\boldsymbol{\omega}\approx\boldsymbol{0} \tag{12.27}$$

式中：$\boldsymbol{I}$ 为单位矩阵。如果 $\boldsymbol{A}$ 的估计准确，式(12.27)严格等于零，齐次方程对未知数 $\boldsymbol{\omega}$ 只有平凡解；如果 $\boldsymbol{A}$ 的估计不能准确使式(12.27)等于零，则矩阵 $\boldsymbol{A}$ 具有这样的性质：元素小的摄动意味着相应特征值有小的摄动，从而有

$$\boldsymbol{A\omega}=\lambda_{\max}\boldsymbol{\omega}$$

并且

$$\sum_{i=1}^{n}\omega_i = 1$$

两式联立求解，即可获得 ω_i。在计算时，采用数值解较为方便。计算步骤如下：

步骤一，任取一个和判断矩阵 $\boldsymbol{A}$ 同阶的正规化初值向量 $\omega(0)$。

步骤二，计算 $\bar{\boldsymbol{\omega}}^{(k+1)}=\boldsymbol{A\omega}^{(k)}$，$k=0,1,2,\cdots$

步骤三，令 $\beta = \sum_{i=1}^{n}\bar{\omega}_i^{(k+1)}$，计算 $\boldsymbol{\omega}^{(k+1)} = \frac{1}{\beta}\bar{\boldsymbol{\omega}}^{(k+1)}$，$k = 0,1,2,\cdots$

步骤四，给定计算精度 ε，当 $|\omega_i^{(k+1)}-\omega_i^{(k)}|<\varepsilon$，$i=1,2,\cdots,n$ 都成立时，计算停止，$\omega=\omega(k+1)$为所求的特征向量，且

$$\lambda_{\max} = \sum_{i=1}^{n} \frac{\omega^{(k+1)}}{n\omega_i^{(k+1)}}$$

否则，转向步骤二。

(5) 权的最小平方法。

如果决策人估计准确，则 $a_{ij}\omega_j - \omega_i = 0$。一般地，由于估计的误差，该式并不成立，但可以选择一组权重 $\boldsymbol{\omega} = (\omega_1, \omega_2, \cdots, \omega_n)^{\mathrm{T}}$，使平方误差最小，即

$$\min Z = \sum_{i,j=1}^{n} (a_{ij}\omega_j - \omega_i)^2$$

$$\text{s.t.} \sum_{i=1}^{n} \omega_i = 1$$

$$\omega_i \geqslant 0, \quad i = 1, 2, \cdots, n$$

引入拉格朗日乘子 λ，则有拉格朗日函数：

$$\min L = \sum_{i,j} (a_{ij}\omega_j - \omega_i)^2 + \lambda\Big(\sum_i \omega_i - 1\Big)$$

即

$$\frac{\partial L}{\partial \omega_l} = \sum_{i=1}^{n} (a_{il}\omega_l - \omega_l) a_{il} - \sum_{j=1}^{n} (a_{il}\omega_j - \omega_l) + \lambda = 0, \quad l = 1, 2, \cdots, n$$

则

$$\boldsymbol{B\omega} = -\boldsymbol{\Gamma} \tag{12.28}$$

式中：$\boldsymbol{\Gamma} = (\lambda, \lambda, \cdots, \lambda)^{\mathrm{T}}$

$$\boldsymbol{B} = \begin{bmatrix} \sum\limits_{\substack{i=1\\ i\neq 1}}^{n} a_{i1}^2 + n - 1 & -a_{12} - a_{21} & \cdots & -a_{1n} - a_{n1} \\ -a_{21} - a_{12} & \sum\limits_{\substack{i=1\\ i\neq 2}}^{n} a_{i1}^2 + n - 1 & \cdots & -a_{2n} - a_{n2} \\ \vdots & \vdots & & \vdots \\ -a_{1n} - a_{n1} & -a_{n2} - a_{2n} & \cdots & \sum\limits_{\substack{i=1\\ i\neq n}}^{n} a_{in}^2 + n - 1 \end{bmatrix}$$

联立求解非齐次线性方程组，可求得 ω_i 的唯一解。

(6) 熵权法。

熵可以用来度量信息量的大小。某项指标携带和传输的信息越多，表示该指标对决策的作用较之其他携带和传输较少信息的指标要大。通过熵权的大小可以反映不同指标在决策中作用的程度。当各被评价导流标准在指标 j 上的值相差越大、熵值 H_j 越小、熵权 w_j 越大时，说明该指标向决策者提供了越多的可供决策

的信息量，作用也就越大。

根据熵权理论，对于规范化后隶属度矩阵 $\boldsymbol{R}$，就可以计算出导流标准决策指标的熵权。

(7) 综合权重。

运用上述介绍的主观赋权法可以确定各指标间的权重系数，该方法确定的是主观的权重，反映了决策者的意向，决策或评价结果具有很大的主观性。而运用熵权法确定各指标间的权重系数，决策或评价结果虽然具有较强的数学理论依据，但没有考虑决策者的意向。因此，两类赋权法各有一定的局限性。

熵权体现了在决策的客观信息中指标对评价作用的大小，是客观的权重，而在决策过程中，主观权重可以反映决策者对决策指标的偏好。例如，在初期导流工程中，有的决策者认为围堰施工强度比围堰施工确定型费用更重要，确定型费用比不确定型费用更重要。可以选择某种方法通过主观权重 $\lambda_1,\lambda_2,\cdots,\lambda_n$ 来调整熵权 $w_1,w_2,\cdots,w_n$，既可以反映客观的决策信息，又可以体现决策者对决策指标的偏好。令

$$\theta_j = \frac{w_j\lambda_j}{\sum_{j=1}^{n} w_j\lambda_j} \tag{12.29}$$

称 $\theta_1,\theta_2,\theta_3,\cdots,\theta_n$ 为导流标准多目标风险决策各指标的综合权重。

2) 一致性检验

在构造判断矩阵时，决策者的估计总是存在偏差。只有偏差在允许范围之内，排序才是有效的；否则需要重新调整判断矩阵。由矩阵理论可知，如果

$$a_{ij}=\frac{\omega_i}{\omega_j},\quad i,j=1,2,\cdots,n$$

则

$$\boldsymbol{A\omega}=N\boldsymbol{\omega} \tag{12.30}$$

式中：$\boldsymbol{A}=(a_{ij})_{n\times n}$，$\boldsymbol{\omega}=(\omega_1,\omega_2,\cdots,\omega_n)^{\mathrm{T}}$，并且 $\boldsymbol{A}$ 有唯一的最大特征根 $\lambda_1=\lambda_{\max}$，其余 $n-1$ 个特征根 $\lambda_2=\lambda_3=\cdots=\lambda_n=0$。

当判断矩阵 $\boldsymbol{A}$ 具有上述特性时，表明决策者的估计完全一致。

由于决策者的估计存在偏差，$a_{ij}\approx\omega_i/\omega_j$，$i,j=1,2,\cdots,n$，则判断矩阵 $\boldsymbol{A}$ 的最大特征根 $\lambda_1=\lambda_{\max}>n$，而其余 $n-1$ 个特征根 $\lambda_2,\cdots,\lambda_n$ 有

$$\sum_{i=2}^{n}\lambda_i = n-\lambda_{\max}$$

为了说明判断矩阵的一致性，可以用下式来估计矩阵偏离的程度，即定义

$$\mathrm{CI}=\frac{\lambda_{\max}-n}{n-1}$$

为判断矩阵 $\boldsymbol{A}$ 的一致性指标。

然而，判断矩阵的一致性与其矩阵的阶有关。为了消除判断矩阵阶的影响，还需引入判断矩阵的平均随机一致性指标 RI，对于 1～9 阶判断矩阵，RI 值见表 12.3。

表 12.3 平均随机一致性指标 RI

N	1	2	3	4	5	6	7	8	9
RI	0.00	0.00	0.58	0.90	1.12	1.24	1.32	1.41	1.46

由表 12.3 可知，对于 1,2 阶判断矩阵，RI 只是形式上的，原因是 1,2 阶判断矩阵总是具有完全一致性。当阶数大于 2 时，判断矩阵的一致性指标 CI 与同阶平均随机性指标 RI 之比称为随机一致性比率，记为 CR。

当 CR＝CI/RI＜0.10 时，认为判断矩阵具有满意的一致性；否则需要调整判断矩阵，使之具有满意的一致性。

3) 权重灵敏度分析

导流标准多目标风险决策权重的灵敏度分析，是对决策结论的可靠性进行讨论，或对决策过程中的一些指标和参数的权重变化进行估计，得到一些决策结论不变时它们的取值范围，以确定决策结论的灵敏(敏感)性和稳定性。它引导人们站在更高的位置作决策，不仅知道决策方案的好坏，还能确定在指标权重发生变化时，会对各决策方案的排序产生什么影响。因此，权重的灵敏度分析，对导流标准多目标风险决策具有重要意义。

权重灵敏度分析的主要内容有：①导流标准多目标决策的某指标(参数)权重的微小变化，是否会影响决策结论，即讨论该权重的灵敏性；②确定导流标准多目标决策中某指标权重在什么范围内变化不会(或会)影响决策方案的排序。

如果指标的权重在可接受的范围内变化，都没有影响优选的导流标准，那么认为方案决策的权重敏感性低，对决策的结论有更深刻的认识，对选出满意的导流标准有更多的依据和理论支持。

12.1.3 白鹤滩水电站施工导流标准优选

1. 施工导流标准优选基础资料

根据白鹤滩水电站导流涉及的三个度汛年度，拟定初期三个导流方案，见表 12.4。

表 12.4 初期导流各方案特性

项目	导流标准方案		
	方案 1 (30 年一遇)	方案 2 (50 年一遇)	方案 3 (第一年 30 年一遇，第二年 50 年一遇)
设计流量/(m^3/s)	26800	28700	第一年 26800，第二年 28700
上游水位(调洪后)/m	650.6	655.4	第一年 650.6，第二年 655.4

续表

项目	导流标准方案		
	方案 1 (30 年一遇)	方案 2 (50 年一遇)	方案 3 (第一年 30 年一遇,第二年 50 年一遇)
上游围堰堰顶高程/m	653.0	658.0	第一年 653.0,第二年 658.0
上游围堰最大堰高/m	78.0	83.0	第一年 78.0,第二年 83.0

注:计算数据已考虑溪洛渡回水影响;计算洪水过程线采用 1962 年典型洪水。

根据各方案导流风险指标,各年度、各方案对应的动态综合风险见表 12.5。

表 12.5 施工导流动态风险率 (单位:%)

施工期	方案 1	方案 2	方案 3
第一年风险率	2.43	1.40	2.43
第二年风险率	2.43	1.40	1.40
第三年风险率	2.43	1.40	1.40

根据白鹤滩水电站设计资料,确定在多导流标准下的确定型费用见表 12.6。

表 12.6 导流建筑物确定型投资费用 (单位:万元)

导流标准	投资费用			
	导流隧洞	上游围堰	下游围堰	合计
30 年一遇	293293.5	9396.7	4286.5	306976.7
50 年一遇	293293.5	10720.0	4419.0	308432.5

2. 导流风险事件影响分析

导流风险事件发生后将引起基坑再次抽水,基坑清淤,上、下游围堰重建,推迟工程发电等费用损失。

1) 单次溃堰基坑损失费用

单次溃堰基坑损失费用见表 12.7。

表 12.7 单次溃堰基坑损失费用 (单位:万元)

项目	损失费用	
	30 年一遇	50 年一遇
基坑再次抽水	68.0	68.0
基坑清淤	937.9	1173.2
上、下游围堰修复	2819.7	3445.1
小计	3825.6	4686.3

2）工期损失导致的发电损失估算

白鹤滩共装有 14 台单机 1000MW 机组，每岸 7 台，按一批左右岸各投入一台运行考虑，第一批机组于第 10 年 6 月 30 日发电，第二批机组、第三批机组、第四批机组间隔 6 个月发电，第五批机组、第六批机组、第七批机组间隔 4 个月发电。

围堰建成后第一年汛期溃堰，至 12 月大坝恢复施工，工期延误 6 个月左右，但考虑到下闸封堵、蓄水等因素，实际首批机组发电需延后一年，地下厂房系统的施工和机组安装基本不影响，最终仅影响原计划发电的首批机组和第二批机组分别延后一年和半年发电。

如第 2 年继续溃堰，工期将延后 2 年，至第 12 年中 10 台机同时发电，将影响第一批机组延后 2 年，第二批机组延后一年半，第三批机组延后一年，第四批机组延后半年，第五批机组延后 2 个月。

同理，第 3 年继续溃堰，工期将延后 3 年，发电损失按推迟 3 年计。

假设围堰第一年运行正常，而围堰仅在第二汛期溃堰，工期损失约为 9 个月，考虑到下闸封堵、蓄水等因素，实际首批机组发电需延后一年。

假设围堰前 2 年运行正常，仅在第 3 年汛期溃堰，此时大坝汛前已浇至高程 630.0m，按影响工期 2 个月考虑，对发电的影响按第一机组影响 2 个月计。

电量损失按单机多年平均发电量 42.611 亿 kW · h 计，同时取出厂电价 0.30 元/(kW · h)进行发电损失估算。各不同组合方案发电损失见表 12.8。

表 12.8　不同组合方案发电损失

情况	可能溃堰情况的组合			发电损失时间计入情况	发电损失/万元
	第 1 年	第 2 年	第 3 年		
1	X	X	X	按推迟 3 年发电计	2940159.0
2	X	X	O	按推迟 2 年发电计	1320942.0
3	X	O	X	按推迟 2 年发电计	1320942.0
4	X	O	O	按推迟 1 年发电计	383499.0
5	O	X	X	按推迟 2 年发电计	1320942.0
6	O	X	O	按推迟 1 年发电计	383499.0
7	O	O	X	按推迟 2 个月发电计	42611.0

注：X 代表溃堰；O 代表运行正常。

在白鹤滩工程中，考虑确定型费用、不确定型费用和围堰填筑强度等决策指标。根据工程经验和一般决策者态度，认为确定型费用较围堰填筑强度略为重要，而围堰填筑强度较不确定型费用略为重要，即三个指标的重要次序为确定型费用、围堰填筑强度和不确定型费用。

依据确定型费用、不确定型费用和围堰填筑强度，比较判断量化标准。从而

得到判断矩阵 **A**，见表 12.9。

表 12.9　判断矩阵

项目	确定型费用	不确定型费用	围堰填筑强度
确定型费用	1	4	2
不确定型费用	1/4	1	1/2
围堰填筑强度	1/2	2	1

判断矩阵 **A** 最大特征根 $\lambda_{max}=3.0$，再得，RI=0.58，从而一致性比率 $CR=\frac{CI}{RI}=\frac{\lambda_{max}-n}{RI(n-1)}=0<0.1$，即结果有满意的一致性。

备选方案及计算分析见表 12.10～表 12.13。

由此确定三个指标的排序权重为

$$W_1\approx0.57,\quad W_2\approx0.14,\quad W_3\approx0.29$$

即确定型费用权重 $W_1\approx0.57$；不确定型费用权重 $W_2\approx0.14$，围堰填筑强度权重 $W_3\approx0.29$。通过多目标决策模型确定导流方案优选排序后，对于目标权重可以作敏感度分析，分析优选结果的稳定性。

表 12.10　施工导流标准各方案的决策指标

导流方案	确定型费用/万元	不确定型费用/万元	围堰填筑强度/(万 m^3/月)
方案 1	306976.7	20944.6	26.5
方案 2	308432.5	11801.7	29.6
方案 3	308350.9	15881.5	27.8

表 12.11　施工导流标准各方案计算结果

相对值	确定型费用	不确定型费用	围堰最大平均填筑强度
方案 1	1.0000	0.0000	1.0000
方案 2	0.0000	1.0000	0.0000
方案 3	0.0561	0.5538	0.5806
$L^{(1)}(R_i,\boldsymbol{\Phi})^2$	0.000×10^{0}	1.500×10^{-1}	0.000×10^{0}
$L^{(1)}(R_i,\boldsymbol{\Phi})^2$	2.800×10^{-1}	0.000×10^{0}	5.700×10^{-1}
$L^{(1)}(R_i,\boldsymbol{\Phi})^2$	2.495×10^{-1}	2.987×10^{-2}	1.002×10^{-1}
$L^{(2)}(R_i,\boldsymbol{\Psi})^2$	2.800×10^{-1}	0.000×10^{0}	5.700×10^{-1}
$L^{(2)}(R_i,\boldsymbol{\Psi})^2$	0.000×10^{0}	1.500×10^{-1}	0.000×10^{0}
$L^{(2)}(R_i,\boldsymbol{\Psi})^2$	8.803×10^{-4}	4.600×10^{-2}	1.922×10^{-1}

表12.12　权重敏感性分析

各指标权重 W_i			方案排序 μ_i		
确定型费用	不确定型费用	围堰最大平均填筑强度	备选方案1	备选方案2	备选方案3
0.57	0.14	0.29	0.860	0.140	0.195
0.80	0.10	0.10	0.900	0.100	0.082
0.70	0.15	0.15	0.850	0.150	0.127
0.60	0.10	0.30	0.900	0.100	0.180
0.50	0.15	0.35	0.850	0.150	0.236
0.40	0.15	0.45	0.850	0.150	0.300

表12.13　备选方案风险决策排序

各目标权重	方案优劣排序
$W_1=0.57, W_2=0.14, W_3=0.29$	方案1优于方案3优于方案2
$W_1=0.80, W_2=0.10, W_3=0.10$	方案1优于方案2优于方案3
$W_1=0.70, W_2=0.15, W_3=0.15$	方案1优于方案2优于方案3
$W_1=0.60, W_2=0.10, W_3=0.30$	方案1优于方案3优于方案2
$W_1=0.50, W_2=0.15, W_3=0.35$	方案1优于方案3优于方案2
$W_1=0.40, W_2=0.15, W_3=0.45$	方案1优于方案3优于方案2

水利水电工程中施工导流方案的选择实际上受很多不确定因素的影响，与主体工程施工进度相互制约，上述导流方案的多目标决策分析均是在认为坝体施工进度满足要求的条件下进行的。在进行风险决策时，坝体施工进度安排的改变会使决策结果随之发生改变。

白鹤滩水电站施工导流方案的选择受到很多不确定性因素的影响，其方案的多目标决策分析是在给定的坝体施工进度满足要求下进行的。在导流标准风险分析的基础上，采用多目标决策技术综合分析导流系统确定型费用、不确定型费用、围堰填筑强度和运行期间的动态风险，通过构建的施工导流标准多目标决策模型对拟定的备选方案集进行分析，得到排序结果为：方案1略优于方案3，方案3略优于方案2。

导流方案优选排序表明，在三个导流方案中导流方案1略好，即一次拦断、30年一遇洪水标准的导流方案较优。通过各个方案之间的正隶属度值比较可以看出，导流方案1可作为推荐导流方案。

12.1.4　乌东德水电站施工导流标准优选

金沙江中游的两大水电站乌东德和白鹤滩已经开工建设，两个水电站均处于长江流域的梯级建设环境中。金沙江上游的观音岩电站2014年蓄水发电，雅砻江的控制性梯级二滩水电站已经完建多年，桐子林水电站也已经完建，下游溪洛渡水电站已于 2014 年蓄水发电。乌东德和白鹤滩的初期导流环境是复杂的梯级建设环境。利用梯级环境下施工导流风险分析模型对乌东德/白鹤滩水电站初期导流风险进行分析，分析了两水电站的梯级施工洪水风险及梯级施工导流风险。

我国水利水电工程设计一般根据水文实测资料推求洪水参数和洪水过程，但是近年来水利水电建设发展速度较快，实测资料系列较短，难以计入近年来工程建设后对河流水文特性的影响。因此，采用梯级建设环境下的白鹤滩施工导流系统风险模型，将天然情况下的各站设计洪水参数作为模型参数，使用洪水组成方法随机模拟施工洪水，并与现白鹤滩设计洪水参数比较，率定模型参数。

梯级建设环境下的白鹤滩水电站施工导流系统风险模型模拟的施工洪水数据和白鹤滩梯级施工洪水设计频率参数见表 12.14。

表 12.14　白鹤滩水电站施工洪水参数比较

梯级	洪峰统计参数			洪水频率/%								
	平均值	C_v	C_s/C_v	0.01	0.1	0.2	0.5	1.0	2.0	3.33	5.0	10
乌东德设计/(m^3/s)	—	—	—	42400	40500	35800	33700	28800	26600	—	—	21100
乌东德模拟/(m^3/s)	—	—	—	46670	38040	35460	32020	29430	26760	25170	23220	20420
相对差/%	—	—	—	−10.07	6.07	0.95	4.99	−2.19	−0.60	—	—	3.22
白鹤滩设计/(m^3/s)	16300	0.29	4	46100	38800	36500	33400	31300	28700	26800	25300	22700
白鹤滩模拟/(m^3/s)	—	—	—	49540	40510	37780	34170	31410	28610	26920	24860	21890
相对差/%	—	—	—	−7.46	−4.41	−3.51	−2.31	−0.35	0.31	−0.45	1.74	3.57

根据乌东德工程施工组织设计及专家咨询意见，对乌东德水电站初期导流拟定三个导流方案。方案 1:30 年一遇的导流方案；方案 2:50 年一遇的导流方案；方案 3:考虑二滩控泄导流方案。见表 12.15。

表 12.15　初期导流方案特性

项目	导流方案		
	方案 1	方案 2	方案 3
设计流量/(m^3/s)	24119	27373	23600
上游水位/m	867.4	871.1	867.1
上游围堰堰顶高程/m	869.3	873.0	869.3
上游围堰最大堰高/m	61.3	65.0	61.3

施工导流风险率计算分为三种工况：不考虑随机因素，仅考虑水文随机因素，以及综合考虑水文随机因素和水力随机因素。

不考虑随机因素的计算工况为不考虑导流系统中存在的水文、水力等不确定性，洪水过程以导流方案洪水的频率标准为准，含有不确定性的系统按照不确定性的均值为准，对导流系统进行确定型系统分析，为导流系统的风险分析提供参考。

仅考虑水文随机因素的计算工况为仅考虑水文系统的不确定性因素，进行导流系统风险评估，测度当前导流标准及泄流建筑物组合条件下上游控制高程对应的风险。

考虑系统综合不确定性的计算工况计入水文系统的不确定性和水力系统的不确定性等因素，进行导流系统风险评估，测度当前导流标准及泄流建筑物组合条件下上游控制高程对应的风险。乌东德水电站初期施工导流风险率计算结果简述如下。

1. 导流方案主要特性

导流方案的设计流量、堰顶高程等指标是施工导流方案的基本特征，也是方案比选的基本参数。

2. 方案的动态综合风险率

根据各导流方案的系统特性，通过风险分析得到主要方案的设计参数对应的风险指标，见表 12.16。

表 12.16　设计堰顶高程对应导流风险

导流方案	设计堰顶高程/m	水文随机分析		水文水力随机分析		泄流建筑物
		风险 R/%	P/%	风险 R/%	P/%	
方案 1	869.3	1.98	98.02	2.00	98.00	1# ～5# 导流隧洞
方案 2	873.0	1.14	98.86	1.17	98.83	
方案 3	869.3	1.21	98.79	1.24	98.76	

各年度、各方案对应的动态综合风险见表 12.17。

表 12.17　施工导流动态风险率

风险率	方案 1	方案 2	方案 3
第一年风险率/%	2.00	1.17	1.24
第二年风险率/%	1.96	1.16	1.20
第三年风险率/%	1.92	1.14	1.18

3. 确定型费用估算

根据乌东德水电站施工组织设计和长江水利委员会长江勘测规划设计研究院的

专家提供的资料,确定主要导流方案的确定型投资费用见表 12.18。

表 12.18 导流建筑物确定型投资费用

导流方案	投资/万元			
	导流隧洞*	围堰	上游控泄	合计
方案 1	293293.5	20597.6	—	313891.1
方案 2	293293.5	21443.5	—	314737.0
方案 3	293293.5	20597.6	324**	314215.1

*导流隧洞投资包括与尾水洞结合部分。

**上游控泄确定型投资费用包括上游二滩水库控泄的发电损失费和由本方案导致的梯级水库协调、运行费等。

4. 不确定型总损失费用

导流风险事件发生后将引起基坑再次抽水,基坑清淤,上、下游围堰重建,推迟工程发电等费用损失。

1) 单次溃堰基坑损失费用(表 12.19)

表 12.19 单次溃堰基坑损失费用

项目	损失费用/万元		
	方案 1	方案 2	方案 3
基坑再次抽水	68.0	68.0	68.0
基坑清淤	937.9	1173.2	937.9
上、下游围堰修复	2819.7	3445.1	2819.7
小计	3825.6	4686.3	3825.6

2) 工期损失导致的发电损失估算

乌东德水电站共装有 12 台单机 725MW 机组,左右岸各 6 台,按一批左右岸各投入一台运行考虑,第一批机组于第 8 年 8 月 1 日发电,第二批机组、第三批机组、第四批机组间隔 6 个月发电,第五批机组、第六批机组间隔 4 个月发电。

围堰建成后第一年汛期溃堰,至 12 月大坝恢复施工,工期延误 6 个月左右,但考虑到下闸封堵、蓄水等因素,实际首批机组发电需延后一年,地下厂房系统的施工和机组安装基本不影响,最终仅影响原计划发电的首批机组和第二批机组,分别延后 1 年和半年发电。

如第 2 年继续溃堰,工期将延后 2 年,将使第一批机组延后 2 年,第二批机组延后 1 年半,第三批机组延后 1 年,第四批机组延后半年,第五批机组延后 2 个月。

同理,第 3 年继续溃堰,工期将延后 3 年,发电损失按推迟 3 年计。

假设围堰第 1 年运行正常,仅在第二汛期溃堰,工期损失约为 9 个月,考虑到下闸封堵、蓄水等因素，实际首批机组发电需延后 1 年。

假设围堰前 2 年运行正常，仅在第 3 年汛期溃堰，此时大坝汛前已浇至高程 870.0m，按影响工期 2 个月考虑，对发电的影响按第一机组影响 2 个月计。

电量损失按单机多年平均发电量 30.869 亿 kW · h 计，同时取出厂电价 0.30 元/(kW · h)进行发电损失估算。各不同组合方案发电损失见表 12.20。

表 12.20　不同组合方案发电损失

情况	可能溃堰情况的组合			发电推迟时间总计	发电损失/万元
	第一年	第二年	第三年		
1	X	X	X	10 年 10 个月	2006485.0
2	X	X	O	5 年 2 个月	956939.0
3	X	O	X	5 年 2 个月	956939.0
4	X	O	O	1 年 6 个月	277821.0
5	O	X	X	5 年 2 个月	956939.0
6	O	X	O	1 年 6 个月	277821.0
7	O	O	X	2 个月	30869.0

注：X 代表溃堰；O 代表运行正常。

5. 目标权重的确定

在乌东德工程中，考虑确定型费用和不确定型费用等决策指标。根据工程经验，确定型费用比不确定型费用略重要。依据表 12.21 比较判断量化标准。

表 12.21　"1～9"比率标度法

量化	定义	含义
1	相同重要	决策人认为两个因素同样重要
3	略为重要	决策人由经验判断认为一个因素比另一个因素略为重要
5	相当重要	决策人由经验判断一个因素比另一个因素重要
7	明显重要	决策人深感一个因素比另一个因素重要，已被实践证实
9	绝对重要	决策人强烈地感到一个因素比另一个因素重要，已被实践反复证实
2,4,6,8	相邻判断值	决策人认为需要取得两个判断折中

计算分析结果见表 12.22～表 12.25。

采用求和法求解得排序权重为

$$W_1 \approx 0.57, \quad W_2 \approx 0.14, \quad W_3 \approx 0.29$$

确定性费用权重 $W_1 \approx 0.57$；不确定性费用权重 $W_2 \approx 0.14$，围堰施工强度权重 $W_3 \approx 0.29$。即认为围堰施工强度较不确定性费用略为重要，而确定性费用较围堰施工强度略为重要，通过多目标决策模型确定导流方案优选排序后，对于目标权重可以作敏感度分析，分析优选结果的稳定性。

表 12.22 施工导流标准各备选方案的决策指标

导流方案	确定性费用/万元	不确定性费用/万元	围堰填筑强度/(万 m^3/月)
方案 1	313891.1	11416.2	26.5
方案 2	314737.0	6549.9	29.6
方案 3	314215.1	6992.1	26.5

表 12.23 施工导流标准各备选方案理想度计算结果

项目	权重	方案 1		方案 2		方案 3	
		数值	隶属度	数值	隶属度	数值	隶属度
确定性费用	0.57	313891.1	0.33292	314737.0	0.33382	314215.1	0.33326
不确定性费用	0.14	11416.2	0.45741	6549.9	0.26243	6992.1	0.28015
围堰最大平均填筑强度	0.29	26.5	0.32082	29.6	0.35835	26.5	0.32082
$L^{(1)}$		0.073		0.020		0.007	
$L^{(2)}$		0.020		0.072		0.069	
μ		0.071		0.929		0.991	

表 12.24 权重敏感性分析

指标权重			方案排序 μ		
确定性费用	不确定性费用	围堰最大平均填筑强度	方案 1	方案 2	方案 3
0.80	0.15	0.05	0.012	0.988	0.990
0.70	0.20	0.10	0.018	0.982	0.990
0.70	0.10	0.20	0.069	0.931	0.991
0.63	0.24	0.13	0.020	0.980	0.990
0.57	0.14	0.29	0.071	0.929	0.991
0.50	0.30	0.20	0.024	0.976	0.990
0.45	0.30	0.25	0.030	0.970	0.990
0.40	0.35	0.25	0.026	0.974	0.990
0.40	0.30	0.30	0.036	0.964	0.991

表 12.25 各方案风险决策排序

指标权重			方案优劣排序
确定性费用	不确定性费用	围堰最大平均填筑强度	
0.80	0.15	0.05	方案 3 优于方案 2 优于方案 1
0.70	0.20	0.10	方案 3 优于方案 2 优于方案 1
0.70	0.10	0.20	方案 3 优于方案 2 优于方案 1

续表

指标权重			方案优劣排序
确定性费用	不确定性费用	围堰最大平均填筑强度	
0.63	0.24	0.13	方案 3 优于方案 2 优于方案 1
0.57	0.14	0.29	方案 3 优于方案 2 优于方案 1
0.50	0.30	0.20	方案 3 优于方案 2 优于方案 1
0.45	0.30	0.25	方案 3 优于方案 2 优于方案 1
0.40	0.35	0.25	方案 3 优于方案 2 优于方案 1
0.40	0.30	0.30	方案 3 优于方案 2 优于方案 1

通过计算分析表明，乌东德水电站施工导流方案的选择受到很多不确定性因素的影响，其方案的多目标决策分析是在给定的坝体施工进度满足要求下进行的。在导流标准风险分析的基础上，采用多目标决策技术综合分析导流系统确定性费用、不确定性费用、围堰填筑强度和运行期间的动态风险，通过构建的施工导流标准多目标决策模型对拟定的备选方案集进行分析，得到排序结果为：方案 3 略优于方案 2，方案 2 略优于方案 1。

导流方案优选排序表明，在三个导流方案中导流方案 3 略好，即一次拦断、考虑二滩控泄的导流方案较优。通过各个方案之间的正隶属度值比较可以看出，导流方案 3 可作为推荐导流方案。

从导流标准分析的角度，乌东德水电站施工导流利用上游梯级水电站调蓄，在 50 年一遇导流标准的基础上降低了导流建筑物的费用，达到了优化导流标准和导流方案的目的。

根据乌东德和白鹤滩水电站的梯级建设环境特点及其梯级导流标准决策方法，对系统分析工程施工导流风险度，优选施工导流标准，为工程设计提供了理论支撑和技术参考。

12.2　考虑决策者行为特征的导流方案优选

影响施工导流系统的不确定性因素众多，因素之间的约束关系错综复杂，施工导流方案的优选必须对整个水电工程施工系统进行全面的协调、平衡，综合考虑各种偶联制约关系，达到总体施工系统的稳定与优化。

水电工程的施工导流标准需要根据导流建筑物的级别、服务对象的重要性等因素进行选择，通常混凝土结构导流建筑物初期导流标准 20～10 年一遇，坝体施工期临时度汛导流标准大于 50 年一遇，导流泄水建筑物封堵后坝体度汛导流标准 200～100 年一遇。导流标准逐渐提高是因为随着工程建设的进行，永久建筑物逐渐具备挡水能力，上游水位逐渐升高，工程失事造成的损失与坝体进度呈正响应关系，因此要求其实际导流风险随着工程建设的进展逐渐降低，保持期望损失相对平衡。但在坝体施工的某个导流时段会出现导流标准制定过高而导致对工程的施工进度要求明显偏高，尤其在初期和中后期导流衔接段，导流标准发生突变导致各个导流时段的风险损失发生跳跃，与水电工程施工组织要求的导流标准设计风险率和风险损失费用稳健降低原则不相符。因此，需要从工程施工系统整体的角度出发将施工导流的动态风险计算与施工进度计划以及导流标准制定耦合起来研究，优选施工导流方案，以更符合水电工程的实际情况。

通常，施工导流方案优选是建立在期望效用理论基础之上的，假设决策者是完全理性的。在现实决策过程中决策者的决策评判并非纯粹基于物质利益，很大程度上是基于心理感知，即决策主体并不满足完全理性假定，而是只有有限理性。因此，把决策者心理行为特征考虑到施工导流方案风险决策模型中尤为必要。前景理论正是解释决策者在风险环境下决策行为的行为科学，可以较好地描述如参照依赖、损失规避和概率扭曲等决策者行为特征。针对水电工程导流方案优选问题，系统分析施工导流方案决策指标与特征，综合考虑决策者心理行为特征，提出一种基于前景理论的施工导流方案风险决策方法。

12.2.1 问题描述

进行方案决策时，对问题的判断和作出决定的能力要以其对决策对象的外在和本质的属性认识为基础，并且对对象的自然和社会规律也要有清楚的认识。导流方案决策是指在施工导流过程中，为了优化施工导流设计，满足保障主体工程施工的目的，基于对施工导流风险的原因、过程及后果进行分析，有效协调、平衡水电工程施工中各种偶联制约关系，对导流方案决策指标系统分析、决策权重客观度量和决策方案比较优选的综合活动。导流方案决策是一个全面综合的系统管理，具体涉及信息科学、决策科学、心理学以及管理学等学科理论和内容，是多学科交叉研究领域。同时，由于施工导流方案决策所具有的多目标、多因素和复杂多变的演化规律等特征，因此施工导流方案决策是一个开放的复杂系统，需要认真梳理导流方案风险决策问题中所涉及的集和量，系统分析导流方案风险决策指标，规范导流方案风险决策的描述方式，提高施工导流方案决策的科学合理性。

1. 决策树及假设

导流建筑物多是临时建筑物，在施工导流设计中，着重关注的是导流工程的投资费用问题，通常都希望以最小的投资去实现保障主体工程正常、快速施工的目的。其次，水电工程的防洪、灌溉、发电、供水等方面的综合效益巨大，提前完工所带来的经济效益与社会效益都不容小觑，因此需要尽量优化项目工期，尽快完成工程建设，使工程早日投入运营，尽早地发挥工程效益。然而，由于导流工程与主体工程及外部环境的关联性、导流系统内部的复杂性，导流风险成为导流系统的固有属性，因此，准确评估导流风险也是导流方案决策的重要基础。

图 12.1 采用决策树的形式展示了施工导流方案风险决策问题，采用下列符号描述该问题中所涉及的集和量。

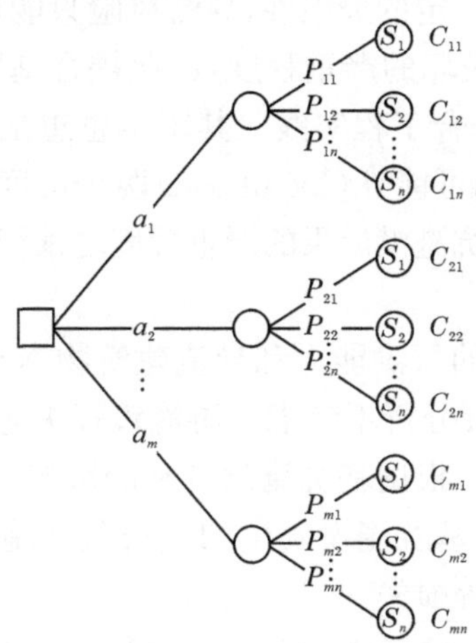

图 12.1　施工导流方案风险决策问题

$A=\{A_1,A_2,\cdots,A_m\}$，m 个备选施工导流方案集合，其中 A_i 表示第 i 个施工导流方案，$i=1,2,\cdots,m$。

$S=\{s_1,s_2,\cdots,s_n\}$，导流方案 n 个决策属性的集合，包括投资估算、风险损失以及围堰填筑强度等属性，其中 s_j 表示第 j 个施工导流决策属性，$j=1,2,\cdots,n$。

$\boldsymbol{C}=[c_{ij}]_{m\times n}$，导流方案决策特征矩阵，其中 c_{ij} 表示导流方案 a_i 决策属性 S_j 的特征值。

$\boldsymbol{P}_i=(p_{i1},p_{i2},\cdots,p_{ij},\cdots,p_{im})$，导流方案 A_i 决策的权重向量，其中 p_{ij} 表示导流方案 A_i 决策属性 s_j 的权重，$0\leqslant P_{ij}\leqslant 1$，且对于 $\forall i\in\{1,2,\cdots,m\}$，满足 $\sum\limits_{j=1}^{n}p_{ij}=1$。

2. 风险决策指标

1）投资估算

受工程造价限制，节约导流工程投资、降低导流建筑物投资估算是优化施工导流方案的重要目标。根据导流工程投资构成，第 J 种导流方案导流建筑物投资估算主要包括挡水、泄水建筑物的施工费用及基坑的抽排水费用。

$$C_{\mathrm{d}}^{i}=C_{\mathrm{d1}}^{i}+C_{\mathrm{d2}}^{i}+C_{\mathrm{d3}}^{i} \tag{12.31}$$

式中：C_{d}^{i} 为导流建筑物投资估算；C_{d1}^{i} 为泄水建筑物的投资；C_{d2}^{i} 为上、下游围堰的投资；C_{d3}^{i} 为基坑抽排水费用。

2）风险损失

由于导流工程与主体工程及外部环境的关联性、导流系统内部的复杂性，施工导流风险是施工导流方案决策的重要依据，然而直接将导流风险作为导流方案决策指标的传统方法存在一定的局限性，导流风险只能衡量围堰漫顶事故的发生概率，不能反映围堰漫顶破坏的严重程度，因此耦合基坑淹没损失与导流动态风险，采用风险损失指标更符合工程实践。其基本思想是将风险损失（risk loss）分解为严重程度（severity）和可能性（likelihood）两个可度量的量，采用导流系统发生漫顶事故的可能性与基坑淹没后果的严重程度之乘积来衡量。

（1）基坑淹没损失。

考虑到河道具有一定的行洪能力和导流建筑物本身亦具有一定的预防基坑淹没的措施，导流方案决策分析不考虑下游淹没损失等间接损失，只计算坑淹没后给基坑造成的直接损失。根据基坑淹没带来的影响，对于第 i 个施工导流方案而言，第 l 次超标洪水导致基坑淹没发生的损失包括施工条件恢复、下游围堰重建、设备转移与恢复、工期等损失。

$$C_{\mathrm{r}}^{i}(l)=C_{\mathrm{r1}}^{i}(l)+C_{\mathrm{r2}}^{i}(l)+C_{\mathrm{r3}}^{i}(l)+C_{\mathrm{r4}}^{i}(l) \tag{12.32}$$

式中：$C_{\mathrm{r}}^{i}(l)$ 为第 l 次基坑淹没造成的损失；$C_{\mathrm{r1}}^{i}(l)$ 为基坑再次抽排水费用、清淤及基坑施工条件恢复费用；$C_{\mathrm{r2}}^{i}(l)$ 为重修下游围堰的费用；$C_{\mathrm{r3}}^{i}(l)$ 为基坑施工设备转移与恢复费用；$C_{\mathrm{r4}}^{i}(l)$ 为工期损失导致的电量、贷款利率等综合损失，其中，发电损失使用贝叶斯统计方法，结合当前电价综合计算得到。

（2）导流动态风险。

在挡水建筑物运行年限内，遭遇超标洪水的动态风险为

$$R_{\mathrm{d}}^{i}(k)=1-(1-R_{\mathrm{d}}^{i})^{k} \tag{12.33}$$

式中，R_{d}^{i} 为第 i 个施工导流方案的施工导流风险，应用导流风险计算模型确定；k 为挡水建筑物运行年限；$R_{\mathrm{d}}^{i}(k)$ 为导流系统运行期的动态风险。

根据风险损失的定义，耦合基坑淹没损失与导流动态风险，则对于第 i 个施工导流方案，其超标洪水导致基坑淹没风险损失 C_{p}^{i} 为

$$C_{\mathrm{p}}^{i}=\sum_{l=1}^{k}C_{\mathrm{r}}^{i}(l)(1+b)^{1-n}R_{\mathrm{d}}^{i}(l) \tag{12.34}$$

式中，b 为风险损失折算成投资估算基准年的折现率。

3）围堰填筑强度

我国拟建和在建水电工程多集中在高山峡谷区域，河床窄、洪枯水位和流量变幅大，工程建设与水流蓄泄矛盾突出。作为辅助工程的导流工程，必须要求工

期安排合理紧凑,满足进度控制节点要求,及时为主体工程施工提供保障。

受工程进度限制,通常情况下各备选导流方案的施工工期是一致的。因此,可以将施工工期转化成围堰填筑强度进行比较。选取围堰的最大平均填筑强度作为决策指标。因此在满足截流、拦洪度汛等控制节点要求下,完成围堰填筑时间 T 月内,第 i 种导流方案最大平均填筑强度 Q_i 为

$$Q_i = \max_{\substack{\sum_{t=1}^{T} V_t^i = V_i \\ \forall i \in \{1,2,\cdots,m\}}} (V_t^i) \tag{12.35}$$

式中,V_t^i 为第 i 种导流方案在第 t 月的浇筑强度;V_i 为第 i 种导流方案围堰设计方量。

3. 决策指标特征分析

对于特定的某个水利水电工程,施工段的地质、水文、河谷形状相对确定,在枢纽布置以及导流方式、施工设备及施工技术条件一定的情况下,导流工程的投资估算 C_d、风险损失 C_p 和围堰填筑强度 Q 只依赖于导流方案 A 的变化,即投资估算、围堰填筑强度和风险损失都表示为导流方案的函数。

$$C_d = C_d(A) \tag{12.36}$$

$$Q = Q(A) \tag{12.37}$$

$$C_p = C_p(A) \tag{12.38}$$

通过分析导流方案风险决策指标,可估算得到各备选的施工导流方案对应的投资估算、风险损失和围堰填筑强度,见表 12.26。

表 12.26　导流方案与风险决策指标的关系

导流方案 A_i	A_1	A_2	…	A_i	…	A_n
投资估算 C_d	C_d^1	C_d^2	…	C_d^i	…	C_d^n
风险损失 C_p	C_p^1	C_p^2	…	C_p^i	…	C_p^n
围堰填筑强度 Q_i	Q_1	Q_2	…	Q_i	…	Q_n

投资估算、风险损失以及围堰填筑强度之间的关系,取决于两方面的约束:一个是最大容许的施工进度要求;另一个是最大容许投资费用的限制。对于这两个要求的理解就是超标洪水发生后,有没有容许的时间和容许的费用再把被破坏的导流建筑物重新恢复起来。

对于导流建筑物而言,导流风险越小,导流标准越高,投资估算就越大,建设工期也就越长;另一方面,要缩短工期,就要增大施工强度和投资估算,这说明施工导流方案优选的三个决策指标之间存在不可比性和冲突性,因此必须依据施工导流方案风险决策问题中 A、S、C、P 等有关决策信息,系统考虑导流方案优选中

决策者的心理行为特征，如参照依赖、损失规避、敏感性递减和概率判断扭曲等，协调导流系统投资估算、风险损失以及围堰填筑强度之间的关系，确定最优施工导流方案。

12.2.2　导流方案的风险决策

施工导流方案风险决策问题本质上是一个复杂的多目标优化问题，同时决策信息往往具有很大的模糊性及不确定性，尤其表现为信息的不完整性和不准确性。投资估算、风险损失以及围堰填筑强度等三个指标具有不同的特征，它们在决策方案中的重要程度具有不可公度性。由于导流系统的随机性、导流方案优选的复杂性和人类认识的局限性导致决策者只能大概确定决策权重灰色区间，准则权系数不完全确定。而且，决策者对方案往往有主观性的风险偏好，无法保持完全理性。因此，决策信息的不完备性、权重系数的模糊性、损益态度的非一致性等因素导致依据直观推断与经验规则得到的信息会产生系统性偏误，传统基于期望效用理论的决策方法无法有效地解决施工导流方案风险决策问题。

采用前景理论(prospect theory)作为导流方案选择的决策辅助方法，能够系统考虑决策者在风险环境下的参照依赖、损失规避和概率扭曲等决策者行为特征。通过对决策权重的数学化分离，减少决策过程中由于决策权重而产生的偏好逆反和决策逆反等现象。同时针对权重系数的灰色属性，综合前景理论，灰色系统理论和多目标决策理论，提出一种新的改进的灰色风险决策方法，为施工导流方案优选提供一种决策分析工具。

1. 风险决策层次结构

通过对施工导流方案系统分析，导流方案风险决策的层次结构包括目标层、准则层、方案层三层组成，如图 12.2 所示。准则层包含投资估算、风险损失以及围堰填筑强度等三个指标。方案层为导流方案的备选集，根据《水电工程施工组织设计规范》(DL/T 5397—2007)初步拟定。方案应为非劣方案，即对应着多目标决策下的一组有效解集。

2. 决策者价值函数

决策者面临不同的风险损失时所对应的主观价值是施工导流方案决策的基础。传统的导流方案决策方法采用效用函数反映决策者的主观价值结构，但是效用函数难以确定，对导流方案的期望效用损失的依赖性很强，较少考虑风险损失变化量的影响。同时，受信息、时间、能力等多方面的条件限制，导流方案决策很有可能偏离理性的风险决策机制。

针对决策者在不确定条件下的选择更看重相对于某个参考点的收益和损失，

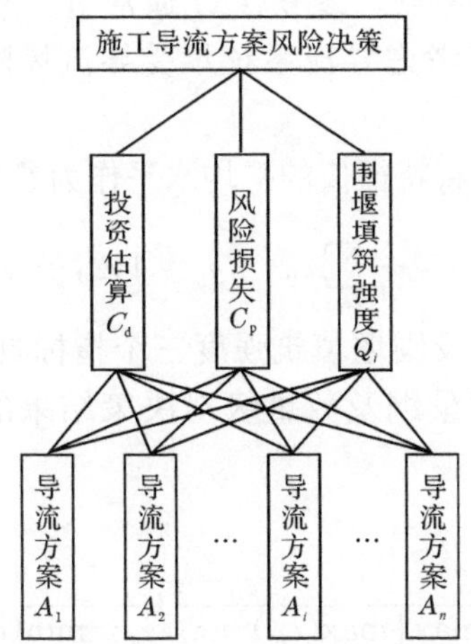

图 12.2　导流方案风险决策层次结构

而不是期望价值，前景理论采用价值函数取代了预期效用理论中的效用函数。概括而言，价值函数的函数形态呈 S 形，以零(即参考点)为拐点，以损益值的变化为自变量，如图 12.3 所示。同时，价值函数在损失和收益两个方向上呈现递减的敏感。这就可以解释“损失规避”的现象。价值函数递减的边际灵敏度，使得决策者对可能得到的收益表现出风险规避，但对可能造成的损失却表现出风险追逐。

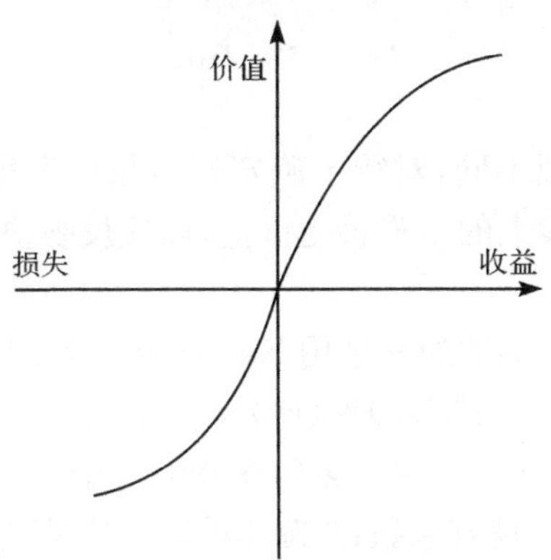

图 12.3　价值函数曲线

1) 收益和损失矩阵

根据前景理论，决策者优选施工导流方案并非追求最大期望效用，而更看重相对于某个参考点的收益和损失。因此，需要通过设立参考点，将决策特征矩阵$[c_{ij}]$转化为关于参考点的收益和损失矩阵$[x_{ij}]_{m\times n}$：

$$x_{ij}=c_{ij}-z_j,\quad i=1,2,\cdots,m;\quad j=1,2,\cdots,n \tag{12.39}$$

式中：z_j 为针对属性 j 的参考点。参考点 z_j 通常由决策者依据水文、地形、地质、水工建筑物的型式等条件，考虑导流系统承受导流风险的预期及个人偏好等因素，拟定参考点。

借鉴奖优罚劣的思想，将特征值的平均水平作为参考点，即

$$z_j = \frac{1}{m}\sum_{i=1}^{m} c_{ij}, \quad j = 1,2,\cdots,n \tag{12.40}$$

投资估算、风险损失以及围堰填筑强度三个指标具有不可公度性，为了消除导流方案属性不同的物理量纲及数量级对决策结果的影响，对 x_{ij} 进行规范化处理。

对收益型属性值：

$$r_{ij} = \frac{c_{ij} - z_j}{\max\{\max\limits_{j}(c_{ij}) - z_j, z_j - \min\limits_{j}(c_{ij})\}} \tag{12.41}$$

对成本型属性值：

$$r_{ij} = \frac{z_j - c_{ij}}{\max\{\max\limits_{j}(c_{ij}) - z_j, z_j - \min\limits_{j}(c_{ij})\}} \tag{12.42}$$

则施工导流方案的特征矩阵$[c_{ij}]_{m\times n}$转化为对应的隶属度矩阵：

$$\boldsymbol{R} = \begin{bmatrix} r_{11} & r_{12} & \cdots & r_{1n} \\ r_{21} & r_{22} & \cdots & r_{2n} \\ \vdots & \vdots & & \vdots \\ r_{m1} & r_{m2} & \cdots & r_{mn} \end{bmatrix} = [r_{ij}]_{m\times n} \tag{12.43}$$

2) 前景矩阵

由于决策者的价值观不同，对待不确定性后果的态度不同，因此需要描述或表达不同导流方案对决策人的主观感受价值，以便反映决策人心目中对各种后果的风险偏好。

量化价值尺度的价值函数通常采用 Kahneman 等提出的前景矩阵形式：

$$v^{+}(r_{ij}) = (r_{ij})^{\alpha}, \quad x_{ij} \leqslant 0 \tag{12.44}$$

$$v^{-}(r_{ij}) = -\lambda(-r_{ij})^{\beta}, \quad x_{ij} \leqslant 0 \tag{12.45}$$

式中：α 为针对收益的风险偏好系数；β 为针对损失的风险规避系数；λ 为对收益和损失的敏感系数。

$\alpha,\beta \leqslant 1$ 体现了敏感性递减的心理行为特征；$\lambda > 1$ 体现了损失规避心理行为特征。

3. 导流方案决策权重

施工导流方案决策问题求解的难点在于投资估算、风险损失以及围堰填筑强度三个指标间的矛盾性和各指标的属性值不可公度性。其中不可公度性可通过

属性矩阵的规范化得到部分解决，但这些规范化方法无法反映指标的重要性。解决各指标之间的矛盾性就需要引进权重的概念。

由于导流系统的随机性、导流方案优选的复杂性、人类认识的局限性导致决策者只能大概确定决策权重的灰色区间，难以确定实数型的决策权重。此外，在施工导流阶段，随着大坝挡水的高程逐渐上升，失事造成的主体工程损失、发电损失以及下游建筑物损失会越来越不可估算。因此，在整个施工阶段决策者的风险偏好是由初期导流时段较弱的风险厌恶向中后期导流时段较强的风险厌恶转变。在这种风险不确定决策情况中，决策者对待风险的态度和行为经常会偏离传统经济理论的最优行为模式假设，决策过程中存在框架依赖偏差(frame dependence biases)，判断概率可能会出现违反概率二元互补关系的情况(如"高估低概率事件，低估高概率事件"的决策权重感知偏差)。因此，有必要在风险决策权重的分析中考虑由于决策者对不确定源的偏好以及对未知概率事件的判断所带来的影响。

针对决策权重的不确定性和概率判断扭曲的决策者心理行为特征，前景理论利用决策权重函数代替了预期效用理论中的概率函数。通过对决策权重的数学化分离，建立客观概率的度量体系以量化施工导流方案决策权重，减少决策过程中由于决策权重而产生的偏好逆反和决策逆反等现象。

权重函数通过对投资估算、风险损失以及围堰填筑强度等指标的概率取值作系统性变换，使得小概率值得到相对较大的权重，而大概率值得到相对较小的权重。函数的形状如图 12.4 所示。这是由于人们往往倾向于高估低概率事件，而低估中高概率事件，而在中间阶段人们对概率的变化相对不敏感。

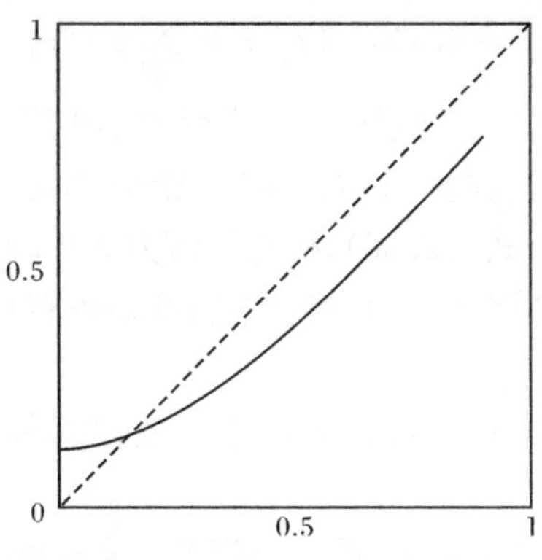

图 12.4　决策权重函数

依据前景理论，常采用 Tversky 等提出的对数形式确定权重函数：

$$\omega^{+}(p_j)=\frac{p_j^{\chi}}{p_j^{\chi}+(1-p_j)^{\psi}} \tag{12.46}$$

$$\omega^-(p_j)=\frac{p_j^\delta}{p_j^\delta+(1-p_j)^\delta} \tag{12.47}$$

式中，ω^+为收益的非线性权重函数；ω^-为损失的非线性权重函数；χ为收益的风险态度系数；δ为损失的风险态度系数。

根据前景理论定义，导流方案A_i的综合前景值U_i为正前景值与负前景值之和，即

$$U_i=\sum_{j=1}^{n}v^+(r_{ij})\omega^+(p_j)+\sum_{j=1}^{n}v^-(r_{ij})\omega^-(p_j) \tag{12.48}$$

各个导流方案的综合前景值必须来自同一个权重向量才能区别优劣，为此借鉴TOPSIS方法的思想，构造优化模型。对每个导流方案A_i而言，决策者总是追求综合前景值U_i最大化，因此，可建立优化模型

$$\max U=\sum_{i=1}^{m}\sum_{j=1}^{n}(p_j)+\sum_{i=1}^{m}\sum_{j=1}^{n}v^-(r_{ij})\omega^-(p_j)$$
$$\text{s.t.}\ \sum_{j=1}^{n}p,\quad p_j\geqslant 0,\quad p_j\in H \tag{12.49}$$

式中：H为决策者根据已知信息确定的导流方案权重灰色区间。

求解模型(12.49)，得到导流方案决策权重最优解$\boldsymbol{p}^*=(p_1^*,p_2^*,\cdots,p_n^*)$。

4. 风险决策程序

依据决策者施工导流方案价值函数、导流方案最优决策属性权重向量$\boldsymbol{p}^*=(p_1^*,p_2^*,\cdots,p_n^*)$，计算导流方案$A_i$的最优综合前景值。

$$U_i^*=\sum_{j=1}^{n}v^+(r_{ij})\omega^+(p_j^*)+\sum_{j=1}^{n}v^-(r_{ij})\omega^-(p_j^*) \tag{12.50}$$

对每个导流方案最优综合前景值U_i^*进行大小排序，即可得到最优导流方案。

综上所述，基于前景理论的施工导流方案风险决策方法的步骤如下(图12.5)：

(1) 根据式(12.31)～式(12.35)，构造导流方案风险决策特征矩$[c_{ij}]$。

(2) 根据式(12.39)、式(12.40)，将决策特征矩阵转化为关于参考点的收益和损失矩阵$[x_{ij}]_{m\times n}$。

(3) 根据式(12.41)、式(12.42)，规范化处理收益和损失矩阵，建立标准的隶属度矩阵$[r_{ij}]_{m\times n}$。

(4) 根据式(12.44)、式(12.45)，确定决策者价值函数的前景矩阵$[v(r_{ij})]_{m\times n}$。

(5) 根据式(12.46)、式(12.47)，确定导流方案权重函数$\omega(p_j)$。

(6) 根据式(12.49)，求解导流方案决策权重最优解$\boldsymbol{p}^*=(p_1^*,p_2^*,\cdots,p_n^*)$。

(7) 将权重最优解$\boldsymbol{p}^*$代入(12.50)，计算导流方案A_i的最优综合前景值U_i^*，优选最佳导流方案。

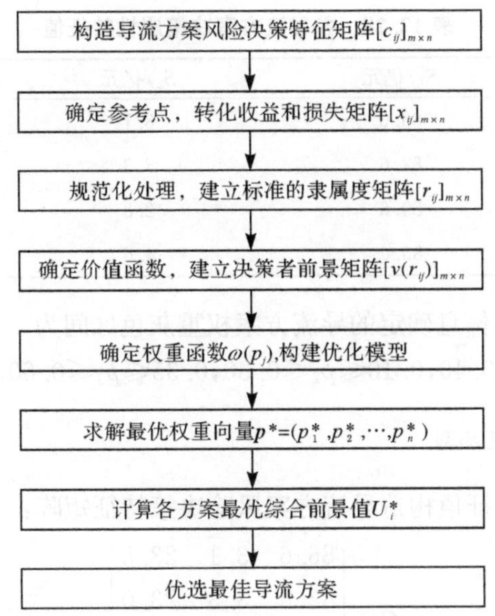

图 12.5　基于前景理论的施工导流方案风险决策步骤

12.2.3　实例分析

1. 备选方案及决策属性

金沙江下游某水电站正常蓄水位 600.00m，库容 $115.7\times10^8\mathrm{m}^3$，最大坝高 278.00m，坝顶高程 610.00m，装机 12600MW。根据《水电工程施工组织设计规范》(DL/T 5397—2007)，导流建筑物级别为Ⅲ级，初步拟定四种施工导流方案，见表 12.27。

表 12.27　施工导流方案

施工工期	导流标准			
	A_1	A_2	A_3	A_4
第一年	30 年一遇	20 年一遇	50 年一遇	20 年一遇
第二年	50 年一遇	40 年一遇	100 年一遇	30 年一遇
第三年	50 年一遇	50 年一遇	100 年一遇	50 年一遇
第四年	200 年一遇	100 年一遇	200 年一遇	100 年一遇
第五年	200 年一遇	300 年一遇	300 年一遇	100 年一遇

根据导流风险分析、投资估算及施工强度统计，各导流方案的投资估算、风险损失和围堰填筑强度 3 个成本型决策属性特征值见表 12.28。

表 12.28　各导流方案决策属性特征值

导流方案	S_1/亿元	S_2/亿元	S_3/($10^4 m^3$/月)
A_1	86.6	3.1	23.5
A_2	82.6	3.3	23.0
A_3	89.6	2.8	25.0
A_4	80.6	4.6	22.5

决策者根据已知信息确定的导流方案权重灰色区间为

$$H=\{0.30<p_1\leqslant 0.40, 0.10\leqslant p_2\leqslant 0.30, 0.35\leqslant p_3\leqslant 0.60, p_1+p_2+p_3=1\}$$

2. 导流方案价值函数

根据表 12.28 特征值构造导流方案风险决策特征矩阵：

$$\boldsymbol{C}=\begin{bmatrix} 86.6 & 3.1 & 23.5 \\ 82.6 & 3.3 & 23.0 \\ 89.9 & 2.8 & 25.0 \\ 80.6 & 4.6 & 22.5 \end{bmatrix}$$

以特征值的平均水平作为参考点，则参考点 $\boldsymbol{Z}=(84.925, 3.45, 23.5)$。决策特征矩阵 $\boldsymbol{C}$ 即可转化为关于参考点的收益和损失矩阵：

$$\boldsymbol{X}=\begin{bmatrix} 1.7 & -0.4 & 0 \\ -2.3 & -0.2 & -0.5 \\ 5.0 & -0.7 & 1.5 \\ -4.3 & 1.2 & -1.0 \end{bmatrix}$$

根据式(12.46)，规范化处理收益和损失矩阵 $\boldsymbol{X}$，建立隶属度矩阵：

$$\boldsymbol{R}=\begin{bmatrix} -0.3367 & 0.3043 & 0 \\ 0.4673 & 0.1304 & 0.3333 \\ -1.0000 & 0.5652 & -1.0000 \\ 0.8693 & -1.0000 & 0.6667 \end{bmatrix}$$

价值函数和权重函数的参数，本章采用 Tversky 和 Kahneman 经过试验数据验证的值进行求解，分别取 $\alpha=\beta=0.88$，$\chi=0.61$，$\delta=0.69$。

将上述参数代入式(12.44)和式(12.45)，计算决策者导流方案前景矩阵：

$$\boldsymbol{v}=\begin{bmatrix} -0.8633 & 0.3510 & 0 \\ 0.5120 & 0.1666 & 0.3803 \\ -2.2500 & 0.6053 & -2.2500 \\ 0.8841 & -2.2500 & 0.6999 \end{bmatrix}$$

3. 决策权重与方案优选

以综合前景值最大化为目标，建立优化模型：

$$\max U=\sum_{i=1}^{4}\sum_{j=1}^{3}v^{+}(r_{ij})\omega^{+}(p_j)+\sum_{i=1}^{4}\sum_{j=1}^{3}v^{-}(r_{ij})\omega^{-}(p_j)$$

$$\text{s.t.}\begin{cases}0.30\leqslant p_1\leqslant 0.40\\ 0.10\leqslant p_2\leqslant 0.30\\ 0.35\leqslant p_3\leqslant 0.60\\ \sum_{j=1}^{3}p_j=1\end{cases}$$

对上述模型求解，可得到导流方案最优权重向量 $\boldsymbol{p}^*=(0.3,0.1,0.6)$。

将施工导流方案前景矩阵 $\boldsymbol{v}$、导流方案最优权重向量 $\boldsymbol{p}^*$ 分别代入(12.50)，计算各方案最优综合前景值。

$$U_1^*=-0.2852,\quad U_2^*=0.5661,\quad U_3^*=-2.4472,\quad U_4^*=0.5134$$

对各导流方案最优综合前景值 U 进行大小排序，即可得到导流方案的排序：

$$S_2>S_4>S_1>S_3$$

通过上述分析说明：

(1) 施工导流方案的选择直接关系到导流工程的规划与导流建筑物规模的确定，影响水电工程能否顺利完工。由于决策信息的不完备性、权重系数的模糊性、损益态度的非一致性导致施工导流方案决策者只有有限理性。因此，把决策者心理行为特征考虑到施工导流方案风险决策模型中尤为必要。

(2) 针对水电工程施工导流方案优选问题，借助前景理论的分析框架，系统考虑决策者心理行为特征，提出了一种基于前景理论的风险决策分析方法。首先，根据导流方案的选择与投资估算、风险损失及围堰填筑强度等决策属性的关系，采用决策树描述施工导流方案风险决策问题；以平均特征值为参考点，利用奖优罚劣思想规范化处理收益和损失矩阵，计算决策者价值函数，即定量表征决策者综合心理感知；构建综合前景值最大化的优化模型，求解最优权重向量，并依据最优综合前景值，确定优选导流方案。

(3) 该方法分别采用价值函数和权重函数代替了传统期望效用理论中的效用函数和概率，体现了施工导流方案风险决策中决策者所表现出的参照依赖、损失规避、敏感性递减和概率判断扭曲等心理行为特征。通过实例研究，说明基于前景理论的施工导流方案风险决策模型优选出的施工导流方案能够反映决策者的心理感知，为解决施工导流方案风险决策问题提供了一种新的思路和视角。

(4) 在实际应用中，如果已知决策者所持的风险态度，则可对模型中的参数作适当调整，以便科学地描述不同情况下决策者不同心理特征对决策行为的影响。

12.3 梯级建设条件下施工导流标准风险决策

随着我国流域水电梯级滚动开发战略的实施，待建梯级电站上、下游可能为已建或在建水电工程，河流上可能出现已建—待建—已建、已建—待建—在建、在建—待建—已建及在建—待建—在建4种建设情况，对于第1种情况，通过上、下游已建工程控制运行可减小待建工程施工导流风险，适当降低导流设计标准；对于第2、3种情况，通过已建工程控制运行减小导流设计风险，但在建工程本身对待建工程导流设计风险影响因素较多，既要考虑已建工程对待建工程的风险影响，更要考虑在建工程与待建工程相互间的影响；对于第4种情况，待建工程导流设计的风险因素更加复杂，可概化为上游水电站在建条件下施工导流标准风险决策问题。若上游水电站导流标准已经确定，且已经处于建设阶段的情况下，如何确定下游待建水电站安全、经济、合理的施工导流标准是一个亟待解决的问题。上游水电站在建条件下，围堰形成的水库一方面对上游来说起到调蓄作用；另一方面若发生漫顶溃决后，产生的溃堰洪水会对下游水电站施工导流产生不利影响。因此，定量评估上游水电站在建条件下的施工导流风险有重要意义。

施工导流标准的风险决策属于多属性决策范畴。在多属性决策问题中，权重是反映决策者经验、知识、判断和偏好的一个重要指标。通常情况下，决策者根据经验、知识和偏好来确定指标权重，这显然需要建立在决策者全面深入了解工程所处的决策环境基础之上。然而，梯级水电站施工导流方案决策的复杂性在于其涉及了大量的风险源和不确定性因素，使得决策者很难甚至不可能全面了解工程特征以及决策环境，给出指标权重的大致范围或相对大小较为实际，且符合决策者的行为习惯。

12.3.1 施工导流风险分析

1. 下游水电站施工导流风险模型

上游梯级水电站在建条件下，Q_A 为上游在建水电站A遭遇的施工洪水过程；q_A 为上游水电站A的下泄洪水；Q_H 为上游水电站A的下泄洪水经河道调蓄作用后的洪水过程；Q_M 为两电站间的区间洪水。

基于施工导流风险的定义，在导流设计阶段，导流标准的制定可暂不考虑围堰的结构安全不确定性因素，围堰主要以漫顶作为失效破坏的判别指标，即可认为围堰一旦发生洪水漫顶，便随之溃决而导致导流系统失效。上游在建水电站作为已知条件时，下游水电站导流系统受上游在建水电站的影响表现为以下两种情况：①上游水电站导流围堰未漫顶情况下下游水电站导流围堰是否漫顶；②上游水电站导流围堰漫顶溃决产生溃堰洪水条件下下游水电站导流围堰是否漫顶。

上游水电站在建条件下的施工导流风险数学模型为

$$R_B=(1-R_A)R_{BB}+R_AR_{BA} \tag{12.51}$$

式中：R_B 为下游水电站 B 的施工导流风险；R_A 为上游水电站 A 的施工导流风险；R_{BB}为上游在建水电站 A 围堰未漫顶条件下下游水电站 B 的导流系统失效概率；R_{BA}为上游在建水电站 A 围堰漫顶溃决条件下下游水电站 B 的导流系统失效概率。

根据导流风险模型，设一次梯级施工洪水事件中，上游水电站 A 的围堰高程为 Z_A，堰前最高水位为 $Z_{Am}(t)$；B 的围堰高程为 Z_B，$Z_{BBm}(t)$为上游水电站 A 导流过程中围堰未漫顶条件下，整个洪水过程再经 B 的导流系统调蓄所得堰前最高水位，$Z_{BAm}(t)$为上游水电站 A 发生漫顶溃决条件下，整个洪水过程再经 B 的导流系统调蓄所得堰前最高水位，风险表达为

$$R_B=p\{Z_{Am}(t)<Z_A\}p\{Z_{BBm}(t)>Z_A\}+p\{Z_{Am}(t)>Z_A\}p\{Z_{BAm}(t)>Z_B\} \tag{12.52}$$

上游水电站围堰正常运行时主要考虑上游水电站导流围堰对天然洪水过程的调蓄作用，$Z_{BBm}(t)$的详细计算过程参见第 11 章。因此，本章主要探讨上游水电站围堰漫顶溃决条件下的堰前最高水位计算方法。

2. 上游在建水电站围堰漫顶溃决条件下堰前最高水位

土石围堰发生漫顶溃决，大量水体突然释放对下游造成严重影响。目前，普遍认为围堰作为散粒材料的填筑体，其溃堰与土石坝的溃坝具有一定的相似性。围堰溃决机理和方式十分复杂，在导流规划设计阶段，仅考虑围堰漫顶溃决方式。基于前述研究成果，$Z_{BAm}(t)$的计算难点在于发生上游 A 围堰溃堰事件时产生的洪水 q_A，以及 q_A 沿河道的演进计算。

上游水电站 A 发生超标洪水时，由于导流泄水建筑物的存在，在溃堰前洪水下泄流量应为导流系统的下泄流量，在溃堰后，由于堰前水库调蓄作用已经丧失，可认为是天然洪水的流量过程。因此，上游水电站 A 围堰漫顶溃决条件下产生的 q_A 由溃堰起始前围堰调洪下泄流量过程 q_{A1}、溃堰洪水过程 q_{A2} 和溃堰后天然洪水过程 q_{A3} 组成，这三部分洪水按相应时序构成 q_A。

显然整个上游 A 遭遇的洪水过程是与时序相关联的，首先要计算溃堰洪水过程 q_{A2} 的起溃时间 t_k，取上游水电站围堰堰前洪水调洪过程水位刚好超过围堰高程时刻为 t_k；假设围堰漫顶溃堰洪水过程 q_{A2} 的历时和流量过程是固定不变的，即考虑一种工况，溃堰洪水过程 q_{A2}，计算过程(谢任之，1993)如下：

(1) 根据围堰的填料性质，查表得到围堰材料系数 $\varphi=1.68$，然后由经验公式(12.53)求得冲刷系数 K。

$$K=\varphi W^{-0.577} \tag{12.53}$$

式中：W 为库容水量。

(2) 由沉溺系数表，根据$\dfrac{H_0-h_d}{H_m-h_d}$的比值，求得沉溺系数 σ。其中，h_d 为堰顶距离河床底部的高度，H_0 为堰前水深。

(3) 求出口门比 e，由近似关系式 $e=1-0.031(B/H)$，其中，B/H 为河谷宽高比，堰顶长度 B，最大堰高 H，经过计算得 e。

(4) 由求得的 e 查表可求出水深比 β_e，相应指数 n_2，n_4，n_6 和 λ_e。

(5) 峰顶流量计算公式如下：

最大口门宽：

$$b_m=\frac{WKH_0}{3E} \tag{12.54}$$

系数：

$$\lambda=\sigma^{n_2}m^{n_4}(1-f)^{n_6}\lambda_e \tag{12.55}$$

式中：m 为断面形状指数，取 1.5；堰高比 $f=h_d/H_0$；E 为过流断面每米围堰断面积。

(6) 最后由公式：

$$q_m=\lambda\sqrt{gb H_0^{1.5}} \tag{12.56}$$

得到溃堰最大流量。

对于溃堰流量过程线，首先是峰前过程线的推求，当口门达到最大 b_m 时，峰顶流量为 q_m，其相应时间为 τ；当已知峰顶流量 q_m 时，在峰顶流量前的流量过程线按突溃方式计算。

(1) 由公式 $\beta_m=\left(1-\dfrac{Eb_m}{\rho W_{总}}\right)^{\frac{1}{n}}$，求得最大口门宽度时相应的 β_m。

(2) 由公式 $\tau=-\dfrac{E}{\lambda\sqrt{g\rho}}\ln[1-(1-\beta_m)^n]$求得相应时间 τ。

(3) 峰前流量过程线

$$q=\frac{1-(1-\{1-[1-(1-\beta_m)^n]^{\frac{t}{\tau}}\}^{\frac{1}{n}})^n}{1-\beta_m^n}q_m \tag{12.57}$$

峰后过程线的推求可按瞬间溃决计算，求出 q_m 后，再由库容指数 n 求出 $t_{空}$，然后由 n 相应的表查出$\dfrac{q_i}{q_m}$-$\dfrac{t_i}{t_{空}}$曲线，分别乘以 q_m 与 $t_{空}$，即可求出 q-t 曲线。

峰后过程线推求：

(1) 方法同瞬间溃决，此时

$$W'_{总}=\beta_m^n W_{总} \tag{12.58}$$

$$H'_0=\beta_m^n H_0 \tag{12.59}$$

(2) 计算放空时间 $t_{空}$ 和$\frac{q_i}{q_m}$时，用$W'_{总}$和H'_0。

$$t_{空}=\frac{W_{总}}{q_m}D_2(\xi_1) \tag{12.60}$$

式中：$D_2(\xi_1)=2.5$。

(3) 由 n 相应的表查出$\frac{q_i}{q_m}$-$\frac{t_i}{t_{空}}$曲线，分别乘以 q_m 与 $t_{空}$，即可以求 q-t 曲线，表 12.29列出了 $n=2.5$ 的情形。

表 12.29　$n=2.5$ 时相应 q_i/q_m 参数

$t_i/t_{空}$	q_i/q_m	$t_i/t_{空}$	q_i/q_m
0.0125	0.9850	0.5	0.3500
0.025	0.9650	0.6	0.2500
0.05	0.9300	0.7	0.1600
0.1	0.8600	0.8	0.0900
0.2	0.7200	0.9	0.0300
0.3	0.5850	1	0.0009
0.4	0.4630		

3. 导流风险求解

在第 11 章的研究基础上，首先随机生成足够多的梯级建设条件下的施工洪水过程；基于 Monte-Carlo 方法，结合上述计算模型得到上游水电站在建条件下的施工导流风险模型的求解流程，如图 12.6 所示。

12.3.2　导流标准优选

1. 导流围堰设计及风险决策指标估算

1) 下游水电站导流围堰设计

上游梯级水电站在建条件下，下游水电站导流标准对应的围堰设计高程拟定方法为，在遭遇某一频率的洪水过程中，经过上游梯级水电站围堰调蓄后的洪水经河道洪水演进后，与区间同频率洪水叠加，再由下游水电站围堰调蓄后的堰前最高水位加上一定安全超高得到围堰设计高程。

2) 导流动态风险

若上游水电站围堰与下游水电站围堰同时挡水年限为 K 年，下游水电站围堰在 K 年的运行期所遭遇的施工洪水会受到上游梯级水电站导流围堰的调蓄影响，则运行年限内的施工导流动态风险为

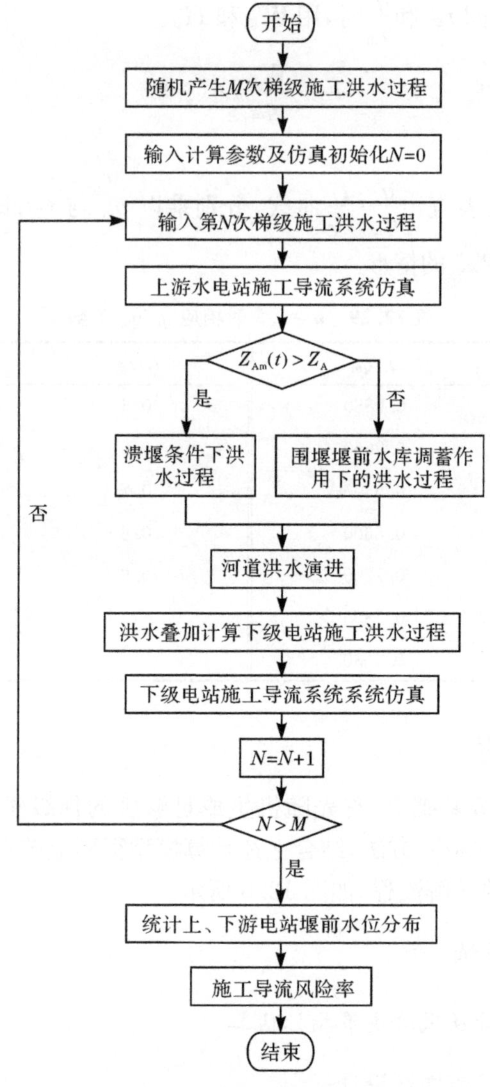

图 12.6　风险求解流程

$$R_B(k)=1-(1-R_B)^k \tag{12.61}$$

根据施工导流系统的特点，选取的决策指标包括：确定性费用 C_B、不确定性费用 C_{BP}、围堰施工平均强度 D_B，各决策指标估算方法如下。

确定性费用主要由导流建筑物投资规模确定，主要包括导流建筑物的建设费用及基坑的抽水费用。确定性费用可由式(12.62)估算：

$$C_B=C_{B1}+C_{B2} \tag{12.62}$$

式中：C_{B1} 为导流建筑物的建设费用，主要包括泄水建筑物，上、下游围堰费用；C_{B2}

为基抗抽排水费用。

围堰施工平均强度 D_B 为在考虑泄水建筑物的施工进度、截流历时、基坑抽水排水时间等条件下，围堰的计划平均填筑强度。

施工导流围堰若漫顶溃决，风险损失费用包括围堰的修复费用和基坑淹没导致推迟的工程发电费用。围堰运行期内，超载洪水导致的风险总损失为

$$C_{BP} = \sum_{n=0}^{k} [C_{r1}(n) + C_{r2}(n)](1+i)^{-n} R_B(n) \tag{12.63}$$

式中，k 为围堰运行使用年限；i 为风险损失折算成到基准年的折现率；$C_{r1}(n)$为围堰重建费用；$C_{r2}(n)$为工期损失导致推迟工程发电费用，可利用贝叶斯统计方法，结合当前电价综合计算。

综上，由于导流标准设计围堰高程与导流风险相对应，上述指标可以表示为风险 R_B 的函数。

$$C_B = C_B(R_B) \tag{12.64}$$

$$D_B = D_B(R_B) \tag{12.65}$$

$$C_{BP} = C_{BP}(R_B) \tag{12.66}$$

2. 部分权重信息下施工导流方案多属性决策方法

考虑施工导流系统本身的复杂性、决策信息所具有的随机性、决策者认知的模糊性等使得决策者很难用单值精确量化和确定指标属性权重，尤其对于导流工程设计阶段，决策者往往很难给出精确的权重信息，给出各指标属性权值范围更加符合决策者的习惯和工程实际情况。应用部分权重信息下的多属性决策方法优选施工导流方案，使得专家主观经验和客观实际有效结合。

假设下游水电站的导流标准方案有 n 个，方案集为 $X=\{x_1,x_2,\cdots,x_n\}$，决策指标 m 个，属性集 $V=\{v_1,v_2,\cdots,v_m\}$。然后由前述导流决策指标的估算方法得到方案 x_j 关于指标 v_i 的属性值 u_{ij}，从而构成评估矩阵 $\boldsymbol{U}=(u_{ij})_{m\times n}$。指标权重向量用 $\boldsymbol{W}=\{w_1,w_2,\cdots,w_m\}^{\mathrm{T}}$ 表示，其中 $w_i\in[w_i^{\mathrm{L}},w_i^{\mathrm{R}}]$，$w_i^{\mathrm{R}}\geqslant w_i^{\mathrm{L}}\geqslant 0$，并且满足 $\sum_{i=1}^{m} w_i = 1$。

设 I_1 表示效益型指标下标集，I_2 表示成本型指标下标集，且令 $M=\{1,2,\cdots,m\}$，$N=\{1,2,\cdots,n\}$。

首先，为了消除决策指标的不同物理量纲对决策结果的影响，可根据下列公式把指标矩阵 $\boldsymbol{U}$ 转换为规范化决策矩阵 $\boldsymbol{B}=(b_{ij})_{m\times n}$，转换公式为

$$b_{ij} = \frac{u_{ij} - \min\limits_j u_{ij}}{\max\limits_j u_{ij} - \min\limits_j u_{ij}}, \quad i\in I_1, \quad j\in N$$

$$b_{ij}=\frac{\max\limits_{j} u_{ij}-u_{ij}}{\max\limits_{j} u_{ij}-\min\limits_{j} u_{ij}}, \quad i \in I_2, \quad j \in N \tag{12.67}$$

各方案综合属性值为

$$s_i=\sum_{i=1}^{m} w_i b_{ij} \tag{12.68}$$

然后,在各单个导流方案的理想综合属性值达到最优值时,为求理想属性权重,可以建立线性规划模型Ⅰ:

$$\begin{aligned} &\max \sum_{i=1}^{m} w_i b_{ij} \\ &\text{s.t.} \sum_{i=1}^{m} w_i=1, \quad 0 \leqslant w_i^L \leqslant w_i \leqslant w_i^R, \quad i \in M \end{aligned} \tag{12.69}$$

为对各导流方案进行最终的综合评判,需采用统一的指标属性权重,而各导流方案之间应该是公平竞争的。因此,从全局考虑,可以认为理想的最终属性权重 W^* 应该使得各个方案的综合属性值与理想的综合属性值的离差和最小,可建立二次规划模型Ⅱ:

$$\begin{aligned} &\min \sum_{j=1}^{n} \sum_{i=1}^{m} \left[(w_i-w_i^j) b_{ij}\right]^2 \\ &\text{s.t.} \sum_{i=1}^{m} w_i=1, \quad 0 \leqslant w_i^L \leqslant w_i \leqslant w_i^R, \quad i \in M \end{aligned} \tag{12.70}$$

最后,根据模型Ⅱ求取最终属性权重 W^*,计算各导流方案的综合属性值 Y^*,进而以综合属性最大原则选择最佳施工导流方案。

12.3.3 工程案例

西南某流域正在施工的水电站 A,采用的全年断流围堰,明渠泄流。初期导流标准采用 30 年一遇,挡水时段内需经历三个汛期。水电站 B 为正在规划的水电站,位于水电站 A 的下游。为加快流域梯级开发,根据工程规划,水电站 B 初期导流需经历的两个汛期刚好与水电站 A 的第二个和第三个汛期是同一时期,从而受到上游在建工程 A 的影响。水电站 B 导流建筑物为Ⅳ级建筑物,采用土石不过水围堰全年挡水,导流隧洞泄流方式,相应设计洪水标准为重现期 20～30 年。

水电站 B 初期导流规划需考虑上游在建水电站 A 导流围堰对洪水的调蓄影响,根据工程实际情况拟定水电站 B 的三个导流方案:方案 1,20 年一遇的导流方案;方案 2,30 年一遇的导流方案;方案 3,第一年为 20 年一遇的导流方案,第二年为 30 年一遇的导流方案。

1. 计算参数

1) 设计洪水

由历史实测洪水资料统计分析得到，下游 B 遭遇的汛期施工洪水由上游来水与区间洪水组成，设计洪水资料见表 12.30。经洪水资料分析，两区洪水处于同一暴雨区，洪水洪峰具有相关性。利用 Clayton 函数参数求取方法，Kendall 秩相关系数 $\tau=0.6037$，Clayton 函数参数 $\theta=\frac{2\tau}{1-\tau}=3.0467$，计算统计量 $D=0.0821$，通过 K-S 检验。另外，由历史实测河道洪水演算资料估算两部分洪水过程在 B 断面遭遇的起始时间差取 12h。

2) 泄流随机参数

两座水电站的导流建筑物泄洪随机性均可由三角分布描述，A 的流量系数为 0.97(下限)、1.00(众数)、1.03(上限)；B 的流量系数分布参数分别为 0.98(下限)、1.00(众数)、1.02(上限)。

表 12.30　设计洪水

区域	水文随机因素	分布参数		
		$X/(m^3/s)$	C_v	C_s/C_v
上游水电站 A	洪峰流量	14500	0.34	4.0
A 与 B 的区间	洪峰流量	5200	0.35	4.0

3) 河道糙率参数

根据水工模型试验资料，两电站区间河道糙率为 0.032～0.035。

4) 河道计算的断面

从上游水电站 A 坝址到下游水电站 B 坝址距离为 122.529km，共设 30 个计算断面，见表 12.31。

表 12.31　起止断面距离　（单位：km）

断面号	A	2	3	4	5	6	7	8	9	10	11	12	13	14	15
距 A 距离	0.0	1.2	2.3	3.6	7.0	12.8	15.0	18.5	26.8	33.7	37.8	41.1	46.4	50.0	53.6
断面号	16	17	18	19	20	21	22	23	24	25	26	27	28	29	B
距 A 距离	57.6	62.4	65.5	67.8	74.0	78.2	82.5	85.5	91.0	96.0	99.8	106.0	113.6	119.0	122.5

5) 溃口宽度

土石围堰的溃决过程是水流与堰体相互作用的一个复杂过程。到目前为止，溃堰的溃决机理还不是十分清楚。一般而言，土石围堰的溃口宽度及底高程与坝体的材料，施工质量及外力如地震等因素有关。在具体计算时，溃口尺寸一般根据试验和实测资料确定。

2. 导流风险与决策指标

上游A导流标准为30年一遇，围堰高程已经确定为1071m。考虑上游在建A导流围堰对洪水的调蓄影响，利用同频法确定下游水电站B的设计水位，加上安全超高0.5m的围堰设计高程，即上游水电站A断面与区间发生同频率洪水的方法来确定下游水电站B的围堰设计高程，结果见表12.32。然后，由前述上游梯级水电站在建条件下的施工导流风险计算方法得到各导流方案对应的动态风险，见表12.32。

表12.32　动态风险

导流风险	方案1	方案2	方案3
围堰设计高程/m	871.2	873.5	第1年871.5　第2年873.5
第一年综合风险/%	3.27	2.83	3.27
第一年综合风险/%	6.43	5.57	6.01

本工程确定性费用主要由导流隧洞和上、下游围堰造价组成；不确定性费用主要由基坑再次抽水、工程清淤、围堰重建、推迟工程发电等费用损失构成，由于溃堰对下游淹没损失差别不大，这里不计入该项损失费用，由前述决策指标的估算方法得到各导流方案对应的决策指标值，见表12.33。

表12.33　决策指标估算

导流方案	方案1	方案2	方案3
确定性投资	286188	287269	287158
不确定性费用	15495	13293	14614
围堰平均填筑强度	23.2	24.5	23.9

3. 计算分析

假设专家根据经验及工程背景所提供的各决策指标权重范围为

$$0.25 \leqslant w_j \leqslant 0.50, \quad 0.28 \leqslant w_j \leqslant 0.45, \quad 0.12 < w_j < 0.36$$

按如下步骤进行分析。

步骤1：由表12.33建立方案决策指标矩阵为

$$\boldsymbol{U}=\begin{bmatrix} 286188 & 287269 & 287158 \\ 14654 & 14041 & 14425 \\ 23.2 & 24.5 & 23.9 \end{bmatrix}$$

步骤2：规范化决策矩阵为

$$\boldsymbol{B}=\begin{bmatrix}1 & 0 & 0.1027\\0 & 1 & 0.3736\\1 & 0 & 0.4615\end{bmatrix}$$

步骤 3:利用模型Ⅰ解得各导流方案的最优权重向量为

$$\boldsymbol{w}^{(1)}=(0.4287,0.2800,0.2913)^{\mathrm{T}}$$
$$\boldsymbol{w}^{(2)}=(0.3418,0.4500,0.2082)^{\mathrm{T}}$$
$$\boldsymbol{w}^{(3)}=(0.2500,0.3900,0.3600)^{\mathrm{T}}$$

步骤 4:利用模型Ⅱ得最终综合权重向量为

$$\boldsymbol{w}^{*}=(0.3633,0.3863,0.2504)^{\mathrm{T}}$$

步骤 5:由最终权重 $\boldsymbol{W}^{*}$ 计算各导流方案综合属性值为

$$\boldsymbol{Y}^{*}=(0.6137,0.3863,0.3074)$$

方案 1 为优选方案,即导流标准 20 年一遇的方案。

通过计算分析,在考虑上游在建水电工程漫顶溃决产生溃堰洪水的影响条件下,建立了上游水电站在建条件下的施工导流风险数学模型,并探讨利用随机模拟计算下游水电站施工导流风险的方法;进而在给出导流决策指标量化方法的基础上,针对决策指标属性权重的不确定性和复杂性,利用区间数来量化导流决策指标的属性权重,将部分权重信息条件下的多属性决策方法运用于导流方案的优选中,并利用两阶段优化方法确定最终权重,实例分析证明了该多属性决策方法的可行性和有效性,为上游水电站在建条件下施工导流标准的风险决策提供了新的思路和方法。

12.4　基于效用理论的导流系统风险配置

12.4.1　效用与效用函数概述

1. 效用函数的类型

货币 x 的效用函数 $u(x)$ 具有如下基本性质:单调递增且有界;货币数目较少时,效用函数近乎线性;$x>0$ 时,$u(x)$ 通常是凹的,造成效用函数是凹函数的原因主要是,货币有递减的边际效应且决策者通常是风险厌恶的;货币对决策者的效用函数通常是随着诸多因素的改变而变化的。

货币的效用曲线如图 12.7 所示,从图中可以看出:①价值函数是 S 形;②在一定范围内相对风险态度不变;③负债到一定程度以上有冒险倾向。

Friedmann-Savage 在 1948 年研究出的货币效用曲线如图 12.8 所示。

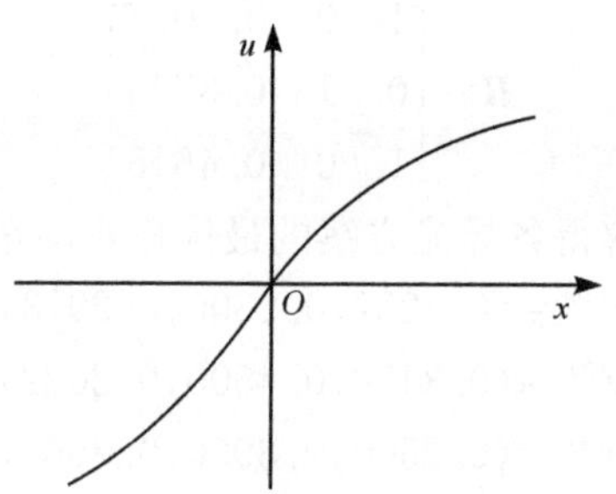

图 12.7　货币的效用曲线

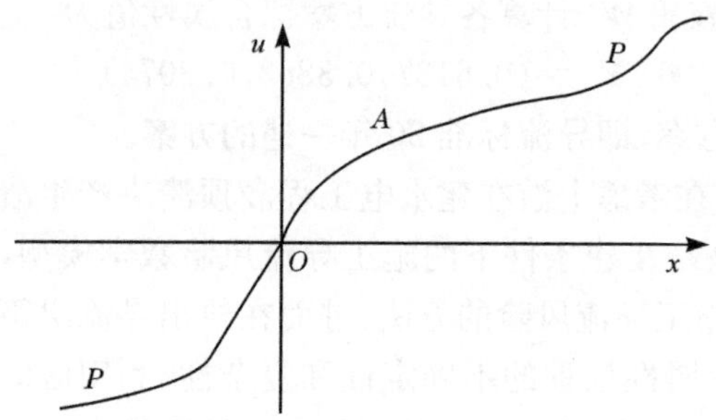

图 12.8　Friedmann-Savage 货币的效用曲线
A 段表示风险追求；P 段表示风险厌恶

2. 效用函数的构建方法

施工期导流标准选择的关键不仅仅在于其导流系统综合风险的大小，更在于其相应的风险损失费用与风险效益之间的相互约束关系。风险损失费用 C 是一个不确定量，主要由基坑损失、主体工程损失以及发电损失组成。如果导流建筑物没有失事，则风险损失为零；如果工程失事，视其损失的规模大小，破坏的程度、范围，其费用损失不尽一致。对于水利水电工程而言，失事造成的损失有时不仅是经济上的，还可能给社会造成深远的负面影响。因此在确定水利水电工程导流标准时，决策者的风险态度非常谨慎，是风险厌恶的，在不同的施工导流阶段同样的风险损失费用 C 所表现出来的实际后果却截然不同，即面对同样风险损失时决策者表现的态度是由较弱的风险厌恶向较强的风险厌恶转变，效用理论中称为递增风险厌恶。通过效用函数 $u(x)$ 将效用损失 $C'=u(C)$ 引入施工期导流风险分配机制的设计中，递增风险厌恶效用函数趋势如图 12.9 所示，假定其效用函数为

$$u(x)=-ax^2+bx+c,\quad x<\frac{b}{2a} \tag{12.71}$$

假定的效用函数中含有 3 个待定系数，这些系数一般可使用 $n-m$ 效用点测

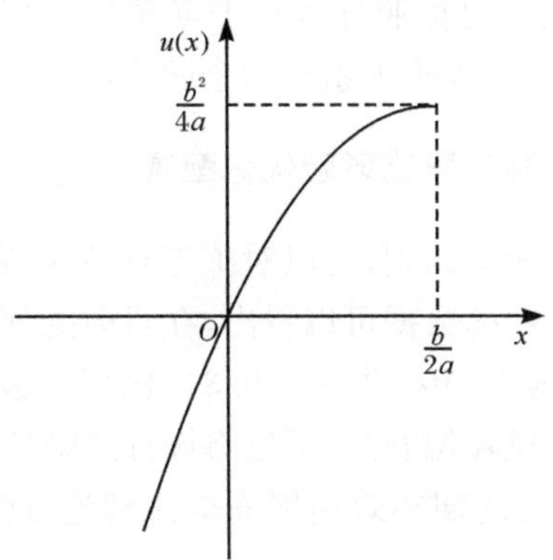

图 12.9　递增风险厌恶效用函数的特性

定的结果联立求解，具体方法如下：

设决策者采用赌术的确定当量(certain equivalence)法，已经测定了集合 X 中 m 个点的效用，即已经在集合 X 中构造了 m 个二元抽彩：

$$[y_i, R_i, z_i],\quad i=1,2,\cdots,m \tag{12.72}$$

m 个二元抽彩通过无差异关系：

$$x_i \sim [y_i, R_i, z_i],\quad i=1,2,\cdots,m \tag{12.73}$$

对 m 个无差异点进行评定，即对每个评定点有

$$u(x)=(1-R)u(y)+Ru(z) \tag{12.74}$$

效用函数在理论上应该满足上面 m 次评定的定量约束，对 m 个评定点有

$$\begin{cases} u(x_1;\lambda_1,\lambda_2,\cdots,\lambda_m)=(1-R_1)u(y_1;\lambda_1,\lambda_2,\cdots,\lambda_m)+R_1u(z_1;\lambda_1,\lambda_2,\cdots,\lambda_m) \\ u(x_2;\lambda_1,\lambda_2,\cdots,\lambda_m)=(1-R_2)u(y_2;\lambda_1,\lambda_2,\cdots,\lambda_m)+R_2u(z_2;\lambda_1,\lambda_2,\cdots,\lambda_m) \\ u(x_m;\lambda_1,\lambda_2,\cdots,\lambda_m)=(1-R_m)u(y_m;\lambda_1,\lambda_2,\cdots,\lambda_m)+R_mu(z_m;\lambda_1,\lambda_2,\cdots,\lambda_m) \end{cases}$$

由效用相等原则可知其理想状态边界条件：

$$u(x_i)=\lambda,\quad i=1,2,\cdots,m \tag{12.75}$$

由此可以解出效用函数中的待定系数，从而唯一确定该问题的效用函数。水利水电工程中假定理想状态边界条件 $\lambda=-1$ 确定其效用函数 $u(x)$ 系数，同时在确定风险损失费用 C 的基础上得到效用损失 $C'=u(C)$，则期望效用损失

$$E(C)=C'R \tag{12.76}$$

期望效用损失 $E(C)$ 是在给定置信水平下，在一定时间区间内，考虑决策者风险厌恶效用的情况下资产组合的期望平均损失。期望效用损失是综合施工导流系统风险 R 和考虑决策者风险态度后效用损失的函数，可以用来衡量导流系统中导流标准与施工进度之间的均衡关系。施工导流系统综合风险分配的原则是认为随着决策者对风险损失态度而变化，期望效用损失值在整个施工系统中保持一

个相对均衡的状态。因此需要按照导流标准期望效用损失均衡原则调整各导流时段的导流标准,实现整个工程施工系统的全面协调、平衡。

12.4.2 基于效用理论的施工导流风险优化配置

使用上述的期望损失相等原则,可以对施工导流过程中的导流风险进行新的认定和设计。从表 12.34 中的数据可以看出,在目前的预计失事损失情况下:

(1) 围堰施工期的期望效用损失为−0.31,比理论数值要小(绝对值),因此,我们认为这个时段的设计风险偏安全,可以将设计风险适当的调高。

(2) 初期导流三个时段的期望效用损失均比理论数值要大,说明其设计风险偏危险。

(3) 中期导流两个时段的期望效用损失与理论值相当。

(4) 后期导流期望效用损失低于理论值,如前所述,期望损失在后期导流中随着工程完建会逐渐减小,这是符合客观实际的。

表 12.34　各导流时段效用损失和期望效用损失

<table>
<tr><th colspan="3">导流时段</th><th>洪水设计标准
(P=10%)</th><th>堰(坝)顶高程
/m</th><th>泄水
建筑物</th><th>不确定损失合计
/亿元</th></tr>
<tr><td rowspan="4">初期
导流</td><td>围堰
施工</td><td>第 3 年 11 月～
第 4 年 5 月</td><td>10(11.21～
5.31)</td><td>624(围堰)</td><td>1$^{\#}$、2$^{\#}$导流洞</td><td>−4.39</td></tr>
<tr><td rowspan="3">度汛</td><td>第 4 年 6 月～
第 5 年 5 月</td><td>3.3</td><td>650(围堰)</td><td rowspan="3">1$^{\#}$、2$^{\#}$、3$^{\#}$、4$^{\#}$
导流洞</td><td>−16.46</td></tr>
<tr><td>第 5 年 6 月～
第 6 年 5 月</td><td>2.0</td><td>657(围堰)</td><td>−30.32</td></tr>
<tr><td>第 6 年 6 月～
第 7 年 5 月</td><td>2.0</td><td>657(围堰)</td><td>−33.50</td></tr>
<tr><td rowspan="2">中期
导流</td><td rowspan="2">度汛</td><td>第 7 年 6 月～
第 8 年 5 月</td><td rowspan="2">0.5</td><td>680(坝)</td><td rowspan="2">1$^{\#}$、2$^{\#}$、3$^{\#}$、4$^{\#}$、
5$^{\#}$导流洞</td><td>−36.68</td></tr>
<tr><td>第 8 年 6 月～
第 9 年 10 月</td><td>750(坝)</td><td>−39.86</td></tr>
<tr><td rowspan="2">后期
导流</td><td rowspan="2">度汛</td><td>第 9 年 10 月～
第 10 年 10 月</td><td>0.2</td><td>817.5(坝)</td><td rowspan="2">右泄+未完建
溢洪道</td><td>−43.04</td></tr>
<tr><td>第 10 年 6～
10 月</td><td>0.1
(校核)</td><td>818.5(坝)</td><td>−43.04</td></tr>
</table>

在满足度汛要求的基础上,将围堰施工期间的设计风险由原来的 10 年一遇调整到 3 年一遇;初期导流的第一年度汛标准提高到 50 年一遇;初期导流的第二

年和第三年度汛标准提高到 100 年一遇。经过重新设计后的导流标准见表 12.35。

表 12.35　重新设计后的导流标准和期望效用损失

<table>
<tr><th colspan="3">导流时段</th><th>洪水设计标准
(P=10%)</th><th>堰(坝)顶高程
/m</th><th>泄水建筑物</th><th>不确定损失合计
/亿元</th><th>效用损失
/亿元</th><th>期望效用损失
/亿元</th></tr>
<tr><td rowspan="4">初期导流</td><td>围堰施工</td><td>第 3 年 11 月～第 4 年 5 月</td><td>10(11.21～5.31)</td><td>624(围堰)</td><td>1#、2#导流洞</td><td>−4.39</td><td>−3.06</td><td>−0.31</td></tr>
<tr><td rowspan="3">度汛</td><td>第 4 年 6 月～第 5 年 5 月</td><td>3.3</td><td>650(围堰)</td><td rowspan="3">1#、2#、3#
4# 导流洞</td><td>−16.46</td><td>−42.89</td><td>−1.43</td></tr>
<tr><td>第 5 年 6 月～第 6 年 5 月</td><td>2.0</td><td>657(围堰)</td><td>−30.32</td><td>−145.5</td><td>−2.29</td></tr>
<tr><td>第 6 年 6 月～第 7 年 5 月</td><td>2.0</td><td>657(围堰)</td><td>−33.50</td><td>−177.61</td><td>−3.55</td></tr>
<tr><td rowspan="2">中期导流</td><td rowspan="2">度汛</td><td>第 7 年 6 月～第 8 年 5 月</td><td rowspan="2">0.5</td><td>680(坝)</td><td rowspan="2">1#、2#、3#、
4#、5#
导流洞</td><td>−36.68</td><td>−212.93</td><td>−1.06</td></tr>
<tr><td>第 8 年 6 月～第 9 年 10 月</td><td>750(坝)</td><td>−39.86</td><td>−251.45</td><td>−1.26</td></tr>
<tr><td rowspan="2">后期导流</td><td rowspan="2">度汛</td><td>第 9 年 10 月～第 10 年 10 月</td><td>0.2</td><td>817.5(坝)</td><td rowspan="2">右泄+未完建溢洪道</td><td>−43.04</td><td>−293.17</td><td>−0.59</td></tr>
<tr><td>第 10 年 6～10 月</td><td>0.1(校核)</td><td>818.5(坝)</td><td>−43.04</td><td>−293.17</td><td>−0.29</td></tr>
</table>

导流标准经过调整后，基本实现了各个导流标准的期望效用损失均衡这一设计原则。中后期导流期望效用损失逐渐减小，也反映了从中后期导流到工程完建过程中工程运行风险逐渐降低的特性。

参考文献

安占刚，马铁. 2009. 对梯级电站水库洪水标准的一点改进建议[J]. 水利水电技术，40(5)：64-66.

柏树田，周晓光，晁华怡. 2002. 软岩堆石料的物理力学性质[J]. 水力发电学报，4：34-44.

包承纲. 2001. 三峡工程二期深水围堰的建设和研究[J]. 水利水电科技进展，21(4)：21-25.

曹光明. 2002. 梯级电站径流调节对下游在建电站工程导截流的影响[J]. 西北水力发电，18(3)：21-23.

曾鹏九，缪绪樟，郭孟起. 2008. 临时围堰防渗墙施工的新模式[J]. 水力发电，34(11)：61-63.

曾远. 2006. 土体破坏细观机理及颗粒流数值模拟[D]. 上海：同济大学.

陈刚. 2005. 瀑布沟大坝基础防渗墙廊道连接型式研究[J]. 四川大学学报，37(3)：32-36.

陈开圣，刘宇峰. 2005. 分层总和法在路基沉降计算中应注意的几个问题[J]. 岩土工程技术，19(1)：43-45.

陈立宏，陈祖煜. 2007. 堆石非线性强度特性对高土石坝稳定性的影响[J]. 岩土力学，37(8)：1807-1810.

陈生水，钟启明，陶建基. 2008. 土石坝溃决模拟及水流计算研究进展[J]. 水科学进展，19(11)：903-908.

陈述. 2013. 梯级建设条件下的施工导流动态风险控制方法研究[D]. 武汉：武汉大学.

陈秀铜，李璐. 2008. 水电工程施工导流标准多目标风险决策研究[J]. 水力发电，34(2)：85-87.

陈志鼎，胡志根. 2011. 施工导流工程风险的保险费用厘定方法研究[J]. 中国工程科学，13(4)：106-112.

程根伟，黄振平. 2010. 水文风险分析的理论与方法[M]. 北京：科学出版社.

程展林. 2004. 三峡二期围堰垂直防渗墙的应变形态[J]. 长江科学院院报，21(6)：34-37.

褚福永，朱俊高，赵颜辉，等. 2012. 粗粒土初始各向异性弹塑性模型[J]. 中南大学学报(自然科学版)，43(5)：1914-1919.

褚茁，胡志根，刘全. 2012. 考虑施工进度影响的锦屏一级水电站导流全过程风险分析[J]. 武汉大学学报(工学版)，45(2)：161-165.

戴会超，曹广晶，包承纲，等. 2006. 三峡工程导截流及深水高土石围堰研究[M]. 北京：科学出版社.

党发宁，梁昕宇，田威，等. 2009. 混凝土随机骨料模型尺寸效应的细观数值分析[J]. 岩土力学，30(z2)：518-523.

党发宁，谭江. 2007. 深覆盖层土石坝三维有限元应力应变分析[J]. 电网与水力发电进展，(1)：70-73.

邓明基. 2005. 东平湖围坝塑性混凝土防渗墙性能研究[D]. 北京：清华大学.

范锡峨，柴换城，胡志根. 2006. 基于决策者风险态度的导流方案多目标决策研究[J]. 河海大学学报(自然科学版)，34(5)：522-525.

范锡峨，胡志根，靳鹏. 2007. 基于 Monte-Carlo 方法的施工导流系统综合风险分析[J]. 水科学进展,18(4):604-608.

范锡峨,胡志根,刘全.2006.双戗堤截流条件下戗堤间水位变化分析及模型试验研究[J].华北水利水电学院学报,27(3):11-14.

冯文生,郑治.2004.大粒径填料工程特性的试验和研究[J].公路交通技术,(1):1-5.

高政国,Hayley H S.2009.基于颗粒组构特性的散体材料本构模型研究[J].岩土力学,30(z1):93-98.

龚履华,李青云,包承纲,等.2005.土工膜应变计的研制和应用[J].岩土力学,26(12):2035-2040.

顾晓强.2007.边坡稳定分析方法及其应用研究[D].上海:上海交通大学.

顾馨允.2009.PFC3D模拟颗粒堆积体的空隙特性初步研究[D].北京:清华大学.

郭庆国.1993.超径粗粒土最大干密度的近似测定方法[J].水利学报,10(8):70-78.

哈明虎.2009.模糊测度论[M].北京:科学出版社.

何顺宾,胡永胜,刘吉祥,等.2006.冶勒水电站沥青混凝土心墙堆石坝[J].水电站设计,(2):46-53.

洪熵,武选正.2004.公伯峡水电站混凝土面板浇筑技术探讨[J].水力发电,30(8):35-37.

胡志根,范锡峨,刘全,等.2006.施工导流系统综合风险分配机制的设计研究[J].水利学报,37(10):1270-1277.

胡志根,傅峥,等.2001.水利水电工程施工初期导流标准多目标风险决策研究[J].中国工程科学,3(8):58-63.

胡志根,刘全,贺昌海,等.2002.基于Monte-Carlo方法的土石围堰挡水导流风险分析[J].水科学进展,13(5):634-638.

胡志根,刘全,贺昌海,等.2001.水利水电工程施工初期导流标准多目标风险决策研究[J].中国工程科学,3(8):58-63.

胡志根,等.2010.施工导流风险分析[M].北京:科学出版社.

黄建文,李建林,周宜红.2007.基于AHP的模糊评判法在边坡稳定性评价中的应用[J].岩石力学与工程学报,(z1):2627-2632.

黄强,倪雄,谢小平,等.2005.梯级水库防洪标准研究[J].人民黄河,27(1):10-11.

黄晚清,陆阳.2006.散粒体重力堆积的三维离散元模拟[J].岩土工程学报,28(12):2139-2143.

姬新建,王召松,王雪萍.2010.边坡设计中极限平衡法的原理和应用[J].知识经济,(22):104-105.

吉超盈.2005.梯级电站水库设计洪水计算的理论与方法研究[D].西安:西安理工大学.

贾超.2007.结构风险分析及风险决策的概率方法[M].北京:中国水利水电出版社.

贾官伟,詹良通,陈云敏.2009.水位骤降对边坡稳定性影响的模型试验研究[J].岩石力学与工程学报,28(9):1798-1803.

姜德义,朱合华,杜云贵.2007.边坡稳定性分析与滑坡防治[M].重庆:重庆大学出版社.

姜忻良,宗金辉.2006.基坑开挖工程中渗流场的三维有限元分析[J].岩土工程学报,(5):564-568.

黎昀,唐朝阳.2006.溪洛渡水电站导流隧洞布置设计[J].水电站设计,22(2):25-26.

李传奇，王帅，王薇，等. 2012. LHS-MC方法在漫坝风险分析中的应用[J]. 水力发电学报，31(1)：5-9.

李春万. 2003. 黄河上游梯级电站水库调节下施工洪水流量的选择研究[D]. 西安：西安理工大学.

李家正，王迪友. 2002. 塑性混凝土配合比设计及试验方法探讨[J]. 长江科学院院报，19(4)：56-61.

李景茹. 2003. 大型工程施工进度分析理论方法与应用[D]. 天津：天津大学.

李雷. 2006. 大坝风险评价与风险管理[M]. 北京：中国水利水电出版社.

李丽君，金先龙，李渊印，等. 2004. 有限元软件结构分析模块的并行开发及应用[J]. 上海交通大学学报，38(8)：1354-1357.

李鹏. 2006. 宽级配大粒径粗粒土填筑标准的确定方法及应用[D]. 西安：西安理工大学.

李青云，程展林，孙厚才，等. 2004. 三峡工程二期围堰运行后的性状调查和试验[J]. 长江科学院院报，21(5)：20-23.

李青云，张建红，包承纲，等. 2004. 风化花岗岩开挖弃料配制三峡二期围堰防渗墙材料[J]. 水利学报，11：114-118.

李世海. 2004. 三维离散元土石混合体随机计算模型及单向加载试验数值模拟[J]. 岩土工程学报，26(2)：172-177.

罗立哲. 2013. 高土石围堰导流工程系统风险与方案决策[D]. 武汉：武汉大学.

李文沅. 2005. 电力系统风险评估：模型、方法和应用[M]. 北京：科学出版社.

李新根. 2005. 上游梯级电站水库对设计洪水的影响分析[J]. 水利水电技术，36(9)：14-16.

李艳洁，徐泳. 2005. 用离散元模拟颗粒堆积问题[J]. 农机化研究，(2)：57-59.

李英才. 2004. 大型水利工程建设进度控制的风险分析[D]. 南京：河海大学.

郦能惠. 2007. 高混凝土面板堆石坝新技术[M]. 北京：中国水利水电出版社.

郦能惠，朱铁，米占宽. 2001. 小浪底坝过渡料的强度与变形特性及缩尺效应[J]. 水电能源科学，19(2)：40-43.

林秀山. 2000. 黄河小浪底水利枢纽设计若干问题的研究与实践[J]. 水力发电，8：18-21.

蔺蕾蕾. 2007. 蜀河水电站施工导流流量控制研究[D]. 西安：西安理工大学.

刘春原，阎澍旺. 2002. 岩土参数随机场特性及线性预测[J]. 岩土工程学报，24(5)：588-591.

刘大明，汪定扬，王先明. 1982. 葛洲坝工程大江截流若干水力学问题的试验研究和基本结论[J]. 中国科学A辑：数学，(10)：951-962.

刘发全，尹思全. 2004. 施工导流方案的立体综合评价方法研究[J]. 西北水力发电，20(1)：19-22.

刘建军，高玮，薛强，等. 2006. 库水位变化对边坡地下水渗流的影响[J]. 武汉工业学院学报，25(3)：68-71.

刘杰. 2006. 土石坝渗流控制理论基础及工程经验教训[M]. 北京：中国水利电力出版社.

刘洁，毛昶熙. 1997. 堤坝饱和非饱和渗流计算的有限单元法[J]. 水利水运科学研究，(3)：242-252.

刘军，于刚，赵长兵，等. 2008. 不同尺度分布散粒材料砂堆形成过程的二维离散元模拟[J]. 计算力学学报,(4):568-573.

刘俊艳,王卓甫.2011.工程进度风险因素的非叠加性影响[J].系统工程理论与实践,31(8):1517-1523.

刘全,胡志根,李斌,等.2010.基于实测洪水分析的河道截流流量风险估计方法[J].武汉大学学报(工学版),43(4):446-450.

刘永杰,孙杰璟,沈远胜.2006.尖棱状两组分颗粒堆积密度的研究[J].中国粉体技术,(4):34-36.

刘永悦,贺昌海,等,2009.河道立堵截流难度的衡量指标研究[J].水电能源科学,(8):94-96.

刘招,黄强,王义民,等.2008.基于安康控泄的蜀河水电站施工导流洪水风险控制[J].水力发电学报,27(2):29-34.

刘子方,孙辉.2011.堤坝非稳定渗流观测资料分析方法[J].岩土工程学报,33(11):1807-1811.

卢加元.2011.信息系统风险管理[M].北京:清华大学出版社.

罗立哲.2013.高土石围堰导流工程系统风险与方案决策[D].武汉:武汉大学.

罗孝明.2002.小湾水电站初期导流标准风险分析[J].云南水力发电,18(1):28-32,51.

罗勇,周春梅,吴燕玲,等.2010.基于矢量和法的矿山边坡稳定性分析[J].武汉工程大学学报,32(12):43-46.

吕擎峰,殷宗泽.2004.非线性强度参数对高土石坝坝坡稳定性的影响[J].岩石力学与工程学报,24(16):2708-2711.

马光文,刘金焕,李菊根.2008.流域梯级电站群联合优化运行[M].北京:中国电力出版社.

毛昶熙.2003.渗流计算分析与控制[M].北京:中国水利水电出版社.

弥宏亮,陈祖煜.2003.遗传算法在确定边坡稳定最小安全系数中的应用[J].岩土工程学报,25(6):671-675.

钱宁,万兆慧.1983.泥沙运动力学[M].北京:科学出版社.

任春秀,杨磊,等.2007.金安桥水电站截流方案及宽戗堤截流宽度效应模型试验[J].武汉大学学报(工学版),40(2):42-45.

任金明,蔡建国,胡志根,等.2011.下游水库对上游梯级电站施工导截流的影响[J].武汉大学学报(工学版),44(1):331-334.

任旭.2010.工程风险管理[M].北京:清华大学出版社.

沈菊琴,陈军飞,欧阳芳.2004.基于仿真技术的水利工程项目进度与费用的风险评价[J].河海大学学报(自然科学版),32(1):123-126.

盛继亮,邓念武,肖焕雄.2003.水利工程导流风险与保险研究初探[J].水利发展研究,3(9):37-39.

石明华,钟登华.1998.施工导流超标洪水风险率估计的水文模拟方法[J].水利学报,(3):30.

时卫民,郑颖人.2004.库水位下降情况下滑坡的稳定性分析[J].水利学报,(3):76-80.

史旦达,周健,刘文白,等.2008.砂土单调剪切特性的非圆颗粒模拟[J].岩土工程学报,(9):1361-1366.

舒继森,郭兵兵,张俊阳,等.2008.基于拟合优度指标评价的岩土参数概率分布研究[J].采矿与安全工程学报,25(2):197-201.

水电水利规划设计总院,等. 2009. 梯级电站水库群设计洪水研究成果报告[R].

《水利水电工程施工手册》编委会. 2005. 水利水电工程施工手册·施工导(截)流与度汛工程[M]. 北京:中国电力出版社.

宋建国. 2012. 工程建设项目进度风险管理方法及应用研究[J]. 石油化工建设,(4):42-45.

宋文晶,伍星,高莲士,等. 2006. 三板溪混凝土面板堆石坝变形及应力分析[J]. 水力发电学报,25(6):34-38.

孙海超. 2007. 土石坝边坡稳定性的模糊可靠度计算研究[D]. 合肥:合肥工业大学.

唐亮. 2008. 隧道病害调查分析及衬砌结构的风险分析与控制研究[D]. 杭州:浙江大学.

汪定扬. 1983. 立堵截流实用水力学计算[J]. 水力学报,(9):11-18.

汪益敏,陈页开,韩大建,等. 2004. 降雨入渗对边坡稳定影响的实例分析[J]. 岩石力学与工程学报,23(6):920-924.

王本德,周惠成,王国利,等. 2006. 水库汛限水位动态控制理论与方法及其应用[M]. 北京:中国水利水电出版社.

王兴奎,唐立模,张尚宏. 2002. 降低三期截流难度工程技术措施研究[R]. 北京:清华大学.

王国安. 2008. 中国设计洪水研究回顾和最新进展[J]. 科技导报,26(21):85-89.

王国体. 2012. 边坡稳定和滑坡分析应力状态方法[M]. 北京:科学出版社.

王军升. 2009. 大型水工工程项目进度计划与控制研究[D]. 青岛:中国海洋大学.

王清友,孙万功,熊欢,等. 2008. 塑性混凝土防渗墙[M]. 北京:中国水利水电出版社.

王仁超,欧阳斌,褚春超. 2004. 工程网络计划蒙特卡洛仿真及进度风险分析[J]. 计算机仿真,21(4):143-147.

王瑞彭. 1986. 单戗立堵截流的探讨[R]. 长江科学院.

王伟. 2005. 基于能量耗散原理的土与结构接触面模型研究[D]. 南京:河海大学.

王文圣. 2007. 水文水资源随机模拟技术[M]. 成都:四川大学出版社.

王学武,党发宁,蒋力,等. 2010. 深厚复杂覆盖层上高土石围堰三维渗透稳定性分析[J]. 水利学报,41(9):1074-1078.

王正发,杨百银. 2011. 梯级水库防洪标准选择的方法体系分析研究[J]. 西北水电,(3):10-15.

王仲珏. 2007. 长距离输水工程防洪风险与投资优化问题的研究[D]. 天津:天津大学.

王卓甫,欧阳红祥,李红仙. 2003. 水利水电施工搭接网络进度风险计算[J]. 水利学报,(1):98-102,108.

王卓甫. 1998. 国内外洪水频率分析计算的比较与评价[J]. 水利学报,(4):33-37.

王卓甫. 1998. 考虑洪水过程不确定的施工导流风险计算[J]. 水利学报,(4):34-38.

翁厚洋. 2008. 粗粒料缩尺效应试验研究[D]. 南京:河海大学.

翁厚洋,景卫华,李永红,等. 2009. 粗粒料缩尺效应影响因素分析[J]. 水资源与水工程学报,(3):25-28.

吴兴征,栾茂田,阴吉英,等. 2000. 面板堆石坝应力与变形弹塑性有限元计算与分析[J]. 大连理工大学学报,40(5):602-608.

习秋义. 2006. 水库(群)防洪安全风险率模型与防洪标准研究[D]. 西安:西安理工大学.

夏军强,王光谦,杨文俊,等. 2005. 三峡工程明渠截流水流数学模型研究及其应用. II. 方案计算与反演计算[J]. 长江科学院院报,22(3):1-5.

夏军强,杨文俊,王光谦. 2005. 三峡工程明渠截流水流数学模型研究及其应用. I. 模型建立与率定[J]. 长江科学院院报,(2):1-4.

夏力农,王星华,雷金山. 2006. 加载次序引起的负摩阻力桩摩阻力分析[J]. 岩土力学,27(增刊):784-787.

肖焕雄. 1985. 立堵进占截流中抛投混凝土四面体串及大块石串的稳定性研究[J]. 水利学报,(7):24-32.

肖焕雄. 2003. 立堵截流抛石粒径计算研究[J]. 水电站设计,(3):1-7.

肖焕雄,巫世晶,胡志根. 2004. 中国水利百科全书·水利工程施工分册[M]. 北京:中国水利水电出版社.

谢季坚,刘承平. 2006. 模糊数学方法及其应用[M]. 武汉:华中科技大学出版社.

谢任之. 1993. 溃坝水力学[M]. 济南:山东科学技术出版社.

熊炳煊. 1991. 梯级电站水库施工洪水分析[J]. 水电能源科学,(9):70-74.

熊炳煊,董德兰. 1987. 龙羊峡—刘家峡河段梯级电站水库施工洪水分析[J]. 水文,(6):12-16.

徐森泉. 2004. 基于熵权的施工导流标准多目标决策[D]. 武汉:武汉大学.

薛进平,胡志根,刘全. 2012. 基于决策主体多元性的施工导流方案优选[J]. 武汉大学学报(工学版),45(3):282-284,289.

鄢双红,刘永红,詹金环,等. 2006. 构皮滩水电站导流规划与设计[J]. 人民长江,37(3):28-30.

闫生存,胡颖,常晓林,等. 2004. 面板堆石坝沉降估算方法探讨[J]. 人民长江,35(5):11-12.

严亦琪. 2004. 受人类活动影响的水库设计洪水调度研究[D]. 南京:河海大学.

晏长根,伍法权,祁生文,等. 2009. 随机节理岩体变形与强度参数及其尺寸效应的数值模拟研究[J]. 岩土工程学报,31(6):879-885.

燕琳,李世海. 2002. 三峡二期围堰风化砂推填过程的模型研究[J]. 土工基础,(4):40-43.

杨百银. 2004. 黄河上游梯级电站施工洪水优化设计方法探讨——以黄河公伯峡水电站施工洪水优化设计为例[J]. 水文,24(1):22-27.

杨文俊. 2005. 三峡工程截流和施工通航关键技术研究及应用[D]. 北京:清华大学.

杨文俊,刘力中,柏林,等. 1997. 三峡工程二期围堰深水截流堤头坍塌研究[J]. 中国三峡建设,(7):42-48.

杨文俊,戴会超,周良景,等. 2001. 三峡工程明渠截流难度影响因素及其改善措施[J]. 长江科学院院报,18(5):14-17.

杨文俊,宫平,朱红兵. 2000. 深水抛投砂砾石料度汛保护研究[J]. 长江科学院院报,(1):1-4.

杨文俊,郭红民,周良景. 2001. 三峡工程明渠提前截流方案及水力学试验研究[J]. 长江科学院院报,(5):10-13.

杨文俊,李青云. 2006. 三峡工程施工期河流控制关键技术及研究. Ⅱ. 二期向三期的转变[J]. 水力发电,(3):63-66.

杨文俊,饶冠生,黄伯明. 1998. 三峡工程大江截流水力学试验研究与工程实践[J]. 人民长江,(1):1-6.

杨文俊,孙志禹. 2005. 三峡工程施工期河流控制关键技术及研究. Ⅰ. 一期向二期的转变[J]. 水力发电,(9):19-23.
杨文俊,郑守仁. 2005. 三峡工程明渠提前截流关键技术及措施研究,人民长江,36(7):28-40.
杨文俊,郑守仁. 2009. 三峡工程施工水流过程控制关键技术与工程效果[J]. 水力发电工程学报,28(6):59-64.
杨文俊,刘力中,柏林. 1997. 三峡工程二期围堰深水截流戗堤堤头坍塌机理研究[J]. 中国三峡建设,1997,(7):42-48.
杨文俊,孙家斌. 1999. 三峡二期截流戗堤口门宽度设置与通航影响研究[J]. 武汉水利电力大学(宜昌)学报,(3):14-17.
杨文俊,朱红兵,柏林,等. 1998. 三峡工程大江截流试验与实践[J]. 水力发电,(1):65-68.
姚福海. 2007. 水电工程土石围堰设计中应重视的若干问题[J]. 水电站设计,23(2):5-8.
姚福海. 2007. 公伯峡水电站施工期设计洪水流量的合理选择[J]. 水力发电学报,26(2):65-69.
殷德胜,汪卫明,陈胜宏. 2009. 三维随机裂隙岩体渗流分析的块体单元法[J]. 岩土力学,(8):2535-2539.
殷宗泽,等. 2007. 土工原理[M]. 北京:中国水利水电出版社.
尹思全. 2004. 水利水电工程施工导流方案决策研究[D]. 西安:西安理工大学.
尹杨松,戴光清,杨庆,等. 2006. 短间距双戗堤截流试验研究[J]. 水力发电,32(12):39-42.
翟媛. 2007. 河道洪水传播时间影响因素分析[J]. 人民黄河,29(8):27-28.
张丙印,孙国亮,张宗完. 2010. 堆石料的劣化变形和本构模型[J]. 岩土工程学报,(1):98-103.
张超. 2012. 梯级建设条件下水电工程施工导流风险分析与决策[D]. 武汉:武汉大学.
张超,胡志根,刘全. 2012. 基于最大熵原理的施工导流随机模糊风险分析[J]. 四川大学学报(工程科学版),44(2):59-63.
张超,胡志根,刘全. 2012. 梯级施工导流系统整体风险分析[J]. 水科学进展,23(3):396-402.
张嘎. 2002. 粗粒土与结构接触面静动力学特性及弹塑性损伤理论研究[D]. 北京:清华大学.
张华,单建,黄靖. 2001. 几何边界随机的建筑物的摄动随机内力分析[J]. 工程力学,18(3):74-80.
张继周,缪林昌,刘峰. 2008. 岩土参数的不确定性及其统计方法[J]. 岩土力学,29(z1):495-499.
张家发,定培中,张伟,等. 2009. 水布垭面板堆石坝过渡料设计及其渗透变形特性研究[J]. 长江科学院院报,26(10):1-6.
张家发,张伟,朱国胜,等. 1999. 三峡工程永久船闸高边坡降雨入渗实验研究[J]. 岩石力学与工程学报,18(2):137-141.
张俊涛. 2007. 小浪底大坝安全监测系统分析与评价[D]. 南京:河海大学.
张雷顺,汤俊杰,杨明林,等. 2010. 塑性混凝土抗渗性能的研究[J]. 混凝土,(2):1-3.
张明,刘金勇,麦家煊. 2006. 土石坝边坡稳定可靠度分析与设计[J]. 水力发电学报,25(2):103-107.
张明义,邓安福. 2002. 桩-土滑动摩擦的实验研究[J]. 岩土力学,23(2):246-249.
张培文,陈祖煜. 2003. 糯扎渡大坝设计边坡稳定的有限元分析[J]. 中国水利水电科学研究院学报,1(3):207-210.
张鹏. 塑性混凝土材料性能试验研究及其应用[D]. 郑州:郑州大学.

张少宏,康顺祥,骆亚生. 2005. 分段法确定无黏性超粒径粗粒土最大干密度[J]. 水资源与水工程学报,16(3):51-53.

张文杰,陈云敏,凌道盛. 2005. 库岸边坡渗流及稳定性分析[J]. 水利学报,36(12):1510-1516.

张小平. 2002. 柔性混凝土和岩土轻质材料特性与工程应用的研究[D]. 南京:河海大学.

张小平,包承纲,施斌. 2001. 三峡二期围堰填料参数的反分析[J]. 岩石力学与工程学报,9:731-737.

张小平,包承纲,施斌,等. 2001. 柔性混凝土的长期特性及对三峡二期围堰运行的影响[J]. 岩土工程学报,23(6):677-681.

张晓峰,朱琳,谭学奇,等. 2005. 大型水利水电工程施工进度风险分析[J]. 水利水电技术,36(4):82-84.

张云生,罗孝明,戴新,等. 2005. 小湾水电站导流隧洞设计[J]. 云南水力发电,21(4):11-16.

张云生,罗孝明,马云,等. 2004. 小湾水电站施工导流总体设计[J]. 水力发电,30(10):33-35.

张忠苗,辛公锋,俞洪良,等. 2006. 软土地基管桩挤土浮桩与处理方法研究[J]. 岩土工程学报,28(5):549-552.

张宗亮,徐永,刘兴宁,等. 2007. 天生桥一级水电站枢纽工程设计与实践[M]. 北京:中国电力出版社.

赵静波,李莉,高谦. 2005. 边坡变形预测的灰色理论研究与应用[J]. 岩石力学与工程学报,24(A2):5799-5802.

赵志峰,徐卫亚. 2007. 基于盲数理论的边坡安全稳定分析研究[J]. 岩土力学,28(11):2401-2404.

郑守仁,王世华,夏仲平,等. 2005. 导截流及围堰工程(上、下册)[M]. 北京:中国水利水电出版社.

郑守仁,杨文俊. 2009. 河道截流及流水中筑坝技术[M]. 武汉:湖北科学技术出版社.

中国电力百科全书编辑委员会. 2001. 中国电力百科全书·水力发电卷[M]. 第二版. 北京:中国电力出版社.

中华人民共和国国家发展和改革委员会. 2008. DL/T 5397—2007 水电工程施工组织设计规范[S]. 北京:中国电力出版社.

中华人民共和国国家发展和改革委员会. 2007. DL/T 5020—2007 水电工程可行性研究报告编制规程[S]. 北京:中国电力出版社.

中华人民共和国国家经济贸易委员会. 2001. DL/T 5144—2000 水电水利工程施工导流设计导则[S]. 北京:中国电力出版社.

中华人民共和国水利部. 2000. SL 26—1992 水利水电工程技术术语标准[S]. 北京:中国水利水电出版社.

中华人民共和国水利部. 2004. SL 303—2004 水利水电工程施工组织设计规范[S]. 北京:中国水利水电出版社.

中华人民共和国水利部. 2007. SL 44—2006 水利水电工程设计洪水计算规范[S]. 北京:中国水利水电出版社.

钟闻华. 2005. 深长桩荷载传递特性与相互作用理论[D]. 南京:东南大学.

周健,廖雄华,池永,等. 2002. 土的室内平面应变试验的颗粒流模拟[J]. 同济大学学报(自然科学版),(9):1044-1050.

周健,张刚,孔戈. 2006. 渗流的颗粒流细观模拟[J]. 水利学报,(1):28-32.

周威. 2006. 关于水电水利工程导流时段划分及方式选择的探讨[J]. 水电勘测设计,(4):1-5.

周晓杰,介玉新,李广信. 2009. 基于渗流和管流耦合的管涌数值模拟[J]. 岩土力学,30(10):3154-3158.

周英,张国琴. 2007. 颗粒堆积高度对静止角的影响[J]. 物理实验,(3):10-13.

周志远. 2003. 三峡二期围堰混凝土防渗墙安全性分析. 南京:河海大学.

朱俊高,翁厚洋,吴晓铭,等. 2010. 粗粒料级配缩尺后压实密度试验研究[J]. 岩土力学,(8):2394-2398.

朱晟,梁现培,冯树荣. 2009. 基于现场大型承载试验的筑坝原级配堆石料力学参数反演研究[J]. 岩土工程学报,31(6):155-160.

朱晟,王永明,胡祥群,等. 2010. 免疫遗传算法在土石坝筑坝粗粒料本构模型参数反演中的应用研究[J]. 岩土力学,31(3):961-966.

朱勇华,肖焕雄. 2002. 施工导流标准风险率及其区间估计[J]. 水电能源科学,20(4):41-43.

朱张华. 2006. 水电站施工导流及洪水控制研究——以黄河上游积石峡水电站为例[D]. 西安:西安理工大学.

Andrievsky B R, Matveev A S, Fradkov A L. 2010. Control and estimation under information constraints: Toward a unified theory of control, computation and communications[J]. Automation and Remote Control, 71(4): 572-633.

Bagheri A R, Alibabaie M, Babaie M. 2008. Reduction in the permeability of plastic concrete for cut-off walls through utilization of silica fume[J]. Construction and Building Materials, 22(6): 1247-1252.

Bristow M, Fang L, Hipel K W. 2012. System of systems engineering and risk management of extreme events: Concepts and case study[J]. Risk Analysis, 32(11): 1935-1955.

Dietrich K. 2002. Bentonites as a basic material for technical base liners and site encapsulation cut-off walls[J]. Applied Clay Science, 21: 1-11.

Frost J D, Dejong J T, Recalde M. 2002. Shear failure behavior of granular-continuum interfaces [J]. Engineering Fracture Mechanics, 69(17): 2029-2048.

Hu L M, Pu J L. 2004. Testing and modeling of soil structure interface[J]. Journal of Geotechnical and Geoenvironmental Engineering, 130(8): 851-860.

Kahatadeniya K S, Nanakorn P, Neaupane K M. 2009. Determination of the critical failure surface for slope stability analysis using ant colony optimization[J]. Engineering Geology, 108(1-2): 133-141.

Kahneman D, Tversky A. 1979. Respect theory: An analysis of decision under risk[J]. Econometrica, 47(2): 263-292.

Lee H L, Mays L W. 1983. Improved risk and reliability model for hydraulic structures[J]. Water Resources Research, 19(6): 1415-1422.

Lee J, Kim H, Choi Y, et al. 2007. Sequential tracer tests for determining water seepage paths in a large rockfill dam, Nakdong River basin, Korea[J]. Engineering Geology, 89(3-4): 300-315.

Lee S, Ryu K H, Sohn G. 2009. Study on entropy and similarity measure for fuzzy set[J]. IEICE Transactions on Information and Systems, E92-D(9): 1783-1786.

Liu X, Ma L, Mathew J. 2009. Machinery fault diagnosis based on fuzzy measure and fuzzy integral data fusion techniques[J]. Mechanical Systems and Signal Processing, 23(3): 690-700.

Mahboubi A, Ajorloo A. 2005. Experimental study of the mechanical behavior of plastic concrete in triaxial compression[J]. Cement and Concrete Research, 35(2): 412-419.

McCabe B. 2003. Monte-Carlo simulation for schedule risks[C]//Winter Simulation Conference, Singapore: 1561-1568.

Meyer P, Roubens M. 2006. On the use of the Choquet integral with fuzzy numbers in multiple criteria decision support[J]. Fuzzy Sets and Systems, 157(7): 927-938.

Qian Y, Liang J, Dang C. 2008. Consistency measure, inclusion degree and fuzzy measure in decision tables[J]. Fuzzy Sets and Systems, 159(18): 2353-2377.

Schonfelder W, Dietrich J, Marten A, et al. 2007. NMR studies of pore formation and water diffusion in self-hardening cut-off wall materials[J]. Cement and Concrete Research, 37(6): 902-908.

Spector Y. 2011. Theory of constraint methodology where the constraint is the business model [J]. International Journal of Production Research, 49(11): 3387-3394.

Steyn H. 2002. Project management applications of the theory of constraints beyond critical chain scheduling[J]. International Journal of Project Management, 20(1): 75-80.

Tversky A, Kahneman D. 1992. Advances in prospect theory: Cumulative representation of uncertainty[J]. Journal of Risk and Uncertainty, 5(4): 297-323.

Wang L, Zhang Y, Ji C, et al. 2011. Risk calculation method for complex engineering system[J]. Water Science and Engineering, 4(3): 345-355.

Warszawski A, Sacks R. 2004. Practical multifactor approach to evaluating risk of investment in engineering projects[J]. Journal of Construction Engineering and Management, 130(3): 357-367.

Yang W J, Zhu G C. 2003 Study on open channel diversion & navigation and operating efficiency for the Three Gorges Project//4th International Symposium on Environment Hydraulics, Singapore.

Yang W J, Rao G S, Huang B M. 2001. China yangtze River Closure at Three Gorges//XXIX IAHR Congress Proceeding 2001, Beijing.

Yen B C. 1970. Risks in hydrologic design of engineering projects[J]. Journal of the Hydraulics Division, 96(4): 959-966.

Yoshikazu Y. 2009. Strength evaluation of rock-fill materials considering confining pressure dependency[C]//The 1st International Symposium on Rock-fill Dams, Chengdu.

Zhang X P, Bao C G. 1999. Study on recycling application of waste in Three Gorges Dam area

[C]// International Symposium on High Altitude & Sensitive Ecological Environmental Geotechnology, Nanjing.

图 5.3 水槽模型

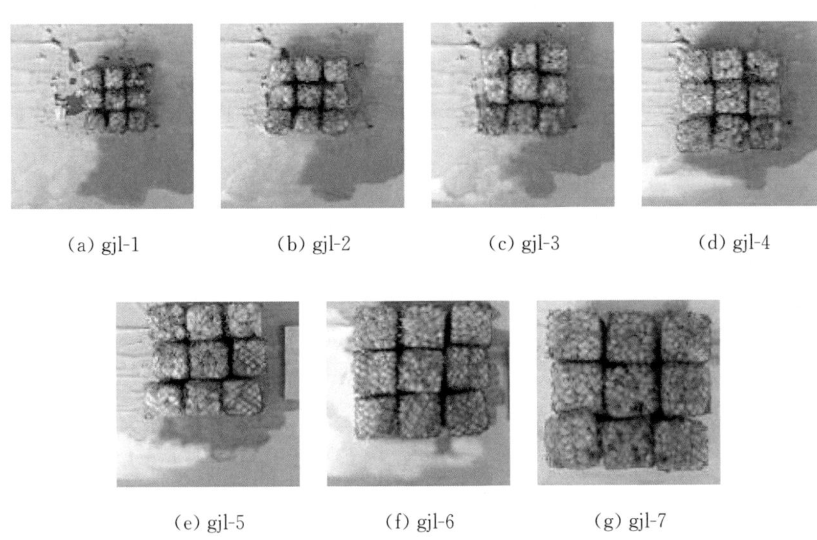

(a) gjl-1　(b) gjl-2　(c) gjl-3　(d) gjl-4

(e) gjl-5　(f) gjl-6　(g) gjl-7

图 5.11 各种规格的正六面体钢筋笼

(a) gb-2

(b) gb-3

(c) gb-4

(d) gb-5

图 5.12　各种规格的条形钢筋笼

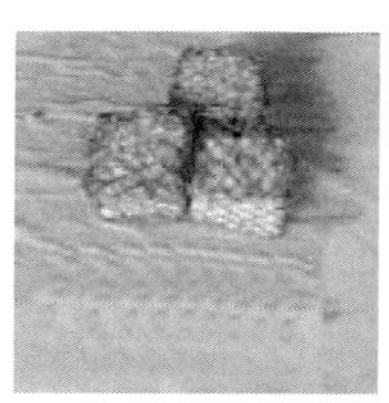

(a) gb′-2

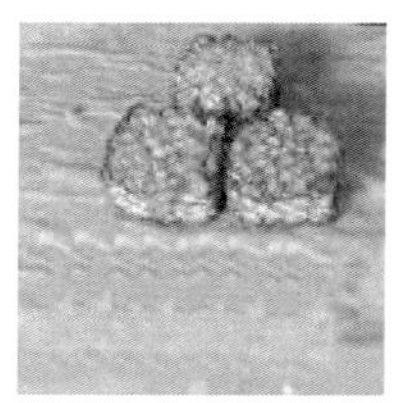

(b) gb′-3

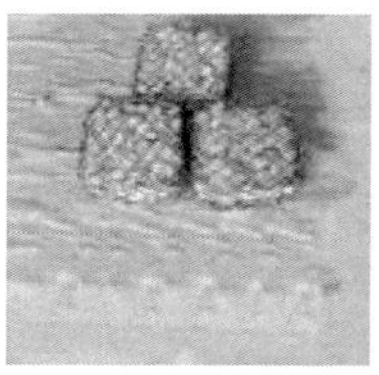

(c) gb′-4

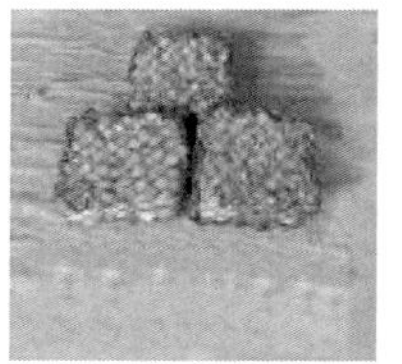

(d) gb′-5

图 5.13　各种规格的扁钢筋笼

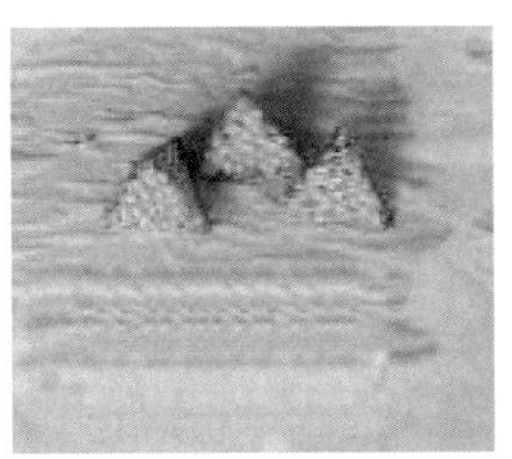

(a) smtgjl-1

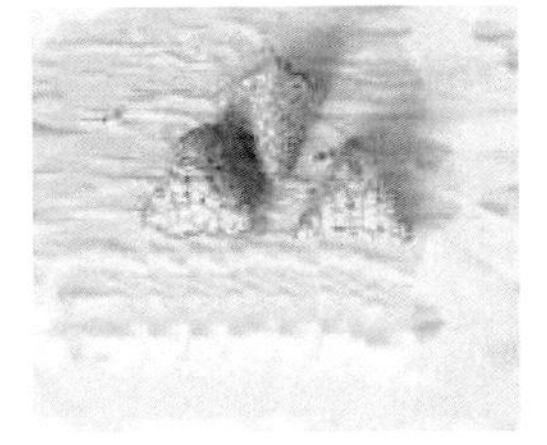

(b) smtgjl-2

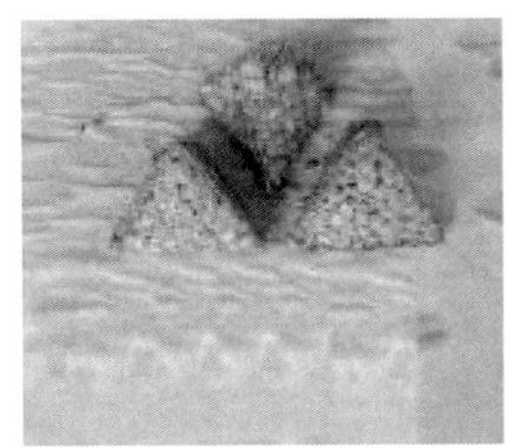

(c) smtgjl-3

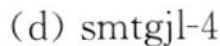

(d) smtgjl-4

(e) smtgjl-5

图 5.18　各种规格的四面体钢筋笼

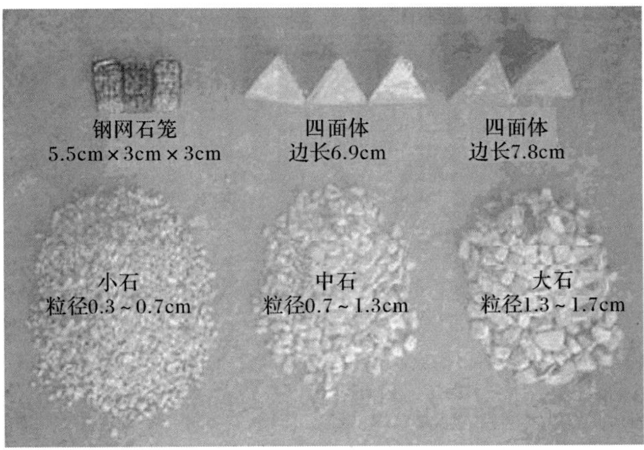

图 5.19　石渣、四面体和钢网石笼

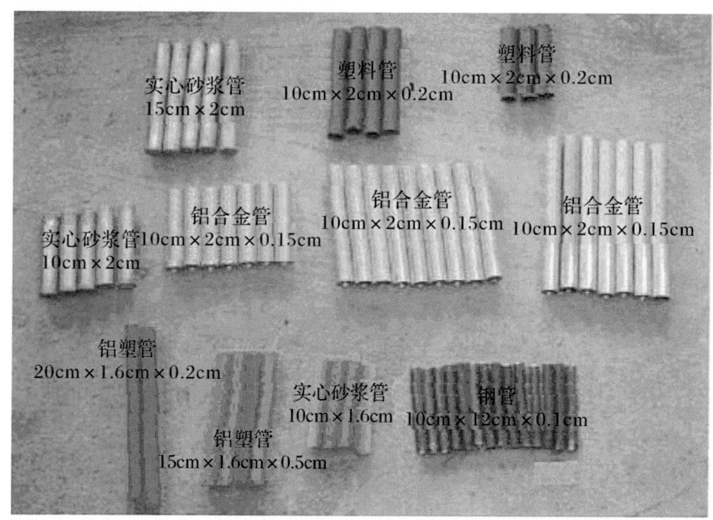

图 5.20　圆柱线体材料

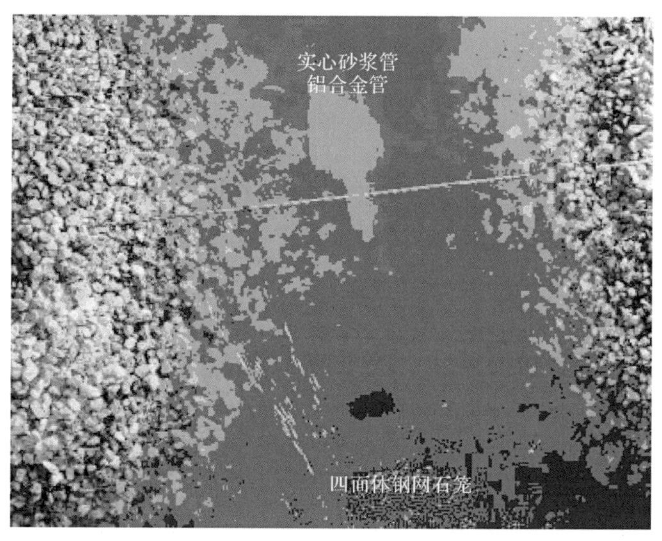

图 5.21　试验过程中的圆柱线体、四面体、钢网石笼

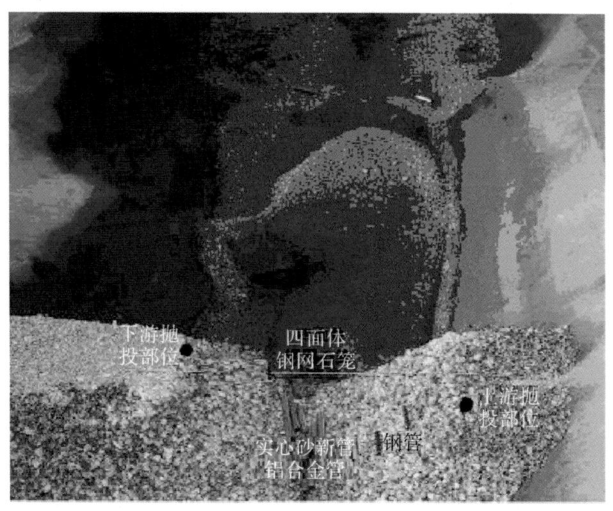

图 5.22　不同截流材料的就位情况

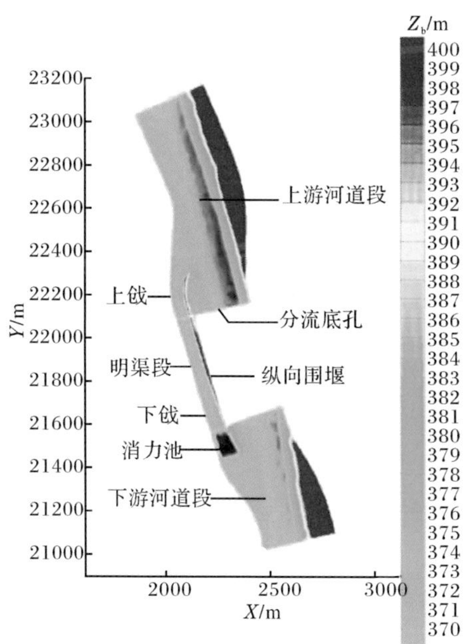

图 6.6　计算区域地形图

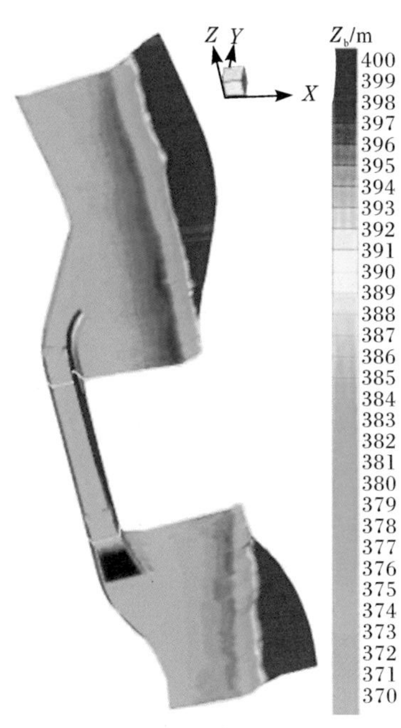

图 6.7　计算区域地形三维效果图

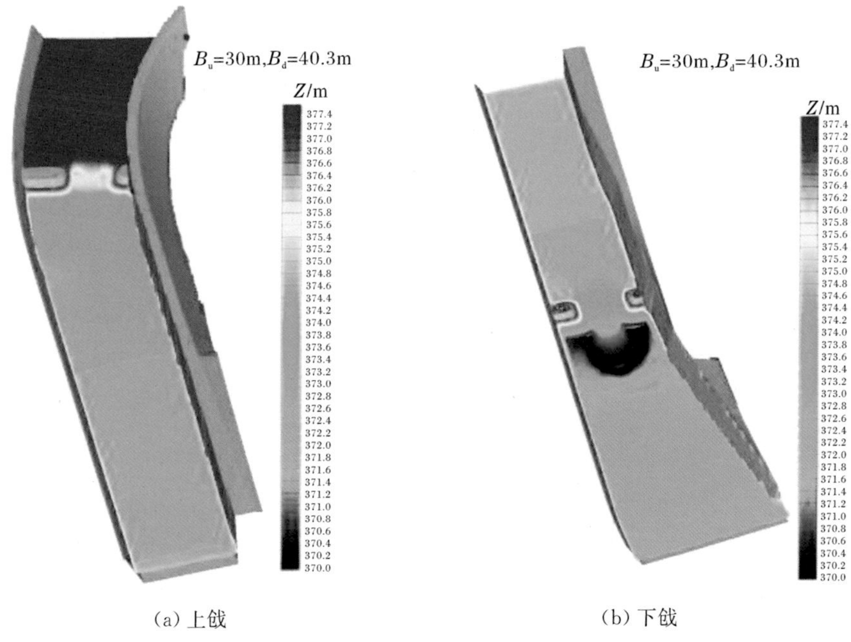

(a) 上戗　　　　(b) 下戗

图 6.10　方案 6 水位等值线云图

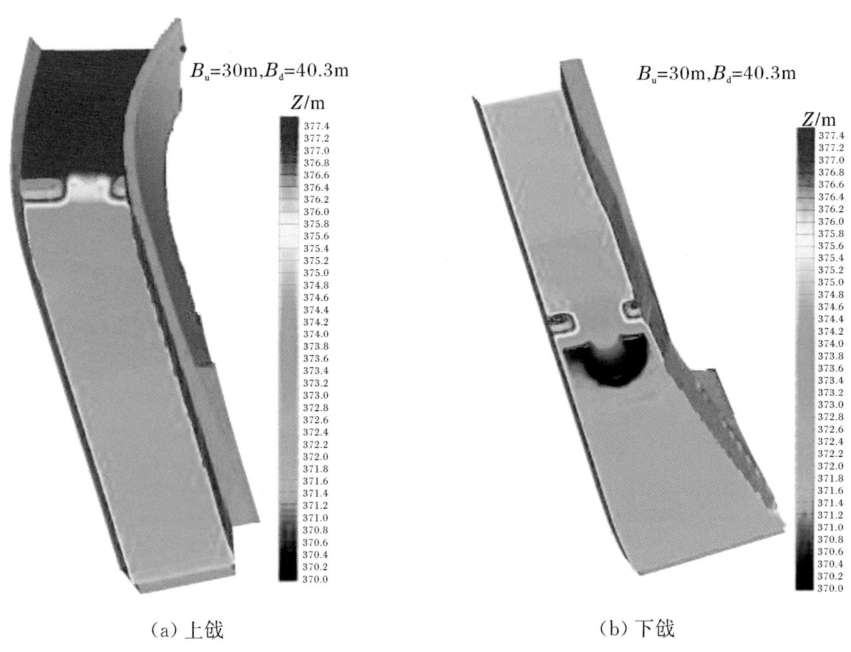

(a) 上戗　　　　(b) 下戗

图 6.11　方案 7 水位等值线云图

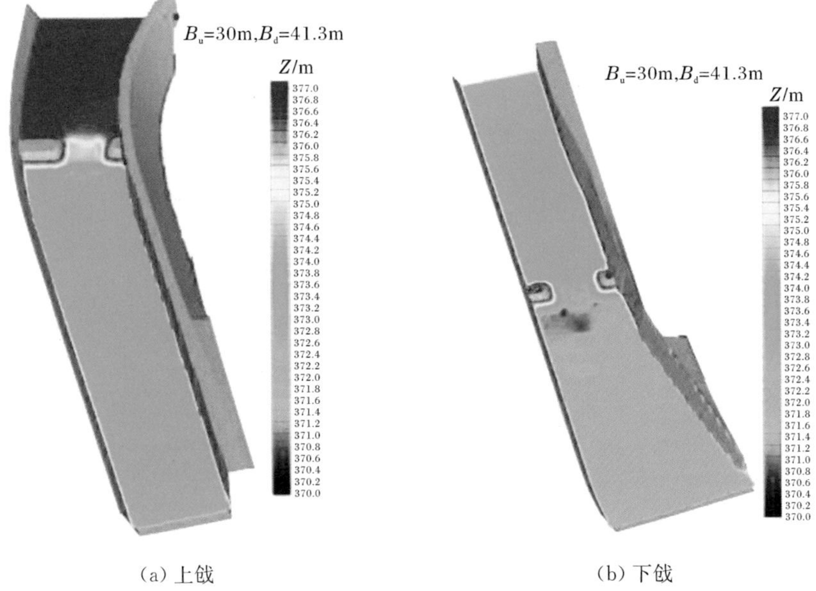

(a) 上戗　　　　(b) 下戗

图 6.12　方案 16 水位等值线云图

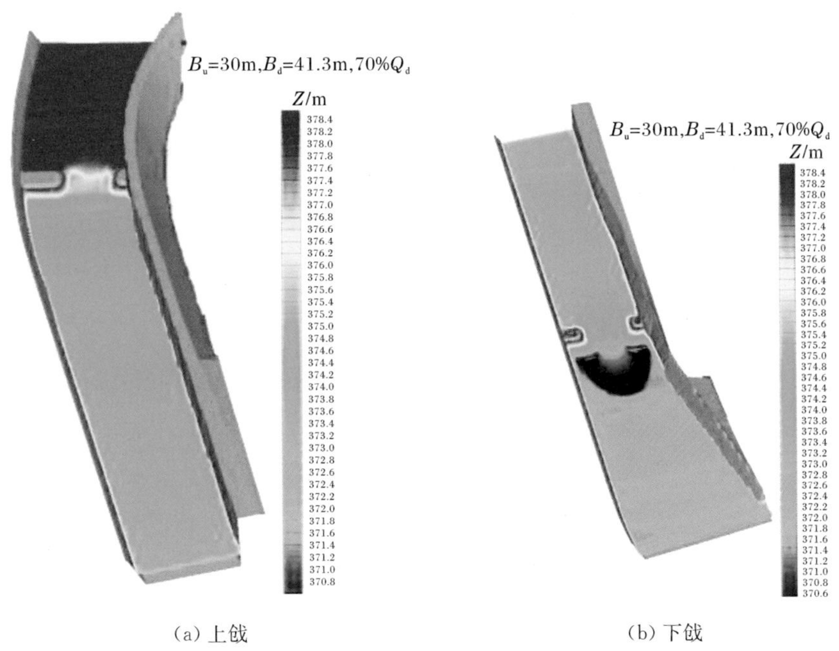

(a) 上戗　　　　(b) 下戗

图 6.13　方案 17 水位等值线云图

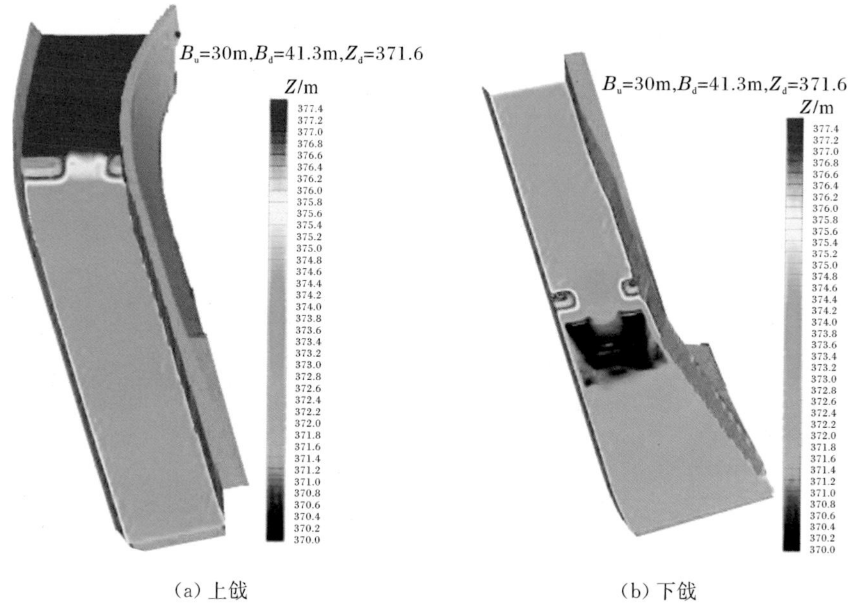

(a) 上戗　　　　(b) 下戗

图 6.16　方案 18 水位等值线云图

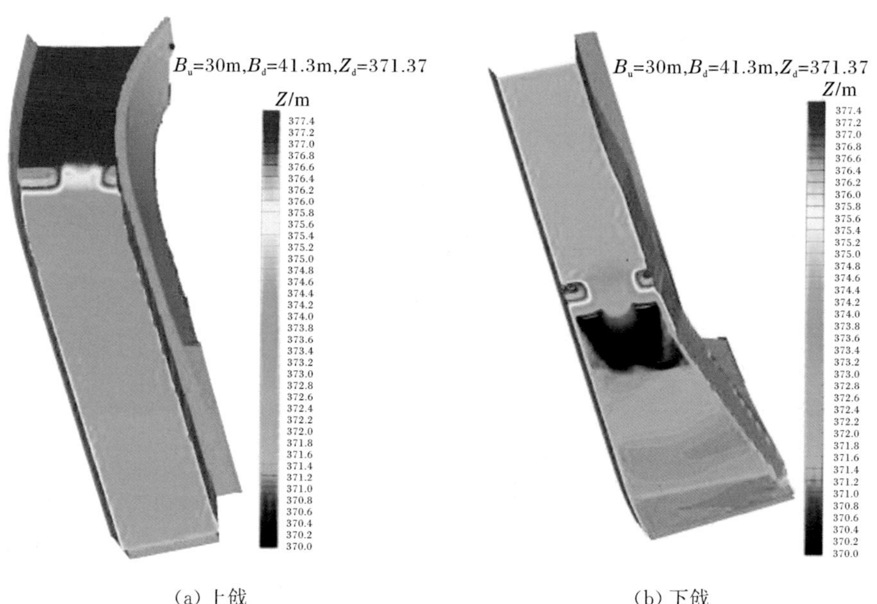

(a) 上戗　　　　(b) 下戗

图 6.17　方案 19 水位等值线云图

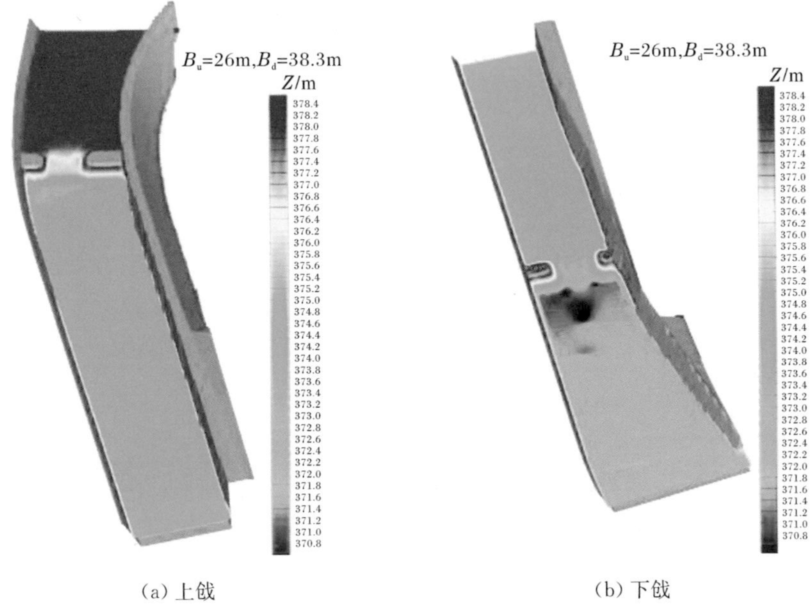

(a) 上戗　　(b) 下戗

图 6.19　方案 20 水位等值线云图

(a) 小石　　(b) 中石

(c) 大石　　(d) 特大石

图 6.21　模型截流石料筛分

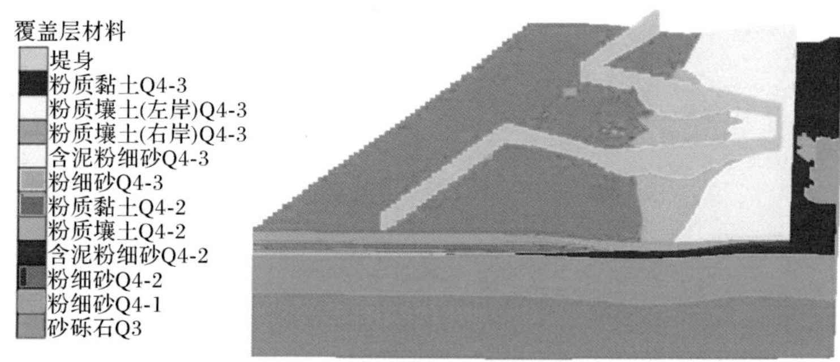

图 8.14　计算模型三维示意图

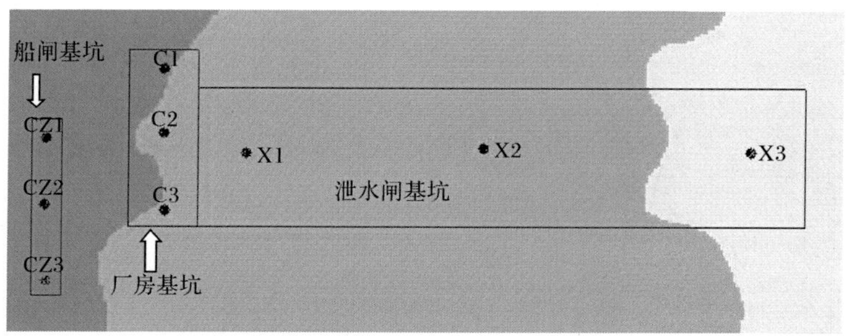

图 8.15　三维渗流计算模型中基坑控制点位置

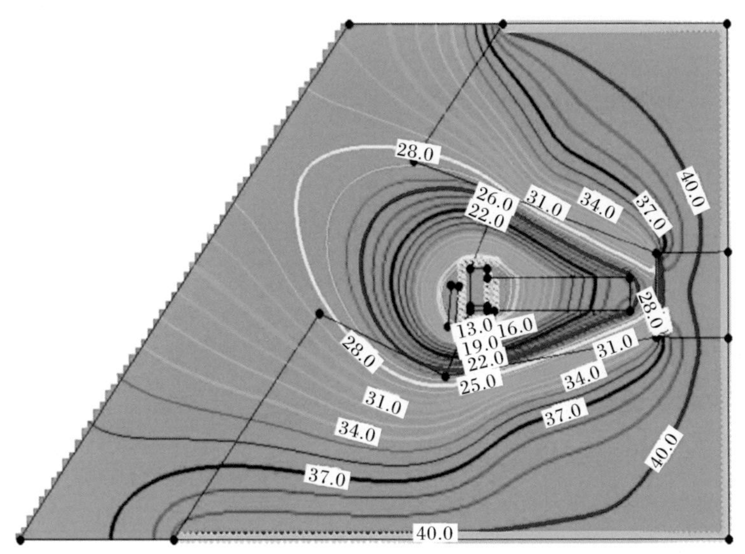

图 8.17　砂砾石层顶板等水头线分布(单位:m)

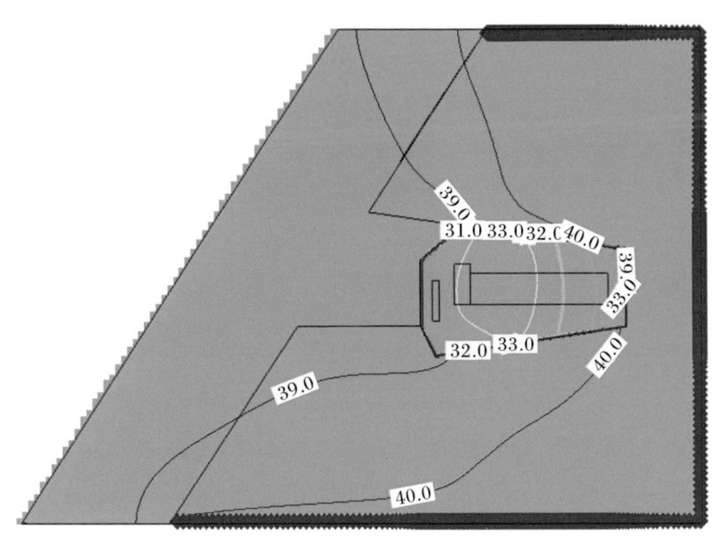

图 8.18　仅垂直防渗下基坑开挖前砂砾石层顶板等势线分布(单位:m)

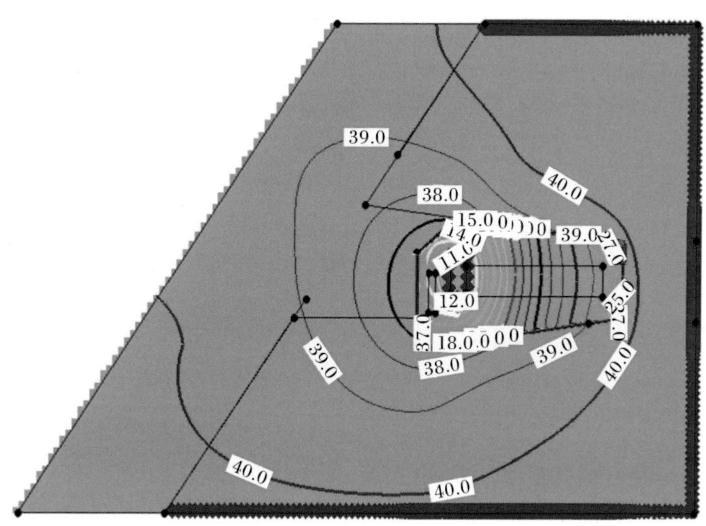

图 8.19 方案 S1 中砂卵石层顶部等势线分布(单位:m)

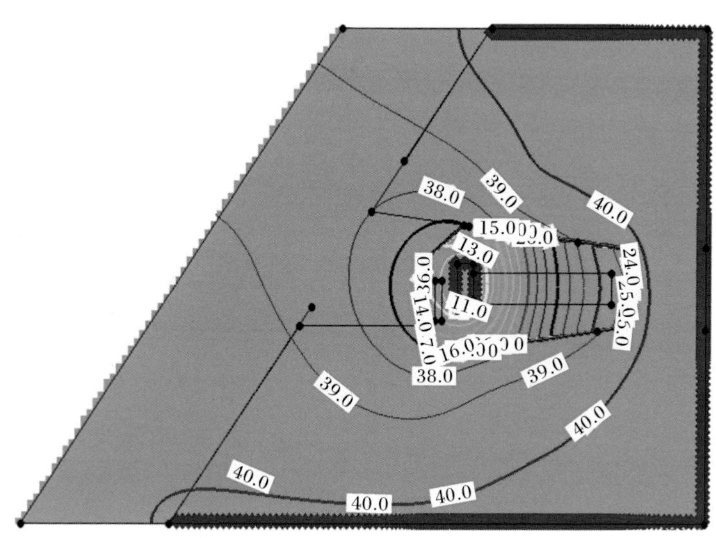

图 8.20 方案 S2 中砂卵石层顶部等势线分布(单位:m)

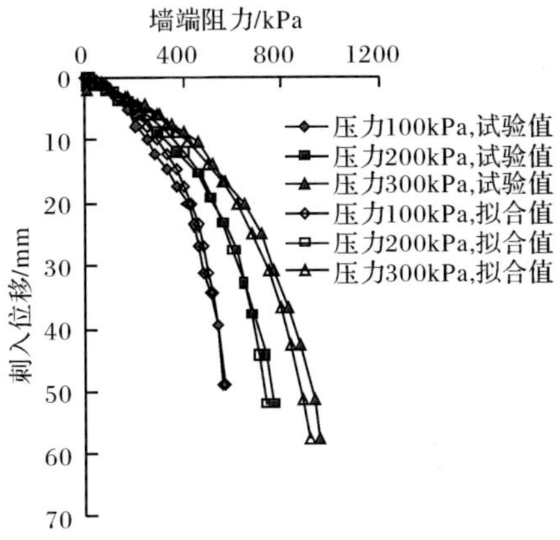

图 8.31 各级上覆压力下模拟函数曲线与试验曲线的比较

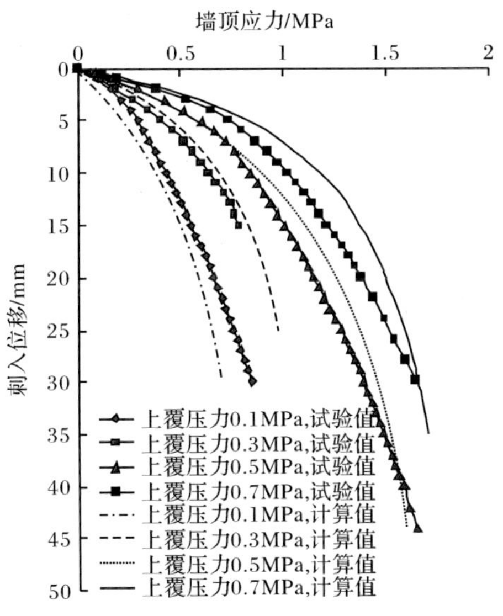

图 8.35 各级上覆压力下计算值与试验值的比较

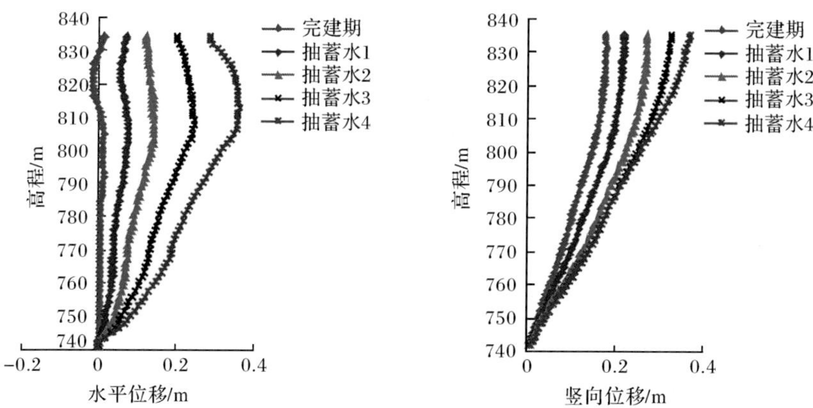

图 8.47　方案 C1 蓄水期防渗墙位移沿高程分布

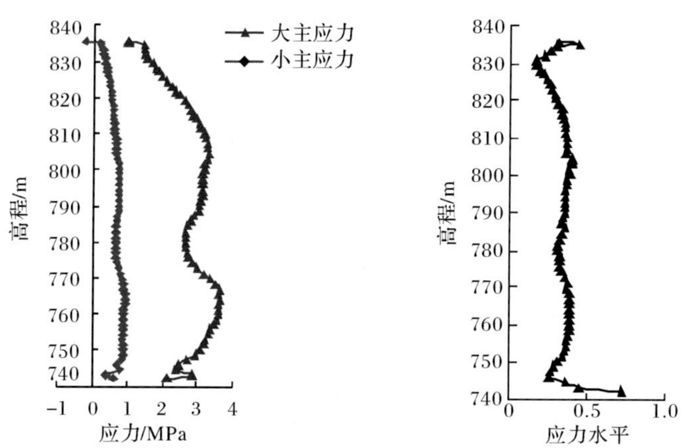

图 8.48　方案 C1 蓄水期防渗墙应力及应力水平沿高程分布

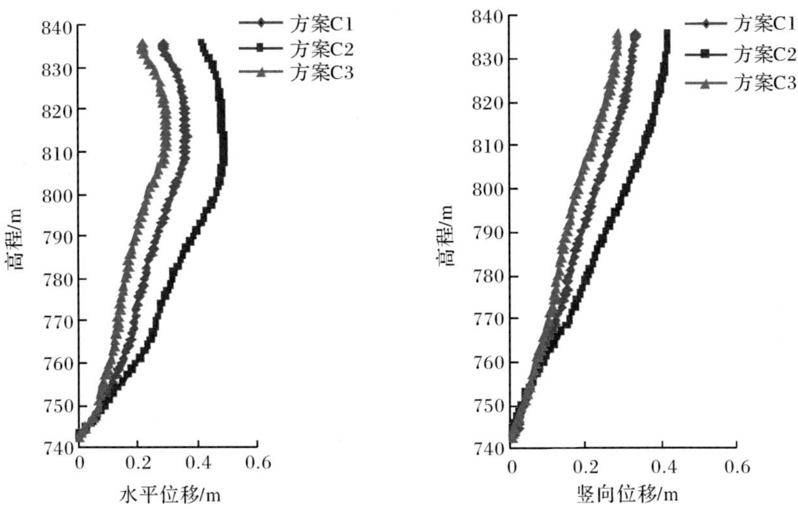

图 8.49 覆盖层参数敏感性方案蓄水期防渗墙位移沿高程分布

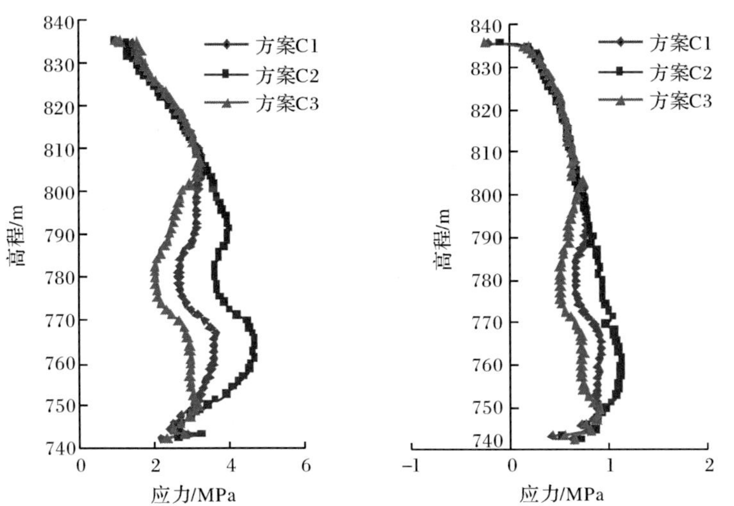

图 8.50 覆盖层参数敏感性方案蓄水期防渗墙应力沿高程分布

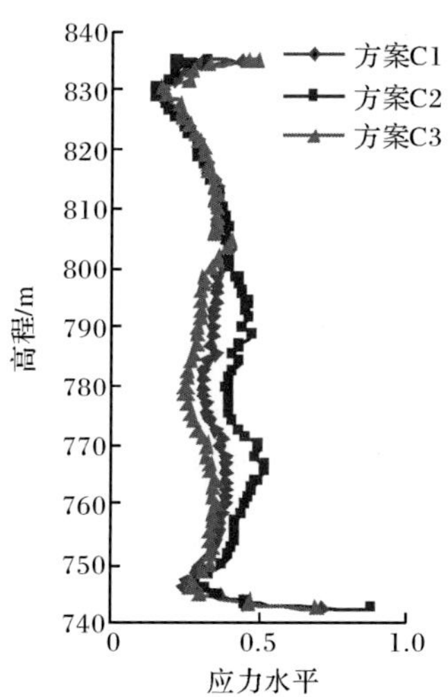

图 8.51　覆盖层参数敏感性方案蓄水期防渗墙应力水平沿高程分布

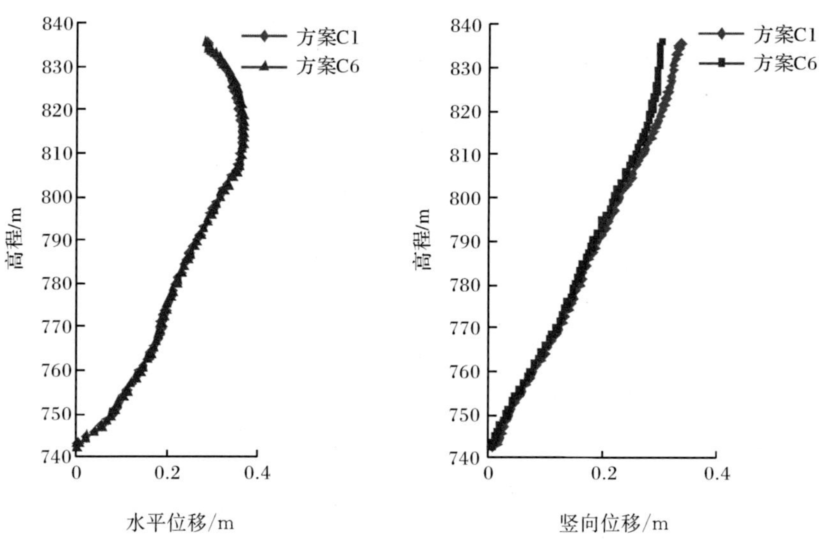

图 8.52　不同方案蓄水期防渗墙位移沿高程分布

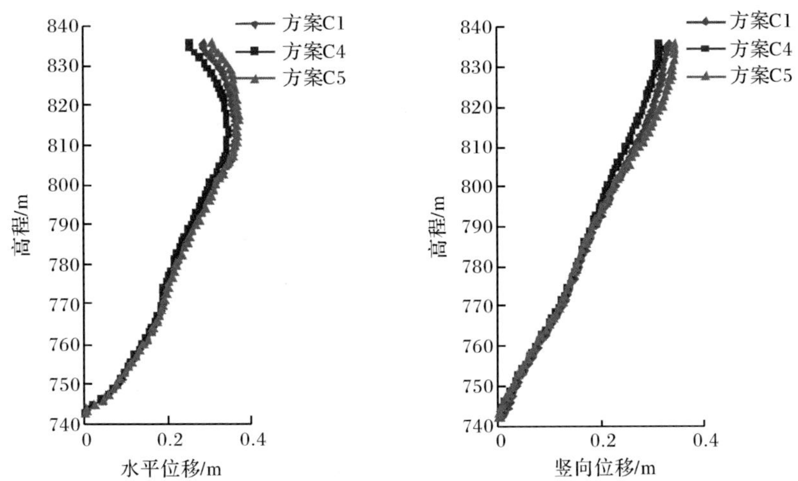

图 8.54　泥皮参数敏感性方案蓄水期防渗墙位移沿高程分布

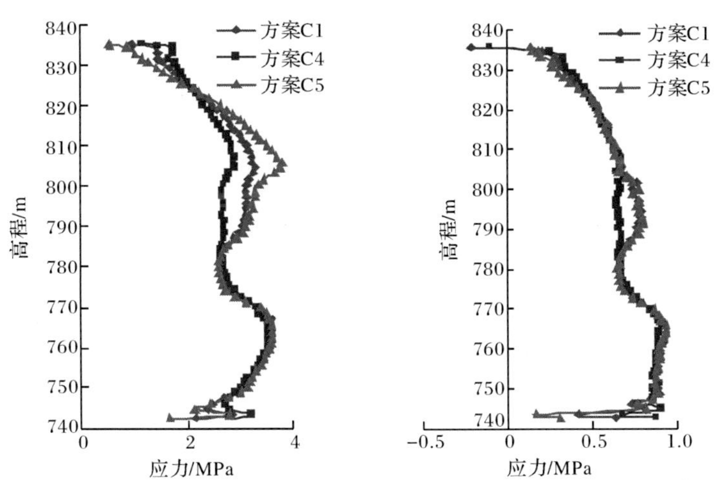

图 8.55　泥皮参数敏感性方案蓄水期防渗墙应力沿高程分布

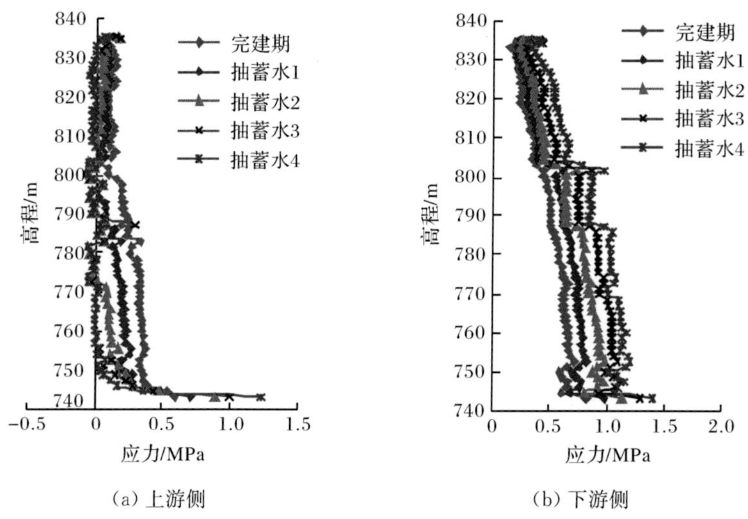

(a) 上游侧

(b) 下游侧

图 8.56　方案 C1 蓄水期防渗墙侧堰体填料水平应力沿高程分布

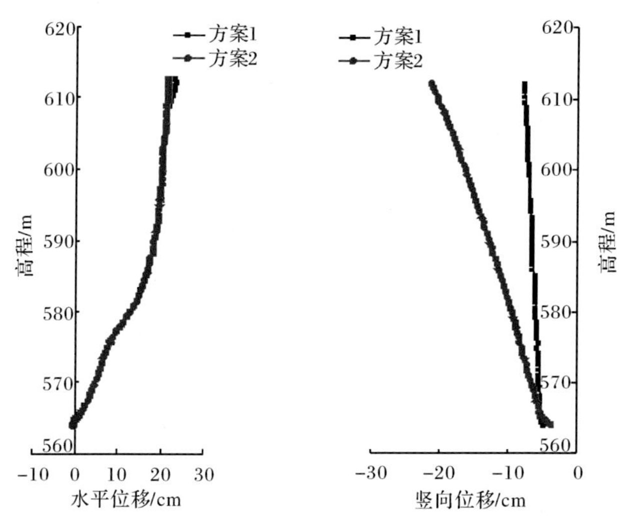

图 8.62　不同方案蓄水期防渗墙位移沿高程分布

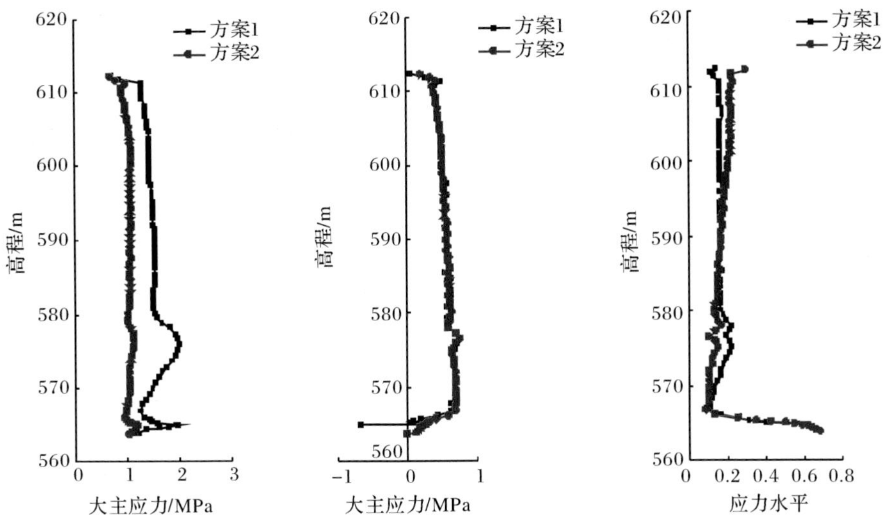

图 8.63　不同方案蓄水期防渗墙应力及应力水平沿高程分布

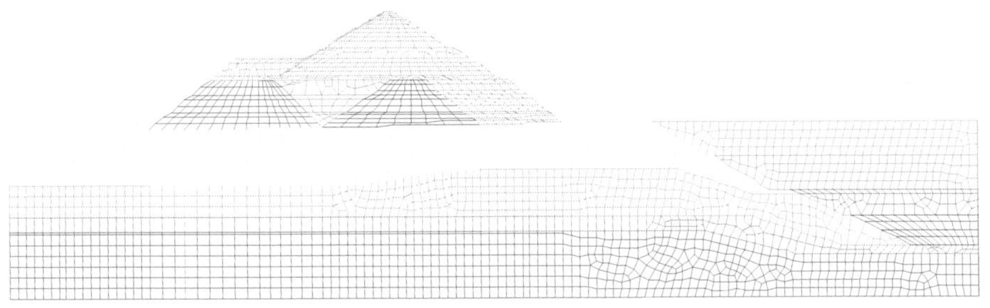

图 9.22　乌东德围堰有限元网格图

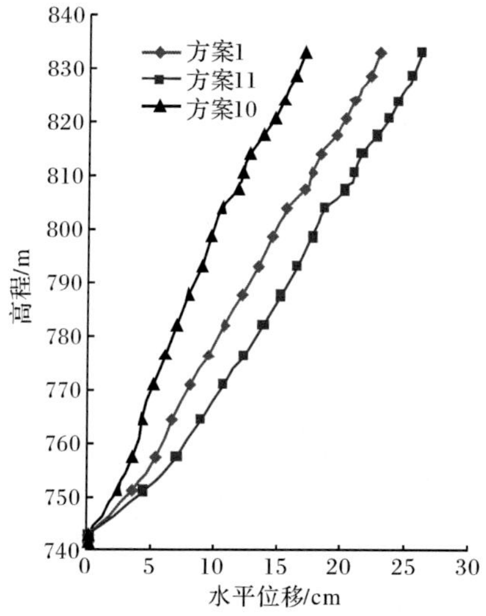

图 9.23 防渗墙水平位移分布

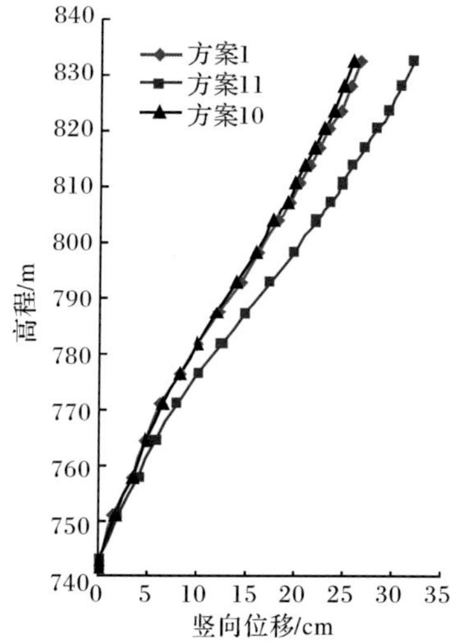

图 9.24 防渗墙竖向位移分布

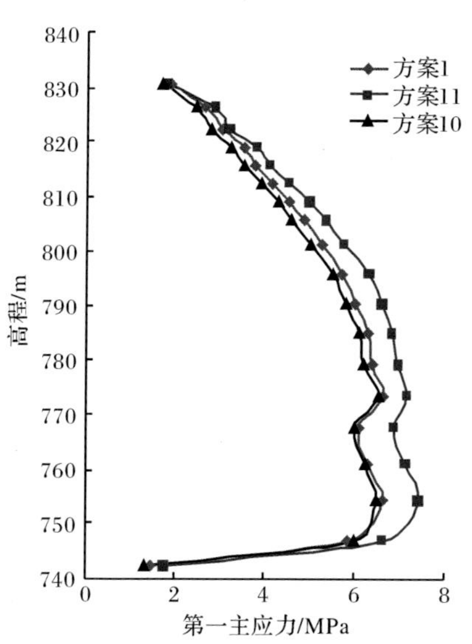

图 9.25 防渗墙最大主应力分布

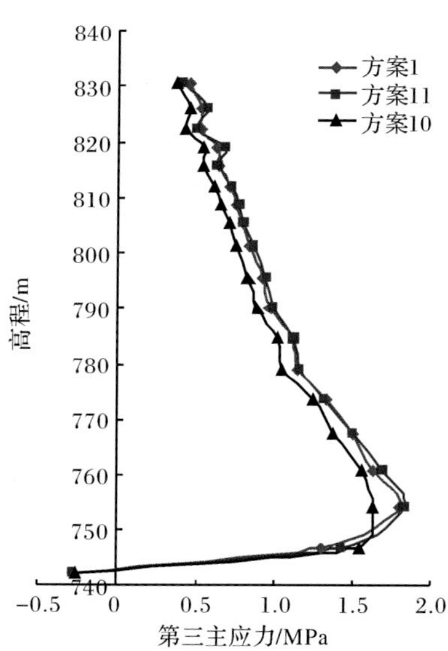

图 9.26 防渗墙最小主应力分布

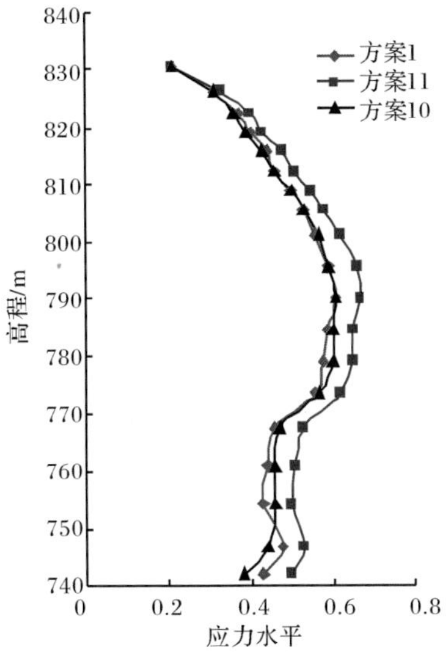

图 9.27　防渗墙应力水平分布

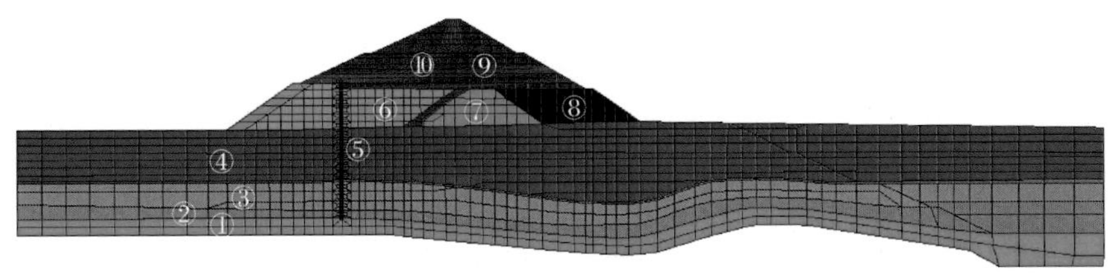

图 9.28　乌东德深厚覆盖层高土石围堰典型断面

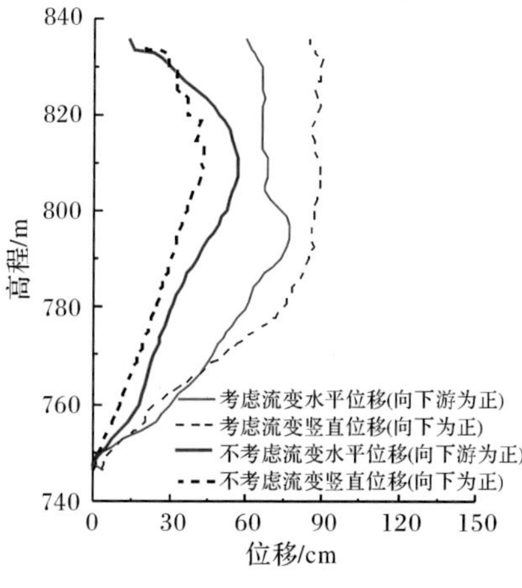

图 9.34　混凝土防渗墙变形分布

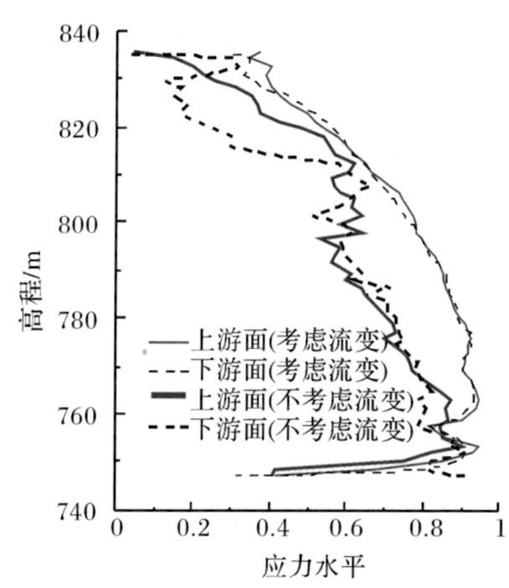

图 9.35　混凝土防渗墙应力水平

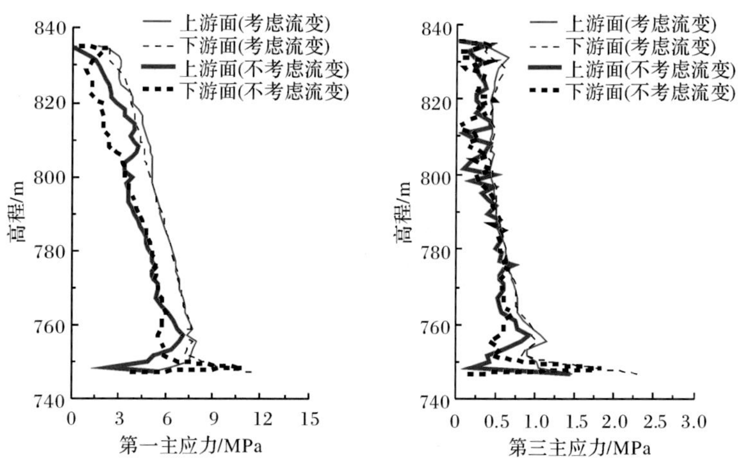

图 9.36　混凝土防渗墙主应力分布

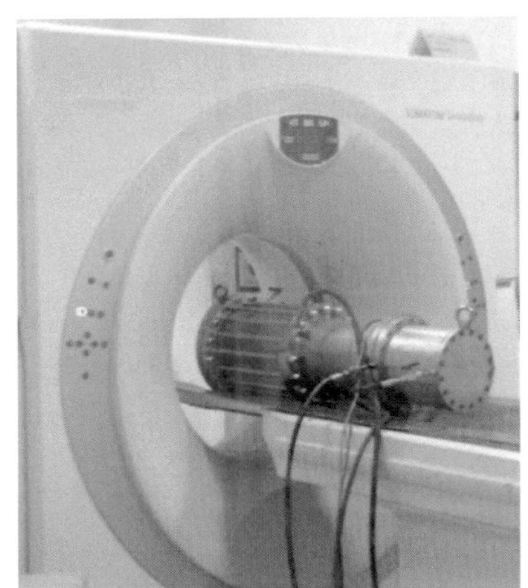

图 10.7　置于扫描空间内的加载仪器

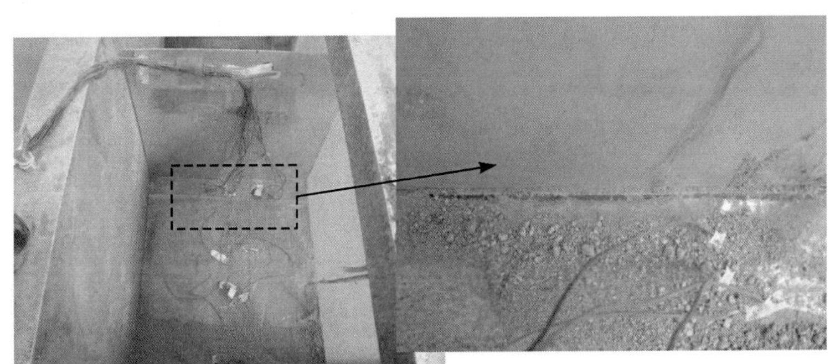

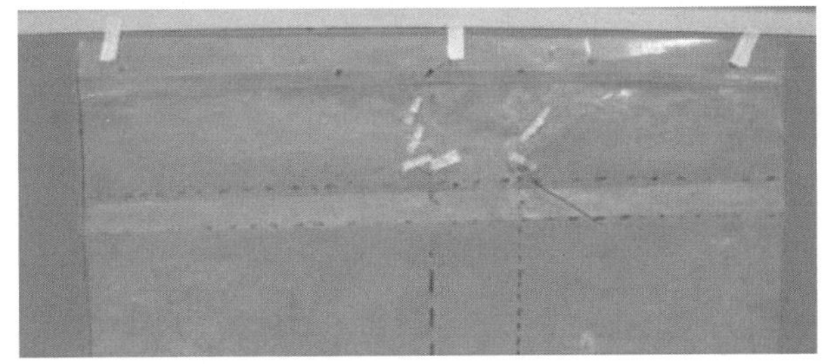

图 10.23　SX-1 试验运行结束后土工膜状态

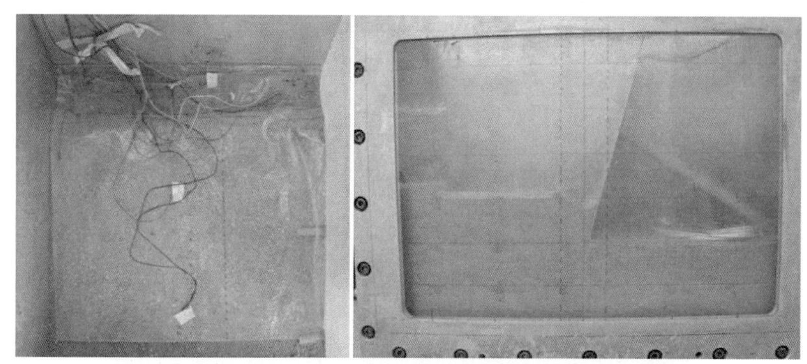

图 10.25　SX-2 试验运行后复合土工膜的状态

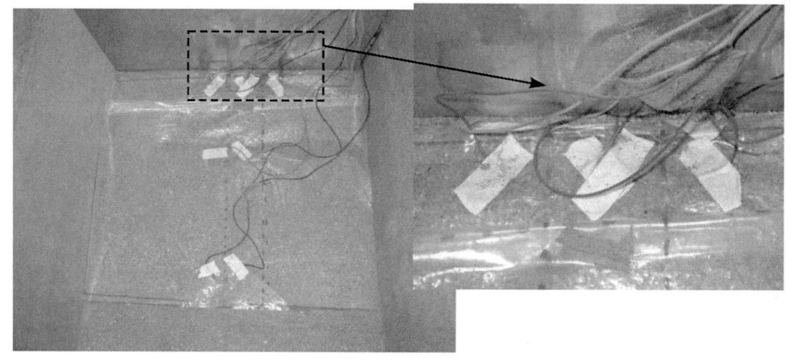

图 10.28　SX-3 试验后复合土工膜